Lehrbuch der parasitären Zoonosen

Subhash Chandra Parija ·
Abhijit Chaudhury
(Hrsg.)

Lehrbuch der parasitären Zoonosen

Hrsg.
Subhash Chandra Parija
Sri Balaji Vidyapeeth University,
Puducherry, Indien

Abhijit Chaudhury
Department of Microbiology, Sri Venkateswara Institute of Medical Sciences
Tirupati, Andhra Pradesh, Indien

ISBN 978-981-97-4311-7 ISBN 978-981-97-4312-4 (eBook)
https://doi.org/10.1007/978-981-97-4312-4

Die Deutsche Nationalbibliothek verzeichnet diese Publikation in der Deutschen Nationalbibliografie; detaillierte bibliografische Daten sind im Internet über https://portal.dnb.de abrufbar.

Übersetzung der englischen Ausgabe: „Textbook of Parasitic Zoonoses" von Subhash Chandra Parija und Abhijit Chaudhury, © Springer Nature Singapore Pte Ltd. 2022. Veröffentlicht durch Springer Nature Singapore. Alle Rechte vorbehalten.

Dieses Buch ist eine Übersetzung des Originals in Englisch „Textbook of Parasitic Zoonoses" von Subhash Chandra Parija und Abhijit Chaudhury, publiziert durch Springer Nature Singapore Pte Ltd. im Jahr 2022. Die Übersetzung erfolgte mit Hilfe von künstlicher Intelligenz (maschinelle Übersetzung). Eine anschließende Überarbeitung im Satzbetrieb erfolgte vor allem in inhaltlicher Hinsicht, so dass sich das Buch stilistisch anders lesen wird als eine herkömmliche Übersetzung. Springer Nature arbeitet kontinuierlich an der Weiterentwicklung von Werkzeugen für die Produktion von Büchern und an den damit verbundenen Technologien zur Unterstützung der Autoren.

Planung/Lektorat: Naren Aggarwal
Springer ist ein Imprint der eingetragenen Gesellschaft Springer Nature Singapore Pte Ltd. und ist ein Teil von Springer Nature.
Die Anschrift der Gesellschaft ist: 152 Beach Road, #21-01/04 Gateway East, Singapore 189721, Singapore

Der höchsten Macht, die uns den Willen und die Kraft gegeben hat, diese Arbeit in Angriff zu nehmen

Meiner Frau Jyotirmayee Parija für ihre selbstlose Unterstützung
meiner Mutter, die verstorbene Smt Nishamani Parija,
meinem verstorbenen Vater Shri Managovinda Parija und
meiner Schwägerin, die verstorbene Smt Satyabhama Parija, für ihren Segen.
Außerdem danke ich meinen Arbeitskollegen und
Mentoren für ihre Anleitung

Subhash Chandra Parija

Meiner Frau Oiendrilla für ihre Unterstützung und Ermutigung,
meiner Mutter, die verstorbene Smt Manjari Chaudhury, und
meinem verstorbenen Vater Dr. Prashanta Kumar Chaudhury für ihren Segen

Abhijit Chaudhury

Geleitwort

Forschung und Studien auf dem Gebiet der Parasitologie waren in Indien an der School of Tropical Medicine, Kalkutta einst von globaler Qualität. Sie hatte den gleichen Standard wie die Schulen in London, Liverpool, Hamburg und Amsterdam. Sie entwickelte sich in einigen Instituten wie dem Central Drug Research Institute, IICB, einigen spezialisierten Instituten des ICMR wie RMRI, Patna, Zentren in Bhuvaneshwar, Puducherry und Madurai und dem National Institute of Malaria Research in Delhi. Sie entstand auch in bestimmten akademischen Instituten wie dem PGI, Chandigarh, wo eine vollwertige Abteilung für Parasitologie eingerichtet wurde.Es gab auch Zentren in JIPMER, Puducherry, dem Sher-e-Kashmir-Institut in Srinagar, der Banaras Hindu University und der Aligarh Muslim University. Außerdem wurden verstreut einige spezialisierte Zentren am TIFR, am National Institute of Immunology, an der Universität Jaipur, am ICGEB usw. eingerichtet. Die Indian Society for Parasitology wurde ebenfalls gegründet, um das Thema zu fördern. Ein gutes, umfassendes Kompendium war jedoch nicht verfügbar, vor allem, da sich einige der wichtigsten Programme auf nationaler und globaler Ebene mit diesem Thema befassen. Einer der großen Erfolge war die Ausrottung von *Dracunculus medinensis*. Große Erfolge wurden bei der Ausrottung der Leishmaniose und der raschen Eliminierung der Filariose beobachtet, wodurch die Malariabelastung auf ein Drittel reduziert und die Belastung durch bodenübertragene Helminthiasis erheblich verringert wurde. Die Vektorbekämpfung erhielt ebenfalls einen großen Schub, da einige der Viren wie Dengue, Chikungunya, Zika, Gelbfieber und Japanische B-Enzephalitis auch in Indien auftraten. Das Konzept „One Health“ wurde von der WHO übernommen, bei dem Mensch, Tier und Umwelt als eine Einheit betrachtet werden, um diese zoonotischen Krankheiten anzugehen. Vor diesem Hintergrund haben Prof. S. C. Parija und Prof. Abhijit Chaudhury ein von von mehreren Autoren verfasstes Lehrbuch über parasitäre Zoonosen herausgebracht, in dem sie versucht haben, fast alle parasitären Krankheiten des Menschen tierischen Ursprungs in einem Buch zusammenzufassen.

Die Professoren Parija und Chaudhury haben mit der Herausgabe eines Lehrbuchs mit mehreren Autoren und mehr als 60 Kapiteln eine gewaltige Aufgabe übernommen, die sie mit einem bewundernswerten Ergebnis sicher ans Ziel gebracht haben. Dieses Buch wird unter den praktizierenden Human- und Tierparasitologen zweifellos einen sehr prominenten Platz einnehmen und als fortgeschrittenes Lehrbuch für Studenten dienen. Ich bin davon überzeugt, dass dieses Buch eine weitere wichtige Ergänzung zur parasitologischen Literatur darstellt und das Vakuum eines guten Nachschlagewerks ausfüllt.

Das Buch behandelt den neuesten Stand in diesen Bereichen und wird für Studenten, Forscher und Lehrer von Nutzen sein. Dieses Buch sollte von Zeit zu Zeit überarbeitet werden, damit es wichtige neue Erkenntnisse einbeziehen kann. Ich wünsche diesem Buch viel Erfolg.

Indian Council for Medical Research (ICMR)
New DelhiIndien

N. K. Ganguly

Vorwort

Die menschliche Interaktion mit Tieren in Form von Jagd nach Nahrung begann vor mehr als 1,5 Mio. Jahren, als die modernen Menschen erschienen. Dann, im späten Pleistozän, vor 15.000 Jahren, und sogar bevor die Menschen mit dem Anbau begonnen haben, domestizierten sie den Hund. Diese Abhängigkeit der Menschheit von Tieren verschiedenster Herkunft hat einen Prozess der Übertragung von Mikroorganismen von diesen Tieren auf den Menschen ausgelöst, was zu Infektionen bei letzteren führt. Kein Wunder, dass die Geschichte der zoonotischen menschlichen Krankheiten bis in die Antike zurückreicht.

Parasitäre Erkrankungen beim Menschen stellen ein großes Problem für die öffentliche Gesundheit in Asien, Afrika und Südamerika dar und sind auch in Europa, Nordamerika und Australien messbar. Die überwiegende Mehrheit der Parasitosen ist direkt oder indirekt mit den Tierpopulationen verbunden, was zu einem Szenario führt, in dem die meisten parasitären Krankheiten beim Menschen zoonotischer Natur sind. Industrialisierung und Bevölkerungsdruck haben schwere Schäden an den natürlichen Ökosystemen der Erde verursacht, wo Menschen in unerforschte Tiergebiete vordringen, indem sie für ihren persönlichen Nutzen die Städte erweitern, die Wälder zerstören, Dämme bauen usw. und damit die Flora und Fauna einer Region stören. Diese menschlichen Aktivitäten haben dazu geführt, dass viele Parasiten die Grenze zum menschlichen Lebensraum überschritten haben und eine Zunahme von neu auftretenden und wiederkehrenden parasitären Zoonosen verursachen, die von sogenannten streng auf Tiere spezialisierten Krankheitserregern verursacht werden. Die gestiegene globale Vernetzung hat weiter dazu beigetragen, diese Pathogene von ihrer einzigartigen ökologischen Nische in unberührte Gebiete mit ähnlicher Umgebung zu verbreiten. Die Manipulation von Tieren in den Lebensmittelunternehmen für bessere und höhere Erträge durch verschiedene Maßnahmen hat zu einer veränderten Mikrobenflora bei diesen Tieren geführt. Dies hat dazu beigetragen, dass Parasiten über die Grenze hinaus reisen und eine Bedrohung für die Menschheit darstellen. Im Wesentlichen sind es die menschlichen Aktivitäten, einschließlich des menschlichen Verhaltens, die auch immens zur Verbreitung der Tierpathogene und zoonotischen Krankheiten in großem Umfang beigetragen haben.

Ein Lehrbuch, das die neuesten Informationen enthält und dessen Kapitel eine gesunde Balance zwischen einem Übersichtsartikel und einem Standardlehrbuch darstellen, ist dringend erforderlich. Es wird erwartet, dass das *Lehrbuch der parasitären Zoonosen* für jeden nützlich sein wird, der sich für zoonotische parasitäre Krankheiten interessiert, und zwar quer durch alle Disziplinen. Das Buch zielt darauf ab, sowohl Studenten als auch Doktoranden sowie Lehrenden, Experten des öffentlichen Gesundheitswesens, Wissenschaftlern und Verwaltungsangestellten aus den Bereichen Medizin, Veterinärmedizin, Wissenschaften der öffentlichen Gesundheit und vielen anderen angewandten Gesundheitswissenschaften, das notwendige Verständnis für zoonotische parasitäre Krankheiten zu vermitteln.

Wir danken von ganzem Herzen allen, die an diesem Projekt mitgewirkt haben. Unser Verlag *Springer Nature* hat bewiesen, dass er die vom Chefredakteur in Angriff genommenen Projekte jedes Mal mit einer anderen Note umsetzt. Wir hoffen, dass dieses Buch eine internationale Leserschaft auf allen Kontinenten findet, die daran interessiert ist, parasitäre Zoonosen zu kennen und zu verstehen.

Pondicherry, Indien — Subhash Chandra Parija
Tirupati, Indien — Abhijit Chaudhury

Danksagungen

Wir möchten unseren aufrichtigen Dank an alle diejenigen aussprechen, die uns bei der Herausgabe dieses Buches geholfen haben. Die Autoren und Co-Autoren der verschiedenen Kapitel haben trotz ihrer vielfältigen Aufgaben eine lobenswerte Arbeit geleistet und die Manuskripte rechtzeitig eingereicht.

Shri M. K. Rajagopalan, der Kanzler von Sri Balaji Vidyapeeth, Pondicherry, und Prof. B Vengamma, Direktor und Vizekanzler des Sri Venkateswara Institute of Medical Sciences, Tirupati, haben uns das akademische Umfeld und die Unterstützung gegeben, damit wir uns an diese Aufgabe der internationalen Veröffentlichung wagen konnten.

Wir danken Prof. S. Pramodhini, Dr. Namratha Bhonsale und Dr. K. Vanathy, Fakultät des Shri Mahatma Gandhi Medical College Research Institute (MGMCRI), Pondicherry, Dr. Ezhumalai, Berater für Statistik, Shri Balaji Vidyapeeth; Frau MP Vani aus der Abteilung für Informationstechnologie am Sri Venkateswara Institute of Medical Sciences, Sri Ram Kumar, IT, Shri Balaji Vidyapeeth für ihre Unterstützung bei der Vorbereitung des Manuskripts. Subhash Chandra Parija möchte insbesondere Shri Kailash Chandra Parija, seiner Nichte Er Kukumina Ray, seinem Schwiegersohn Er Subhasis Ray, seinem Neffen Er Rajkumar Parija, seiner Schwiegertochter Frau Smrithi Parija und seiner Tochter Dr. Madhuri Parija und seinem Schwiegersohn Dr. Ajay Halder, seiner Tochter Er Mayuri Parija und seinem Schwiegersohn Er Shailesh Nandan und seinen Enkelkindern Shri Harihar, Sri Ram und Frau Shyama für ihre Unterstützung bei der Vorbereitung des Manuskripts danken.

Abhijit Chaudhury möchte sich bei seiner Tochter Dr. Madhulika Chaudhury und seinem Sohn Shashank Shekhar Chaudhury für ihre Unterstützung und Ermutigung bedanken.

Unserem Verlag Springer Nature gebührt Dank für die uneingeschränkte Unterstützung bei der Durchführung dieses Projekts.

Über das Buch

Die Genesis

Parasitäre Infektionen machen einen großen Anteil der Infektionskrankheiten weltweit aus, und zum größten Teil sind die meisten von ihnen in ressourcenarmen Regionen der Welt verbreitet. Mit Ausnahme einiger „Vorzeigekrankheiten" wie Malaria und Kryptosporidiose gerät der Großteil dieser Infektionen im Vergessenheit und ihre tatsächliche Zahl ist nur schwer zu ermitteln. Dies hat die WHO dazu veranlasst, das Programm „Neglected Tropical Diseases (NTD)" ins Leben zu rufen, das sich auf etwa 19 Krankheiten konzentriert, von denen weltweit mehr als 1 Mrd. Menschen betroffen sind, vor allem in ländlichen Gebieten von Ländern mit niedrigem Einkommen. Die Schätzung spiegelt möglicherweise nicht die tatsächliche Prävalenz wider, da nach einer Schätzung allein 880 Mio. Kinder Medikamente gegen durch den Boden übertragene Helmintheninfektionen benötigen könnten. Wenn wir uns die Liste der 19 NTD ansehen, ist es keine Überraschung, dass 10 von ihnen parasitäre Infektionen sind.

Zoonotische Infektionen scheinen in allen Teilen der Welt aufzutreten und wieder aufzutreten, und seit 1940 sind über 60 % der rund 400 identifizierten Infektionskrankheiten zoonotisch. Insbesondere zoonotische Parasiteninfektionen sind angesichts der sich verändernden Interaktionen zwischen Menschen und anderen Tieren sowie des globalen Handels und der Landwirtschaft von Interesse. Dies wiederum hat in den letzten 10 Jahren zur Entwicklung des *One-Health-Konzepts* als Disziplin der öffentlichen Gesundheit geführt, das von der WHO und der FAO übernommen wurde. *One Health* ist ein Ansatz, der erkennt, dass die Gesundheit der Menschen eng mit der Gesundheit der Tiere und unserer gemeinsamen Umwelt verbunden ist. *One Health* ist kein neues Konzept, aber es ist in den letzten Jahren wichtiger geworden. Dies liegt daran, dass viele Faktoren die Interaktionen zwischen Menschen, Tieren, Pflanzen und unserer Umwelt verändert haben.

Die Parasitologie fristet in der Humanmedizin weiterhin ein Schattendasein als Teildisziplin der Mikrobiologie, obwohl diesem Fach in der

Veterinärmedizin die gebührende Bedeutung beigemessen wird. Dies ist eine ironische Situation, da parasitäre Krankheiten beim Menschen in vielen Ländern weltweit weiterhin eine Geißel darstellen. Dies liegt an der damit verbundenen Morbidität und daran, dass die Hauptlast dieser Krankheiten von denselben Ländern getragen wird.

Ziel dieses Buches ist es, Studenten und Doktoranden, Lehrenden, Fachleuten des öffentlichen Gesundheitswesens, Verwaltungsangestellten der Medizin, der Veterinärmedizin und verwandter Wissenschaften sowie anderen, die an der Behandlung dieser parasitären Zoonosen interessiert sind, das notwendige Verständnis für die Diagnose, Behandlung und Bekämpfung dieser Krankheiten zu vermitteln. Bei unserer Bemühung wurden wir von etwa 60 herausragenden Mitgliedern des Lehrkörpers unterstützt, die bereitwillig Kapitel für diese gewaltige Aufgabe beigetragen haben.

Die inhaltliche Gestaltung

Bei der Gliederung des Inhalts dieses Buches haben wir einen studentenfreundlichen Ansatz verfolgt. Die für das Buch ausgewählten Themen sind in 4 Teile gegliedert.

Teil I, Allgemeine Parasitologie, bietet „Hintergrundinformationen zu zoonotischen parasitären Infektionen". Wir haben notwendige Kapitel über Taxonomie, Diagnose und Antiparasitenmittel aufgenommen. Das 21. Jahrhundert wird das Zeitalter der Genomik, Proteomik und anderer *-omiken* sein. Daher müssen die Studierenden auf diese Entwicklungen sensibilisiert werden, die das Studium der parasitären Zoonosen erleichtern werden. Daher haben wir auch einige weitere Kapitel in das Buch aufgenommen, die die Fortschritte im Studium der Genomik, Proteomik und Immunologie parasitärer Infektionen hervorheben. Es ist absehbar, dass die konventionelle Parasitenforschung im laufenden Jahrhundert mit technologiebasierten Entwicklungen wie Molekularbiologie, Transkriptomik und bildgebenden Verfahren verschmelzen wird. Diese müssen in die Erforschung von Parasiteninfektionen integriert werden; daher wurden einige dieser Themen auch in das vorliegende Buch aufgenommen. Um der Bedeutung vieler dieser Krankheiten für die öffentliche Gesundheit Rechnung zu tragen, wurden außerdem zwei Kapitel, eines über Epidemiologie und eines über Prävention und Bekämpfung, aufgenommen.

Systematische Parasitologie besteht aus 5 Teilen (II, III, IV, V und VI). Teil II beinhaltet die Kapitel über zoonotische Protozoeninfektionen, während sich die Teile III–VI mit zoonotischen Helminthen- und Arthropodeninfektionen befassen. Jedes der Kapitel in den Teilen II–VI folgt einem einheitlichen Muster, bestehend aus historischen Informationen, Taxonomie, Biologie des Parasiten, Proteomik, Genomik, Immunologie, Pathogenese, epidemiologischen Merkmalen, klinischen Manifestationen bei Menschen und Tieren, Diagnostik, Therapie und Präventions- und Bekämpfungsmaßnahmen. Teil IV befasst sich mit Kapiteln über Infektionen, die durch Pentastomiden, Arthropoden und andere Ektoparasiten verursacht werden.

Der Mehrwert

Zusätzlich zu anderen Merkmalen eines Standardbuchs haben wir in diesen Kapiteln zwei einzigartige Merkmale hinzugefügt. Eines ist eine typische Fallstudie und das andere ist eine Liste unbeantworteter Forschungsfragen zu dem Parasiten. Die Fallstudien sollen eine Plattform für kritisches Denken bieten, um das erworbene Wissen in der klinischen Praxis, einschließlich Diagnostik, Therapie und anderen Anwendungen, anzuwenden. Die Liste der aktuellen Forschungsfragen zum Parasiten ist als Anregung für junge Forscher gedacht, diese unerforschten Gebiete zu untersuchen. Jedes Kapitel beginnt mit Lernzielen zum Nutzen der Studierenden.

Zusammenfassend lässt sich sagen, dass das *Lehrbuch der parasitären Zoonosen* auf die unterschiedlichen Bedürfnisse der Leser, seien es Studenten, Dozenten, Experten oder Anfänger, zugeschnitten ist. Wir hatten etwa 60 namhafte Mitwirkende, sowohl junge als auch erfahrene, aus verschiedenen Bereichen der medizinischen, veterinärmedizinischen, öffentlichen Gesundheits- und angewandten Gesundheitswissenschaften und aus verschiedenen Teilen der Welt, mit einer umfangreichen Erfahrung in ihren Bereichen, was eine weitere Stärke des Buches ist.

Ich wünsche Ihnen viel Spaß beim Lesen des Buches!

Inhaltsverzeichnis

Allgemeine Parasitologie

Parasitentaxonomie . . . 3
Subhash Chandra Parija und Abhijit Chaudhury

Wirt-Parasiten-Beziehung und klinische Manifestationen . . . 11
Alladi Mohan und Kanchi Mitra Bhargav

Parasitenimmunologie . . . 21
Abhijit Chaudhury

Parasitengenomik . . . 33
Sumeeta Khurana und Parakriti Gupta

Parasitenproteomik . . . 41
Tejan Lodhiya, Dania Devassy und Raju Mukherjee

Epidemiologie parasitärer Infektionen . . . 53
Vijaya Lakshmi Nag und Jitu Mani Kalita

Diagnose von parasitären Zoonosen . . . 63
Shweta Sinha, Upninder Kaur und Rakesh Sehgal

Chemotherapie parasitärer Infektionen . . . 81
Kolukuluru Rajendran Subash und Shanmuganathan Padmavathi

Prävention und Bekämpfung von parasitären Zoonosen . . . 91
Sanjoy Kumar Sadhukhan

Zoonotische Protozoeninfektionen

Toxoplasmose . . . 103
Shweta Sinha, Alka Sehgal, Upninder Kaur und Rakesh Sehgal

Leishmaniose . . . 119
Magda El-SayedAzab

Afrikanische Trypanosomiasis 139
Stefan Magez, Hang Thi Thu Nguyen, Joar Esteban Pinto Torres und Magdalena Radwanska

Amerikanische Trypanosomiasis 155
V. C. Rayulu und V.Gnani Charitha

Malaria 169
Nadira D. Karunaweera und N.Hermali Silva

Babesiose 183
Jayanta Bikash Dey

Kryptosporidiose 191
K. Vanathy

Sarkozystose 203
Azdayanti Muslim und Chong Chin Heo

Balantidiose 217
Alynne da Silva Barbosa, Laís Verdan Dib, Otilio Machado Pereira Bastos und Maria Regina Reis Amendoeira

Zoonotische Helmintheninfektionen: Trematode

Schistosomiasis 233
M. C. Agrawal und Suman Kumar

Fasziolose 249
V. C. Rayulu und S. Sivajothi

Fasziolopsiasis 261
Sumeeta Khurana und Priya Datta

Paragonimiasis 271
Jagadish Mahanta

Echinostomiasis 287
Rajendran Prabha

Dikrozöliose 297
V.Samuel Raj, Ramendra Pati Pandey, Rahul Kunwar Singh und Tribhuvan Mohan Mohaptara

Opisthorchiasis 305
S. Pramodhini und Tapashi Ghosh

Clonorchiasis 315
Rajendran Prabha

Amphistomiasis 325
Nonika Rajkumari

Heterophyiasis 333
Jagadish Mahanta

Metagonimiasis 343
Jagadish Mahanta

Nanophyetus-Infektion 353
Parvangada Madappa Beena und Anushka Vaijnath Devnikar

Zoonotische Helmintheninfektion: Zestoden

Diphyllobothriose 365
Aradhana Singh und Tuhina Banerjee

Taeniasis 377
Subhash Chandra Parija

Echinokokkose 395
Subhash Chandra Parija und S. Pramodhini

Sparganose 413
K. Vanathy

Dipylidiasis 421
Ramendra Pati Pandey, V.Samuel Raj, Rahul Kunwar Singh und Tribhuvan Mohan Mohaptara

Hymenolepiasis 429
Namrata K. Bhosale

Bertielliasis 439
Kashi Nath Prasad und Chinmoy Sahu

Raillietina-Infektion 449
Abhijit Chaudhury

Inermicapsifer-Infektionen 455
Abhijit Chaudhury

Zoonotische Helmintheninfektion: Nematode

Trichinellose 463
Abhijit Chaudhury

Drakunkulose 477
Abhijit Chaudhury

Kapillariasis 489
Vibhor Tak

Strongyloidiasis 501
Kashi Nath Prasad und Chinmoy Sahu

Ankylostomiasis 515
Utpala Devi

Askariasis 527
Utpala Devi

Dioctophymiasis 537
Swati Khullar, Nishant Verma und Bijay Ranjan Mirdha

Angiostrongylose 545
Vinay Khanna

Trichostrongyliasis 557
Vinay Khanna

Toxocariose 569
V.C. Rayulu und Manigandan Lejeune

Anisakiasis 583
Vibhor Tak

Gnath ostomiasis 593
Rahul Garg, Aradhana Singh und Tuhina Banerjee

Dirofilariose 605
Sourav Maiti

Thelaziose 621
D.Ramya Priyadarshini

Gongylonemiasis 629
D.Ramya Priyadarshini

Ternidens-Infektion 637
S. Pramodhini und Subhash Chandra Parija

Oesophagostomum-Infektion 647
Rahul Negi, Rahul Kunwar Singh, V.Samuel Raj und
Tribhuvan Mohan Mohaptara

Mammomonogamiasis 657
Munni Bhandari, Rahul Kunwar Singh, V.Samuel Raj und
Tribhuvan Mohan Mohaptara

Infektionen verursacht durch Pentastomiden, Arthropoden und Ektoparasiten

Pentastomiasis 667
Sourav Maiti

Krätze 679
Sumeeta Khurana und Bhavana Yadav

Myiasis 691
Aradhana Singh und Tuhina Banerjee

Tungiasis 701
Sourav Maiti

Rückmeldung 711

Herausgeber- und Autorenverzeichnis

Über die Herausgeber

Subhash Chandra Parija MBBS, MD, PhD, DSc, FRCPath, FAMS, FICAI, FABMS, FIMSA, FISCD, FIAAVP, FIATP, FICPath, ist derzeit der Vizekanzler von Shri Balaji Vidyapeeth, Pondicherry. Er war früher Direktor und auch Dekan (Forschung) des Jawaharlal Institute of Postgraduate Medical Education & Research (JIPMER), Pondicherry. Er erwarb den MBBS (1977) von der Utkal University, Cuttack, den MD (Mikrobiologie, 1981) von der Banaras Hindu University (BHU), Varanasi und den PhD (Mikrobiologie, 1987) von der University of Madras, Chennai. Er ist einer der wenigen medizinischen Mikrobiologen in Indien, denen der DSc (Mikrobiologie), der höchste Forschungsgrad, für seinen Beitrag zur medizinischen Parasitologie von der University of Madras, Chennai verliehen wurde. Prof. Parija wurde mit dem Distinguished BHU Alumnus Award im Bereich der medizinischen Wissenschaften während der Feier des 150-jährigen Jubiläums der BHU im Jahr 2012 ausgezeichnet. Prof. Parija hat fast 4 Jahrzehnte Lehr- und Forschungserfahrung, hauptsächlich im Bereich der Infektionskrankheiten, insbesondere Parasitologie, Diagnostik und öffentliche Gesundheit. Er ist aktiv an der Durchführung von Forschungsprogrammen in den Bereichen Immunologie, Epidemiologie und einfache, kosteneffiziente Diagnosetests für Parasitenkrankheiten in der Bevölkerung und in ressourcenarmen Gebieten beteiligt. Prof. Parija und sein Team haben zur klinischen und diagnostischen Parasitologie beigetragen. Sie waren die Ersten, die parasitäre Antigene im Urin zur Diagnose von Hydatidenkrankheiten und Zystizerkose entdeckten und nachweisen konnten; sie berichteten über den Nachweis von *Entamoeba histolytica*-DNA im Urin und Speichel zur Diagnose von Amöbenleberabszessen; sie dokumentierten *Entamoeba moshkovskii* aus Indien; sie evaluierten die Multiplex-PCR zum gleichzeitigen Nachweis von *Entamoeba histolytica*, *Entamoeba dispar* und *Entamoeba moshkovskii* in Stuhlproben zur Diagnose von intestinaler Amöbiasis und dokumentierten die Subtypidentifizierung von *Blastocystis* in Pondicherry. Prof. Parija führte Innovationen in der Stuhlmikroskopie ein, indem er LPCB, KOH, Nasspräparate von Stuhl, dicke Abstriche von Stuhl, die Formalin-Aceton-Methode zur Konzentration von Stuhl usw. zur besseren Identifizierung von parasitären Krankheiten einsetzte. Prof. Parija, Autor von mehr als 400 Forschungsarbeiten, hat mehr als 85 PhD, MD und andere Postgraduiertenarbeiten als Betreuer und Co-Betreuer betreut. Er hat 2 Patente, 3 Urheberrechte und einen Technologietransfer veröffentlicht. Prof. Parija ist Autor und Herausgeber von 16 Büchern, darunter das beliebteste *Lehrbuch der Parasitologie*, und das neueste *Effektive medizinische Kommunikation, Das A, B, C, D, E davon*, erschienen bei Springer. Prof. Parija ist Mitglied des Royal College of Pathologists, London und der International Academy of Medical Sciences, Neu-Delhi. Er ist auch Mitglied vieler renommierter Fachverbände wie der National Academy of Medical Sciences, Neu-Delhi, dem Indian College of Pathologists, Neu-Delhi, der Indian Academy of Tropical Parasitology, Pondicherry und vielen anderen. Prof. Parija ist Mitglied des Expertenausschusses der Food and Agricultural Organization–World Health Organization (FAO–WHO) zur Formulierung von Richtlinien zur Lebensmittelsicherheit bei Parasiten. Er war Vorsitzender des Committee for Pondicherry Declaration on the Identification and Detection of *Entamoeba histolytica* und übertrug die kostengünstigen diagnostischen Tests für parasitäre Krankheiten im Rahmen des Indo-Sri Lanka Joint Programme on Technology Transfer an die University of Parendenya, Sri Lanka. Er war in den akademischen, Prüfungs- und Forschungsberatungsausschüssen vieler nationaler und internationaler Institute tätig, darunter das BP Koirala Institute of Health Sciences, Dharan, Nepal, die Colombo University, Sri Lanka, das College of Medicine & Health Sciences, Sultan Qaboos University, Muscat, Oman und die Faculty of Medicine, University of Malaya, Malaysia. Professor Parija ist derzeit Editor-in-Chief der Zeitschrift *Tropical Parasitology,* Executive Editor des *SBV Journal of Basic, Clinical and Applied Health Science* (JBCAHS), der *Annals of SBV, des Pondicherry Journal of Nursing und des Journal of Scientific Dentistry*; Editor von *Topical Series on HIV/AIDS and Opportunistic Diseases and Co-infection* und Associate Editor von *BMC Infectious Diseases, BMC Journal of Case Reports (JCR), BMC Research Notes* usw. – zusätzlich zu seiner Mitgliedschaft im Redaktionsausschuss vieler Zeitschriften. Prof. Parija hat die Indian Academy of Tropical Parasitology gegründet, die einzige Organisation dieser Art in Indien; er hat *Tropical Parasitology* ins Leben gerufen, eine wissenschaftliche Zeitschrift über parasitäre Krankheiten; er hat das IATP-Qualitätssicherungsprogramm für parasitäre Krankheiten in Indien initiiert und das Postdoc-Programm in Tropical Parasitology, das derzeit in vielen führenden medizinischen Instituten im ganzen Land eingeführt wird, ins Leben gerufen. Er hat auch die Health & Intellectual Property Rights Academy (HIPRA) gegründet, eine einzigartige Einrichtung zur Förderung von Wissen, Studium und Praxis der Rechte an geistigem Eigentum im Gesundheitswesen in Indien. Prof. Parija hat mehr als 26 international und nationale Auszeichnungen erhalten, darunter den BPKIHS Internal Oration Award (1997) des BP Koirala Institute of Health Sciences, Nepal, den Dr. BC Roy National Award (2003) des Medical Council of Indien, den Dr. R. V. Rajam Oration Award (2019) und den Dr. PN Chuttani Oration Award

(2007) der National Academy of Medical Sciences, den Prof. BK Aikat Oration Award (1998) und den Major General Saheb Singh Sokhey Award (1992) des Indian Council of Medical Research, den Dr. Subramaniam Memorial Oration Award (2015) der Indian Association of Biomedical Scientists, den Sri SM Ismail Oration Award (2005) der Indian Association for Development of Veterinary Parasitology, den Dr. BP Pandey Memorial Oration Award (1998) der Indian Society for Parasitology, den Dr. SC Agarwal Oration Award (2001) der Indian Association of Medical Microbiologists, den Dr. BP Pandey Memorial Oration Award (1998) der Indian Society for Parasitology, usw. Prof. Parija hat einen enormen Beitrag zum Aufbau von Institutionen und zur medizinischen Ausbildung geleistet und Studenten, Postgraduierte, Doktoranden und junge Dozenten dabei unterstützt, ihr Interesse an der Forschung und ihrer Karriere im Bereich parasitärer Krankheiten von Bedeutung für die öffentliche Gesundheit zu verfolgen. Er konzipierte den neuen Campus von JIPMER in Karaikal, beschaffte das Gelände und eröffnete ihn im Jahr 2017.

Abhijit Chaudhury MBBS, MD, DNB, D(ABMM) arbeitet derzeit als Professor in der Abteilung für Mikrobiologie am Sri Venkateswara Institute of Medical Sciences und dem angegliederten Sri Padmavathy Medical College für Frauen in Tirupati, Andhra Pradesh, Indien. Er begann seine Karriere in der Mikrobiologie am Himalayan Institute of Medical Sciences, Dehradun und wechselte dann zum Manipal College of Medical Sciences, Pokhara, Nepal und ist seit 1998 mit dem heutigen Institut verbunden. In den dazwischen liegenden Jahren war er auch kurzzeitig als Dozent für Mikrobiologie an der Medizinischen Universität von St. Eustatius, Niederländische Antillen, am SSR Medical College, Mauritius und Oman Medical College, Sohar, Oman tätig. Seine Forschungsinteressen umfassen die Pathogenese von Protozoenparasiten, Mykobakteriengenomik und Biofilminfektionen. Er war Mitglied der Task Force für die Entwicklung von Lehrplänen für Labortechnologiekurse des Ministeriums für Gesundheit und Familienfürsorge, Regierung von Indien und Gutachter für Antibiotikabehandlungsrichtlinien, die von der Regierung von Westbengalen veröffentlicht wurden. Er hat als Gutachter für eine Reihe von nationalen und internationalen Zeitschriften wie *Indian Journal of Medical Research*, *Indian Journal of Medical Microbiology*, *BMC Microbiology*, *Journal of Medical Microbiology*, *Frontiers in Microbiology*, *Microbial Pathogenesis* und *FEMS Immunology and Medical Microbiology* gearbeitet. Er hat mehr als 25 Jahre Lehrerfahrung im Bereich der medizinischen Mikrobiologie für Studenten und Postgraduierte und hat die MSc-, MD- und PhD-Arbeiten einer Reihe von Studenten betreut oder mitbetreut. Er war maßgeblich an der Entwicklung horizontaler und vertikaler integrierter Lehrmodule für MBBS-Studenten beteiligt, und zwar lange vor der Einführung der kompetenzbasierten medizinischen Ausbildung durch den Medical Council of India. Er hat außerdem fast 90 Forschungsartikel in begutachteten nationalen und internationalen Zeitschriften veröffentlicht und ein Buchkapitel verfasst. Er ist außerdem Mitglied wissenschaftlicher Gesellschaften wie der Indian Association of Medical Microbiology und der Indian Academy of Tropical Parasitology sowie Gutachter für den National Medical Council (früher Medical Council of India) und den National Assessment and Accreditation Council, India. Derzeit ist er der Chefredakteur der Zeitschrift *Tropical Parasitology*, die die offizielle Publikation der Indian Academy of Tropical Parasitology ist.

Autorenverzeichnis

M. C. Agrawal Department of Veterinary Parasitology, College of Veterinary Science & Animal Husbandry, Jabalpur, Indien

Maria Regina Reis Amendoeira Laboratório de Toxoplasmose e outras Protozooses, Instituto Oswaldo Cruz, Fundação Oswaldo Cruz, Rio de Janeiro, Brazil

Magda El-Sayed Azab Parasitology Department, Faculty of Medicine, Ain Shams University, Cairo, Egypt

Tuhina Banerjee Department of Microbiology, Institute of Medical Sciences, Banaras Hindu University, Varanasi, Indien

Alynne Silva da Barbosa Departamento de Microbiologia e Parasitologia, Instituto Biomédico, Universidade Federal Fluminense, Rio de Janeiro, Brazil
Laboratório de Toxoplasmose e outras Protozooses, Instituto Oswaldo Cruz, Fundação Oswaldo Cruz, Rio de Janeiro, Brazil

Otilio Machado Pereira Bastos Departamento de Microbiologia e Parasitologia, Instituto Biomédico, Universidade Federal Fluminense, Rio de Janeiro, Brazil

Parvangada Madappa Beena Department of Microbiology, Sri Devaraj Urs Medical College, Kolar, Indien

Munni Bhandari Department of Microbiology, School of Life Sciences, Hemvati Nandan Bahuguna Garhwal University, Srinagar, Indien

Kanchi Mitra Bhargav Department of Medicine, Sri Venkateswara Institute of Medical Sciences, Tirupati, Indien

Namrata K. Bhosale Department of Microbiology, Mahatma Gandhi Medical College and Research Institute, Puducherry, Indien

V. Gnani Charitha Sri Venkateswara Veterinary University, Tirupati, Indien

Abhijit Chaudhury Department of Microbiology, Sri Venkateswara Institute of Medical Sciences, Tirupati, Andhra Pradesh, Indien

Chong Chin Heo Institute of Pathology, Laboratory and Forensic Medicine (I-PPerForM), UniversitiTeknologi MARA, Sungai Buloh, Selangor, Malaysia

Priya Datta Department of Medical Parasitology, Postgraduate Institute of Medical Education and Research, Chandigarh, Indien

Dania Devassy Department of Biology, Indienn Institute of Science Education and Research (IISER), Tirupati, Indien

Utpala Devi (deceased), ICMR-Regional Medical Research Centre, Dibrugarh, Indien

Anushka Vaijnath Devnikar Department of Microbiology, S. Nijalingappa Medical College, Bagalkot, Indien

Jayanta Bikash Dey Department of Microbiology, Bankura Sammilani Medical College, Bankura, Indien

Laís Verdan Dib Laboratório de Toxoplasmose e outras Protozooses, Instituto Oswaldo Cruz, Fundação Oswaldo Cruz, Rio de Janeiro, Brasilien

Rahul Garg Department of General Medicine, All Indien Institute of Medical Sciences, Bhopal, Indien

Tapashi Ghosh Department of Microbiology, Calcutta School of Tropical Medicine, Kolkata, Indien

Parakriti Gupta Department of Medical Parasitology, Post Graduate Institute of Medical Education and Research, Chandigarh, Indien

Jitu Mani Kalita All Indien Institute of Medical Sciences, Jodhpur, Indien

Nadira D. Karunaweera Department of Parasitology, Faculty of Medicine, University of Colombo, Colombo, Sri Lanka

Upninder Kaur Department of Medical Parasitology, Post Graduate Institute of Medical Education and Research, Chandigarh, Indien

Vinay Khanna Department of Microbiology, Kasturba Medical College, Manipal, Indien
Manipal Academy of Higher Education, Manipal, Indien

Swati Khullar Department of Microbiology, All Indien Institute of Medical Sciences, New Delhi, Indien

Sumeeta Khurana Department of Medical Parasitology, Post Graduate Institute of Medical Education and Research, Chandigarh, Indien

Suman Kumar Department of Veterinary Parasitology, College of Veterinary Science & Animal Husbandry, Jabalpur, Indien

Manigandan Lejeune Department of Clinical Parasitology, Animal Health Diagnostic Center, College of Veterinary Medicine, Cornell University, Ithaca, NY, USA
Department of Population Medicine and Diagnostic Sciences, Animal Health Diagnostic Center, College of Veterinary Medicine, Cornell University, Ithaca, NY, USA

Tejan Lodhiya Department of Biology, Indienn Institute of Science Education and Research (IISER), Tirupati, Indien

Stefan Magez Ghent University Global Campus, Incheon, SüdkoreaLaboratory for Cellular and Molecular Immunology (CMIM), Vrije Universiteit Brussel, Brussels, Belgien
Department of Biochemistry and Microbiology, Universiteit Gent, Gent, Belgien

Jagadish Mahanta ICMR-Regional Medical Research Centre, Dibrugarh, Indien

Sourav Maiti Department of Clinical Microbiology and Infection Control, Institute of Neurosciences, Kolkata, Indien

Bijay Ranjan Mirdha Department of Microbiology, All Indien Institute of Medical Sciences, New Delhi, Indien

Alladi Mohan Department of Medicine, Sri Venkateswara Institute of Medical Sciences, Tirupati, Indien

Tribhuvan Mohan Mohaptara Department of Microbiology, Institute of Medical Sciences, Banaras Hindu University, Varanasi, Indien

Raju Mukherjee Department of Biology, Indienn Institute of Science Education and Research (IISER), Tirupati, Indien

Azdayanti Muslim Department of Medical Microbiology and Parasitology, Faculty of Medicine, UniversitiTeknologi MARA, Sungai Buloh, Selangor, Malaysia

Vijaya Lakshmi Nag All Indien Institute of Medical Sciences, Jodhpur, Indien

Rahul Negi Department of Microbiology, School of Life Sciences, Hemvati Nandan Bahuguna Garhwal University, Srinagar, Indien

Hang Thi Thu Nguyen Ghent University Global Campus, Incheon, Südkorea
Laboratory for Cellular and Molecular Immunology (CMIM), Vrije Universiteit Brussel, Brussels, Belgien
Department of Biochemistry and Microbiology, Universiteit Gent, Gent, Belgien

Shanmuganathan Padmavathi Department of Pharmacology, Sri Mahatma Gandhi Medical College and Research Institute, Pondicherry, Indien

Ramendra Pati Pandey SRM University, Sonepat, Indien

Subhash Chandra Parija Sri Balaji Vidyapeeth University, Pondicherry, Indien

Rajendran Prabha Department of Microbiology, Mahatma Gandhi Medical College and Research Institute, Pondicherry, Indien

S. Pramodhini Department of Microbiology, Mahatma Gandhi Medical College and Research Institute, Sri Balaji Vidyapeeth (Deemed To Be University), Pondicherry, Indien

Kashi Nath Prasad Department of Microbiology, Apollomedics Super Speciality Hospital, Lucknow, Indien

D. Ramya Priyadarshini Department of Microbiology, Mahatma Gandhi Medical College and Research Institute, Sri Balaji Vidyapeeth (Deemed To Be University), Puducherry, Indien

Magdalena Radwanska Ghent University Global Campus, Incheon, Südkorea
Department of Biomedical Molecular Biology, Universiteit Gent, Gent, Belgien

V. Samuel Raj Centre for Drug Designing, Discovery and Development, SRM University, Sonepat, Indien

Nonika Rajkumari Department of Microbiology, Jawaharlal Institute of Post-Graduate Medical Education and Research, Pondicherry, Indien

V. C. Rayulu Department of Veterinary Parasitology, Sri Venkateswara Veterinary University, Tirupati, Andhra Pradesh, Indien

Sanjoy Kumar Sadhukhan Department of Epidemiology, All Indien Institute of Hygiene and Public Health, Kolkata, Indien

Chinmoy Sahu Department of Microbiology, Sanjay Gandhi Postgraduate Institute of Medical Sciences, Lucknow, Indien

Alka Sehgal Department of Obstetrics and Gynaecology, Government Medical College and Hospital, Chandigarh, Indien

Rakesh Sehgal Department of Medical Parasitology, Post Graduate Institute of Medical Education and Research, Chandigarh, Indien

N. Hermali Silva Department of Parasitology, Faculty of Medicine, University of Colombo, Colombo, Sri Lanka

Aradhana Singh Department of Microbiology, Institute of Medical Sciences, Banaras Hindu University, Varanasi, Indien

Rahul Kunwar Singh Department of Microbiology, HNB Garhwal University, Srinagar (Garhwal), Indien

Shweta Sinha Department of Medical Parasitology, Post Graduate Institute of Medical Education and Research, Chandigarh, Indien

S. Sivajothi Department of Veterinary Parasitology, Sri Venkateswara Veterinary University, Tirupati, Andhra Pradesh, Indien

Kolukuluru Rajendran Subash Department of Pharmacology, Sri Venkateswara Institute of Medical Sciences, Tirupati, Indien

Vibhor Tak Department of Microbiology, All Indien Institute of Medical Sciences, Jodhpur, Indien

Joar Esteban Pinto Torres Laboratory for Cellular and Molecular Immunology (CMIM), Vrije Universiteit Brussel, Brussels, Belgien

K. Vanathy Department of Microbiology, Mahatma Gandhi Medical College and Research Institute, Puducherry, Indien

Nishant Verma Department of Microbiology, All Indien Institute of Medical Sciences, New Delhi, Indien

Bhavana Yadav Department of Medical Parasitology, Post Graduate Institute of Medical Education and Research, Chandigarh, Indien

Teil I
Allgemeine Parasitologie

Parasitentaxonomie

Subhash Chandra Parija und Abhijit Chaudhury

Lernziele

1. Einen breiten Überblick über die bestehende Klassifizierung von Parasiten zu haben
2. Die Grundlage für die Klassifizierung zu verstehen
3. Kenntnisse über die modernen Methoden zur Taxonomie und die damit verbundenen Änderungen in der Klassifizierung einiger Parasiten zu haben

Einführung

Seit der ersten Einteilung der Lebewesen in zwei Reiche– Animalia und Plantae – durch Carl Linnaeus im Jahr 1758 haben neue Informationen und Entdeckungen zu einer zunehmenden Komplexität und Komplikation bei der Gestaltung einer angemessenen Klassifizierung geführt. Die früheren Klassifizierungssysteme stützten sich stark auf die morphologischen Aspekte der Organismen. Die Entdeckung von ultrastrukturellen Details, ihrem enzymatischen Muster und genetischen Aufbau haben bei der Neuklassifizierung vieler dieser Parasiten eine entscheidende Rolle gespielt. Jüngste Fortschritte in der Gensequenzierung und anderen Methoden haben ergeben, dass einige frühere phylogenetische Klassifizierungen nicht unbedingt mit der evolutionären Vergangenheit übereinstimmen. Daher sind Änderungen und Modifikationen notwendig, wenn neue Entdeckungen ans Licht kommen. Es besteht ein Bedarf, die taxonomische Klassifizierung von Parasiten aus zwei Blickwinkeln zu verstehen: dem traditionellen und dem modernen. Während die meisten Wissenschaftler mit der älteren und konventionellen Klassifizierung vertraut sind, hat das moderne System mithilfe von ausgefeilteren Daten die bestehenden Parasiten klassifiziert und neu klassifiziert, und ihnen wurde sogar eine neue Nomenklatur zugewiesen. Dies hat verständlicherweise Verwirrung unter den verschiedenen Interessengruppen verursacht. Daher ist ein Kompromiss zwischen dem aktuellen evolutionären Denken und dem praktischeren Bedarf an einem System der Nomenklatur, das es Wissenschaftlern aus verschiedenen Bereichen ermöglicht, effektiv miteinander zu kommunizieren und relevante Informationen aus Archiv- und historischen Daten abzurufen, notwendig.

S. C. Parija
Sri Balaji Vidyapeeth University, Pondicherry, Indien

A. Chaudhury (✉)
Department of Microbiology, Sri Venkateswara Institute of Medical Sciences, Tirupati, Andhra Pradesh, Indien

S. C. Parija und A. Chaudhury (Hrsg.), *Lehrbuch der parasitären Zoonosen*,
https://doi.org/10.1007/978-981-97-4312-4_1

Die Entwicklung der Klassifizierungssystematik

Die umfassende Einteilung aller Lebewesen in 2 Reiche, Animalia und Plantae, im Jahr 1758 durch Linnaeus markierte den Beginn der taxonomischen Klassifizierung. Die Entdeckung zahlreicher einzelliger Organismen mit der Erfindung des Mikroskops veranlasste Wissenschaftler wie Haeckel im Jahr 1876 die Schaffung eines 3. Reichs, Protista, zu begründen, um diese Lebensformen einzubeziehen. Anschließend wurden vier Reiche von Copeland im Jahr 1949 vorgeschlagen (Animalia, Plantae, Protoctista und Mychota). Die Herausnahme der Pilze aus dem Pflanzenreich erforderte die Hinzufügung des fünften Reichs der Pilze (Fungi). Jahn und Jahn modifizierten 1949 weiter die Reiche, die die Grundlage für eine Fünf-Reiche-Klassifizierung von Whittaker im Jahr 1969 bildeten. Diese Klassifizierung umfasste Monera (Prokaryoten), Animalia, Plantae, Fungi und Protista. Corliss (1994) schlug sechs Reiche im Reich Eukaryota vor, behielt die alten Plantae, Fungi und Animalia bei und führte 3 Reiche von einzelligen Organismen ein: Archezoa, Protozoa und Chromista.

Taxonomie der Protozoenparasiten

Die einzelligen eukaryotischen Organismen haben verschiedene Namen erhalten: Protozoen, Protisten oder Protoctisten. Jeder Name hat seine eigenen Befürworter und Anhänger. Protozoen und Protisten sind die Favoriten unter Parasitologen und Protozoologen. Als zusätzliche Reiche eingeführt wurden, stieg der Status von Protozoen auf das Niveau des Reichs. Die Protozoen wurden erstmals von Goldfuss im Jahr 1818 in 3 Gruppen auf der Grundlage ihrer Fortbewegungsorgane eingeteilt: Amöben, Flagellaten und Ciliaten. Anschließend wurden die Sporozoen im Jahr 1883 von Butschli in das Reich aufgenommen. Seitdem wurden zahlreiche Klassifizierungssysteme und Neuklassifizierungen vorgeschlagen.

Klassifikation des Reichs der Protozoen nach Cavalier-Smith (2003)

Das von Cavalier-Smith (2003) vorgeschlagene Reich der Protozoen basiert auf bestimmten Merkmalen, die sie von anderen einzelligen Lebewesen unterscheiden. Die von Cavalier-Smith vorgeschlagene Klassifikation legt nahe, dass das Reich der Protozoen 11 Stämme umfasst, von denen nur wenige Krankheitserreger bei Menschen und Tieren sind. Das Reich der Protozoen umfasst mehr als 200.000 Protozoenarten, von denen nur etwa 10.000 (0,5 %) Parasiten sind, mit oder ohne pathogenem Potenzial. Die Stämme Amoebozoa, Trichozoa, Percolozoa, Euglenozoa, Miozoa und Ciliophora sind die einzigen Stämme von 11 Stämmen im Reich der Protozoen, die potenziell pathogene Arten für Menschen und Tiere enthalten (Tab. 1):

1. **Amoebozoa:** Diese umfassen Protozoen, die Pseudopodien als Fortbewegungsorgane haben oder durch Protoplasmafluss beweglich sind. Flagellen, falls vorhanden, sind auf eine bestimmte Lebensphase beschränkt. Sie vermehren sich asexuell durch Spaltung; sexuelle Fortpflanzung ist mit freilebenden Amöben verbunden. Mitochondriale röhrenförmige Cristae oder Mitochondrien und Peroxisomen fehlen.
2. **Euglenozoa:** Die in die Gruppe aufgenommenen Protozoen haben Flagellen, oft mit paraxialen Stäbchen. Sie haben auch scheibenförmige mitochondriale Cristae und kortikale Mikrotubuli und zeigen Persistenz von Nukleolen während der meiotischen Teilung.
3. **Percolozoa:** Percolozoa haben heterotrophe Flagellen oder Amöboflagellen und scheibenförmige mitochondriale Cristae. Sie wechseln häufig zwischen einer Flagellatenphase mit Pellicle und einer hauptsächlichen nicht ziliaten trophischen Amöbenphase.
4. **Trichozoa:** Diese Protozoen sind Flagellaten oder, selten, Amöben bestehend aus Hydrogenosomen und prominenten Dictyosomen im Golgi-Apparat. Sie zeigen eine geschlossene Mitose mit extranukleärer mitotischer Spindel.

Tab. 1 Überarbeitete detaillierte Klassifikation von pathogenen Protozoenparasiten. (Nach Cavalier Smith, 2003)

Königreich: Protozoen

A. Unterlebewesen: Sarcomastigota

Stamm: **Amöbozoen**
Unterstamm 1: Protamoebae
Klasse 4: Variosea: *Acanthamoeba, Balmuthia*
Unterstamm 2: Archamoeba
Klasse: Archamoeba: *Entamoeba, Endolimax.*

B. Unterlebewesen: Biciliata

Infra-Königreich: Excavata

Stamm 2: Metamonada
Unterstamm: **Trichozoa**
Oberklasse 1: Parabasalia
Klasse 1: Trichomonadea: *Trichomonas, Lophomonas*
Oberklasse 3: Eopharyngea
Klasse 1: Trepomonadea:
Unterklasse 1: Diplozoa: *Giardia*
Klasse 2: Retortamonadea: *Retortamonas, Chilomastix*
Überstamm 1: Discicristata

Stamm 1: **Percolozoa**
Klasse 1: Heterolobosea: *Naegleria*
Stamm 2: **Euglenozoen**
Unterstamm 2: Saccostoma
Klasse 1: Kinetoplastea: *Trypanosoma, Leishmania.*

Infra-Königreich: Alveolata

Stamm 1: **Miozoen**
Unterstamm 3: Apicomplexa
Infraphylum: Sporozoa
Klasse 1: Kokzidien: *Toxoplasma, Kryptosporidium*
Klasse 2: Hämatozoen: *Plasmodium, Babesia.*
Stamm 2: **Ciliophora**
Unterstamm 2: Intramacornucleata
Klasse 2: Litostomatea: *Balantidium*

5. **Miozoa:** Die Miozoa bestehen aus Protozoen, die üblicherweise oder ursprünglich durch den Prozess der Myzozytose ernähren. Diese Protozoen durchbohren daher die Zellwand oder Zellmembran des Wirts mit einem Konoid oder Fütterungsrohr und saugen den zellulären Inhalt aus.
6. **Ciliophora:** Diese Protozoen sind Parasiten des Verdauungstrakts. Sie haben Zilien und kortikale Alveolen und typischerweise

2 Arten von Kernen (heterokaryotisch). Die Ciliophora-Protozoen können sexuelle Phänomene der *Konjugation* oder *Autogamie* und *Cytogamie* oder asexuelle Fortpflanzung durch transversale Spaltung zeigen. Kontraktile Vakuolen sind vorhanden.

Klassifikation des Reichs der Protozoen nach Corliss (1994)

Die Klassifikation nach Corliss (1994) ist ein weiteres vereinfachtes System der Klassifikation. Diese Klassifikation umfasst sowohl konventionelle als auch molekulare Eigenschaften von Parasiten. Der Einfachheit und Vertrautheit halber werden in diesem System auch die älteren Namen der Parasiten beibehalten. Dieses Klassifikationssystem ist äußerst nützlich für medizinische und veterinärmedizinische Parasitologen und ist von praktischer Bedeutung (Tab. 2).

Gemäß der Klassifikation von Corliss (1994) sind pathogene potenzielle Protozoenarten, die Infektionen bei Menschen und Tieren verursachen können, in den folgenden Stämmen enthalten:

1. **Metamonada:** Diese Protozoen sind Parasiten des Darmtrakts. Sie haben 2 oder mehr Flagellen und enthalten anstelle von Mitochondrien Hydrogenosomen.
2. **Microspora:** Diese sind einzellige sporenähnliche Strukturen, die 1 oder 2 Kerne mit Sporoplasma und einem Polfilament enthalten. Sie haben keine Mitochondrien und Peroxisomen, aber ein 70S-Ribosom.
3. **Parabasalia:** Diese Protozoen haben mehrere Flagellen. Sie haben parabasale Fasern, die an den Kinetosomen entstehen. Der parabasale Apparat ist analog zum Golgi-Apparat. Sie haben keine Mitochondrien.
4. **Apicomplexa:** Die Protozoen, die zu diesem Stamm gehören, haben eine einzigartige Struktur, die als apikaler Komplex bekannt ist. Der Komplex besteht aus einem Polring, Mikronemen, Rhoptrien, einem Konoid und subpelliculären Tubuli. Sie haben kortikale Alveolen und repräsentieren die Sporozoen, die in den alten Klassifikationen der Protozoen beschrieben wurden.

Systematik der Helminthenparasiten

Die Einteilung der Helminthen in Cestoden, Trematoden und Nematoden ist eine praktische Einteilung, die vor allem Parasitologen aus dem Bereich der Medizin und der Veterinärwissenschaften kennen.

Ein zoologisches System zur Klassifikation von Helminthen beinhaltet das Unterreich Bilateria im Reich der Animalia, das Helminthenparasiten umfasst. Das Infrareich 1 *(Ecdysozoa)* umfasst die Nematoden (Tab. 3), während das Infrareich 2 *(Platyzoa)* die Trematoden und Bandwürmer enthält (Tab. 4):

Tab. 2 Nützliche Klassifikation von pathogenen Protozoen. (Nach Corliss 1994)

Reich	Stamm	Klasse	Ordnung	Vertreter
Archezoen	Metamonada	Trepomonada	Diplomonadida	*Giardia*
			Enteromonadida	*Enteromonas*
		Retortamonada	Retortamonadida	*Retortamonas*, *Chilomastix*
	Microspora	Microsporea	Microsporida	*Encephalitozoon*, *Enterocytozoon*, *Nosema*, *Septata*
Protozoen	Percolozoa	Heterolobosea	Schizopyrenida	*Naegleria*
	Parabasalia	Trichomonadia	Trichomonadida	*Trichomonas*
	Euglenozoa	Kinetoplastidea	Trypanosomatida	*Trypanosoma*, *Leishmania*
	Ciliophora	Litostomatea	Vestibuliferida	*Balantidium*
	Apicomplexa	Coccidea	Eimerida	*Cryptosporidium*, *Cyclospora*, *Toxoplasma*, *Isospora*, *Sarcocystis*
		Haematozoa	Haemosporida	*Plasmodium*
			Piroplasmida	*Babesia*

Tab. 3 Klassifikation von pathogenen Nemathelminthenparasiten

Stamm	Unterstamm	Klasse	Überfamilie	Familie	Mitglieder
Nemathelminthes	Nematoda	Adenophora (Aphasmidea)	Trichinelloidea	Trichinellidae	*Trichinella spiralis*
				Trichuridae	*Trichuris trichiura*
		Secernentea (Phasmidea)	Ancylostomatoidea	Ancylostomatidae	*Ancylostoma duodenale*, *Necator americanus*
			Ascaridoidea	Ascarididae	*Ascaris*, *Toxocara*
				Anisakidae	*Anisakis*
			Dracunculoidea	Dracunculidae	*Dracunculus*
			Filarioidea	Onchocercidae	*Wuchereria*, *Brugia*, *Onchocerca*, *Dirofilaria*, *Mansonella streptocerca*
			Gnathostomatoidea	Gnathostomatidae	*Gnathostoma*
			Metastrongyloidea	Angiostrongyloidae	*Angiostrongylus*
			Oxyuroidea	Oxyuridae	*Enterobius*
			Rhabditoidea	Strongyloididae	*Strongyloides*
			Spiruroidea	Gongylonematidae	*Gongylonema*
			Strongyloidea	Chabertidae	*Oesophagostomum*, *Ternidens*
				Sygamidae	*Mammomonogamus*
			Thelazioidea	Thelaziidae	*Thelazia*
			Trichostrongyloidea	Trichostrongyloidae	*Trichostrongylus*

Tab. 4 Klassifikation der pathogenen Platyhelminthes

Stamm	Klasse	Ordnung	Familie	Mitglieder
Platyhelminthes	Digenea	Strigeida	Diplostomadae	*Diplostomum*
			Schistosomatidae	*Schistosoma*
			Clinostomatidae	*Clinostomum*
		Echinostomatida	Echinostomatidae	*Echinostoma*
			Fasciolidae	*Fasciola* *Fasciolopsis*
			Zygocotilidae	*Gastrodiscoides hominis* *Watsonius watsoni*
		Plagiorchiida	Dicrocoeliidae	*Dicrocoelium dendriticum*
			Heterophyidae	*Heterophyes*, *Metagonimus*
			Opisthorchiidae	*Opisthorchis (Clonorchis)*
			Lecithodendriidae	*Phaneropsolus*
			Paragonimidae	*Paragonimus*
			Plagiorchiidae	*Plagiorchis*
			Troglotrematidae	*Nanophyetus salmincola*
	Cestoidea	Pseudophyllidea	Diphyllobothridae	*Diphyllobothrium*, *Spirometra*, *Sparganum*
		Cyclophyllidea	Anoplocephalidae	*Bertiella*
			Davaineidae	*Raillietina*
			Dipylidiidae	*Dipylidium caninum*
			Hymenolepididae	*Hymenolepis* (*Rodentolepis*) *nana*, *Hymenolepis diminuta*
			Mesocestoididae	*Mesocestoides*
			Taeniidae	*Taenia*, *Echinococcus*, *Multiceps*

1. **Nematoden:** Nematoden sind typischerweise bilateral symmetrisch und länglich mit sich verjüngenden Enden. Sie besitzen eine Körperhöhle oder ein *Pseudocoel*. Das Verdauungssystem besteht aus Mund, Pharynx und Anus. Der Verdauungskanal ist 3-strahlig. Der Körper besitzt keine Zilien oder Flagellen, hat aber eine Vielzahl von *Sensillen* als Sinnesorgan. Die Würmer sind getrenntgeschlechtlich mit getrennten männlichen und weiblichen Adulten. Weibchen sind normalerweise größer und meist ovipar. Die ventrale Vulva stellt die Öffnung des weiblichen Fortpflanzungssystems dar, während sie beim Männchen in eine Kloake mündet, die auch das Verdauungssystem enthält.
2. **Platyhelminthes:** Sie werden als Plattwürmer bezeichnet, da sie einen dorsoventral abgeflachten bilateral symmetrischen Körper haben. Sie haben keine Körperhöhle. Der Körper ist mit Tegument bedeckt. Der größte Teil des Körpers besteht aus Parenchym und in Parenchym befinden sich Muskelfasern. Das Verdauungssystem ist eine blinde sackartige Struktur mit einem Mund am vorderen Ende. Die Flammenzellen stellen das Ausscheidungssystem der Würmer dar. Die meisten Mitglieder sind nicht getrenntgeschlechtlich und können ihre eigenen Eier befruchten.

Platyhelminthes werden in 2 Gruppen eingeteilt, Trematoden und Zestoden:

1. **Trematoden:** Sie sind Zwitterwürmer. Sie sind auch bekannt als Saugwürmer und haben einen blattähnlichen Körper und 2 Saugnäpfe, einen am vorderen und einen am hinteren Ende. Trematoden haben ein Verdauungssystem. Sie benötigen definitive Wirte, die das adulte Stadium beherbergen, und 2 Zwischenwirte, die die Larvenstadien von Miracidium, Sporozysten und Zercarie beherbergen.
2. **Zestoden:** Die Zestoden haben 3 embryonale Schichten: Ektoderm, Mesoderm und Endoderm. Der Kopf oder Skolex, der am vorderen Ende des Körpers vorhanden ist, hilft bei der Anhaftung des Zestoden an das Gewebe des Wirts. Der Körper oder *Strobila* ist segmentiert und ist einzigartig für diese Parasiten. Der *Strobila* besteht aus einer linearen Reihe von männlichen und weiblichen Fortpflanzungsorgansystemen, und die umgebende Fläche ist als Segment oder *Proglottis* bekannt. Neue Proglottiden oder Segmente befinden sich am vorderen Ende, während gravide Proglottiden am hinteren Ende zu finden sind. Die graviden Proglottiden enthalten verzweigte Uterusstrukturen, die mit Eiern gefüllt sind. Sie haben keinen Verdauungstrakt und absorbieren alle Nährstoffe von der äußeren Hülle oder Tegument mit hoher Stoffwechselaktivität.

Moderne Methoden zur Klassifizierung von Parasiten

Während das 19. Jahrhundert und die Erste Hälfte des vorherigen Jahrhunderts fast ausschließlich auf Licht- und später auf Elektronenmikroskopie zur Klassifizierung von Parasiten angewiesen waren, wurden nach und nach neue Techniken eingeführt, um die Beziehung zwischen diesen Lebensformen auf molekularer Ebene zu studieren. Der Bedarf an diesen Techniken ist aus mehreren Gründen entstanden (Abb. 1).

Eine der ersten solchen Methoden, die angewendet wurde, war die Untersuchung der *Isoenzymprofile*. Dies war sehr nützlich, um zwischen eng verwandten Organismen zu unterscheiden, und das klassische Beispiel war die Unterscheidung zwischen pathogenen und nicht pathogenen Formen von *Entamoeba histolytica*. Sie wurde in ähnlicher Weise für *Toxoplasma gondii* und zur Identifizierung der Unterarten von *Trypanosoma brucei* verwendet. In den letzten Jahren wurde diese Technik auch für die phylogenetische Klassifizierung von *Plasmodium falciparum* und *Cryptosporidium hominis* eingesetzt. Anschließend haben die neuen *DNA- und RNA-technologischen Fortschritte* alle anderen Methoden in den Schatten gestellt, und sie sind heute die am häufigsten verwendete Methodik für die systematische Klassifizierung, insbesondere zur Lösung von taxonomischen und phylogenetischen Kontroversen

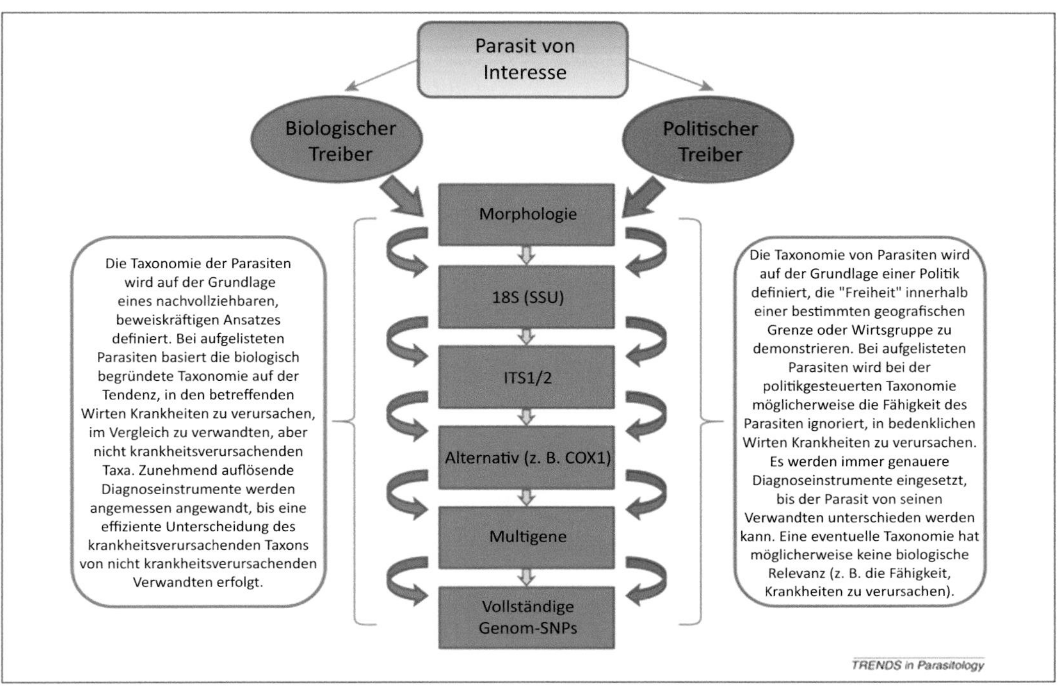

Abb. 1 Die „diagnostische Kaskade". Der Antrieb zur Abgrenzung eines bestimmten Parasitentaxons kann durch „biologische" oder „politische" Überlegungen getrieben sein. (Aus: Stentiford G, Feist S, Stone DM, Peeler E, Bass, D. Policy, phylogeny, and the parasite. Trends in parasitology. 2014. 30. https://doi.org/10.1016/j.pt.2014.04.004)

und Problemen. Historisch gesehen wurde die kleine Untereinheit der ribosomalen RNA erstmals in den 1980er-Jahren zur Erstellung eines phylogenetischen Baums verwendet. Derzeit werden die 16S und 18S kleinen nukleären RNAs und DNA-Sonden umfangreich in taxonomischen Arbeiten verwendet, und sie sind besonders nützlich, um die evolutionäre Distanz zwischen den Stämmen zu finden und phylogenetische Bäume zu erstellen. Die *molekulare Karyotypisierung* ist eine weitere Methode, die bei der Bestimmung der chromosomalen Größenunterschiede hilft. Sie wurde für die Erreger der kutanen Leishmaniose eingesetzt und half bei der geografischen Gruppierung der Stämme. Die Untersuchung der *Ganzgenomsequenzierung* kann helfen, einige atypische oder nicht klassifizierte Mitglieder einer Gattung auf neue Unterarten- oder Untergattungsebenen zu setzen. Zusätzlich dazu könnte das aufkommende Feld der *Proteomik* neue Korridore in der Klassifizierung von Organismen eröffnen. Genomstudien sind nützlich, um die evolutionären Trends zu bestimmen und Hinweise auf das Ausmaß der genetischen Unterschiede zu geben, aber sie berücksichtigen nicht die posttranskriptionale Regulation der Proteinexpression und können nicht das Ausmaß der Kreuzreaktivität zwischen Parasitenarten bestimmen. Es ist möglich, dass proteomische Vergleiche einen besseren Hinweis auf phänotypische Unterschiede zwischen verschiedenen Parasiten geben können.

Die oben genannten neueren Technologien verändern allmählich die Art und Weise, wie wir diese Parasiten betrachten, und bringen neue und nützliche Informationen hervor. Weitere Verfeinerungen in der Taxonomie von Parasiten werden in den nächsten Jahrzehnten erwartet, was zur Neuklassifizierung bestehender Parasiten und zur Schaffung neuer Klassen oder Gattungen dieser Organismen führen kann.

Fallstudie

Taxonomische Position von Microspora

Die Microspora wurden traditionell als zu den Protozoon zugehörig betrachtet, aber Forschungsergebnisse im letzten Jahrzehnt haben das Gegenteil bewiesen. Bei den Zygomyzeten in der Gruppe der Pilze ist der *Geschlechtslokus* ein syntenisches Gencluster, das die sexuelle Fortpflanzung steuert und ein High-Mobility-Group (HMG)-Gen umfasst, flankiert von einem Triosephosphattransporter und einem RNA-Helikasegen. Die Genome der Microspora beherbergen einen *geschlechtsbezogenen* Lokus mit den gleichen Genen in der gleichen Reihenfolge. Darüber hinaus zeigt eine genomweite Analyse der Syntenie mehrere andere Loki, die sowohl Microspora als auch Zygomyzeten gemeinsam haben. Diese Ergebnisse unterstützen die Hypothese, dass Microspora echte Pilze sind, die von einem zygomyzetischen Vorfahren abstammen, und legen nahe, dass die Microspora einen genetisch kontrollierten Sexualzyklus haben könnten. Aufgrund dieser Erkenntnisse werden Microspora nicht mehr als Protozoenparasiten betrachtet, sondern als Pilze bezeichnet.

1. Geben Sie ein oder zwei Beispiele, bei denen ähnliche Neuklassifizierungen von Parasiten vorgenommen wurden.
2. Beschreiben Sie die verfügbaren Methoden zur Identifizierung eines neuen Parasiten, der einige Ähnlichkeiten mit einem bekannten Parasiten aufweist.
3. Definieren Sie einen Hybridparasiten. Nennen Sie einen häufigen Parasiten, der dieses Merkmal aufweist.

Forschungsfragen

1. Gibt es wie bei den Microspora andere Protozoen, die nicht zur Parasitengruppe gehören, sondern zu Pilzen oder einer bisher unbekannten Gruppe gehören?
2. Ist es möglich, einige Algenformen, Euglenoiden und Dinoflagellaten von Protozoen zu trennen, die eine völlig andere Biologie haben?
3. Wie kann man eine verfeinerte Taxonomie der Helminthen auf der Grundlage neuerer Klassifizierungsmethoden erstellen?

Weiterführende Literatur

Cavalier Smith T. Protist phylogeny and the high level classification of Protozoa. Eur J Protistol. 2003;39:338–48.

Coombs I, Crompton DWT. A guide to human helminths. London: Taylor and Francis; 1991.

Corliss JO. An utilitarian (user friendly) hierarchical classification and characterization of the protists. Acta Protozool. 1994;33:1–51.

Gibson DI. Nature and classification of parasitic helminths. In: Topley and Wilson's microbiology and microbial infections, Bd. 5. 9. Aufl. London: Edward Arnold; 1998. S. 453–77.

Idnurm A, Walton FJ, Floyd A, Heitman J. Identification of the sex genes in an early diverged fungus. Nature. 2008;451:193–6.

Lee SC, Corradi N, Byrnes EJ III, Torres-Martinez S, Dietrich FS, Keeling PJ, et al. Microsporidia evolved from ancestral sexual fungi. Curr Biol. 2008;18:1675–9.

Parija SC. Vector-borne parasites: Can we overcome it? Trop Parasitol. 2018;8(1):1.

Wirt-Parasiten-Beziehung und klinische Manifestationen

Alladi Mohan und Kanchi Mitra Bhargav

Lernziele

1. Die Auswirkungen von Parasiteninfektionen auf den Wirt zu verstehen
2. Kenntnisse über die von menschlichen Parasiteninfektionen betroffenen Organsysteme zu erlangen
3. Wissen über die klinischen Manifestationen wichtiger Parasiteninfektionen zu erwerben

Einführung

Parasitäre Krankheiten gelten als eine wesentliche Ursache für Morbidität und Mortalität, insbesondere in Entwicklungsländern. Diese Krankheiten betreffen häufig Menschen, die an Orten mit unzureichender sanitärer Versorgung leben und in engem Kontakt mit Haustieren, Nutztieren und infektiösen Vektoren stehen, sowie Menschen mit bestimmten Ernährungsgewohnheiten. Malaria, die früher als eine der wichtigsten Tropenkrankheiten galt, hat heute aufgrund des zunehmenden internationalen Reiseverkehrs (vor der schweren COVID-19-Pandemie; „severe acute respiratory syndrome coronavirus type 2" [SARS-CoV-2]) eine globale Bedeutung erlangt. Drei enterische Protozoen, *Entamoeba*, *Kryptosporidien* und *Giardien*, sind für einen großen Teil der Durchfallerkrankungen weltweit verantwortlich. Im Jahr 2020 gab es weltweit schätzungsweise 241 Mio. Fälle und 627.000 Todesfälle durch Malaria. Mehrere parasitäre Krankheiten wurden in die Liste der „vernachlässigten Tropenkrankheiten" der Weltgesundheitsorganisation (WHO) (Tab. 1) aufgenommen, da diese Krankheiten die Gesundheit von Millionen von Menschen beeinträchtigen, insbesondere von Menschen, die in Armut leben. Dieses Kapitel gibt einen Überblick über das aktuelle Verständnis der Wirt-Parasiten-Beziehung und das Spektrum der klinischen Manifestationen bestimmter häufig beobachteter parasitärer Krankheiten beim Menschen.

Tab. 1 Die Liste der Weltgesundheitsorganisation (WHO) von parasitären Infektionen, die zu den „vernachlässigten Tropenkrankheiten" gehören

Chagas-Krankheit
Humane afrikanische Trypanosomiasis
Leishmaniose
Taeniasis und Zystizerkose
Dracunculiasis (Guineawurm-Krankheit)
Echinokokkose
Lebensmittelbedingte Trematododeninfektion
Lymphatische Filariose
Onchozerkose (Flussblindheit)
Schistosomiasis
Bodenübertragene Helminthiasis
Skabies und andere Ektoparasiten

A. Mohan (✉) · K. M. Bhargav
Department of Medicine, Sri Venkateswara Institute of Medical Sciences, Tirupati, Indien

S. C. Parija und A. Chaudhury (Hrsg.), *Lehrbuch der parasitären Zoonosen*,
https://doi.org/10.1007/978-981-97-4312-4_2

Definitionen

In der Zoologie wurde „das Zusammenleben in enger Verbindung oder enger Vereinigung von zwei unähnlichen Organismen" weitgehend als *Symbiose* definiert. Ein *Parasit* ist ein Organismus, der in oder auf einem anderen lebt und sich durch Aufnahme von Nährstoffen von seinem *Wirt* ernährt, entweder vorübergehend oder dauerhaft. Der *Wirt* beherbergt den Parasiten und versorgt ihn mit Nahrung und Unterkunft. Das kleinere der beiden assoziierten Tiere gilt als Parasit, das größere als *Wirt*. Ein *Kommensale* unterscheidet sich von einem Parasiten dadurch, dass er sich nicht von den Geweben des Wirts ernährt. Parasitismus wird als *antagonistische Symbiose* betrachtet. *Invasion* oder *Einführung* ist der Begriff, der die vom Menschen unterstützte Ausbreitung von Arten in neue Gebiete beschreibt.

Obwohl der Begriff „Parasit" etymologisch eine breite Palette von Organismen umfasst, wird er üblicherweise verwendet, um Protozoen und Helminthen zu bezeichnen. Parasiten können klassifiziert werden als (1) *Ektoparasiten* (bewohnen nur die Körperoberfläche des Wirts, ohne das Gewebe zu durchdringen, z. B. Läuse, Milben, Zecken) und (2) *Endoparasiten* (leben im Körper des Wirts und verursachen Infektionen, z. B. Protozoen, Helminthen). Endoparasiten können *obligate Parasiten* (die nicht ohne einen Wirt existieren können, z. B. *Toxoplasma gondii*, *Plasmodium* spp.) oder *fakultative Parasiten* sein (die entweder als parasitäre oder freilebende Formen leben, z. B. *Naegleria fowleri*). *Zufällige Parasiten* infizieren einen ungewöhnlichen Wirt (z. B. *Echinococcus granulosus*). *Aberrante (wandernde) Parasiten* sind solche, die einen Wirt infizieren, in dem ihre weitere Entwicklung nicht möglich ist (z. B. *Toxocara canis*-Infektion beim Menschen).

Der adulte Parasit lebt und vermehrt sich sexuell im definitiven Wirt (z. B. sind Menschen bei Rundwurminfektionen und Moskitos bei Malaria definitive Wirte). Das Larvenstadium des Parasiten lebt oder vermehrt sich asexuell im *Zwischenwirt*; diese können bei bestimmten Parasiten einer oder mehrere sein. In *paratenischen Wirten* bleibt das Larvenstadium des Parasiten lebensfähig, ohne sich weiterzuentwickeln. *Reservoirwirte* beherbergen den Parasiten und fungieren als wichtige fortlaufende Infektionsquelle. Der Wirt, in dem ein Parasit normalerweise nicht gefunden wird, ist ein zufälliger Wirt (Menschen für *E. granulosus*). In einem *Transportwirt* würde es kein Wachstum und keine Vermehrung des Parasiten geben, aber diese Wirte können die Infektion auf andere übertragen.

Kolonisation wird als der Prozess betrachtet, durch den eine Art erfolgreich in neue Gebiete vordringt und sich in der lokalen Umgebung etabliert. Sie bezieht sich auf das Wachstum, das in oder auf Körperstellen stattfindet, die der Umwelt ausgesetzt sind, ohne eine Infektion zu verursachen. *Befall* ist der Begriff, der die Parasitierung mit Ektoparasiten bezeichnet.

Ein Parasit, der eine Krankheit in einem Wirt verursacht, wird als *Pathogen* bezeichnet. Der Parasit kann im Inneren oder auf der Oberfläche des Wirts überleben. Der Eintritt, das Wachstum und die Vermehrung des Parasiten im Körper des Wirts wird als *Infektion* bezeichnet. Die Interaktion zwischen dem Parasiten und dem Immunsystem des Wirts führt zu Krankheiten. Viele Faktoren wie die infizierende Dosis, die Virulenz des Pathogens und die Immunität des Wirts spielen eine wichtige Rolle im Infektionsprozess.

Primäre Pathogene infizieren gesunde Wirte; opportunistische Pathogene infizieren immungeschwächte Wirte. Parasiten können auf verschiedene Weisen klassifiziert werden, basierend auf der Dauer (permanent oder temporär), dem Grad der Abhängigkeit (fakultativ oder obligatorisch), der Position (Ektoparasit oder Endoparasit) und der Größe (Mikroparasiten oder Makroparasiten).

Ein Träger ist eine Person, die mit einem Parasiten infiziert ist, aber keine Symptome hat. Träger (die normalerweise asymptomatisch sind) gelten als eine wichtige Quelle für die Ausbreitung von Infektionen. Klinisch können parasitäre Krankheiten beim Menschen chronisch oder akut sein.

Infektionsquellen

Die Infektionsquellen umfassen kontaminierte Erde und Wasser, Lebensmittel, Vektoren (biologische/mechanische Vektoren) und manchmal die Umwelt.

Übertragungswege

Parasiten können auf Menschen durch Tiere (zoonotische Krankheiten), Insekten und andere Vektoren (vektorgebunden) oder Wasser (wasserbasiert) übertragen werden. Die häufig auftretenden Übertragungswege umfassen Vektoren, orale Übertragung, Übertragung über die Haut und direkte Übertragung. Manchmal kann eine vertikale und iatrogene Übertragung auftreten. Eine bedeutende Anzahl von menschlichen parasitären Krankheiten sind zoonotische Krankheiten und werden von Wirbeltieren auf Menschen übertragen. Die Eignung des Wirts ist für das Überleben von Parasiten unerlässlich. Während einige Parasiten in einer Vielzahl von Wirtsumgebungen gedeihen können, können viele andere Parasiten nur in spezifischen Wirtsspezies überleben. Eine richtig orchestrierte Entzündungsreaktion im Wirt führt zur Eliminierung der Parasiten, zur Linderung der Entzündung und zur Einleitung der Gewebereparatur und -heilung.

Viele der Parasiten haben gelernt, das Immunsystem des Wirts durch die Entwicklung adaptiver Mechanismen zu bekämpfen. Für das Anhaften und Eindringen in die Zellen des Wirts sind Parasiten mit Werkzeugen wie sekretorischen Molekülen und Oberflächenproteinen ausgestattet. Diese gelten als wesentlich für den Eintritt und das Ausharren des Parasiten im Wirt. *Pathogenität* bezieht sich auf die Fähigkeit, Krankheiten zu verursachen; Virulenz ist die Fähigkeit, Krankheiten in quantitativen Begriffen zu verursachen. *Infektiosität* bezieht sich auf Invasivität und Krankheitserzeugungsfähigkeit.

Arthropoden übertragen Krankheiten durch Beißen, Regurgitation, Abrasion, Kontamination oder eine Kombination den genannten Methoden. Der Weg, durch den der Parasit in den Wirt eindringt, wird als *Eintrittspforte* bezeichnet. Der Gastrointestinaltrakt, der Atemtrakt, die Haut und der Urogenitaltrakt sind die üblichen Eintrittspforten. Viele Parasiten haben einen spezifischen Eintrittsweg und dieser dient als Voraussetzung für die Verursachung der Krankheit.

Klinisch-pathologische Korrelationen

Auswirkung des Parasiten auf den Wirt

Mehrere Veränderungen werden durch den Parasiten im infizierten Wirt verursacht. Physikalische und physiologische Eigenschaften spielen eine Rolle bei der Antigenität des Parasiten. Die aktuelle Forschung konzentriert sich auf die enzymatischen Wege, Metaboliten und chemische Zusammensetzung von Parasiten. Die Fähigkeit, der Wirtsimmunität zu entkommen, ist bei Parasiten erheblich variabel. Protozoen vermehren sich und überleben in den Phagozyten und Wirtszellen, während sich viele mehrzellige Formen nicht innerhalb des Wirts vermehren können. Sowohl die zelluläre als auch die humorale Immunität spielen eine wichtige Rolle bei der Begrenzung des Eindringens von Parasiten und bei ihrer Eliminierung.

Makrophagen, verschiedene Faktoren des Serums, natürliche Killerzellen (NK) und andere Immunzellen können Parasiten schädigen. Ernährung ist ein wichtiger Faktor für eine robuste Immunität, insbesondere für die zellvermittelte Immunität. Sie kann weiterhin die Anzahl an Lymphozyten beeinflussen und kann Untergruppen von T-Zellen erheblich verändern. Andere Abwehrmechanismen wie die Antikörpersekretion der Schleimhäute, die Komplementaktivität und die Fähigkeit der Phagozyten, Parasiten abzutöten, sind vermindert. Veränderungen wie diese in der Widerstandsfähigkeit des Wirts bestimmen das endgültige Ergebnis bei parasitären Infektionen.

Auswirkung des Wirts auf den Parasiten

Der Immunstatus und die allgemeine Konstitution des Wirts beeinflussen erheblich die

Wirt-Parasiten-Beziehung. Der Parasit durchläuft mehrere Modifikationen *(parasitäre Anpassungen)*, um in der feindlichen Wirtsumgebung zu überleben und hat auch mehrere spezifische Auswirkungen diese.

Das Alter des Wirts scheint auch die Pathogenese von parasitären Infektionen zu beeinflussen. Es ist bekannt, dass menschliche Schistosomen normalerweise junge Personen infizieren und Personen über 30 Jahre selten bei Exposition gegenüber dem Parasiten infiziert werden. Die Art des von Parasiten konsumierten Nährstoffs beeinflusst ihre Entwicklung. Eine milchhaltige Ernährung wirkt sich negativ auf Darmhelminthen und Protozoen aus, da sie wenig *p*-Aminobenzoesäure (PABA) enthält, die für das Wachstum der Parasiten wichtig ist. Eine proteinreiche Ernährung hemmt die Entwicklung vieler intestinaler Protozoen. Eine proteinarme Ernährung scheint die Manifestationen von Symptomen der Amöbiasis zu begünstigen. Es wurde gezeigt, dass Wirtshormone eine direkte Auswirkung auf das Wachstum und die sexuelle Reife von Parasiten haben.

Mehrere Protozoen- und Helmintheninfektionen verleihen keine dauerhafte Immunität gegen Reinfektionen. Während sie jedoch noch im Körper des Wirts sind, scheinen Parasiten eine Resistenz gegen Hyperinfektion (sogenannte *Prämunität*) zu stimulieren. Variationen in der Wirtsspezifität und Parasitendichte spielen auch eine Rolle bei der Verursachung der Krankheit.

Wechselwirkungen mit der intestinalen Mikrobiota des Wirts

Der Begriff intestinale bakterielle Mikrobiota umfasst eine komplexe Gemeinschaft von Bakterien, die mindestens mehrere Hundert Arten umfasst, die eine asymbiotische Beziehung bilden, die die menschliche Physiologie und den Krankheitsverlauf beeinflusst.

Enterische Protozoen werden normalerweise über den fäkal-oralen Weg übertragen. Im menschlichen Wirt ist der Darm dicht mit kommensalen Bakterien besiedelt, mit denen die Protozoen direkt interagieren. Darüber hinaus werden Protozoen, die in den Geweben oder im Blut menschlicher Wirte leben, auch durch die Wechselwirkung zwischen der Darmmikroflora, dem Stoffwechsel des Wirts und dem Immunsystem beeinflusst. Es wurde beobachtet, dass Veränderungen in der Zusammensetzung der intestinalen Mikrobiota die Widerstandsfähigkeit der Darmschleimhaut gegenüber Parasiteninfektionen erhöhen können. Es wird angenommen, dass dies auf Mechanismen wie eine verringerte Virulenz oder eine geringere Anhaftung von Parasiten zurückzuführen ist. Veränderungen in der Mikrobiota können auch die systemische Immunität gegen Parasiten durch Auswirkungen auf die Granulopoese oder adaptive Immunität verändern. Es ist wahrscheinlich, dass bisher unklare Mechanismen, die einen durch die mikrobiotavermittelten Schutz ermöglichen, der Grund für die klinische Variabilität sind und bei der Behandlung von parasitären Protozoeninfektionen helfen könnten.

Klinische Manifestationen

Epidemiologisch können Krankheitsausbrüche *sporadisch*, *endemisch* (eine Krankheit, die dauerhaft in einer Region oder Bevölkerung vorhanden ist), *epidemisch* (eine Krankheit, die eine große Anzahl von Menschen innerhalb einer Gemeinschaft, Bevölkerung oder Region betrifft) oder *pandemisch* (Krankheit, die weltweit auftritt) sein.

Spektrum der klinischen Manifestationen

Die Wirt-Parasiten-Interaktion als Basis einiger der häufigen parasitären Erkrankungen wird im Folgenden vorgestellt. Die klinischen Manifestationen sind nach Systemen geordnet, doch ist zu beachten, dass viele Parasiten im Rahmen einer systemischen Infektion mehrere Systeme befallen können, oder sie können Organsysteme zufällig oder abweichend von ihrer ursprünglichen Nische befallen. Die Tab. 2 fasst die Liste der Parasiten zusammen, die verschiedene Organsysteme betreffen. Die klinischen Manifestationen können praktischerweise unter den folgenden Überschriften zusammengefasst werden:

Tab. 2 Parasiten, die verschiedene Organsysteme des Körpers beeinflussen

Körpersystem	Protozoen	Nematoden	Zestoden	Trematoden
Verdauungstrakt	*Entamoeba histolytica, Giardia, Balantidium coli, Cryptosporidium, Cyclospora, Isospora*	*Ascaris lumbricoides, Enterobius vermicularis, Ancylostoma, Necator americanus, Trichuris trichiura, Capillaria, Trichostrongylus, Strongyloides stercoralis*	*Diphyllobothrium latum, Taenia saginata* und *solium, Hymenolepis nana*	*Fasciolopsis buski, Schistosoma mansoni, Schistosoma japonicum*
Atmungssystem	*Entamoeba histolytica, Toxoplasma gondii, Cryptosporidium*	*Ascaris lumbricoides, Strongyloides stercoralis, Hakenwurm, Dirofilaria* spp., *Toxocara* spp., lymphatische Filariose (tropische pulmonale Eosinophilie)	*Echinococcus granulosus*	*Paragonimus westermani* und andere Arten, *Schistosoma* spp.
Zentrales Nervensystem	*Plasmodium falciparum, Trypanosoma brucei, Trypanosoma cruzi, Entamoeba histolytica, Leishmania, Toxoplasma gondii*	*Gnathostoma, Angiostrongylus, Toxocara, Strongyloides, Baylisascaris, Dracunculus, Onchocerca volvulus*	*Taenia solium (Cysticerci), Echinococcus granulosus, Sparganum Larve*	*Schistosoma, Paragonimus*
Kreislauf- und Lymphsystem	*Plasmodium* spp., *Babesia, Toxoplasma, Leishmania* spp., *Trypanosoma cruzi, Trypanosoma brucei*	*Wuchereria bancrofti, Brugia* spp., *Mansonella* spp.		*Schistosoma*
Kardiovaskuläres System	*Trypanosoma cruzi, Trypanosoma brucei, Entamoeba histolytica, Toxoplasma gondii, Naegleria fowleri, Sarcocystis* spp.	*Trichinella* spp., *Dirofilaria* spp., viszerale Larvenmigration	*Echinococcus granulosus, Taenia solium*	–
Leber- und Gallensystem	*Entamoeba histolytica, Plasmodium, Babesia, Trypanosoma cruzi, Trypanosoma brucei, Leishmania, Toxoplasma gondii, Cryptosporidium, Cystoisospora*	*Toxocara, Capillaria, Strongyloides, Ascaris*	*Echinococcus*	*Schistosoma, Fasciola, Opisthorchis, Clonorchis*
Genital-Harn-System	–	*Wuchereria bancrofti, Onchocerca volvulus, Dioctophyme renale*	*Echinococcus, Taenia solium*	*Schistosoma*
Haut, Weichgewebe und Muskulatur	*Trypanosoma brucei, Trypanosoma cruzi, Leishmania, Entamoeba histolytica*	*Gnathostoma, Hakenwurm, Trichinella, Dirofilaria, Onchocerca, Loa loa, Mansonella, Larva migrans cutanea*	*Echinococcus, Taenia solium, Sparganum-Larve*	*Schistosoma*
Auge	*Acanthamoeba, Giardia, Trypanosoma cruzi, Leishmania, Plasmodium falciparum, Toxoplasma gondii*	*Angiostrongylus, W. bancrofti, Brugia, Dirofilaria, Loa loa, Onchocerca, Toxocara, Thelazia, Baylisascaris, Trichinella*	*Taenia solium, Echinococcus*	*Schistosoma, Fasciola*

1. **Gastrointestinaltrakt (GI-Trakt)**: Der GI-Trakt ist der Infektionsort für die meisten Parasiten, insbesondere der Helminthen. Es kann auch vorkommen, dass ein Parasit den GI-Trakt bewohnt, aber zu anderen Bereichen reist und klinische Manifestationen in einem anderen System erzeugt. Da diese Infektionen über den fäkal-oralen Weg übertragen werden, liegt es nahe zu glauben, dass sie in ressourcenarmen Umgebungen häufig sind, in denen eine angemessene Sanitärversorgung und sicheres Trinkwasser möglicherweise nicht verfügbar sind. Dies ist zwar tatsächlich der Fall, doch in den letzten Jahren haben diese Infektionen aufgrund einer Reihe von Faktoren auch in Ländern mit hohem Einkommen Fuß gefasst. Dazu gehören vermehrte Reisen in endemische Länder, eine höhere Anzahl von immungeschwächten Personen aufgrund von Infektionen wie HIV oder Verfahren wie Transplantationen, der Verzehr von rohen oder nur teilweise gekochten Lebensmitteln als ethnische Delikatessen und die Einwanderung aus endemischen ressourcenarmen Gebieten der Welt:
   (a) **Durchfall, Dysenterie und Enteritis**: Diese Zustände manifestieren sich häufig als Bauchschmerzen oder Krämpfe, Blähungen und Durchfall mit wässrigem Stuhlgang oder Dysenterie mit blutigem und schleimigem Stuhlgang. Protozoen wie *Cryptosporidium* und *Giardia* verursachen häufig Durchfall, während Dysenterie das Kennzeichen von *Entamoeba histolytica*- und *Balantidium coli*-Infektionen ist. Weltweit ist Kryptosporidiose die am häufigsten dokumentierte parasitäre Infektion bei HIV-seropositiven Personen.
   (b) **Invasive Infektion**: *B. coli* und *E. histolytica* können invasive Läsionen verursachen und in unbehandelten Fällen zur Entwicklung von offenen Geschwüren führen. Einige zoonotische Helminthen wie *Anisakis* können in die Darmschleimhaut eingraben und starke Bauchschmerzen verursachen. Manchmal kann es zu einer Darmperforation kommen und die Würmer können in der Bauchhöhle liegen. Die Helminthen, die einen indirekten Lebenszyklus haben, kehren nach ihrem Durchgang durch die Lungen in den Darm zurück, und die Larvenformen durchdringen die Darmwände.
   (c) **Mechanische Obstruktionen**: *Ascaris*-Infektionen sind berüchtigt dafür, eine Reihe von obstruktiven Symptomen wie eine Verstopfung des Gallengangs zu verursachen, die zu starken Schmerzen und Erbrechen führen können. Eine Obstruktion des Pankreasgangs kann zu einer akuten Pankreatitis führen. Eine starke Infektion mit *Ascaris* ist auch mit einer vollständigen Darmobstruktion verbunden, insbesondere bei Kindern. Dieser Parasit kann wie *Anisakis* Darminvaginationen verursachen. Das Eindringen einiger Helminthen wie *Enterobius vermicularis*, *Taenia solium* oder *T. saginata* und *Ascaris* in den Blinddarm kann zu einer akuten Appendizitis führen.
   (d) **Nährstoffmangel**: Schwere und unkontrollierte Durchfälle durch einige Protozoen können zu Wasser- und Elektrolytverlusten im Körper führen, was wiederum zu einem Elektrolytungleichgewicht führen kann. *Diphyllobothrium latum* konkurriert mit dem Wirt bei der Aufnahme von Vitamin B_{12}, was bei lang anhaltenden Fällen zu perniziöser Anämie beim Wirt führen kann. Viele Parasiten nehmen die verschiedenen Nährstoffelemente aus der Nahrung auf und entziehen sie dem Wirt, was zu einer Mangelernährung führt. Der Hakenwurm ist dafür bekannt, dass er Blutverlust aus dem Darm verursacht, und er ist eine bekannte Ursache für Eisenmangelanämie in ressourcenarmen endemischen Regionen der Welt. Es wurde berichtet, dass 500 Hakenwürmer durch Nahrungsaufnahme zu einem Blutverlust von 250 ml führen können.
2. **Atemwege**: Einige Parasiten haben eine Vorliebe für das Atmungssystem, und klinisch können die von ihnen verursachten Läsionen mit Tuberkulose oder Malignomen

verwechselt werden. Diese parasitären Lungenerkrankungen können erfolgreich durch geeignete medizinische oder chirurgische Therapien geheilt werden. In den Lungen können fokale Läsionen oder manchmal diffuse Beteiligungen auftreten. Klinisch können fokale Lungenläsionen in zystische Lungenläsionen, Münzläsionen und Konsolidierung oder Pleuraerguss unterteilt werden. Diffuse Lungenerkrankungen können sich als vorübergehende pulmonale Infiltrate oder alveoläre/interstitielle Lungenveränderungen manifestieren. Paragonimiasis ist eine häufige parasitäre Krankheit in bestimmten Teilen der Welt, deren Anzeichen und Symptome denen der Tuberkulose stark ähneln. Der transpulmonale Durchgang von *Ascaris*-Larvenformen kann sich als Löffler-Pneumonie manifestieren.

3. **Zentrales Nervensystem**: Viele Parasiten sind in der Lage, das zentrale Nervensystem (ZNS) zu infizieren. Zystizerkose, Toxoplasmose, Malaria, afrikanische Trypanosomiasis, Schistosomiasis, Angiostrongyliasis, Echinokokkose usw. sind wichtige Erkrankungen, die das ZNS beeinflussen können. Eine Enzephalitis oder Enzephalopathie oder eine intrazerebrale Lokalisation des Parasiten können Anfälle oder epileptische Manifestationen auslösen, und Neurozystizerkose (Abb. 1) und Malaria sind die wichtigsten Ätiologien für diese Krankheitsformen. Eosinophile Meningoenzephalitis ist eine typische Form der parasitären Infektion des ZNS und wird am häufigsten durch Helminthen verursacht.
4. **Kreislauf- und Lymphsysteme**: Parasiten, die Malaria, Babesiose, Leishmaniose und afrikanische oder amerikanische Trypanosomiasis verursachen, befinden sich im Blutkreislauf. Neben diesen Parasiten können Entwicklungsformen von *Toxoplasma* und *Schistosoma* auch für variable Zeiträume im Kreislauf verbleiben. Systemische Manifestationen wie Schüttelfrost, Myalgie, Fieber, Kopfschmerzen usw. sind bei diesen parasitären Infektionen häufig. Das chronische Stadium dieser Parasitosen kann mit anderen Merkmalen mit oder ohne die systemischen Anzeichen oder Symptome auftreten. Das Lymphsystem ist der Lebensraum für die Nematoden (Filarien), die zu *Wuchereria*, *Brugia* und *Mansonella* gehören und die lymphatische Filariose verursachen (Abb. 2). Lymphangitis, Lymphödem und lymphatische Obstruktion in den Endstadien, die zur Elephantiasis des betroffenen Teils führen, sind die Hauptmerkmale der Filariose.

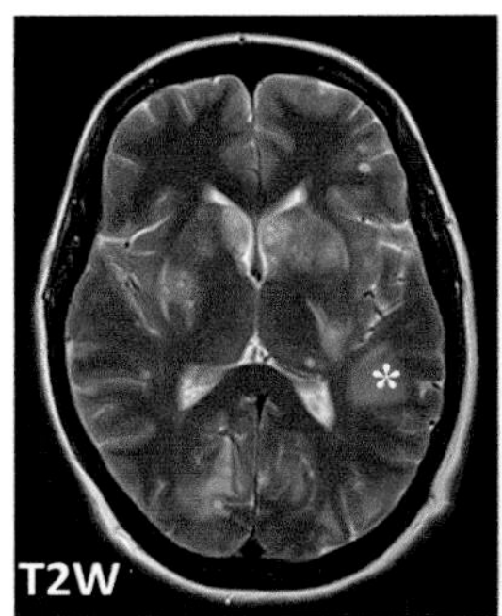

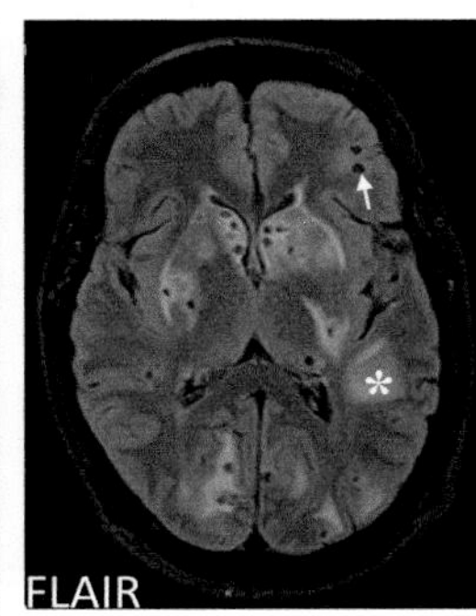

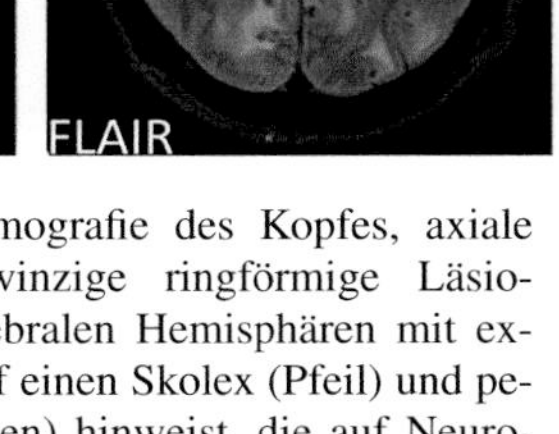
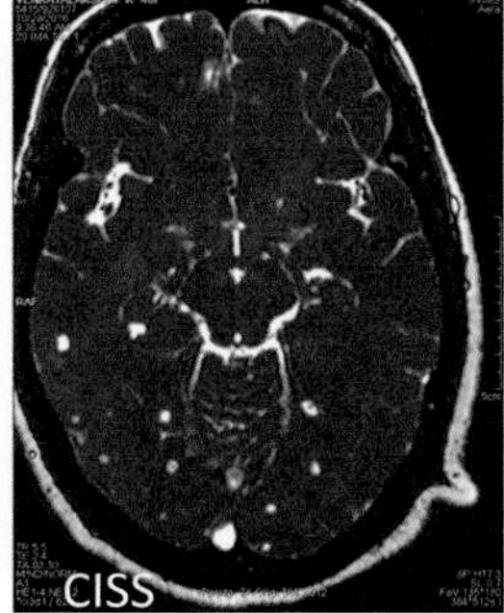

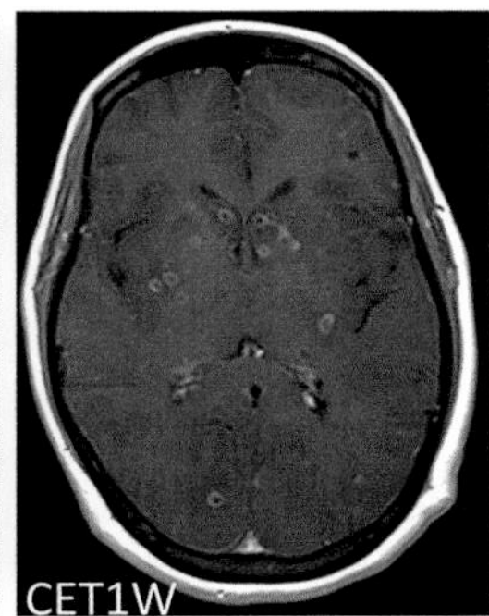

Abb. 1 Magnetresonanztomografie des Kopfes, axiale Bilder zeigen mehrere winzige ringförmige Läsionen in den bilateralen zerebralen Hemisphären mit exzentrischem Knoten, der auf einen Skolex (Pfeil) und periläsionale Ödeme (Sternchen) hinweist, die auf Neurozystizerkose hindeuten. *T2W*: T2-gewichtet; *FLAIR*: Fuid-attenuated Inversion Recovery; *CISS:* Konstruktive Interferenz im stationären Zustand; *CET1W*: kontrastverstärkt T1-gewichtet. *(Mit freundlicher Genehmigung: Professorin B. Vijayalakshmi Devi, Abteilung für Radiodiagnostik, Sri Venkateswara Institute of Medical Sciences, Tirupati)*

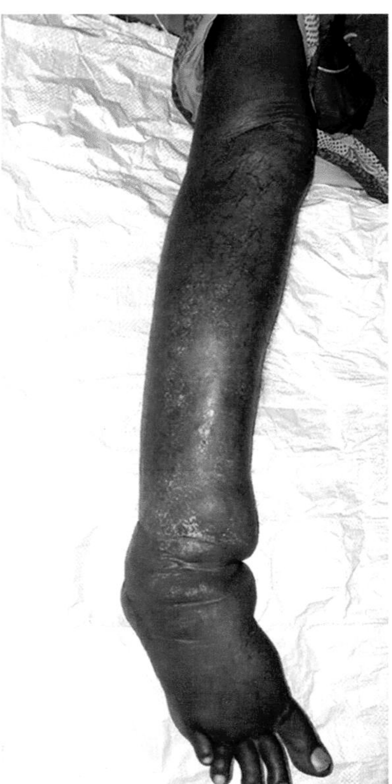
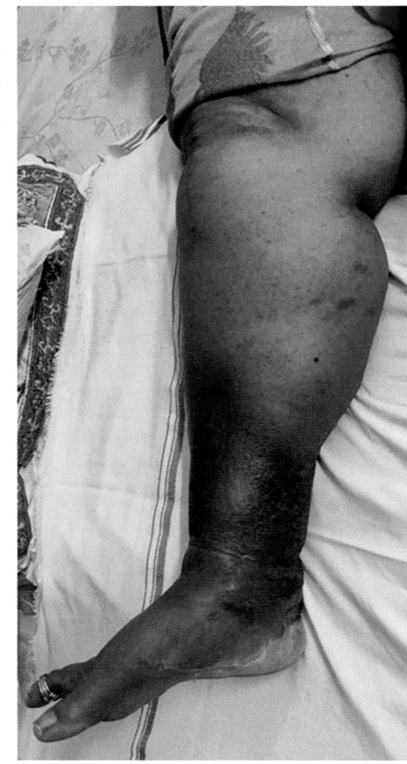

Abb. 2 Klinische Fotos zeigen Lymphödem und Elephantiasis bei zwei verschiedenen Patienten mit Filariose. (*Mit freundlicher Genehmigung: Professor B. Srihari Rao, Abteilung für Allgemeinchirurgie, Sri Venkateswara Institute of Medical Sciences, Tirupati*)

5. **Herz-Kreislauf-System**: Mehrere Parasiten sind in der Lage, das Herz zu infizieren. Myokarditis oder Perikarditis wird hauptsächlich durch *Trypanosoma cruzi*, *T. brucei*, *Toxoplasma gondii*, *T. solium* und *Trichinella spiralis* verursacht. Eine perikardiale Beteiligung kann bei Amöbiasis und Echinokokkose auftreten. Abgesehen davon wurden seltene Fälle von kardialen Manifestationen bei Infektionen mit *Naegleria fowleri* und bei Schistosomiasis, Sarkozystose und zoonotischer Filariose sowie bei Fällen von viszeraler Larvenmigration berichtet.
6. **Leber und Gallensystem**: Mehrere Parasiten können die Leber oder die Gallenwege infizieren, entweder in Larvenform oder in adulten Stadien. Eine hepatische Beteiligung kann sich als Leberabszess im Falle einer Amöbiasis, als Zystenbildung bei Hydatidose oder als Hepatitis bei Schistosomiasis manifestieren. Eine Infektion der Gallenwege kann Cholezystitis, Gallenwegsobstruktion, wiederkehrende Cholangitis, Strikturen und manchmal Cholangiokarzinom verursachen. Parasiten, die bevorzugt das Gallensystem infizieren, sind *Fasciola hepatica*, *Clonorchis sinensis* und *Opisthorchis*. Das retikuloendotheliale System der Leber kann bei Leishmaniose und Malaria betroffen sein.
7. **Urogenitalsystem**: Die häufigsten parasitären Erkrankungen, die das Urogenitalsystem beim Menschen betreffen, sind Helminthen, zu denen Schistosomiasis, Hydatidose und Filariose gehören. Die Protozoen, die das System infizieren können, sind *Trichomonas vaginalis*, *Plasmodium falciparum* und *Entamoeba histolytica*. Die klinischen Manifestationen können je nach Art des Parasiten und seiner Lage variieren. Während also eine Blasenbeteiligung mit Hämaturie aufgrund von Eigranulomen ein Hauptmerkmal der Infektion mit *Schistosoma haematobium* ist, führt

die Hydatidose zur Zystenbildung in den Nieren oder der Blase und äußert sich als Flankenschmerzen oder abdominale Masse. Chylurie bei Filariose und Schwarzwasserfieber bei Falciparum-Malaria sind ebenfalls bekannte Phänomene.

8. **Haut, Weichteile und Muskeln**: Eine flüchtige Hautläsion in Form eines vesikulären Ausbruchs kann bei afrikanischen und amerikanischen Formen der Trypanosomiasis an der Stelle des Arthropodenbisses auftreten. Allerdings sind es die kutanen und mukokutanen Formen der Leishmaniose, die definitive Läsionen auf der Haut verursachen, die mit Entstellungen abheilen können. Viszerale Leishmaniose kann ebenfalls ein Post-Kala-Azar-Hautleishmanoid verursachen. Unter den Helminthen ist die Zerkariendermatitis bei Schistosomiasis gut bekannt. Unter den Bandwürmern können *T. solium-*, *E. granulosus-* und *Sparganum*-Larven subkutane Zysten bilden. Verschiedene zoonotische Nematoden können den Menschen infizieren und subkutane Läsionen verursachen. Zu den Nematodenarten, die die Haut infizieren, gehören *Gnathostoma* spp. Verschiedene Filarienarten wie *Loa loa*, *Onchocerca volvulus*, *Mansonella streptocerca* und *Dirofilaria* spp. verursachen Schwellungen oder Knoten. Einige wie Hakenwürmer und *Strongyloides*, die durch die Haut infizieren, verursachen häufig juckende Hautläsionen an der Eintrittsstelle. Kutane Larvenmigration und Guineawurm-Infektionen erzeugen typische Hautläsionen. Die Larvenformen von *T. spiralis* und anderen *Trichinella*-Arten bewohnen das Muskelgewebe und verursachen asymptomatische Infektionen. *T. solium*-Zystizerken, *T. cruzi-* und *O. volvulus*-Infektionen können auch die Muskeln betreffen.
9. **Augeninfektionen**: Zahlreiche Protozoen und Helminthen können Augeninfektionen verursachen, die manchmal so schwerwiegend sind, dass sie zur Erblindung führen. Unter den protozoischen Parasiten sind *Acanthamoeba* und *Toxoplasma* bekannte Beispiele, die Keratitis bzw. Uveitis verursachen können. Palpebrales und periorbitales Ödem sind Kennzeichen der *T. cruzi*-Infektion. Abgesehen von diesen können andere protozoische Parasiten wie *P. falciparum* und *Leishmania* spp. seltene okulare Manifestationen verursachen. Von den Helminthen ist die Flussblindheit, die durch Augeninfektionen durch *O. volvulus* und *Loa loa* verursacht wird, in Endemiegebieten häufig. Eine gelegentliche Beteiligung durch andere Würmer wie *Toxocara*, *Angiostrongylus* und *Schistosoma* wurde ebenfalls verzeichnet.

Fallstudie

Ein 25-jähriger Mann aus einem abgelegenen Berggebiet in Mizoram, Indien stellte sich mit chronischem Husten und einem rostfarbenem Auswurf seit 6 Monaten und Atemnot vor. Der Patient entwickelte starke Pleuraschmerzen und wurde in ein Krankenhaus eingeliefert. Das Röntgenbild des Brustkorbs zeigte einen beidseitigen Pleuraerguss, der drainiert wurde, was die Schmerzen und die Atemnot linderte. Die Pleuraflüssigkeit und der Auswurf wurden auf säurefeste Bazillen („acid-fast bacilli“, AFB) untersucht, das Ergebnis war aber negativ. Da der Patient einen positiven Mantoux-Test hatte, wurde er 6 Monate lang mit einer Standardtherapie gegen Tuberkulose behandelt. Der Husten und der Auswurf hielten an, und es wurde ein arzneimittelresistenter *Mycobacterium tuberculosis*-Stamm in Betracht gezogen. Daraufhin wurde eine Zweitlinientherapie gegen Tuberkulose eingeleitet, aber die Symptome hielten an. Er wurde zur weiteren Untersuchung wieder eingeliefert. Die Auskultation des Brustkorbs ergab diffuse Rasselgeräusche auf beiden Seiten. Das Röntgenbild des Brustkorbs zeigte gemischte Trübungen im oberen Lappen der rechten Lunge und kleine Knötchen in einer Lungenbasis mit interstitieller Verdickung. Ein CT-Scan zeigte mehrere Knötchen und eine fleckige Milchglastrübung. Die Sputumuntersuchung an 3 aufeinanderfolgenden Tagen zeigte reichlich Eier mit Operculum, war aber negativ auf AFB. Es wurde für 3 Tage Praziquantel verabreicht, und der Husten verschwand innerhalb von 2 Wochen. Bei der Nachuntersuchung nach 6 Monaten ging es dem Patienten gut, und die erneute Untersuchung des Auswurfs war negativ auf AFB und jegliche Eier.

Dieser Fall veranschaulicht die Bedeutung einer parasitären Krankheit, die Tuberkulose imitieren kann, insbesondere in Gebieten, in denen sowohl Tuberkulose als auch diese Krankheit endemisch sind. Fehldiagnosen können zu einer falschen Behandlung führen, die den tatsächlichen Zustand verschlimmern und zu einer erhöhten Morbidität oder manchmal Mortalität führen kann.

1. Welche Parasiten können diese Infektion verursachen?
2. Basierend auf der geografischen Region, was ist die wahrscheinlichste Ätiologie?
3. Wie wird dieser Parasit auf den Menschen übertragen?
4. Welche Vorsichtsmaßnahmen sollten getroffen werden, um diese Infektion zu vermeiden?

Forschungsfragen

1. Welche Rolle spielen Wirts- und Parasitenfaktoren bei den verschiedenen klinischen Manifestationen? Wie kann dieses Wissen zu einem besseren Management von Parasitosen beitragen?
2. Wie können wir evidenzbasierte Empfehlungen für die Behandlung von parasitären Infektionen erweitern, die für die meisten dieser Infektionen nicht vorhanden sind?
3. Können die verfügbaren Antikörpernachweistests zwischen früheren und neuen Infektionen unterscheiden?

Weiterführende Literatur

Betts A, Rafaluk C, King KC. Host and parasite evolution in a tangled bank. Trends Parasitol. 2016;32:863–73.

Burgess SL, Gilchrist CA, Lynn TC, Petri WA Jr. Parasitic protozoa and interactions with the host intestinal microbiota. Infect Immun. 2017;85:e00101–17.

Cheeseman K, Weitzman JB. Host-parasite interactions: an intimate epigenetic relationship. Cell Microbiol. 2015;17:1121–32.

Idris OA, Wintola OA, Afolayan AJ. Helminthiases; prevalence, transmission, host-parasite interactions, resistance to common synthetic drugs and treatment. Heliyon. 2019;5:e01161.

King IL, Li Y. Host-parasite interactions promote disease tolerance to intestinal helminth infection. Front Immunol. 2018;9:2128.

Møller AP. Interactions between interactions: predator-prey, parasite-host, and mutualistic interactions. Ann N Y Acad Sci. 2008;1133:180–6.

Neglected tropical diseases. https://www.who.int/neglected_diseases/diseases/en/. Zugegriffen: 23 Dec 2021

Parija SC. Textbook of medical parasitology (protozoology & helminthology). 4th ed. New Delhi: All India Publishers & Distributors; 2016.

Pisarski K. The global burden of disease of zoonotic parasitic diseases: top 5 contenders for priority consideration. Trop Med Infect Dis. 2019;4:44.

Theel ES, Pritt BS. Parasites. Microbiol Spectr. 2016;4(4) https://doi.org/10.1128/microbiolspec.DMIH2-0013-2015.

Parasitenimmunologie

Abhijit Chaudhury

Lernziele

1. Verständnis der Immunantwort des Wirts gegen Parasiten und der Wirtsimmunität
2. Den Leser auf die Bedeutung der Immunflucht durch Parasiten und der Etablierung einer chronischen Infektion aufmerksam machen
3. Kenntnisse über die Immunregulation bei Helmintheninfektionen

Einführung

Im Jahr 1879 erklärte Heinrich Anton de Bary, der deutsche Arzt, der zum Botaniker und Mykologen wurde, dass „alle zwei Organismen, die in enger Assoziation leben, häufig einer im oder auf dem Körper des anderen, symbiotisch sind, im Gegensatz zu freilebenden.“ Die Art der Interaktion zwischen den Symbionten variiert erheblich, und eine solche Interaktion führt zu Parasitismus, d. h., eine Art, der Parasit, lebt auf Kosten des anderen, des Wirts, und verursacht häufig einen gewissen Grad an Verletzung oder Schaden für den Wirt. Der Parasit, nachdem er in Kontakt mit dem Wirt gekommen und ein fremder Eindringling ist, trifft auf das Abwehrsystem des Wirts. Ob der Wirt anfällig oder resistent gegen die Infektion ist, hängt von einem komplexen Zusammenspiel zwischen dem Immunsystem des Wirts und der Fähigkeit des Parasiten, es zu bekämpfen oder zu umgehen, ab. Die angeborene Immunantwort und der adaptive Mechanismus sind gleichermaßen wichtig bei der Bestimmung des Ergebnisses, aber eine Art von adaptiver Antwort (humoral oder zellvermittelt) kann über die andere vorherrschen. Im Allgemeinen sind Protozoenparasiten häufig intrazellulär und daher spielt die zellvermittelte Antwort eine prominente Rolle, während für die Larven- oder adulten Formen der Helminthenparasiten, die groß genug sind, um extrazellulär zu sein, die Antikörperantwort dominiert. Trotz dieser Antworten neigen viele Parasiten dazu, eine chronische Infektion für eine langfristige Übertragung zu etablieren. Diese Strategie kann durch verschiedene Mechanismen wie Immunflucht, Immunregulation oder Immunmodulation erleichtert werden, die wiederum auch die immunpathologischen Schäden am Wirt unterdrücken oder minimieren.

Angeborene Immunantworten

Pathogene Organismen haben molekulare Strukturen, die ähnlichen Organismen gemeinsam sind und für die Infektion des Wirts benötigt werden. Diese Strukturen, die in Säugetierzellen

A. Chaudhury (✉)
Department of Microbiology, Sri Venkateswara Institute of Medical Sciences, Tirupati, Andhra Pradesh, Indien

S. C. Parija und A. Chaudhury (Hrsg.), *Lehrbuch der parasitären Zoonosen*,
https://doi.org/10.1007/978-981-97-4312-4_3

fehlen, werden als pathogenassoziierte molekulare Muster („pathogen-associated molecular patterns“, PAMPs) bezeichnet. Diese Muster werden von Mustererkennungsrezeptoren („pattern recognition receptors“, PRRs) erkannt, die in Wirtszellen auf allen Ebenen (Zellmembran, Zytoplasma und Endosomen) vorhanden sind. Eine Reihe von PAMPs wurden in Parasiten sowie entsprechende PRRs im Wirt beschrieben. Die am besten untersuchte PRRs sind die Toll-like-Rezeptoren (TLRs), von denen insgesamt 10 in Säugetierzellen identifiziert wurden. Eine Reihe von PAMPs wurden in Protozoenparasiten gefunden, darunter Glycophosphatidylinositol und Phosphoglykane, die in Trypanosomen, *Leishmania*, *Toxoplasma* und *Plasmodium falciparum* vorhanden sind. Diese Moleküle stimulieren TLR2 und auch TLR4, um die Produktion von Stickstoffoxid-Synthase und die Synthese von proinflammatorischen Zytokinen zu erhöhen. Darüber hinaus fungieren auch Parasitennukleinsäuren als Liganden für den Nachweis von TLRs. So erkennt TLR9 unmethylierte CpG-Motive, die in der DNA von Protozoen vorhanden sind. Die Profilinproteine von *Toxoplasma* und *Cryptosporidium* lösen die IL12-Produktion in dendritischen Zellen von Mäusen durch die Stimulation von TLR11 aus, obwohl dieser TLR in Säugetierzellen fehlt. Neben TLRs wurden andere PRRs identifiziert, die klassische menschliche Rezeptoren sind. Dazu gehören mannosebindende Lektine, die an Lipophosphoglykan von *Leishmania*, *P. falciparum* und *Trypanosoma cruzi* binden, und Pentraxin, das an Sporozoiten von Malariaparasiten bindet. Einige andere PRRs wie zytosolische DNA-Sensoren, NOD-ähnliche Rezeptoren und RIG-1-ähnliche Rezeptoren wurden identifiziert, aber Studien zu diesen Rezeptoren sind noch selten und umstritten.

Helminthenparasiten exprimieren auch Liganden für TLRs, aber ihre Rolle ist nicht klar geklärt. Bestimmte PAMPs wie ES-62, ein Glykoprotein von Fadenwürmern und Lipophosphatidylserinreste der *Schistosoma*-Membran, wurden beschrieben, die TLR4 oder TLR2 auslösen können. Die Eier von *Schistosoma* können auch TLR3 in dendritischen Zellen auslösen.

Zelluläre Effektoren der angeborenen Immunantwort: Eine Reihe von Zelltypen nehmen aktiv an der angeborenen Antwort teil und bilden das Rückgrat dieser Art von Immunität:

1. **Makrophagen und Granulozyten:** Phagozytose durch Makrophagen und Granulozyten wie Neutrophile, Eosinophile und Basophile spielt eine wichtige Rolle in der angeborenen Immunantwort auf Protozoenparasiten. Die Aktivierung des oxidativen Stoffwechsels und die Erzeugung von reaktiven Sauerstoffspezies für NADPH bereitet das Stadium für die intrazelluläre Abtötung von phagozytierten Parasiten vor. Andererseits haben Parasiten eine Reihe von Strategien entwickelt, um diesen Angriffen auszuweichen oder ihnen standzuhalten, was ihre Überlebenschance innerhalb dieser Zellen erhöht. Dazu gehören unter anderem die Hemmung des respiratorischen Bursts durch bestimmte Parasitenmoleküle, der opsonische Eintritt durch Rezeptoren, die die NADPH-Oxidase nicht aktivieren, und die Fähigkeit, der sauren, hydrolytischen Umgebung von Phagolysosomen standzuhalten oder aus ihr zu entkommen. Im Gegensatz dazu können Helminthen, die zu groß sind, um phagozytiert zu werden, von Makrophagen nach Aktivierung der adaptiven Antwort getötet werden. Nur die Eosinophilen spielen eine begrenzte Rolle in der angeborenen Antwort auf Helminthenlarven, indem sie Granulate freisetzen, die membranschädigende Enzyme und andere Proteine enthalten.
   Normalerweise differenzieren sich die Monozyten nach einem Antigenstimulus in reife Makrophagen und dendritische Zellen. Zwei Arten von Makrophagen wurden beschrieben. Die M1 oder klassisch aktivierten Makrophagen werden durch IFN-γ und mikrobielle Produkte induziert und können intrazelluläre Pathogene durch Endozytose, Produktion von Stickstoffmonoxid und Synthese von reaktiven Sauerstoffintermediaten abtöten. Der 2. Typ oder M2-Zellen (alternativ aktivierte Makrophagen, AAMs) differenzieren sich in Reaktion auf IL4, IL13 und

einige andere Zytokine und sind typischerweise mit der TH2-adaptiven Immunantwort und der Gewebereparatur bei Helmintheninfektionen assoziiert. Dendritische Zellen, die spezialisierte Makrophagen sind, spielen eine Doppelrolle: als klassische Makrophagen in der angeborenen Antwort und auch als Priming des Immunsystems für die anschließende adaptive Antwort.

2. **Angeborene lymphoide Zellen (ILCs):** Dies ist eine wachsende Familie von Immunzellen, die die Phänotypen und Funktionen von T-Zellen der adaptiven Antwort widerspiegeln. Im Gegensatz zu diesen T-Zellen exprimieren die angeborenen lymphoiden Zellen („innate lymphoid cells“, ILCs) jedoch keine Antigenrezeptoren oder klonale Selektion bei Stimulation. Stattdessen reagieren sie auf die Antigene, um verschiedene Zytokine zu produzieren, die die für die Parasitenbekämpfung benötigte Immunantwort lenken. Die natürlichen Killerzellen (NK-Zellen) können als angeborene Gegenstücke von zytotoxischen CD8+-T-Zellen betrachtet werden, während die ILC1, ILC2 und ILC3 möglicherweise die angeborenen Komponenten von TH1-, TH2- und TH17-Zellen repräsentieren. Gewebssignale in Form von IL12, IL15 oder IL18 stimulieren ILC1, die wiederum Effektorzytokine wie IFN-γ und TNF-α produzieren und bei der Aktivierung von Makrophagen mit der Erzeugung von reaktiven Sauerstoffintermediaten helfen. Typ-2-ILCs werden durch IL25, IL33 und TSLP in Reaktion auf Helmintheninfektionen stimuliert und produzieren ihrerseits verschiedene Effektormoleküle wie IL4, IL5 und IL13, die an der M2-Aktivierung und Schleimproduktion sowie an der Gewebereparatur beteiligt sind. Das Überleben von ILC2 im Darm und in den Lungen wird durch IL9 kontrolliert, ein Zytokin, das auch die TH2-Antwort verstärkt. Schließlich spielen die ILC3 eine wichtige Rolle bei bakteriellen Infektionen und helfen bei dem Phagozytoseprozess.
3. **Natürliche Killerzellen (NK-Zellen):** Diese Zellen sind besonders wichtig für die angeborene Abwehr gegen intrazelluläre Protozoenparasiten. Sie werden als Reaktion auf Infektionen durch *Leishmania*, *Toxoplasma* und *P. falciparum* und auch durch die exkretorisch-sekretorischen Proteine des Hakenwurms aktiviert. Die Aktivierung der NK-Zellen erfolgt als Folge der PRR-vermittelten Aktivierung von DCs und ist sowohl kontaktabhängig als auch zytokingetrieben (IL12, IL18). Beide Mechanismen induzieren die Produktion von IFN-γ. Dieses Zytokin dient als mehrfacher Effektor für sowohl angeborene als auch adaptive Antworten. So aktiviert es Makrophagen und Neutrophile und hilft auch bei der Transformation von TH1-Zellen, wodurch es eine wichtige Rolle bei Protozoeninfektionen spielt. Die hemmende Wirkung von IL4, IL10 und TGF-β auf die NK-Zellaktivierung entspricht der relativ unwichtigen Rolle dieser Zellen bei Helmintheninfektionen, bei denen die TH2-Antwort überwiegt. Allerdings deutet die Zunahme der NK-Zellpopulation bei einigen Helmintheninfektionen auf eine Rolle hin, denn einige Helminthen können sowohl TH1- als auch Th2-Antworten hervorrufen, da sie während der Infektion im Wirt verschiedene Entwicklungsstadien durchlaufen.
   Die Regulation der NK-Zellaktivität erfolgt durch IL10 und andere Zytokine, die eine herunterregulierende Wirkung auf die IFN-γ-Produktion haben oder durch direkte Unterdrückung der NK-Zellaktivität. Dies ist nützlich, um den Wirt vor übermäßigen Gewebeschäden durch IFN-γ oder TNF-α zu schützen.
4. **Natürliche Killer-T (NKT)-Zellen:** Diese Zellen helfen bei der schnellen Zytokinantwort. Sie erkennen Glykolipide in Verbindung mit CD1d-Molekülen, und es wird angenommen, dass diese Zellen die frühen Quellen von TH1- und Th2-Zytokinen sind. Sie exprimieren eingeschränkte T-Zell-Rezeptoren von begrenzter Diversität, und ihre Rolle in der angeborenen Antwort bleibt umstritten. Sie können jedoch die adaptive Immunantwort einleiten.
5. **γ-δ-T-Zellen:** Diese T-Zellen haben T-Zell-Rezeptoren (TCR), die aus γ- und δ-Ketten

bestehen, im Gegensatz zu den häufigeren α- und β-Ketten. Sie sind vorwiegend in der Darmschleimhaut zu finden und haben weniger Antigenrezeptoren. Diese Zellen sind Teil der angeborenen Antwort, da sie Zytokine wie IFN-γ und TNF-α freisetzen, die infizierte Zellen schädigen können. Sie bilden auch eine Brücke zwischen angeborener und adaptiver Antwort, indem sie als antigenpräsentierende Zellen wirken, und sie haben auch regulatorische Funktionen. Sie können zur Gewebeschädigung durch eine erhöhte Immunantwort beitragen, die durch die Freisetzung von IL17 verursacht wird. Für Helmintheninfektionen wurden verschiedene Attribute dieser Zellen für verschiedene Parasiten erwähnt, aber die definitive Rolle, die diese Zellen spielen, bleibt unklar.

Abgesehen von den verschiedenen oben genannten Zelltypen ist für intestinale Helminthen die erste Barriere, auf die sie treffen, der abgesonderte Schleim. Bei solchen Infektionen wird eine ausgeprägte Becherzellhyperplasie festgestellt, und das abgesonderte Schleimgel besteht aus hochmolekularen glykosylierten Glykoproteinen, wobei Muc2 das vorherrschende Molekül ist. Diese Schleimproduktion unterliegt sowohl der angeborenen als auch der adaptiven Wirtsreaktion. Typ-2-Zytokine, insbesondere IL4, IL13 und IL22, die von ILC2 sowie CD4+-T-Zellen abgesondert werden, sind starke Induktoren der Muzinproduktion und der daraus resultierenden Becherzellhyperplasie. Dieses Muzin beschleunigt die Ausscheidung der Helminthen aus dem Darm.

Adaptive Immunantwort

Die adaptive Immunantwort wird hauptsächlich durch T- und B-Lymphozyten vermittelt, die zunächst durch verschiedene Zellen der angeborenen Immunantwort aktiviert werden. Es gibt hauptsächlich vier Arten von T-Zellen: T-Helferzellen (CD4+-T-Zellen), zytotoxische T-Zellen (CD8+-T-Zellen, T_c), T17-Zellen und T-regulatorische Zellen (T_{REG}). Die Präsentation des Antigens durch antigenpräsentierende Zellen führt zur Differenzierung von TH1- und Th2-Untergruppen. Es ist nun gut etabliert, dass die TH1-Reaktion bei Infektionen hervorgerufen wird, die durch intrazelluläre Protozoenparasiten verursacht werden, während die extrazellulären Helmintheninfektionen zur Differenzierung der TH2-Untergruppe führen. Die TH-Reaktion kann jedoch je nach Art des Parasiten und seinem Entwicklungsstadium variieren.

Adaptive Antwort auf Protozoenparasiten

1. **TH1-Antwort:** Diese wird durch einen Satz von Zytokinen vermittelt, wobei IFN-γ das wichtigste ist. Die schützende Rolle dieses Zytokins und von TH1 wurde in Mausmodellen für eine Infektion mit *Leishmania* eindeutig nachgewiesen. Die Mäusestämme C57BL/6, die IFN-γ produzieren, sind resistent gegen *Leishmania*-Infektionen, während diejenigen, die es nicht produzieren können, anfällig für Infektionen sind. Das von CD4+-TH1-Zellen produzierte IFN-γ bindet an spezifische Rezeptoren auf Makrophagen und führt zu deren Aktivierung mit der Produktion von antiparasitären Molekülen. Darüber hinaus erhöht IFN-γ die MHC-I-Expression, um die Erkennung und Tötung durch CTLs zu unterstützen, zusammen mit der MHC-II-Expression, um die Antigenpräsentation an CD4+-T-Zellen zu fördern. Die TH1-Antwort ist wichtig für den Schutz gegen das präerythrozytische Stadium von *Plasmodium* neben dem Schutz gegen *Leishmania*- und *Toxoplasma*-Infektionen.
2. **Zytotoxische T-Zellen (CTLs, CD8+-T-Zellen):** Diese Zellen funktionieren sowohl bei der Erkennung als auch bei der Tötung von Zielzellen. Als Teil der adaptiven Antwort zeigen sie die notwendige Spezifität und beginnen nach Antigenstimulus mit der Produktion von zytotoxischen Granula. Der Abtötungsmechanismus ist etwas unspezifisch

und beinhaltet 3 Arten von zytotoxischen Molekülen:

(a) **Perforine:** Es handelt sich um ein 66 kDa schweres Molekül, das Poren oder Löcher in der Membran der Zielzelle erzeugen kann.

(b) **Granzyme:** Sie existieren als Proenzyme und werden durch Cathepsin gespalten. Ihr Eintritt in die Zellen wird durch die von Perforinen induzierten Poren erleichtert. Einmal in den Zellen, können sie Apoptose induzieren.

(c) **Granulysin:** Es unterstützt das Granzym bei der Abtötung des Parasiten in den Zellen durch einen Prozess, der der Apoptose ähnelt.

Wie auch immer der Mechanismus aussehen mag, selbst wenn die intrazellulären Parasiten nicht durch die oben genannten Prozesse abgetötet werden, kann ihre Freisetzung aus den zerstörten Zellen durch aktivierte Makrophagen zum Tod führen. Die CTL spielt eine zentrale schützende Rolle, indem sie Hepatozyten zerstört, die mit den Sporozoiten von Malariaparasiten infiziert sind. Sie ist auch wichtig für den Schutz gegen *Leishmania-*, *Toxoplasma-* und *T. cruzi*-Infektionen. Bei *Leishmania*-Infektionen haben diese Zellen eine doppelte Rolle zu spielen. Einerseits haben sie eine schützende Rolle bei *Leishmania donovani-*, *Leishmania major-* und *Leishmania infantum*-Infektionen. Andererseits wurde eine Überproduktion von IL10-produzierenden CTLs bei disseminierter kutaner Leishmaniose sowie bei Post-Kala-Azar-dermaler Leishmaniose beobachtet, was auf ihre Beteiligung an der Krankheitsausbreitung hinweist. CTLs wurden auch in der Gewebezerstörung und Krankheitsprogression bei mukokutaner Leishmaniose impliziert.

3. **TH2-Antwort und Rolle der Antikörper:** Alle Protozoeninfektionen lösen eine Antikörperantwort aus, aber die Rolle der humoralen Immunität beim Schutz wurde, außer in einigen ausgewählten Fällen, nicht nachgewiesen. Daher spielt bei *Trypanosoma brucei*, einem extrazellulären Protozoenparasiten, IgG eine wichtige Rolle bei der Bekämpfung der Infektion. Es wurde auch beschrieben, dass Antikörper eine Rolle bei der direkten Lyse von *T. cruzi* oder der komplementvermittelten Zerstörung von Plasmodiumgametozyten spielen. Antikörper können auch die Funktion von Makrophagen erleichtern, indem sie mit F_c-Rezeptoren binden und eine effektive Phagozytose von *Toxoplasma gondii* oder von mit Malariaparasiten infizierten RBCs ermöglichen. Diese Antikörper können auch das Eindringen der Parasiten in die Zielzellen verhindern, indem sie bestimmte Antigene des Parasiten neutralisieren, die für das Eindringen notwendig sind. Dies wurde bei *T. gondii* und *P. falciparum* nachgewiesen. Es scheint also, dass die humorale Immunität eine Rolle bei der Eindämmung von Protozoenparasiten spielt, aber sie ist möglicherweise wenige effizient bei der Beseitigung der Infektionen.

Adaptive Antwort auf Helminthenparasiten

Die Helminthen sind größer als Protozoenparasiten und extrazellulärer Natur, daher dominiert bei solchen Infektionen die TH2-Antwort über die TH1-Antwort. Es wurden mehrere Hypothesen aufgestellt, um dieses Phänomen zu erklären. Es wurde gezeigt, dass Helminthen relativ wenige TLR-Liganden aufweisen, was zu einer geringen Produktion von IL12 durch dendritische Zellen führt, einem Interleukin, das für die TH1-Differenzierung wesentlich ist. Zusätzlich können die exkretorisch-sekretorischen Antigene von Helminthen die IL12-Produktion unterdrücken und im Gegenzug Zytokine wie IL25 und IL33 hochregulieren, was die TH2-Differenzierung fördert. Unabhängig vom Mechanismus beginnen die TH2-Zellen verschiedene Zytokine wie IL3, 4, 5, 9, 10 und 13 zu produzieren, die auch andere Zellen wie Eosinophile, Mastzellen und Basophile sowie die IgE-Produktion durch B-Zellen aktivieren. So kommt ein abgestimmter Mechanismus ins Spiel, um den Helminthenparasiten aus dem Körper zu eliminieren.

Dendritische Zellen fungieren im Körper als klassische antigenpräsentierende Zellen („antigen-presenting cells“, APCs). Darüber hinaus wurde festgestellt, dass ILCs und Basophile ebenfalls als APCs fungieren können. Im Darm wird Muzin, das die Parasitenantigene enthält, von dendritischen Zellen aufgenommen. Die Induktion einer stark polarisierten CD4+-TH2-Zellantwort mit der Freisetzung einer Vielzahl von Zytokinen fördert die Immunität durch mehrere Mechanismen und Effektorzellen:

1. **Mastzellen**: IL3 und IL9, die von TH2-Zellen produziert werden, wirken synergistisch und führen zu einer Anhäufung von Mastzellen in der Dünndarmschleimhaut. Die Mastzellen verhindern die Adhäsion und Penetration des Parasiten in die Schleimhaut durch Freisetzung von Chondroitinsulfat. Diese Mastzellen exprimieren auch hochaffine IgE-Rezeptoren.
2. **Eosinophile**: Erhöhte Eosinophilenwerte sind bei Helmintheninfektionen häufig, ihre genaue Rolle ist jedoch etwas umstritten. Zirkulierende Eosinophile werden durch IL4 und IL13 sowie durch Chemokine zur Stelle der Helmintheninfektion gelockt. Die Degranulation oder Aktivierung von Eosinophilen erfolgt unter dem Einfluss verschiedener Zytokine sowie von Immunglobulinen. In-vitro-Studien haben die Parasitenzerstörung durch Moleküle eosinophiler Granula gezeigt. Dies wurde für *Schistosoma mansoni*, *Strongyloides stercoralis* und *Trichuris muris* nachgewiesen, konnte jedoch in vivo in Tiermodellen nicht nachgewiesen werden. Bei *Trichinella spiralis* können Eosinophile die Infektion sogar fördern.
3. **Antikörperantwort**: Das von TH2-Zellen freigesetzte IL4 fördert den Klassenwechsel des Immunglobulins zu IgE, dem Prototyp des Immunglobulins, das bei Wurminfektionen auftritt. Seine Rolle beim Schutz des Wirts bleibt jedoch unklar, und es wird vermutet, dass der Großteil des IgE möglicherweise nicht parasitenspezifisch ist und auch Teil der Parasitenausweichstrategie sein könnte. In einigen Fällen trägt IgE zur intestinalen Anaphylaxie bei, die durch Mastzelldegranulation verursacht wird. Dies kann aufgrund der Darmphysiologie und der Chemie des Darmepithels zu einer schnellen Beseitigung des Larvenstadiums des Parasiten führen. In einigen Fällen kann IgA die ausgeschiedenen metabolischen Enzyme des Parasiten neutralisieren und so die Ernährung des Wurms stören.

Bei Versuchstieren und auch bei natürlichen Wirtstieren wurden folgende Immunmechanismen beobachtet, die Helmintheninfektionen, insbesondere Nematodeninfektionen, einschränken können:

1. **Rassenresistenz:** Es wurde beobachtet, dass einzelne Merinolämmer auf der Grundlage ihrer immunologischen Reaktion auf eine Infektion mit *Trichostrongylus colubriformis* als Responder und Nonresponder eingestuft werden können und dass diese Unterschiede genetisch übertragbar sind.
2. **Altersresistenz:** Im höheren Alter können sich die Nematoden entweder nicht entwickeln oder sie bleiben im Gewebe im Larvenstadium stecken. *Strongyloides*-Infektionen bei Wiederkäuern und Pferden treten am häufigsten bei sehr jungen Tieren auf und umgekehrt sind bei einigen Parasiten wie *Anaplasma* junge Rinder resistenter gegen Infektionen als ältere. Der Grund für diese Altersresistenz ist unbekannt. Im Gegensatz zu Schafen und Rindern entwickeln Ziegen keine altersbedingte Immunität. *Trichostrongylus* spp. stimulieren eine langsamere Immunantwort und sind daher manchmal bei älteren Nutztieren zu sehen.
3. Wie bei Infektionen der Ratte mit dem Trichostrongyloid-Nematoden *Nippostrongylus brasiliensis* exemplarisch gezeigt wurde, können die adulten Würmer in ihrer Größe beeinträchtigt sein, und in einigen Fällen werden diese adulten Würmer abgetötet und automatisch aus dem Tier ausgestoßen.
4. Manchmal wird eine immunologische Nichtreaktivität bei Wiederkäuern mit gastrointestinalen Infektionen beobachtet. Der Mechanismus ist nicht vollständig ver-

standen. Es wurde vereinbart, dass bei diesen Tieren die luminalen Immunität aufgrund einer TH2-Antwort besteht. Es gibt vermehrte Darmmastzellen und Darmrezeptoren für wurmspezifische IgE-Antikörper. Diese sensibilisierten Mastzellen produzieren vasoaktive Amine, die zu einer erhöhten Schleimproduktion und Kapillarleckage führen. Diese Veränderungen können zu einer verminderten Sauerstoffspannung im Darm führen, was zur Ablösung und Ausscheidung der Würmer führt. Diese lokale Darmreaktion durch Immunzellen variiert stark mit den Parasiten. Zum Beispiel ist eine Mastzellreaktion erforderlich, um *T. spiralis* auszustoßen, aber sie ist nicht erforderlich im Falle einer Infektion mit *Nippostrongylus brasiliensis*.

Rolle der T17-Zellen bei Helmintheninfektionen

Die naiven T-Zellen können sich infolge der Antigenerkennung in Gegenwart von TGF-β und IL16 in eine andere Untergruppe, die als TH17 bekannt ist, differenzieren. Diese TH17-Zellen produzieren IL17, welches ein proinflammatorisches Zytokin ist. Es hilft bei der Rekrutierung von Granulozyten und der Freisetzung anderer proinflammatorischer Zytokine. IL17 kann auch von Zellen produziert werden, die hauptsächlich an der angeborenen Reaktion beteiligt sind, wie NK- und γδ-T-Zellen. Durch die Förderung der Entzündung tragen die TH17-Zellen zu verschiedenen Pathologien bei, die mit Helmintheninfektionen verbunden sind, einschließlich Gewebeschäden. Sie können auch die intestinale Hypermotilität fördern.

T-regulatorische Zellen und Immunregulation

Ein bemerkenswertes Merkmal der meisten Helmintheninfektionen ist ihre lange Lebensdauer (manchmal viele Jahre) und Persistenz, die jedoch nur minimale Schäden oder lebensbedrohliche pathologische Folgen verursachen. Dieses Merkmal ist auf ein komplexes Zusammenspiel von Immunflucht und Regulation der Wirtsimmunität zurückzuführen. Die Chronizität der Infektion, die eine anhaltende dominante TH2-Reaktion hervorruft, induziert die Expansion von natürlichen sowie parasiteninduzierten regulatorischen T-Zellen (T_{REG}). T_{REG}-Zellen sind eine eigenständige Population von T-Lymphozyten, die die Fähigkeit haben, die Funktion anderer Lymphozyten zu unterdrücken. So können sie diesen Effekt auf CD4+-CD25−-T-Zellen, CD8+-T-Zellen sowie B-Zellen ausüben. Diese Untergruppe kann durch die Expression von CD4, CD25− und FOXP3 identifiziert werden. Durch ihren Unterdrückungseffekt können diese Zellen einen tiefgreifenden Zustand der Immuntoleranz im Wirt hervorrufen. Die gleiche Reaktion verursacht einen Klassenwechsel der Immunglobuline in B-Zellen zu IgG_4. Im Ergebnis tritt der Helminth in eine Nische ein, die durch eine geringe parasitenspezifische Lymphozytenproliferation, ein höheres parasitenspezifisches IgG_4/IgE-Verhältnis und erhöhte Spiegel der regulatorischen Zytokine IL10 und TGF-β gekennzeichnet ist. Dies sind die Merkmale einer asymptomatischen chronischen Helmintheninfektion. Das komplexe Zusammenspiel und die Rollen, die verschiedene Zellen spielen, sind in Abb. 1 dargestellt.

Zusammenfassend sind Helminthen sehr komplexe Organismen, sowohl phänotypisch als auch genetisch. Aufgrund ihrer physischen Größe können sie nicht von phagozytischen Zellen aufgenommen oder durch klassische zytotoxische T-Zellen zerstört werden. Die Immunzellen setzen in der Regel Typ-2-Immunantworten oder Allergie-Typ-Immunantworten gegen die Helminthen ein. Diese Reaktionen sind durch eine Erhöhung der Konzentrationen von Interleukin (IL)4 und anderen Th2-Typ-Zytokinen, wie IL5, IL9, IL13 und IL21 gekennzeichnet. Es gibt eine erhöhte Rekrutierung und Aktivierung von Effektorzellen wie Eosinophile, Basophile und Mastzellen, die verschiedene Zytokine produzieren können. Bei diesen parasitären Infektionen kommunizieren angeborene und erworbene Komponenten eines aktiven Immunsystems ständig miteinander. T-Zell-Signale erhöhen und modifizieren die

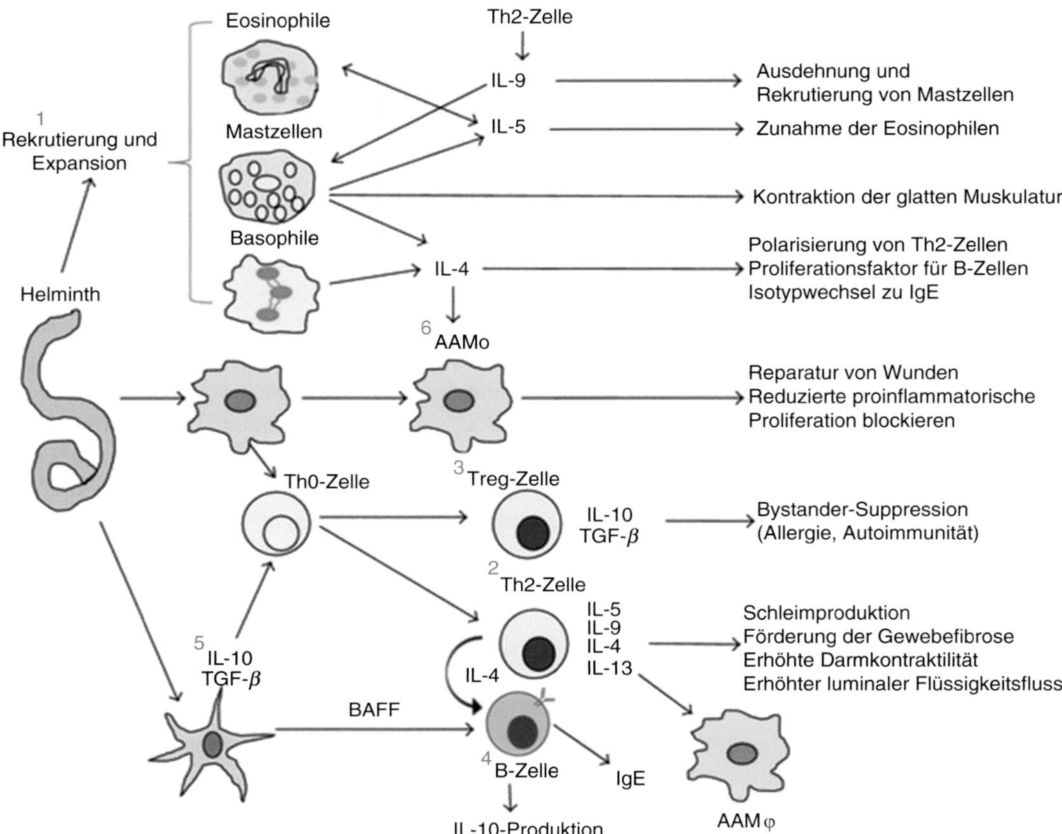

Abb. 1 Helmintheninfektionen sind starke Induktoren einer Th2-Typ-Immunantwort. Diese Infektionen sind durch die Expansion und Aktivierung von Eosinophilen, Basophilen und Mastzellen gekennzeichnet (1). Ihre Hochregulation aufgrund hoher Spiegel von Immunglobulin E (IgE) und die Proliferation von T-Zellen, die IL4, IL5, IL9 und IL13 sezernieren, ist Teil der Immunantwort des Wirts gegen den Parasiten (2). Allerdings neigen Helmintheninfektionen dazu, lang anhaltend und weitgehend asymptomatisch zu sein, da sie durch ein parasiteninduziertes immunmodulatorisches Netzwerk aufrechterhalten werden, insbesondere durch die Aktivierung von regulatorischen T-Zellen (3) und systemisch erhöhten Spiegeln von IL10, die von B-regulatorischen Zellen produziert werden (4). Sie werden zusätzlich durch den Ausdruck der regulatorischen Zytokine IL10 und TGF-β, die von regulatorischen dendritischen Zellen (5) und alternativ aktivierten M (AAM) (6) produziert werden, beeinflusst. (Aus: Salazar-Castañon VH, Legorreta-Herrera M, Rodriguez-Sosa M. Helminthenparasiten verändern den Schutz gegen *Plasmodium*-Infektionen. *Biomed Res Int*. 2014;2014:913696. doi: https://doi.org/10.1155/2014/913696)

Funktion von Effektor-B-Zellen, die wiederum die Antikörperreaktion induzieren.

Immunflucht von Parasiten

Die Immunflucht ist eine Strategie, die von verschiedenen Mikroorganismen, einschließlich Protozoen und Helminthen, angewendet wird, um in einem Wirt trotz einer effektiven Immunantwort zu überleben. Die Mechanismen beinhalten eine oder mehrere der folgenden Strategien:

1. **Antigenvariation:** Stämme von Parasiten können durch das Vorhandensein von immundominanten Antigenen unterschieden werden, und die stammspezifische Immunantwort de-

finiert die Parasitenpopulation. Ein Verlust oder Zugewinn oder eine Veränderung in einer bestimmten immundominanten Antigengruppe aufgrund des entsprechenden Verlusts/Zugewinns/Wechsels eines der Polypeptide oder Polysaccharidantigene wird als Antigenvariation definiert. Daher kann die adaptive Immunantwort zwar gegen den ursprünglichen infektiösen Serotyp wirksam sein, wird aber gegen denselben Stamm, der die neue Antigenvariante aufweist, unwirksam. Viele Parasiten, einschließlich Malariaparasiten, Giardia und der Erreger der afrikanischen Trypanosomiasis, unterziehen sich einer Antigenvariation, indem sie den Ausdruck ihrer variantenspezifischen Antigenmoleküle, die gemeinsam als variantenspezifische Oberflächengruppen („variant specific surface groups", VSG) bekannt sind, ändern. Ein Parasit kann eine große Anzahl von VSG-Genen enthalten, aber nur eines wird zu einem Zeitpunkt exprimiert. Die Elektronenmikroskopie hat gezeigt, dass die VSG eine dichte Schicht auf der Parasitenoberfläche bilden und das immundominante Antigen enthalten. Mit dem Anstieg des Antikörperspiegels im Wirt wechselt ein kleiner Teil der Antigenpopulation, um einen neuen VSG-Mantel mit einem neuen antigenischen Charakter zu produzieren, der von den zirkulierenden Antikörpern nicht mehr erkannt wird.

2. **Immunsuppression:** Das Phänomen der parasiteninduzierten Immunsuppression wurde erstmals vor fast 60 Jahren beschrieben, als eine hohe Prävalenz von Malaria mit einer geringen Inzidenz von Autoimmunerkrankungen in Zusammenhang gebracht wurde, was zur Basis der Hygienehypothese wurde. Bei Helmintheninfektionen besteht eine Unfähigkeit der Effektor-T-Zellen, sich zu vermehren und proinflammatorische Zytokine zu sezernieren. Dies ist ein Effekt, der als immunologische Toleranz bezeichnet wird. Diese Infektionen sind auch durch erhöhte IgG_4-Spiegel und eine entsprechende IL10-Produktion, das ein heruntermodulierendes Zytokin ist, gekennzeichnet. Der Helminthenparasit kann die Produktion von TGF-β-Rezeptoren induzieren, was zur Bildung von T_{REG}-Zellen und zur Unterdrückung von dendritischen Zellen und Makrophagen und T-Zell-Aktivierung führt, die alle eine insgesamt immunsuppressive Wirkung haben. Darüber hinaus können Parasitenmoleküle auch die Differenzierung von CD4+-T-Zellen, den Isotypenwechsel von B-Zellen und die Induktion von B-regulatorischen Zellen modulieren und so ein Milieu für das Überleben des immunscheuen Parasiten erzeugen.
3. **Molekulare Mimikry:** Viele Parasiten weisen einige Antigene auf, die einem Wirtsmolekül ähneln, was dem Parasiten einen Überlebensvorteil verschafft. Die Antigenähnlichkeit trägt dazu bei, dass der Wirt das Antigen des Parasiten nicht erkennt und es für ein Eigenantigen hält. Manchmal können einige dieser Antigene Wirtshormonrezeptoren oder das Hormon selbst nachahmen, was entweder zu einer Reaktion auf hormonelle Signale oder zur Aussendung der Signale führt. Diese Fähigkeit des Parasiten, Wirtsmoleküle nachzuahmen, kann das Ergebnis entweder einer Übertragung (Erwerb des Wirtsmoleküls durch den Parasiten) oder einer Konvergenz (Evolution des nachahmenden Moleküls) sein. Das Zeitalter der Genomik hat die Perspektive eröffnet, in der ein direkter Vergleich von Wirts- und Parasitenproteinen und deren Sequenzen untersucht werden kann und die molekularen Mimikry-Kandidatenproteine oder Makromoleküle direkt vorhergesagt werden können. Die Tab. 1 zeigt die verschiedenen von Parasiten eingesetzten Strategien zur Umgehung des Immunsystems.

Schlussfolgerung

Die Wechselwirkung zwischen Wirt und Parasit ist ein hochkomplexes Phänomen und wird bei Helminthenparasiten aufgrund der Größe und der Vielzahl von konstituierenden Makromolekülen noch komplizierter. Die Immunantwort auf Parasiten ist ein komplexer und

Tab. 1 Verschiedene Mechanismen der Immunflucht durch Parasiten

	Mechanismus	Spezifischer Mechanismus	Parasit
1.	Anatomische Abgeschiedenheit	Intrazelluläre Lokalisation des Parasiten	Malariaparasit (RBC) *Leishmania* (Makrophagen) *Trichinella* (Muskelzellen)
2.	Antigen Variation	Unterschiedliche Antigene in verschiedenen Lebensstadien, variable Oberflächenglykoproteine	Malariaparasit, *Trypanosoma*
3.	Größe	Große Größe der Parasiten	Alle Helminthen
4.	Beschichtung mit Wirtsprotein	Blutgruppenantigene und MHC-Klasse-I- und -II-Moleküle auf dem Parasitentegument	*Schistosoma*
5.	Molekulare Mimikry	Fibronectinzellrezeptoren	*Trypanosoma cruzi*
6.	Immununterdrückung	Bindung von β-Integrin CR3 durch Parasitenprotein verursacht Neutrophilendysfunktion	Hakenwurm
7.	Parasitenenzyme	Glutathionperoxidase und Superoxiddismutase verursachen Resistenz gegen antikörperabhängige zelluläre Zytotoxizität	Fadenwürmer

vernetzter Prozess, bei dem es eine große Überschneidung von natürlichen und adaptiven Immunantworten gibt. Darüber hinaus haben Parasiten zahlreiche Strategien entwickelt, um dem Immunangriff des Wirts zu entgehen, was direkte Auswirkungen auf die Immunität gegen Parasiten und ihr langfristiges Überleben hat. Das heutige Zeitalter der Genomik, Proteomik und anderer *-omiken* hat eine Vielzahl von Informationen über verschiedene Parasiten hervorgebracht, die voraussichtlich dieses komplexe Zusammenspiel aufklären und viele unbeantwortete Fragen beantworten dürften.

Fallstudie

Lipophosphoglycan (LPG) ist eine wichtige Komponente der *Leishmania*-Hülle und hat eine signifikante Wirkung auf die Beeinträchtigung der Makrophagenfunktion durch verschiedene Mechanismen wie Zytokinspaltung, Verhinderung der Phagolysosomenreifung und Aktivierung negativer regulatorischer Faktoren. Somit spielt es eine wichtige Rolle für das Überleben des Parasiten in den Makrophagen. In einem experimentellen Mausmodell induzierte LPG eine erhöhte Produktion von IFN-γ und TNF-α durch die Bildung reaktiver Stickstoffzwischenprodukte und eine abtötende Wirkung auf *L. major*. LPG zusammen mit BCG hat gezeigt, dass es die TH1-Immunantwort bei Mäusen sowie Hamstermodellen erhöht. Daher ist LPG ein wichtiges Ziel für die zukünftige Impfstoffentwicklung gegen viszerale Leishmaniose.

1. Welche verschiedenen *Leishmania*-Impfstoffkandidaten sind in Phase 1 oder 2 der Impfstoffversuche eingetreten?
2. Was ist ein therapeutischer Impfstoff?
3. Nennen Sie den Parasitenimpfstoff, der bisher am vielversprechendsten ist. Wie ist seine Zusammensetzung?

Forschungsfragen

1. Was sind die PAMPs, die bei verschiedenen Helminthenparasiten wichtig sind?
2. Was ist die genaue Rolle, wenn überhaupt, von Eosinophilen bei parasitären Infektionen?
3. Wie wirksam ist eine therapeutische Wurminfektion bei der Behandlung von Autoimmunerkrankungen und Stoffwechselstörungen?

Weiterführende Literatur

Maizels RM, McSorley HJ. Regulation of the host immune system by helminth parasites. J Allergy Clin Immunol. 2016;138:666–75.

McGuinness DH, Dehal PK, Pleass RJ. Pattern recognition molecules and innate immunity to parasites. Trends Parasitol. 2003;19:312–9.

Mukai K, Tsai M, Starkl P, Marichal T, Galli SJ. IgE and mast cells in host defense against parasites and venoms. Semin Immunopathol. 2016;38:581–603.

Harris NL, P'ng L. Recent advances in Type-2-cell-mediated immunity: insights from helminth infection. Immunity. 2017;47(6):1024–36. https://doi.org/10.1016/j.immuni.2017.11.015.

Tormo N, del Remedio Guna M, Fraile MT, Ocete MD, Garcia A, Navalpotro D, et al. Immunity to parasites. Curr Immunol Rev. 2011;7:25–43.

Rollinghoff M, Bogdan C, Gessner A, Lohoff M. Immunity to protozoa. In: Encyclopedia of life sciences. Berlin: Nature Publishing Group; 2001. www.els.net.

Tedla MG, Every AL, Scheerlinck JY. Investigating immune responses to parasites using transgenesis. Parasit Vectors. 2019;12:303.

Yasuda K, Nakanishi K. Host responses to intestinal nematodes. Int Immunol. 2018;30:93–102.

Parasitengenomik

Sumeeta Khurana und Parakriti Gupta

Lernziele

1. Die für genomische Studien verwendeten Werkzeuge und die Ziele kennen
2. Ein Verständnis für die Anwendung von genetischen Studien in der Parasitologie haben

Einführung

Parasiten sind einzigartig unter allen Mikroorganismen, da die meisten komplexe Lebenszyklen mit einem oder mehreren Wirten haben, schwer im Labor zu züchten sind und geeignete experimentelle Modelle fehlen. Die Einführung neuer Ansätze zur genetischen Untersuchung und Manipulation hat die Forschung an Parasiten gefördert. Internationale parasitäre Genomnetzwerke sind nun etabliert und haben zu einem exponentiellen Anstieg der genomischen Daten für Parasiten geführt. Alle diese Daten werden in Datenbanken gespeichert und können online abgerufen und für strukturelle und funktionale Analysen verwendet werden. Die Verfügbarkeit von genomischen Daten hat die Art und Weise, wie Infektionskrankheiten untersucht werden, verändert. Diese riesigen Datenmengen sind jedoch nutzlos, wenn sie nicht als Genannotationen interpretiert werden, und Fehlerkorrekturen sind immer noch umfassend und kritisch. Die Vorhersage der Genfunktion ist immer noch eine große Herausforderung. In letzter Zeit ermöglicht die *Metagenomik* die Analyse der Beziehung komplexer mikrobieller Gemeinschaften, insbesondere solcher, die nicht kultiviert werden können.

Beginn des Zeitalters der Parasitengenomik

Die Entschlüsselung des gesamten Genoms der meisten Parasiten war erfolgreich, da ihre Genomgröße etwa 10–270 Megabasen (Mb) (Tab. 1) beträgt. Allerdings variieren parasitäre Genome in Größe, Nukleotidzusammensetzung, Inhalt, Polymorphismus und repetitiven Sequenzen, die alle die Machbarkeit und Anwendung von Sequenzierungsstrategien beeinflussen. Der bahnbrechende Meilenstein wurde 2002 erreicht, als die genomische Sequenz des Protozoons *Plasmodium falciparum* als Produkt internationaler gemeinsamer Bestimmungen veröffentlicht wurde. In der Folge wurden die Genome von *Trypanosoma cruzi*, *Trypanosoma brucei* und *Leishmania major* und nun vielen weiteren Parasiten entschlüsselt. Helminthen haben im Vergleich zu Protozoen ein viel größeres Genom,

S. Khurana (✉) · P. Gupta
Department of Medical Parasitology, Post Graduate Institute of Medical Education and Research, Chandigarh, Indien

S. C. Parija und A. Chaudhury (Hrsg.), *Lehrbuch der parasitären Zoonosen*,
https://doi.org/10.1007/978-981-97-4312-4_4

Tab. 1 Genomgrößen von häufigen Parasiten bei Menschen und Tieren

Spezies	Wirt	Genomgröße (in Mb)
Giardia duodenalis	Menschen	12,6
Entamoeba histolytica	Menschen	24
Plasmodium falciparum	Menschen	22,8
Ancylostoma caninum	Hunde	344
Ascaris lumbricoides	Menschen	230
Brugia malayi	Menschen	96
Onchocerca volvulus	Menschen	150
Trichinella spiralis	Menschen, Schweine	63
Trichinella muris	Mäuse	96
Echinococcus multilocularis, Echinococcus granulosus	Menschen, Nagetiere	150
Taenia solium	Menschen	270
Schistosoma mansoni	Menschen	390
Schistosoma japonicum	Menschen	400

aber im Vergleich zu Säugetieren ein sehr kleines. Sie enthalten jedoch fast die gleiche Anzahl an Genen wie Menschen. Bei Nematoden werden jedoch häufig Gene gewonnen und verloren, und es findet ein horizontaler Gentransfer von Bakterien, Pilzen, Amöben oder Endosymbionten statt. Der freilebende Nematode, *Caenorhabditis elegans*, ist der erste und einer der am besten untersuchten parasitären Mehrzeller, dessen Genom vollständig sequenziert wurde. In den letzten Jahren wurden die Genomsequenzen vieler anderer Parasiten verfügbar gemacht.

Zu den molekularen Techniken, die zur Entschlüsselung des Genoms von Parasiten zur Verfügung stehen, gehören die Sanger-Sequenzierung (Abb. 1), Mikrosatellitenmarker, Mikroarrays, Luminex (Multianalyt-Profiling), zufällige Verstärkung von polymorpher DNA oder willkürlich geprimte PCR, Restriktionsfragmentlängenpolymorphismus, verstärkter

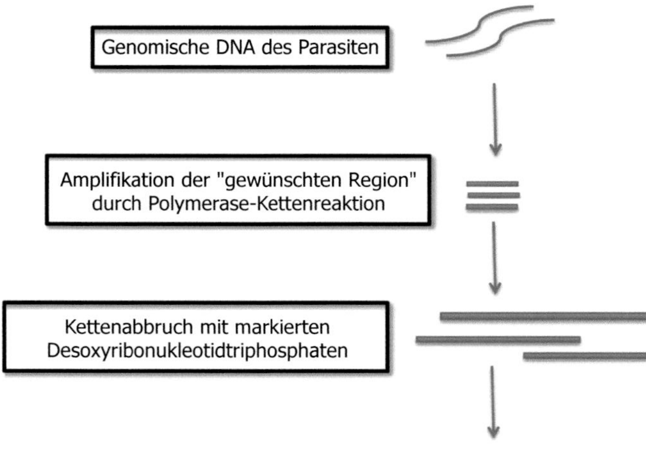

Abb. 1 Flussdiagramm zur Darstellung der Sanger-Sequenzierung bei Parasiten

Fragmentlängenpolymorphismus, Ganzgenomsequenzierung, RNA-Interferenz und bioinformatische Ansätze (Tab. 2). Die relativ neue Next-Generation-Sequencing-Technologie hat die Analyse der Genomsequenz mit vergleichender Genomik, funktioneller Genomik, Transkriptomik, Metabolomik, Proteomik und Epigenetik ermöglicht.

Die aus Sequenzierungsstudien gewonnenen Daten werden in 3 Kategorien unterteilt: (1) vollständige oder nahezu vollständige genomische Sequenzen als *Contigs* einer Reihe überlappender DNA-Sequenzen, (2) Genome Survey Sequence Tags (GSS), die nach dem Durchsehen der genomischen Sequenzen erzeugt werden, und (3) Expressed Sequence Tags (ESTs), die aus der jeweiligen mRNA generiert wurden, die in verschiedenen Stadien des parasitären Lebenszyklus exprimiert wird. All diese Daten werden in Datenbanken gespeichert und können online auf ihren eigenen Seiten abgerufen werden, aber die meisten Daten sind über *GenBank* und die webbasierte *BLASTSearch* verfügbar. Diese Daten können für strukturelle und funktionale Analysen verwendet werden. Das Institute for Genomic Research (TIGR), gegründet 1992 in Maryland, USA, befasst sich mit der Sequenzierung der Genome prokaryotischer und eukaryotischer Organismen und der nachfolgenden Sequenzanalyse. Eines der Hauptziele bei der Erzeugung der Sequenzdaten ist die Identifizierung von Genen, die mit der Evolution, Entwicklung, dem Stoffwechsel, der Pathogenität, der Immunflucht, diagnostischen Markern usw. der Parasiten in Zusammenhang stehen.

Anwendung in der Parasitologie

Die Genomik hat vielfältige Anwendungen in der Parasitologie (Tab. 3), einige davon werden hier diskutiert.

Tab. 2 Molekulare Techniken zur Entschlüsselung des Genoms von Parasiten

Molekulare Techniken	Beispiele für Parasiten
Sanger-Sequenzierung	*Leishmania*, *Plasmodium*, *Echinococcus* und *Trypanosoma*
Mikrosatellitenmarker	*Plasmodium*, *Ascaris*
Mikroarray	*Plasmodium*, *Toxoplasma* und *Trypanosoma*
Multianalyt-Profiling	*Plasmodium*, *Cryptosporidium* und *Leishmania*
Zufällige Verstärkung von polymorpher DNA	*Plasmodium*, *Leishmania*, *Echinococcus* und *Trypanosoma*
Restriktionsfragmentlängenpolymorphismus	*Cryptosporidium*
Verstärkter Fragmentlängenpolymorphismus	*Cryptosporidium* und *Leishmania*
RNA-Interferenz	*Plasmodium*, *Giardia* und *Entamoeba*
Ganzgenomsequenzierung	*Plasmodium*
Bioinformatische Ansätze	*Plasmodium*

Tab. 3 Anwendungen genomischer Studien bei Parasiten

Entität	Beispiele für Parasiten
Parasitäre Diagnose	*Entamoeba* spp.
Parasitenentdeckung	*Plasmodium knowlesi*
Wirt-Parasiten-Interaktionen	*Brugia malayi* und *Wolbachia*
Studien zur Wirtsempfänglichkeit	*Trypanosoma*, *Schistosoma* und *Plasmodium*
Molekulare Mimikry und antigene Variation	*Plasmodium* und *Trypanosoma*
CRISPR-Cas-Studien	*Anopheles*, *Plasmodium*, *Trypanosoma* und *Leishmania*
Epidemiologische Verfolgung	*Giardia*
Entdeckung und Resistenz von Medikamenten	*Plasmodium*
Impfstoffentwicklung	*Toxoplasma*, *Echinococcus*

Parasitendiagnose

Herkömmlich beruht die Diagnose von parasitären Infektionen auf der mikroskopischen Darstellung verschiedener Lebensstadien von Parasiten. Diese Techniken sind jedoch oft zu unempfindlich, um die Erforschung neuer, empfindlicherer Methoden zu rechtfertigen. Zu den Faktoren, die für das Versagen herkömmlicher Techniken verantwortlich sind, gehören geringere Parasitenzahlen im Vergleich zu Bakterien und Viren und das Vorhandensein morphologisch ähnlicher Nichtpathogene. Parasiten werden in der Regel nicht routinemäßig kultiviert, da es an Fachwissen und Einrichtungen für die Kultivierung mangelt, die Durchlaufzeiten länger sind und Parasiten anspruchsvoll zu züchten sind. Nukleinsäureverstärkungstechnologien, insbesondere die Polymerasekettenreaktion (PCR) und ihre Modifikationen, werden zunehmend eingesetzt, um die Diagnose von Parasiten zu erleichtern, insbesondere in den entwickelten Zentren. Zum Beispiel wird Amöbiasis routinemäßig in Stuhlproben oder Lebereiter durch PCR diagnostiziert, da sie *Entamoeba histolytica* mit ausgezeichneter Sensitivität und Spezifität von der nicht pathogenen morphologisch identischen *Entamoeba dispar* unterscheiden kann. In ähnlicher Weise werden Kinetoplast-DNA, 18S und ITS-Regionen als Ziele für die Identifizierung von *Leishmania*-Arten verwendet.

Im Gegensatz zur direkten Pathogenidentifikation wird die Serologie häufig zur Diagnose von Infektionskrankheiten eingesetzt. Sie hat jedoch eine Reihe von Einschränkungen. Erstens können serologische Reaktionen, insbesondere spezifische Antikörper, im Serum erst nach einigen Tagen bis Wochen nach der Infektion nachgewiesen werden. Manchmal ist eine Unterscheidung zwischen aktueller und einer zurückliegenden Infektion nicht möglich, da Antikörper über einen Zeitraum von Monaten bis Jahren persistieren können. Darüber hinaus variiert die Sensitivität serologischer Tests mit dem Organismus und dem Immunsystem des Wirts und kann bei immungeschwächten Zuständen unzuverlässig sein. Ein solches Beispiel für den sinnvollen Einsatz von Technologie ist die Diagnose von Toxoplasmose während der Schwangerschaft, die traditionell serologisch diagnostiziert wurde. Die PCR am Fruchtwasser ist zum neuen Goldstandard für den Nachweis einer mütterlicherseits auf den Fötus übertragenen *Toxoplasma*-Infektion geworden.

Pathogenentdeckung

Zusätzlich zur Diagnose wurden in letzter Zeit viele neue Parasiten entdeckt, die Menschen befallen und das Ergebnis der Anwendung von Genomtechnologien wie der Gesamtgenomsequenzierung, Metagenomik usw. sind. Zum Beispiel konnte *Plasmodium knowlesi*, das ursprünglich als *Plasmodium malariae* fehlidentifiziert wurde, nur durch Sequenzierung entdeckt werden und ist nun als die 5. menschliche Malariaart, die von Affen stammt, etabliert. Darüber hinaus werden viele neue Parasiten aufgrund von genomischen Technologien entdeckt, z. B. *Bertiella*, *Taenia asiatica* usw.

Wirt-Parasit-Interaktionen

Neben der Untersuchung der genomischen Charakterisierung von Parasiten an sich wurden auch umfangreiche Forschungen zur Untersuchung der Wirt-Parasit-Interaktionen durchgeführt. Eine wegweisende Studie beschrieb die prototypische endosymbiotische Interaktion zwischen *Brugia malayi* und *Wolbachia* nach der vollständigen Genomsequenzierung des *B. malayi*-Genoms. *Wolbachia* ist als bakterieller Endosymbiont für die Vermehrung der Filarien erforderlich, und das in der bakteriellen Zellwand vorhandene Lipopolysaccharid wirkt auch als einer der potentesten Virulenzfaktoren für den Parasiten und löst eine starke Entzündungsreaktion aus. Diese Entdeckung wurde anschließend durch eine hochwirksame therapeutische Reaktion auf Tetracyclin, das auf *Wolbachia* und nicht auf *B. malayi* wirkt, bestätigt, was zu einem dramatischen Rückgang der Filarienbelastung führte und derzeit als potenzieller Impfstoffkandidat erforscht wird. Die Pathogenese von *Plasmodium* wird zunehmend mithilfe von Genomik, Proteomik und Transkriptomik erforscht. So wurden beispielsweise mehrere Toll-like-Rezeptoren, z. B. TLR-2 und TIR-Domäne-tragendes Adaptermolekül 2, auf der Grundlage von Genomstudien mit Unterschieden im klinischen Schweregrad in Verbindung gebracht.

Studien zur Wirtsempfindlichkeit

Parasiten können erfolgreich im Wirt existieren, was auf sehr spezifische genetische Anpassungen zurückzuführen ist. Daher kann die Nachweis solcher Gene, die für diese Anpassung wichtig sind, genutzt werden, um Krankheiten zu verstehen und eine Heilung vorzuschlagen. Genomstudien sind der Schlüssel zur Etablierung der Parasit-Wirt-Mikroben-Beziehung, indem die durch Helminthen verursachten Veränderungen im menschlichen Darm unter Verwendung von Transkriptionswiederholungen nach einer parasitären Infektion analysiert werden. Dies kann weiter genutzt werden, um die Rolle der Darmmikrobiota bei parasitären Infektionen zu beschreiben und neue Ziele zur Eindämmung von Infektionen, neue Medikamente und Impfstoffe auszuwählen. Darüber hinaus werden auch die Empfänglichkeit des Wirts, der Schweregrad und die Sterblichkeit bei Infektionen durch diese umfangreichen genetischen Studien aufgedeckt.

Es ist seit Langem bekannt, dass Patienten mit Sichelzellenanämie und Thalassämie sowie solche mit fehlenden Glykoproteinrezeptoren resistent gegen Malariainfektionen sind. Ähnlich wurden andere Wirtszellrezeptoren wie CD234 mit einer Anfälligkeit für Infektionen in Verbindung gebracht. CD234 ist für den Eintritt von *Plasmodium vivax* in rote Blutkörperchen essenziell, und eine FY-Mutation, die dieses CD234 ausschaltet, bietet Schutz vor Malaria. Individuen mit einer ENU-Mutation in Ankyrin-1, einem wichtigen Membranprotein, mit erythropoetischer Protoporphyrie und verminderten Ferrochelatase-Spiegeln, gelten als resistent gegen zerebrale Malaria. Im Gegensatz dazu sind Patienten mit einer mdr1a-Mutation im P-Glykoprotein, CD36-Mangel, apobec3b-Mangel und Metallobetalactamase-2-Mangel anfälliger für zerebrale Malaria. Einige Mutationen, die den Wirt anfällig oder resistent gegen Infektionen machen, wurden auch bei anderen Parasiten festgestellt, z. B. *nramp*-1-Mutation und *lpl*-Genmutation bei *Leishmania*, Einzelnukleotidpolymorphismen in STAT-3 bei *Entamoeba*, und *apo2–1*-Mutation bei *Trypanosoma* erhöhen die Anfälligkeit des Wirts für Infektionen.

Molekulare Mimikry und Antigenvariation

Genomische Ansätze wurden von Forschern genutzt, um das Phänomen der molekularen Mimikry bei *Plasmodium*-Arten, das von Mitgliedern der KIR-Familie gezeigt wird, zu identifizieren. Viele Gene haben eine hohe Identität mit den molekularen Domänen von CD99, einem immunregulatorischen Protein, das auf der Membran von Lymphozyten und T-Zellen vorhanden ist. Darüber hinaus haben transkriptomische Studien gezeigt, dass *P. falciparum*-Gene kurze Sequenzmotiven oberhalb von ATGs teilen. Durch gezielte Mutagenese wurde ihre Rolle bei der Promotoraktivität bestätigt, insbesondere AP2 im Ookinetenstadium. Die Transkription aller Gene, einschließlich der Antigenvariation, wird jedoch weiterhin auf chromosomaler Ebene reguliert. Da die Antigenvariation nicht bei allen Parasiten vorhanden ist, führten Forscher umfangreiche Studien durch, um die Grundlage und den Zusammenhang zwischen der Antigenvariation von *Plasmodium* spp. und *Trypanosoma* spp. zu klären. Epigenetische und Chromatinimmunpräzipitationsstudien deckten die Rolle von Histonenenzymen, Histon-Methylase und -Deacetylase, beim Switching und der Antigenvariation auf.

Regelmäßig verteilte kurze palindromische Wiederholungen (Clustered Regularly Interspaced Short Palindromic Repeats, CRISPR) und CRISPR-assoziierte (CRISPR-Cas) in Parasiten

Obwohl das parasitäre Genom im Vergleich zu anderen Mikroben recht spät entschlüsselt wurde, wurde die CRISPR-Cas-Technologie bei *Plasmodium*, *Leishmania*, *Trypanosoma*, Platyhelminthen sowie Vektoren wie *Anopheles* als Genom-Editing-Tool ausgenutzt. Bei *Plasmodium* kann die Genexpression auch in Abwesenheit von Genom Editing durch die Verwendung der CRISPR-Interferenz oder der -Aktivierung (CRISPRi/a) moduliert werden. Die Rolle von CRISPR-Cas bei *Anopheles* ist recht vielversprechend im Bereich des *Gene Drive*, der sich auf genetische Systeme bezieht, bei denen ein bestimmtes Merkmal unter Umgehung der normalen mendelschen Vererbung selektiv zwischen den Populationen übertragen wird. Das Hauptziel dieses Gene Drive ist es, die Fruchtbarkeit der Moskitos durch genetische Modifikationen negativ zu beeinflussen. CRISPR-Cas wird zur Identifizierung von Genen, die am Infektionsprozess beteiligt sind, genutzt; anschließend werden Genbibliotheken erstellt und können bei der Erzeugung von immunogenen oder nicht virulenten oder nicht pathogenen Parasiten, die als Kandidaten für Medikamente oder Impfstoffe dienen, genutzt werden.

Epidemiologische Verfolgung

Die neuere Ganzgenomsequenzierung ist nun ein wichtiges Werkzeug zur Unterscheidung zwischen eng verwandten Stämmen und zur Verfolgung der Echtzeitevolution von krankheitsassoziierten klonalen Isolaten und spielt eine wichtige Rolle bei epidemiologischen Untersuchungen. Die üblicherweise angewendeten Methoden zur Unterscheidung der Stammverwandtschaft in solchen Szenarien umfassen RFLP, AFLP, RAPD und PFGE.

Arzneimittelentdeckung

Hauptsächlich werden neue vielversprechende Targets durch Genomtechnologie identifiziert und eine angemessene Erweiterung dieser funktionellen Gene erreicht, gefolgt von einem Assay für Hochdurchsatzsequenzierung. Das Genom kann Informationen über die biochemischen Wege liefern, die bei einem vorgeschlagenen Medikament oder einer Behandlung wahrscheinlich eine Rolle spielen. Auf diese Weise konnte die Entdeckung von Arzneimitteln im Vergleich zu herkömmlichen Ansätzen enorm beschleunigt werden.

Arzneimittelresistenz

Eines der deutlichsten Beispiele für dieses Szenario ist die Artemisininresistenz beim Malariaparasiten *P. falciparum*, bei der die durch Genomdaten aufgedeckten Kelch-13-Mutationen dazu beitragen könnten, einen mehrstufigen Ansatz zu entwickeln, der sich auf die Gebiete konzentriert, in denen Resistenzen auftreten. Malaria GEN ist ein solcher Ansatz, um die Ausbreitung von Resistenzen einzudämmen, indem die globale Forschung auf der Grundlage der Sequenzierung einer großen Anzahl von Proben für Chloroquin- und Pyrimethaminresistenzlinien und den *Anopheles*-Vektor verbessert wird. Ein weiterer Vorteil dieser Strategie ist die genaue Bestimmung der molekularen Grundlage der Resistenz mithilfe von Expressionsprofiling. Das Screening mit Mikroarrays und die serielle Analyse der Genexpression sind von entscheidender Bedeutung für die Lokalisierung und Vorhersage der Rolle eines bestimmten Genprodukts zur richtigen Zeit für den richtigen Patienten am richtigen Ort als immunologisches Target. Es wurden auch Resistenzstudien durchgeführt, um den Selektionsdruck und die Ausbreitung von Resistenzgenen wie bei *Plasmodium* und *Leishmania* zu analysieren.

Impfstoffentwicklung

Es sind nur sehr wenige Impfstoffe gegen parasitäre Infektionen wie Toxoplasmose bei

Schafen, Echinokokkose bei Tieren und Malaria beim Menschen verfügbar. Vollständige Genome werden das Ausgangsmaterial für die Impfstoffentwicklung liefern. Genomische *Schwachstellen* im Panzer des Parasiten, die durch Expression von Bibliotheken mit Immunseren gescreent werden, helfen bei der Identifizierung der Antigenkandidaten, die eine Immunantwort hervorrufen, und von kryptischen Antigenen, die keine Immunantwort hervorrufen und das Immunsystem umgehen. Weitere Strategien für die Impfstoffentwicklung umfassen mRNA-basierte Techniken, Differential Display und die serielle Analyse der Genexpression. Expressed Sequence Tags (ESTs) werden in Clustern identifiziert, gefolgt von der Generierung ihrer Konsensussequenzen, die eine schnelle Zusammenstellung von Daten ermöglichen. Antigenkandidaten, die Toll-like-Rezeptoren aktivieren können, werden ebenfalls identifiziert.

Schlussfolgerung

Es ist ein Gebot der Stunde, über die Rolle der Genomanalyse hinauszudenken und funktionelle Manipulationen und Editing vorzunehmen, um die nach der Sequenzierung gewonnenen Informationen zu analysieren und die daraus resultierende Hypothese zu überprüfen. Obwohl die Haltung von Parasiten eine Herausforderung darstellt, wurden Transgenese- und CRISPR-Cas-Experimente bereits bei einigen Parasiten durchgeführt. Die Wahl eines geeigneten Parasitenmodells, das unter Verwendung älterer und neuerer molekularer Werkzeuge bearbeitet wird, kann uns helfen, die grundlegende Biologie dieser Parasiten zu verstehen und gleichzeitig die Fähigkeit zu entschlüsseln, die von ihnen verursachten menschlichen Krankheiten zu manipulieren und zu kontrollieren, wobei ein interaktives und kollaboratives Team aus molekularen Parasitologen, Epidemiologen, Ärzten für Infektionskrankheiten sowie Computer- und Datenanalysten zum Einsatz kommt.

Fallstudie

Die Anwendung von Genomstudien wurde elegant in einem Bericht über die populationsgenetische Analyse von Guineawürmern (*Dracunculus medinensis*) aus dem Tschad, Afrika dargestellt. Im Tschad kam es zu einem offensichtlichen Wiederauftreten der Guineawurm-Krankheit beim Menschen, nachdem fast 10 Jahre lang keine Fälle gemeldet worden waren. Gleichzeitig wurde kürzlich eine hohe Prävalenz von Guineawurm-Infektionen bei Hunden im Tschad festgestellt. Um festzustellen, ob es sich bei den Würmern aus menschlichen und nicht menschlichen Wirten tatsächlich um dieselbe Art handelt, wurden die Würmer sowohl aus menschlichen als auch aus nicht menschlichen Wirten gesammelt. Die genetische Variation dieser Würmer wurde anhand der Sequenzvariationen der mitochondrialen DNA-Gene und der Wiederholungszahlpolymorphie an 23 nukleären Mikrosatellitenloki gemessen. Es stellte sich heraus, dass es sich bei den von nicht menschlichen Wirten gesammelten Guinea-Würmern um *D. medinensis* handelt und dass dieselbe Population von Würmern sowohl Menschen als auch Hunde im Tschad infiziert. Diese genetischen Daten und die epidemiologischen Hinweise deuten darauf hin, dass die Übertragung im Tschad derzeit durch Hunde als Wirte erfolgt.

1. Nennen Sie einige andere zoonotische Parasiten, für die ähnliche Studien durchgeführt wurden.
2. Listen Sie die gängigen Techniken auf, mit denen die Stammverwandtschaft zwischen Parasiten bestimmt wird.
3. Nennen Sie die Parasiten, für die genetische Studien durchgeführt wurden, um die Medikamentenresistenz zu bestimmen.
4. Zählen Sie die wichtigen Targetgene auf, die identifiziert und als molekulare Marker für die Identifizierung und Quantifizierung von *Leishmania* in klinischen Proben verwendet wurden.

Forschungsfragen

1. Was sind die fundamentalen zellulären Mechanismen, die bei Wirt-Parasit-Interaktionen eine Rolle spielen?
2. Was ist die molekulare Grundlage der Reaktion auf Antiparasitenmedikamente und Impfstoffe?
3. Was ist die genetische Grundlage für das Auftreten und Wiederauftreten von parasitären Infektionen?

Weiterführende Literatur

Carlton JM, Adams JH, Silva JC, Bidwell SL, Lorenzi H, Caler E, et al. Comparative genomics of the neglected human malaria parasite *Plasmodium vivax*. Nature. 2008;455(7214):757–63. PubMed [Internet]. [Cited 2020 Mar 22]. https://pubmed.ncbi.nlm.nih.gov/18843361/

Gardner MJ, Hall N, Fung E, White O, Berriman M, Hyman RW, et al. Genome sequence of the human malaria parasite *Plasmodium falciparum*. Nature. 2002;419(6906):498–511. PubMed [Internet]. [Accessed 2020 Mar 22]. https://pubmed.ncbi.nlm.nih.gov/12368864/

Tarleton RL, Kissinger J. Parasite genomics: current status and future prospects. Curr Opin Immunol. 2001;13(4):395–402. PubMed [Internet]. [Accessed 2020 Mar 5]. https://pubmed.ncbi.nlm.nih.gov/11498294-parasite-genomics-current-status-and-future-prospects/

Tavares RG, Staggemeier R, Borges ALP, Rodrigues MT, Castelan LA, Vasconcelos J, et al. Molecular techniques for the study and diagnosis of parasite infection. J Venom Anim Toxins Incl Trop Dis. 2011;17(3):239–48.

Thiele EA, Eberhard ML, Cotton JA, Durrant C, Berg J, Hamm K, et al. Population genetic analysis of Chadian Guinea worms reveals that human and non-human hosts share common parasite populations. PLoS Negl Trop Dis. 2018;12(10):e0006747.

Winzeler EA. Advances in parasite genomics: from sequences to regulatory networks. PLoS Pathog. 2009;5(10):e1000649.

Parasitenproteomik

Tejan Lodhiya, Dania Devassy und Raju Mukherjee

Lernziele

1. Kenntnisse über die verschiedenen Methoden zur Untersuchung der Proteomik zu haben
2. Über die Anwendung von Proteomik in der Parasitenbiologie Bescheid zu wissen

Einführung

Tuberkulose, HIV/AIDS, Influenza und Malaria machen einen großen Teil der weltweiten Belastung der öffentlichen Gesundheit durch Infektionskrankheiten aus. Vernachlässigte Tropenkrankheiten, einschließlich der parasitären Krankheiten zoonotischen Ursprungs, die hauptsächlich die ärmsten Menschen in den tropischen und subtropischen Regionen betreffen, werden oft ignoriert, und es wird erwartet, dass dies auch nach dem Ausbruch von COVID-19 so bleibt. Andererseits hat die Zerstörung von Biodiversitätsreserven als Folge von Industrialisierung und intensiver Landwirtschaft unsere Interaktion mit der Wildnis erhöht, wodurch die Übertragung von Parasiten auf neue Wirte verstärkt wird. Darüber hinaus hat die begrenzte Finanzierung und Ressourcenzuweisung zu unzureichenden Kenntnissen über die Pathophysiologie und die Feinheiten der Wirt-Parasiten-Interaktion geführt, die für die Entwicklung erfolgreicher Chemotherapie- und Impfstrategien entscheidend ist. Dieses Kapitel fasst die wichtigsten Entdeckungen und einige Erfolgsgeschichten der Proteomik zusammen und zeigt auf, wie der Einsatz dieser Technologie das Verständnis von Wirt-Pathogen-Interaktionen verbessert hat und wie man diese Informationen zur Entwicklung wirksamer Therapeutika nutzen kann.

Die Expression verschiedener Gene eines Organismus ist ein dynamischer Prozess und reagiert stark auf Umweltreize, einschließlich der Exposition gegenüber Chemikalien, Stressoren und Wachstumsbedingungen, was sich vollständig in einem veränderten Proteom niederschlägt. Ihre Identifizierung ermöglicht das Verständnis der eng regulierten Wege und schlägt neue Modalitäten der Interventionen während Infektionen vor. Es wurden Anstrengungen unternommen, die bedingte Modulation von Genen zu identifizieren, die zu einer erhöhten Stabilität eines gegebenen Phänotyps führen. Vor der Einführung der Proteomik basierten Studien zur Genexpression auf Northern-Blotting- und Western-Blotting-Techniken, die jedoch nur den Genexpressionsstatus einer Handvoll Gene auf mRNA- und Proteinebene offenbaren konnten, was sie für einen

T. Lodhiya · D. Devassy · R. Mukherjee (✉)
Department of Biology, Indian Institute of Science Education and Research (IISER), Tirupati, Indien
E-Mail: raju.mukherjee@iisertirupati.ac.in

S. C. Parija und A. Chaudhury (Hrsg.), *Lehrbuch der parasitären Zoonosen*,
https://doi.org/10.1007/978-981-97-4312-4_5

systemweiten Einblick unpraktisch machte. Die Entwicklung von cDNA-Mikroarrays war ein Durchbruch, da sie die gleichzeitige Messung der Expression von Tausenden von Genen anhand der relativen Häufigkeit von mRNAs ermöglichte. Diese hybridisierungsbasierten Ansätze hatten jedoch mehrere Einschränkungen wie falsch positive Ergebnisse aufgrund von Kreuzhybridisierung, die Abhängigkeit von der Verfügbarkeit der Genomsequenz und ein begrenzter Nachweisbereich. Die Entwicklung empfindlicherer Deep-Sequencing-Methoden wie RNA-Seq im letzten Jahrzehnt hat unser Verständnis von der Vielseitigkeit und Komplexität von Transkriptomen vollständig verändert.

Wenn die Transkriptomik die Genexpression messen kann, warum dann die Proteomik? Obwohl es die Transkriptomikanalyse Forschern ermöglicht, den globalen Genexpressionsstatus zu erfassen, hat sie einige inhärente Einschränkungen. Die gemessenen mRNAs haben unterschiedliche Stabilität und Translationsfähigkeit, die die Translationsrate beeinflussen. Einmal synthetisiert, unterscheiden sich Proteine in ihren Umsatzraten und werden manchmal durch posttranslationale Modifikationen (PTM) reguliert. Darüber hinaus bestimmen die zeitlichen Veränderungen in den Proteinaktivitäten aufgrund von physischen und funktionalen intermolekularen Interaktionen den zellulären Phänotyp. Angesichts der Unklarheit zwischen den Ebenen von mRNAs und Proteinaktivität ist die Fülle von mRNAs irreführend, um den Funktionsstatus eines Proteins zu suggerieren. Daher ist der Bedarf an Techniken entstanden, mit denen funktionelle Proteine direkt identifiziert und quantifiziert werden können.

Werkzeuge für die Proteomanalyse

Marc Wilkins und Kollegen führten den Begriff *Proteomik* in den frühen 1990er-Jahren ein, der sich auf die Studie der globalen Analyse von Proteinen (Genprodukten) in einem Organismus bezieht. Derzeit ist die Proteomik in vielen Laboren weltweit Routine und eine umfassende Technik zur Aufdeckung biologischer Geheimnisse. Die Verfügbarkeit von multidimensionalen Peptidtrenntechniken, hochauflösenden Massenspektrometern und Sequenzdatenbanken hat dazu beigetragen, das Proteom mehrerer Organismen zu kartieren. Verbesserte Tandem-Massenspektrometrie-Techniken und bessere Rechenwerkzeuge haben den Weg für die schnelle Identifizierung und Quantifizierung fast aller exprimierten Proteine geebnet.

Dieses Kapitel diskutiert verschiedene Strategien, die für die Proteomanalyse verfügbar sind. Es verwendet grundsätzlich zwei Ansätze: „Bottom-up", dieser analysiert kurze Peptide zur Identifizierung des Proteoms, und „Top-down", welcher direkt intakte Proteine analysiert.

Bottom-up-Proteomik

Dies wird auch als Shotgun-Proteomik (Abb. 1) bezeichnet, bei der ein Gemisch von Proteinen aus den interessierenden Zellen (Parasit/Wirt) oder zellulären Kompartimenten mithilfe von proteolytischen Enzymen, die eine Polypeptidkette an bestimmten Aminosäuren spezifisch spalten, direkt in einem *gelfreien Verfahren* verdaut wird. Die Verdauung mit Trypsin ergibt viele Tausende von Peptiden mit einem Arginin oder Lysin an ihrem C-Terminus, die bei gemeinsamer Analyse ein Massenspektrometer überlasten können. Daher wird die so erzeugte Peptidmischung in der Regel mit verschiedenen Flüssigkeitschromatografietechniken (liquid chromatrography, LC) getrennt, bevor ihre Masse gemessen werden kann. Wenn die Peptide aus der Säule eluieren, werden sie in Anwesenheit einer Hochspannung durch Elektrospray-Ionisation zerstäubt und ionisiert. Ein Massenspektrometer analysiert dann die ionisierten Peptide mit hoher Auflösung, um ihr Masse-zu-Ladungs-Verhältnis (m/z) in Form eines Massenspektrums (MS-Spektrums) aufzuzeichnen. Einmal in der Gasphase, werden die am häufigsten vorkommenden Peptide weiter sequenziell isoliert und diese kollidieren mit neutralen Gasen wie Stickstoff, Helium und Argon. Diese Energiezunahme des geladenen Peptids führt zu einer Spaltung entlang der Peptidbindungen, wodurch Fragmentionen durch den Mechanismus der kollisionsinduzierten

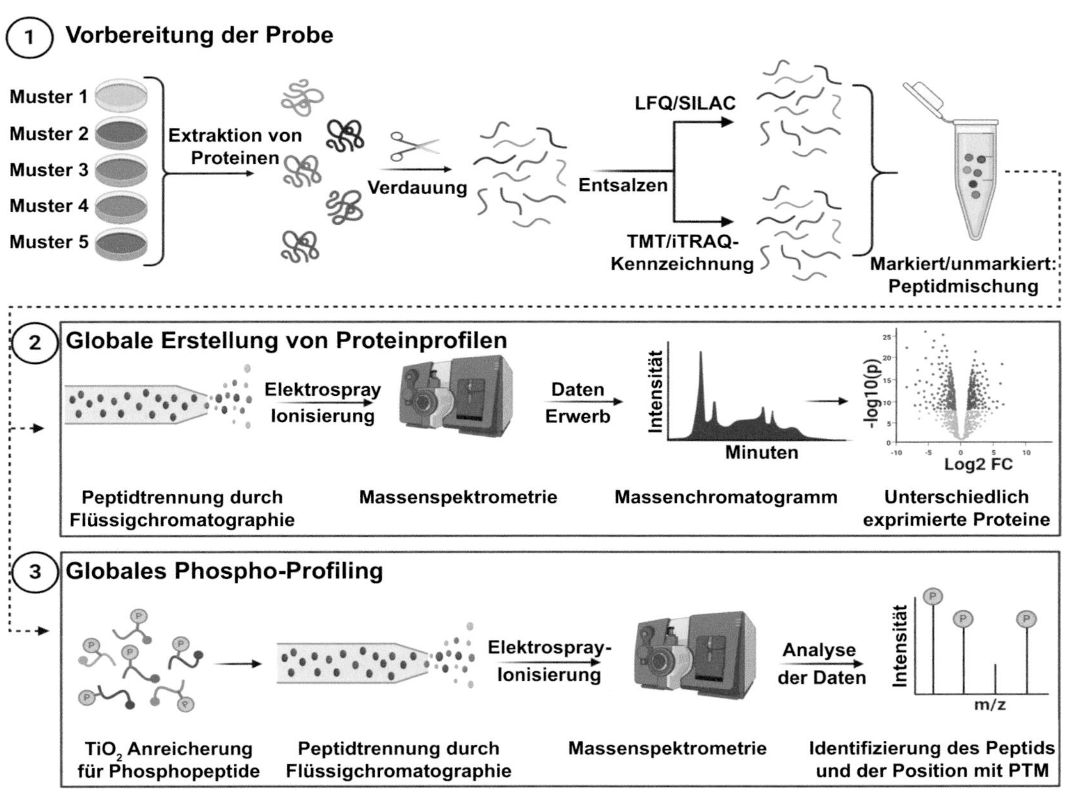

Abb. 1 Ein typischer Ablauf für die Shotgun-Proteomik. Schritt 1 zeigt das Probenvorbereitungsprotokoll, und seine Varianten SILAC und LFQ erfordern keine In-vitro-Markierung von Peptiden, während bei TMT/iTRAQ-basierten Ansätzen Peptide nach der Verdauung markiert werden. Die verdauten Peptide werden dann für die Entdeckung (Schritt 2) der Proteomik analysiert; gereinigte Peptide werden in einer NanoLC getrennt und dann dem Massenspektrometer zugeführt. Für das Phosphoproteinprofil (Schritt 3) durchlaufen fraktionierte Peptide eine zusätzliche Anreicherungsrunde für Phosphopeptide, die dann analysiert werden, um die phosphorylierten Aminosäuren zu identifizieren

Dissoziation (CID) erzeugt und als Fragmentionenspektrum aufgezeichnet werden. Diese Hochenergiefragmentierung führt jedoch zu einem Verlust von PTMs an der Aminosäureseitenkette, daher wird eine andere komplementäre Technik bevorzugt, die den radikalvermittelten Transfer von Elektronen zu großen mehrfach geladenen Peptiden erleichtert und eine Spaltung an den N-Cα-Bindungen des Rückgrats ermöglicht. So werden die Masse und die Häufigkeit des Elternpeptids aus dem MS- oder MS1-Spektrum abgeleitet, während die Peptidsequenzinformation aus einem Fragmentionenspektrum oder MS2-Spektrum abgeleitet wird. Beide zusammen helfen, die Vorläuferpeptidsequenz zu entschlüsseln und damit das entsprechende Protein zu identifizieren.

Um jedoch diesen Prozess der Peptididentifikation durch Abgleich mit der Proteinsequenz für alle detektierten Peptide durchzuführen, benötigt man Rechenleistung und eine Suchmaschine. Die Suchmaschine zielt darauf ab, das Protein von Interesse mithilfe einer Referenzsequenz zu identifizieren. Zahlreiche Datenbanksuchmaschinen sind verfügbar und sie stützen sich auf die Proteinsequenzdatenbanken wie *UniProt*. Die Suchmaschinen verdauen theoretisch jedes Protein aus der Datenbank und erzeugen alle möglichen Peptidvorläufer. Diese Peptide werden dann theoretisch in kleinere Peptide fragmentiert. Diese In-silico-Verarbeitung der Datenbank ahmt im Wesentlichen die experimentelle enzymatische Verdauung und massenspektrometrische Fragmentierung von

Peptiden nach. Die Suchmaschinen vergleichen dann die experimentell ermittelten MS1- und MS2-Spektren mit der theoretischen Liste, um die Peptidsequenz durch einen Prozess zu entschlüsseln, der als Peptid-Spektrum-Abgleich („peptide-spectrum match", PSM) bezeichnet wird. Der PSM liefert, wenn er für alle tryptischen Peptide durchgeführt wird, eine qualitative Identität des Proteoms. Einige der häufig verwendeten Suchmaschinen sind in Tab. 1 aufgeführt. Da die Proteolyse nicht immer vollständig ist und die Fragmentierung des tryptischen Peptids nicht bei jeder Aminosäure gleich effizient ist, kann man die Hilfe von verfügbaren statistischen Parametern in Anspruch nehmen, um die Falschentdeckungsrate zu senken. Jede Suchmaschine ist für bestimmte Experimente besser geeignet, daher sollte ihre Verwendung von dem Bedarf des Experiments abhängen.

Im Gegensatz dazu werden bei der *gelbasierten Methode* Proteine zunächst durch 1- oder 2-dimensionale Gelelektrophorese (2D-PAGE) getrennt. Unterschiedlich sichtbare Proteinflecken werden aus dem Gel herausgeschnitten und enzymatisch mit „In-Gel-Verdau"-Verfahren verdaut. Im Vergleich zum gelfreien Ansatz hat die gelbasierte Methode den Nachteil einer geringeren Empfindlichkeit. Proteine mit geringer Abundanz werden oft nicht auf einem Gel visualisiert und daher nicht identifiziert. Es muss auch erwähnt werden, dass ein erfolgreiches Proteomikexperiment stark von einer effektiven chromatografischen Trennung abhängt, die oft übersehen wird. Mehrere Faktoren, einschließlich der Anzahl der auf die Säule geladenen Peptide, des mobilen Phasengradienten, der Fließrate und der Chemie der analytischen Säule, werden je nach Komplexität der Probe optimiert.

Quantitative Proteomik

Die Shotgun-Proteomik ermöglicht die Identifizierung von Tausenden von Proteinen. Dennoch sind quantitative Informationen über diese Proteine ebenso wichtig und entscheidend, um unser Verständnis der globalen Proteindynamik und komplexen molekularen Netzwerke zu

Tab. 1 Häufig verwendete Proteomikdatenbanken und Suchmaschinen in derr Entdeckungsproteomik

Datenbanken und Suchmaschinen	Beschreibung	Website
BioGRID	Datenbank für Protein-Protein-Interaktionen, genetische Interaktion, chemische Assoziationen und PTMs	https://thebiogrid.org/
PRIDE	Proteomikidentifikationsdatenbank für MS-basierte Proteomikdaten sowie PTMs	https://www.ebi.ac.uk/pride/
PeptideAtlas	Sammlung von Peptiden, die aus Tandem-Massenspektrometrie-Proteomik-Experimenten identifiziert wurden	http://www.peptideatlas.org/
Proteopedia	Enzyklopädie von strukturellen und funktionalen Informationen über Proteine, RNA, DNA und ihre Zusammensetzungen und Wechselwirkungen mit kleinen Molekülen	http://proteopedia.org/
Mascot	Suchmaschinen zur Identifizierung, Charakterisierung und Quantifizierung von Proteinen mithilfe von MS1- und MS2-Daten	www.matrixscience.com
Andromeda	Suchmaschine für Peptide basierend auf einem probabilistischen Scoringmodell, eingebunden mit MaxQuant	https://maxquant.org/
SpectraST	Spektralbibliothekbasierte Suchmaschine	http://tools.proteomecenter.org
X!Hunter	Suchmaschine basierend auf Mustererkennung aus einer Spektralbibliothek	https://thegpm.org/HUNTER/index.html
Lutefisk	De-novo-Peptidsequenzierungstool	https://bio.tools/lutefisk
PEAKS	De-novo-Sequenzierungstool und Datenbanksuchmaschine für PTM-Nachweis und Quantifizierung	https://www.bioinfor.com/peaks-studio/

verbessern. Daher ist es unerlässlich, schnelle, zuverlässige und reproduzierbare Methoden zur Proteinquantifizierung zu haben. In der MS-basierten Proteomik werden sowohl eine *relative* als auch eine *absolute* Quantifizierung durchgeführt. Im Falle der relativen Quantifizierung werden Proteine/Peptide mit Isotopen oder isobaren Tags markiert und labelfreie Strategien eingesetzt.

Bei der stabilen Isotopenmarkierung mit Aminosäuren in Zellkultur („stable isotope labeling with amino acids in cell culture", SILAC) werden Zellen in einem schweren, (^{13}C und ^{15}N) markierten arginin- und lysinhaltigen Medium gezüchtet. Nach der Inkorporation werden Proteine aus sowohl markierten als auch unmarkierten Proben früh in der Probenvorbereitung gemischt, wodurch Verfahrensfehler während der Proteolyse reduziert werden. Der Unterschied in den Intensitäten von markierten und unmarkierten Peptiden zeigt die differentielle Abundanz der entsprechenden Proteine. In einem TMT- (Tandem Mass Tag) und iTRAQ-Experiment („isobaric tags for relative and absolute quantitation", iTRAQ) werden die Peptide nach dem Verdau markiert. Diese markierten Peptide werden dann in gleichen Mengen gepoolt und gemeinsam analysiert. Alle oben genannten Methoden ermöglichen ein Multiplexing der Probe in einer einzigen Analyse. Im Vergleich dazu werden in einem labelfreien Quantifizierungsexperiment („label-free quantification", LFQ), das einfach und kostengünstig ist, alle biologischen und technischen Replikatproben in einer Sequenz analysiert. Die relative Abundanz eines Proteins in verschiedenen Proben wird auf der Grundlage der identifizierten Peakintensitäten oder spektralen Zählungen berechnet. Alle oben genannten differentiellen Proteomikansätze wurden ausgiebig in Studien zu Krebs, Diabetes und anderen Stoffwechselstörungen eingesetzt.

Bemerkenswert ist, dass es auch möglich ist, eine absolute Quantifizierung aller Proteine zu haben. In diesem Fall werden synthetische Peptide bekannter Konzentrationen analysiert, um eine Standardkurve für den Vergleich mit den detektierten Peptidintensitäten zu erhalten. Markierte Standardpeptide können auch mit den verdauten Peptiden gemischt werden, und das Verhältnis ihrer Peakintensitäten offenbart ihre Abundanz. Einige der zielgerichteten Proteomikmethoden für die absolute Quantifizierung umfassen Multiple Reaction Monitoring (MRM) und Selected Reaction Monitoring (SRM). Diese Überwachungssysteme werden routinemäßig in der pharmazeutischen Forschung zur Messung von Arzneimittelmetaboliten und in pharmakokinetischen Studien an Plasmaproben durchgeführt.

Top-down-Proteomik

Mit der Verfügbarkeit fortgeschrittlicher Fragmentierungsoptionen in modernen Massenspektrometern ist es nun möglich, Sequenzinformationen über intakte Proteine zu erhalten, ohne dass eine proteolytische Verdauung erforderlich ist. Der Top-down-Ansatz eignet sich daher zur Identifizierung von Proteinisoformen (Spleißvarianten) und PTMs. Eine zunehmende Anzahl von Proteinen mit einem Massenbereich von bis zu 200 kDa kann durch Top-down-Proteomik isoliert und fragmentiert werden, was eine nahezu vollständige Abdeckung ermöglicht. Aufgrund der begrenzten Möglichkeiten von Chromatografietechniken, die komplexe Gemische intakter Proteine trennen können, wurde die Top-down-Methode jedoch meist zur Identifizierung der gereinigten Proteine verwendet.

Neu entstehende Proteomikstrategien

Sobald eine Gruppe von Proteinen von Interesse durch Shotgun-Proteomik identifiziert wurde, können sie in einem komplexen Gemisch mit einer fokussierteren datenunabhängigen Erfassungsmethode („data-independent acquisition", DIA) selektiv gemessen werden. Sie orientiert sich an den für die Proteinquantifizierung verwendeten Methoden, bei denen spezifische Peptide gemessen werden und die globale Proteinexpression außer Acht gelassen wird. Die DIA-Methode ist eine Weiterentwicklung der Entdeckungsproteomikmethoden, die nur die am häufigsten vorkommenden Peptide für die

Erfassung von Fragmentenspektren auswählt und stärker von MS1-Daten abhängig war. Im Prinzip bietet die DIA-Methode die Fragmentierung und Detektion aller Peptide unabhängig von ihrer Abundanz durch Verwendung eines beweglichen m/z-Auswahlfensters aus dem MS1-Spektrum. Bei der SWATH („sequential window acquisition of all theoretical fragment ion spectra") wird dieser Ansatz in einem Hochgeschwindigkeitsmassenspektrometer verwendet. Die Kombination von gezielter Quantifizierung mit der Entdeckungsproteomik ist ideal für die Identifizierung krankheitsspezifischer Biomarker. Körperflüssigkeiten wie Speichel, Urin, Plasma, Serum und CSF wurden erfolgreich für die Diagnose und Prognose von Krankheiten einschließlich Krebs, Diabetes, Nierenerkrankungen, Autoimmunerkrankungen und Herz-Kreislauf-Erkrankungen eingesetzt. Diese Methoden sind nicht invasiv, kostengünstig und haben das Potenzial, die Diagnosezeit zu minimieren. Die kritische Aufgabe besteht darin, frühe Biomarker zu identifizieren, die spezifisch, chemisch stabil und weit verbreitet in der betroffenen pathologischen Bedingung beobachtet und quantifizierbar sind.

Anwendungen der Proteomik in der Parasitenbiologie

Das vergangene Jahrzehnt hat einen massiven Anstieg in der Nutzung von Proteomiktechnologien erlebt, was zu Studien geführt hat, die Hochdurchsatzproteomikdaten analysieren, um kritische Fragen in der Pathophysiologie bei parasitären Infektionen zu beantworten. Dieses Kapitel diskutiert einige der kritischen Erkenntnisse über menschliche Parasiten, einschließlich *Plasmodium*, *Leishmania*, *Toxoplasma* und Helminthen, bei denen die Proteomik eine entscheidende Rolle gespielt hat.

Malaria

Der *Plasmodium*-Parasit hat einen komplexen und mehrstufigen Lebenszyklus, der 2 Wirte umfasst: Menschen und die *Anopheles*-Mücke. Während es eine Herausforderung ist, den Parasiten in der Stechmücke zu untersuchen, war die Forschung an menschlichen Zellen produktiv. Zwei bedeutende Studien, die das *Plasmodium*-Proteom über die Lebenszyklusstadien hinweg charakterisierten, waren bahnbrechend für die Malariaforschung. Sie berichteten, dass die Gencluster, die co-exprimierte Proteine codieren, im gesamten *Plasmodium falciparum*-Genom verbreitet waren. Darüber hinaus zeigte der Vergleich von Transkriptomik und Proteomik, dass mehrere mRNAs durch eine translationale Repression reguliert werden, zumindest im Gametozytenstadium. Dies wäre ohne die Daten aus der differentiellen Proteomik nicht möglich gewesen. Da die Merozoiten und Sporozoiten nicht von Wirtszellen umschlossen sind, können ihre Oberflächenproteine durch antikörperbasierte Interventionen angegriffen werden. Mehrere Merozoitenoberflächenproteine wurden mithilfe der Proteomik identifiziert und können zur Produktion rekombinanter Antigene weiterverwendet werden. Ähnliche Impfstoffkandidaten zielen darauf ab, das Leberstadium der Parasiten zu hemmen.

Die Speicheldrüsen der Mücken sind die Orte, an denen sich die Malariaparasiten während der Sporozoitenentwicklung aufhalten. Die erste Proteomikstudie an der Speicheldrüse des Vektors, *Anopheles culicifacies*, katalogisierte die Proteine und berichtete, dass die D7-Familie die dominierende Gruppe ist. Diese Proteine, die einzigartig für die Dipterenfamilie sind, spielen eine Rolle bei der Hämatophagie und könnten an der Parasitenübertragung beteiligt sein. Außerdem wurde festgestellt, dass Proteine, die die Thrombozytenaggregation hemmen, und entzündungshemmende Proteine bei der Blutversorgung helfen. In den Speicheldrüsen der mit Blut gefütterten Vektoren wurden Proteine, die mit der Autophagie und den Mechanismen der Blutfütterung zusammenhängen, im Vergleich zu den blutarmen Mücken hochreguliert. Eine detaillierte Untersuchung dieser differentiell exprimierten Proteine kann uns helfen, das Fressverhalten und die Parasitenübertragung besser zu verstehen und neue Methoden zur Parasiten- und Vektorbekämpfung zu entwickeln.

Toxoplasmose

Der komplexe Lebenszyklus von *Toxoplasma* umfasst unterschiedliche gewebespezifische sexuelle und asexuelle Entwicklungsstadien. Eine der wichtigsten Bemühungen bestand darin, die Proteomprofile von drei unterschiedlichen infektiösen Stadien von *Toxoplasma gondii* mittels iTRAQ-basierter quantitativer Proteomik zu entschlüsseln. Die Genontologie-Anreicherungsanalyse zeigte, dass die ribosomalen Proteine in den Zysten- und Oozystenstadien hochreguliert waren, was das Überleben des Parasiten unter ungünstigen Umweltbedingungen ermöglicht. Im Vergleich dazu zeigten die Pathway-Anreicherungsanalysen des Tachyzoitenstadiums, dass energieerzeugende metabolische Proteine und wachstumsfördernde Proteine in diesem Stadium hochreguliert waren, was auf eine aktive Replikation hindeutet. Interessanterweise waren Virulenzfaktoren nur im Oozytenstadium hochreguliert und dies stimmt mit dem Ergebnis der Genexpressionsanalyse überein. Die Studie half, einen Pool von Proteinen zu entdecken, die bestimmen, wie der Parasit die verschiedenen Entwicklungsbarrieren unter verschiedenen Bedingungen überwindet.

Eine ähnliche Studie konzentrierte sich auf das Bradyzoitenstadium in vivo und integrierte sowohl transkriptomische als auch proteomische Ansätze, um die tiefe Biologie zu verstehen, die in diesem Stadium involviert ist, in dem der Parasit in einer Zyste eingeschlossen ist und sich vor dem Wirt verbirgt. Eine der bedeutenden Erkenntnisse aus dieser Studie war das Vorhandensein einer neuartigen stadienspezifischen Isoform des SporoAMA1-Proteins, das als bradyzoitenspezifischer Marker dienen kann. Eine weitere interessante Beobachtung war das Vorhandensein von 2 Wirtstransportern unter den Parasitenproteinen, von denen angenommen wird, dass sie eine Rolle bei der Nährstoffaufnahme und der Umgehung der Aktivierung des Immunsystems des Wirts spielen. Diese wichtigen Erkenntnisse werfen viele offene Fragen auf, die verfolgt werden sollten, um einen vollständigen Einblick in die Infektion zu erhalten.

Während die Impfstoffentwicklung immer noch eine Herausforderung darstellt, ist bekannt, dass die von *T. gondii* abgeleiteten Exosomen Immunmodulationen und Krankheitsschutz im Wirt verursachen. Im Tachyzoitenstadium scheiden den Parasiten Exosomen und Ektosomen aus, die sich in Größe und Morphologie unterscheiden. Da die Vesikel die gleiche Zusammensetzung wie das Sekretom des Parasiten haben, kann dessen Charakterisierung ein großer Sprung in der Impfstoffentwicklung sein. Eine differentielle Proteomanalyse des Exosoms, Ektosoms und Sekretoms führte zur Identifizierung und Quantifizierung verschiedener einzigartiger Proteine, die in diesen Pools vorhanden sind. Die exklusiven Proteine können als differentieller Marker für den Pool verwendet werden; z. B. war MIC3 nur in den Ektosomen vorhanden. In einer eleganten Studie über das mitochondriale Proteom wurden die Komponenten des Cytochrom *c*-Oxidase-Komplexes entdeckt. Die Studie enthüllte auch die Neuartigkeit und den hohen Grad der Divergenz dieser Proteine von ihren eukaryotischen Gegenstücken, was ein neues Fenster für neuartige Therapeutika eröffnete.

Leishmaniose

Mehr als 20 *Leishmania*-Arten infizieren den Menschen, und ihre Intensität und Symptome variieren je nach beteiligter Art. Der Parasit nutzt Wirtsmakrophagen, um die Immunerkennung zu umgehen. Eine In-vitro-Studie mit labelfreier Quantifizierung (LFQ) an drei verschiedenen Arten aus verschiedenen geografischen Regionen half, die Proteinveränderungen in Makrophagen bei einer Infektion zu verstehen. Um die intrazellulären Abwehrmechanismen der Makrophagen zu neutralisieren, regulieren die Parasiten mehrere Proteine hoch, die den Zelltod und die Apoptose hemmen, was zu einer anhaltenden Infektion führt. Viele dieser Proteine könnten potenzielle Arzneimittelziele sein.

Eines der schwerwiegendsten Probleme bei der Behandlung der Leishmaniose ist das Wiederauftreten der Infektion und das Auftreten von Arzneimittelresistenz. Proteomikstrategien wurden eingesetzt, um die molekularen Mechanismen zu verstehen, die zu diesem Phänomen führen, und um neue Ziele zu identifizieren. Eine kürzlich durchgeführte Studie berichtete über die Anpassung des Parasiten an den durch Amphotericin B induzierten Stress durch Hochregulierung von Enzymen des mitochondrialen oxidativen Phosphorylierungswegs, was wiederum zum Wiederauftreten beitragen kann. Ein weiterer wichtiger Befund war die Überexpression der Flagellenproteine. Diese deuteten auf eine bessere Anpassung an Stressbedingungen hin, da sie bei der Wahrnehmung der extrazellulären Umgebung helfen. Die Proteomcharakterisierung der freigesetzten extrazellulären Vesikel spielte eine entscheidende Rolle bei der Zuordnung von Biomarkern, die einzigartig für die arzneimittelresistenten Parasiten sind. Eine Untergruppe von 9 Proteinen, darunter Histon 3, kernhistonähnliche Transkriptionsfaktoren und ribosomale Proteine, wurden in den arzneimittelresistenten Stämmen angereichert gefunden.

Helminthiasis

Fasciola hepatica wandert auf einem Umweg vom Darm des Wirts zur Leber. Während dieser Reise mit Zwischenstopps in mehreren Wirtsgeweben kommuniziert der Parasit mit verschiedenen Wirtsmakromolekülen. Eine Studie, die darauf abzielte, das Sekretom des Parasiten in verschiedenen Entwicklungsstadien zu verstehen, identifizierte eine große Anzahl von Proteasen als primäre Virulenzfaktoren, gefolgt von Antioxidanzien. Die Sekretomproteomik zeigte auch, dass extrazelluläre Vesikel durch Interaktionen zwischen den Vesikeloberflächenproteinen wie Myoferlin und endozytischen Recyclingproteinen und der Wirtsmembran von den Wirtszellen aufgenommen werden. Das Verhindern oder Stören dieser Interaktion, so die Studie, könnte dazu beitragen, die Kommunikation zwischen Wirt und Parasit zu unterbrechen.

Integrative Proteomik ist die Zukunft

Anwendungen der Proteomik beschränken sich nicht nur auf die Identifizierung und Quantifizierung von Proteinen aus gegebenen Proben. Fortgeschrittene Massenspektrometrietechniken haben ein umfassendes Verständnis der komplexen biologischen Systeme ermöglicht.

Proteomikdaten können grob in 3 Typen eingeteilt werden: Entdeckungsproteomik, Strukturproteomik und Interaktionsproteomik. Die Entdeckungsproteomik erzeugt eine Liste einer großen Anzahl von differentiell exprimierten Proteinen. Diese Proteine, die mithilfe von Bioinformatiktools wie der Gene Ontology funktionell annotiert und angereichert werden, werden zur Ermittlung der am stärksten angereicherten biologischen Prozesse verwendet. Dies hilft, die Suche auf die am stärksten betroffenen Wege/Proteine einzugrenzen, die durch qPCR oder biochemische Assays validiert werden. Darüber hinaus ist mit modernen Massenspektrometern, die eine Auflösung in der Größenordnung von 10^5 erreichen, eine genaue Identifizierung kleiner Moleküle zur Routine geworden. So ist es nun möglich zu entschlüsseln, wie sich der Stoffwechsel des Wirts bei einer Parasiteninfektion ändert und wie sich der Stoffwechsel des Parasiten bei einer Medikamentenbehandlung ändert. Die Anreicherung von Stoffwechselwegen aus dem Proteomikdatensatz kann ebenfalls durchgeführt und in den Metabolomikdatensatz des Wirts oder des Parasiten integriert werden, um einen besseren Einblick in die Pathogenese zu erhalten.

Zusätzlich ist nun bekannt, dass Proteine nicht isoliert arbeiten. Jedes Protein ist direkt oder indirekt mit vielen anderen Proteinen verbunden, und zusammen bestimmen sie die Richtung und das Ausmaß des Phänotyps. Solche räumlich-zeitlichen Protein-Protein-Interaktionen vermitteln auch die dynamischen Netzwerke, die darauf abzielen, die zelluläre Physiologie unter dem Einfluss der lokalen Umgebung zu optimieren. Die Crosslinking-Massenspektrometrie (XL-MS), die verschiedene chemische Methoden verwendet, erscheint vielversprechend bei der Verankerung spezifischer Interaktionen und der Erfassung des globalen Interaktoms. Wichtig ist, dass nicht alle Interaktionen physisch sind; einige sind funktionell. Mehrere Proteine assoziieren nicht physisch miteinander, sondern eine Gruppe von Proteinen regiert zusammen dem gegebenen biologischen Prozess. Protein-Protein-Interaktionsdatenbanken wie MINT, BioGRID und STRING verwenden topologische Proteininformationen zusammen mit ihrer Häufigkeit, um das Interaktionsnetzwerk zu konstruieren. Solche Analysen können helfen, die regulatorischen Proteine wie Gerüstproteine, Kinasen und Phosphatasen zu entschlüsseln, die als molekulare Treiber für einen gegebenen Phänotyp wirken. Proteomik hat auch ein großes Potenzial bei der Entschlüsselung der strukturellen Elemente in Proteinen, die mit herkömmlichen Methoden der makromolekularen Kristallografie und biomolekularen NMR schwer zu erfassen sind. Wasserstoff/Deuterium-Austausch-Massenspektrometrie, oxidatives Footprinting und Ion-Mobility-Separation haben die Bestimmung der Proteinstruktur ermöglicht.

Mit dem schnellen Wachstum der Next-Generation-Sequencing sind die vollständige Genomkartierung von SNPs und die Transposon-Sequenzierung möglich geworden. Die Identifizierung der SNPs ist entscheidend, um die Medikamentenresistenz bei Parasiten zu verstehen. Die Transposon-Mutagenese-Technik wird nützlich sein, um die bedingt essenziellen Gene zu identifizieren, die für Virulenz, Medikamentenresistenz und In-vivo-Wachstum von Parasiten erforderlich sind. Zusammenfassend ist ein integrativer Ansatz erforderlich, der mehrere Proteomiktechniken zusammen mit Transkriptomik, Metabolomik und Netzwerkanalyse verwendet, um einen tieferen grundlegenden Einblick in die Prozesse und den Mechanismus der Wirt-Parasiten-Interaktion zu erhalten (Abb. 2). In Verbindung mit immunologischen Kenntnissen und Fähigkeiten in der medizinischen Chemie

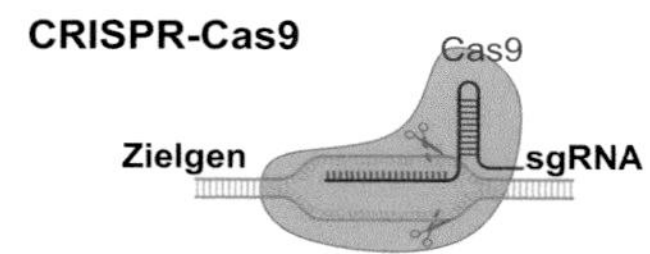

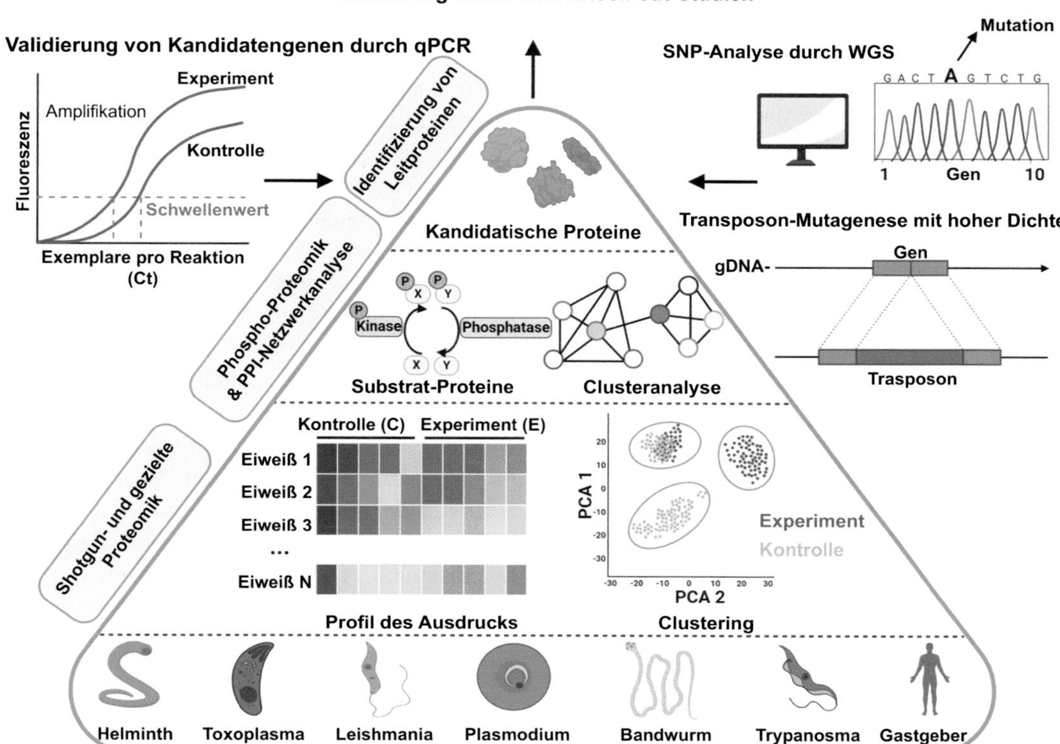

Abb. 2 Integrative Proteomik durch kombinierte Ansätze von „Bottom-up-“ und „zielgerichteter“ Proteomik offenbart systemweite Veränderungen im Proteom und hilft, den einflussreichsten Proteincluster durch Interaktionsanalyse zu identifizieren

könnten diese Erkenntnisse die Anstrengungen zur Bekämpfung von Parasiteninfektionen verstärken, um die Lebensqualität in den Tropen zu verbessern.

Danksagungen TL dankt dem CSIR, Indien für das Graduiertenstipendium, und RM dankt dem Department of Biotechnology, Regierung von Indien, und IISER Tirupati für die Forschungsunterstützung.

Fallstudien

Sporozoiten der Malariaparasiten infizieren die Hepatozyten, um mehr Merozoiten zu erzeugen, die dann in den Blutkreislauf freigesetzt werden. Da die Entwicklung des Leberstadiums für die Auslösung der Infektion unerlässlich ist, können mehrere Impfstoffkandidaten entwickelt werden, um die Parasiten im Leberstadium zu bekämpfen. Ebenso sind die auf den Merozoiten vorhandenen Proteine für das Überleben der Parasiten in der extrazellulären Umgebung und bei der Vermittlung der Infektion der neuen roten Blutkörperchen („ed blood cells", RBCs) von entscheidender Bedeutung. Mehrere Merozoitenoberflächenproteine („merozoite surface proteins", MSPs) wie GPI-verankerte Proteine, 6-Cys-Familienproteine und Rhoptryproteine wurden identifiziert und werden als rekombinante antigenbasierte Impfstoffe entwickelt. Die Antikörperproduktion gegen MSP-119 und MSP-3 zeigte die stärkste Korrelation mit der geringeren Inzidenz von Malaria und Schutz. Das MSP-Fu24, ein Fusionsprotein, das die konservierten Regionen von MSP-119 und MSP-3 enthält, bietet erhebliches Potenzial für MSP-basierte Impfstoffe. Die Glykoproteine thrombospondinverwandtes Adhäsionsprotein („thrombospondin-related adhesion protein", TRAP) und Circumsporozoitprotein (CSP) sind zwei potenzielle Impfstoffkandidaten aus dem Sporozoiten. Der Impfstoffkandidat Apical Membrane Antigen 1 (AMA1), eines der oberflächenexponierten Proteine in den Sporozoiten, befindet sich in klinischen Studien. PIESP1 und PIESP2 sind die beiden neuen Oberflächenmarker auf mit *P. falciparum* infizierten RBCs, während im Falle von zerebraler Malaria das reife parasiteninfizierte Erythrozytenoberflächenantigen (MESA) und das *P. falciparum*-Antigen 332 (Pf332) die wichtigen Biomarker sind.

In *T. gondii* war eine Studie, die darauf abzielte, das Proteom der mitochondrialen Matrix zu identifizieren, bahnbrechend. Es wurde festgestellt, dass 22 von 27 zuvor charakterisierten Proteinen in den Mitochondrien lokalisiert waren. TgApiCOX25 erwies sich als Teil des COX-Komplexes, der für das Wachstum und den Sauerstoffverbrauch der Parasiten erforderlich ist. Da 40–50 % der mitochondrialen Proteine des Parasiten keine Orthologen beim Menschen haben, werden diese als potenzielle Arzneimitteltargets verfolgt.

Die Post-Kala-Azar-dermale-Leishmaniose (PKDL) ist eine Erkrankung, die der viszeralen Leishmaniose (VL) vorausgeht. Eine der größten Sorgen hierbei ist die Schwierigkeit, Läsionen bei makulären (MAC) PKDL-Patienten aufgrund der geringen parasitären Belastung zu erkennen. Auch hier half das Proteomprofiling mittels Massenspektrometrie, die Glykoproteine Plasminogen und Vitronectin als spezifische Biomarker für MAC-PKDL unter den stillen Trägern zu identifizieren. Auf diesen Glykoproteinen basierende immunchromatografische Tests können in der Zukunft entwickelt werden, um die Erkrankung effizient zu diagnostizieren. Das dehydrataseähnliche Protein der *maoc-Familie* (Ld-mao1) und die Peptidyl-Prolyl-*cis-trans*-Isomerase/Rotamase (Ld-ppi1) sind die beiden validierten Proteinbiomarker für *Leishmania donovani*. Zusammen können sie zur Entwicklung eines hochempfindlichen und spezifischen Multiplex-Tests zum Nachweis von *Leishmania infantum* oder *L. donovani* VL beitragen. *Leishmania infantum*-Eisen-Superoxiddismutase 1 (Li-isd1), Tryparedoxin 1 (Li-txn1) und der nukleäre Transportfaktor 2 (Li-ntf2) sind einige der Antigene, die im Urin von VL-Patienten gefunden und zur Erzeugung von Antikörpern für die Serodiagnose verwendet wurden. Mithilfe eines Multiplex-Tests konnten 90 % der Fälle mit 100 %iger Spezifizität nachgewiesen werden.

Bei der Schistosomiasis sind hauptsächlich die Parasiteneier an der Pathologie und der Stimulierung antigener und granulomatöser Reaktionen im Wirt beteiligt. Es ist entscheidend, die Bestandteile des Eis und seines Sekretoms zu verstehen, die potenzielle Impfstoffkandidaten sind. Eine vergleichende proteomische Analyse der unterschiedlich exprimierten Proteine in reifen und unreifen Eiern ergab, dass Proteaseinhibitoren und Proteine, die am Energiestoffwechsel und am Stress beteiligt sind, in reifen Eiern angereichert sind. Wichtig ist, dass ein auf dem Schistosomen-SjSP-13-Proteinmarker (rSP13-ELISA) basierendes ELISA-Kit einen erheblichen Vorteil gegenüber anderen Diagnosemethoden zeigte. In einer anderen Studie wurden das Schistosomen-Tegumentprotein Phosphoglyceratmutase und das UV-Exzisionsreparaturprotein RAD23-Homolog B auf ihr Potenzial als Marker für serologische Tests hin bewertet. Im Vergleich zum derzeit verwendeten löslichen Ei-Antigen-basierten ELISA zeigten diese Proteine eine höhere Spezifität und Sensitivität und weniger Kreuzreaktivität.

1. Welche Malariaimpfstoffe befinden sich in der Pipeline und welcher Impfstoff hat das größte Versprechen gezeigt?
2. Welche Antigene wurden zur Entwicklung von Antikörpernachweistests für viszerale Leishmaniose verwendet und welches wird in kommerziellen Tests verwendet?
3. Welche serologischen Tests werden derzeit für Schistosomiasis verwendet und welche Proteinantigene werden in diesen Tests verwendet?

Forschungsfragen

1. Welche Wechselwirkungen bestehen zwischen den Proteinen in Bezug auf Aktivitäten, Modifikationen und Lokalisierung zwischen Wirt und Parasit?
2. Wie werden die posttranslationalen Modifikationen von Proteinen von Parasiten genutzt, um ihre eigene Funktion zu regulieren und gleichzeitig mit dem Immunsystem des Wirts zu interagieren?
3. Was sind die verschiedenen Proteome in verschiedenen Lebensstadien des Parasiten im Menschen und anderen Wirten und bei medikamentenresistenten Parasiten?

Weiterführende Literatur

Bar Routaray C, Bhor R, Bai S, Kadam NS, Jagtap S, Doshi PJ, et al. SWATH-MS based quantitative proteomics analysis to evaluate the antileishmanial effect of Commiphora wightii- Guggul and Amphotericin B on a clinical isolate of Leishmania donovani. J Proteome. 2020;223:103800.

Cox J, Mann M. Quantitative, high-resolution proteomics for data-driven systems biology. Annu Rev Biochem. 2011;80:273–99.

de la Torre-Escudero E, Gerlach JQ, Bennett APS, Cwiklinski K, Jewhurst HL, Huson KM, et al. Surface molecules of extracellular vesicles secreted by the helminth pathogen *Fasciola hepatica* direct their internalisation by host cells. PLoS Negl Trop Dis. 2019;13(1):1–27.

De Marco VC, Potriquet J, You H, McManus DP, Mulvenna J, Jones MK. Qualitative and quantitative proteomic analyses of *Schistosoma japonicum* eggs and egg-derived secretory-excretory proteins. Parasit Vectors. 2019;12(1):1–16.

Douanne N, Dong G, Douanne M, Olivier M, Fernandez-Prada C. Unravelling the proteomic signature of extracellular vesicles released by drug-resistant *Leishmania infantum* parasites. PLoSNegl Trop Dis. 2020;14(7):e0008439.

Eng JK, McCormack AL, Yates JR III. An approach to correlate tandem mass spectral data of peptides with amino acid sequences in a protein database. J Am Soc Mass Spectrom. 1994;5(11):976–89.

Garfoot AL, Wilson GM, Coon JJ, Knoll LJ. Proteomic and transcriptomic analyses of early and late-chronic *Toxoplasma gondii* infection shows novel and stage specific transcripts. BMC Genomics. 2019;20(1):1–11.

Jaiswal P, Ghosh M, Patra G, Saha B, Mukhopadhyay S. Clinical proteomics profiling for biomarker identification among patients suffering with Indian post kala azar dermal leishmaniasis. Front Cell Infect Microbiol. 2020;10:251.

Negrão F, Fernandez-Costa C, Zorgi N, Giorgio S, Nogueira Eberlin M, Yates JR. Label-free proteomic analysis reveals parasite-specific protein alterations in macrophages following leishmania amazonensis, leishmania major, or leishmania infantum infection. ACS Infect Dis. 2019;5(6):851–62.

Ramírez-Flores CJ, Cruz-Mirón R, Mondragón-Castelán ME, González-Pozos S, Ríos-Castro E, Mondragón-Flores R. Proteomic and structural characterization of self-assembled vesicles from excretion/secretion products of *Toxoplasma gondii*. J Proteomics. 2019;208:103490.

Rawal R, Vijay S, Kadian K, Singh J, Pande V, Sharma A. Towards a proteomic catalogue and differential annotation of salivary gland proteins in blood fed malaria vector anopheles culicifacies by mass spectrometry. PLoS One. 2016;11(9):1–22.

Robinson MW, Menon R, Donnelly SM, Dalton JP, Ranganathan S. An integrated transcriptomics and proteomics analysis of the secretome of the helminth pathogen *Fasciola hepatica*: Proteins associated with invasion and infection of the mammalian host. Mol Cell Proteomics. 2009;8(8):1891–907.

Seidi A, Muellner-Wong LS, Rajendran E, Tjhin ET, Dagley LF, Aw VY, Faou P, Webb AI, Tonkin CJ, van Dooren GG. Elucidating the mitochondrial proteome of *Toxoplasma gondii* reveals the presence of a divergent cytochrome *c* oxidase. Elife. 2018;7:e38131.

Swearingen KE, Lindner SE. Plasmodium parasites viewed through proteomics. Trends Parasitol [Internet]. 2018;34(11):945–60.

Wang ZX, Zhou CX, Elsheikha HM, He S, Zhou DH, Zhu XQ. Proteomic differences between developmental stages of *Toxoplasma gondii* revealed by iTRAQ-based quantitative proteomics. Front Microbiol. 2017;8:1–15.

Epidemiologie parasitärer Infektionen

Vijaya Lakshmi Nag und Jitu Mani Kalita

Lernziele

1. Eine Vorstellung von den Arten von Parasiten und ihren Wirten zu haben
2. Die epidemiologischen Merkmale einschließlich Übertragung und geografische Verteilung und Belastung durch parasitäre Infektionen zu überprüfen
3. Über die grundlegenden Prinzipien der Prävention und Bekämpfung von parasitären Infektionen Bescheid zu wissen

Einführung

Das Wort *Epidemiologie* stammt von den griechischen Wörtern *epi*, was auf oder über bedeutet; *demos*, was Menschen bedeutet; und *logos*, was Studie bedeutet. Im Kontext parasitärer Krankheiten ist die Epidemiologie die Studie jeder parasitären Krankheit und Krankheitserrer auf Bevölkerungsebene. Die Muster der Verteilung und Prävalenz der Krankheit und die Faktoren, die für diese Muster verantwortlich sind, sind die Schlüsselpunkte epidemiologischer Studien. Die Prävention und Bekämpfung parasitärer Krankheiten stellen ebenfalls wichtige Komponenten der Epidemiologie dar. Parasitäre Krankheiten haben eine biologische Vielfalt und haben ähnliche Merkmale, die mit den Krankheitszuständen verbunden sind, insbesondere bei Menschen aus niedrigen sozioökonomischen Gesellschaftsschichten. Soziale, geografische, wirtschaftliche und politische Faktoren tragen zu diesen Bedingungen bei. Menschliches Verhalten spielt eine wichtige Rolle in der Epidemiologie von neu auftretenden oder wieder auftretenden parasitären Krankheiten. Veränderungen in der Demografie, Umweltveränderungen, Klimawandel, Technologie und Landnutzung begünstigen das Auftreten und die Ausbreitung parasitärer Krankheiten. In diesem Kapitel werden die allgemeinen Konzepte der drei Eckpfeiler der Epidemiologie, nämlich des Erregers, des Wirts und der Umwelt, skizziert. Die globale Belastung durch Infektionen und die allgemeinen Prinzipien der Überwachung, Prävention und Bekämpfung werden ebenfalls beschrieben.

Die Symbiose

Das Zusammenleben von zwei lebenden Wesen in enger Nähe wurde als Symbiose beschrieben. Die Art der Interaktion zwischen diesen beiden lebenden Wesen kann unterschiedlich sein, was für eines von ihnen vorteilhaft sein kann oder auch nicht. Daher kann eine symbiotische

V. L. Nag (✉) · J. M. Kalita
All India Institute of Medical Sciences, Jodhpur, Indien

S. C. Parija und A. Chaudhury (Hrsg.), *Lehrbuch der parasitären Zoonosen*,
https://doi.org/10.1007/978-981-97-4312-4_6

Beziehung in 3 Arten unterteilt werden, die im Folgenden beschrieben werden:

1. Mutalismus: Es handelt sich um eine obligatorische Beziehung, da keiner der Partner ohne den anderen überleben kann. In dieser Art von Beziehung profitieren beide Partner voneinander. Diese Art von Beziehung ist in der Natur häufiger und kann beispielsweise zwischen Blutegeln und ihren Darmbakterien und zwischen Termiten und ihren intestinalen Flagellatenpartnern nachgewiesen werden. Nematoden wie *Wuchereria bancrofti* beherbergen Bakterien der Gattung *Wolbachia*. Obwohl die Art der metabolischen Abhängigkeit zwischen dem Nematoden und den Bakterien nicht genau bekannt ist, wurde nachgewiesen, dass eine Behandlung mit Tetracyclinen nicht nur die Bakterien tötet, sondern auch zum gleichzeitigen Tod des Nematoden führt.
2. Kommensalismus: Es handelt sich um eine Art von Beziehung, bei der ein Partner profitiert, der andere Partner jedoch weder profitiert noch geschädigt wird. Menschen und Tiere sind mit einer großen Anzahl von Bakterien sowie mehreren Protozoen besiedelt, die sich als Kommensalen verhalten. Zum Beispiel lebt *Entamoeba gingivalis* im Mund und ernährt sich von Nahrungspartikeln und abgestorbenen Zellen, ohne den menschlichen Partner zu schädigen.
3. Parasitismus: In dieser Beziehung lebt der Parasit auf Kosten des anderen, der als *Wirt* bezeichnet wird. Diese Art von Partnerschaft ist für einen Partner schädlich. Der *Parasit* kann dem Wirt mechanische Verletzungen zufügen, die wiederum entzündliche und/oder immunologische Schäden am Gewebe verursachen, oder der Parasit kann den Wirt um essenzielle Nährstoffe bringen.

Der Parasit

Parasiten werden grob in *Endoparasiten* und *Ektoparasiten* unterteilt, je nachdem, ob sie im Inneren oder auf der Oberfläche des Wirts leben. Sie werden wie folgt klassifiziert:

1. Obligate Parasiten: Obligate Parasiten sind solche, die ohne einen Wirt nicht existieren können. Im Gegensatz zu freilebenden Parasiten, die in der Natur ohne Abhängigkeit von einem Wirt existieren können, lebt ein obligater Parasit im Wirt, um seinen Lebenszyklus zu vollenden. Während einiger Phasen ihres Lebenszyklus können sie sich wie freilebende Organismen in Wasser oder Boden verhalten, aber sie können nicht lange außerhalb eines lebenden Wirts überleben. Die Mehrheit der pathogenen Parasiten sind obligate Parasiten wie Malariaparasiten, *Toxoplasma* und verschiedene Helminthen.
2. Fakultative Parasiten: Fakultative Parasiten haben sowohl eine parasitäre als auch eine freilebende Existenz, je nach Situation. Normalerweise sind diese Parasiten in der Natur freilebend, aber wenn sie Zugang zum Körper erlangen, verursachen sie schädliche Auswirkungen im infizierten Wirt. Die freilebenden Amöben wie *Naegleria fowleri* oder *Acanthamoeba* spp. oder der freilebende Nematode *Micronema* sind einige Beispiele für solche Parasiten.
3. Zufällige/gelegentliche Parasiten: Parasiten, die einen ungewöhnlichen Wirt infizieren, werden als zufällige Parasiten bezeichnet. Diese Parasiten gelangen in den Körper eines ungewöhnlichen Wirts, der sich vom normalen Wirt unterscheidet. In diesem ungewöhnlichen Wirt kann der Parasit sich bis zu einem gewissen Grad entwickeln, aber eine vollständige Entwicklung des Parasiten ist nicht möglich. Zum Beispiel verursacht *Echinococcus granulosus* Hydatidzysten beim Menschen, der nicht der natürliche Wirt für den Parasiten ist.
4. Aberrante Parasiten: Sie werden auch wandernde Parasiten genannt, und wenn sie einen Wirt eindringen, der sich von ihrem natürlichen Wirt unterscheidet, erreichen sie einen Ort, an dem sie nicht leben oder sich weiterentwickeln können. *Toxocara canis* ist ein natürlicher Hundeparasit, aber wenn er in den menschlichen Körper gelangt, stoppt seine weitere Entwicklung.

Der Wirt

Ein Wirt ist ein lebendes Wesen, das den Parasiten beherbergt und Schutz und Ernährung bietet. Wirte können Menschen, Tiere, Vögel oder Insekten sein. Wirte, basierend auf ihrer Rolle im Lebenszyklus des Parasiten, werden in die folgenden Gruppen eingeteilt:

1. Endwirt: Wirte, in denen sich Parasiten sexuell reproduzieren oder die die am höchsten entwickelte Form des Parasiten oder das adulte Stadium beherbergen, werden als Endwirte bezeichnet. Menschen, Tiere und sogar Arthropoden können als Endwirte fungieren. Zum Beispiel sind Menschen die Endwirte für viele Helminthen einschließlich *Ascaris* oder Hakenwurm, während Mücken die Endwirte für Malariaparasiten sind. Bei vielen von Tieren übertragenen Infektionen fungieren Wirbeltiere wie Hunde, Katzen, Rinder usw. als Endwirte.
2. Zwischenwirt: Wirte, die die Larvenformen beherbergen oder in denen sich die Parasiten asexuell replizieren, werden als Zwischenwirte bezeichnet. Die Larvalentwicklung einiger Parasiten wird in ihrem Lebenszyklus in 2 verschiedenen Wirten abgeschlossen; diese werden dann als Erste und Zweite Zwischenwirt bezeichnet. Zum Beispiel sind Schnecken die Erste Zwischenwirte und Flusskrebse und Süßwasserkrebse die Zweite Zwischenwirte für *Paragonimus westermani*. Menschen dienen auch als Zwischenwirte, wie bei Malariaparasiten.
3. Paratenischer Wirt/Transportwirt: Ein Wirt, in dem der Parasit keine Entwicklung durchläuft, aber die Larvenform lebensfähig bleibt, wird als paratenischer oder Transportwirt bezeichnet. Solche Wirte können als Brücke zwischen dem End- und dem Zwischenwirt fungieren und helfen bei der Beförderung oder Übertragung der Parasiten. Ein paratenischer Wirt ist eher ein ökologisches als ein physiologisches Phänomen. Unter extremen Umweltbedingungen kann die Übertragung von Parasiten durch diese paratenischen Wirte erleichtert werden. Zum Beispiel fungieren Süßwassergarnelen, Plattwürmer und Frösche als paratenische Wirte für *Angiostrongylus cantonensis*.
4. Zufallswirt: Wirte, in denen ein Parasit normalerweise nicht gefunden wird, aber in denen der Parasit einige Entwicklungsveränderungen durchlaufen kann, werden als Zufallswirte definiert. Diese sind normalerweise Fehlwirte und weitere Übertragungen auf andere Wirte finden nicht statt. Zum Beispiel sind Menschen die Zufallswirte für den Augenwurm *(Thelazia gulosa)*, der üblicherweise Rinder befällt.
5. Reservoirwirt: Diese Wirte, die einen Parasiten über eine lange Zeit beherbergen, aber nicht an einer Krankheit leiden und als Infektionsquelle dienen, werden als Reservoirwirte bezeichnet. Zum Beispiel sind Hunde und andere Kaniden die Reservoirwirte für *Leishmania infantum*.

Parasitäre Zoonosen

Der Begriff *Zoonose* bezieht sich auf eine Infektion, die unter natürlichen Bedingungen von Tieren auf Menschen übertragbar ist. Zu den parasitären Zoonosen zählen folgende vier Arten:

1. Direkte Zoonosen: Diese zeichnen sich durch die direkte Übertragung von Parasiten von Tieren auf Menschen aus. *Cryptosporidium parvum*, *Toxoplasma gondii*, *Hymenolepis nana* und *Trichinella spiralis* sind einige Beispiele für solche Parasiten.
2. Metazoonosen: Diese zeichnen sich durch die Übertragung von Parasiten auf Menschen aus, die durch wirbellose Zwischenwirte vermittelt werden. *Babesia bovis*, *Plasmodium spp.* und *Clonorchis sinensis* sind Beispiele für Parasiten, die Metazoonosen verursachen.
3. Zyklozoonosen: Diese zeichnen sich durch die Übertragung von Parasiten auf Menschen aus, die durch Wirbeltierzwischenwirte vermittelt werden. Beispiele sind *Echinococcus granulosus*, *Taenia* spp. und *Sparganum* spp.

4. Saprozoonosen: Menschliche Infektionen werden vom Boden oder Wasser übertragen und umfassen *Ancylostoma caninum*, *Ascaris suum*, *Capillaria hepatica* und *Trichuris vulpis*.

Infektionsquellen

Die Quelle einer Infektion ist der Ursprung, von dem aus die infektiöse Form des Parasiten in den Wirt eindringt. Bei menschlichen Infektionen kann die Quelle belebt (z. B. Menschen, Tiere, Vögel, Krebstiere) oder unbelebt (Luft, Wasser oder Boden) sein.

Menschen

Im Gegensatz zu anderen Infektionskrankheiten sind Menschen nicht die wichtigste Quelle für zoonotische parasitäre Infektionen. Die von Mensch zu Mensch übertragbare parasitäre Infektion, bekannt als Anthroponose, tritt bei bestimmten parasitären Infektionen auf, wie z. B. der Mutter-zu-Fötus-Infektion bei Toxoplasmose oder Autoinfektionen, die bei Oxyuriasis oder Strongyloidiasis beobachtet werden.

Tiere

Menschen erwerben zoonotische parasitäre Infektionen, die auf verschiedene Weisen von Tieren übertragen werden. Sie können sich infizieren, indem sie Fleisch von infizierten Tieren oder von Zwischenwirten konsumieren oder durch biologische Vektoren wie Mücken, die die infektiösen Formen des Parasiten auf den Menschen übertragen können. Rinder, Hunde, Katzen, Schweine und Fische sind einige der wichtigsten tierischen Infektionsquellen. Schweine sind die wichtigste Quelle für *Balantidium coli*, *Taenia solium*, *Trichinella* spp. usw. Beim Menschen wurden Infektionen beobachtet, die mit dem Verzehr von mit *Trichinella nativa*-infiziertem Walross- oder Eisbärfleisch in der Arktis in Verbindung stehen.

Wildtiere wie Antilopen, Bären, Elefanten usw. können Quellen für bestimmte zoonotische parasitäre Infektionen sein (z. B. *Trypanosoma evansi*, *Cryptosporidium* spp., *Trichinella* spp., gastrointestinale *Strongyloides*). *Trichinella papuae* wurde mit Ausbrüchen von menschlicher Trichinellose in Thailand nach dem Verzehr von Wildschweinfleisch in Verbindung gebracht. Fische und Krabben, insbesondere wenn sie nicht ausreichend gekocht sind, sind wichtige Quellen für Clonorchiasis und Paragonimiasis beim Menschen.

Arthropoden als Vektoren

Arthropoden dienen sowohl als Zwischenwirte als auch als Endwirte, um parasitäre Infektionen von Mensch zu Mensch, von Tier zu Mensch und von Tier zu Tier zu übertragen. Die meisten von ihnen sind echte oder biologische Vektoren, in denen der Parasit eine Vermehrung oder Entwicklungsveränderungen durchläuft. Sandfliegen übertragen Promastigoten von *L. donovani* durch anthroponotische Infektion von Mensch zu Mensch auf dem indischen Subkontinent, während *Anopheles*-Mücken *Plasmodium knowlesi* von Affen auf Menschen übertragen. Vektoren wie Hausfliegen wirken als mechanische Vektoren bei der Übertragung des Erregers der Amöbiasis von menschlichen Fäkalien auf Lebensmittel.

Wasser und Boden

Wasser und Boden, die durch menschliche oder tierische Exkremente aufgrund schlechter sanitärer Einrichtungen kontaminiert werden können, können als Quellen für menschliche Infektionen dienen. Zum Beispiel können Larvenformen von Hakenwürmern im Boden oder Zerkarien von Schistosomen im Wasser die Haut des Wirts durchdringen und Infektionen verursachen. Ebenso kann das Trinken von Wasser, das mit infizierten Cyclops, die *Dracunculus medinensis*-Larven enthalten, kontaminiert ist, zu Dracunculiasis führen. Wasser ist auch die Hauptquelle für freilebende Amöben wie *Naegleria fowleri*, die beim Menschen eine ernsthafte, oft tödliche Infektion wie die amöbische Meningoenzephalitis verursachen. Freizeitwasserkrankheiten sind Krankheiten, die durch das Schlucken, Einatmen oder den Kontakt mit kontaminiertem Wasser aus Schwimmbädern, Whirlpools, Seen, Flüssen oder dem Meer übertragen werden. Durchfallerkrankungen, die durch Parasiten wie *Cryptosporidium* und *Giardia intestinalis* verursacht werden, sind Beispiele für solche Parasiten, die durch kontaminiertes Freizeitwasser übertragenen werden.

Übertragung von Infektionen

Parasiten können auf verschiedene Arten übertragen werden, und Tab. 1 zeigt die Übertragungswege wichtiger Parasiten. Die Übertragungsarten sind im Folgenden kurz beschrieben:

1. Übertragung durch Lebensmittel und Wasser: Zahlreiche Parasiten werden durch verschiedene Lebensmittel übertragen. Zu diesen Lebensmitteln zählen roher oder nicht vollständig gekochter Fisch, Krabben und Mollusken (*Paragonimus* spp., *Clonorchis* spp., *Diphyllobothrium* spp., *Anisakis* spp., etc.), nicht vollständig gekochtes Fleisch oder Fleischprodukte (*Toxoplasma* spp., *Taenia* spp., etc.), rohe Wasserpflanzen wie Wasserkresse und rohes Gemüse (*Fasciolopsis* spp., *Fasciola* spp., etc.), die mit dem Parasiten infiziert wurden, oder Wasser, das durch menschlichen oder tierischen Kot kontaminiert wurde (*Cryptosporidium* spp., *Giardia* spp., *Echinococcus* spp., etc.).
2. Vektorübertragung: Die Übertragung von parasitären Krankheiten durch Vektoren erfolgt, wenn der Parasit durch den Speichel des Insekts während einer Blutmahlzeit (Malaria) oder durch Parasiten im Kot des Insekts, das unmittelbar nach einer Blutmahlzeit seinen Kot absetzt (Chagas-Krankheit), in den Wirt gelangt. Die Tab. 2 listet wichtige, durch Vektoren übertragene parasitäre Infektionen auf.

Tab. 1 Einige wichtige Parasiten und ihre Übertragungswege

Lebensmittel- und wasserübertragene zoonotische Parasiten	
Name des Parasiten	Übertragungsweg
Entamoeba histolytica	Aufnahme
Giardia intestinalis	Aufnahme
Balantidium coli	Aufnahme
Sarcocystis spp.	Aufnahme
Toxoplasma gondii	Aufnahme
Cryptosporidium spp.	Aufnahme
Microsporidia spp.	Aufnahme, Inhalation
Naegleria spp.	Aufnahme
Fasciolopsis buski	Aufnahme
Echinostoma ilocanum	Aufnahme
Heterophyes heterophyes	Aufnahme
Metagonimus yokogawai	Aufnahme
Gastrodiscoides hominis	Aufnahme
Taenia solium	Aufnahme
Taenia saginata	Aufnahme
Echinococcus granulosus	Aufnahme
Echinococcus multilocularis	Aufnahme
Diphyllobothrium latum	Aufnahme
Spargonia spp.	Aufnahme
Ascaris spp.	Aufnahme
Strongyloides spp.	Hautpenetration
Ancylostoma braziliense	Hautpenetration
Toxocara spp.	Aufnahme
Trichinella spp.	Aufnahme
Vektorübertragener zoonotischer Parasit	
Leishmania spp.	Sandfliegenbiss
Trypanosoma brucei	Tsetsefliegenbiss
Trypanosoma cruzi	Raubwanze
Zoonotische *Plasmodium* spp.	Mückenstich
Babesia spp.	Zeckenbiss
Dirofilaria spp.	Mückenstich
Angeboren	
Toxoplasma gondii	Transplazentar

3. Kutane Übertragung: Die Larven bestimmter Helminthen sind in der Lage, die intakte Haut zu durchdringen und können Infektionen in entfernten Teilen des Körpers verursachen. Zum Beispiel dringen die infektiösen Larven des Hakenwurms oder *Strongyloides* und die Zerkarien der Schistosomenlarven durch die Haut ein, lagern sich aber in den Därmen und anderen Teilen des infizierten Wirts ab.

Tab. 2 Wichtige vektorübertragene parasitäre Infektionen

Krankheit	Parasit	Insekt (Vektor)
Afrikanische Trypanosomiasis (Schlafkrankheit)	*Trypanosoma brucei gambiense*, *Trypanosoma brucei rhodesiense*	Tsetsefliegen
Babesiose	*Babesia microti* und andere Arten	*Babesia microti: Ixodes* (harte) Zecken
Chagas-Krankheit	*Trypanosoma cruzi*	Triatomine ("küssende") Käfer
Leishmaniose	*Leishmania* spp.	Phlebotomine Sandfliegen
Malaria	*Plasmodium* spp.	*Anopheles*-Mücken

4. Iatrogene und vertikale Übertragung: *Babesia* spp., *Plasmodium* spp., *Trypanosoma cruzi* etc. befinden sich während ihres Lebenszyklus während der akuten Krankheitsphase im Blut. Diese Parasiten können durch Bluttransfusionen übertragen werden, wenn die Blutproben vor der Transfusion von Blut oder Blutprodukten nicht auf diese Parasiten untersucht werden. Die vertikale Übertragung von Parasiten von der Mutter auf den Fötus ist selten, stellt aber eine wichtige Komplikation der Toxoplasmose dar, wenn die Mutter während der Schwangerschaft infiziert wird.

Geografische Verteilung von Parasiten

Die geografische Verteilung menschlicher Parasiten folgt einem regelmäßigen Muster, bei dem ein Breitengradient der Pathogenvielfalt zu sehen ist, wobei niedrige Breitengrade durch eine hohe Artenvielfalt von Humanpathogenen gekennzeichnet sind. Dies mag überraschend sein, da im Allgemeinen tropische Gebiete als förderlich für die Prävalenz parasitärer Krankheiten angesehen werden (Abb. 1). Verschiedene Faktoren können die Parasitendiversität in einem geografischen Gebiet beeinflussen, wie z. B. das Alter der Besiedlung durch den Menschen und die Bevölkerungsdichte. Die paläarktischen und orientalischen Regionen wurden viel früher besiedelt und erreichten hohe Bevölkerungsdichten, was sowohl die Vielfalt als auch die höhere Belastung durch Parasiten erklärt.

Parasitäre Infektionen kommen weltweit vor, aber bestimmte Parasiten sind auf bestimmte geografische Gebiete und ökologische Nischen beschränkt. Die Verbreitung der afrikanischen und amerikanischen Trypanosomiasis ist ein hervorragendes Beispiel für eingeschränkte Vorkommen eines bestimmten Parasiten. Die Verbreitung der verursachenden Vektoren erklärt teilweise diese begrenzte Prävalenz. *Plasmodium knowlesi* ist ein weiterer Parasit, der nur in Malaysia und in einigen benachbarten südostasiatischen Ländern vorkommt, und zwar in Verbindung mit den Affenarten *Macaca fascicularis* und *Macaca nemestrina* und den Stechmücken der *Anopheles leucosphyrus*-Gruppe.

Krankheitslast

Die globale Krankheitslast parasitärer Krankheiten wird für 2015 auf 96 Mio. verlorene gesunde Lebensjahre geschätzt. Seit 1990 hat die Prävalenz einiger parasitärer Infektionen wie Ascariasis, lymphatische Filariose usw. abgenommen, aber einige andere parasitäre Infektionen wie Leishmaniose haben aufgrund von Konflikten und zusammengebrochenen Gesundheitssystemen wie in Syrien zugenommen. Die Mehrheit dieser Krankheiten ist eng mit Armut verbunden, insbesondere in ländlichen Gebieten, aber auch die Urbanisierung erleichtert

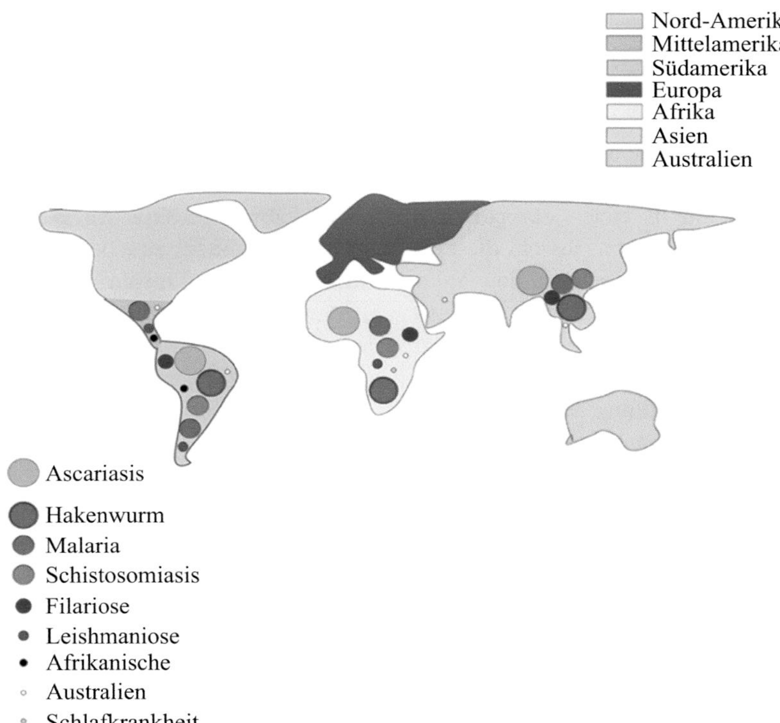

Abb. 1 Verteilung wichtiger parasitärer Krankheiten. (Quelle: Cao B und Guiton P (2018) Wichtige menschliche Parasiten der Tropen. Front. Young Minds. 6:58. doi: https://doi.org/10.3389/frym.2018.00058)

die Ausbreitung der Krankheiten. Darmprotozoen gehören zu den häufigsten Protozoeninfektionen und führen die Liste mit einer globalen Belastung von 500 Mio. an, gefolgt von Malaria (228 Mio.), der Chagas-Krankheit (7,6 Mio.), Leishmaniose (1 Mio.), Toxoplasmose (200.000) und der afrikanischen Schlafkrankheit (10.000). Mit Ausnahme von Toxoplasmose und Darmprotozoeninfektionen, die eine globale Verbreitung haben, finden sich andere parasitäre Infektionen hauptsächlich in Asien, Südamerika und Subsahara-Afrika in Bevölkerungsgruppen, die in Armut und in ländlichen Gebieten leben. Helmintheninfektionen betreffen fast 1,5–1,7 Mrd. Menschen weltweit, hauptsächlich in ländlichen Gebieten in ressourcenarmen Teilen der Welt. Bodenübertragene Helminthen (1 Mrd.), Schistosomiasis (240–400 Mio.), Filariose (160–200 Mio.) und lebensmittelübertragene Trematodeninfektionen (85 Mio.) sind die wichtigeren Infektionen in diesen Bevölkerungsgruppen weltweit, obwohl sie hauptsächlich auf den Kontinenten Asien, Südamerika und Afrika verbreitet sind.

Prävention und Bekämpfung

Die Bekämpfung und Prävention von parasitären Infektionen ist komplex, basiert aber im Wesentlichen auf einem multidisziplinären Ansatz. Diese Aktivitäten zielen darauf ab, die Belastung durch Parasiten in der Gemeinschaft zu reduzieren. Dazu gehören verschiedene Strategien, einschließlich des Managements von Ökologie und Umwelt der Region, um die Parasitenlast zu verringern und die Übertragungsrisiken zu stoppen, sowie Bildung und Verhaltensänderungen der gefährdeten Bevölkerung, um den Erfolg und die Nachhaltigkeit der Bekämpfungs- und Präventionsprogramme zu gewährleisten.

Die verschiedenen Maßnahmen können wie folgt zusammengefasst werden:

1. Verringerung der Parasitenlast: Die Industrialisierung der Schweineproduktion mit Screeningmaßnahmen hat das Niveau der *T. spiralis*-Infektion in vielen europäischen Ländern erheblich reduziert, obwohl die Praxis des ökologischen Landbaus und auch das hohe Infektionsniveau bei Wildschweinen die Trichinellose in diesen Artengemeinschaften wieder einführen kann. Die medikamentöse Massenbehandlung in einer Artengemeinschaft hat sich auch als wertvoll erwiesen, um die Menge der Parasiten in einer gegebenen Artengemeinschaft zu reduzieren.
2. Maßnahmen für Tierreservoirs und Vektoren: Eine der bewährten Methoden zur Verhinderung von Tier- und Menscheninfektionen ist die Aufklärung von Haustierbesitzern und die regelmäßige Entwurmung von Hunden und Katzen. Wichtig ist die Aufklärung der Tierhalter über Präventivmaßnahmen wie persönliche Hygiene, regelmäßige Beseitigung von Tierkot und Minimierung des Kontakts von Kindern und schwangeren Frauen mit den Haustieren und der kontaminierten Umgebung. Behandlungen mit Anthelminthika sind am effektivsten, wenn sie frühzeitig bei jungen Haustieren eingeleitet werden. Mit Insektiziden getränkte Netze und die Keulung von Hunden wurden zur Bekämpfung der zoonotischen viszeralen Leishmaniose in einer Artengemeinschaft empfohlen.
3. Bessere Diagnosemethoden: Die Verfügbarkeit von kostengünstigen, schnellen und Point-of-Care-Diagnosetests, wie z. B. dem Kartentest für viszerale Leishmaniose und amerikanische Trypanosomiasis, die von gering ausgebildetem Personal vor Ort eingesetzt werden können, erleichtert die Überwachung und die Durchführung von Bekämpfungsmaßnahmen gegen parasitäre Krankheiten.
4. Umwelt- und ökologische Maßnahmen: Geografische Informationssysteme, Fernerkundung und Geostatistik haben der Untersuchung der Ökologie und der räumlichen Verteilung von Parasiten neue Dimensionen verliehen, die Schlüsselfaktoren für die Bekämpfung und die Prävention gegen diese Parasiten sind. Sie wurden erfolgreich für die Bekämpfung der Schistosomiasis eingesetzt und haben Potenzial für die Anwendung in Gebieten, die für eine oder mehrere parasitäre Infektionen endemisch sind.
5. Menschliche Verhaltens- und Bildungsmaßnahmen: Ein Anstieg der Prävalenz von Trichinellose in bestimmten europäischen Ländern aufgrund des in letzter Zeit zunehmenden Verzehrs von rohem Pferdefleisch ist ein Beispiel, das für eine Änderung des menschlichen Verhaltens durch verschiedene Aufklärungsmaßnahmen spricht. Der Verzehr von rohem oder unzureichend gekochtem Fisch wurde mit einer erhöhten Inzidenz von Clonorchiasis-, Opisthorchiasis-, Metorchiasis- und Anisakiasis-Infektionen in Verbindung gebracht. Sowohl das Personal des öffentlichen Gesundheitswesens als auch Tierärzte spielen daher eine Schlüsselrolle bei der Aufklärung der Öffentlichkeit im Hinblick auf eine Änderung des menschlichen Verhaltens zur Verhinderung von zoonotischen Infektionen.
6. Finanzielle Ressourcen und internationale Zusammenarbeit: Wirksame Initiativen im Bereich der öffentlichen Gesundheit hängen von der Verfügbarkeit ausreichender finanzieller Ressourcen für die Umsetzung und Aufrechterhaltung von Programmen ab. Die Weltgesundheitsorganisation (WHO) hat sich für die Umsetzung integrierter Krankheitsbekämpfungsprogramme mit primärer Gesundheitsversorgung zur Eindämmung von Infektionskrankheiten, einschließlich parasitärer Krankheiten, eingesetzt. Diese integrierten Programme sind zwar in den Industrieländern einsatzfähig und erfolgreich, in ressourcenarmen Ländern mit einer höheren Prävalenz von Parasitenerkrankungen sind sie jedoch nicht so erfolgreich. Daher ist die Beteiligung internationaler Organisationen und Institutionen wie der WHO und der Ernährungs- und Landwirtschaftsorganisation

(FAO) zusammen mit dem Engagement von politischen Entscheidungsträgern, Wissenschaftlern und Mitarbeitern vor Ort für die nachhaltige Bekämpfung und Prävention von parasitären Infektionen unerlässlich.

Fallstudie

Ein 37-jähriger Mann kam in die Notaufnahme und klagte über multiple Krämpfe. Eine CT-Untersuchung des Gehirns zeigte zahlreiche kleine zystische Läsionen in beiden Hemisphären. In der Zytologie und Biochemie des Liquor cerebrospinalis wurden keine Anomalien festgestellt. Der Patient wurde negativ auf HIV getestet. Der Patient war strenger Vegetarier und gab an, häufig Gemüsesalat zu essen.

Fragen

1. Welche parasitären Krankheiten werden durch den Verzehr von rohem Gemüse übertragen?
2. Welche Vorsichtsmaßnahmen sollten auf individueller Ebene getroffen werden, um diese Art von Infektion zu verhindern?
3. Welche präventiven Maßnahmen sind erforderlich, um die Übertragung solcher Infektionen zu stoppen?

Forschungsfragen

1. Was sind die Gründe für das mangelnde Wissen über die Infektionsquelle und die Bekämpfungsmaßnahmen für ungewöhnliche Parasiten wie *Mammomonogamus*?
2. Ist jetzt der richtige Zeitpunkt, um die Reservoirwirte wie Hunde für die Guineawurm-Krankheit angesichts der sporadischen Fälle, die aus Gebieten gemeldet werden, in denen die Krankheit ausgerottet wurde, erneut zu betrachten?
3. Ist die indische Form der viszeralen Leishmaniose wirklich eine Anthroponose? Gibt es einen Reservoirwirt für *L. donovani*?

Weiterführende Literatur

Parija SC. Textbook of medical parasitology. 4. Aufl. New Delhi: AIIPD; 2013.

Parija SC, Chidambaram M, Mandal J. Epidemiology and clinical features of soil-transmitted helminths. Trop Parasitol. 2017;7(2):81.

Pisarski K. The global burden of zoonotic parasitic diseases. Top 5 contenders for priority consideration. Trop Med Infect Dis. 2019;4:44.

Rebekah J, Razgour O. Emerging zoonotic diseases originating in mammals: a systematic review of effects of anthropogenic land-use change. Mamm Rev. 2020;50:336–52.

WHO Technical Report Series, No. 971 (2012). Research Priorities for Zoonoses and Marginalized Infections.

Diagnose von parasitären Zoonosen

Shweta Sinha, Upninder Kaur und Rakesh Sehgal

Lernziele

1. Die Bedeutung einer angemessenen Probenentnahme wird betont
2. Die verschiedenen Diagnosemodalitäten einschließlich der Bedeutung der Mikroskopie zu kennen
3. Eine Vorstellung von der steigenden Bedeutung molekularer Methoden zur Artenidentifikation und molekularen Epidemiologie zu haben

Einführung

Zoonotische Parasiten zerstören entweder direkt oder indirekt die Gesundheit von Mensch und Tier, was sich letztlich auf die sozioökonomischen Bedingungen eines Landes auswirkt. Die Mehrheit der bekannten parasitären Krankheiten, die durch Protozoen, Zestoden, Trematoden, Helminthen und Pentastomiden verursacht werden, sind zoonotisch. Diese zoonotischen Parasiten verursachen mehrere Krankheiten, die je nach Parasitenbelastung, Immunstatus der Individuen und anderen Begleitfaktoren von asymptomatisch bis symptomatisch und von akut bis chronisch reichen. In jüngster Zeit wurden parasitäre Zoonosen, insbesondere Kryptosporidiose, Leishmaniose und Toxoplasmose, hauptsächlich aufgrund ihrer Fähigkeit, Krankheiten bei HIV-infizierten und immungeschwächten Personen zu verursachen, als kritische Infektionen bei Menschen anerkannt. Eine frühe und schnelle Diagnose von parasitären Zoonosen, sowohl bei Menschen als auch bei Tieren, verhindert in hohem Maße die Morbidität und Mortalität durch diese Krankheiten. In diesem Kapitel werden verschiedene diagnostische Ansätze diskutiert, die für eine frühe und genaue Diagnose von zoonotischen parasitären Infektionen nützlich sein können.

Probenentnahme

Proben zur Diagnose von parasitären Infektionen umfassen Stuhl, Blut, urogenitale Proben, Duodenalflüssigkeit, Sputum, einen perianalen Abstrich, aspiriertes Material, Liquor cerebrospinalis („cerebrospinal fluid“, CSF), Biopsiematerial und intakte Würmer oder Wurmteile (Proglottiden).

1. **Stuhlprobe:** Um Darmparasiten im Stuhl nachzuweisen, ist es ratsam, die Entnahme für 5–10 Tage zu verschieben, wenn der Patient Mineralöl, Bismut, Antibiotika der Tetracyclingruppe, Antimalariamittel und

S. Sinha · U. Kaur · R. Sehgal (✉)
Department of Medical Parasitology, Post Graduate Institute of Medical Education and Research, Chandigarh, Indien

S. C. Parija und A. Chaudhury (Hrsg.), *Lehrbuch der parasitären Zoonosen*,
https://doi.org/10.1007/978-981-97-4312-4_7

Antidiarrhoika einnimmt. Mindestens 7 Tage nach der Einnahme von Bariumsulfat und 10–14 Tage nach der Einnahme von Tetracyclin könnten angemessen sein, da diese Substanzen schädliche Auswirkungen auf die Wiederherstellung von Darmprotozoen haben.

Die Proben werden idealerweise in sauberen, weithalsigen Plastik- oder gewachsten Kartonbehältern mit einem fest schließenden Deckel gesammelt, um ein versehentliches Verschütten zu vermeiden und die Feuchtigkeit in der Probe zu erhalten. Beim Umgang mit Stuhlproben muss die Biosicherheit gewährleistet sein, da frische Stuhlproben ein potenzielles Infektionsrisiko darstellen. Eine korrekte Kennzeichnung mit klarer Angabe von Datum und Uhrzeit der Probenentnahme ist notwendig.

Die Anzahl der vor und nach der Behandlung zu untersuchenden Proben hängt von vielen Faktoren ab. Dazu gehören die Schwere der Infektion, das Vorhandensein/Fehlen von Symptomen, die erwartete Häufigkeit des intermittierenden Ausscheidens, die Qualität der Probe und die Sensitivität/Spezifität der durchgeführten Tests. Eine einzelne Stuhlprobe von einem symptomatischen Patienten reicht oft aus, um eine Infektion zu diagnostizieren. Idealerweise sollten 3 Proben (2 von normalen Bewegungen und 1 nach nicht ölbasiertem Abführmittel) untersucht werden, es sei denn, der Patient leidet unter Durchfall. Bei vermuteter intestinaler Amöbiasis ergibt sich zwar bei 6 Proben idealerweise eine 90 %ige Wahrscheinlichkeit der Detektion, dies wird jedoch selten aufgrund von Kostenfaktoren in Betracht gezogen. Wenn eine Serie von Stuhlprobenuntersuchungen geplant ist, sollten diese für 3 Proben innerhalb von 10 Tagen und bei 6 Proben innerhalb von 2 Wochen mit angemessenen Abständen dazwischen durchgeführt werden. Die Proben können 3–4 Wochen nach der Therapie auf Protozoeninfektionen und 5–6 Wochen auf Helminthenbefall untersucht werden.

Die Mikroskopie von frischem Stuhl ist für den Nachweis von Trophozoiten, die mit der Zeit zerfallen, notwendig. Flüssige Proben sollten innerhalb von 30 min nach dem Stuhlgang getestet werden. Weiche und halbgeformte Proben erfordern eine Untersuchung innerhalb 1 h. Im Falle von geformtem Stuhl, der Protozoenzysten und Helmintheneier enthält, ist die Zeit nicht so kritisch, die Untersuchung sollte aber vorzugsweise innerhalb von 24 h abgeschlossen sein. Die meisten Helmintheneier und -larven, Kokzidienoozysten und Mikrosporidiensporen überleben über einen längeren Zeitraum. Nach der Entnahme sollten die Proben weder eingefroren noch bei Raumtemperatur gelagert werden, sondern für kurze Zeit bei 4 °C aufbewahrt werden. Bei einer zu erwartenden Verzögerung müssen die Stuhlproben jedoch konserviert werden, um die Morphologie der Protozoen zu erhalten und die Entwicklung der Helminthen zu stoppen. Die Konservierung führt zu einem Verlust der Beweglichkeit der Trophozoiten, der jedoch durch die Ausbeute an intakter Morphologie aufgewogen wird. Es werden verschiedene Konservierungsmethoden angewandt, auch unter Vermeidung von quecksilberhaltigen Chemikalien wegen der gefährlichen Entsorgung (Tab. 1).

2. **Blutprobe:** Blutproben zur Herstellung von Abstrichen werden aus Kapillaren entnommen, indem mit einer sterilen Nadel in die Fingerspitze gestochen wird. Nach dem Einstich in die Fingerspitze kann das Blut frei fließen, darf aber nicht herausgedrückt werden. Dicke und dünne Blutabstriche werden auf sauberen, fettfreien Objektträgern hergestellt. Antikoagulierte (z. B. EDTA) venöse Blutproben werden nach dem üblichen Phlebotomieverfahren entnommen. Um einen dicken Blutabstrich herzustellen, werden 2–3 Tropfen frisches Blut auf den Objektträger gegeben, und mit der Ecke eines anderen Objektträgers werden die Tropfen in kreisförmiger Bewegung gemischt, um sie über einen Durchmesser

Tab. 1 Für die Stuhlprobe verwendete Konservierungsmittel

	Konservierungsmittel	Vorteile	Nachteile
Quecksilberhaltige Konservierungsmittel	Polyvinylalkohol (PVA)	Ermöglicht dauerhafte Färbung und Aufkonzentrierungstechniken Gute Konservierung von Trophozoiten und Zysten Lange Haltbarkeit Kann versendet werden	Schwierig zu präparieren Wird weiß und gelatinös bei Kühlung Hindert die Aufkonzentrierung von *Trichuris trichiura*-Eiern und *Giardia lamblia*-Zysten Verändert die Morphologie von *Strongyloides*-Larven Stört Immunassays
	Schaudinn-Fixierlösung	Fixiermittel für frische Stuhlproben Gute Konservierung von Trophozoiten und Zysten	Nicht empfohlen für Konzentrationsverfahren Schlechter Klebstoff für schleimige oder flüssige Proben Stört Immunassays
	Merthiolat-Jod-Formalin (MIF)-Lösung	Sowohl Fixiermittel als auch Farbstoff Lange Haltbarkeit	Morphologieerhaltung ist im Vergleich zu PVA und Schaudinn-Fixierlösung minderwertig
Nicht quecksilberhaltige Konservierungsmittel	Formalinlösung (5 %, 10 %)	Gutes Fixiermittel Einfach zu präparieren Kompatibel mit Immunassays	Trophozoiten werden nicht konserviert Verändert die Morphologie in dauerhaft gefärbten Abstrichen
	Natriumacetat-Essigsäure-Formalin (SAF)-Fixiermittel	Lange Haltbarkeit Kompatibel mit Immunassays	Schlechter Klebstoff; erfordert albuminbeschichtete Objektträger
	Modifiziertes PVA (verwendet Kupfer- oder Zinkgrundlage anstelle von Quecksilber)	Ermöglicht dauerhafte Färbung und Aufkonzentrierungstechniken	Uneinheitliche Färbeeigenschaften Kupferbasierte Modifikation konserviert die Morphologie von Trophozoiten schlecht Stört mehrere Immunassays

von 2 cm zu verteilen. Kontinuierliches Rühren für 30 s verhindert die Bildung von Fibrinsträngen, es sei denn, das Blut ist antikoaguliert. Der Objektträger wird an der Luft getrocknet. Dünne Blutfilme werden genau wie der Blutfilm für die Leukozytendifferenzierung hergestellt, wobei der Film den zentralen Bereich mit dünnem, gefiedertem Ende und freien Rändern auf beiden Seiten einnimmt. Einige bevorzugen es, sowohl den dicken als auch den dünnen Abstrich auf einem einzigen Objektträger für einen einzelnen Patienten zu machen. Um einen Buffy-Coat-Film herzustellen, wird antikoaguliertes venöses Blut zentrifugiert, der Buffy Coat bildet sich zwischen dem Plasma und den gepackten roten Zellen und wird für die Herstellung des Abstrichs gesammelt.

3. **Duodenalflüssigkeit:** Duodenalflüssigkeit wird endoskopisch gesammelt und ohne Konservierungsmittel ins Labor geschickt. Die Probe wird zentrifugiert ($500 \times g$ für 10 min) und als Nasspräparat untersucht. Der *Entero-Test* oder Duodenalkapseltest ist eine andere Methode, bei der eine Gelatinekapsel mit gewickeltem Nylonfaden oral verabreicht wird, wobei ein Ende des Fadens am Gesicht des Patienten befestigt bleibt. Die Magensäure löst die Gelatine auf und lässt den Faden im Duodenum ruhen, während gallengefärbter Schleim daran haftet. Nach 4 h wird der Faden zusammen mit dem Duodenalinhalt entnommen. Das Verfahren wird zum Nachweis von *Giardia*-Trophozoiten in Duodenalproben verwendet.
4. **Sputum:** Ausgehustetes oder induziertes Sputum wird in einem sterilen Schraubverschlussbehälter gesammelt. Dicke und zähe Proben können eine Behandlung mit Natriumhydroxid erfordern. Die

Untersuchung von Sputum wird zum Nachweis von *Cryptosporidium* spp., *Paragonimus westermani*-Eiern und selten von *Ascaris*-, *Strongyloides*-Larven etc. empfohlen.

5. **Perianaler Abstrich:** Perianale Abstriche werden per NIH-Abstrich oder Zellophanbandpräparationen zur Diagnose von Enterobiasis bei Kindern gesammelt. Bei diesem Verfahren wird Zellophanband mit einem NIH-Abstrich oder einem Zungenspatel auf die äußere Klebefläche aufgebracht und fest gegen die perianalen Falten gedrückt, um die nachts abgelagerten Eier zu sammeln; ein Abstrich wird auf dem Objektträger vorbereitet und mikroskopisch auf das Vorhandensein von *Enterobius vermicularis*-Eiern untersucht.
6. **Urogenitale Proben:** Es werden vaginaler und urethraler Ausfluss, Urinsedimente und Prostatamassageflüssigkeiten gesammelt. Mehrere Proben erhöhen die diagnostische Ausbeute. Urin wird auf das Vorhandensein von *Wuchereria bancrofti*-Mikrofilarien und *Giardia lamblia*-Trophozoiten und vaginaler und urethraler Ausfluss auf *Trichomonas vaginalis*-Trophozoiten etc. untersucht.
7. **Aspirierte Materialien**: Dazu gehören Eiter aus Leberabszessen zur Darstellung von Trophozoiten von *Entamoeba histolytica*, Aspirationen aus Hydatidzysten zur Darstellung von Skolizes und Haken von Hydatidzysten, Körperflüssigkeiten, bronchoalveoläre Lavagen zur Darstellung von Larven einiger Nematoden etc.
8. **CSF-Proben**: Die CSF-Proben werden durch lumbale Punktion zur Darstellung von neuralen Parasiten wie *Naegleria*-Arten, die Meningoenzephalitis verursachen, gesammelt.
9. **Biopsiematerialien:** Gewebeproben für parasitologische Untersuchungen erfordern Abdruckpräparate durch leichtes Drücken gegen sterile Objektträger, die einen dünnen Abstrich bilden, und Quetschpräparationen neben standardmäßigen histopathologischen Verfahren.
10. **Ganzer/Teil des Wurms:** Ganze Würmer oder Teile eines Wurms wie Bandwurmproglottiden sollten in physiologischer Kochsalzlösung eingereicht werden.

Mikroskopie

Die Mikroskopie ist wichtig für eine korrekte parasitologische Diagnose. Die morphologische Identifizierung parasitärer Formen muss unter einem Lichtmikroskop, Stereomikroskop oder einfachen Präpariermikroskop erfolgen. Vorzugsweise ist ein kalibriertes Mikroskop mit einem Okularmikrometer zu verwenden. Alternativ können Polystyrolperlen mit standardisiertem Durchmesser verwendet werden. Während das Hauptziel darin besteht, nach den Parasiten zu suchen, sollten auch Nachahmer oder Artefakte berücksichtigt werden.

Stuhlmikroskopie

1. **Mikroskopie des Direktausstrichs**: Der Direktausstrich wird hergestellt, indem 2 g Stuhl in einigen Tropfen Kochsalzlösung und Jod suspendiert und dann mithilfe Trockenobjektiven (Abb. 1) untersucht werden. Die Untersuchung wird zunächst mit geringer Vergrößerung (10×) zum Screening und dann systematisch mit höherer Vergrößerung (40×) durchgeführt.
   (a) **Kochsalzlösungnasspräparat:** Wird verwendet, um bewegliche Protozoentrophozoiten und Helmintheneier und -larven (Abb. 2) darzustellen. Trophozoiten erscheinen als blasse und transparente, aber lichtbrechende Objekte. Klopfen und Wärmezufuhr erhöhen die Beweglichkeit.
   (b) **Jodnasspräparat:** Es wird lugolsches Jod, d'antonisches Jod oder dobellsche und o'connorsche Jodlösung verwendet. Es wird hauptsächlich zur Darstellung von Protozoenzysten verwendet,

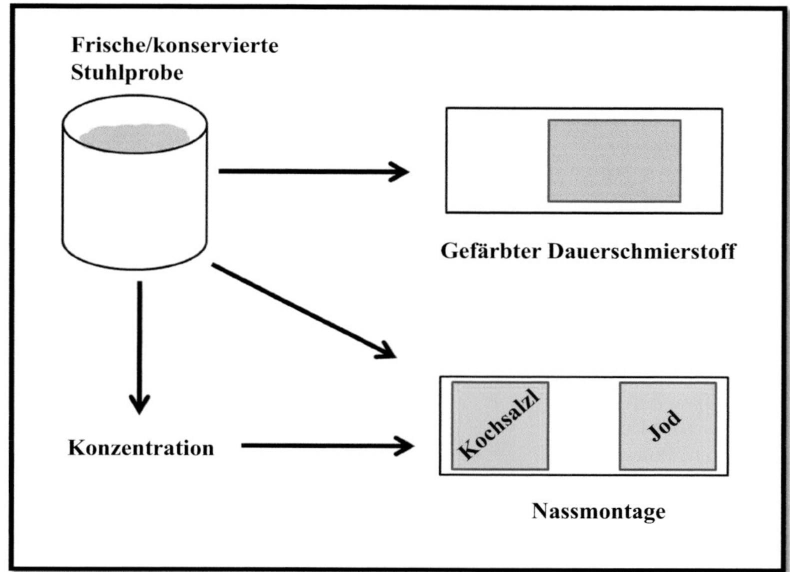

Abb. 1 Anfängliche Verarbeitung der Stuhlprobe

die mit lichtbrechenden Kernen, gelbem Zytoplasma und bräunlichem Glykogenmaterial erscheinen. Trophozoiten werden in dieser Präparation getötet.

Neben den parasitären Elementen zeigt die Mikroskopie auch Charcot-Leyden-Kristalle (zeigen zerfallende Eosinophile) und andere Artefakte (Tab. 2, Abb. 3).

Kürzlich empfahlen Parija et al. die Lactophenol-Baumwollblau-Präparation von Stuhl zur Darstellung von Darmparasiten. Baumwollblau färbt die Protozoenzysten und Helmintheneier tiefblau. Die inneren Strukturen der Kokzidienoozysten sind zu erkennen.

Die Eizählung ist bei *Ascaris lumbricoides*, *Trichuris trichiura* und Hakenwürmern zur Vorhersage der Wurmbelastung nützlich. Die Stoll-Methode zur Zählung von verdünnten Eiern wird häufig verwendet.

2. **Mikroskopie des Stuhlausstrichs nach Aufkonzentration:** Um den Ertrag zu maximieren, wird die Stuhlprobe durch Sedimentations- oder Flotationstechniken aufkonzentriert (Tab. 3).

(a) Bei der Sedimentationstechnik können alle Helmintheneier, -larven und Protozoenzysten im Sediment aufkonzentriert werden. Die Formalin-Äther-Sedimentationstechnik wird häufig durchgeführt, wobei die Formalinfixierung die Präparation für den Bediener nicht infektiös macht. Ein halber Teelöffel Stuhl wird in einem 15-ml-Behälter mit 5–10 % Formalin gegeben und 30 min stehen gelassen. Die fäkale Suspension wird durch zwei Gazeschichten in einen Trichter in ein Zentrifugenröhrchen gefiltert. Kochsalzlösung wird hinzugefügt und es wird 2-mal bei $500 \times g$ für 10 min zentrifugiert, wobei der Überstand zwischen den Durchgängen verworfen und durch Kochsalzlösung ersetzt wird. Das endgültige Sediment wird in Formalin suspendiert und Äther oder Äterersatzstoffe hinzugefügt. Dann wird das Röhrchen verschlossen und 30 s kräftig geschüttelt. Anschließend wird es einer abschließenden Zentrifugation unterzogen. Es bilden sich 4 Schichten: die oberste Schicht mit dem Äther, die Schicht mit den fäkalen

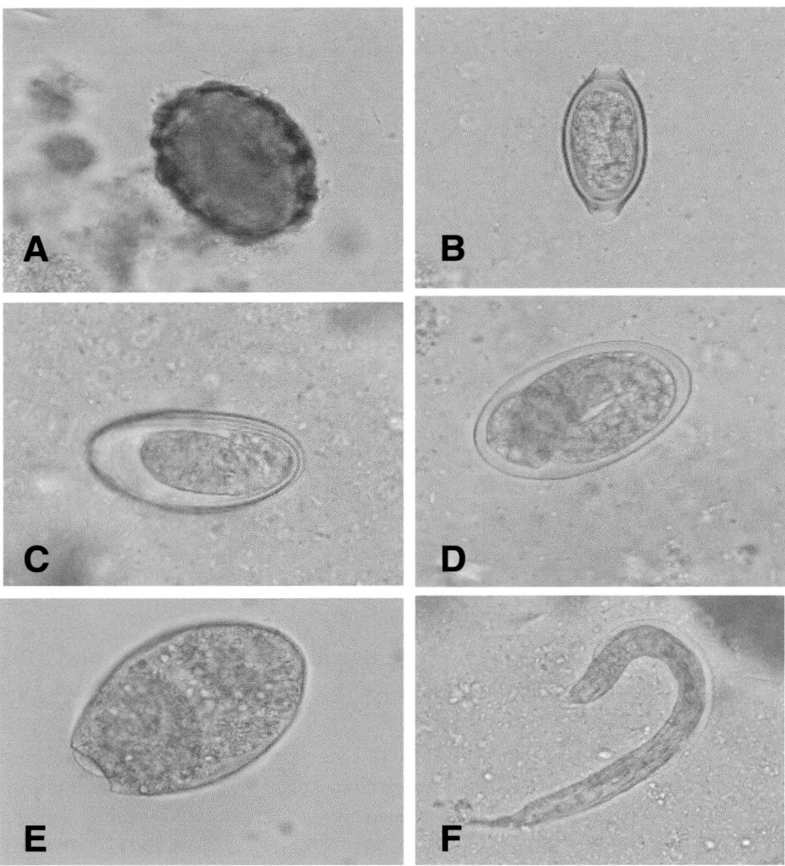

Abb. 2 Verschiedene Helmintheneier und -larven, die in der Stuhlprobe beobachtet wurden. (**a**) Befruchtete *Ascaris lumbricoides*-Eier, (**b**) Eier von *Trichuris trichiura*-Eier, (**c**) *Enterobius vermicularis*-Eier, (**d**) *Ancylostoma duodenale*-Eier, (**e**) *Fasciolopsis buski*-Eier und (**f**) *Strongyloides stercoralis*-Larve. (Bild mit freundlicher Genehmigung des Department of Medical Parasitology, Postgraduate Institute of Medical Education and Research, Chandigarh, Indien)

Trümmern, die Formalinschicht und die unterste Schicht mit parasitärem Inhalt. Das Sediment wird nach sorgfältigem Abgießen der oberen Schichten als Nasspräparat untersucht. Protozoenzysten können bis auf die Speziesebene identifiziert werden (z. B. *Iodamoeba butschlii*); *H. nana*-Eier und *Isospora belli*-Oozysten können identifiziert werden, aber andere Kokzidienoozysten erfordern eine modifizierte säurefeste Färbung zur Identifizierung.

(b) Bei Flotationstechniken wird eine Flüssigkeit mit einer hohen spezifischen Dichte (z. B. gesättigte Salzlösung, Zinksulfat) verwendet, um die leichteren Helmintheneier und Protozoenzysten zu flotieren. Ein 15 ml flachbodiger Behälter wird verwendet, um die Stuhllösung herzustellen; jegliches grobes fäkales Material, das aufschwimmt, wird verworfen, und eine 3″ × 2″-Glasplatte wird so platziert, dass die Mitte davon die Oberfläche der Flüssigkeit berührt. Nach 30 min wird die Glasplatte vorsichtig entfernt und die Unterseite mikroskopisch untersucht. Protozoenzysten können bis auf die Speziesebene identifiziert werden (*Giardia lamblia*-Zysten); Hakenwurmeier können identifiziert werden.

3. **Mikroskopie des dauerhaft gefärbten Ausstrichs**: Diese sind nützlich für eine detaillierte morphologische Untersuchung auch zu späteren Zeitpunkten nützlich und können zur

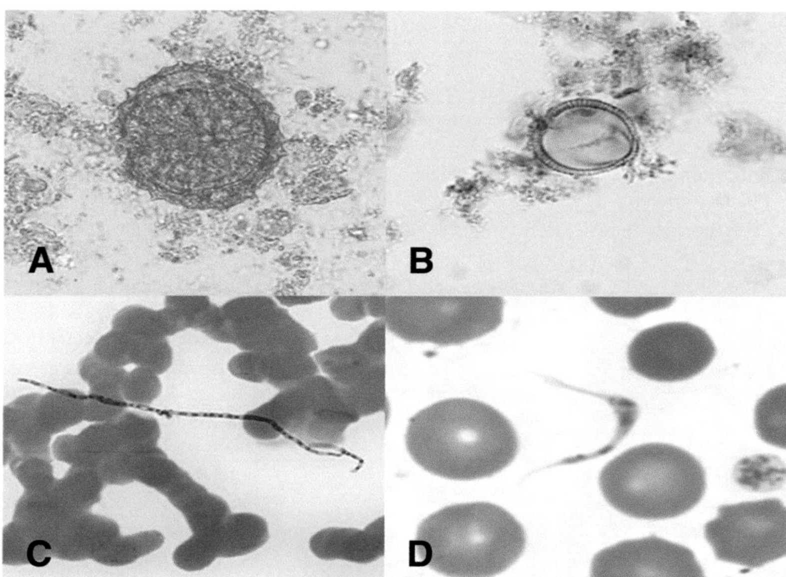

Abb. 3 Verschiedene Artefakte, die in der Mikroskopie bemerkt wurden: (**a**) Pollenkorn in einer konzentrierten Nasspräparation von Stuhl, das *Ascaris*-Eier imitiert; (**b**) Pollenkorn in einer trichrom gefärbten Stuhlprobe, das *Taenia*-Eier imitiert, aber ohne Haken; (**c**) Pilzspore von *Helicosporium* spp., ein luftgetragener Kontaminant, der Mikrofilarien imitiert; (**d**) Blutplättchen in einem dünnen Blutausstrich, das *Trypanosoma* spp. ähnelt. (Bild mit freundlicher Genehmigung von DPDx, Centers for Disease Control and Prevention; https://www.cdc.gov/dpdx)

Begutachtung eingeschickt werden. Trichromfärbung und Eisenhämatoxylinfärbungen sind die häufig verwendeten Färbungen. Diese Verfahren werden sowohl an frischen als auch an konservierten Proben durchgeführt. Die inneren Strukturen der Zysten und Trophozoiten werden gefärbt, um eine bessere Identifizierung zu ermöglichen. Helmintheneier und -larven können aufgrund der Farbretention nicht leicht identifiziert werden.

Die Mikroskopie von dauerhaft gefärbten Stuhlpräparaten hat eine entscheidende Rolle bei der Diagnose von Kryptosporidiose gespielt. Färbemethoden wie Giemsa- und Jenner-Färbung wurden zunächst zur Identifizierung der Oozysten verwendet, später jedoch durch die säurefeste Ziehl-Neelsen (ZN)-Färbung und deren modifizierte Version (modifizierte ZN) ersetzt, die zur am weitesten verbreiteten Methode zum Nachweis von *Cryptosporidium*-Oozysten geworden ist. Säurefeste Oozysten färben sich vor einem blauen Hintergrund rot (Abb. 4). Safranin-Methylenblau-Färbung und Auramin-Phenol-Methoden sind die anderen empfohlenen Färbungen. Ausstriche, die mit Auramin-Phenol- oder ZN-Färbung gefärbt wurden, haben den Vorteil, dass die gefärbte Oozyste von der Folie abgekratzt und anschließend eine DNA-Extraktion zur Speziesbestimmung durchgeführt werden kann. Die Nachweisgrenze mittels Mikroskopie für nicht aufkonzentrierte Stuhlproben wurde mit 1×10^4 bis 5×10^4 angegeben, während die Aufkonzentration die Empfindlichkeit verzehnfacht.

Blutmikroskopie

1. **Mikroskopie des direkten Nassausstrichs von Blut**: Mit dieser Methode werden die Trypanosomen und Mikrofilarien anhand ihrer Größe, Form und Beweglichkeit bei mäßigen bis schweren Infektionen identifiziert.

Tab. 2 Verschiedene Artefakte in verschiedenen Proben

Probe	Artefakte	Verwechselt mit	Übliche differenzierende Merkmale des Artefakts
Stuhl	Hefezellen	Kokzidienoozysten	Hefezellen sind oval mit Knospung, dickwandig ohne innere Strukturen
	Pollenkörner, Pflanzensamen	Helmintheneier	Dickwandig, weniger einheitlich und können Rille, Dorn etc. enthalten
	Pflanzenwurzelhaare	Nematodenlarven	Klar und lichtbrechend ohne Jodfärbung und innere Strukturen
	Eiterzellen	*Entamoeba* spp.-Zyste	Eiterzellen haben weniger dichtes Zytoplasma mit unregelmäßiger Zellkontur, normalerweise kleiner in der Größe
	Makrophagen	*Entamoeba histolytica/Entamoeba dispar*-Trophozoit	Makrophagen haben größere und unregelmäßige Kerne mit grobem Zytoplasma mit oder ohne aufgenommene rote Blutkörperchen
	Stärkekörner	Protozoenzysten	Lichtbrechende abgerundete Struktur ohne innere Struktur und mit Jod gefärbt
	Ananaskristalle	Charcot-Leyden-Kristalle	Schwer zu unterscheiden, gleichzeitige Untersuchung erforderlich
Blut	Blutplättchen, RBC-Einschlüsse, Farbstoffpräzipitat	Malariaparasit *Babesia* spp.	Blutplättchen färben sich einheitlich ohne innere Strukturen
	Baumwolle/Staubfasern	Mikrofilarien	Enthalten keine inneren Kerne
Urin	Nicht pathogene Flagellaten aus Stuhlkontamination	*Trichomonas vaginalis*	Unterschiedliche Bewegungsmuster im Nassfilm
Respiratorische Probe	Zilienepithelzellen	Flagellatenprotozoen	Keine innere Struktur

Tab. 3 Vor- und Nachteile verschiedener Stuhlkonzentrationsmethoden

Konzentrationsmethoden	Vorteile	Nachteile
Sedimentation	Weniger technische Fehler Empfindlicher Morphologie bleibt erhalten Weniger ansteckend	Enthält mehr fäkale Trümmer
Flotation	Weniger fäkale Trümmer Einfach durchzuführen, ohne die Notwendigkeit einer Zentrifuge	Mit Deckel versehene Trematodeneier, unbefruchtete *Ascaris*-Eier, *Taenia*-Eier und *Strongyloides*-Larven schwimmen nicht auf Flüssigkeiten mit hoher spezifischer Dichte verändern die Morphologie

2. **Mikroskopie von gefärbten Blutausstrichen:**
   (a) **Dünner Blutausstrich:** Leishman-Färbung, Wright-Färbung, Giemsa-Färbung, Field-Färbung usw. werden verwendet. Diese Methoden sind nützlich für die spezifische Identifizierung und Speziesbestimmung von *Plasmodium* spp. *Babesia* spp. kann als *Plasmodium falciparum* fehldiagnostiziert werden, obwohl das Fehlen von Malariapigment und Gametozytenformen zusammen mit den Tetraden/Malteserkreuzformen auf *Babesia* spp. hinweisen.

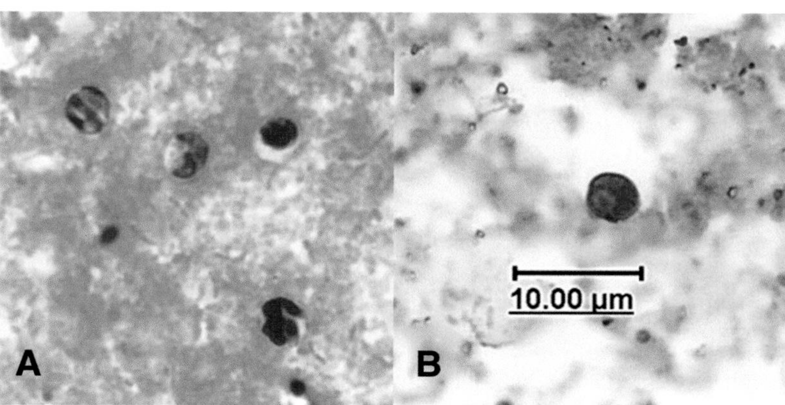

Abb. 4 (**a**) *Cryptosporidium* spp.-Oozysten gefärbt mit modifizierter Säurefuchsin-Färbung; (**b**) Pilzelement in einer säurefest gefärbten Stuhlprobe sollte nicht mit *Cryptosporidium* verwechselt werden. (Bild mit freundlicher Genehmigung von DPDx, Centers for Disease Control and Prevention; https://www.cdc.gov/dpdx)

(b) **Dicker Blutausstrich:** Methanolfixierung wird weggelassen, um die Lyse der roten Blutkörperchen und eine Dehämoglobinisierung zu ermöglichen. Der dicke Blutausstrich ist viel empfindlicher für den Nachweis von Malariaparasiten als der dünne Ausstrich, aber die Speziesbestimmung ist oft schwierig. Mikrofilarien können ebenfalls nachgewiesen werden (Abb. 5).

3. **Mikroskopie von aufkonzentrierten Blutausstrichen:**

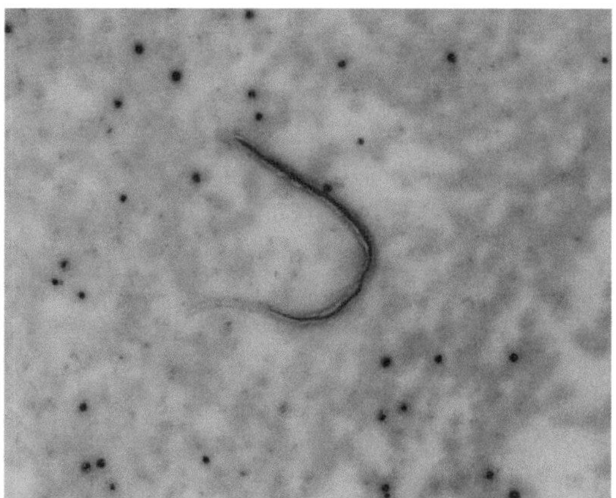

Abb. 5 Mikrofilarien von *Wuchereria bancrofti* in einem dicken Blutausstrich, gefärbt mit Giemsa. (Bildnachweis; Abteilung für medizinische Parasitologie, Postgraduierten-Institut für medizinische Ausbildung und Forschung, Chandigarh, Indien)

(a) **Mikrohämatokritzentrifugation:** Aus dem Finger entnommenes Kapillarblut wird in einem Mikrohämatokritröhrchen gesammelt und zentrifugiert. Die Grenzfläche von Plasma und roten Zellen wird auf das Vorhandensein von Malariaparasiten und Trypanosomen unter einem 100×-Objektiv untersucht.

(b) **Dreifache Zentrifugation:** Citrathaltiges venöses Blut wird 2-mal seriell zentrifugiert. Das Sediment wird auf Trypanosomen untersucht.

(c) **Buffy-Coat-Präparation:** Diese wird zum Nachweis von Amastigoten von *Leishmania donovani* untersucht.

4. **Fluoreszenzmikroskopie von Blutausstrichen:** Ein mit Acridinorange gefärbter, dünner Blutausstrich wird mit einem Epifluoreszenzmikroskop zum Nachweis von Malariaparasiten untersucht. Diese Färbung ist empfindlicher als die Giemsa-Färbung, selbst bei geringer Parasitämie.

Mikroskopie von Urogenitalproben

Die Mikroskopie mit geringer Vergrößerung und gedämpfter Beleuchtung zeigt die ruckartige Beweglichkeit der *T. vaginalis*-Trophozoiten; die wellenförmige Membran kann bei höherer Vergrößerung gesehen werden. Die Untersuchung des Urinsediments hilft auch bei der Diagnose von Harnschistosomiasis durch Beobachtung der charakteristischen Eier mit endständigem Dorn von *Schistosoma haematobium*. Chylurischer Urin kann Mikrofilarien von *W. bancrofti* aufweisen.

Mikroskopie von Duodenalflüssigkeit

Bewegliche *Strongyloides*-Larven sind leicht sichtbar, während die blattfallähnliche Beweglichkeit von *Giardia*-Trophozoiten durch Duodenalflüssigkeitsmikroskopie beobachtet werden kann. Sedimentierte schleimhaltige Bereiche werden auf das Vorhandensein von *Giardia*-Trophozoiten untersucht.Die

Sputummikroskopie

Die Sputummikroskopie, nach Giemsa-Färbung oder Silberfärbungen, ist für die Darstellung der wandernden Larven von *Ascaris lumbricoides*, *Strongyloides stercoralis*, *Ancylostoma duodenale* und *Necator americanus*, Haken von *Echinococcus granulosus* und Cluster von *P. westermani*-Eiern nützlich. Trophozoiten von *E. histolytica* können bei pulmonalen Komplikationen von Amöbenleberabszessen gefunden werden. Die Methode ist auch nützlich für die Darstellung von *Trichomonas tenax*, *Cryptosporidium* spp. und Microsporidia spp. Die Trichromfärbung unterscheidet *E. histolytica* von *E. gingivalis*.

Perianale Abstrichmikroskopie

Die Mikroskopie des perianalen Abstrichs ist für den Nachweis der nicht durch Gallenfarbstoff gefärbten planokonvexen Eier von *Enterobius vermicularis* und auch die Eier von *Taenia* spp. und *Schistosoma mansoni* nützlich.

Mikroskopie von aspiriertem Material

Giemsa-Färbung für *Toxoplasma gondii*, Trichromfärbung für Amöben, modifizierte ZN-/Kinyoun-Färbung für *Cryptosporidium* und modifizierte Trichromfärbung für Mikrosporidien sind die am häufigsten verwendeten Methoden. Gefärbte Knochenmarkaspirate werden auf das Vorhandensein von *Plasmodium* spp. und Amastigoten von *Leishmania* und *Trypanosoma cruzi* untersucht. Bronchoalveoläre Lavage- oder Waschmaterialien werden zentrifugiert und mikroskopisch auf *T. gondii*- und *Cryptosporidium*-Oozysten untersucht. Aspiriertes Leberabszessmaterial, das vom Rand des Abszesses entnommen wurde, kann Trophozoiten von *E. histolytica* in dem zähflüssigen anchovissoßenähnlichen Eiter zeigen. Zystenmaterial für die Hydatidenkrankheit zeigt Protoskolizes, Haken und kalkhaltige Körperchen in verschiedenen Stadien der Degeneration. Die Zugabe von 10 % Kaliumhydroxidlösung verbessert die Sichtbarkeit der diagnostischen Haken.

CSF-Mikroskopie

CSF-Mikroskopie ist wichtig, um Trophozoiten von *Acanthamoeba* spp., *Naegleria* spp. und *Balamuthia* spp. darzustellen. Auch Trypomastigoten von *Trypanosoma brucei*, *Trypanosoma rhodesiense* und *Trypanosoma gambiense* können nachgewiesen werden. Bei Fällen von eosinophiler Meningitis können die Larven von *Angiostrongylus* gefunden werden.

Mikroskopie von Biopsiematerial

Die Mikroskopie von Gewebeschnitten und Tease Mounts ist wichtig für die Darstellung von:

1. LD-Körpern in Milzaspiraten, Lymphknoten, Knochenmark und Leber,
2. *Onchocerca volvulus*-Mikrofilarien in Hautschnipseln,

3. Nachweis von Larven von *Trichinella spiralis*, *Taenia solium* und *Multiceps multiceps* in Muskelbiopsieproben,
4. Diagnose von Neurozystizerkose durch Beobachtung des Skolex und der typischen Tegumentanatomie in Gehirngewebeschnitten,
5. *S. haematobium*-Eier in Biopsien der Harnblasenschleimhaut,
6. freilebende Amöben in Gehirnbiopsien.

Untersuchung von intakten/Teilen von Würmern

Adulte Würmer von *A. lumbricoides* sollten von denen des Regenwurms unterschieden und mithilfe eines Dissektionsmikroskops durch Beobachtung der äußeren Anatomie identifiziert werden. Die Beobachtung des Genitalgürtels und der Genitalöffnung hilft bei der Geschlechtsbestimmung. Eingereichte Bandwurmproglottiden werden auf primäre seitliche Äste der Gebärmutter untersucht; weniger als 13 Äste weisen das Segment als das von *T. solium* aus. Im Falle eines dicken Segments ist eine Mikrokopie nach Färbung mit Aceto-Alaun-Karmin erforderlich. Chirurgisch extrahierte winzige Würmer wie Hakenwürmer benötigen eine mikroskopische Identifizierung.

Probenkulturen

Kulturmethoden werden zur Isolierung und eindeutigen Identifizierung der kultivierbaren Parasiten eingesetzt. Protozoenkulturen werden für bestimmte Protozoen angelegt, um die Diagnose bei nicht eindeutiger Mikroskopie oder Serologie zu bestätigen (Tab. 4). Helminthenkulturen werden hauptsächlich angelegt, um die Larven auszubrüten und Eier von Parasiten zu unterscheiden, die eine ähnliche Morphologie haben (Tab. 5). Die Kulturmethoden werden jedoch nicht routinemäßig in der Diagnose eingesetzt.

Test auf die Lebensfähigkeit von Schistosomeneiern

Schistosomeneier in Stuhl und Urin werden auf Lebensfähigkeit geprüft, indem sie in dechloriertem Wasser ausgebrütet werden. Das Vorhandensein lebender Mirazidien weist auf eine aktive Infektion hin.

Tab. 4 Kulturmethoden für Protozoen

Protozoen	Kulturmethode	Nutzen
Entamoeba histolytica	Stuhlkultur in Robinson-Medium und NIH-polyxenischem Kulturmedium	Diagnose von chronischen und asymptomatischen Fällen und zur Bestimmung des Zymodemmusters
Acanthamoeba spp.	Nährstofffreies Agar mit *Escherichia coli*-Überzug	Diagnose von Amöbenkeratitis
Naegleria fowleri	Nährstofffreies Agar mit *Escherichia coli*-Überzug Gewebekultur	Gewinnung von freilebenden Amöben
Leishmania spp.	Novy-MacNeal-Nicolle-Medium (NNN-Medium), *Drosophila*-Medium	Nachweis der beweglichen Promastigoten
Trichomonas vaginalis	Diamond-TYI-Medium	Der empfindlichste und Goldstandard für die Diagnose
Plasmodium spp.	Gewebekultur in RPMI-1640-Medium	Arzneimittelresistenzanalyse, Antigenpräparation, Impfstoffentwicklung

Tab. 5 Kulturmethoden für Helminthen

Helminthen	Kulturmethode	Nutzen
Hakenwurm	Harada-Mori-Filterpapiermethode zur Stuhlkultur: Stuhlprobe wird über einem Filterpapierstreifen in einem Reagenzglas mit Wasser inkubiert	Nachweis der filariformen Larven, Unterscheidung von *Ancylostoma duodenale* und *Necator americanus* aus der Stuhlprobe
Strongyloides spp.	Harada-Mori-Filterpapiermethode Baermann-Trichtermethode Agarplattenmethode	Als empfindlichste Methode wird sie bei vermuteten Fällen mit negativer Mikroskopie eingesetzt

Immundiagnostik

Die Immundiagnostik von parasitären Krankheiten umfasst intradermale Hauttests, antikörperbasierte serologische Tests und antigenbasierte serologische Tests.

Intradermale Hauttests

Intradermale Hauttests bei parasitären Krankheiten basieren auf Überempfindlichkeitsreaktionen. Sofortige Überempfindlichkeitsreaktionen werden bei Helmintheninfektionen beobachtet, z. B. Filariose, Echinokokkose, Schistosomiasis und Askariose. Verzögerte Reaktionen werden für Protozoeninfektionen wie Leishmaniose, Toxoplasmose und Amöbiasis genutzt. Diese Tests werden selten eingesetzt, nicht nur aufgrund mangelnder Spezifität, sondern auch aufgrund von Schwierigkeiten bei der Beschaffung und Standardisierung des unverarbeiteten Antigens.

Der Montenegro-Hauttest („Montenegro skin test", MST) wurde früher zur Diagnose der kutanen Leishmaniose verwendet. Dieser Test ist hochspezifisch mit guter Sensitivität und auch sehr einfach anzuwenden. Der größte Nachteil dieses Tests ist die Notwendigkeit der MST-Antigenpräparation, die die Testempfindlichkeit weiter beeinflusst. Außerdem kann dieser Test nicht zwischen aktuellen und früheren Infektionen unterscheiden.

Antikörperbasierte serologische Tests

Die Produktion von Antikörpern, ob IgG, IgM oder IgE, wurde bei parasitären Krankheiten als Surrogatmarker für diagnostische Zwecke genutzt.

Der Komplementbindungstest („complement fixation test", CFT) war einer der ersten Tests in der Parasitologie. Der Test wird selten für Paragonimiasis, Leishmaniose und Chagas-Krankheit verwendet. Immunelektrophorese (IEP) wird bei Amöbiasis, Zystizerkose, Trichinellose und Hydatidose mit hoher Spezifität eingesetzt. Indirekte Hämagglutinations- (IHA) und indirekte Immunfluoreszenzantikörpertests (IFA) werden häufig zur Diagnose von Amöbiasis, Echinokokkose, Filariose, Zystizerkose, Strongyloidiasis usw. mit variabler Sensitivität und Spezifität eingesetzt.

Andere auf Antikörpern basierende Immunassays, die derzeit zunehmend bei der Diagnostik von zoonotischen parasitären Krankheiten eingesetzt werden, umfassen folgende:

1. **Enzymgekoppelter Immunadsorptionsassay („enzyme-linked immunosorbent assay", ELISA):** ELISA ist der am häufigsten verwendete Test bei der Diagnose einer breiten Palette von Protozoen und Helminthen. Neuere Formate beinhalten:
   (a) **FAST-ELISA:** Der Falcon-Assay-Screening-Test ELISA verwendet synthetische und rekombinante Peptide zum Nachweis von Antikörpern gegen ein bekanntes Antigen. FAST-ELISA wurde bei Malaria, Fasciolose, Schistosomiasis und Taeniasis eingesetzt. Hauptnachteile sind Kreuzreaktionen und selektive Immunogenität des ausgewählten Epitops.
   (b) **Dot-ELISA:** Die Kunststoffplatte des regulären ELISA wird bei Dot-ELISA durch

eine besser bindende Matrix aus Nitrozellulosemembran ersetzt, was zu einer verbesserten Sensitivität und Spezifität bei geringerem Probenvolumen führt. Das Prinzip ähnelt dem Immunblot. Die gepunktete Membran wird mit einem antigenspezifischen Antikörper inkubiert, gefolgt von der Zugabe eines enzymkonjugierten Antiantikörpers und einer fällbaren chromogenen Substanz. Die Bildung eines farbigen Punktes wird visuell abgelesen, um die Ergebnisse zu interpretieren. Der Test kann als Feldtest verwendet werden und ist einfach und schnell durchzuführen. Dot-ELISA wird zunehmend bei der Diagnostik von Amöbiasis, Babesiose, Fasziolose, Leishmaniose (kutan und viszeral), Zystizerkose, Echinokokkose, Malaria, Toxoplasmose, Trypanosomiasis, Toxokariose, Trichinellose usw. eingesetzt. Studien haben gezeigt, dass Dot-ELISA bei CSF-Proben von afrikanischer Schlafkrankheit eine bessere Sensitivität und Spezifitiät aufweist als herkömmliche ELISA-Kits da Antineurofilament- und Anti-Galactocerebrosid-Antikörper nachgewiesen werden können.

(c) **Luciferase-Immunpräzipitationssystem (LIPS):** Es handelt sich um einen modifizierten ELISA-basierten Assay zum Nachweis spezifischer Antikörper durch die Erzeugung von Licht. Das Antigen von Interesse wird mit dem Enzymreporter Renilla-Luciferase fusioniert und in Säugetierzellen exprimiert, um posttranslationale Modifikationen zu durchlaufen. Das Rohproteinextrakt wird mit dem Testserum und den Protein-A/G-Perlen inkubiert. Die Renilla-Luciferase-Antigen-Verbindung wird auf den Perlen immobilisiert. Durch Zugabe eines Coelenterazinsubstrats wird die Lichterzeugung ermöglicht, die indirekt die Messung der Antikörper liefert. LIPS ist empfindlich und dauert 2,5 h. LIPS wurde für die Diagnose von Infektionen durch *S. stercoralis* und *Loa loa* angewendet. Quick LIPS (QLIPS) ist eine modifizierte, schnelle Version des LIPS-Assays und dauert nur 15 min. Diese Methode wird als die spezifischste Methode zum Nachweis von *Onchocerca volvulus*-spezifischen Antikörpern in Serumproben empfohlen.

2. **Enzymgekoppelter Immunelektrotransferblot („electroimmunotransfer blot", EITB):** Dies ist der am weitesten verbreitete serologische Assay für Zystizerkose. Sieben Glykoproteine, die aus *T. solium* stammen, werden getrennt und auf einen Nitrozellulosestreifen geblottet. Serum- oder CSF-Proben werden mit den Streifen inkubiert und gewaschen, um die ungebundenen Antikörper zu entfernen. Die Bindung wird durch eine enzymatische Farbveränderung im Bandenmuster visualisiert. Dann wird es mit einem Kontrollstreifen mit korrekter Ausrichtung verglichen. Das Vorhandensein von Bändern weist auf ein positives Ergebnis für spezifische Antikörper hin.
3. **Radioimmunassay (RIA):** Bei Radioimmunassays werden radioaktiv markierte Moleküle zur schrittweisen Bildung des Antigen-Antikörper-Komplexes verwendet. Eine bekannte Menge Antigen wird durch Markierung mit radioaktiven Isotopen radioaktiv gemacht und mit einer bekannten Menge Antikörper gemischt. Durch die Zugabe von Patientenserum wird das Verhältnis verändert und entsprechend interpretiert, indem die resultierende Radioaktivität durch einen Gammazähler beobachtet wird. Radio-Immuno-Sorbent-Test (RIST) und Radio-Allergo-Sorbent-Test (RAST) werden bei Echinokokkose zum Nachweis von IgE-Antikörpern verwendet.

Einfache serologische Tests

Eine Vielzahl serologischer Tests wird zur Diagnostik vieler parasitärer Krankheiten in ressourcenarmen Umgebungen, in weniger gut ausgestatteten Laboren und vor Ort evaluiert. Diese sind:

- Agglutinationstests für Amöbiasis, Trypanosomiasis und Echinokokkose.
- Direkter Agglutinationstest für viszerale Leishmaniose.

- Kohlenstoff-Immunassay für Toxoplasmose und Amöbenleberabszess: Der Test basiert auf der Bindung der in Indischer Tinte vorhandenen Kohlenstoffpartikel durch *Toxoplasma*-spezifische oder *Entamoeba*-spezifische Antikörper in Kombination mit Trophozoiten.
- Der Karten-Agglutinationstest für Trypanosomiasis („card agglutination trypanosomiasis test", CATT) impliziert die antikörpervermittelte Agglutination von fixierten Trypanosomen, die spezifische Oberflächenglykoproteine aufweisen und eine gute Empfindlichkeit beim Nachweis von Antikörpern aufweisen, die spezifisch für *T. b. gambiense* im Blut bei der Afrikanischen Trypanosomiasis („human African trypanosomiasis", HAT) sind. Allerdings wird CATT normalerweise nicht für die Diagnose von *Trypanosoma brucei rhodesiense* verwendet, da diese Oberflächenglykoproteine nicht in *T. b. rhodesiense* vorhanden sind. Seit den 1980er-Jahren wird dieser Test zunehmend zur Untersuchung der gefährdeten Bevölkerung in West- und Zentralafrika eingesetzt, wo die Gambiense-Form der Krankheit vorherrscht. Seit den 2010er-Jahren wurden die Instrumente zur Untersuchung von Gambiense-HAT durch die Entwicklung von schnellen individuellen serologischen Tests ergänzt, die besser für das passive Screening in Gesundheitseinrichtungen geeignet sind.
- Der Staphylokokken-Adhärenztest für die Chagas-Krankheit und den Amöbenleberabszess basiert auf der Affinität von Protein A aus Staphylokokken für IgG-Antikörper. Epimastigoten von *T. cruzi* oder Trophozoiten von *E. histolytica* werden auf dem Objektträger fixiert und mit Testseren und Staphylokokkensuspension inkubiert. In positiven Fällen zeigt die Giemsa-Färbung die mit Kokken bedeckte Parasitenoberfläche.

Die Einschränkungen von antikörperbasierten Immunassays sind wie folgt:

1. Sie können oft nicht zwischen einer aktuellen und einer früheren Infektion unterscheiden.
2. Sie können den Grad der parasitären Infektion nicht beurteilen.
3. Sie neigen dazu, aufgrund von Kreuzreaktionen unspezifisch zu sein.
4. Sie sind unzuverlässig bei Patienten mit Immunsuppression, Malignität, HIV/AIDS und angeborenen parasitären Infektionen.
5. Sie zeigen bestimmte technische Schwierigkeiten:
   (a) Die Verfügbarkeit von Antigenen ist herausfordernd. Zu den Quellen gehören Kulturen bestimmter Entwicklungsstadien, Parasiten, die in Tieren gehalten werden, oder Parasiten, die von infizierten veterinärmedizinischen oder menschlichen Fällen stammen, die schwer zu beschaffen sind.
   (b) Unzureichende Standardisierungsverfahren.
   (c) Höhere Kosten, insbesondere bei fluoreszierenden Techniken und Radioimmunassay.

Antigenbasierte serologische Tests

Der Nachweis von Antigenen in verschiedenen Proben ist im Allgemeinen ein Indikator für eine kürzlich aufgetretene Infektion. Eine geringe Ausbeute bei der mikroskopischen Identifizierung kann durch relevante Antigentests erheblich verstärkt werden. Darüber hinaus werden antigenbasierte Tests häufig als wichtiger prognostischer Marker verwendet, da das Antigen nach parasitologischer Heilung der Krankheit aus dem Serum verschwindet.

ELISA, immunchromatografische Tests, Gegenstromelektrophorese („counterimmunoelectrophoresis", CIEP), Enzyme-linked immunosorbent Assay (ELISA) und bakterielle Koagglutination sind die am häufigsten verwendeten Tests zum Nachweis von Antigenen in Serum, Urin, Speichel und anderen Körperflüssigkeiten bei einer Vielzahl von parasitären Infektionen.

Antigentests mit Serumproben wurden weit verbreitet bei der Diagnose von Amöbiasis, Toxoplasmose, Malaria, Leishmaniose, Zystizerkose, Echinokokkose, lymphatischer Filariose,

Schistosomiasis, Fasziolose usw. eingesetzt. Immunchromatografische Tests sind auch bekannt als Antigen-Schnelltests („rapid antigen detection tests", RDTs), bei denen lösliche Proteinantigene von spezifischen Antikörpern, die auf einem Nitrozellulosestreifen eingebettet sind, eingefangen werden. Ein Tropfen der Blutprobe wird auf den Streifen aufgetragen und durch Zugabe einer Pufferlösung eluiert. Die Bildung des Antigen-Antikörper-Komplexes wird als farbige Linie visualisiert. Technologische Verbesserungen haben RDTs stabil bei Temperaturen bis zu 40 °C, benutzerfreundlich und schnell (etwa 15 min) gemacht. RDTs sind nützlich bei der Identifizierung von *P. falciparum* und *Plasmodium vivax*. Andere *Plasmodium*-Arten, einschließlich der zoonotischen *Plasmodium knowlesi*, können mit diesen Kits nicht diagnostiziert werden. Außerdem können bei geringer Parasitämie falsch negative Ergebnisse auftreten.

Parasitenantigene, die im Urin, Speichel usw. ausgeschieden wurden, werden zur Diagnose von Leishmaniose, Amöbiasis, Zystizerkose, Hydatidenkrankheit, Schistosomiasis, lymphatischer Filariose usw. nachgewiesen. Der Vorteil von Urin oder Speichel als Probe besteht darin, dass er durch nicht invasive Methoden gesammelt und häufig ohne Unannehmlichkeiten für den Patienten entnommen werden kann.

Stuhl-Antigentests, auch bekannt als *Koproantigennachweis*, wurden zum Nachweis von spezifischen Antigenen in Stuhlproben zur Diagnose von intestinaler Amöbiasis, Giardiasis, Kryptosporidiose usw. verwendet. Der Koproantigen-Nachweis-ELISA ist ein hochsensitiver Test, der zur Diagnose von intestinaler Taeniasis beim Menschen verwendet wird. Der ELISA mit polyklonalem Antikörper gegen das adulte *Taenia*-Stadium wird verwendet, um das *Taenia*-Antigen im Überstand des Stuhls zu erkennen. Der Test ist nicht nur nützlich für die Diagnose von Fällen, sondern auch zur Erkennung von *Taenia solium*-Trägern.

Antigenbasierte Immunassays haben bestimmte Einschränkungen, die wie folgt sind:

1. Zirkulierende Antigene verbinden sich oft mit Antikörpern zu Immunkomplexen; dies behindert den Antigennachweis und kann zu falsch negativen Tests führen.
2. Intermittierende Ruptur von parasitierten Zellen, wie sie bei Toxoplasmose beobachtet wird, kann ein falsch negatives Ergebnis erzeugen.

Molekulare Diagnostik

Die relative Unspezifität von Antikörpertests und die Einschränkungen der Mikroskopie können mit Nukleinsäureamplifikationsmethoden überwunden werden.

Polymerasekettenreaktion (PCR)

Die PCR ist eine molekulare Technik zur In-vitro-Synthese einer spezifischen Nukleinsäuresequenz. Die PCR wurde zur Diagnose von Giardiasis, Amöbiasis, Malaria, Leishmaniose, Toxoplasmose, Kryptosporidiose usw. eingesetzt. Die PCR kann zwischen mikroskopisch nicht unterscheidbaren *E. histolytica*, *E. dispar* und *E. moshkovskii* unterscheiden. Die PCR ist hilfreich bei der Erkennung von Arzneimittelresistenz bei Malariaparasiten (Abb. 6).

Neben der herkömmlichen PCR haben sich Real-Time-PCR, schleifenvermittelte isotherme Verstärkung („loop-mediated isothermal amplification", LAMP) und Luminex-basierte Assays als neue Ansätze für die parasitäre Diagnose etabliert. Alle diese Tests bieten eine größere Sensitivität und Spezifität als andere diagnostische Tests und ermöglichen die Diagnose aus einer sehr geringen Konzentration an Parasiten, einschließlich asymptomatischer und Fensterperioden. Multiplexing erleichtert den gleichzeitigen Nachweis zahlreicher Pathogene und ermöglicht eine frühzeitige punktgenaue Diagnose.

Real-Time-PCR

Diese Technik vermeidet die Verfahren und Probleme der Post-PCR-Gelelektrophorese.

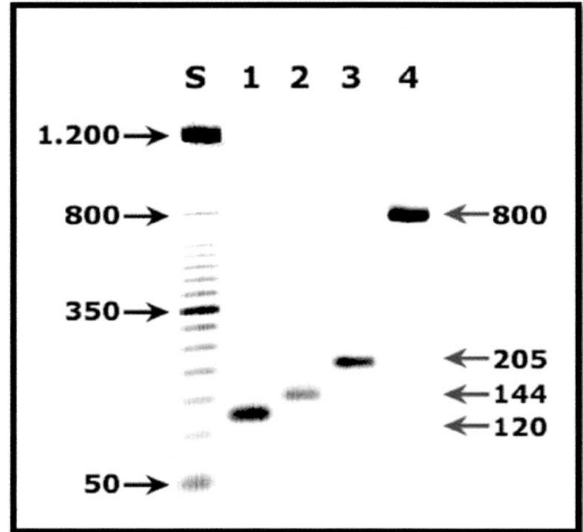

Abb. 6 Agarosegel (2 %)-Analyse eines PCR-Diagnosetests zum spezifischen Nachweis von *Plasmodium*-DNA. **Spur S:** Molekularer Basenpaarstandard (50-bp-Leiter). Die schwarzen Pfeile zeigen die Größe der Standardbanden. **Spur 1:** Der rote Pfeil zeigt die diagnostische Bande für *Plasmodium vivax* (Größe, 120 bp). **Spur 2:** Der rote Pfeil zeigt die diagnostische Bande für *Plasmodium malariae* (Größe, 144 bp). **Spur 3:** Der rote Pfeil zeigt die diagnostische Bande für *Plasmodium falciparum* (Größe, 205 bp). **Spur 4:** Der rote Pfeil zeigt die diagnostische Bande für *Plasmodium ovale* (Größe, 800 bp). (Bild mit freundlicher Genehmigung von DPDx, Centers for Disease Control and Prevention; https://www.cdc.gov/dpdx)

Verschiedene fluoreszierende Chemikalien wie SYBR Green, TaqMan-Sonden, Fluoreszenz-Resonanzenergietransfer (FRET) und Scorpion-Primer ermöglichen die Messung der Konzentration der ursprünglichen Vorlage in Form von Schwellenwerten (Ct-Wert). Es ermöglicht die Hochdurchsatzanalyse verschiedener Sequenzen in einer Ein-Röhrchen-Reaktion. Dies wurde verwendet, um eine *Plasmodium* spp.-Infektion einschließlich *P. knowlesi* zu diagnostizieren und auch um pathogenes *E. histolytica* nachzuweisen. Die Real-Time-PCR wurde auch zum Nachweis von *T. cruzi*-Infektionen nach Herztransplantationen verwendet; dies ermöglicht eine sofortige Behandlung lange bevor die Reaktivierung der Chagas-Krankheit eintritt.

Schleifenvermittelte isotherme Verstärkung (LAMP)

Im Gegensatz zu einer herkömmlichen PCR wird die LAMP bei einer konstanten Temperatur (rund 65 °C) durchgeführt, wodurch die Notwendigkeit eines Thermocyclers entfällt. In der Regel werden 6 verschiedene Primer verwendet, um 8 verschiedene Regionen auf einem Zielgen zu erkennen. Die Verstärkung findet daher nur statt, wenn alle Primer binden können, um ein Produkt zu bilden. Die Produktion von Pyrophosphaten in großen Mengen führt zur Bildung eines mit bloßem Auge sichtbaren weißen Niederschlags. LAMP wurde verwendet, um *Entamoeba*, *Trypanosoma*, *Plasmodium*, *Babesia*, *Cryptosporidium*, *Theileria* und *Taenia* zu erkennen. Vektormücken, die *Plasmodium* und *Dirofilaria immitis* beherbergen, wurden mit dieser hochspezifischen Technologie identifiziert. Ein ausgefeilter LAMP-Test, genannt RIME LAMP, wurde entwickelt, um *T. b. rhodesiense* und *T. b. gambiense* aus Blut- und CSF-Proben zu diagnostizieren.

Luminex-Technologie

Es handelt sich um einen beadbasierten durchflusszytometrischen Assay. Die Mikrosphären sind kovalent an Antigene, Antikörper oder Oligonukleotide gebunden und dienen als Sonden im Assay. Bis zu 100 solcher Mikrokügelchen geben bei Laseranregung eindeutige Fluoreszenzsignale ab, die die Identifizierung der Targets erleichtern. Die Luminex-Technologie wurde bei der Identifizierung von *Cryptosporidium* und Malaria eingesetzt.

DNA-Sonde

Eine DNA-Sonde ist eine markierte Oligonukleotidsequenz, die als Komplement zu einem einzigartigen Teil des parasitären Genoms hergestellt wird. Eine klinische Probe, die den Parasiten enthält, erleichtert die Bindung der

DNA-Sonde nach Zugabe und führt zur Hybridisierung und zum anschließenden Nachweis. DNA-Sonden werden bei der Diagnose von Infektionen durch *Trypanosoma*, *W. bancrofti*, *Onchocerca volvulus*, *P. falciparum* usw. verwendet.

Proteomik

Das jüngste Interesse an der Proteinanalyse rührt von der Tatsache her, dass Proteine an der Struktur, den Signalen und der molekularen Maschinerie von Parasiten beteiligt sind. Die Proteomikstrategie identifiziert ein Protein auf zwei Arten: die klassische Top-down-Strategie und die Bottom-up-Strategie. Bei der Top-down-Strategie werden Proteine durch 2-dimensionale Gelelektrophorese nachgewiesen. Bei der Bottom-up-Strategie werden Peptide nach dem Aufbrechen von Proteinen in einer biologischen Flüssigkeit in einem Spektrum dargestellt. Das resultierende Spektrum wird mit einer vorgegebenen Datenbank verglichen, um den Organismus zu identifizieren. Die SELDI-TOF MS („surface-enhanced laser desorption ionization time-of-flight mass spectrometry") ist eine neue Entwicklung, die die Bindung von Proben an verschiedene chemisch aktive Protein-Hip-Oberflächen ermöglicht und eine automatisierte Hochdurchsatzanalyse des Proteinspektrums auf der Basis von Masse-zu-Ladungs-Verhältnissen bietet. Die SELDI-TOF MS wurde bei Trypanosomiasis, Fasziolose und Zystizerkose eingesetzt.

Seit einiger Zeit war der Antikörpernachweis die Hauptstütze für die Diagnose von Toxoplasmose. Obwohl seine Bedeutung bei Tests während der Schwangerschaft nicht abgenommen hat, wird der *T. gondii*-DNA-Nachweis mittels PCR in Körperflüssigkeiten (bronchoalveoläre Lavageflüssigkeit, Liquor, Glaskörper- und Kammerwasser, Blut und Gehirngewebe) immer mehr zur bevorzugten Methode für die Diagnose von zerebraler, okulärer, kongenitaler und disseminierter Toxoplasmose, bei der der Antikörpernachweis nicht immer eindeutig ist. Die PCR wird auch erfolgreich für die frühzeitige Erkennung von intrauterinen *T. gondii*-Infektionen eingesetzt. Für die PCR-Verstärkung sind das B1-Gen, das 18S rDNA-Gen, das 529-bp-Wiederholungselement, GRA1 SAG1 und SAG2 die Zielgene. Die Real-Time-PCR mit gezielter Verstärkung des B1-Gens ist im Vergleich zur nested PCR und konventioneller PCR die am meisten empfohlene diagnostische Technik für kongenitale Toxoplasmose. Es wurde auch ein LAMP-Assay entwickelt, der auf die *T. gondii*-Oozystenwandprotein (OWP)-Gene, das 529-bp-repetitive Element, SAG1, B1, SAG2, GRA1 und 18S rRNA für medizinische und veterinärmedizinische Proben sowie Wasserproben abzielt.

Verschiedene Tests

Inokulation bei Tieren

Bei bestimmten Infektionsverdachtsfällen wird eine Inokulation bei Tieren durchgeführt, um den Parasiten zu diagnostizieren und für weitere Untersuchungen zu erhalten. Beispiele sind Hamster zur Isolierung von *Leishmania* spp., Ratten für *Trypanosoma* spp. und Mäuse für *T. gondii*. In der Regel wird der intraperitoneale Weg verwendet.

Xenodiagnose

Hierbei handelt es sich um eine langwierige Methode zur Diagnose der Infektion eines Vektors, bei der dieser einer infektiösen Probe ausgesetzt wird und anschließend ein Nachweis zur Bestätigung der Diagnose erfolgt. Dies ist eine ausgezeichnete Methode zur Diagnose der chronischen Chagas-Krankheit. Ein Patient mit Verdacht auf Chagas-Krankheit wird an 3 aufeinanderfolgenden Tagen 30-40 Nymphen der Reduviid-Wanze ausgesetzt. Die Wanzen werden im Labor gehalten und ihre Fäkalien über 3 Monate hinweg regelmäßig untersucht, um die Entwicklungsstadien nachzuweisen. Die Xenodiagnose wurde in der Vergangenheit für Trichinellose verwendet. Die Muskelgewebeprobe wird an nicht infizierte Ratten verfüttert, und nach einer angemessenen Zeit werden die Zwerchfellmuskeln auf *T. spiralis-Larven* untersucht.

Fallstudie

Eine Mutter bringt ihren 6-jährigen Sohn mit Bauchschmerzen und Schlafstörungen zu Ihnen. Sie bemerken, dass das Kind leicht unruhig ist und häufig an seinen Nägeln kaut. Auf Nachfrage erzählt die Mutter, dass ihr Sohn morgens auf dem Weg zur Schule häufig starken Juckreiz im Analbereich hat. Sie vermuten einen Wurmbefall im Darm und empfehlen eine Stuhluntersuchung auf Eier, Parasiten und Zysten. Bei der nächsten Untersuchung ist der Bericht negativ. Das Kind hat jedoch immer noch die gleichen Probleme. Sie veranlassen eine Scotch-Tape-Präparation des Analbereichs und stellen die Diagnose.

Fragen:

1. Welche Hinweise deuten auf eine parasitäre Infektion hin?
2. Was könnten die Gründe für den negativen Stuhlbefund sein?
3. Was könnte das Ergebnis der Scotch-Tape-Präparation sein?
4. Was könnte der Grund für den morgendlichen Juckreiz im Analbereich sein?

Forschungsfragen

1. Welche Ansätze sollten verfolgt werden, um zuverlässige, schnelle, Point-of-Care-Tests für parasitäre Krankheiten zu entwickeln? Mit Ausnahme von Malaria, Filariose, Leishmaniose und Trypanosomiasis existiert kein solcher Test. Antikörper- oder antigenbasierte Schnelltests für Parasiteninfektionen wie Amöbiasis, Toxoplasmose, Kryptosporidiose und die überwiegende Mehrheit der Helmintheninfektionen müssen entwickelt werden.
2. Wie können wir eine vollständige standardisierte Datenbank für ein spezifisches und zuverlässiges Gentarget für Parasiten entwickeln, die zur Reproduzierbarkeit der Ergebnisse und zur Entwicklung kommerziellerer PCR-basierter Produkte beitragen wird?

Weiterführende Literatur

Garcia L. Diagnostic medical parasitology. 5. Aufl. Washington, DC: ASM Press; 2007.

Ndao M. Diagnosis of parasitic diseases: old and new approaches. Interdiscip Perspect Infect Dis. 2009;2009:1–15.

Paniker C. Textbook of medical parasitology. New Delhi: Jaypee Brothers Medical Publishers (P) Ltd.; 2007.

Parija SC. Textbook of medical parasitology. 4. Aufl. New Delhi: AIPPD; 2013.

Ridley J. Parasitology for medical and clinical laboratory professionals. New York: Delmar – Cengage Learning; 2012.

Chemotherapie parasitärer Infektionen

Kolukuluru Rajendran Subash und Shanmuganathan Padmavathi

Lernziele

1. Ein praktisches Wissen über wichtige antiparasitäre Wirkstoffe zu haben
2. Die Indikationen der antiparasitären Wirkstoffe und die Einschränkungen zu kennen

Einführung

Die Entwicklung und Entdeckung von Arzneimitteln gegen Parasitenerkrankungen hat in jüngster Zeit mehr Aufmerksamkeit erlangt, nachdem die neuartigen Arbeiten von William C. Campbell, Satoshi Ōmura und Youyou Tu zur Bekämpfung von Parasiten wirksame und neuartige Antiparasitentherapien aufgedeckt hatten. C. Campbell und Satoshi Ōmura entdeckten Avermectin, dessen Derivate sich als wirksam gegen Flussblindheit und lymphatische Filariose erwiesen. Ebenso hat Artemisinin, ein neuartiges Antimalariamittel, das von Youyou Tu entdeckt wurde, die Sterblichkeit und Morbidität aufgrund von Malaria erheblich reduziert. Diese beiden Entdeckungen haben die Behandlung dieser schwächenden Krankheiten revolutioniert und neue Wege in der Entwicklung von Antiparasitika geebnet. Sie haben weltweit große Auswirkungen, insbesondere in den Entwicklungsländern, gehabt, wo die einzige Möglichkeit zur Bekämpfung dieser Krankheiten eine wirksame Chemotherapie ist. Kürzlich, im Jahr 2019, wurde Triclabendazol zur Behandlung von Fasziolose empfohlen, was zeigt, dass die Behandlung von Parasitenerkrankungen zunehmend in den Fokus rückt. Dieses Kapitel gibt einen breiten Überblick über die antiparasitären Wirkstoffe, die zur Behandlung sowohl von Protozoen- als auch von anderen Infektionen eingesetzt werden.

Ziele der Chemotherapie

Zur wirksamen Bekämpfung von Parasitenerkrankungen ist ein multidimensionaler Ansatz erforderlich. Die massenhafte Verabreichung von Medikamenten durch langfristige Gesundheitsprogramme in den Gemeinden und die verstärkte Sensibilisierung für Parasitenerkrankungen sind wichtig für die Eindämmung von Parasitenerkrankungen weltweit. Ebenso wichtig ist die erfolgreiche Behandlung von Parasiten-

K. R. Subash (✉)
Department of Pharmacology, Sri Venkateswara Institute of Medical Sciences, Tirupati, Indien

S. Padmavathi
Department of Pharmacology, Sri Mahatma Gandhi Medical College and Research Institute, Pondicherry, Indien
E-Mail: padmavathis@mgmcri.ac.in

S. C. Parija und A. Chaudhury (Hrsg.), *Lehrbuch der parasitären Zoonosen*,
https://doi.org/10.1007/978-981-97-4312-4_8

erkrankungen durch antiparasitäre Arzneimitteltherapie bei seltenen Krankheiten. Ein koordinierter Ansatz zwischen Krankenpflegepersonal für eine angemessene Überwachung und klinischen Pharmazeuten zur Überwachung und Vermeidung von Dosierungs- und Verabreichungsfehlern sowie potenziellen Wechselwirkungen zwischen Arzneimitteln bei der Chemotherapie von parasitären Infektionen ist von entscheidender Bedeutung. Die schweren unerwünschten Arzneimittelreaktionen, die in vielen Fällen während der antiparasitären Therapie beobachtet wurden, haben zu zahlreichen Problemen bei der Einhaltung der Vorschriften geführt. Die direkte Beobachtung der Therapie durch Mitarbeiter des Gesundheitswesens wirkt sich daher positiv auf die Ergebnisse von Gesundheitsprogrammen in den Gemeinden aus. Schließlich besteht ein ständiger Bedarf an Forschung und Entwicklung neuer, potenziell sicherer Arzneimittelmoleküle zur Bekämpfung von Resistenzen und zur Behandlung von parasitären Infektionen, insbesondere von vernachlässigten tropischen Parasitenerkrankungen.

Antiparasitäre Wirkstoffe

Zu den wichtigsten Grundsätzen für den Einsatz von Antiparasitika gehören die Auswahl eines geeigneten Medikaments für die entsprechende Indikation, die richtige Dosierung je nach den individuellen Gegebenheiten (Alter, Begleiterkrankungen, Wechselwirkungen zwischen den Medikamenten) und die richtige Behandlungsdauer.

Die Antiparasitika werden grob in Antiprotozoika und Anthelminthika eingeteilt (Abb. 1). Die Arzneimittel, die gegen Protozoeninfektionen wie Amöbiasis, Leishmaniose, Toxoplasmose, Trypanosomeninfektionen, Trichomoniasis, Malaria usw. wirksam sind, sind Antiprotozoika, während die Arzneimittel, die gegen Zestoden, Trematoden, Nematoden und Ektoparasiten wirksam sind, zu den Anthelminthika zählen.

Die begrenzte Wirksamkeit und Potenz von antiparasitären Wirkstoffen, die hohe Toxizität der Arzneimittelprävention, ihre massenhafte Verabreichung und die Entwicklung von Resistenzen sind die häufig auftretenden Herausforderungen bei antiparasitären Wirkstoffen.

Chemotherapie bei Protozoeninfektionen

Chemotherapie von gastrointestinalen Protozoen

Zu den Antiamöbenmitteln gehören Metronidazol, Tinidazol, Secnidazol, Ornidazol, Satranidazol, Paromomycin und Iodoquinol.

Metronidazol, Secnidazol, Ornidazol, Satranidazol und Tinidazol sind 5-Nitroimidazol-Derivate. Metronidazol (Dosis: 500–750 mg PO 3-mal täglich für 7–10 Tage) wirkt gegen verschiedene Protozoeninfektionen, einschließlich Giardiasis und Trichomoniasis. Es wirkt, indem es reaktive toxische Zwischenprodukte innerhalb des Parasiten erzeugt, wodurch es sowohl als luminales als auch extraluminales Amöbizid

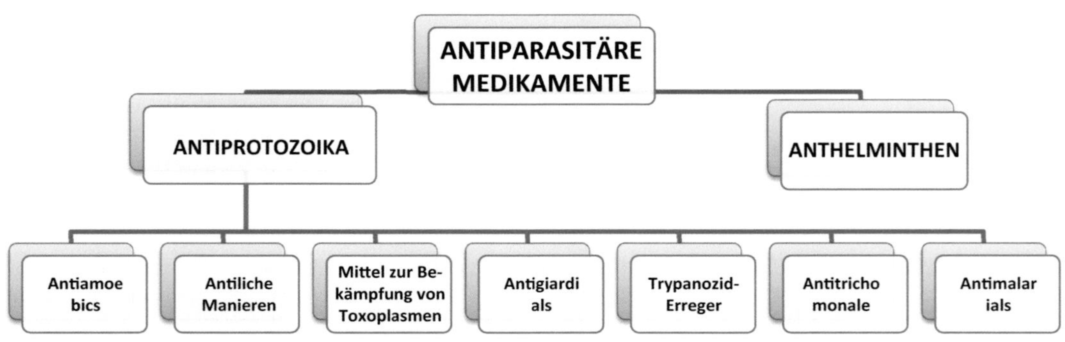

Abb. 1 Klassifizierung von antiparasitären Wirkstoffen

wirksam ist. Metronidazol wird in Säuremetaboliten und Hydroxymetaboliten metabolisiert. Letztere wirken auf die parasitäre Desoxyribonukleinsäure (DNA) und verursachen eine DNA-Störung, die zur Hemmung der Proteinsynthese führt. Andere Nitroimidazole haben ähnliche Wirkungen wie Metronidazol mit hoher Heilungsrate, langer Halbwertszeit und besserem Toxizitätsprofil für Protozoeninfektionen.

Paromomycin ist ein Aminoglykosid-Antibiotikum, das durch Hemmung der Parasiten-30S-Ribosomen die Proteinsynthese hemmt. Iodoquinol ist ein halogeniertes Hydroxychinolin, das als Chelatbildner wirkt. Die Verbindung reduziert Eisenionen innerhalb des Parasiten, wodurch das proteingebundene Jod im Serum erhöht und schließlich der Protozoenstoffwechsel gestört wird.

Die klinische Situation bestimmt die Auswahl der bei Amöbiasis verwendeten Medikamente. Eine asymptomatische intestinale Infektion, die bei Erwachsenen durch *Entamoeba histolytica* verursacht wird, wird mit luminalen Wirkstoffen wie Diloxanidfuroat, Jodquinol oder Paromomycin behandelt. Bei leichter bis mittelschwerer und schwerer intestinaler Infektion wird Metronidazol oder Tinidazol zusammen mit einem luminalen Wirkstoff verschrieben. Die alternative Behandlung umfasst die Verwendung eines luminalen Wirkstoffs zusammen mit Tetracyclin oder Erythromycin. Metronidazol oder Tinidazol zusammen mit einem luminalen Wirkstoff wird zur Behandlung von extraintestinalen Amöbeninfektionen verwendet. Jodquinol wird zur Behandlung von *Dientamoeba fragilis*-Infektionen eingesetzt.

Metronidazol und Tinidazol sind wirksam gegen Giardiasis, die durch *Giardia lamblia* verursacht wird. Paromomycin wird zur Behandlung von Giardiasis in der Schwangerschaft empfohlen. Nitazoxanid und Furazolidon werden zur Behandlung von Giardiasis eingesetzt, die gegen Metronidazol und Tinidazol resistent sind. *Balantidium coli*-Infektionen werden am besten mit Tetracyclin und alternativ mit Metronidazol behandelt.

Nitazoxanid ist wirksam zur Behandlung von Kryptosporidiose. Cotrimoxazol (Trimethoprim 160 mg – plus Sulfamethoxazol 800 mg) 2-mal täglich für 10 Tage ist wirksam zur Behandlung von *Isospora belli*- und *Cyclospora cayetanensis*-Infektionen. Albendazol ist das erste Medikament der Wahl zur Behandlung von Mikrosporidiose. Paromomycin ist das alternative Medikament.

Chemotherapie von Genitalprotozoen

Zu den Wirkstoffen gegen Trichomonaden gehören Metronidazol und Tinidazol. Metronidazol und Tinidazol sind die Medikamente der Wahl zur Behandlung von Infektionen, die durch *Trichomonas vaginalis* verursacht werden. Metronidazol, das oral in einer Einzeldosis von 2 g oder 250 mg 3-mal täglich für 7 Tage verabreicht wird, ist wirksam. Tinidazol, das in einer einzigen oralen Dosis von 2 g verabreicht wird, ist sehr wirksam zur Behandlung von Trichomonadeninfektionen, die gegen Metronidazol resistent sind.

Chemotherapie von Blut- und Gewebeprotozoen

Natriumstibogluconat und Megluminantimoniat sind pentavalente Antimonverbindungen. Sie wirken, indem sie die Lebensfähigkeit von *Leishmania* spp. durch Hemmung ihrer Glykolyse und des Citratzyklus verringern, indem sie die Umwandlung von ADP und GDP in ATP und GTP verhindern. Ein Antimykotikum wie Amphotericin B in liposomaler Zubereitung wirkt, indem es an einen Ergosterolvorläufer des Parasiten bindet und die Membran des Parasiten stört. Miltefosin, ein Derivat von Alkylphosphocholin, wirkt, indem es die Synthese von Molekülen der Parasitenzelloberfläche verhindert oder den Lipidstoffwechsel des Parasiten stört, was zu einer Störung der Signaltransduktion der Parasitenzellen führt.

Natriumstibogluconat wird in einer Dosis von 20 mg Sb/kg/Tag i.v. oder i.m. für eine Dauer von 28 Tagen zur Behandlung der viszeralen Leishmaniose und 20 Tagen zur Behandlung der kutanen Leishmaniose verschrieben. Miltefosin für 28 Tage, Paromomycin für 21 Tage in einer Dosis von 15 mg/kg/Tag i.m. oder Amphotericin, vorzugsweise liposomale Zubereitungen, sind ebenfalls wirksam. Pentamidin in einer Dosis von 2–3 mg/kg i.v. oder i.m. täglich über 15–30 Tage bei viszeraler Leishmaniose und Megluminantimoniat sind die alternativen Medikamente, die bei Leishmaniose wirksam intraläsional angewendet werden.

Sowohl Nifurtimox (8–10 mg/kg/Tag PO in 3–4 geteilten Dosen für 90 Tage) als auch Benznidazol (5–7 mg/kg/Tag PO in 2 geteilten Dosen für 60 Tage) sind die Medikamente der Wahl gegen die Chagas-Krankheit, die durch *Trypanosoma cruzi* verursacht wird. Beide Verbindungen führen nach Aktivierung durch die mitochondriale Nitroreduktase des Parasiten zur Bildung von intrazellulären Nitroradikalanionen. Diese Anionen bilden anschließend eine kovalente Bindung mit Parasitenmakromolekülen, was zu zellulären Schäden und zum Tod des Parasiten führt.

Pentamidinisethionat 4 mg/kg/Tag i.m. oder i.v. für 7 Tage und Suramin-Natrium 100 mg i.v. gefolgt von 1 g i.v. an den Tagen 1, 3, 5, 14 und 21 sind wirksam gegen das hämolymphatische Stadium, während Melarsoprol 2,2 mg/kg/Tag i.v. für 10 Tage und Eflornithin 400 mg/kg/Tag i.v. in 4 Dosen für 14 Tage wirksam gegen das ZNS-Stadium von *Trypanosoma brucei* sind, das die Schlafkrankheit verursacht.

Melarsoprol ist ein Pro-Pharmakon, das zu einem aktiven Metaboliten Melarsenoxid metabolisiert wird. Der Wirkmechanismus dieses Medikaments ist noch unbekannt. Es wird vermutet, dass Melarsenoxid-Trypanothion als Inhibitor der Trypanothion-Reduktase wirkt, was zur Bildung von Addukten und zur Verringerung der Trypanothionspiegel des Parasiten führt. Die Verringerung der Trypanothion-Reduktase kann eine tödliche Wirkung auf parasitäre Zellen haben.

Zu den Antitoxoplasmamitteln gehören Pyrimethamin, Sulfadiazin, Clindamycin und Spiramycin. Pyrimethamin und Clindamycin werden zusammen mit Folinsäure zur Behandlung von akuter, angeborener und immunsupprimierter Toxoplasmose empfohlen. Alternativ werden Pyrimethamin und Sulfadiazin zusammen mit Folinsäure verwendet. Im Falle einer Schwangerschaft wird Spiramycin, 1 g 3-mal täglich bis zur Geburt, empfohlen. Pyrimethamin verhindert die DNA- und Proteinsynthese im Parasiten durch Hemmung der Dihydrofolat-Synthase. Sulfadiazin hemmt die Dihydropteroat-Synthase, die für die Folsäuresynthese im Parasiten essenziell ist; Sulfadiazin wird zusammen mit Pyrimethamin wegen seiner synergistischen Wirkung gegen Toxoplasmose eingesetzt.

Antimalariamittel

Unter den fünf *Plasmodium*-Arten, die bekanntermaßen menschliche Infektionen verursachen, verursacht *Plasmodium falciparum* schwere Krankheiten und Tod beim Menschen, während *Plasmodium vivax*, *Plasmodium ovale* und *Plasmodium malariae* weniger schwere Krankheiten verursachen. *Plasmodium knowlesi* ist hauptsächlich eine parasitäre Infektion von Affen und wurde kürzlich als Ursache für Krankheiten und schwere Krankheiten beim Menschen in Asien erkannt.

Die Art, die geografische Verteilung und die Schwere der Infektion des Patienten bestimmen die Wahl des Medikaments zur Behandlung von Malaria. Chloroquin ist das Medikament der Wahl zur Behandlung von unkomplizierter Malaria, die durch *P. vivax*, *P. malariae*, *P. ovale* und *P. knowlesi* verursacht wird. Amodiaquin in Kombination mit Artesunat, Atovaquon mit Proguanil und Artemether mit Lumefantrin werden zur Behandlung von medikamentenresistenten *P. falciparum*-Infektionen eingesetzt. Oral verabreichtes Chinin ist in der Schwangerschaft angezeigt. Primaquin, Mefloquin, Atovaquon-Proguanil und Doxycyclin werden zur Chemoprophylaxe bei Malaria eingesetzt.

Wirkmechanismus von Antimalariamitteln

Chloroquin ist ein 4-Aminoquinolin, das die Häm-Detoxifizierung und die Biosynthese von Nukleinsäuren im Parasiten verhindert. Amodiaquin und 4-Aminoquinolon wirken, indem sie die Häm-Polymerase-Aktivität hemmen, wodurch die Häm-Detoxifizierung verhindert wird. Das sich ansammelnde freie Häm ist für den Parasiten toxisch und macht es zu einer besseren Alternative bei chloroquinresistenten Stämmen. Chinin und Mefloquin hemmen ebenfalls die Häm-Detoxifizierung in der Nahrungsvakuole des Parasiten. Lumefantrin, eine Arylaminoalkoholgruppe, ist hoch lipophil und hat einen ähnlichen Wirkmechanismus wie Chinolone, wird aber nur als feste Kombination verschrieben, da es nicht für eine Monotherapie empfohlen wird.

Primaquin wirkt, indem es durch freie Radikale verursachte Schäden am Parasiten hervorruft, indem es die Bildung intrazellulärer toxischer oxidativer Veränderungen induziert. Tafenoquin hat eine lange Plasmahalbwertszeit von 16–19 Tagen im Vergleich zu 6–8 h bei Primaquin und reduziert somit die Behandlung auf 3 Tage im Vergleich zu 14 Tagen mit Primaquin. Doxycyclin ist ein Breitbandantibiotikum, das gegen den Malariaparasiten wirkt, indem es die normalen Funktionen der Malariaapicoplasten stört. Atovaquon hemmt das Cytochrom-Elektronentransportsystem des Parasiten und Proguanil hemmt die Dihydrofolat-Reduktase. Beide wirken synergistisch, indem sie die Folsäuresynthese im Malariaparasiten hemmen.

Artemisinin *(Qinghaosu)* ist der aktive Bestandteil der chinesischen Kräutermedizin, der seit über 2000 Jahren für seine fiebersenkende Wirkung bekannt ist. Das Medikament ist ein Sesquiterpenlacton-Endoperoxid, dessen genauer Wirkmechanismus nicht bekannt ist. Dennoch wird vorgeschlagen, dass die eisenkatalysierte Spaltung der Artemisinin-Endoperoxid-Brücke in der Nahrungsvakuole des Parasiten zur Bildung von freien Radikalen führt. Diese freien Radikale verursachen Schäden und eine Lyse des Parasiten oder wirken, indem sie die plasmodiale sarkoplasmatisch-endoplasmatische Calcium-ATPase, die im Parasiten als "Pf ATP6" bezeichnet wird, hemmen. Das neuere Medikament Pyronaridin, die Mannich Base Akridin, wurde ebenfalls seit vielen Jahren als Antimalariamittel untersucht. Es hat einen ähnlichen Wirkmechanismus wie Chloroquin und ist jetzt in Kombination mit Artesunat erhältlich.

Chinin ist bei komplizierter Falciparum-Malaria sehr wirksam. Chinin in Kombination mit Clindamycin und Atovaquon mit Azithromycin werden effektiv zur Behandlung von *Babesia microti*-Infektionen eingesetzt. Die Dosierung der Antimalariamittel und die häufigen Nebenwirkungen sind in Tab. 1 zusammengefasst.

Tab. 1 Antimalariamittel

Medikament	Dosierungsschema	Nebenwirkungen
Chloroquin	1 g (600 mg Basis) PO, dann 500 mg (300 mg Basis) 6 h später, dann 500 mg (300 mg Basis) bei 24 und 48 h	Retinopathie, Methämoglobinämie, Juckreiz, Muskelschwäche
Chinin	650 mg PO alle 8 h × 3 oder 7 Tage	Cinchonismus
Mefloquin	750 mg PO, 12 h später gefolgt von 500 mg	Anfall, QT-Verlängerung, neuropsychiatrische Symptome
Primaquin	30 mg Basis/Tag PO × 14 Tage	Hämolytische Anämie
Sulfadoxin-Pyrimethamin	500 mg/25 mg Tablette als Einzeldosis	Megaloblastische Anämie, Stevens-Johnson-Syndrom, toxische epidermale Nekrolyse
Atovaquon-Proguanil	1g/400 g (Erwachsenentablettenstärke) PO einmal/Tag für 3 Tage	Gastrointestinale Symptome, Kopfschmerzen
Doxycyclin	100 mg PO BID x Tage	Gastrointestinale Symptome, Photosensibilität, Zahnverfärbung bei Kindern
Artemether-Lumefantrin	20 mg/120 mg von 6 Dosen über 3 Tage (4 Tabletten/Dosis nach 0, 8, 24, 36, 48 und 60 h)	Hämolytische Anämie, Bradykardie
Artesunat	2.4 mg/kg/Dosis i.v. für 3 Tage nach 0, 12, 24, 48 und 72 h	Hämolytische Anämie, Bradykardie

Chemotherapie von Helmintheninfektionen

Die therapeutischen Ziele von Anthelminthika umfassen die Eliminierung von Parasiten, die Verhinderung der Übertragung und die Bekämpfung von Infektionen. Die anthelminthischen Wirkstoffe wirken gegen Parasiten, indem sie ihre neuromuskulären Funktionen, ihre mikrotubulären Strukturen, ihre Kalziumdurchlässigkeit oder ihren Energiestoffwechsel stören, was zum Tod des Parasiten führt. Die geringe Wirksamkeit der Therapie gegen bestimmte Parasiten und die häufigen Reinfektionen in Endemiegebieten, die Massenbehandlungskampagnen erfordern, sind einige der Herausforderungen bei der Chemotherapie von Helmintheninfektionen.

Chemotherapie von Zestoden und Trematoden

Praziquantel wirkt, indem es den Kaliumzufluss aus den körpereigenen Speichern von Zestoden und Trematoden erhöht, was zu einer starken Muskelkontraktion des Parasiten führt, gefolgt von seiner Ausstoßung. Niclosamid wirkt durch die Blockierung der ATP-Synthese, was zum Tod und zur Ausstoßung des Parasiten aus dem Körper führt.

Metrifonat ist eine organophosphorhaltige Verbindung, die durch Inaktivierung der Acetylcholinesterasen des Parasiten wirkt. Dies führt zu einer depolarisierenden neuromuskulären Blockade, gefolgt von der Ausstoßung des Parasiten. Oxamniquin wirkt durch Interkalation der Parasiten-DNA, was zu einer Blockade der Nukleinsäure- und Proteinsynthese führt und den Parasiten tötet. Triclabendazol ist ein Benzimidazol, das durch Hemmung der Mikrotubulibildung und der Proteinsynthese des Parasiten wirkt. Bithionol blockiert die ATP-Synthese und hemmt die aus der anaeroben Energiegewinnung stammende Parasitenenergie, was zum Tod führt.

Chemotherapie gegen Nematoden

Das breite Spektrum der Benzimidazolgruppe wie Thiabendazol, Mebendazol, Albendazol und Triclabendazol hat eine tödliche Wirkung auf die Zytoskelettstruktur des Parasiten. Die Zytoskelettstruktur von Nematoden umfasst Mikrofilamente, Mikrotubuli und Beta-Tubuline. Sie wirken durch Hemmung der Mikrotubulisynthese. Benzimidazol bindet an Beta-Tubuline und verhindert deren Zusammenbau, was zur Hemmung der Mikrotubuli-Bildung führt, gefolgt von einer Hemmung der Glukoseaufnahme, was zu einer Erschöpfung der Parasitenglukosespeicher führt, was wiederum zu einer reduzierten ATP-Bildung und zum Tod führt.

Piperazin aktiviert den GABA-gesteuerten Chloridkanal im Nematoden, was zu schlaffer Lähmung führt, und bewirkt außerdem eine gedämpfte Acetylcholinreaktion, gefolgt von der Ausstoßung lebender Parasiten. Pyrantelpamoat hemmt die Acetylcholinesterase des Parasiten und wirkt als Agonist am cholinergen Rezeptor, was zu einer depolarisierenden neuromuskulären Blockade führt und damit zur Lähmung des Parasiten. Dies führt zu einem Versagen der Anhaftung im Darmlumen des Wirts, gefolgt von der Ausstoßung aus dem Wirt. Diethylcarbamazin wirkt, indem es die Membranoberflächeneigenschaften der Mikrofilarien verändert und sie so der Phagozytose aussetzt, wodurch die Zahl der im Blutkreislauf zirkulierenden Parasiten verringert wird. Ivermectin ist ein nematodenspezifischer glutamatgesteuerter Agonist, der Chloridkanäle in den Pharynxmuskeln des Parasiten aktiviert, was zu einer Hyperpolarisation und Lähmung führt.

Chemotherapie von Ektoparasiten

Permethrin, Ivermectin, Hexachlorocyclohexan, Crotamiton, Schwefel, Malathion und Benzylalkohol werden zur Behandlung von Infektionen eingesetzt, die durch Ektoparasiten wie Läuse und Krätze verursacht werden.

Permethrin ist giftig für *Pediculus humanus*, *Pthirus pubis* und *Sarcoptes scabiei*. Pyrethroide wirken auf das neuromuskuläre System und verursachen neurologische Lähmungen, indem sie Natrium- und Kaliumkanäle auf der Nervenmembran verändern. Ivermectin ist für die Behandlung von Kopfläusen als Lotion zugelassen und wird auf Haare und Kopfhaut aufgetragen, hat aber nur eine begrenzte Anwendung. Lindan ist ein Gamma-Isomer von Hexachlorocyclohexan, das als Shampoo gegen *Pediculosis capitis* oder *Pediculosis pubis* wirksam ist. Es wirkt, indem es das Nervensystem beeinflusst, indem es die chitinhaltige Schicht durchdringt und so Läuse und Milben tötet. Die Kombination von Lindan mit Benzylbenzoat verhindert die Entwicklung von Resistenz und verbessert die Heilungsrate.

Crotamiton (10 %) Creme oder Lotion ist ein Skabizid und Pedikulizid mit antipruritischen Eigenschaften. Aufgrund der geringeren Wirksamkeit und wiederholten Anwendung ist es die zweite Wahl als Skabizid und Pedikulizid. Malathion und Dicophan sind Insektizide, die schlecht durch die Haut aufgenommen werden, aber in der Lage sind, das Exoskelett zu durchdringen und als Arthropodenneurotoxin zu wirken, werden aber selten verwendet. Schwefel, der die Haut nicht reizt, ist das älteste verwendete Skabizid. Bei Kontakt mit der Haut wird Schwefel zu Wasserstoff sulfid reduziert und zu Schwefeldioxid und Pentathionsäure oxidiert, was für Arthropoden tödlich ist. Die Verbindung hat jedoch einen unangenehmen Geruch und hinterlässt Verfärbungen; daher ist die Akzeptanz bei den Patienten gering.

Arzneimittelresistenz

Das Auftreten von Arzneimittelresistenz bei Parasiten gegenüber den verfügbaren Medikamenten ist eine große Herausforderung. Chloroquinresistente *P. falciparum*, metronidazolresistente *Giardia*, sulfonamidresistente *Toxoplasma gondii* und diloxanidresistente *E. histolytica* sind einige Beispiele für eine aufkommende Arzneimittelresistenz bei Parasiten, die für die öffentliche Gesundheit von Bedeutung sind.

Es wird angenommen, dass mehrere molekulare Mechanismen eine wichtige Rolle bei der Entwicklung von Arzneimittelresistenz bei Parasiten spielen (Tab. 2). Der Effluxprozess durch Effluxtransporter wie das P-Glykoprotein ist ein Hauptmechanismus, der für die Entwicklung von Resistenz bei Parasiten vorgeschlagen wird. Es gibt Hinweise darauf, dass diese Art von Resistenz teilweise mit Verapamil aufgehoben werden kann. Andere Mechanismen sind Veränderungen der Bindungsfähigkeit oder der Struktur des Zielrezeptors (Levamisol wirkt auf Acetylcholin-Nikotin-Rezeptoren). Das Auftreten von Arzneimittelresistenz bei Parasiten kann durch die Verwendung einer Kombination von Arzneimitteln mit unterschiedlichen Wirkmechanismen, wie z. B. artemisininbasierten Kombinationstherapien (ACTs) bei Malaria, sowie durch die Verhinderung des Missbrauchs von Arzneimitteln reduziert oder verhindert werden.

Antiparasitika (Tab. 3) sind hochgradig unlöslich und werden daher in hohen Dosen verabreicht, um ihre klinische Wirksamkeit zu erhöhen. Um dieses Problem zu lösen, haben Wissenschaftler eine neue Methode entwickelt, um diese Medikamente mithilfe der Nanotechnologie effizienter zu verabreichen. Sie haben eine neuartige Nanokapselformulierung von Triclabendazol (Medikament zur Behandlung von Fasziolose) entwickelt, um seine Wirksamkeit zu erhöhen und seine toxischen Effekte zu reduzieren. Abametapir-A ist ein Beispiel für ein solches neues Medikament, das kürzlich für die Behandlung von *Pediculosis capitis*-Infektionen empfohlen wurde.

Fallstudie

Ein 19-jähriger Junge wurde mit starken Bauchschmerzen, Fieber und blutigem Durchfall in die Notaufnahme eingeliefert. Bei der Untersuchung waren die Vitalwerte stabil und der Patient war leicht dehydriert. Die Stuhlprobe wurde zur Untersuchung eingeschickt und war positiv für *E. histolytica*. Der Patient wurde für 1 Tag aufgenommen und mit dem

Tab. 2 Wirk- und Resistenzmechanismen von häufig verwendeten antiparasitären Mitteln

Medikament	Wirkmechanismus	Resistenzmechanismus
Chloroquin	Die Bildung von Hämozoin aus dem Häm wird gehemmt, und dieses freie Häm führt zum Tod des Parasiten durch Lyse seiner Membranen	Aufgrund der veränderten Transporteigenschaften kommt es zu einer geringeren Anreicherung der Medikamente im Parasiten
Artemisinin	Mechanismus ist unbekannt. Die Ideen sind umstritten und es wird vorgeschlagen, dass (1) vom Artemisinin abgeleitete freie Radikale die Schädigung und Lyse des Parasiten induzieren oder (2) durch Hemmung der plasmodialen sarkoplasmatisch-endoplasmatischen Calcium-ATPase mit der Bezeichnung „Pf ATP6" wirken	Mechanismus ist unbekannt
Metronidazol	Wirkt gegen den Parasiten, indem es reaktive toxische Zwischenprodukte innerhalb des Parasiten produziert. Es metabolisiert zu Säuremetaboliten und Hydroxymetaboliten, von denen es später auf die parasitäre Desoxyribonukleinsäure (DNA) wirkt und eine DNA-Störung verursacht, die zur Hemmung der Proteinsynthese führt	Verringertes Niveau von Enzymen, die für die Aktivierung der Nitrogruppe notwendig sind
Miltefosin	Verhindert die Synthese von Zelloberflächenmolekülen des Parasiten oder greift in den Lipidstoffwechsel des Parasiten ein, was zu einer Unterbrechung der Signalübertragung der Parasitenzelle führt	Erhöhter Medikamentenefflux
Albendazol	Bindet an Beta-Tubuline und verhindert deren Polymerisation, gefolgt von einer Hemmung der Glukoseaufnahme, die zu einer Erschöpfung der Parasitenglukosespeicher führt, was zu einer reduzierten ATP-Bildung und zum Tod führt	Veränderung in der hochaffinen Bindung an das Beta-Tubulin der Parasiten
Praziquantel	Erhöht den Einfluss von Kalzium aus endogenen Speichern sowohl von Zestoden als auch von Nematoden, was zu einer intensiven Muskelstarre der Parasiten führt	Erhöhter Medikamentenefflux

Tab. 3 Chemotherapie von Parasiten

- Hochdosiertes Albendazol, das länger als 3 Monate angewendet wird (wie bei Hydatidenkrankheit), kann Hepatotoxizität verursachen.
- Ivermectin sollte bei Kindern unter 5 Jahren vermieden werden und wurde kürzlich für die topische Behandlung von entzündlichen Läsionen der Rosazea zugelassen.
- Die am schnellsten wirkenden Medikamente gegen Malaria sind Artemisinine.
- Miltefosin kann oral für Kala-Azar verabreicht werden.
- Albendazol ist das Medikament der Wahl für alle Nematodeninfektionen einschließlich kutaner Larva migrans, viszeraler Larva migrans und Neurozystizerkose **außer** *Enterobius* (Mebendazol), *Wuchereria bancrofti* und *Brugia malayi* (DEC), *Onchocerca* und *Strongyloides* (Ivermectin) und *Dracunculus* (Metronidazol).
- Das Medikament der Wahl für alle Trematoden- und Zestodeninfektionen ist Praziquantel, außer *Fasciola hepatica* (Triclabendazol) und Hydatid-Krankheit (Albendazol).

Rat entlassen, Metronidazol 750 mg PO t.i.d. für 7 Tage einzunehmen. Am 4. Tag der Behandlung kehrte der Patient mit Schwindel, pochenden Kopfschmerzen, Brust- und Bauchbeschwerden, aber ohne Durchfall zurück. In der Vorgeschichte wurde Alkoholkonsum festgestellt.

1. Begründen Sie die Ursache für die am 4. Behandlungstag aufgetretenen Symptome.
2. Schlagen Sie einen geeigneten Behandlungsplan für den oben genannten Fall vor.
3. Welche alternativen Medikamente können bei diesem Zustand verwendet werden?

Forschungsfragen

1. Wie kann die Entdeckung von Antiparasitika, die in ihrer Anzahl begrenzt und manchmal wegen Resistenz unwirksam sind, verbessert werden?
2. Wie führt das unvollständige Wissen über den Wirkmechanismus vieler antiparasitärer

Mittel zu einem schlechten Verständnis ihrer Toxizität und Resistenzmuster?
3. Wie spielt der Mangel an verfügbaren wirksamen Impfstoffen eine herausfordernde Rolle bei der Eindämmung parasitärer Infektionen?

Weiterführende Literatur

Antony HA, Parija SC. Antimalarial drug resistance: an overview. Trop Parasitol. 2016;6:30–41.

Brunton LL, Hilal-Dandan R, Knollmann BC, editors. Goodman & Gilman's: the pharmacological basis of therapeutics. 13. Aufl. New York: McGraw-Hill; 2017. https://accessmedicine.mhmedical.com/content.aspx?bookid=2189§ionid=165936845

Gleckman R, Alvarez S, Joubert DW. Drug therapy reviews: trimethoprim-sulfamethoxazole. Am J Hosp Pharm. 1979;36:893–906.

Gupta YK, Gupta M, Aneja S, Kohli K. Current drug therapy of protozoal diarrhoea. Indian J Pediatr. 2004;71:55–8.

Kappagoda S, Singh U, Blackburn BG. Antiparasitic therapy. Mayo Clin Proc. 2011;86:561.

Katzung BG, editor. Basic & clinical pharmacology. 14th ed. New York: McGraw-Hill; 2017. https://accessmedicine.mhmedical.com/content.aspx?bookid=2249§ionid=175215158

Laing R, Gillan V, Devaney E. Ivermectin – Old Drug, New Tricks? Trends Parasitol. 2017;33:463–72.

Webster JP, et al. The contribution of mass drug administration to global health: past, present and future. Philos Trans R Soc Lond B Biol Sci. 2014;369:20130434.

World Health Organization. Guidelines for the treatment of malaria. Geneva; 2015. www.who.int/malaria/publications/atoz/9789241549127/en/.

Prävention und Bekämpfung von parasitären Zoonosen

Sanjoy Kumar Sadhukhan

Lernziele

1. Den Unterschied zwischen Prävention und Bekämpfung in der Epidemiologie zu verstehen
2. Hervorragende präventive und Bekämpfungsmaßnahmen zu beschreiben, die häufig bei parasitären Infektionen verwendet werden

Einführung

Die Prävention von parasitären Krankheiten befasst sich mit deren Eindämmung. Bekämpfungsmaßnahmen werden eingesetzt, um die Möglichkeiten der Verbreitung der Infektion zu überprüfen. Durch die Bekämpfung der Infektion wird angestrebt, das Auftreten von parasitären Infektionen in der Allgemeinbevölkerung zu minimieren und auf einem niedrigen Niveau zu halten. Die Bekämpfungsmethoden zielen darauf ab, die Krankheit auf der Ebene ihres Reservoirs und ihrer Quelle zu beseitigen.

Die grundlegenden Maßnahmen zur Prävention und Bekämpfung von parasitären zoonotischen Infektionen ähneln denen jeder anderen Infektionskrankheit. Dazu gehören die Reduzierung/Beseitigung der Quelle/des Reservoirs für Parasiten, das Unterbrechen/Stören der Übertragungskette und die Reduzierung/Beseitigung der Anfälligkeit der Wirt(e) für eine Infektion. Die Prävention und Bekämpfung von parasitären Infektionen ist eine herausfordernde Aufgabe, da die Eindämmung dieser Infektionen im Wesentlichen eine Änderung des menschlichen Verhaltens, politische/administrative Unterstützung und die Umsetzung geeigneter Bekämpfungsmaßnahmen für parasitäre Krankheiten erfordert. Die Angelegenheit wird weiter verkompliziert durch die Tatsache, dass eine Reihe von *Zoonosen* wie Taeniasis, Hydatidenkrankheit, Toxocariasis usw. ländliche Bevölkerungsgruppen betreffen, die näher bei Haustieren leben. Darüber hinaus verursachen *Cryptosporidium*, *Toxoplasma* und andere Parasiten opportunistische Infektionen bei immungeschwächten Wirten mit HIV/AIDS oder nach einer immunsuppressiven Therapie. Das aktuelle Konzept des „One-Health-Ansatzes", der alle Lebewesen auf der Erde mit sektorübergreifender Koordination und internationaler Zusammenarbeit einbezieht, ist daher für die Prävention und Bekämpfung von parasitären Zoonosen unerlässlich.

S. K. Sadhukhan (✉)
Department of Epidemiology, All India Institute of Hygiene and Public Health, Kolkata, Indien

S. C. Parija und A. Chaudhury (Hrsg.), *Lehrbuch der parasitären Zoonosen*,
https://doi.org/10.1007/978-981-97-4312-4_9

Präventions- und Bekämpfungsmaßnahmen

Die Präventions- und Bekämpfungsmaßnahmen für parasitäre Krankheiten lassen sich grob in die folgenden Kategorien einteilen (es gibt Überschneidungen zwischen den Maßnahmen).

Prävention und Bekämpfung von zoonotischen Infektionen beim Menschen

Der Schutz des anfälligen Wirtes, die Kontrolle des Reservoirs und die Unterbrechung der Übertragung der parasitären Infektionen sind wichtige Bestandteile der Prävention und Bekämpfung von parasitären Infektionen beim Menschen.

Schutz des anfälligen Wirtes: Dies kann durch Immunprophylaxe, Chemoprophylaxe oder persönliche Prophylaxe erreicht werden.

1. **Immunprophylaxe**: Sie wird durch aktive oder passive Immunisierung durchgeführt. Die aktive Immunisierung durch die Impfstoffe, die bei parasitären Infektionen entwickelt und evaluiert werden, zielt darauf ab:
   (a) die Übertragungskette an einer bestimmten Stelle im Lebenszyklus des Parasiten zu unterbrechen,
   (b) die Morbidität und Mortalität durch Krankheit durch die Produktion eines Impfstoffs zu minimieren.
   Es gibt mehrere Gründe dafür, dass keine Impfstoffe gegen parasitäre Infektionen verfügbar sind. Dazu gehören (1) die komplexe Natur parasitärer Antigene, die ihre Charakterisierung erschwert, (2) die Schwierigkeit, das schützende Antigen für die Verwendung in Impfstoffen mit verfügbaren Techniken zu identifizieren, und (3) die ausgeklügelten Mechanismen der meisten Parasiten, um dem Immunsystem des Wirts zu entgehen.
   Trotz dieser Herausforderungen wurden bedeutende Fortschritte bei der Entwicklung von Impfstoffen gegen Malaria und Amöbiasis erzielt. RTS,S/AS01 (RTS,S) ist der erste und bisher einzige Impfstoff, der eine signifikante Reduzierung der Falciparum-Malaria und der lebensbedrohlichen schweren Malaria bei jungen afrikanischen Kindern nachgewiesen hat. Darüber hinaus haben drei Nationen – Ghana, Kenia und Malawi – den Impfstoff 2019 in ausgewählten Gebieten mit moderater und hoher Malariaübertragung eingeführt.
2. **Chemoprophylaxe:** Die Chemoprophylaxe, die entweder auf individueller oder auf Gesellschaftsebene durchgeführt wird, wurde bei vielen parasitären Infektionen erfolgreich eingesetzt. So wird beispielsweise die Reduzierung des Infektionsreservoirs bei Paragonimiasis durch eine Massenbehandlung der Bevölkerung mit Praziquantel oder Bithionol erreicht. Durch die jährliche Massenbehandlung mit Diethylcarbamazin konnte eine signifikante chemotherapeutische Bekämpfung der Infektion mit *Wuchereria bancrofti* in einer Gesellschaft erreicht werden. Chemoprophylaxe wird auch bei Malaria empfohlen. Sie wird für Reisende aus nicht endemischen Gebieten und als kurzfristige Maßnahme für Soldaten, Polizisten und Arbeitskräfte, die in stark endemischen Gebieten tätig sind, empfohlen (Tab. 1).
3. **Persönliche Prophylaxe**: Das Verhalten des Menschen ist entscheidend für die Prävention und Bekämpfung parasitärer Zoonosen. Die Vermeidung von rohen oder unzureichend gekochten Lebensmitteln und Lebensmittelzubereitungen verhindert die Übertragung parasitärer Krankheiten. So wird beispielsweise durch das ausreichende Kochen von Fisch die infektiöse Plerozerkoidlarve von *Diphyllobothrium latum* abgetötet, wodurch die Übertragung von Diphyllobothriasis auf den Menschen verhindert wird. Durch gründliches Kochen von Fleisch werden die Zystizerkus in infiziertem Rind- oder Schweinefleisch abgetötet, eine nützliche Strategie zur Vorbeugung von Infektionen mit *Taenia saginata* bzw. *Taenia solium*. Paragonimiasis wird durch den Verzicht

Tab. 1 Chemoprophylaxe gegen Malaria

Medikament	Dosierung
Chloroquin	300 mg (Basis) = 3 Tabletten à 100 mg oder 2 Tabletten à 150 mg einmal pro Woche, am selben Wochentag in jeder Woche oder 100 mg (Basis) = 1 Tablette à 100 mg täglich für 6 Tage pro Woche
Proguanil	200 mg = 2 Tabletten einmal täglich (in Kombination mit Chloroquin)
Mefloquin	250 mg = 1 Tablette einmal pro Woche, am selben Wochentag in jeder Woche
Doxycyclin	100 mg = 1 Kapsel einmal täglich

auf den Verzehr von rohen oder nur teilweise gekochten Krabben oder Flusskrebsen verhindert. Das Vermeiden des Verzehrs von rohem oder unzureichend gekochtem Schweinefleisch und die regelmäßige Untersuchung von Fleisch verhindern die Übertragung von Trichinellose auf den Menschen. Gesundheitserziehung, die von der Einnahme frischer und roher Wasserpflanzen abrät, verhindert das Risiko einer Übertragung der Infektion *Fasciolopsis buski* auf den Menschen. Gesundheitserziehung, insbesondere zur Verhaltensänderung, ist für die Umsetzung der Präventions- und Bekämpfungsstrategien in Ländern mit niedrigem und mittlerem Einkommen erforderlich, in denen Ressourcenknappheit ein echtes Problem darstellt. Gesundheitserziehung mit verbesserter Ernährung, ergänzt durch Eisenpräparate, beugt Anämie durch Hakenwürmer vor. Die Behandlung von Personen, die an Askariasis leiden, und die Entwurmung von Schulkindern bei intestinalen Helmintheninfektionen verbessert nicht nur die persönliche Gesundheit, sondern verhindert auch die Verschmutzung des Bodens durch Eier und Larven von bodenübertragbaren Helminthen. Die Vermeidung der Defäkation im Freien, insbesondere in der Nähe von Wasserreservoirs, und das Händewaschen nach dem Spielen mit und Füttern von Hunden sind die besten Praktiken, um vielen parasitären Infektionen, einschließlich intestinalen Protozoen- und Helmintheninfektionen und anderen Nematodeninfektionen, vorzubeugen.
Da viele parasitäre Infektionen gebiets-, länder- oder kontinentspezifisch sind, würde das Befolgen von Empfehlungen in Reiseführern beim Besuch solcher Orte solche Infektionen verhindern.

Infektionsbekämpfung bei Reservoirwirten

1. **Frühe Diagnose:** Eine frühe Diagnose, gefolgt von einer frühen Behandlung, reduziert die Mortalität und Morbidität aufgrund von Krankheiten erheblich. Daher ist eine geeignete Laborunterstützung entscheidend. Labore sollten so ausgestattet sein, dass sie nicht nur einfache Mikroskopie, serologische und andere einfache Tests wie den Kartenagglutinationstest, sondern auch neuere fortgeschrittene diagnostische Tests durchführen können. Einrichtungen zur Durchführung von Tests wie Western Blot (WB), Enzymimmunoassay (EIA), Luciferase-Immunpräzipitationssystem, Polymerasekettenreaktion usw. sind zwar bei ausgewählten spezifischen Infektionen wichtig, aber in vielen Laboren der meisten Länder mit niedrigem und mittlerem Einkommen nicht weit verbreitet.
2. **Überwachung:** Die primäre Maßnahme zur Bekämpfung parasitärer Zoonosen beim Menschen ist eine ordnungsgemäße Überwachung, sowohl passiv (üblich) als auch aktiv. Die *passive Überwachung* beinhaltet eine ordnungsgemäße Analyse routinemäßig verfügbarer Daten zu parasitären Zoonosen aus dem Gesundheitssystem. Personen mit Symptomen, die auf Zoonosen hindeuten, Personen in Risikoberufen (z. B. Tierzüchter, Hirten, Metzger, Restaurantmitarbeiter usw.), Reisende, die aus endemischen Regionen kommen oder in der Vergangenheit dorthin

gereist sind, und Personen mit einer immunsuppressiven Krankheit oder Personen, die immunsuppressive Medikamente einnehmen, benötigen besondere Aufmerksamkeit und Pflege. Die Aufnahme wichtiger Zoonosen in nationale Krankheitsüberwachungsprogramme (z. B. das Integrated Disease Surveillance Project, IDSP, in Indien) auf der Grundlage der Analyse von datenbasierter Infektionsindikatoren ist nützlich. Jedes frühe Warnsignal (z. B. Häufung von Fällen über Zeit, Ort und Person) würde das System sofort auf einen bevorstehenden Ausbruch solcher Zoonosen aufmerksam machen.

Eine *aktive Überwachung*, z. B. Durchführung einer speziellen Umfrage mit oder ohne Verwendung eines Diagnosekits auf Feldebene oder die Einrichtung einer Sentinel-Überwachung zur Erkennung solcher Zoonosen, ist ebenfalls unerlässlich.

3. **Behandlung:** Die Behandlung parasitärer Zoonosen beim Menschen hängt von der Art der Infektion(en) ab. Eine Chemotherapie ist bei vielen parasitären Infektionen wirksam. Eine Behandlung durch eine Kombinationstherapie mit mehr als einem Medikament ist meist wirksam. Sie ist normalerweise gegen die „aktive" Form von Parasiten wie Trophozoiten und nicht gegen Zysten, z. B. *Entamoeba histolytica* und andere Protozoeninfektionen, wirksam. Abgesehen von einigen wenigen sind die meisten der derzeit verfügbaren Medikamente relativ kostengünstig, und das Auftreten von medikamentenresistenten Parasiten ist im Vergleich zu bakteriellen Infektionen relativ gering. Die Behandlung oder Prophylaxe von Zoonosen bei immungeschwächten Personen (z. B. Kryptosporidiose, Toxoplasmose usw. bei Patienten mit HIV/AIDS) durch spezifische Chemotherapie in Kombination mit einer antiretroviralen Therapie ist wichtig. Die chirurgische Entfernung von großen Hydatidenzysten mit oder ohne vor- und nachinterventionellen Medikamenten ist ein Beispiel für chirurgische Eingriffe bei bestimmten parasitären Krankheiten.

Unterbrechung des Übertragungszyklus

Die Unterbrechung des Übertragungszyklus zur Verhinderung der Übertragung von parasitären Infektionen umfasst die folgenden Maßnahmen.

Hygienemaßnahmen einschließlich guter persönlicher Hygiene

Zu den Hygienemaßnahmen gehören der Verzehr von ausreichend gekochten Lebensmitteln, insbesondere Schweinefleisch, Rindfleisch und Fisch, und das Trinken von abgekochtem, gefiltertem oder gechlortem Wasser. Die Konzentration von Chlor, die zur Wasserdesinfektion verwendet wird, reicht jedoch nicht aus, um bestimmte Parasiten wie die Zysten von *Entamoeba*, *Giardia* usw. abzutöten. Für solche Fälle wird eine Jodierung mit Tetracyclinhydroperiodid oder eine Filtration mit einer 0,22-μm-Filtrationsmembran empfohlen. Die Reglementierung von Schlachthäusern mit ordnungsgemäßer Fleischüberwachung und hygienischer Rinder- und Schweinezucht ist ebenfalls wichtig. Gründliches Händewaschen mit Seife und Wasser ist unerlässlich, insbesondere für Personen, die mit Lebensmitteln umgehen. Es sollte auch in anderen Situationen praktiziert werden, wie nach der Toilettenbenutzung, nach dem Wechseln einer Windel oder dem Waschen eines Kindes, das die Toilette benutzt hat, vor, während und nach der Zubereitung von Lebensmitteln, vor dem Essen, vor und nach der Pflege einer kranken Person, vor und nach der Behandlung einer Wunde, nach dem Berühren eines Tieres oder Tierabfalls, nach Outdooraktivitäten usw. Die hygienische Entsorgung von Fäkalien zusammen mit der Verhinderung von offener Defäkation, der Verwendung von sanitären Latrinen, einer angemessenen Abwasserbehandlung usw. sind von größter Bedeutung. Verbesserte persönliche Hygiene mit dem Ziel, sich selbst sauber zu halten (häufiges Baden, Tragen sauberer Kleidung, Nägel schneiden,

Verwendung sauberer Bettwäsche und Überprüfung auf Parasiten usw.) ist ebenso wichtig, um parasitäre Zoonosen zu verhindern.

Management von Haustieren und streunenden Tieren

Ein effektives Registrierungssystem, eine drastische Reduzierung (Beseitigung), eine regelmäßige Überwachung mit Stuhluntersuchung und die Entwurmung von infizierten Hunden (durch eine Einzeldosis Praziquantel mit einer Dosierung von 5 mg/kg Körpergewicht) sind einige der wichtigen Schritte zur Verringerung der Intensität parasitärer Infektionen bei Haustieren wie Hunden oder Ratten. Die Vermeidung von Kontakt mit Katzenkot, der Oozysten enthält, insbesondere für Hochrisikopersonen wie immundefiziente Patienten und schwangere Frauen, ist eine wichtige Maßnahme zur Prävention der erworbenen und angeborenen Toxoplasmose. Die kontrazeptive Impfung ist eine effektive Maßnahme zur Kontrolle von streunenden Tieren wie Hundepopulationen.

Verringerung der Vektorenpopulation und Vektorenbisse

Die Reduzierung von Vektorpopulationen und -bissen hängt im Wesentlichen von Umweltmaßnahmen, chemischen Maßnahmen und persönlichen Schutzmaßnahmen ab.

Zu den Umweltmaßnahmen gehören allgemeine Sauberkeit, Schließen von Nagetierhöhlen, das Aufstellen von Viehställen und Geflügel fern von Wohnhäusern, die Vermeidung von Wasseransammlungen und die Reparatur von Rissen und Spalten in Wänden usw., um die Vermehrung von Insektenvektoren zu verhindern. Maßnahmen zur Reduzierung von Quellen wie Überflutung und Spülung von Brutplätzen und biologische Maßnahmen durch Verwendung von Fischen wie *Gambusia* usw. sind verschiedene Methoden, die zur Bekämpfung von Malaria, Filariose usw. durch Vektorenmücken eingesetzt werden (Tab. 2).

Zu den chemischen Maßnahmen gehören das Besprühen der Bruststätten mit Öl und Insektiziden wie DDT, Pyrethrum und Temephos, um Moskitos und andere Vektoren abzutöten. Ebenso ist der Einsatz geeigneter Insektizide in Wohnhäusern und Nebengebäuden zur Bekämpfung von Sandfliegen als Vektoren der Leishmaniose und Mücken als Vektoren der Malaria, Filariose usw. nützlich. Der Einsatz von mit Insektiziden imprägnierten Fallen und Ködern ist nützlich zur Bekämpfung von Tsetsefliegenpopulationen, die die Schlafkrankheit übertragen. Die Vermeidung von Exposition gegenüber Zecken durch den Einsatz von Zeckenabwehrmitteln hilft bei der Verhinderung der Übertragung von Babesiose.

Tab. 2 Umweltmanagement gemäß den Richtlinien der Weltgesundheitsorganisation (WHO)

Umweltmodifikation	Langfristige oder dauerhafte Umwandlung von Land, Wasser und Vegetation zur Verhinderung, Reduzierung oder Beseitigung von Vektor- oder Zwischenwirtbrutstätten (wasserbezogene, vektorübertragene Krankheiten) oder Umweltbedingungen, die die Übertragung von Krankheiten durch Wasser begünstigen	Planierung, Auffüllen, Entwässerung, Landnivellierung, Bebauen, städtische Entwässerung
Umweltmanipulation	Veränderung der Umweltbedingungen zur Schaffung vorübergehend ungünstiger Bedingungen für die Vermehrung oder Übertragung von Vektoren	Wasserstandschwankungen, Veränderungen der Wassergeschwindigkeit, Fluten, Unkrautbeseitigung, Veränderung des Salzgehalts
Modifikation oder Manipulation menschlicher Behausungen oder Verhaltensweisen	Jede Umweltmanipulation oder Modifikationsmaßnahmen zur Reduzierung von Mensch-Vektor- und/oder Mensch-Pathogen-Kontakten	Bettnetze, persönlicher Schutz, Abschirmung von Häusern, sichere Bade- und Waschplätze, Latrinen, Abwasserbehandlung, Wasserversorgung

Persönliche Schutzmaßnahmen zur Verhinderung von Vektorenbissen sind vielfältig und zahlreich. Dazu gehören der Einsatz von Fliegengittern an Türen und Fenstern, mit Insektiziden imprägnierte Moskitonetze, Insektenschutzmittel wie DEET (Diethyltoluamid), das Tragen von langen Hosen und langärmeligen Hemden, die möglicherweise mit Insektiziden imprägniert sind, und das Tragen von Schutzschuhen beim Gang in den Wald. Das Vermeiden von Schlafen in freien Bereichen und auf Lehmhausböden verhindert Bisse von Insektenvektoren.

Im Grunde kann die Unterbrechung des Übertragungszyklus auf vielfältige Weise erreicht werden. Die Abb. 1 beschreibt z. B. den integrierten Ansatz, der zur Bekämpfung der Schistosomiasis erforderlich ist, während Abb. 2 die vielfältigen Möglichkeiten aufzeigt, wie die Malariaübertragung in der Bevölkerung reduziert werden kann.

Prävention und Bekämpfung bei Tieren

Die grundlegenden Prinzipien zur Bekämpfung parasitärer Infektionen bei Tieren sind im Wesentlichen ähnlich wie bei menschlichen Infektionen. Veterinärmedizinische Maßnahmen im Bereich der öffentlichen Gesundheit (Veterinary Public Health, VPH), d. h. der Teil der öffentlichen Gesundheit, der sich für den Schutz und die Verbesserung der menschlichen Gesundheit einsetzt, indem er die Fähigkeiten, den Wissensstand und die fachlichen Ressourcen der Veterinärwissenschaft nutzt, spielen eine Schlüsselrolle.

Die VPH-Maßnahmen basieren auf Überwachung, Tierkontrollmaßnahmen, Kontrolle von Viebeständen, Überwachung der Fleischindustrie, der Schlachthöfe und des Markts sowie Kontrolle der Fahrzeuge und die Bekämpfung von Vektoren.

Überwachung

Die ständige Überwachung ist ein wesentlicher Bestandteil des Bekämpfungssystems und erfordert regelmäßig genaue, vollständige, zeitnahe und zuverlässige Informationen über spezifische Krankheiten. Die Meldung wichtiger parasitärer Zoonosen ist auch ein grundlegender Schritt im gesamten Überwachungssystem. Das Screening und Testen von Tieren und Menschen ist unerlässlich, um die Prävalenz von zoonotischen Parasiten in der Gesellschaft abzuschätzen. Ein verbesserter Zugang zu Diagnoseinstrumenten und Tests zum Nachweis solcher Parasiten bei Menschen, Tieren und in der Umwelt ist eine wirksame Maßnahme. Untersuchungen in

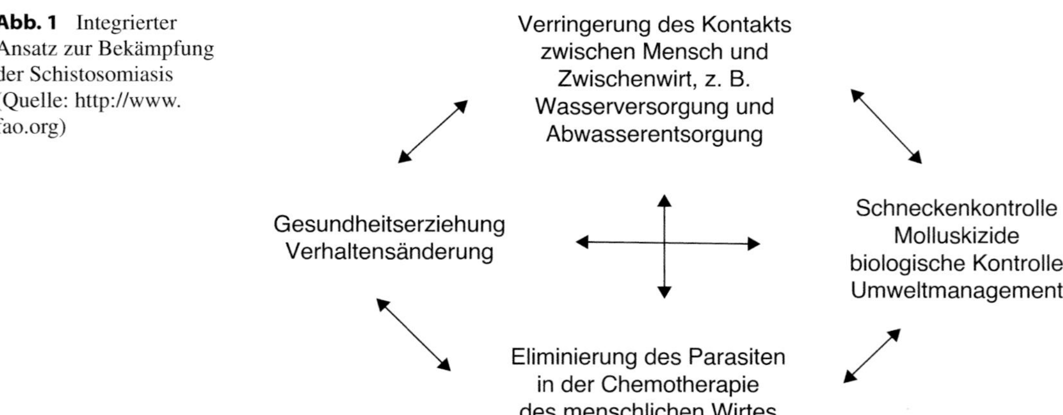

Abb. 1 Integrierter Ansatz zur Bekämpfung der Schistosomiasis (Quelle: http://www.fao.org)

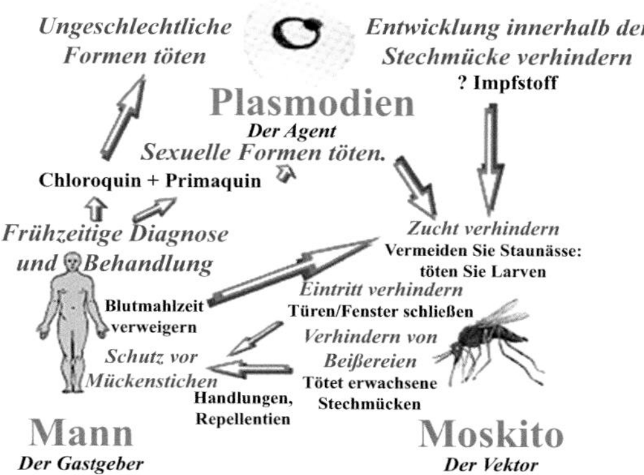

Abb. 2 Mehrere Bekämpfungsmaßnahmen, die für Malaria ergriffen werden (Quelle: https://www.malariasite.com/control-of-malaria/)

Schlachthäusern sind wichtig zur Bekämpfung von Echinokokkose, Taeniasis, Zystizerkose, Trichinellose und anderen Zoonosen. Die Isolierung und Typisierung der Zoonoseerreger sind hilfreich bei Leishmaniose, Trypanosomiasis usw. Epidemiologische Studien liefern wichtige Kenntnisse über Zoonosen und helfen, die geeignete(n) Kontrollmethode(n) zu spezifizieren. Sie helfen, das Auftreten solcher Zoonosen bei Menschen und Tieren zu identifizieren und die Infektionsquellen in Verbindung mit Arthropoden, Tieren, Umwelt, Nutzpflanzen usw. zu bestimmen. Statistische Daten über Hundepopulationen und andere Tierpopulationen helfen bei der Bekämpfung von parasitären Zoonosen, insbesondere dort, wo Hunde als Hauptvektor fungieren, wie bei Echinokokkose/Hydatidose.

Maßnahmen zur Tierkontrolle

Maßnahmen zur Tierkontrolle sind ein wichtiges Ziel der VPH-Maßnahmen. Die Interventionen beinhalten (1) die Sicherstellung einer angemessenen Fütterungshygiene, z. B. durch Verzicht auf rohes Fleisch und Innereien als Futter für Haustiere und streunende Tiere, (2) die Quarantäne von verdächtigen Tieren, wenn sie über weite Strecken im Rahmen des Imports/Exports von Vieh, des Haustierhandels usw. transportiert werden, (3) Testen und Aussondern/Beseitigen von kranken und infizierten Tieren und (4) Immunisierung von exponierten Tieren mit wirksamen Impfstoffen.

Die Behandlung von kranken und infizierten Tieren ist eine wirksame Maßnahme zur Bekämpfung von zoonotischen parasitären Infektionen, wie z. B. die Verhinderung von Echinokokkose durch Entwurmung von Tieren und Beseitigung der Ausscheidung. Die Verringerung der parasitären Belastung durch Entwurmung von Haustieren, Straßentieren und Nutztieren ist eine wirksame Bekämpfungsmaßnahme ebenso die Kontrolle/Beseitigung von „streunenden" Tieren wie Hunden zur Verhinderung von Echinokokkose und Leishmaniose, von Katzen zur Verhinderung von Toxoplasmose und von Nagetieren zur Verhinderung von Leishmaniose, Toxoplasmose usw.

Kontrolle der Viehbestände, der Fleischindustrie und des Markts

Die Kontrolle der Viehbestände, der Fleischindustrie und des Markts ist wichtig zur Bekämpfung von parasitären zoonotischen Infektionen, die durch den Verzehr von unzureichendem oder unzureichend gekochtem Fleisch und Fleischprodukten übertragen werden. Präventive Maßnahmen beinhalten (1) die Aufzucht von pathogenfreien Tieren, (2) die Dekontamination von Futter, (3) regelmäßige Inspektion von Schlachthöfen und Märkten mit Verbot der Schlachtung von kranken Tieren, (4) die Sicherstellung einer ausreichenden Garung von Fleisch vor dem Servieren und (5) die Gesundheitsbildung von Tierzüchtern, Metzgern, Restaurantmitarbeitern, Köchen usw. bezüglich hygienischer Praktiken.

Insgesamt ist eine angemessene wissenschaftliche Umstellung der Viehbestände, der Fleischindustrie und des Markts mit geeigneten gesetzlichen und Kontrollmaßnahmen zur Entwicklung hygienischer Landwirtschaftstechniken ein Schlüsselfaktor zur Reduzierung von Zoonosen bei Tieren.

Maßnahmen zur Vektorbekämpfung

Maßnahmen zur Vektorbekämpfung verhindern die Übertragung von Zoonoseerregern vom Tier auf den Menschen. Diese Maßnahmen beinhalten (1) eine ordnungsgemäße Fütterungshygiene zur Bekämpfung von Toxoplasmose, Trichinellose usw., (2) Vermeidung der Verfütterung von rohem Fleisch und Innereien an Hunde zur Vorbeugung von Echinokokkose und Vermeidung der Fütterung von unbehandeltem Abfall und Fleischprodukten an Katzen zur Verhinderung von Toxoplasmose, (3) Bekämpfung von Arthropoden zur Reduzierung von durch Sandfliegen übertragener Leishmaniose, durch Tsetsefliegen vermittelte Trypanosomiasis usw. und (4) biologische Bekämpfungsmethoden wie die Technik der sterilen Männchen für Stechmücken zur Reduzierung der Stechmückenpopulationen.

Auswirkungen von Bekämpfungsmaßnahmen

Parasitäre Zoonosen sind unterschiedlichen Ursprungs und auch nicht gleichmäßig auf der ganzen Welt verteilt, und daher ist ein einziges weltweites Programm möglicherweise nicht anwendbar, um parasitäre Zoonosen zu verhindern oder zu bekämpfen. Es gibt nur wenige spezifische, zielgerichtete Programme für parasitäre Zoonosen in verschiedenen Teilen der Welt.

Das Programm zur Bekämpfung der zystischen Echinokokkose (Hydatidenzyste) in Uruguay im Jahr 2005 umfasste die Überwachung von Hunden durch ELISA, gefolgt von anthelmintischer Behandlung und Hundekontrolle durch Kastration und Besprühen. Die Überwachung von Menschen auf Zysten erfolgte durch Ultraschall. Über einen 5-jährigen Nachbeobachtungszeitraum zeigte sich ein signifikanter Rückgang der Positivität bei Hunden von fast 10 % auf 2–3 % und ein entsprechender Rückgang der Zysten beim Menschen von 6,5 % auf 2 %. Das Trichinellose-Präventionsprogramm für Inuit-Gemeinden in Nunavik, Kanada (1992–1997) das durch Fleischscreening, klinische und Blutuntersuchungen und den Einsatz von Anthelminthika (Albendazol) unter angemessener Beteiligung der Gemeinden durchgeführt wurde, war ein Erfolg.

In vielen europäischen Ländern gibt es Programme zur Bekämpfung der kongenitalen Toxoplasmose, die ein mütterliches Screening auf IgM- und IgG-Antikörper vorsehen. In einem ähnlichen Programm in Londrina, im Bundesstaat Parana, Brasilien gab es einen signifikanten Rückgang der betroffenen schwangeren Frauen um 63 % und der betroffenen Kinder um 42 %. Programme zur Bekämpfung der Afrikanischen Trypanosomiasis beim Menschen, die in vielen afrikanischen Ländern durchgeführt werden, darunter die Pan African Tsetse and Trypanosomiasis Eradication Campaign (PATTEC), die von der WHO direkt überwacht und unterstützt wird, sowie die Unterstützung durch NRO und den Privatsektor, führten zwischen 2000 und 2009 zu einem deutlichen Rückgang der gemeldeten Fälle um 63 %. Ein Programm zur Bekämpfung der Chagas-Krankheit, das in erster Linie auf dem Besprühen von Innenräumen mit Insektiziden beruht, hat sich in der Region Montalvania in Brasilien als erfolgreich erwiesen, da die Zahl der *Trypanosoma-cruzi-Infektionen* von einer hohen Rate von 83,5 % zurückging. Querschnittsvergleiche für die Altersgruppen 2–6 Jahre und 7–14 Jahre zeigten eine 100 %ige Reduzierung der *T. cruzi*-Inzidenzraten.

Schlussfolgerung

Die Prävention und Bekämpfung von parasitären Infektionen bleibt eine gewaltige und komplexe Aufgabe, bei der mehrere Disziplinen zusammenarbeiten müssen und eine angemessene administrative Unterstützung erforderlich ist. Ergänzt werden muss dies durch angemessene umweltpolitische und ökologische Veränderungen, um die Parasitenpopulation in dem betreffenden Gebiet zu reduzieren und das Übertragungsrisiko zu verringern (Tab. 2). Die Bereitstellung ausreichender finanzieller Ressourcen auf lokaler und nationaler Ebene sowie durch internationale Finanzierung würde die Aktivitäten und Bemühungen zur Bekämpfung und Prävention von parasitären Krankheiten beschleunigen.

Fallstudie

Insektizidbehandelte Moskitonetze in Verbindung mit einer entsprechenden Aufklärung über Verhaltensänderungen gelten als wirksame Präventivmaßnahme gegen viszerale Leishmaniose (VL). So wurden während einer Epidemie von VL im Ostsudan 357.000 insektizidbehandelte Moskitonetze an 155 betroffene Dörfer verteilt. Es wurde berichtet, dass zwischen Juni 1999 und Januar 2001 schätzungsweise 1060 VL-Fälle verhindert wurden, was einer durchschnittlichen Schutzwirkung von 27 % entspricht. Die Verteilung von mit Insektiziden behandelten Netzen in der Gemeinde ist also eine gute Maßnahme, um die Häufigkeit von VL-Fällen in einer Gemeinde zu verringern. Die Dorfgemeinschaft sollte auch über die Gefahren des Schlafens im Freien ohne Verwendung von Moskitonetzen aufgeklärt werden.

1. Welche Hindernisse gibt es bei der Umsetzung von Präventions- oder Bekämpfungsmaßnahmen in ressourcenarmen Ländern?
2. Welche internationalen Programme zur Bekämpfung von Parasiten laufen derzeit?
3. Nennen Sie einige parasitäre Krankheiten, die weltweit durch Maßnahmen des öffentlichen Gesundheitswesens erheblich eingedämmt wurden.

Forschungsfragen

1. Wie können wir das ungünstige menschliche Verhalten ändern, das für die fortlaufende Übertragung vieler parasitärer Zoonosen verantwortlich ist?
2. Wie können wir machbare, wirksame und effiziente Mechanismen entwickeln und anwenden, um den politischen/administrativen Willen eines großen Teils der Politiker/Administratoren in Ländern mit niedrigem und mittlerem Einkommen zu wecken?
3. Wie können wir die Bekämpfungsmaßnahmen oder nationalen/internationalen Programme für viele endemische parasitäre Krankheiten verbessern und formulieren?

Weiterführende Literatur

Centres for Disease Control and Prevention CDC 24x7. *Traveller's Health*. https://wwwnc.cdc.gov/travel/destinations/list. Zugegriffen: 19 Sept. 2020.

Costa FC, Vitor RWA, Antunes CMF, Carneiro M. Chagas disease control programme in Brazil: a study of the effectiveness of 13 years of intervention. Bull World Health Org. 1998;76:385–91.

Mantovini A. Zoonoses control and veterinary public health. Rev Sci Tech Off Int Piz. 1992;11:205–18.

Mori FMRL, Bregano RM, Capobiango JD, Inoue IT, Reiche EMV, Morimoto HK, et al. Programs for control of congenital toxoplasmosis. Rev Assoc Med Bras. 2011;57:581–6.

Park K. Chapter 3: Principle of epidemiology and epidemiologic methods. In: Park's textbook of preventive and social medicine. 25th ed. Jabalpur: M/s Banarasidas Bhanot Publishers; 2019. S. 131.

Parija SC. Parasitology: an ever evolving specialty. Trop Parasitol. 2018;8(2):61.

Proulx JF, MacLean DJ, Gyorkos TW, Leclair D, Richter AK, Serhir B, et al. Novel prevention program for Trichinellosis in Inuit communities. Clin Infect Dis. 2002;34:1508–14.

Simarro PP, Diarra A, Ruiz Postigo JA, Franco JR, Jannin JG. The human African trypanosomiasis control and surveillance programme of the World Health Organization 2000–2009: The Way Forward. PLoS Negl Trop Dis. 2011;5(2):e1007.

World Health Organization. The control of neglected zoonotic diseases. Chapter 4. The Report of the fourth international meeting held at Geneva, Switzerland 19–20 November; 2014. S. 20.

World Health Organization. The veterinary contribution to public health practice. Report of a Joint FAO/WHO Expert Committee on veterinary public health Technical Report Series No. 573; 1975.

Teil II
Zoonotische Protozoeninfektionen

Toxoplasmose

Shweta Sinha, Alka Sehgal, Upninder Kaur und Rakesh Sehgal

Lernziele

1. Die Bedeutung der verschiedenen Übertragungsmodi und -mittel zu verstehen
2. Die Bedeutung von serologischen Tests bei der Diagnose verschiedener Formen von Toxoplasmose und deren Interpretation in der Schwangerschaft zu kennen
3. Die präventiven Maßnahmen zu überprüfen, die in der Schwangerschaft und bei immungeschwächten Wirten erforderlich sind

Einführung

Toxoplasma gondii ist ein den Apicomplexa zugehöriger Protozoenparasit und verantwortlich für die weltweit verbreitete zoonotische Infektion der Toxoplasmose. Die Mitglieder der Familie Felidae wie Katzen sind die einzigen bekannten Endwirte von *T. gondii*. Der Lebenszyklus von *T. gondii* wird in einer Vielzahl von Wirten abgeschlossen, insbesondere in allen warmblütigen Tieren zusammen mit seinen beiden Fortpflanzungsphasen – sexuell und asexuell. Die sexuelle Fortpflanzungsphase findet nur bei Hauskatzen oder den wilden Mitgliedern der Familie Felidae statt, während die asexuelle Fortpflanzungsphase des Parasiten sowohl bei Zwischenwirten (Vögeln oder Säugetieren) als auch bei Endwirten (Hauskatzen) auftritt. *Toxoplasma gondii* hat 3 Hauptgenotypen – Typ I, Typ II und Typ III. Alle diese Genotypen variieren in ihrer Pathogenität in den Wirten und ihrer Prävalenz. Es ist in der Regel asymptomatisch bei immunkompetenten Individuen, oder es kann sich als grippeähnliche Symptome und andere unspezifische klinische Zeichen manifestieren. Menschen erwerben *T. gondii* durch den Verzehr von nicht durchgegartem Fleisch, das Trinken von kontaminiertem Wasser, die Transplantation eines kontaminierten Organs und den Kontakt mit Katzenkot. Bei Menschen ist *T. gondii* häufig mit kongenitaler Infektion und Abtreibung assoziiert. Infektionen mit *T. gondii* sind in der Regel gering und selbstlimitierend, aber schwer im Falle von immungeschwächten Patienten, einschließlich HIV-infizierten Personen, bei denen es Enzephalitis verursachen kann. Die Bekämpfung der Toxoplasmose hängt von einer genauen Diagnose ab, die die therapeutischen Optionen bestimmt. Die verfügbaren Optionen für die Chemotherapie der Toxoplasmose sind jedoch begrenzt.

S. Sinha · U. Kaur · R. Sehgal (✉)
Department of Medical Parasitology, Post Graduate Institute of Medical Education and Research, Chandigarh, Indien

A. Sehgal
Department of Obstetrics and Gynacology, Government Medical College and Hospital, Chandigarh, Indien

S. C. Parija und A. Chaudhury (Hrsg.), *Lehrbuch der parasitären Zoonosen*,
https://doi.org/10.1007/978-981-97-4312-4_10

Geschichte

Das Wort „Toxoplasma“ besteht aus zwei Wörtern, d. h. „toxon“ und „plasmid“. Beide stammen aus dem Griechischen; das erste Wort bedeutet „Bogen“ und das zweite Wort bedeutet „Form“. Daher bedeutet das ursprüngliche griechische Wort „Toxoplasma“ ein bogenförmiger Organismus. *Toxoplasma gondii* ist ein Mitglied der Apicomplexa, die eine vielfältige Gruppe von mehreren parasitären Protozoen wie *Babesia*, *Cyclospora*, *Cryptosporidium*, *Isospora* und *Plasmodium* ist. Der Organismus wurde erstmals 1908 in Tunis identifiziert, isoliert aus einem gemeinen Gundi *(Ctenodactylus gundi)*. Danach entdeckte Splendore den gleichen Parasiten in Brasilien, der aus einem Kaninchen isoliert wurde. Nach gründlicher mikroskopischer Untersuchung mehrerer Gewebe und experimentellen Studien im Jahr 1909 schlugen Nicolle und Manceaux den heutigen Begriff *T. gondii* vor.

Sechs Kladen von *T. gondii* wurden durch das Streben nach Wissen über populationsgenetische Strukturstudien hervorgehoben, was auf den Ursprung verschiedener Isolate aus seltenen ursprünglichen Abstammungslinien hinweist. Es wurde festgestellt, dass *T. gondii* zuerst in südamerikanischen Feliden auftrat und sich dann durch Zugvögel und hauptsächlich durch die transatlantische Sklavenhandelskultur ausbreitete, die die Migration von Hauskatzen, Mäusen und Ratten beinhaltete. Die erste Beobachtung von menschlichen Infektionen wurde in den 1920er-Jahren in einer Reihe von Fällen von angeborenen Krankheiten gemacht, die durch Chorioretinitis, Hydrozephalus und Enzephalitis gekennzeichnet waren. Nach dem Aufkommen der HIV-Pandemie in den 1980er-Jahren kam die Toxoplasma-Enzephalitis aufgrund der Reaktivierung der latenten Infektion ans Licht.

Taxonomie

Die Gattung *Toxoplasma* gehört zur Unterfamilie Toxoplasmatinae, zur Familie Sarcocystidae, zur Ordnung Eucoccidiorida, zur Unterklasse Coccidiasina und zur Klasse Conoidasida im Stamm Apicomplexa.

Toxoplasma gondii (Nicolle und Manceaux 1908) ist die einzige Art in der Gattung *Toxoplasma.*

Genomik und Proteomik

Im Jahr 2003 wurde die ersten Ergebnisse der Genomsequenzierung von *T. gondii* abgeschlossen. Das Toxoplasma Genome Consortium führte in Zusammenarbeit mit der University of Pennsylvania und dem Institute for Genomic Research (TIGR) eine 10 X Shotgun-Genomsequenzierung und Annotation des Typ II-Stamms ME49 durch, die in einer Entwurfsversion der 80-Mb-Genomsequenz resultierte. Der Typ II ME49-Stamm war der erste, der sequenziert wurde, gefolgt von den anderen beiden Stämmen, GT1 und VEG, sowie den Chromosomen Ia und Ib des RH-Stamms. Die Chromosomenkarte des ME49-Stamms wurde als Vorlage zur Erstellung der Chromosomen für die GT1- und VEG-Stämme verwendet. Die Genomsequenzen der 3 Stämme sind in der neuesten Version von ToxoDB (Version 5) zwischen 61 und 64 Mb groß. Eine aktuelle Version der Genomannotation für den ME49-Stamm sowie eine brandneue Genomannotation für die GT1- und VEG-Stämme wurden veröffentlicht. *Toxoplasma gondii* hat eine geschätzte Anzahl von 8102 Genen für den ME49-Stamm, 8145 für den GT1-Stamm und 7945 für den VEG-Stamm.

Die rasche Entwicklung und Implementierung der Proteomanalyse von *T. gondii* wurde durch die Sequenzierung und Annotation des Parasitengenoms unterstützt. Die Methoden der Wirtszellinvasion, die Struktur und Zusammensetzung der apikalen Organellen, die Organisation des Zytoskeletts und das „gesamte“ Proteom der Tachyzoiten wurden alle untersucht. Der Tachyzoit war Gegenstand der Proteomforschung, da er die aktive, infektiöse Phase von *Toxoplasma* ist. Bisher wurden keine signifikanten Daten zu den anderen Lebenszyklusstadien gemeldet. Die meisten Proteomuntersuchungen haben Typ-I-Stamm-RH-Tachyzoiten verwendet, da sie unter typischen Wachstumsbedingungen praktisch keine Bradyzoitendifferenzierung aufweisen. Die erste groß angelegte Proteomstudie von *T. gondii*-Tachyzoiten identifizierte über 1000 *Toxoplasma*-Proteine. Fortschritte in der Massenspektrometrie haben den Einsatz von Hoch- und Mitteldurchsatz-Proteomik-Ansätzen zur Untersuchung verschiedener Aspekte der Proteinfunktionen ermöglicht. Dazu gehören die Analyse von Subproteomen, die Analyse von posttranslationalen Modifikationen und die Identifizierung von makromolekularen Komplexen.

Die Parasitenmorphologie

Toxoplasma gondii existiert in 3 Formen: den Trophozoiten/Tachyzoiten, den Bradyzoiten und den Sporozoiten. Alle diese 3 Formen sind für Infektionen notwendig. Diese Stadien durchlaufen sexuelle *(Gamogonie)* oder asexuelle *(Schizogonie)* Fortpflanzung, abhängig vom Wirt. Während die Trophozoiten- und Bradyzoitenstadien durch die Schizogonie repräsentiert werden, wird das Sporozoitenstadium entweder durch Gamogonie oder Sporogonie gebildet. Alle 3 Formen können bei Hauskatzen sowie bei anderen Feliden vorkommen, die die Endwirte dieser parasitären Formen sind und sowohl die Schizogonie als auch die Gamogonie unterstützen, während andererseits von den 3 Formen 2 Formen, d. h. Trophozoiten und Bradyzoiten, auch in anderen warmblütigen Tieren einschließlich Vögeln und Menschen existieren, die die Zwischenwirte für sie sind.

Trophozoiten/Tachyzoiten

Der Begriff „Tachyzoit“ (*tachos* = Geschwindigkeit auf Griechisch), früher „Trophozoit“ (*trophicos* = Ernährung auf Griechisch) genannt, wurde von Frenkel geprägt. Es handelt sich um die schnell vermehrende Form, die intrazellulär in den Zwischenwirten und auch extrazellulär im Endwirt vorkommt. Endodyozoiten und Endozoiten waren andere Begriffe, die für Tachyzoiten verwendet wurden. Verschiedene aggregierte Tachyzoiten werden als Gruppen, Klone oder Endkolonien bezeichnet.

Der Tachyzoit ist etwa 2 mal 6 μm groß und erscheint halbmondartig, mit einem abgerundeten und spitzen hinteren und vorderen (konoidalen) Ende (Abb. 1). Ultrastrukturell besteht der Tachyzoit aus einer Reihe von Zellorganellen, die Mikroneme, Mitochondrien,

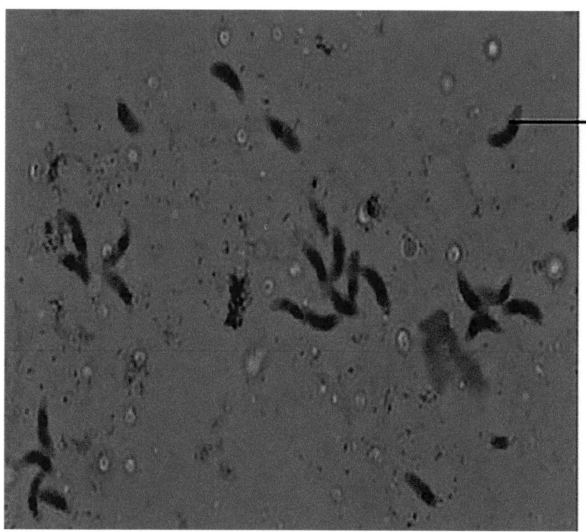

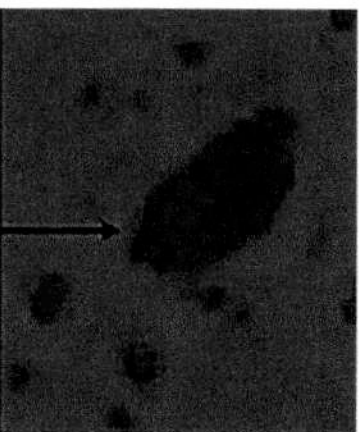

Abb. 1 Tachyzoiten von *T. gondii*, gefärbt mit Giemsa; Abstrich wurde aus Peritonealflüssigkeit einer im Labor inokulierten Maus hergestellt. (Bildnachweis: Department of Medical Parasitology, Postgraduate Institute of Medical Education and Research, Chandigarh, Indien)

Rhoptrien, endoplasmatisches Retikulum, Golgi-Komplex und ein mehrfach membrangebundenes plastidähnliches Organell (ein Golgi-Adjunkt oder Apikoplast) sowie eine Reihe von Einschlusskörpern umfassen. Der Zellkern ist zentral positioniert mit einem prominenten Nukleolus.

Tachyzoiten sind die Verbreitungsform. Sie haben die Fähigkeit, alle Zelltypen des Wirbeltiers zu infizieren, und können sich in einer parasitophoren Vakuole teilen. Tachyzoiten dringen entweder durch Phagozytose oder durch Penetration in die Wirtszellen ein. Einmal in der Zelle, nimmt der Tachyzoit eine ovale Form an und liegt in einer parasitophoren Vakuole. Sowohl die Vermehrungs- als auch die Invasionsraten variieren und sind hauptsächlich abhängig vom *T. gondii*-Stamm und dem Typ der Wirtszellen.

Bradyzoit/Gewebezyste

Der Begriff „Bradyzoit" (*brady* = langsam auf Griechisch) wurde ebenfalls von Frenkel geprägt, um den Organismus zu beschreiben, der sich langsam innerhalb der Gewebezyste teilen kann und auch Zystozoit genannt wird. Gewebezysten bleiben intrazellulär und erweitern sich, da sich die Bradyzoiten in ihnen durch *Endodyogenie* vermehren. Diese Gewebezysten haben eine dünne (0,5 µm) und elastische Wand, die Hunderte von Bradyzoiten aufnehmen kann (Abb. 2). Es gibt Variationen in der Größe der Gewebezysten, d. h., jüngere Gewebezysten können klein sein mit einem Durchmesser von 5 µm und können nur 2 Bradyzoiten enthalten, während die älteren Hunderte von Bradyzoiten haben können. Gewebezysten wurden sphäroidal vorliegend im Gehirn gefunden und selten so groß wie 70 µm im Durchmesser, während intramuskuläre Zysten hauptsächlich länglich sind und 100 µm groß sein können. Gewebezysten wachsen in viszeralen Organen, wie den Nieren, Lungen und Leber, werden aber hauptsächlich in den Muskel- und Nervengeweben gefunden, einschließlich der Herz- und Skelettmuskulatur, Gehirn und Augen. Intakte Gewebezysten sind meist harmlos und können lebenslang ohne Entzündungsreaktion im Wirt bestehen.

Bradyzoiten unterscheiden sich leicht von Tachyzoiten in ihrem strukturellen Aussehen. Der Kern befindet sich bei Bradyzoiten am hinteren Ende, während er bei Tachyzoiten zentral positioniert ist. Die Bradyzoiten haben in der Regel elektronendichte Rhoptrien (Abb. 3), während Tachyzoiten labyrinthartige haben. Bradyzoiten sind resistenter gegen proteolytische Enzyme im Vergleich zu Tachyzoiten, und dies erklärt, warum Katzen eine längere Präpatenzzeit haben, wenn sie mit Tachyzoiten gefüttert werden, im Vergleich

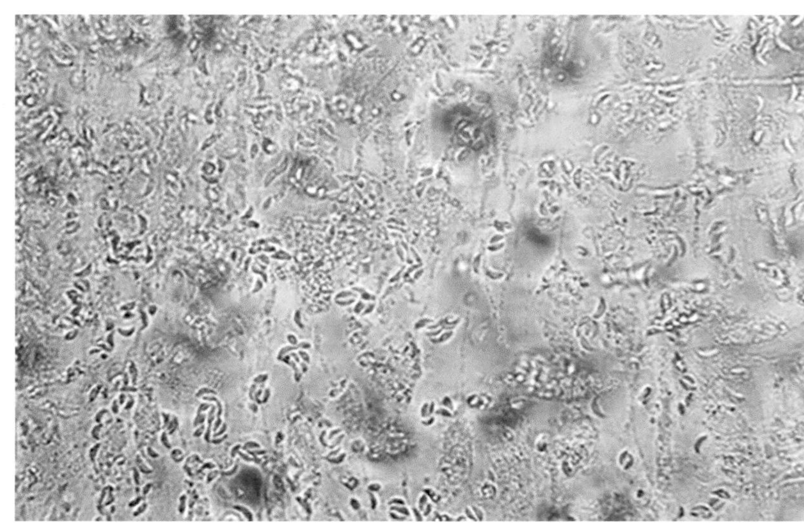

Abb. 2 Mikroskopische Aufnahme einer Gewebeprobe, die eine dunkel gefärbte Gewebezyste von *T. gondii* zeigt, die eine Vielzahl von kugelförmigen Bradyzoiten enthält. (Mit freundlicher Genehmigung: PHIL; CDC/ Dr Green)

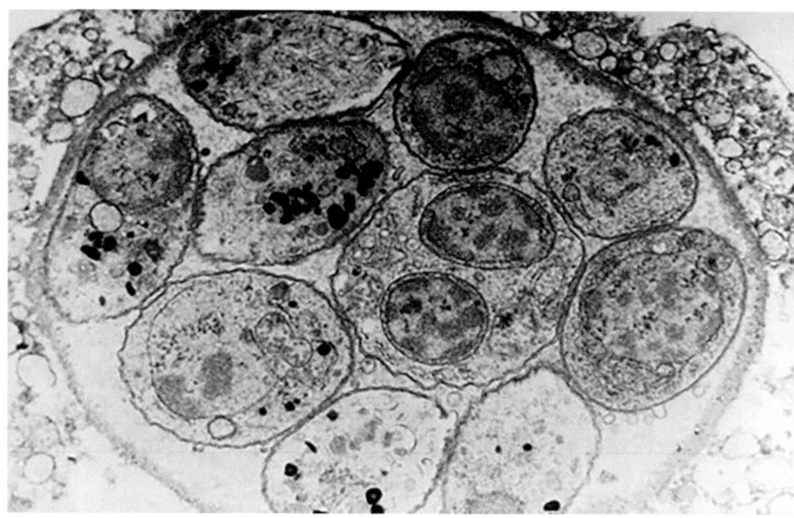

Abb. 3 Dieses transmissionselektronenmikroskopische (TEM) Bild zeigt einige der ultrastrukturellen Details, die von einer *T. gondii*-Gewebezyste gezeigt werden, in der sich Bradyzoiten entwickeln können. (Mit freundlicher Genehmigung: PHIL; CDC)

zur Aufnahme von Bradyzoiten. Nachdem der Endwirt die Gewebezysten aufgenommen hat, wird die Zystenwand durch die proteolytischen Enzyme im Dünndarm und Magen aufgebrochen. Danach dringen die freigesetzten Bradyzoiten in die Darmepithelzellen ein und beginnen zahlreiche *T. gondii* zu erzeugen.

Sporozoiten

Sporozoiten befinden sich in reifen Oozysten. Oozysten haben ovale Strukturen und sind hauptsächlich 12 bis 13 µm groß. Nach der Sporulation haben Oozysten 2 Sporozysten, die jeweils vier Sporozoiten beherbergen. Die Wand der Oozyste hat eine mehrschichtige Struktur, die den Parasiten vor chemischen und mechanischen Schäden schützt und es ihm ermöglicht, in einer feuchten Umgebung für eine längere Zeit (>1 Jahr) zu bestehen. Wenn definitive Wirte wie Katzen und andere Feliden entweder durch die Aufnahme von Oozysten oder Gewebezysten infiziert werden, beginnen die Parasiten eine weitere Entwicklung in den Darmepithelzellen des Wirtes, wo sowohl die Schizogonie als auch die Gamogonie stattfinden. Daher scheiden die Endwirte jeden Tag Millionen von Oozysten in den Kot aus, aber die frisch ausgeschiedenen Oozysten sind nicht infektiös. Sie werden erst infektiös, nachdem sie sich einige Tage lang in Wasser oder im Boden entwickelt haben, abhängig von der Verfügbarkeit von Temperatur und Belüftung.

Ultrastrukturell ist der Sporozoit gleich wie der Tachyzoit, hat aber weniger Rhoptrien, Mikroneme und Amylopektingranulate. Sie sind 2 × 6–8 µm groß mit einem subterminalen Kern.

Alle Formen von *T. gondii*, d. h. Trophozoit, Bradyzoit und Sporozoit, sind halbmondförmig, aber ultrastrukturell variieren sie in der Größe der Einschlusskörper und in bestimmten Organellen. Oft haben alle diese 3 Formen ähnliche Anzahlen von Rhoptrien, aber das Aussehen dieser ist in jedem Stadium unterschiedlich.

Zucht von Parasiten

Es gibt verschiedene Zelllinien, wie transformierte Zelllinien (HeLa, CHO, Vero, LM, MDBK, 3T3 usw.), und Kultivierungstechniken, die zur Erhaltung von Tachyzoiten in vitro eingesetzt werden. Tachyzoiten sind obligate intrazelluläre Formen, die sich je nach Stamm alle 6–9 h vermehren. Sobald die Wirtszelle eine Anzahl von 64–128 Parasiten erreicht hat, platzen die Zellen und setzen eine frische Charge von Tachyzoiten frei, die neue gesunde Zellen infizieren.

Toxoplasma gondii-Stämme wachsen nicht einheitlich in allen Zelllinien. Menschliche

Vorhautfibroblastenzellen (ATCC CRL-1634™) sind am besten geeignet, um *T. gondii* zu erhalten. Dulbecco's Modified Eagle Medium (DMEM) und RPMI-1640-Medium, mit zugesetzten Wachstumsfaktoren wie Glutamin und fötales Rinderserum sowie Antibiotikasupplementierung, haben sich ebenfalls als alternative zufriedenstellende Medien erwiesen. Da niedriges CO_2 und hoher pH-Wert das Wachstum des Parasiten beeinflussen können, sollten Kulturmedien bei pH 7,2 in einer Atmosphäre von 5 % inkubiert werden. Alle Arbeiten sollten in einem Biosicherheitslevel-2-Labor durchgeführt werden, da viele *T. gondii*-Stämme extrem virulent sind und leicht jedes menschliche Gewebe durchdringen können.

Versuchstiere

Das Meerschweinchen war das erste Tiermodell, das von Markham im Jahr 1937 zur Untersuchung von Toxoplasmose etabliert wurde. Später, im Jahr 1951, produzierte Hogan das erste Tiermodell für okuläre Toxoplasmose bei Kaninchen mittels intrakarotischer Injektion, und Frenkel führte 1953 eine intraperitoneale Injektion bei einem Hamster durch, der derselben Linie folgte. Danach wurden nichtmenschliche Primaten, Katzen, Hunde und Schweine untersucht. Toxoplasmose kann in einem experimentellen Modell durch Suche nach *T. gondii*-Zysten in Biopsien mittels einer speziellen Farbreaktion und Immunhistochemie oder durch die PCR-Methode identifiziert werden.

Unter den verschiedenen Labortieren sind die häufigsten Mäuse, Kaninchen, Schweine und nichtmenschliche Primaten, die zur Prüfung der Wirksamkeit von Medikamenten gegen *T. gondii*-Infektionen verwendet werden. Ratten sind teilweise resistent gegen Infektionen durch *T. gondii*. Die Art des Labortieres hat einen signifikanten Einfluss auf die Prognose der Infektion. Mäuse sind die am häufigsten verwendeten Tiere bei der Untersuchung der Wirksamkeit von Medikamenten. Im Falle von kongenitaler Toxoplasmose hingegen wurden Ratten und Schafe als relevanter erachtet. Darüber hinaus bestimmen der Mausstamm, der Parasitenstamm (Virulenz und Letalität versus Nichtletalität), der Infektionsweg (oral versus intraperitoneal) und die Größe des Parasiteninokulums die Intensität der Infektion. In Tiermodellen wurde die Koinfektion mit verschiedenen Mikroben untersucht, um eine ähnliche Situation wie bei immungeschwächten Wirten zu simulieren, was ein häufiges Merkmal bei immungeschwächten Individuen ist, insbesondere während AIDS. In dem Versuch, die Pathogenität von *T. gondii* bei Wirten mit virusinduzierten Immundefiziten zu erklären, wurden experimentelle Modelle von Doppelinfektionen erstellt. Mäuse, die mit *T. gondii* und dem Retrovirus LP-BM5, das bei Mäusen das murine erworbene Immundefizienzsyndrom (MAIDS) verursacht, infiziert sind, und Katzen, die mit *T. gondii* und dem feline Immundefizienzvirus (FIV) infiziert sind, sind anfälliger für primär erworbene Toxoplasmose, jedoch wird eine Reaktivierung der chronischen Infektion nicht immer festgestellt. *Toxoplasma gondii* wurde in verschiedenen experimentellen Modellen von gleichzeitigen Infektionen mit anderen opportunistischen Pathogenen in Verbindung gebracht. Bei immungeschwächten Ratten wurde eine Infektion mit *Pneumocystis carinii* und *T. gondii* erzielt, und dieses Modell wurde verwendet, um die Effizienz der kombinierten Prophylaxe gegen beide Krankheiten zu testen.

Darüber hinaus zeigt die Verwendung von genetisch immundefizienten Tiermodellen deutlich die Rolle der Immunität als wichtigen zusätzlichen Faktor bei der Behandlung der akuten Infektion. Diese Modelle sind andererseits schwieriger zu erstellen und zu standardisieren, aber sie sollen die Merkmale klinischer Krankheiten genau nachbilden und den Forschern helfen, die komplizierten Wechselwirkungen zwischen Infektionen und Wirtsabwehr besser zu verstehen.

Lebenszyklus von *Toxoplasma gondii*

Wirte

Endwirte

Katzen und andere Feliden.

Zwischenwirte

Menschen und andere Säugetiere wie Schafe, Ziegen, Schweine, Rinder und Mäuse.

Infektiöse Stadien

1. Oozysten durch Aufnahme von Nahrung, Wasser oder Gemüse, das mit Katzenkot kontaminiert ist
2. Gewebzysten, die Bradyzoiten enthalten, in nicht durchgegartem Fleisch von Pflanzenfressern (Ziege, Schaf, Schweinefleisch usw.), die Katzenkot aufgenommen haben

Übertragung von Infektionen

Der Lebenszyklus von *T. gondii* wird in einer Vielzahl von Wirten abgeschlossen, insbesondere bei allen warmblütigen Tieren zusammen mit seinen beiden Fortpflanzungsphasen – sexuell und asexuell (Abb. 4). Während die sexuelle Fortpflanzungsphase nur bei Hauskatzen oder den wilden Mitgliedern der Felidae-Familie auftritt, findet die asexuelle Fortpflanzungsphase des Parasiten sowohl bei Zwischenwirten (Vögeln oder Säugetieren) als auch bei Endwirten (Hauskatzen) statt. Während verschiedener Perioden seines Lebenszyklus wandeln sich einzelne Parasiten in verschiedene zelluläre Stadien um, zu denen die Tachyzoiten, Bradyzoiten (in Gewebezysten gefunden) und Sporozoiten (in Oozysten gefunden) gehören.

Asexueller Zyklus

Wenn der Zwischenwirt die Gewebezyste oder Oozyste aufnimmt, befallen die Parasiten zuerst die intestinalen Epithelzellen. Innerhalb dieser Zellen differenzieren sich die Parasiten in die sich schnell teilenden Tachyzoiten. *Toxoplasma gondii* hat 2 Phasen der asexuellen Entwicklung. Während der akuten Phase, der ersten Phase, vermehren sich Tachyzoiten schnell in mehreren diskreten Sorten von Wirtszellen. Innerhalb der Wirtszellen vermehren sich die Tachyzoiten

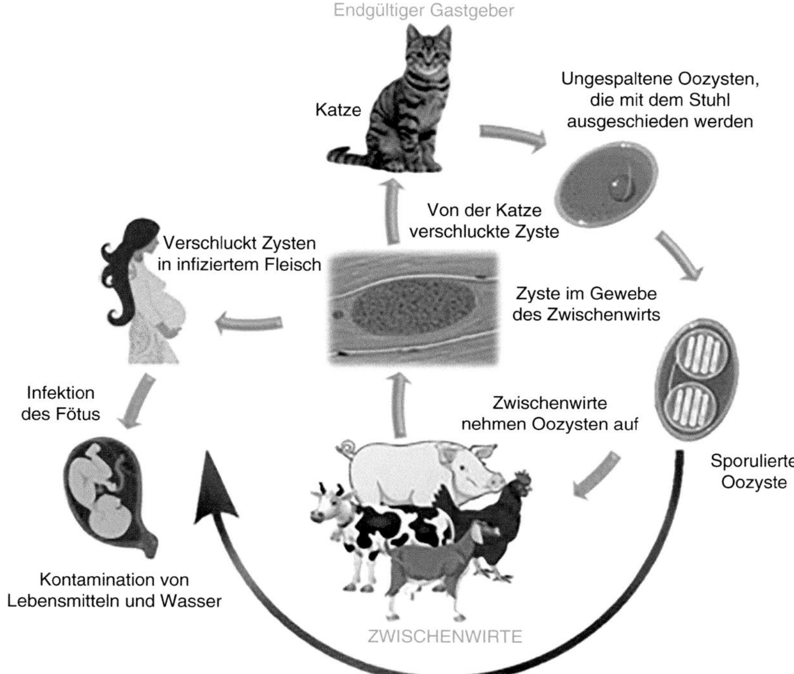

Abb. 4 Lebenszyklus von *T. gondii*

weiter in den parasitophoren Vakuolen, die bei Eintritt in die Zelle gebildet werden. Schließlich platzt die Wirtszelle und setzt die Tachyzoiten frei, die sich auf jedes Organ des Körpers, einschließlich des Gehirns, ausbreiten können.

Während der chronischen Stadien der Infektion führt der Druck des Immunsystems des Wirts dazu, dass Tachyzoiten des letzten Generationsstadiums zu Bradyzoiten werden, um Gewebezysten zu bilden. Gewebezysten in Geweben wie Gehirn und Muskelgewebe bilden sich etwa 7–10 Tage nach der ersten Infektion. Die Gewebezysten bilden sich hauptsächlich im Gehirn, im Auge und den quergestreiften Muskeln und können lange bestehen bleiben. Zysten haben in der Regel einen Durchmesser zwischen 5 und 50 μm.

Innerhalb der Gewebezyste findet eine allmähliche Vermehrung von Bradyzoiten (oder Zystozoiten) durch Endodyogenese statt. Sie sind sofort infektiös. Manchmal können sie in bestimmten Zwischenwirten lebenslang bestehen bleiben. Gewebezysten unterziehen sich einer Lyse mit Freisetzung der Bradyzoiten, die sich in Tachyzoiten umwandeln, die wiederum gesunde Zellen infizieren und die Gewebezyste bilden.

Sexueller Zyklus

Wenn ein Endwirt wie eine Katze eine Gewebezyste konsumiert, wandeln sich die Bradyzoiten in Merozoiten in den intestinalen Epithelzellen um. Die Merozoiten beginnen sich asexuell durch Endodyogenese zu vermehren, gefolgt von wiederholten Zyklen der Endopolygenie. Während der letzten Stadien dieses asexuellen Zyklus treten Gamogonie und die daraus resultierende Oozystenbildung auf. Die nicht sporulierten Oozysten werden dann von den intestinalen Epithelzellen freigesetzt und mit dem Kot des Tieres ausgeschieden.

Pathogenese und Pathologie

In den meisten Fällen erwerben Menschen Toxoplasmose hauptsächlich durch den Verzehr von Gewebezysten, die in infiziertem Fleisch vorhanden sind, oder von Oozysten, die in mit Katzenkot kontaminierten Lebensmitteln vorhanden sind. Nach der Aufnahme werden Bradyzoiten aus Gewebezysten oder Sporozoiten aus Oozysten freigesetzt und dringen in die intestinalen Epithelzellen ein und beginnen sich zu vermehren. Die so gebildeten Tachyzoiten verbreiten sich auf die regionalen Lymphknoten, von wo aus sie über die Lymphbahnen oder das Blut zu verschiedenen Organen transportiert werden können. Die Nekrose der Lymphknoten und betroffenen Organe ist das Kennzeichen der Infektion. Die gefährdeten Organe sind die Nebennieren, das Auge und das Herz. Es gibt keine Toxinproduktion durch *T. gondii*, und die Nekrose tritt aufgrund der intrazellulären Vermehrung von Tachyzoiten auf.

Bei AIDS-Patienten kommt es zur Reaktivierung der latenten Infektion, die zu opportunistischen Infektionen führt. Die Enzephalitis, eine Hauptläsion der Toxoplasmose, zeichnet sich durch Nekrose im Gewebe dieser Patienten aus, die hauptsächlich zu multiplen Abszessen führt.

Immunologie

Sowohl angeborene als auch adaptive Immunreaktionen spielen eine bedeutende Rolle bei Toxoplasma-Infektionen. Dies umfasst systematische und gut koordinierte zelluläre Interaktionen zwischen dem Parasiten, Enterozyten, Monozyten, dendritischen Zellen (DC), Makrophagen, NK-Zellen und Neutrophilen. Die menschliche zelluläre Reaktion auf eine *T. gondii*-Infektion hängt stark vom Zelltyp und dem infizierenden Stamm von *T. gondii.* ab. Bei gesunden Menschen und Tieren ist eine *T. gondii*-Infektion asymptomatisch, da die angeborene und adaptive Immunität des Wirts die anfängliche Vermehrung des Parasiten unterdrückt und die Mehrheit der Parasiten eliminiert. Wenn ein *T. gondii*-Tachyzoit Monozyten infiziert, löst er angeborene Immunreaktionen aus, wie die Erzeugung von proinflammatorischen Zytokinen, die adaptive immunologische Reaktionen vermitteln, die von T- und B-Zellen vermittelt werden. Die Aktivierung der adaptiven Immunität induziert auch zellautonome Immunreaktionen in infizierten Zellen, was zu einer Stadienänderung von *T. gondii* in einen Bradyzoiten (eine Form, die sich langsam entwickelt, aber immunologischen Reaktionen des Wirts entgeht) führt, die schließlich zu einer chronischen Infektion führt.

Toxoplasma gondii löst die angeborene Immunität aus, die erste Verteidigungslinie des Wirts, die schnell reagiert und Pathogene über Mustererkennungsrezeptoren („pattern recognition receptors", PRRs) erkennt, wie TLRs, NOD-ähnliche Rezeptoren und C-Typ-Lektine. Der Ligandennachweis durch PRRs löst die Produktion von proinflammatorischen Zytokinen wie TNF-, Interleukin-1 Beta (IL-1), IL-6 und IL-12 aus und spielt eine Schlüsselrolle in der nachfolgenden Kaskade von Ereignissen. *Toxoplasma gondii* aktiviert die angeborene Immunität, und *T. gondii* erzeugt eine robuste CD4 T-Zell-Antwort, die zur IFNγ-Produktion in akuten sowie chronischen Infektionsstadien führt. CD8+ T-Zellen können während einer *T. gondii*-Infektion als Effektorzellen wirken, während die CD4+ T-Zellen die notwendige Hilfe bei der Aufrechterhaltung dieser Zellen leisten. Es wurde gezeigt, dass die Depletion von CD4+ und CD8+ T-Zell-Populationen zur Reaktivierung der latenten Toxoplasmose führt und infolgedessen zur Infektion bei Tieren, die anfällig für Toxoplasma-Enzephalitis sind. Darüber hinaus können während einer Toxoplasma-Infektion erzeugte Antikörper die Parasiten zerstören. Parasitenspezifische IgM-, IgA-, IgE- und IgG2-Antikörper können bei Patienten mit Toxoplasmose nachgewiesen werden und dienen als wichtige Werkzeuge zur Unterscheidung zwischen kürzlichen und vergangenen oder chronischen Infektionen.

Infektion beim Menschen

Die Symptome der Toxoplasmose variieren je nach Parasiteneigenschaften wie Virulenz des Stammes und Größe des Inokulums sowie Immunstatus und genetischem Hintergrund des Wirts. Die 3 Genotypen von *T. gondii* unterscheiden sich in ihrer Virulenz und dem epidemiologischen Muster ihres Auftretens.

Toxoplasma gondii infiziert einen großen Prozentsatz der Weltbevölkerung, führt aber selten zu einer klinisch signifikanten Erkrankung. Asymptomatische Infektionen mit *T. gondii* treten am häufigsten auf, wobei es zur Entwicklung einer latenten Infektion und zur Bildung von Gewebezysten kommt. Manchmal können milde Symptome wie Lymphadenopathie auftreten, die das bemerkenswerteste klinische Merkmal ist. Schwere Manifestationen wie Enzephalitis, Sepsis oder Myokarditis können auftreten, sind aber bei immunkompetenten Menschen selten. Einige Individuen haben jedoch ein hohes Risiko für tödliche oder lebensbedrohliche Toxoplasmose. Dazu gehören Föten, Neugeborene und immunologisch beeinträchtigte Patienten, bei denen *T. gondii* zu gefährlichen Komplikationen wie Enzephalitis, Chorioretinitis, kongenitaler Infektion und neonataler Mortalität und postnatal erworbener Toxoplasmose bei immunkompetenten Menschen führen kann.

Okuläre Toxoplasmose kann das Ergebnis einer Infektion sein, die entweder postnatal oder während der pränatalen Periode erworben wurde. Die Symptome wie Retinitis und Retinochoroiditis manifestieren sich später im Leben.

Kongenitale Toxoplasmose ist die tödlichste Form der Toxoplasmose und wird durch eine transplazentare Kontamination des Fötus mit *T. gondii* während der Schwangerschaft verursacht. Die Schwere der Erkrankung wird hauptsächlich durch das Gestationsalter zum Zeitpunkt der Übertragung bestimmt. Eine Infektion des Fötus während des ersten Trimesters der Schwangerschaft kann zu schweren Schäden am Fötus führen, während spätere Trimester eine weniger schwere fetale Erkrankung haben. Frühstadiumsinfektionen können Anämie, Chorioretinitis, Ikterus, Krampfanfälle und Hydrozephalus beim Fötus verursachen. Sensorineurale Taubheit, Mikrozephalie, geistige Behinderung, Sehstörungen und langsame Entwicklung sind späte Folgen der kongenitalen Toxoplasmose.

Bei immungeschwächten Individuen wird eine früher erworbene latente Infektion mit *T. gondii* reaktiviert, die sich häufig als Enzephalitis manifestiert. Toxoplasma-Enzephalitis und disseminierte Toxoplasmose sind häufig bei Patienten mit Hodgkin-Krankheit, bei Patienten, die eine immunsuppressive Therapie erhalten, oder bei Knochenmark- oder anderen

Organtransplantationspatienten zu sehen. *Toxoplasma gondii* ist ein wichtiges opportunistisches Pathogen bei AIDS-Patienten, der bei über 30 % dieser Patienten schwere Enzephalitis und Tod verursacht.

Infektion bei Tieren

Infizierte Hauskatzen bleiben asymptomatisch ohne klinische Krankheit. Dennoch können klinische Anzeichen mit der Intensität der Infektion auftreten, die Fieber, Anorexie, Augenentzündung, Lethargie, Bauchbeschwerden, Lungenentzündung und zentrale Nervensystembelastung einschließen. Kätzchen sind anfälliger für klinische Infektionen, und wilde Hauskatzen haben ein höheres Infektionsrisiko im Vergleich zu Hauskatzen.

Haushunde können mit *T. gondii* infiziert werden, aber klinische Infektionen treten seltener auf als subklinische Krankheiten. Allerdings beinhalten klinische Anzeichen der Krankheit Atemwegs-, neuromuskuläre oder gastrointestinale Systeme und sind manchmal tödlich. Streunende Hunde gelten als höheres Risiko und werden meistens durch den Verzehr von rohem infiziertem Fleisch infiziert.

Toxoplasmose ist bei Schafen, Ziegen, Schweinen und Hühnern als Zwischenwirte verbreitet; Pferde und Rinder scheinen jedoch gegen die Krankheit resistent zu sein. Bei Schafen führt eine angeborene Infektion zu Totgeburten und vorzeitigen Lammverlusten. Infizierte Lämmer überleben normalerweise mit normalem Wachstum, stellen aber aufgrund ihres Verzehrs ein öffentliches Gesundheitsproblem dar. Toxoplasmose bei erwachsenen Ziegen ist intensiver als bei Schafen, und eine angeborene Infektion führt zum Tod von Zicklein vor oder nach der Geburt. Schweine können sich mit *T. gondii* infizieren, durch die Aufnahme von Oozysten, angeboren durch transplazentare Übertragung von Tachyzoiten und durch die Aufnahme von Fleisch, das *T. gondii*-Bradyzoiten-Gewebezysten enthält. Erwachsene Schweine zeigen kaum klinische Anzeichen, aber das Fleisch dieser infizierten Schweine ist die Hauptquelle der menschlichen Infektion. Toxoplasmose bei jungen Schweinen erweist sich als tödlich, und sie sterben oft, ohne an der menschlichen Nahrungskette teilzunehmen. *Toxoplasma gondii*-Infektion bei Tieren tritt hauptsächlich durch Umweltexposition gegenüber den Oozysten auf, und das Herumstreifen von Hauskatzen im Freien wurde als Risikofaktor für Infektionen bei verschiedenen Nutztieren festgestellt.

Epidemiologie und öffentliche Gesundheit

Toxoplasmose ist ein bedeutendes öffentliches Gesundheitsproblem weltweit. Man schätzt, dass etwa ein Drittel der Weltbevölkerung diesem Parasiten ausgesetzt ist. Toxoplasmose ist in der Regel in feuchten, warmen und niedrig gelegenen Regionen häufiger verbreitet. Dieser Fakt ist mit der vermuteten längeren Lebensfähigkeit von *T. gondii*-Oozysten in warmen und feuchten Gebieten verbunden. Etwa 8–22 % der US-Bevölkerung sind infiziert, und ein ähnlicher Prozentsatz an infizierter Bevölkerung wird auch für das Vereinigte Königreich geschätzt. In Mittelamerika, Südamerika und Kontinentaleuropa liegen die Schätzungen des Prozentsatzes an Infektion zwischen 30 und 90 %. Europa hat insbesondere eine breite Prävalenzspanne, die von 10 % in Island bis 63 % in Polen reicht.

Toxoplasmose kann als eine One-Health-Krankheit eingestuft werden, da sie die Gesundheit verschiedener Lebewesen (Menschen, Haustiere, Wildtiere) und Ökosysteme erheblich beeinflusst und als ernsthafte Bedrohung für alle angesehen wird, die von tierischen Ressourcen abhängig sind. Die Infektion mit *T. gondii* bei Nutztieren ist zu einem wichtigen öffentlichen Gesundheitsproblem geworden, als Quelle für menschliche Toxoplasmose durch Übertragung des Parasiten über Schweine- und Wildschweinfleisch und Fleischprodukte. Infizierte Katzen tragen wesentlich zur Umweltverschmutzung bei. Die Anwesenheit von Katzen in der Umgebung wurde mit einer höheren *T. gondii*-Seropositivität bei Schweinen (19 %) und Wildschweinen (23 %) weltweit in Verbindung gebracht. Diese Infektionen haben ernsthafte Folgen, die die Sterblichkeit und den Lebensstandard beeinflussen.

Toxoplasma gondii hat 3 archetypische klonale Linien. Verschiedene abweichende Genotypen wurden in den amerikanischen Ländern und China mit der Nummer 189 gesehen, und die meisten davon fallen unter die Genotypen 1 bis 5. Es wurde kein dominanter Genotyp in der südlichen Hemisphäre berichtet; jedoch wurden einige Genotypen in der nördlichen Hemisphäre gefunden, insbesondere die Genotypen 1 (Typ II klonal), 2 (Typ III) und 3 (Typ II-Variante), die die meisten Isolate einschließen und hauptsächlich in Europa gefunden werden. In Nordamerika sind die Genotypen 2 bis 5 (4 und 5, gemeinsam als Typ 12 bekannt und in der Wildnis verbreitet) üblich. In Afrika dominieren die Genotypen 2 und 3, während die Genotypen 9 und 10 in China sehr verbreitet sind. Mehrere Genotypen sind mit intensiver Virulenz bei Menschen und Wildtieren verbunden. Die klonalen Linien 1–4 sind am häufigsten, mit sehr ähnlichen multilokalen Genotypen, einem hohen Grad an Kopplungsungleichgewicht und seltener Rekombination. Typ II-Stämme, die bei Mäusen avirulent sind, wurden als Ursache von mehr als 70 % der menschlichen Fälle von Toxoplasmose in den Vereinigten Staaten und Europa identifiziert, wie hauptsächlich in Frankreich gezeigt. Typ I, rekombinante und atypische Stämme, wurden mit einer höheren Häufigkeit von okulärer Toxoplasmose und schwerer Toxoplasmose bei immunkompetenten Patienten in Verbindung gebracht.

Diagnose

Die hauptsächlich eingesetzten diagnostischen Methoden sind serologische Tests, molekulare Methoden (PCR, RT-PCR), histologische Darstellung und Bioassay. Andere weniger bevorzugte Methoden, die beim Nachweis helfen, sind ein Toxoplasmin-Hauttest, Antigenämie und Antigenanalyse in Körperflüssigkeiten und Antigen-spezifische Lymphozytenveränderung.

Mikroskopie

Der Nachweis von Tachyzoiten in jeglichen histologischen Abschnitten von Biopsien weist auf eine akute Infektion hin. Chronische Toxoplasmose kann durch den Nachweis von Bradyzoiten, die Gewebezysten enthalten, in histologischen Proben bestätigt werden. Färbungen wie Hämatoxylin und Eosin sowie Wright-Färbung werden normalerweise zur Darstellung von eingekapselten Tachyzoiten und Bradyzoiten verwendet (Abb. 5 und 6). Die Immunperoxidasefärbung hat sich als empfind-

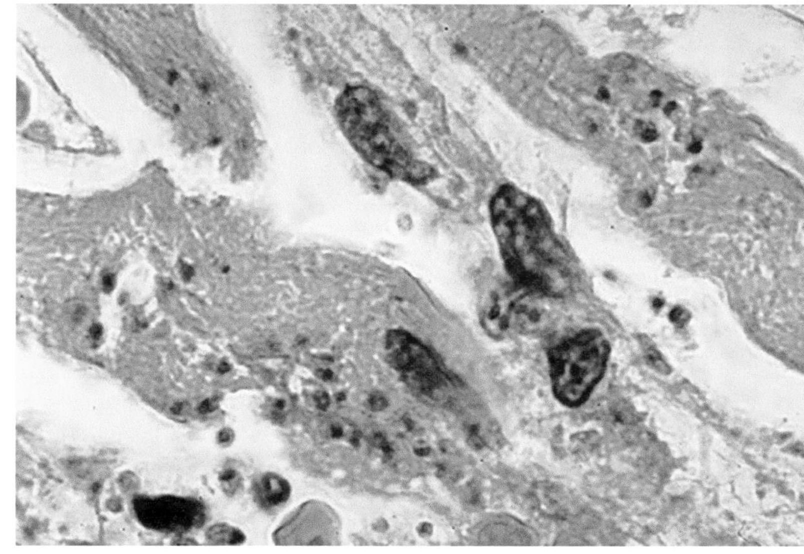

Abb. 5 Diese Mikroskopaufnahme zeigt einige der histopathologischen Merkmale, die in dieser Herzmuskelgewebeprobe bei einem Fall von kardialer Toxoplasmose gefunden wurden. Die Biopsieprobe wurde von einem Patienten mit einem tödlichen Fall von AIDS entnommen. Innerhalb der Myozyten können zahlreiche *T. gondii*-Tachyzoiten gesehen werden. (Mit freundlicher Genehmigung von PHIL, CDC/ Dr. Edwin P. Ewing, Jr.)

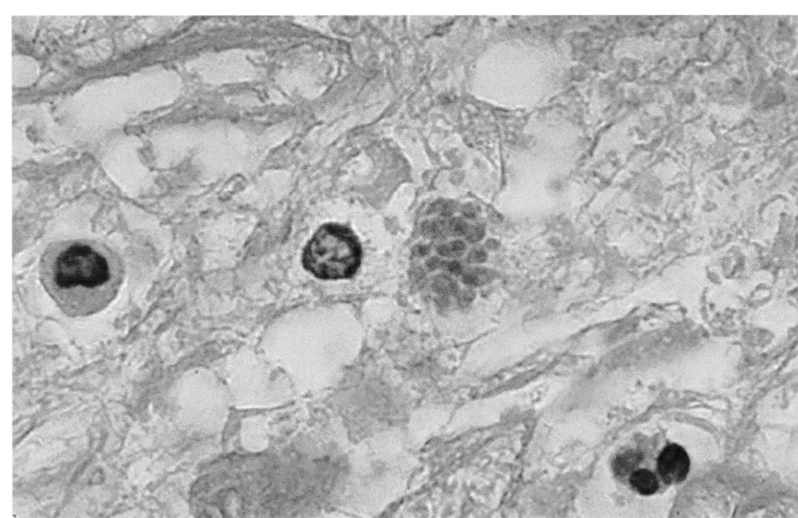

Abb. 6 Diese Mikroskopaufnahme zeigt einen Teil der Histopathologie, die in dieser Hirngewebeprobe bei einem Fall von Neurotoxoplasmose gefunden wurde. Die Biopsieprobe wurde einem Patienten mit einem tödlichen Fall von AIDS entnommen. Eine Pseudozyste, die zahlreiche Tachyzoiten von *T. gondii* enthält, ist sichtbar. (Mit freundlicher Genehmigung von PHIL, CDC/ Dr. Edwin P. Ewing, Jr.)

lich und spezifisch erwiesen, verwendet Antiseren gegen *T. gondii* und wurde erfolgreich zum Nachweis von *T. gondii* im Gehirn von AIDS-Patienten eingesetzt.

Tierische Inokulation

Es wird als der Goldstandard zur Erkennung einer Infektion mit *T. gondii* bewertet. Sekrete, Ausscheidungen, Körperflüssigkeiten, Lymphknoten und Muskel- und Hirngewebe sind mögliche Proben, und Mäuse und Katzen sind die üblichen Tiere, die verwendet werden können. IFN-γ-Knockout-Mäuse werden aufgrund ihrer hohen Sensitivität bevorzugt, oder normale Mäuse können durch die Verabreichung von Dexamethason immunsupprimiert werden. Die Tachyzoiten befinden sich nach 6–10 Tagen Inokulation im Peritonealraum der Mäuse.

Serodiagnostik

Serologische Tests dienen als die primäre Wahl für die Diagnose. Chronische Infektionen werden durch den serologischen Nachweis von Antikörpern diagnostiziert, die gegen parasitenspezifische Antigene produziert werden. Dafür werden hauptsächlich IgG- und IgM-ELISA-Assays im Kombinationsformat verwendet.

IgM-Antikörper sind hauptsächlich etwa 1 Woche nach der Infektion nachweisbar und bleiben mehrere Monate oder Jahre bestehen. Dies macht den Nachweis von IgM-Antikörpern bei der Bestätigung einer akuten Infektion unzureichend. Darüber hinaus werden IgA-Antikörper vor IgM produziert und bleiben nur einige Monate bestehen, daher gelten sie als zufriedenstellender und erster Marker für eine akute Infektion. Auch IgG-Antikörper liefern Informationen über das Auftreten einer Infektion, ohne den Zeitpunkt der Infektion zu offenbaren.

Obwohl IgM auf eine akute Infektion hinweist, kann es nach der Infektion für einen längeren Zeitraum bestehen bleiben. Daher wird normalerweise ein IgG-Aviditätstest durchgeführt, um zwischen früheren und aktuellen Infektionen zu unterscheiden, da die Affinität von IgG im Laufe der Zeit zunimmt, da es aus dem antigengetriebenen B-Zell-Auswahlprozess gewonnen wird. Zur Bestätigungsdiagnose sollten Proben in einem Referenzlabor analysiert werden, in dem serologische Paneltests durchgeführt werden können, einschließlich Aviditätstests; ELISA für IgA, IgM und IgE; der Färbetest zur Messung von IgG-Antikörpern und der Differentialagglutinationstest (Tab. 1). Andere serologische Tests, die verwendet werden können, sind der Latex-Agglutinationstest, der indirekte Hämagglutinationstest und indirekte fluoreszierende Antikörpertests.

Tab. 1 Serologische Tests, die bei Toxoplasmose verwendet werden

SN	Serologischer Test	Prinzip	Bemerkungen
1.	*Sabin-Feldman-Färbetest (Referenztest)* IgG-Nachweis	Basiert auf der Hemmung der Färbung von lebenden Tachyzoiten durch Antikörper. Lebende Tachyzoiten aus Mäusen werden mit dem Serum des Patienten inkubiert, und eine alkalische Methylenblaulösung wird hinzugefügt. Antikörper töten die Tachyzoiten und nehmen die Farbe nicht auf und erscheinen farblos und dünn oder verzerrt	Wenn weniger als 50 % der Tachyzoiten die Farbe aufnehmen, wird der Test als positiv betrachtet Der Test ist potenziell gefährlich und erfordert ein hohes Maß an technischem Fachwissen
2.	*Differential-agglutinationstest:* IgG-Nachweis	Formalinbehandeltes Antigen (HS) und methanolbehandeltes Antigen (AC) werden mit einer einzigen Probe verwendet. AC-Antigen ist spezifisch für die Membran	Zum Ausschluss einer kürzlichen Infektion. AC-starke Antikörperreaktion auf AC in der frühen Infektion, lässt nach 6–12 Monaten nach HS/AC $\geq$ 4: Infektion ist mehr als 6 Monate zuvor aufgetreten
3.	*Aviditätstest*: IgG-Nachweis	Mit zunehmender humoraler Reaktion nimmt die Avidität von IgG zu. In der Frühphase der Infektion werden Antikörper mit schwacher Avidität produziert und in der Spätphase solche mit starker Avidität. Zwei parallele ELISA werden durchgeführt, eines mit unbehandeltem Serum und eines mit Serum, das mit Harnstoff/Guanidin/Thiocyanat behandelt wurde, das Ag-Ab-Komplexe mit schwacher Avidität dissoziiert	Ein hoher Aviditätsindex deutet auf eine Infektion in der fernen Vergangenheit hin Nicht immer zutreffend, da die Zunahme der Avidität langsam sein kann
4.	*IgM/IgA-Nachweis*	Verwendet Cytosol-Antigene, die mit Membranantigen (P30, SAG 1) angereichert sind, um die Sensitivität zu erhöhen	Ein Titer von 1:256 im doppelten Sandwich-IgM-ELISA wird als diagnostisch für eine kürzlich aufgetretene akute Infektion betrachtet IgA kann im Serum oder in wässrigen oder glasigen Proben im Falle von Augeninfektionen nachgewiesen werden Aber IgM-Antikörper können monatelang bis mehr als 1 Jahr bestehen bleiben Ein negativer oder niedriger Titer von IgM schließt eine positive Diagnose für zerebrale Toxoplasmose nicht aus, da die Antikörperproduktion bei HIV-Infektion unterdrückt ist
5.	*Western-Blot-Test:* IgG	Zwei Proben werden parallel getestet: Blut/CSF; Blut/Kammerwasser; mütterliches/neonatales Blut	Zusätzliche Banden in der Zweite Probe deuten auf eine Organ-/Neonatalinfektion hin

Molekulare Diagnostik

Der Nachweis von *T. gondii*-DNA mittels PCR in Körperflüssigkeiten (bronchoalveoläre Lavageflüssigkeit, Liquor [*cerebrospinal fluid*, CSF], Glaskörper- und Kammerwasser, Blut und Hirngewebe) wurde zur Diagnose von zerebraler, okulärer, kongenitaler und disseminierter Toxoplasmose eingesetzt. Es wird auch erfolgreich zur frühzeitigen Erkennung von intrauterinen *T. gondii*-Infektionen verwendet. Für die PCR-Amplifikation sind B1-Gen, 18S rDNA-Gen, 529-bp-Wiederholungselement, GRA1, SAG1 und SAG2 die Zielgene. Die Real-Time-PCR durch gezielte Amplifikation des B1-Gens ist die am meisten empfohlene Diagnosetechnik für kongenitale Toxoplasmose im Vergleich zu nested und konventioneller PCR. Es wurde auch ein LAMP-Assay entwickelt, das auf die Oozystenwandprotein (OWP)-Gene von *T. gondii*, 529-bp-Wiederholungselement, SAG1, B1, SAG2, GRA1 und 18S rRNA für medizinische und veterinärmedizinische Proben und Wasserproben abzielt (Tab. 2).

Eine Zusammenfassung aller diagnostischen Tests wird in Tab. 3 gegeben.

Behandlung

Patienten, die immungeschwächt sind oder die immunkompetent sind, aber schwere oder anhaltende Symptome haben, werden häufig mit Pyrimethamin, Sulfadiazin und Folinsäure behandelt. Die Behandlung dauert zwischen 2 und 4 Monaten, abhängig von der Schwere der klinischen Anzeichen und Symptome. Trimethoprim/Sulfamethoxazol hingegen ist das Gleiche wie Pyrimethamin/Sulfadiazin. Die Erhaltungstherapie wird in der Regel nach Abklingen der akuten Phase begonnen und besteht hauptsächlich aus der gleichen Kur wie in der akuten Phase, jedoch in halber Dosis. Diese Kur wird für den Rest des Lebens des Patienten oder bis zum Abklingen der Immunsuppression befolgt.

Prävention und Bekämpfung

Die Prävention von Toxoplasmose kann hauptsächlich durch die Vermittlung von Gesundheitsbildung in Bezug auf diesen Erreger und die Krankheit und verschiedene Vorsichtsmaßnahmen zur Vermeidung persönlicher Exposition gegenüber dem Parasiten erfolgen. Die Infektion kann durch Vorsichtsmaßnahmen wie die folgenden verhindert werden: Fleisch vor dem Verzehr auf 66 °C erhitzen; Hände mit Seife und Wasser nach dem Berühren von Fleisch waschen; Katzen gekochtes und trockenes/Dosenfutter anstelle von rohem Fleisch füttern; Katzen drinnen halten und Katzenklos täglich wechseln und mit kochendem Wasser reinigen; Katzenkot in die Toilette spülen oder verbrennen; Handschuhe beim Gärtnern tragen.

Derzeit ist kein Impfstoff verfügbar, um Menschen und Tiere vor kongenitalen Infektionen zu schützen, mit Ausnahme eines Lebendimpfstoffs, Toxovax® (Intervet Schering Plough, Boxmeer, Niederlande), der in Neuseeland und Europa zur Verhinderung von Abtreibungen bei Schafen erhältlich ist.

Eine ordnungsgemäße Beratung und Gesundheitsbildung über Risikofaktoren kann die Inzidenz und die Wahrscheinlichkeit einer Infektion senken, was von vielen Ländern zur Reduzierung der Inzidenz von kongenitaler Toxoplasmose adaptiert wird. Länder wie Deutschland und Italien haben die Überwachung von kongenitaler Toxoplasmose berichtet. Die Gesundheitsbildung kann Anweisungen für Frauen über mögliche Umweltexpositionen und Möglichkeiten zu deren Vermeidung während der Schwangerschaft und den Erhalt einer angemessenen Behandlung ohne Verzögerung im Falle einer akuten Infektion umfassen.

Fallstudie

Ein 7 Tage alter neugeborener Säugling wurde einem Screening-Test unterzogen und zeigte eine gute Gesundheit ohne Symptome. Die Mutter dieses Neugeborenen nahm an einer Neugeborenen-Toxoplasmose-Studie teil, die im Universitätskrankenhaus durchgeführt wurde und die Erkennung von Toxoplasmose durch

Tab. 2 DNA-Zielregionen zum Nachweis von *T. gondii* mit verschiedenen molekularen Methoden

Molekulare Nachweismethode	DNA-Zielregionen
Konventionelle PCR	B1-Gen, 529-bp-Wiederholungselement, 18S rDNA-Gen, SAG1, SAG2 und GRA1
RT-PCR	B1-Gen, 529-bp-Wiederholungselement, 18S rDNA-Gen, SAG1
LAMP	B1, 529-bp-Wiederholungselement, SAG1, SAG2, GRA1, Oozystenwandproteingene

Tab. 3 Laboruntersuchung von Toxoplasmose

Diagnosemethode	Ziel	Anmerkungen
Mikroskopie von Biopsieproben unter Verwendung von Hämatoxylin-Eosin oder Immunperoxidasefärbung	Tachyzoiten oder Gewebezysten	Invasive Prozedur
Tierinokulation bei Katzen und Mäusen	Tachyzoiten werden in der Bauchhöhle gefunden	Goldstandard, aber nicht routinemäßig durchgeführt
Immundiagnostik: Sabin-Feldman-Färbetest, ELISA, Aviditätstest, differentieller Agglutinationstest (DAT)	IgM/IgG/IgA	Standardmodus der Diagnose Der Färbetest ist der Referenzserologietest Aviditätstest und DAT können durchgeführt werden, um aktuelle von vergangenen Infektionen zu unterscheiden
Molekulare Diagnose: PCR, Real-Time-PCR	B1-Gen, 18S rDNA-Gen, 529-bp-Wiederholungselement, GRA1, SAG1 und SAG2-Gene	Sehr nützlich für die Diagnose von zerebraler, okulärer und disseminierter Toxoplasmose. Es wird auch zur frühzeitigen Erkennung von intrauterinen *T. gondii*-Infektionen verwendet

Filterpapierscreening beinhaltete. Dementsprechend wurden die Studie und die Anforderung einer frischen Blutentnahme nach einigen Monaten erklärt. Das Neugeborene wurde während seines Erste Screenings mit Filterpapier negativ auf Toxoplasmose getestet und als negative Kontrollgruppe ausgewählt. Sechs Monate später wurde die Zweite Blutentnahme von Mutter und Baby durchgeführt.

Die Mutter wies negative Anti-*T. gondii*-IgM- und -IgG-Ergebnisse auf, während das 6 Monate alte Kind positiv auf Anti-*T. gondii*-IgA und -IgM getestet wurde und niedrig-avides IgG und positiven PCR-Assay aufwies, was wiederum durch ein Maus-Bioassay und einen wiederholten PCR-Assay bestätigt wurde. Um zu ermitteln, wie ein so junges Kind infiziert wurde, wurde seine Mutter zu epidemiologischen Aspekten befragt. Während dieses Interviews berichtete sie, dass sie ihrem 2 Monate alten Baby ein Stück rohes Rindfleisch zum Saugen gegeben hatte. Es gab keine Haustiere (Katzen oder Hunde) und das Kind ernährte sich hauptsächlich von Muttermilch und gefiltertem Wasser. Später präsentierte das gestillte Kind Fieber und geschwollene Lymphknoten, die als Anzeichen und Symptome einer erworbenen Toxoplasmose bestätigt wurden. Zur Behandlung wurden Sulfadiazin (100 mg/kg/Tag, alle 12 h), Pyrimethamin (1 mg/kg/Tag, 1-mal täglich) und Folsäure (10 mg/Tag, alle 3 Tage) für 1 Jahr mit klinischen Nachuntersuchungen während seiner frühen Kindheit verschrieben. Der Nachweis einer erworbenen Toxoplasmose bei einem 6 Monate alten gestillten Kind ist sehr selten. Dieser Bericht betont die Bedeutung von serologischen Untersuchungen zur Bekämpfung der Toxoplasmose bei schwangeren Frauen und Säuglingen.

1. Was ist die Bedeutung der oben genannten Studie?
2. Wie wird der Säugling über die erworbene Toxoplasmose informiert?
3. Wer ist gefährdet, eine schwere Toxoplasmose zu entwickeln, und welches sind die vorbeugenden Maßnahmen?

Forschungsfragen

1. Wie entwickeln wir ein experimentelles Modell, das die fokalen Toxoplasma-Enzephalitis-Läsionen, wie sie bei immungeschwächten Menschen gefunden werden, genau nachahmen kann?
2. Warum gibt es Variationen in der Reaktion auf *T. gondii*-Infektionen durch die verschiedenen Zelltypen beim Menschen? Was ist der Grund dafür, dass es keine einheitliche Abwehrstrategie gibt?

3. Was sind die Herausforderungen bei der Produktion wirksamer Impfstoffe gegen Toxoplasmose?

Weiterführende Literatur

Aguirre AA, Longcore T, Barbieri M, Dabritz H, Hill D, Klein PN, et al. The one health approach to toxoplasmosis: epidemiology, control, and prevention strategies. EcoHealth. 2019;16(2):378–90.

Derouin F, Lacroix C, Sumyuen MH, Romand S, Garin YJ. Experimental models of toxoplasmosis. Pharmacological applications. Parasite. 1995;2(3):243–56.

Dubey JP. History of the discovery of the life cycle of *Toxoplasma gondii*. Int J Parasitol. 2009;39(8):877–82.

Dukaczewska A, Tedesco R, Liesenfeld O. Experimental models of ocular infection with *Toxoplasma gondii*. Eur J Microbiol Immunol (Bp). 2015;5(4):293–305.

Dunay IR, Gajurel K, Dhakal R, Liesenfeld O, Montoya JG. Treatment of toxoplasmosis: historical perspective, animal models, and current clinical practice. Clin Microbiol Rev. 2018;31(4):e00057–17.

Halonen SK, Weiss LM. Toxoplasmosis. Handb Clin Neurol. 2013;114:125–45.

Khan A, Grigg ME. *Toxoplasma gondii*: laboratory maintenance and growth. Curr Protoc Microbiol 2017;44:20C.1.1–20C.1.17.

Khan IA, Ouellette C, Chen K, Moretto M. Toxoplasma: immunity and pathogenesis. Curr Clin Microbiol Rep. 2019;6(1):44–50.

Liu Q, Wang ZD, Huang SY, Zhu XQ. Diagnosis of toxoplasmosis and typing of *Toxoplasma gondii*. Parasit Vectors. 2015;8:292.

Robert-Gangneux F, Dardé ML. Epidemiology of and diagnostic strategies for toxoplasmosis. Clin Microbiol Rev. 2012;25(2):264–96.

Sasai M, Yamamoto M. Innate, adaptive, and cell-autonomous immunity against *Toxoplasma gondii* infection. Exp Mol Med. 2019;51(12):1–10.

Wastling JM, Xia D. Chapter 22 – Proteomics of Toxoplasma gondii. In: Weiss LM, Kim K, editors. Toxoplasma gondii. 2. Aufl. Cambridge: Academic Press; 2014. S. 731–54.

Leishmaniose

Magda El-SayedAzab

Lernziele

1. Ein klares Verständnis der Klassifizierung, Verteilung und klinischen Manifestationen der großen Anzahl von Arten von *Leishmania* zu haben
2. Die verschiedenen diagnostischen Modalitäten zu kennen, die bei verschiedenen Formen der Leishmaniose angewendet werden sollten
3. Kenntnisse über die zunehmende Bedeutung der molekularen Diagnose zur genauen Artidentifikation zu haben

Einführung

Leishmaniose ist eine tropische und subtropische Krankheit, die in den meisten Teilen der Welt, einschließlich Asien, Afrika, Amerika und dem Mittelmeerraum, endemisch ist. Sie hat ein breites klinisches Spektrum, abhängig von der infizierenden Art und vielen anderen Faktoren. Die klinischen Symptome können grob in viszerale Leishmaniose (VL) und kutane Leishmaniose (CL) eingeteilt werden. Die Diagnose der Leishmaniose basiert auf dem vorliegenden klinischen Zustand und wird hauptsächlich durch eine direkte Demonstration von gefärbten Amastigoten in Biopsieaspiraten oder Abdrücken aus den betroffenen Geweben oder in peripheren Blutproben bestätigt. Darüber hinaus werden auch eine In-vitro-Kultur zur Demonstration isolierter Promastigoten und die Isolierung des Parasiten durch experimentelle Inokulation von Mäusen, Hamstern oder Meerschweinchen durchgeführt. Fortgeschrittene Methoden wie der Nachweis von Parasiten-DNA in Gewebeproben mittels PCR sind ebenfalls in Gebrauch. Die Therapie der CL erfolgt durch verschiedene lokale topische Anwendungen zusätzlich zu oral verabreichtem Miltefosin, das auch bei der mukokutanen Leishmaniose (MCL) und VL-Fällen verabreicht wird. Intravenöses liposomales Amphotericin B (L-AmB) wird zur Behandlung der Fälle von VL empfohlen. Trotz verschiedener Versuche sind derzeit keine Impfstoffe oder prophylaktische Chemoprophylaxe für Einwohner und Reisende in Endemiegebieten verfügbar.

Geschichte

Die prähistorische Existenz von *Leishmania* wurde Millionen Jahre zuvor in einem Sandfliegenfossil aufgezeichnet, zusätzlich zu Aufzeichnungen von klinischen Fällen, die CL (2000 v. Chr.) und VL (1500 v. Chr.) ähneln, in

M. El-SayedAzab (✉)
Parasitology Department, Faculty of Medicine, Ain Shams University, Cairo, Egypt
E-Mail: drmagda_azab@med.asu.edu.eg

S. C. Parija und A. Chaudhury (Hrsg.), *Lehrbuch der parasitären Zoonosen*,
https://doi.org/10.1007/978-981-97-4312-4_11

amplifizierten *Leishmania donovani*. DNA-Proben aus alten ägyptischen und nubischen Mumien, neben der Demonstration von Leishmanien-DNA im Nordsudan (800 v. Chr.), Peru (700 v. Chr.) und dem Tigris-Euphrat-Becken (650 v. Chr.). Aufzeichnungen von CL kamen später im 10., 15. und 16. Jahrhundert n. Chr. Im 18. Jahrhundert wurde Kala-Azar von Russel in Indien im Jahr 1756 aufgezeichnet, gefolgt von einem Bericht über die wahrscheinliche Beteiligung der Sandfliege an der Übertragung in der Neuen Weltregion von Cosme Bueno im Jahr 1764. Im 19. Jahrhundert beschrieb Villar 1859 das klinische Erscheinungsbild der peruanischen Uta, die später ähnlich wie die Aleppo-Beule beschrieben wurde.

Die erste Beschreibung des *Leishmania*-Parasiten (19.–20. Jahrhundert), seine Einordnung als Orientbeule und seine Verwandtschaft zu Protozoen erfolgte durch Borovsky im Jahr 1898. Die erste Demonstration von Amastigotenformen in Abstrichen von der Milz eines verstorbenen indischen Patienten mit *Dum-Dum-Fieber* von Leishman im Jahr 1901, die von Donovan im selben Jahr bestätigt wurde, führte zur Anerkennung der Amastigoten als Leishman-Donovan-Körper bei Kala-Azar-Patienten und wurde von Ronald Ross im Jahr 1903 als *Leishmania donovani* benannt. Im selben Jahr beschrieb Wright *Leishmania tropica*, und seine Umwandlung von Amastigoten zu Promastigoten wurde ein Jahr später von Leishman und Rogers im Jahr 1904 beschrieben. Auch im selben Jahr gelang es Rogers, die Promastigoten zu kultivieren, und Laveran und Chatoin beschrieben den ersten Fall von VL in der Mittelmeerregion.

Taxonomie

Die Gattung *Leishmania* (Ross, 1903), gehört zur Familie Trypanosomatidae (Doflein, 1901), Ordnung Trypanosomatida (Kent, 1880), Klasse Kinetoplastida (Cavalier-Smith, 1981), Stamm Euglenozoa (Cavalier-Smith, 1993), im Reich Protozoa (Cavalier-Smith, 2002). Die Gattung *Leishmania* wurde aufgrund des eingeschränkten Wachstums von Promastigoten im vorderen Teil des Sandfliegendarmtrakts (Untergattung *Leishmania* [Garcia, 2001] weltweit verbreitet) oder im Mittel- und Enddarm der Sandfliege (Untergattung *Viannia* [Garcia, 2001], begrenzt auf Zentral- und Südamerika) in 2 Untergattungen unterteilt. Die Untergattung *Sauroleishmania* (Reptilien-*Leishmania*) ist eine weitere Untergattung, die Arten umfasst, die hauptsächlich für Reptilien pathogen sind. Die Untergattung *Leishmania* umfasste 4 Arten, die für den Menschen pathogen sind, und zwar *L. donovani*, *L. major*, *L. tropica* und *L. mexicana*. Die Untergattung *Viannia* umfasste *L. braziliensis* und *L. guyanensis*.

Genomik und Proteomik

Die sequenzierten Genome von *L. major*, *L. infantum*, *L. donovani* und *L. braziliensis* bestehen aus 8300 Protein codierenden und 900 RNA-Genen. Diese sind zufällig im gesamten Genom verteilt, und es sind schätzungsweise 1000 *Leishmania*-spezifische Gene vorhanden. Einige (etwa 200) artenspezifische Unterschiede bestehen im Geninhalt zwischen *L. major*-, *L. infantum*- und *L. braziliensis*-Genomen, von denen etwa 8 % in unterschiedlichen Anteilen in den drei Arten auftreten, was auf variable Einflüsse auf die Krankheitspathologie hindeutet. Mehrere Protein codierende Gene (etwa 65 %) haben keine anerkannte Funktion.

Die Parasitenmorphologie

Die grundlegenden morphologischen Merkmale von Promastigoten und Amastigoten sind gleich und bestehen aus einer Plasmamembran, die ein System von Mikrotubuli überlagert, einem Kern mit einem Zentrosom, einer Mitochondrie, einem Kinetoplasten, einem Golgi-Apparat, einem Basalkörper (Kinetosom), einer Geißeltasche und einer Geißel. Im Gegensatz zu anderen Eukaryoten besteht das Zytoskelett von Leishmanienpathogenen aus einem dichten subpelliculären mikrotubulären Spiralkorsett, das ihre Form bestimmt.

Promastigot

Die bewegliche, Geißeln tragende Form misst 8–15 μm (Abb. 1a). Die Geißel, die vom Kinetosom ausgeht, verläuft anterior durch die Geißeltasche als endogenes Axonem (5,4–5,9 μm) und wird dann anterior frei. Der Periplast erstreckt sich anterior, um die Geißel tragende Tasche zu bilden, die von 3–4 mit der Geißel assoziierten Mikrotubuli gestützt wird. Die Geißel ist von einer Hülle bedeckt, die von der Auskleidungsmembran der Geißeltasche gebildet wird. Das Geißelaxonem besteht aus 9 Paaren (Doppelsträngen) von peripheren Mikrotubuli und 2 zentralen Mikrotubuli (Einzelsträngen), d. h. (9d+2s). An der Basis der Geißeltasche sind die peripheren axonemalen Mikrotubuli kontinuierlich mit der proximalen Platte des Basalkörpers verbunden, und die zentralen gehen von der distalen Platte aus. Ein gitterartiger paraxialer Stab innerhalb der Geißel liegt längs neben dem Axonem. Die Aufnahme von Nährstoffen durch Promastigoten in das flüssige Milieu und die Ausscheidung erfolgen durch die Geißeltasche durch Pinozytose (Zelltrinken) und Exozytose. Die binäre Teilung des Promastigoten beginnt posterior und schreitet anterior voran, wobei sich die anterioren Pole der Tochterparasiten zuletzt trennen.

Amastigot

Die pelliculäre Schicht der Amastigotenform ist von der parasitophoren Vakuolenmembran des Wirts bedeckt (Abb. 1b). Anterior enthält die Geißeltasche ein kurzes endogenes Axonem. Es gibt keine freie Geißel. Das mikrotubuläre Zytoskelett bildet ein regelmäßiges Spiralnetzwerk um den Parasiten. Der posteriore Pol und die Geißeltasche der Amastigoten sind frei von dem mikrotubulären Gerüst. Die posteriore kahle Fläche ist von der Plasmamembran bedeckt (Abb. 1c). Offensichtlich dient dies dem Zweck der Phagozytose (Zellfressen), bei der die Kontraktion der Mikrotubuli durch eingebaute tubuline Kontraktionselemente zu einer Saugwirkung der Plasmamembran in dem mikrotubuliarmen Bereich führt, wodurch eine tiefe Einstülpung mit 2 Lippen entsteht (Abb. 1d). Mit weiteren Kontraktionen der Mikrotubuli vertieft sich die gebildete Einbuchtung oder Schale bis zu 0,4 μm, wodurch nahrhafte Makromoleküle der Wirtszelle durch Endozytose in das Zytosol des Parasiten aufgenommen werden, was beweist, dass Amastigoten den kahlen Bereich des posterioren Pols zur Nahrungsaufnahme nutzen (Abb. 1e, f). Dieser spezifische Mechanismus der Aufnahme von Wirtsmaterial ist nicht nur eine metabolische Anpassung an die intrazelluläre Umgebung, sondern gewährleistet auch Schutz vor intrazellulärer Abtötung. Die Exozytose von intraparasitären Materialien erfolgt durch die Geißeltasche. Amastigoten sind metabolisch am aktivsten, und ihre Nährstoffaufnahmesysteme für Glukose, Aminosäuren, Nukleoside und Polyamine sind bei saurem pH optimal. Die Amastigoten vermehren sich innerhalb von 2 Arten von parasitophoren Vakuolen in den Makrophagen. Typ I ist klein und eng an einen einzelnen Amastigoten angepasst, wie bei einer *L. major*-Infektion. Typ II ist groß und besetzt von mehr als einem Amastigoten, wie bei einer *L. amazonensis*-Infektion.

Zucht von Parasiten

Aktive, bewegliche Promastigoten können in In-vitro-Kulturen von Abstrichproben oder Biopsien gezüchtet werden. Verwendete Nährmedien sind Novy-McNeal-Nicolle-zweiphasiges-Blutagarmedium, Schneider-Flüssigmedium, Grace-Insekten-Flüssigmedium und halbsynthetisches, autoklavierbares, Flüssigmedium. Kulturen werden bei 22–26 °C inkubiert und mikroskopisch 2-mal wöchentlich für die ersten 2 Wochen und dann 1-mal wöchentlich für weitere 2 Wochen untersucht, bevor sie als negativ betrachtet werden.

Versuchstiere

Häufig verwendete Tiere sind Mäuse oder Hamster, die intradermal in Fußpolster, Ohr oder Schwanzbasis injiziert werden. Die Reaktion im

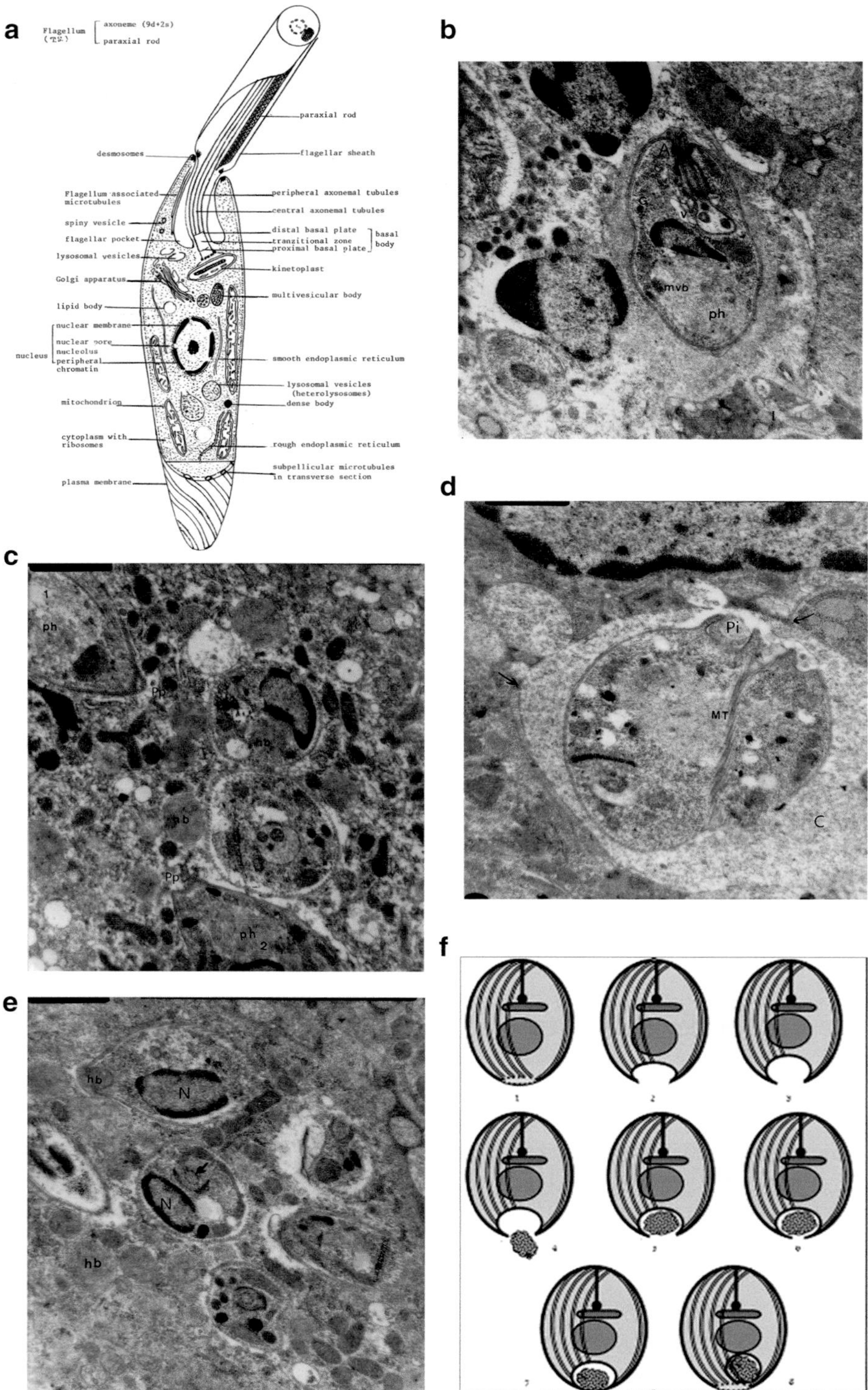

Abb. 1 **a** Ultrastrukturelle diagrammatische Anpassung eines *Leishmania*-Promastigoten. **Quelle:** Thesis: Ultrastructure study ofisolated Leishmania strains from Egypt. MonaA Abdel Mawala; ParasitologyDept., FacultyofMedicine,Ain ShamsUniversity,Cairo, Egypt. **b** Ultrastruktur eines *Leishmania*-Amastigoten. **A**, endo-

zelluläres Axonem mit zonulären Desmosomen; **G**, Golgi-Apparat; **V**, Vesikel; **mvb**, multivesikulärer Körper; **ph**, Phagosom. **c** Ultrastruktur eines *Leishmania*-Amastigoten. **ph**, Phagosom (1 und 2); **Pp**, posteriorer Pol (1 und 2); **hb**, homogener Körper (intrazellulär und im Wirtszystol). **d** Ultrastruktur eines *Leishmania*-Amastigoten. **MT**, Mikrotubuli; **Pi**, posteriore Einstülpung; **C**, Wirtszellzystol; **Pfeile**, parasitophore Vakuolenwand. **e** Ultrastruktur eines *Leishmania*-Amastigoten. **hb**, homogener Körper (in posteriorer Einstülpung und Wirtszellzystol); **N**, Nukleus; **Pfeil**, Axonem. **f** Diagrammatische Darstellung der Sequenz der Endozytose durch *Leishmania*-Amastigoten. **Elektronenmikroskopische Abbildungen adaptiert von:** Azab ME, Abdel Mawla MM.Ultrastructural analysis of posterior polar endocytic phagocytosis by Leishmania amastigotes. Read before the Egyptian Parasitologists United (EPU) Vth Conference: ‚Parasitosis: A multidisciplinary Approach'. Ain Shams University Guest House, Cairo, Egypt; 24–25 March 2018

Versuchstier hängt von der Virulenz des Stammes ab. Läsionen an der Injektionsstelle beginnen innerhalb von 1–2 Wochen aufzutreten. Viszerale Stämme können auch mit schwerer Orchitis auftreten.

Viszerale Leishmaniose (VL)

Lebenszyklus von *Leishmania donovani*

Wirte

Leishmania vollendet seinen Lebenszyklus in 2 Wirten: dem Wirbeltier wie Menschen, Hunde, Nagetieren usw. und dem wirbellosen Wirt, der weiblichen Sandmücke *Phlebotomus argentipes* (Abb. 2).

Infektiöses Stadium

Promastigoten im Verdauungskanal der weiblichen Sandmücke sind die infektiösen Formen.

Übertragung der Infektion

Stich der Sandmücke

Die Sandmücke nimmt die Amastigotenformen des Parasiten während einer Blutmahlzeit vom Wirbeltierwirt auf. Im Darm der Sandmücke bildet sich eine peritrophische Membran, die die Blutmahlzeit von der Epithelschicht des Mitteldarms trennt, bis die Amastigoten sich in etwa 4 Tagen in bewegliche, begeißelte Promastigoten differenzieren. Prozyklische Flagellaten (6,5–11,5 µm lang; Geißel kürzer als Körperlänge) bilden sich zuerst, gefolgt von einer Differenzierung in Nectomonaden-Flagellaten (länger als 12 µm). Diese Nectomonaden-Flagellaten entkommen der peritrophischen Membran und heften sich mit ihren Geißeln an die Mikrovilli des Darms, bevor sie zum thorakalen Mitteldarm und zur Valvula cardiaca wandern, wo sie zu Leptomonadenformen werden (6,5 und 11,5 µm lang; Geißel länger als Körperlänge). Einige Leptomonaden bleiben als Haptomonaden durch Hemidesmosomen an der Spitze ihrer Geißeln an der Valvula cardiaca haften. Andere differenzieren sich in metazyklische infektiöse Formen (weniger als 8 µm lang; Geißel länger als Körperlänge), die zum Stechrüssel der Sandmücke wandern. Diese Reihe von Vermehrungen erfolgt durch binäre Teilung und produziert 10–1000 Promastigoten-Infektionsstadien pro Stich.

Die Promastigoten im Stechrüssel der Sandmücke werden in die Haut des Säugetierwirts eingeführt. Innerhalb der Haut werden sie zur Vorbereitung auf die Phagozytose durch Makrophagen der Haut des Säugetierwirts einer Opsonisierung unterzogen. Im geeigneten sauren Milieu des Makrophagenphagosoms verwandeln sich die Promastigoten innerhalb von 12–24 h in unbewegliche Amastigoten, vermehren sich durch binäre Teilung und verursachen schließlich das Platzen der Wirtszellen. Freigesetzte Amastigoten werden von mononukleären Zellen des retikuloendothelialen Systems in der Leber, der Milz und den Lymphknoten im ganzen Körper wieder phagozytiert. Der Zyklus ist abgeschlossen, wenn die weibliche Sandmücke die Amastigoten bei einer Blutmahlzeit aufnimmt.

Pathogenese und Pathologie

Proteolytische Aktivitäten durch Cysteinproteinasen, Metalloproteinasen und Serinproteinasen sind wichtige Ziele, da sie mit

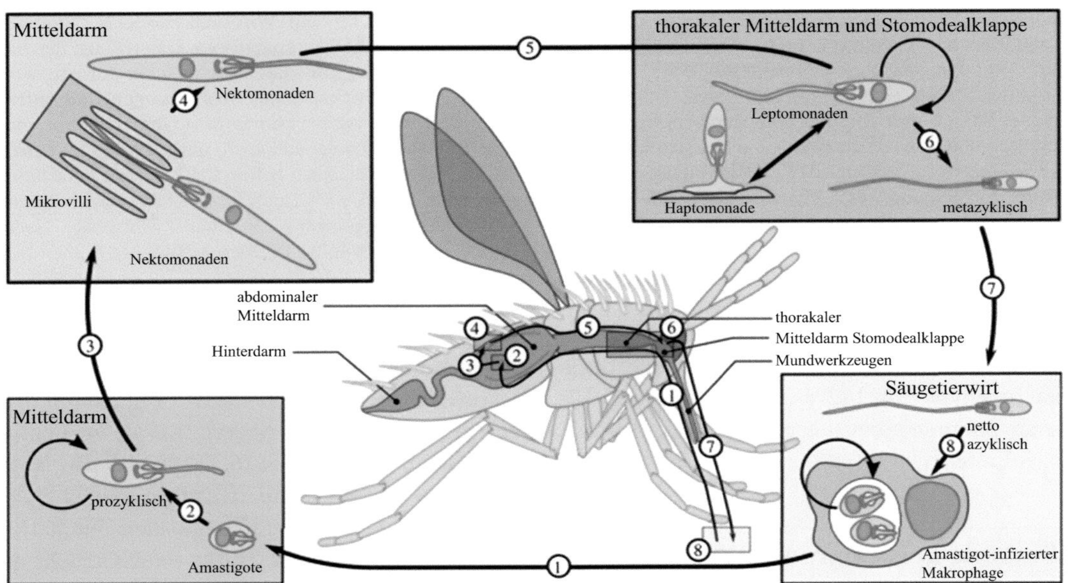

Abb. 2 Schematische Darstellung des *Leishmania*-Lebenszyklus in der Sandmücke. (Quelle: Mit Genehmigung von Jack Sunter, Keith Gull. Shape, form, and function and Leishmania: pathogenicity: from textbook descriptions to biological understanding. Open Biol. 2017 Sep; 7(9): 170165)

Gewebeinvasion, Überleben in Makrophagen und Immunmodulation in Verbindung stehen. Andere Parasitenvirulenzfaktoren, die die Invasion und Etablierung der *Leishmania*-Pathogenese im Säugetierwirt fördern, sind Lipophosphoglykan (LPG), Glykoinositolphospholipide (GIPL), Proteophosphoglykan (PPG) und das 11-kDa-Kinetoplastid-Membranprotein (KMP-11). Anscheinend modulieren diese Parasitenfaktoren die Beziehung zwischen dem Parasiten und den Immunzellen seines Wirts.

LPG sind multifaktorielle Oberflächenvirulenzfaktoren, die in den vorläufigen Phasen der Infektion beteiligt sind. *Leishmania* nutzt die LPG-Beschichtung, um der Komplementlyse und der Immunflucht zu entkommen, indem es seine Zusammensetzung während der Stadienumwandlung von metazyklischen Formen entwicklungsbedingt modifiziert. Die Interaktion von LPG mit dem Toll-like-Rezeptor (TLR2) auf Wirtsmakrophagen führt zur Induktion von TNF-α, IL-12 und reaktiven Sauerstoffspezies. Die Immunflucht ist auf eine Beeinträchtigung der Monozytenaktivierung von B-Zellen (NF-κB) zurückzuführen, die zu einer Abnahme der IL-12-Produktion und einer Modulation von dendritischen Zellen führt, wodurch die Antigenpräsentation gehemmt und eine frühe IL-4-Reaktion gefördert werden. GIPL erleichtern das Überleben in Makrophagen, indem sie die Stickstoffmonoxidsynthase und die Proteinkinase C hemmen. Das PPG ist ein muzinähnliches Oberflächenglykoprotein, das von Amastigoten exprimiert wird und in parasitenfreien Vesikeln im Makrophagenzytosol vorkommt. Es trägt zur Aktivierung des Komplements über die Mannose bindende Proteinbindung von *Leishmania* an Wirtszellen und zur Aufrechterhaltung der parasitophoren Vakuole bei. Es hat auch eine immunmodulatorische Wirkung auf die Makrophagenfunktion, indem es die Induktion von TNF-α hemmt und mit INF-γ zusammenarbeitet, um die Produktion von Stickstoffmonoxid durch Makrophagen zu stimulieren. Der KMP-11-Faktor ist ein hydrophobes Protein, das mit LPG auf Oberflächenmembranen von Promastigoten und in größeren Mengen in Amastigoten verbunden ist. Es wird auch in der Flagellentasche des Parasiten und in intrazellulären Vesikeln exprimiert. Die immunregulatorischen Eigenschaften umfassen die Stimulation der T-Zell-Proliferation, die Erhöhung der IL-10-Expression und der Arginaseaktivität und die Reduktion der Stickstoffmonoxidproduktion.

Die Proteinfaltung ist eine weitere Strategie, die durch Gene erreicht wird, die Hitzeschockproteine (HSP) codieren und zytosolische, mitochondriale, nukleäre und endoplasmatische Retikulumproteine einschließen. Parasiten, die Stressbedingungen wie pH-Extremen, erhöhter Temperatur, Sauerstoff- und Nährstoffmangel ausgesetzt sind, exprimieren diese Proteine, die an die zellulären Proteine binden, um ihre Faltung aufrechtzuerhalten. Darüber hinaus werden die verschiedenen HSP-Systeme als wichtige Virulenzfaktoren angesehen, weil sie die angeborene Immunität stimulieren, die Produktion von proinflammatorischen Zytokinen wie IL-1, IL-6, TNF-α und IL-12 durch dendritische Zellen induzieren und die MHC-I- und MHC-II-Wege und die adaptive Immunität fördern.

Milz: Die Milz wird zum größten Reservoir von infizierten retikuloendothelialen Zellen, was zu einer massiven Splenomegalie mit Ausdehnung ihres unteren Pols über die Mittellinie in das Becken führt. Amastigoten enthaltende Makrophagen finden sich in der roten Pulpa, die aus Lymphozyten, Makrophagen und Plasmazellen in einem Netzwerk von Milzsträngen (Billroth-Stränge) und Sinusoiden (weiten Gefäßen) besteht, die mit Blut gefüllt sind. Hyperplastische weiße Pulpa-Lymphfollikel bestehen aus Plasmazellen, apoptotischen Lymphozyten und dendritischen Zellen und die marginale Zone zwischen den beiden Pulpen besteht aus B-Zell-Lymphozyten. Eine anschließende Atrophie der weißen Milzpulpa ist mit einer signifikanten Reduktion ihrer Größe verbunden, mit dem Verschwinden sekundärer lymphoider Follikel, marginaler Zonen und Grenzen, die weiße und rote Pulpen trennen. Aufgrund der veränderten Zellverteilung sind die normalen immunologischen Funktionen der Milz beeinträchtigt.

***Lymphknoten*:** Lymphadenopathie ist lokalisiert in der CL und generalisiert in der VL aufgrund der erhöhten Übertragung von Lymphozyten aus dem Blut, die durch aktivierte dendritische Zellen über einen Toll-like-Rezeptor (TLR9) gefördert wird. Proliferationen von Plasmazellen und Histiozyten in der Parakortex sind mit einer Depletion von kleinen Lymphozyten in den parakortikalen Bereichen verbunden. Gleichzeitige Populationen von Zellen umfassen Histiozyten, Plasmazellen, mehrkernige Riesenzellen und Mastzellen mit unterschiedlichen Graden von Nekrose, die intrazelluläre und extrazelluläre Amastigoten enthalten. Vorherrschende Plasmazellklassen sind solche, die IgG- und IgE-Immunglobuline produzieren. Makrophagen zeigen eine starke Alpha-1-Antitrypsin-Reaktion. Bei Kala-Azar-Patienten enthalten die parakortikalen Bereiche Proliferationen von Histiozyten, die mit Amastigoten gefüllt sind, gelegentliche Plasmazellen und große lymphoide Zellen. Die medullären Schnüre sind mit Plasmazellen und Histiozyten beladen.

Knochenmark: Bei VL wird das Knochenmark hyperplastisch. Normales hämopoetisches Gewebe wird durch parasitierte Makrophagen ersetzt, was zu ineffektiver Hämatopoese und peripheren Zytopenien führt. Das Markgewebe wird durch freie und intra-histiozytische Amastigoten, erhöhte Lymphozyten, Plasmazellen und Eosinophile ersetzt, die multifokale bis diffuse Granulome bilden. Es ist auch mit einer gallertartigen Umwandlung des Marks, megakaryozytischen Dysplasien und medullärer Aplasie, erythrozytischer Hypoplasie, leukämischen Blasten, Reed-Sternberg-B-ähnlichen Zellen, Tart-Zellen und schaumigen Zellen verbunden. Im Gegensatz zur Phagozytose gibt es bei der Emperipolesis eine aktive Penetration von roten Blutkörperchen, neutrophilen Vorläuferzellen und Lymphozyten in intakte Megakaryozyten. Störungen der hämatopoetischen Stammzellen äußern sich als Anämie und/oder Leukopenie und Thrombozytopenie.

Anämie: Anämie bei VL ist multifaktoriell bedingt durch Veränderungen in der Durchlässigkeit der Erythrozyten; Sequestration und Zerstörung in der vergrößerten Milz; Immunmechanismen; Reduktion des Plasmaironspiegels aufgrund abnormaler Eisenretention durch Makrophagen; Ernährungsdefizite von Eisen, Folsäure und Vit B12; erhöhte

Empfindlichkeit gegenüber Komplement; Hemmung von Erythrozytenenzymen; Produktion von Hämolysin durch die Parasiten; und Vorhandensein von Kaltagglutininen. Die Anämie ist normozytisch normochrom (MCV 80–95 fl und MCH $\geq$ 27 pg) mit einem Hämoglobinspiegel von 7–10 g/dl und reduziertem Hämatokrit. Die Hämolyse stellt eine Hauptursache für die Anämie dar.

Leber: Erhöhte Anzahl von vergrößerten Kupffer-Zellen und Hyperplasie von Makrophagen, die von replizierenden Amastigoten gefüllt sind, führen zu einer Lebervergrößerung. Hepatozyten können infiziert werden. Damit verbundene Veränderungen umfassen eine chronische mononukleäre Zellinfiltration der Portaltrakte und Läppchen durch Lymphozyten und Plasmazellen, Fibrinringgranulome und diffuse Fibrose. Zusätzliche portale Hypertonie, schwere Hepatitis mit Zytolyse und Cholestase führen zu einem Leberversagen mit Erhöhung der Leberenzyme.

PKDL: Schwere Fälle von VL sind kompliziert durch einen asymptomatischen Hautausschlag in Form von Makeln, Papeln, Knötchen oder Plaques oder als Mischung auf den unbedeckten Bereichen des Gesichts, der Arme und der oberen Brust. Nach einiger Zeit kann der gesamte Körper mit variabler Intensität bedeckt sein. Andere zytopathologische Veränderungen umfassen diskrete oder konfluierende hypopigmentierte Makeln über den gesamten Körper mit Ausnahme von Handflächen, Fußsohlen, Kopfhaut und Achselhöhlen und erythematöse Papeln oder Knötchen hauptsächlich im Gesicht. Persistierende Amastigoten in der Haut provozieren eine entzündliche Reaktion, die aus mononukleären Zellen besteht, einer Mischung aus Histiozyten, Lymphozyten und gelegentlichen Plasmazellen. Histiozyten dominieren in papulonodulären Läsionen, gemischt mit vielen vakuierten Makrophagen, die auf eine Aktivierung hinweisen, und mit Epitheloidzellen und Plasmazellen. In hypopigmentierten makulären Läsionen dominieren die Lymphozyten mit einigen Histiozyten und spärlichen Plasmazellen.

Immunologie

Das Komplementsystem spielt eine wichtige Rolle als erste Verteidigungslinie gegen Promastigoten im Blut. Die klassischen und alternativen Komplementwege werden beide aktiviert, aber nur letzterer befasst sich mit der Ausrottung von C3-gebundenen Promastigoten und Amastigoten in Anwesenheit von Mg^{2+} und nicht Ca^{2+} (Abb. 3). Neutrophile sind die ersten Wirtszellen, die innerhalb weniger Stunden zur Inokulationsstelle von metazyklischen Promastigoten rekrutiert werden. Weitere aktivierte Zellen umfassen Makrophagen und dendritische Zellen. Als Reaktion auf die Antigenstimulation produzieren aktivierte Th-1-Zellen das Zytokin IL-12, das wiederum die Produktion von IFN-γ und IL-2 induziert. Das Zytokin wie IFN-γ aktiviert das Abtöten der Abwehrzellen von Amastigoten durch Stickstoffmonoxidsynthase, neutrophile Elastase, Plättchen aktivierenden Faktor und „neutrophil extracellular traps“. Nach der Initiative der Neutrophilen produzieren rekrutierte natürliche Killer-T-Zellen, die ebenfalls an der angeborenen Immuni-

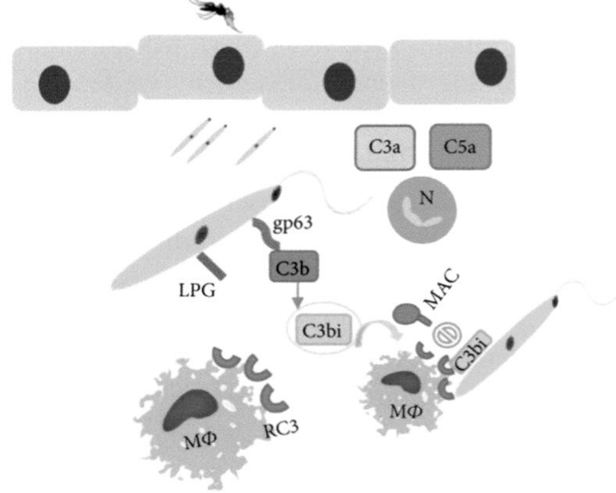

Abb. 3 Komplementkaskade nach *Leishmania*-Inokulation. **Quelle:** (Mit Erlaubnis**:** Gabriel A, Valerio-Bolas A, Palma-Marques J, Mourata-Gonçalves P, Ruas P, Dias-Guerreiro T, Santos-Gomes G. Kutane Leishmaniose: Die Komplexität der effektiven Immunantwort des Wirts gegen eine polymorphe parasitäre Krankheit. J Immunol Res 2019:2603730)

tät beteiligt sind, IFN-γ, das die Th-1-Antwortdifferenzierung von CD4^{+} T-Zellen zur Einschränkung der frühen Parasitenverbreitung fördert. Die Th-2-Antwort führt zu einer erhöhten Produktion von IL-10 und IL-4 bei Patienten, die eine aktive VL entwickeln.

Infektion beim Menschen

Viszerale Leishmaniose ist die schwerste Form, die die Leber, die Milz und die Lymphknoten betrifft und tödlich sein kann, wenn sie nicht behandelt wird. Die Inkubationszeit variiert zwischen 2 und 6 Monaten. Der Zustand kann von asymptomatisch selbstauflösend bis hin zu subakuter und akuter fulminanter Krankheit reichen, oder er kann chronisch werden und sich später bei immungeschwächten Patienten manifestieren. Patienten zeigen kontinuierliches oder schubweise auftretendes hohes Fieber in Verbindung mit Rigor und Schüttelfrost. Das Fieber hält wochenlang an und ist mit Nachtschweiß, einer deutlich tastbaren Vergrößerung der Milz, mäßiger Vergrößerung der Leber, generalisierter Lymphadenopathie und Panzytopenie verbunden (Abb. 4f). Lymphadenopathie ist häufiger bei Mittelmeer-VL als bei indischer Kala-Azar. Komplikationen beinhalten gastrointestinale dysenterische Blutungen, periphere Ödeme, akutes Nierenversagen und sekundäre bakterielle Infektionen. Generalisierte Hyperpigmentierung ist ein spätes Merkmal von VL (Abb. 4g). PKDL tritt aufgrund der Ausbreitung der Amastigoten auf, die in der Haut nach der VL-Behandlung überlebt haben.

Infektion bei Tieren

Wildhunde und Haushunde sind die Hauptreservoire der zoonotischen VL. Die canine viszerale Leishmaniose zeigt variable Anzeichen und Symptome. Diese reichen von asymptomatisch bis zur Entwicklung von milden Symptomen oder sogar zum Tod in schweren Fällen. Infektionen bei Nagetieren sind nicht so offensichtlich wie bei Kaniden, obwohl auch Nagetiere Reservoire sind.

Epidemiologie und öffentliche Gesundheit

Häufige Reservoirwirte sind Haus- und Wildhunde, Nagetiere, Füchse, Schakale, Wölfe, Marderhunde und Klippschliefer. Schätzungsweise 2,5 Mio. Hunde tragen die Infektion im Mittelmeerraum. Häufige Reservoirwirte in der Neuen Welt sind Faultiere, Ameisenbären, Beutelratten und Nagetiere. Das Reservoir der Infektion für die indische Kala-Azar ist der Mensch und für die afrikanische Kala-Azar sind es Nagetiere, Füchse in Brasilien und Zentralasien sowie Hunde für die Mittelmeer- und chinesische Kala-Azar. Andere Säugetierreservoire für den *Leishmania*-Parasiten sind Pferde und Affen. Die Phlebotominen-Sandmücken-Vektoren sind winzige (1,5–3 mm) mückenähnliche Insekten, die in Wandspalten, Tierbauten und toten Blättern leben. Sie ernähren sich aktiv vom Blut ihrer Wirte, speziell in der Dämmerung und bei Sonnenaufgang.

Die jährlichen weltweiten Neuerkrankungen an VL variieren zwischen 50.000 und 90.000, von denen nur 25–45 % der WHO gemeldet werden. Die meisten dieser Fälle stammen aus Brasilien, Nepal, China, Indien, Irak, Äthiopien, Kenia, Somalia und Sudan (Abb. 5). Leishmaniose scheint in Neuseeland, im Südpazifik, in Australien und in der Antarktis nicht vorzukommen. Die PKDL ist besonders in Ostafrika (hauptsächlich Sudan) und Südasien (Indien, Nepal und Bangladesch) verbreitet und manifestiert sich in den erstgenannten Gebieten innerhalb von Monaten und in den letztgenannten Ländern Jahre später, nach einer scheinbar erfolgreichen Behandlung von Kala-Azar. Darüber hinaus wurden in einer ethnischen Gruppe in Teilen des Sudan, die eine hohe Prävalenzrate von VL aufweist, Anfälligkeitsgene in Band 22q12 gefunden. In den betroffenen Gebieten betrifft die Leishmaniose hauptsächlich die armen Bevölkerungsgruppen, die an Unterernährung und geschwächten Immunsystemen leiden. Die Krankheit wird durch unzureichende

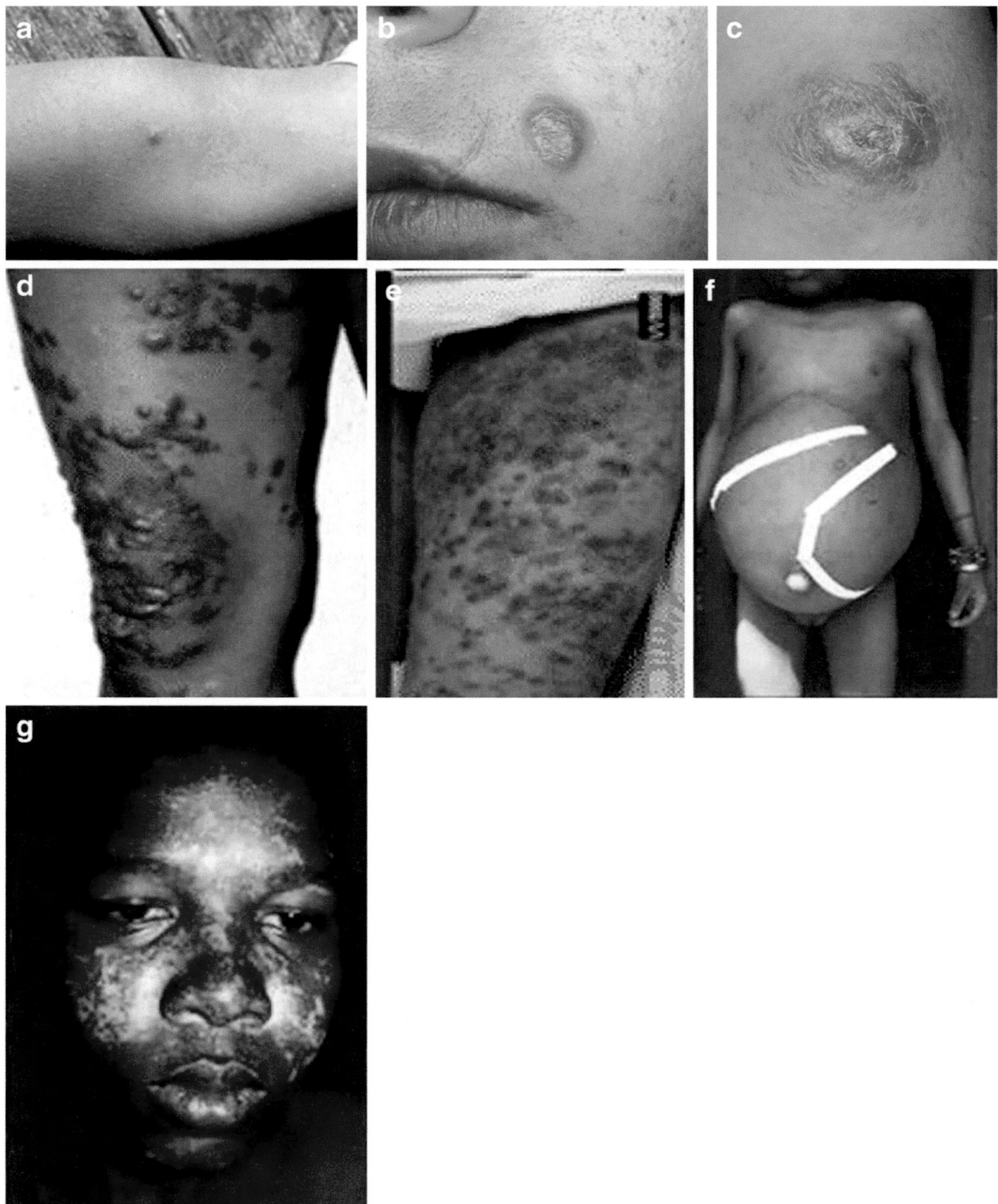

Abb. 4 **a** Papel von CL; **b** Knoten von CL; **c** typisches Geschwür von CL; **d** Fall von diffuser CL mit verschiedenen Arten von Eruptionen wie Papeln, Knoten, infiltrierten Erythemen und bräunlichen Sommersprossen an den unteren Extremitäten; **e** Fall von disseminierter CL mit multiplen und konfluenten Läsionen auf einem weiten Bereich der unteren Extremitäten und teilweisen Ulzerationen; **f** Hepatosplenomegalie bei VL; **g** Hautfarbveränderungen bei PKDL, Sudan (El Hassan). **Quelle für Abb. 4a–c:** EMROPUB_2013_EN_1590.pdf. Genehmigung zur Verwendung aus dem *Manual for case management of cutaneous leishmaniasis in the WHO Eastern Mediterranean Region,* https://applications.emro.who.int/dsaf/EMROPUB_2013_EN_1590.pdf?ua=1. **Quelle für Abbildung 4d, e:** Genehmigung erteilt von Hashiguchi Y, Gomez EL, Kato H, Martini LR, Velez LN, und Uezato H. Diffuse und disseminierte kutane Leishmaniose: Klinische Fälle, die in Ecuador erlebt wurden und eine kurze Übersicht. Trop Med Health. 2016; 44: 2. **Quelle für Abbildung 4f, g:** Genehmigung zur Verwendung aus dem *Manual on visceral leishmaniasis control* WHO: https://www.who.int/leishmaniasis/surveillance/slides_manual/en/index1.html

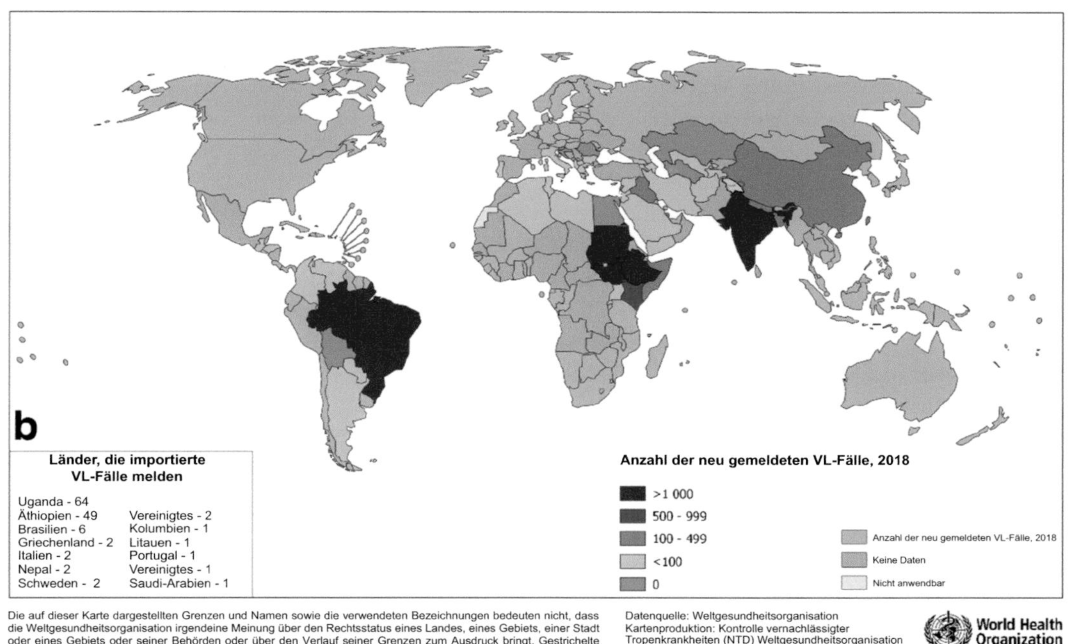

Abb. 5 Status der Endemizität der viszeralen Leishmaniose weltweit, 2018. (Quelle: Genehmigung durch die WHO; https://www.who.int/leishmaniasis/ burden/en/)

Wohnverhältnisse und die Migration der Bewohner zu neuen infektiösen Standorten verursacht, an denen ökologische Störungen durch Abholzung, Urbanisierung, den Bau von Staudämmen, Bewässerungsprojekte und Kriege hervorgerufen werden. Ungewöhnliche Übertragungswege sind die kongenitale Übertragung, kontaminierte Nadelstiche, Bluttransfusionen und Geschlechtsverkehr.

Diagnose

Mikroskopie

Mikroskopie basiert auf der Darstellung von intrazellulären *Leishmania*-Amastigoten (LD-Körper) innerhalb von Makrophagen durch Mikroskopie von Abstrichproben aus Aspiraten von der Milz, Leber, Knochenmark, Lymphknoten, dickem Blut oder Buffy Coat von peripherem Blut bei VL und von der Haut bei PKDL. Abstriche werden mit Giemsa-, Leishman- oder Wright-Färbungen zur Darstellung von Amastigoten gefärbt.

In-vitro-Kultur

Die Darstellung von aktiven, beweglichen Promastigoten aus der In-vitro-Kultur von Abstrichproben oder Biopsien ist diagnostisch für die *Leishmania* spp. Verwendete Kulturmedien sind Novy-MacNeal-Nicolle-zweiphasiges-Blutagarmedium und Schneider-Flüssigmedium. Andere Medien wie Grace-Insekten-Flüssigmedium und semisynthetische, autoklavierbare, Fetale-Kälberserum-Medien werden ebenfalls verwendet. Die Kultur wird zur Identifizierung von Arten und zur Testung der Medikamentensensibilität verwendet.

Serodiagnostik

Die Komplementfixierung (unter Verwendung unspezifischer Antigene) wurde durch enzymgekoppelten Immunassay (unter Verwendung monoklonaler oder polyklonaler Antikörper zum Nachweis spezifischer rekombinanter Proteine) und Immunfluoreszenz-IgG- und -IgM-Antikörpertest (basierend auf zytoplasmatischer oder Membranfluoreszenz von intakten Promastigoten als Antigen) ersetzt, die für die Diagnose von VL verfügbar sind. Der direkte Agglutinationstest (unter Verwendung von formalinfixierten Promastigoten oder gefriergetrockneten Promastigoten) hat eine Sensitivität und Spezifität von 100 % beim Nachweis von *L. donovani*-Antikörpern im Blut oder Serum. Der immunchromatografische Test (unter Verwendung von rekombinantem Kinesin-Antigen, rk39) ist 98 % sensitiv und 90 % spezifisch beim Nachweis von *L. infantum*-Antikörpern (außer in Ostafrika). Die beiden Letzteren sind einfache, schnelle Techniken, die keine spezielle Ausrüstung oder Expertise benötigen.

Der serologische Nachweis von Antikörpern kann zwar sensitiv sein, kann aber in der Chagas-Krankheit und Lepra kreuzreagieren und zu falsch positiven Ergebnissen führen. Der Nachweis von Antikörpern unterscheidet nicht zwischen gegenwärtigen und vergangenen Infektionen und kann bei immungeschwächten Patienten negativ sein.

Molekulare Diagnostik

Der Nachweis von DNA kann zur Identifizierung und Unterscheidung von Arten, zur Quantifizierung der Infektionslast und zur Bewertung der Behandlung durchgeführt werden und wird durch verschiedene PCR-Assays erreicht, die auf nukleäre oder Kinetoplast-Minizirkel-DNA abzielen. Lymphknoten- und Knochenmarkaspirate, Gewebe, Blut- oder Urinproben sind die Proben, die mit PCR untersucht werden. Die Verwendung von Buffy Coat als Quelle von *Leishmania*-DNA in PCR erwies sich als sensitiver als Vollblut. Die Verwendung von Lymphknotengewebe für den Nachweis von Leishmanien-DNA mittels PCR bestimmt das posttherapeutische Ergebnis von VL. Diejenigen, die negativ testen, erleiden weder einen Rückfall, noch entwickeln sie PKDL, während positiv reagierende Patienten entweder zu einem Rückfall oder zur Entwicklung von PKDL neigen können. Das Targeting konservierter Sequenzen in Minizirkeln von kDNA verschiedener *Leishmania*-Arten durch RFLP unterscheidet zwischen Rückfall und Reinfektion bei behandelten VL-Patienten.

Eine PCR-ELISA-Technik unter Verwendung eines gemeinsamen Primers aus *L. infantum*-Stämmen erwies sich als sensitiver als andere diagnostische Techniken. Sie konnte sogar 0,1 Promastigoten oder 1 fg Nukleinsäure nachweisen. Eine fluoreszierende DNA-Sonde wurde verwendet, um eine konservierte Region der kleinen Untereinheit des rRNA-Gens und ein Paar flankierender Primer zu erkennen, und war schnell und spezifisch. Das Mini-Exon-Gen, das an dem Transspleißen nukleärer mRNA beteiligt ist, wird in einem PCR-RFLP-basierten Genotypisierungsassay verwendet, der *Leishmania* in verschiedenen klinischen Proben nachweist und den Parasiten auf Artenniveau charakterisiert.

Behandlung

Bei VL sind pentavalente Antimon (SbV)-Verbindungen wie Natriumstibogluconat (SSG) und Megluminantimoniat (MA) trotz Toxizität und zunehmender Resistenz das Medikament der Wahl. Die parenterale Therapie mit liposomalem Amphotericin (L-AMB; AmBisome) wird nun aufgrund der wachsenden Resistenz gegen Antimoniale bevorzugt. Eine Einzeldosis L-AMB ist heilend, aber teuer. Die orale Therapie mit Miltefosin hat sich in Indien als sehr wirksam erwiesen, insbesondere in Kombination mit L-AMB. Intramuskuläres Paromomycin ist eine günstigere Alternative mit einer guten Heilungsrate. Bei HIV-Fällen sollte eine antiretrovirale Therapie zu den oben genannten Medikamenten hinzugefügt werden. PKDL ist schwer zu behandeln, aber die Symptome verbessern sich mit der Behandlung durch Miltefosin.

Leishmaniose der Haut (CL)

Erreger: Die CL der Alten Welt wird verursacht durch den *L. tropica*-Komplex (*L. tropica*, *L. major*, *L. aethiopica*). Die CL der Neuen Welt wird verursacht durch den *L. braziliensis*-Komplex und den *L. mexicana*-Komplex.

Lebenszyklus: Er ist ähnlich wie bei *L. donovani*, außer dass die Parasiten beim Menschen und bei Tieren in der Haut verbleiben, insbesondere in den retikuloendothelialen Zellen der Haut.

Wirte

Endwirte

Menschen und Haustiere wie Hunde, Nagetiere und Rennmäuse.

Vektoren

Die Vektoren für die CL der Alten Welt sind Sandmücken der Arten *P. sergenti*, *P. papatasi*, *P. causasiasus* und *P. intermedius*. Sandmücken der Gattungen *Phlebotomus* und *Lutzomyia* übertragen die Erreger der CL der Neuen Welt.

Pathogenese und Pathologie

Die durch *Leishmania* induzierte Schwellung des Hautgewebes schreitet zur Ulzeration mit intensiver Infiltration von entzündlichen T- und B-Lymphozyten, Plasmazellen und Parasiten fort. Bei chronischer Entzündung überwiegt die Infiltration von mononukleären Zellen. Das von Neutrophilen freigesetzte TNF-Zytokin trägt zur Krankheitspathogenese bei, indem es zelluläre Adhäsion, Nekrose und Zytotoxizität induziert. CD4+ T-Zellen, CD8+ T-Zellen und NK-Zellen sind die anderen Zellen, die zur zytotoxischen Aktivität und entzündlichen Reaktion beitragen. Die NK-Zellen nehmen durch IFN-γ aktiv an der Parasitenzerstörung und Ulzeration von Läsionen teil. Die Nekrose von Geschwüren tritt aufgrund der Apoptose von infizierten Makrophagen und von Zellen, die Parasitenantigene übertragen, auf. Eine übermäßige Degradation der extrazellulären Matrix wird durch die Enzymaktivierung von proinflammatorischen Zytokinen induziert.

Immunologie

Bei CL bestätigen Neutrophilen, die in den chronischen nicht heilenden kutanen Läsionen vorhanden sind, ebenfalls ihre Rolle bei der Vermittlung von Gewebeschäden. Diese polymorphkernigen Zellen spielen eine bedeutende Rolle bei der frühen Infektion und bei der Verzögerung des Krankheitsverlaufs. Während eine angemessene entzündliche Reaktion zur Eindämmung der Läsionen führt, verursacht eine übertriebene Reaktion oft Gewebeschäden. Daher finden sich bei CL sowohl proinflammatorische als auch antiinflammatorische regulatorische Zellpopulationen.

Infektion beim Menschen

Klinisch beginnt CL als eine oder mehrere variabel große Papeln, die zu schmerzhaften Knoten auf freiliegenden Hautbereichen fortschreiten (Abb. 4a). Die Knoten lösen sich ab und bilden typische Geschwüre mit erhöhten verhärteten Rändern und flachen Basen, die normalerweise sekundär infiziert sind (Abb. 4b, c). Ohne Behandlung tritt eine langsame spontane Heilung des Geschwürs auf, da sich eine zellvermittelte Immunität entwickelt, was zu einer dauerhaften fibrosierten Narbe führt. Lokale abfließende Lymphknoten werden vergrößert und schmerzhaft. Bei diffuser kutaner Leishmaniose (DCL) ist der gesamte Körper des Patienten von verschieden großen, langsam wachsenden Knoten bedeckt, die nicht ulzerieren (Abb. 4d, e). Bei mukokutaner Leishmaniose (MCL) beginnen die Geschwüre an den mukokutanen Übergängen im Gesicht und metastasieren dann durch die Schleimhäute. Dies führt zu einer schweren entstellenden Zerstörung des Nasenseptums, der Lippen und des Gaumens und kann bis zum Rachen und Kehlkopf reichen.

Infektion bei Tieren

Kutane Infektion bei Hunden ist ein bedeutendes veterinärmedizinisches Problem. Die Belastung durch das Problem ist sehr groß, insbesondere da CL bei Tieren eine vernachlässigte Krankheit ist. Infizierte Hunde sind die häufigsten Opfer. Klinische Anzeichen variieren von Dermatitis, Haarausfall, Hautulzerationen, Gewichtsverlust und okularen und nasalen Läsionen, die für CL typisch sind. Die Läsionen heilen oft ab oder werden sonst chronisch, was zu schweren Entstellungen führt.

Epidemiologie und öffentliche Gesundheit

Die CL macht etwa 95 % der Fälle im Nahen Osten, im Mittelmeerraum, in Zentralasien und in Amerika aus. Ein WHO-Bericht von 2018 zeigt, dass die jährliche weltweite Inzidenz von CL 600.000 bis 1 Mio. erreicht, von denen 85 % neu erworbene Infektionen in 9 Ländern sind (Afghanistan, Algerien, Bolivien, Brasilien, Kolumbien, Iran, Irak, Pakistan, Syrien und Tunesien), s. Abb. 6. Die CL macht fast 95 % der Fälle im Nahen Osten, im Mittelmeerraum, in Zentralasien und in Amerika aus.

Leishmaniose ist weltweit verbreitet, hauptsächlich in den Tropen und Subtropen und im Mittelmeerraum. *Leishmania* spp. aus der Untergruppe *Leishmania* (1 Komplex, 5 Arten) und der Untergruppe *Viannia* (2 Komplexe, einer davon mit 2 Arten) sind die Parasiten der Neuen Welt. Die Untergruppe *Leishmania* mit 3 Komplexen, die 8 Arten enthalten, verursacht Infektionen in der Alten Welt („Old World", OW). Die geografische Verteilung, der Reservoirwirt, der Vektor und die Übertragung durch *Leishmania* spp. sind in den Tab. 1 und 2 dargestellt.

Diagnose

Mikroskopie

Proben gesammelt von den Rändern der aktiven Läsionen durch Stanzbiopsie und gefärbt mit Giemsa-Färbung können auf das Vorhandensein von Amastigoten von *Leishmania* untersucht werden.

In-vitro-Kultur

Isolierung von Promastigoten aus den Proben durch In-vitro-Kultur ist ebenfalls nützlich für den Nachweis und die Identifizierung von *Leishmania*-Arten, die kutane Leishmaniose verursachen.

Serodiagnostik

Assay für spezifische zellvermittelte Immunität wird durch den Leishmanin-Hauttest als Maß für verzögerte Hypersensitivität durchgeführt. Das Antigen, bestehend aus getöteten Promastigo-

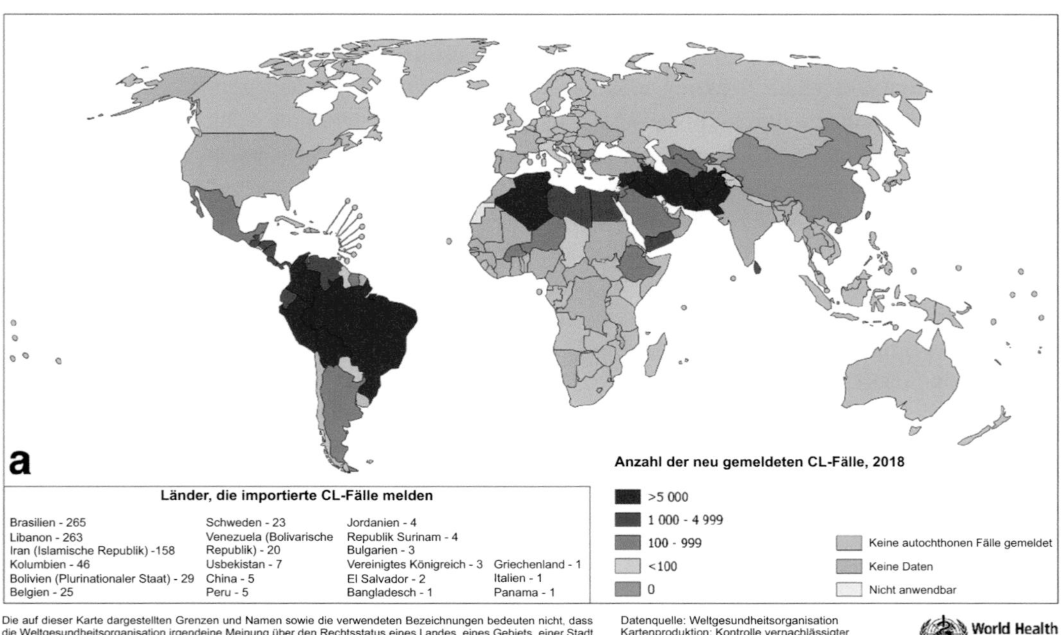

Abb. 6 Status der Endemizität von CL weltweit, 2018. (Quelle: Genehmigung durch die WHO; https://www.who.int/leishmaniasis/ burden/en/)

Tab. 1 Klassifizierung der *Leishmania* der Alten Welt

Spezies	Reservoirwirt	Geografische Verbreitung	Menschliche Krankheit
***Leishmania major*-Komplex** *Leishmania major*	*Psammomys*	Mittlerer Osten, Afrika, Zentral- und Westasien, Indien, China	Kutane Leishmaniose
***Leishmania tropica*-Komplex** *Leishmania tropica*	Mensch	Nordafrika, Mittelmeerraum, Mittlerer Osten, Westindien	Kutane Leishmaniose, *Leishmania recidivans*
Leishmania killicki (syn. *Leishmania tropica*)	Nagetier spp., *Ctenodactylus gundi*	Nördliche Sahara, Nordalgerien, Tunesien, Libyen	Kutane Leishmaniose
Leishmania aethiopica	Nagetier spp., Schliefer	Äthiopien, Uganda, Kenia	Kutane Leishmaniose, disseminierte kutane Leishmaniose
***Leishmania donovani*-Komplex**	Kaniden, Schliefer, Equiden, Affen	Mittlerer Osten, Afrika, China	Viszerale Leishmaniose
Leishmania donovani (archibaldi)	Mensch, Nagetiere	Sudan, Äthiopien, Kenia, Uganda	Viszerale Leishmaniose, Post-Kala-Azar-dermale-Leishmaniose
	Menschen	Indischer Subkontinent, China	
Leishmania donovani infantum (chagasi)	Kaniden	Mittelmeerraum, Mittlerer Osten, Zentralasien, China	Viszerale Leishmaniose, kutane Leishmaniose

Tab. 2 Klassifizierung der *Leishmania* der Neuen Welt

Spezies	Reservoirwirt	Geografische Verbreitung	Menschliche Krankheit
Untergattung: *Leishmania*			
***Leishmania mexicana*-Komplex**			
Leishmania mexicana (pifanoi)	Kaniden	Nördliche und zentrale Teile von Südamerika	Kutane Leishmaniose Disseminierte kutane Leishmaniose
Leishmania amazonensis (garnhami) *Leishmania aristides* (nov.sp.) *Leishmania venezuelensis* *Leishmania forattinii*	Waldnager und Faultiere	Zentral- und Südamerika	
Untergattung: *Viannia*			
***Leishmania braziliensis-Komplex*:** *Leishmania braziliensis* *Leishmania peruviana*	Waldnager und Faultiere	Zentral- und Südamerika	Kutane Leishmaniose Disseminierte kutane Leishmaniose Mukokutane Leishmaniose
Leishmania guyanensis-Komplex *Leishmania guyanensis (shawi)* *Leishmania panamensis* *Leishmania lainsoni* *Leishmania naiffi* *Leishmania lindenbergi* *Leishmania utingensis* *Leishmania colombiensis*			

ten, wird intradermal in die Beugeseite des Unterarms injiziert. Eine Induration von 5 mm oder mehr erscheint nach 72 h bei kompetenten Individuen mit aktiver zellvermittelter Immunität in Verbindung mit CL und *L. recidivans,* und 6–8 Wochen nach der Erholung von VL; es ist negativ während aktiver VL und bei DCL in Verbindung mit geringen zellvermittelten Immunantworten.

Antikörperbasierte Diagnosemethoden sind bei der Diagnose von CL nicht nützlich.

Molekulare Diagnostik

Molekulare Methoden, die für VL verwendet werden, werden auch für den Nachweis und die Identifizierung von *Leishmania* spp. verwendet. Die Proben werden von den spezifischen kutanen Läsionen gesammelt, und die Genziele und Methoden sind die gleichen wie für VL.

Behandlung

Sowohl lokale als auch systemische therapeutische Behandlungen sind für CL verfügbar.

Lokale Therapie

Bei einigen Patienten mit CL kann eine lokale Therapie empfohlen werden, die je nach Art, Größe und Lage der Krankheit beurteilt werden sollte. Lokale physikalische Therapie in Form einer einzigen Sitzung von Thermotherapie bei 40–42 °C oder mehreren Sitzungen von Kryotherapie mit flüssigem Stickstoff wird versucht. Intralesionale Infiltration von pentavalentem Antimon (SbV), unverdünntem Natriumstibogluconat oder Megluminantimoniat wird ebenfalls durchgeführt. Weitere Optionen sind Kryotherapie mit intralesionalem SbV, photodynamische Therapie mit Methylenblau-/Rotlicht emittierender Diode oder topische Anwendung von 15 % Paromomycin + 12 % Methylbenzethonium in Paraffin/0,5 % Gentamicin.

Systemische Therapie

Die traditionelle Therapie für CL basiert auf pentavalenten Antimonverbindungen, die IV oder IM über einen Zeitraum von 20 Tagen verabreicht werden. Konventionelles Amphotericin-B-Desoxycholat wird hauptsächlich als Rettungstherapie für CL verwendet. Lipidformulierungen von Amphotericin B haben ein besseres Sicherheitsprofil im Vergleich zum konventionellen Medikament.

Das orale Medikament Miltefosin ist von der FDA für die Behandlung von CL bei Erwachsenen und Jugendlichen zugelassen, die nicht schwanger sind oder stillen. Allerdings sind die Indikationen für die Therapie auf Infektionen beschränkt, die nur von den Arten in der Untergruppe *Viannia* verursacht werden. Variable Reaktionen wurden auch bei der Therapie mit Miltefosin in den Fällen von CL der Neuen Welt beobachtet. Ähnlich wurden andere orale Medikamente wie Ketoconazol, Itraconazol und Fluconazol mit gemischten Ergebnissen verwendet.

Mukokutane Leishmaniose (MCL)

Die mukokutane Form der Leishmaniose tritt in einer Teilmenge der Bevölkerung mit CL auf und ist äußerst selten. Dennoch ist sie die schwerste Form der CL und potenziell lebensbedrohlich. Die Erkrankung wird durch *Leishmania*-Arten der Untergruppe *Viannia* verursacht. Die Virulenz des Parasiten und die Immunität des Wirts entscheiden über den Übergang von CL zu MCL.

Promastigoten im Verdauungskanal der weiblichen Sandmücke sind die infektiösen Formen.

Der Lebenszyklus, die Pathogenese, die Pathologie und die Immunologie von MCL sind die gleichen wie bei CL.

Infektion beim Menschen

Die Manifestationen von MCL treten bei der Mehrheit der Patienten mit Narben von vorheriger CL auf. Die anfänglichen Läsionen zeigen sich typischerweise als Erythem und Ulzeration der Nasenlöcher. Die Erkrankung schreitet allmählich zu Ödemen und Perforation des Nasenseptums fort. Danach schreitet die Erkrankung zu Gingivaödem, palatalen Ulzerationen und Parodontitis fort. Schließlich führt die Erkrankung zu einer allmählichen Zerstörung von Gewebe, die zu Entstellungen führt. Lymphadenopathie ist ebenfalls vorhanden, die im Laufe der Zeit Ulzerationen und sekundäre Infektionen zeigt.

Infektion bei Tieren

Obwohl selten, wurde MCL bei Haustieren, insbesondere bei Hunden und Katzen berichtet. Ulzerationen und Beteiligung des Gesichts ähneln denen beim Menschen, oft beginnend mit den Nasenlöchern und dem Nasenseptum. Es kommt auch zu Entstellungen des Gesichts.

Epidemiologie und öffentliche Gesundheit

Mukokutane Leishmaniose ist hauptsächlich auf Süd- und Mittelamerika beschränkt. MCL macht über 90 % der Fälle in Bolivien, Brasilien, Äthiopien und Peru aus.

Diagnose

Die Hauptmethoden zur Diagnose bei MCL bleiben die gleichen wie bei CL. Allerdings zeigen Histopathologie und Abdruckabstriche von der Nasenschleimhaut sehr wenige Parasiten im Vergleich zu CL. Daher ist die molekulare Diagnostik durch den Nachweis von *Leishmania*-DNA in den Proben die empfindlichste Methode zur Diagnose von MCL.

Die Diagnosemethoden für alle Formen der Leishmaniose sind in Tab. 3 zusammengefasst.

Behandlung

Systemische Behandlung ist bei MCL-Fällen obligatorisch, da die Ausbreitung und Lokalisierung eine lokale Behandlung unpraktisch oder unwirksam machen. Für MCL der Alten Welt werden Miltefosin oder pentavalente Antimoniale für 28 Tage oder liposomales Amphotericin B empfohlen, und die Behandlung mit den oben genannten Medikamenten hat sich als wirksam erwiesen. Für MCL der Neuen Welt wurden die gleichen Medikamente als nützlich gefunden, zusätzlich zu Pentoxifyllin mit Antimonialen. Pentavalente Antimoniale sind immer noch der Goldstandard der Behandlung mit einer allgemeinen Heilungsrate von 88 %. Destruktive Schleimhautläsionen enthalten wenige Parasiten, während die Tumornekrosefaktor (TNF)-Spiegel hoch sind. Pentoxifyllin reguliert TNF-α herunter und hemmt die Leukozytenmigration und -adhäsion. Die Kombination von Antimonialen

Tab. 3 Labordiagnose von Leishmaniose

	Diagnosemethoden	Ziel	Bemerkungen
1.	**Mikroskopie** Aspirate von der Milz, Leber, Knochenmark, Lymphknoten, dickem Blut oder Buffy Coat von peripherem Blut bei VL. Die Ränder der aktiven Läsionen durch Stanzbiopsie bei CL und MCL Giemsa-Färbung am häufigsten verwendet	Amastigotenformen	Niedrige Sensitivität. Erfahrener Mikroskopiker benötigt
2.	**In-vitro-Kultur** Novy-MacNeal-Nicolle-zweiphasiges-Blutagarmedium, Schneider-Flüssigmedium. Grace-Insekten-Flüssigmedium	Bewegliche Promastigoten	Zeitaufwändig und potenziell gefährlich
3.	**Immundiagnostik** ELISA, Immunfluoreszenztests, immunchromatografische (ICG) Tests	Antikörper gegen rekombinantes Kinesin-Antigen (rk39) oder andere Antigene	Kann nicht immer zwischen vergangener und gegenwärtiger Infektion unterscheiden ICG-Test kann unter Feldbedingungen verwendet werden
4.	**Molekulare Diagnostik** PCR, RFLP, PCR-ELISA	Nukleäres oder Kinetoplast-Minizirkel-DNA	RFLP könnte verwendet werden, um zwischen Rückfall und Reinfektion bei behandelten VL-Patienten zu unterscheiden PCR-RFLP-basierte Genotypisierungstests können zur Identifizierung sowie zur Charakterisierung des Parasiten auf Speziesebene verwendet werden

mit Pentoxifyllin hat sich bei refraktärem MCL als sehr wirksam erwiesen, und in vielen Fällen kann die Notwendigkeit einer 2. Behandlung mit Antimonverbindungen vermieden werden.

Prävention und Bekämpfung von Leishmaniose

Persönliche Vorsichtsmaßnahmen beinhalten das Vermeiden von Aktivitäten im Freien, insbesondere in der Dämmerung und bei Sonnenaufgang, der optimalen Zeit für die aktive Nahrungsaufnahme durch Sandmücken, Kleidung, die den ganzen Körper bedeckt, und das Auftragen von Repellents auf freiliegende Teile des Gesichts und der Hände sowie das Imprägnieren von Bettlaken und Netzen mit Insektiziden. Weitere präventive Maßnahmen umfassen die frühzeitige Diagnose und Behandlung von Patienten zur Bekämpfung der Ausbreitung der Krankheit, die Identifizierung und Bekämpfung von Reservoirwirten und die Beseitigung von Vektorhabitaten im Freien durch das Sprühen von geeigneten Insektiziden.

Impfstoffe gegen Leishmaniose

Probleme, die bei der Impfstoffproduktion auftreten, sind das Vorhandensein verschiedener infektiöser Arten von *Leishmania* und Virulenzfaktoren zwischen verschiedenen Arten sowie das Vorhandensein verschiedener Reservoirwirte (*L. donovani* ist anthroponotisch, während *L. infantum* zoonotisch mit Hundearten als Hauptreservoir ist). Der Meerschweinchen-Reservoirwirt von *L. enriettii*, bei dem T-Zell-Antworten auf Parasitenantigene innerhalb von 2 Wochen etabliert werden und die Heilung von kutanen Läsionen in etwa 10 Wochen erfolgt, stellt ein ideales Modell für CL dar. Ein weiteres hochanfälliges Modell sind die BALB/c-Mäuse, die unter großen, sich ausbreitenden und metastasierenden Läsionen leiden, die zum Tod führen. Für VL ahmt der Goldhamster die Infektion beim Menschen nach. Als Hauptreservoir von *L. infantum* und *L. donovani chagasi* sind die sequenziellen Reaktionen auf Infektionen bei Mäusen wie beim Menschen.

Erstgeneration-Lebendimpfungen wurden in primitiven Versuchen gegen CL in Endemiegebieten aus kosmetischen Gründen eingesetzt. Die absichtliche Inokulation von virulenten Amastigoten aus infektiösem Exsudat wurde an bedeckten Stellen des Körpers von Babys durchgeführt, um eine schützende Immunität zu stimulieren, die sich in der Regel verfestigt, und um Narben an der Stelle des Sandmückenbisses zu vermeiden, insbesondere wenn sie im Gesicht sind. Zweitgeneration-Impfstoffe basierten auf genetischen Modifikationen von *Leishmania* spp. Solche Impfstoffe verwendeten Bakterien- oder Virustransporte, um genetisch modifizierte avirulente *Leishmania*-Parasiten und Epitope von Antigenen in Form von synthetischen Peptiden mit Adjuvantien zu liefern. Ein aktueller Fortschritt ist der IDRI-Impfstoff, alternativ bekannt als LEISH–F3 + GLA-SE, der als reine rekombinante Zubereitung zum Schutz gegen VL eingeführt wurde. Dieser Impfstoff enthält zwei fusionierte *Leishmania*-Parasitenproteine (LEISH-F3) mit dem TLR-4-Agonisten-Adjuvans (GLA-SE). Eine vorläufige Verabreichung von drei 28 Tage auseinanderliegenden Injektionen führte zu hohen ID93-spezifischen Antikörpertitern mit erhöhten IgG1- und IgG3-Subklassen und Th-1-Typ-zellulären Impfantworten, was auf einen zufriedenstellenden Schutz hinweist.

Fallstudie

Ein 5-jähriger Junge wurde mit intermittierendem Fieber, das bis zu 40 °C erreichte und seit 25 Tagen nicht auf übliche Antipyretika ansprach, ins Kinderkrankenhaus in Kairo eingeliefert. Die Mutter gab an, dass sie ihren Sommerurlaub 2 Monate zuvor in einem Resort in der Agamy-Region an der westlichen Mittelmeerküste von Alexandria verbracht hatten. Bei der Untersuchung war die Milz etwa 10 cm unterhalb des Rippenbereichs vergrößert, und auch die Leber war vergrößert und bei Palpation empfindlich. Einige Hals-, Achsel- und Leistenlymphknoten waren tastbar. Ein vollständiges Blutbild zeigte einen Hämoglobinspiegel von 6,5 g/dl, eine RBC-Zählung von 3,5 Mrd./cu mm, eine Leukopenie von 2,5 Th./cu mm, eine Neutropenie von segmentierten Neutrophilen 18 % und eine Thrombozytopenie von 95 Th./cu mm. BSG und C-reaktives Protein waren auf 60 mm bzw. 125 mg/l erhöht. Leberfunktionstests waren erhöht. Eine vorläufige Untersuchung des Blutausstrichs und des dicken Tropfens zeigte apoptotische Monozyten mit verstreuten Amastigoten von *Leishmania*. Der Zustand wurde als infantile VL diagnostiziert und erfolgreich mit liposomalem Amphotericin (L-AMB) für 5 Tage behandelt, verstärkt an den Tagen 14 und 21.

1. Nennen Sie die serologischen Tests, die zur Diagnose dieser Erkrankung durchgeführt werden können.
2. Welche alternativen Medikamente stehen zur Behandlung zur Verfügung?
3. Wie unterscheidet sich die hier erwähnte Krankheit von ähnlichen Krankheiten auf dem indischen Subkontinent?

Forschungsfragen

1. Wie kommt man zu einer aktualisierten und vereinfachten taxonomischen Klassifikation basierend auf der phylogenetischen Beziehung der *Leishmania*-Arten?
2. Ist der Verlust des freien Flagellums durch intrazelluläre Amastigoten mit dem sauren Milieu des Makrophagen-Phagosoms verbunden?
3. Wie kann die Entwicklung eines effektiven Impfstoffs basierend auf der genetischen Vielfalt und der Populationsstruktur verschiedener *Leishmania*-Arten beschleunigt werden?

Weiterführende Literatur

Claborn D, editor. The epidemiology and ecology of leishmaniasis. E-book. Norderstedt: BoD; 2017.

Ephros M, Aronson N. In: Long SS, Prober CG, Fischer M, editors. Chapter 267: *Leishmania* species (Leishmaniasis) in principles and practice of pediatric infectious diseases E-book. 5. Aufl. Amsterdam: Elsevier; 2018. S. 1323–32.

Koirala S, Karki P, Das ML, Parija SC, Karki BMS. Epidemiological study of kala-azar by direct agglutination test in two rural communities of eastern Nepal. Tropical Med Int Health. 2004;9:533–7.

Koirala S, Parija SC, Karki P, Das ML. Knowledge, attitude and practice about kala-azar and its sand fly vector in rural communities of Nepal. Bull World Health Organ. 1998;76:485–90.

Leishmaniasis – World Health Organization www.who.int › Newsroom › Fact sheets › Detail https://www.who.int/news-room/fact-sheets/detail/leishmaniasis. März 2, 2020.

Maurício IL. The Leishmaniases: Old Neglected Tropical Diseases| Chapter: *Leishmania* Taxonomy. First Online: 13 Januar 2018. S. 15–30.

Nappi AJ. Parasites of medical importance. 2002. Department of Biology Loyola University Chicago, Illinois, USA.

Oghumu S, Natarajan G, Satoskar AR. Pathogenesis of leishmaniasis in humans. In: Singh SK, editor. Human emerging and re-emerging infections: viral and parasitic infections, Bd. I. Hoboken: Wiley; 2015.

Parija SC, Karki P, Koirala S. Cases of kala-azar without hepatosplenomegaly. Trop Doct. 2000;30:187–8.

Parija SC. Textbook of medical parasitology. 4th ed. New Delhi: AIIPD; 2013.

Steverding D. The history of leishmaniasis. Parasit Vectors. 2017, Feb 15;10(1):82.

World Health Organization. Leishmaniasis. Fact Sheet. 2016; 375. http://www.who.int/mediacentre/factsheets/fs375/en/. Zugegriffen: 23 Aug. 2016.

Afrikanische Trypanosomiasis

Stefan Magez, Hang Thi Thu Nguyen, Joar Esteban Pinto Torres und Magdalena Radwanska

Lernziele

1. Die Bedeutung der angeborenen Immunität und die damit verbundenen Faktoren für den Schutz vor Infektionen verstehen
2. Eine Vorstellung von der geografischen Verteilung verschiedener Arten und Unterarten und ihrer Rollen bei der Krankheitsverursachung haben
3. Kenntnisse über die primäre Bedeutung serologischer Tests bei der Diagnose haben

S. Magez · H. T. T. Nguyen · M. Radwanska
Ghent University Global Campus, Incheon, Südkorea

H. T. T. Nguyen
E-Mail: Hang.NguyenThiThu@ghent.ac.kr

M. Radwanska
E-Mail: Magdalena.radwasnka@ghent.ac.kr

S. Magez · H. T. T. Nguyen · J. E. P. Torres
Laboratory for Cellular and Molecular Immunology (CMIM), Vrije Universiteit Brussel, Brussel, Belgien

S. Magez (✉) · H. T. T. Nguyen
Department of Biochemistry and Microbiology, Universiteit Gent, Gent, Belgien
E-Mail: stefan.magez@ghent.ac.kr; stefan.magez@vub.be

M. Radwanska
Department of Biomedical Molecular Biology, Universiteit Gent, Gent, Belgien

Einführung

Trypanosomiasis ist eine Krankheit, die sowohl Menschen als auch Tiere betrifft und einen nachteiligen Einfluss auf die Sozioökonomie zahlreicher endemischer Länder hat. Trypanosomen sind protozoische Parasiten, die hauptsächlich durch blutsaugende Vektoren übertragen werden, die in vielen Fällen ihren primären obligatorischen Wirt darstellen. Es gibt 2 Arten von Trypanosomen, Stercoraria-Trypanosomen, die durch Insektenkot freigesetzt werden, und Salivaria-Trypanosomen, die durch Insektenspeichel übertragen werden. Diese beiden Gruppen von Trypanosomen zeichnen sich durch sehr unterschiedliche Wirt-Parasiten-Interaktionen aus, und dieses Kapitel konzentriert sich nur auf die afrikanische Trypanosomiasis. Von allen Salivaria-Trypanosomen, die bekanntermaßen Säugetiere infizieren, sind nur 3 als zoonotisch zu betrachten. Alle gehören zur Untergruppe *Trypanozoon*, und zwei davon könnten sogar zur Diskussion stehen, wenn es um eine zoonotische Klassifikation sensu stricto geht. Das wahre zoonotische Trypanosoma ist *Trypanosoma brucei rhodesiense*. Dieses ostafrikanische Trypanosoma hat ein erweitertes Säugetierwirtreservoir, das sowohl Wild- als auch Haustiere umfasst. Die Vielfalt des Reservoirs ist der Hauptgrund, warum die Ausrottung der HAT (humane afrikanische Trypanosomiasis) als solche als undurchführbar gilt. *Trypanosoma brucei*

S. C. Parija und A. Chaudhury (Hrsg.), *Lehrbuch der parasitären Zoonosen*,
https://doi.org/10.1007/978-981-97-4312-4_12

rhodesiense verursacht eine akute und meist tödliche Form der Schlafkrankheit. Allerdings machen *T. b. rhodesiense*-Infektionen nur einen kleinen Bruchteil aller gemeldeten HAT-Fälle aus, da der *Trypanosoma brucei gambiense*-Parasit für geschätzte 95–98 % aller HAT-Fälle verantwortlich ist. Diese Infektion ist chronischer und hat eine viel größere geografische Verbreitung, die West- und Zentralafrika umfasst. *Trypanosoma brucei gambiense*-Infektionen werden oft als anthroponotisch betrachtet. Tatsächlich wird nun anerkannt, dass *T. b. gambiense* Parasiten eine Gruppe von diverseren *Trypanozoon* Organismen darstellen, bei denen die zoonotischen Infektionen viel schwerer zu bekämpfen sein könnten. Schließlich wird *Trypanosoma evansi* im Allgemeinen nicht als menschlicher Parasit betrachtet, obwohl mehrere atypische menschliche Infektionen gemeldet wurden. Diese Infektionen wurden nur außerhalb Afrikas gemeldet, aber es ist sehr gut möglich, dass aufgrund mangelnder Überwachung die Anzahl der aHT-Infektionen systematisch unterschätzt wurde.

Geschichte

Trypanosoma evansi war das erste Salivaria-pathogene Trypanosoma, das entdeckt wurde. Der Parasit wurde 1880 auf dem indischen Subkontinent von Dr. Griffith Evans bei Pferden und Kamelen, die an Surra litten, identifiziert. David Bruce identifizierte zwischen 1894 und 1910 Trypanosomen im Blut von infizierten Rindern, die an der afrikanischen Rinderkrankheit, bekannt als Nagana, litten. Während der Name Surra seinen Ursprung im Hindi-Wort für „verrottet“ hat, findet Nagana seinen Ursprung in der Zulu-Sprache, was „deprimiert“ oder „niedriger Geist“ bedeutet, was direkt die klinische Manifestation dieser Tierkrankheit widerspiegelt.

Die ersten Berichte über HAT gehen auf das 18. Jahrhundert zurück. Allerdings war es erst am Ende des 19. Jahrhunderts, von 1896 bis 1906, dass die 1. ordnungsgemäß dokumentierte HAT-Epidemie auftrat, die mit Bevölkerungsverschiebungen als Folge der kolonialen Entwicklung des Kongobeckens zusammenfiel. Eine 2. Epidemie trat in den 1920er-Jahren auf. Bis in die 1960er-Jahre war die Übertragung von HAT fast gestoppt, unterstützt durch eine Kombination von intensiven Screening- und Behandlungspolitiken sowie Vektorbekämpfung. Im Nachgang der Dekolonisation verlor man das Interesse an der Überwachung. In Kombination mit dem Verbot des Insektizids DDT führte dies zu einem Wiederauftreten der Krankheit in den 1970er-Jahren. Am Ende des 20. Jahrhunderts schätzte die WHO, dass sich jedes Jahr 300.000 Menschen infizierten. Nach der erneuten Etablierung erfolgreicher Diagnose- und Behandlungsprogramme scheint diese 3. Epidemie nun unter Kontrolle zu sein. Im Jahr 2019 wurden der WHO weniger als 1000 *T. b. gambiense*-Infektionen gemeldet, während die Fallzahl für *T. b. rhodesiense* knapp über 100 lag.

Taxonomie

Die taxonomische Position der Gattung *Trypanosoma* gehört zur Familie Trypanosomatidae, Ordnung Trypanosomatida und Klasse Kinetoplastida im Stamm Euglenozoa. *Trypanosoma brucei rhodesiense*, *T. b. gambiense* und *T. evansi* verursachen Infektionen beim Menschen.

Parasitengenomik und Proteomik

Das Genom von *T. brucei* hat 11 Megabasen-Chromosomen (von insgesamt 35 Mb) sowie 5 mittlere (200–300 kb) und etwa 60–100 Minichromosomen von Größen 30–150 kb. Das Genom enthält 9068 vorhergesagte Gene, einschließlich etwa 900 Pseudogene und etwa 1700 *T. brucei*-spezifische Gene. Antigenvariation ist einer der interessantesten Mechanismen, den die Trypanosomen zeigen, um der Immunantwort des Wirts zu entgehen. Nach der Injektion durch eine infizierte Tsetsefliege erreichen die metazyklischen Trypomastigoten den Blutkreislauf des Säugetiers, bedeckt von einem einzigartigen Oberflächenglykoprotein namens metazyklisches variables

Oberflächenglykoprotein („metacyclic variant surface glycoprotein", mVSG). Dieses Protein wirkt als Abwehrschicht gegen Antikörper und Komplementangriffe des Wirts und hilft auch bei der Immunflucht. Große subtelomerische Arrays enthalten 806 Variables-Oberflächenglykoprotein (VSG)-Gene. Ein einzelnes Trypanosoma hat mehr als 1500 VSG-Gene, von denen die meisten in umfangreichen stillen Arrays liegen. Interessanterweise sind die meisten dieser stillen VSG Pseudogene, und laufende Studien versuchen zu verstehen, wie nicht intakte VSG rekombiniert werden, um Gene zu produzieren, die funktionale Mäntel codieren. Nur 1 VSG wird zu einem Zeitpunkt von 1 von etwa 15 speziellen VSG-Expressionsstellen-Transkriptionseinheiten exprimiert. Antigenvariation kann in 2 verschiedene Typen klassifiziert werden. VSG-Umschaltung durch Rekombination ermöglicht, dass VSG regelmäßig verändert werden, während andere Gene, die mit der Expressionsstelle (ESAG) assoziiert sind, unverändert bleiben. Alternativ wird die aktive Expressionsstelle „ausgeschaltet", was die mRNA-Verlängerung von einer neu aktivierten Expressionsstelle ermöglicht. Dies ändert das VSG sowie die ESAG. Letzteres ist ein Vorteil, wenn sich das Trypanosoma an einen neuen Wirt anpassen muss, wie im Folgenden im Fall der Anpassung an das Wachstum in menschlichem Serum/Blut skizziert.

Die Differenzierung der Unterarten von *T. brucei*-Parasiten basiert auf zwei spezifischen „Resistenzgenen", die das Wachstum in menschlichem Serum/Blut ermöglichen. Bei *T. b. rhodesiense* ist die Resistenz gegen menschliches Serum mit dem Vorhandensein des SRA codierenden Gens (oder Serumresistenz-assoziierten Gens) verbunden. *Trypanosoma brucei gambiense* ist hauptsächlich durch das Vorhandensein des *TgsGP*-Gens gekennzeichnet. Allerdings ist *T. b. gambiense* keine homogene Familie von Parasiten und wird derzeit in 2 Gruppen unterteilt. Die eher homogene Gruppe 1 der *T. b. gambiense*-Parasiten zeigt einen unveränderlichen echten NHS-Resistenzphänotyp. Alle haben den *TgsGP*-Genmarker. Die Gruppe 2 der *T. b. gambiense*-Parasiten ist viel heterogener, zeigt variable Resistenz, ist viel näher verwandt mit *T. b. rhodesiense* und *T. b. brucei* und repräsentiert die zoonotische Seite von *T. b. gambiense*-HAT. Es gibt keinen spezifischen genetischen Marker für diese Parasiten.

Obwohl *T. evansi* zuerst in Indien entdeckt wurde, wird allgemein angenommen, dass der Parasit tatsächlich eine „Variante" von *T. brucei* ist, die die Kinetoplast-DNA (kDNA) verloren hat, die für die Entwicklung im Darm der Tsetsefliege essenziell ist. In Bezug auf atypische HT wurden bisher keine genetischen Marker entdeckt, die erklären können, wie einige *T. evansi*-Parasiten einen Serumresistenzmechanismus erworben haben. Die Vorstellung, dass *T. evansi*-Mutationen weit davon entfernt sind, verstanden zu werden, wurde durch die genetische Analyse einer großen Gruppe von *T. evansi*-Parasiten in einem begrenzten geografischen Gebiet deutlich gemacht. Detaillierte Mikrosatellitengenotypisierung von in Kenia isolierten Parasiten ermöglichte die Gruppierung von *T. evansi* in mindestens 4 verschiedene Cluster, mit unterschiedlichen evolutionären Ursprüngen (Abb. 1). Es ist denkbar, dass bei ähnlichen Studien, die *T. evansi*-Parasiten von 4 verschiedenen Kontinenten einschließen, eine noch komplexere Parasitenontologie offenbart würde.

Nur wenige Studien wurden hinsichtlich der proteomischen Analyse von CSF-Proteinprofilen im 1. und 2. Stadium der HAT-Krankheit durchgeführt, die zeigen, dass die Anzahl der unterschiedlich exprimierten Proteine zwischen den beiden Stadien weniger als hundert beträgt. Zwei dieser Proteine, Osteopontin und Beta-2-Mikroglobulin, erwiesen sich als genaue Marker für das 1. und 2. Stadium von Patienten mit Schlafkrankheit. Das Proteom des Insektenstadiums und des menschlichen Blutstadiums des Parasiten wurde ebenfalls kartiert. Der Vergleich von 4364 Proteingruppen führte zur Identifizierung von stadienspezifischen Proteinen, die zu einem besseren Verständnis führen können, wie Parasiten sich an verschiedene Wirte anpassen.

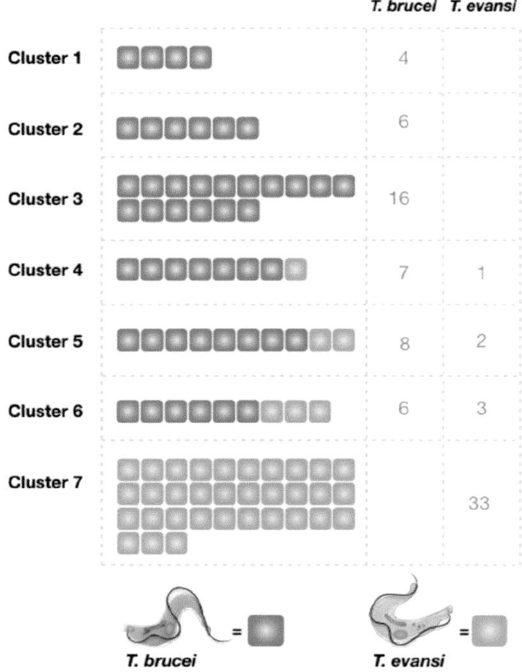

Abb. 1 Genetische Clusterbildung einer Sammlung von kenianischen Trypanosomen-Feldisolaten. Während einige Cluster deutliche *T. brucei*- oder *T. evansi*-Parasiten enthalten, enthalten andere Cluster eine Mischung der beiden mit enger genetischer Beziehung. Daher wird angenommen, dass verschiedene *T. evansi*-Parasiten von verschiedenen *T. brucei*-Parasiten abgeleitet sind

Die Parasitenmorphologie

Trypanosoma brucei ist pleomorph, mit 3 Hauptformen, die alle einen kleinen Kinetoplasten und eine auffällige wellenförmige Membran haben (Abb. 2).

Trypomastigoten oder lange schlanke Formen

Diese Formen sind 20–30 µm lang mit einem freien Flagellum, das bis zur Hälfte der Länge des Organismus reichen kann. Das hintere Ende ist spitz und der Kern ist zentral. Der Kinetoplast befindet sich vor dem hinteren Ende. Sie sind das proliferative Stadium des Parasiten.

Metazyklische Trypomastigoten oder kurze gedrungene Formen

Diese Formen können 15–20 µm lang sein ohne ein freies Flagellum. Der Kinetoplast ist normalerweise subterminal. In gefärbten Proben sind oft blaue Volutingranula im Zytoplasma vorhanden, oft entlang des Zellrands angeordnet. Sie sind das nicht proliferative Stadium des Parasiten.

Zwischenformen

Zwischenformen variabler Länge, zwischen zwei Stadien, sind ebenfalls zu finden. In dieser Form ist ein freies Flagellum vorhanden. Der Kern ist zentral platziert. Das hintere Ende ist in seiner Form etwas variabel, aber stumpf zugespitzt. Der Kinetoplast liegt nahe am hinteren Ende. Volutingranula sind gelegentlich vorhanden, aber weder so häufig noch so reichlich wie in den kurzen, gedrungenen Formen.

Die strukturelle Steifigkeit der Zelle wird in all diesen Formen durch die Mikrotubuli gewährleistet, die unterhalb der Plasmamembran als Längsbündel ausgerichtet sind. Die einzige Stelle, an der diese Struktur unterbrochen ist, ist die Stelle der Flagellentaschen, wo ein Basalkörper das einzelne Flagellum verankert und wo alle Endozytose- und Exozytoseereignisse stattfinden. An der Basis der Flagellentasche befindet sich der Kinetoplast, der aus zahlreichen zirkulären DNA-Molekülen besteht. In der langen schlanken Form ist die Spitze des Flagellums frei und zeigt in die Richtung der Beweglichkeit des Trypanosomas. Die lange schlanke Form hat ein einfaches einzelnes Mitochondrium, das vom Kinetoplasten nach vorne reicht, und die Cristae sind kurz, wenige und röhrenförmig. Die metazyklische gedrungene Form hat ein größeres Mitochondrium, das vom Kinetoplasten nach vorne und hinten reicht, mit zahlreichen Cristae und plattenförmigem Aussehen.

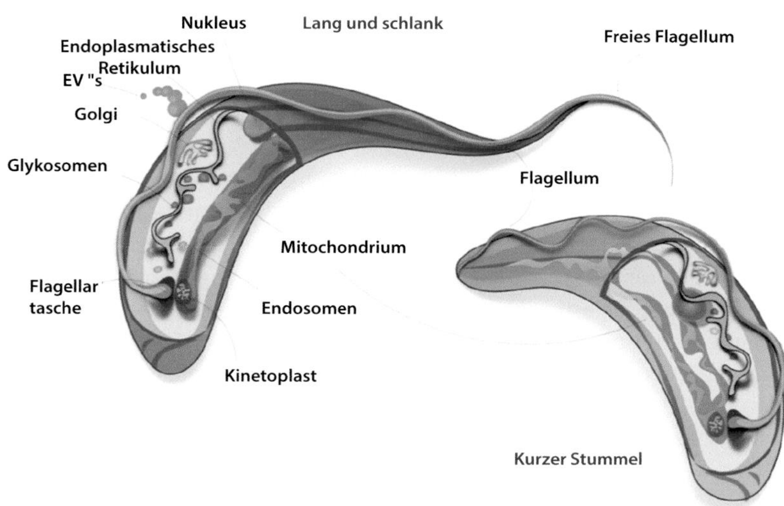

Abb. 2 *Trypanosoma brucei rhodesiense-* und *T. b. gambiense*-Parasiten sind pleomorphe Parasiten, die im Blut ihres Säugetierwirts sowohl als lange schlanke („long slender", LS) proliferierende Form als auch als kurze gedrungene („short stumpy", SS) nicht proliferierende Form vorkommen. Beide Formen können anhand ihrer Form, des langen freien Flagellums der LS-Form und ihrer Beweglichkeit unterschieden werden, wobei Letztere bei der LS-Form höher ist. *Trypanosoma evansi* wird nur in der LS-Form im Blut des Säugetierwirts beobachtet

Zucht von Parasiten

Für Trypanosomen stehen In-vitro-Zuchtmethoden zur Verfügung, die eine begrenzte Anzahl von Experimenten ermöglichen, wie sie im Kontext der Entdeckung der Quorum-sensing-Regulation, d. h. der Regulation der Parasitenpopulation, verwendet wurden. Kurz gesagt, die meisten Kulturmethoden basieren auf der Verwendung von HMI-9-Medium (Hirumi-modifiziertes-Iscove-Medium 9), das mit 1,1 % (w/v) Methylcellulose, 15 % (v/v) fötalem Kälberserum und 5 % (v/v) hitzeinaktiviertem menschlichem Serum ergänzt werden kann. Entscheidend für diese Mediumwahl ist das Vorhandensein von Hypoxanthin (1 mM), Bathocuproinedisulfonat (0,05 mM), β-Mercaptoethanol (0,2 mM) und Natriumpyruvat (1 mM). Prozyklische Zellen können in SDM-79-Medium gezüchtet werden. In vitro kann die Differenzierung der Zellen zu den Parasiten der Insektenform (prozyklisch) durch Zugabe von Citrat und *cis*-Aconitat (je 3 mM) oder 6 mM *cis*-Aconitat und Senkung der Kulturtemperatur von 37 auf 27 °C erreicht werden. Die Zellen müssen alle 24–48 h erneuert werden.

Versuchstiere

Die meisten Experimente mit Labortieren wurden an C57BL/6-Mäusen (und vielen Gen-defizienten Knockout-Varianten) und BALB/c-Mäusen durchgeführt. Eine kleinere Anzahl von Berichten hat Ergebnisse dokumentiert, die bei CBA/Ca-Mäusen, C3H/HeN (oder J)-Mäusen oder SWISS-Mäusen erzielt wurden. F1-Kreuze wurden hauptsächlich in Experimenten zur Bestimmung der Immunologievererbung verwendet. Studien an AKR-Mäusen sind von besonderem Interesse, da dieser Stamm eine natürliche C5-Komplement-Defizienz aufweist. Das Auftreten einer „regulären" *T. brucei*-Parasitämiekontrolle in diesem Stamm war der erste Hinweis darauf, dass das Wachstum von Trypanosomen in vivo in großem Maße auf eine komplementunabhängige Weise reguliert werden kann. Experimentelle Mausinfektionen werden in der Regel durch intraperitoneale (IP) Injektion von etwa 5000 Parasiten (Blut/PBS) durchgeführt. Diese Dosis wurde auf der Grundlage des durchschnittlichen Trypanosomengehalts eines infektiösen Tsetsefliegenbisses bestimmt. Wenn verfügbar, können Infektionen mit infizierten Tsetsefliegen durchgeführt werden, die auf die Haut der Mäuse gelegt werden, um den Fliegen das Fressen zu ermöglichen, was zu einer natürlichen Krankheitsübertragung führt. Die Verwendung von intradermalen Nadelinjektionen kann einige Aspekte der natürlichen Bissübertragung nachahmen, ist aber nur nützlich, wenn der frühe Beginn der Infektion untersucht wird oder wenn spezifische immunologische Hautmerkmale angesprochen werden. Zur Untersuchung von längerfristigen systemischen Wirt-Parasiten-Interaktionsereignissen hat sich gezeigt, dass die IP-Injektion von Parasiten zufriedenstellende Ergebnisse liefert.

Das grundlegende Verständnis der Trypanosomiasis-assoziierten B-Zell-Zerstörung wurde hauptsächlich aus experimentellen Mäuseinfektionen mit *T. b. brucei* gewonnen.

Lebenszyklus der *Trypanozoon*-Trypanosomen

Wirte

Endwirte

Tsetsefliege (*Glossina* spp.)

Zwischenwirte

Menschen, Hausrinder und Wildtiere wie Antilopen und wilde Büffel.

Infektiöses Stadium

Metazyklische Form des Parasiten.

Übertragung der Infektion

Der Lebenszyklus der Salivaria-Trypanosomen wird in 2 Wirten vollendet. Sowohl *T. b. rhodesiense* als auch *T. b. gambiense* benötigen einen primären Insektenwirt der Gattung *Glossina*, die Tsetsefliege, die nur in Afrika vorkommt. Menschen und einige andere Tiere bekommen die Infektion von den Insektenvektoren (Abb. 3).

Das metazyklische Stadium des Parasiten wird in den Körper des Menschen eingeführt, wenn die Tsetsefliege der Gattung *Glossina* eine Blutmahlzeit nimmt. Der Speichel der Fliege enthält diese infektiöse Form, die aus der Speicheldrüse des Insekts stammt. Der Speichel enthält auch eine Substanz, die die Blutgerinnung an der Bissstelle hemmt. Im Blut verwandeln sich die aflagellaten metazyklischen Formen in flagellierte Trypomastigoten und beginnen sich durch longitudinale binäre Fission zu vermehren. Die Teilung beginnt am Kinetoplasten, gefolgt von nukleären und zytoplasmatischen Teilungen. Die langen schlanken Trypomastigoten sind im Blut und in der Lymphe aktiv beweglich. Bei chronischer Infektion dringen viele in das zentrale Nervensystem ein, wo sie sich weiter vermehren. Im Falle einer Einstellung der Glykolyse und durch Quorum sensing stoppt die weitere Teilung der Trypomastigoten, und sie verwandeln sich nach Durchlaufen eines kurzen Zwischenstadiums in die kurze gedrungene Form.

Während der Blutmahlzeit gelangen die kurzen gedrungenen Formen in den hinteren Abschnitt des Mitteldarms der Fliege, wo sie sich etwa 10 Tage lang in prozyklische Trypomastigotenformen vermehren. Anschließend durchdringen sie die peritrophische Membran, die das Darmepithel bedeckt, und wandern zum Ventriculus. Die Parasiten können Verdauungsenzymen und einer stark alkalischen Umgebung im Darm der Fliege widerstehen. Dann wandern die schlanken Formen zum Vorderdarm, wo sie zwischen dem 12. und 20. Tag gefunden werden. Sie bewegen sich dann weiter zur Speiseröhre, zum Rachen und zur Hypopharynx. Schließlich gelangen sie in die Speicheldrüsen, wo sie sich in die Epimastigotenform verwandeln. Nach weiteren asexuellen Vermehrungen verwandeln sie sich schließlich in metazyklische Trypomastigoten. Bei der Nahrungsaufnahme kann eine Tsetsefliege bis zu mehrere Tausend Parasiten in den Wirt injizieren. In der Fliege wird der gesamte Zyklus in 15–35 Tagen abgeschlossen. Während des Speichelinfektionsstadiums reduziert der Parasit die Fähigkeit der Fliege, Speichel mit gerinnungshemmenden und plättchenaggregationshemmenden Substanzen an der Bissstelle zu injizieren. Dies führt zu einer verringerten Ernährungseffizienz und

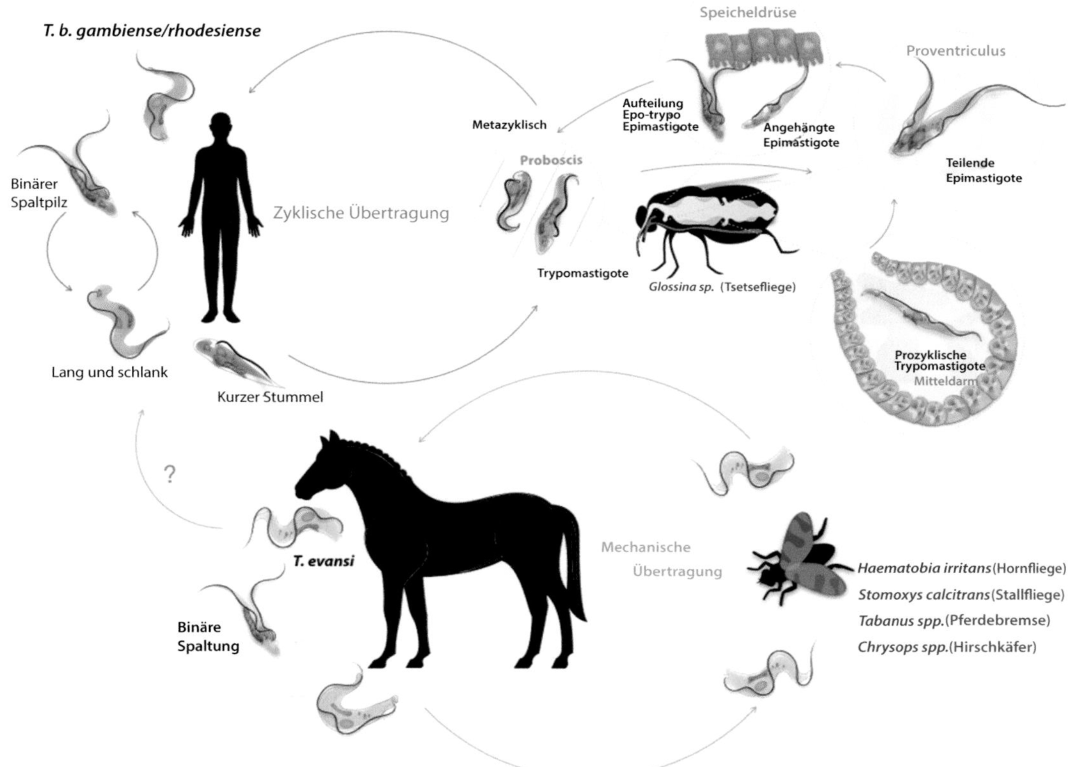

Abb. 3 Der Lebenszyklus von *Trypanozoon*. *Trypanosoma brucei rhodesiense* und *T. b. gambiense* verursachen beide die humane afrikanische Trypanosomiasis (HAT) und sind auf die zyklische Übertragung durch die Tsetsefliege angewiesen. Das Hauptwirtreservoir für *T. b. rhodesiense* besteht aus Nutztieren und Wildtieren. *Trypanosoma brucei gambiense*-Parasiten sind in 2 Gruppen unterteilt. Gruppe 1 ist eher homogen und hauptsächlich anthroponotisch. Gruppe-2-Parasiten sind viel heterogener und gelten als zoonotisch. *Trypanosoma evansi* ist ein Tierparasit, der die Fähigkeit verloren hat, seinen Lebenszyklus in der Tsetsefliege zu vollenden. Er kann durch mechanische Übertragung zwischen den Wirten weitergegeben werden. Mehrere verschiedene beißende Fliegenarten sind für die Krankheitsübertragung verantwortlich

erhöht wiederum die Wahrscheinlichkeit, dass die Tsetsefliege mehrere Wirte befällt, was die Chance auf Parasitenübertragung erhöht.

Im Vergleich zu *T. brucei* hat *T. evansi* einen viel einfacheren Lebenszyklus, da es die Fähigkeit verloren hat, sich an das Leben innerhalb des Tsetsefliegenvektors anzupassen. Daher ist die lange schlanke Morphologie die einzige Form, die im Blutstrom des Säugetierwirts zu sehen ist. *Trypanosoma evansi* stützt sich effizient auf die mechanische Übertragung. Diese nicht durch Tsetsefliegen vermittelte Übertragung hat es dem Parasiten ermöglicht, aus Afrika auszubrechen und die meisten Teile des Rests der Welt zu infizieren.

Pathogenese und Pathologie

Bei Menschen ist die Trypanosomiasis durch eine erste Phase gekennzeichnet, das hämolymphatische Stadium, in dem der Parasit die zirkulatorischen und lymphatischen Systeme des Wirts befällt und eine Immundysfunktion verursacht. Die anfängliche Infektion ist gekennzeichnet durch Fieber, Schwäche, vergrößerte Lymphknoten und Gelenkschmerzen. Wenn der Parasit die Blut-Hirn-Schranke durchbricht, beginnt das meningoenzephalitische Stadium, das neuropsychiatrische Symptome wie Tagesschläfrigkeit und nächtliche Schlaflosigkeit verursacht, aufgrund der Fragmentierung des zirkadianen Rhythmus. Spätere Symptome führen zum

Tod des Individuums, wenn es nicht behandelt wird. Diese Symptome stehen auch in Zusammenhang mit dem populären Namen der humanen afrikanischen Trypanosomiasis als Schlafkrankheit.

Die Symptome der *T. b. gambiense*-HAT sind sehr ähnlich wie die der *T. b. rhodesiense*-HAT, aber der Hauptunterschied besteht darin, dass es im Allgemeinen viel länger dauert, bis die Krankheit in das 2. Stadium übergeht. Beide Infektionen führen zu milder Anämie, aber nicht in dem Ausmaß, das bei Tiertrypanosomen durch Nicht-*brucei*-Trypanosomen beobachtet wird.

Immunologie

Im Gegensatz zu vielen Protozoenparasiten, die ein optimales Überleben gewährleisten, indem sie sich im Inneren von Wirtszellen vor dem Immunsystem verstecken, bleiben Salivaria-Trypanosomen während des gesamten Säugetierstadiums ihres Lebenszyklus extrazellulär lokalisiert. Daher sind diese Parasiten ständig Angriffen des angeborenen Immunsystems des Wirts sowie des adaptiven Immunsystems ausgesetzt. Um diese Angriffe zu überleben, haben Salivaria-Trypanosomen mehrere evolutionäre Strategien entwickelt, um das Immunsystem des Wirts zu umgehen und sogar zu zerstören. Die Umgehung beruht hauptsächlich auf dem System der Antigenvariation, das von den Parasiten gezeigt wird. Die Immunzerstörung beinhaltet die Umleitung und Zerstörung der B-Zell-Antwort des Wirts, was zu einer Beeinträchtigung der effektiven Antikörperproduktion führt.

Die Immunität gegen tierische Trypanosomen wird beim Menschen durch ein angeborenes System, die Trypanosomen-Lysefaktoren TLF1 und TLF2, bereitgestellt. Menschen teilen diese trypanolytische Serumaktivität mit Gorillas und bestimmten Affen der Alten Welt. Menschliche TLF enthalten Apolipoprotein A1, das primatenspezifische Ionenkanal bildende Apolipoprotein L-1 (APOL1) und das Hämoglobin bindende Haptoglobin-verwandte Protein (HPR). Die Aufnahme von TLF1 wird durch den *T. brucei*-spezifischen Rezeptor TbHpHbR (Haptoglobin-Hämoglobin-Rezeptor) vermittelt. Interessanterweise ist das Pavian-APOL1 viel potenter als das menschliche Homolog. Daher verleiht es Resistenzen gegen alle Trypanosomen, sogar gegen diejenigen, die HAT verursachen. Da *T. b. rhodesiense* ein menschliches Pathogen ist, hat es offensichtlich eine Resistenz gegen das menschliche APOL1 erworben. Diese Resistenz ist mit dem Ausdruck eines serumresistenten Antigens (SRA) verbunden, wobei SRA die Porenbildungskapazität von APOL1 in der sauren Umgebung des endozytischen Systems des Trypanosomas hemmt. Im Gegensatz dazu erwerben die *T. b. gambiense*-Parasiten der Gruppe 1 ihre Resistenz durch einen komplexeren Mechanismus. Dies beinhaltet eine reduzierte Aufnahme von TLF1 aufgrund einer reduzierten Expression des HPHBR-Gens und einer reduzierten Ligandenbindung durch Mutationen in der Rezeptorproteinsequenz. Zusätzliche Daten haben gezeigt, dass in diesen Parasiten das TgsGP-Molekül bei der APOL1-Resistenz hilft, indem es die Fluidität der Trypanosomenmembran reduziert. Schließlich bezieht sich ein dritter Faktor, der noch nicht vollständig aufgeklärt ist, auf die Wirkung einer Cysteinprotease. Für die heterogene Gruppe 2 der *T. b. gambiense*-Parasiten sowie für die human-infektiösen *T. evansi*-Parasiten bleibt der APOL1-Resistenzmechanismus zu klären.

Infektion beim Menschen

Die HAT ist gekennzeichnet durch eine 1. hämolymphatische Phase, die zu einer 2. meningoenzephalitischen Phase fortschreitet. Wenn Infektionen unbehandelt bleiben, führt HAT höchstwahrscheinlich zum Tod.

Die 1. Phase der HAT ist nicht durch spezifische Symptome gekennzeichnet, kann aber von intermittierenden Kopfschmerzen, Fiebern und Gelenkschmerzen begleitet sein. Diese Symptome können mit aufeinanderfolgenden Wellen von Parasitämie und B-Zell- und/oder Immunaktivierung übereinstimmen. Hepatomegalie, Splenomegalie und Lymphadenopathie sind andere Manifestationen. Eine Reihe anderer unspezifischer Symptome, die vorhanden sein können, umfassen Hautausschlag, Gewichtsverlust und Gesichtsschwellung. Neuroendokrine Störungen, die zu Amenorrhoe bei Frauen oder Impotenz bei Männern führen, wurden dokumentiert. Das 1. Stadium von *T. b. gambiense*-Infektionen kann mehrere Jahre dauern.

Die 2. Phase der HAT ist gekennzeichnet durch eine Entzündung des ZNS und eine Zunahme der IgM-Titer und der weißen Blutkörperchenzählungen ($\geq$20 Zellen µl) im Liquor. Dieses Stadium ist gekennzeichnet durch die Störung des Schlafzyklus, was zu nächtlicher Schlaflosigkeit und tagsüber Somnolenz führt.

Infektion bei Tieren

Hauskühe sowie eine breite Palette von Wildtieren, einschließlich Büffel und Antilopen, sind die Hauptreservoirwirte von *T. b. rhodesiense*. Rinder sind ein Reservoir für die zoonotische Übertragung der Gruppe 2, *T. b. gambiense* und *T. evansi*, aufgrund der weiten geografischen Verbreitung des Parasiten sowie der erhöhten Virulenz im Vergleich zu *T. brucei*, welches ein wichtiger Parasit von Tieren ist. Bei vielen Wirtsspezies wie Pferden, Kamelen, Rindern, Hunden und sogar Ratten sind *T. evansi*-Infektionen gekennzeichnet durch Anämie, Appetitverlust, Gewichtsverlust, Ödeme, Fieber, Speichelfluss, Tränenfluss und Abtreibung. Neuropathologische Merkmale einschließlich Lähmung der Hinterbeine werden besonders bei Pferden mit *T. evansi*-Infektionen beobachtet.

Epidemiologie und öffentliche Gesundheit

Im Jahr 2018 wurde *T. b. rhodesiense*-Trypanosomiasis in 6 subsaharischen Ländern gemeldet, darunter Kenia, Malawi, Uganda, Tansania, Sambia und Simbabwe (Abb. 4/Tab. 1). Im selben Jahr wurden keine Fälle in Burundi, Äthiopien, Mosambik und Ruanda gemeldet – Länder, die in der Vergangenheit als endemisch für die Krankheit galten. Insgesamt wurden nur 24 Fälle von der WHO und ihren Partnern gemeldet, was nur 2 % der gesamten HAT-Belastung für dieses Jahr entspricht. HAT-Fälle wurden in Südafrika, den Niederlanden, China (jeweils 2 Fälle) und Frankreich, Deutschland und Indien (jeweils 1 Fall für den Zeitraum 2017–2018) gemeldet. Darüber hinaus machen *T. b. rhodesiense*-HAT zwei Drittel aller touristischen HAT-Fälle aus.

T. b. gambiense-HAT gilt immer noch als das größte HAT-Infektionsproblem und macht 98 % aller von der WHO und ihren Partnern gemeldeten Fälle aus. Insgesamt wurden 2018 in 15 Ländern südlich der Sahara 953 Infektionen gemeldet (Abb. 4). Acht Länder, die als endemisch für *T. b. gambiense*-HAT gelten, meldeten 2018 keine Fälle, und 2 Länder (Gambia und Liberia) meldeten keine Überwachungsaktivitäten. Die Fälle von *T. b. gambiense*-HAT sind in den letzten 10 Jahren drastisch zurückgegangen, da es 2009 noch fast 10.000 Fallberichte gab. Die wichtigen epidemiologischen Merkmale der Salivaria-Trypanosomen sind in Abb. 4 dargestellt.

Da *T. evansi* ein mechanisch übertragener Tierparasit ist, hat er sich aus Afrika herausbewegt und ist in Süd- und Mittelamerika, verschiedenen Regionen in Afrika, dem Nahen Osten, China, dem indischen Subkontinent und Südostasien zu finden. Als Hauptwirt in Afrika und dem Nahen Osten gelten Kamele. In Südamerika befindet sich das Hauptwirtreservoir bei Pferden und lokalen Tieren wie Capybaras. In Asien ist *T. evansi* hauptsächlich bei Wasserbüffeln zu finden, wo es als Reservoir für die Parasitenübertragung auf Rinder, Schweine und Ziegen dient. Mehr „exotische" Tiere wie Elefanten und Hirsche sind bekannt dafür, in der Wildnis als Parasitenreservoir zu dienen. Eines der Probleme mit *T. evansi* ist die Tatsache, dass viele infizierte Tiere kaum Symptome zeigen, was zur Verbreitung der Infektion durch den Transport scheinbar gesunder Tiere führt. Dies hat zu gelegentlichen Ausbrüchen geführt, wie sie in Spanien und Frankreich nach der Einführung von infizierten Kamelen aus den Kanarischen Inseln gemeldet wurden.

Diagnose

Da die klinischen Anzeichen von HAT im Allgemeinen eher unspezifisch sind, ist die Erstdiagnose, die auf Symptomen und epidemiologischer Beurteilung beruht, ineffizient. Daher ist die Labordiagnostik (Tab. 2) für die Behandlung der Erkrankung unerlässlich.

Abb. 4 Geografische Verteilung von *T. b. rhodesiense*, *T. b. gambiense* und *T. evansi*. Aufgrund der Vielzahl an Vektoren, die an der Verbreitung von *T. evansi* beteiligt sind, hat sich dieser Parasit aus Afrika herausbewegt und ist nun in großen Teilen der Welt präsent. Im Gegensatz dazu sind die beiden für den Menschen infektiösen *T. brucei*-Unterarten nur im subsaharischen afrikanischen Tsetsegürtel zu finden

Tab. 1 Epidemiologische Merkmale wichtiger Salivaria-Trypanosomen

SN	Spezies	Wirt	Vektor	Geografische Verteilung	Menschliche Infektion
1.	*Trypanosoma brucei* subsp. *gambiense*	Menschen, Rinder	Tsetsefliege (*Glossina* spp.)	West- und Zentralafrika	Am häufigsten
2.	*Trypanosoma brucei* subsp. *rhodesiense*	Menschen, Rinder	Tsetsefliege (*Glossina* spp.)	Ost- und Südafrika	2 % aller HAT-Fälle
3.	*Trypanosoma evansi*	Pferde, Rinder, Kamele	Tsetsefliege *Glossina* spp., Stallfliege (*Stomoxys* spp.), Bremsen (*Tabaniden* spp.), Hirschfliegen (*Chrysops* spp.)	Zentral- und Südamerika, Nordafrika, die russischen Territorien, der indische Subkontinent, China und Südostasien	Selten
4.	*Trypanosoma vivax*	Rinder, Schafe, Ziegen, Pferde	Tsetsefliege *Glossina* spp., Stallfliege *Stomoxys* spp., Bremsen *Tabaniden* spp.	Afrika, Südamerika	Äußerst selten, Mangel an zuverlässiger Berichterstattung
5.	*Trypanosoma congolense*	Rinder	Tsetsefliege *Glossina* spp.	Subsahara-Afrika	Äußerst selten, nur als Mischinfektion mit *T. b. gambiense* gemeldet

Mikroskopie

Der mikroskopische Nachweis des Parasiten ist die eindeutige Technik zur Diagnose von HAT (Abb. 5). Da die Trypanosomenkonzentration im Blut jedoch oft unter der Nachweisgrenze der konventionellen Mikroskopie liegt, sind Konzentrationstechniken, wie die Buffy-Coat-Präparation, für eine hohe Ausbeute an Parasiten notwendig. Miniionenaustauschchromatografie (mAECT) wird ebenfalls verwendet, um

Tab. 2 Diagnosemethoden für die humane afrikanische Trypanosomiasis

Diagnoseansatz	Proben/Methoden	Ziel	Anmerkungen
Mikroskopie	Blut, Knochenmark, Liquor, Lymphknotenaspirat. Konzentrationstechniken im Blut (Miniionenaustauschchromatografie; Mikrohämatokritkonzentration). Giemsa-Färbung, Fluoreszenzfärbung. Ungefärbte Präparation für bewegliche Formen	Trypomastigote Form	Eindeutigste Methode Niedrige Nachweisgrenze
Immunologische Tests	Kartenagglutinationstest	Antikörper gegen variablen Antigentyp LiTat 1.3/1.5	Nützlich für Massenscreening von Vollblut zur Kontrolle/Eliminierung von *T. b. gambiense* und *T. evansi*. Nicht verfügbar für *T. b. rhodesiense*
Molekulare Diagnostik	PCR, LAMP	18S-ribosomale-RNA, RoTat1.2-VSG-Gen	Noch keine großflächige Feldanwendung

Parasiten aus Blutproben zu bewerten, bevor sie mikroskopiert werden. Der Einsatz von fluoreszierenden Farbstoffen, die in Nukleinsäuren interkalieren, kann zu einem hochsensitiven Nachweis von Parasiten durch Fluoreszenzmikroskopie führen. Die mikroskopische Analyse von Aspirationsflüssigkeit aus geschwollenen zervikalen Lymphknoten ist ein alternatives Werkzeug, das verwendet wird, wenn Parasiten im Blut nicht nachgewiesen werden können. Das Liquor cerebrospinalis kann analysiert werden, um das neurologische 2. Stadium der Infektion zu bestätigen.

Serodiagnostik

Da Trypanosomen eine starke humorale Reaktion in ihrem Säugetierwirt hervorrufen, gelten antikörperbasierte Diagnosetests als primäres Screeningtool. Ihr Einsatz hat in großem Maße zu den jüngsten Erfolgen bei der Bekämpfung von *T. b. gambiense*-Infektionen beigetragen.

Der Kartenagglutinationstest für Trypanosomiasis (CATT) wird zur Erkennung von *T. b. gambiense*- und *T. evansi*-Infektionen verwendet (Abb. 5). Ein solcher Test ist für *T. b. rhodesiense*-HAT nicht verfügbar. HAT/CATT basiert auf dem Nachweis von Antikörpern, die mit bestimmten VSG-Molekülen von im Labor gezüchteten Trypanosomen kreuzreagieren, d. h. den *T. b. gambiense*-LiTat 1.3- und -LiTat 1.5-Klonen. Der Test zeichnet sich durch hohe Sensitivität und Spezifität aus, hat aber einen niedrigeren positiven Vorhersagewert. Das bedeutet, dass oft eine Mehrheit der CATT-positiven Individuen in einem parasitologischen Assay negativ abschneidet. Der sehr hohe negative Vorhersagewert ermöglicht jedoch, große Mengen von Menschen von weiteren mikroskopischen Untersuchungen auszuschließen, eine Technik, die geschulte Analysten erfordert und zeitaufwendig ist. Wenn Patienten sowohl durch CATT als auch durch mikroskopische Untersuchungen positiv getestet werden, müssen sie ein „Staging-Screening" durchlaufen, was bedeutet, dass die Analyse des Liquor cerebrospinalis notwendig ist, um festzustellen, ob der Parasit die Blut-Hirn-Schranke überquert hat oder nicht.

In den letzten Jahren wurden mehrere Anstrengungen unternommen, das Prinzip des CATT in benutzerfreundlichere Lateralflussformate zu übertragen. Diese Tests werden derzeit noch verbessert und unter verschiedenen Feldbedingungen bewertet. Letztendlich wird jedoch ein antikörperbasierter Test immer den Nachteil haben, dass er die Exposition misst, anstatt die tatsächliche Infektion. Daher gibt es mehrere Gründe, warum die meisten antikörperbasierten Trypanosomentests immer einen niedrigen positiven Vorhersagewert haben werden. Erstens scheint es viele Individuen mit kreuzreagierenden Anti-LiTat-Antikörpern zu geben, die noch nie HAT hatten, aber möglicherweise andere zugrunde liegende Zustände wie Allergien haben, die polyreaktive Antikörper erzeugen. Zweitens ist es durchaus

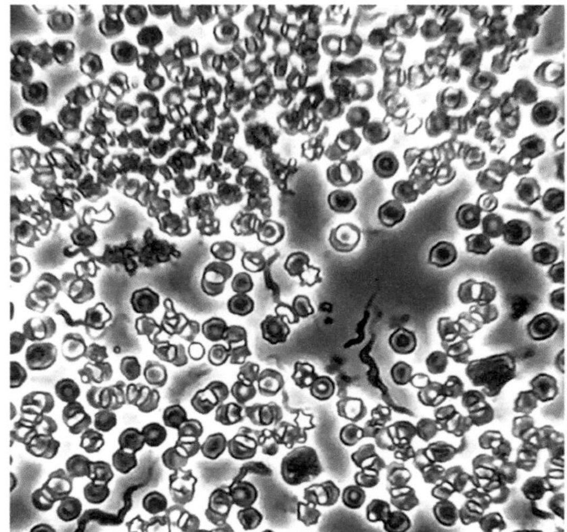

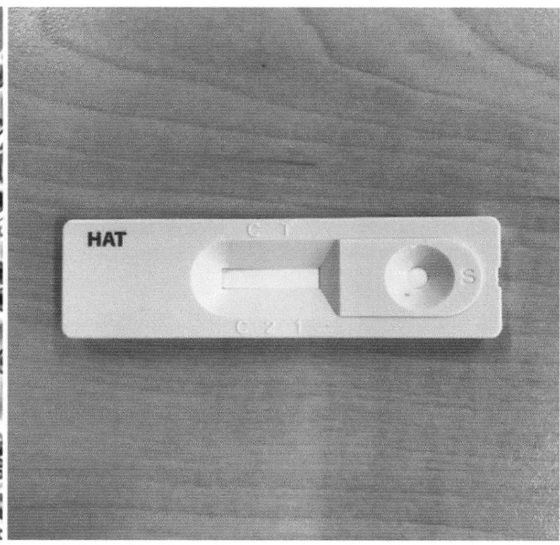

Abb. 5 Phasenkontrastmikroskopiebild eines *T. b. rhodesiense*-Parasiten (ungefärbt), wie er mit einem normalen Feldmikroskop unter 20facher Vergrößerung und einem Handyadapter zur Bildaufnahme (**a**) beobachtet wird. Die Mikroskopievalidierung ist immer noch die einzige akzeptierte Methode zur Bestimmung von echten positiven Fällen. Schnelle Diagnosewerkzeuge, wie dieser SD Bioline HAT-Prototyp, ersetzen schnell den CATT-Test (**b**). Diese Tests basieren auf dem Nachweis von Antiparasitenantikörpern; daher messen sie die Trypanosomenexposition eher als die aktive Infektion

möglich, dass Individuen, die in *T. b. brucei*-Endemiegebieten leben, regelmäßig von infizierten Tsetsefliegen gebissen werden. Es gibt keinen Grund anzunehmen, dass diese infizierten Bisse keine kreuzreaktive Wirtsantikörperreaktion hervorrufen können, wenn die *T. b. brucei*-Parasiten effizient durch die menschlichen TLF lysiert werden. Schließlich wird die Antitrypanosomenbehandlung von infizierten Individuen zur Induktion von Antitrypanosomenantikörpern führen, die lange nach der Eliminierung des Parasiten im Kreislauf verbleiben.

Ein diagnostischer CATT-Test, der speziell auf *T. evansi* abzielt, ist seit den 1990er-Jahren verfügbar. Er zielt auf das RoTat1.2-VSG ab. Dennoch ist der Test ungeeignet für den Nachweis von *T. evansi* in Regionen, in denen RoTat1.2-negative Parasiten vorkommen, die sogenannten *T. evansi* Typ B, oder die RoTat1.2-negativen *T. evansi* Typ A, die in Kenia beschrieben wurden.

Molekulare Diagnostik

Mit der abnehmenden Prävalenz von HAT aufgrund der Erfolge bei Überwachung und Behandlung besteht ein Bedarf an diagnostischen Werkzeugen, die den Parasiten oder von ihm freigesetzte/sekretierte Komponenten direkt nachweisen können. Die PCR wird nun zunehmend bewertet und für die spezifische Diagnose von *Trypanosoma*-Arten, die Trypanosomiasis sowohl beim Menschen als auch bei Tieren verursachen, eingesetzt. Obwohl die PCR eine empfindliche Technik für den direkten Nachweis von Pathogenen ist, hat diese Technik erhebliche Einschränkungen in ressourcenarmen Feldbedingungen am Point-of-Care (POC). Als Alternativen wurden isotherme PCR-Diagnoselösungen wie LAMP auf experimenteller Ebene entwickelt, werden jedoch noch nicht in großem Maßstab implementiert. Derzeit werden jedoch POC-Werkzeuge mit einem sehr hohen positiven prädiktiven Wert immer wichtiger, wenn man berücksichtigt, dass in einem zoonotischen Umfeld asymptomatische Tiere als ewiges Reservoir von für den Menschen infektiöse Parasiten dienen können.

Für die Diagnose von *T. evansi* besteht ein Bestreben, genetische Tests zu implementieren, die eine direkte Parasitenerkennung ermöglichen.

Hier ermöglicht der PCR-Nachweis des Gens, das das RoTat1.2-VSG codiert, eine genaue Erkennung von *T. evansi* in den meisten geografischen Gebieten, ebenso wie LAMP. Kürzlich wurde ein alternativer Diagnosetest auf der Basis der Rekombinase-Polymerase-Amplifikation (RPA) entwickelt. Er wurde mit der Lateralflussdetektion für eine einfache und schnelle Ergebnisinterpretation kombiniert. Der Nachweis von *T. evansi* Typ A wird durch isotherme Verstärkung bei 39 °C des *T. evansi*-RoTat1.2-VSG-Gens erreicht. Die Ergebnisse des Tests liegen innerhalb von 20 min vor. Für den Nachweis von *T. evansi* Typ B, der RoTat1.2-VSG nicht exprimiert, hat sich die schleifenvermittelte isotherme Verstärkung (LAMP) von DNA als ein empfindlicheres Werkzeug im Vergleich zu klassischen PCR-Tests erwiesen. Die aktuelle RPA-Technologie wurde jedoch noch nicht für den Nachweis von *T. evansi* Typ B angepasst.

Behandlung

Obwohl es seit fast einem Jahrhundert angewendet wird und trotz einer Reihe von schweren negativen Nebenwirkungen, wird Suramin immer noch als eine wichtige kurative Behandlung für das frühe Stadium von *T. b. rhodesiense*-HAT eingesetzt.

Melarsoprol wird als erste Wahl zur kurativen Behandlung von *T. b. rhodesiense*-HAT eingesetzt, unabhängig vom tatsächlichen Krankheitsstadium. Da es sich um eine arsenhaltige Verbindung handelt, hat das Medikament eine hohe Toxizität und schwere Nebenwirkungen, die eine reaktive Enzephalopathie hervorrufen, die bei bis zu 10 % der Patienten tödlich endet. Daher sollte dieses Medikament unter optimalen Umständen nur zur Behandlung von Infektionen im 2. Stadium von *T. b. rhodesiense* eingesetzt werden.

Pentamidin ist seit Langem das am häufigsten verwendete Medikament zur Behandlung von HAT im 1. Stadium von *T. b. gambiense*. Für die Behandlung von *T. b. gambiense*-HAT im 2. Stadium wurde eine Kombination von Nifurtimox und Eflornithin (NECT) im Jahr 2009 eingeführt. Diese Kombinationstherapie reduziert die Komplexität der zuvor verwendeten Eflornithin-Therapie. Beide Medikamente werden von der WHO kostenlos an endemische Länder geliefert. Ein kostenloses Kit mit allen notwendigen Verwaltungsmaterialien ist verfügbar.

Zuletzt wurde im Jahr 2018 Fexinidazol als orale Therapie für *T. b. gambiense*-HAT verfügbar gemacht und in den vorläufigen Richtlinien der WHO als eine der Erstlinienbehandlungen für HAT aufgenommen. Das Medikament wird auch zur Heilung von Patienten im 2. Stadium ohne schwere Symptome eingesetzt.

Bisher gibt es keine standardisierte Strategie für die Behandlung von *T. evansi*-HT. Allerdings wurde eine erfolgreiche Heilung von *T. evansi*-HT durch Anwendung des Behandlungsschemas für *T. b. rhodesiense*-HAT mit Suramin erreicht.

Die Behandlung der Tiertrypanosomiasis basiert auf der Verwendung von Diminazendiaceturat. Diese Verbindung wird effektiv zur Behandlung von *T. evansi*-Infektionen bei Tieren eingesetzt, wurde jedoch aufgrund schwerer Nebenwirkungen bei der Behandlung bei Tieren, einschließlich Hunden, nicht für den Einsatz beim Menschen zugelassen. Diminazen überquert nicht die Blut-Hirn-Schranke; daher ist es bei CNS-Infektionen nicht wirksam.

Prävention und Bekämpfung

Derzeit gibt es keine universelle Methode zur Bekämpfung von HAT. Dennoch werden die „Nationalen Schlafkrankheitskontrollprogramme" (NSSCPs) von der WHO unterstützt, die sich auf die Durchführung von Kontrollaktivitäten und Kapazitätsaufbau durch Schulungen konzentrieren. Kontrolle und Überwachung basieren auf aktiver und passiver Fallfindung, Diagnose, Behandlung, Nachsorge und Kontrolle des Tierreservoirs.

Die Kontrolle der Ausbreitung von HAT beruht auch auf der Schädlingsbekämpfung. Tatsächlich hat die Bekämpfung der Tsetsefliegenpopulation durch den Einsatz von Netzen und Insektizidsprühungen dazu beigetragen, die

Anzahl der HAT-Fälle zu reduzieren. Die Kontrolle der Ausbreitung von *T. evansi*-Infektionen ist jedoch viel schwieriger, aufgrund der Vielzahl von beißenden Insekten, die an der Parasitenübertragung beteiligt sind. Um die Ausbreitung von Surra zu vermeiden, wurde vorgeschlagen, dass Pferde mehrere Kilometer von Rindern entfernt gezüchtet werden sollten, die normalerweise als Reservoir dienen. Die Überwachung des internationalen Handels und Quarantänemaßnahmen sind beide unerlässlich, um die Einführung infizierter Tiere in nicht infizierte Länder zu vermeiden. Ein Versäumnis, diese Regeln umzusetzen, kann zu unerwarteten Krankheitsausbrüchen führen, wie sie in der jüngsten Vergangenheit in Südeuropa aufgetreten sind. Die Prävention von aHT durch *T. evansi* ist schwierig. Dies liegt daran, dass diese Infektionen selten sind; die meisten werden nicht gemeldet und treten in Situationen auf, in denen Menschen in enger Nähe zu infizierten Tieren leben, wie Wasserbüffeln, die als asymptomatische Trypano-tolerante Reservoire dienen können. In ressourcenarmen Gebieten ist dies ein sehr schwer zu kontrollierender Risikofaktor, insbesondere wenn mehrere verschiedene Insektenvektoren für die zoonotische Übertragung verantwortlich sein können. Hier sind groß angelegte Tierüberwachungsmaßnahmen und Herdenbehandlungen von Nutztieren entscheidend, um das Risiko einer Krankheitsübertragung zu begrenzen.

Derzeit ist kein Impfstoff zur Prävention von humaner oder tierischer Trypanosomiasis verfügbar. Ein Grund dafür ist das Vorhandensein des unerschöpflichen VSG-Genrepertoires, das das Hauptoberflächenprotein codiert. Zwischen den VSG gibt es jedoch eine Reihe von invarianten Oberflächenglykoproteinen, die das Ziel mehrerer alternativer Impfansätze waren. Keiner von diesen hat jedoch zu einem Erfolg geführt.

Anerkennung Die Arbeit der in diesem Kapitel erwähnten Co-Autoren wurde durch ein Forschungsstipendium der Stiftung für wissenschaftliche Forschung/Fonds voor Wetenschappelijk Onderzoek – Vlaanderen (G013518N), ein UGent BOF Startkredit (01N01518) und das Strategische Forschungsprogramm der Vrije Universiteit Brussel (SRP63) unterstützt. Die Geldgeber hatten keine Rolle bei irgendeinem der Studiendesigns, der Datenerhebung und -analyse, der Entscheidung zur Veröffentlichung oder der Vorbereitung dieses Manuskripts.

Fallstudie

Da es viele typische Fallberichte sowohl von *T. b. rhodesiense-* als auch von *T. b. gambiense*-HAT gibt, sticht ein Bericht heraus, nämlich die Identifizierung einer atypischen *T. evansi*-HT-Infektion im Jahr 2015. Dies war die erste HT-Infektion, die sowohl auf serologischer als auch auf molekularer Ebene in Südostasien diagnostiziert wurde. Der Bericht behandelt den Fall einer 38-jährigen Frau, die sich in einer Gesundheitseinrichtung im südlichen Vietnam vorstellte. Ihre Symptome umfassten nicht artspezifische Probleme wie Fieber, Kopfschmerzen und Gelenkschmerzen. Interessanterweise enthielt der Bericht die APOL1-Messung im Blut der Patientin, was zeigte, dass es keine genetische Defizienz gab, die die Anfälligkeit für eine Infektion leicht erklären könnte. Dieser Bericht folgte auf ein Jahrzehnt der APOL1-Forschung, in dem sich die Übereinstimmung herausbildete, dass dieses Molekül tatsächlich der wichtigste Faktor in der trypanolytischen Aktivität des menschlichen Serums ist. Daher bleibt bei voller trypanolytischer Aktivität in diesem Fall zu entdecken, wie einige *T. evansi*-Trypanosomen im menschlichen Blut überleben können, während sie der bekannten *T. b. rhodesiense-* und *T. b. gambiense*-Resistenzfaktoren entbehren.

Forschungsfrage

1. Kann eine Antitrypanosomenimmunität durch Impfung induziert werden und kann die durch Impfung induzierte Erinnerung an ein beliebiges Trypanosomenziel bei einer Infektion schnell genug wieder aufgerufen werden, um die Nachahmung der Immunzerstörung durch den Parasiten zu stoppen?
2. Trägt die Pathologie und Entzündung des Wirts direkt zu den Signalen bei, die während der Spitzenparasitämie das Quorum sensing antreiben?

3. Welche Mechanismen ermöglichen es *T. b. gambiense*-Gruppe-2 und *T. evansi*, die APOL1-vermittelte Trypanolyse in aHT zu vermeiden?
4. Was ist der Mechanismus der Aufnahme des Haupttrypanolysefaktors, d. h. TLF2, und welcher Resistenzmechanismus wird von *T. b. gambiense*-Gruppe-1-Parasiten betrieben, der das Überleben im menschlichen Serum ermöglicht?

Weiterführende Literatur

De Greef C, Hamers R. The serum resistance-associated (SRA) gene of *Trypanosoma brucei rhodesiense* encodes a variant surface glycoprotein-like protein. Mol Biochem Parasitol. 1994;68:277–84. https://doi.org/10.1016/0166-6851(94)90172-4.

Franco JR, Cecchi G, Priotto G, Paone M, Diarra A, Grout L, Simarro PP, Zhao W, Argaw D. Monitoring the elimination of human African trypanosomiasis at continental and country level: update to 2018. PLoS Negl Trop Dis. 2020;14(5):e0008261. https://doi.org/10.1371/journal.pntd.0008261.

Kamidi CM, Saarman NP, Dion K, Mireji PO, Ouma C, Murilla G, Aksoy S, Schnaufer A, Caccone A. Multiple evolutionary origins of *Trypanosoma evansi* in Kenya. PLoS Negl Trop Dis. 2017;11(9):e0005895. https://doi.org/10.1371/journal.pntd.0005895.

Kieft R, Capewell P, Turner CM, Veitch NJ, MacLeod A, Hajduk S. Mechanism of *Trypanosoma brucei* gambiense (group 1) resistance to human trypanosome lytic factor. Proc Natl Acad Sci U S A. 2010;107:16137–41. https://doi.org/10.1073/pnas.1007074107.

Li Z, Pinto Torres JE, Goossens J, Stijlemans B, Sterckx YG, Magez S. Development of a recombinase polymerase amplification lateral flow assay for the detection of active *Trypanosoma evansi* infections. PLoS Negl Trop Dis. 2020;14(2):e0008044. https://doi.org/10.1371/journal.pntd.0008044.

Molinari J, Moreno SA. *Trypanosoma brucei* Plimmer & Bradford, 1899 is a synonym of *T. evansi* (Steel, 1885) according to current knowledge and by application of nomenclature rules. Syst Parasitol 201895:249–256. doi: https://doi.org/10.1007/s11230-018-9779-z.

Radwanska M, Vereecke N, Deleeuw V, Pinto J, Magez S. Salivarian Trypanosomosis: a review of parasites involved, their global distribution and their interaction with the innate and adaptive mammalian host immune system. Front Immunol. 2018;9:2253. https://doi.org/10.3389/fimmu.2018.02253.

Rojas F, Silvester E, Young J, Milne R, Tettey M, Houston DR, et al. Oligopeptide signaling through TbGPR89 drives trypanosome quorum sensing. Cell. 2019;176:306–317.e16. https://doi.org/10.1016/j.cell.2018.10.041.

Truc P, Büscher P, Cuny G, Gonzatti MI, Jannin J, Joshi P, et al. Atypical human infections by animal trypanosomes. PLoS Negl Trop Dis. 2013;7(9):e2256. https://doi.org/10.1371/journal.pntd.0002256.

Uzureau P, Uzureau S, Lecordier L, Fontaine F, Tebabi P, Homblé F, et al. Mechanism of *Trypanosoma brucei gambiense* resistance to human serum. Nature. 2013;501:430–4. https://doi.org/10.1038/nature12516.

Van Vinh CN, Buu Chau L, Desquesnes M, Herder S, Phu Huong Lan N, et al. A clinical and epidemiological investigation of the first reported human infection with the zoonotic parasite *Trypanosoma evansi* in Southeast Asia. Clin Infect Dis. 2016;62:1002–8. https://doi.org/10.1093/cid/ciw052.

Vanhollebeke B, Nielsen MJ, Watanabe Y, Truc P, Vanhamme L, Nakajima K, et al. Distinct roles of haptoglobin-related protein and apolipoprotein L-I in trypanolysis by human serum. Proc Natl Acad Sci U S A. 2007;104:4118–23. https://doi.org/10.1073/pnas.0609902104.

Amerikanische Trypanosomiasis

V. C. Rayulu und V. Gnani Charitha

Lernziele

1. Kenntnisse über alternative Übertragungswege von Krankheiten abseits der klassischen Vektorübertragung durch Inokulation zu haben
2. Verschiedene Formen klinischer Manifestationen zu kennen, abhängig von den Infektionswegen
3. Ein Verständnis für die Bedeutung der mikroskopischen Untersuchung bei der Diagnose und Stammidentifikation durch molekulare Techniken zu haben

Einführung

Der Protozoenparasit *Trypanosoma cruzi*, verantwortlich für die Verursachung der amerikanischen Trypanosomiasis, wurde 1909 vom brasilianischen Wissenschaftler Carlos Chagas entdeckt. Die Krankheit ist in großen Teilen der lateinamerikanischen Länder endemisch, mit Ausnahme der Karibischen Inseln. In den letzten Jahrzehnten wurde sie jedoch weltweit immer häufiger diagnostiziert, was ihre wachsende Bedeutung in den USA, Europa, Kanada, dem östlichen Mittelmeerraum und den westpazifischen Ländern unterstreicht. Vor allem Menschen aus Lateinamerika sind anfälliger für eine Infektion mit *T. cruzi*, und sie gilt als eine der vernachlässigten Krankheiten. Die Chagas-Krankheit wird auf den Menschen hauptsächlich durch den Kontakt mit Fäkalien/Urin von infizierten blutsaugenden Insekten, wie z. B. Kusswanzen (gehören zur Unterfamilie Triatominae), übertragen. Unter diesen werden *Triatoma infestans*, *Triatoma dimidiata*, *Rhodnius prolixus* und *Panstrongylus megistus* als die wichtigsten Vektoren angesehen.

Geschichte

Vor etwa 7–10 Mio. Jahren wurden die Vorfahren von *T. cruzi* wahrscheinlich über Fledermäuse nach Südamerika eingeführt. Mehrere Reisende und Ärzte dokumentierten im 16. Jahrhundert Krankheitsbilder bei Patienten, die der amerikanischen Trypanosomiasis ähnelten. Dennoch blieb die entscheidende Rolle der Triatominae-Wanzen als Vektoren bei der Übertragung der Chagas-Krankheit bis 1909 unerforscht. Die Identifizierung von *T. cruzi* und Triatominae-Wanzen als Übertragungsvektor der Chagas-Krankheit rückte erst zu Beginn des

V. C. Rayulu (✉)
Department of Veterinary Parasitology, Sri Venkateswara Veterinary University, Tirupati, Andhra Pradesh, Indien

V. G. Charitha
Sri Venkateswara Veterinary University, Tirupati, Indien

S. C. Parija und A. Chaudhury (Hrsg.), *Lehrbuch der parasitären Zoonosen*,
https://doi.org/10.1007/978-981-97-4312-4_13

20. Jahrhunderts ins Rampenlicht. Die Krankheit wurde erstmals von Carlos Ribeiro Justiniano Chagas bei einem 2-jährigen Baby namens Berenice beschrieben, das unter Fieber und geschwollenen Lymphknoten sowie Hepatosplenomegalie litt. Trypanosomen, die identisch mit denen im Darm der Triatominae-Wanzen waren, wurden im Blut des Patienten gesehen. Er benannte den Parasiten *Trypanosoma cruzi* zu Ehren von Oswaldo Cruz. Als Hommage an seine bemerkenswerte Entdeckung wurde der Welt-Chagas-Krankheitstag eingeführt, der am 14. April zum Gedenken an das Jahr 1909 gefeiert wird, als Carlos Chagas den ersten menschlichen Fall der Krankheit diagnostizierte.

Taxonomie

Die taxonomische Klassifikation von *T. cruzi* basiert auf *An Illustrated Guide to the Protozoa*, 2000, von John J. Lee. Die Gattung *Trypanosoma* gehört zur Familie der Trypanosomatidae, zur Klasse der Kinetoplastida, zum Unterstamm der Mastigophora und zum Stamm der Sarcomastigophora im Unterreich der Protozoen und im Reich der Protisten.

Trypanosoma cruzi sind Stercoraria-Trypanosomen, die eine Entwicklung im Enddarm (Dickdarm) von Vektoren durchlaufen und über fäkale Kontamination der Bissstelle zur Infektion von Blut und Gewebe von Wirbeltierwirten übertragen werden.

Genomik und Proteomik

Trypanosoma cruzi besteht aus mitochondrialem Genom, das aus 30 Kopien von 20–50 kb Maxizirkeln und Tausenden von Kopien von ~1 kb Minizirkeln besteht, die zusammen die Kinetoplast-DNA oder kDNA bilden. Die vollständige Genomsequenzierung wurde im Jahr 2005 durchgeführt. Sie hat gezeigt, dass das diploide Genom voraussichtlich 22.570 Proteine enthält, die von Genen codiert werden, von denen 12.570 allelische Paare darstellen. Über 50 % des Genoms bestehen aus wiederholten Sequenzen, die Retrotransposons und Gene für große Oberflächenmoleküle umfassen. Es hat ein hochplastisches Genom, eine ungewöhnliche Genorganisation und komplexe Mechanismen für die Genexpression wie polycistronische Transkription, RNA-Editing und Trans-Splicing.

Trypanosoma cruzi gehört zu einer heterogenen Population, die aus einem Pool von Stämmen besteht, die zwischen den domestischen und sylvatischen Zyklen wechseln, die Menschen, Vektoren und tierische Reservoire des Parasiten betreffen. Umfangreiche Studien an *T. cruzi*-Populationen aus verschiedenen Herkünften zeigten das Vorhandensein eines varianten Stammes mit ausgeprägten Merkmalen. Derzeit sind 6 verschiedene Stammbäume von *T. cruzi* in die diskreten Typisierungseinheiten Tc-I, II, III, IV, V und VI klassifiziert, die sich in geografischer Verbreitung, Wirtsspezifität und Pathogenität unterscheiden. Die Fertigstellung der Genomsequenz des *T. cruzi*-CL-Brener-Stammes 31 eröffnet möglicherweise Aussichten für die Entwicklung neuer therapeutischer und diagnostischer Techniken.

Insgesamt wurden 2784 Proteine in 1168 Proteingruppen aus dem annotierten *T. cruzi*-Genom in seinem Lebenszyklus durch Peptid-Mapping identifiziert. Proteinprodukte wurden aus 91.000 Genen identifiziert, die im sequenzierten Genom als „hypothetisch" annotiert wurden. Die vier Parasitenstadien scheinen unterschiedliche Energiequellen zu nutzen, wie Histidin für Stadien, die in den Insektenvektoren vorhanden sind, und Fettsäuren durch intrazelluläre Amastigoten.

Die Parasitenmorphologie

Trypanosoma cruzi ist gekennzeichnet durch 3 morphologische Formen, nämlich Trypomastigot, Epimastigot und Amastigot.

Trypomastigot

Es befindet sich in der peripheren Zirkulation und misst etwa 20 µm in der Länge und ist im Allgemeinen schlank und zeigt Pleomorphismus. Sie sind als längliche schlanke Teilungsformen (mit langem freiem Flagellum) oder stumme nicht teilende infektiöse (metazyklische) Formen ohne freies Flagellum vorhanden. Sie haben eine dünne, unregelmäßig geformte Membran, mit zentral positioniertem Kern und einem posterior gelegenen Kinetoplasten (Abb. 1). Ein Flagellum entsteht am Kinetoplasten und durchquert die gesamte Länge des Parasiten und erstreckt sich darüber hinaus. Ein einzelnes Mitochondrium befindet sich im Inneren des Kinetoplasten, der das Flagellum antreibt. In gefärbten Präparaten sind Trypanosomen im Allgemeinen in einer C- oder U-Form zu sehen. Die Identifizierung des Parasiten erfolgt in der Regel anhand seiner morphologischen Merkmale und muss sich eindeutig von *Trypanosoma rangeli* unterscheiden, einem nicht pathogenen Flagellaten, der Menschen in Mittel- und Südamerika infiziert und von denselben Vektoren übertragen wird, die *T. cruzi* übertragen.

Epimastigot

Dieses Stadium ähnelt mehr oder weniger dem Trypomastigotstadium, außer dass der Kinetoplast vor dem Kern liegt (Abb. 2). Die Größe des Epimastigoten beträgt 10–35 µm in der Länge und 1–3 µm in der Breite.

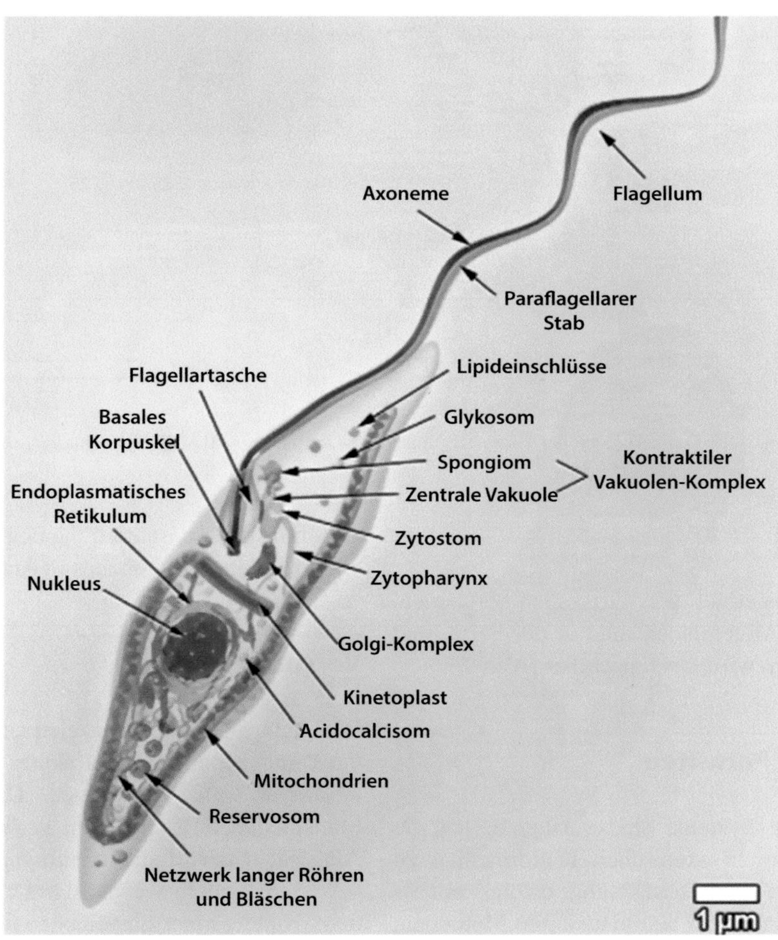

Abb. 1 Schematische Darstellungen der *T. cruzi*-Trypomastigot-Organellen – 3D-Modell. (Quelle Teixeira et al. 2012)

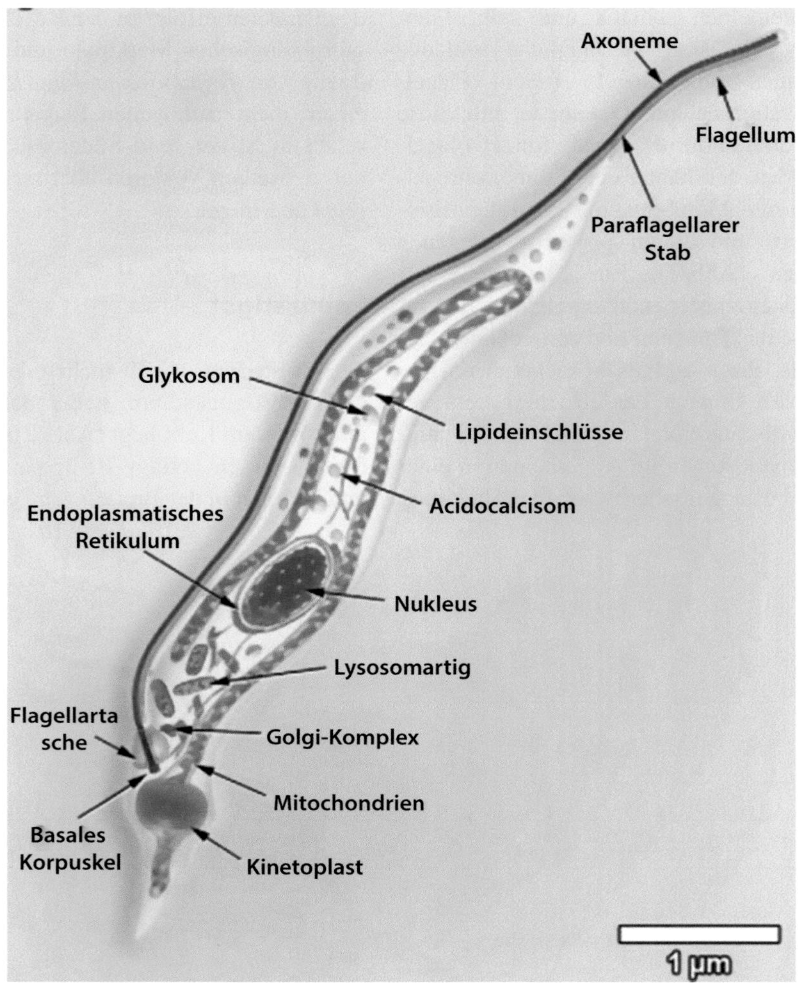

Abb. 2 Schematische Darstellungen der *T. cruzi*-Epimastigot-Organellen – 3D-Modell. (Quelle Teixeira et al. 2012)

Amastigot

Diese sind innerhalb der Wirtszellen vorhanden. Sie sind im Allgemeinen rund in der Form, und das Flagellum wird fast unsichtbar (Abb. 3).

Zucht von Parasiten

Spezialisierte Systeme sind verfügbar, um die Epimastigoten in axenischen Kulturmedien zu züchten. Die Parasitenzählung erfolgt mittels Hämozytometer oder automatisierten Methoden. Dies hilft bei der Beurteilung der Wachstumsrate oder des Tötungspotenzials in Arzneimitteltests.

Versuchstiere

Die Maus ist ein ausgezeichnetes Modell für die Untersuchung sowohl akuter als auch chronischer *T. cruzi*-Infektionen. Daher wird das Mausmodell am häufigsten verwendet, um die Aktivität neuer Medikamente gegen *T. cruzi* zu bewerten. Andere Versuchstiere umfassen Nagetiere, Hunde, Meerschweinchen und Primaten.

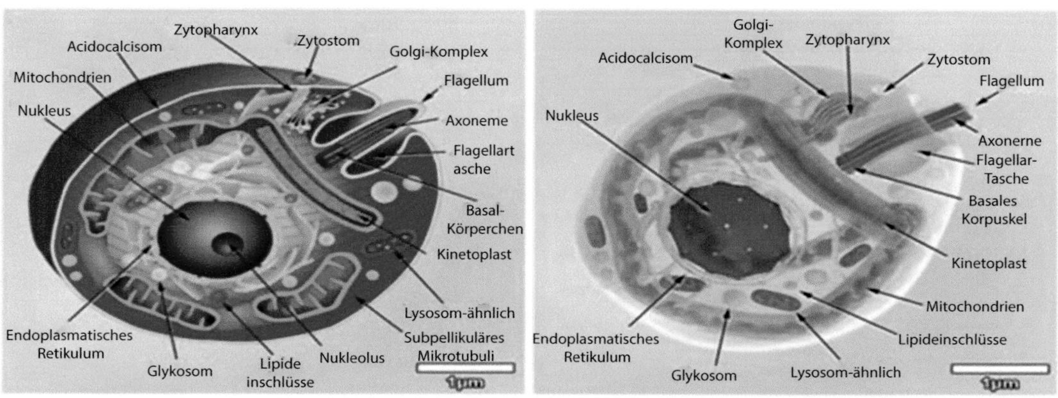

Abb. 3 Schematische Darstellungen eines *T. cruzi*-Amastigoten – 2D- und 3D-Modelle. (Quelle Teixeira et al. 2012)

Lebenszyklus von *Trypanosoma cruzi*

Wirte

Endwirte

Menschen, Tiere, die in enger Nähe zu Menschen leben (Katzen, Hunde, Waldmäuse, Opossums).

Zwischenwirte

Triatominae-Wanzen (*Triatoma infestans*, *Rhodnius prolixus*, *Triatoma dimidiata* und *Panstrongylus megistus*).

Infektiöses Stadium

Metazyklische Trypomastigoten sind das infektiöse Stadium.

Übertragung der Infektion

Die infektiöse Form von *T. cruzi*, die in den Fäkalien der Reduviidae-Wanzen vorhanden ist, dringt durch die Bisswunde oder Kratzwunden ein, dringt jedoch nicht in intakte Haut ein. Infektiöse Formen werden auch durch Bluttransfusionen, Organtransplantationen und kontaminierte Nahrung und Getränke, durch Muttermilch und kongenital durch die Plazenta (Abb. 4 und 5) auf den Menschen übertragen.

Der Lebenszyklus von *T. cruzi* umfasst sowohl Wirbeltier- als auch Invertebratenwirte und umfasst 3 klar definierte Entwicklungsstadien (Trypomastigoten, Epimastigoten und Amastigoten). Diese Entwicklungsstadien haben sich so entwickelt, dass sie an ihre individuellen Umgebungen angepasst sind, was mehrere Zwecke erfüllt, darunter verbessertes Übertragungspotenzial, Umgehung des Immunsystems des

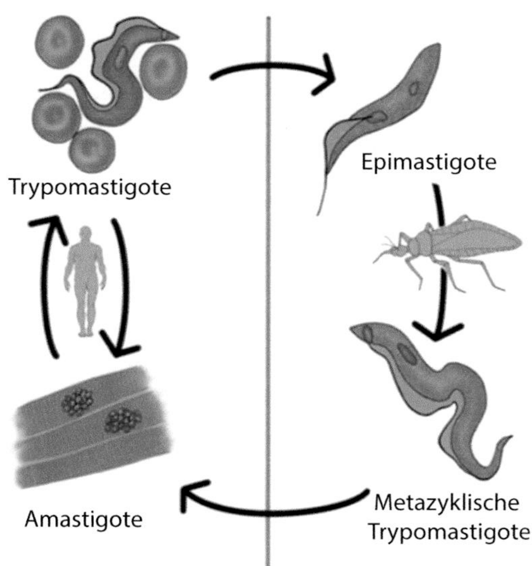

Abb. 4 Entwicklungsstadien von *T. cruzi* bei Wirbeltieren und Invertebraten. (Adaptiert von: Jimenez 2014)

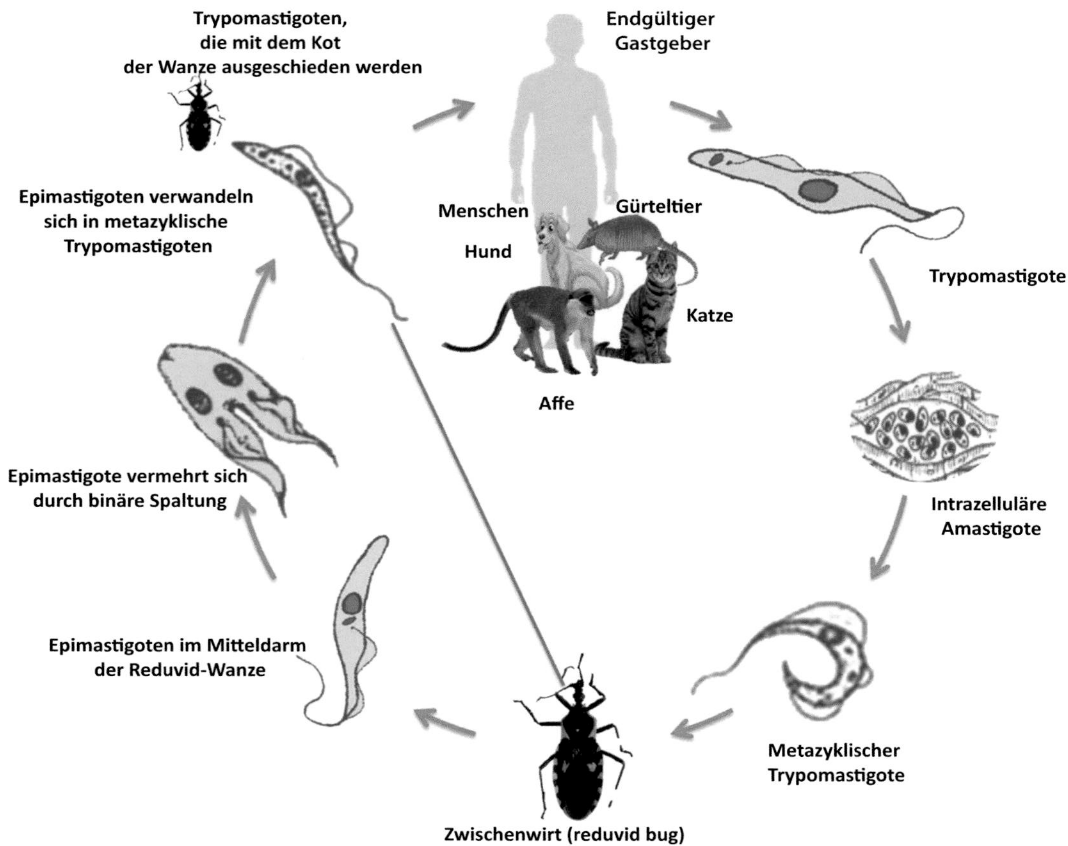

Abb. 5 Der Lebenszyklus von *T. cruzi*

Wirts und langfristiges Überleben. Die im Blut zirkulierenden Trypomastigoten sind nicht teilende Formen, die neue Zellen verschiedener Gewebe im Körper infizieren können. Im Zytoplasma der Wirtszellen werden Trypomastigoten in aflagellate Amastigoten umgewandelt, die die teilende Form von *T. cruzi* bei Säugetieren sind.

Diese Amastigoten durchlaufen über einen Zeitraum von 4–5 Tagen eine wiederholte Vermehrung und werden wieder in flagellate Trypomastigoten umgewandelt und verursachen dabei den Tod der infizierten Wirtszelle. Die Trypomastigoten werden in den Kreislauf freigesetzt, wo sie neue Wirtszellen infizieren können, oder sie können während ihres Bisses von der Reduviidae-Wanze aufgenommen werden. Im Darm des Insekts metamorphosieren die Trypomastigoten in sich schnell teilende Epimastigoten. Nach einigen Wochen werden diese Epimastigoten zur metazyklischen Form, die das infektiöse Stadium für Säugetierwirte ist.

Übertragungswege

In Lateinamerika werden *T. cruzi*-Parasiten hauptsächlich durch den Kontakt mit Kot/Urin von infizierten blutsaugenden Triatominae-Wanzen auf den Wirt übertragen. Die primären Vektoren für den Menschen sind die Arten, die in menschlichen Behausungen leben, nämlich *T. infestans*, *R. prolixus*, *T. dimidiata* und *P. megistus*. Die Triatominae-Wanzen leben typischerweise in den Wänden oder Dachspalten von Häusern und peridomiziliären Strukturen. Die Wanzen sind nachtaktiv und werden aktiv, wenn sie sich nachts von Säugetierblut ernähren. Sie beißen normalerweise ins Gesicht/in die Nähe der Augenlider und haben die Gewohnheit, in der Nähe der Bissstelle zu koten oder zu urinieren. Der Parasit gelangt in den Körper, wenn die betroffene Person den Bissbereich kratzt, wodurch Mikroabrasionen entstehen und so der Eintritt von kontaminiertem Wanzenexkrement erleichtert wird.

Neben der klassischen Übertragung durch den Vektor wird die Chagas-Krankheit auch durch den Verzehr von mit *T. cruzi* kontaminierten Lebensmitteln übertragen. Lebensmittel können mit Wanzenkot kontaminiert sein, und der Verzehr solcher Lebensmittel ist eine Ursache für die Übertragung durch Lebensmittel, die mit schwererer Morbidität und hoher Mortalität verbunden ist. Weitere Übertragungswege sind Bluttransfusionen und Organtransplantationen oder die Übertragung über die Plazenta während der Schwangerschaft. Nach jüngsten Berichten erfolgten 22,5 % der Neuinfektionen durch kongenitale Übertragung. Es wurde auch berichtet, dass die Infektion sexuell übertragbar ist.

Pathogenese und Pathologie

Die Pathogenese der Krankheit während der frühen Phase spiegelt die Parasitenvermehrung und die immunologischen Reaktionen des Wirts auf den Parasiten wider. Das Fortschreiten der Infektion und die Parasitenreplikation werden durch eine Kombination von angeborener Reaktion in Form von NK-Zellen und Makrophagen und der adaptiven Reaktion durch die Vermehrung von parasitenspezifischen Antikörpern kontrolliert. Diese Reaktion wird durch verschiedene proinflammatorische Zytokine wie TNF-α und IFN-γ ausgelöst. Die chronische Phase der Krankheit ist mit einer fortschreitenden Vermehrung des Parasiten und gleichzeitigen Gewebeschäden und -verletzungen sowie immunpathologischen Mechanismen verbunden. Bis zu 30 % der infizierten Personen entwickeln Herzanomalien und 10 % zeigen Verdauungs-, neurologische oder gemischte Anomalien. Mit dem Fortschreiten der Krankheit vergrößert sich das Herz, wobei die Herzmuskelfasern durch Narben- und Fettgewebe ersetzt werden. Parasiten werden selten im Herzmuskelgewebe nachgewiesen, da sie besonders in späteren Krankheitsstadien in sehr geringen Mengen vorhanden sind. Es kann zu einem massiven Verlust von Nervenendigungen im Herz, Dickdarm und Ösophagus in den chronischen Stadien der Krankheit kommen. Dieser Zustand kann zu Arrhythmien und Kardiomyopathie beitragen, während im Dickdarm und Ösophagus der Verlust der Kontrolle des Nervensystems zu Organfunktionsstörungen, Blockierung des Ösophagus oder Dickdarms und schließlich zur Vergrößerung der Organe führt.

Immunologie

Die Erkennung von *T. cruzi* durch das Immunsystem hängt sowohl von den angeborenen als auch von den adaptiven Immunreaktionen des Körpers ab. Zunächst werden die mit dem Pathogen assoziierten molekularen Muster von Toll-like-Rezeptoren der B- und T-Zellen erkannt, die eine wichtige Rolle bei der Verknüpfung von humoraler und erworbener Immunität spielen. Die angeborenen und adaptiven Immunreaktionen sind gekennzeichnet durch die Rekrutierung von Makrophagen, dendritischen Zellen, NK-Zellen und B- und T-Lymphozyten sowie die von diesen Zellen produzierten Zytokine. IFN-γ spielt eine wichtige Rolle, da es die Produktion von Stickstoffmonoxid durch Makrophagen erhöht, das die intrazellulären *T. cruzi* zerstören kann. Der Schlüsselmechanismus für den systemischen Schutz gegen eine *T. cruzi*-Infektion wird durch CD4+ Th1-Lymphozyten erreicht. Es stimuliert die Produktion von IL-2 und IFN-γ, die wiederum die Vermehrung von zytotoxischen CD8+ T-Lymphozyten auslösen. Zytotoxische CD8+ T-Zellen produzieren IFN-γ, das wiederum Makrophagen aktiviert, und diese aktivierten Makrophagen zusammen mit den von CD8+ T-Zellen produzierten Perforinen sind entscheidend für die Tötung von parasiteninfizierten Zellen. Daher spielt die Th1-Reaktion eine entscheidende Rolle bei *T. cruzi*, während die humorale Immunität keine bedeutende Rolle spielt. Effektive Mechanismen zur Immunflucht, die vom Parasiten angenommen werden, umfassen die Modulation des Komplementsystems und die Ausübung hemmender Effekte auf die Monozyten-Makrophagen-Zellen, die zur chronischen Phase der Chagas-Krankheit führen.

Infektion beim Menschen

Die anfängliche akute Phase dauert etwa 2 Monate nach der Infektion. Während der langfristigen chronischen Phase verstecken sich die Parasiten hauptsächlich im Herzen und in den Verdauungsmuskeln.

Das akute Stadium der Krankheit ist oft mild und umfasst unspezifische Manifestationen wie Fieber, Kopfschmerzen, Lymphadenopathie und Hepatosplenomegalie. Es kann ein Knoten auftreten, und wenn er sich auf dem Augenlid befindet, spricht man vom *Romaña-Zeichen*, und wenn er sich auf irgendeinem Teil des Körpers auf der Haut befindet, wird er als *Chagom* bezeichnet. Eine schwere akute Krankheit kann bei weniger als 5 % der infizierten Personen auftreten und kann aufgrund von Entzündungen und Flüssigkeitsansammlungen im Herzen oder Gehirn tödlich sein.

Die *indeterminierte* chronische Chagas-Krankheit ist oft asymptomatisch. Bei 14–45 % der Menschen manifestiert sich die Krankheit jedoch in Form von Kardiomegalie mit Herzinsuffizienz und Anomalien in der Mikrogefäßstruktur. Weiterhin ist bei 10–21 % der Menschen eine Beteiligung des Verdauungssystems mit Megaösophagus oder Megakolon verbunden. Megaösophagus begünstigt Odynophagie/Dysphagie und Säurereflux. Megakolon kann zu Verstopfung oder sogar zur Blockierung der Blutzufuhr zum Darm führen. Etwa 10 % der Fälle entwickeln neurologische Manifestationen wie Taubheitsgefühl und veränderte Reflexe oder Bewegungen.

Die Symptome können sich bei Personen, die durch andere Übertragungswege mit *T. cruzi* infiziert sind, unterscheiden. Personen, die durch den Verzehr von mit Kot von Reduviidae kontaminierten Lebensmitteln und Wasser infiziert sind, entwickeln innerhalb von 3 Wochen nach dem Verzehr schwere Symptome. Dies kann schwere Übelkeit und Erbrechen sowie Dyspnoe mit akuten Bauch- und Brustschmerzen umfassen. Bei Infektionen durch Bluttransfusionen oder Organtransplantationen ähneln die Merkmale denen der durch Vektoren übertragenen Krankheit. Immungeschwächte Personen (HIV-Patienten) oder solche, die eine immunsuppressive Therapie erhalten, leiden unter schweren Symptomen, die mit Entzündungen im Gehirn und im umgebenden Gewebe oder sogar Gehirnabszessen verbunden sind.

Infektion bei Tieren

Die klinischen Anzeichen der amerikanischen Trypanosomiasis sind bei Tieren variabel und unspezifisch. Hunde erwerben die Infektion durch den Kot von infizierten Raubwanzen. Die Wanzen defäkieren oft auf oder in der Nähe der Wunden der Tiere, und Hunde nehmen den Kot auf, wenn sie ihre Wunden lecken. Hunde werden auch infiziert, indem sie Insekten oder Nagetiere fressen, die mit *T. cruzi*-Parasiten infiziert sind.

Die meisten infizierten Hunde zeigen Lethargie, verminderten Appetit und Gewichtsverlust. In schwereren Fällen entwickeln Hunde Anzeichen von Herzversagen und Arrhythmien. Haustierbesitzer können Anzeichen wie Ohnmacht, Bewegungsunverträglichkeit, Erbrechen und Durchfall beobachten. Plötzlicher Tod kann aufgrund von Herzversagen auftreten. Andere Tiere, einschließlich nicht menschlicher Primaten, zeigen in der Regel keine Anzeichen von Krankheit.

Epidemiologie und öffentliche Gesundheit

In den letzten zwei Jahrzehnten hat sich die Chagas-Krankheit im Vergleich zu ihrer Entwicklung seit über 9000 Jahren auf mehr uninfizierte Gebiete ausgebreitet. Menschliche Aktivitäten, die zu Umweltveränderungen wie Entwaldung führen, sind der Hauptgrund für die Ausbreitung der Chagas-Krankheit. Die Infektion durch *T. cruzi* existierte unter Wildtieren, breitete sich aber später auf Haustiere und Menschen aus, mit relativer Intensivierung seit Beginn des 20. Jahrhunderts. *Trypanosoma cruzi* wurde von mehr als 100 Arten von Wild- und Haussäugetieren isoliert. Waschbären,

Waldmäuse, Opossums, nicht menschliche Primaten und Hunde sind typische Säugetierreservoire. Die große Vielfalt an Säugetierwirten, die *T. cruzi* infizieren kann, und die Tatsache, dass chronisch infizierte Tiere eine anhaltende Parasitämie haben, führen zu einem enormen sylvatischen und häuslichen Reservoir in enzootischen Regionen. Dies trägt wiederum zur Etablierung des häuslichen Übertragungszyklus des Parasiten in menschlichen Behausungen bei.

Die Chagas-Krankheit ist ein brennendes Problem der öffentlichen Gesundheit in Südamerika, das mehr als 10.000 Todesfälle pro Jahr verursacht (Abb. 6). Die aktuelle Situation betont deutlich, dass die Krankheit aufgrund der Migration von Menschen, die mit *T. cruzi* aus endemischen Ländern infiziert sind, zunehmend zu einem globalen Gesundheitsproblem wird (Abb. 7 und Tab. 1). Die geschätzte Gesamtzahl der Chagas-Patienten außerhalb Lateinamerikas beträgt mehr als 400.000, wobei die USA das am stärksten betroffene Land sind und drei Viertel aller Fälle ausmachen. Vektoren sind in endemischen Gebieten wichtig, während in nicht endemischen Ländern die Hauptübertragungswege Blut- und kongenitale Übertragung sind.

Abb. 6 Endemische Zonen der Chagas-Krankheit. (Quelle: *Wikimedia Commons*)

Abb. 7 Verbreitung der Chagas-Krankheit (WHO 2010) (DOI: https://doi.org/10.5772/intechopen.86567)

Tab. 1 Globale Verbreitung der Chagas-Krankheit (amerikanische Trypanosomiasis)

Geschätzte globale Fälle	Verbreitung	Übertragungsweg
Weniger als 1000 Fälle	Portugal, Norwegen, Deutschland, Österreich, Griechenland	Einwanderer
1001–10.000 Fälle	Australien, Japan, Kanada, Frankreich, UK, Italien	Einwanderer
10.001–100.000 Fälle	Spanien, Costa Rica, Guatemala	Einwanderer, Bluttransfusion
100.001–1.000.000 Fälle	USA, Bolivien, Peru, Chile, Kolumbien, Ecuador, Venezuela	Einwanderer, Bluttransfusion, vertikale Übertragung
1.000.001 und mehr	Bolivien, Peru, Chile, Kolumbien, Ecuador, Venezuela, Brasilien, Argentinien, Mexiko (endemische Länder)	Hauptsächlich durch Vektorbisse (*Triatoma*-Wanzen)

Diagnose

Die Erkennung von *T. cruzi*-Infektionen erfolgt durch herkömmliche parasitologische, serologische und molekulare Techniken (Tab. 2).

Mikroskopie

Die Trypomastigoten sind am häufigsten im peripheren Blut während Fieberanfällen vorhanden, können aber in der chronischen Phase der Krankheit schwer zu erkennen sein. Frische Proben von ungefärbtem Blut oder Liquor cerebrospinalis sollten untersucht werden, um die beweglichen Parasiten zu beobachten. Sowohl dicke als auch dünne Blutfilme werden wie Malaria-Parasiten vorbereitet und mit Giemsa oder einem ähnlichen Farbstoff gefärbt. Unter dem Mikroskop sind die Trypomastigoten schlank und 15–20 μm lang mit spitzen hinteren Enden, und sie erscheinen typischerweise C- oder U-förmig. Ein freies Flagellum und eine wellenförmige Membran können sichtbar sein. Der Kinetoplast befindet sich in subterminaler Position. Die Sensitivität des Blutprobennachweises mit Mikroskopie liegt zwischen 50 und 95 % und wird durch mehrere Faktoren beeinflusst, die von der Qualität der mikroskopischen Ausrüstung bis zur Expertise des Beobachters reichen. Amastigoten können in Biopsieproben nachgewiesen werden.

Die Blutuntersuchung auf Parasiten ist entscheidend, um eine Infektion durch Transfusion und Organtransplantation zu verhindern. Die konventionelle Mikroskopie kann die Infektion

Tab. 2 Diagnosemethoden für amerikanische Trypanosomiasis

Diagnoseansätze	Methoden	Ziele	Anmerkungen
Parasitologische Methoden (Blutuntersuchung)	Optische Mikroskopie und Mikrohämatokrit	Zielt darauf ab, das Vorhandensein von Trypomastigoten zu visualisieren	Die Sensitivität variiert je nach Stadium der Infektion *Einschränkungen:* kann chronische Infektionen aufgrund geringer Parasitämie nicht erkennen
Immundiagnostik	Indirekte Hämagglutination ELISA, IFAT und Western Blot	*Trypanosoma cruzi*-Epimastigoten-Antigene und rekombinante Proteine (rTc24) werden verwendet, um IgG-Anti-*T. cruzi*-Antikörper im Blut infizierter Patienten anzuvisieren	Am besten geeignet für die Diagnose der Krankheit, auch in der chronischen Phase, in der die Parasitämie sehr gering ist *Einschränkung:* erhebliche Kreuzreaktivität mit *Leishmania* spp.
Molekulare Assays	Konventionelle PCR, Real-Time-PCR	Satelliten-DNA von *T. cruzi* und IAC Plasmid-DNA	Hohe Sensitivität und Spezifität *Einschränkungen:* PCR ist nicht hilfreich bei der Routinediagnose

möglicherweise nicht erkennen, wenn die Parasitämie außergewöhnlich niedrig ist.

Serodiagnostik

Serologische Methoden basieren hauptsächlich auf dem Nachweis von zirkulierenden *T. cruzi*-Antikörpern im Serum. Die am häufigsten verwendeten Methoden sind ELISA, indirekte Hämagglutination, Immunblottechnik und Immunchromatografie und indirekte Immunfluoreszenz unter Verwendung von rohen Lysaten des Parasiten als Antigen, rekombinantes Protein oder synthetische Peptide. Diese Tests zeigen trotz hoher Sensitivität und Spezifität Kreuzreaktivität mit *Leishmania* spp. Die Western-Blot-Technik ist spezifisch für den Nachweis von *T. cruzi*-Antikörpern unter Verwendung von Exkretions-Sekretions-Antigenen und/oder rekombinanten Proteinen. Die Durchflusszytometrie ist besonders nützlich für die Differentialdiagnose zwischen *T. cruzi*- und *Leishmania*-Infektionen. Die immunchromatografischen Schnelltests haben Sensitivitäts- und Spezifitätswerte von 97 bis 100 % gezeigt und verwenden rekombinante Antigene wie H49 und 1F8. Die einfache Durchführung und Interpretation macht sie sehr nützlich für Feldstudien.

Molekulare Diagnostik

Molekulare Diagnostik ist nützlich für die genaue Erkennung und Charakterisierung verschiedener Stämme von *T. cruzi*. Verschiedene Arten von PCR, einschließlich konventioneller PCR, nested PCR und Real-Time-PCR, wurden in der jüngsten Vergangenheit bewertet. Ihre Anwendung ist jedoch aufgrund bestimmter Einschränkungen nicht weitverbreitet. PCR ist möglicherweise nicht übermäßig empfindlich in chronischen Fällen aufgrund außergewöhnlich niedriger Zirkulationsparasiten. Die Sensitivität der PCR wird auch durch die Methode der DNA-Extraktion beeinflusst. Das niedrige Niveau der Parasiten in der chronischen Krankheit führt dazu, dass die PCR-basierten Methoden nur Sensitivitäten von etwa 45–65 % haben, während die Spezifität nahe bei 100 % bleibt.

Xenodiagnostik

Diese Methode ist empfindlicher als traditionelle Methoden. Dabei werden im Labor gezüchtete Triatominae-Wanzen, die bei Vögeln gehalten werden, an den vermuteten Patienten genährt. Der Wanzenkot wird dann auf die metazyklischen Formen untersucht.

Die Kombination von PCR und Xenodiagnostik ist sehr nützlich zur Diagnose der Chagas-Krankheit, insbesondere in krankheitsendemischen Gebieten mit geringer Parasitämie.

Behandlung

Das primäre Ziel der Behandlung der Chagas-Krankheit besteht darin, die *T. cruzi*-Parasiten im infizierten Wirt zu eliminieren und die Bedingungen für den Fortschritt zu irreversiblen Läsionen, die mit der Krankheit verbunden sind, zu verhindern. Das Ergebnis der Behandlung mit einem antiparasitären Mittel hängt oft von der Phase der Krankheit und dem Alter des infizierten Individuums ab.

In der akuten Krankheitsphase sind Benznidazol und Nifurtimox sehr wirksam, wenn sie kurz nach der Infektion verabreicht werden. Die Behandlung der chronischen Phase ist in den meisten Fällen möglicherweise nicht erfolgreich. Die symptomatische Behandlung chronischer Patienten ist jedoch oft lebensrettend und die einzige Alternative für diese Krankheit. Eine zielgerichtete Behandlung für kardiale, Verdauungs- oder neurologische Manifestationen wird in kritischen komplizierten Fällen zur Notwendigkeit.

Sowohl Benznidazol als auch Nifurtimox sind bei schwangeren Frauen oder bei Personen mit Nieren- oder Leberkomplikationen kontraindiziert. Nifurtimox ist auch vor dem Hintergrund neurologischer oder psychiatrischer Störungen kontraindiziert.

Prävention und Bekämpfung

Die Chagas-Krankheit ist ein komplexes sozioökonomisches und umweltgesundheitliches Problem. Bis heute gibt es keinen Impfstoff gegen die Chagas-Krankheit. In endemischen Gebieten war die Vektorbekämpfung die effektivste Methode zur Prävention. Das Screening von Blut und Organen auf den Parasiten ist zwingend erforderlich, um eine Infektion durch Transfusion und Organtransplantation zu verhindern. Die Weltgesundheitsorganisation (2005) hat die Chagas-Krankheit als eine der vernachlässigten tropischen Krankheiten anerkannt und die folgenden Ansätze zur Prävention und Bekämpfung der Krankheit empfohlen: (1) Sprühen von Restinsektiziden in und um das Haus herum; (2) Verwendung von Bettnetzen, um Bisswunden von Wanzen zu verhindern; (3) Hygiene bei der Zubereitung, dem Transport, der Lagerung und dem Verzehr von Lebensmitteln; (4) Screening von Blut-, Gewebe- und Organspenden vor der Transfusion von Spendern und Empfängern; (5) Beginn der antiparasitären Behandlung bei Kindern und Frauen im gebärfähigen Alter vor der Schwangerschaft; (6) Screening von Neugeborenen und anderen Kindern infizierter Mütter und Bereitstellung einer Behandlung in frühen Stadien.

Fallstudie

Ein erwachsener Einwanderer aus El Salvador kam mit Fieber und Verwirrtheit, die nicht auf eine Antibiotikabehandlung ansprachen, in die Notaufnahme eines US-Krankenhauses. Ein CT-Scan zeigte eine Hirnläsion. Der Patient war HIV-positiv und sein letzter Besuch in El Salvador war 1 Jahr zuvor. Eine Lumbalpunktion zeigte niedrige Glukose- und hohe Proteinspiegel im Liquor. Darüber hinaus wurden Organismen von etwa 20 μm Größe im Liquor gefunden. Der Immunfluoreszenzassay für Antikörper gegen *T. cruzi* im Liquor war negativ, aber positiv im Serum bei 1:128.

1. Welche andere Trypanosomenart ist in Süd- und Mittelamerika endemisch, und wie kann sie von *T. cruzi* unterschieden werden?
2. Welche Faktoren verursachen eine Reaktivierung der chronischen Chagas-Krankheit?
3. Welche Vorsichtsmaßnahmen müssen im Labor bei der Handhabung von Blutproben eines Patienten mit vermuteter Chagas-Krankheit getroffen werden?

Forschungsfragen

1. Wie kann man hochspezifische und sensitive serologische Diagnosetests für *T. cruzi* entwickeln?
2. Wie formuliert man eine spezifische Behandlungskur für chronische Trypanosomiasis?
3. Welche Impfziele wurden für *T. cruzi* identifiziert?

Weiterführende Literatur

Bern C. Chagas' disease. N Engl J Med (Rev). 2015;373(5):456–66.

Bonney KM, Luthringer DJ, Kim SA, et al. Pathology and pathogenesis of Chagas heart disease. Annu Rev Pathol. 2019;14:421–47.

Gomes C, Almeida AB, Rosa AC, et al. American trypanosomosis and Chagas disease: sexual transmission. Int Journal of Infect Dis. 2019;81:81–4.

Guhl F, Vallejo AG. *Trypanosoma (herpetosoma) rangeli* Tejera, 1920—An updated review. Mem Inst Oswaldo Cruz. 2003;98:435–42.

Hotez PJ, Molyneux DH, Fenwick A. Control of neglected tropical diseases. N Engl J Med. 2007;357:1018–27.

Jimenez V. Dealing with environmental challenges: mechanisms of adaptation in *Trypanosoma cruzi*. Res Micro. 2014;165:155–65.

López-Monteon A, Dumonteil E, Ramos-Ligonio A. More than a hundred years in the search for an accurate diagnosis for Chagas Disease: current panorama and expectations. Curr Top Negl Trop Dis. 2019; https://doi.org/10.5772/intechopen.86567 .

Pérez-Molina JA, Molina I. Chagas disease. Lancet. 2018;391(10115):82–94.

Robertson LJ, Deveesschauwer B, de Noya BA, Gozalez ON, Togerson PR. *Trypanosoma cruzi*: time for international recognition as foodborne parasite. PLOS Neg Trop Dis. 2016;10(6):e0004656. https://doi.org/10.1371/journal.pntd.0004656 .

Schmunis GA, Yadon ZE. Chagas disease: a Latin America health problem becoming a world health problem. Acta Trop. 2010;115:14–21.

Steverding D. The development of drugs for treatment of sleeping sickness: a historical review. Parasit Vectors. 2010;3:15.

Teixeira DE, Benchimol M, Crepaldi PH, de Souza W. Interactive multimedia to teach the life cycle of *Trypanosoma cruzi*, the causative agent of chagas disease. PLoS Negl Trop Dis. 2012;6(8):1–13.

WHO 2010. https://doi.org/10.5772/intechopen.86567

Malaria

Nadira D. Karunaweera und N. Hermali Silva

Lernziele

1. Den Leser auf den neuen Malariaerreger, *P. knowlesi*, und seine klinische Bedeutung und Schwere der Infektion aufmerksam machen
2. Den Fehler einer falschen Diagnose von *P. knowlesi* während der Mikroskopie als *P. falciparum* oder *P. malariae* vermeiden
3. Die Bedeutung der molekularen Diagnose bei der Artenidentifikation kennen

Einführung

Malaria ist eine parasitäre Krankheit, die die Menschheit seit vielen Jahrtausenden plagt und eine große gesundheitliche Belastung und viele Todesfälle verursacht hat. Sie bleibt eine Hauptursache für Morbidität und Mortalität, insbesondere in Teilen der tropischen und subtropischen Regionen. Diese durch Stechmücken übertragene Krankheit wird durch den Sporozoen der Gattung *Plasmodium* verursacht und durch die infizierten Stechmücken der Gattung *Anopheles* übertragen. Sporozoen haben einen komplexen digenetischen Lebenszyklus, der 2 Wirte benötigt, um abgeschlossen zu werden: einen Endwirt, in dem die sexuelle Fortpflanzung stattfindet *(Sporogonie)* und einen Zwischenwirt, in dem die asexuelle Teilung stattfindet *(Schizogonie)*. Bei der menschlichen Malaria sind der Endwirt und der Vektor beide die *Anopheles*-Mücke, während der Zwischenwirt der Mensch ist. Im Jahr 2018 war etwa die Hälfte der Weltbevölkerung gefährdet, an Malaria zu erkranken. Allerdings ist die globale Malariakarte in den letzten Jahren weiter geschrumpft, da immer mehr Länder eine bessere Malariabekämpfung und einige sogar das Ziel der Eliminierung erreichen.

Von mehreren Arten von *Plasmodium* ist bekannt, dass sie Malaria beim Menschen verursachen. Von diesen verursachen 4 Arten (nämlich *P. falciparum*, *P. vivax*, *P. ovale* und *P. malariae*) Krankheiten bei Menschen, die als Reservoirs für die weitere Ausbreitung dienen. Die 5. Art, *P. knowlesi*, ist ein natürlicher Parasit von Primaten und wurde als Verursacher einer zoonotischen Malaria beim Menschen identifiziert, die unspezifische Malariasymptome und sogar einen tödlichen Ausgang haben kann, aber bei frühzeitiger Diagnose behandelbar ist. Natürlich erworbene *P. knowlesi* beim Menschen wurde erstmals 1965 berichtet und danach

N. D. Karunaweera (✉) · N. H. Silva
Department of Parasitology, Faculty of Medicine, University of Colombo, Colombo, Sri Lanka
E-Mail: nadira@parasit.cmb.ac.lk

N. H. Silva
E-Mail: hermali@parasit.cmb.ac.lk

S. C. Parija und A. Chaudhury (Hrsg.), *Lehrbuch der parasitären Zoonosen*,
https://doi.org/10.1007/978-981-97-4312-4_14

aus südostasiatischen Ländern gemeldet, in denen Primaten (z. B. Langschwanzmakaken und Schweinsaffen) und die im Wald lebenden Vektor-Mücken der Gruppe *Anopheles leucosphyrus* häufig vorkommen. Derzeit wird *P. knowlesi* als aufkommende *Plasmodium*-Art angesehen, die Malaria in Asien verursacht.

Geschichte

Beweise für fossilisierte frühe Linien von Anophelinae-Mücken wurden in Bernstein gefunden, der auf etwa 100 Millionen Jahre zurückdatiert ist, aber ob sie zu dieser Zeit Vektoren der Malariaparasiten waren, bedarf weiterer Forschung. Es wird angenommen, dass Malaria möglicherweise in West- und Zentralafrika entstanden ist und über Mücken auf den Menschen übertragen wurde. Nach dem Ende der letzten Eiszeit, vor etwa 10.000 Jahren, verbreitete sich die Landwirtschaft in Afrika, und diese neolithische Agrarrevolution führte zu Anpassungen der Anophelinae-Mücken, um in Afrika anthropophager zu sein, während sie außerhalb Afrikas zoophil waren. Beschreibungen von Fieber, ähnlich paroxysmalen Fiebern, wurden in der alten chinesischen, indischen, sumerischen und ägyptischen Literatur in den letzten 5000 Jahren erwähnt. Malaria erreichte im 19. Jahrhundert ihre weltweite Verbreitung, sodass mehr als die Hälfte der Weltbevölkerung Gefahr lief, an Malaria zu erkranken. Die Miasmentheorie wurde bis Mitte des 19. Jahrhunderts verwendet, um die Ätiologie von Malaria zu erklären. In den 1880er-Jahren stellte die Keimtheorie der Krankheiten die Miasmentheorie infrage. Das Wort *malaria* bedeutet „schlechte Luft" und wird vermutlich von den italienischen Wörtern *mal* und *aria* abgeleitet.

Robert Knowles und B. Dasgupta beschrieben 1932 an der Calcutta School of Tropical Medicine erstmals *P. knowlesi*. Sie zeigten in experimentellen Affenmodellen, dass dieser neue Malariaparasit in der Lage war, eine schwere Infektion in *Macaca mulatta* zu verursachen, die in Indien häufig vorkommt, während der natürliche Wirt, der *Macaca fascicularis*, eine asymptomatische oder milde Infektion hatte. Quotidiana-Malaria konnte auch bei menschlichen Freiwilligen induziert werden.

Sie beschrieben auch die Lebensstadien des Parasiten. Der Parasit wurde zu Ehren von Robert Knowles *P. knowlesi* genannt. Zu einer Zeit wurde *P. knowlesi* in der Behandlung von Neurosyphilis eingesetzt und war als Fieber- oder Malariatherapie bekannt. Die Entdeckung von Penicillinen machte diese Therapie überflüssig. Eine große Anzahl von Malariafällen in der Sarawak-Region von Malaysia wurde 1999 als auf *P. malariae* zurückzuführen diagnostiziert. Interessanterweise hatten diese neuen Fälle im Gegensatz zur klassischen *P. malariae*-Infektion, die normalerweise eine geringe Parasitämie und eine milde Krankheit verursacht, moderate bis schwere Manifestationen mit hohen Parasitenlasten. Später konnte gezeigt werden, dass diese Fälle auf *P. knowlesi*, einen simianischen Malariaparasiten, zurückzuführen waren.

Taxonomie

Die Gattung *Plasmodium* gehört zur Familie Plasmodiidae, zur Ordnung Haemospororida, zur Klasse Aconoidasida und zum Stamm Apicomplexa im Unterreich Protozoa und Reich Protista. Die Gattung *Plasmodium* hat 5 Arten, *P. falciparum*, *P. vivax*, *P. ovale*, *P. malariae* und *P. knowlesi*, die Malaria beim Menschen verursachen, wobei *P. knowlesi* die zoonotische Art ist, die von Makaken übertragen wird.

Genomik und Proteomik

Parasiten der Gattung *Plasmodium* haben einen digenetischen Lebenszyklus, der 2 Wirte, nämlich die *Anopheles*-Mücke und den Menschen, für seine Vollendung benötigt. Die sexuelle Fortpflanzung findet in der Mücke statt, wo der Parasit diploid ist. Die asexuelle Fortpflanzung erfolgt im Menschen, wo das parasitäre Genom haploid ist. Der erste Malariaparasit, der sequenziert wurde, war *P. falciparum*. Eine Referenzsequenz von *P. knowlesi* wurde erstmals 2008 veröffentlicht. Das Kerngenom wurde als 24,1 Mb beschrieben, mit einem GC-Gehalt von 37,5 % und 5188 vorhergesagten Genen. Es enthielt 190 Lücken innerhalb der Kernregionen von 14 Chromosomen. In einer neueren Studie zur vollständigen Genomsequenzierung wurden die Sequenzen von 5228 Genen abgedeckt, einschließlich Genen und Genfragmenten, die als Gene unbekannter Funktion annotiert wurden. Daten von 605 Genen wurden ausgeschlossen, weil die Abdeckung an einer oder mehreren Basenpositionen null war, was 4623 Gene in den nachfolgenden Analysen beließ. Von diesen wurden 2180 Gene als Gene mit unbekannter Funktion annotiert. Mehr als die Hälfte der *P. knowlesi*-Gene im Genom, 2801 von 4623 Genen (60,8 %), scheinen dimorph zu sein.

Das *Plasmodium*-Genom codiert mehr als 5000 Proteine, von denen die meisten hypothetisch sind. Aufgrund des komplexen Lebenszyklus, der mehrere morphologische Stadien umfasst, ist die Genexpression bei Malaria dynamisch. Die Verwendung von globaler Proteomikprofilierung zur Identifizierung von genexpressionsspezifischen Mustern für jedes Stadium ermöglicht die Entwicklung von Medikamenten und Impfstoffen, die stadienspezifisch sind. *Plasmodium* kann posttranslationale Modifikationen durchführen, durch die es seine Oberflächenproteine ändert, um Immunreaktionen zu entgehen. Proteomik kann verwendet werden, um diese posttranslationalen Modifikationen zu identifizieren und die relative Proteinexpression zu quantifizieren, was bei der Produktion von Impfstoffen, der Entdeckung von Medikamenten und Studien zur Medikamentenresistenz hilfreich sein kann. Die Zusammenhänge zwischen den Menschen, dem Parasiten und den Medikamenten können auf Proteomikebene interpretiert werden, was bei der Entschlüsselung des Wirkmechanismus von Medikamenten und parasitären Faktoren, die eine Immunreaktion des Wirts hervorrufen, hilfreich sein kann. Proteomische Studien von *P. knowlesi* haben sich auf verschiedene Aspekte bezüglich ihrer angewandten Nützlichkeit konzentriert. In einer Studie wurden mehrere immunreaktive Proteine bei Malaria-infizierten Probanden identifiziert, darunter Serotransferrin und Hämopexin, die als Biomarker für Infektionen nützlich sein können. Andere *P. knowlesi*-spezifische Antigene wurden ebenfalls in der Studie nachgewiesen. In einem anderen Ansatz wurden *P. knowlesi*-Schizont-infizierte Zellagglutinations (SICA)-Antigene analysiert. Bis zu 40 *P. knowlesi*-SICA-Peptide zeigten Identität mit einem bestimmten *P. falciparum*-Erythrozytenmembranprotein-1.

Die Parasitenmorphologie

Goldstandard für die Diagnose von Malaria ist die mikroskopische Visualisierung von parasitären Stadien im peripheren Blut. Morphologische Merkmale, die für verschiedene Stadien charakteristisch sind, variieren je nach *Plasmodium*-Art (Abb. 1). *Plasmodium knowlesi* zeigt die folgenden morphologischen Merkmale:

1. **Ringstadium/junger Trophozoit**:
   Rote Zelle: Die infizierte rote Zelle ist nicht vergrößert.

Parasit: Dünnes, zartes Zytoplasma. 1 oder 2 Kerne. Gelegentlich sind Accolé-Formen zu sehen.

2. **Reifer Trophozoit**:
   Rote Zelle: Die infizierte rote Zelle ist nicht vergrößert. Sinton-mulligansche Tüpfelung kann selten mit speziellen Färbungen gesehen werden.

Parasit: Kompaktes Zytoplasma mit grobem, dunkelbraunem Pigment. 1 großer Kern. Gelegentlich sind Bandformen zu sehen.

3. **Reifer Schizont**:
   Rote Zelle: Die rote Zelle ist nicht vergrößert. Sinton-mulligansche Tüpfelung kann selten mit speziellen Färbungen gesehen werden.

Parasit: Eine grobe dunkelbraune Pigmentmasse, mit bis zu 16 Merozoiten mit großen

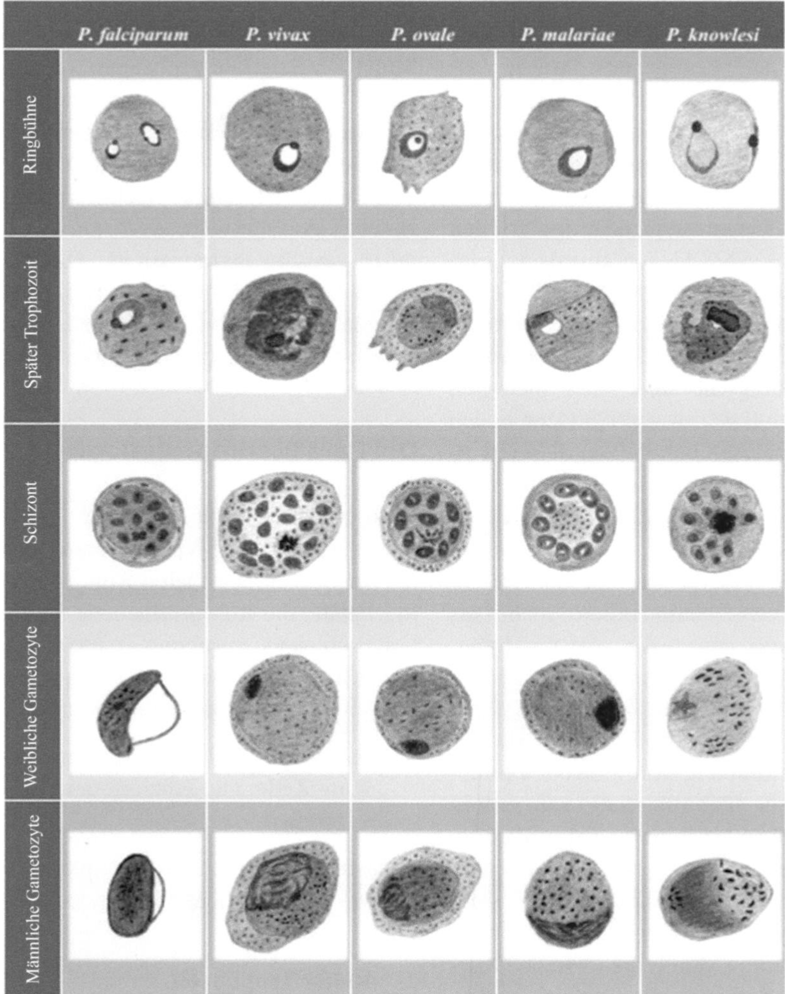

Abb. 1 Schematische Darstellung der Entwicklungsstadien von Malariaparasiten

Kernen, die sich darum gruppieren. Manchmal ist eine Rosettenbildung zu sehen. Reife Merozoiten erscheinen segmentiert.

4. **Weibliche Gametozyten**:
   Rote Zelle: Die rote Zelle ist nicht vergrößert. Sinton-mulligansche Tüpfelung kann selten mit speziellen Färbungen gesehen werden.

Parasit: rund/oval in der Form. Nimmt fast die gesamte Zelle ein. Kompakter exzentrischer Kern.

5. **Männliche Gametozyten**:
   Rote Zelle: Die rote Zelle ist nicht vergrößert. Sinton-mulligansche Tüpfelung kann selten mit speziellen Färbungen gesehen werden.

Parasit: rund/oval in der Form. Der Parasit nimmt fast die gesamte Zelle ein. Verstreutes Malariapigment. Diffuser Kern.

Die Morphologie von *P. knowlesi* bei der mikroskopischen Untersuchung von Blutausstrichen könnte mit *P. falciparum* oder *P. mal-*

ariae aufgrund von Ähnlichkeiten im Aussehen während einiger Lebenszyklusstadien verwechselt werden.

Zucht von Parasiten

Die In-vitro-Kultivierung von Malariaparasiten stellt aufgrund ihres digenetischen Lebenszyklus eine Herausforderung dar. Eine erfolgreiche kontinuierliche In-vitro-Kultur wurde erstmals von Trager und Jensen im Jahr 1976 für die Kultivierung von *P. falciparum* entwickelt. Obwohl die Kultur von *P. falciparum* ein Erfolg war, wurden noch keine effizienten In-vitro-Kultursysteme für andere Arten, die Malaria beim Menschen verursachen, etabliert. Die erste erfolgreiche In-vitro-Kultur wurde 1945 erreicht, als Ball und Kollegen in der Lage waren, *P. knowlesi* in Kultur in Rhesus-RBC für Zeiträume von bis zu 6 erythrozytischen Zyklen zu halten. Butcher beschrieb 1979 ein System, das in einer jüngsten Studie modifiziert wurde. Dabei wurden *P. knowlesi* zu frisch gezogenen *M. fascicularis*-RBC bei 2 % Hämatokrit in einem modifizierten RPMI-1640-Medium, das 0,5 % (Gew./Vol.) Albumax II und 10 % (Vol./Vol.) menschliches Serum in statischen Kulturen bei 37 °C enthält, hinzugefügt. Später wurde es angepasst, um in menschlichen RBC in einem kontinuierlichen Kultursystem zu wachsen.

Versuchstiere

Der Rhesusaffe *(Macaca mulatta)* ist das am meisten untersuchte Tiermodell für *P. knowlesi.* Das Tier entwickelt in kurzer Zeit eine hohe Parasitämie und ist fast immer tödlich für diesen Wirt. Neben diesem Tier wurde auch der Grüne Pavian *(Papio anubis)* als Modell für schwere Malaria und menschliche zerebrale Malaria vorgeschlagen. Bei *M. fascicularis*, dem Langschwanzmakaken, erzeugt *P. knowlesi* eine geringe Parasitämie.

Lebenszyklus von *Plasmodium knowlesi*

Wirte

Endwirte

Im Wald lebende Mücken der *Anopheles leucosphyrus*-Gruppe.

Zwischenwirte

Macaca nemestrina (Schweinsaffen), *M. fascicularis* (Langschwanzmakaken). Menschen sind die zufälligen Wirte.

Infektiöses Stadium

Die Sporozoiten, die in den Speicheldrüsen infizierter Stechmücken vorhanden sind, sind infektiös.

Übertragung der Infektion

Stich von *Anopheles*-Mücken.

Der Lebenszyklus von *P. knowlesi* bei Menschen und Primaten ist ähnlich und ähnelt dem von *P. vivax* (Abb. 2). Die Sporozoiten, die in den Speicheldrüsen infizierter Stechmücken vorhanden sind, werden während eines Mückenstichs in den Blutkreislauf des anfälligen Wirts eingeführt. Diese infektiösen Stadien werden dann zur Leber transportiert, wo sie Leberparenchymzellen befallen. Sie durchlaufen einen Prozess der mehrfachen Kernteilung, gefolgt von einer Zytoplasmateilung *(Schizogonie),* der zur Entwicklung von extraerythrozytären oder hepatischen Schizonten führt. Dies wird gefolgt von der Ruptur infizierter Leberzellen, die mehrere Tausend einzelne Parasiten (Merozoiten) in den Blutkreislauf freisetzen. Die Merozoiten dringen in rote Blutkörperchen ein und nehmen eine typische „Siegelringmorphologie“ an.

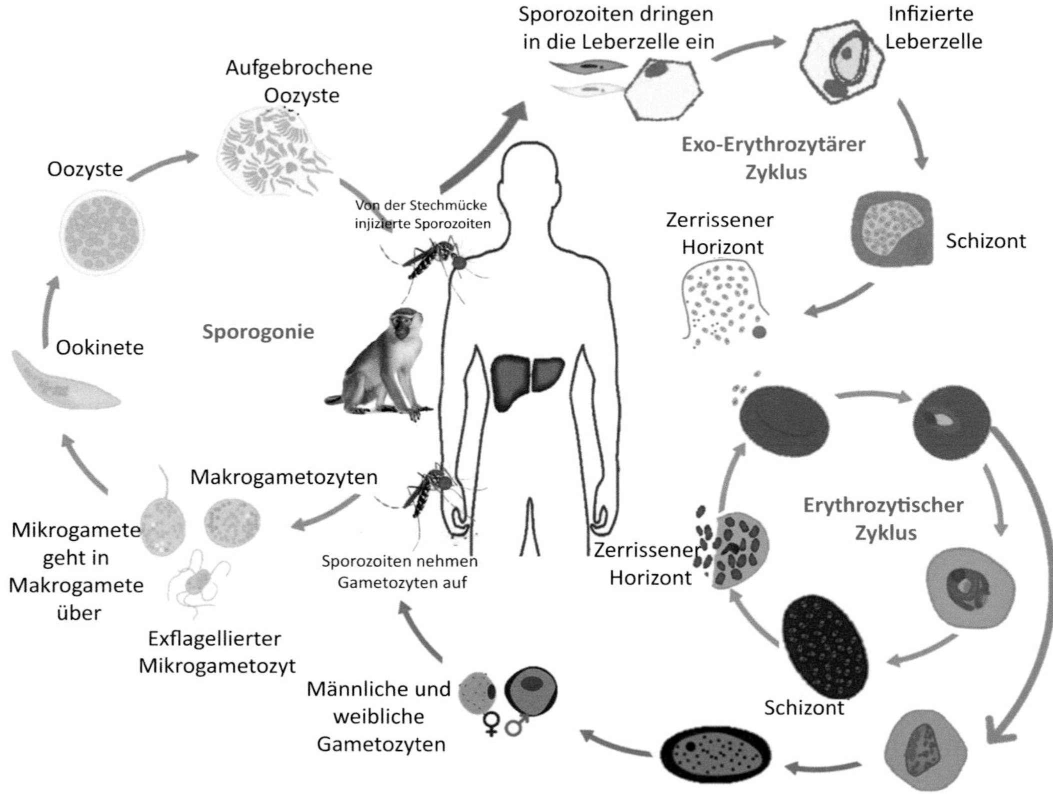

Abb. 2 Lebenszyklus von *P. knowlesi*

Im Blutkreislauf entwickeln sich die jungen Ringformen (Trophozoiten) innerhalb der roten Zellen weiter und beginnen mit der Kernteilung (erythrozytische Schizogonie) zur Bildung von Schizonten. Je nach Art werden etwa 8–24 Kerne produziert, bevor die Zytoplasmateilung eintritt und die rote Zelle platzt, um die einzelnen Merozoiten freizusetzen, die dann frische rote Blutkörperchen infizieren. Der erythrozytische Zyklus bei *P. knowlesi* ist in 24 h abgeschlossen, im Vergleich zu 72 h bei *P. malariae*, während er bei den anderen drei Arten etwa 48 h beträgt, was ihn zum am schnellsten wachsenden Malariaparasiten unter allen fünf *Plasmodium* spp. macht. Anstatt in den Zyklus der erythrozytischen Schizogonie einzutreten, entwickeln sich einige Merozoiten innerhalb der Wirtszelle zu männlichen oder weiblichen Gametozyten. Diese entwickeln sich im menschlichen Wirt nicht weiter, sondern gelangen in die Mücke, wenn der Insektenvektor das Blut aufnimmt.

Im Mückenvektor differenzieren das Kernmaterial und das Zytoplasma der männlichen Gametozyten, um mehrere einzelne Gameten zu produzieren, die ihm das Aussehen eines flagellierten Körpers (exflagellierender männlicher Gametozyt) verleihen. Die Gameten lösen sich ab und dringen in den weiblichen Gametozyten ein, der sich zu einer zygotischen Form, dem Ookineten, verlängert. Der Ookinet dringt in die Mitteldarmwand der Mücke ein und setzt sich auf der Körperhöhlenseite ab und entwickelt sich zu einem Oozysten, in dem zahlreiche Sporozoiten gebildet werden. Wenn sie reif sind, platzt die Oozyste und setzt die Sporozoiten in die Körperhöhle der Mücke frei, von wo aus einige ihren Weg zu den Speicheldrüsen finden.

Pathogenese und Pathologie

Plasmodium knowlesi ähnelt *P. falciparum* in seiner Fähigkeit, schwere Malaria zu erzeugen, die sogar tödlich sein kann. Die Schwere der *P. knowlesi*-Malaria kann durch ihre Fähigkeit zur Erzeugung von Hyperparasitämie und möglicherweise Parasitensequestrierung erklärt werden.

Hyperparasitämie

Aufgrund des kurzen erythrozytischen Zyklus von 24 h ist die Infektion durch tägliche Zunahme der Parasitenlast gekennzeichnet, wenn sie nicht behandelt wird. Genotyp-Unterschiede zwischen den Stämmen können Unterschiede in der Krankheitsschwere verursachen.

Parasitensequestrierung

Parasitensequestrierung ist ein bekanntes Phänomen bei *P. falciparum*-induzierter zerebraler Malaria, aber eine ähnliche Manifestation wurde bei *P. knowlesi*-betroffenen Patienten noch nicht dokumentiert; dies bedarf jedoch weiterer Untersuchungen. Die Zytadhärenz von parasitierten RBC an menschlichen Endothelzellen wurde in einer experimentellen Studie nachgewiesen.

Verschiedene mutmaßliche Virulenzfaktoren wurden bei *P. knowlesi* untersucht, und einige von ihnen werden auch als mögliche Impftargets erforscht. Ein solches Molekül ist ein Adhäsin, bekannt als die retikulozytenbindungsähnliche („reticulocyte binding-like", RBL) Familie, die an der Bindung von Wirtszellerythrozyten beteiligt ist und bei der Merozoiteninvasion hilft. Das NBPXa-Protein der RBL-Familie befindet sich in Mikronemen und ist ein wichtiger Infektionsdeterminant. Eine weitere Gruppe von Molekülen gehört zur erythrozytenbindungsähnlichen (EBL) Familie, die an RBC-Rezeptoren binden kann. Das Duffy-Bindungsprotein α (PkDBPα) wird als wichtiges Mitglied in der *P. knowlesi*-EBL-Familie angesehen, das an den Duffy-Antigenrezeptor bindet und bei der Invasion von Erythrozyten hilft. Genetische Polymorphismen in PkDBPα können die Krankheitsschwere erhöhen. Tryptophanreiche Antigene helfen bei der Neubildung von Rosetten und der Merozoiteninvasion und tragen somit auch zur Krankheitsschwere bei.

Immunologie

Die Immunität bei Malaria ist komplex und ist im Allgemeinen kurzfristig, es sei denn, sie wird durch häufige Exposition verstärkt. Im Großen und Ganzen gibt es 2 Arten von Immunität: angeborene Immunität und erworbene Immunität.

Angeborene Immunität sind die inhärenten Abwehrmechanismen des Wirts, wie das Alter der roten Blutkörperchen, die Art des Hämoglobins, Enzyme in den roten Blutkörperchen und andere Faktoren wie das Duffy-Antigen. G6PD-Mangel bietet eine gewisse Form von Schutz gegen *P. knowlesi*. Eine andere Studie versuchte, die Beziehung zwischen verschiedenen Duffy-Genotypen unter den Patienten und Kontrollen in den Endemiegebieten und die Anfälligkeit für *P. knowlesi* herauszufinden. Die Studie war jedoch aufgrund der extremen Homogenität der Duffy-Verteilung in der Region nicht schlüssig.

Erworbene Immunität ist gekennzeichnet durch zellvermittelte Immunität und humorale Immunität. Die zellvermittelte Immunität wird durch natürliche Killerzellen und Makrophagen mit einem komplexen Netzwerk von Zytokinen vermittelt. Die humorale Immunität wird durch IgM-, IgG- und IgA-Antikörper erreicht. Antikörper gegen asexuelle Blutstadien können vor der Invasion von roten Blutkörperchen durch Parasiten schützen, während Antikörper gegen sexuelle Stadien die Krankheitsübertragung reduzieren können.

Malaria bei einem nicht immunen Individuum wäre eine akute Infektion, und bei einem wiederholt exponierten Individuum manifestiert sie sich in einer modifizierteren oder milderer Form aufgrund der gleichzeitigen Immunität oder *Vorimmunität*, die durch wiederholte Exposition gegenüber den Parasiten aufrechterhalten wird. Daher ist die Immunität des Wirts ein bestimmender Faktor für die Schwere der Malaria. In Gebieten mit hoher Parasitenübertragung können wiederholte Infektionen zur

Entwicklung von teilweiser oder vollständiger Immunität gegen die Krankheit führen, obwohl sie anfällig für Infektionen bleiben. Solche Patienten können asymptomatisch sein oder milde Symptome haben. Die Immunität des Wirts ist am höchsten in Gebieten, in denen die Krankheitsübertragung am höchsten ist. Diese erworbene Immunität wird jedoch allmählich abnehmen, wenn die Person das Gebiet mit hoher Malariaübertragung verlässt. Die Fähigkeit des Malariaparasiten, posttranslationale Modifikationen durchzuführen, um die Oberflächenantigene von Zeit zu Zeit zu ändern, ist ein Mechanismus zur Umgehung der Immunantwort des Wirts.

Infektion beim Menschen

Sobald eine infizierte *Anopheles*-Mücke einen Menschen sticht, kann es etwa 2–4 Wochen dauern, bis die ersten Symptome auftreten. Das klinische Spektrum der Malaria beim Menschen variiert von asymptomatischer Parasitämie, unkomplizierter Malaria, schwerer Malaria bis hin zum Tod. Klinische Manifestationen hängen von der Immunität des Wirts und dem Zeitpunkt und der Wirksamkeit der Behandlung ab.

Im Allgemeinen bestehen die anfänglichen Symptome aus unspezifischem Fieber mit prodromalen Anzeichen wie Kopfschmerzen, Unwohlsein, Myalgie und Anorexie. Dies wird gefolgt von Malariaparoxysmen (Schüttelfrost mit Rigor, hohem Fieber und Schwitzen), die mit Anzeichen und Symptomen von Anämie, Thrombozytopenie und Splenomegalie einhergehen. *Plasmodium knowlesi*-Infektionen zeichnen sich durch tägliche, symptomatische Episoden aus, aufgrund des einzigartigen 24-h-Erythrozyten-Lebenszyklus.

Fieberhafte Episoden treten kurz nach dem Aufplatzen von Schizont-infizierten roten Blutkörperchen auf, was das charakteristische periodische Fieber erklärt. Malariafieberepisoden sind im Allgemeinen mit kurzen Perioden von Schüttelfrost und Rigor verbunden und werden häufig als Paroxysmen der Malaria bezeichnet. Bei *P. falciparum* bleiben jedoch die Zyklen verschiedener Brutstadien der Parasiten asynchron, im Gegensatz zu anderen Formen der Malaria. Daher wird das typische tertiäre Fiebermuster normalerweise nicht bei Falciparum-Malaria beobachtet. In den letzten Jahren wurden viele atypische Fiebermuster beobachtet, die nicht auf eine bestimmte Art hinweisen, und viele Überschneidungen wurden beschrieben.

Schwere Infektion wurde in 9–39 % der Fälle in verschiedenen Studien dokumentiert, mit Sterblichkeitsraten von 2–10 %. Dies ist hauptsächlich auf den kurzen Erythrozytenzyklus und die Fähigkeit zur Infektion reifer sowie unreifer Erythrozyten zurückzuführen. Das Nettoergebnis ist eine hohe Parasitämie, die in kurzer Krankheitsdauer erreicht wird. Dies geht auch mit einer Thrombozytopenie einher. Wenn Komplikationen bei schweren Infektionen auftreten, manifestieren sie sich in verschiedenen Formen, die akutes Nierenversagen, Hypotonie, Gelbsucht und Azidose einschließen. Eine Parasitämie von >35.000 Parasiten/µl und eine Thrombozytenzahl von <45.000/µl wurden von einigen Arbeitern als schwere *P. knowlesi*-Malaria definiert.

Infektion bei Tieren

Affenmalaria wurde beschrieben und jahrelang untersucht. Eine Studie hat gezeigt, dass *M. fascicularis* experimentell mit *P. knowlesi*-Erythrozytenstadien-Parasiten von Menschen infiziert eine Vorinfektion am Tag 7 entwickelte und ein tägliches subperiodisches Muster zeigte. Sowohl *M. fascicularis* als auch *M. nemestrina* entwickeln eine geringe Parasitämie, und die Krankheit ist für sie nicht tödlich.

Epidemiologie und öffentliche Gesundheit

Plasmodium knowlesi, der neue Malariaparasit, wurde zuerst aus Malaysia berichtet, und anschließend wurde festgestellt, dass er in diesem Land erhebliche Malariafälle verursacht. *Plasmodium knowlesi* wurde auch aus anderen

Nachbarländern wie Thailand, Indonesien, Kambodscha und Myanmar gemeldet. Malaria bei Reisenden aus nicht endemischen Gebieten in diese Länder wurde ebenfalls dokumentiert.

Anopheles-Mücken der Leucosphyrus-Gruppe sind die wichtigen Vektoren für *P. knowlesi*, und die gleichen Mücken tragen *P. vivax* und *P. falciparum* in den Endemiegebieten. Sie bewohnen die Waldgebiete der südostasiatischen Länder, die auch die natürlichen Lebensräume der *M. fascicularis* (Langschwanzaffe)- und *M. nemestrina* (Schweinsaffe)-Arten sind. Daher sind die Bevölkerungsgruppen, die in den Wald- oder Waldrandgebieten leben, anfällig für *P. knowlesi*-Infektionen. Jüngste ökologische Veränderungen, einschließlich Entwaldung, können das Gleichgewicht von Parasit–Mücke–Wirt in diesen Regionen verändern und zur Umwandlung dieser Zoonose in eine anthroponotische Art führen.

Evolutionsstudien haben festgestellt, dass *P. knowlesi* genauso alt oder sogar älter sein kann als *P. vivax* oder *P. falciparum* mit seinem jüngsten Vorfahren, der vor etwa 98.000–478.000 Jahren auftrat. Es handelt sich also um einen alten Parasiten, der in einigen asiatischen Ländern bereits vor der menschlichen Migration in diese Gebiete vor etwa 70.000 Jahren vorhanden war.

Mensch-Vektor-Mensch-Übertragung: Obwohl immer noch als Zoonose betrachtet, kann die Möglichkeit einer Mensch-Vektor-Mensch-Übertragung nicht vollständig ausgeschlossen werden, und mathematische Modellierung unterstützt diese Hypothese. Es ist möglich, dass in einigen Situationen eine Übertragung von Mensch zu Mensch stattfindet, wenn auch noch nicht sehr effizient.

Diagnose

Eine frühe, wenn nicht sofortige, Laborbestätigung der Malariadiagnose ist wichtig, da eine frühe und effektive Behandlung der Malaria Leben rettet. Keines der Symptome oder Anzeichen von Malaria ist spezifisch, was die klinische Diagnose unzuverlässig macht. Daher spielt die Laborbestätigung von Malaria durch den Nachweis von Parasiten, ihren Antigenen oder Produkten im Blut des Patienten eine wichtige Rolle in der Patientenversorgung (Tab. 1).

Mikroskopie

Die Untersuchung von dicken und dünnen Blutausstrichen bleibt der Goldstandard für alle Malariaparasiten außer *P. knowlesi*. Erfahrene Mikroskopiker können die Art der Malaria aus einem Blutausstrich bestimmen, aber die Unterscheidung von *P. knowlesi* von anderen Arten ist schwierig. Die Morphologie von *P. knowlesi*

Tab. 1 Diagnosemethoden für *P. knowlesi*-Malaria

Diagnoseansatz	Methoden	Ziel	Bemerkungen
Mikroskopie	Dünne und dicke Blutausstrichuntersuchung nach Färbung mit Leishman/Wright/anderen Romanowsky-Techniken	Frühe und späte Trophozoiten, Schizonten	Goldstandard, aber nicht abschließend. Ringformen ähneln *P. falciparum*, und Trophozoiten und Schizonten ähneln denen von *P. malariae*. Eine geringe Parasitämie kann die Diagnose verwirren
Immunologische Tests	Immunchromatografische Schnelldiagnosetests	Antigennachweis. Aldolase-/histidinreiches Protein II/Parasiten-Lactatdehydrogenase	Geringe Sensitivität und Fehldiagnose. Es existiert kein spezifischer Antigennachweistest für *P. knowlesi*
Molekulare Diagnostik	Nested PCR, Real-Time-PCR, LAMP	18S-kleine-Untereinheit-Ribonukleinsäure (SSU rRNA); PkF1150-PkR 15,560; apikales Membranantigen 1 (AMA-1); β-Tubulin-Gen	Nested PCR gilt als Referenztest für die Artdifferenzierung. Kann *P. knowlesi* bis zu 1 Parasit/μl Blut nachweisen

ähnelt der von *P. falciparum* oder *P. malariae* in verschiedenen Stadien der erythrozytären Schizogonie. Die frühen Trophozoiten können ähnlich wie *P. falciparum* erscheinen, während die späten Entwicklungsstadien wegen der Bandformen für *P. malariae* gehalten werden können (Abb. 1). Angesichts der potenziell ernsten Natur der Infektion durch *P. knowlesi* im Vergleich zu *P. malariae* empfahl eine WHO-Beratungssitzung, dass alle mikroskopisch diagnostizierten *P. malariae*-Fälle als *P. malariae/P. knowlesi* gemeldet werden sollten.

Serodiagnostik

Antigennachweistests: Die einfachen „Dipstick-Tests" (RDTs), die ausreichend zuverlässig sind, um von unerfahrenem Personal mit minimalem Ausbildungsniveau oder unter Feldbedingungen, wo keine Mikroskopie verfügbar ist, verwendet zu werden, sind äußerst beliebt geworden. Sie sind besonders nützlich in Gebieten mit geringer Malariaübertragung und dort, wo null lokale Übertragung erreicht wurde, aufgrund der relativen Leichtigkeit in Durchführung und Interpretation. Einige RDTs erkennen eine einzige Art (entweder *P. falciparum* oder *P. vivax*), einige erkennen mehrere Arten (*P. falciparum, P. vivax, P. malariae* und *P. ovale*), und einige unterscheiden weiter zwischen *P. falciparum*- und Nicht-*P. falciparum*-Infektion oder zwischen spezifischen Arten.

Der Vergleich verschiedener RDTs hinsichtlich ihrer Nützlichkeit bei der Diagnose von *P. knowlesi* wurde in einer Reihe von Studien berichtet. Aldolase-basierte Tests haben eine geringe Sensitivität von 23–45 % in verschiedenen Studien, während LDH-basierte Tests sogar noch schlechter abschnitten mit einer Sensitivität von lediglich 25 %. Histidinreiche-Protein-II (HRP-2)-basierte Tests, die für *P. falciparum* verwendet werden, können *P. knowlesi* aufgrund von Kreuzreaktivität mit dem in dem Test verwendeten monoklonalen Antikörper als *P. falciparum* fehldiagnostizieren. Die Bewertung von 3 verschiedenen RDTs gegen PCR- und mikroskopiepositive Proben hat ergeben, dass alle RDTs insgesamt eine geringe Sensitivität aufweisen, die durch das Problem der Kreuzreaktivität mit anderen Malariaparasiten verschärft wird. Diese Probleme mit den bestehenden Kits, zusammen mit der fortgesetzten Verwendung dieser Kits in endemischen Gebieten, haben logistische und diagnostische Verwirrungen geschaffen.

Molekulare Diagnostik

Molekulare Diagnostik, die überlegene Sensitivitätsstufen aufweist, spielt auch eine Rolle bei der Malariadiagnose in ausgewählten Einstellungen. Solche ultrasensitiven Methoden werden jedoch in der Regel nicht zur routinemäßigen Diagnose von Malaria in Endemiegebieten verwendet, aufgrund der hohen Kosten und der Notwendigkeit etablierter Labore.

PCR und andere Amplifikationstests sind die einzigen Mittel zur definitiven Diagnose für *P. knowlesi*, da Mikroskopie und Antigennachweistests bei der Spezieserkennung unzureichend sind. Das Genziel, das häufig zur Speziesdifferenzierung verwendet wurde, ist 18S-SSU rRNA.

Nested PCR gilt als Referenztest für die Speziesdifferenzierung. Pmk8- und Pmkr9-Primer wurden in der nested PCR verwendet, werden aber aufgrund der Kreuzreaktivität mit *P. vivax* nicht mehr verwendet. Daher werden die spezifischeren PkF1150-PkR 15.560-Primer bevorzugt. Die nested PCR hat einige ernsthafte Nachteile, einschließlich der Verwendung von 5 bis 6 Reaktionen zur Differenzierung der 5 Malaria-Parasitenarten und daher längere Bearbeitungszeit und Kontaminationsrisiken. Die Real-Time-PCR-Technik wird ebenfalls zur Diagnose verwendet und hat eine höhere Sensitivität im Vergleich zur nested PCR. Die schleifenvermittelte isotherme Verstärkungs („loop-mediated isothermal amplification", LAMP)-Technik hat ebenfalls eine gute Sensitivität. Ursprünglich wurde das β-Tubulin-Gen verwendet und als 100fach empfindlicher (bis zu 100 Kopien von DNA) im Vergleich zur konventionellen Single-Round-PCR gefunden. Später wurde das Apikales-Membranantigen-1 (AMA-1)-Gentarget mit guten Ergebnissen verwendet. Die wichtigen Gentargets für die Diagnose von *P. knowlesi* sind in Tab. 2 zusammengefasst.

Tab. 2 Wichtige molekulare Nachweismethoden für *P. knowlesi*

Assaytyp	Gentarget	Primer	Sensitivität
Nested PCR	SSU rRNA (S-Typ) csp	Pmk8 + Pmkr9 PkF1060 + PkR1550 Kn1f + Kn3r	1–6 Parasiten/μl
Hexaplex-PCR	SSU rRNA		Erkennt alle 5 Malariaparasiten gleichzeitig und Mischinfektionen bis zu 2 Arten
Real-Time-PCR	SSU rRNA	PK1 + PK2 NVPK-P PKe'F, PKg'R Pk	10 Kopien/μl 5 Kopien/Reaktion 100 Kopien/μl 10 Kopien/μl
LAMP	Apikales Membranantigen 1 β-Tubulin	F3, B3, FIP, BIP, FLP, BLP	10 Plasmidkopien/Probe 100 Plasmidkopien/Probe

Behandlung

Viele Jahre lang war die Standardbehandlung für akute Malaria Chloroquin. Klinisch wurde festgestellt, dass Chloroquin und andere Antimalariamittel gegen *P. knowlesi* wirksam sind, da es sich um einen zoonotischen Erreger handelt und somit kein Selektionsdruck für die Entwicklung einer Resistenz besteht. Aber angesichts der schnellen Entwicklung von Parasitämie und dem damit verbundenen Risiko schwerer Malaria hat die WHO eine auf Artemisinin basierende Kombinationstherapie ähnlich wie bei Falciparum-Malaria empfohlen. Die Artesunat-Mefloquin (AM)-Kombination hat sich als besseres Medikament im Vergleich zu Chloroquin erwiesen, aufgrund der schnelleren Parasiteneliminierung. Intravenöses Artesunat wird bei komplizierten Fällen verwendet.

Prävention und Bekämpfung

Es besteht weiterhin ein klares Risiko für kontinuierliche *P. knowlesi*-Infektionen durch sich verändernde ökologische Strukturen, die zu einem engeren Kontakt von Menschen mit den Vektoren und den Reservoiren führen. Das WHO Global Malaria Program war für andere Malariaparasiten mit rein anthroponotischem Verhalten wirksam, aber in Ländern Südostasiens könnten diese Strategien aufgrund der fortlaufenden Übertragung von *P. knowlesi* in der Makakenpopulation nicht vollständig wirksam sein. Das Töten von Affen ist eine unpraktische Maßnahme, da es die Biodiversität der Region beeinträchtigen kann. Der Einsatz von mit Insektiziden behandelten Bettnetzen und das Besprühen von Häusern mit Insektiziden kann wirksam sein, ist aber möglicherweise nicht nützlich für einige Mücken, die im Freien fressen. Das Verständnis der Vektorbiologie und der Übertragung von Knowlesi-Malaria ist notwendig für die Umsetzung eines erfolgreichen Bekämpfungsprogramms.

Andere zoonotische Malaria

Plasmodium cynomolgi-Infektionen wurden im letzten Jahrhundert in experimentellen Studien an menschlichen Freiwilligen übertragen. Es ist ein häufiger Parasit von Makaken *(M. fascicularis)* in Asien, übertragen durch *Anopheles freeborni*-Mücken. Der erste Fall einer natürlich erworbenen menschlichen Infektion wurde 2014 aus Malaysia gemeldet. *Plasmodium cynomolgi* ähnelt morphologisch *P. vivax*, daher gibt es möglicherweise viele Fälle, die falsch diagnostiziert werden, insbesondere in Endemiegebieten.

Plasmodium simium und *P. brasilianum* sind natürliche Parasiten von Platyrrhini-Affen in Süd- und Mittelamerika. Die Übertragung von *P. simium*-Infektionen von einem Affen auf einen Menschen durch *A. cruzi* wurde berichtet. Dieser Parasit ist genetisch eng mit *P. vivax* verwandt und morphologisch ähnlich. Andererseits ähnelt *P. brasilianum* sowohl genetisch als auch morphologisch *P. malariae*. Eine Studie mit menschlichen Freiwilligen hat das Potenzial für die Übertragung des Parasiten vom affenartigen Wirt auf den Menschen durch den *A. freeborni*-Vektor gezeigt.

Danksagungen Die Autoren möchten Herrn Rajamanthrilage Kasun Madusanka für seine Unterstützung bei der Grafikerstellung dankbar anerkennen.

Fallstudie

Ein 35-jähriger Mann wurde mit starken Bauchschmerzen und Erbrechen in die Notaufnahme eingeliefert. Er hatte eine unauffällige medizinische Vorgeschichte und war von Beruf Tierfotograf ohne Anamnese von Alkoholismus. Er ist vor 1 Monat von einer Tour nach Malaysia und Vietnam zurückgekehrt und hat Malariaprophylaxemedikamente eingenommen. Er hat in den letzten 5 Tagen eine Behandlung wegen Fieber von einem Allgemeinmediziner erhalten, beklagte sich jedoch darüber, dass es ihm mit den verabreichten Medikamenten nicht besser ging. Bei der Untersuchung war er wach und fiebrig (39 °C) und hatte einen Blutdruck von 100/60 und eine Pulsfrequenz von 80 Schlägen/min. Seine Lungenzeichen waren normal, mit epigastrischer Empfindlichkeit und leicht aufgeblähtem Bauch. Untersuchungen ergaben einen Hämoglobinspiegel von 9 g/dl und eine Leukozytenzahl von 13×10^9/l mit 70 % Neutrophilen. Bei weiterer Befragung gab der Patient an, dass er den prophylaktischen Medikamentenkurs nicht einhielt. Weitere Labortests zeigten Ring- und Bandformen, die auf *P. malariae* in einem dünnen Blutausstrich hindeuten. Die Reiseanamnese des Patienten und die Symptome, die nicht zu einer *P. malariae*-Infektion passen, führten zu einer nested PCR unter Verwendung von Markern für die 4 Malariaparasiten zusammen mit Pmk8- und Pmkr9-Primern für *P. knowlesi*. Bei dem Patienten wurde eine *P. knowlesi*-Infektion festgestellt, die erfolgreich mit einer Kombinationstherapie aus Artemisinin und Mefloquin behandelt wurde.

1. In welchen anderen Teilen der Welt wurde *P. knowlesi* bei Menschen nachgewiesen?
2. Was ist der Grund für schwere Malaria im Falle von *P. knowlesi*?
3. Was ist die Begründung für die Verwendung von Artemisinin-basierter Therapie, wenn der Parasit empfindlich auf Chloroquin und andere Antimalariamittel reagiert?

Forschungsfragen

1. Ist eine Mensch-zu-Mensch-Übertragung in Endemiegebieten für *P. knowlesi* möglich oder findet sie statt? Wie können genetische Studien und molekulare Epidemiologie helfen, das Rätsel zu lösen?
2. Kann die Kartierung von Vektoren von *P. knowlesi* und deren Überlagerung auf menschlichen *P. knowlesi*-Inzidenz-/Prävalenzkarten helfen, die Epidemiologie und daraus resultierende Bekämpfungsmaßnahmen zu klären?
3. Wie kann ein serologisches Diagnosekit für *P. knowlesi* entworfen werden, das auch unter Feldbedingungen verwendet werden kann?

Weiterführende Literatur

Amir A, Cheong FW, de Silva JR, Liew JWK, Lau YL. *Plasmodium knowlesi* malaria: current research perspectives. Infect Drug Resist. 2018;11:1145–55.

Butcher GA. Factors affecting the *in vitro* culture of *Plasmodium falciparum* and *Plasmodium knowlesi*. Bull World Health Org. 1979;57(Suppl 1):17–26.

Daneshvar C, Davis TM, Cox-Singh J, Rafa'ee MZ, Zakaria SK, Divis PC, et al. Clinical and laboratory features of human *Plasmodium knowlesi* infection. Clin Infect Dis. 2009;49:852–60.

Garrido-Cardenas JA, González-Cerón L, Manzano-Agugliaro F, et al. *Plasmodium* genomics: an approach for learning about and ending human malaria. Parasitol Res. 2019;118:1–27.

Jeremiah SS, Janagond AB, Parija SC. Challenges in diagnosis of *Plasmodium knowlesi* infections. Trop Parasitol. 2014;4(1):25–30.

Joyner C, Barnwell JW, Galinski MR. No more monkeying around: primate malaria model systems are key to understanding plasmodium vivax liver-stage biology, hypnozoites, and relapses. Front Microbiol. 2015;6:145.

Knowles BM, Das GB. A study of monkey malaria and its experimental transmission to man. Indian Med Gaz. 1932;67:301–20.

Lau YL, Fong MY, Mahmud R, Chang PY, Palaeya V, Cheong FW, et al. Specific, sensitive and rapid detection of human *Plasmodium knowlesi* infection by loop-mediated isothermal amplification (LAMP) in blood samples. Malar J. 2011;10:197.

Nichololas JW. Malaria. In: Farrar J, Hotez PJ, Junghanss T, Kang G, Lalloo D, White NJ, editors. Manson's tropical infectious diseases, vol. 2014. 23. Aufl. Philadelphia: Elsevier, Saunders Ltd.; 2014. S. 532–600.

Parija SC. Commentary: PCR for diagnosis of malaria. Indian J Med Res. 2010;130:9–10.

Singh B, Kim Sung L, Matusop A, Radhakrishnan A, Shamsul SS, Cox-Singh J, et al. A large focus of naturally acquired *Plasmodium knowlesi* infections in human beings. Lancet. 2004;363:1017–24.

Singh B, Daneshvar C. Human infections and detection of *Plasmodium knowlesi*. Clin Microbiol Rev. 2013;26:165–84.

Tyagi RK, Tandel N, Deshpande R, Engelman RW, Patel SD, Tyagi P. Humanized mice are instrumental to the study of *Plasmodium falciparum* infection. Front Immunol. 2018;9:2550.

World Health Organization. World malaria report 2019; 2019. ISBN 978-92-4-156572-1.

Babesiose

Jayanta Bikash Dey

Lernziele

1. Zu wissen, wie man während der mikroskopischen Untersuchung zwischen *Babesia* spp. und Malariaparasiten unterscheidet
2. Das Wissen über die Ähnlichkeit im Auftreten von Babesiose und Malaria und die Risikofaktoren für die Entwicklung einer schweren Krankheit zu haben

Einführung

Babesiose ist eine Zoonose, die durch einen Apicomplexa-Parasiten der Gattung *Babesia* verursacht wird. *Babesia* wird von einem Wirbeltierreservoir auf den Menschen über einen wirbellosen Vektor, eine Zecke, übertragen. Der Organismus dringt in rote Blutkörperchen ein und löst sie schließlich auf. Er erzeugt ein Malaria-ähnliches Syndrom, einschließlich Fieber, Hämolyse und Hämoglobinurie. *Babesia* hat eine weltweite Verbreitung, ist aber hauptsächlich in den USA zu finden. Es ist in bestimmten Teilen der USA endemisch. Die Mehrheit der Infektionen wird durch *Babesia microti* verursacht, aber *Babesia divergens* und *Babesia duncani* sind auch für sporadische Fälle verantwortlich, die jedoch selten in Europa nachgewiesen werden. In Asien wurden einige Fälle in Japan, Taiwan und China dokumentiert.

J. B. Dey (✉)
Department of Microbiology, Bankura Sammilani Medical College, Bankura, Indien

Geschichte

Victor Babes, ein ungarischer Pathologe, beobachtete den intraerythrozytären Organismus erstmals 1888. 1893 beschrieben Smith und Kilborne einen ähnlichen Piroplasmida in Erythrozyten von Texas-Rindern mit Fieber. Ursprünglich als *Pyrosoma* bezeichnet, wurde der Organismus später als *Babesia bigemina* identifiziert. Es war die erste durch Arthropoden übertragene Krankheit, die identifiziert wurde. Der erste gut dokumentierte Fall von humaner Babesiose war ein splenektomierter jugoslawischer Bauer, dessen Tod 1957 von Skrabalo und Deanovic gemeldet wurde. Ursprünglich als *Babesia bovis* identifiziert, wurde der Erreger später als *B. divergens* gemeldet. 1969 stellte sich ein 59-jähriger Bewohner der Nantucket-Insel in den USA mit Fieber und Kopfschmerzen vor, und schließlich wurde der Erreger von Spielman und Mitarbeitern als *B. microti* identifiziert. Es handelt sich um einen Parasiten der Weißfußmäuse, der durch die Zecke *Ixodes scapularis* auf den Menschen übertragen wird. Danach wurden 100 Fälle allein in den USA gemeldet.

S. C. Parija und A. Chaudhury (Hrsg.), *Lehrbuch der parasitären Zoonosen*,
https://doi.org/10.1007/978-981-97-4312-4_15

Taxonomie

Die Gattung *Babesia* gehört zur Familie der Babesiidae, zur Ordnung der Piroplasmida, zur Klasse der Aconoidasida und zum Stamm der Apicomplexa im Reich der Chromista. *Babesia microti*, *B. divergens*, *B. duncani* und *Babesia venatorum* sind Arten, die weltweit für den Menschen als infektiös identifiziert wurden.

Genomik und Proteomik

Die erste vollständige Genomsequenz eines *B. microti*-Isolats wurde 2012 berichtet und zeigte, dass der Parasit signifikant von anderen Apicomplexa-Taxa entfernt ist, einschließlich *B. bovis* und *Theileria*-Arten. Das *B. microti*-Genom hat 4 Chromosomen, ein mitochondriales Gen und einen zirkulären Apicoplast. Das Kerngenom ist mit ~6,5 Megabasen (Mb) das kleinste bisher sequenzierte Apicomplexa-Genom, während die mitochondrialen und apicoplastischen Genome 11,1 bzw. 28,7 kb groß sind.

Die Proteomik von *Babesia* befindet sich noch in einer Entwicklungsphase. Eine Kombination aus Nanotechnologie und Massenspektrometrie wird verwendet, um ein Proteomprofil von *B. microti* zu erhalten. Mehr als 500 Parasitenproteine wurden identifiziert, die eine Rolle bei Transport, Kohlenhydrat- und Energiestoffwechsel, Proteolyse, DNA- und RNA-Stoffwechsel, Signalgebung, Translation, Lipidbiosynthese und Beweglichkeit und Invasion spielen. Einige Oberflächenantigene wurden identifiziert, die eine Rolle bei der Immunantwort auf den Parasiten spielen. Zwei solche Antigene, BmSA1 und BMR1_03g00947, wurden gefunden, um eine Immunantwort des Wirts hervorzurufen. Das invasive Potenzial von Merozoiten wird durch 2 Proteine codiert, nämlich Merozoiten-Oberflächenantigen 1 („merozoites surface antigen 1", MSA-1) und Rhoptrie-assoziiertes Protein 1 (RAP-1).

Morphologie

Drei verschiedene Stadien von *Babesia*, die im menschlichen Körper gefunden werden, sind Sporozoiten, Trophozoiten und Merozoiten.

Sporozoiten

Das Sporozoitenstadium von *Babesia* wird während des Bisses einer infizierten Zecke in den menschlichen Körper eingeführt. Sporozoiten sind birnenförmig mit einem breiten apikalen Pol, der Organellen wie Rhoptrien und Mikroneme zeigt, die typisch für den apikalen Komplex sind. Die Sporozoiten gelangen in die roten Blutkörperchen.

Trophozoiten

Trophozoiten sind zyklische ringförmige Strukturen. Auf der Grundlage der Morphologie der Trophozoiten werden *Babesia* in 2 Gruppen unterteilt: (1) kleine Babesien (1,0–2,5 µm lang), zu denen *B. microti* und *B. divergens* gehören, und (2) große Babesien (2,5–5,0 µm lang) wie *Babesia bigemina* und *Babesia canis*. Die Größe des Parasiten bestimmt seine Ausrichtung innerhalb der Erythrozyten. So treffen die großen Babesien an ihren spitzen Enden in einem spitzen Winkel aufeinander, während kleine Babesien in einem stumpfen Winkel aufeinander treffen.

Merozoiten

Die Umwandlung der Trophozoiten in Merozoiten führt zur Bildung einer Tetradenstruktur, die dem Malteserkreuz ähnelt, was ein besonderes Merkmal von *Babesia* spp. ist (Abb. 1). Aufgrund der großen Ähnlichkeit zwischen den Trophozoiten von *Babesia* und *P. falciparum* müssen sie während einer Blutausstrichuntersuchung unterschieden werden. Die wichtigsten Unterscheidungsmerkmale sind daher: (1) *Babesia*-Trophozoiten haben eine variable Form

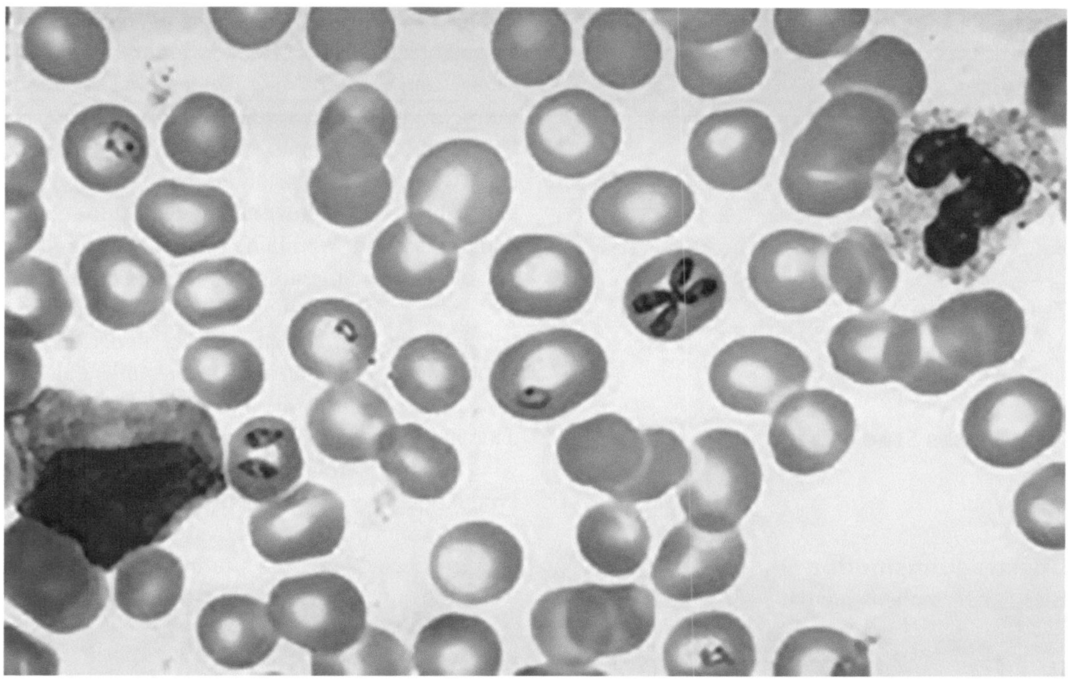

Abb. 1 *Babesia microti* in Giemsa-gefärbtem dünnen Ausstrich, der die Malteserkreuzform zeigt. (Mit freundlicher Genehmigung: Spencer S Eccles Health Sciences Library)

und Größe, (2) Trophozoiten von *Babesia* haben kein Pigment, (3) *Babesia*-Trophozoiten enthalten Vakuolen, und (4) Trophozoiten, die in Tetradenformation innerhalb der roten Blutkörperchen auftreten, sind ebenfalls ein Indikator für *Babesia*.

Zucht von Parasiten

Einige *Babesia* spp. werden in Rindererythrozyten kultiviert. Blutprobe von infiziertem Rind mit Parasitämie von 0,1–0,2 % wird gesammelt. Dann wird die Defibrinierung der Blutzellen durch Schütteln mit Glasperlen durchgeführt. Danach werden die Erythrozyten in einem gepackten Zellvolumen von 5–10 % in HEPES-gepuffertem Medium 199 (60 %) und Rinderserum (40 %) suspendiert. Der pH-Wert wird mit 1 N HCl auf 7 eingestellt. Dann wird es in ein Kulturgefäß bei 37 °C in einer Atmosphäre von 5 % CO_2/95 % befeuchteter Luft überführt. In einem Intervall von 48–72 h wird die Kultur 3- bis 25fach verdünnt, indem Medium mit frisch gesammelten uninfizierten Rindererythrozyten hinzugefügt wird.

Versuchstiere

Versuchstiere werden häufig für die Untersuchung der pathologischen und immunologischen Reaktion des Wirts gegen *Babesia* spp. verwendet. Verschiedene Modelle der Mäuse wie BALB/c-Mäuse, immunsuppressive BALB/c-Mäuse, SCID-Mäuse und NOD-SCID-Mäuse wurden verwendet und werden mit *B. microti*-infizierten roten Blutkörperchen durch intraperitoneale Injektion inokuliert. Die Infektionsrate der Erythrozyten hängt mit dem Immunstatus der Wirtsmäuse zusammen.

Lebenszyklus von Babesia spp.

Babesia microti ist die am häufigsten vorkommende Art, die Menschen infiziert.

Wirte

Endwirte
Ixodes-Zecken.

Zwischenwirte
Weißfußmaus *(Peromyscus leucopus),* andere Säugetiere.

Zufallswirte
Menschen.

Infektiöses Stadium

Sporozoiten.

Übertragungsmodus
Biss der Nymphenstufe der *Ixodes*-Zecken.

Die Sporozoiten gelangen während einer Blutmahlzeit des Zeckenvektors in die Maus, und in der Maus findet eine asexuelle Vermehrung in den roten Blutkörperchen statt. Neu gebildete Trophozoiten werden während der RBC-Lyse freigesetzt und befallen neue Zellen. Einige der Merozoiten verwandeln sich in männliche und weibliche Gameten, die dann von der Zecke aufgenommen werden (Abb. 2).

Weibliche Zecken infizieren sich während einer Blutmahlzeit. Im Verdauungstrakt findet die Befruchtung der Gameten statt. Die resultierende Zygote gelangt vom Darm in die Hämolymphe und dann in die Speicheldrüsen. In den Speicheldrüsen wird ein mehrkerniger Sporoblast produziert. Die Produktion von Sporozoiten aus dem Sporoblast beginnt, wenn die Zecke zu fressen beginnt.

Menschen sind die zufälligen Fehlwirte, wenn sie mit den Zecken in Kontakt kommen,

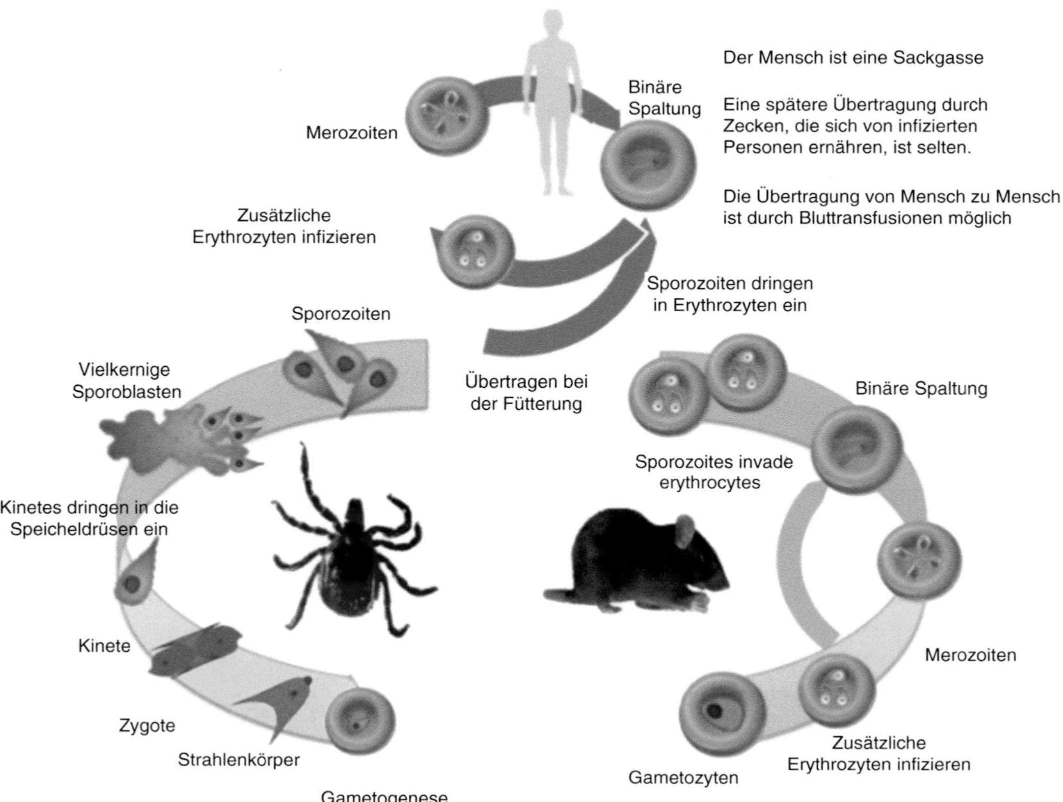

Abb. 2 Lebenszyklus von *B. microti*. (Mit freundlicher Genehmigung des CDC)

die die Sporozoiten enthalten. Die Sporozoiten gelangen in die roten Blutkörperchen und durchlaufen eine asexuelle Vermehrung, die für die Krankheitsmanifestationen verantwortlich ist.

Pathogenese und Pathologie

Die Hämolyse, die aufgrund der asexuellen Vermehrung des Parasiten auftritt, ist verantwortlich für die klinischen Merkmale und Komplikationen bei Babesiose. Die Komplikationen umfassen hämolytische Anämie, Hämoglobinurie, Ikterus und sogar akutes Nierenversagen. Es wird eine Produktion von proinflammatorischen Zytokinen erzeugt, die als zweischneidige Schwerter wirken. Einerseits töten die Stickoxidintermediäre, die als Reaktion auf diese Zytokine erzeugt werden, die Parasiten, andererseits verursachen sie aber auch Schäden an den roten Blutkörperchen.

Autopsien haben Parasiten in Erythrozyten gefunden, die in verstopften Kapillaren vieler Organe und insbesondere in den Lebersinusoiden konzentriert sind. Es kann eine Cholangiohepatitis, Unregelmäßigkeiten in den Histosträngen, Stauungen in der zentralen und interlobulären Vene, Bereiche fokaler Nekrose und Leukozyteninfiltration im perivaskulären Bereich geben. Diese weisen auf eine starke Entzündung in der Leber hin.

Immunologie

Eine Babesieninfektion induziert sowohl eine antikörpervermittelte als auch eine zelluläre Immunität, aber die zellvermittelte Immunität überwiegt und ist wichtig für die Immunität, da der Parasit ein intrazelluläres Pathogen ist. Antikörper sind nur wirksam zur Beseitigung extrazellulärer Parasiten im Blutkreislauf. Daher wird der Schutz hauptsächlich durch die CD4+ T-Zell-Antwort vermittelt, abgesehen von der assoziierten Hilfe durch angeborene Immunmechanismen wie Makrophagen und NK-Zellen. In der Anfangsphase scheint das IgG die Infektion durch Bindung an die Sporozoiten zu verhindern. Die angeborene Immunantwort ist verantwortlich für die Hemmung der Merozoiten und zur Kontrolle der Schwere der Infektion. In dieser Hinsicht spielen die NK-Zellen und die Makrophagen eine Schlüsselrolle durch die Produktion von IFN-γ, TNF-α und reaktiven Stickstoff- und Sauerstoffspezies. Es wird angenommen, dass das von CD4+ T-Helferzellen produzierte IFN-γ für die Beseitigung der Infektion verantwortlich ist.

Infektion beim Menschen

Das klinische Erscheinungsbild der Babesiose kann asymptomatisch sein oder schwere Manifestationen aufweisen. Diejenigen, die am meisten Gefahr laufen, sowohl infiziert zu werden als auch schwere Symptome zu entwickeln, sind Menschen über 40 Jahre und immungeschwächte Patienten.

Die Inkubationszeit variiert zwischen 1 und 4 Wochen. Ein gesunder immunkompetenter Mensch bleibt in der Regel asymptomatisch oder zeigt milde Symptome wie Fieber, Schüttelfrost, Schwitzen, Kopfschmerzen, Appetitverlust oder Übelkeit. Aber es kann lebensbedrohliche Zustände bei splenektomierten Patienten, immungeschwächten Patienten oder Patienten mit Leber- oder Nierenerkrankungen hervorrufen. Bei diesen Patienten kann es zur Entwicklung einer schweren hämolytischen Anämie, Thrombozytopenie, disseminierter Immunkoagulopathie (DIC) und Fehlfunktion von lebenswichtigen Organen führen.

Infektion bei Tieren

Babesia bigemina, *B. bovis* und *B. divergens* verursachen Infektionen bei Rindern. Die durch *B. divergens* verursachte Krankheit ist auch als Rotwasserfieber bekannt. Die Krankheit ist gekennzeichnet durch Fieber, Schwäche, Ataxie, Hämoglobinurie und Anämie. Die akute Krankheit verläuft in der Regel über einen Zeitraum von 3–7 Tagen. Anämie und Gelbsucht entwickeln sich insbesondere bei länger andauernden Fällen. Muskelabbau, Zittern und

Beteiligung des ZNS entwickeln sich in fortgeschrittenen Fällen, gefolgt von Koma und Tod.

Babesia canis-, *B. rossi-*, *B. vogeli-*, *B. gibsoni-*, *B. conradae-* und *B. microti*-ähnliche Arten sind die Arten, die Infektionen bei Hunden verursachen. Die klinischen Manifestationen bei Hunden können von subklinischen Infektionen bis hin zu Multiorganversagen mit Todesrisiko reichen. Klinische Anzeichen, die mit der Babesiose bei Hunden in Verbindung stehen, sind Apathie, Schwäche, Anorexie, blasse Schleimhäute und ein schlechter Allgemeinzustand. Alle *Babesia*-Arten können Fieber, vergrößerte Lymphknoten und Milz, Anämie, Thrombozytopenie, Gelbsucht und Pigmenturie verursachen.

Epidemiologie und öffentliche Gesundheit

Die Übertragung von Babesiose erfolgt hauptsächlich durch den Biss von infizierten *Ixodes*-Zecken. Die Nymphenstufe der Zecke ist hauptsächlich für die Übertragung verantwortlich. *Ixodes scapularis* und *Ixodes ricinus* sind die beiden Arten, die häufig mit der Übertragung auf den Menschen in Verbindung gebracht werden. Die Übertragung von Mensch zu Mensch erfolgt durch kontaminierte Bluttransfusionen. Eine transplazentare oder perinatale Übertragung kann auftreten, ist aber selten.

Die meisten Fälle von Babesiose werden in den USA gemeldet, mit vereinzelten Berichten aus Europa. Sehr wenige Fälle wurden aus Asien gemeldet. Das CDC hat insgesamt 2161 Fälle von Babesiose gemeldet, die bis 2018 von 28 der 40 Staaten in den USA gemeldet wurden, und insgesamt wurden zwischen 2011 und 2018 14.042 Fälle von Babesiose gemeldet. Die Hirschzecken sind die Hauptvektoren im Nordosten und die 2. Gruppe umfasst andere nicht identifizierte ätiologische Erreger im Mittleren Westen und Nordwesten der USA.

Das Risiko, eine Babesiose zu bekommen, hängt direkt von der Population der *I. scapularis*-Zecken in der Region ab. Eine Studie über Zecken in verschiedenen Regionen der USA hat die zwei höchsten Dichtecluster von Zecken im Nordosten und oberen Mittleren Westen identifiziert, die den zwei Endemiegebieten von *Babesia* entsprechen. Tab. 1 zeigt die Verteilung wichtiger *Babesia*-Arten und ihrer Zeckenvektoren. Die meisten menschlichen Übertragungen, die vom Zeckenvektor abhängen, erfolgen während der Sommerzeit. Das Risiko, Babesiose durch Transfusion von Blut oder Blutkomponenten zu erwerben, ist gering.

Diagnose

Für eine eindeutige Diagnose und eine angemessene Behandlung ist der Nachweis des Erregers notwendig. Unter den verschiedenen Methoden werden der mikroskopische Nachweis, der serologische Test und molekulare Techniken verwendet (Tab. 2).

Mikroskopie

Dicke und dünne Blutausstriche gefärbt mit Giemsa-Färbung müssen untersucht werden. Ringformen werden gefunden, die von Ringformen von *P. falciparum* unterschieden werden müssen. Ringformen sind rund oder oval und können einzeln oder paarweise oder selten in Tetraden auftreten. Die Tetraden oder Malteserkreuz sind häufiger bei *B. microti* und

Tab. 1 *Babesia*-Arten von Bedeutung bei Menschen

Arten	Verbreitung	Zwischenwirt	Endwirt (Zecken)
Babesia microti	Nordöstliche Region der USA	Weißfußmaus, Weißwedelhirsch, gelegentlich Menschen	*Ixodes scapularis*
Babesia divergens	Europa	Rinder, gelegentlich Menschen	*Ixodes ricinus*
Babesia duncani	Kanada, USA	Maus, gelegentlich Menschen	*Ixodes scapularis*
Babesia venatorum	Asien, Europa	Schafe, Rehe, gelegentlich Menschen	*Ixodes ricinus*

Tab. 2 Laboruntersuchung von *Babesia*-Infektionen

Diagnostische Ansätze	Methoden	Ziele	Bemerkungen
Direkte Mikroskopie	Untersuchung von gefärbtem peripherem Blutausstrich	Verschiedene intraerythrozytäre Formen	Goldstandardtest Nachteil: Mehrere Ausstriche müssen untersucht werden
Immundiagnostik	Antikörpernachweis (IFA-Test)	IgM und IgG	Gute Sensitivität und Spezifität Einschränkung: Kreuzreaktion mit *Plasmodiu*-Arten
Molekulare Assays	PCR, RT-PCR	18SrRNA	Hohe Spezifität und Sensitivität

B. duncani zu sehen. *Babesia* kann aufgrund des Fehlens von Hämozoin, des typischen Malteserkreuzmusters und des Vorhandenseins von extrazellulären Formen von *P. falciparum* unterschieden werden. Die Parasitämie bei Babesiose kann zwischen 1 und etwa 80 % bei schwerer Infektion bei asplenischen Patienten variieren. Der Prozentsatz der Parasitämie muss in allen positiven Fällen berechnet werden. *Babesia venatorum* kann morphologisch nicht von *B. divergens* unterschieden werden.

In-vitro-Kultur

Bisher wurden mehrere In-vitro-Kultur-Methoden verwendet. Die Kulturtechnik mikroaerophile stationäre Phase (MASP), bei der die Parasiten in einer abgesetzten Schicht von Blutzellen proliferieren, hat sich als bequemer erwiesen. Das Medium besteht aus HEPES-gepuffertem Medium 199, Rinderserum und infizierten und normalen Erythrozyten bei pH 7. Die Suspension wird in ein Kulturgefäß gegeben und in 5 % CO_2 inkubiert. Kulturen, die das Wachstum von Parasiten unterstützen, färben sich von Rot zu Schwarz.

Serologie

Der indirekte Fluoreszenz-Antikörpertest (IFAT) verwendet *B. microti*-Parasiten als Antigen und kann Antikörper bei 88–96 % der Patienten nachweisen. Das verwendete Antigen sind gewaschene parasitierte RBC von infizierten Hamstern. Die IFA-Titer können in der ersten Krankheitswoche bis zu 1:1024 steigen und über einen Zeitraum von 6 Monaten auf 1:16–1:256 sinken, können aber länger als 1 Jahr bestehen bleiben. Eine geringe Kreuzreaktivität kann bei Malaria-infizierten Patienten auftreten.

Molekulare Diagnostik

Das Vorhandensein von *Babesia*-DNA innerhalb der Erythrozyten kann durch PCR nachgewiesen werden. Dies ist hilfreich bei geringer Parasitämie und in Fällen, in denen es nicht möglich ist, *Babesia* von Malariaparasiten durch Mikroskopie zu unterscheiden. Diese Assays verwenden in der Regel die hochkonservierten Sequenzen wie nss-rDNA als Amplifikationsziele. Die analytische Sensitivität hat sich als 100 fg Parasiten-18srDNA erwiesen, was 0,0000001 % infizierten Erythrozyten entspricht. Eine kolorimetrische *B. bigemina*-DNA-Sonde konnte Parasitämien so niedrig wie 0,001 % nachweisen. Mehrere Gene werden häufig verwendet, um zwischen *Babesia*-Arten zu unterscheiden, wie nukleäre ribosomale RNA-Gene und die beiden intern transkribierten Spacer (ITS1 und ITS2)-Gene.

Behandlung

Asymptomatische Personen benötigen keine Behandlung. Patienten mit Babesiose werden normalerweise mit einer Kombination aus Atovaquon und Azithromycin oder Clindamycin und Chinin für 7–10 Tage behandelt. Atovaquon wird 3-mal täglich 750 mg oral zusammen mit Azithromycin 500–1000 mg oral täglich verabreicht. Eine andere Kur beinhaltet Clindamycin, 600 mg oral 3-mal täglich, zusammen mit Chinin 650 mg oral 3-mal täglich.

Prävention und Bekämpfung

Präventive Maßnahmen sind notwendig, um das Risiko für Babesiose und andere durch Zecken übertragene Infektionen zu reduzieren.

Menschen, die in zeckenverseuchten Gebieten leben, arbeiten oder reisen, müssen einfache Schritte befolgen, um sich vor Zeckenbissen und durch Zecken übertragene Infektionen zu schützen. Bei Outdooraktivitäten in Zeckengebieten müssen Vorsichtsmaßnahmen getroffen werden, um Zecken von der Haut fernzuhalten. Das Gehen sollte auf geräumten Wegen erfolgen und man sollte in der Mitte des Weges bleiben. Die Menge der freiliegenden Haut sollte minimiert werden. Insektenschutzmittel können auf Haut und Kleidung aufgetragen werden. Nach Outdooraktivitäten sollten täglich Zeckenkontrollen durchgeführt und alle gefundenen Zecken müssen umgehend entfernt werden.

Fallstudie

Ein 56-jähriger Mann stellte sich mit Beschwerden von allgemeiner Schwäche, Nachtschweiß, Fieber, Myalgie, vermindertem Appetit und leichter Übelkeit vor. Der Patient lebt in einem Zecken-endemischen Gebiet im nordöstlichen Teil der USA. Vor etwa 2 Monaten bemerkte er eine vollgesogene Zecke während der Dusche, für die er eine prophylaktischen Therapie mit Doxycyclin durchlief. Blutausstriche wurden zur Überprüfung angeordnet.

Auf dem dünnen Blutausstrich wurden mehrere vakuolierte, pleomorphe, ringförmige Organismen in mehreren infizierten roten Blutkörperchen gesehen. Es wurden keine extrazellulären Organismen identifiziert. Der Organismus wurde als eine Art von *Babesia* mit 0,8 % Parasitämie identifiziert und durch PCR als *B. microti* bestätigt.

1. Was sind die Ähnlichkeiten und Unterschiede in der Morphologie von *Babesia* spp. und Malariaparasiten in der Blutfilmmikroskopie?
2. Was ist die endgültige Methode zur Diagnose?
3. Was sind die Behandlungsmöglichkeiten für Babesiose?

Forschungsfragen

1. Was sind die Eigenschaften verschiedener *Babesia* spp. und unterschiedlicher Genotypen in Einzelfällen?
2. Wie kann unser Verständnis über die Epidemiologie einschließlich der Zeckenvektoren und der Tierreservoire für Babesiose verbessert werden?
3. Welche Schnelldiagnosetests können bei der schnellen Diagnose einer *Babesia*-Infektion auf Feldebene und einer besseren Fallverwaltung hilfreich sein?

Weiterführende Literatur

Gorenflot A, Monbrik K, Preligout F, et al. Human babesiosis. Am Trop Med Parsitol. 1998;92(4):489–501.

Gr H, Ruebush TK 2nd, et al. Morphology of *Babesia microti* in human blood smears. Am J ClinPathol. 1980;73(1):107–9.

Igarashi I, WakiS IM, et al. Role of CD4+ T-cells in the control of primary infection with *Babesia microti* in mice. J Protozoal Res. 1994;4:164–71.

Krause PJ, Lepore T, Sikand VK, et al. Atovaquone and azithromycin for the treatment of babesiosis. N Eng J Med. 2000;343(20):1454–8.

Krause PJ, Mckay K, Gadbaw J, et al. Increasing health burden of human babesiosis in endemic sites. Am J Trop Med Hyg. 2003;68(4):431–6.

Krause PJ, Spielman A, Telford SR 3rd, et al. Persistent parasitemia after acute babesiosis. N Eng J Med. 1998;339(3):160–5.

Krause PJ, Telford SR 3rd, Ryan R, et al. Geographical and temporal distribution of babesial infection in Connecticut. J Clin Microbiol. 1991;29(1):1–4.

Parija SC, Dinoop KP, Venugopal H. Diagnosis and management of human babesiosis. Trop Parasitol. 2015;5:88–93.

Perkins ME. Rhoptry organelles of apicomplexan parasites. Parasitol Today. 1992;8(1):28–32.

Persing DH, Herwaldt BL, Glaser C, et al. Infection with a babesia like organism in northern California. N Engl J Med. 1995;332(5):298–303.

Sun T, Tenenbum MJ, Greenspan J, et al. Morphological and clinical observation in human infection with *Babesia microti*. J Infect Dis. 1983;148(2):239–48.

Kryptosporidiose

K. Vanathy

Lernziele

1. Die Bedeutung von T-Helferzellen und angeborener Immunität zum Schutz vor signifikanten *Cryptosporidium*-Infektionen zu verstehen
2. Die Bedeutung der Immunsuppression bei der Verursachung schwerer und langwieriger Infektionen zu betonen
3. Den Leser auf die vielfältigen Diagnosemethoden neben der Mikroskopie aufmerksam zu machen

Einführung

Kryptosporidiose, verursacht durch die Kokzidie *Cryptosporidium* spp., ist eine der häufigsten Ursachen für lebensmittel- und wasserübertragene Ausbrüche seit 2004. Der erste menschliche Fall von Kryptosporidiose wurde 1976 gemeldet. Seitdem wurden viele Fälle sowohl bei immunkompetenten als auch bei immunsupprimierten Wirten gemeldet. Die Infektion tritt nach der Aufnahme von mit der Oozyste von *Cryptosporidium* kontaminierten Lebensmitteln und Wasser auf. Die säurefesten sporulierten Oozysten sind die diagnostische Form des Parasiten. Die Infektion kann durch strenge hygienische Maßnahmen verhindert werden.

Geschichte

Cryptosporidium wurde erstmals im Magen von Mäusen im Jahr 1907 beschrieben. Später beschrieb E. E. Tyzzer die beweglichen Merozoiten von *C. muris* im Magenepithel der Maus. Er nannte die Gattung *Cryptosporidium* (*Crypto* = versteckte Sporozysten), weil sie im Gegensatz zu anderen Kokzidien keine Sporozyste um die Sporozoiten hatten. Tyzzer beschrieb die Morphologie und den Lebenszyklus einer anderen Art, *C. parvum*, im Jahr 1912. Er beschrieb auch im Detail die Entwicklungsstadien der Kokzidien. Die Morbidität und Mortalität durch *Cryptosporidium*-Durchfall wurde erstmals mit der schweren Durchfallerkrankung bei Geflügel in Verbindung gebracht, die durch *C. meleagridis*, eine neue Art, die erstmals 1955 von Slavin beschrieben wurde. Im Jahr 1971 wurde *C. parvum* als neue Art gemeldet, die Durchfall bei Rindern und Lämmern verursacht. Der erste Fall von menschlicher Kryptosporidiose wurde 1976 gemeldet, danach wurden viele weitere Fälle sowohl bei immunkompetenten als auch bei immungeschwächten Wirten gemeldet.

K. Vanathy (✉)
Department of Microbiology, Mahatma Gandhi Medical College and Research Institute, Puducherry, Indien

S. C. Parija und A. Chaudhury (Hrsg.), *Lehrbuch der parasitären Zoonosen*,
https://doi.org/10.1007/978-981-97-4312-4_16

Taxonomie

Die Gattung *Cryptosporidium* gehört zur Familie der Cryptosporiidae, Ordnung Eimeriidae, Unterklasse Cryptogregarinorida, Klasse Gregarinomorphea, Stamm Apicomplexa und Unterreich Neozoa im Reich der Protozoen.

Cryptosporidium ähnelt anderen Kokzidien darin, dass sie *monoxen* ist (*mono*, eins; *xenous*, Wirt). Sie befindet sich in den Mikrovilli der Epithelzellen im Dünndarm, aber nicht innerhalb der Wirtszellen. Sie hat verschiedene Entwicklungsstadien, von denen das endogene Stadium ein Anhängeorgan hat, und sie befindet sich intrazellulär, ist aber extrazytoplasmatisch.

Die Gattung *Cryptosporidium* hat viele Arten, die eine breite Palette von Wirten infizieren. Dazu gehören *C. parvum* (Wiederkäuer und Menschen), *C. hominis* (Menschen), *C. muris* (Nagetiere und einige andere Säugetiere), *C. andersoni* (Rinder), *C. meleagridis* (Vögel und Menschen), *C. baileyi* (Hühner und einige andere Vögel), *C. canis* (Hunde), *C. felis* (Katzen), *C. galli* (Vögel), *C. molnari* (Fische), *C. wrairi* (Meerschweinchen), *C. saurophilum* (Eidechsen und Schlangen), und *C. serpentis* (Schlangen und Eidechsen). Von all diesen Arten verursacht *C. parvum* die meisten Infektionen.

Genomik und Proteomik

Das Genom von *C. hominis* umfasst etwa 9 Mb mit 8 Chromosomen. Die 8 Chromosomen reichen von ~0,9 bis ~1,4 Mb und weisen einen GC-Gehalt von 31,7 % im Vergleich zu 30,3 % für *C. parvum* auf.

Cryptosporidium parvum war zuvor als boviner Genotyp oder Genotyp 2 bekannt. Die zuvor als *C. parvum* menschlicher Genotyp oder Genotyp 1 oder H bezeichnete Art wurde kürzlich in *C. hominis* umbenannt. Die Oozyste war ähnlich groß wie die von *C. parvum*, die 4,6–5,4 mal 3,8–4,7 µm maß. Es gab einen Unterschied in der Expression des ribosomalen Gens von *C. hominis* und *C. parvum*, von denen letzteres 2 Arten von rRNA-Genen (Typ A und Typ B) exprimiert, während bei *C. hominis* mehr als 2 Transkripte nachgewiesen wurden. Die Gattung *Cryptosporidium* hat mehr als 22 Arten, von denen die zoonotische *C. parvum* sowohl Menschen als auch Tiere betrifft, während die anthroponotische *C. hominis* ebenfalls sowohl Menschen als auch Tiere betrifft. Die Genotypisierung basiert auf SSU rRNA. *Cryptosporidium parvum* und *C. hominis* werden weiter auf der Grundlage der DNA-Sequenzanalyse des 60-kDa-Glykoproteins (gp60 oder gp40/15) untertypisiert. Die Subtypen Ia, Ib, Id, Ie, If und Ig sind Subtypen von *C. hominis*, und IIa, IIb, IIc, IId, IIe, IIf, IIg, IIh, IIi, IIk und III sind diejenigen von *C. parvum*. Der Zweck der Kenntnis der Subtypen besteht darin, die biologischen Eigenschaften des Parasiten und ihre Unterschiede im klinischen Erscheinungsbild zu verstehen.

Die Proteinexpression in den löslichen Fraktionen von exzystierten und nicht exzystierten Oozysten von *C. parvum* wurde in einer Studie berichtet. Insgesamt wurden 142 Proteine in löslichen Fraktionen sowohl exzystierter als auch nicht exzystierter Oozysten nachgewiesen, und ribosomale Proteine machten einen erheblichen Anteil aus. Sechs Hitzeschockproteine und 17 sezernierte Proteine wurden ebenfalls exprimiert. Es wurde festgestellt, dass viele der nachgewiesenen Proteine an Infektion/Pathogenese, Energiepfaden, zellulärer Teilung und Replikation sowie DNA-Modifikation beteiligt sind.

Die Parasitenmorphologie

Die verschiedenen Stadien der Kokzidien sind wie folgt:

Asexuelles Stadium (*Sporogonie* innerhalb der Wirtszelle), Sporozoiten, Typ-I-Meront (8 Merozoiten), Typ-II-Meront (4 Merozoiten).

Sexuelles Stadium *(Gametogonie),* Mikro- und Makrogameten, Zygote, dünn- und dickwandige Oozysten.

Die Morphologie des Parasiten variiert je nach Entwicklungsstadium.

Die Oozyste

Die Oozyste, die die infektiöse Form ist, gibt es in 2 Typen: dünnwandig und dickwandig. Sie messen etwa 4–6 μm, sind rund und von einer Zystenwand umgeben. Sie enthalten 4 Sporozoiten. Der Sporozoit ist sichelförmig mit spitzem vorderen Ende und stumpfem hinteren Ende und einem posterior gelegenen Kern.

Dickwandige Oozyste: Die dickwandige Oozyste ist die infektiöse Form. Sie ist oval mit einer glatten Oberfläche. Sie besteht aus einer dicken und groben äußeren Wand, einer feinkörnigen inneren Wand und einer Oozystenmembran zwischen diesen beiden Schichten. Sie hat einen Nahtpunkt an einem Ende, an dem die Sporozoiten freigesetzt werden. Die Elektronenmikroskopie zeigt eine doppelschichtige Oozyste, äußere und innere Schichten. Die Oozysten sind sehr widerstandsfähig gegen Chlor und andere Desinfektionsmittel.

Dünnwandige Oozyste: Sie ähnelt der dickwandigen Oozyste, ist aber von einer dünnwandigen Membran umgeben. Dieses Stadium ist hauptsächlich für die Autoinfektion beim Menschen verantwortlich.

Der Sporozoit

Der Sporozoit misst etwa 5 × 0,5 μm. Er hat eine raue Oberfläche mit spitzem apikalem Bereich und abgerundetem hinteren Ende.

Der Merozoit

Der Trophozoit misst etwa 1–2,5 μm in der Länge und hat eine glatte Oberfläche. Typ-I- und -II-Meronten variieren in der Größe von 1,5 bis 3,5 μm, und die von ihnen freigesetzten Merozoiten sind ähnlich groß, 0,4 × 1 μm. Typ-I-Merozoiten sind stäbchenförmig mit spitzem apikalem Bereich und rauer Oberfläche und Typ-II-Merozoiten haben eine runde, raue Oberfläche. Mikrogameten von Typ-II-Merozoiten messen etwa 0,1 μm mit kugelförmiger, rauer Oberfläche, während Makrogameten etwa 4 × 5 μm mit ovaler, rauer Oberfläche messen.

Zucht von Parasiten

Es gab Fortschritte in der In-vitro-Zucht von *Cryptosporidium* in Zelllinien. COLO-680N-Zelllinien, infiziert mit zwei verschiedenen Arten (*C. parvum* und *C. hominis*), neigen dazu, eine größere Anzahl von infektiösen Oozysten zu produzieren, wie durch verschiedene mikroskopische und molekulare Methoden erkannt. Die In-vitro-Kultur von *Cryptosporidium* ebnet auch den Weg für weitere Studien und die Entwicklung von Medikamenten.

Versuchstiere

Viele Tiere wie Truthähne, Hühner, Mäuse, Kaninchen, Ratten, Meerschweinchen, Katzen und Hunde wurden für tierexperimentelle Studien verwendet. Aber keine von ihnen zeigten Symptome, die denen der Kryptosporidiose ähnlich sind.

Lebenszyklus von *Cryptosporidium* spp.

Cryptosporidium spp. vollenden ihren sexuellen und asexuellen Lebenszyklus in einem einzigen Wirt (Mensch oder andere Tiere) (Abb. 1).

Wirte

Die Gattung *Cryptosporidium* hat mehr als 30 Arten, von denen etwa 20 beim Menschen identifiziert wurden. *Cryptosporidium parvum* und *C. hominis* verursachen die meisten menschlichen Infektionen. *Cryptosporidium meleagridis*, obwohl eine Vogelkokzidie, gilt als die drittwichtigste Art, die menschliche Infektionen verursacht.

Infektiöses Stadium

Dickwandige sporulierte Oozyste verursacht die Übertragung der Infektion von Person zu

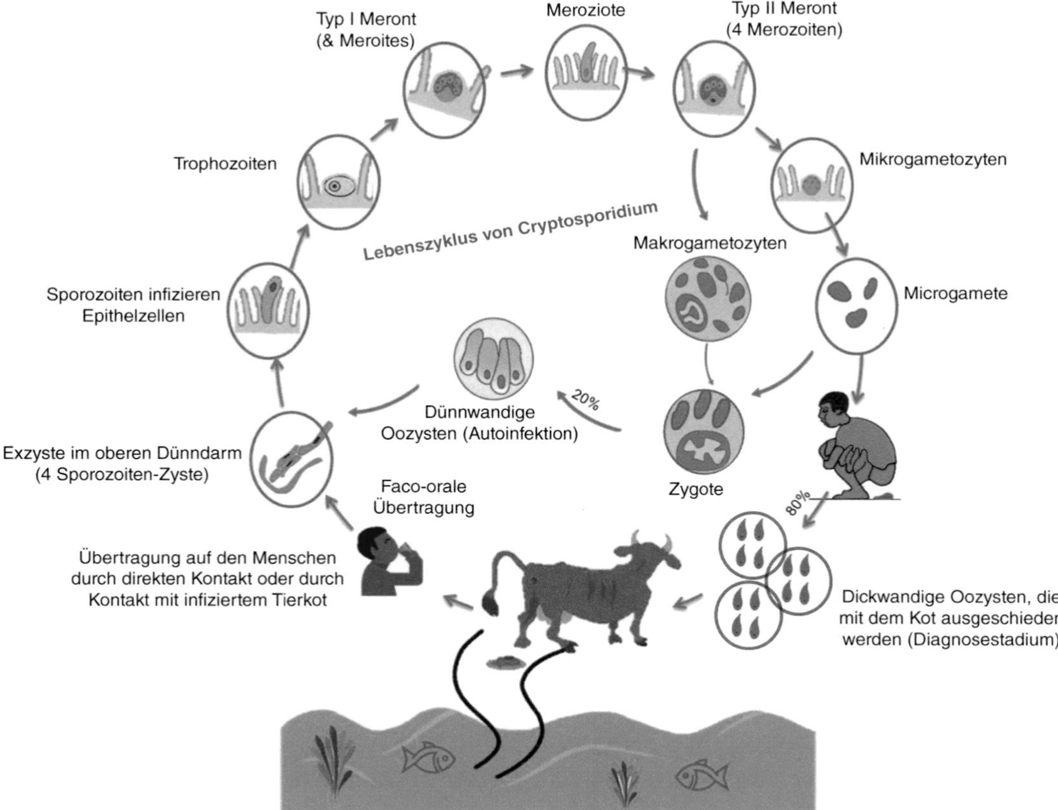

Abb. 1 Lebenszyklus von *Cryptosporidium*

Person, während die dünnwandige Oozyste eine Autoinfektion im selben infizierten Wirt verursacht.

Übertragung der Infektion

Schon 10 infektiöse *Cryptosporidium*-Oozysten können eine Infektion verursachen. Menschen erwerben die Infektion durch den Verzehr von Lebensmitteln und Wasser, die mit dickwandigen Oozysten kontaminiert sind. Der menschliche und tierische Kot, der als Dünger für Pflanzen verwendet wird, kontaminieren das Oberflächenwasser, das Grundwasser und die Trinkwasserquellen. Dünnwandige Oozysten verursachen eine Autoinfektion im selben Individuum. Das dünnwandige autoinfektive Stadium trägt zu einer überwältigenden lebensbedrohlichen Infektion bei immungeschwächten Wirten bei.

Cryptosporidium vollendet seinen Lebenszyklus in 2 verschiedenen Stadien: asexuelles Stadium *(Schizogonie)* und sexuelles Stadium *(Gametogonie)* innerhalb eines einzigen Wirtes. Beide Stadien sind intrazellulär und werden von einer Wirtszellmembran umgeben, die extrazytoplasmatisch ist.

Asexuelles Stadium (Sporogonie)

Bei der Aufnahme von dickwandigen Oozysten werden die Sporozoiten im Dünndarm aus der Oozyste freigesetzt. Innerhalb der Enterozyten entwickeln sich die Sporozoiten zu intrazellulären Trophozoiten, die das Übergangsstadium des Parasiten darstellen. Sie vermehren sich asexuell durch Kernteilung und geben 2 Arten von

Meronten ab: Typ I und Typ II. Diese Meronten produzieren ihrerseits 8 bzw. 4 Merozoiten.

Sexuelles Stadium (Gametogonie)

Typ-II-Merozoiten dringen in neue Wirtszellen ein und durchlaufen eine sexuelle Reproduktion, um sich in männliche und weibliche Gametozyten zu differenzieren. Sie teilen sich weiter in Makro- und Mikrogameten, die sich befruchten, um Oozysten oder *Zygoten* zu bilden. Sie bilden 4 Sporozoiten innerhalb der sporulierenden Oozyste. Die Oozyste gibt es in 2 Arten: dünn- und dickwandige Oozysten. Die dünnwandige Oozyste setzt die Sporozoiten im Lumen des Darms frei und verursacht eine Autoinfektion, wodurch der Zyklus von Sporogonie und Gametogonie wiederholt wird. Die dickwandigen Oozysten werden im Stuhl ausgeschieden und können beim Menschen eine Infektion verursachen, und so wird der Zyklus wiederholt.

Der Lebenszyklus von *Cryptosporidium,* unter den Kokzidien, unterscheidet sich dadurch, dass sie nicht tief in die Wirtszellen eindringt, sondern intrazellulär, wenn auch extrazytoplasmatisch in der Zelle lebt. Die Kokzidien befinden sich innerhalb der parasitophoren Vakuole der Wirtszelle, und die Vakuole, die den Organismus enthält, befindet sich in der Mikrovillusregion der Zelloberfläche. Die Nahtwand in der Oozyste reißt auf, und Sporozoiten werden im Dünndarm freigesetzt. Die Sporozoiten werden zusammen mit dem Stuhl ausgeschieden, im Gegensatz zu anderen ähnlichen Kokzidien, *Cyclospora* und *Cystoisospora.* Diese Parasiten durchlaufen eine Exzystierung nur in Böden, in denen die Temperatur unter 37 °C liegt, und in Gegenwart von Sauerstoff. Fast 20 % der gebildeten Oozysten sind dünnwandig. Nach der *Exzystierung* dringen sie in den Bürstensaum des Dünndarms ein und liegen innerhalb der parasitophoren Vakuole der Mikrovillusregion. Sie sind in der Lage, bei immungeschwächten Patienten eine schwere und chronische Infektion zu verursachen, auch wenn sie nicht mit Oozysten aus der Umwelt in Kontakt kommen. Rund 80 % der Zygoten entwickeln sich zu dickwandigen Oozysten, die gegen Chlorierung resistent sind, und 20 % entwickeln sich zu dünnwandigen Oozysten, die eine Autoinfektion verursachen.

Pathogenese und Pathologie

Cryptosporidium produziert mehrere Virulenzfaktoren, die wichtige Rollen im Parasitenlebenszyklus spielen.

Die Oozysten im Darm durchlaufen unter reduzierenden Bedingungen bei Exposition gegenüber Pankreasenzymen und Gallensalzen eine *Exzystierung*. Die Sporozoiten heften sich mittels Parasitenprotein CP47, einem 47-kDa-*C. parvum*-Protein, an Epithelzellen. Sowohl Sporozoiten als auch Merozoiten haben apikale Organellen wie Rhoptrien, Mikroneme, dichte Granulate, Mikrotubuli, apikale Ringe und Pellicle. Innerhalb der parasitophoren Vakuole kommt es zu einer Veränderung des apikalen Organells, was zur Anheftung an Wirtszellen führt. Sie verursachen Villusatrophie, Schleimhauterosion und Depression der Oberflächenmukosa, gefolgt von Infiltration von Lymphozyten, Neutrophilen und Plasmazellen. Die Villusatrophie führt zu einer D-Xylose-Malabsorption.

Die Infektion von Darmepithelzellen führt zur Aktivierung des nukleären Faktors Kappa B (NF-κB). Dies aktiviert Zielgene wie antiapoptotische Gene wie Osteoprotegerin. Sie ermöglichen es dem Parasiten, Merozoiten vor dem Zelltod freizusetzen und proinflammatorische Moleküle wie Zytokine und Chemokine zu aktivieren. Die Oozysten verändern nach der Infektion die normale Funktion der Darmbarriere. Dies führt wiederum zu einer Erhöhung der Darmpermeabilität, Absorption und Sekretion von Flüssigkeit und Elektrolyten, was zu chronischem, wässrigem Durchfall führt, insbesondere bei immungeschwächten Wirten. Die Aktivierung des Kinasewegs durch die Wirtszellen hilft bei der Freisetzung von proinflammatorischen Zytokinen wie TNF-α und IL-8. Dies zieht wiederum Phagozyten und Leukozyten an, die lösliche Faktoren freisetzen können. Dies führt zu einer intestinalen

Sekretion von Chlorid und Wasser und verringert die Natriumabsorption zusammen mit dem Glukosetransport.

Immunologie

Sowohl angeborene als auch adaptive Immunität spielen eine Rolle bei der Bekämpfung der Infektion. CD4+ T-Zellen spielen eine wichtige Rolle bei AIDS-Patienten.

CD4-Zellen spielen eine wichtige Rolle bei der erworbenen Immunität bei Kryptosporidiose. Die Schwere und Chronizität der *Cryptosporidium*-Infektion hängt vom Immunstatus des Individuums ab. Kryptosporidiose ist selbstlimitierend bei immunkompetenten Wirten und bei Patienten mit CD4-Zählung >150/μl, chronisch bei <100/μl, aber lebensbedrohlich und fulminant bei immungeschwächten Wirten, insbesondere bei CD4-Zählung <50/μl. Bei Patienten mit HIV hängt die Schwere der *Cryptosporidium*-Infektion von der CD4-Zellzahl ab.

Die Rolle der Antikörper-vermittelten Immunität bei Kryptosporidiose ist mit einer Zunahme von IgG, IgM und IgA gegen Cp23 bei infizierten Individuen im Vergleich zu gesunden verbunden, und es verleiht ihnen eine längere Immunität. Die IgA-Produktion bei Müttern wurde gefunden, um die Infektionsrate bei Kindern zu reduzieren. Monozyten und Makrophagen, die IL-15 und IL-18 sezernieren, wurden ebenfalls gefunden, um die Infektion zu bekämpfen. IL-18 stimuliert die IFN-γ-Produktion, die NK-Zellaktivierung und die Produktion von Defensinen, die bei der Bekämpfung der Infektion helfen. Interferon-γ ist auch für die erworbene Immunität verantwortlich.

Die angeborene Immunantwort spielt eine wichtige Rolle in der Anfangsphase der Infektion. Bei der angeborenen Immunität hilft das Mannose bindende Lektin (MBL) bei der Stimulierung der Immunantwort. Kinder und HIV-infizierte Personen, die einen MBL-Mangel haben, sind anfälliger für eine *Cryptosporidium*-Infektion. Polymorphismus im MBL-Gen führt zu wiederkehrenden Infektionen. Die Anwesenheit von Toll-like-Rezeptoren auf der Oberfläche der Wirtszelle hilft bei der Immunantwort auf den Organismus. Es gibt eine Zunahme in der Produktion von antimikrobiellen Peptiden wie LL-37 und humanem β-Defensin 2.

Infektion beim Menschen

Die Inkubationszeit beträgt 1 Woche. Die meisten *Cryptosporidium*-Infektionen sind asymptomatisch.

Cryptosporidium-Infektionen bei immunkompetenten Individuen mit einem intakten Immunsystem sind selbstlimitierend. Sie zeigen sich in der Regel mit leichtem Fieber, Bauchkrämpfen, Übelkeit und Appetitlosigkeit. Sie haben 5–10-mal wässrigen, schaumigen Durchfall mit Schleimflocken. Die Symptome klingen in der Regel innerhalb von 2–3 Wochen ab (Tab. 1).

Cryptosporidium-Infektionen erweisen sich als schwerwiegender und anhaltender bei immungeschwächten Patienten mit HIV (AIDS),

Tab. 1 Klinische Präsentation von *Cryptosporidium* bei immungeschwächten und immunkompetenten Wirten

Charaktere	Immunkompetenter Wirt	Immungeschwächter Wirt
Wirt	Kinder	Erwachsene
Übertragungsart	Person zu Person, Tier zu Menschen	Person zu Person
Klinisches Erscheinungsbild	Milder bis mäßiger Durchfall, 2–10-mal pro Tag	Schwerer Durchfall, bis zu 70-mal mit Flüssigkeitsverlust von bis zu 12 l/Tag
Dauer der Krankheit	Kurz, <20 Tage	Lange, Monate bis Jahre
Gewichtsverlust	10 % des Körpergewichts	50 % des Körpergewichts
Prognose	Die Genesung ist vollständig und spontan	Meistens tödlich

solchen, die sich einer Chemotherapie und Strahlentherapie unterziehen, Empfängern von Organ- und Knochenmarktransplantationen und Patienten, die immunsuppressive Medikamente einnehmen, mit primärer Immundefizienz usw. Die Symptome können je nach Schwere der Krankheit 7 Tage bis 1 Monat andauern. Sie führen zu einem signifikanten Flüssigkeitsverlust, sogar bis zu 25 l. Nicht nur die Symptome betreffen den Magen-Darm-Trakt, sondern auch extraintestinale Stellen wie die Atemwege, die Lunge, die Leber und die Bauchspeicheldrüse können betroffen sein. Diese Patienten erholen sich nicht über einen Zeitraum von der Krankheit, was zu einer Verschlechterung ihrer Symptome führt, die zu vielen Komplikationen und sogar zum Tod führen kann. Die einzige Behandlungsoption für diese Personen besteht darin, ihren immungeschwächten Zustand umzukehren, anstatt mit spezifischen Medikamenten. Das Überleben von Patienten mit einer CD4-Zählung <200/μl ist geringer im Vergleich zu denen mit einer CD4-Zählung >200/μl. Tab. 2 vergleicht *Cryptosporidium*-Infektionen bei immunkompetenten und immungeschwächten Wirten.

Infektion bei Tieren

Cryptosporidium-Infektionen sind weitverbreitet bei einer Vielzahl von Tieren, einschließlich Hühnern, Mäusen, Truthähnen, Rindern, Hunden, Schweinen und Schafen. Bovine Kryptosporidiose ist weltweit verbreitet. Gastrointestinale Symptome sind bei Rindern stärker ausgeprägt. Der Durchfall ist stark, wässrig und gelb. Fomiten wie Kleidung und Schuhe, die auf einem Viehbetrieb verwendet und mit dem Kot infizierter Tiere in Kontakt gekommen sind, können die Infektion übertragen.

Epidemiologie und öffentliche Gesundheit

Kryptosporidiose ist in den Entwicklungsländern endemischer als in den Industrieländern. Die Metaanalysestudie berichtete eine globale gepoolte Prävalenz von *Cryptosporidium* von 7,6 %. Die höchste Infektionsprävalenz wurde in Mexiko (69,6 %), Nigeria (34 %), Bangladesch (42,5 %) und der Republik Korea (8,3 %) berichtet (Tab. 1). In Indien variiert die Prävalenz der Kryptosporidiose von 4 bis 13 %. Die Prävalenz ist in semiurbanen und ländlichen Gebieten aufgrund schlechter Sanitärbedingungen höher. Kleine, umweltresistente Oozysten, eine große Anzahl von Nutztieren und menschlichen Reservoiren, eine geringe infektiöse Dosis von <10–100 Oozysten, eine erhöhte Vermehrungskapazität $>10^{10}$ und Resistenz gegen verfügbare Medikamente und Desinfektionsmittel tragen zu einer höheren Prävalenz von Kryptosporidiose in der Gesellschaft bei. Ein großer wasserbedingter Durchfallausbruch, der fast 403.000 Menschen betraf, wurde 1993 in Milwaukee, Wisconsin, gemeldet.

Individuen mit HIV, die aufgrund von Malignität immungeschwächt sind oder Immunsuppressiva einnehmen, sind anfälliger für Infektionen durch *Cryptosporidium*-Arten.

Tab. 2 Verteilung von *Cryptosporidium*-Infektionen in der Weltbevölkerung

Cryptosporidium spp.	Wirt	Ort	Verteilung
Cryptosporidium andersoni	Rinder	Labmagen	Malawi
Cryptosporidium felis	Katzen, Mensch	Dünndarm	Indien, Kenia
Cryptosporidium hominis	Mensch	Dünndarm	Indien, Kenia, Malawi, Südafrika
Cryptosporidium meleagridis	Vögel, Mensch	Darm	Indien, Kenia, Malawi
Cryptosporidium muris	Nagetiere, Mensch	Magen	Indien, Kenia
Cryptosporidium parvum	Wiederkäuer, Mensch	Darm	Indien, Kenia, Malawi, Südafrika

Kryptosporidiose wird als eine AIDS definierende Krankheit (klinische Kategorie C) und ein Kategorie-B-Pathogen vom CDC und dem National Institute of Health angesehen. Unzureichende Handhygiene nach dem Berühren von Nutztieren gilt als wichtige Ursache für die zoonotische Übertragung von Tieren auf Menschen. Nosokomiale Infektionen und mechanische Übertragung durch Boden und Insekten sind die anderen Übertragungswege.

Laboruntersuchung

Mikroskopie

Die Stuhlprobe wird in einem weithalsigen, auslaufsicheren Universalbehälter gesammelt. Drei Stuhlproben werden über einen Zeitraum von 10–15 Tagen gesammelt, da die Ausscheidung von Oozysten im Stuhl intermittierend ist. Pro Probe werden 5–6 Abstriche untersucht, um *Cryptosporidium*-Oozysten bei infizierten Wirten zu erkennen. Duodenalaspirat, Galle, Sputum, bronchoalveoläre Lavage und Biopsiegewebe sind die anderen Proben, die auf Oozysten untersucht werden.

Flotationsmethoden, einschließlich Zuckerflotation nach Sheather, Zinksulfat und gesättigte Salzlösung, sowie Sedimentationstechniken, einschließlich Formalin-Äther- und Formalin-Ethylacetat-Methoden, sind verschiedene Konzentrationsmethoden, die verwendet werden, um die Oozystenausbeute im Stuhl zu erhöhen. Von all diesen Methoden wird die Zuckerflotation nach Sheather am meisten empfohlen, da sie eine höhere Ausbeute an *Cryptosporidium*-Oozysten in Stuhlproben im Vergleich zu anderen Techniken erreicht.

Cryptosporidium-Oozysten erscheinen als runde, doppelwandige und brechende Körper in den Salz-, Jod- oder Lactophenol-Baumwolleblau-Nasspräparaten des Stuhls. Modifizierte Säurefärbung, Safranin-Methylenblau-, Negativfärbung, Dimethylsulfoxid-modifizierte Säurefärbung, Immunfluoreszenzfärbung, Hämatoxylin-Eosin- sowie Giemsa- und Jenner-Färbung sind verschiedene dauerhafte Färbemethoden, die zum Nachweis und zur Identifizierung der Kokzidien in Stuhlproben verwendet werden.

Die modifizierte Säurefärbung mit 1 % konzentrierter Schwefelsäure als Entfärber ist die am häufigsten verwendete Methode. Im gefärbten Abstrich erscheinen die säurefesten Oozysten als runde, rosa gefärbte Struktur mit 4 Sporozoiten und einer Größe von 4–6 µm (Abb. 2). Fast 50.000–500.000 Oozysten/g Stuhl müssen vorhanden sein, um im säurefesten Abstrich des Stuhls sichtbar zu sein. Die modifizierte Säurefärbung ist 83,7 % sensitiv und 98,9 % spezifisch. Tab. 3 fasst die differenzierenden Merkmale von *Cryptosporidium*, *Cyclospora* und *Cystoisospora* in Stuhlproben zusammen. Direkte Immunfluoreszenz (IF)-Färbung mit monoklonalen Antikörpern, die spezifisch für das Kryptosporidienantigen sind, ist eine hochsensitive Methode zur Diagnose von Kryptosporidiose (Tab. 4). Direkte IF gilt als Goldstandard für *Cryptosporidium* in der Stuhlmikroskopie.

Serodiagnostik

Koproantigennachweis

Viele serologische Tests mit entweder nativem Antigen oder rekombinantem Antigen von *Cryptosporidium* sind für den Nachweis von Serumantikörpern bei Kryptosporidiose verfügbar. Die Antikörper nehmen während 6–8 Wochen der Infektion zu. Der Antikörpernachweis ist hauptsächlich nützlich für seroepidemiologische Studien.

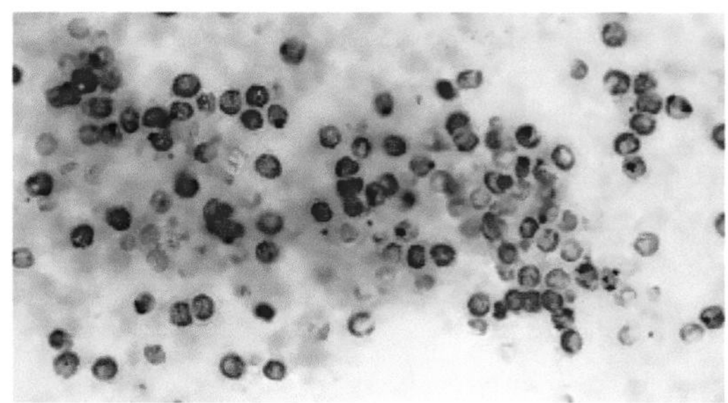

Abb. 2 Säurefärbung zeigt die Oozyste von *Cryptosporidium*

Tab. 3 Unterscheidungsmerkmale von intestinalen Kokzidien

Eigenschaften	*Cryptosporidium*	*Cyclospora*	*Cystoisospora*
Oozystengröße	4-6 μm	8–10 μm	23–36 μm
Form	Rund	Rund	Oval
Anzahl der Sporozoiten	4 Sporozoiten	2 Sporoblasten mit jeweils 2 Sporozoiten	2 Sporoblasten mit jeweils 4 Sporozoiten
Säurefestigkeit	Alle Oozysten erscheinen als rosa säurefeste Strukturen	Unterschiedlich – einige sind rosa, wenige Oozysten sind farblos	Alle Oozysten erscheinen als rosa säurefeste Strukturen
Sporulation der Oozyste	Erfolgt im Wirt	Im Boden (Umwelt)	Im Boden (Umwelt)
Autofluoreszenz	Nein	Ja	Ja
Infektiöse Form	Sporulierte Oozyste	Sporulierte Oozyste	Sporulierte Oozyste
Diagnostische Form	Sporulierte Oozyste	Unsporulierte Oozyste	Unsporulierte Oozyste
Behandlung	Nitazoxanid	Cotrimoxazol	Cotrimoxazol

Ursprünglich wurde der ELISA-Test mit rohen *C. parvum*-Extrakten durchgeführt; daher war er weniger spezifisch als der Immunelektrotransferblot, aber jetzt hat die Verfügbarkeit von rekombinanten *Cryptosporidium*-Antigenen seine Spezifität erhöht. ELISA hat in Studien mit verschiedenen rekombinanten Proteinen eine hohe Sensitivität und Spezifität gezeigt. ELISA mit einem rekombinanten 23-kDa-Antigen (Cp23, rekombinante Form des *C. parvum*-27-kDa-Antigens) hat Ergebnisse zum ELISA mit nativem 27-kDa-Antigen gezeigt. Serumantikörper gegen Cp23 korrelieren mit einer früheren Infektion, während solche gegen Cp17 auf eine kürzlich erfolgte Infektion hinweisen. Cp23 wurde verwendet, um den longitudinalen Infektionstrend und die altersspezifische Seroprävalenz bei Kryptosporidiose zu bestimmen. Rekombinantes rCP41 (geklont und exprimiert in *Escherichia coli*) wurde ebenfalls im ELISA für die Seroprävalenzstudien bei Kryptosporidiose verwendet.

Schnelle immunchromatografische Methoden werden nun zunehmend verwendet, um das Oozystenzellwandkoproantigen in Stuhlproben für die Diagnose von Kryptosporidiose nachzuweisen. Das Koproantigen wird mit *Cryptosporidium/Giardia* oder einem Triage-Panel mit *Cryptosporidium/Giardia/Entamoeba*-spezifischen Antigenen nachgewiesen. Es handelt sich um ein beliebtes Verfahren, das in verschiedenen Labors aufgrund seiner höheren Spezifität (98–100 %) und schnellen Ergebnisse praktiziert wird. ELISA für den Koproantigennachweis hat variable Nachweisgrenzen von 3×10^5 bis 10^6, was der Mikroskopie ähnlich ist. Der ELISA-Test hat zwar eine geringe Sensitivität, bietet aber den Vorteil einer hohen Spezifität von 98–100 %, und eine große Anzahl von Proben kann in kurzer Zeit verarbeitet werden. Diese Tests eignen sich zur Durchführung auch bei frischen, gefrorenen oder formalinfixierten Stuhlproben

Molekulare Diagnostik

Molekulare Methoden zeigen eine hohe Sensitivität durch den Nachweis von 1 bis 10^6 Oozysten im Stuhl und anderen Proben. PCR-Restriktionsfragmentlängenpolymorphismus (PCR-RFLP), Multiplex-allelspezifische-PCR (MAS-PCR) und quantitative Real-Time-PCR sind verschiedene nukleinsäurebasierte molekulare Methoden bei Kryptosporidiose. 18S rRNA, Hsp 70, TRAP C1, COWP- und DHFR-Gene sind die Zielgene für die Identifizierung von *Cryptosporidium*-Arten. Eine weitere Subtypbestimmung kann auch mit Subtypisierungswerkzeugen wie dem Glykoprotein (GP) 60-Gen, Minisatelliten- und Mikrosatellitenmarkern sowie durch die Analyse von extrachromosomalen doppelsträngigen RNA-Elementen durchgeführt werden.

Der nested Assay erkennt die meisten der gängigen pathogenen *Cryptosporidium*-Arten mit dem PCR-RFLP auf Basis der kleinen rRNA-

Tab. 4 Diagnose von Kryptosporidiose

Diagnostische Ansätze	Methoden	Ziel	Bemerkungen
Mikroskopie	Nasspräparat	Stuhl-Salz- und Jod-Nasspräparat	Ähnlich groß wie Hefe. Oft fehlinterpretiert. Erfordert Fachkenntnisse
	Färbemethoden	Säurefeste Färbung, Immunfluoreszenzfärbung, Hämatoxylin und Eosin, Giemsa und Jenner Färbung	Hohe Parasitenlast ist zur Identifizierung erforderlich Empfindlichkeit – IF>fluoreszierende Färbungen>AF-Färbung. Direkte IF derzeit Goldstandard für Stuhluntersuchungen
Serodiagnose	Immunchromatografischer Test, ELISA	Oozystenzellwandantigen	Gute Empfindlichkeit mit ELISA
Molekulare Techniken	Polymerasekettenreaktion-Restriktionsfragmentlängenpolymorphismus, Multiplex-Real-Time-Polymerasekettenreaktion, schleifenvermittelte isotherme Verstärkung	SSU rRNA, gp60, hsp70, 18S rRNA, COWP und TRAP (C1 und C2)	Hohe Sensitivität und Spezifität. Erfordert qualifiziertes Personal

Untereinheit unter Verwendung von externen Primern mit 1325 bp und internen von etwa 826 bp. Der nested Assay ist die beliebteste Methode, die in zahlreichen Labors weltweit validiert wurde. Der MAS-PCR, der auf der Dihydrofolatreduktase-Gensequenz basiert, kann zwischen *C. hominis* (357 bp) und *C. parvum* (190 bp) in einem einzigen Schritt unterscheiden und ist auch nützlich für den Nachweis einer kleinen Anzahl von Oozysten (<100) in der Probe. Multiplexassays wie das Luminex xTAG Gastrointestinal Pathogen Panel, das BioFire FilmArray GI Panel, das NanoCHIP GIP und das BD Max Parasite Panel sind derzeit als hochsensitive und spezifische Assays für den Nachweis und die Identifizierung von *Cryptosporidium*-Arten verfügbar.

Behandlung

Kryptosporidiose bei immunkompetenten Wirten ist eine selbstlimitierende Krankheit. Die Behandlung basiert daher auf Flüssigkeitsersatz durch orale Rehydratationstherapie (ORS) oder parenterale Therapie für schwer kranke Patienten. Die Chemotherapie mit Nitazoxanid, Paromomycin und einer Kombination aus Paromomycin (1 g 2-mal täglich) und Azithromycin gefolgt von einer Monotherapie mit Paromomycin wurde bei der Behandlung der Erkrankung evaluiert, jedoch mit unterschiedlichen Ergebnissen.

Die Reduzierung der Dosis der Immunsuppressionstherapie oder die Stärkung der zellulären Immunantwort, insbesondere bei HIV-Patienten durch hochaktive antiretrovirale Therapie (HAART), bildet die Grundlage der Behandlung von Kryptosporidiose bei immungeschwächten Patienten. Dies hilft dabei, ihre CD4-Zahl zu erhöhen. Rifaximin und Rifabutin wurden ausprobiert, aber es sind noch weitere Studien erforderlich, um ihre Wirksamkeit zu beweisen.

Prävention und Bekämpfung

Prävention erfolgt durch die Einhaltung einer ordnungsgemäßen persönlichen Hygiene. Präventive Maßnahmen umfassen das ordnungsgemäße Waschen der Hände vor und nach dem Essen, nach dem Toilettengang und nach dem Berühren von Nutztieren, das Vermeiden von Schwimmen in verschmutztem Wasser, öffentlichen Wasserparks oder Flüssen, das Waschen von Obst und Gemüse vor dem Kochen, das Vermeiden von rohem Essen und die Verwendung von sauberem Wasser zum Waschen von Gemüse. Die Wasseraufbereitung ist durch Flockung und Filtrationsmethode wichtig, da Chlorierung nicht wirksam ist. Die zoonotische Übertragung kann durch das Tragen von Handschuhen und das Waschen der Hände nach dem Umgang mit Material, das mit Tierkot kontaminiert ist, und das Vermeiden von Kontakt mit Haustieren und Nutztieren, insbesondere Rindern, wenn sie Durchfall haben, verhindert werden. Es ist kein Impfstoff verfügbar.

Fallstudie

Ein 42-jähriger Mann, der vor 1 Jahr Empfänger einer Nierentransplantation war und Immunsuppressiva einnahm, kam mit einer Vorgeschichte von chronischem, therapieresistentem Durchfall der letzten 3 Monate. Bei ihm wurde ein vollständiges Blutbild angefertigt, Stuhluntersuchung auf Eier, Zysten, Trophozoiten wurde durchgeführt, und zuvor wurde ambulant eine Stuhlkultur angelegt. Alle Untersuchungen waren negativ. Er wurde mit Antibiotika und Antiparasitika behandelt. Der Patient reagierte auf keine Behandlung. Der Stuhl wurde erneut zur Untersuchung auf Parasiten eingeschickt. Die modifizierte säurefeste Färbung zeigte viele runde rosa unregelmäßig gefärbte Strukturen von etwa 4 μm Größe.

1. Was ist der Parasit? Welche anderen säurefesten Parasiten sind im Stuhl zu sehen?
2. Was ist das häufigste Artefakt im Stuhl, mit dem dieser Parasit verwechselt werden kann, und wie kann das Problem gelöst werden?
3. Welcher Helminthen wird auch häufig bei den oben beschriebenen Patienten gesehen?

Forschungsfragen

1. Was ist die Rolle der humoralen Immunantwort bei der Verhinderung des Infektionsprozesses bei Kryptosporidiose?
2. Wie können die vorhandenen Anti-*Cryptosporidium*-Medikamente zur Bekämpfung von Infektionen bewertet werden, da die vorhandenen Medikamente nicht sehr effektiv sind?

Weiterführende Literatur

Bouzid M, Hunter PR, Chalmers RM, Tyler KM. *Cryptosporidium* pathogenicity and virulence. Clin Microbiol Rev. 2013;26(1):115–34.

Checkley W, White AC, Jaganath D, Arrowood MJ, Chalmers RM, Chen X-M, et al. A review of the global burden, novel diagnostics, therapeutics, and vaccine targets for *Cryptosporidium*. Lancet Infect Dis. 2015;15(1):85–94.

Damiani C, Balthazard-Accou K, Clervil E, Diallo A, Da Costa C, Emmanuel E, et al. Cryptosporidiosis in Haiti: surprisingly low level of species diversity revealed by molecular characterization of *Cryptosporidium* oocysts from surface water and groundwater. Parasite. 2013;20:45.

Dong S, Yang Y, Wang Y, Yang D, Yang Y, Shi Y, et al. Prevalence of *Cryptosporidium* infection in the global population: a systematic review and meta-analysis. Acta Parasit [Internet]. 2020;65(4):882–9.

Gerace E, Lo Presti VDM, Biondo C. *Cryptosporidium* infection: epidemiology, pathogenesis, and differential diagnosis. Eur J Microbiol Immunol (BP). 2019;9(4):119–23.

Innes EA, Chalmers RM, Wells B, Pawlowic MC. A one health approach to tackle cryptosporidiosis. Trends Parasitol. 2020;36(3):290–303.

Parija SC, Judy L, Shiva Prakash MR, Devi S. C. *Cryptosporidium, Isospora* and *Cyclospora* infections in Pondicherry. J Parasit Dis. 2001;25:73–7.

Pumipuntu N, Piratae S. Cryptosporidiosis: a zoonotic disease concern. Vet World. 2018;11(5):681–6.

Raccurt CP, Brasseur P, Verdier RI, Li X, Eyma E, Stockman CP, et al. Cryptosporidiose humaine et especes en cause en Haiti. Trop Med Int Health. 2006;11(6):929–34.

Rose JB, Huffman DE, Gennaccaro A. Risk and control of waterborne cryptosporidiosis. FEMS Microbiol Rev. 2002;26(2):113–23.

Snelling WJ, Xiao L, Ortega-Pierres G, Lowery CJ, Moore JE, Rao JR, et al. Cryptosporidiosis in developing countries. J Infect Dev Ctries. 2007;1(3):242–56.

Vanathy K, Parija SC, Mandal J, Hamide A, Krishnamurthy S. Cryptosporidiosis: A mini review. Trop Parasitol. 2017;7(2):72–80.

Xiao L, Fayer R, Ryan U, Upton SJ. *Cryptosporidium* taxonomy: recent advances and implications for public health. Clin Microbiol Rev. 2004;17(1):72–97.

Sarkozystose

Azdayanti Muslim und Chong Chin Heo

Lernziele

1. Eine Vorstellung von diesem seltenen Parasiten zu vermitteln, der eine begrenzte geografische Verbreitung hat
2. Die Risikofaktoren zu verstehen, die bei der Prävention der Infektion helfen können

Einführung

Sarkozystose ist eine seltene zoonotische Krankheit, die durch eine intrazelluläre Kokzidie aus dem Stamm Apicomplexa, *Sarcocystis* spp. verursacht wird. Der Parasit ist in der Natur allgegenwärtig und wird weitverbreitet bei Säugetieren, Reptilien, Vögeln und möglicherweise Fischen gefunden. Die Infektion ist hauptsächlich ein veterinärmedizinisches Problem mit hoher Prävalenz bei Nutztieren wie Rindern, Ziegen und Schafen. Die Sarkozystose beim Menschen galt als selten und wurde hauptsächlich als zufälliger Befund bei Autopsien oder post mortem entdeckt. In den letzten Jahren hat jedoch die weltweite Aufmerksamkeit für diese Krankheit zugenommen, nachdem eine Reihe von Ausbrüchen unter Reisenden gemeldet wurde, die einige Inseln in Malaysia besuchten.

Geschichte

Die Sarkozystose wurde erstmals 1843 von einem Schweizer Wissenschaftler, Friedrich Miescher, beschrieben, der die langen, dünnen, fadenförmigen Zysten im Skelettmuskel der Hausmaus (*Mus musculus*) entdeckte. Die Zysten wurden etwa 20 Jahre lang als „mieschersche Tubuli" bezeichnet, bevor Kuhn, der 1865 ähnliche Organismen in den Muskeln von Schweinen fand, den Namen des Parasiten als *Synchytrium mieschεrianum* vorschlug. Der Name *Synchytrium* war jedoch bereits für einen anderen Organismus vergeben. Daher blieb der Parasit bis 1882 namenlos, als Lankester *Sarcocystis* als seine Gattung benannte, was von den griechischen Wörtern sarx (= Fleisch) und kystis (= Blase) abgeleitet ist. 1889 wurde *Sarcocystis miescherianum* von Labbe als Artname dokumentiert. Seitdem wurden viele Arten von *Sarcocystis* benannt, basierend auf der

A. Muslim (*)
Department of Medical Microbiology and Parasitology, Faculty of Medicine, UniversitiTeknologi MARA, Sungai Buloh, Selangor, Malaysia
E-Mail: azdayanti@uitm.edu.my

C. Chin Heo
Institute of Pathology, Laboratory and Forensic Medicine (I-PPerForM), UniversitiTeknologi MARA, Sungai Buloh, Selangor, Malaysia
E-Mail: chin@uitm.edu.my

S. C. Parija und A. Chaudhury (Hrsg.), *Lehrbuch der parasitären Zoonosen*,
https://doi.org/10.1007/978-981-97-4312-4_17

Entdeckung der intramuskulären Sarkozysten bei verschiedenen Tieren.

Sarcocystis wurde anfangs auch als Pilz angesehen, bevor es 1967 durch eine elektronenmikroskopische Studie als Protozoon bestätigt wurde, das mit den Gattungen *Eimeria* und *Toxoplasma* verwandt ist. Der Lebenszyklus der *Sarcocystis* spp. blieb unklar bis in die 1970er-Jahre, als sich Bradyzoiten aus Sarkozysten im Muskel des Purpurgrackel-Vogels *(Quiscalus quiscula)* nach Inokulation in kultivierte Säugetierzellen zu einer sexuellen Stufe namens Oozysten entwickelten. Weitere Studien beinhalteten die Übertragung von *Sarcocystis* von Rindern (die zunächst als eine einzige Art, *Sarcocystis fusiformis*, betrachtet wurde) auf potenzielle Endwirte. Hunde, Katzen und Menschen, alle Endwirte des Parasiten, zeigten 3 morphologisch unterschiedliche Arten, die dann als *Sarcocystis bovicanis*, *S. bovifelis* und *S. bovihominis* vorgeschlagen wurden. Obwohl die Namen dieser Arten später geändert wurden, wurde der Lebenszyklus der Raubtier-Beute-Beziehung (d. h. End- und Zwischenwirte) schließlich festgelegt und blieb gleich.

Taxonomie

Sarcocystis gehört zum Stamm Apicomplexa, der Klasse Conoidasida, der Ordnung Eucoccidiorida und der Familie Sarcocystidae, zusammen mit den Kokzidiengattungen *Cystoisospora* und *Toxoplasma*.

Die taxonomischen Studien von *Sarcocystis* sind noch im Gange, und derzeit wurden mehr als 200 Arten in verschiedenen End- und Zwischenwirten berichtet, insbesondere bei Fleisch produzierenden Tieren. Einige Wildtiere dienen auch als Zwischenwirte (z. B. Waschbären und Nagetiere) oder Endwirte (z. B. Opossums und Schlangen) für *Sarcocystis* (Tab. 1).

Tab. 1 Einige der *Sarcocystis*-Arten und ihre End- und Zwischenwirte

Arten	Endwirt	Zwischenwirt
Sarcocystis cruzi	Hund	Rind
Sarcocystis hirsuta	Katze	Rind
Sarcocystis hominis	Mensch	Rind
Sarcocystis suihominis	Mensch	Schwein
Sarcocystis capracanis, *Sarcocystis hircicanis*	Hund	Schaf
Sarcocystis fayeri	Hund	Pferd
Sarcocystis muris	Katze	Maus
Sarcocystis miescheriana	Hund	Schwein
Sarcocystis calchasi	Habicht	Taube

Genomik und Proteomik

Das Wissen über die genomischen und proteomischen Studien für *Sarcocystis* spp. stammt hauptsächlich von *Sarcocystis neurona*, der Art, die die equine protozoäre Myeloenzephalitis (EPM) verursacht. Bis heute wurden 2 Genome von *S. neurona*-Stämmen in der GenBank gemeldet: SN1- und SN3-Klon-E1-Genome. Die erste Genomsequenz des *S. neurona*-Stamms SN1 wurde 2015 gemeldet. Der Stamm wurde von einem infizierten Otter, der an protozoärer Enzephalitis starb, isoliert und sequenziert. Die Größe des Genoms beträgt ~127 Mbp, was mehr als doppelt so groß ist wie die Genomgröße anderer Kokzidien, aufgrund der hohen Menge an repetitiven „long interspersed nuclear elements" (LINEs) und DNA-Elementen.

Diese Genomstudie hat das Verständnis der Pathogenese der *Sarcocystis* weiter vertieft. Zum Beispiel wurde bei der Sequenzanalyse festgestellt, dass die Invasionseinrichtung, die in den Kokzidien vorhanden ist, erhalten geblieben ist. Zwei Hauptkonservierungscluster wurden identifiziert: Einer besteht hauptsächlich aus MIC-, AMA1- und RON-Proteinen (für

Zellanhaftung und Invasion) und ein anderer besteht aus einer begrenzten Menge von ROP- und GRA-Proteinen (die möglicherweise an der Veränderung der Wirtsimmuneffektorfunktion beteiligt sind). Die Studie zeigte, dass viele Gene für dichte Granula und Rhoptrie-Kinase, die für die Veränderung der Wirtseffektoren bei *Toxoplasma-* und *Neospora*-Parasiten essenziell sind, in *S. neurona* nicht vorhanden sind. Dennoch hat das Genom von *S. neurona* ein einzigartiges oder abweichendes Repertoire an oberflächenassoziierten SRS-Adhäsionsproteinen, die für die Bildung von Gewebezysten, die sich der Immunreaktion des Wirts entziehen, und für die Etablierung als chronische Infektion in den Wirten essenziell sind.

Die Parasitenmorphologie

Oozyste, Sporozyste und Sarkozyste sind drei wichtige morphologische Strukturen im Lebenszyklus von *Sarcocystis*.

Oozysten und Sporozysten

Die sporulierten Oozysten, jede enthält 2 Sporozysten mit jeweils 4 Sporozoiten und einem refraktären Restkörper, sind farblos und dünnwandig (<1 µm). Die Sporozysten sind oval geformt und messen etwa 8–10 µm im Durchmesser und sind 1215 µm breit und 19–20 µm lang (Abb. 1 und 2). Sowohl Oozysten als auch

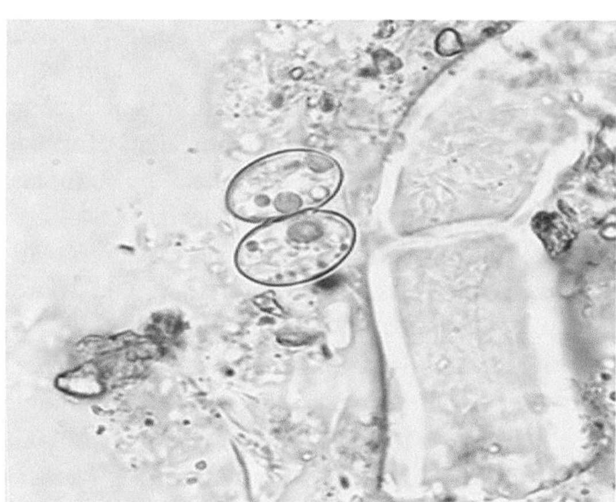

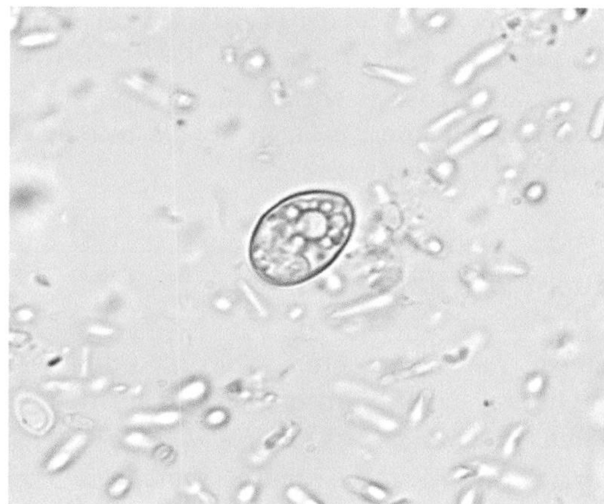

Abb. 1 **a** Die Oozysten von *Sarcocystis*. **b** Zerfallene Sporozyste. Bildquelle: https://www.cdc.gov/dpdx/sarcocystosis/index.html

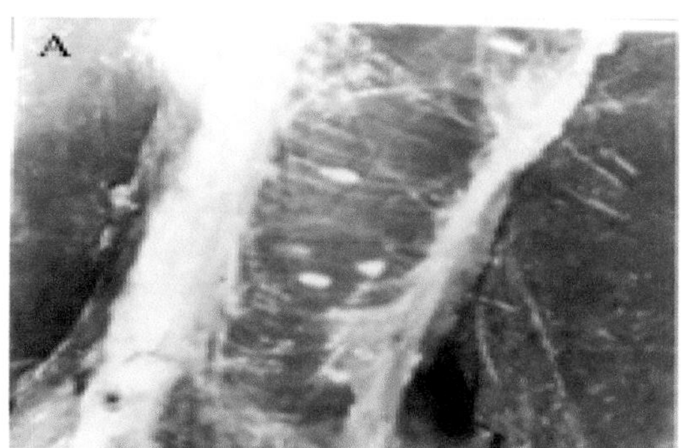

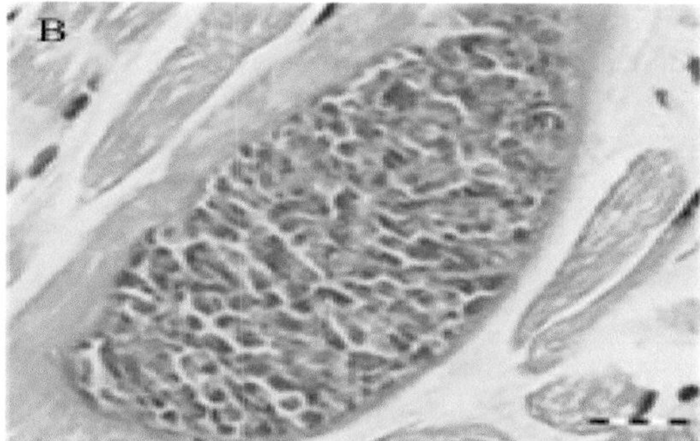

Abb. 2 **a** Makroskopische Sarkozysten im Gewebe. **b** Mikroskopische Sarkozyste mit zahlreichen Bradyzoiten (100×). Bildquelle: Latif & Muslim 2016

Sporozysten werden ausgeschieden und im Kot der infizierten Endwirte nachgewiesen. Da die Wand der Oozyste leicht zerbrechlich ist, ist die Nachweisbarkeit ihrer einzelnen Sporozysten in den Kotproben häufiger.

Sarkozysten

Im Gegensatz zu Oozysten und Sporozysten finden sich die Sarkozysten im gestreiften Gewebe von Skelett- oder Herzmuskeln, Zunge, Zwerchfell und Speiseröhre. Die Sarkozysten sind spindelförmig, länglich oder zylindrisch, aber auch unregelmäßige Strukturen können beobachtet werden. Die Größe der Sarkozysten variiert je nach Entwicklungsstadium, etwa von 140 bis 250 µm bis 1 cm Länge, abhängig von der Art des Wirts und der Parasitenart. Auch ihre Wandstruktur variiert unter den *Sarcocystis*-Arten. Jede Sarkozyste enthält die Struktur des infektiösen Stadiums, bekannt als die halbmondförmigen Bradyzoiten.

Zucht von Parasiten

Einige *Sarcocystis*-Arten wurden erfolgreich in vitro im Labor kultiviert. Zu diesen Arten gehören *S. neurona, S. speeri, S. falcatula, S. lindsayi, S. cruzi, S. tenella* und *S. capracanis.* Eine ordnungsgemäße Isolierung der Oozysten oder Sporozysten, die aus den Darmabkratzungen oder aus dem Kot der Endwirte isoliert wurden, ist einer der wichtigen Schritte bei der Kultivierung der *Sarcocystis*-Parasiten im Labor.

Ein hohes Volumen an Sporozoitenexzystierung aus Sporozysten ist Voraussetzung für eine erfolgreiche In-vitro-Kultivierung. Die Lebensfähigkeit des Sporozoiten und seine Überlebensfähigkeit nach der Exzystierung können durch die Art des Lagermediums und die *Sarcocystis*-Art beeinflusst werden. Eines der besten Lagermedien für die Zellkulturanwendung für *Sarcocystis* ist HBSS (Hanks' Balanced Salt Solution) mit einem als PSFM-Mischung bekannten Antibiotikum. Letzteres enthält 10.000 Einheiten Penicillin G, 10 mg Streptomycin, 0,05 mg Fungizone und 500 Einheiten/ml Mycostatin, in dem die Sporozoiten für 12 Monate bei 4 °C lebensfähig bleiben. Die weitere Auswahl der Zelllinie hängt von der Zelle oder dem Gewebe ab, in dem sich die *Sarcocystis* spp. in vivo entwickeln. Zum Beispiel wurde *S. cruzi* erfolgreich in der BM („bovine monocytes")-Zelllinie kultiviert, aber nicht in Mausmakrophagen.

Versuchstiere

Versuchstiere wie Mäuse, Ratten, Katzen und Affen wurden hauptsächlich verwendet, um die Morphologie, den Lebenszyklus, die Pathogenese und die immunologischen Reaktionen bei *Sarcocystis*-Infektionen zu verstehen. Zum Beispiel haben Beaver und Maleckar (1981) die morphologischen Eigenschaften der Zysten für *S. singaporensis*, *S. zamani* und *S. villivillosi* aus den Geweben von Laborratten beschrieben, nachdem sie diese mit den aus dem Kot von Schlangen, *Python reticulatus* gewonnenen Sporozysten gefüttert hatten. Der Lebenszyklus von *S. muriviperae* wurde in Labormäusen *(Mus musculus)* nach oraler Verabreichung von Sporozysten, die aus dem Kot einer Palästinaviper (*Vipera palaestinae)* gesammelt wurden, etabliert. In einer anderen experimentellen Studie diente die Laborratte *(Rattus norvegicus)* sowohl als End- als auch als Zwischenwirt für *S. rodentifelis*. Ein Nagetiermodell für die Pathogenitätsstudie von *S. neurona*, dem Erreger der equinen protozoären Myeloenzephalitis (EPM) bei Pferden, wurde ebenfalls etabliert.

Lebenszyklus von *Sarcocystis* spp.

Obwohl viele Arten von *Sarcocystis* entdeckt wurden, ist ein vollständiger Lebenszyklus bisher nur für 26 Arten beschrieben.

Wirte

Der Lebenszyklus von *Sarcocystis* ist heterogen und komplex, und ihr Lebenszyklus basiert auf einer Raubtier-Beute-Wirt-Beziehung. Der Lebenszyklus beinhaltet 2 Arten von Wirten: einen fleischfressenden/omnivoren Endwirt (z. B. Hund, Schlange) und einen herbivoren Zwischenwirt (z. B. Vögel, kleine Nagetiere und Huftiere).

Menschen fungieren sowohl als End- als auch als Zwischenwirte für verschiedene Arten von *Sarcocystis*. Zwei Arten, *S. hominis* und *S. suihominis*, können beide Infektionen beim Menschen verursachen, wobei der Menschen als Endwirt dient. Dies geschieht, wenn Menschen rohes oder unzureichend gekochtes Fleisch von infizierten Rindern oder Schweinen verzehren. Andererseits verursacht *S. nesbitti* menschliche muskuläre Sarkozystose, für die Menschen als Zwischenwirte und Reptilien als Endwirte dienen. Menschen werden zu Fehlwirten nach der Aufnahme von Oozysten/Sporozysten aus kontaminiertem Wasser und Nahrung (Abb. 3).

Infektiöses Stadium

Intestinale Sarkozystose: Bradyzoiten aus aufgebrochenen Sarkozysten.

Muskuläre Sarkozystose: Sporozysten.

Übertragung von Infektionen

Die Endwirte erwerben die Infektion (intestinale Sarkozystose) durch den Verzehr von infizierten Tieren oder Fleisch, das Sarkozysten enthält. Beim Menschen kann die Infektion durch den Verzehr von rohem oder unzureichend gekochtem Rindfleisch oder Schweinefleisch erworben werden, das Sarkozysten beherbergt. Im Darm dringen zahlreiche Bradyzoiten (infektiöses Stadium), die aus den aufgebrochenen Sarkozysten ausgeschieden werden, in die Mukosazellen ein und werden in männliche

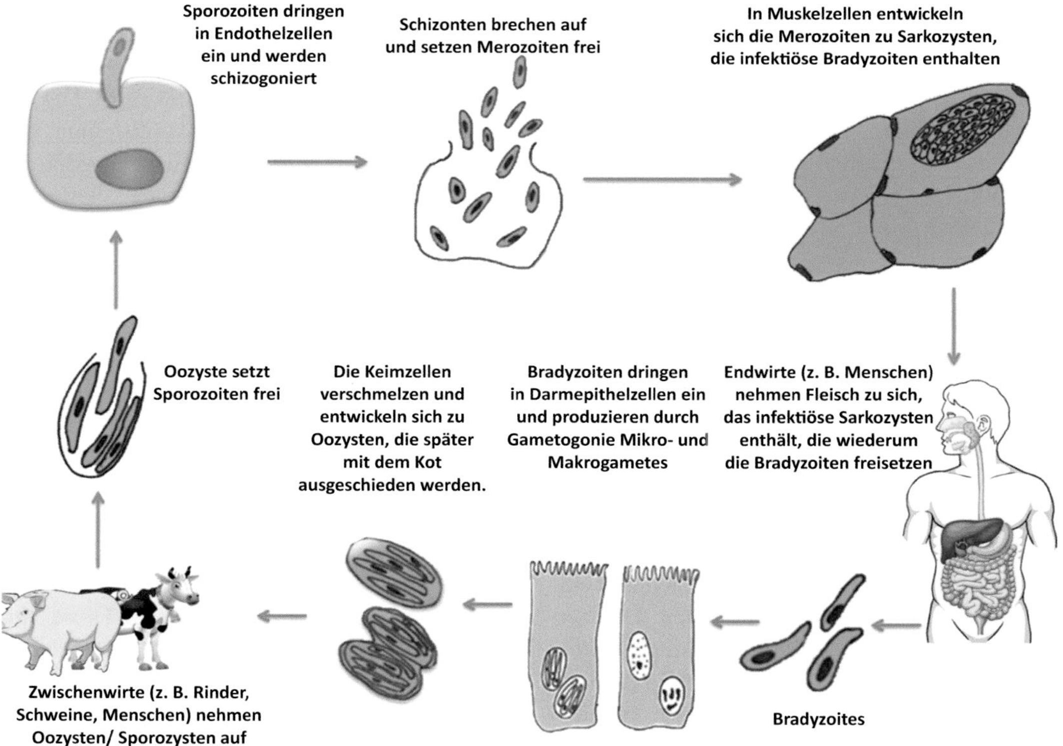

Abb. 3 Lebenszyklus von *Sarcocystis* (Bildnachweis: Chong Chin Heo)

(Mikro-) und weibliche *(Makro-)*Gameten umgewandelt. Die Fusion von Makrogametozyten und Mikrogametozyten durch sexuelle Fortpflanzung oder *Gamogonie* führt zur Bildung von Oozysten, die 2 Sporozysten (jeweils mit 4 Sporozoiten) enthalten, die im Kot der Endwirte ausgeschieden werden.

Die asexuelle Fortpflanzung erfolgt in den Zwischenwirten nach der Aufnahme von Oozysten oder einzelnen Sporozysten (infektiöses Stadium) in durch den Kot infizierter Endwirte kontaminiertem Wasser oder Nahrung. Sporozoiten werden aus den aufgebrochenen Sporozysten im Dünndarm freigesetzt. Die beweglichen Sporozoiten wandern durch das Darmepithel zu den Endothelzellen der Blutgefäße und verbreiten sich in verschiedene Bereiche des Körpers. Die Sporozoiten durchlaufen eine Schizogonie, die zur Produktion einer großen Anzahl von Merozoiten führt. Es dauert etwa 15–16 Tage, bis sich die Merozoiten ab dem Eintritt der Sporozysten entwickeln. Diese Merozoiten dringen in die kleinen Kapillaren, Blutgefäße und anschließend in die Muskelzellen ein. Die Merozoiten runden sich dann zu Metrozyten ab, gefolgt von Sarkozysten, die die infektiösen Bradyzoiten enthalten. Diese sind infektiös für die Endwirte. Der Lebenszyklus wiederholt sich, wenn infizierte Tiere oder Fleisch, das Sarkozysten enthält, von Endwirten verzehrt wird.

Pathogenese und Pathologie

In der intestinalen Sarkozystose findet das sexuelle Stadium des Lebenszyklus in der Lamina propria des Dünndarms des Wirts statt. Die Bradyzoiten, die aus infiziertem Fleisch von den Sarkozysten freigesetzt werden, werden zu männlichen und weiblichen Gameten, verschmelzen zur Bildung von Zygoten und entwickeln sich schließlich zu Oozysten. Die Vermehrung der Parasiten führt zur Ausscheidung von *Sarcocystis*-Substanzen, die die Freisetzung von entzündlichen Mediatoren fördern. Es kann eine eosinophile Enteritis mit Infiltration von polymorphkernigen Zellen (PMN) auftreten. Eine Nekrose kann möglicherweise als Folge von Autoimmunreaktionen beobachtet werden.

Sarcocystis cruzi, *S. hominis* und *S. ovicanis* verursachen muskuläre Sarkozystose bei Rindern, Schweinen und Schafen, den Zwischenwirten des Parasiten. Die Pathogenität von *Sarcocystis* variiert je nach Menge der aufgenommenen Sporozysten, der Fähigkeit zur Vermehrung, dem Ort und der Proliferation der Schizonten und der Wahrscheinlichkeit, das zentrale Nervensystem zu erreichen. Wirtsfaktoren wie die Immunität, Trächtigkeit, Stress, Laktation und Ernährungszustand spielen ebenfalls eine Rolle bei der Bestimmung der Schwere der *Sarcocystis*-Infektionen.

Die Pathogenese der muskulären Sarkozystose umfasst die Proliferationsphase und die Stockphase. Die Proliferationsphase tritt nach der Penetration und Migration der Sporozoiten von den Epithelzellen des Dünndarms zu den endothelialen Zellen der Gefäßtuniken im gesamten Körper auf. Der asexuelle Vermehrungsprozess *(Schizogonie)* verursacht eine Entzündung (Endoarteritis) und erhöht schließlich die Kapillarpermeabilität, was zu einer Extravasation von Flüssigkeiten und Blut führt. Die gestörten Zellen fördern die Vakuolisierung und Leukozyteninfiltration in der Tunica media des Blutgefäßes. Der systemische Druck könnte aufgrund von partiellen Blockaden im Gefäßlumen erhöht sein. Zellläsionen, ähnlich einer späten Hypersensitivitätsreaktion (Typ IV), können als Folge einer aggressiven Immunantwort und Ansammlung von mononukleären Zellen im Gefäßgewebe auftreten. Wenn die asexuelle Vermehrung in Kotyledonen oder Myoepithelzellen der trächtigen Wirte stattfindet, können Aborte und fötale Todesfälle auftreten.

Während der zystischen Phase werden zahlreiche Merozoiten aus den reifen Schizonten freigesetzt, die zu den nächsten Generationen von endothelialen Schizonten führen. Diese Merozoiten dringen in die Skelett-, Herzmuskelzellen und Neuronen ein und werden zu Metrozysten, in denen eine Reihe von Mitoseteilungen stattfindet, bevor sie sich vollständig zu reifen Sarkozysten entwickeln, die das infektiöse Stadium, Bradyzoiten, enthalten. Während dieser zystischen Phase tritt hauptsächlich aufgrund des hohen IgE-Spiegels und der Intensität der Parasiten eine eosinophile Myositis auf. Nach der Zystenbildung wird keine weitere pathologische Reaktion beobachtet. Die infizierten Zwischenwirte leiden jedoch weiterhin unter Wachstumsverzögerungen. Das lysierte Bradyzoiten-Protein hat eine neurotoxische Aktivität gezeigt, die Blutungen, Lähmungen und sogar den Tod des Wirts verursachen kann.

Immunologie

Eine experimentelle Studie an menschlichen Freiwilligen, die wiederholt Sarkozysten in Rind- und Schweinefleisch konsumierten, zeigte keine oder nur geringe Immunität bei der intestinalen Sarkozystose. Eine schützende Immunität nach einer frühen Infektion wurde bei den Zwischenwirten, die an einer muskulären Sarkozystose leiden, nachgewiesen.

Immunglobulin M (IgM)-Antikörper treten nach 3–4 Wochen bei Tieren auf, die mit *S. cruzi* infiziert sind, kehren aber nach 2–3 Monaten auf das Niveau vor der Infektion zurück. IgG-Antikörper steigen nach 5–6 Wochen nach der Infektion an und persistieren für 5–6 Monate. Die Persistenz von *Sarcocystis*-Antikörpern unterscheidet sich jedoch zwischen Arten und Wirten. Zytotoxische Antikörper oder Metaboliten aus der zellvermittelten Immunität sind bekannt dafür, die 2. Generation von extrazellulären Merozoiten zu zerstören. Die schützende Immunität gegenüber der muskulären Sarkozystose könnte erklären, warum die Prävalenz von *Sarcocystis* bei älteren Schafen, Schweinen und Ziegen, wie zuvor berichtet, niedriger war. Es wurde beobachtet, dass ausländische Reisende die Krankheit nach Ausbrüchen auf einigen Inseln in Malaysia erlebten, nicht jedoch die lokale Bevölkerung. Es wurde angenommen, dass die lokale Bevölkerung, die einige Zeit zuvor infiziert wurde, während des Ausbruchs eine gewisse schützende Immunität hatte.

Infektion beim Menschen

Intestinale Sarkozystose

Bei Menschen wird die intestinale Sarkozystose häufig durch *S. suihominis* durch infiziertes Schweinefleisch oder *S. hominis* durch infiziertes Rindfleisch verursacht. Die Inkubationszeiten sind sehr kurz. In einer experimentellen Studie trat Durchfall nach 3–6 h und in der Regel innerhalb von 48 h nach dem Verzehr von Sarkozysten auf.

Die Infektion ist in der Regel mild oder asymptomatisch. Übelkeit, Erbrechen, Bauchbeschwerden, selbstlimitierender Durchfall, akute und schwere eosinophile Enteritis, Fieber und Schüttelfrost treten bei symptomatischen Fällen auf. Die Symptome sind in der Regel selbstlimitierend und klingen in der Regel innerhalb von 36 h nach Beginn ab. Im Allgemeinen hängt die Schwere der Infektionen von der Menge der verzehrten Sarkozysten im Fleisch oder möglicherweise der Art der *Sarcocystis* ab. Es wurde vermutet, dass beim Menschen eine mit *S. suihominis* durch infiziertes Schweinefleisch verursachte Infektion schwerwiegendere Probleme verursacht als eine Infektion mit *S. hominis*.

Muskuläre Sarkozystose (extraintestinale Sarkozystose)

Menschen können durch versehentliche Aufnahme von Oozysten/Sporozysten auch als Fehl-/Zwischenwirt für bestimmte *Sarcocystis*-Arten wirken, die muskuläre Sarkozystose verursachen können. Die Erkrankung hat ein breites Spektrum an klinischen Erscheinungsbildern, von asymptomatisch bis zu schwerer eosinophiler Myositis. Akute Manifestationen einschließlich Fieber, Myalgie und Bronchospasmus treten innerhalb von 3 Wochen nach Rückkehr von den Feldeinsätzen auf. Andere seltene Manifestationen umfassen erhöhte Eosinophilenzahl, Kreatinkinase und Erythrozytensedimentationsraten, subkutane Knoten und Lymphadenopathie. Sarkozystose wurde auch mit Kardiomyopathie-Glomerulonephritis und sogar Malignität

Tab. 2 Intestinale Sarkozystose und muskuläre Sarkozystose beim Menschen

Charakteristik	Intestinale Sarkozystose	Muskuläre Sarkozystose
Infektionsweg	Durch Verzehr/Essen von rohem oder unzureichend gekochtem Fleisch von infizierten Tieren (Zwischenwirte)	Durch Aufnahme von Wasser/Nahrung und aus Umgebungen, die mit Fäkalien von infizierten Fleisch- oder Allesfressern (Endwirte) kontaminiert sind
Infektionsstadium	Sarkozysten, die sichelförmige Bradyzoiten enthalten	Oozysten/einzelne Sporozysten, die Sporozoiten enthalten
Symptome	Übelkeit, Erbrechen, Bauchbeschwerden, selbstlimitierender Durchfall, akute und schwere Enteritis, Fieber und Schüttelfrost	Muskuloskelettale Schmerzen oder Myalgie, Fieber, Ausschlag, Kardiomyopathie, Bronchospasmus, subkutane Schwellung, Eosinophilie
Inkubationszeit	Symptome können nach 3–6 h beginnen, 36–48 h anhalten. Sporozystenausscheidung kann monatelang anhalten	Wochen bis Monate, anhaltend Monate bis Jahre
Diagnose	Nachweis von Oozysten oder Sporozysten im Stuhl (beginnend 5–12 Tage nach der Aufnahme), molekulare Untersuchungen	Biopsieprobe, die Sarkozysten enthält; Antikörper gegen Bradyzoiten (Serologie), molekulare Untersuchungen
Behandlung	Keine. Cotrimoxazol und Furazolidon wurden in einigen Fallstudien verwendet	Keine bestätigt. Cotrimoxazol, Furazolidon, Albendazol, Antikokzidia, Pyrimethamin, entzündungshemmende Medikamente
Prävention	Vermeiden Sie den Verzehr von rohem/unzureichend gekochtem Fleisch. Fleisch bei -5 °C für 48 h einfrieren	Wasser abkochen. Kein unbehandeltes Wasser trinken. Vermeiden Sie rohes Gemüse. Gute hygienische Praxis

in Verbindung gebracht. Tab. 2 fasst die klinischen Erscheinungsbilder der menschlichen Sarkozystose zusammen.

Infektion bei Tieren

Sarcocystis-Infektionen sind bei Tieren normalerweise asymptomatisch oder mild. Einige *Sarcocystis*-Arten verursachen ernsthafte Infektionen wie Gewichtsverlust, Anämie, Muskelschwäche, Lymphadenopathie, Abtreibung und sogar Tod bei Fleisch produzierenden Tieren. Die Schwere der Infektion hängt davon ab, ob das Tier schwanger ist, stillt oder unter Stress steht.

Sarcocystis cruzi-Infektion bei Rindern verursacht Fieber, Anorexie, Kachexie, verminderte Milchleistung, Muskelkrämpfe, Anämie, Verlust von Schwanzhaaren, Hypererregbarkeit, Schwäche und Prostration. Selbst nach der Genesung von der akuten Krankheit wachsen die Rinder nicht weiter und sterben in einem kachektischen Zustand. *Sarcocystis tenella* verursacht Enzephalomyelitis bei Schafen.

Equine protozoäre Myeloenzephalitis (EPM), verursacht durch *S. neurona*, ist eine der schwersten Manifestationen von Sarkozystose, insbesondere bei amerikanischen Pferden. Pferde sind Fehlwirte für den Parasiten. Die Parasiten befinden sich in Neuronen und Leukozyten des Gehirns und des Rückenmarks. Klinische Symptome umfassen Gangstörungen wie Knickfuß, Ataxie und Muskelatrophie des Hinterbeins. EPM kann auch viele andere neurologische Krankheiten imitieren. Protozoäre Enzephalitis der Taube ist eine weitere ernsthafte Manifestation, die mit schweren Gehirnläsionen bei Tauben in Verbindung gebracht wird, verursacht durch *S. calchasi*.

Epidemiologie und öffentliche Gesundheit

Muskuläre Sarkozystose beim Menschen ist eine seltene zoonotische Infektion. Obwohl *Sarcocystis*-Arten weitverbreitet sind, werden die meisten Fälle aus den südostasiatischen Ländern, insbesondere Malaysia, gemeldet. Vor den Serien von menschlichen Ausbrüchen auf Inseln in Malaysia wurden weltweit weniger als 100 Fälle dieser Infektion dokumentiert. Die Mehrheit der Fälle wurde durch zufällige Biopsie und bei Autopsie oder Nekropsie ohne Beschreibung der klinischen Symptome oder Identifizierung der *Sarcocystis*-Arten diagnostiziert. In Malaysia wurde beobachtet, dass die einheimische Bevölkerung am stärksten gefährdet war, was auf ihre schlechten sanitären Bedingungen und den höheren Verzehr von Wildtieren wie Wildschweinen, Hirschen und Eidechsen zurückzuführen ist.

Zwei Ausbrüche von muskulärer Sarkozystose wurden auf der Tioman-Insel und der Pangkor-Insel in den Jahren 2012 bis 2014 unter mehr als 100 Reisenden, die Malaysia aus Deutschland und anderen Ländern besuchten, aufgezeichnet (Abb.4). Bei 68 Fällen wurden schwere Myalgie, Eosinophilie, erhöhte Serum-CK-Werte und negative *Trichinella*-Infektionsserologie beobachtet. Erschöpfung (91 %), akutes Fieber (82 %), Kopfschmerzen (59 %) und Arthralgie (29 %) wurden ebenfalls beobachtet. Muskelbiopsien zeigten intramuskuläre zystenähnliche Sarkozysten in 6 Fällen. Der Verursacher wurde als *S. nesbitti* identifiziert, der Parasit, der bei Affen *(Macaca fascicularis)* gemeldet wurde. Weitere Studien deuteten darauf hin, dass Schlangen wie Netzpythons und Monokelkobras als Endwirte für *S. nesbitti* dienten, wie molekulare Studien, die auf die 18S-rDNA-Gene des Parasiten abzielten, zeigten. Es wurde vorgeschlagen, dass Menschen die muskuläre Sarkozystose durch die versehentliche Aufnahme von Wasser, Nahrung oder Boden, erwerben, die mit Sporozysten kontaminiert sind, die von infizierten defekten Wirten wie Katzen, Hunden und Schlangen (z. B. Pythons) ausgeschieden werden.

Sarcocystis spp., die muskuläre Sarkozystose verursachen, sind in der Natur allgegenwärtig und kommen bei vielen Tieren einschließlich Primaten, Nagetieren, Vögeln und Zootieren vor. Es wurde festgestellt, dass die infizierten Tiere, ähnlich wie Menschen, Sarkozysten in ihrem Muskelgewebe beherbergen. Die Sarkozysten wurden hauptsächlich bei Nekropsie oder im

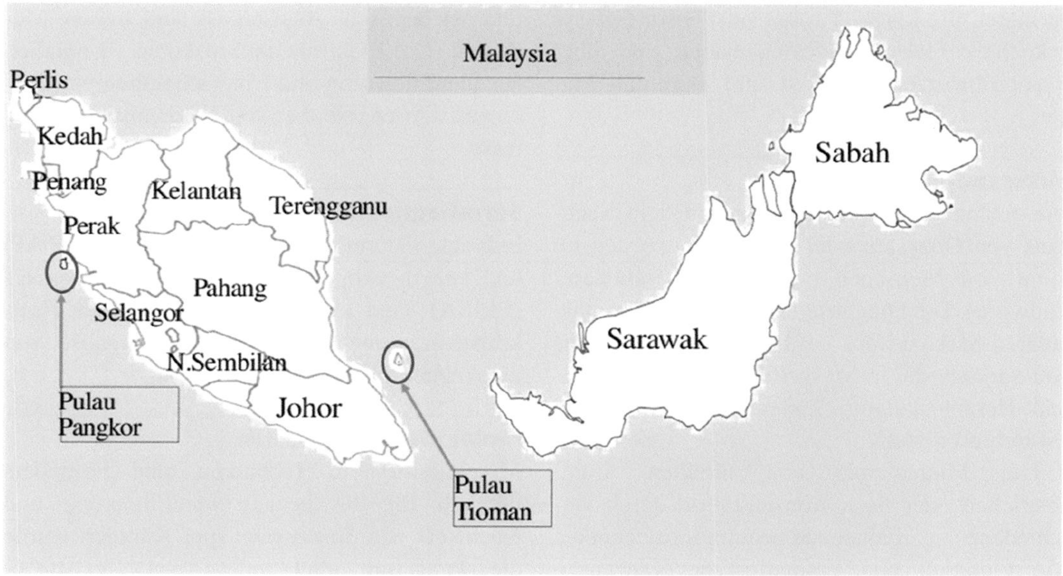

Abb. 4 Ort der gemeldeten Fälle von menschlicher muskulärer Sarkozystose in Malaysia. Bildquelle: Latif & Muslim 2016

Schlachthof nachgewiesen. Die *Sarcocystis*-Infektion war ein großes Problem bei Nutztieren wie Rindern, Wasserbüffeln, Schafen, Ziegen und Schweinen, bei denen ein hoher Befall von bis zu 100 % mit *Sarcocystis*-Zysten festgestellt wurde.

Menschen erwerben die intestinale Sarkozystose durch den Verzehr von rohem oder unzureichend gekochtem Fleisch von infizierten Tieren. Nur 2 Arten, *S. hominis* und *S. suihominis* und in einigen Fällen *S. heydorni* (bei infizierten Rindern), sind bekannt dafür, zoonotische intestinale Sarkozystose zu verursachen. Menschliche Darminfektionen, mit Ausnahme von Afrika und dem Nahen Osten, wurden weltweit gemeldet. In Europa wurde die Infektion hauptsächlich aus den Niederlanden, Deutschland und der Slowakei gemeldet. Die Infektion wurde auch in Thailand aufgrund des Verzehrs von rohem Schweine- und Rindfleisch dokumentiert sowie in Laos und Tibet (China). In Malaysia wurde kein Fall von intestinaler Sarkozystose gemeldet, mit Ausnahme eines asymptomatischen Falles bei indigenen Menschen.

Diagnose

Eine intestinale Sarkozystose wird bei Personen vermutet, die kürzlich rohes oder unzureichend gekochtes Fleisch gegessen haben und über Bauchschmerzen, Übelkeit und Durchfall klagen.

Mikroskopie

Die eindeutige Diagnose basiert auf dem Nachweis von Oozysten oder freien Sporozysten im Stuhl von Menschen oder Tieren (Raubtiere/Endwirte). Die Diagnose der menschlichen muskulären Sarkozystose wird durch den Nachweis von Sarkozysten in Muskelbiopsien von Skelett- und Herzmuskulatur, Zunge, Speiseröhre und Zwerchfell gestellt.

Die Mikroskopie von direkten Stuhlabstrichen oder nach Konzentration durch verschiedene Fäkalienkonzentrationstechniken wie Flotation und Formalin-Ether-Konzentration wird zur Diagnose der intestinalen Sarkozystose verwendet. Ziehl-Neelsen-Säurefärbung wird verwendet, um Apicomplexa-Parasiten einschließlich *Sarcocystis*-Arten zu unterscheiden. Die Sensitivität des Tests hängt jedoch von der Dauer der Sporozystenausscheidung ab. Die langen präpatenten Perioden für *S. hominis* (14–18 Tage) und *S. suihominis* (11–13 Tage) können falsch negative Ergebnisse zeigen, da *Sarcocystis* während der akuten Infektionsphase möglicherweise nicht ausgeschieden wird. Bei Tieren basiert die Diagnose der intestinalen Sarkozystose in der Regel auf der Mikroskopie von Schleimhautabstrichen während der Obduktion, nicht auf der Stuhlmikroskopie.

Die direkte Muskel- oder Gewebekompression zwischen zwei Glasplättchen ist die einfachste und schnellste Methode für die Untersuchung unter dem Mikroskop. Die Färbung mit modifiziertem Methylenblau oder Perjodsäure-Schiff kann den Nachweis und die Identifizierung von Sarkozysten zur Diagnose der menschlichen muskulären Sarkozystose erleichtern. Für die Diagnose der tierischen muskulären Sarkozystose können makroskopische Zysten von *S. fusiformis* in Wasserbüffeln und *S. nesbitti* in Langschwanzaffen durch Untersuchungen mit dem bloßen Auge nachgewiesen werden. Histologische Untersuchungen mit Hämatoxylin-Eosin- (Abb. 5), Giemsa-Färbung und der peptische Ausfschluss sind weitere Methoden. Die Elektronenmikroskopie ist nützlich zur Identifizierung und Unterscheidung von *Sarcocystis*-Arten, ist aber von akademischem Interesse.

Serodiagnostik

Indirekte Fluoreszenz-Antikörper-Technik (IFAT) und enzymgekoppelte Immunadsorptionsassays (ELISA) sind die häufig verwendeten Antikörper-basierten Methoden zur Diagnose von muskulärer Sarkozystose (Tab. 3).

Molekulare Diagnostik

Molekularbasierte Techniken sind besonders nützlich für die genaue Identifizierung und Nachweis von *Sarcocystis* spp. Kürzlich wurde die PCR mit Ziel auf 18S-rDNA (Abb. 6) und COX-1 zur Identifizierung von *Sarco-*

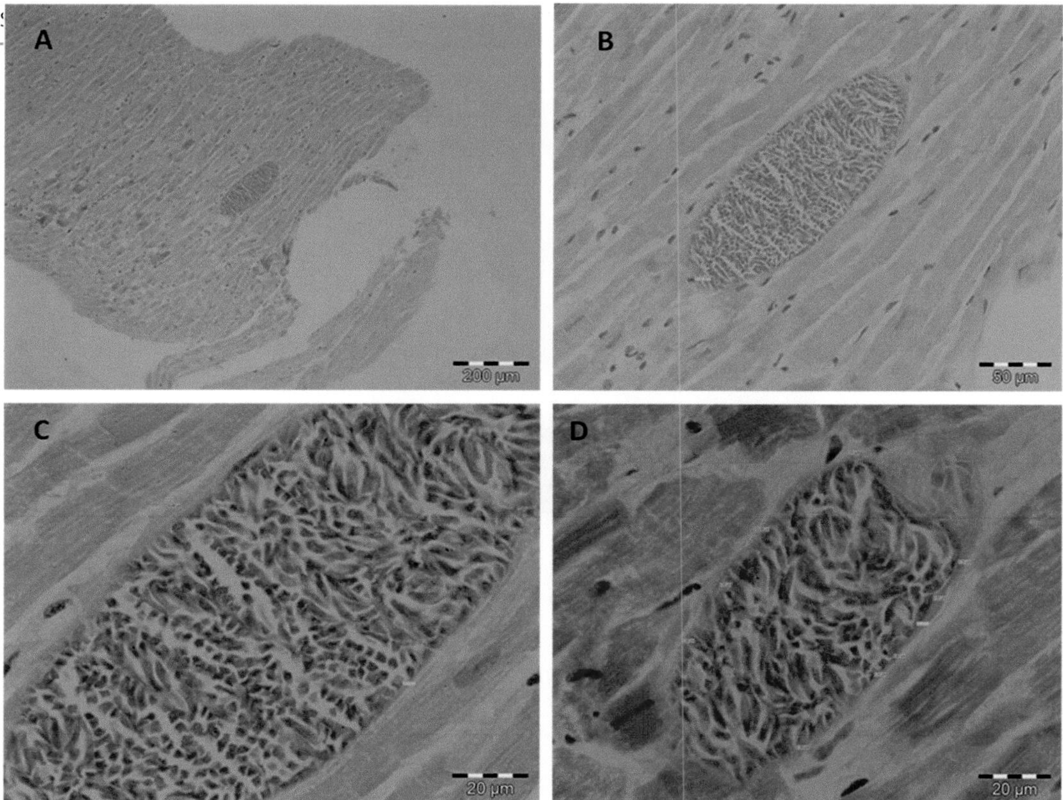

Abb. 5 Sarkozyst in Skelettmuskeln gefärbt mit H&E. (Quelle: Latif et al. 2015; Chong Chin Heo)

Tab. 3 Diagnosemethoden für Sarkozystose

Diagnoseansätze	Methoden	Ziele	Bemerkungen
Direkte Mikroskopie	Biopsie oder Autopsie/Nekropsie	Sarkozysten im Muskelgewebe (muskuläre Sarkozystose)	Goldstandardtest Nachteil: invasiv
	Kotprobe/Schleimhautausschabung (bei Tieren)	Sporozysten-/Oozystenausscheidung (intestinale Sarkozystose)	Einschränkung: geringe Sensitivität
Immundiagnostik	Antikörper (ELISA)	IgG-, IgM-Antikörper	Hohe Sensitivität, insbesondere für die Serodiagnose der muskulären Sarkozystose
	Antikörper (IFAT)		
Molekulare Assays	Nested PCR, PCR, RFLP, Genotypisierung, RAPD, AFLP	18S-rRNA, COX-1, ITS1, ITS2	Hohe Sensitivität und Spezifität Einschränkung: teuer, erfordert geschultes Personal

cystis-Arten verwendet. Die DNA-Sequenzstudien können weiterhin nützlich sein für die phylogenetische Analyse, das Verständnis der Pathogenese sowie die Entwicklung von therapeutischen Strategien.

Behandlung

Derzeit ist keine Prophylaxe oder spezifische Behandlung für menschliche intestinale Sarkozystose verfügbar. Allerdings wurden die

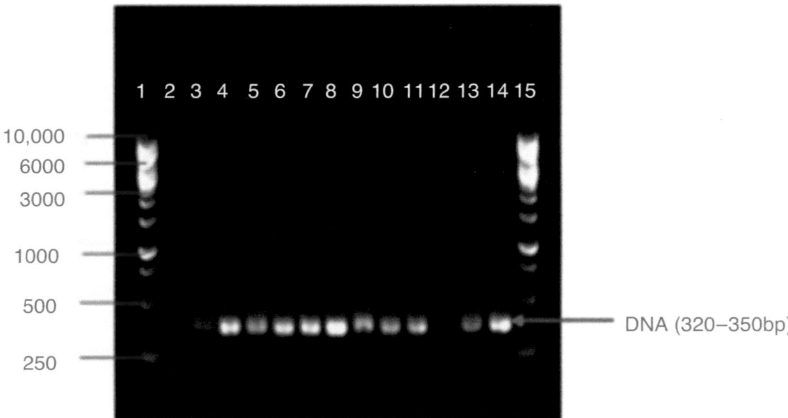

Abb. 6 Elektrophorese des PCR-Produkts (gezielt auf D2-Region in konservierten Regionen der 18S-rRNA von *Sarcocystis* spp.) von *Sarcocystis*, isoliert aus Fleisch produzierenden Tieren (d. h. Schafe, Ziegen und Rinder) in Malaysia. Die DNA-Fragmentgröße lag zwischen 300 und 350 bp (Quelle: Latif et al. 2015)

Medikamente Cotrimoxazol oder Furazolidon in einigen Fallstudien zur Behandlung der intestinalen Sarkozystose untersucht.

Ebenso gibt es keine etablierte oder bewährte Behandlung für menschliche muskuläre Sarkozystose. Allerdings wurden Albendazol und Ivermectin verwendet, um die chronischen Symptome der Muskelinfektion zu reduzieren. Kortikosteroide wie Prednisolon werden bei schwerer Myalgie eingesetzt und können durch die Reduzierung der entzündungsbedingten Muskelbeteiligung symptomatische Linderung bieten. Die Verwendung von Antiprotozoenmedikamenten wie Cotrimoxazol und Metronidazol hat einige vielversprechende Ergebnisse für eosinophile Myositis gezeigt.

Es wurden keine standardisierten Protokolle für die Behandlung von Sarkozystose bei Tieren entwickelt. Die prophylaktische Verabreichung von Amprolium und Salinomycin hat sich jedoch als wirksam erwiesen, um schwere Manifestationen und den Tod durch *S. cruzi* bei experimentell infizierten Rindern und Schafen zu verhindern. Toltrazuril, Ponazuril oder Diclazuril und ein Sulfonamid kombiniert mit entweder Pyrimethamin oder Trimethoprim wurden als potenziell nützliche prophylaktische Mittel gegen *S. neurona*, die Art, die equine protozoäre Myeloenzephalitis (EPM) verursacht, verwendet. Medikamentenversuche mit Ponazuril, Pyrimethamin-Sulfonamid- oder Trimethoprim-Sulfonamid-Kombinationen haben vielversprechende Ergebnisse bei der Behandlung von *Sarcocystis*-Infektionen bei Hunden, Katzen, Vögeln und anderen Tieren gezeigt.

Prävention und Bekämpfung

Weder Prophylaxe noch Impfstoffe sind gegen menschliche Sarkozystose verfügbar. Menschliche intestinale Sarkozystose kann durch richtiges Kochen oder gründliches Einfrieren von Fleisch mindestens für 1 Tag zur Abtötung infektiöser Bradyzoiten verhindert werden. Das Kochen von Fleisch bei 70 °C für 15 min oder das Einfrieren bei −20 °C für 1 Tag oder −4 °C für 2 Tage tötet die infektiösen Muskelzysten. Menschliche muskuläre Sarkozystose kann durch Vermeidung von Nahrung, Wasser oder Kontakt mit Boden, die potenziell mit Fäkalien von infizierten Endwirten kontaminiert sind, verhindert werden. Das Abkochen von Wasser, gründliches Waschen und Kochen von Gemüse und gute hygienische Praktiken verhindern die Übertragung der Infektion auf den Menschen.

Die Überwachung und Erkennung der *Sarcocystis* spp. in Fleisch produzierenden Tieren sind in den Überwachungssystemen unerlässlich. Um die enterische Übertragung bei tierischen Endwirten zu reduzieren, sollte Hunden oder anderen Karnivoren, die in der gleichen Nähe leben, nicht erlaubt sein, rohe oder tote Tiere zu fressen. Lebensmittelvorräte wie Getreide, das zur Fütterung von Haustieren verwendet wird, sollten abgedeckt werden. Amprolium oder Salinomycin könnten als Prophylaxe verwendet werden, um Krankheit bei infizierten Rindern oder Schafen zu reduzieren.

Fallstudie

Eine 32-jährige Frau suchte das allgemeine Krankenhaus in Würzburg aufgrund anhaltender, schwerer Myalgie in den letzten 5 Wochen auf. Sie hatte vor etwa 2 Monaten Malaysia besucht, und die Symptome von Fieber, Müdigkeit und Muskelschmerzen begannen 1 Woche nach ihrer Rückkehr. Bei der Untersuchung waren die Schmerzen besonders in den Oberarmen, dem Rücken, den Oberschenkeln und den Waden ausgeprägt. Elektrokardiogramme waren unauffällig. Laborbefunde zeigten eine Bluteosinophilie und einen erhöhten Kreatinphosphokinase (CPK)-Spiegel von 1127 U/l. Sowohl die Trichinellose- als auch die Toxoplasmose-Serologie waren negativ. Eine Muskelbiopsie aus dem Schienbeinmuskel und eine histopathologische Untersuchung zeigten eine *Sarcocystis*-ähnliche Zyste, gefüllt mit kernhaltigen Protozoenzellen, die sich in dem Muskel befanden und den in Malaysia bei Menschen und Tieren berichteten Sarkozysten ähnelten. Basierend auf der Anamnese, den klinischen Zeichen und den Laborbefunden wurde eine akute muskuläre Sarkozystose postuliert. Die Patientin wurde mit Albendazol (400 mg 2-mal täglich) für 14 Tage und Prednisolon für 7 Tage (80, 40, 20 mg/Tag in abnehmender Dosierung) behandelt. Die Behandlung wurde gut vertragen, und eine Verbesserung mit vollständigem Abklingen der Symptome wurde bei einer Nachuntersuchung nach 3 Wochen festgestellt.

1. Was könnte der Infektionsweg in diesem Fall sein?
2. Welche Reiseberatung sollte einer Person gegeben werden, die eine Dschungelsafari in Malaysia und einigen Nachbarländern plant?
3. Was sind die differentialdiagnostischen Überlegungen bei einem Patienten, der mit den oben genannten Zeichen und Symptomen vorstellig wird?

Forschungsfragen

1. Wird die wahre Belastung durch die Krankheit, insbesondere die menschliche intestinale Sarkozystose, unterschätzt?
2. Wird die Bewertung periodischer lokaler Überwachung bei Tieren und Menschen zu einem besseren Verständnis der *Sarcocystis*-Wirt-Beziehung führen?
3. Wie kann unser Wissen über die Biologie und molekulare Charakterisierung von *S. nesbitti* verbessert werden?

Weiterführende Literatur

Blazejewski T, Nursimulu N, Pszenny V, Dangoudoubiyam S, Namasivayam S, Chiasson MA, et al. Systems-based analysis of the *Sarcocystisneurona* genome identifies pathways that contribute to a heteroxenous life cycle. MBio. 2015;6(1):e02445–14.

Dubey J. Foodborne and waterborne zoonotic sarcocystosis. Food Waterborne Parasitol. 2015;1(1):2–11.

Fayer R. *Sarcocystis* spp. in human infections. Clin Microbiol Rev. 2004;17(4):894–902.

Fayer R, Esposito DH, Dubey JP. Human infections with *Sarcocystis* species. Clin Microbiol Rev. 2015;28(2):295–311.

Harris V, Van Vugt M, Aronica E, De Bree G, Stijnis C, Goorhuis A, et al. Human extraintestinal sarcocystosis: what we know, and what we don't know. Curr Infect Dis Rep. 2015;17(8):42.

Latif B, Muslim A. Human and animal sarcocystosis in Malaysia: a review. Asian Pac J Trop Biomed. 2016;6(11):982–8.

Latif B, KannanKutty M, Muslim A, Hussaini J, Omar E, Heo C, et al. Light microscopy and molecular identification of *Sarcocystis* spp. in meat producing animals in Selangor, Malaysia. Trop Biomed. 2015;32(3):1–9.

Levine ND. The taxonomy of *Sarcocystis* (protozoa, apicomplexa) species. J Parasitol. 1986;72:372–82.

Nimri L. Unusual case presentation of intestinal *Sarcocystis hominis* infection in a healthy adult. JMM Case Rep. 2014;1(4):e004069.

Odening K. The present state of species-systematics in Sarcocystis Lankester, 1882 (Protista, Sporozoa, Coccidia). Syst Parasitol. 1998;41(3):209–33.

Poulsen CS, Stensvold CR. Current status of epidemiology and diagnosis of human sarcocystosis. J Clin Microbiol. 2014;52(10):3524–30.

Verma S, Lindsay D, Grigg M, Dubey J. Isolation, culture and cryopreservation of *Sarcocystis* species. Curr Protoc Microbiol. 2017;45(1):20D. 1.1-D. 1.7.

Balantidiose

Alynne da Silva Barbosa, Laís Verdan Dib, Otilio Machado Pereira Bastos und Maria Regina Reis Amendoeira

Lernziele

1. Zu verstehen, dass Balantidiose sowohl zu chronischen als auch zu schweren Infektionen führen kann, die potenziell lebensbedrohlich sein können
2. Das Wissen zu haben, dass eine *Balantioides coli*-Infektion nicht nur für Menschen, sondern auch für andere Tierarten wichtig ist

Einführung

Balantidiose ist eine Zoonose, die durch den Protozoon-Ziliaten *Balantioides coli* verursacht wird, der weltweit verbreitet ist, aber hauptsächlich in Entwicklungsländern nachgewiesen wird. Es handelt sich um eine stark vernachlässigte Parasitose, die verschiedene Tierarten infizieren kann, insbesondere Schweine und nicht menschliche Primaten. Menschen gelten als Gelegenheitswirte, und Infektionen bei Menschen sind meist mit der Nähe zu Schweinen verbunden. Die Übertragung von *B. coli* erfolgt hauptsächlich durch die Aufnahme von Zysten als Verunreinigungen von Wasser und Lebensmitteln wie Obst und Gemüse oder von Händen, die nach dem Umgang mit Schweinen kontaminiert werden. Nach einer Infektion können Menschen eine Vielzahl von klinischen Zuständen aufweisen, von asymptomatisch bis chronisch oder akut, einschließlich fulminant. Der Parasit bewohnt den Dickdarm und führt hauptsächlich zu Situationen von Durchfall oder Dysenterie. Es wurde jedoch auch von einer extraintestinalen Besiedlung mit schweren Symptomen berichtet. Obwohl die koproparasitologische Diagnose unter einem Mikroskop am häufigsten verwendet wird, wird die Bestätigung der Protozoenart empfohlen, und dies kann nur durch molekulare Techniken erfolgen. Zu den prophylaktischen Maßnahmen zur Bekämpfung dieser Parasitose gehören: Verbesserung der Grundversorgung, Diagnose und Behandlung von parasitierten Wirten, sorgfältiges Waschen von Obst und Gemüse und die Verwendung von Schutzausrüstung wie Handschuhen und Stiefeln für Personen, die mit Tieren, insbesondere Schweinen, umgehen.

A. da Silva Barbosa · O. M. P. Bastos
Departamento de Microbiologia e Parasitologia, Instituto Biomédico, Universidade Federal Fluminense, Rio de Janeiro, Brasilien

A. da Silva Barbosa (✉) · L. V. Dib · M. R. R. Amendoeira
Laboratório de Toxoplasmose e outras Protozooses, Instituto Oswaldo Cruz, Fundação Oswaldo Cruz, Rio de Janeiro, Brasilien

S. C. Parija und A. Chaudhury (Hrsg.), *Lehrbuch der parasitären Zoonosen*,
https://doi.org/10.1007/978-981-97-4312-4_18

Geschichte

Die Gattung *Balantidium* (aus dem Griechischen; *balanto* = Tasche) wurde 1858 von Claparède und Lachmann für einen Ziliaten vorgeschlagen, den sie im Rektum von Fröschen beobachteten. Dieser wurde dann *Balantidium entozoon* genannt. Die Art *B. coli* wurde erstmals 1857 von Malmsten bei zwei menschlichen Patienten mit akuter Dysenterie entdeckt. Er nannte den Parasiten *Paramecium coli*. Leukert entdeckte 1861 im Dickdarm eines Schweins einen Ziliaten, der identisch mit dem von Malmsten beschriebenen war. Stein war 1863 der Meinung, dass der von Leukert beschriebene Schweineziliat und der von Malmsten beschriebene menschliche Ziliat im Aussehen identisch waren, und so nannte er beide *B. coli*.

Obwohl der Parasit in der wissenschaftlichen Gemeinschaft immer noch sehr gut als *B. coli* bekannt ist, wurde nun vorgeschlagen, den Namen der Art *Balantidium coli* in *Balantioides coli* zu ändern. Durch molekulare Analysen wurde beobachtet, dass die Art *B. coli* phylogenetisch von *Balantidium entozoon*, der Art, die zuerst taxonomisch beschrieben wurde, abweicht. Dies zeigte, dass *B. coli* daher zu einer anderen Gattung gehören sollte, und aus diesem Grund wurde vorgeschlagen, dass sein Name in *Neobalantidium coli* geändert werden sollte. 2014 wurde vorgeschlagen, dass die Art *B. coli* wieder in die Gattung *Balantioides* integriert werden sollte, die Nomenklatur, die bereits 1931 von Alexeieff zugeschrieben wurde.

Taxonomie

Die Gattung *Balantioides* gehört zur Familie Balantidiidae im Stamm Ciliophora, der Klasse Litostomatea, der Unterklasse Trichostomatia, der Ordnung Vestibuliferida und der Überfamilie Trichuroidea.

Die Typusart ist *Balantioides coli* (Malmsten, 1857, Alexeieff, 1931).

Insgesamt wurden 50 Arten von *Balantidium* beschrieben, oft nach Größenunterschieden und den Wirtsspezies, die sie parasitieren, aber die Gültigkeit der meisten dieser Arten ist noch ungeklärt. Zu diesen ungeklärten Fällen gehören *Balantioides caviae* von Meerschweinchen, *Balantioides suis* von Schweinen, *Balantioides wenrichi*, *Balantioides philippinensis* und *Balantioides cunhamunizi* von nicht menschlichen Primaten und *Balantioides struthionis* von Straußen. Die Taxonomie wird letztendlich geklärt, sobald die Organismen eine Sequenzierung ihrer kleinen rRNA-Untereinheiten durchlaufen haben. Nach molekularer Analyse werden diese Arten innerhalb eines einzigen Genclusters eingeschlossen und werden daher als Synonyme von *B. coli* angesehen.

Genomik und Proteomik

Studien mit molekularbiologischen Werkzeugen haben bei der Bestätigung von Ziliatenarten und -netzwerken und bei der Beschreibung anderer Arten geholfen. SSrRNA ist ein Gen von 1,5 kb, das bei der Klassifizierung des Parasiten verwendet wurde und zusammen mit morphologischen Merkmalen von Bedeutung ist. Die SSrRNA-Sequenzen von *Balantidium coli*/*Neobalantidium coli*/*Balantioides coli* (Synonyme) sind nun in GenBank verfügbar, und ein Vergleich zwischen ihnen über verschiedene Wirte, insbesondere Schweine, Strauße, nicht menschliche Primaten und Menschen, hat nicht viel Variabilität aufgezeigt.

Zwei Varianten von *B. coli* wurden charakterisiert, A und B, basierend auf der 500-bp-großen hypervariablen Region ITS1-5.8S rRNA-ITS2. Diese beiden Varianten repräsentieren 2 separate mikronukleäre rRNA-Gene, die beide in demselben Stamm von *B. coli* existieren können. Die Varianten A und B wurden erneut unterteilt, abhängig von ihren ITS1-Helix-II-Merkmalen, in 5 Typen (A0, A1, A2, B0 und B1). Die epidemiologische Bedeutung der genetischen Varianten A0, A1, A2, B0 und B1 muss durch weitere Sequenzen, einschließlich Untersuchungen an mehr Ziliaten, die vom Menschen isoliert wurden, weiter untersucht werden.

Durch Elektronenmikroskopiestudien und zytochemische Assays hat die Forschungsgruppe Skotarczak die Produktion des Enzyms Katalase in *B. coli* – hauptsächlich aus Peroxisomen von *B. coli*, die von symptomatischen Schweinen isoliert wurden – identifiziert. Auch in *B. coli*-Isolaten von symptomatischen Schweinen hat diese Forschungsgruppe zytoenzymatische Assays verwendet, um die Existenz von sekretorischer Aktivität in Mukozysten nachzuweisen, bestehend aus den Enzymen ATPase und Glucuronidase.

Die Parasitenmorphologie

Balantioides coli gilt als das größte Protozoon und einzige parasitäre Ziliat beim Menschen.

Trophozoiten

Die Trophozoiten von *B. coli* sind eine aktive Form dieses Protozoons und gelten als pleomorph. Insgesamt könn die Länge der Trophozoiten von 30 bis 300 µm und ihre Breite von 30 bis 100 µm variieren. Ihr vorderer Bereich ist mehr zugespitzt und ihr hinterer Bereich ist runder. Am vorderen Ende haben sie eine trichterförmige Vertiefung, die als *Peristom* bekannt ist, das zum *Zytostom*, auch Mund genannt, und zum *Zytopharynx*, also der inneren Mundhöhle, führt. Der Zytoplasma ist in eine dünne Pellicula eingehüllt, die von zahlreichen Zilien bedeckt ist, die sich von der Mundhöhle aus erstrecken. Die Zilien sind Fortbewegungsorgane, die in der Pellicula, also der Plasmamembran, eingebettet sind. Sie bedecken fast den gesamten Körper des Parasiten, einschließlich einer Region des *Peristoms*, wo sie dazu dienen, Nahrungspartikel in das *Zytostom* zu treiben.

Das Zytoplasma der Trophozoiten enthält Nahrungsvakuolen, in denen die Verdauung von Nahrung wie Stärkekörnern, Bakterien, roten Blutkörperchen oder Fetttröpfchen stattfindet. Die unverdaulichen Reste werden durch eine kleine Furche an der hinteren Spitze des Körpers des Trophozoiten, bekannt als *Zytopyge* oder Anus, ausgeschieden. Das Zytoplasma enthält auch 2 kontraktile Vakuolen. Eine davon befindet sich im mittleren Teil des Körpers und die andere im hinteren Bereich in der Nähe der *Zytopyge*. Diese Organellen sind verantwortlich für die Aufrechterhaltung eines stabilen osmotischen Drucks, sie entwässern überschüssige Flüssigkeit im Zytoplasma und stoßen sie in die Zellumgebung ab. Extrusome (z. B. Mukozysten), Peroxisomen, Hydrogenosomen (z. B. endoplasmatisches Retikulum), Ribosomen und andere zytoplasmatische Komponenten sind ebenfalls zu beobachten. Ein Golgi-Apparat wurde jedoch noch nicht gesehen.

Trophozoiten besitzen 2 Kerne, die als *Makronukleus* und *Mikronukleus* bezeichnet werden. Der *Makronukleus* hat eine wurst-, nieren- oder bohnenförmige Form und kann sich in jedem Teil des Zytoplasmas befinden. Der *Mikronukleus* hingegen hat ein kugelförmiges Aussehen und befindet sich in der Einbuchtung des *Makronukleus.* Gelegentlich kann eine mikronukleäre Form beobachtet werden. Der *Makronukleus* zeigt ein dichtes seilartiges Netzwerk von Chromatin, das im Nukleoplasma verteilt ist. Die DNA im vegetativen *Mikronukleus* liegt gleichmäßig und in dicht gepacktem Chromatin vor. Alle DNA-Sequenzen im *Makronukleus* stammen vom *Mikronukleus*, aber die Sequenzen des *Makronukleus* sind nur ein Teil der *mikronukleären* Sequenzen.

Zysten

Die zystische Form ist das Mittel des Parasiten zur Übertragung und Widerstandsfähigkeit gegenüber der Umwelt, und sie bleibt bei Raumtemperatur mindestens 2 Wochen lebensfähig. Die Zysten können kugelförmig oder leicht oval sein und messen 40–65 µm im Durchmesser. Ihre Wand ist dick und hyalin. Sie haben normalerweise eine bräunliche Farbe, erscheinen aber manchmal gelblich oder grünlich. Innerhalb der Zysten können zytoplasmatische Einschlüsse, Zelltrümmer, Nahrungsvakuolen und ein *Makronukleus* gesehen werden, aber es ist selten, einen *Mikronukleus* unter einem Mikroskop zu beobachten (Abb. 1).

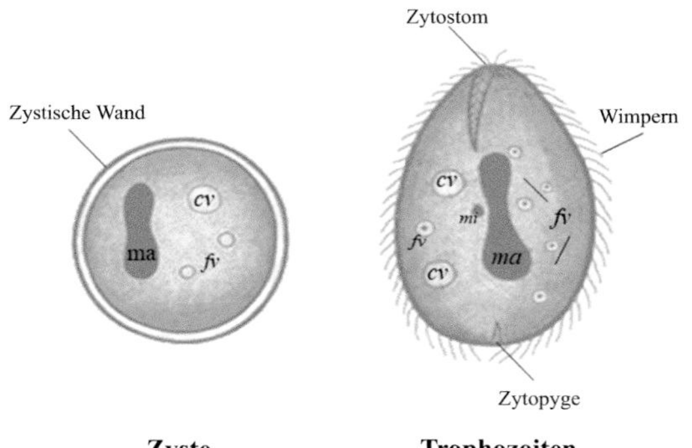

Abb. 1 *Balantioides coli* hat 2 Stadien in seinem Lebenszyklus: Zysten und Trophozoiten. Zyste: ma, Makronukleus. Trophozoit: ma, Makronukleus; mi, Mikronukleus; cv, kontraktile Vakuole; fv, Nahrungsvakuole

Zucht von Parasiten

Balantioides coli kann isoliert und in azellulären Kulturmedien gehalten werden, in der Regel in einem *xenischen* Kultursystem, oder sogar in einem *monoxenischen* System, wenn es mit dem Bakterium *Escherichia coli* assoziiert ist. Die am häufigsten für die Isolierung und Erhaltung von *B. coli* verwendeten Kulturmedien sind Pavlova (wie von Jones modifiziert), TYSGM-9 und LES (Locke-Ei-Serum). Die Isolierung von Protozoenstämmen kann einfach durch Inokulation eines Aliquots des fäkalen Materials in das Kulturmedium plus Reisstärke erfolgen. Zur Erhaltung der Kultur werden Subkulturen in Abständen von 48–72 h durchgeführt, mit Inkubation bei 36 °C.

Versuchstiere

Versuche wurden unternommen, um Ferkel, Affen und Meerschweinchen mit den Zysten des Parasiten zu infizieren.

Lebenszyklus von *Balantioides coli*

Wirte

Der Lebenszyklus wird in einem einzigen Wirt vollendet. *Balantioides coli* kann verschiedene Wirtsspezies infizieren (Abb. 2). Die Hauptwirte sind Schweine, nicht menschliche Primaten und große Vögel, z. B. Strauße und Nandus. Menschen gelten als Gelegenheits- oder Zufallswirte.

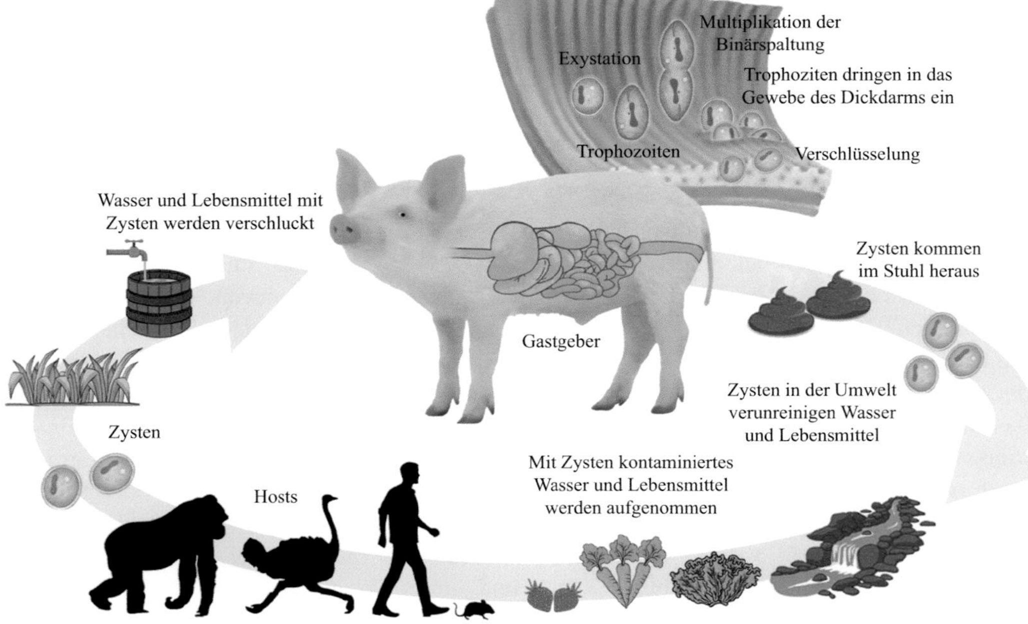

Abb. 2 Lebenszyklus von *B. coli*

Infektionsstadium

Zysten.

Übertragung der Infektion

Der Hauptmechanismus für die Übertragung von *B. coli* ist indirekt, durch die Aufnahme von Zysten, die in Wasser und/oder Lebensmitteln wie rohem Obst und rohem Gemüse vorhanden sind, oder durch direkten Kontakt mit den Händen anderer Menschen, die mit Zysten kontaminiert sind. Es gab auch Berichte über menschliche Fälle von Inhalation von Zysten, die zu Lungeninfektionen führen, direkte Besiedlung durch Trophozoiten im Urogenitaltrakt, insbesondere bei Frauen, neben den Auftreten von Augeninfektionen.

Balantioides coli bewohnen hauptsächlich den Dickdarm, einschließlich des Blinddarms und des Kolons. Wenn die Zysten mit dem Magen- und Pankreassaft in Kontakt kommen, beginnt die Zerstörung der Zystenwand, mit dem Beginn der Exzystierung. Die vollständige Exzystierung findet jedoch nur im Dickdarm statt. Im Darmlumen vermehren sich die Trophozoiten durch transversale binäre Teilung. Aufgrund ihres starken Zilienschlags werden die Trophozoiten nicht mit dem Stuhl in die Umwelt ausgeschieden, da sie sich gegen die peristaltischen Wellen bewegen können. Einige Trophozoiten verlieren ihre ziliäre Schleimhaut und beginnen den Prozess der Enzystierung, mit der Bildung der zystischen Wand. Diese Strukturen werden dann mit dem Stuhl in die äußere Umwelt ausgeschieden und starten bei Aufnahme den Zyklus erneut.

In einigen spezifischen Situationen dringen die Trophozoiten in die Darmschleimhaut ein und können verschiedene Gewebsschichten des Dickdarms besiedeln. Bei diesem Invasionsprozess kann *B. coli* auch extraintestinale Standorte besiedeln, durch den Blut- oder Lymphkreislauf, durch Perforation des Kolons und Ausbreitung durch die Peritonealhöhle. Die extraintestinalen Standorte, die von *B. coli* beim Menschen besiedelt werden und bereits berichtet wurden, umfassen das Peritoneum, die Leber, die Gallenblase, den Urogenitaltrakt, die Lungen, die Wirbelsäule und die Augen.

Neben der ungeschlechtlichen Fortpflanzung können sich *B. coli*-Trophozoiten auch geschlechtlich fortpflanzen, durch Konjugation, d. h., wenn zwei Trophozoiten durch das Zytostom in Kontakt kommen und genetisches Material austauschen.

Pathogenese und Pathologie

Viele Faktoren sind an der Pathogenese der Balantidiose beteiligt. Dazu gehören der Ernährungszustand des Wirts, die intrinsische Virulenz des Stammes von *B. coli*, die Darmmikrobiota, enterische Infektionen durch andere ätiologische Agenten wie pathogene Bakterien, die Parasitenlast, chronische Krankheiten, ein geschwächtes Immunsystem und das Alter des Wirts.

Der durch den Parasiten an der Darmschleimhaut verursachte Gewebeschaden steht in direktem Zusammenhang mit seiner invasiven Kapazität. Diese Invasion erfolgt durch ständige Bewegung der Zilien und durch lytische Aggression, die durch die Freisetzung einer Reihe von Enzymen wie Hyaluronidasen verursacht wird. Diese Enzyme helfen möglicherweise bei der Penetration der Darmgewebe, indem sie die Grundsubstanz zwischen den Zellen auflösen. Ein ähnliches Muster der Proteolyse und Invasion der Darmschleimhaut durch Trophozoiten wurde bei Infektionen durch *Entamoeba histolytica* berichtet.

Organellen, die als Mukozysten bezeichnet werden, können direkt unter der Plasmamembran von *B. coli*-Trophozoiten gesehen werden. Mukozysten sind Extrusomen oder spezialisierte sekretorische Vakuolen, und morphologisch zeigen sie sich als polyedrische Strukturen verschiedener Formen. Extrusomen werden so genannt, weil sie ihren schleimigen Inhalt (Proteine) sofort und explosiv abgeben, wenn sie Reizen ausgesetzt sind. Die sekretorische Aktivität von Mukozysten wurde mit der ziliären Invasion in Verbindung gebracht, da Mukozysten eine Beta-Glucuronidase-Aktivität haben.

Dieses Enzym katalysiert die Hydrolyse von Mukopolysacchariden, wodurch die Penetration der Zilien in die Darmschleimhaut des Wirts erleichtert wird.

Die Gewebeinvasion wird oft durch pathologische Studien gezeigt, in denen Läsionen hauptsächlich im Dickdarm beobachtet werden. Zu Beginn der Invasion neigen die Läsionen dazu, oberflächlich zu sein mit kleinen Nekroseherden, in denen die Parasiten gefunden werden. Mit der Zeit neigen die Geschwüre dazu, größer zu werden und geschwärztes nekrotisches Gewebe zu bilden. Parasiten können dann auch in Blutkapillaren, lymphatischen Kanälen des infizierten Gewebes und benachbarten Lymphknoten gefunden werden. Mikroskopisch kann der Parasit in allen Schichten von Darmaggregaten beobachtet werden. Kleine Cluster sind häufiger in der Submukosa oder um Mikroabszesse herum zu sehen. Die zelluläre Reaktion ist hauptsächlich lymphozytisch und eosinophil. Solche Fälle treten in der Regel auf, wenn der Parasit die Darmwand durchbricht und durch anatomische Nähe zu den Geweben oder das zirkulierende Blut- oder Lymphsystem andere Organe besiedelt, wodurch extraintestinale Infektionen entstehen.

Immunologie

Studien, die Informationen über die Immunantwort in Bezug auf Infektionen durch *B. coli* nachweisen, sind selten. Die durchgeführten Experimente haben jedoch die Produktion von Komponenten gezeigt, die Teil der immunologischen Reaktion sind. Zaman zeigte 1964, dass lebende *B. coli*, die Fluorescein-konjugiertem Antiserum ausgesetzt waren, innerhalb weniger Minuten in der Zelle immobilisiert wurden. Sestak et al. untersuchten 2003 in Gefangenschaft lebende Rhesusaffen mit und ohne chronischem Durchfall und fanden zahlreiche Organismen, die nicht nur zu Protozoenparasiten, sondern auch zu Bakterien und Viren gehörten, wobei bakterielle Pathogene vorherrschte. Die Prävalenz von Wimperntierchen ähnlich *B. coli* lag bei etwa 12 %. Affen mit chronischem Durchfall hatten höhere Werte von Interleukin-1, Interleukin-3 und Tumornekrosefaktor-α. Dies könnte nicht nur auf die Wimperntierchen-Protozoenparasiten zurückzuführen sein, da auch andere Organismen vorhanden waren.

Infektion beim Menschen

Balantioides coli kann klinische Manifestationen bei infizierten Wirten verursachen, die von mild bis schwer reichen. Die Erscheinungsbilder der Infektion werden klassifiziert als (1) asymptomatischer Träger, (2) dysenterische oder akute Form, die in ihrer Intensität von mild bis zu (3) fulminant reicht, (4) chronische Infektion und (5, 6) extraintestinale Infektionen.

1. Asymptomatische Wirte des Parasiten scheiden Zysten in die Umwelt aus und gelten daher als Infektionsquellen. Kinder, die mit durch Schweinekot kontaminierten Umgebungen in Kontakt kommen, wurden bereits als die wichtigsten asymptomatischen Wirte identifiziert.
2. Die akute Form tritt plötzlich auf, mit 3–15 Durchfallepisoden täglich, begleitet von Tenesmus, Stuhl mit Schleim, Blut und Neutrophilen. Die Patienten klagen über epigastrische Schmerzen, Übelkeit und Bauchschmerzen. Schwäche ist ein ausgeprägtes Symptom, da ein schneller Gewichtsverlust auftreten kann.
3. Einige Patienten können innerhalb eines Zeitraums von 3 Monaten bis zu 40 kg verlieren. Die akute fulminante Form wird in der Regel bei abgemagerten Patienten oder in späten Stadien anderer schwerer Krankheiten gesehen. Es kann zu offenen Blutungen kommen, die innerhalb von 3–5 Tagen zum Tod durch Verbluten und Dehydration führen.
4. Die chronische Form ist gekennzeichnet durch das Vorhandensein von lockerem Stuhlgang, der mit Episoden von Verstopfung wechselt. Es kann zu epigastrischem Unwohlsein, kolikartigen Bauchschmerzen und

Tenesmus kommen. Die Anzahl der Stuhlgänge variiert zwischen 3 und 20 pro Tag, und oft ist Schleim zu sehen, aber Eiter und Blut sind nur selten zu sehen. Die Dauer der Infektion reicht von 4 Monaten bis 26 Jahre bei Erwachsenen und von 1 Woche bis 4 Jahre bei Kindern.
5. Obwohl der Dickdarm die häufigste Stelle für *B. coli*-Krankheiten ist, gibt es extraintestinale Infektionsorte. Wenn der Parasit die Leber und das Peritoneum besiedelt, sind die Hauptsymptome bei infizierten Patienten Fieber, Bauchschmerzen und Durchfall oder Dysenterie.
6. Infektionen der Atemwege äußern sich als Fieber, zusätzlich zu Dyspnoe und Brustschmerzen. Im Harn- und Geschlechtsapparat werden Dysurie, häufiges Wasserlassen und Beckenschmerzen beobachtet. Bei einer Infektion der Wirbelsäule sind die Hauptbeschwerden der Patienten Fieber und eingeschränkte Mobilität. Im Auge sind Symptome einer Keratitis erkennbar, einschließlich verschwommener Sicht, Fremdkörpergefühl und Lichtscheu.

Infektion bei Tieren

In Bezug auf sowohl Schweine als auch andere Tiere sind Berichte über klinische Fälle, die durch *B. coli* verursacht werden, sehr selten. Einige Autoren haben angenommen, dass *B. coli* bei Schweinen ein kommensaler Protozoon ist und dass unter bestimmten Umständen wie Immundefizienzzuständen, Ernährungsmängeln oder Assoziationen mit anderen Pathogenen seine Anwesenheit Durchfall verursachen kann. Der Tod von Schweinen aufgrund von Balantidiose ist ungewöhnlich, kann aber 1–3 Wochen nach Beginn der Symptome auftreten. In anderen kürzlich veröffentlichten Berichten schlagen Autoren vor, dass die klinischen Manifestationen bei Schweinen ähnlich denen sind, die beim Menschen auftreten, und dass diese von asymptomatisch bis zu akuten oder chronischen Formen variieren können. Die Faktoren, die die Pathogenität dieses Parasiten bei Infektionen bei nicht menschlichen Primaten beeinflussen, sind unklar. Dieser Protozoon wurde hauptsächlich in Fäkalien von Altweltaffen und Menschenaffen diagnostiziert. Bei diesen Tieren kann *B. coli* chronischen Durchfall oder Dysenterie mit Schleim und Blut verursachen.

Epidemiologie und öffentliche Gesundheit

Balantioides coli ist ein Parasit mit weltweiter Verbreitung, d. h., Infektionen durch diese Wimperntierchen wurden bereits in mehreren Regionen der Welt gemeldet. Die Prävalenz von Balantidiose beim Menschen wird auf etwa 0,02–1 % geschätzt. Die höchsten Prävalenzraten treten in tropischen und subtropischen Gebieten auf. Daher scheint der endemische Schwerpunkt in Südamerika, Zentralamerika, den Philippinen, Neuguinea, Mikronesien und der alten persischen Region zu liegen (Tab. 1). In Südamerika stechen Länder wie Brasilien und Venezuela besonders hervor (Abb. 3).

Die Hauptfaktoren, die das Auslösen von menschlicher Balantidiose begünstigen, sind der Kontakt des Menschen mit Schweinen, das Fehlen eines geeigneten Ortes zur Entsorgung von Fäkalien (insbesondere Schweinefäkalien) und die klimatischen Bedingungen in tropischen und subtropischen Ländern, die die Lebensfähigkeit der Zysten von *B. coli* in der Umwelt begünstigen. Im Gegensatz zum Menschen ist die Infektion durch *B. coli* bei Schweinen sehr häufig, und diese Tiere gelten als die Hauptreservoire für die menschliche Infektion. Dies stellt ein Risiko für Tierärzte und andere Tierhalter dar, sich mit diesem Parasiten zu infizieren. Darüber hinaus gelten auch Personen, die in Schlachthöfen Schweinedärme handhaben und die Fäkalien dieser Tiere als Dünger verwenden, als gefährdet. *Balantioides coli* gilt als opportunistischer Parasit, da immungeschwächte Personen und ältere Menschen anscheinend weniger resistent gegen Infektionen sind, sodass sie in der Regel eine schwere dysenterische Erkrankung aufweisen.

Tab. 1 Verbreitung von *B. coli*

Spezies	Verbreitung	Hauptwirte	Gelegenheitswirt
Balantioides coli	Südamerika, Zentralamerika, Philippinen, Neuguinea, Mikronesien und alte persische Region	Schweine und nicht menschliche Primaten, Laufvögel	Mensch

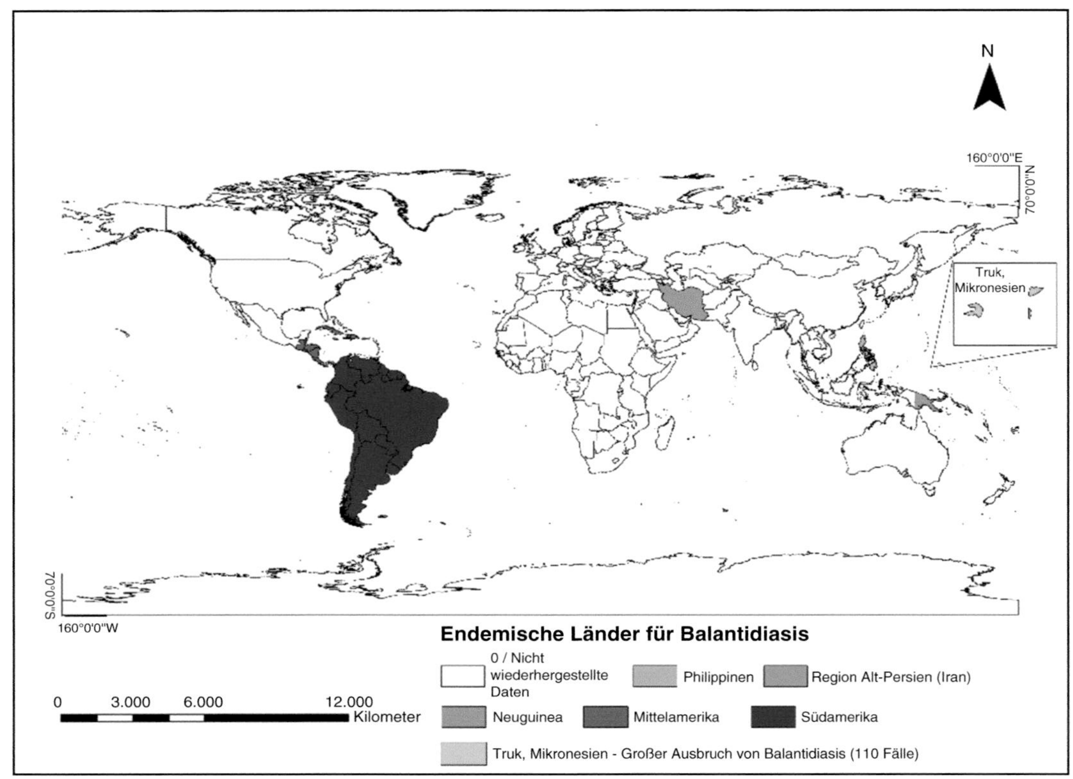

Abb. 3 Länder, in denen Balantidiose endemisch ist. Auf blauen Skalen sind die Hauptorte, die Balantidiose gemeldet haben

Wasser, das mit Zysten des Parasiten kontaminiert ist, hat sich als einer der Hauptrisikofaktoren für die Parasitenübernahme erwiesen. Bei dem größten jemals aufgetretenen Ausbruch von menschlicher Balantidiose wurden die Fäkalien von parasitierten Schweinen als Hauptauslöser angesehen. Dieser Ausbruch ereignete sich 1973 in Truk, einer Insel in Mikronesien, Ozeanien, wo 110 Menschen mit *B. coli* infiziert wurden, nachdem ein Taifun die Trinkwasserreservoire der Insel zerstört und Flüsse mit Fäkalien von infizierten Schweinen kontaminiert hatte.

Die Nähe zwischen Menschen und Schweinen wurde als bestimmend für die hohe Inzidenz von menschlicher Balantidiose in Papua-Neuguinea identifiziert, wo die menschliche Infektion bereits epidemiologische Raten von 28 % erreicht hat. Es wurden jedoch auch Fälle von Infektionen in muslimischen Ländern gemeldet, in denen die Menschen nicht gewohnt sind Schweinefleisch zu konsumieren und keine Schweine zu züchten, was die Möglichkeit hervorhebt, dass andere Tiere als Reservoire dienen können, einschließlich Wildschweine, Dromedare und sogar Menschen.

Diagnose

Die Diagnose von Balantidiose wird durch Labortechniken erreicht (Tab. 2).

Laboruntersuchungen bei Menschen und Tieren

Mikroskopie

In Bezug auf Darminfektionen wird die Diagnose von Balantidiose routinemäßig mit koproparasitologischen Techniken gefolgt von Mikroskopie gestellt, bei der Trophozoiten und/oder Zysten in frischen Stuhlproben mit oder ohne chemische Konservierungsmittel beobachtet werden (Abb. 4a, b). *Balantioides coli*-Zysten werden nur intermittierend in den Stuhl abgegeben, was bedeutet, dass Stuhlproben mehrmals gesammelt werden müssen, um die Diagnose zu stellen. Material aus frischem Stuhl muss sofort untersucht werden, da Trophozoiten innerhalb kurzer Zeit abgebaut werden. Bei Durchfallproben, die hauptsächlich Trophozoiten enthalten, wird eine direkte Untersuchung empfohlen. Die Trophozoiten zeigen eine schnelle rotierende Beweglichkeit. Die zystische Form findet man in der Regel in festem und halbfestem Stuhl. Zur Diagnosestellung ist eine direkte Untersuchung in Verbindung mit parasitologischen Sedimentationstechniken angezeigt. Letztere können spontane Sedimentation oder zentrifugale Sedimentation mit Ether oder Ethylacetat umfassen. In menschlichem Stuhl werden Zysten in der Regel in weniger als 10 % des Stuhlmaterials nachgewiesen, während Trophozoiten in mehr als 80 % diagnostiziert werden.

Permanente Färbung des Stuhlmaterials, z. B. mit Hämatoxylin, erleichtert die Diagnose. Diese Färbung ermöglicht die Sichtbarmachung des mit dem Farbstoff imprägnierten Makronukleus, sowohl in Zysten als auch in Trophozoiten. Biopsien des Dickdarms und anderer infizierter Organe, gefolgt von der Färbung des biologischen Materials mit Hämatoxylin-Eosin, können nützlich sein, um den Parasiten zu beobachten und den durch die Parasiteninvasion und die entzündliche Reaktion verursachten Schaden zu bewerten.

Bei Lungeninfektionen können Fehldiagnosen gestellt werden, da es schwierig ist, zwischen Ziliatenzellen des Atemepithels und Trophozoiten von *B. coli* zu unterscheiden. In diesen Fällen sollte eine direkte Untersuchung des bronchoalveolären Lavats durchgeführt werden. Infektionen des allgemeinen Harn- und Geschlechtstrakts können durch Sedimentmikroskopietechniken im Labor nachgewiesen werden. Bei Proben von biologischem Augenmaterial, einschließlich Hornhautabstrichen, Kontaktlinsen und Linsenreinigungslösungen, kann die Diagnose von *B. coli* durch direkte Probenuntersuchung, permanente Färbung oder In-vitro-Kultur mit anschließender Auswertung des Materials unter einem Mikroskop gestellt werden.

In-vitro-Kulturen

Balantioides coli kann isoliert und in azellulären Kulturmedien gehalten werden, in der Regel in einem *xenischen* Kultursystem, oder sogar in einem *monoxenischen* System, wenn es mit dem Bakterium *Escherichia coli* assoziiert ist. Es wird normalerweise nicht für routinemäßige diagnostische Zwecke durchgeführt.

Serodiagnostik

Immunologische Tests zur Diagnose von *B. coli* wurden bereits von einigen Autoren entwickelt. Es wurden jedoch noch keine Tests gefunden, um Anti-*B. coli*-Immunglobuline im Serum oder um Koproantigene von fäkalen Parasiten zu erkennen. Es wurden nur wenige epidemiologische Studien mit dem Protozoon durchgeführt. Titerverhältnisse $\leq$1:64, die bei experimentell infizierten Kaninchen verfügbar waren, konnten sowohl bei vorherigen Schweinestämmen als auch bei menschlichen Stämmen Immobilisierungsreaktionen hervorrufen.

Tab. 2 Labordiagnose von Balantidiose

Diagnostische Ansätze	Methoden	Ziele	Bemerkungen
Direkte Mikroskopie	Direkte Untersuchung	Hauptsächlich Trophozoiten und Zysten	Günstige und schnelle Technik Material muss frisch und ohne chemisches Konservierungsmittel sein, um den lebensfähigen Parasiten zu erkennen
	Spontane Sedimentation oder zentrifugale Sedimentation mit Ether oder Ethylacetat	Zysten	Günstige und schnelle Technik Sie sind viel besser geeignet für die Zystenforschung als Flotationstechniken
	Dauerhafte Färbung	Trophozoiten und Zysten	Markieren interne Strukturen und helfen, von anderen Wimperntierchen zu unterscheiden
	Biopsien des Dickdarms und anderer infizierter Organe, gefolgt von Färbung	Trophozoiten	Der durch Trophozoiten im Prozess der Invasion der Darmschleimhaut verursachte Schaden wird beobachtet
In-vitro-Kulturen	Die am häufigsten verwendeten Kulturmedien zur Isolierung und Erhaltung von *B. coli* sind Pavlova, modifiziert von Jones, und TYSGM-9	Trophozoiten	Ermöglicht die Aufrechterhaltung der Trophozoiten des Parasiten für weitere Studien Diese Techniken sind teuer, zeitaufwändig und anstrengend
Immundiagnostik	Immunologische Tests zur Diagnose von *B. coli* wurden bereits von einigen Autoren entwickelt	Immunglobulin und Koproantigen	Es gibt keinen standardisierten Immundiagnosetest für die *B. coli*-Forschung
Molekulare Assays	PCR	18S-rRNA und ITS1-5.8s rRNA-ITS2	Hohe Sensitivität und Spezifität Bestimmen die Art des Wimperntierchens und, im Falle von *B. coli*, klassifizieren die Arten von Varianten

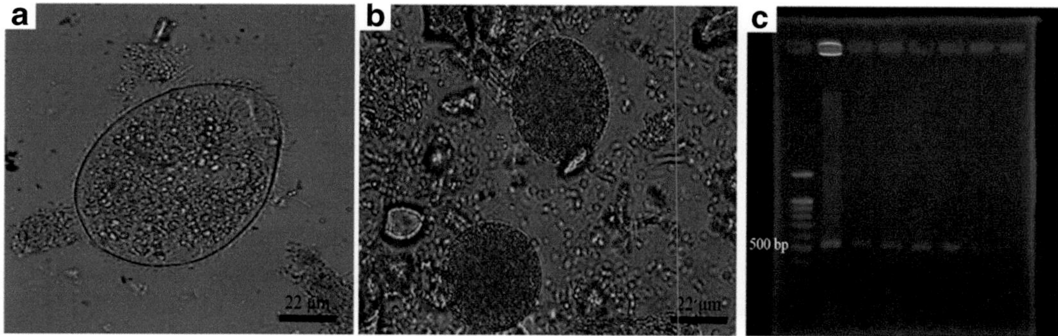

Abb. 4 Diagnose von *B. coli*. Formen von Trophozoiten (**a**) und Zysten (**b**), nachgewiesen in mikroskopischen parasitologischen Techniken. Elektrophoresegel mit 500-bp-Bande (**c**), die mit der für *B. coli* nachgewiesenen Bande kompatibel ist

Molekulare Diagnostik

Die Molekularbiologie ist ein grundlegendes Werkzeug zur Bestätigung einer *B. coli*-Infektion, da die evolutionäre Form des Protozoons pleomorph ist, was zu Missverständnissen bei der Diagnosestellung führen kann. Für *B. coli* wurden nur wenige molekulare Marker beschrieben, und das Hauptziel war ribosomale RNA, insbesondere die Region ITS1-5.8S rRNA-ITS2, die ein 500-bp-Genfragment amplifiziert (Abb. 4c). Durch die Analyse der ITS-Regionen können *B. coli*-Isolate nun in die Sequenzvarianten A0, A1, A2, B0 und B1 sowie in Subvarianten wie A0a, A0b, B0a, B0b, B1a und B1b eingeteilt werden. In GenBank gibt es viele Sequenzen von *B. coli*, die von Schweinen, nicht menschlichen Primaten, Straußen und Menschen isoliert wurden.

Behandlung

Die Medikamente der Wahl zur Behandlung von Balantidiose sind Tetracycline, Metronidazol und Iodoquinol. Für Tetracyclin beträgt die Dosierung für Erwachsene 500 mg 4-mal täglich und die Dosierung für Kinder 40 mg/kg Körpergewicht in 4 Dosen pro Tag über 10 Tage. Für Metronidazol beträgt die Behandlungsdauer 5 Tage, mit einer Dosierung für Erwachsene von 500–750 mg, 3-mal täglich, und einer Dosierung für Kinder von 35–50 mg/kg Körpergewicht in 3 Dosen pro Tag. Für Iodoquinol beträgt die Dosierung für Erwachsene 650 mg 3-mal täglich und die Dosierung für Kinder 30–40 mg/kg Körpergewicht in 3 Dosen pro Tag, mit einer Behandlungsdauer von 20 Tagen. Tetracycline sind während der Schwangerschaft und für Kinder <8 Jahre kontraindiziert.

Prävention und Bekämpfung

Die prophylaktischen Maßnahmen zur Bekämpfung von Balantidiose umfassen grundlegende Hygiene, sorgfältiges Waschen von Lebensmitteln wie Obst und Gemüse unter fließendem Wasser und Diagnose und Behandlung von parasitierten Wirten, insbesondere von asymptomatischen Trägern.

Menschen, die mit Tieren arbeiten, insbesondere mit Schweinen und nicht menschlichen Primaten, müssen besonders vorsichtig sein und sollten routinemäßig den Einsatz von persönlicher Schutzausrüstung wie Stiefeln, Handschuhen und sogar Masken beim Umgang mit Tieren einschließen. Gesundheitsbildungsmaßnahmen sind unerlässlich, um das Bewusstsein in der Gesellschaft zu schärfen, mit dem Ziel, Verhaltensänderungen bei den Menschen zu fördern, um das Infektionsrisiko zu verringern.

Fallstudie

Eine 18-jährige Frau, die in einer ländlichen Gegend im Bundesstaat Rio de Janeiro lebt, wurde im Antônio Pedro Universitätskrankenhaus in Niterói, RJ, Brasilien mit Symptomen von Durchfall, bestehend aus 15 Stuhlgängen pro Tag, sowie Muskelschwäche, diffusen Schmerzen im gesamten Bauchraum, Anorexie, Blässe und Fieber von 38 °C gesehen. Innerhalb von 24 h nach der Krankenhausaufnahme begann sie einen akuten Zustand zu haben, mit starken Krämpfen und intensivem Schwitzen, mit gelblich flüssigen Stühlen. Eine Lebensmittelvergiftung wurde vermutet. Der Stuhl der Patientin wurde gesammelt und zur Analyse an Parasitologen und Professoren des Biomedizinischen Instituts der Fluminense Bundesuniversität (Ottilio Machado, Antônio Luiz de Pinho und Said Silva) geschickt, die eine Medikamentenanalyse zur Kontrolle der Amöbiasis durchführten. Im Stuhlmaterial wurden die Bakterien *Escherichia coli* und *Enterococcus* sp. in In-vitro-Kulturen nachgewiesen. Darüber hinaus wurde der Stuhl der Patientin einer Reihe von koproparasitologischen Tests unterzogen, einschließlich direkter Untersuchung, bei der Trophozoiten und Zysten ähnlich wie *B. coli* und Eier von *Trichuris trichiura* identifiziert wurden. Darüber hinaus wurden die spontane Sedimentation und Flotationstechniken durchgeführt, und Zysten von *B. coli*, Eier von *T. trichiura* und *Blastocystis* sp. wurden nachgewiesen.

Die Patientin erhielt einen Cocktail aus Medikamenten, der Iodoquinolin, Acetamid und Monodral enthielt. Vierundzwanzig Stunden nach der Einnahme der Medikamente klagte die Patientin nicht mehr über die Infektion und zeigte eine Unterdrückung der Symptome. Um die Wirksamkeit des Cocktails zu überprüfen, wurden 2 Heilungskontrollen durchgeführt, d. h. an neu gesammeltem Stuhl des Patienten. Die 1. Kontrolle wurde 20 Tage nach der Behandlung und die 2. 38 Tage nach der Behandlung durchgeführt. In keiner der Kontrollen wurden Parasiten festgestellt. Obwohl die Patientin nicht berichtete, Kontakt mit Schweinen gehabt zu haben, wurden diese Tiere in dem ländlichen Gebiet, aus dem sie stammte, gehalten. Daher wurden die Parasitologen dazu veranlasst zu glauben, dass die Umweltverschmutzung mit Fäkalien von parasitierten Schweinen die Quelle der Infektion war.

1. Welche anderen parasitären Krankheiten beim Menschen sind mit Schweinen assoziiert?
2. Beschreiben Sie die Eigenschaften von *B. coli* in frischen Nasspräparaten von Stuhl.
3. Nennen Sie die Methoden, mit denen es für experimentelle Zwecke lebensfähig gehalten werden kann.

Forschungsfragen

1. Wie entwirft man eine molekulare Diagnosemethode, die zur Bestätigung von *Balantioides* beitragen kann?
2. Was ist die immunologische Reaktion und Pathophysiologie bei *Balantioides*?
3. Gibt es eine Beteiligung anderer Tierarten bei der zoonotischen Übertragung der Infektion?

Weiterführende Literatur

Barbosa AS, Bastos OMP, Uchôa CMA, Pissinatti A, Filho PRF, Dib LV, Azevedo EP, de Siqueira MP, Cardozo ML, Amendoeira MR. Isolation and maintenance of *Balantidium coli* (Malmsteim, 1857) cultured from fecal samples of pigs and non-human primates. Vet Parasitol. 2015;210:240–5. https://doi.org/10.1016/j.vetpar.2015.03.030 .

Barbosa AS, Bastos OMP, Uchôa CMA, Pissinatti A, Bastos ACMP, de Sousa IV, Dib LV, Azevedo EP, Siqueira MP, Cardozo ML, Amendoeira MRR. Comparison of five parasitological techniques for laboratory diagnosis of *Balantidium coli* cyst. Braz J Vet Parasitol. 2016;25:286–92. https://doi.org/10.1590/S1984-29612016044 .

Barbosa AS, Dib LV, Uchôa CMA. *Balantidium coli*. In: Liu D, editor. Handbook of foodborne disease. Boca Raton: CRC Press, Taylor and Francis Group; 2019. p. 531–40. https://doi.org/10.1201/b22030 .

Chistyakova LV, Kostygov AY, Kornillova AO, Yurchenko V. Reisolation and redescription of *Balantidium duodeni* Stein, 1867 (Litostomatea,

Trichostomatia). Parasitol Res. 2014;113:4207–15. https://doi.org/10.1007/s00436-014-4096-1 .

da Barbosa AS, Barbosa HS, de Souza SMO, Dib LV, Uchôa CMA, Bastos OMP, Amendoeira MRR. *Balantioides coli*: morphological and ultrastructural characteristics of pig and non-human primate isolates. Acta Parasitol. 2018;63:287–98. https://doi.org/10.1515/ap-2018-0033 .

Kumar M, Rajkumari N, Mandal J, Parija SC. A case report of an uncommon parasitic infection of human balantidiasis. Trop Parasitol. 2016;6:82–4.

Pomajbikova K, Oboromik M, Horak A, Petrzelkova KJ, Grim JN, Levecke B, Todd A, Mulama M, Kiyang J, Modry D. Novel Insights into the genetic diversity of *Balantidium* and *Balantidium*-like cyst – forming ciliates. Plos Negl Trop Dis. 2013;7:1–10. https://doi.org/10.1371/journal.pntd.0002140 .

Ponce Gordo F, Salamaca FF, Martínez DR. Genetic heterogeneity in Internal transcribed spacer genes of *Balantidium coli* (Litostomatea, Ciliophora). Protist. 2011;162:774–94. https://doi.org/10.1016/j.protis.2011.06.008 .

Schuster FL, Ramirez-Avila L. Current World Status of *Balantidium coli*. Clin Microbiol Rev. 2008;21:626–38. https://doi.org/10.1128/CMR.00021-08 .

Sestack K, Merritt CK, Borda J, Saylor E, Schwamberger SR, Cogswell F, Didier ES, Didier PJ, Plauche G, Bohm RP, Aye PP, Alexa P, Ward RL, Lackner AA. Infectious agent and immune response characteristics of chronic enterocolitis in captive rhesus macaque. Infect Immun. 2003;71:4079–86. https://doi.org/10.1128/IAI.71.7.4079-4086.2003 .

Skotarczak B. Ultrastructural and Cytochemical identification of peroxisomes in *Balantidium coli*, Ciliophora. Folia Biol (Kraków). 1997;45:117–20.

Skotarczak B. Cytochemical identification of mucocysts in *Balantidium coli* trophozoites. Folia Biol (Kraków). 1999;47:61–5.

Walzer PD, Judson FN, Murphy KB, Healy GR, English DK, Schultz MG. Balantidiasis outbreak in Truk. Am J Trop Med Hyg. 1973;22:33–41.

Zaman V. Studies on the immobilization reaction in the genus *Balantidium*. Trans R Soc Trop Med Hyg. 1964;58:255–9.

Zaman V. Balantidium coli. In: Kreier JP, editor. Parasitic protozoa. New York: Academic Press; 1978. p. 633–53.

Teil III
Zoonotische Helmintheninfektionen: Trematode

Schistosomiasis

M. C. Agrawal und Suman Kumar

Lernziele

1. Die drei Parasiten aufgrund der Morphologie des Wurms und des Eies unterscheiden zu können
2. Kenntnisse über Hybridarten zu haben
3. Kenntnisse über die neueren serologischen Tests für Schistosomiasis zu haben

Einführung

Schistosomiasis oder Bilharziose ist ein Krankheitskomplex, der sowohl Menschen als auch Tiere betrifft. Die Gattung *Schistosoma* enthält mindestens 22 Arten, von denen 3 Arten, hauptsächlich *Schistosoma haematobium, Schistosoma mansoni* und *Schistosoma japonicum* den Menschen seit Langem betreffen. Interessanterweise unterscheiden sich diese Arten in ihren Schneckenwirten und ihren geografischen Verbreitungen entsprechend der Verbreitung des Schneckenwirtes. Schistosomiasis beim Menschen blieb ein vernachlässigter durch Wasser übertragener Krankheitskomplex, da sie hauptsächlich Entwicklungsländer betrifft, aber das Szenario ändert sich schnell. Dies ist auf die Einführung des Sonderprogramms für Forschung und Ausbildung in Tropenkrankheiten (Special Programme for Research and Training in Tropical Diseases, TDR) durch die WHO, die Entwicklung einer einfachen Fäkaldiagnosetechnik (katosche Technik) für *Schistosoma*-Eier, eine einzige Dosis eines oral verabreichten Medikaments und die Nukleoporenmethode zur Diagnose von Harnschistosomiasis zurückzuführen. Allerdings fehlen solche Entwicklungen bei der Tierschistosomiasis und sind daher schwer zu bekämpfen. Dieses Kapitel beschreibt die menschliche Schistosomen einschließlich der Schistosomiasis in Indien.

Geschichte

Schistosoma haematobium wurde erstmals im Jahr 1851 von dem deutschen Parasitologen Theodor Maximilian Bilharz in der Pfortader eines ägyptischen Bauern in Kairo (Kasr El Aini Hospital) entdeckt und er nannte es *Distoma haematobium* (*Distoma* = Sauginsekten mit 2 Saugnäpfen/Mündern; *haematobium* = verantwortlich für Hämaturie). Eine neue Gattung, *Bilharzia*, wurde von Cobbold im Jahr 1859 zu Ehren ihres Entdeckers vorgeschlagen, aber 3 Monate früher hatte Weinland (1858) es *Schistosoma* (gespaltener Körper) genannt; daher wurde der Parasit

M. C. Agrawal (✉) · S. Kumar
Department of Veterinary Parasitology, College of Veterinary Science and Animal Husbandry, Jabalpur, Indien

S. C. Parija und A. Chaudhury (Hrsg.), *Lehrbuch der parasitären Zoonosen*,
https://doi.org/10.1007/978-981-97-4312-4_19

als *Schistosoma haematobium* bezeichnet. Manson (1903) wies in den Fäkalien des Patienten, der nie eine Hämaturie hatte, Eier mit seitlichen Stacheln nach. Er schlug vor, dass es 2 Arten geben könnte, eine mit Seitenstacheln und die andere mit einem Endstachel. Sambon (1907) wies als Erster darauf hin, dass diese Eier mit seitlichen Stacheln mit Dysenterie in Verbindung gebracht werden und zu einer neuen, separaten Art gehören, die er zu Ehren von Manson *Schistosoma mansoni* nannte. Majima (1888) berichtete erstmals, dass die Leberzirrhose beim Menschen in Japan durch die Eier eines unbekannten Trematoden verursacht wird. Katsurada (1904) fand charakteristische Eier (von *S. japonicum*) im Stuhl von 5 Patienten und vermutete, dass die Krankheit durch diese Eier verursacht wird und dass ihre adulten Würmer möglicherweise im Pfortadersystem vorhanden sein könnten und nannte sie *S. japonicum*.

Tab 1 Vergleich des Genoms von 3 *Schistosoma*-Arten

Genomcharakter	*Schistosoma haematobium*	*Schistosoma mansoni*	*Schistosoma japonicum*
Genomgröße (Mb)	385	381	403
Chromosomenzahl (2n)	8	8	8
Anzahl der codierenden Gene	13.073	13.184	13.469
Gengröße (durchschnittliche bp)	11.952	13.397	10.003
Gesamter GC-Gehalt (%)	34,3	34,7	33,5
Codierende Regionen (% des Genoms)	4,43	4,72	4,32

Taxonomie

Die Gattung *Schistosoma* (Weinland, 1858) gehört zur Unterfamilie Schistosomatinae (Stiles und Hassale, 1926), Familie Schistosomatidae (Loss, 1899), Überfamilie Schistosomatoidea (Stiles und Hassale, 1926), Unterklasse Digenea, Klasse Trematoda, Stamm Platyhelminthes im Reich Animalia.

Die Gattung enthält 226 Arten, die sich hauptsächlich durch geografische Verteilung und Schneckenkompatibilität unterscheiden. *Schistosoma haematobium, S. mansoni* und *S. japonicum* sind die Hauptarten, die beim Menschen Infektionen verursachen. Andere Arten, die den Menschen infizieren können, sind *Schistosoma mekongi, Schistosoma malayensis, Schistosoma intercalatum* und *Schistosoma guineensis.*

Genomik und Proteomik

Das Kerngenom von 3 *Schistosoma*-Arten wurde sequenziert. *Schistosoma haematobium, S. japonicum* und *S. mansoni* haben Genomgrößen von 385, 397 und 363 Mb, die jeweils etwa 13.073, 13.469 und 10.852 Protein codierende Gene enthalten. Der Vergleich der Kerngenome der drei Arten ist in Tab. 1 dargestellt. Neben dem Kerngenom wurden auch die Mitochondriengene sequenziert und als molekulare Marker für die Identifizierung von Arten und Stämmen verwendet. Diese Genome variieren in der Größe von 13.503 bis 16.901 bp und codieren 36 Gene, darunter 2 ribosomale Gene (große und kleine Untereinheit rRNA-Gene) und 22 Transfer-RNA (tRNA)-Gene sowie 12 Protein codierende Gene. Auf der Grundlage der Analyse der mitochondrialen Gene wurden 23 *Schistosoma*-Arten vorgeschlagen. Es wurden 6 Kladen identifiziert, die mit der geografischen Verteilung der analysierten Arten korrelieren.

Proteomstudien haben viele Proteasen (Cathepsine und Aminopeptidasen), Kinasen, Transporter für Mehrfachresistenzen und Typ-V-Kollagen in den verschiedenen Lebensstadien von Schistosoma aufgedeckt. Potenzielle Impfstoffziele, einschließlich Dyp-Typ-Peroxidasen, Fucosyltransferasen, G-proteingekoppelte Rezeptoren, Leishmanolysine, Tetraspanine und der Netrin/Netrin-Rezeptor-Komplex, wurden in verschiedenen Studien identifiziert. SchistoDB integriert Genom- und Proteomsequenzdaten zusammen mit funktionalen Annotationen von Genen und Genprodukten der drei wichtigen Arten. Diese Ressource umfasst auch Ergebnisse aus großangelegten Analysen, einschließlich ESTs, Stoffwechselwegen und potenziellen Arzneimitteltargets.

Parasitenmorphologie

Adulter Wurm

Schistosoma haematobium: Der Körper von *S. haematobium* ist dorsoventral abgeflacht und verlängert. Sie sind zweigeschlechtlich; Männchen sind stämmiger (etwa 1–1,5 cm lang und 0,9 mm breit) und tragen Weibchen (etwa 2 cm lang und 0,25 mm breit) im gynäkophorischen Kanal (Abb. 1), was einen deutlichen Geschlechtsdimorphismus zeigt. Das Integument, das die Körperoberfläche bedeckt, ist metabolisch aktiv und hilft daher beim Austausch von Nährstoffen zusätzlich zum Schutz vor den Immunreaktionen des Wirts. Der orale Saugnapf ist schräg am vorderen Ende platziert und der hintere Saugnapf befindet sich hinter dem oralen Saugnapf auf der ventralen Seite. Die Geschlechtsöffnung befindet sich etwas hinter dem hinteren Saugnapf. Der Pharynx fehlt und der orale Saugnapf führt direkt zur Speiseröhre, die sich in 2 Darmzotten aufteilt. Die Zotten vereinigen sich wieder, bevor sie in einer Sackgasse enden, was ihm taxonomische Bedeutung verleiht.

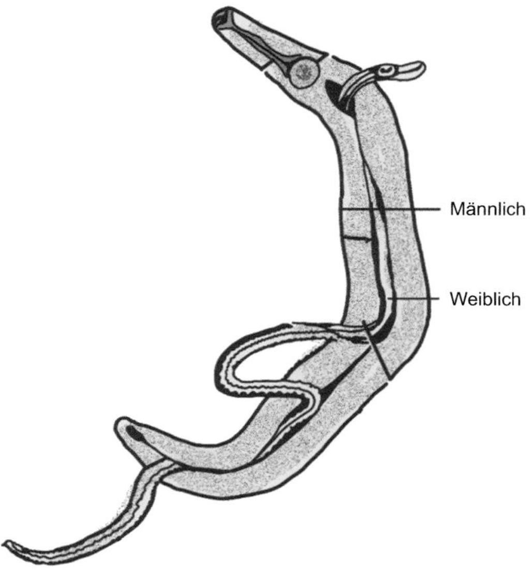

Abb. 1 Gekoppelter männlicher und weiblicher adulter *S. mansoni*-Parasit im Blutgefäß

Das männliche Fortpflanzungssystem besteht aus 4–6 Hoden, einem Paar Samenleitern und der Samenblase, die sich im Genitalporus hinter dem hinteren Saugnapf öffnet. Das adulte Weibchen verbleibt im gynäkophoren Kanal der männlichen Eizelle mit freien vorderen und hinteren Enden, obwohl Hybridisierung häufig vorkommt und aus vielen Teilen der Welt einschließlich Indien berichtet wird. Das weibliche Fortpflanzungssystem besteht aus einem einzelnen verlängerten Eierstock, Eileiter und Uterus. Die Dotterdrüsen befinden sich in der hinteren Hälfte des Körpers. Die im Eierstock produzierten Eier werden vom Eileiter transportiert und die Befruchtung findet im Ootyp statt. Die Eizelle gibt pro Tag 20–200 Eier mit einem schlüpffähigen Mirazidium und einem Endstachel ab. Die in den kleinen Venolen des Vesikelpexus gelegten Eier reißen die Wand des Gefäßes und der Blase auf, um in das Lumen zu gelangen und werden mit dem Urin ausgeschieden.

Schistosoma mansoni: Adulte Saugwürmer befinden sich in der mesenterischen Venole, die den Dickdarm und den hinteren Teil des Ileums entwässert. Gelegentlich können sie auch in den Ästen der Pfortader, in der Leber, in den oberen Ästen der Vena mesenterica und im Vesikelplexus gefunden werden. Die adulten Saugwürmer sind kleiner als die von *S. haematobium.* Der Körper ist hinter dem ventralen Saugnapf geknotet. Bei Männchen sind die Integumenttuberkel größer als die von *S. haematobium.* Männliche Saugwürmer sind kurz, stämmig und haben 6–9 Hoden, die unregelmäßig angeordnet sind. Bei den Weibchen befindet sich der Eierstock in der vorderen Hälfte des Körpers. Der Uterus ist auffallend klein und enthält nur wenige (1–4) seitlich gespitzte Eier. Die weiblichen Würmer werden charakteristischerweise von den Männchen in ihrem gynäkophorischen Kanal während der Eiablage in den kleinen Venolen gehalten.

Schistosoma japonicum: Adulte befinden sich in der oberen Vena mesenterica, die den Dünndarm entwässert, und gelegentlich im rektalen Venenplexus. Der adulte *S. japonicum* ähnelt oberflächlich anderen menschlichen Schistosomen, außer dass das Tegument des Körpers nicht geknotet ist. Männliche Saugwürmer haben 7 Hoden, die nebeneinander in einer einzigen Linie angeordnet sind. Die weiblichen Saugwürmer haben einen Eierstock, der sich in der Mitte des Körpers befindet. Der gut entwickelte Uterus, der ein langer gerader Schlauch ist, enthält 50–300 oder sogar mehr Eier gleichzeitig.

Mirazidien

Es handelt sich bei Mirazidien um die Larven von *Schistosoma*, die aus den Eiern schlüpfen. Mirazidien sind aktiv beweglich und schwimmen aufgrund der Anwesenheit von Zilien im Wasser.

Zerkarien

Die gabelschwänzige Zerkarie (Abb. 2) hat eine Größe von 175–250 µm × 50–100 µm.

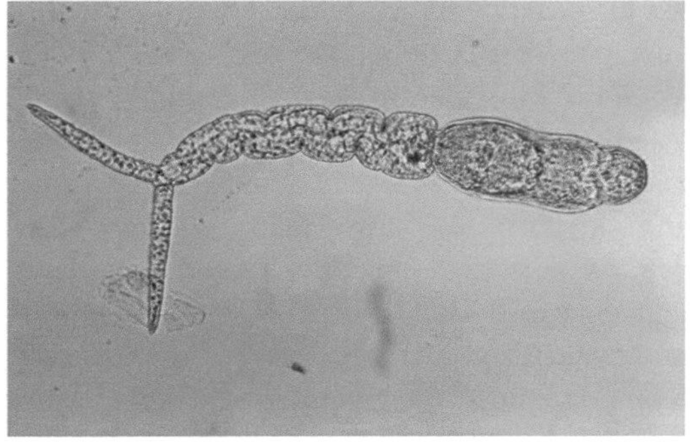

Abb. 2 Eine einzelne, *S. mansoni*-Zerkarie, die das Larvenstadium dieses parasitären Saugwurms darstellt (mit freundlicher Genehmigung: PHIL, Dr. DS Martin, CDC)

Sie hat einen langen Schwanz, der etwa so groß ist wie der Körper, und die Furken sind 60–100 µm lang. Der orale Saugnapf fehlt, und es ist ein kleiner stacheliger ventraler Saugnapf vorhanden. Es handelt sich um eine freilebende aquatische Form mit einer Lebensdauer von 1–3 Tagen. *Schistosoma japonicum*-Zerkarien haben 4 Paar Kopfdrüsen im Gegensatz zu 2 Paaren bei den anderen beiden Arten.

Eier

Die Eier sind gelblich braun gefärbt und nicht operkuliert (Abb. 3).

Schistosoma haematobium-Eier sind 112–170 µm × 40–70 µm groß, elliptisch und haben einen scharfen, prominenten Enddorn.

Schistosoma mansoni-Eier messen 114–175 µm × 45–70 µm. Sie sind elliptisch und haben einen scharfen, prominenten seitlichen Dorn.

Schistosoma japonicum-Eier sind 70–100 µm × 50–70 µm groß und oval bis fast kugelförmig, mit einem rudimentären seitlichen Dorn.

Zucht von Parasiten

Die Zerkarien, deren Schwänze künstlich getrennt werden, werden in einem Medium gezüchtet, das auf Basal Medium Eagle basiert und mit Laktalbuminhydrolysat, Glukose, Hormonen und menschlichem Serum mit zugesetzten menschlichen Blutzellen (Gruppe O) angereichert ist. In diesem System entwickeln sich junge Schistosomen stetig bis zur Paarung, die erstmals in der 7. Anzuchtwoche zu sehen ist. Auch das Ausschlüpfen der Eier wird mit dechloriertem oder Quellwasser durchgeführt.

Versuchstiere

Experimentelle Studien wurden durchgeführt mit Pavianen (*Papio* spp.), Rhesusaffen (*Macana mulatta*), Grünen Meerkatzen (*Cercopithecus aethiops*), Mäusen und Hamstern durch-

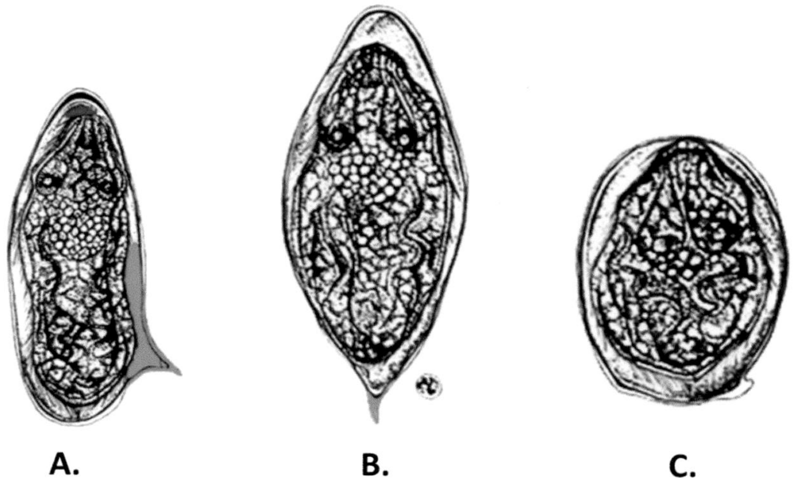

Abb. 3 Morphologie der Eier von **a** *S. mansoni,* **b** *S. haematobium,* **c** *S. japonicum*

geführt. Rote Stummelaffen sind effizientere und kostengünstigere Tiermodelle als Paviane. Die meisten experimentellen Studien wurden mit *S. mansoni* durchgeführt, da sie relativ einfach im Labor zu halten sind. *Schistosoma mansoni* in der Schnecke *(Biomphalaria glabrata)* bietet eine Quelle von Zerkarien für die Infektion von Labortieren.

Lebenszyklus von *Schistosoma* spp.

Wirte

Endwirte

Menschen, Rinder, Hunde, Katzen, Nagetiere, Schweine, Pferde, Ziegen und wilde Primaten, abhängig von der Art des Parasiten.

Zwischenwirte

Süßwasserschnecken der Gattung *Bulinus, Physopsis, Biomphalaria* und *Oncomelania.* Die Schneckenart ist unterschiedlich für die verschiedenen *Schistosoma*-Arten.

Infektiöses Stadium

Die Zerkarien sind das infektiöse Stadium des Parasiten.

Übertragung von Infektionen

Menschen und andere Säugetierendwirte erwerben die Infektion, wenn sie mit Zerkarien in Kontakt kommen, die im kontaminierten Wasser vorhanden sind (Abb. 4). Die Zerkarien werden von Hautsekreten angelockt, woraufhin sie die intakte Epidermis durch Abwerfen des Schwanzes durchdringen. Die Glykokalyx der äußeren Schicht wird abgeworfen und die Zerkarien verwandeln sich in Schistosomulae, die mit einem doppelschichtigen Tegument bedeckt sind. Innerhalb von 24 h gelangen die Schistosomulae in den peripheren Kreislauf und erreichen das Herz. Von der rechten Seite des Herzens passieren die kleinen Würmer die Lungenkapillaren und gelangen zur linken Seite des Herzens und schließlich in den systemischen Kreislauf. Ein Großteil der Würmer kann während des Durchgangs durch die Lungen eliminiert werden.

Die Schistosomulae erreichen die Leber über das hepatoportale System und wachsen weiter in der Leber. Nach etwa 3 Wochen in den Lebersinusoiden ist die Entwicklung der adulten Würmer abgeschlossen. Die jungen männlichen und weiblichen Würmer paaren sich und wandern gemeinsam entweder zum Darm oder zur Harnblase, abhängig von der Art, und beginnen mit der Eiablage. *Schistosoma haematobium* siedelt in den kleinen Venolen des Blasen- und Becken-

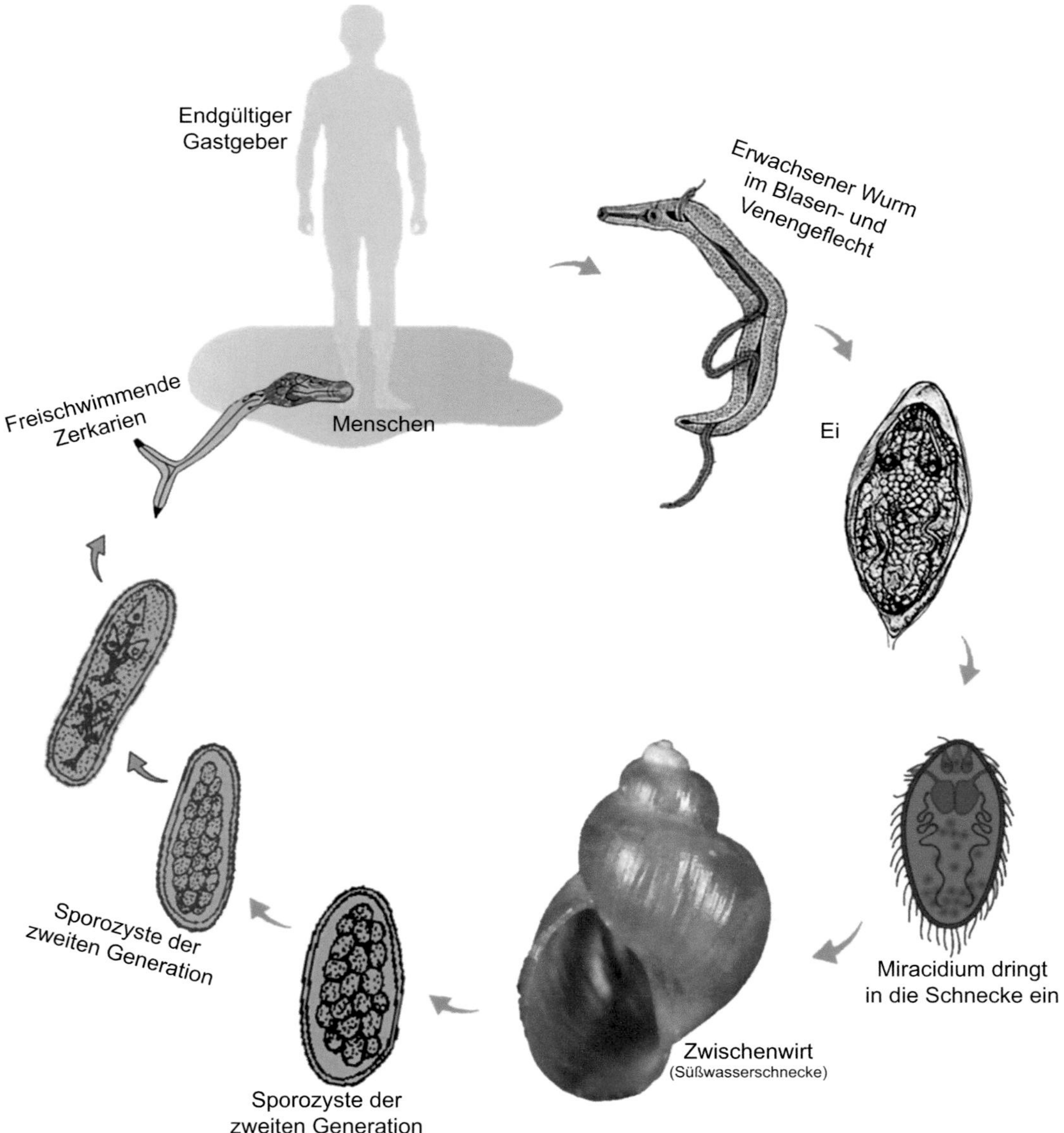

Abb. 4 Lebenszyklus von *Schistosoma* spp.

plexus und manchmal in den rektalen Venolen; *S. mansoni* erreicht die unteren Mesenterialvenen, die den Dickdarm drainieren, während für *S. japonicum* die bevorzugte Stelle die oberen Mesenterialvenen sind, die Blut vom Dünndarm erhalten. Diese beiden Arten können beide Orte besiedeln und können sogar von einem Bereich zum anderen wechseln. Der Plexus mesentericus inferior ist auch der Lebensraum für *S. intercalatum* und *S. guineensis*, aber in einer tieferen Region des Dickdarms als *S. mansoni*. Die abgelegten Eier erreichen die Blase oder das Darmlumen und werden mit Urin oder Stuhl ausgeschieden. Die Schnecke fungiert als Zwischenwirt, in dem der Parasit asexuell vermehrt wird, um verschiedene Larvenstadien zu produzieren. Wenn Eier, die von den Endwirten ausgeschieden werden, mit Wasser in Kontakt kommen, schlüpft das Mirazidium. Das Mirazidium dringt in den geeigneten Schneckenwirt ein und durchläuft eine asexuelle Vermehrung, um die 1. und 2. Generation von Sporozysten und schließlich die gabelschwänzige Zerkarie zu erzeugen. Ein einzelnes Mirazidium kann bis zu 100.000 Zerkarien produzieren, und es dauert etwa 4 Wochen, um die Entwicklung abzuschließen. Diese Zerkarien gelangen ins Wasser und sind die infektiösen Formen für die Endwirte.

Pathogenese und Pathologie

Die wichtigsten pathogenen Veränderungen bei den infizierten Wirten werden durch *Schistosoma*-Eier verursacht und können in unbehandelten Fällen zu chronischen Infektionen mit der Entwicklung von Granulomen führen, die tödlich sein können.

Nach der Penetration der Haut werden die Larven mit dem Blut abtransportiert, aber sterbende oder tote Larven können Überempfindlichkeitsreaktionen hervorrufen. Dieser Zustand ist als Zerkariendermatitis oder *Schwimmerjucken* bekannt. Die Schistosomulae oder die Eier können eine systemische Überempfindlichkeitsreaktion auslösen und die Bildung von Immunkomplexen initiieren, insbesondere wenn das Individuum zum ersten Mal exponiert wird. In Endemiegebieten bleibt der Patient asymptomatisch bei bestimmten Arten, bis zur Entwicklung der adulten Würmer und zur Ausscheidung der Eier. Die Adulten lösen keine Wirtsreaktion aus. Die Hauptpathologie von offen liegenden Infektionen wird durch entzündliche Reaktionen gegen Parasiteneier verursacht. Die Eier scheiden ein Glykoprotein aus, das ein Antigen darstellt. Diese Eiersubstanz erzeugt entzündliche Reaktionen und fördert die Granulombildung um die Eier (Abb. 5).

Immunologie

Die Immunantwort des Wirts gegen *Schistosoma* spp., wie bei anderen Helmintheninfektionen, ist komplex. Das Immunsystem des Wirts muss vier verschiedene Lebensstadien des Parasiten bewältigen: Zerkarie, Schistosomula, adulter Wurm und die Eier. Dies führt zu einer Vielzahl von Veränderungen und Modifikationen der Immunantwort aufgrund der Vielzahl von Antigenen, die von den verschiedenen Stadien des Parasiten produziert werden.

Die Parasitenimmunität ist weitgehend die Reaktion des Wirts auf die Zerkarien und möglicherweise andere Entwicklungsstadien des Parasiten. Andererseits sind die pathologischen Folgen fast immer auf die Immunantworten gegen die Eiantigene zurückzuführen. Der Wirt entwickelt langsam eine Immunität gegen den Parasiten in etwa 10–15 Jahren. Dies erklärt, warum die pädiatrische Bevölkerung in Endemiegebieten anfällig für eine erneute Infektion ist, während Erwachsene resistent sind. Die Immunität des Wirts ist hauptsächlich eine Funktion der TH2-Immunantwort mit Eosinophilie, Produktion von spezifischem IgE, IL-4 und IL-5. Andererseits wurde spezifisches IgG4 mit einer Anfälligkeit für Infektionen in Verbindung gebracht. Tote Würmer rufen auch eine schützende Reaktion hervor, da sie Antigene freisetzen, die die Freisetzung von IgE stimulieren.

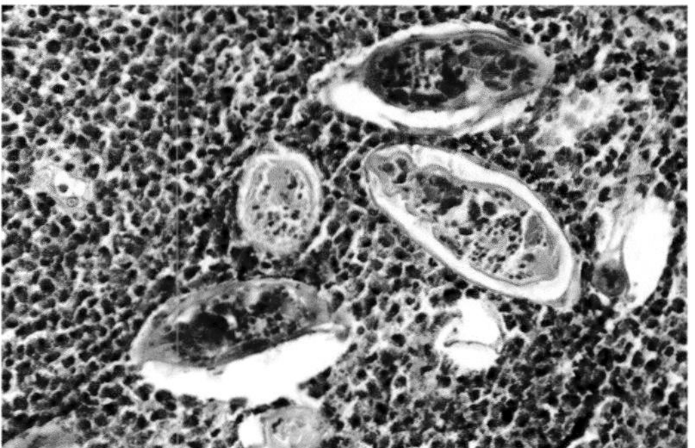

Abb. 5 Histopathologische Details, die in einer Blasengewebeprobe im Fall von *S. haematobium* zu sehen sind. Es sind Cluster von *S. haematobium*-Eiern, umgeben von intensiven eosinophilen Infiltraten und anderen entzündlichen Zellen, zu sehen. (Mit freundlicher Genehmigung: PHIL, Dr. Edwin P. Ewing, Jr., CDC)

Infektion beim Menschen

Urogenitale Schistosomiasis

Sobald sich eine *S. haematobium*-Infektion im Ureter und in der Blase etabliert hat, ist eine schmerzlose Hämaturie das erste klinische Zeichen der chronischen Schistosomiasis. Die Hämaturie geht häufig einher mit Dysurie, Proteinurie und häufiger Miktion. Die Krankheit durchläuft in der Regel die Phasen des Hydroureters, der Hydronephrose, sekundärer Infektionen und schließlich Urämie bis zum Endstadium. Manchmal kann eine *S. haematobium*-Infektion auch die Samenbläschen, die Prostata und die Hoden bei Männern sowie den Gebärmutterhals und die Vagina bei Frauen betreffen, was zu Sterilität und Unfruchtbarkeit führt. In endemischen Gebieten besteht ein enger Zusammenhang zwischen Inaktivität und Blasenkarzinom. Eine chronische urogenitale Schistosomiasis wurde mit der Entwicklung von Blasenkarzinom in Verbindung gebracht. Aufgrund der Migration von Eiern in die Lunge kann gelegentlich eine pulmonale Schistosomiasis auftreten.

Intestinale Schistosomiasis

Die klinische Manifestation einer intestinalen Schistosomiasis wird 3 unterschiedlichen klinischen Phasen zugeschrieben: Inkubation, Eiablage und Ausscheidung sowie Gewebeproliferation und -reparatur.

Während der Inkubationsphase tritt 24 h nach dem Eindringen der Zerkarien in die Haut ein juckender, papillöser Hautausschlag auf, der als Schwimmerekzem bezeichnet wird. Diese Zerkarienhautreaktion ist ein Sensibilisierungsphänomen, das hauptsächlich bei erneuter Infektion durch die Zerkarien auftritt. Dies tritt selten bei der Primärinfektion auf. Die nächste klinische Phase (5–7 Wochen nach der Infektion) entspricht dem Beginn der Eiablage im Darm, der Leber und der Milz. Dysenterie mit Blut und Schleim im Stuhl ist ein charakteristisches Merkmal dieser Infektionsphase. Der Patient klagt über Bauchschmerzen mit häufigem Durchfall/Dysenterie und dem Abgang von Eiern, die mit Exsudat, Schleim und Blut im Stuhl vermischt sind. Mit dem Fortschreiten der Krankheit wird die Darmwand entzündet, verdickt und fibrosiert, es bilden sich Abszesse und Geschwüre, die mit Blutverlust aus den Geschwüren einhergehen. Im fortgeschrittenen Stadium der Krankheit kommt es häufig zu einem Vorfall des Enddarms. Die Leber und die Milz sind aufgrund der Infiltration durch die Eier stark vergrößert. Die mesenterialen Lymphknoten sind aufgrund der Infiltration durch die Eier, die die zelluläre Reaktion hervorrufen, stark vergrößert. Gelegentlich entweichen die Eier und verursachen pathologische Veränderungen in der Niere, der Milz, der Lunge, der Bauchspeicheldrüse und an anderen ungewöhnlichen Stellen.

Die Leber ist stark vergrößert, aber charakteristisch fest. Die pfeifenstielähnliche periportale Fibrose der Leber, Aszites und Ösophagusvarizen sind häufige Komplikationen im fortgeschrittenen Stadium der Infektion. Dies kann von plötzlichen Hämatemesisepisoden begleitet sein. Das Endstadium der Krankheit ist durch dekompensierte Lebererkrankungen, Aszites, Gelbsucht und Leberversagen gekennzeichnet. Schistosomiasis, die das pulmonale und zerebrale Nervensystem betrifft, ist zwar selten, kann aber als Spätkomplikation der hepatosplenischen Schistosomiasis auftreten. Eine *S. mansoni*-Infektion wurde zunehmend mit gramnegativer Bakteriämie in Verbindung gebracht.

Infektion bei Tieren

Es wurde über natürliche *Schistosoma*-Infektionen bei Schimpansen in Westafrika, Nagetieren in Kenia und Südafrika und Schweinen in Nigeria berichtet. Die Eier wurden im Kot dieser infizierten Tiere nachgewiesen.

Epidemiologie und öffentliche Gesundheit

Die *S. haematobium*-Infektion ist im Kongo, in Marokko, Tunesien und Tansania endemisch und ist in den Ländern Afrikas und der östlichen Mittelmeerregion sowie in einigen Ländern Europas weitverbreitet (Abb. 6 und

Abb. 6 Geografische Verteilung der Schistosomiasis beim Menschen (mit freundlicher Genehmigung: WHO)

Tab. 2). In Subsahara-Afrika sind schätzungsweise 112 Mio. Menschen infiziert und 436 Mio. Menschen gefährdet. Mit Ausnahme von vereinzelten Herden ist die Infektion in anderen Ländern Südostasiens und der westlichen Pazifikregionen nicht vorhanden. Urogenitale Schistosomiasis ist bei Kindern (10–14 Jahre) häufig und eine starke Infektion geht fast immer mit Hämaturie und Proteinurie einher. Paviane und Affen in Ostafrika, Schimpansen in Westafrika, Schweine in Nigeria und Nagetiere in Kenia und Südafrika wurden als Reservoire für die Infektion identifiziert. Die Möglichkeit der Inzucht unter Schistosomenarten in der Natur wurde ebenfalls dokumentiert. Daher ist die Epidemiologie von *S. haematobium* aufgrund des Zusammenspiels mehrerer Faktoren komplex.

Die *S. mansoni*-Infektion ist in und um die Länder von Südamerika, Afrika und bestimmten Karibischen Inseln weit verbreitet. Schätzungsweise sind 54 Mio. Menschen infiziert und 393 Mio. Menschen in Subsahara-Afrika gefährdet. Die Infektion ist häufiger bei Personen im Alter von 10–24 Jahren. Eine starke Infektion wird bei Kindern zwischen 10 und 14 Jahren festgestellt. Bei der zentralnervösen Schistosomiasis aus Südamerika und den Karibikländern ist eher das Rückenmark als das Gehirn betroffen. Natürliche Infektionen wurden bei Pavianen, Nagetieren und Hunden in Ostafrika, Ratten in Ägypten, Wüstenrennmäusen am Nil, Nagetieren, Rindern und Wildtieren in Brasilien sowie Nagetieren in Südafrika und Zaire dokumentiert. Daher wird angenommen, dass diese Tiere für die Aufrechterhaltung der Infektionsquelle für den Menschen verantwortlich sind.

Die *S. japonicum*-Infektion ist eine wichtige Zoonose, die in China und auf den Philippinen endemisch ist. Die hohe Prävalenz der Infektion wird bei Kindern im Alter von 10–14 Jahren und Erwachsenen im Alter von 35–44 Jahren beobachtet. Der Mensch infiziert sich durch den Kontakt mit Wasser, das infektiöse Zerkarien enthält. Katzen, Hunde, Schweine, Rinder, Ratten, Feldmäuse, Wasserbüffel, Schafe, Ziegen und andere Säugetiere dienen als Reservoir

Tab 2 Geografische Verteilung und Endwirte von *Schistosoma*-Arten, die den Menschen befallen

Schistosoma-Arten	Verbreitung	Natürliche definitive Wirtarten (ausgenommen Menschen)	Bedeutung für die öffentliche Gesundheit des Menschen
Schistosoma mansoni	Afrika, Naher Osten, Südamerika, Karibik	Nicht menschliche Primaten (einschließlich Affen), Nagetiere, Insektenfresser, Artiodactyla (Wasserbock), Procyonidae (Waschbär)	Hoch
Schistosoma haematobium	Afrika, Naher Osten	Nicht menschliche Primaten (nicht Affen), Artiodactyla (Schweine, Büffel)	Hoch
Schistosoma intercalatum	Zentralafrika (nur D Kongo)	Möglicherweise Nagetiere	Niedrig
Schistosoma guineensis	Westafrika (Unterguinea)	Möglicherweise Nagetiere	Niedrig
Schistosoma mattheei	Südafrika	Nicht menschliche Primaten (nicht Affen), Artiodactyla (Rinder, Antilopen)	Niedrig
Schistosoma japonicum	Ostasien (China, Philippinen, Indonesien)	Nicht menschliche Primaten, Artiodactyla (insbesondere Wasserbüffel), Fleischfresser, Nagetiere, Perissodactyla (Pferde)	Hoch
Schistosoma mekongi	Südostasien (Vietnam, Kambodscha, Laos, Thailand)	Fleischfresser (Hunde), Artiodactyla (Schweine)	Mäßig
Schistosoma malayensis	Halbinsel Malaysia	Nagetiere (van muellersche Ratte)	Niedrig

für Infektionen. Die Schnecken der *Oncomelania* spp. dienen als Zwischenwirt.

Diagnose

Die klinischen Symptome der Patienten und das Auftreten der Krankheit in dem betreffenden geografischen Gebiet geben einen Hinweis auf die Infektion; die endgültige Diagnose wird jedoch durch den Nachweis von Eiern im Urin oder Stuhl und andere indirekte oder direkte Methoden gestellt (Tab. 3).

Mikroskopie

Der mikroskopische Nachweis von Eiern in der Urinprobe ist die parasitologische Methode zum Nachweis einer offensichtlichen *S. haematobium-Infektion.* Die Anzahl der Eier, die im Urin ausgeschieden werden, hängt von der Intensität und Dauer der Infektion ab. Die Ausscheidung von *S. haematobium*-Eiern im Urin infizierter Personen folgt einem zirkadianen Rhythmus; die Eier werden in der maximalen Anzahl während des Nachmittags ausgeschieden. Daher sind quantitative Methoden zur Untersuchung von Urinproben unerlässlich, um die Intensität der Infektion und auch die Wirksamkeit/Antwort der Behandlung zu beurteilen. Die Nuclepore-Membranfiltrationstechnik ist ein empfindliches Verfahren zur Diagnose von urogenitaler Schistosomiasis. Bei dieser Methode wird Urin durch ein Nuclepore-Membranfiltersystem gefiltert und die Filtermembran anschließend mikroskopisch auf das Vorhandensein von Eiern untersucht.

Die spezifische Diagnose der intestinalen Schistosomiasis wird durch den Nachweis der charakteristischen *S. mansoni*- und *S. japonicum*-Eier im Stuhl gestellt. Bei chronischen Fällen können die Eier spärlich und nicht gleichmäßig mit dem Stuhl ausgeschieden werden. Daher können die Eier bei der direkten Abstrichuntersuchung des Stuhls nicht immer nachgewiesen werden. Die Aufkonzentrierung des Stuhls durch 0,5 %ige glyzerinierte Kochsalzlösung und durch Säure-Äther-Technik sind

Tab 3 Labordiagnose von Schistosomiasis

Diagnostischer Ansatz	Methoden	Target	Anmerkungen
Mikroskopie	Urin: Aufkonzentration durch Nukleoporenfiltration, Stuhl: Aufkonzentration durch Kato-Katz-Technik Blase: Schleimhaut- oder Rektalbiopsie	Eier	Quantitative Methoden sind erforderlich, um die Intensität der Infektion und auch die Wirksamkeit/Antwort der Behandlung zu beurteilen
Immundiagnostik	Antikörpernachweis durch ELISA, Western Blot, indirekte Hämagglutinationstests	IgG	Der Nachweis von Antikörpern kann nicht zwischen der aktuellen und einer früheren Exposition unterscheiden
	Antigennachweis durch ELISA	Zirkulierendes anodisches Antigen (CAA) und zirkulierendes kathodisches Antigen (CCA)	Empfindlicher für *Schistosoma mansoni*
Molekulare Assays	PCR, Real-Time-PCR	Sm1–7-Tandem-Wiederholungssequenz für *Schistosoma mansoni.* Wiederholende *Dra1*-Sequenz von *Schistosoma haematobium*	Nützlich für die frühe Diagnose während der akuten Invasionsphase, bevor Eier nachgewiesen werden können

hilfreich bei der Diagnose von chronischen Fällen. Die Kato-Katz-Technik für einen dicken fäkalen Abstrich ist eine häufig verwendete Methode für die Diagnose. Die Eizahl wird innerhalb von 30 min nach der Herstellung der Präparate ermittelt. Der Stuhl, der 1–4 Eier (entspricht 24–96 Eiern/g Stuhl) auf dem Kato-Katz-Präparat enthält, wird als leichte Infektion angesehen, während ein Stuhl mit 5–33 Eiern (entspricht 120–792 Eiern/g Stuhl) und mehr als 34 Eiern (entspricht mehr als 816 Eiern/g Stuhl) als moderate bzw. schwere Infektionen angesehen werden. Bei den pulmonalen Komplikationen können die Eier auch im Sputum der Patienten nachgewiesen werden.

Serodiagnostik

Der Nachweis von Serumantikörpern durch die Zerkarien-Hüllen-Reaktion („cercarian hullen reaction", CHR), Mirazidien-Immobilisationstest („miracidia immobilization test", MIT), Circum Oval Precipitation (COP), unter Verwendung von lebenden Zerkarien, Mirazidien und lebensfähigen Eiern als Antigene, wurde weitgehend in der Serologie von Schistosomiasis aufgegeben. Indirekte Hämagglutination (IHA), indirekter Fluoreszenz-Antikörper-Test (IFAT) und Immunpräzipitation, ELISA und Modifikationen wie Dot-ELISA, Falcon und FAST-ELISA werden verwendet, um zirkulierende Antikörper nachzuweisen. Der Nachweis von Antikörpern kann nicht zwischen einer gegenwärtigen und einer früheren Infektion unterscheiden, da die Antikörper auch nach der Eliminierung des Saugwurms im Kreislauf vorhanden sein können. Der Nachweis von Antikörpern ist bei Reisenden, bei denen klinische Symptomen auftreten, und bei solchen mit sehr geringer oder keiner Eiausscheidung hilfreich. Die Entwicklung von Antikörpern gegen die adulten Parasiten beginnt etwa 1–2 Monate nach der Exposition, und nach 3 Monaten tritt eine vollständige Serokonversion ein.

Der Fokus hat sich nun auf den Nachweis von 2 zirkulierenden Antigenen, dem zirkulierenden anodischen Antigen („circulating anodic antigen", CAA) und dem zirkulierenden kathodischen Antigen („circulating cathodic antigen", CCA), verlagert. Sowohl CAAs als auch CCAs sind bei aktiven Infektionen mit lebensfähigen Parasiten positiv und werden sogar schon vor der Ausscheidung von Eiern positiv. Mehrere auf monoklonalen Antikörpern basierende Methoden, darunter die Up-Converting-Phosphor-lateral-Flow (UCP-LF CAA)-Technologie, die im Handel als Urin-Point-of-Care (POC)-CCA-Test erhältlich ist, wurden für den Nachweis dieser Antigene in Serum und Urin für die Diagnose entwickelt und bewertet Dieser Point-of-Care-Test (POC-CCA) zum Nachweis kathodischer Antigene im Urin eignet sich hervorragend zur Diagnose von *S. mansoni-Infektionen*, jedoch nur in geringerem Maße zum *S. haematobium*-Nachweis. Er ist im Handel erhältlich und kostengünstig. Dieser Test wird derzeit in *S. mansoni*-Endemiegebieten für das Screening im Zusammenhang mit Massenmedikamentenverabreichungsprogrammen verwendet.

Molekulare Diagnostik

Für den Nachweis und die Quantifizierung von *Schistosoma*-spezifischer DNA in klinischen Proben sind mehrere molekulare Techniken und eine Reihe von DNA-Targets beschrieben worden. Obwohl die PCR-basierte Technologie eine hohe Spezifität und Sensitivität hat, wird sie seltener für die klinische Diagnose von Schistosomiasis in Endemieländern verwendet. Dies liegt daran, dass sie teure Laborgeräte und hochqualifiziertes Personal erfordern. Der Nachweis von Parasiten-DNA in Stuhl, Urin, Vaginalspülung und Liquor ist empfindlicher als andere Methoden und wird in Ländern mit hohen Ressourcen eingesetzt. Die Technologie der schleifenvermittelten isothermen Verstärkung („loop-mediated isothermal amplification", LAMP) wurde hauptsächlich verwendet, um *Schistosoma*-Infektionen in Tiermodellen zu untersuchen oder *Schistosoma*-infizierte Schnecken zu überwachen.

Behandlung

Praziquantel ist das Medikament der Wahl für die Behandlung aller Arten von Schistosomiasis. Der genaue Wirkmechanismus ist nicht bekannt. Möglicherweise beschädigt es das Tegument des Parasiten, indem es die Kalziumaufnahme durch den Parasiten über Kalziumkanäle erhöht. Die teilweise Erosion der Körperoberfläche führt dazu, dass der Saugwurm seine immunologische Tarnung verliert und daher vom Immunsystem des Wirts als fremd erkannt und folglich vom Immunsystem des Wirts zerstört wird. Außerdem bewirkt es eine tetanische Kontraktion des Parasiten. Für *S. haematobium* und *S. mansoni* wird eine Einzeldosis von 40 mg/kg Körpergewicht empfohlen. Es wird in der empfohlenen Dosis gut vertragen, doch können in einigen Fällen Durchfall, Bauchbeschwerden, Schwindel usw. auftreten.

Oxamniquin ist ein alternatives Medikament zur Behandlung von *S. mansoni*-Infektionen, einschließlich Patienten mit fortgeschrittener Krankheit und Hepatosplenomegalie. Das Medikament hat sich als wirksamer gegen adulte Männchen als gegen Weibchen erwiesen. Auch die frühen Entwicklungsstadien sind empfänglich für eine Oxamniquintherapie. Allerdings ist die Resistenz gegen Oxamniquin ein ernsthafter Nachteil dieses Medikaments, weshalb es nicht bevorzugt wird. *Schistosoma japonicum* gilt als der resistenteste unter den humanen Schistosomen, gegen das Praziquantel oral in 3 Dosen zu je 20 mg/kg Körpergewicht (Gesamtdosis 60 mg/kg) im Abstand von 4 h verabreicht werden muss. Praziquantel ist auch das einzige Medikament, das weltweit in Programmen zur Bekämpfung der Schistosomiasis massenhaft verabreicht wird.

Prävention und Bekämpfung

Das primäre Ziel der Überwachung und Prävention besteht darin, die Übertragung, Morbidität und Mortalität zu reduzieren. Eine Reduzierung der Kontamination von natürlichem Wasser durch menschliche Fäkalien kann durch Aufklärung der Menschen über die Gesundheitsgefahren der Infektion und Bereitstellung angemessener sanitärer Einrichtungen erreicht werden. Da es sich hierbei um langfristige Maßnahmen handelt, die zudem mit einem hohen finanziellen Aufwand verbunden sind, bietet die Chemotherapie der Fälle die Grundlage für einen sofortigen und praktikablen Ansatz zur Bekämpfung der durch die Krankheit verursachten Morbidität. Schistosomiasis ist eine Krankheit aufgrund von Armut, so dass es in den endemischen Gebieten oft an guten sanitären Einrichtungen und sauberem Wasser mangelt. Der berufliche Kontakt mit Teichen oder Flüssen sollte vermieden werden. Präventive Maßnahmen zur Bekämpfung von Tierinfektionen sollten ebenfalls durchgeführt werden.

Die WHO hat das Jahr 2025 festgelegt, bis zu dem die Schistosomiasis weltweit vollständig ausgerottet sein soll. Die wichtigste Maßnahme zur Eindämmung der Krankheit ist die regelmäßige Massenverabreichung von Praziquantel. Andere Maßnahmen wie die Bereitstellung von sauberem Trinkwasser, angemessene sanitäre Einrichtungen und die Bekämpfung der Schneckenpopulation können dazu beitragen, die Übertragungskette zu unterbrechen. Nach Angaben der WHO wurden 2018 von insgesamt 290,8 Mio. Menschen, die eine präventive Behandlung benötigten, 97,2 Mio. Menschen gegen Schistosomiasis behandelt. Kinder und Erwachsene in den Endemiegebieten, insbesondere die Bevölkerung, die beruflich mit Wasser in Kontakt kommt (wie Fischer und Bauern), und ganze Gemeinschaften, die in stark endemischen Gebieten leben, sind die Zielgruppen für die Behandlung von Schistosomiasis. Die WHO verstärkt auch die Schneckenbekämpfung als Teil ihres strategischen Ansatzes zur Erreichung des Ziels der Eliminierung der Schistosomiasis auf der Grundlage von Leitlinien mit spezifischen, standardisierten Verfahren und Kriterien für Wirksamkeitsprüfung und Bewertung zum Einsatz von Molluskiziden im Feld.

Andere *Schistosoma*-Arten

Schistosoma intercalatum

Schistosoma intercalatum ist ein Blutegel, der beim Menschen die intestinale/rektale Schistosomiasis verursacht und in Kamerun, Gabun, Zentral- und Westafrika sowie in der Demokratischen Republik Kongo endemisch ist. Der Parasit existiert in 2 geografisch isolierten Stämmen: einer ist der Niederguinea-Stamm und der andere ist der Zaire-Stamm; der Niederguinea-Stamm nutzt *Bulinus forskalii*, während der Zaire-Stamm *Bulinus globosus* als Zwischenwirt nutzt. Elektronenmikroskopische Untersuchungen der männlichen Würmer zeigten, dass sie ein knotiges Tegument mit Stacheln haben. Eine natürliche Hybridisierung tritt zwischen *S. intercalatum* und *S. haematobium* auf. Weibliche Egel legen Eier mit terminalen Stacheln. Da die Größe der Eier im mittleren Bereich liegt (kleiner als *S. haematobium* und größer als *S. bovis*), hat sich der Name„intercalatum" ergeben.

Mäuse, Paviane, Hamster, Ziegen, Gibbons, Schimpansen usw. werden als Versuchstiere verwendet. Viele Tiere wurden im Labor experimentell infiziert und sie scheiden lebensfähige Eier im Stuhl aus; jedoch wurden natürliche Infektionen mit *S. intercalatum* bisher nur bei einer Art von Wildnager (*Hybomys univittatus)* berichtet. Es ist noch nicht erwiesen, dass die zoonotische Infektion eine größere Rolle in der Epidemiologie der menschlichen Krankheit spielt. Blutiger Durchfall mit Bauchschmerzen ist das wichtigste klinische Symptom. Die pathologischen Veränderungen sind milder als bei *S. mansoni,* und eine Splenomegalie ist selten. Interessanterweise sind die meisten Menschen in den Endemiegebieten asymptomatisch. Die Diagnose erfolgt durch die Technik der Stuhlaufkonzentrierung.

Schistosoma mekongi

Schistosoma mekongi, der eine intestinale Schistosomiasis verursachte, wurde erstmals 1957 bei einem menschlichen Patienten (aus dem Mekong-Flussbecken) diagnostiziert und später 1968 in Kambodscha. Derzeit ist die Infektion im Mekong-Flussbecken in der Demokratischen Volksrepublik Laos (Laos) und Kambodscha endemisch und wurde 2001 von Attwood ausführlich beschrieben. Der Parasit wurde als separate Art identifiziert, basierend auf der Anfälligkeit einer anderen Schneckenart, nämlich *Tricula aperta* oder *Neotricula aperta.*

Die elektronenmikroskopischen Untersuchungen der männlichen Würmer zeigten, dass sie ein nicht knotiges Tegument haben. Adulte Egel befinden sich in der Mesenterialvene, aber die Eier sind relativ kleiner und mehr sphärisch als die von *S. japonicum.* Beim Menschen verursacht es eine intestinale Schistosomiasis, und die wichtigsten pathologischen Veränderungen sind in der Leber und Milz zu beobachten; es kann jedoch auch eine Beteiligung des Gehirns auftreten. Die Infektion ist bei Kindern aufgrund ihres hohen Wasserkontakts häufig. Obwohl die Infektion in der Demokratischen Volksrepublik Laos und Kambodscha beschränkt ist, wurde der Parasit bisher nicht aus Indien gemeldet, dennoch kann seine Existenz im Land nicht ausgeschlossen werden, da die Schnecke, *Tricula* (Zwischenwirt von *S. mekongi*), in Indien verbreitet ist. Die Infektion wurde bei Tieren (Hunden und Schweinen) gemeldet; jedoch wurde die Rolle dieser Reservoirwirte in der Epidemiologie von *S. mekongi* noch nicht festgestellt. Die Diagnose der Krankheit und die Behandlung ist ähnlich wie bei *S. japonicum.*

Schistosoma malayensis

Schistosoma malayensis und *S. sinensisum* werden als Stämme von *S. japonicum* betrachtet, während S. *mekongi* als eine Unterart oder eine von *S. japonicum* getrennte Spezies angesehen wird. *Schistosoma malayensis* spp.nov. wurde erstmals im Jahr 1973 in histologischen Schnitten der Leber, der Bauchspeicheldrüse und des Mesenteriums einer 38-jährigen Frau aus dem Bundesstaat Pahang in Malaysia gefunden. Das adulte Stadium von *S. malayensis* ist kleiner als das von *S. mekongi* und *S. japonicum*. Das Nagetier *Rattus muelleri* ist der primäre Wirbeltier- und Endwirt im halbinselförmigen Malaysia. *Robertsiella kaporensis* und *Robertsiella gismanni* wurden als Zwischenwirte für *S. malayensis* identifiziert. Die Symptome beim Menschen sind nicht sehr klar und weitere Studien müssen durchgeführt werden.

Fallstudie

Ein 55-jähriger Mann stellte sich mit Hämaturie und Dysurie vor. Diese Beschwerden bestanden seit 7 Monaten. Nach der ersten Untersuchung, bei der keine Anomalien festgestellt wurden, wurde ein Ultraschall des Abdomens durchgeführt, bei dem eine Masse an der linken Blasenwand zeigte. Bei der Zystoskopie wurden papilläre tumorähnliche Läsionen festgestellt, und es wurde eine transurethrale Resektion der Läsion durchgeführt. Die Histopathologie zeigte ein hochgradiges papilläres Karzinom und eosinophile kugelförmige Strukturen, die Parasiteneiern ähnelten. Der Patient wurde erneut befragt und es wurde eine detaillierte Anamnese erhoben. Es stellte sich heraus, dass der Patient etwa 10 Jahre in Libyen gearbeitet hatte und während dieser Zeit in benachbarte Länder in Nordafrika wie Tunesien, Ägypten, Marokko usw. gereist war. Vor etwa 4 Jahren hatte er eine juckende Läsion an seinem Bein und einen Ausschlag entwickelt, der nach einigen Tagen verschwunden war. Der Patient wurde auf Antikörper gegen *S. haematobium* und *S. mansoni* getestet, und es wurde festgestellt, dass das *S. haematobium*-IgG erhöht war. Es wurde Blasenkarzinom aufgrund von *S. haematobium* diagnostiziert, und der Patient erhielt Praziquantel zusätzlich zur Therapie des Blasenkarzinoms.

1. Was ist der Mechanismus von Blasenkarzinom bei chronischer urogenitaler Schistosomiasis?
2. Was ist der Grund dafür, dass Kinder und junge Erwachsene häufig an der Krankheit leiden und nicht die Erwachsenen?
3. Welche kommerziellen Diagnosekits sind für die Diagnose von Schistosomiasis verfügbar?

Forschungsfragen

1. Welche schützenden Antigene können für die Entwicklung wirksamer Impfstoffe gegen die verschiedenen *Schistosoma*-Arten verwendet werden, und welche Strategien sollten für die Prüfung der Wirksamkeit des Impfstoffs unter Feldbedingungen angewandt werden?
2. Welche kostengünstigen, schnellen Point-of-Care-Tests können zur Diagnose von Schistosomiasis verwendet werden?
3. Wie lassen sich die Übertragungsmuster mithilfe von Fernerkundungs- und geografischen Informationssystemen verstehen?
4. Welche Maßnahmen können zur Bekämpfung der Schistosomiasis wirksam sein?

Weiterführende Literatur

Agrawal MC. Present status of schistosomosis in India. Proc Natl Acad Sci India. 2005;75((B)(special issue)):184–96.

Agrawal MC. Schistosomes and schistosomosis in South Asia. Springer: New York; 2012. S. 351. ISBN 978-81-322-0538-8.

Agrawal MC, Rao VG. Some facts on south Asian schistosomiasis and need for international collaboration. Acta Trop. 2018;180:76–80.

Agrawal MC, Sirkar SK, Pandey S. Endemic form of Cercarial dermatitis (Khujlee) in Bastar area of Madhya Pradesh. J Parasit Dis. 2000;24:217–8.

Attwood SW. Schistosomiasis in the Mekong region: epidemiology and phylogeography. Adv Parasitol. 2001;50:87–152.

Baugh SC. A century of schistosomiasis in India: human and animal. Riv Iber Parassitol. 1978;38:435–72.

Gadgil RK. Human schistosomiasis in India. Indian J Med Res. 1963;51:244–51.

Gaitonde BB, Sathe BD, Mukerji S, Sutar NK, Athalye RP, Kotwal BP, et al. Studies on schistosomiasis in village Gimvi of Maharashtra. Indian J Med Res. 1978;74:352–7.

Houston S, KingaKGK NS, McKean J, Johnson ES, Warren K. First report of *Schistosoma mekongi* infection with brain involvement. Clin Infect Dis. 2004;38:e1–6.

Montgomery RE. Observations on Bilharziasis among animals in India. J Trop Vet Sci. 1906;1(15–46):138–74.

McManus DP, Dunne DW, Sacko M, Utzinger J, Vennervald BJ, Zhou XN. Schistosomiasis. Nat Rev Dis Primers. 2018;4(1):13.

Parija SC. Schistosomes and schistosomiasis in South Asia. Trop Parasitol. 2012;2:145.

Rollinson D, Southgate VR. The genus *Schistosoma*: a taxonomic appraisal. In: Rollinson D, AJG S, editors. The biology of schistosomes from genes to latrines. London: Academic Press; 1987. p. 1–49.

Sousa MS, van Dam GJ, Pinheiro MCC, de Dood CJ, Peralta JM, Peralta RHS, et al. Performance of an ultra-sensitive assay targeting the circulating anodic antigen (CAA) for detection of *Schistosoma mansoni* infection in a low endemic area in Brazil. Front Immunol. 2019; https://doi.org/10.3389/fimmu.2019.00682 .

Standley CJ, Dobson AP and Stothard JR. Out of animals and back again: schistosomiasis as a zoonosis in Africa. In: Schistosomiasis. Mohammad BagherRokni (Ed.); 2012. InTech: London. Available from: http://www.intechopen.com/books/schistosomiasis/out-of-animals-and-back-again-schistosomiasis-as-a-zoonosis-in-africa .

Fasziolose

V. C. Rayulu und S. Sivajothi

Lernziele

1. Erkennen von Unterschieden in der Morphologie von Trematodeneiern, die zum Teil auf der geografischen Verbreitung dieser Parasiten beruhen
2. Die Bedeutung des Falcon-Assay-Screening-Test-enzymgekoppelter-Immunadsorptionsassays (FAST-ELISA) bei der Diagnose von Fasziolose zu verstehen
3. Die vorbeugenden Maßnahmen kennen, die bei der Verwendung von Gemüseprodukten zu treffen sind

Einführung

Die durch *Fasciola* spp. verursachte Fasziolose ist eine der vernachlässigten lebensmittelbedingten zoonotischen parasitären Erkrankungen des Menschen. *Fasciola hepatica* und *Fasciola gigantica* sowie Hybriden zwischen diesen beiden Arten verursachen weltweit Infektionen bei Menschen und Tieren. Diese Saugwürmer werden allgemein als Leberegel bezeichnet. Verschiedene Schneckenarten der Familie *Lymnaeidae* fungieren als Zwischenwirt für diese Saugwürmer. Menschen und Tiere infizieren sich durch den Verzehr von kontaminierten Süßwasserpflanzen, insbesondere Brunnenkresse. Die adulten Saugwürmer leben in den großen Gallengängen des Säugetierwirts. Menschen sind zufällige Wirte für diese Parasiten. Die Bedeutung der menschlichen Fasziolose für die öffentliche Gesundheit hat in jüngster Vergangenheit zugenommen, da eine größere Anzahl von Fällen beim Menschen gemeldet wurde. Laut WHO sind 17 Mio. Menschen mit *Fasciola*-Arten infiziert und 180 Mio. Menschen sind weltweit gefährdet. Es gibt eine erhöhte Prävalenz von Fasziolose unter den Tierzuchtgemeinschaften in Ländern mit niedrigem Einkommen aufgrund ihrer ständigen engen Verbindung mit Nutztieren. Es gibt keinen Impfstoff zur Vorbeugung von Fasziolose.

Geschichte

Es gibt Hinweise auf Fasziolose beim Menschen, die bis zu ägyptischen Mumien zurückreichen, in denen *Fasciola*-Eier gefunden wurden. *Zerkarien* von *F. hepatica* in einer Schnecke und Saugwürmer, die Schafe infizieren, wurden erstmals 1379 von Jehan De Brie beobachtet. Der Lebenszyklus und das Schlüpfen der Eier wurden erstmals 1803 von Zeder

V. C. Rayulu (✉) · S. Sivajothi
Department of Veterinary Parasitology, Sri Venkateswara Veterinary University, Tirupati, Andhra Pradesh, Indien

S. C. Parija und A. Chaudhury (Hrsg.), *Lehrbuch der parasitären Zoonosen*,
https://doi.org/10.1007/978-981-97-4312-4_20

beschrieben. Später erläuterte Steenstrup (1842) die Idee einer alternierenden Generation bei der Entwicklung des Parasiten. Weinland (1875) beschrieb die Rolle von *Luteola truncatula* als Zwischenwirt für das Larvenstadium. Der Übertragungsweg von *Fasciola*-Parasiten auf Pflanzenfresser wurde von Lutz (1892) identifiziert, während der Übertragungsweg auf Menschen und die durch den Parasiten verursachten Organschäden von Sinitsin (1914) beschrieben wurden.

Taxonomie

Die Gattung *Fasciola* gehört zur Familie Fasciolidae, Unterklasse *Digenea,* Klasse Trematoda, Stamm Platyhelminthes und Ordnung Echinostomiformes. *Fasciola hepatica* Linnaeus, 1758 und *Fasciola gigantica* Cobbold, 1855.

Genomik und Proteomik

Unter den Trematoden ist das Genom von *F. hepatica* das größte mit einer Größe von etwa 1,3 Gb. Nach *F. hepatica* besitzen *Paragonimus westermani, Ophistorchis viverrini* und *Clonerchis sinensis* Genomgrößen in abnehmender Reihenfolge von 0,9, 0,6 und 0,5 Gb. Das Genom von *F. hepatica* ist in 10 Chromosomenpaare mit 15.740 Protein codierenden Genen und 57,1 % repetitiver DNA organisiert. Das gesamte mitochondriale Genom des Organismus ähnelt den meisten anderen eukaryotischen mitochondrialen Genomen mit 14,5 kb. Dieses Mitogenom umfasst 22 tRNA-Gene und 12 Protein codierende Gene. Die größere Genomgröße von *F. hepatica* wird auf Genduplikation und Polymorphismus zurückgeführt. Im Allgemeinen neigen größere Genome dazu, sich schnell an Veränderungen in der Umgebung anzupassen und die Fitness des Organismus zu erhöhen. Ähnlich könnte bei *F. hepatica* die größere Größe eine schnelle Anpassung an neue Wirte, Medikamenteneingriffe und das Entkommen vor Impfstoffen ermöglichen.

Die differentielle Expression von somatischen *F. hepatica*-Proteinen in verschiedenen Wachstumsphasen wurde berichtet. Die Hochleistungsflüssigkeitschromatografie-Tandem-Massenspektroskopie hat 629, 2286, 2254 und 2192 Proteine in Metazerkarien, jugendlichen Saugwürmern, unreifen Saugwürmern und adulten Phasen identifiziert. Die Genontologieanalyse ergab, dass differentiell exprimierte Proteine an Transport, Lokalisierung, Stoffwechsel, Enzymregulation, Proteinfaltung und -bindung sowie Nukleosid- und Nukleotidbindung beteiligt sind. Darüber hinaus wurden die exkretorisch-sekretorischen Proteine des adulten Wurms untersucht, um ihre Interaktion mit verschiedenen Zytokinen und Immunzellen zu finden. Solche Studien würden helfen, den molekularen Mechanismus der Wirt-Parasiten-Interaktion zu verstehen. Weiterhin würden diese Studien auch helfen, neue Medikamente und Impfstoffziele zu verstehen.

Parasitenmorphologie

Fasciola hepatica und *F. gigantica* haben folgende Lebensformen, die in den Endwirten, Schnecken, Wasser und Vegetation zu sehen sind.

Adulter Wurm

Beide, *F. hepatica* und *F. giganticaa,* wurden traditionell aufgrund ihrer morphologischen Merkmale und der Größe von Körperlänge und-breite klassifiziert. Ein adulter *F. hepatica* ist blattförmig mit einer breiten und kegelförmigen vorderen Ausbuchtung (Abb. 1). Er ist graubraun und wechselt bei Konservierung zu grau. Das Tegument ist mit scharfen Stacheln bewehrt. Der junge Saugwurm ist bei Eintritt in die Leber 1–2 mm lang und lanzettförmig. Saugwürmer werden in den Gallengängen vollreif und messen 3,5 cm in der Länge und 1 cm in der Breite. *Fasciola gigantica* ist größer als *F. hepatica* und kann sogar bis zu 7,5 cm lang werden. Der blattförmige *F. gigantica* hat ein kurzes konisches vorderes Ende und eine unauffällige Schulter.

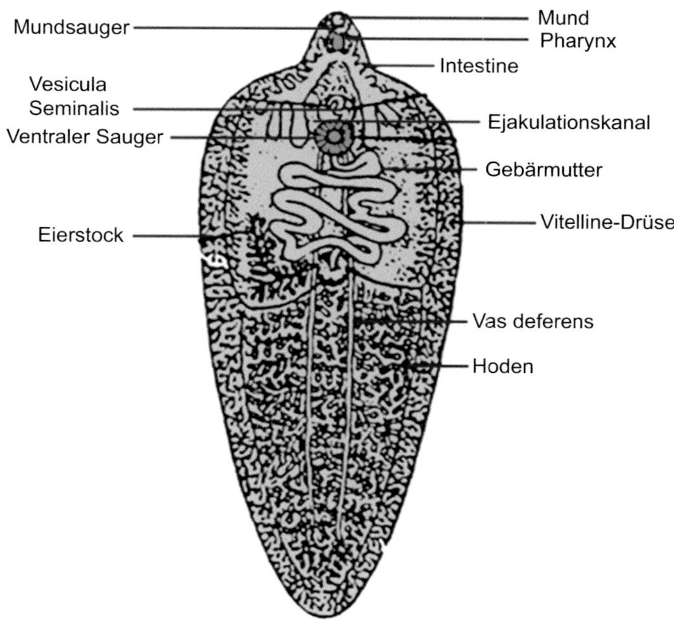

Abb. 1 Schematische Darstellung eines adulten *Fasciola hepatica*-Wurms

Der Saugwurm besitzt einen prominenten oralen Sauger am Ende des vorderen Kegels und einen ventralen Sauger an der Basis des Kegels, mit denen er sich an der Auskleidung der Gallengänge festsetzen kann. Jeder Wurm besitzt Eierstöcke und Hoden, die stark verzweigt sind.

Eier

Die Eier sind gelblich-braun, oval, operkuliert und messen 130–145 µm in der Länge und 70–90 µm in der Breite. Sie bestehen aus einer befruchteten Eizelle, die von vielen Dotterkörnchen umgeben ist. Unentwickelte Eier werden im Kot ausgeschieden, der das Weideland kontaminiert und außerhalb der Wirte zur Embryonalentwicklung führt. Verschiedene Faktoren wie Temperatur, Feuchtigkeit und Sauerstoffdruck beeinflussen die Entwicklung der Eier in der Umwelt. Die Mirazidien, die Larven im ersten Larvenstadium, schlüpfen aus den Eiern im aquatischen Medium.

Larvenstadien

Mirazidien sind kurzlebige pyriforme bewegliche Larvenstadien, die mit Zilien bedeckt sind. Im Inneren der Schnecke verwandeln sich die Mirazidien in Sporozysten, die pleomorphe sackförmige Körper sind, die Keimzellen enthalten, die weiter zu kleinen Redien führen. Reife Zerkarien sind freischwimmende Stadien mit einfachen länglichen keulenförmigen Schwänzen, die anschließend abgestoßen werden, wenn sie auf der Vegetation zu membrangebundenen Metazerkarien enzystieren.

Metazerkarien

Metazerkarien sind das infektiöse Stadium des Parasiten. Sie messen fast 0,2 mm im Durchmesser. Diese Larven bleiben unter natürlichen Bedingungen im Wasser und können bis zu 6 Monate überleben.

Zucht von Parasiten

Fasciola wird in Gewebekulturmedium gehalten, um die Ausscheidungs-/Sekretions- und Stoffwechselprodukte des Parasiten für verschiedene Impf- und diagnostische Untersuchungen zu ernten. Das Kulturmedium NCTC 135, das mit 50 % hitzeinaktiviertem Hühnerserum und roten Blutkörperchen von Schafen angereichert ist, wird häufig für das Wachstum und die Entwicklung von ausgeschlüpften Metazerkarien von *F. hepatica* verwendet. Die frisch ausgeschlüpften Larven, die bei 37–38 °C inkubiert werden, durchlaufen eine somatische Entwicklung ähnlich der von Saugwürmern, die 11 Tage nach der Infektion aus der Mausleber gewonnen wurden. In vitro gezüchtete unreife Saugwürmer, die aus dem Bauch und der Leber von Mäusen gewonnen wurden, setzen ihr somatisches Wachstum im Medium fort, entwickeln jedoch kein Fortpflanzungssystem.

Versuchstiere

Fasciola ist in der Lage, seine sexuelle Phase des Zyklus in einer Vielzahl von Wirten abzuschließen, darunter neben Wiederkäuern und wilden Pflanzenfressern auch Kaninchen und Nagetiere. Diese beiden *Fasciola*-Arten unterscheiden sich jedoch in ihrer Entwicklung bei den Versuchstieren in Bezug auf Wachstum, Entwicklung und Reife. *Fasciola hepatica* entwickelt sich zu Geschlechtsreife in Ratten und Mäusen. Daher wurden umfangreiche Arbeiten im Zusammenhang mit Immunologie, Immunprophylaxe und chemotherapeutischen Versuchen bei Ratten durchgeführt. *Fasciola gigantica* dagegen entwickelt sich in Meerschweinchen und Kaninchen, aber nicht in Nagetieren wie Ratten und Mäusen. Aufgrund seiner größeren Größe und seiner verlängerten Präpatenzperiode, entwickelt sich *F. gigantica* in Meerschweinchen und Kaninchen nur für einen begrenzten Zeitraum, und bevor sie ausgereift sind, sterben die infizierten Versuchstiere nach 11–12 Wochen an der Infektion. Überlebt jedoch ein Kaninchen, reift der Parasit etwa innerhalb von 22 Wochen. In solchen Fällen bleiben der Parasit sowie die Eier im Leberparenchym gefangen. Weder der Parasit noch die Eier gelangen in die winzigen Gallengänge der Kaninchen.

Lebenszyklus von *Fasciola* spp.

Wirte

Endwirte

Fasciola hepatica und *F. gigantica* sind hauptsächlich die Parasiten von Haus- und Wildwiederkäuern, einschließlich Schafen, Rindern, Büffeln, Ziegen, Kameliden und Hirschen. Infektionen treten gelegentlich bei abweichenden, nicht wiederkäuenden Pflanzenfressern wie Equiden, Schweinen, Hasenartigen, Beuteltieren und Nagetieren auf. Der Nachweis von *Fasciola* spp.-Eiern im Kot von Fleischfressern stellt wahrscheinlich eine Fehlpassage dar, die auf den Verzehr von kontaminierter Leber zurückzuführen ist. Menschen sind zufällige Wirte für diese Parasiten.

Reservoirwirte

Dazu gehören: (1) die wichtigsten Haustiere wie Rinder, Büffel, Schafe, Ziegen, Schweine und Esel, (2) sporadische Haustiere wie Pferde, Dromedare, Kamele und (3) sylvatische Reservoirs wie Hasen und Kaninchen für beide *Fasciola*-Arten und Nagetiere nur für *F. hepatica*.

Zwischenwirte

Luftatmende Süßwasserschnecken der Familie Lymnaeidae fungieren als Zwischenwirte für *Fasciola* spp. Etwa 20 Schneckenarten unter den Gattungen *Lymnaea, Fossaria, Galba* und *Pseudosuccinea* fungieren als Zwischenwirte für eine oder mehrere *Fasciola* spp. Die Schneckenarten, die als Zwischenwirte für *F. hepatica* und *F. gigantica* dienen, können je nach geografischer Region variieren.

Infektiöses Stadium

Die Metazerkarien sind das infektiöse Stadium.

Übertragung von Infektionen

Die Fasziolose wird sowohl durch Wasser als auch durch Nahrung übertragen. Menschen und andere Säugetiere erwerben die Infektion durch: (i) das Verschlucken von verkapselten Metazerkarien, die an aquatischen oder halbaquatischen Pflanzen haften, (ii) das Trinken von Wasser, das mit schwimmenden Metazerkarien kontaminiert ist und (iii) die Aufnahme von Metazerkarien, die auf der Oberfläche von Lebensmitteln oder Küchenutensilien haften, die mit mit schwimmenden Metazerkarien verunreinigtem Wasser gewaschen wurden. Die Übertragung auf den Menschen ist häufig auf die Kontamination der Umwelt durch infizierte Tiere zurückzuführen (Abb. 2).

Verschluckte Metazerkarien schlüpfen und setzen juvenile Saugwürmer im Duodenum frei. Die juvenilen Saugwürmer wandern durch die Darmwand, die Bauchhöhle, das Leberparenchym und erreichen schließlich die Gallengänge, wo sie in etwa 3–4 Monaten zu adulten Saugwürmern heranreifen. Adulte Saugwürmer legen in den Gallengängen Eier, die durch den Hauptgallengang in den Darm gelangen und anschließend im Stuhl ausgeschieden werden. Die Eier sind bei der Ausscheidung im Stuhl noch nicht vollständig entwickelt und benötigen mindestens 10 Tage, um das Mirazidienstadium zu erreichen. Die Mirazidien sind birnenförmige,

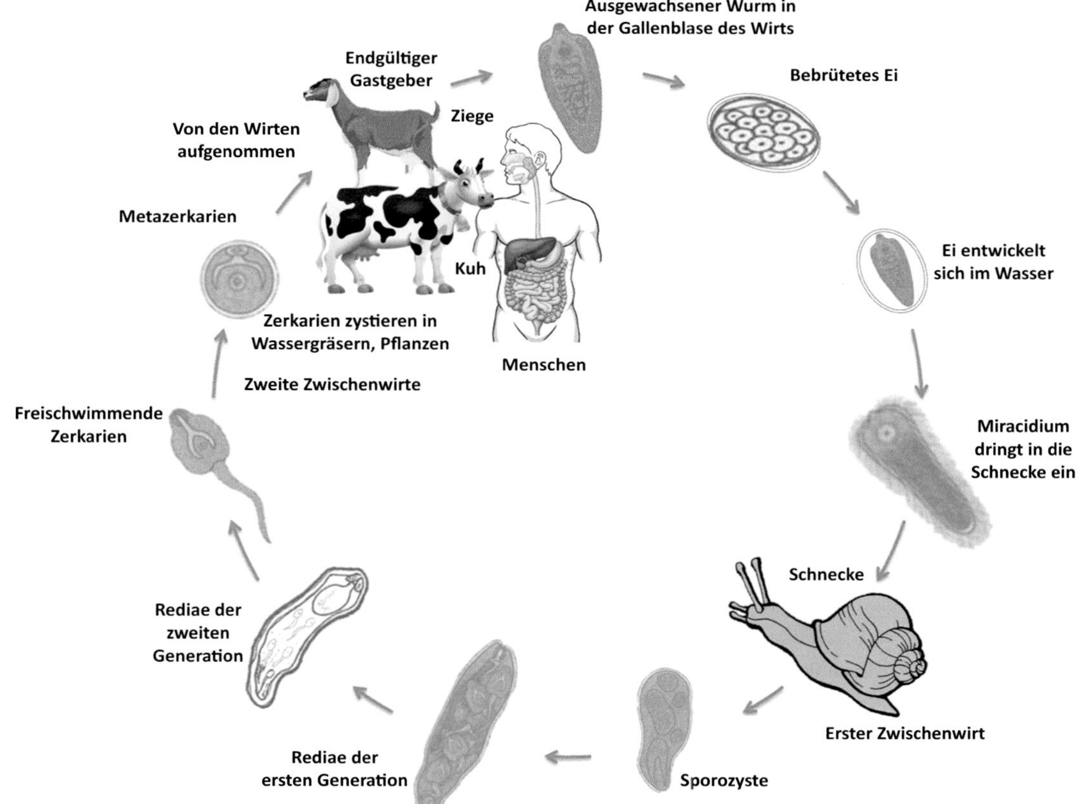

Abb. 2 Lebenszyklus von *Fasciola hepatica*

bewegliche Larven, die 150–200 μm lang und mit Zilien bedeckt sind. Die Eier setzen Mirazidien frei, die frei im Wasser schwimmen und anschließend einen geeigneten Schneckenzwischenwirt im Wasser befallen. In den Lymphräumen der Schnecke entwickeln sich die Mirazidien zu *Sporozysten.* Sporozysten sind pleomorphe, sackartige Körper (0,3–1,5 mm im Durchmesser), die Keimzellen enthalten, aus denen kleine Redien (Embryonen) entstehen. Von der Schnecke werden Redien der 2. Generation und schließlich die Zerkarien in die aquatische Umgebung freigesetzt. Der gesamte Zyklus dauert in der Schnecke 30–60 Tage.

Die Zerkarien sind fast 0,5 mm lang, in freischwimmenden Stadien mit einfachen, länglichen, keulenförmigen Schwänzen. Die reifen Zerkarien heften sich an Grashalme oder aquatische Vegetationen und verkapseln sich, was zum Metazerkarienstadium führt, das für Menschen und andere definitive Wirte infektiös ist.

Pathogenese und Pathologie

Der Krankheitsprozess bei der Fasziolose beginnt mit dem Eintritt des juvenilen Saugwurms in das Lebergewebe. Die Pathogenese der Krankheit bei verschiedenen Wirten kann auch in ihrer Schwere variieren, abhängig von der Anzahl der verschluckten Metazerkarien, der *Fasciola*-Art und dem Stadium der parasitären Entwicklung im infizierten Wirt. Die juvenilen Saugwürmer wandern im Leberparenchym und verursachen umfangreiche traumatische Läsionen mit Blutungen und Entzündungen. Die von *F. gigantica* verursachten Läsionen sind schwerwiegender, selbst bei weniger Saugwürmern, möglicherweise aufgrund ihrer längeren Migrationsdauer im Leberparenchym, ihrer größeren Größe und der überall auf dem Tegument des Parasiten vorhandenen Stacheln.

Bei Schafen kann die Aufnahme von fast 2000 Metazerkarien von *F. hepatica* und 300 Metazerkarien von *F. gigantica* einen akuten Zustand hervorrufen. Bei großen Wiederkäuern, Büffeln und Rindern führt die Aufnahme von 1000 Metazerkarien von *F. gigantica* zu einer akuten Erkrankung. Die akute Phase ist durch Hepatomegalie, Splenomegalie und/oder periportale Lymphadenopathie, insbesondere schwere Blutungen, die durch die wandernden juvenilen Saugwürmer verursacht werden, gekennzeichnet. Das Leberparenchym, insbesondere der ventrale Lappen, der mit der Gallenblase verbunden ist, ist stark geschädigt und weist eine unebene Oberfläche auf, die mit Blutgerinnseln bedeckt ist. Die Leber ist vergrößert und blutig, bedeckt mit fibrösen Gerinnseln und nekrotischen Tunneln mit wandernden Saugwürmern. Leberschäden bei Schafen und manchmal bei Rindern, die durch hepatische Fibrose und hyperplastische Cholangitis gekennzeichnet sind, korrelieren gut mit der Parasitenlast. Adulte Saugwürmer können die Gallengänge teilweise oder vollständig verstopfen, was im Laufe der Zeit zu Fibrose, Hypertrophie und später zur Dilatation des proximalen Gallenbaums führt. Es können subkapsuläre Läsionen im Parenchym der Leber auftreten. Die Gallengänge sind oft verkalkt, was zu einer „Tonpfeifen"- oder„Pfeifenstielleber" führt. Die wandernden Parasiten hinterlassen gewundene Spuren. Subkapsuläre Hämatome, Kapselverdickungen oder parenchymale Verkalkungen können ebenfalls sichtbar sein.

Immunologie

Mehrere Studien zur Fasziolose haben gezeigt, dass der Widerstand an der Darmwand thymusunabhängig ist und dass unspezifische und Überempfindlichkeitsreaktionen eine Rolle spielen können. Die jugendlichen Saugwürmer, die durch die Darmwand und das Peritoneum wandern, induzieren die Infiltration von Eosinophilen, IgG1- und IgG2-Antikörpern. Die antikörperabhängige zellvermittelte Zytotoxizität (ADCC) spielt eine wichtige Rolle bei der *Fasciola*-Infektion, wie bei anderen metazoischen Parasiten. Das Isoenzym Glutathion-S-Transferase (GST) unterdrückt sowohl in *F. hepatica* und *F. gigantica* die Freisetzung von toxischem Sauerstoff, was zu einer Neutralisierung der sofortigen überempfindlichen Typ-I-vermittelten Immunreaktion führt, an der sowohl Neutrophile als auch Eosinophile beteiligt sind.

Experimentelle Studien in Tiermodellen legen nahe, dass der unreife Parasit das Ziel von schützenden Immunantworten des Wirts ist, aber die eingesetzten Effektormechanismen variieren je nach Wirt. Im Rattenmodell beinhaltet die In-vitro-Abtötung von unreifen *F. hepatica* eine antikörperabhängige Zellzytotoxizität, die durch Stickstoffmonoxid vermittelt wird, das von aktivierten Monozyten und Makrophagen produziert wird. *Fasciola* spp. modulieren aktiv die Immunantwort des Wirts, indem sie Typ-1-Reaktionen während der Infektion herunterregulieren. Die Analyse von IL-4- und Interferon-γ-Zytokinen deutet auf eine vorherrschende Typ-2-Immunantwort bei BALB/c-Mäusen hin, die mit Metazerkarien von *F. hepatica* infiziert sind. Der IL-4-mRNA-Spiegel, der durch die Reverse-Transkriptase-Polymerasekettenreaktion bestimmt wurde, hat gezeigt, dass die Immunantwort innerhalb von 24 h nach Infektion polarisiert wird.

Infektion beim Menschen

Der Inkubationszeitraum variiert von wenigen Tagen bis zu 3 Monaten, abhängig von der Anzahl der aufgenommenen Metazerkarien und dem Immunstatus des Wirts. Fast die Hälfte der *Fasciola*-Infektionen beim Menschen verläuft subklinisch.

Die akute Fasziolose, auch bekannt als invasive Fasziolose, tritt normalerweise bei Schafen, aber selten beim Menschen auf, da dafür eine große Anzahl (>10.000) von Metazerkarien aufgenommen werden muss. In der Regel dauert die invasive Phase viele Wochen, wobei die häufigsten Symptome intermittierendes Fieber, Hepatomegalie und Bauchschmerzen sind. Bauchschmerzen sind auf das Epigastrium oder das rechte Hypochondrium beschränkt. Unwohlsein, Abmagerung, Urtikaria und Eosinophilie sind die weiteren Symptome.

Chronische oder obstruktive Fasziolose ist eine latente Phase, die Monate oder sogar Jahre dauern kann, wenn die Infektion asymptomatisch ist. Die Erkrankung wird oft während der Untersuchung auf andere Infektionen diagnostiziert. Dennoch kann die Reifung des Parasiten zu einem adulten Stadium zu einer obstruktiven Manifestation führen, die zu Hepatitis, Cholangitis und/oder Pankreatitis führt. Anämie, Pankreatitis, Gallenfibrose, Cholelithiasis und obstruktive Gelbsucht können auftreten. Große Mengen wandernder Larven dringen in die Leber ein und verursachen eine traumatische Hepatitis, die häufig tödlich ist. Manchmal kann die Leberkapsel in die Bauchhöhle reißen, was zum Tod durch Peritonitis führt.

Fasciolae können auch ektopische Infektionen verursachen, insbesondere in den Lungen und im Unterhautgewebe, wo sie Zysten bilden können. *Halzoun* ist ein Beispiel für eine solche Erkrankung, die nach dem Verzehr von rohen Lebergerichten auftritt, die aus frischen Lebern von Schafen, Ziegen usw. zubereitet wurden, die mit unreifen *Fasciola* spp. infiziert sind. Die Erkrankung ist gekennzeichnet durch eine schwere Pharyngitis und ödematöse Kongestion, Dysphagie, das Gefühl eines Fremdkörpers im Hals und Blutungen aus dem Pharynx. Diese Erkrankung wurde im Libanon, in Syrien und in Teilen des Nahen Ostens und Nordafrikas beschrieben.

Falsche Fasziolose (Pseudofasziolose) bezeichnet das Vorhandensein von Eiern im Stuhl, die nicht auf eine tatsächliche Infektion zurückzuführen sind, sondern auf den kürzlichen Verzehr von mit Eiern kontaminierter Leber, die für den Menschen nicht infektiös sind.

Infektion bei Tieren

Die klinischen Manifestationen von Fasziolose bei Schafen und Rindern hängen von der Anzahl der aufgenommenen Metazerkarien ab. Die klinische Präsentation wird in vier Typen unterteilt: akute Typ-I-Fasziolose, akute Typ-II-Fasziolose, subakute Fasziolose und chronische Fasziolose.

Die akute Typ-I-Fasziolose tritt in der Regel auf, wenn mehr als 5000 Metazerkarien aufgenommen werden. Es werden Aszites, abdominale Blutungen, Ikterus, Blässe der Membranen und Schwäche beobachtet. Tiere können plötzlich sterben, ohne dass vorherige klinische Anzeichen aufgetreten sind. Die akute

Typ-II-Fasziolose wird durch eine hohe Anzahl von (1000–5000) aufgenommenen Metazerkarien bei Schafen verursacht. Schafe sterben in der Regel an der Infektion, können aber kurzzeitig Blässe, Zustandsverlust und Aszites zeigen. Die subaktute Fasziolose wird durch eine moderate Anzahl von (800–1000) aufgenommenen Metazerkarien bei Schafen verursacht. Infizierte Schafe sind lethargisch, anämisch und zeigen Gewichtsverlust, was charakteristisch für die Infektion ist. Die chronische Fasziolose wird durch 800 oder weniger aufgenommene Metazerkarien verursacht. Der Zustand ist durch ein asymptomatisches oder allmähliches Auftreten von Flaschenkinn, Aszites, Auszehrung und Gewichtsverlust bei infizierten Schafen oder Rindern gekennzeichnet. Anämie, Hypoalbuminämie und Eosinophilie können bei allen Arten von Fasziolose bei Tieren beobachtet werden.

Hauptsächlich bei Schafen und manchmal bei Rindern kann das geschädigte Lebergewebe durch *Clostridium* spp. sekundär infiziert werden. Die Bakterien setzen Toxine in den Blutkreislauf frei, was zu der Schwarzen Krankheit führt, die in der Regel tödlich ist.

Epidemiologie und öffentliche Gesundheit

Die Fasziolose bei Menschen, die durch *F. hepatica* verursacht wird, ist eine globale Krankheit, die in mehr als 75 Ländern weltweit dokumentiert ist (Tab. 1 und Abb. 3). Die Krankheit kommt in Papua-Neuguinea, der Karibik, Kolumbien, Venezuela, Bolivien, Peru, Kuba, Ecuador, Ägypten, England, Portugal, Frankreich

Tab. 1 Globale Verbreitung von *Fasciola* spp.

Spezies	Verbreitung	Zwischenwirt
Fasciola hepatica	Osten des Iran	*Lymnaea truncatula*
	Ägypten	*Lymnaea truncatula*
	Europa, Asien, Afrika und Nordamerika	*Lymnaea truncatula*
	China	*Lymnaea truncatula*
Fasciola gigantica	Osten des Iran	*Lymnaea truncatula*
	Ostindien	*Lymnaeaa uricularia, Lymnaea rufescens Lymnaea acuminata*
	Nepal und Bangladesch	*Lymnaea auricularia*
	Malaysia	*Lymnaea rubiginosa*
	Afrika	*Lymnaea natalensis*
	Ostafrika	*Lymnaea cailliaudi*

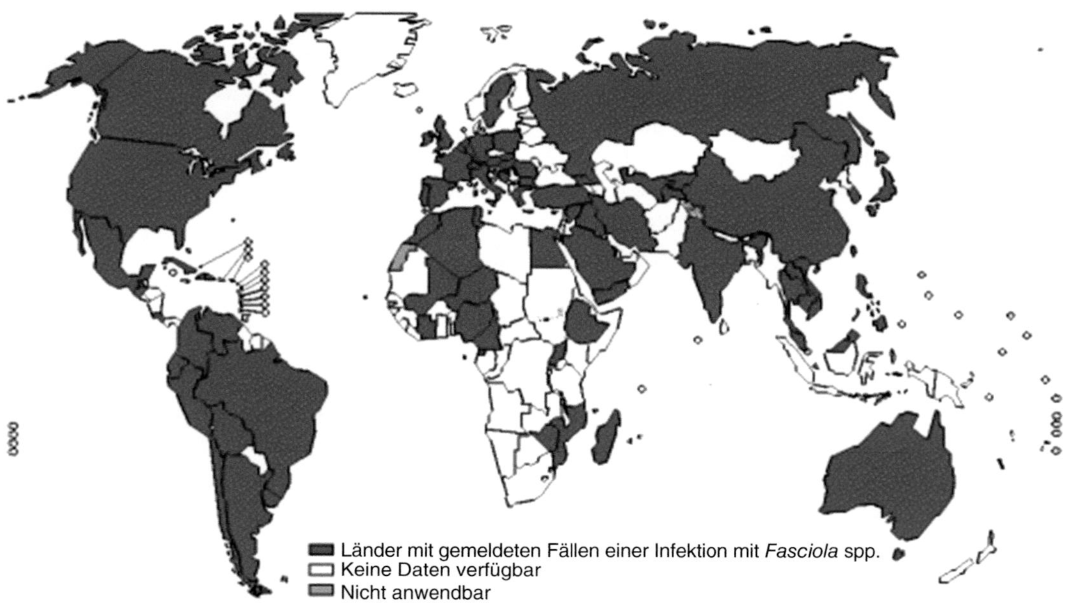

Abb. 3 Globale Verbreitung von Fasziolose (Quelle: Lu XT, Gu QY, Limpanont Y. et al. Snail-borne parasitic diseases: an update on global epidemiological distribution, transmission interruption and control methods. *Infect Dis Poverty* **7,** 28 (2018). https://doi.org/10.1186/s40249-018-0414-7)

und Iran vor. *Fasciola gigantica* hingegen findet man hauptsächlich in tropischen und subtropischen Ländern wie Afrika, Kleinasien, Südostasien, Südeuropa, dem Staat Hawaii (USA), der UdSSR und den Süd-USA.

Sowohl Menschen als auch Tiere erwerben die Fasziolose auf die gleiche Weise, nämlich durch das Verschlucken von auf Blättern oder Gemüse verkapselten Metazerkarien. Die Übertragung der Infektion in der Umwelt erfolgt in der Regel durch Tiere. Menschen tragen normalerweise nicht zum Lebenszyklus des Parasiten bei, werden aber gelegentlich infiziert, wenn sie grundlegende Hygienemaßnahmen nicht beachten. Darüber hinaus sind *Fasciola* spp. nicht gut an Menschen angepasst und entwickeln sich in einigen Fällen nicht zu reifen adulten Würmern und produzieren keine Eier. In einigen Gebieten ist die Übertragung auf den Menschen konstant und intensiv, und es wurde eine geografische Häufung von Fällen nachgewiesen. Dieses Muster wird möglicherweise durch einen Menschen-zu-Schnecke-zu-Pflanze-zu-Menschen-Übertragungszyklus erklärt, ohne Beteiligung eines Tieres.

Das epidemiologische Muster der Fasziolose variiert stark auf der ganzen Welt. Die Infektion weist jedoch in der Regel ein hypoendemisches Muster, mit niedrigen und stabilen Prävalenzraten in einer bestimmten Bevölkerungsgruppe, auf. Die Fasziolose betrifft Menschen aller Altersgruppen. Die Prävalenz und Intensität der Infektion ist bei Kindern im Schulalter in stark endemischen Fasziolosegebieten tendenziell hoch. Menschen in ländlichen Gebieten sind wahrscheinlicher infiziert. In Afrika und Asien, wo sowohl *F. hepatica* als auch *F. gigantica* vorhanden sind, sind Mischinfektionen möglich. In Asien wurde eine Hybridisierung zwischen den beiden Arten beschrieben, die bei co-infizierten Menschen oder Tieren auftritt.

Diagnose

Der Eckpfeiler der Diagnose ist der Nachweis von Eiern in der Stuhlprobe, aber in den letzten Jahren wurden auch immer häufiger der Antikörper- und der Nukleinsäurennachweis verwendet (Tab. 2).

Tab. 2 Diagnosemethoden für Fasciolose

Diagnoseansätze	Methoden	Ziele	Bemerkungen
Direkte Mikroskopie	Stuhluntersuchung	Eier von *Fasciola* spp.	• Goldstandardtest • Sensitivität ist nicht immer optimal • Kann intraspezifische Unterschiede bei *Fasciola*-Arten nicht identifizieren
Immundiagnostik	Koproantigen-ELISA	MabMM3	• Hohe Sensitivität • Nachweis aktiver Infektionen • Effiziente Testung vieler Proben • Falsch negative Ergebnisse aufgrund hemmender Wirtsantikörper
	FAST-ELISA		• Hohe Sensitivität • Einschränkungen in der Spezifität (aufgrund von Rohantigenpräparaten)
	Dot-ELISA oder Dipstick		• Hohe Sensitivität • Einschränkungen in der Spezifität (aufgrund von Rohantigenpräparaten
	Antikörper-ELISA	IgG	• Hohe Sensitivität • Einschränkungen in der Spezifität (aufgrund von Rohantigenpräparaten) • Einschränkungen in der Sensitivität (wenn rekombinante Antigene oder synthetische Peptide verwendet werden) • Persistenz von Wirtsantikörpern nach Heilung
Molekulare Assays	PCR, Real-Time-PCR, LAMP, Luminex und PCR-ELISA	ITS1, ITS2	• Mehr Spezifität und Sensitivität • Erfordert anspruchsvolle Ausrüstung

Mikroskopie

Die Mikroskopie von Stuhl oder duodenalen Gallenpunktaten auf *Fasciola*-Eier (Abb. 4) ist nützlich für den Nachweis chronischer Infektionen. Ein einzelner adulter Saugwurm kann über 20.000 Eier pro Tag freisetzen, aber die Ausscheidung von Eiern ist intermittierend. Daher kann die Mikroskopie mehrerer Stuhl- oder Duodenalpunktatproben erforderlich sein, da eine negative Mikroskopie einer einzelnen Probe nicht unbedingt die Diagnose einer Fasziolose ausschließt. *Fasciola hepatica*- und *F. gigantica*-Eier sind morphologisch nicht und auch schwer von Eiern von *Fasciolopsis buski* und Eiern einiger *Echinostoma* spp. zu unterscheiden.

Serodiagnostik

Antikörperbasierte Tests wie ELISA, Lateral-Flow-Immunoassay, Western Blot und andere serologische Tests wurden zur Diagnose von Fasziolose mithilfe von exkretorisch-sekretorischen oder rekombinanten *Fasciola*-Antigenen evaluiert. Der Falcon-Assay-Screening-Test (FAST-ELISA) zeigt eine Sensitivität von 95 % und kann spezifische *F. hepatica*-Antikörper bereits 2 Wochen nach der Infektion nachweisen. Der FAST-ELISA wird auch als prognostischer Test für eine effektive Heilung verwendet, da die Antikörperspiegel 6–12 Monate nach Infektionsende wieder normal werden. Ein neuer Immunblotassay zur Diagnose der *Fasciola*-Infektion basiert auf einem rekombinanten *F. hepatica*-Antigen (FhSAP2). Das Vorhandensein einer Bande bei ~38 kDa deutet auf eine empfindliche Reaktion hin. Der Assay hat eine Sensitivität von ≥94 % und ≥98 % bei der Diagnose einer chronischen *Fasciola*-Infektion beim Menschen. Allerdings sind das Fortbestehen von zirkulierenden Antikörpern in der latenten Phase und das Fehlen von definierten Antigenen die größten Einschränkungen für die antikörperbasierten serologischen Assays.

Koproantigen-ELISA zur Detektion spezifischer *Fasciola*-Antigene im Stuhl von

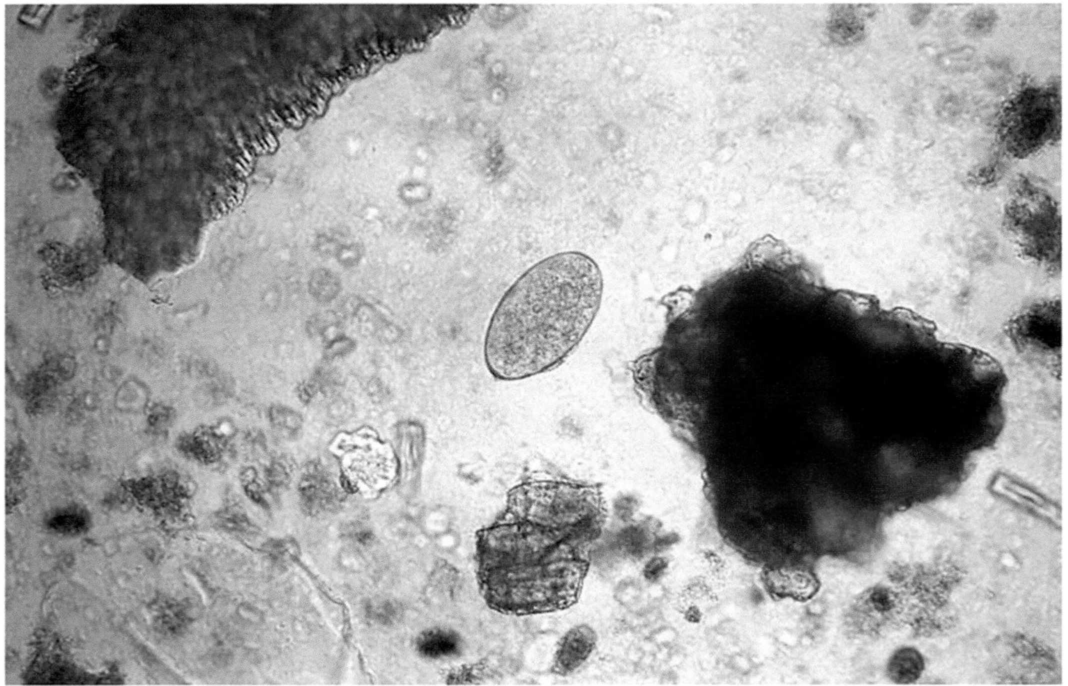

Abb. 4 Das Ei von *Fasciola hepatica*, das als breit ellipsoid, operkuliert und mit einer Größe von 130 bis 150 µm Länge und 60 bis 90 µm Breite beschrieben wird. (Mit freundlicher Genehmigung: PHIL, CDC/ Dr. Mae Melvin)

infizierten Menschen und anderen Säugetieren ist ein nützlicher Test zur Erkennung akuter Infektionen.

Molekulare Diagnostik

Aufgrund der Größenunterschiede von *F. hepatica* und *F. gigantica*, der Diskrepanz zwischen den morphologischen Merkmalen und dem Vorhandensein von Zwischenformen kann es schwierig sein, die beiden Arten allein anhand der morphologischen Merkmale von *Fasciola* zu unterscheiden. PCR, Real-Time-PCR, PCR-RFLP und nested PCR wurden für die spezifische Detektion und Identifizierung von *Fasciola* entwickelt. Molekulare Studien haben gezeigt, dass diese beiden Arten durch DNA-Sequenzierung von ITS1 und ITS2 sowie der mitochondrialen Gene NDI und COI unterschieden werden können.

Andere Tests

Ultraschall, Computertomografie (CT), Cholangiogramm und endoskopische retrograde Cholangiopankreatografie (ERCP) sind häufig hilfreich, um die Diagnose der Fasziolose zu ergänzen. Diese können im biliären Stadium der Erkrankung bewegliche, blattartige Geschwüre in den Gallengängen oder der Gallenblase zeigen. Die CT kann multiple, noduläre, kleine (etwa 25 mm im Durchmesser), verzweigte, subkapsuläre Läsionen im Parenchym der Leber zeigen, einschließlich der gewundenen Spuren, die von den wandernden Parasiten hinterlassen wurden.

Behandlung

Triclabendazol ist das Medikament der Wahl für die Behandlung von Fasziolose bei Menschen und Tieren. Es handelt sich um ein Imidazolderivat, das die Polymerisation von Tubulin zu Mikrotubuli verhindert, wodurch die Zellen nicht mehr in der Lage sind, ihre Zytoskelettstrukturen zu bilden. Es ist gegen alle Stadien der Fasziolose wirksam, mit einer Heilungsrate von über 90 % bei einer 2-maligen Gabe von 10 mg/kg/Dosis im Abstand von 12 h. Nitazoxanid ist eine gute Alternative zu Triclabendazol, insbesondere zur Behandlung von chronischer Fasziolose. Es wird in einer Dosierung von 500 mg 2-mal täglich für 7 Tage bei Erwachsenen verabreicht. Rafoxanid, Oxyclozanid und Closantel werden ebenfalls zur Behandlung von Fasziolose eingesetzt, aber in einigen Ländern wurde über Resistenz gegen diese Anthelminthika berichtet. Die Entfernung der Parasiten mittels endoskopischer retrograder Cholangiopankreatografie ist im biliären Stadium wirksam. Eine aufsteigende Cholangitis kann eine Operation erfordern.

Prävention und Bekämpfung

Derzeit ist kein Impfstoff zur Prävention von Fasziolose bei Menschen oder Tieren verfügbar. Die rechtzeitige Behandlung mit Triclabendazol ist der schnellste Weg, um die mit Fasziolose verbundene Morbidität zu kontrollieren. Die öffentliche Gesundheitserziehung über Fasziolose durch die Unterstützung des Anbaus von Gemüse in fäkalienfreiem Wasser und gründliches Kochen von Gemüse vor dem Verzehr ist wichtig zur Prävention von Fasziolose. Das Waschen von im Wasser gewachsenem Gemüse mit 6 % Essig oder Kaliumpermanganat für 5–10 min, was die verkapselten Metazerkarien abtötet, ist wirksam. Das gründliche Kochen von im Wasser gewachsenem Gemüse vor dem Essen und die Vermeidung der Verunreinigung von Anbauflächen durch Abwässer sind die besten Praktiken zur Prävention von Fasziolose.

Die öffentliche Gesundheitserziehung im Rahmen von veterinärmedizinischen Maßnahmen beinhaltet die Behandlung von Haustieren und die Durchsetzung der Trennung zwischen Ackerbau und Viehzucht und Menschen. Umweltmaßnahmen wie die Eindämmung der Schneckenzwischenwirte und die Entwässerung von Weideflächen sowie der Einsatz von Molluskiziden zur Bekämpfung von Schneckenzwischenwirten verhindern die Übertragung nicht nur von *Fasciola* spp. sondern auch von vielen anderen Trematoden.

Fallstudie

Eine 40-jährige Frau aus dem Nordosten Indiens wurde mit Schmerzen im rechten Hypochondrium und irregulärem Fieber in den letzten 2 Jahren eingeliefert. Die körperliche Untersuchung ergab eine Hepatomegalie und hämatologische Tests zeigten eine moderate Leukozytose (12.000 Zellen/cu mm), jedoch mit 50 % Eosinophilen. Der Bilirubinspiegel und die Leberenzyme waren innerhalb der normalen Grenzen. Das Ultraschallbild zeigte echoarme Regionen in der Leber, die auf eine Nekrose hindeuten könnten. Eine ultraschallgesteuerte Biopsie des Bereichs zeigte eine nekrotische Granulombildung mit Eosinophilie. In der endoskopisch entnommenen Gallenprobe fanchen sich viele braune, ellipsoide, unembryonierte Eier mit einem kleinen Operculum, das den Eiern von *F. hepatica* ähnelt. Die Patientin wurde mit einer Einzeldosis Triclabendazol behandelt, und bei der Nachuntersuchung waren die Schmerzen und das Fieber der Patientin verschwunden. Eine erneute Gallenuntersuchung zeigte keine Eier mehr (adaptiert von Ramachandran et al. 2012).

1. Welche verschiedenen Medikamente gegen Trematoden werden für die Behandlung der Fasziolose empfohlen?
2. Welche Ernährungsgeschichte ist in dem oben genannten Fall wichtig, die nicht erwähnt wurde?
3. Welcher alternative nicht invasive Test hätte in dem oben genannten Fall durchgeführt werden können, ohne auf eine Leberbiopsie zurückgreifen zu müssen?

Forschungsfragen

1. Welches Antigentarget von *F. hepatica* sollte für die Entwicklung eines empfindlichen immundiagnostischen Tests verwendet werden?
2. Wie kann man bei der Entwicklung eines Impfstoffs gegen Fasziolose vorgehen, indem man Proteomstudien und reverse Vakzinologie einsetzt?

Weiterführende Literatur

El-Bahy NM. Strategic control of fascioliasis in Egypt. Review article. Submitted to the Continual Scientific Committee of Pathology, Microbiology and Parasitology; 1998.

Emedicine. Fascioliasis; 2007. http://www.emedicine.com/ped/topic760.htm.

Fasciola hepatica: The Liver Fluke. (n. d.). http://www.path.cam.ac.uk/~schisto/OtherFlukes/Fasciola.html

Hassan MG. Fascioliasis as a zoonotic parasite among animals, human and snails in Ismailia governorate. J Egypt Vet Med Assoc. 1999;59:1249–69.

Kumar N, Raina OK, Nagar G, et al. Th1 and Th2 cytokine gene expression in primary infection and vaccination against *Fasciola gigantica* in buffaloes by realtime PCR. Parasitol Res. 2013;112:3561–8.

Mas-Coma S, Bargues MD, Valero MA. Fascioliasis and other plant borne trematodezoonoses. Int J Parasitol. 2005;35:1255–78.

Ramachandran J, Ajjampur SSR, Chandramohan A, Varghese GM. Cases of human fascioliasis in India: tip of the iceberg. J Postgrad Med. 2012;58:150–2.

Sah R, Khadka S, Khadka M, Gurubacharya D, et al. Human fascioliasis by *Fasciola hepatica*: the first case report in Nepal. BMC Res Notes. 2017;10(1):439. https://doi.org/10.1186/s13104-017-2761-z.

Sezgin O, Altintaş E, Dişibeyaz S, Saritaş U, Sahin B. Hepatobiliary fascioliasis: clinical and radiologic features and endoscopic management. J Clin Gastroenterol. 2004;38:285–91.

Souslby EJ. Helminths, arthropods and protozoa of domesticated animals. 7. Aufl. London: Bailliere, Tindall and Cassell; 1982. S. 40–52.

Teke M, Önder H, Çiçek M, Hamidi C, Göya C, et al. Sonographic findings of hepatobiliary fascioliasis accompanied by extrahepatic expansion and ectopic lesions. J Ultrasound Med. 2014;33:2105–11.

WHO. Report of the WHO informal meeting on use of triclabendazole in fascioliasis control; 2007. WHO/CDS/NTD/PCT/2007.1.2.

Fasziolopsiasis

Sumeeta Khurana und Priya Datta

Lernziele

1. Die Bedeutung der Schnecke als Zwischenwirt bei verschiedenen Trematodeninfektionen zu kennen
2. Die Notwendigkeit der Identifizierung des Eies und des adulten Wurms zu diagnostischen Zwecken zu verstehen
3. Kenntnisse über die Bekämpfungsmaßnahmen zu haben, die im aquatischen Ökosystem der Endemiegebiete ergriffen werden sollten

Einführung

Fasziolopsiasis ist eine Infektion, die durch *Fasciolopsis buski* oder Riesendarmegel verursacht wird. Die adulten Egel dieser durch Lebensmittel übertragenen Parasiten befinden sich im Dünndarm des Endwirts, also beim Menschen und bei Schweinen. Die Parasiten benötigen jedoch einen oder mehrere Zwischenwirte, um ihren Lebenszyklus zu vollenden. Diese Infektionen treten vorwiegend in südostasiatischen Ländern auf, einschließlich denen in Zentral- und Südchina und Indien. Die WHO hat die Fasziolopsiasis kürzlich zusammen mit anderen durch Lebensmittel übertragenen Trematodosen in die Liste der vernachlässigten tropischen Krankheiten („neglected tropical diseases", NTDs) aufgenommen. Der Ansatz „Eine Welt: Eine Medizin: Eine Gesundheit" der WHO bietet die hoffnungsvollste und umfassendste Lösung zur Bekämpfung verschiedener NTDs. Dennoch ist die Fasziolopsiasis in den endemischen Ländern nach wie vor ein großes Problem für die öffentliche Gesundheit.

Geschichte

Fasciolopsis buski wurde erstmals 1843 in London vom englischen Chirurgen George Busk beschrieben. Er wurde bei der Obduktion eines ostindischen Seemanns im Duodenallumen entdeckt. Dieser Parasit wurde später von E.R. Lankester als *Distoma buskii* benannt und 1859 von T. Spencer Cobbold ausführlich untersucht. Nakagawa wurde 1920 die Interpretation des Lebenszyklus von *F. buski* im Schwein zugeschrieben, und es wurde 1925 von Barlow beim Menschen bestätigt.

Taxonomie

Die Gattung *Fasciolopsis* gehört zur Familie Fasciolidae, Überfamilie Echinostomatoidea, Ordnung Echinostomida, Unterklasse Digenea und

S. Khurana (✉) · P. Datta
Department of Medical Parasitology, Postgraduate Institute of Medical Education and Research, Chandigarh, Indien

S. C. Parija und A. Chaudhury (Hrsg.), *Lehrbuch der parasitären Zoonosen*,
https://doi.org/10.1007/978-981-97-4312-4_21

Klasse Trematoda im Stamm Platyheminthes. *Fasciolopsis buski* ist die Art, die Infektionen beim Menschen und bei Tieren verursacht.

Genomik und Proteomik

Obwohl *F. buski* die einzige berichtete Art in der Gattung ist, wurden bei den Parasiten aus verschiedenen geografischen Regionen morphologische Variationen beobachtet, was auf einen genetischen Polymorphismus hindeutet. Das zirkuläre Genom besteht aus 14.118 ntbp und ist fast identisch mit dem von *Fasciola hepatica*. Es gibt 12 Protein codierende Gene, 2 Gene, die ribosomale RNA-Untereinheiten codieren, d. h. die große Untereinheit (rrnL oder 16S) und die kleine Untereinheit (rrnS oder 12S). Mithilfe von Next-Generation-Sequencing-Techniken wurden die vollständigen mt-Genomsequenzen des Darmegels, die 14.118 bp umfassen, identifiziert. Der Geninhalt ist identisch mit dem von *F. hepatica*. Das mitochondriale DNA-Genom von *F. buski* ähnelt stark dem von *F. hepatica* und hat eine ähnliche Genordnung. In einer Studie aus Indien wurde berichtet, dass 12.380 Schlüsselgene, die zytoskelettale Proteine codieren, hoch exprimiert werden. Darüber hinaus wurden Gene identifiziert, die fettsäurebindende Proteine codieren, die Lipidmoleküle einfangen, speichern und transportieren.

Parasitenmorphologie

Drei unterschiedliche Stadien sind im Lebenszyklus von *F. buski* zu sehen: Ei, Larvenstadium, adulter Wurm.

Adulter Wurm

Fasciolopsis buski ist der größte Trematode, der Menschen infiziert. Der längliche, blattähnliche Trematode bewohnt den Dünndarm von Mensch oder Schwein. Er wird bis zu 2–7,5 cm lang, 0,8–2 cm breit und 0,5–3 mm dick. Frisch ausgeschieden ist er fleischfarben und ist auf der Bauchfläche mit querliegenden stacheligen Auswüchsen bedeckt (Abb. 1). Ein Synzytialepithel, das als Tegument bezeichnet wird, bedeckt die Körperoberfläche des adulten Wurms. Die Hauptfunktion des Teguments besteht darin, den Prozess der Osmoregulation, Nährstoffaufnahme, Sekretion und sensorische Funktion zu unterstützen und auch vor den Abwehrmechanismen des Wirts zu schützen. Sein vorderes Ende ist im Vergleich zum hinteren Ende schmal.

Das vordere Ende hat den Mund subterminal gelegen und hat 2 Saugnäpfe. Der Bauchsaugnapf oder Acetabulum hat einen Durchmesser von 3 mm und ist größer als der orale Saugnapf (0,5 mm). Der Geschlechtsporus liegt in der Nähe des Acetabulums. Der Verdauungstrakt, wie bei allen Trematoden, ist unvollständig und hat keine Anusöffnung. Er besteht aus einem

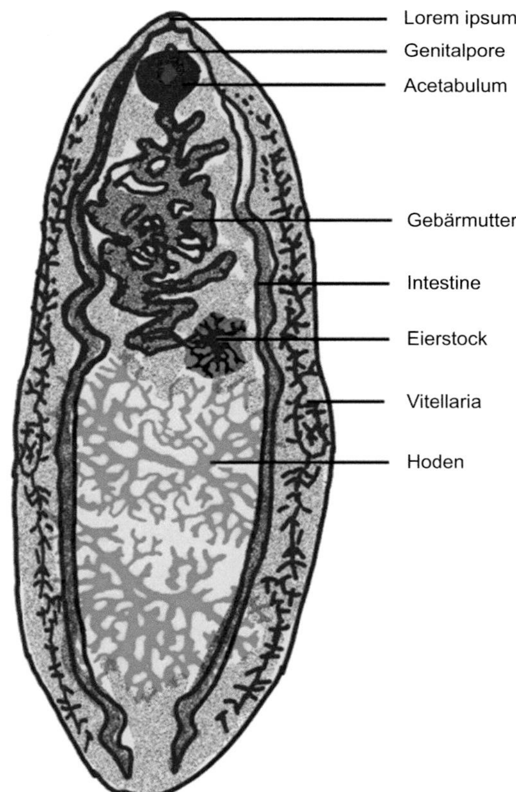

Abb. 1 Schematische Darstellung eines adulten *F. buski*

ovalen Pharynx und einer kurzen Speiseröhre, die sich in ein Paar blinder Darmtaschen, die als Caeca bezeichnet werden, aufteilt. Diese befinden sich am hinteren Ende des Körpers.

Fasciolopsis buski ist *monözisch*, d. h., sowohl männliche als auch weibliche Fortpflanzungsorgane sind im selben Wurm vorhanden. Das männliche Fortpflanzungsorgan besteht aus stark verzweigten Hoden, die fast die Hälfte des hinteren Teils des Körpers in der Nähe der Caeca einnehmen. Der Samenleiter mündet in den Zirrussack und öffnet sich schließlich am Genitalporus in der Nähe des Bauchsaugnapfes. Der Zirrus ist das Kopulationsorgan. Das weibliche Fortpflanzungssystem besteht aus einem einzigen Eierstock (vor dem Hoden gelegen), Dotterdrüse, Eileiter und einer Gebärmutter, die Eier enthält und hinter dem Bauchsaugnapf öffnet. Das bilateral symmetrische Ausscheidungssystem besteht aus Flimmerzellen und Sammelröhrchen, die als Ausscheidungsöffnung an der dorsalen Oberfläche am hinteren Ende des Körpers münden. Dem adulten Wurm fehlt das Kreislauf- und Atmungssystem.

Die Lebensdauer des adulten Wurms beträgt etwa 6 Monate. Er produziert 15.000–16.000 Eier/Tag.

Eier

Die Eier von *F. buski* sind operkuliert, 130–140 μm × 80–90 μm groß und oval geformt (Abb. 2). Sie enthalten befruchtete, unsegmentierte Eizellen, die von lichtbrechenden Dotterglobuli umgeben sind. Die frisch ausgeschiedenen Eier sind dunkelbraun und

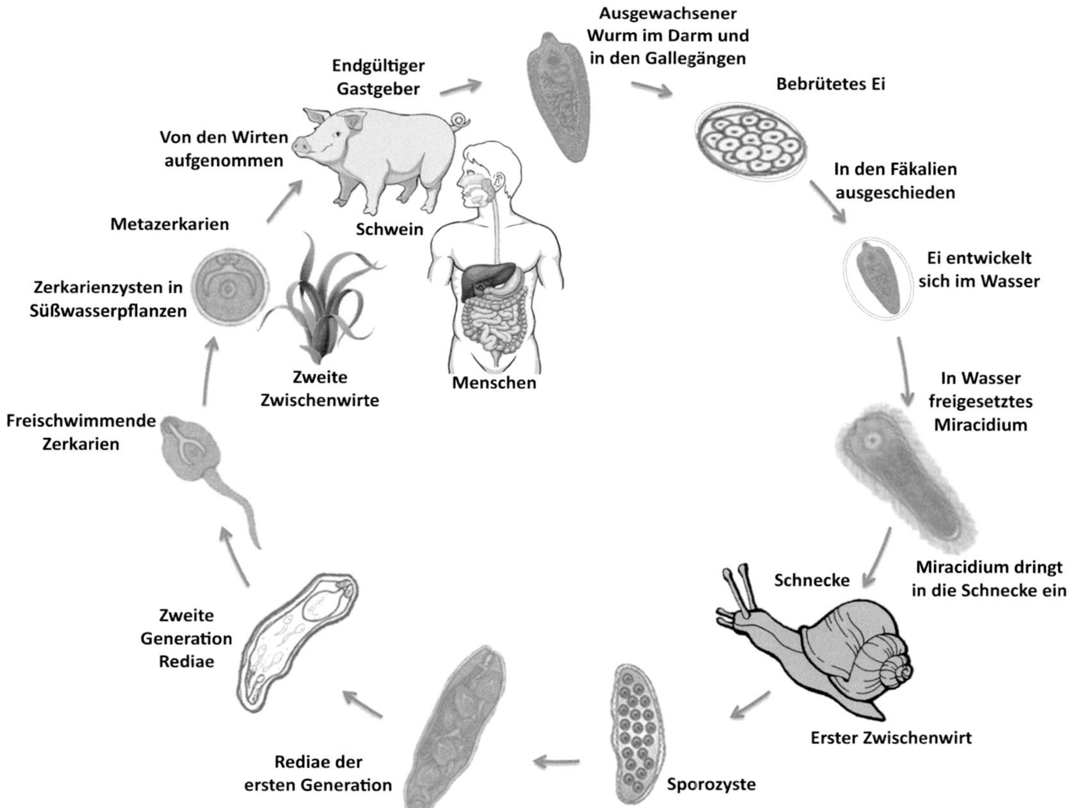

Abb. 2 Lebenszyklus von *F. buski*

charakteristischerweise ist das Operculum nicht sichtbar. Wenn die Eier 8–10 Tage lang bei Raumtemperatur in einer feuchten Umgebung aufbewahrt werden, werden sie allmählich hellbraun bis gelb und das Operculum ist gut zu erkennen. Bei weiterer Inkubation sind nach 10 Tagen ein offenes Operculum und Querrillen auf der Eierschale zu beobachten. Dies signalisiert die Reifung und das anschließende Entweichen des Mirazidiums aus den Eiern.

Zerkarien

Zerkarien sind die letzten Stadien der Larvenentwicklung und werden zur infektiösen Form für Menschen und Schweine. Sie sind 0,21 × 0,23 mm lang und 0,12 × 0,15 mm breit. Der Schwanz ist lang und misst das 2- oder 3-Fache der Körperlänge und des Schwanzes (0,4–0,5 mm). Zerkarien werden von den Schnecken ins Wasser abgegeben, wo sie auf den Oberflächen von Süßwasserpflanzen zu Metazerkarien enzystieren. Metazerkarien sind infektiös für Menschen und Schweine.

Zucht von Parasiten

Fasciolopsis buski wurde bisher in keinem zellfreien Kulturmedium gezüchtet.

Versuchstiere

In Laborumgebungen haben sich junge Kaninchen, Meerschweinchen und Totenkopfäffchen *(Saimiri sciureus)* als anfällig für Infektionen mit *F. buski* gezeigt. Schweine und junge Kaninchen sind gute Modelle für verschiedene Experimente.

Lebenszyklus von *Fasciolopsis buski*

Fasciolopsis buski vollenden ihren Lebenszyklus in 2 oder mehr verschiedenen Wirten (Abb. 2).

Wirte

Endwirte

Im Allgemeinen beherbergen Schweine oder Menschen den ausgewachsenen Wurm und scheiden die Eier in Fäkalien, Urin oder Sputum aus, die sich im Wasser zu freischwimmenden Wimpernlarven, sogenannten *Mirazidien,* entwickeln. Das Mirazidium infiziert den Zwischenwirt.

Zwischenwirte

Verschiedene Arten von Süßwasserschnecken sind die ersten Zwischenwirte. Im Inneren der Schnecke entwickeln sich die Mirazidien zu *Sporozysten*, dann zu *Redien* und schließlich zu *Zerkarien*, die ins Wasser freigesetzt werden (Abb. 2).

Infektiöses Stadium

Die Zerkarien, die von den Schnecken ins Wasser abgegeben werden, entwickeln sich in etwa 4 Wochen zu Metazerkarien und verkapseln sich auf Wasserpflanzen wie Wasserkastanien, Lotus etc.

Übertragung der Infektion

Menschen und Schweine erwerben die Infektion durch den Verzehr von rohen, unzureichend gekochten Wasserpflanzen, die während des Schälens der Haut von Wasserpflanzen oder kontaminiertem Wasser Metazerkarienlarven enthalten. Der Prozentsatz der Infektionen, die durch kontaminiertes Trinkwasser verursacht werden, liegt bei Menschen bei 10–12 % und bei Schweinen bei 35–40 %.

Die enzystierten Metazerkarien passieren den Magen und entkapseln sich im Duodenum. Diese heften sich an die Schleimhaut des Dünndarms, hauptsächlich an das Duodenum oder an das Jejunum, und wachsen zu adulten Saugwürmern heran. Die Zeit, die für die Entwicklung von Metazerkarien zu adulten Saugwürmern benötigt wird, beträgt etwa 3 Monate. Die adulten Saugwürmer werden geschlechtsreif und legen Eier ab, die mit dem Stuhl ausgeschieden werden. Der adulte Wurm produziert durchschnittlich 15.000–16.000 Eier/Tag. Die weitere Reifung der Eier findet im Wasser bei einer optimalen Temperatur von 27–30 °C statt, in dem sich Wimpernlarven bilden. Nach Erreichen der Reife in 3–7 Wochen entweicht das Mirazidium aus dem Ei durch das Operculum ins Wasser. Dieses freischwimmende Mirazidium bleibt im Wasser, bis es einen geeigneten Wirt erreicht, d. h. eine Schnecke. Dann dringt das Mirazidium mithilfe von Sekreten der Kopfdrüsen in die Schnecke ein und erreicht den Lymphraum. Im Lymphraum der Schnecke benötigt das Mirazidium etwa 30 Tage, um die verschiedenen Stadien des Sporozysten, der Redien (1. und 2. Generation) und schließlich das Stadium der Zerkarie zu durchlaufen. Diese Entwicklung in den Geweben der Schnecke kann zwischen 6 und 8 Wochen dauern. Die Zerkarien, die aus den Schnecken hervorgehen, sind kurzlebig, schwimmen im Süßwasser, bis ein geeignetes Substrat, d. h., Pflanzen und Abfälle, für die Verkapselung vorhanden sind. Sie verkapseln sich auf der Oberfläche von Wasserpflanzen wie Wasserhyazinthen, Lotus, Wasserkastanien und Wasserbambus etc. und entwickeln sich zu Metazerkarien. Diese Wasserpflanzen wachsen in flachen Teichen und Gewässern, die mit Fäkalien gedüngt werden; dadurch sind Schnecken in diesen Teichen reichlich vorhanden. Die Metazerkarie überlebt 64–72 Tage im Wasser. Die auf Wasserpflanzen vorhandene Metazerkarie wird vom Menschen oder Schwein gefressen, und der Lebenszyklus wiederholt sich.

Pathogenese und Pathologie

Bei der Fasziolopsiasis können die pathologischen Auswirkungen traumatisch, toxisch oder obstruktiv sein. Der adulte Wurm verursacht an der Anheftungsstelle im Duodenum und Jejunum eine lokale Entzündung, die zu Geschwüren führt. Bei schwerem Befall kann *F. buski* im Pylorus, Ileum und Kolon gefunden werden. In komplizierten Fällen können tiefe Erosionen zu Darmblutungen aus Kapillaren der Darmwände führen. Gelegentlich kann die Schädigung der Darmschleimhaut durch adulte Würmer zu Abszessen und katarrhalischen Entzündungen führen. Aufgrund der Größe des Wurmes kommt es selten zu einem Darmverschluss. Zusätzlich führen bei starkem Befall allergische und toxische Wirkungen der Würmer und ihrer Stoffwechselprodukte zu verschiedenen pathologischen Auswirkungen wie Aszites, Ödemen usw.

Immunologie

Die meisten der Trematoden leben in einem Gleichgewichtszustand mit ihrem Wirt, wie der asymptomatische oder milde Krankheitsverlauf bei der Mehrheit der infizierten Individuen zeigt. Dies ist auf die langfristige Co-Evolution des Parasiten und des Wirts zurückzuführen. Die Immunantwort des Wirts auf die meisten Helmintheninfektionen ist durch eine vorherrschende Th-2-Reaktion gekennzeichnet und typischerweise mit Eosinophilie und signifikanter IgE-Produktion, Mastozytose und Becherzellenhyperplasie verbunden. IL-4 und IL-13 sind für den IgE-Isotypenwechsel erforderlich und IL-5 ist wichtig für die Eosinophilenproduktion. Die antikörperabhängige zellvermittelte Toxizität wird durch Eosinophile, Mastzellen, Neutrophile und Makrophagen als Effektorzellen und IgE-, IgG- und IgA-Antikörper vermittelt. Die mit Antikörpern beschichteten Würmer werden durch Immunzellen, die Rezeptoren für das Fc-Fragment tragen, durch Freisetzung von toxischen Produkten zerstört. Einige dieser toxischen Produkte umfassen das Hauptbasisprotein, das eosinophile kationische Protein, reaktive Stickstoffintermediate usw. Allerdings haben Parasiten bestimmte Mechanismen entwickelt, um der Effektorantwort des Wirts auszuweichen, z. B. durch die Produktion von Superoxiddismutase, die Superoxidradikale neutralisiert, und Cathepsin-L-Protease, die IgE und IgG spaltet.

Infektionen beim Menschen

Die Symptome von Fasziolopsiasis treten nach einer Inkubationszeit von 1–3 Monaten auf. Die klinischen Merkmale der Fasziolopsiasis variieren je nach Parasitenlast, Schwere der Krankheit und physiologischem Zustand der Person.

Beim Menschen sind leichte Infektionen meist asymptomatisch oder gehen mit milden Symptomen wie Bauchschmerzen, Kopfschmerzen, Schwindel, Durchfall usw. einher.

Eine mäßige Infektion äußert sich mit starken epigastrischen Schmerzen, Appetitlosigkeit, Kopfschmerzen, Bauchkoliken, Fieber und chronischem Durchfall. Schwere Infektionen können insbesondere in endemischen Ländern tödlich sein. Sie gehen mit einer starken Darmentzündung einher, die starke epigastrische Schmerzen, Aszites, abdominale Distension, Fieber, Dysenterie, obstruktive Gelbsucht (wenn Würmer ektopisch im Gallensystem liegen), akute Nierenschädigung, Dünndarmstriktur, akuten Ileus, Darmperforation mit Malabsorptionssyndrom, Mangelernährung und Senkung des Vitamin-B_{12}-Gehalts verursacht. Allgemeine toxische und allergische Symptome sind häufig zu sehen, meist in Form von Ödemen im Gesicht, an der Bauchwand und an den unteren Extremitäten.

Infektionen bei Tieren

Schweine sind die Hauptwirte und die Reservoire von *F. buski*. Rinder, Pferde und Hunde sind resistent gegen Infektionen durch *F. buski*. Schweine beherbergen von Natur aus nur 3–12 Saugwürmer/Schwein und die Infektion ist asymptomatisch.

Epidemiologie und öffentliche Gesundheit

Fasziolopsiasis ist verbreitet in südostasiatischen Ländern, insbesondere in China, Taiwan, Thailand, Vietnam, Laos, Kambodscha, Bangladesch, Indien, Indonesien, Myanmar, Philippinen, Singapur und Malaysia (Abb. 3). Es wird geschätzt, dass zu Beginn des 21. Jahrhunderts mindestens 10 Mio. Menschen mit dieser durch

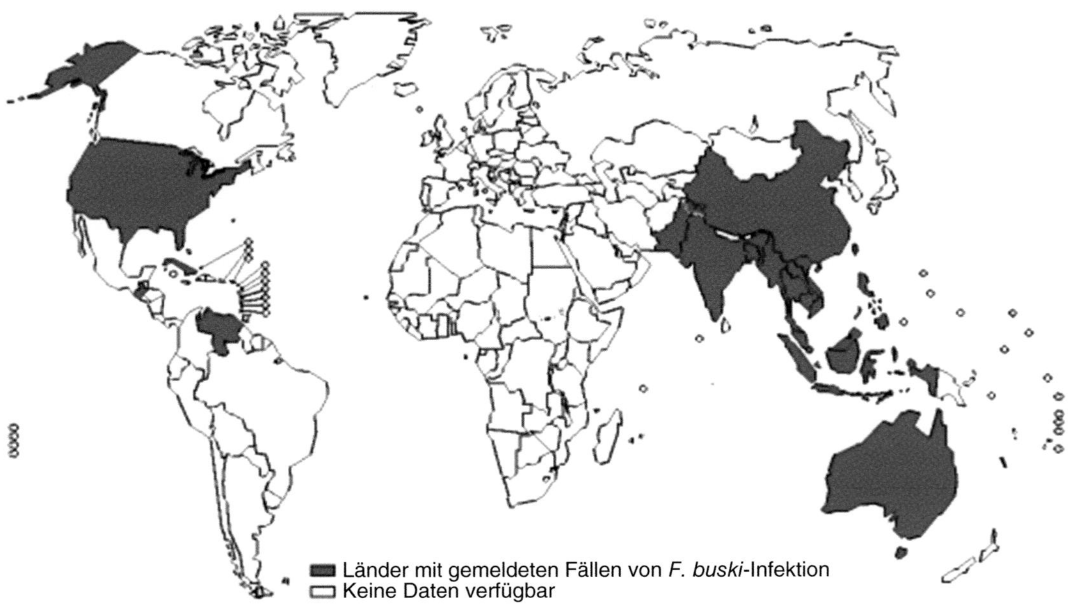

Abb. 3 Weltweite Verbreitung von *Fasciolopsis buski* (Quelle: Lu, XT, Gu, QY, Limpanont, Y. et al. Snail-borne para- sitic diseases: an update on global epidemiological distribution, transmission interruption and control methods. *Infect Dis Poverty* **7**, 28 (2018). https://doi.org/10.1186/s40249-018-0414-7)

Lebensmittel übertragenen Trematodeninfektion infiziert waren. Die Krankheit wird in endemischen Gebieten nur unzureichend erfasst und ist hauptsächlich in halbstädtischen und ländlichen Gebieten der Welt verbreitet (Tab. 1).

Die höchste Prävalenz von Fasziolopsiasis wird weltweit in der Altersgruppe von 10–14 Jahren beobachtet. Die Prävalenz der Infektion bei Kindern liegt zwischen 10 % in Thailand, 25 % in Taiwan, 57 % in China und 60 % in Indien. Der Grund für die hohe Prävalenz in dieser Altersgruppe könnte auf die Gewohnheit zurückzuführen sein, auf dem Weg zur und von der Schule kontaminierte Wasserpflanzen aufzusammeln und zu essen.

In Indien wird die Prävalenz dieser durch Lebensmittel übertragenen Trematodose auf 63 % in Maharashtra, 60 % in Assam, 22,4 % in Uttar Pradesh und 45–80 % in Bihar geschätzt. Vereinzelte Fälle von Fasziolopsiasis wurden aus Westbengalen, Odisha, Tamil Nadu, Manipur und Karnataka gemeldet. Die wichtigsten Reservoire der Infektionen sind die Schweine, die nur mit 3–12 Saugwürmer/Schwein befallen sind. Studien haben die Prävalenz der Infektion bei Schweinen in verschiedenen Ländern ermittelt: 10 % der Schweine aus Kwangtung in China, 30 % der Schweine aus Uttar Pradesh in Indien und 52 % der Schweine in Taiwan.

In endemischen Gebieten ist die Krankheit eng mit verschiedenen gängigen sozialen Praktiken verbunden, die in Gebieten in unmittelbarer Nähe zu stehendem oder langsam fließendem Wasser ausgeübt werden. Die Verschmutzung des Wassers mit menschlichen Exkrementen (Fäkalien) und Schweineexkrementen sind wichtige Faktoren, die zur Übertragung von Fasziolopsiasis in einer Gemeinschaft beitragen. Die Exkremente werden an Fische verfüttert und als Dünger in Teiche gegeben, was die Übertragung des Parasiten erleichtert. Schlechte sanitäre Verhältnisse, Armut, Unterernährung und ein niedriger Lebensstandard sind andere sozioökonomische Faktoren, die zur Verbreitung der Fasziolopsiasis beitragen.

Die Wasserkastanie (*Eleocharis tuberosa*), Wassernuss (*Trapa natans* in China, *Trapa bicornis* in Thailand und Bangladesch, *Trapa bispinosa* in Taiwan), Wasserbambus (*Zizania* sp.), Wasserhyazinthe (*Eichhornia* sp.), Wasserlotus (*Nymphaea lotus*), Wasserkresse, Seerose (*Nymphae* sp.) und Wasserspinat (*Ipomoea aquatica*) sind verschiedene Wasserpflanzen, die bei der Übertragung von *F. buski* eine Rolle spielen. Kleine Planorbis-Schnecken der Gattungen *Segmentina* und *Hippeutis* und *Gyraulus* sind hauptsächlich am Lebenszyklus von *F. buski* beteiligt. Wichtige Arten sind *Segmentina hemisphaerula, Segmentina trochoideus, Hippeutis cantori, Hippeutis umbilicalis, Gyraulus convexiusculus* usw. Schnecken, insbesondere die Arten *S. hemisphaerula* und *H. scantori*, sind besonders anfällig für Austrocknung. *Fasciolopsis buski* verursacht 100 % Sterblichkeit bei Schnecken aufgrund von Schäden am Ovotestis während des Lebenszyklus.

Diagnose

Die Diagnose der Erkrankung erfolgt durch den Nachweis einer großen Anzahl von operkulierten Eiern im Stuhl infizierter Wirte. Bei starken Infektionen können gelegentlich auch adulte Würmer im Stuhl gesehen werden.

Mikroskopie

Die Eier können in den Stuhlproben durch Mikroskopie nachgewiesen werden. Die Eier sind groß (130–140 μm × 80–90 μm), oval, operkuliert und durch Galle gefärbt (Abb. 4). Zur Aufkonzentration der Trematodeneier empfohlen wird die Sedimentationstechnik empfohlen. Zur Flotation wird kein konzentriertes Zinksulfat verwendet, da die hohe spezifische Dichte von Zinksulfat dazu neigt, das Operculum des Eis zu öffnen und dadurch die Eier mit der Lösung zu füllen,

Tab. 1 Verbreitung von *F. buski* beim Menschen

Spezies	Verbreitung	Endwirt	1. Zwischenwirt
Fasciolopsis buski	Südostasiatische Länder	Menschen, Schweine	Süßwasserschnecken

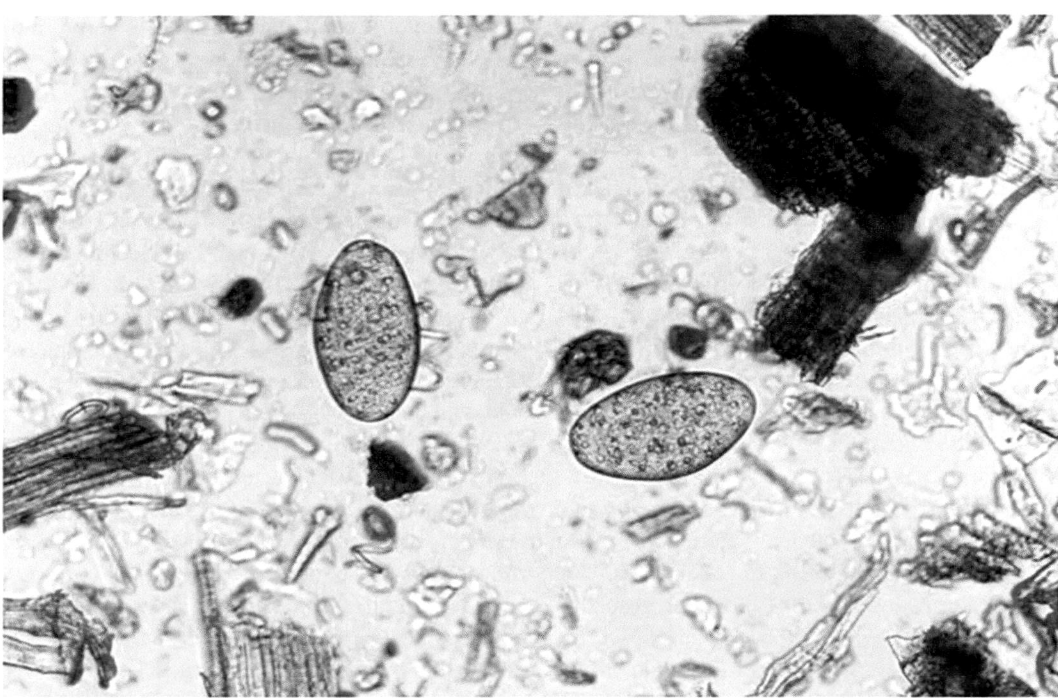

Abb. 4 *Fasciolopsis buski*-Eier in einer ungefärbten, mit Formalin konservierten Stuhlprobe (125×). (Mit freundlicher Genehmigung: CDC/Dr. Mae Melvin)

was dazu führt, dass die Eier auf den Boden des Behälters sinken. Die empfohlenen und verwendeten Aufkonzentrationstechniken sind die Kato-Katz-Methode, die stollsche Verdünnung, Formalin-Ethylacetat-Zentrifugationstechniken und FLOTAC-Techniken. Diese Methoden haben eine hohe Sensitivität und helfen bei der Quantifizierung der Infektion. *Fasciolopsis buski*-Eier scheinen morphologisch ähnlich zu denen anderer Trematoden wie *F. hepatica, Echinostoma* spp. und *Gastrodiscoides* spp. zu sein. Aufgrund der geografischen Überlappung von Gebieten, die für diese Trematoden endemisch sind, kann eine Fehlklassifizierung der Eier auftreten.

Bei schwerer Infektion verlieren die adulten Würmer die Fähigkeit, an der Darmwand zu haften, und werden daher ausgeschieden und im Stuhl nachgewiesen.

Serodiagnostik

Die Serologie spielt bei der Diagnose von Fasziolopsiasis aufgrund der umfangreichen Kreuzreaktion mit Antigenen anderer Trematoden keine Rolle. Daher sind keine serologischen Tests kommerziell erhältlich.

Molekulare Diagnostik

Molekulare Techniken, bei denen Sequenzen der ribosomalen DNA 18S-rRNA, ITS1 und ITS2 verwendet werden, dienen der spezifischen Diagnose von Fasziolopsiasis. Die PCR mit ITS2 ist ein vielversprechendes epidemiologisches Werkzeug zur genauen Identifizierung verschiedener lebensmittelbedingter Trematoden. Zusätzlich wurden rDNA- und mtDNA-Sequenzen (ribosomale DNA, rDNA; mitochondriale DNA, mtDNA) verwendet, um die phylogenetische Beziehung von *F. buski*-Isolaten aus China, Indien und Vietnam zu finden (Tab. 2).

Andere diagnostische Parameter

Eine geringgradige Eosinophilie ist ständig vorhanden. Eine Anämie, insbesondere eine makrozytäre Anämie, kann beobachtet werden.

Behandlung

Praziquantel ist das Medikament der Wahl für die Behandlung. Es verursacht einen starken Krampf und Lähmung der Wurmmuskulatur. Dieses Isochinolinderivat wird gut vertragen und oral entweder als Einzeldosis von 75 g/kg/Tag oder in 3 geteilten Dosen für 1–2 Tage verabreicht. Die Anwendung von Praziquantel ist kontraindiziert in der Schwangerschaft, zerebraler Paragonimiasis und okularer Zystizerkose. In endemischen Gebieten wird Kindern eine Einzeldosis Praziquantel verabreicht mit dem Ziel, eine erneute Infektion zu verhindern und durch die breitbandige anthelminthische Wirkung die Gesundheit und Entwicklung der Kinder zu verbessern.

Niclosamid, ein Salicylamidderivat, ist ein alternatives Medikament zur Behandlung von *F. buski*. Es wird für 1–2 Tage in einer Dosierung von 40 mg/kg/Tag empfohlen. Das Medikament wirkt, indem es das Potenzial der inneren Mitochondrienmembran verringert, die oxidative Phosphorylierung zu hemmen.

Kürzlich wurden Triclabendazol, Oxyclozanid und Rafoxanid an natürlich infizierten Schweinen hinsichtlich ihrer Wirksamkeit auf der Grundlage der Eireduzierung und klinischen Verbesserung bewertet. Nach einer Behandlung von 28 Tagen wurde die höchste Wirksamkeit bei Triclabendazol (97,1 %) festgestellt, gefolgt von Oxyclozanid (93,2 %) und Rafoxanid (83,1 %).

Prävention und Bekämpfung

Die Vermeidung des Verzehrs von rohen aquatischen Lebensmitteln ist die einfachste und praktischste Methode zur Verhinderung der Übertragung von Fasziolopsiasis. Dennoch sind Änderungen in jahrhundertealten Essgewohnheiten, Kochpraktiken, Bräuchen und Traditionen schwierig. Die Unterbrechung und/oder Blockierung der Krankheitsübertragung wird durch verbesserte Methoden in der Schweinehaltung, Eliminierung von Zwischenwirtschnecken, frühzeitige Diagnose und Behandlung von Menschen und Schweinen erreicht. Der Einsatz moderner Schweinehaltungsmethoden, die Verwendung von alternativem Schweinefutter anstelle von Wasserpflanzen, die Verhinderung der Verschmutzung von Gewässern durch Fäkalien, die Einstellung der Verwendung von nicht sterilisiertem Fäkalien als Dünger und das totale Verbot der offenen Defäkation sind die vorgeschlagenen Maßnahmen zur Bekämpfung der Fasziolopsiasis.

Verschiedene Präventivmaßnahmen wie die ordnungsgemäße Untersuchung von Wasserpflanzen vor dem Verzehr können Fasziolopsiasis verhindern, da Metazerkarienzysten groß genug sind, um sie mit bloßem Auge zu sehen (2–4 mm) und im Durchschnitt 15–20 Zysten auf einer Wasserkastanie gefunden werden. Der Verzehr von getrockneten Wasserpflanzen ist sicher, da das Trocknen bei 27 °C für fast 19 h oder direktes Sonnenlicht für 30 min die Metazerkarien abtötet. Zusätzlich verhindert das Eintauchen der Pflanzen in kochendes Wasser auch eine Infektion. Die Behandlung mit 5 % NaCl für 3 h, 1 % HCl für 8 Tage, 2 % Essigsäure für 9 Tage, 3 % Essigsäure für 6 Tage und Sojasauce für 30 min tötet die Metazerkarien in Wasserpflanzen ab.

Die Prävalenz von lebensmittelbedingten Trematodiosen nimmt zu, da Klima- und Temperaturveränderungen die verschiedenen

Tab. 2 Diagnostische Methoden bei humaner Fasciolopsiasis

Diagnostische Ansätze	Methoden	Ziele	Bemerkungen
Direkte Mikroskopie	Stuhluntersuchung	Groß (130–140 μm × 80–90 μm), oval, operkuliert und durch Galle gefärbt	Kato-Katz, stollsche Verdünnung, Formalin-Ethylacetat-Zentrifugationstechniken und FLOTAC-Techniken können verwendet werden
Molekulare Assays	PCR, qPCR	18S-rRNA, ITS1, ITS2	Hohe Sensitivität und Spezifität *Einschränkungen:* qualifiziertes Personal erforderlich

Stadien im Lebenszyklus und die Übertragung von *F. buski* stark beeinflussen können. Die Embryonalentwicklung der Eier, die Larvenentwicklung in der Schnecke und das Auftreten von Zerkarien sind alle abhängig von der Temperatur des Süßwassers und anderen abiotischen Faktoren. Zusätzlich wird der lokale Klimawandel, der die epidemiologischen Faktoren beeinflusst, das Übertragungsfenster erhöhen und damit die Prävalenz der Fasziolopsiasis bei Schweinen und Menschen erhöhen.

Fallstudie

Ein 15-jähriges Mädchen, das in einem Dorf in Bihar, Indien lebt, wurde mit Beschwerden über wiederkehrende Schmerzen im oberen und mittleren Bauchbereich seit den letzten 2 Monaten in ein Krankenhaus eingeliefert. Die begleitenden Symptome waren Übelkeit, Erbrechen und chronischer Durchfall mit Zunahme der Bauchgröße. Bei der körperlichen Untersuchung stellte sich heraus, dass sie anämisch und unterernährt war und eine Bauchdistension aufwies. Die Patientin gab an, in der Nähe von Teichen und Gewässern zu spielen und Wasserpflanzen zu essen. Die Patientin gehört zur unteren sozioökonomischen Schicht. Bei der Untersuchung zeigte die Stuhlprobe braune, ovale, operkulierte Eier, was auf Trematodeneier hindeutet. Anschließend wurde die Patientin mit Praziquantel 75 mg/kg oral behandelt. Allmählich verbesserten sich ihre Symptome über einen Zeitraum von 3–4 Wochen und die erneute Stuhluntersuchung war negativ.

1. Welche anderen Trematodeneier können mit denen von *F. buski* verwechselt werden?
2. Wie können Sie in dem oben genannten Fall zu einer definitiven ätiologischen Diagnose gelangen?
3. Auf welche verschiedenen Wegen können durch Lebensmittel übertragene Trematodeninfektionen bekämpft werden?

Forschungsfragen

1. Wie hoch ist die tatsächliche Prävalenz von Fasziolopsiasis in der Welt? Wie können die vorhandenen Diagnosemethoden verwendet werden, um die Infektion in Endemiegebieten zu kartieren?
2. Warum ist es wichtig, einen Point-of-Care-Test für Fasziolopsiasis zu entwickeln?
3. Warum ist es notwendig, die Proteomik des Parasiten zu studieren?

Weiterführende Literatur

Chai J-Y, Jung B-K. Food borne intestinal flukes: a brief review of epidemiology and geographical distribution. Acta Trop. 2020;201:105210.

Garcia LS. Diagnostic medical Parasitology. 6th ed. Washington, DC: ASM Press; 2016.

Graczyk TK, Gilman RH, Fried B. Fasciolopsiasis: is it a controllable food-borne disease? Parasitol Res. 2001;87:80–3.

Keiser J, Utzinger J. Food-borne trematodiases. Clin Microbiol Rev. 2009;22:466–83.

Lu X-T, Gu Q-Y, Limpanont Y, Song L-G, Wu Z-D, Okanurak K, et al. Snail-borne parasitic diseases: an update on global epidemiological distribution, transmission interruption and control methods. Infect Dis Povert. 2018;7:28.

Ma J, Sun MM, He JJ, Liu GH, Ai L, Chen MX, et al. *Fasciolopsis buski* (Digenea: Fasciolidae) from China and India may represent distinct taxa based on mitochondrial and nuclear ribosomal DNA sequences. Parasit Vectors. 2017;10:101. https://doi.org/10.1186/s13071-017-2039-2.

Mas-Coma S, Bargues MD, Valero MA. Fascioliasis and other plant-borne trematode zoonoses. Int J Parasitol. 2005;35:1255–78.

Mas-Coma S. In: Motarjemi Y, editor. Helminth-trematode: *Fasciolopsis buski*. Cambridge: Academic Press; 2014. S. 146–57.

Prasad PK, Goswami LM, Tandon V, Chatterjee A. PCR-based molecular characterization and in silico analysis of food-borne trematode parasites *Paragonimus westermani, Fasciolopsis buski* and *Fasciola gigantica* from Northeast India using ITS2 rDNA. Bioinformation. 2011;6:64–8.

Sripa B, Kaewkes S, Intapan PM, et al. Food-borne trematodiases in Southeast Asia: epidemiology, pathology, clinical manifestation and control. Adv Parasitol. 2010;72:305–50.

Paragonimiasis

Jagadish Mahanta

Lernziele

1. Sich bewusst zu sein, dass Paragonimiasis eine Erkrankung ist, die Tuberkulose imitieren kann, insbesondere in endemischen Gebieten
2. Mit der Eimorphologie vertraut zu sein, um sie in Sputumproben von Patienten mit pulmonalen Symptomen identifizieren zu können
3. Das Wissen zu haben, um mit molekularen Methoden zwischen verschiedenen Arten unterscheiden zu können

Einführung

Paragonimiasis wird durch genetisch und geografisch verschiedene Lungenegel, *Paragonimus* spp., mit unterschiedlichen biologischen Merkmalen und menschlicher Infektiosität verursacht. Paragonimiasis ist nach wie vor eine wichtige parasitäre Zoonose, die hauptsächlich durch Nahrung in Südostasien und Ländern im Fernen Osten übertragen wird. Die Kosten in Bezug auf krankheitskorrigierte Lebensjahre für Paragonimiasis sind höher als die lebensmittelbedingten Trematodeninfektionen wie Opisthorchiasis, Fasziolose und intestinale Saugwurminfektionen zusammen. Die klinischen Erscheinungsformen von Paragonimiasis imitieren die von pulmonaler Tuberkulose und verursachen diagnostische Dilemmas, insbesondere bei negativen Hämoptysefällen. *Paragonimus westermani* ist die am bekannteste Art, die pulmonale Paragonimiasis verursacht. In Indien wurde Paragonimiasis ab 1981 als öffentliches Gesundheitsproblem anerkannt, nachdem große Zahlen von Fällen aus Manipur, Indien gemeldet wurden. Anschließend wurde Paragonimiasis aus allen Bundesstaaten Nordostindiens gemeldet.

Geschichte

In der Vergangenheit war die menschliche Paragonimiasis unter mehreren Namen bekannt, wie endemische Hämoptyse, orientalische Lungenegelinfektion, pulmonale Diastomiasis, parasitäre Hämoptyse, parasitäre Hämoptyse, Gregarinosis pulmonum etc.

Obwohl Naterer (1828) als Erster Lungenegel entdeckte, wurde *P. westermani* jedoch zuerst von Kerbert (1878) aus den Lungen von zwei Bengaltigern, die in Hamburg und im Amsterdamer Zoo starben, nachgewiesen. Benannt

J. Mahanta (✉)
Indian Council of Medical Research, New Delhi, Indien

S. C. Parija und A. Chaudhury (Hrsg.), *Lehrbuch der parasitären Zoonosen*,
https://doi.org/10.1007/978-981-97-4312-4_22

wurde die Art nach dem Tierpfleger des Tigers, C. F. Westerman.

Serveyor (1919) war der Erste, der Eier von *Paragonimus*-Eier im Sputum eines chinesischen Mannes in Bombay (Mumbai), Indien meldete. Vevers (1923) berichtete über *P. westermani* und *Paragonimus kellicotti* im Londoner Zoo. Er berichtete auch über *Paragonimus compactus* und *P. westermani* aus Indien. Cooper (1926) demonstrierte *Paragonimus* in Gauhati (Guwahati), Assam aus der Lunge einer Zibetkatze. Gulati (1926) berichtete über *Paragonimus edwarsi* aus einer Palmenzibetkatze in Indien. Anschließend wurde *P. westermani* 1934 aus den Lungen von Haushunden in Madras (Chennai) und Coimbatore, Katzen und Tigern (*Panthera tigris*) in der Region Terai im Himalaya, Mungos im Corbett-Nationalpark, Indien und in der Bierkatze im zoologischen Park in Chandigarh nachgewiesen. *Paragonimus mungoi* und *Paragonimus pantheri* wurden 1976 bei Tieren aus Odisha, Indien beschrieben.

Die erste epidemiologische Studie zur menschlichen Paragonimiasis wurde 1986–1987 in Manipur und 1990 eine indisch-japanische Studie zu *Paragonimus* durchgeführt. In dieser Studie wurden *Potamiscus manipurensis* (Alcock, 1909) und *Maydelliathelphusa lugubris* (Wood-Mason, 1871) in Bergbächen gefunden, die Metazerkarien von *Paragonimus heterotremus* und *P. westermani*-ähnliche Metazerkarien beherbergten, wodurch die Endemizität von Paragonimiasis in Manipur, Indien nachgewiesen wurde. Anschließend wurden mehrere Krabbenwirtarten identifiziert und Fälle von menschlicher Paragonimiasis wurden in allen Bundesstaaten der nordöstlichen Region Indiens dokumDie entiert.

Taxonomie

Die Taxonomie von *Paragonimus* spp. basiert auf morphologischen und molekularen Merkmalen. Die morphologischen Schlüssel beinhalten Größe und Form der verschiedenen Lebensstadien, die relative Größe der Saugnäpfe (oral und ventral), die Verzweigungsmuster des Ovars und der Hoden und die Tegumentstacheln.

Insgesamt wurden 36 gültige Arten der Gattung *Paragonimus* anerkannt. *Paragonimus pseudoheterotremus* wurde als neue Art in Versuchskatzen in Thailand nachgewiesen. Kürzlich wurden 4 neue Arten, *Paragonimus vietnamensis, Paragonimus proliferus, Paragonimus bangkokenis*, und eine aus Costa Rica, *Paragonimus caliensis,* bei Tieren nachgewiesen.

Die Gattung *Paragonimus* gehört zur Familie Paragonomidae, Ordnung Plagiorchiida, Klasse Rabditophora, Stamm Platyhelminthes.

Genomik und Proteomik

Das Genom von *P. westermani* ist etwa 1,1 Gb lang. Ungefähr 922,8 Mb des Genoms sind zusammengesetzt, was etwa 84 % der Größe ausmacht. Etwa 45 % des Genoms haben DNA-Wiederholungen in langen vermischten Elementen und langen terminalen Wiederholungssubtypen. Es wurden etwa 12.852 Protein codierende Gene vorhergesagt. Dies zeigt hohe Konservationsgrade unter verwandten Trematodenarten. Eine vergleichende Genomstudie von 4 Arten von *Paragonimus* (*Paragonimus miyazakii*, *P. westermani*, *P. kellicotti* und *P. heterotremus*), die aus verschiedenen Ländern gesammelt wurden, hat gezeigt, dass die Genomgröße zwischen 697 und 923 Mb variieret und 12.072–12.853 Gene enthält. Diese Genomentwürfe wurden auf 71,6 bis 90,1 % Vollständigkeit geschätzt. Fast 256 spezifische und konservierte orthologe Gruppen der Lungenegel mit konsistenten transkriptionellen Ausdrucksprofilen von *Paragonimus* im adulten Stadium wurden identifiziert.

Analysen der 2-DE-Proteinprofile der exkretorisch-sekretorischen Produkte (ESP) von adulten *P. westermani* ergaben etwa 147 Proteinspots, von denen 15 als Cysteinproteasen (CP) mit Molekulargewichten zwischen 27 und 35 kDa identifiziert wurden. Zusätzlich wurden drei CPs (bezeichnet als PwCP3, 8 und 11) neu durch TOF/TOF-Massenspektrometrie (MS) erkannt, und die Mehrheit dieser Proteasen reagiert mit Patientenseren. In einer anderen Studie identifizierte ESP von adulten *P. westermani* 25 verschiedene Proteine, von denen einige Cysteinproteasen sind, durch 2-DEgekoppelte MS.

Paragonimus heterotremus, der eine menschliche Infektion in der nordöstlichen Region Indiens verursacht, zeigte eine genetische Homologie mit Isolaten aus China und südostasiatischen Ländern. Das Transkriptom von adulten *P. kellicotti* wurde sequenziert, was 78.674 einzigartige Transkripte abgeleitet von 54.622 genetischen Loki und 77.123 einzigartige Proteintranslationen ergab. Insgesamt wurden 2555 vorhergesagte Proteine (1863 genetische Loki) durch massenspektrometrische Analyse des gesamten Wurmhomogenats verifiziert, einschließlich 63 Proteine, die keine Homologie zu zuvor charakterisierten Sequenzen aufweisen.

Parasitenmorphologie

Adulte Würmer

Adulte Würmer sind eiförmig und ihre Länge variiert von 7,5 bis 12 mm und ihre Breite von 4 bis 6 mm mit 2 Saugnäpfen (ventral und oral). Der Körper des Wurms ist mit stacheligen Tegumenten bedeckt. Sie sind Zwitter mit gelappten Eierstöcken und verzweigten Hoden (Abb. 1 und 2).

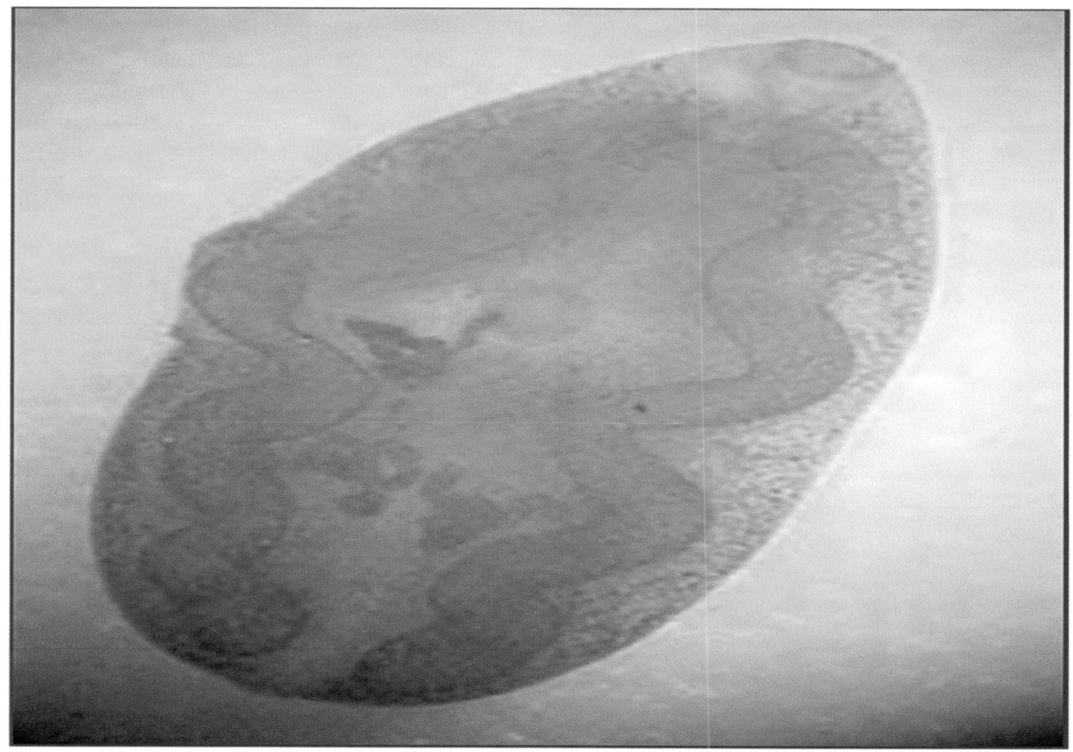

Abb. 1 Adulter Wurm von *Paragonimus* spp. (Karminessigsäurefärbung) (Sammlung des Autors)

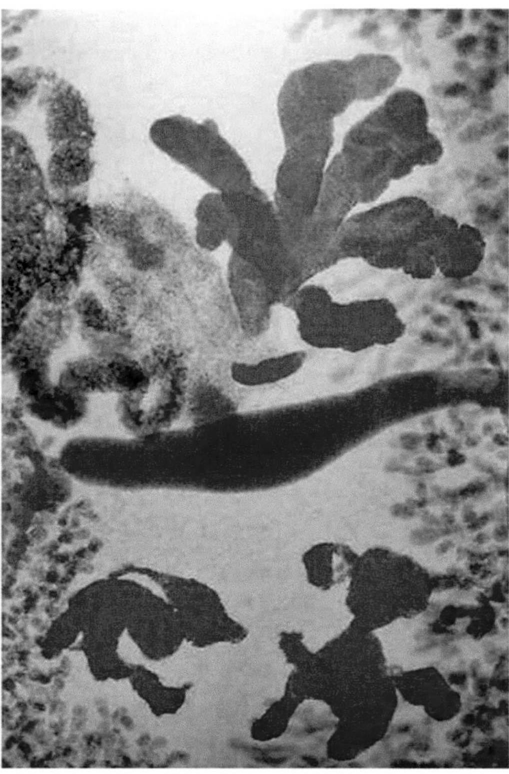

Abb. 2 Fortpflanzungsorgane von *Paragonimus* spp. (Karminessigsäurefärbung) (Sammlung des Autors)

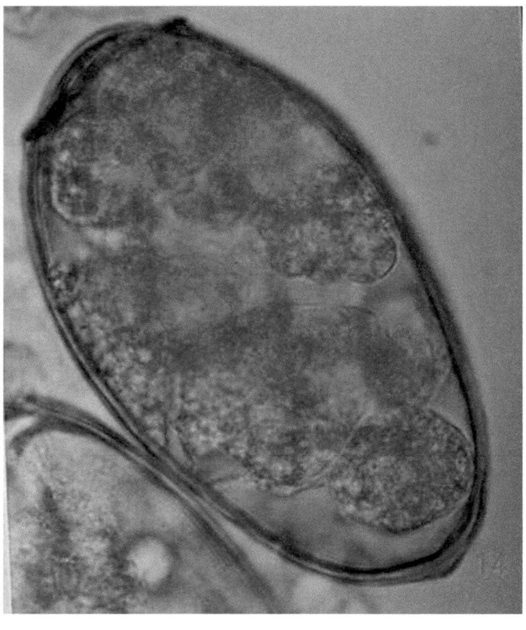

Abb. 3 *Paragonimus* spp.-Ei im Sputum (Sammlung des Autors)

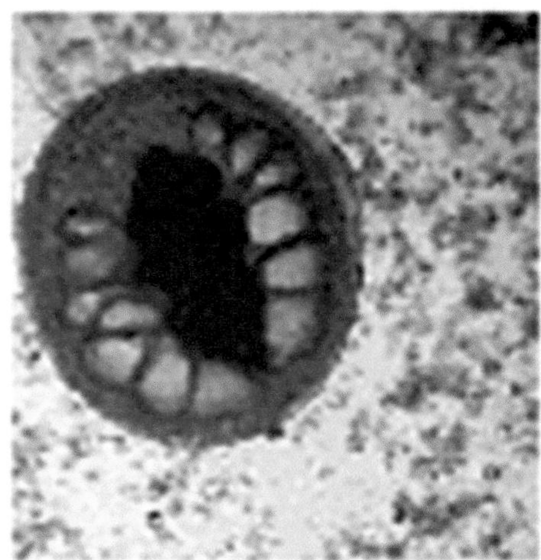

Abb. 4 Metazerkarien von *Paragonimus* spp. in einer Krabbe (Sammlung des Autors)

Eier

Die Eier sind goldbraun und dickschalig. Ein nicht embryoniertes Ei misst 80–120 μm in der Länge und 45–70 μm in der Breite. Im Allgemeinen sind die Eier von *P. westermani* und *P. ringeri* größer als die von *P. compactus*. Die Eischale bei *P. kellicotti* und *P. ringeri* ist am gegenüberliegenden Pol zum Operculum deutlich verdickt, während die Schale von *P. compactus* gleichmäßig verdickt ist. In der Operculumschulter des *P. westermani*-Eis- befindet sich ein kleiner Knubbel (Abb. 3).

Metazerkaria und Zerkaria

Metazerkarien haben einen Durchmesser von 280 bis 450 μm mit 2 Saugnäpfen und stacheligen Tegumenten. Sie sind das infektiöse Stadium des Parasiten (Abb. 4). Zerkarien haben einen kleinen und kurzen Schwanz mit einem großen ventralen Saugnapf und stacheligen Tegumenten.

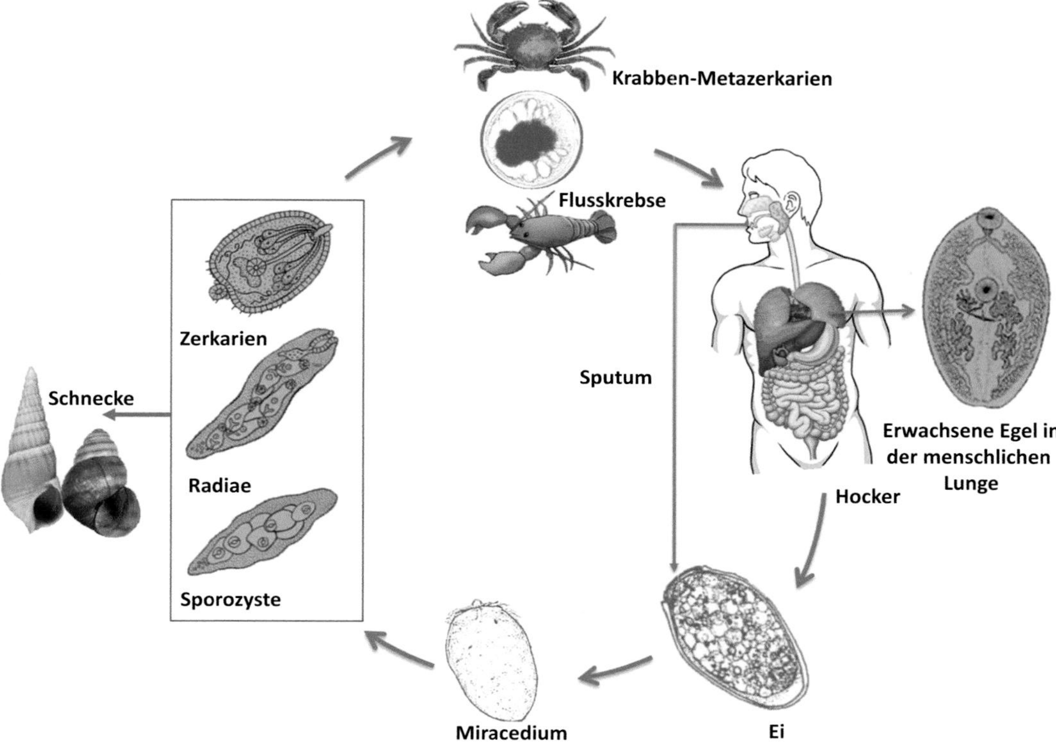

Abb. 5 Lebenszyklus von *Paragonimus* spp.

Zucht von Parasiten

Kein Stadium des Parasiten kann in vitro kultiviert werden.

Versuchstiere

Welpen und Kätzchen unterstützen die Entwicklung aller *Paragonimus*-Arten. Die fremdgezüchtete Wister-Ratte wurde als Modell zur Zucht des indischen Stammes von *P. heterotremus* und *P. westermani* am Regional Medical Research Centre (ICMR), Dibrugarh, Indien entwickelt. Untersuchungen haben gezeigt, dass Metazerkarien etwa 27–36 Tage benötigen, um sich zu adulten Würmern zu entwickeln. Der Wurm erreicht die Pleurahöhle in 27–81 Tagen. In den nächsten 5–7 Tagen erscheinen Lungenzysten und die Würmer beginnen, Eier zu legen. Nach etwa 45 Tagen kapseln sich einige Parasiten auch in der Leber ein. Obwohl 42,4 % der adulten Würmer in der Pleurahöhle verbleiben, bleiben 17 % frei im Parenchym.

Lebenszyklus der *Paragonimus*-Arten

Wirte

Paragonimus vollendet seinen Lebenszyklus in 2 Zwischenwirten und 1 Endwirt (Abb. 5).

Endwirte

Fleischfressende oder allesfressende Säugetiere wie Menschen, Tiger, Löwen, Katzen, Hunde, Wölfe, Füchse, Leoparden, Mungos,

Waschbären, Nerze unterstützen als Endwirt das Wachstum und die sexuelle Reife.

Erste Zwischenwirt

Süßwassermollusken; *Semisulcospira (Semisulcospira libertina, Semisulcospira cancellata, Semisulcospira amurensis, Semisulcospira pregrinomum* und *Semisulcospira toucheana), Oncomelania (Oncomelania hupensis nosophora), Melanoides tuberculata, Pomatiopsis lapidaria, Aroapyrgus colombiensis* etc. *Brotia, Tarebia, Assiminea* spp., *Tricula gregoriana, Hemisinus maculatus* und *Thiara* unterstützen als Erste Zwischenwirt das Wachstum von Mirazidien.

Zweite Zwischenwirt

Krabben der Arten *Maydelliathelphusa lugubris, Pseudotelphusa chilensis, Potamiscus manipurensis* und *Potamiscus smithianus, Potamon johorense, Potamon flexum, Geothelphusa dehaani, Parathelphusa incerta, Sundathelphusa philippina, Esanthelphusa dugasti, Siamthelphusa paviei, Trichodactylus faxoni, Moreirocarcinus emarginatus, Hypolobocera chilensis* und *Hypolobocera aequatorialis* oder Flusskrebse der Arten *Cambaroides dauricus, Oronectes* und *Cambarus* unterstützen als Zweite Zwischenwirt das Wachstum von Zerkarien.

Übertragung von Infektionen

Metazerkarien, die infektiösen Stadien des Parasiten, infizieren fleischfressende Säugetiere, einschließlich Menschen (Tab. 1). Diese Wirte erwerben die Infektion durch den Verzehr von rohen oder unzureichend gekochten Krabben oder Flusskrebsen mit den Metazerkarien. Nach dem Eintritt der infektiösen Metazerkarie erfolgt die Exzystierung im Duodenum und die Adoleskarie dringt durch die Wand des Darms, durchquert in 3–6 h die Bauchhöhle und wandert aufwärts durch das Zwerchfell und die Pleura in die Brusthöhle und die Lungen. Bei der zerebralen Paragonimiasis steigt die Adoleskarie durch perivaskuläres Gewebe um die Karotis oder der Jugularvene auf und tritt durch das Foramen in die Schädelbasis ein.

In den Lungen enzystiert sie sich und erreicht nach etwa 65–90 Tagen die sexuelle Reife, um Eier zu legen. Es wird berichtet, dass *Paragonimus*-Würmer bei Versuchshunden zwischen dem 64. und 151. Tag nach der Infektion 9530–18.380 Eier pro Tag und Wurm legen können. Die Parasiten können ohne spezifische Therapie 1–20 Jahre in Säugetieren überleben. Die Eier werden entweder im Sputum oder im Stuhl ausgeschieden, um das Wasser zu erreichen.

Das Mirazidium aus den Eiern ist das infektiöse Stadium für die Schnecke. Die Eier schlüpfen nach etwa 2 Wochen zu bewimperten Mirazidien im Wasser, die sich zu einem geeigneten Schneckenwirt hinbewegen. In Indien wurde noch nicht viel über den Erste Zwischenwirt geforscht. In der Schnecke entwickelt sich das Mirazidium zu einer Muttersporocyste, die in 9–13 Wochen asexuell die Zweite Generation von Redien und Zerkarien produziert.

Die Zerkarien gelangen entweder durch die Aufnahme der Schnecke zusammen mit den Zerkarien oder direkt durch das Durchdringen des weichen interartikulären Raums oder anderer weicher Teile in die Krabbe oder den Flusskrebs. Die Zerkarien entwickeln sich zu Metazerkarien und bleiben in der Leber, in den Kiemen, im Darm, in den Skelettmuskeln oder im Herzen eingeschlossen.

Die Infektion wird auf fleischfressende oder allesfressende Säugetiere, einschließlich Menschen, übertragen, nachdem sie infizierte Krabben oder Flusskrebse verzehrt haben. Menschen können auch durch kontaminierte Hände oder Utensilien oder durch Auftragen von Krabbenpaste auf offene Geschwüre infiziert werden. Manchmal bleiben juvenile Parasiten in den Muskeln von Wildschweinen, Bären, Ratten, Mäusen und Fröschen (China) eingeschlossen, und sie können als paratenischer Wirt für die *Paragonimus*-Übertragung dienen. Sie werden oft als 3. Zwischenwirt bezeichnet. Der Verzehr von nicht ausreichend gekochtem Fleisch solcher Tiere führt zu einer Infektion.

Tab. 1 Verbreitung einiger für den Menschen wichtiger *Paragonimus* spp.

Spezies	Verbreitung	Zwischenwirt		Paratenischer Wirt	Endwirt
		1.	2.		
Paragonimus westermani	Indien, Sri Lanka, Nepal, Pakistan, China, Taiwan, Korea, Vietnam, Japan, Sibirien, Papua-Neuguinea, USA	**Schnecke**: *Semisulcospira libertina, Semisulcospira cancellata, Semisulcospira amurensis, Semisulcospira pregrinomum, Semisulcospira toucheana, Oncomelaniah upensis nosophora, Melanoides tuberculata, Brotia, Tarebia, Thiara*	**Krabbe**: *Maydelliathelphusa lugubris, Potamiscus manipurensis, Potamiscus smithianus, Potamon johorense, Potamon flexum, Geothelphusa dehaani, Parathelphusa incerta, Sundathelphusa philippina, Esanthelphusa dugasti, Siamthelphusa paviei, Eriocheir* **Flusskrebs:** (*Cambaroides dauricus, Orconectes, Cambarus*) **Garnelen:** (*Acrohrachium, Caridina*)	*Sus scrofa leucomystax* (Japanisches Wildschwein)	Menschen, Katzen, Hunde, Schweine, Mungos, Wildschweine, Zibetkatzen, und Asiatische Tiger
Paragonimus skrjabini	China, Thailand, Japan, Vietnam, Indien	*Tricula, Akiyoshia*	*Potamiscus manipurensis, Sinopotamon* sp.	*Sus scrofa leucomystax* (Japanisches Wildschwein), *Rana boulengeri* (Frosch), Ratte	Menschen, Hunde und *Katzen* (*Paguma larvata*)
Paragonimus miyazaki	Japan	*Bithynella nipponica*	*Geothelphusa dehaani*	*Sus scrofa leucomystax* (Japanisches Wildschwein)	Menschen, Katzen einschließlich Hunde, Wiesel, Zobel, Schweine, Marderhunde und Dachse
Paragonimus philippinensis	Philippinen, Indien	*Antemelania asperata, Antemelania dactylus*	*Sundathelphusa philippina*	Nicht bekannt	Menschen, Katzen, Hunde und Feldratten
Paragonimus heterotremus	Südostasien, China, Thailand, Laos, Indien	*Tricula gregoriana*	*Maydelliathelphusa lugubris, Potamiscus tannanti, Potamiscus manipurensis, Ranguna smithiana, Parathelphus dugasti, Sinopotamon*	Ratte, *Sus scrofa leucomystax* (Japanisches Wildschwein)	Menschen und Ratten
Paragonimus kellicotti	Nordamerika, Kanada	*Pomatiopsis lapidaria, Oncomelania hupensis nosophora*	Süßwasserkrebse: *Oronectes, Cambarus* spp.	Nicht bekannt	Menschen, Katzen, Hunde, Schafe, Stinktiere, Rotfüchse, Kojoten, Waschbären, Luchse und Nerze

(Fortsetzung)

Tab. 1 (Fortsetzung)

Spezies	Verbreitung	Zwischenwirt		Paratenischer Wirt	Endwirt
		1.	2.		
Paragonimus africanus	Kamerun, Guinea, Nigeria, Elfenbeinküste	*Melania* spp., *Homorus striatella* (*Subulinidae*), *Achatinid* spp.	*Sudanonautes africanus, Sudanonautes peli, Sudanonautes africanus, Sudanonautes aubryia*	Nicht bekannt	Menschen, Hunde, Mangusten (*Atilax paludinosus* und *Crossarchus obscurus*), Zibetkatzen (*Viverra civetta*), Mandrill (*Mandrillus leucophaeus*), Affen, Mäuse, Ratten und Spitzmäuse
Paragonimus uetrobilateralis	Kamerun, Nigeria, Liberia, Guinea, Elfenbeinküste, Gabun	*Melania* spp., *Homorus striatella* (*Subulinidae*), *Achatinid* spp.	*Sudanonautes africanus, Sudanonautes aubryi, Liberonautes latidactylus, Liberonautes latidactylus nanoïdes*	Nicht bekannt	Menschen, Hunde und Weißschwanzmangusten (*Ichneumia albicauda*)
Paragonimus maxicanus	Mexiko, Peru, Ecuador, Costa Rica, Panama, Guatemala	*Aroapyrgus colombiensis*	*Trichodactylus faxoni, Zilchiopsis ecuadoriensis* *Moreirocarcinus emarginatus, Hypolobocera chilensis, Hypolobocera aequatorialis, Hypolobocera guayaquilensis*	Nicht bekannt	Menschen, Katzen, Hunde, Ratten, *Didelphis marsupialis, Felis pardalis, Nasua nasua* und *Tayassu pecari*

Pathogenese und Pathologie

Einmal durch Verzehr infiziert, wandern die juvenilen Würmer durch die Darmwand, um sich in der Lunge niederzulassen und granulomatöse oder zystische Läsionen beim Menschen zu bilden. Einige *Paragonimus*-Arten zeigen Tropismus und lokalisieren sich an verschiedenen Stellen des Körpers, um sich als pulmonale, thorakale, abdominale, zerebrale, spinale und kutane Paragonimiasis (*Larva migrans* durch Trematoden) zu manifestieren.

Bei Menschen tritt während des chronischen Stadiums der Infektion in der pulmonalen Paragonimiasis typischerweise eine Zystenbildung zusammen mit einer Gewebsnekrose in den Lungen auf. Die Bildung von Granulomen mit Leukozyteninfiltration ist charakteristisch und führt zur Zystenbildung. Die Zysten sind oberflächlich und besitzen einen Durchmesser von 1 bis 3 cm, enthalten eine zähe Flüssigkeit mit RBC, Eosinophilen, nekrotischem Gewebe, Charcot-Leyden-Kristallen und oft adulte Würmer und Eier. Dies führt zu einer schieferblauen Färbung der Zyste und einem schwarzen oder rostigen Auswurf beim Husten. Die Zysten haben eine äußere fibröse Wand mit Makrophagen, die Hämosiderin enthalten, und gestaute Blutgefäße und entzündliche Zellen in der inneren Schicht. In den Dünndarmwänden sind kleine Blutungsherde mit Leukozyteninfiltration vorhanden und markieren die Bereiche der Larvenmigration. Im Bauch und im Gehirn können kleine Granulome und Abszesse um das Ei herum auftreten. Die Entzündung kann zu einer intraabdominalen Adhäsion der Organe mit der Peritonealwand oder dem Zwerchfell führen. Muskeln des Thorax, des Abdomens, des Oberschenkels, des Herzens und der Perikardhöhle, des Gehirns, des Rückenmarks, des Orbitagewebes, der Haut und des subkutanen Gewebes, des Mediastinalgewebes, der Brust, des Knochenmarks, der Peritonealhöhle, der intraabdominalen Organe wie Leber, Milz, Omentum, Nebenniere, Appendix, Eierstock, Uterus, Hodensack, Leistenregionen und Harntrakt sind ebenfalls als andere ektopische Herde der Paragonimiasis bekannt.

Immunologie

Die Anpassung und das langfristige Überleben von *Paragonimus* bei Menschen mit aktiver Immunantwort sind faszinierend. Der Parasit gibt einige Enzyme (27 und 28 kDa) frei, die die schweren und leichten Ketten des menschlichen Immunglobulins spalten. Darüber hinaus werden die durch IgG induzierte Eosinophilendegranulation und die Produktion/Freisetzung von Superoxid zur Abwehr gegen das Pathogen reduziert. So schafft es eine Zone der Immunprivilegierung um sich herum. Weiterhin werden Eosinophile als Reaktion auf exkretorisch-sekretorische Produkte (ESP) des Wurms apoptotisch, was die lokale Entzündungsreaktion reduziert. Von PwNEM abgesonderte Cysteinproteasen schwächen sowohl die Aktivierung als auch die Degranulation von Eosinophilen. Fünf Arten der Cysteinproteasen von *P. westermani* wurden identifiziert und aufgereinigt. Es handelt sich um 28- und 27-kDa-Enzyme, die von metazerkariellen Larven, 15- und 53-kDa-Enzyme von den Juvenilen und Adulten und 17-kDa-Cysteinproteasen von den Adulten produziert werden. Von den 5 Cysteinproteasen zeigen 2 Cysteinproteasen aus den metazerkariellen Larven höhere Proteolyseaktivitäten beim Spalten von IgG als die anderen. Die hemmende Wirkung der ESP auf die durch IgG induzierte Superoxidproduktion ist dosisabhängig.

Infektion beim Menschen

Die Inkubationszeit der Paragonimiasis variiert im Durchschnitt zwischen 2 und 16 Wochen. Allerdings wurde einem Ausbruch von *P. westermani* in Harbin, China eine kürzere Inkubationszeit bei 52 % der Fälle berichtet. Vier klinische Formen der Paragonimiasis, verursacht durch *P. westermani* und andere *Paragonimus*-Arten, sind beim Menschen bekannt.

Die pleuropulmonale Paragonimiasis äußert sich mit chronischem Husten, wiederkehrender Hämoptyse, mit Anzeichen und Symptomen von Fieber, Anämie, Schwäche und Gewichtsverlust, einem leichtem Pleuraerguss, Pneumonitis und Bronchiektasen oder Bronchopneumonie. In den Fällen, die aus Manipur (Indien) berichtet wurden, wiesen 20 % einen Pleuraerguss auf, und in den meisten (60 %) Fällen traten Schmerzen oder Engegefühl in der Brust mit Atembeschwerden auf. Der Auswurf war schwarz oder rostbraun. Wiederkehrende Pleuraergüsse, Empyeme, eine konstriktive Pleuritis und ein wiederkehrender Pneumothorax sind die bekannten Komplikationen.

Die abdominale Paragonimiasis äußert sich mit Bauchschmerzen, Übelkeit, Erbrechen, Durchfall, Dysenterie, Hepatomegalie, Peritonitis und Pankreatitis (in einigen Fällen) usw.

Die zerebrale Paragonimiasis äußert sich mit Fieber, Kopfschmerzen, Übelkeit, Erbrechen, Anfällen (Jackson-Epilepsie bei Jugendlichen), verschwommenem Sehen, motorischer Schwäche und oft Koma. Der Zustand kann zu einer eosinophilen Meningoenzephalitis, einem Hydrozephalus, einem erhöhten intrakraniellen Druck und Blindheit führen. Der erste Fall von zerebraler Paragonimiasis in Indien wurde in Nagaland bei einem Kind dokumentiert. Der Fall wurde ursprünglich für ein Tuberkulom gehaltenk.

Die kutane Paragonimiasis, häufig verursacht durch eine Infektion mit *Paragonimus skrjabini*, zeigt bei etwa 30–60 % der infizierten Personen kutane Knoten. Die Knoten sind schmerzlos, fest, 2–5 cm im Durchmesser und zeigen oft einen wandernden Charakter. Studien in Manipur, Indien verzeichneten bei Kindern in 16 % der Fälle subkutane Knoten.

Obwohl die ektopische Paragonimiasis jeden Teil des Körpers betreffen kann, ist die Beteiligung von Herz und Perikard ein ernstes Problem und kann sogar zum Tod führen.

Infektion bei Tieren

Das Krankheitsspektrum, das durch *Paragonimus* spp. bei Wildtieren verursacht wird, ist weitgehend unbekannt. Die Autopsie eines mit *P. westermani* infizierten Tigers zeigte zahlreiche Zysten, emphysematische Lungen mit kollabierten Bereichen, schwere Stauungen mit Pneumonie, Bronchitis und Bronchiektasen. In Gefangenschaft gehaltene oder Haustiere zeigen einen chronischen, intermittierenden Husten und werden allmählich schwach und lethargisch; Infektionen bei diesen Tieren bleiben unbemerkt.

Haushunde zeigen mildes Husten mit serösem Nasenausfluss. Bei radiologischen Untersuchungen wurden multilokuläre Zysten bei Hunden und interstitielle Knötchen bei Katzen festgestellt. Versuchshunde zeigten zunächst Pleuraergüsse und subpleurale milchglasartige Trübungen oder lineare Trübungen am 10. Tag, gefolgt von subpleuralen und peribronchialen Knötchen, einem Hydropneumothorax, Kavitätenläsionen am 13. Tag und eine mediastinale Lymphadenopathie am 60. Tag. Subpleurale milchglasartige Trübungen und Knötchen mit oder ohne Kavität bestehen bis zum 180. Tag.

Epidemiologie und öffentliche Gesundheit

Zehn *Paragonimus*-Arten sind bekannt dafür, Infektionen bei Säugetieren, einschließlich Menschen, zu verursachen. Obwohl *P. westermani* die am häufigsten vorkommende Art ist, die weltweit Infektionen beim Menschen verursacht, sind *P. skrjabini* und *P. hueitungensis* (China), *P. miyazaki* (Japan), *P. philippinensis* (Indien und Philippinen), *P. heterotremus* (Südchina, Thailand, Laos und Indien), *P. kelicotti* (Nordamerika), *P. africanus* (Nigeria), *P. uterobilateralis* (Afrika) und *P. maxicanus* (Süd- und Mittelamerika) andere Arten, die aus verschiedenen Teilen der Welt berichtet wurden (Tab. 1).

Weltweit sind etwa 293 Mio. Menschen gefährdet, an Paragonimiasis zu erkranken, und in 48 Ländern sind mehr als 23 Mio. Menschen infiziert (Abb. 6). Studien, die in einer hyperendemischen Zone in Arunachal Pradesh, Indien durchgeführt wurden, verzeichneten eine *P. heterotremus*-Infektion. Während Studien

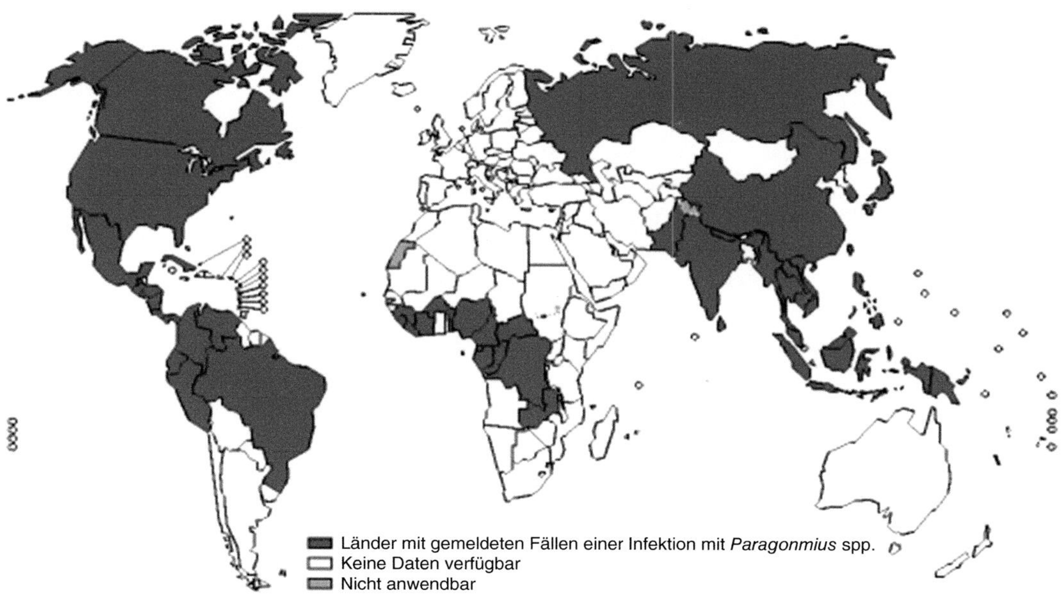

Abb. 6 Weltweite Verbreitung von *Paragonimus* spp. (Quelle: Lu, XT, Gu, QY, Limpanont, Y. et al. Schneckenübertragene parasitäre Krankheiten: ein Update zur weltweiten epidemiologischen Verteilung, Unterbrechung der Übertragung und Kontrollmethoden. *Infect Dis Poverty* **7,** 28 (2018). https://doi.org/10.1186/s40249-018-0414-7)

zum Erste Zwischenwirt nicht schlüssig waren, wurde *Maydelliathelphusa lugubris* als Zweite Zwischenwirt in der Region verdächtigt. Eine Querschnittsstudie in Arunachal Pradesh und Assam, die bei Personen mit Husten >1 Woche durchgeführt wurde, ergab eine Seropositivität für Paragonimiasis in Arunachal Pradesh von 7,6 % und in Assam von 1,2 % bei Personen, die rohe Krabben gegessen hatten, einschließlich Kinder. Es gab jedoch keine Hinweise auf den Verzehr von Flusskrebsen in der Vergangenheit.

Diagnose

Laborbefunde wie Leukozytose, Eosinophilie, eine hohe Erythrozytensedimentationsrate, das Vorhandensein von Charcot-Leyden-Kristallen im Sputum, eine exsudative Art von Pleuraerguss oder Liquoranalyse sind häufig hilfreich, um die Diagnose Paragonimiasis zu stellen.

Mikroskopie

Morgendliche Sputumproben sind die empfohlene Probe der Wahl für die Untersuchung durch direkte Nassmikroskopie zum Nachweis von *P. westermani*-Eiern. Allerdings machen eine geringe Eipositivität im Sputum (28–39 %) und ein unregelmäßiges Ausscheiden von Eiern im Sputum die parasitologische Diagnose oft schwierig. Die Formalin-Äther-Aufkonzentration von Sputum oder einer bronchoskopischen Spülung hilft bei der Verbesserung der Diagnose durch Mikroskopie. Die Sensitivität einer einzelnen Sputumuntersuchung ist gering (30–40 %), aber die Untersuchung mehrerer Sputumproben erhöht sie (54–89 %).

Paragonimus westermani-Eier werden auch im Stuhl durch direkte Mikroskopie nachgewiesen, die Sensitivität bei Kindern variiert zwischen 25,6 und 60 %. Etwa 10 % des Bodensatzes der zentrifugierten Pleuraflüssigkeit zeigt *Paragonimus*-Eier. Eine Exzisionsbiopsie der Läsion hilft auch bei der Diagnose sowie der Behandlung. Ein adulter oder unreifer *Parago-*

nimus-Wurm kann in einem subkutanen Knoten oder einer Zyste gefunden werden.

Immundiagnostik

Ein intradermaler (ID) Test mit säurelöslichem Rohextrakt des adulten Wurms wurde früher in Japan, China und Indien aufgrund seiner Schnelligkeit, Einfachheit und Kosteneffizienz häufig zur Diagnose von Paragonimiasis eingesetzt. Nach der intradermalen Injektion des Antigens in den Unterarm deutet die Bildung einer Quaddel innerhalb von 15 min auf einen positiven Test hin. Allerdings kann mit diesem Test nicht zwischen einer früheren und einer aktuellen Infektion unterschieden werden, da der Test auch 10–20 Jahre nach Ausheilung der Krankheit positiv bleibt. Ein negativer Hauttest bei Abwesenheit einer Quaddel schließt Paragonimiasis aus.

Der Komplementbindungstest wurde früher zur Bestätigung von *P. westermani*-Infektionen verwendet. Der Test kehrt schnell zum Normalzustand zurück, sobald die Saugwürmer absterben. Die Gegenstromelektrophorese („counterimmunoelectrophoresis", CIEP), ein sensibler und spezifischer Test, wird zur Speziesbestimmung von *Paragonimus*-Arten durch spezifische Präzipitationsbanden verwendet. Das exkretorisch-sekretorische (ES-) Antigen erwies sich im Test als besser als das adulte somatische Antigen. Der indirekte Hämagglutinationstest, die Latexfixierung, die Bentonitflockung und indirekte Immunfluoreszenztests sind andere Tests, die in verschiedenen Labors mit variablen Ergebnissen evaluiert wurden.

Der enzymgekoppelte Immunadsorptionsassay (ELISA) mit adulten Saugwürmern und metazerkarienspezifischen Antigenen zeigte eine Sensitivität von 82–93 % und eine Spezifität von 98–100 %. Die Verwendung des 27-kDa-Proteins des exkretorischen/sekretorischen Produkts von *P. westermani* und des 31,5-kDa-ES-Proteins von *P. heterotremus* zeigte eine hohe Spezifität. Ein IgG-basierter ELISA mit ES-Antigen zur Diagnose von Paragonimiasis, der am Regional Medical Research Centre, ICMR (RMRCNE), Dibrugarh, Indien entwickelt wurde, erwies sich als hochsensitiv und spezifisch. Der ELISA, der zum Nachweis von IgG4-Antikörpern verwendet wurde, wurde durch Verwendung eines synthetischen Peptids, basierend auf der antigenen Region von *P. westermani* in der Diagnose von humaner Paragonimiasis, evaluiert. Sensitivität und Spezifität wurden als sehr hoch berichtet (100 % und 96,2 %). Positive und negative prädiktive Werte waren ebenfalls hoch (100 % und 88,9 %). Allerdings kam es häufig zu einer Kreuzreaktivität mit Seren, die aus Fällen von Fasziolose (75 %) und Hakenwurminfektionen (50 %) stammten.

Ein enzymgekoppelter Immunelektrotransferblot wurde entwickelt, um zwischen *P. heterotremus*- und *P. westermani*-Infektionen zu unterscheiden. Der Dot-Immunogoldfiltrationsassay („dot-immunogold filtration assay", DIGFA) zur Diagnose von *P. westermani* wurde als einfach, schnell sowie sensitiv (99 %) und spezifisch (92 %) berichtet. In diesem Test wurde das ES-Antigen von *P. skrjabini* auf Nitrozellulosemembran als Fanglinie aufgebracht. Rekombinantes *Staphylococcus aureus*-Protein A wurde zur Herstellung der Kontrolllinie verwendet. Dieser immunchromatografische Test zeigte eine Sensitivität und Spezifität von 94,4 % bzw. 94,1 %.

Molekulare Diagnostik

Speziesspezifische PCR-Assays wurden für den spezifischen Nachweis und Identifizierung von *Paragonimus*-Arten entwickelt. Der Test zielt auf konservierte Regionen innerhalb des *Paragonimus*-Genoms. Die DNA-Pyrosequenzierung für *P. bangkokensis*, *P. harinasutai*, *P. heterotremus*, *P. macrorchis*, *P. siamensis* und *P. westermani* wurde ebenfalls versucht. Ein kürzlich in der Diagnose von *P. westermani* evaluiertes Protein-Microarray zeigte eine Sensitivität von 86–92 % und eine Spezifität von 97–100 %.

Die schleifenvermittelte isotherme Verstärkung (LAMP) von *P. Westermani* wurde evaluiert, um *P. Westermani* in Süßwasserkrebsen, Flusskrebsen und infiziertem menschlichem Sputum und Pleuraflüssigkeit nachzu-

Tab. 2 Laboruntersuchung von Paragonimiasis

Diagnostische Ansätze	Methoden	Ziele	Bemerkungen
Direkte Mikroskopie	Sputum, bronchoalveoläre Lavage, Stuhl, Körperflüssigkeit, Formalin-Äther-Aufkonzentration, Exzisionsbiopsie von subkutanem Knoten oder zystischer Läsion	Eier, adulter oder unreifer Wurm	**Goldstandardtest** *Einschränkung*: geringe Sensitivität, unregelmäßige Ausscheidung von Eiern im Sputum oder Stuhl
Immundiagnostik	Intradermaler Test mit löslichem Extrakt des adulten Wurms	Überempfindlichkeit	Einfach, leicht durchzuführen, billig und schnell. Negatives Ergebnis schließt Infektion aus; Positivität deutet auf frühere oder aktuelle Infektion hin *Einschränkung*: Test bleibt 10–20 Jahre lang positiv, auch nach Heilung
	Komplementbindungsreaktion	Antigen-Antikörper-Komplex	Test kehrt schnell nach dem Absterben des Wurms um
	Gegenstromelektrophorese	Ausfällung von IgG-Antikörper gegen ES-Protein	Sensitiv und spezifisch, kann zur Speziesbestimmung verwendet werden
	ELISA mit ES-Protein, adulten und Metazerkarienantigenen (27 kDa ES von *Paragonimus westermani* und 31,5 kDa von *Paragonimus heterotremus*)	IgG-Antikörper, IgG4	Sensitivität von 82–93 % und Spezifität von 98–100 % **Einschränkung:** Kreuzreaktion mit Serum von Faszioliose- und Hakenwurminfektionsfällen
	Immunelektrotransferblot und Dot-Immunogoldfiltrationsassay (DIGFA)	Zur Unterscheidung zwischen *Paragonimus heterotremus* und *Paragonimus westermani*	Einfach, schnell, 99 % sensitiv und 92 % spezifisch
Molekulare Assays	RFLP, PCR, qPCR	ITS1, ITS2 und konservierte Regionen innerhalb des Genoms	Hohe Sensitivität und Spezifität. *Einschränkungen*: erfordert qualifiziertes Personal
	LAMP	ITS1, ITS2 und konservierte Regionen innerhalb des Genoms	Kann zur Bestimmung des Infektionsstatus von Süßwasserkrebsen und Flusskrebsen sowie von menschlichem Sputum und Pleuraflüssigkeit verwendet werden
	Protein-Microarray und Multiplex-Protein-Microarray-Assay	Proteine von *Paragonimus westermani*	Sensitivität von 86–92 % und Spezifität von 97–100 % *Einschränkungen*: erfordert hoch entwickelte Ausrüstung und qualifiziertes Personal
	DNA-Pyrosequenzierung	Genomische DNA	Identifizierung auf Speziesebene
Bildgebende Verfahren	Röntgen-Thorax, CT-Scan, MRT	Ringzeichen, subpleurales oder subfissurales Knötchen im Röntgen-Thorax. „Traubencluster“ oder „Seifenblasenerscheinung“ in der Gehirnbildgebung	Hilft bei der Unterscheidung von Paragonimiasis von Nachahmern, einschließlich pulmonaler TB, chronischer eosinophiler Pneumonie, Tuberkulose, Pilzinfektion oder Malignität

weisen. Der Test ist sensitiv und spezifisch und liefert auch innerhalb von 45 min ein Ergebnis. Ein Multiplex-Protein-Microarray-Assay wurde ebenfalls als 97–100 % spezifisch und 85,7–92,1 % sensitiv berichtet. Die DNA-Pyrosequenzierung zur Artenidentifikation von *Paragonimus*-Infektionen in den thailändischen Endemiegebieten konnte erfolgreich zwischen 6 *Paragonimus*-Arten unterscheiden.

Bildgebende Verfahren

Etwa 10–20 % der Röntgenbilder des Thorax von Patienten sind unauffällig. In einer Studie in Südkorea wurden das klassische „Ringzeichen", subpleurale oder subfissurale Knötchen und Bereiche mit Nekrose sowie fokale Pleuraverdickungen in den angrenzenden Bereichen beobachtet, die bei der Diagnose einer pulmonalen Paragonimiasis hilfreich sind. Verdichtung, Lappeninfiltrate, Münzläsionen, verkalkte Knoten, hiläre Lymphadenopathie, Pleuraverdickung, Pleuraergüsse und Pneumothoraces sind häufige Befunde bei symptomatischer asiatischer oder amerikanischer Paragonimiasis.

Eine Computertomografie (CT) und eine Magnetresonanztomografie (MRT) des Schädels bei Patienten mit Paragonimiasis im Gehirn zeigen mehrere ringförmige Schatten wie „Traubencluster" oder „Seifenblasenerscheinung". Isodichte Läsionen zeigen oft Ähnlichkeiten mit Tuberkulomen in einer Hirnhälfte. Das Vorhandensein einer Spur zwischen einem pulmonalen Knoten und der Pleura durch eine Thorax-CT kann helfen, die Paragonimiasis von einer chronischen eosinophilen Pneumonie, einer Tuberkulose, einer Pilzinfektion oder einem bösartigen Tumor zu unterscheiden. In Tab. 2 sind die diagnostischen Ansätze für Paragonimiasis zusammengefasst.

Behandlung

Praziquantel ist die Behandlung der Wahl bei Paragonimiasis und wird in einer Dosis von 75 mg/kg/Tag für 2–3 Tage verabreicht, mit sehr wenigen Nebenwirkungen. Allerdings benötigen etwa 2 % der Fälle eine 5-tägige Therapie für eine vollständige Heilung. Eine 15-tägige Therapie mit Bithionol (Erwachsener: 2,0–2,5 g/Tag, Kind 1,5 g/Tag), das an alternierenden Tagen verabreicht wurde, wurde ebenfalls erfolgreich durchgeführt. Die orale Gabe von 10 mg/kg Triclabendazol 2-mal täglich für 1–2 Tage wurde erfolgreich zur Behandlung von Paragonimiasis bei Menschen in Südamerika eingesetzt. Die orale Gabe von Triclabendazol wurde auch in Fällen, in denen Praziquantel oder Bithionol versagt haben, mit Erfolg ausprobiert. Die anfängliche 2-tägige Behandlung mit Praziquantel, gefolgt von Triclabendazol, hat eine Heilungsrate von 100 % gezeigt.

Prävention und Bekämpfung

Die Prävention und Bekämpfung der zoonotischen Paragonimiasis ist oft aufgrund der weiten Verbreitung von kompetenten Zwischenwirten, großen Süßwasserökosystemen und der Vielfalt von Haus- und Wildtierreservoirwirten, die infizierte Krebstiere konsumieren, schwierig.

Die Bekämpfung der Paragonimiasis beim Menschen wird am besten durch eine öffentliche Gesundheitserziehung und durch richtige Lebensmittelhygiene erreicht. Ein häufiges Händewaschen während der Zubereitung von Krebstieren für den Verzehr, das Reinigen der Krebstiere, die Vermeidung der Kontamination von Utensilien und Servierplatten mit Metazerkarien sind wichtige Bestandteile der Prävention. Die durchschnittliche Überlebensdauer von *Paragonimus*-Metazerkarien in Biogasanlagen, Leitungswasser, dechloriertem Wasser und Brunnenwasser wurde als 13, 48.2, 52.14 und 56.21 Tage ermitteltt. Metazerkarien von *P. westermani* in toten Krabben überleben im Winter 1 Woche, und die Zysten im Wasser bleiben 2–3 Wochen lebensfähig. *Paragonimus kellicotti* lebte 5 Tage in den Eingeweiden toter Krebse bei 12–21 °C. Das Kochen oder Garen von Krebstieren bei 55 °C für 10 min ist ausreichend, um alle Metazerkarien abzutöten.

Es hat sich gezeigt, dass Behandlung und Aufklärungsmaßnahmen in den Gemeinden innerhalb von sechs Jahren (2005–2011) zu einem starken Rückgang der Prävalenz der pulmonalen Paragonimiasis in den hyperendemischen Gebieten von Arunachal Pradesh, Indien geführt haben. Die Weltgesundheitsorganisation schlug unter anderem eine vorbeugende Chemotherapie zur Bekämpfung der Paragonimiasis vor, und bis 2020 sollten etwa 75 % der gefährdeten Bevölkerung abgedeckt sein. Der Nutzen der präventiven Chemotherapie muss jedoch noch bewertet werden.

Fallstudien

Im Jahr 2001 äußerten Menschen und Gesundheitsfachleute des Changlang-Distrikts in Arunachal Pradesh, Indien ihre Besorgnis über die steigende Anzahl von AFB-negativen Tuberkulosefällen (säurefeste Bazillen, „acid-fast bacilli", AFB), die nicht auf eine antituberkulöse Behandlung ansprachen. Sie baten uns, das Problem zu untersuchen.

Wir untersuchten die Fälle aus der breiten Kategorie der Hämoptyse. Die klinische Anamnese und die Untersuchung der Patienten ergaben eine Vorgeschichte mit chronischem Husten, gelegentlichem Fieber und Hämoptyse. Der Nachweis von säurefesten Bazillen im Sputum waren in den meisten Fällen negativ. Die Patienten erhielten eine angemessene Behandlung gemäß Tuberkulose-Kategorie III der indischen Regierung (Revised National Tuberculosis Control Programme). Wir begannen, andere Ätiologien der Hämoptyse zu erforschen und stellten fest, dass in Arunachal Pradesh keine Untersuchung auf Paragonimiasis (eine Ursache für Hämoptyse) durchgeführt wurde. Wir befragten die örtlichen Ärzte und fanden einen sehr niedrigen Verdachtsindex bezüglich Paragonimiasis und betrachteten sie nicht als Ursache für die Hämoptyse.

Wir begannen die epidemiologische Studie mit dem klinischen Profil unbehandelter Fälle. Arunachal Pradesh teilt die internationale Grenze mit Bhutan, China und Myanmar. Der Distrikt Changlang ist hauptsächlich hügelig mit einer Fläche von 4662 km^2 auf einer Höhe von 200 bis 4500 m über dem Meeresspiegel. Der Bezirk ist dünn besiedelt (27 Personen/km^2) und wird von der Stammesbevölkerung (125.334 Personen) bewohnt (http://changlang.nic.in). Subsistenzlandwirtschaft und Fischerei sind die Hauptbeschäftigungen in den Gebieten. Der Bezirk hat eine vielfältige Tierwelt, einschließlich des Tigers (*Panthera tigris*), des Leoparden (*Panthera pardus*), des Schneeleoparden (*Panthera uncia*) und des Nebelparders (*Neofelis nebulosa*). In der Querschnittsstudie wurden sechs Dörfer zufällig ausgewählt. Insgesamt wurden 675 Personen, darunter 263 (39 %) Kinder, untersucht. Die Anamnese ergab chronischen Husten (97,2 %), gefolgt von Hämoptysen (83,3 %), Brust- und Bauchschmerzen (68,1 % und 43,5 %).

Sputum und Blut wurden zum Nachweis von AFB mittels Ziehl-Neelsen-Färbung und nassmikroskopischer Untersuchung nach Dekontamination gesammelt. Blutproben wurden zum Nachweis von *Paragonimus*-Antikörpern gegen exkretorische sekretorische Proteinantigene mittels ELISA (im Haus entwickelt) verarbeitet.

Die lichtmikroskopische Untersuchung von Sputum ergab das Vorhandensein von charakteristischen operkulierten goldbraunen Eiern von *Paragonimus*. Die Eier wurden später als *P. heterotremus* identifiziert. Kinder (<15 Jahre) zeigten eine Eipositivität von 20,9 % im Sputum und eine Antikörperpositivität von 51,7 % im Blut, während 4,1 % der Erwachsenen (>15 Jahre) Eier im Sputum und 18,7 % von ihnen Antikörper im Blut zeigten. Alle Proben waren bei der Ausstrichmikroskopie für AFB negativ. Kinder und Erwachsene zeigten eine Antikörperpositivität von jeweils 51,7 % und 15,3 %. Diese Studie könnte nur die Spitze des Eisbergs sein, da viele der Innenbereiche und andere Bezirke von Arunachal Pradesh noch erkundet werden müssen. Alle Menschen essen Krabben, oft unzureichend gekocht. Etwa 40 % der während der Studie gesammelten Süßwasserkrabben (*M. lugubris)* wurden gefunden, um Metazerkarien von *Paragonimus* zu beherbergen. Patienten, die das Miao-Krankenhaus wegen Tuberkulose (klinisch) aufsuchten, zeigten eine Prävalenz von Paragonimiasis von 17,3 % und eine Prävalenz von Tuberkulose (Sputum positiv for AFB) von 12,8 %.

1. Welche Parasiten können Lungeninfektionen verursachen, die manchmal Tuberkulose ähneln?
2. Wie können Sie die Art von *Paragonimus* spp. bestimmen?
3. Welche Hindernisse gibt es bei der Bekämpfung der Paragonimiasis?

Forschungsfragen

1. Betriebsstudie zur Sensibilisierung, Prävention von Paragonimiasis, Ernährungsgewohnheiten und Lebensmittelverarbeitung, Umgang mit Lebensmitteln im Zusammenhang mit der Übertragung von lebensmittelbedingten parasitären Zoonosen wie Paragonimiasis in der Allgemeinbevölkerung und bei Angehörigen der Gesundheitsberufe.
2. Systemische Studie zur Bewertung der Bereitschaft des Gesundheitssystems auf die Bewältigung (ätiologische Diagnose und angemessene Behandlung) von Fällen von chronischem Husten und endemischer Hämoptyse in der peripheren Gesundheitsversorgung.
3. Wir haben kein gutes (kostengünstiges, schnelles, leicht zu handhabendes) Point-of-Care-Testsystem für die Differentialdiagnose von Fällen von chronischem Husten und Hämoptyse bei RNTCP. Die Forschung zur Entwicklung eines solchen Testkits hat Priorität.

Weiterführende Literatur

Blair D, Xu ZB, Agatsuma T. Paragonimiasis and the genus *Paragonimus*. Adv Parasitol. 1999;42:113–222.

Blair D. Paragonimiasis. Adv Exp Med Biol. 2014;766:115–52.

Devi KR, Narain K, Agatsuma T, Blair D, Nagataki M, Wickramashinghe S, et al. Morphological and molecular characterization of *Paragonimus westermani* in northeastern India. Acta Trop. 2010;116:31–8.

Keiser J, Utzinger J. Food-borne trematodiases. Clin Microbiol Rev. 2009;22:466–83.

Narain K, Devi KR, Bhattacharya S, Negmu K, Rajguru SK, Jagadish M. Declining prevalence of pulmonary paragonimiasis following treatment & community education in a remote tribal population of Arunachal Pradesh, India. Indian J Med Res. 2015;141(5):648–52. https://doi.org/10.4103/0971-5916.159570.

Oey H, Zakrzewski M, Narain K, Devi KR, Agatsuma T, Nawaratna S, et al. Whole-genome sequence of the oriental lung fluke *Paragonimus westermani*. Giga Sci. 2018;8:1–8.

Rosa BA, Choi Y-J, McNulty SN, Jung H, et al. Comparative genomics and transcriptomics of 4 *Paragonimus* species provide insights into lung fluke parasitism and pathogenesis. Giga Sci. 2020;9:1–16.

Singh TS, Mutum SS, Razaque MA. Pulmonary paragonimiasis: Clinical features, diagnosis and treatment of 39 cases in Manipur. Trans R Soc Trop Med Hyg. 1986;80:967–71.

Surveyor. Case of diastoma disease in India. Indian J Med Res (Special). 1919;1919:214–6. Indian Science congress

Singh TS, Sugiyama H, Rangsiruji A. *Paragonimus* & paragonimiasis in India. Indian J Med Res. 2012;136(2):192–204.

Echinostomiasis

Rajendran Prabha

Lernziele

1. Den Leser auf die Helminthenparasiten aufmerksam machen, die bei lang andauerndem Befall eine ruhrähnliche Erkrankung mit Anämie verursachen können
2. Kenntnisse über die Vielfalt der Arten, die Echinostomiasis verursachen, mit ihren Wirtsspezifitäten zu erlangen

Einführung

Echinostomiasis ist eine intestinale, durch Nahrung übertragene Infektion bei Vögeln und Säugetieren, einschließlich Menschen, die durch Echinostomatidae oder *Echinostoma* verursacht wird. Die Infektion ist häufig bei Bevölkerungsgruppen zu sehen, die in der Nähe von Süßwassersammelbehältern leben und bei Menschen, die rohe oder unzureichend gekochte aquatische Bivalvia-Mollusken oder Fische und Schnecken, die in einer Salz- und Essigmischung eingelegt sind, essen. Die adulten Würmer von *Echinostoma* spp. unterscheiden sich durch das Vorhandensein oder Fehlen der einzelnen oder doppelten Krone von großen zirkumoralen Stacheln auf einer Scheibe, die die oralen Saugnäpfe umgibt.

R. Prabha (✉)
Department of Microbiology, Mahatma Gandhi Medical College and Research Institute, Puducherry, Indien
E-Mail: prabhar@mgmcri.ac.in

Geschichte

Im Jahr 1907 entdeckte Garrison die Eier von *Echinostoma* spp. bei fünf Gefangenen in Manila. Adulte Würmer wurden nach der Behandlung von einem Patienten gewonnen und als *Echinostoma ilocanum* identifiziert. Danach wurden mehrere Fälle aus vielen anderen Ländern gemeldet.

Taxonomie

Der Name *Echinostoma* (*Echino*: stachelig; *stoma*: Mund) leitet sich von *echino* ab, was stachelig bedeutet, und *stoma*, was Mund bedeutet, aufgrund der Anwesenheit von charakteristischen Stacheln um die oralen Saugnäpfe im adulten Wurm.

Die Gattung *Echinostoma* gehört zur Klasse Trematoda, Ordnung Echinostomida und Familie Echinostomatidae im Stamm Platyhelminthes des Reichs Animalia. Die Gattung *Echinostoma* hat mehr als 56 Arten, die Infektionen bei Vögeln und Säugetieren einschließlich Menschen

S. C. Parija und A. Chaudhury (Hrsg.), *Lehrbuch der parasitären Zoonosen*,
https://doi.org/10.1007/978-981-97-4312-4_23

verursachen. *Echinostoma revolutum* ist die Typusart.

Infektionen beim Menschen werden durch *Echinostoma trivolvis, Echinostoma hortense, Echinostoma echinatum, Echinostoma ilocanum, Echinostoma cinetorchis* (= *lindoense*) und *Echinostoma fujianensis* verursacht. Sporadische Infektionen werden auch durch Mitglieder anderer Echinostomiden verursacht, einschließlich *Echinoparyphium, Acanthoparyphium, Artyfechinostomum, Episthmium, Himasthla, Hypoderaeum* und *Isthmiophora*.

Genomik und Proteomik

Die mitochondrialen Genomsequenzen mehrerer *Echinostoma*-Arten wurden sequenziert. Für *E. revolutum* war die gesamte mitochondriale Genomsequenz 15.714 bp lang, einschließlich 12 Protein codierender Gene, 22 Transfer-RNA-Gene, 2 ribosomale RNA-Gene und ein nicht codierender Bereich (NCR). Es hat einen A+T-Basengehalt von 61,73 %.

Insgesamt wurden 39 Parasitenproteine im exkretorisch-sekretorischen Proteom von adulten *Echinostoma caproni* genau identifiziert. Die Stoffwechselenzyme, und insbesondere die glykolytischen Enzyme, bilden die größte Proteinfamilie im exkretorisch-sekretorischen Proteom der adulten Würmer. Darüber hinaus wurden auch repräsentative Proteine identifiziert, die an der Parasitenstruktur, der Reaktion gegen Stress, Chaperonen, Kalziumbindung und Signaltransduktion beteiligt sind.

Die Parasitenmorphologie

Echinostoma spp. zeichnen sich durch das Vorhandensein oder Fehlen der einzelnen oder doppelten Krone großer zirkumoraler Stacheln auf einer Scheibe aus, die die oralen Saugnäpfe umgibt. Die Identifizierung von *Echinostoma* spp. basiert auf der Position und Anzahl der Saugnäpfe, dem Saugnapfverhältnis, der Form und Anordnung der Fortpflanzungsorgane, der Form des Darms, der Exkretionsblase und der Eigröße.

Adulter Wurm

Die Länge und die Breite von adulten *Echinostoma* spp. variieren je nach Art. Sie sind normalerweise 5–10 mm lang und 1–2 mm breit.

Der adulte *Echinostoma* ist groß, abgeflacht, oft breit und manchmal schmal. Der adulte Wurm hat einen gut entwickelten vorderen Mundsaugnapf und einen ventralen Saugnapf, die nebeneinanderliegen (Abb. 1). Der Mundsaugnapf ist von einem stacheligen Kragen umgeben. Die Anzahl, Größe und Anordnung der Stacheln am Kragen variieren bei jeder *Echinostoma*-Art (Abb. 2). *Echinostoma* besitzen 1 oder 2 zirkumorale stachelige Kragen, die je nach Art von 27 bis 51 Stacheln variieren. *Echinostoma trivolvis* in Nordamerika hat vier Arten mit 37 Kragenstacheln.

Der Mundsaugnapf liegt in der Mitte der zirkumoralen Scheibe und der ventrale Saugnapf befindet sich am vorderen Teil des Körpers, der kurz ist. Das Tegument ist mit kleinen Stacheln bewaffnet; intestinale Ceca sind vorhanden, mit

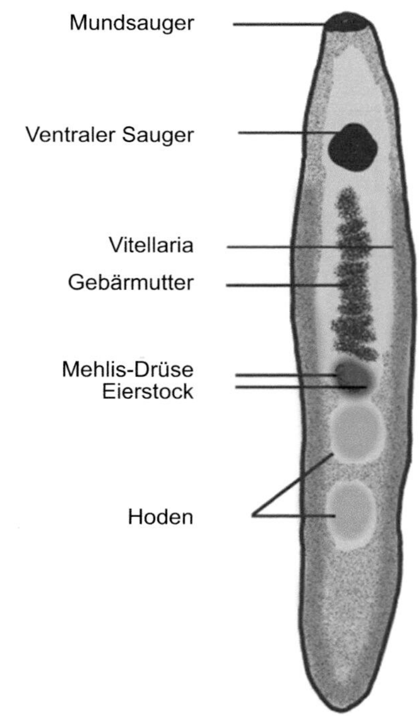

Abb. 1 Schematische Darstellung des adulten *Echinostoma revolutum*

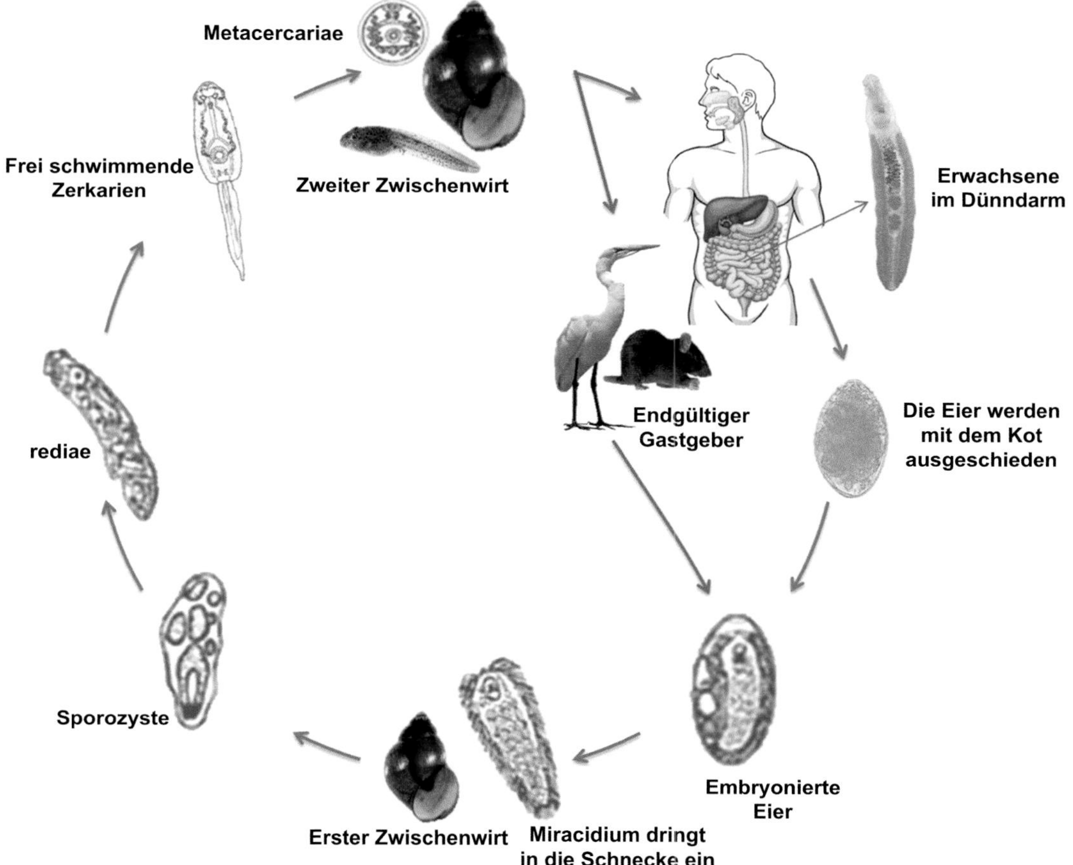

Abb. 2 Lebenszyklus von *Echinostoma* spp.

oder ohne dendritische Seitenäste. Zwei Hoden befinden sich hinter dem Eierstock und sind tief gelappt, die Gebärmutter befindet sich präovarial im Zäkum. Der Dotterstock ist follikulär und befindet sich in zwei seitlichen Feldern, normalerweise im hinteren Körper, kann aber auch in den vorderen Körper hineinreichen. Der Verdauungstrakt besteht aus Pharynx, Ösophagus und einer Exkretionsöffnung. Intestinale Coeca sind vorhanden. *Echinostoma* spp. haben sowohl männliche als auch weibliche Fortpflanzungsorgane (Hermaphrodit) und sind zur Selbstbefruchtung fähig.

Adulte *Echinostoma malyanum* haben 43–45 Kragenstacheln, ein abgerundetes hinteres Ende, 2 große Hoden mit 6–9 Lappen, die in Reihe angeordnet sind.

Eier

Echinostoma spp.-Eier sind strohfarben, dünnwandig, operkuliert, groß und eiförmig. Sie sind 83–116 μm × 58–69 μm groß. Sie sind nicht embryoniert, wenn sie im Kot der endgültigen Wirte ausgeschieden werden.

Metazerkarien

In den 2. Zwischenwirten verkapseln sich die Zerkarien zu Metazerkarien, die das infektiöse Stadium des Parasiten sind.

Zucht von Parasiten

Lockesche Lösung, Medium 199 und RPMI 1640 wurden als Medien für das Wachstum und die Entwicklung des Parasiten eingesetzt. Die höchste Verkapselung und eine normale Metazerkarienentwicklung wurden im RPMI-1640-Medium nachgewiesen. Die Zugabe von fötalem Rinderserum zu RPMI 1640 erhöht das Niveau der Verkapselung und der normalen Metazerkarienentwicklung. Die 0,5×-Medien induzierten eine höhere Verkapselung und eine normale Metazerkarienbildung als die 1×-Medien. Die Verkapselung war am höchsten in der Mischung aus 0,5× RPMI 1640 und 10 % fötalem Rinderserum.

Versuchstiere

Im Labor wurde der Lebenszyklus mit *Lymnaea* und *Radix* (Schnecken) als 1. Zwischenwirte, Kaulquappen als 2. Wirte und Ratten als Endwirte untersucht.

Bei einer experimentellen Infektion von Mäusen mit adulten *E. caproni* produzierte der mesenteriale Lymphknoten in den ersten 3 Wochen der Infektion IFN-γ und in geringerem Maße IL-4. Die IL-5-Spiegel waren während des gesamten untersuchten Zeitraums erhöht. Die humorale Antwort war konsistent mit einem Th1-Zytokin-Muster, das erhöhte antigenspezifische IgG2a-Antikörper zeigte.

Lebenszyklus von *Echinostoma* spp.

Wirte

Echinostoma ist ein Parasit, der zu den Digenea-Trematoden zählt, der den Darm und die Gallengänge des Endwirts befällt.

Endwirte

Wasservögel, Fleischfresser, Nagetiere und Menschen sind die Endwirte. *Echinostoma* leben im Darm und in den Gallengängen von Wirten wie Vögeln, Säugetieren und Menschen.

Zwischenwirte

Schneckenarten wie *Lymnaea* spp., zweischalige Mollusken, *Planorbidae*, *Lymnaeidae* und *Bulinidae*. Fische und Kaulquappen können ebenfalls als Zwischenwirte fungieren.

Infektiöses Stadium

Das Metazerkarienstadium ist das Stadium, das für Endwirte infektiös ist.

Übertragung von Infektionen

Menschen erwerben die Infektion durch die Aufnahme von Metazerkarien, die in Süßwasserschnecken, Kaulquappen oder Fischen (Abb. 2) eingeschlossen sind. Menschen und Tiere infizieren sich durch den Verzehr von Zwischenwirten, die mit *Echinostoma*-Metazerkarien infiziert sind. Die Metazerkarien schlüpfen im Jejunum oder Ileum des infizierten Wirts und werden durch den pH Wert des Darms, die Temperatur oder die Konzentration der Gallensalze beeinflusst. Nach der Excystierung heften sich die jungen Saugwürmer mit ihrem stacheligen Tegument, den großen Saugnäpfen und den Kragenstacheln an die Wand des unteren Dünndarms. Die Stacheln zusammen mit den großen oralen und ventralen Saugnäpfen verursachen Schäden an der Darmschleimhaut, die zu Entzündungen und Geschwüren führen. Die adulten Würmer beginnen, unembryonierte Eier zu legen, die im Stuhl ausgeschieden werden.

Wenn *Echinostoma*-Eier in Kontakt mit Wasser in Teichen, Bächen und Seen kommen, werden sie befruchtet und entwickeln sich innerhalb von 2–3 Wochen bei 22 °C zu Mirazidien, den freischwimmenden Larven von *Echinostoma*. Das Mirazidium infiziert als aktive freischwimmende Larve von *Echinostoma* den 1. Zwischenwirt, die Schnecken von *Lymnaea* spp. In diesen Schneckenwirten durchläuft das Mirazidium eine ungeschlechtliche Vermehrung über mehrere Wochen, entwickelt sich zu Sporozysten, Redien und Zerkarien. Die Mirazidien gelangen in die Schnecke und entwickeln sich im Herzen der Schnecke zu Muttersporozysten. Die Keimzellen der Sporozyste entwickeln sich zu Mutterredien. Die Mutterredien durchlaufen eine ungeschlechtliche Vermehrung und produzieren Tochterredien, die sich in der Verdauungsdrüse der Schnecke weiter zu Zerkarien entwickeln. Die Zerkarien schlüpfen aus und infizieren die 2. Zwischenwirte: Schnecken, Frösche, Kaulquappen und Fische. Dort verkapseln sie sich zu Metazerkarien, dem infektiösen Stadium des Parasiten. Schnecken der Gattungen *Pila* und *Corbicula* sind wichtig, da sie roh gegessen werden. Auch ein Süßwasserfisch ist ein geeigneter Wirt.

Pathogenese und Pathologie

Echinostoma spp. sind nicht hochgradig pathogen. Pathogene Läsionen von größerem Ausmaß treten bei hoher Parasitenlast auf. Die Würmer dringen mit ihren oralen Saugnäpfen in die Darmwand ein und verursachen Schäden an der Darmschleimhaut, die zu Entzündungen und Geschwüren führen. Schwere *Echinostoma* spp.-Infektionen verursachen Geschwüre im Darm, Durchfall und Bauchschmerzen. Durch die Aufnahme von Stoffwechselprodukten der Würmer kommt es zu einer allgemeinen Vergiftung.

Eine Abnahme des Verhältnisses zwischen Zotten und Krypten, eine Zottenatrophie, eine Kryptenhyperplasie und eine Entzündung des Stromas sind die typische Pathologie des Darmtrakts bei infizierten Tieren. Eine *E. hortense*-Infektion bei Ratten ist durch Zottenatrophie und Kryptenhyperplasie gekennzeichnet. Eine schwere Enteritis wird bei Hühnern beobachtet, die mit *E. revolutum* und *Himasthla conoideum* infiziert sind.

Immunologie

IgA-, IgG- und IgM-Antikörper werden in den Seren von Mäusen und Goldhamstern nachgewiesen, die mit *E. caproni* und *E. trivolis* infiziert sind. Bei den Mäusen wurden Antikörper innerhalb weniger Wochen nach der Infektion nachgewiesen, während es bei Hamstern mehrere Wochen dauerte, eine vergleichbare Reaktion zu erzeugen. Daher ist es eher schwierig, die Kinetik der humoralen Reaktion bei einer *Echinostoma*-Infektion beim Menschen vorherzusagen.

Infektion beim Menschen

Echinostomiasis bei Menschen hat eine verlängerte latente Phase, eine kurze akute Phase und ist normalerweise asymptomatisch.

Das Spektrum der klinischen Manifestationen bei symptomatischen Fällen korreliert mit der Wurmlast; je größer die Wurmlast, desto schwerwiegender ist die Krankheit. Eine leichte Infektion ist normalerweise asymptomatisch. Bei leichten bis mäßigen Infektionen sind Anämie, Kopfschmerzen, Schwindel, Durchfall, Müdigkeit und Gewichtsverlust vorhanden. Eine schwere Infektion ist gekennzeichnet durch starke Bauchschmerzen, die mit ulzerativen Läsionen im Duodenum einhergehen, was zu hämorrhagischer Enteritis und allgemeiner Vergiftung führt.

Infektion bei Tieren

Leichte Infektionen verursachen keine signifikante Pathologie oder Symptome bei Tieren, aber schwere Infektionen sind mit einer schweren Symptomatik, Krankheit und Tod verbunden. Bei Hühnern wurden hämorrhagischer Durchfall, fortschreitende Auszehrung, Flugschwäche und Tod nachgewiesen. Die Saugwürmer ernähren sich mit ihren oralen Saugnäpfen von den Geweben, indem sie mit ihren vorderen Enden tief zwischen die Darmzotten eindringen. Dies führt zu einer Abschilferung des Epithels und der Darmzotten und zu einer ausgeprägten zellulären Reaktion mit Ödem und Verdickung der Schleimhaut. Eine *E. hortense*-Infektion bei Ratten geht mit histopathologischen Veränderungen im Darm einher, die sich durch Atrophie der Darmzotten, einer Kryptenhyperplasie und einer Entzündung des Stromas zeigen.

Epidemiologie und öffentliche Gesundheit

Menschliche Echinostomiasis tritt am häufigsten in Ländern auf, in denen der Verzehr von rohen oder unzureichend gekochten Süßwasserschnecken, Muscheln, Fischen oder Amphibien üblich ist. Bevölkerung, Verschmutzung, mangelnde sanitäre Einrichtungen und Armut sind Faktoren, die zur Echinostomiasis beitragen. In Fernost tritt Echinostomiasis auf. Die menschliche Infektion in Taiwan wird auf 2,8–6,5 % geschätzt. In Nordthailand ist *H. conoideum* ein Trematodenparasit von Hühnern, der Infektionen bei Menschen verursacht, die rohe Schnecken essen (Tab. 1).

Echinostoma spp.-Infektionen bei Wild- und Haustieren sind weltweit verbreitet. Sie sind am häufigsten in Südkorea, Thailand, Philippinen, Japan, Singapur, Indonesien, Indien, Rumänien, Ungarn, Italien und in einigen europäischen Ländern. *Echinostoma hortense* und *E. revolutum sensu lato* sind die häufigsten Arten, die Infektionen bei Säugetieren (Ratte, Hund) und Vogelwirten verursachen. *Echinostoma malayanum*-Infektionen treten auf den Philippinen, in Indien, Malaysia, Indonesien (Sumatra), Thailand und Singapur auf und infizieren Hunde, Mangusten, Schweine, Katzen und Ratten. *Echinostoma ilocanum* ist auf den Philippinen, in Indonesien (Java und Sulawesi), Teilen Südchinas, Indien und Thailand verbreitet und infiziert Hunde, Muriden und Katzen. *Echinostoma hortense* ist in Japan und in der Republik Korea zu finden. *Echinostoma trivolvis* ist in Nordamerika verbreitet und infiziert 26 Vogelarten und 13 Säugetierarten. *Echinostoma echinatum* verursacht Infektionen bei Gänsevögeln in Indonesien, Brasilien, Indien, Malaysia und den Philippinen. *Echinostoma revolutum* ist im Fernen Osten und in Europa zu finden und infiziert Gänse und Enten.

Diagnose

Mikroskopie

Nachweis von Eiern und adulten Würmern von *Echinostoma* spp. durch Stuhlmikroskopie bestätigt die Diagnose einer Echinostomiasis. Das Kato-Katz-Verfahren wird häufig verwendet, um unembryonierte Eier nachzuweisen, die operkuliert, ellipsoidal und von gelber bis gelb-brauner Farbe sind (Abb. 3). *Echinostoma*-Eier scheinen morphologisch ähnlich zu den Eiern von *Fasciola*, *Fasciolopsis* und *Gastrodiscoides* zu sein. Daher basiert die endgültige Diagnose der Gattungs- und Artidentifikation von *Echinostoma* spp. auf dem Nachweis und der Identifikation von adulten *Echinostoma*, die im Stuhl ausgeschieden werden (Tab. 2).

Die Untersuchung von *Echinostoma*-Metazerkarien im 2. Zwischenwirt, hauptsächlich in Fischen, ist eine häufig verwendete Methode zum Nachweis von Infektionen in Fischen zum Zwecke der Bekämpfung. Dazu gehören: (1) die Muskelkompressionsmethode, bei der Proben aus verschiedenen Teilen des Fisches (z. B. Muskel, Kieme, Kopf, Darm, Flosse, Schuppe) oder eines anderen Wirtes zwischen zwei Glasplatten komprimiert und unter dem Stereomikroskop

Tab. 1 Echinostomiasis bei Menschen und ihre geografischen Verteilungen

Echinostoma Arten	Übertragung auf Menschen	Prävalenz
Echinostoma revolutum	Schnecken, Frösche	Südostasien, Australien, Ägypten, Russland
Echinostoma ilocanum	Schnecken	Ost- und Südostasien einschließlich Indien
Echinostoma hortensae	Süßwasserfische	China, Japan
Echinostoma echinatum	Muscheln	Europa, Südamerika, Japan, Südostasien

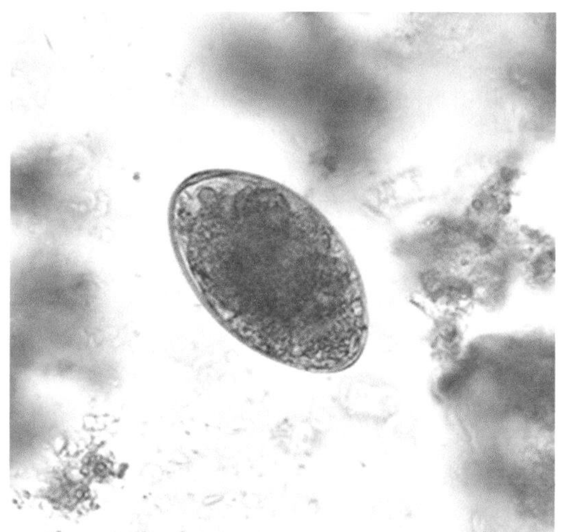

Abb. 3 *Echinostoma*-Ei in einem ungefärbten Stuhlnasspräparat. Das Bild ist mit einer 400fachen Vergrößerung aufgenommen (Mit freundlicher Genehmigung: DPDx, CDC)

auf das Vorhandensein von *Echinostoma*-Metazerkarien untersucht werden und (2) die Methode der künstlichen Verdauunng mit Pepsin und Salzsäure (HCl). Bei dieser Methode werden kleine Fleischstücke zerkleinert und in einem Becher mit künstlichem Magensaft gemischt. Die Mischung wird bei 37 °C für 2 h inkubiert, wobei zwischendurch gerührt wird. Darauf folgt eine Filtration (1 × 1 mm Siebweite) zur Entfernung größerer Partikel und die Zugabe von 0,85 % Kochsalzlösung. Die Mischung wird dann für eine Weile stehen gelassen. Anschließend wird der Überstand verworfen und das Sediment aufbewahrt. Dieser Vorgang wird wiederholt, bis der Überstand klar wird. Schließlich wird das Sediment in einer Petrischale mit physiologischer Kochsalzlösung gesammelt und unter dem Stereomikroskop auf das Vorhandensein von Metazerkarien untersucht.

Serodiagnostik

IgM-, IgG-ELISA ist eine antikörperbasierte Methode, die häufig für die Serodiagnostik von Echinostomiasis bei Menschen verwendet wird.

Molekulare Diagnostik

DNA-Sequenzierung wurde in den letzten Jahren verwendet, um 37 Arten von *Echinostoma* mit Kragenstachel zu differenzieren. Derzeit werden molekulare Techniken zunehmend für die Artidentifikation, phylogenetische Studien und systematische Studien von *Echinostoma* spp. verwendet. Allerdings muss die PCR zum Nachweis von *Echinostoma*-DNA in Stuhlproben von Menschen noch entwickelt werden.

Andere Methoden

Das Zählen von Chromosomen und das Vergleichen von Isoenzymmustern wurden früher zum Nachweis und Identifikation von *Echinostoma* verwendet.

Tab. 2 Labordiagnose der Echinostomiasis bei Menschen

Diagnostische Ansätze	Methoden	Targets	Bemerkungen
Direkte Mikroskopie	Kato-Katz-Technik Biopsie	Stuhl oder Duodenalinhalte Larvenabschnitte in Geweben/Flüssigkeiten	Goldstandardtest Nachteil: invasiv und unempfindlich
Immundiagnostik	Antigennachweis (Sandwich-ELISA)		Bestätigt aktive Infektion
	Antikörper (ELISA)	IgM-, IgG-Antikörper	Gute Sensitivität und Spezifität
Molekulare Assays	PCR, DNA-Sequenzierung	Die internen transkribierten Spacer (ITS1 oder ITS2) der nukleären ribosomalen DNA (rDNA), COX-1-, Rn1- und NAD2-Gene	Hohe Sensitivität und Spezifität *Einschränkungen:* erfordert qualifiziertes Personal

Behandlung

Praziquantel wird in einer einzigen oralen Gabe mit einer Dosierung von 10–20 mg/kg als Medikament der Wahl gegeben. Mebendazol, Albendazol, Niclosamid, Tetrachlorethen usw. sind andere Medikamente, die zur Behandlung von Infektionen bei Menschen und Tieren evaluiert wurden. Tetrachlorethen in einer Dosis von 0,1 ml/kg Körpergewicht (maximale Erwachsenendosis beträgt 5 ml) ist wirksam. Als Nebenwirkungen werden Übelkeit, Bauchschmerzen, Kopfschmerzen und Schwindelgefühl beobachtet.

Tetrachlorethen und Tetrachlorkohlenstoff wurden erfolgreich zur Behandlung von Darmtrematoden bei Vögeln und Säugetieren eingesetzt. Dennoch wurden weniger toxische und wirksamere Verbindungen wie Niclosamid, Oxyclozanid, Rafoxanid oder Praziquantel zur Behandlung von Infektionen bei Tieren empfohlen.

Prävention und Bekämpfung

Der Verzicht auf den Verzehr von rohem oder unzureichend gegartem Fleisch von Weichtieren, Schalen- und Krustentieren sowie Amphibien ist für die Vorbeugung einer Ansteckung des Menschen unerlässlich. Nützliche Bekämpfungsmaßnahmen sind die Behandlung infizierter Menschen und Tiere, eine geeignete Umstellung der Ernährung und der Lebensmittelzubereitung sowie die Durchführung von Aufklärungskampagnen auf Gemeindeebene. Die Untersuchung von *Echinostoma*-Metazerkarien im 2. Zwischenwirt, hauptsächlich in Fischen, ist eine gute Alternative zur Identifizierung von infizierten Fischen und zur wirksamen Bekämpfung.

Fallstudie

Ein 40-jähriger Fischer stellte sich mit Beschwerden über Fieber und lockeren, blutigen Stuhlgang, die seit 5 Tagen anhielten und mit Bauchkrämpfen und Übelkeit verbunden waren, vor. Bei der klinischen Untersuchung war der Patient fieberhaft, ohne Anzeichen von Dehydration. Die Untersuchung des Bauchsystems zeigte eine diffuse Empfindlichkeit und keine Organvergrößerung. Mit der klinischen Diagnose einer infektiösen Diarrhoe wurde eine Stuhlprobe entnommen und zur mikroskopischen Untersuchung und Kultur ins mikrobiologische Labor geschickt. Die Untersuchung des peripheren Blutes zeigte eine Eosinophilie. Bei der Stuhlkultur wurden fäkale Koliforme angezüchtet. Auf dem Nasspräparat des Stuhls waren Eier von *Echinostoma*-Arten zu sehen. Der Patient wurde dann mit Praziquantel behandelt und die Symptome besserten sich.

1. Welche Nahrungsmittel können diese Infektion übertragen?
2. Welche Vorsichtsmaßnahmen sollte man treffen, um eine Echinostomiasis zu verhindern?
3. Welche anderen Parasiten können Menschen auf ähnliche Weise infizieren?

Forschungsfragen

1. Welche Antigene können zur Entwicklung eines wirksamen serologischen Tests für Echinostomiasis verwendet werden?
2. Welche Tests können unter Feldbedingungen verwendet werden?
3. Wie kann die Fisch- und Schneckenpopulation in einer Region untersucht werden, um das Infektionsrisiko durch *Echinostoma* in diesem Gebiet zu ermitteln?

Weiterführende Literatur

Carney WP. Echinostomiasis – a snail-borne intestinal trematodezoonosis. Southeast Asian J Trop Med Public Health. 1991;22(Suppl):206–11.

Chai JY. Echinostomes in humans. The biology of echinostomes. New York: Springer; 2009. p. 147–83.

Grover M, Dutta R, Kumar R, Aneja S, Mehta G. *Echinostoma ilocanum* infection. Indian Pediatr 1998;35:549–552.

Huffman JE, Fried B. *Echinostoma* and echinostomiasis. Adv Parasitol. 1990;29:215–69.

Lee SH, Hwang SW, Sohn WM. [Experimental life history of *Echinostoma hortense*]. Kisaengchunghak Chapchi. 1991;29:161–72.

Leiper RT. A new echinostome parasite in man. J Lond School Trop Med. 1911;1:27–8.

Liu LX, Harinasuta KT. Liver and intestinal flukes. Gastroenterol Clin North Am. 1996;25:627–36.

Marquardt WC, Demaree RS, Grieve RB. Parasitology and vector biology. Cambridge: Academic Press; 2000.

Toledo R, Esteban JG. An update on human echinostomiasis. Trans R Soc Trop Med Hyg. 2016;110:37–45.

Waikagul J. Intestinal fluke infections in Southeast Asia. Southeast Asian J Trop Med Public Health. 1991;22:S158–62.

Dikrozöliose

V. Samuel Raj, Ramendra Pati Pandey, Rahul Kunwar Singh und Tribhuvan Mohan Mohaptara

Lernziele

1. Kenntnisse über einen seltenen Parasiten zu erlangen, der hepatische Manifestationen verursachen kann
2. Zwischen echten und vorgetäuschten Infektionen unterscheiden zu können, indem eine ordnungsgemäße Anamnese erhoben und die Eier sorgfältig untersucht werden

Einführung

Die Dikrozöliose ist eine Krankheit von Wiederkäuern (z. B. Rinder, Ziegen, Schafe, Hirsche) einschließlich wilder Wiederkäuer (Kameliden in Südamerika und Yaks und Büffel in Indien), die durch *Dicrocoelium* spp. verursacht wird. Die von Dikrozöliose betroffenen Tiere zeigen Eisenmangel, Magerkeit und in schweren Fällen Zirrhose, Vernarbung der Leberoberfläche und Verschluss der Nervenkanäle. Eine Infektion mit *Dicrocoelium* spp. beim Menschen ist normalerweise nicht tödlich, es sei denn, die Infektion der Leber ist sehr schwer.

Geschichte

Rudolphi entdeckte den Parasiten *Dicrocoelium dendriticum* im Jahr 1819. Der vollständige Lebenszyklus wurde von Krull und Mapes in den Jahren 1951–1953 beschrieben. Auf die Entdeckung, dass die Schnecke der Erste Zwischenwirt ist, folgte die Erkenntnis, dass der Schleim der Schnecke den Parasiten potenziell übertragen kann. Später stellte sich heraus, dass die Ameise *Formica fusca* der Zwischenwirt ist, der die Schafe infiziert.

Taxonomie

Die Gattung *Dicrocoelium* gehört zur Familie Dicrocoeliidae, Ordnung Plagiorchiida im Stamm Platyhelminthes. *Dicrocoelium dendriticum* und *Dicrocoelium hospes* sind zwei wichtige Arten, die Infektionen bei Menschen und Tieren verursachen.

V. S. Raj
Centre for Drug Designing, Discovery and Development, SRM University, Sonepat, Indien

R. P. Pandey
SRM University, Sonepat, Indien

R. K. Singh
Department of Microbiology, HNB Garhwal University, Srinagar (Garhwal), Indien

T. M. Mohaptara (✉)
Institute of Medical Sciences, Banaras Hindu University, Varanasi, Indien

S. C. Parija und A. Chaudhury (Hrsg.), *Lehrbuch der parasitären Zoonosen,*
https://doi.org/10.1007/978-981-97-4312-4_24

Genomik und Proteomik

Das *D. dendriticum*-Genom ist 548 Mb groß und der GC-Gehalt beträgt 47 %. Das mitochondriale Genom ist 14,884 bp groß; die Sequenzierung der partiellen 18S-rDNA, ITS1 und ITS2 wurde hauptsächlich zur Artendifferenzierung durchgeführt. Bei der Proteomanalyse der wichtigsten Tegument- und Exkretions-Sekretions-Produkte wurden insgesamt 29 Proteine in den Exkretions-Sekretions-Produkten und 43 Proteine in den Tegumenten identifiziert, von denen viele antigen waren. Diese Proteine sind an verschiedenen Aktivitäten des Parasiten, wie Stoffwechsel, Entgiftung und Transport, oder als strukturelle Moleküle beteiligt. Ein Polypeptid mit 25–27 kDa wurde als immundominantes Protein identifiziert, das für die Diagnose von Dikrozöliose und für das Herbeiführen einer prophylaktischen Immunität gegen *Dicrocoelium*-Infektionen von Nutzen sein könnte.

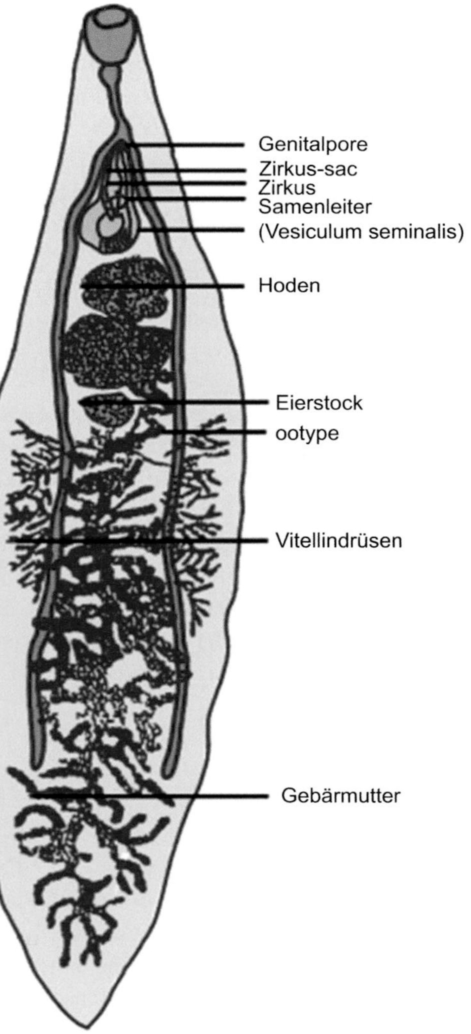

Genitalpore
Zirkus-sac
Zirkus
Samenleiter
(Vesiculum seminalis)
Hoden
Eierstock
ootype
Vitellindrüsen
Gebärmutter

Abb. 1 Schematische Darstellung des adulten *D. dendriticum*

Die Parasitenmorphologie

Adulter Wurm

Dicrocoelium dendriticum hat einen festen, lanzettförmigen, abgeflachten und transparenten Körper (Abb. 1). Der Körper ist 6–10 mm lang und 1,5–2,5 mm breit und ist morphologisch dem von *Clonorchis sinensis* sehr ähnlich. Der Körper verjüngt sich charakteristischerweise sowohl am vorderen als auch am hinteren Ende. Sie haben zwei auffällige Saugnäpfe, den oralen Saugnapf und den ventralen Saugnapf, die sich beide an der vorderen Körperoberfläche befinden. *Dicrocoelium dendriticum* unterscheidet sich durch das Vorhandensein von gelappten Hoden an der vorderen Körperoberfläche. Die Gebärmutter liegt hinten, und die Dotterdrüsen befinden sich im mittleren Teil des Wurms und nehmen an der Eiproduktion teil.

Eier

Die Eier haben ein auffälliges Operculum und sind 36–45 μm lang und 20–30 μm breit. Sie sind dickwandig, bräunlich gefärbt und sind bei der Ablage embryoniert.

Zucht von Parasiten

Die adulten Würmer können in RPMI 1640 Medium, pH 7,4 bei einer Temperatur von 37 °C gehalten werden. Die adulten Würmer bleiben in diesem Medium für längere Zeiträume lebensfähig und legen kontinuierlich bis zu 4 Tage lang Eier ab.

Versuchstiere

Der Goldhamster wird als experimentelles Tiermodell verwendet, in dem die Parasiten eine aktive Infektion hervorrufen, die histopathologische Veränderungen in der Leber zeigt. Im Labor abgesetzte Schafe werden ebenfalls als Versuchstiere verwendet. Bei experimentellen Infektionen im Hamster zeigten sich durch den Parasiten ausgelöste Veränderungen in Form einer Vermehrung und Verbreiterung der Kanäle sowie einer Invasion durch Lymphozyten, Makrophagen und Eosinophile, die zu einer Lebernekrose führte.

Lebenszyklus von *Dicrocoelium dendriticum*

Wirte

Endwirte

Endwirte sind Wiederkäuer wie Rinder, Ziegen, Schafe und andere Tiere wie Schweine oder Hirsche. Menschen sind zufällige Wirte.

Zwischenwirte

Erste Zwischenwirt: Landschnecken.

Zweite Zwischenwirt: Ameisen (*Formica fusca*).

Infektiöses Stadium

Das infektiöse Stadium des Parasiten sind die in den infizierten Ameisen vorhandenen Metazerkarien.

Übertragung von Infektionen

Die Infektion beginnt, wenn eine Schnecke, der Erste Zwischenwirt, die embryonierten Eier von *D. dendriticum* (Abb. 2) aufnimmt. Aus dem Ei schlüpft im Darm der Schnecke das Mirazidium. Das Mirazidium durchdringt die Darmwand und gelangt in die Verdauungsdrüse, wo es sich in eine Muttersporozyste, anschließend in Tochtersporozysten und schließlich in die Zerkarien mit Schwanz umwandelt. Die Zerkarien sammeln sich auf der Körperoberfläche und in der Mantelhöhle der Schnecken und werden von einer Schleim- oder Schleimhülle umgeben. Die Schleimkugeln, die bis zu 500 Zerkarien enthalten können, werden von den Schnecken abgestoßen und von der Ameise aufgenommen.

Ameisen erwerben die Infektion durch die Aufnahme der Schleimkugeln der Schnecken. Innerhalb der Ameise reifen die Zerkarien zu Metazerkarien heran. Die Metazerkarien verkapseln sich im Hämocoel, und in einer einzigen Ameise können mehr als 100 Metazerkarien gefunden werden. Die Endwirte erwerben die Infektion durch die Aufnahme von Ameisen auf der Weide. Nach der Aufnahme schlüpfen die Metazerkarien im Duodenum. Die Galle scheint als Lockmittel für die Metazerkarien zu wirken, die Larvenform wandert zur Gallenblase und schließlich zur Leber, wo sie zu einem adulten Wurm heranreift. In 6–7 Wochen erreicht der Saugwurm die Reife und beginnt nach einem weiteren Monat mit der Eiproduktion.

Pathogenese und Pathologie

Bei Tieren verursacht die Larvenform von *Dicrocoelium* selten Schäden im Darm. Die pathologischen Veränderungen in der Leber hängen von der Wurmlast und dem Ausmaß der Schädigungen ab, die diese Würmer verursachen. Bei dem infizierten Wirt umfasst die Gallenwegspathologie Entzündungen der Gallenwege, Leberfibrose und Degeneration der Hepatozyten. Die pathologischen Veränderungen bei Wiederkäuern bei Dikrozöliose können manchmal von gleichzeitigen Leberinfektionen überlagert werden.

Dicrocoelium-Infektionen beim Menschen beschränken sich auf die distalen Teile

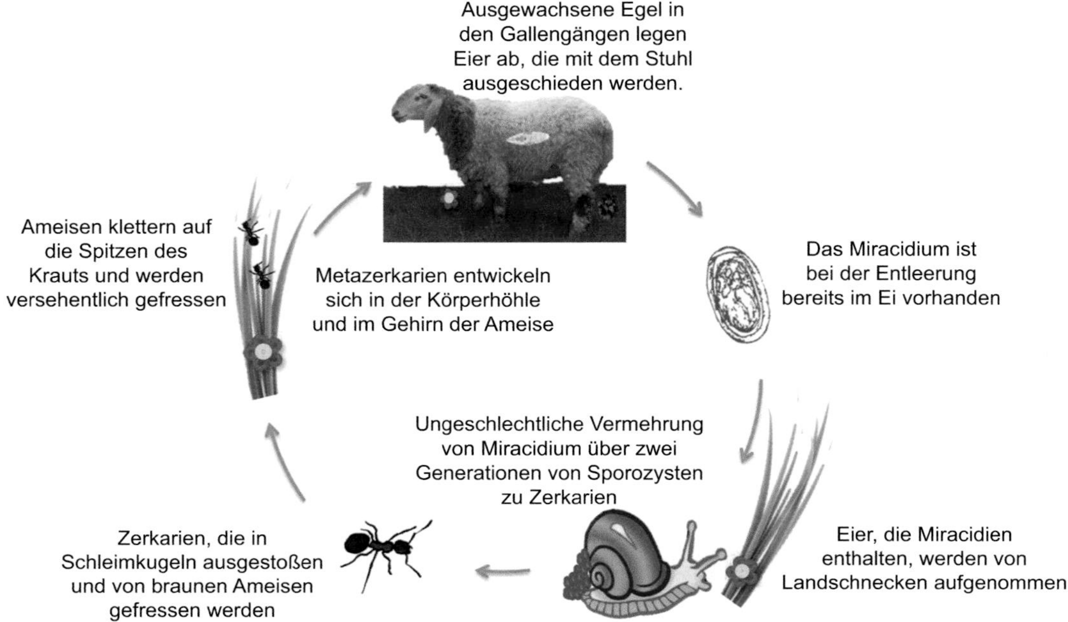

Abb. 2 Lebenszyklus von *Dicrocoelium dendriticum*

der Gallengänge und führen zu geringfügigen Symptomen.

Immunologie

Die Rolle der Wirtsimmunität bei *D. dendriticum*-Infektionen ist unklar, was zum Teil auf die große interspezifische Variation und auch auf die Art der durch den Parasiten hervorgerufenen Effekte zurückzuführen ist. Die humoralen Immunreaktionen wurden bei Schafen beobachtet, die mit einer großen Anzahl von *D. dendriticum*-Parasiten infiziert waren.

Infektion beim Menschen

Die meisten *D. dendriticum*-Infektionen werden durch eine geringe Anzahl von Saugwürmern verursacht und sind asymptomatisch und nicht mit offensichtlichen klinischen Symptomen verbunden. Bei symptomatischen Fällen ähneln die klinischen Symptome meist denen der Fasziolose. Die klinischen Manifestationen bei schweren Infektionen umfassen Eosinophilie, Cholezystitis, Leberabszesse, Durchfall und allgemeine gastrointestinale/bauchbedingte Beschwerden. Der Verzehr von roher oder unzureichend gekochter Leber von Tieren, die an Dikrozöliose leiden, kann zu einer Scheininfektion beim Menschen führen, bei der die Eier des Parasiten im Stuhl des infizierten Wirts gefunden werden können.

Infektion bei Tieren

Die meisten *D. dendriticum*-Infektionen bei Tieren, insbesondere bei Rindern, sind asymptomatisch. Einige infizierte Tiere zeigen Eisenmangel, Gewichtsverlust und Leberzirrhose. Schafe, die mit *D. dendriticum* infiziert sind, sind oft mit anderen Parasiten (z. B. gastrointestinalen und bronchopulmonalen Nematoden) co-infiziert, was es recht schwierig macht, die spezifischen Auswirkungen jeder einzelnen Parasitose zu identifizieren. Leberabszesse, Granulome und Fibrose sowie Gallengangsproliferation wurden auch bei den Neuweltkameliden beschrieben. Gelegentlich können auch *Dicrocoelium* spp. Kaninchen, Schweine, Hunde und Pferde infizieren.

Epidemiologie und öffentliche Gesundheit

Dikrozöliose ist in 30 Ländern weltweit endemisch oder anscheinend endemisch. *Dicrocoelium dendriticum* ist in den Ländern Asiens, Europas, Australiens, Afrikas, Nordamerikas und Südamerikas verbreitet. Die meisten Berichte über Dikrozöliose stammen aus Nordafrika und dem Nahen Osten (Tab. 1). *Dicrocoelium hospes*-Fälle wurden in Afrika gemeldet. Der Parasit ist häufig in Regionen mit trockenen, kalkhaltigen und alkalischen Böden zu finden, die das Leben und Überleben von Zwischenwirten begünstigen. Wälder, die von Schnecken bevölkert sind, oder trockene Weiden mit begrenzter Biodiversität und einer erhöhten Ameisenkolonie erhöhen die Prävalenz von Dikrozöliose.

Diagnose

Die Diagnose von Dikrozöliose beim Menschen basiert hauptsächlich auf dem mikroskopischen Nachweis von Eiern im Stuhl. Serologische Tests werden hauptsächlich zur Diagnose von Infektionen bei Tieren eingesetzt (Tab. 2).

Mikroskopie

Die Diagnose der Dikrozöliose hängt vom Nachweis der Eier von *D. dendriticum* im Stuhl von Menschen oder Tieren ab. Die Eier sind oval, asymmetrisch und operkuliert, etwa 35–50 µm groß mit einer bräunlichen dicken Schale (Abb. 3). Die embryonierten Eier sind von einer einheitlichen dunkelbraunen Schale umgeben und enthalten im Inneren einen bewimperten Embryo. Der Nachweis von embryonierten Eiern oder Transiteiern im Stuhl mittels Mikroskopie hilft bei der Diagnose einer echten Infektion bzw. einer Scheininfektion.

Tab. 1 Epidemiologie der Dicrocoeliasis

Spezies	Endwirt	Erste Zwischenwirt	Zweite Zwischenwirt	Geografische Verbreitung
Dicrocoelium dendriticum	Domestizierte und wilde Wiederkäuer, Schweine	Landschnecken: *Gastropoda*, *Cionella lubrica*	Ameisen: *Formica fusca*, *Lasius* spp.	Russland, Europa, Asien, Nordafrika
Dicrocoelium hospes	Rinder	Schnecken: *Limicolaria* spp. oder *Achatina* spp.	Ameisen: *Dorylus* spp. oder *Cematogaster* spp.	Afrika

Tab. 2 Labordiagnose der Dikrozöliose

Diagnostischer Ansatz	Methoden	Targets	Anmerkungen
Mikroskopie	Stuhlmikroskopie	Eier	Embryonierte Eier deuten auf eine echte Infektion hin. Diese sollte von einer Scheininfektion unterschieden werden
Immundiagnostik	ELISA	Antikörper gegen exkretorisch-sekretorische Proteine	Für Tiere verfügbar. Hohe Sensitivität und Spezifität
Molekulare Methoden	PCR	28S-rDNA	Identifizierung des adulten Wurms

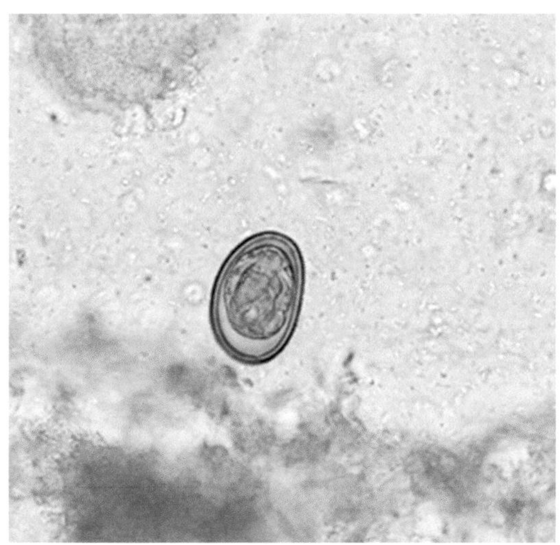

Abb. 3 Ei von *Dicrocoelium* in ungefärbtem Nasspräparat von Stuhl (Mit freundlicher Genehmigung von DPDx, CDC)

Serodiagnostik

ELISA, Western Blot und andere Tests, die die exkretorisch-sekretorischen Proteinantigenen verwenden, wurden für die Diagnose von Dikrozöliose bei Tieren evaluiert. Die Spezifität und Sensitivität des ELISA wurden mit 95 und 94 % angegeben und sind bei der Diagnose von Dikrozöliose nützlicher als die mikroskopische Untersuchung von Kot auf Eier. Das Serum infizierter Tiere weist fast einen Monat vor dem Auftreten von Eiern im Stuhl Antikörper auf. Serologische Tests zur Diagnose von Dikrozöliose beim Menschen müssen noch evaluiert werden.

Molekulare Diagnostik

Die PCR, die ein 963-bp-Fragment des 28S-rDNA-Markers verwendet, wurde in einer Studie zur spezifischen Identifizierung des adulten Wurms *D. dendriticum* evaluiert.

Behandlung

Die Behandlung von Dikrozöliose beim Menschen muss noch standardisiert werden, da die Fälle selten sind. Die orale Gabe von Praziquantel von 25 mg/kg, 3-mal an einem einzigen Tag hat sich als wirksam erwiesen. Die Behandlung mit Triclabendazol hat sich ebenfalls als nützlich erwiesen. Die Behandlung mit Albendazol mit einer Einzeldosis von 15–20 mg/kg oder 2 Dosen von 7,5 mg/kg an aufeinanderfolgenden Tagen oder Netobimin mit 20 mg/kg ist sowohl bei Rindern als auch bei Schafen wirksam.

Prävention und Bekämpfung

Die Kontrolle der Schneckenpopulation ist für die Prävention von Dikrozöliose bei Tieren am wichtigsten. Die Landschnecken benötigen Feuchtigkeit für ihre Entwicklung und ihr Überleben, daher kann ein gutes Entwässerungssystem zur Reduzierung der Feuchtigkeit und die Aufrechterhaltung von trockenen Weideflächen die Schneckenpopulation verringern. Es wurde versucht, die Schneckenpopulation in isolierten Gewässern wie kleinen Teichen oder Wasserlöchern, an denen die Tiere regelmäßig zum Trinken zusammenkommen, durch chemische Bekämpfung mit Kupfersulfat oder Natriumpentachlorphenat zu kontrollieren. Diese Maßnahme ist jedoch auf großen Weiden oder Weideflächen nicht praktikabel. Gereinigte Weiden können sehr schnell wieder infiziert werden und es besteht das Problem der ökologischen Gefahren. Ebenso ist die Kontrolle der Ameisenpopulation mit Insektiziden nicht ratsam. Im Jahr 2007 hat die Weltgesundheitsorganisation (WHO) *D. dendriticum* in die Liste der Krankheitserreger der Foodborne Disease Burden Epidemiology Reference Group aufgenommen.

Fallstudie

Ein 52-jähriger Mann stellte sich mit chronischem Durchfall seit 3 Monaten und Gewichtsverlust vor. Er hatte 5–10 lose, nicht blutige Stuhlgänge pro Tag, begleitet von Schmerzen im unteren Bauch und im Analbereich. Er gab zu, mehrmals Rinderleber gegessen zu haben. Die Stuhluntersuchung auf Eier und Parasiten ergab *D. dendriticum*-Eier. Ihm wurde geraten, auf Leberprodukte jeglicher Art zu verzichten. 4 Wochen später wurde erneut untersucht und er fühlte sich viel besser und hatte an Gewicht zugenommen. Dies zeigt einen Fall von Pseudoinfektion, bei dem Rinderleber, die den ausgewachsenen Wurm mit Eiern enthält, in den Körper gelangte und nicht die infektiöse Metazerkarienform, die in Ameisen vorkommt. Die Eier werden im Darm freigesetzt und passiv mit dem Stuhl ausgeschieden, was den Anschein einer Infektion erweckt.

1. Welche verschiedenen Methoden gibt es zur Diagnose von Dikrozöliose?
2. Welches Verhalten der Ameisen trägt zur Übertragung des Parasiten auf weidende Tiere bei?
3. Welche verschiedenen parasitären Krankheiten gibt es, für die Schnecken als Zwischenwirte dienen

Forschungsfragen

1. Was ist das optimale Behandlungsregime für Dikrozöliose?
2. Was ist die beste Methode zur Kontrolle der Schneckenpopulation, um die Ausbreitung der *Dicrocoelium*-Infektion zu verhindern?
3. Ist es möglich, das Serodiagnostik-Kit für Tiere bei menschlichen Infektionen durch *Dicrocoelium* spp. zu nutzen?

Weiterführende Literatur

Ferreras-Estrada MC, Campo R, González-Lanza C, Pérez V, García-Marín JF, Manga-González MY. Immunohistochemical study of the local immune response in lambs experimentally infected with *Dicrocoelium dendriticum* (Digenea). Parasitol Res. 2007;101:547–55.

Himonas CA, Liakos V. Efficacy of albendazole against *Dicrocoelium dendriticum* in sheep. Vet Res. 1980;107:288–9.

Jithendran KP, Bhat TK. Prevalence of dicrocoeliosis in sheep and goats in Himachal Pradesh, India. Vet Parasitol. 1996;61:265–71.

Kaufmann J. Parasitic infections of domestic animals: a diagnostic manual. Basel: Birkhäuser Verlag; 1996.

Krull WH, Mapes CR. Studies on the biology of *Dicrocoelium dendriticum* (Rudolphi, 1819) looss, 1899 (Trematoda: *Dicrocoeliidae*), including its relation to the intermediate host, Cionella lubrica (Muller). VII. The second intermediate host of *Dicrocoelium dendriticum*. Cornell Vet. 1952;42:603–4.

Sanchez-Campos S, Gonzàlez P, Ferreras C, Gacia Jeglesias MJ, Gonzàlez Gallego J, Tunon MJ. Morphologic and biochemical changes caused by experimentally induced dicrocoeliosis in hamsters (*Mesocricetus auratus*). Comp Med. 2000;50:147–52.

Smyth JD, editor. Introduction to animal parasitology. 3rd ed. Cambridge: Cambridge University Press; 1994.

Tarry DW. *Dicrocoelium dendriticum*: the life cycle in Britain. J Helminthol 1969; 43, 413–416.

Theodoridis Y, Duncan JL, MacLean JM, Himonas CA. Pathophysiological studies on Dicrocoelium dendriticum infection in sheep. Vet Parasitol. 1991;39:61–6.

Opisthorchiasis

S. Pramodhini und Tapashi Ghosh

Lernziele

1. Die Bedeutung von Fisch als Infektionsquelle für verschiedene Trematoden- und andere parasitäre Infektionen zu verstehen
2. Die Endemiegebiete für diesen Parasiten aufzulisten
3. Vorschläge für die zu ergreifenden Präventivmaßnahmen bei Fischkonsum zu machen

Einführung

Opisthorchiasis ist eine Infektion, die durch *Opisthorchis viverrini*, den südostasiatischen Leberegel, oder *Opisthorchis felineus*, auch bekannt als Katzenleberegel, verursacht wird. Die Infektion erfolgt durch den Verzehr von infiziertem rohem oder ungenügend gekochtem Fisch, Krabben oder Flusskrebsen, die die Metazerkarien, das infektiöse Stadium des Leberegels, enthalten. Die meisten Fälle von Opisthorchiasis beim Menschen sind asymptomatisch oder subklinisch. Die Leber, die Gallenblase und der Gallengang sind die häufigsten Infektionsstellen für Leberegel beim Menschen. Cholangitis, Cholezystitis und Cholangiokarzinom (CCA) sind einige der seltenen Manifestationen dieser Infektion. Der direkte Nachweis von *Opisthorchis* spp.-Eiern oder dem adulten Wurm im Stuhl bestätigt die Diagnose der Opisthorchiasis. Praziquantel ist das Medikament der Wahl zur Behandlung der Opisthorchiasis.

Geschichte

Im Jahr 1884 beschrieb Sebastiano Rivolta, ein italienischer Wissenschaftler, den Leberegel in der Leber einer Katze und eines Hundes und nannte ihn *O. felineus*. K.N. Vinogradov an der Tomsker Universität wies den Egel erstmals im Jahr 1891 in der menschlichen Leber nach. Er schlug auch die Schnecke *Bithynia leachii* als Erste Zwischenwirt des Egels vor, was später von Vogel in Deutschland experimentell bewiesen wurde. Viele Fälle von Opisthorchiasis beim Menschen wurden in den Jahren 1892–1929 aus Tomsk, Biysk, Novosibirsk, Tyumen Oblast und verschiedenen anderen Orten gemeldet. Bei der Autopsie eines russischen Soldaten aus Sibirien, der während des Zweite Weltkriegs starb, wurden in seiner Leber und Bauchspeicheldrüse fast

S. Pramodhini (✉)
Department of Microbiology, Mahatma Gandhi Medical College and Research Institute, Sri Balaji Vidyapeeth (Deemed To Be University), Puducherry, Indien

T. Ghosh
Department of Microbiology, Calcutta School of Tropical Medicine, Kolkata, Indien

S. C. Parija und A. Chaudhury (Hrsg.), *Lehrbuch der parasitären Zoonosen*,
https://doi.org/10.1007/978-981-97-4312-4_25

42.000 Leberegel nachgewiesen. Brown schlug 1893 erstmals Fisch als Quelle der Leberegelinfektion vor, was 1904 von Askanazy experimentell bewiesen wurde. Sowohl Plotnikov als auch Zerchaninov wiesen 1932 die Larven des Leberegels im Muskel des Fisches nach und identifizierten sie. 1973 wurden bei einer Autopsie der Leber einer Katze in der ehemaligen UdSSR 8 Zysten mit Leberegeln gefunden.

Taxonomie

Die Gattung *Opisthorchis* gehört zur Familie Opisthorchiidae, Ordnung Plagiorchiida, Klasse Rhabditophora und Stamm Platyhelminthes. Die Gattung *Opisthorchis* umfasst *Opisthorchis chabaudi, O. felineus, Opisthorchis gomtii, Opisthorchis parasiluri* und *O. viverrini*, die Infektionen bei einer Vielzahl von Säugetieren einschließlich Menschen verursachen.

Genomik und Proteomik

Das Kerngenom von *O. felineus* hat 684 Mio. Basenpaare und 30,3 % des Genoms repräsentieren wiederholende Elemente, hauptsächlich Retrotransposons. Das Genom von *O. felineus* ähnelt dem von *O. viverrini* und *Clonorchis sinensis* aus der Familie der Opisthorchiidae. Das O. *felineus*-Genom enthält 11.455 annotierte Protein codierende Gene und 55 Gene, die Mikro-RNAs codieren. Die Gesamtzahl der *O. felineus*-Gene entspricht ungefähr der Anzahl der Gene in *Schistosoma mansoni* und *Fasciola hepatica,* ist aber fast ein Drittel weniger als die von *O. viverrini* und *C. sinensis.* Vier Gene (GRN-1–GRN-4), die für Einzeldomänengranuline codieren, und ein Multidomänenprogranulin (PGRN)-Gen wurden in *O. felineus* sowie in *O. viverrini* und *C. sinensis* nachgewiesen.

Die höchste Expression von Genen, die Proteasen, Myoglobin, Eierschalenprotein, Glutathion-S-Transferase codieren, und auch Proteine, die die Antigenverarbeitung durch die Immunzellen des Wirts modulieren, wurde bei adulten Würmern des Saugwurms nachgewiesen. *Opisthorchis*-Metazerkarien zeigen ein hohes Expressionsniveau von „Haushaltsgenen", die Proteine wie ribosomale Proteine, Ubiquitin und Hitzeschock codieren. Exkretorisch-sekretorische Produkte (ESP) von *O. felineus* exprimieren verschiedene Schutzproteine gegen reaktive Sauerstoffspezies, die mit proteolytischen Enzymen, Enzymen des Kohlenhydratstoffwechsels und Schutzproteinen gegen das Immunsystem des Wirts verbunden sind.

Die Parasitenmorphologie

Adulter Wurm

Adulte *Opisthorchis* spp., die Menschen befallen, sind 7–12 mm lang und etwas kleiner als die adulten Würmer, die aus den Katzenwirten isoliert wurden. Sie haben 2 Hoden, die hintereinander im hinteren Ende des Körpers liegen. Der Eierstock befindet sich vor den Hoden, und zwischen dem Eierstock und dem Bauchnapf windet sich die Gebärmutter. Bei Endwirten befinden sich adulte Würmer in den Gallengängen (Abb. 1 und 2).

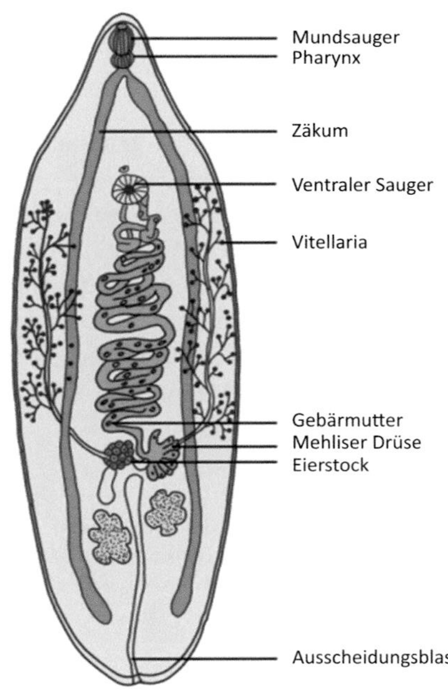

Abb. 1 Schematische Darstellung des adulten Wurms von *O. felineus*

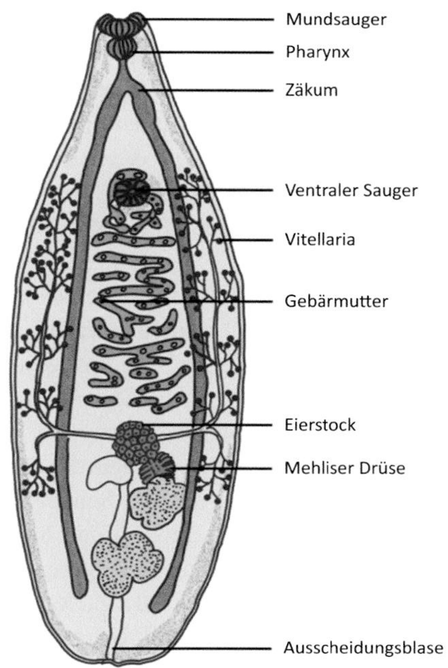

Abb. 2 Schematische Darstellung des adulten Wurms von *O. viverrini*

Metazerkarie

Die *Opisthorchis*-Metazerkarien sind elliptisch geformt und sind etwa 0,19–0,25 × 0,15–0,22 mm groß (Abb. 3). Die oralen und ventralen Saugnäpfe in den Metazerkarien sind gleich groß. Ein Teil des hinteren Körpers wird weitgehend von einer kreisförmigen Exkretionsblase eingenommen, die mit schwarzen Exkretionsgranulaten gefüllt ist. Obwohl morphologisch ähnlich, werden die Größe der Zyste und die Dicke der Zystenwand als Referenzpunkte zur Unterscheidung von Metazerkarien der *Opisthorchis*-Arten verwendet.

Abb. 3 *Opisthorchis*-Metazerkarien

Eier

Die Eier von *Opisthorchis* spp. sind operkuliert und sind 19–30 μm lang und 10–20 breit. Sie haben prominente operkulare „Schultern" und einen Knopf, der gegenüber des Operculums liegt. Die im Stuhl ausgeschiedenen Eier sind embryoniert (Abb. 4).

Zucht von Parasiten

Die adulten Würmer von *O. viverrini* bleiben in Earle's Basalmedium für 7–10 Tage metabolisch aktiv. Das Medium, ergänzt mit 5 % normaler menschlicher Galle oder 1 % normalem menschlichem oder Hamsterserum, wurde verwendet, um den adulten Wurm für einen längeren Zeitraum metabolisch aktiv zu halten.

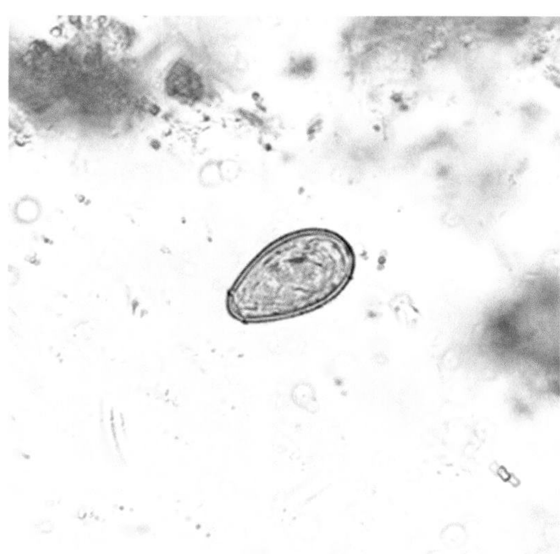

Abb. 4 Ei von *O. viverrini* in einem ungefärbten Nasspräparat von aufkonzentriertem Stuhl. Das Bild wurde mit einer 400fachen Vergrößerung aufgenommen (CDC)

Versuchstiere

Syrische Hamster und Rennmäuse wurden verwendet, um die Pathogenese der *O. viverrini*-Infektion zu studieren. Rennmäuse erwiesen sich als geeigneter für die Untersuchungen der Infektionsanfälligkeit und der Cholangiokarzinompathogenese der Opisthorchiasis.

Lebenszyklus von *Opisthorchis* spp.

Wirte

Endwirte

Endwirte sind Katzen, Hunde und viele fischfressende Säugetiere sowie Menschen.

Zwischenwirte

Der Parasit vollendet seinen Lebenszyklus in 2 Zwischenwirten.

Erste Zwischenwirt: Süßwasserschnecke der Gattung *Bithynia*.

Zweite Zwischenwirt: Süßwasserfische (Cyprinidae-Fische).

Übertragung von Infektionen

Die Menschen und andere Endwirte erwerben die Infektion durch den Verzehr von rohem oder unzureichend gekochtem Süßwasserfisch, der infektiöse Metazerkarien (enzystiertes Stadium) enthält (Abb. 5). Das weitere Exzystieren von Metazerkarien erfolgt im Duodenum, die dann durch die Vater-Ampulle in die Gallengänge aufsteigen. Im Wirtsgallengang und Pankreasgang entwickeln sie sich durch Anheftung an die Schleimhaut zu adulten Würmern. Sie beginnen nach 3–4 Wochen der Infektion Eier zu legen, die mit ihrem Kot ausgeschieden werden.

Embryonierte Eier der Parasiten werden durch den Kot eines infizierten Säugetiers ausgeschieden und gelangen in den Wasserlebensraum des Erste Zwischenwirts, einer Süßwasserschnecke der Gattung *Bithynia*. Innerhalb ihres Schneckenwirts schlüpfen die Eier im Verdauungstrakt der Schnecke zu Mirazidien. Die Mirazidien durchdringen den Darm und entwickeln sich zu Sporozysten. Die Sporozysten entwickeln sich zu Redien und reifen zu 4–50 Pleurolophozerkarien in der Verdauungsdrüse (Hepatopankreas) der Schnecke. Eine infizierte Schnecke kann jeden Tag 500–5000 Zerkarien ins Wasser abgeben.

Die Zerkarien verlassen die Schnecke und können im Wasser bei Temperaturen von 12–27 °C bis zu 24 h überleben. Sie dringen dann in einen Süßwasserfisch der *Cyprinoid*-Familie ein, den Zweite Zwischenwirt. Die Zerkarien dringen nach Kontakt mit dem Fisch unter die Schuppen ein, verlieren ihre Schwänze und enzystieren sich, hauptsächlich in den Muskeln, im Unterhautgewebe und in geringerem Maße in den Flossen und Kiemen. Die Zerkarien verwandeln sich nach etwa 5–6 Wochen in Metazerkarien und sind für den Endwirt infektiös.

Pathogenese und Pathologie

Opisthorchis spp. lösen die Krankheit hauptsächlich durch Verursachung von Traumata sowie durch die Produktion von Toxinen aus.

Eine *Opisthorchis*-Infektion ist verbunden mit Cholangitis, Cholezystitis, periduktaler Fibrose und Cholangiokarzinom (CCA). Da es keine Gewebsmigrationsphase gibt und diese Saugwürmer in den intrahepatischen Gallengängen leben, stimulieren und verursachen ihre Stoffwechselprodukte (exkretorisch und sekretiorisch) eine chronische Entzündung des Gallenepithels, was zu oxidativen und durch nitrosative Prozesse bedingte DNA-Schäden des Gallenepithels führt. Proinflammatorische Zytokine/Chemokine, insbesondere IL-6 und IL-8, aktivieren biliäre TLR4 und verursachen entzündliche Veränderungen der infizierten Gallengänge. Eine Erhöhung von IL-6 ist mit fortgeschrittener periduktaler Fibrose bei infizierten Wirten assoziiert. IL-6 induziert weitere Antiapoptose, Zelltransformation und schließlich Malignität. Diese stimulierten Zellen hyperproliferieren, wodurch entzündete Epithelzellen

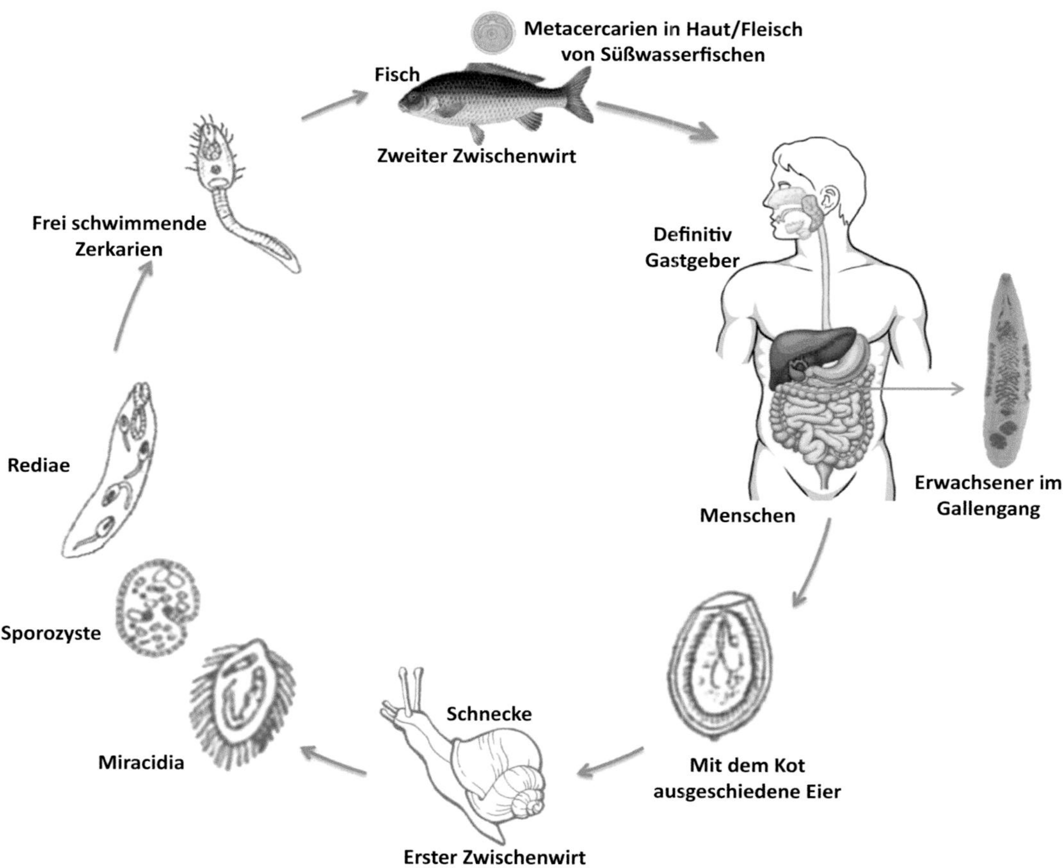

Abb. 5 Lebenszyklus von *Opisthorchis* spp.

neoplastisch werden und schließlich in einem mit Opisthorchiasis assoziierten Cholangiokarzinom enden können.

Die Hyperplasie der Epithelzellen, die die Gallengänge auskleiden, ist die wichtigste pathologische Läsion bei Opisthorchiasis. Gallengangsobstruktion, Gallenflüssigkeitsretention und schwere Hyperplasie des Gallensystems sind weitere pathologische Veränderungen bei schweren Infektionen. Drüsenproliferation, entweder papillomatös oder adenomatös, Cholangitis, eosinophile periduktale Infiltration, Nekrose und Atrophie der Leberzellen sind ebenfalls charakteristisch. Die Gallengänge erweitern sich zunächst, können sackartig oder zystisch werden und im Verlauf der Infektion schließlich in großen Zysten enden. Das Leberprofil erscheint dagegen normal.

Die Pathogenese von CCA bei Opisthorchiasis ist multifaktoriell und umfasst mechanische Schäden, Parasitensekretionen und eine immunvermittelte Pathologie. Epitheliale Desquamation tritt aufgrund mechanischer Reizung durch den adulten Wurm und seine Stoffwechselprodukte auf. Andere prädisponierende Läsionen wie periduktale Fibrose, epitheliale Hyperplasie, Becherzellmetaplasie und adenomatöse Hyperplasie erhöhen die Anfälligkeit der DNA für Karzinogene und erhöhen damit die Möglichkeit der Zelltransformation, die zu CCA führt.

Immunologie

Hinweise für das Fortbestehen einer Leberegelinfektion über Jahrzehnte im infizierten Wirt legen nahe, dass weder Schleimhaut- noch Gewebeimmunantworten den Parasiten schützen oder töten. Es wurden spezifische Immunmechanismen vorgeschlagen, die das Fortbestehen des Parasiten im infizierten Wirt fördern. Die Immunantwort des Wirts gegen den Parasiten und seine Produkte trägt zur Pathogenese der Fibrose des Gallenepithels und sogar zu karzinogenen Veränderungen bei. Es wurde festgestellt, dass der IgG-Serumspiegel bei Patienten mit Opisthorchiasis erhöht ist und mit Gallenblasenanomalien in Zusammenhang steht.

Infektion beim Menschen

Die Mehrheit der menschlichen Opisthorchiasis-Fälle ist asymptomatisch. Eine akute Opisthorchiasis präsentiert sich häufig als akute Bauchschmerzen im rechten oberen Quadranten, verbunden mit Anzeichen und Symptomen einer Cholestase. Darüber hinaus können *O. felineus*-Infektionen, wie in Italien dokumentiert, auch als fieberhaftes eosinophiles Syndrom mit Cholestase anstelle eines hepatitisähnlichen Syndroms auftreten.

Bei chronischen und schweren Infektionen treten Bauchschmerzen, Appetitlosigkeit, Gewichtsverlust, Mangelernährung und eine weiche Hepatomegalie auf. In einigen Fällen treten auch rezidivierende bakterielle Cholangitis, Cholezystitis, Leberabszess und Pankreatitis auf. Selten können Fortschritte zu Cholangitis, Cholezystitis und Cholangiokarzinom als Folge der Infektion auftreten.

Infektion bei Tieren

Opisthorchis spp.-Infektionen bei Hunden und Katzen sind meist asymptomatisch. Offenbar sind die klinischen Manifestationen bei symptomatischen Tieren sehr mild und zeigen eine periduktale Entzündung, biliäre Hyperplasie und periduktale Fibrose. Bisher sind keine Berichte über ein mit *O. viverrini* assoziiertes Cholangiokarzinom bei Tierwirten bekannt.

Epidemiologie und öffentliche Gesundheit

Nach einer Schätzung der WHO sind 56 Mio. Menschen von den durch Lebensmittel übertragenen Trematodeninfektionen betroffen und fast 750 Mio. Menschen laufen Gefahr, sich zu infizieren. Von diesen sind 80 Mio. mit *Opisthorchis* spp. infiziert, einschließlich 67 Mio., die in den Ländern Südostasiens mit *O. viverrini* infiziert sind. Fast 13 Mio. Menschen sind mit *O. felineus* in Kasachstan, der Ukraine und Russland einschließlich Sibirien (Abb. 6) infiziert.

Opisthorchiasis bei Menschen ist häufiger in Gebieten, in denen roher Cyprinidae-Fisch (*Carassius*, *Channa*, *Cyclocheilicthys*, *Hampala*, *Esomus, Osteochilus, Puntioplites* und *Puntius*) als Teil der Ernährung konsumiert wird. Die Infektion des Menschen durch *O. viverrini* ist ein großes öffentliches Gesundheitsproblem in den Mekong-Ländern Thailand, Laos, Kambodscha, Vietnam und Myanmar, wobei mehr als 10 Mio. Menschen durch den Verzehr von Fisch, der die infektiösen Metazerkarien enthält, infiziert sind. Die Infektion ist im unteren Mekong-Flussbecken stark endemisch, und in einigen Gebieten von Nordostthailand erreicht die Prävalenzrate 60 %. In Thailand ist eine Hauptquelle der Infektion der Verzehr von rohem oder unzureichend gekochtem, gefrorenem, gesalzenem oder geräuchertem Fisch. Die Infektion mit *O. felineus* war die in Osteuropa am häufigsten dokumentierte Infektion mit Leberegeln. Vereinzelte Fälle wurden aus Malaysia, Singapur und den Philippinen gemeldet. In Italien traten Ausbrüche von *O. felineus* beim Menschen aufgrund des Verzehrs von marinierten Schleienfilets auf. Die Infektion mit *O. viverrini* bei Menschen nimmt mit zunehmendem Alter zu. Kinder unter 5 Jahren sind wahrscheinlich nicht betroffen. Männer sind häufiger infiziert als Frauen.

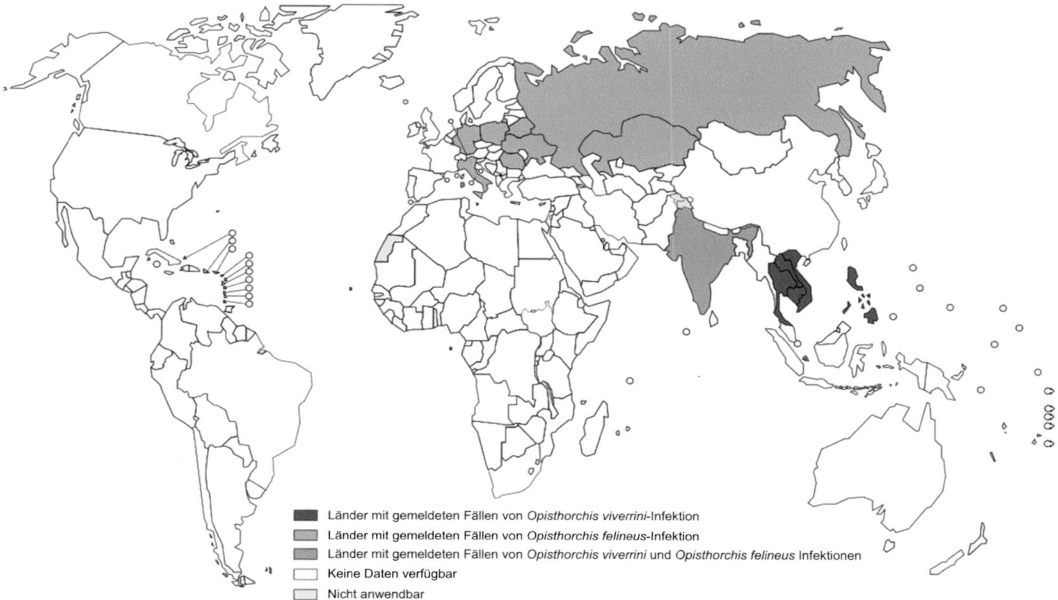

Abb. 6 Verbreitung der Opisthorchiasis. (Quelle: WHO)

Fischfressende Säugetiere, insbesondere Katzen und Hunde, sind die potenziellen Reservoirwirte von *O. viverrini*. Diese Tiere erwerben die Infektion durch den Verzehr von Fisch, entweder roh oder unzureichend gekocht, der die Metazerkarien, das infektiöse Stadium des Parasiten, enthält. Die infizierten Tiere erhalten die Infektion in der Gesellschaft aufrecht, indem sie die Umwelt mit den in ihrem Kot ausgeschiedenen Parasiteneiern kontaminieren. In Tab. 1 sind die wichtigen Wirte und die geografische Verbreitung von *Opisthorchis* spp. aufgelistet.

Diagnose

Die Diagnose der *Opisthorchis*-Infektion basiert auf der klinischen Diagnose, die durch verschiedene diagnostische Techniken unterstützt wird (Tab. 2).

Tab. 1 Verbreitung von *Opisthorchis* spp., die für Menschen von Bedeutung sind

Spezies	Verbreitung	Endwirt	Erste Zwischenwirt	Zweite Zwischenwirt
Opisthorchis viverrini	Südostasiatische Länder wie Thailand, Laos, Kambodscha, Vietnam und Myanmar	Fischfressende Säugetiere, einschließlich Hunde, Katzen, Ratten und Schweine	Süßwasserschnecke (*Bithynia siamensis*)	Süßwasserfisch (Cyprinidae)
Opisthorchis felineus	Kasachstan, Ukraine und Russland einschließlich Sibirien	Fischfressende Säugetiere wie Hunde, Füchse, Katzen, Ratten, Schweine, Kaninchen, Robben, Löwen, Vielfraße, Marder, Iltisse und Menschen	Süßwasserschnecke der Gattung *Bithynia*	Süßwasserfisch (Cyprinidae)

Tab. 2 Diagnostische Methoden bei Opisthorchiasis beim Menschen

Diagnostische Ansätze	Methoden	Ziele	Bemerkungen
Direkte Mikroskopie	Stuhlmikroskopie	Direkte Darstellung von Eiern und Parasiten	Mehrere Stuhlproben sind erforderlich, um die Sensitivität zu erhöhen
Immundiagnostik	Antigennachweis (monoklonaler antikörperbasierter enzymgekoppelter Immunadsorbtionsassay) (MAb-ELISA)	Metabolische Antigene von adulten Würmern	Sensitiv genug, um das von einem einzigen reifen Saugwurm im Darm ausgeschiedene Antigen zu erkennen Mab-ELISA reagiert auch nicht mit anderen Saugwürmern und erkennt aktuelle Infektionen
	Antikörper (ELISA)	IgG-, IgE-Antikörper	Variable Sensitivität und Spezifität *Einschränkung*: Unfähigkeit, zwischen aktuellen und früheren Infektionen zu unterscheiden und auch die Intensität der Infektion zu quantifizieren misslingt
	Nachweis von Biomarkern	Gallensäuren, glycinkonjugierte Gallensäuren, Produkte der oxidativen DNA-Schädigung wie 8-Nitroguanin und 8-oxodG-Spiegel	Empfohlen zur Beurteilung des Risikos der Entwicklung eines Cholangiokarzinoms und zur Überwachung des Krankheitsverlaufs
Molekulare Assays	PCR	ITS1, ITS2 und COX-1	Hohe Sensitivität und Spezifität, verwendet zum Nachweis von leichten Infektionen und zur therapeutischen Überwachung der Krankheit. *Einschränkung:* erfordert qualifiziertes Personal

Mikroskopie

Die direkte Darstellung von *Opisthorchis* spp.-Eiern oder des adulten Wurms im Stuhl durch Mikroskopie bestätigt die Diagnose der Opisthorchiasisinfektion und ist der Goldstandard. Eine einzelne Stuhlprobe ist unzureichend, um das Vorhandensein von Eiern oder des Parasiten nachzuweisen, daher sind die Sammlung und Untersuchung mehrerer Stuhlproben erforderlich, um die Sensitivität der Stuhlmikroskopie zu erhöhen. Die Formalin-Ethylacetat-Sedimentationskonzentrationstechnik („formalin–ethyl acetate sedimentation concentration technique", FECT) wird zur Konzentration von *Opisthorchis*-Eiern in Stuhlproben empfohlen. Obwohl die Eier von *Opisthorchis* denen von *Clonorchis* ähneln, können sie durch einige spezifische mikroskopische Merkmale unterschieden werden.

Die Untersuchung des dicken Abstrichs nach Kato-Katz ist ein einfaches Verfahren, das häufig verwendet wird, um die Intensität der Infektion zu schätzen, indem die im Stuhl vorhandenen Eier gezählt und im Stuhl quantifiziert werden.

Serodiagnostik

Die Serodiagnostik von Opisthorchiasis basiert auf dem Nachweis von *Opisthorchis*-spezifischen Antikörpern im Serum oder Antigen im Serum oder Stuhl.

Mit ELISA wurden spezifische *O. viverrini*-Antikörper im Serum oder sogar im Urin nachgewiesen, wobei entweder somatische Rohextrakte, Tegumentextrakte oder sekretorische Ausscheidungsprodukte (lösliche Stoffwechselprodukte) von adulten Würmern, Metazerkarien und Eiern verwendet wurden, und zwar mit unterschiedlicher Empfindlichkeit und Spezifität. Die Unfähigkeit, zwischen aktuellen und früheren Infektionen zu unterscheiden und auch das Versagen, die Intensität der Infektion zu quantifizieren, sind die größten Einschränkungen von antikörperbasierten serologischen Tests.

Ein monoklonaler antikörperbasierter enzymgekoppelter Immunadsorbtionsassay (MAb-ELISA) wurde evaluiert, um *O. viverrini*-metabolische Antigene im Stuhl mit einem einzigen Klon eines spezifischen monoklonalen Antikörpers (MAb) nachzuweisen. Es ist sensitiv genug, um das von einem einzigen reifen Saugwurm im Darm ausgeschiedene Antigen zu erkennen. Der Nachweis von Serumantigenen durch MAb-ELISA zeigt aktuelle Infektionen an. Der Test ist spezifisch und reagiert nicht mit anderen Saugwürmern.

Molekulare Diagnostik

Die PCR zum Nachweis von *O. viverrini*-Eiern im Stuhl zeigt eine hohe Sensitivität (100 %) und Spezifität und kann sogar ein einzelnes Ei in künstlich inokuliertem Stuhl nachweisen. Der Test ist hochspezifisch und es wird keine Kreuzreaktion mit Heterophyidae-Saugwürmern beobachtet. Die PCR-RFLP-Analyse der ITS2-Region wurde zur Speziesbestimmung von *Opisthorchis*-Eiern verwendet. Die Sequenzierung der Cytochrom-c-Oxidase-Untereinheit I und der NADH-Dehydrogenase-Untereinheit 1 wird ebenfalls zum Nachweis von *O. viverrini* verwendet. Daher ist die PCR nützlich für den Nachweis von leichten *O. viverrini*-Infektionen und für das therapeutische Monitoring der Krankheit.

Andere Tests

Biomarker werden evaluiert, um das Risiko der Entwicklung von Cholangiokarzinom zu beurteilen und den Fortschritt der Opisthorchiasis zu überwachen. Biomarker, wie primäre und glycinkonjugierte Gallensäuren, Produkte der oxidativen DNA-Schädigung, die 8-Nitroguanin und 8-oxodG umfassen, zeigen einen signifikanten Anstieg in Leukozyten und im Urin von Patienten mit Cholangiokarzinom und korrelieren gut mit dem Fortschreiten der Krankheit.

Bildgebende Verfahren wie Ultraschall, CT, MRT, Cholangiografie oder endoskopisch retrograde Cholangiopankreatikografie (ERCP) werden zum Nachweis etwaiger Anomalien der Gallenwege bei chronischer Opisthorchiasis eingesetzt.

Behandlung

Praziquantel ist das Medikament der Wahl für die Behandlung einer Infektion mit *O. viverrini*. Es ist in einer Dosierung von 25 mg/kg 3-mal täglich für 2–3 aufeinanderfolgende Tage oder in einer Einzeldosis von 40 mg/kg Körpergewicht wirksam. Albendazol in einer Dosierung von 10 mg/kg/Tag für 7 Tage ist ebenfalls wirksam zur Behandlung der Opisthorchiasis. Die Verabreichung des Medikaments zusammen mit einer fettreichen Mahlzeit erhöht die Bioverfügbarkeit des Medikaments.

Prävention und Bekämpfung

Gesundheitserziehung, sichere Ernährungsgewohnheiten, verbesserte sanitäre Einrichtungen und veterinärmedizinische Maßnahmen im Bereich der öffentlichen Gesundheit sind unerlässlich, um die Übertragungsraten in der Gesellschaft effektiv zu reduzieren. Die Diagnose der Opisthorchiasis auf Bezirksebene, gefolgt von einer Chemoprophylaxe mit der Verabreichung von Praziquantel in einer Einzeldosis von 40 mg/kg, ist die von der WHO empfohlene Methode zur effektiven Bekämpfung der Opisthorchiasis in der Gesellschaft.

Das Einfrieren des Fisches bei −10 °C für einen Mindestzeitraum von 5 Tagen oder das Salzen in einer 10 %igen Salzlösung, die die Metazerkarien abtötet, ist eine wirksame Methode zur Verhinderung der Infektionsübertragung. Der Verzicht auf den Verzehr von rohem oder unzureichend gekochtem Süßwasserfisch oder gesalzenem, geräuchertem oder eingelegtem Fisch ist eine weitere präventive Maßnahme, die bei der Opisthorchiasis befolgt wird.

Fallstudie

Eine 42-jährige Frau stellte sich mit Beschwerden wie Fieber, Übelkeit, Erbrechen, Ikterus über einen Zeitraum von 10 Tagen vor. Bei der Untersuchung waren eine tastbar vergrößerte Leber, erhöhte Leberenzyme und Eosinophilie die positiven Befunde. Die Patientin hatte 10 Tage zuvor in dem Haus eines Verwandten geräucherten Fisch gegessen. Aufgrund der Laboruntersuchungen wurde die Diagnose Opisthorchiasis gestellt, und die Patientin erholte sich nach entsprechender Behandlung.

1. Welche relevanten Laboruntersuchungen wurden durchgeführt, um die Diagnose der Opisthorchiasis zu bestätigen?
2. Nennen Sie die Differentialdiagnose dieser Erkrankung und wie würden Sie die Diagnose bestätigen?
3. Was ist das Behandlungsprotokoll für diesen klinischen Zustand?
4. Würden Sie eine Vorsorgeuntersuchung bei anderen Familienmitgliedern empfehlen, wenn ja, warum?
5. Welchen Rat sollten Sie der Patientin geben, um eine ähnliche Infektion in der Zukunft zu verhindern?

Forschungsfragen

1. Wie kann man das Problem der strukturellen Ähnlichkeiten und der Anwesenheit von kreuzreagierenden Antigenen zwischen Leber- und Darmegeln bei der Entwicklung von sensiblen und spezifischen immundiagnostischen Tests beseitigen?
2. Welche Rolle spielt die schützende Immunität nach Primärinfektionen, wenn selbst nach einer wirksamen Behandlung ein Wiederauftreten der Opisthorchiasis gemeldet wurde?
3. Welche Strategien können angewandt werden, um das menschliche Verhalten zu ändern oder zu modifizieren, um eine vollständige Kontrolle der *Opisthorchis*-Infektion zu erreichen, da der Verzehr von rohen Lebensmitteln in einigen Gebieten immer noch als einer der traditionellen und kulturspezifischen Werte betrachtet wird?

Weiterführende Literatur

Banchob S, Amonrat J, Sirikachorn T, Melissa R. Immune response to *Opisthorchis viverrini* infection and its role in pathology infection in humans. Haswell Adv Parasitol. 2018;102:73–95.

Ershov NI, Mordvinov VA, Prokhortchouk EB, Pakharukova MY, Gunbin KV, Ustyantsev K, et al. New insights from *Opisthorchis felineus* genome: update on genomics of the epidemiologically important liver flukes. BMC Genomics. 2019;20:399.

Harinasuta T, Riganti M, Bunnag D. *Opisthorchis viverrini* infection: pathogenesis and clinical features. Arzneimittelforschung. 1984;34(9B):1167–9.

Jamornthanyawat N. The diagnosis of human opisthorchiasis. Southeast Asian J Trop Med Public Health. 2002;33(Suppl 3):86–91.

Jeremy F, Peter H, Thomas J, Gagandeep K, David L, Nicholas W. Manson's tropical diseases, New ed. Philadelphia: Saunders [Imprint]; 2013.

Ovchinnikov VY, Afonnikov DA, Vasiliev GV, Kashina EV, Sripa B, Mordvinov VA, Katokhin AV. Identification of microRNA genes in three opisthorchiids. PLoS Negl Trop Dis. 2015;9:e0003680.

Sripa B, Kaewkes S, Intapan PM, Maleewong W, Brindley PJ. Food-borne trematodiases in Southeast Asia epidemiology, pathology, clinical manifestation and control. Adv Parasitol. 2010;72:305–50.

Thanan R, Murata M, Pinlaor S, et al. Urinary 8-oxo-7,8-dihydro-2′-deoxyguanosine in patients with parasite infection and effect of antiparasitic drug in relation to cholangiocarcinogenesis. Cancer Epidemiol Biomark Prev. 2008;17(3):518–24.

Worasith C, Kamamia C, Yakovleva A, et al. Advances in the diagnosis of human opisthorchiasis: development of *Opisthorchis viverrine* antigen detection in urine. PLoS Negl Trop Dis. 2015;9(10):e0004157.

Clonorchiasis

Rajendran Prabha

Lernziele

1. Ein Verständnis für das Risiko der Entwicklung und Ätiopathogenese von Malignität bei chronischer Clonorchiasis zu besitzen
2. Die Bedeutung einer frühen Diagnose mit immunologischen oder molekularen Methoden in Endemiegebieten zur Verhinderung zukünftiger maligner Transformationen zu betonen
3. Über die verschiedenen Bekämpfungsmaßnahmen Bescheid zu wissen, die ergriffen werden sollten, um das Infektionsrisiko zu minimieren

Einführung

Clonorchiasis ist eine häufige zoonotische und durch Lebensmittel übertragene vernachlässigte parasitäre Krankheit, die durch den Leberegel *Clonorchis sinensis* verursacht wird. Es handelt sich um eine durch Fische übertragene Trematodeninfektion, die in den Endemieländern ein ernstes öffentliches Gesundheitsproblem darstellt. Aufgrund der weit verbreiteten kulturellen Gewohnheit, rohen Fisch zu essen, der die infektiösen Larven enthält, und der vorherrschenden sozioökologischen Systeme ist diese Infektion in den Ländern Ostasiens verbreitet. Es wird geschätzt, dass weltweit über 15 Mio. Menschen infiziert sind und über 200 Mio. Menschen Gefahr laufen, sich zu infizieren.

Clonorchiasis beim Menschen wird häufig mit Leber- und Gallenwegserkrankungen in Verbindung gebracht, einschließlich Cholangiokarzinom (CCA), Fibrose und anderen hepatobiliären Zuständen. Die IInternational Agency for Research on Cancer (IARC) hat den Trematoden als Gruppe-2A-Biokarzinogen eingestuft. Die Infektionsrate ist höher bei Männern, Menschen, die rohen oder unzureichend gekochten Fisch essen, älteren Menschen (40–60 Jahre), Geschäftsleuten, Fischern, Landwirten und Personen, die mit Lebensmitteln umgehen.

Geschichte

Der Parasit wurde erstmals bei einem 20-jährigen chinesischen Zimmermann entdeckt und im Jahr 1874 von James McConnell, Professor für Pathologie am Medical College Hospital in Kalkutta (Indien), identifiziert. Bei der Autopsie hatte der Patient eine geschwollene Leber, die von „kleinen, dunklen, wurmartig aussehenden

R. Prabha (✉)
Department of Microbiology, Mahatma Gandhi Medical College and Research Institute, Pondicherry, Indien
E-Mail: prabhar@mgmcri.ac.in

S. C. Parija und A. Chaudhury (Hrsg.), *Lehrbuch der parasitären Zoonosen*,
https://doi.org/10.1007/978-981-97-4312-4_26

Körpern“ blockiert war, und erweiterte Gallengänge. Im Jahr 1877 wurde der erste Fall in Japan von Kenso Ishisaka identifiziert und als Orientalischer Leberegel bezeichnet. 1911 entdeckte Kobayashi, dass Fische der Erste Wirt sind, und 1918 entdeckte Masatomo Muto, dass Schnecken der Zweite Wirt sind.

Taxonomie

Die Gattung *Clonorchis* gehört zum Stamm der Plattwürmer, Klasse Rhabditophora, Ordnung Plagiorchiida, Familie Opisthorchiidae. *Clonorchis sinensis* ist die wichtige Art, die Infektionen beim Menschen und bei Tieren verursacht.

Genomik und Proteomik

Clonorchis sinensis hat 28 Paare von Chromosomen ($2n = 56$). Die Chromosomenpaare bestehen aus 8 großen Gruppen und 20 kleinen Gruppen. Strukturelle Variationen sind unter den Isolaten in verschiedenen geografischen Verteilungen zu sehen. Die gesamte Genomgröße beträgt 580 Mb, und der GC-Gehalt beträgt 43,85 %. Von 16.000 vorhergesagten Genen wurden 13.634 Gene identifiziert. Es gibt 50.769 Proteindomänen, die an verschiedenen biologischen Prozessen beteiligt sind. Die proteomische Analyse der exkretorisch-sekretorischen Produkte von adulten Würmern ergab insgesamt 110 Proteine, einschließlich glykolytischer Enzyme (wie Fructose-1,6-bisphosphatase und Enolase) und Entgiftungsenzyme wie Glutamatdehydrogenase, Dihydrolipoamiddehydrogenase und Cathepsin-B-endopeptidase.

Die Parasitenmorphologie

Adulter Wurm

Der adulte *Clonorchis sinensis* ist ein schmaler Saugwurm, 10–25 mm lang, mit einem blattförmigen Körper, der dorso-ventral abgeflacht ist (Abb. 1) und eine Lebensdauer von etwa 20 Jahren hat. Er hat kein Herz-Kreislauf-System und keine Körperhöhle. Der gemeinsame Genitalporus liegt vor dem Saugnapf. Der Saugwurm ist am vorderen Ende spitz und am hinteren Ende abgerundet. Die dicke und elastische Kutikula ist stachel- und schuppenlos und kann entweder von durchscheinender grauer oder gelber Farbe sein. Sie verjüngt sich am vorderen Ende in den oralen Sauger. Die Blindsäcke, eine zweiröhrige Struktur von Verdauungs- und Ausscheidungstrakten, verlaufen entlang der Länge des Körpers. Der Darm ist verzweigt und endet blind. Das hintere Ende ist breit und stumpf.

Der schlecht entwickelte ventrale Sauger liegt hinter dem oralen Sauger, in linearer Entfernung etwa ein Viertel vom vorderen Ende entfernt. Ein standardmäßiger Genitalporus öffnet sich kurz davor. Als Zwitter hat er sowohl männliche als auch weibliche Fortpflanzungsorgane. Ein Eierstock ist in der Mitte vorhanden und 2 verzweigte Hoden befinden sich am hinteren Ende. Die Gebärmutter und die Samenleiter

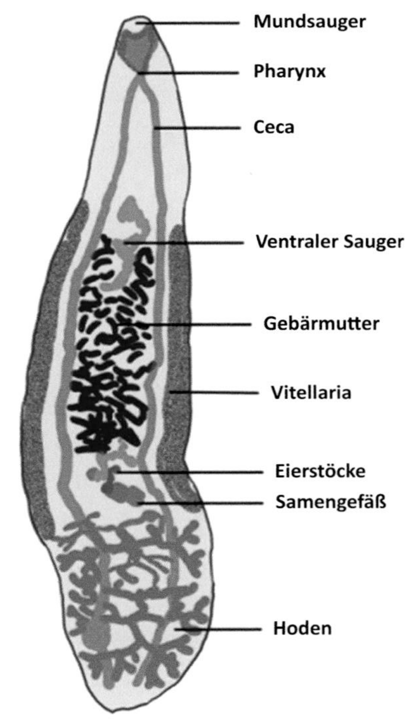

Abb. 1 Adulter Wurm von *C. sinensis*

treffen sich und öffnen sich an der Geschlechtsöffnung.

Metazerkarie

Die Metazerkarie besitzt eine ovale Struktur mit Körperfalten, die der Larve eine aktive Bewegung ermöglichen. Sie enthält orale und ventrale Sauger, die zusammen mit den Blindsäcken und der Ausscheidungsblase vorhanden sind. Die Organellen der Systeme sind unterentwickelt.

Eier

Das Ei ist 26–30 μm lang, oval geformt und von einer dicken braunen Schale umgeben. Das Ei hat ein Operculum, das am vorderen Ende mit einem Rand bedeckt ist. Der gebogene Stachel befindet sich am hinteren Ende. Das Mirazidium befindet sich im Inneren eines befruchteten Eies. Das Ei schwimmt nicht in gesättigter Kochsalzlösung.

Zucht von Parasiten

Das Gewebekulturmedium, das Locke's Lösung oder RPMI 1640 mit 0,005 % Rindergallenergänzung enthält, wurde für die Erhaltung der adulten *Clonorchis*-Würmer bis zu 3 Monate oder länger verwendet.

Versuchstiere

Für experimentelle Studien wurden Ratten, Mäuse, Hamster, Kaninchen und Meerschweinchen verwendet.

Lebenszyklus von *Clonorchis sinensis*

Wirte

Endwirte

Fleischfressende Säugetiere wie Hunde und Katzen und andere fischfressende Tiere fungieren als Reservoire. Menschen sind die zufälligen Endwirte. Der adulte Wurm lebt in den Gallengängen und der Leber.

Zwischenwirte

Erste Zwischenwirt: Süßwasserschnecken (*Parafossarulus striatulus*, *Parafossarulus manchouricus*, *Bithynia fuchsianus* und *Alocinma longicornis*).

Zweite Zwischenwirt: Fische, die zu den Mitgliedern der Gattung *Cyprinidae* gehören.

Infektiöses Stadium

Metazerkarie.

Übertragung von Infektionen

Die Infektion der Endwirte erfolgt durch den Verzehr von rohem oder unzureichend gekochtem Fisch, der die Metazerkarien enthält. Der Lebenszyklus findet in 3 Wirtssystemen statt: Eine Schnecke ist normalerweise der Endwirt, ein Fisch ist in der Regel der Zweite Wirt und Tiere und Menschen sind die Endwirte (Abb. 2).

Die Süßwasserschnecke der Art *P. manchouricus* ist der wichtigste Erste Zwischenwirt und ist in Ostasien verbreitet, obwohl auch andere Süßwasserschneckenarten als Zwischenwirte fungieren können. Die Eier, die ein gut entwickeltes Mirazidium, ein ovales, bewimpertes Larvenstadium, enthalten, werden von einer geeigneten Schnecke aufgenommen. Anschließend erfolgt das Schlüpfen des Mirazidiums im Verdauungstrakt der Schnecke, unterstützt durch die Verdauungsenzyme. Es entwickelt sich in etwa 4 h zu einer Sporozyste. Die Sporozyste bleibt an der Darmwand haften und verwandelt sich in den nächsten 17–20 Tagen in eine hohle sackartige Struktur, die *Redie*. Die Redien werden anschließend nach dem Aufplatzen der Sporozyste freigesetzt, um sich in die Larven des nächsten Stadiums, die Zerkarien, zu entwickeln. Jede Redie produziert 5–50 Zerkarien. Die ausgereifte Zerkarie hat 2 Augenflecken, Penetrationsdrüsen, einen Stachel an ihrem

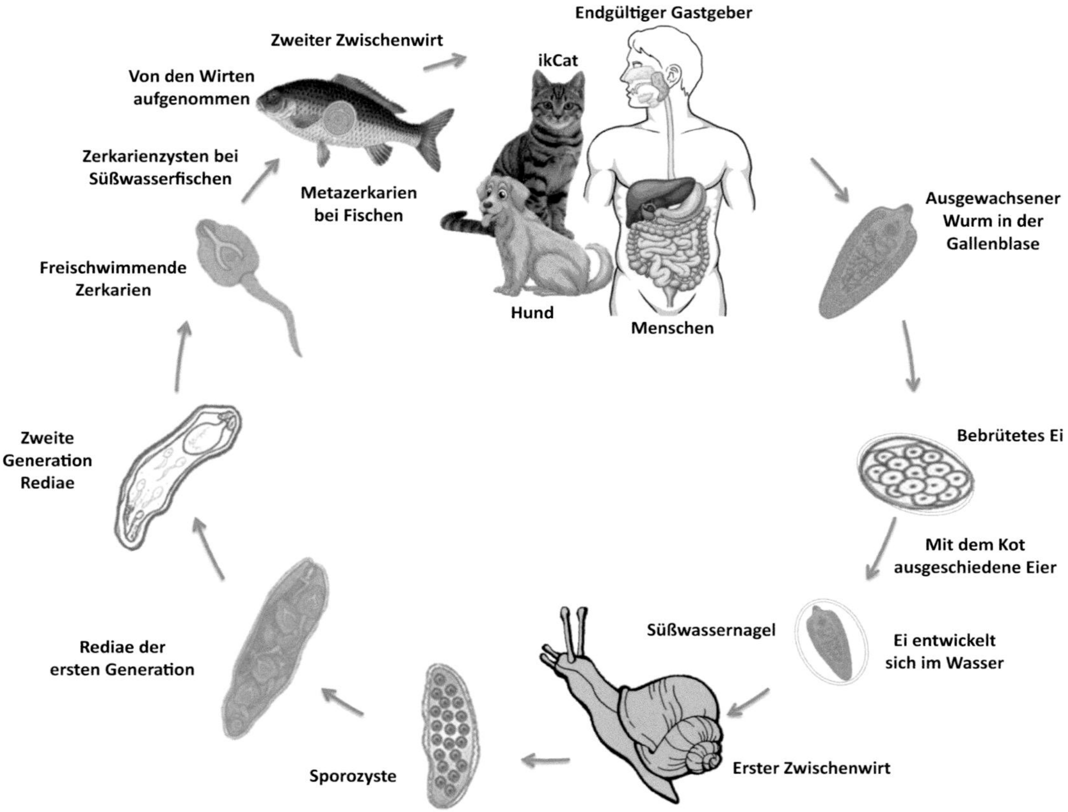

Abb. 2 Lebenszyklus von *Clonorchis sinensis*

vorderen Ende und eine Kutikula mit kleinen Stacheln. Die Zerkarien werden von den Schnecken abgestoßen, schwimmen frei im Wasser und legen sich kopfüber ins Wasser und sinken langsam auf den Boden.

Wenn die Zerkarie mit einem Fisch in Berührung kommt, heftet sie sich mit ihren Saugnäpfen an, verliert ihren Schwanz, dringt in die Haut ein und liegt als Zyste in der Muskulatur oder unter den Schuppen. Fische der *Cyprenidae*-Gruppe wie Karpfen und auch Krebse sind infiziert. Die Zerkarie verwandelt sich in eine Metazerkarie, die die infektiöse Form des Parasiten darstellt. Hunderte von Metazerkarien können in einem einzigen Fisch vorkommen.

Menschen oder andere Tiere infizieren sich durch den Verzehr von rohem, mit Metazerkarien infiziertem Fisch. Die Metazerkarien von *C. sinensis* schlüpfen im Verdauungskanal und gelangen durch die Vater-Ampulle in den gemeinsamen Gallengang und wandern in kleinere intrahepatische Gänge oder gelegentlich in die Gallenblase und die Pankreasgänge, wo sie in etwa 1 Monat zu adulten Würmern heranreifen. Im Duodenum exzystiert der junge Saugwurm und wandert durch den Gallengang zur Leber. Er reift zu einem adulten Wurm heran und beginnt als Zwitter die Eierproduktion. Jeder adulte Wurm produziert täglich 4000 Eier für mindestens 6 Monate, und die Eier werden im Kot des infizierten Wirts ausgeschieden.

Pathogenese und Pathologie

Der adulte Wurm von *C. sinensis* lebt in den Gallengängen der Leber und heftet sich an das Gangepithel. Er konsumiert Blut und

Gewebeflüssigkeiten und ernährt sich auch von den Zellen, was zu einer entzündlichen Reaktion führt. Das Gallenepithelium entwickelt eine Hyperplasie und dann eine Metaplasie, was zu einer Cholangitis und einer Lebervergrößerung führt. Die Metaplasie von muzinproduzierenden Zellen in der Mukosa ist ein konstantes Merkmal, und die Proliferation dieser Zellen führt zur Entwicklung von kleinen drüsenartigen Elementen mit begleitendem übermäßigem Schleimgehalt der Galle. Das umgebende Stroma wird fibrotisch. Das Kennzeichen der *Clonorchis-Infektion* ist also eine Fibroplasie des Gallengangs, gefolgt von der des Leberparenchyms. Die Gallengänge werden erweitert, dickwandig und können eine große Anzahl von Würmern enthalten. Eier, die im hepatischen Parenchym abgelagert werden, werden von einer fibrösen und granulomatösen Reaktion umgeben. Eier und Würmer, die aus dem Gallensystem in die Gallenblase wandern, werden zu Keimen für Gallensteine. Der Pankreasgang kann ebenfalls befallen und erweitert, verdickt und von metaplastischem Epithel ausgekleidet werden. Eine sekundäre bakterielle Infektion des Gallengangs ist häufig zu beobachten und ist enterischen Ursprungs, wobei *Escherichia coli* der häufigste Organismus ist.

Auf molekularer Ebene spielen exkretorisch-sekretorische Produkte (ESP) von *C. sinensis* eine wichtige Rolle bei der Krankheitsprogression und den Wirt-Parasiten-Interaktionen. Komponenten von ESP aktivieren menschliche hepatische Sternzellen und andere Leberzellen für den Aufbau von Kollagen, was zu Fibrose führt. Es kommt zur Aktivierung des TGF-β/Smad-Signalwegs, der zur Synthese von Kollagen Typ I, Fibroplasien und Degeneration von Hepatozyten führt. Bei der Entstehung des Cholangiokarzinoms wird eine biliäre Stase oder chronische Infektion des Gallentrakts als Risikofaktor betrachtet. Die Entwicklung von Cholangiokarzinom im experimentellen Hamstermodell hat gezeigt, dass es zu einer Hochregulation der krebsfördernden *PSMD10*- und *CDK4*-Gene kommt, während die Tumorsuppressorgene, nämlich *p53* und RB-Protein zusätzlich zu *BAX* und *caspase 9* herunterreguliert wurden. ESP können auch die Apoptose von malignen/abnormalen Zellen unterdrücken und Tumore induzieren.

Immunologie

Eine Infektion mit *Clonorchis sinensis*, ähnlich wie andere helminthische Infektionen, induziert eine ausgeprägte Th2-Reaktion. Experimentelle Studien mit Mäusen haben erhöhte Spiegel von Th2-Zytokinen wie IL-4, IL-5 und IL-13, IL-10 und TGF-β in Reaktion auf ESP-Komponenten oder unverarbeitete Wurmantigene gezeigt. Bei infizierten Menschen sowie Mäusen sind die IL33-Spiegel abnormal hoch, und dieses Zytokin wirkt als eine wichtige Ursache für die Proliferation und Fibrose der Gallengänge. Versuchsmäuse zeigen auch ein erhöhtes Treg/Th17-Verhältnis. TGF-β, IL-13 und IL-10 sind bekannte Zytokine, die die Th2-Reaktion aktivieren können.

Die Zytokine TGF-β, IL-13 und IL-10 aktivieren Sternzellen zur Bereitstellung von Kollagen Typ I und III. Diese Zytokine helfen dem Wurm, in den Gallengängen zu überleben, indem sie die Immunreaktion umgehen und eine chronische Entzündung verursachen, die zu Fibrose führt. Die angeborene Immunantwort in Form von hochregulierten TLR2- und TLR4-Aktivitäten könnte als Abwehrmechanismus gegen *C. sinensis* wirken, wie in einem experimentellen Mausmodell gezeigt wurde. Ein hoher TLR4-Ausdruck induziert auch die Produktion von proinflammatorischen Zytokinen, die zur Pathogenität des Trematoden beitragen können.

Infektion beim Menschen

Die klinischen Symptome hängen von der Saugwurmbelastung, der Häufigkeit der Infektion und der Immunität des Wirts ab. In der frühen Phase der Infektion zeigt der Patient möglicherweise keine Symptome.

Leichte Infektion (mit weniger als 100 Saugwürmern): Patienten mit einer leichten Infektion präsentieren sich manchmal mit epigastrischem Unbehagen, Anorexie, Dyspepsie usw.

Mäßige Infektion (in der Regel weniger als 1000 Saugwürmer): Patienten präsentieren sich mit Fieber und Schüttelfrost, Unbehagen, Müdigkeit, Anorexie, Durchfall, Gewichtsverlust und abdominaler Distension.

Schwere Infektion (bis zu 20.000 Saugwürmer): Patienten können eine Hepatitis, einen Leberabszess, eine Pankreatitis und eine pyogene Cholangitis entwickeln. Eine hepatische Zirrhose mit Ödemen, Aszites und gastrointestinalen Blutungen können weitere Manifestationen sein. Cholangitis und Cholezystitis mit Gallenstau, Obstruktion, periduktaler Fibrose und Hyperplasie werden ebenfalls beobachtet.

Eine chronische Infektion ist assoziiert mit Leberzirrhose, maligner Hypertonie und Aszites. Eine rezidivierende pyogene Cholangitis wirkt als Nidus für die Steinbildung, was zur Stase und einer sekundären bakteriellen Infektion mit resultierender Schädigung der Gallengänge mit Strikturbildung führt. Das Auskleidungsepithel des Gallengangs wird biochemisch verändert und kann die Stadien der adenomatösen Hyperplasie der Schleimhaut und der Dysplasie durchlaufen, die schließlich in eine karzinomatöse Transformation führen, die zu einem Cholangiokarzinom führt.

Infektion bei Tieren

Clonarchiasis bei Tieren kann sich mit Manifestationen von Cholangitis, Cholezystitis, Gallenstau, Obstruktion, bakteriellen Infektionen, Entzündungen und periduktaler Fibrose präsentieren.

Epidemiologie und öffentliche Gesundheit

Clonorchiasis ist eine wichtige, durch Lebensmittel übertragene Zoonose und ist in asiatischen Ländern mit niedrigem oder mittlerem Einkommen verbreitet. Die größte Bevölkerungsgruppe von infizierten Menschen befindet sich in China. Sie kommt auch in Südkorea, Vietnam und im Fernen Osten Russlands vor (Tab. 1 und Abb. 3). Das Risiko der Krankheitsübertragung in anderen Ländern wird durch Reisende aus Endemiegebieten erhöht.

Es wird geschätzt, dass weltweit 35 Mio. Menschen mit *C. sinensis* infiziert sind. Es wird geschätzt, dass allein auf dem chinesischen Festland 12,49 Mio. Menschen mit *C. sinensis* infiziert sind, wobei die höchste Prävalenz (16,4 %) laut einer in den Jahren 2001–2004 durchgeführten Untersuchung in der Provinz Guangdong liegt. In Südkorea sind schätzungsweise 1,4 Mio. Menschen und etwa 3000 im Amur-Flussbecken in Ostrussland von Clonorchiasis betroffen. Clonorchiasis wurde auch aus Nordamerika gemeldet, insbesondere unter Einwanderern aus Endemiegebieten. In Indien ist die Infektion aufgrund der Praxis des gründlichen Kochens von Fisch selten, obwohl einige Fälle gemeldet wurden. Die geschätzte globale Belastung durch Clonorchiasis beträgt 275.370 verlorene gesunde Lebensjahre („disability-adjusted life years", DALYs) und jährlich sterben etwa 5591 Menschen an der Infektion.

Clonorchiasis ist in älteren Altersgruppen und bei Männern im Vergleich zu jüngeren Altersgruppen und Frauen häufiger. Dies könnte mit den Essgewohnheiten von rohem oder unzureichend gekochtem Fisch zusammen mit alkoholischen Getränken und der Praxis des häufigen Essens außer Haus zusammenhängen.

Diagnose

Die Labordiagnostik von Clonorchiasis stützt sich stark auf den Nachweis von Eiern in der Stuhlprobe mittels Mikroskopie. Die Eizählung im Stuhl wird durchgeführt, um die Schwere der Infektion zu beurteilen. Der Nachweis von Antigenen oder die molekulare Diagnostik (Tab. 2) ist hilfreich, aber möglicherweise nicht in den endemischen Gebieten der Welt verfügbar.

Mikroskopie

Die mikroskopische Untersuchung von Stuhl oder Duodenalinhalten mit der Kato-Katz-Methode zum Nachweis und Zählen von *C. sinensis*-Eiern (Abb. 4) ist die gängige Methode zur Diagnose und bleibt der Goldstandard. Die

Tab. 1 Epidemiologie der Clonorchiasis

Spezies	Endwirt	Erste Zwischenwirt	Zweite Zwischenwirt	Geografische Verbreitung
Clonorchis sinensis	Menschen, Fleischfresser (Katzen, Hunde)	Schnecken: *Parafossarulus manchouricus, Parafossarulus sinensis, Melanoides tuberculata, Bithynia fuchsianus, Bithynia misella, Alocinma longicornis*	Süßwasserfische: *Pseudorasbora parva, Ctenopharyngodon idellus, Carassius auratus, Cyprinus carpio, Hypophthalmichthys nobilis* und *Saurogobio dabryi*	Asien: China, Südkorea, Vietnam und Fernost Russland

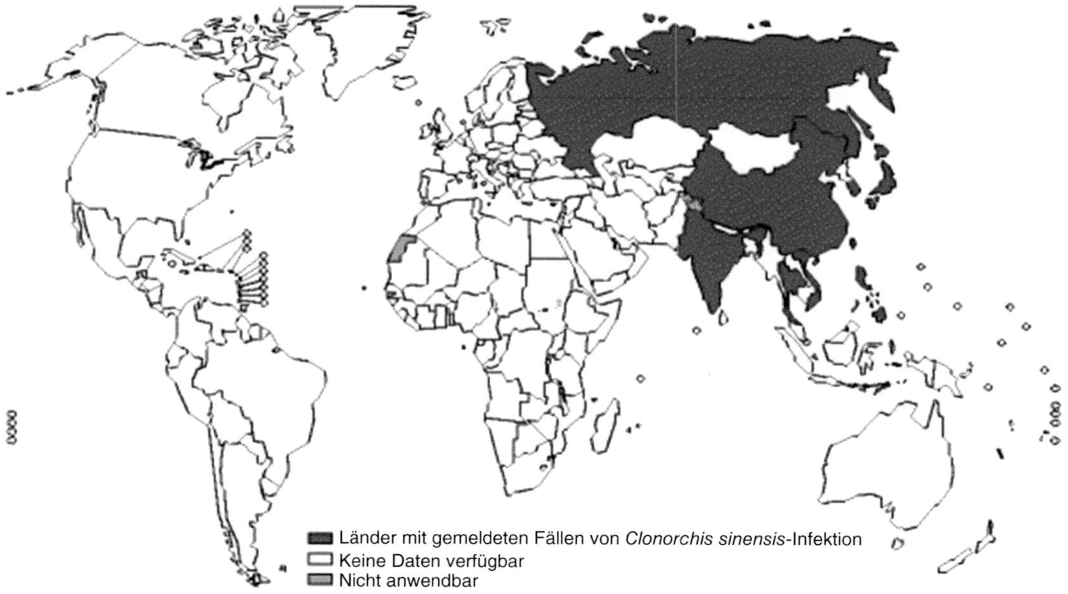

Abb. 3 Globale Verbreitung von *Clonorchis sinensis*. (Quelle: Lu XT, Gu QY, Limpanont Y, et al. Snail-borne parasitic diseases: an update on global epidemiological distribution, transmission interruption and control methods. *Infect Dis Poverty* **7**, 28 (2018). https://doi.org/10.1186/s40249-018-0414-7)

Zellophan-Dickabstrichmethode wird für das Massenscreening der Krankheit verwendet.

Histopathologie

Die histopathologische Untersuchung von Biopsieproben zeigt eine Proliferation des Duktusepithels mit metaplastischen Zellen (adenomatöse Hyperplasie) und eine periduktale Fibrose bei Patienten in endemischen Gebieten, was auf Clonorchiasis hindeutet. Adulte Saugwürmer können in chirurgischen Proben oder während der perkutanen transhepatischen Cholangiografie beobachtet werden.

Serodiagnostik

Unverarbeitete Extrakte von *C. sinensis* haben sich als empfindlich für den Nachweis von Serumantikörpern bei der Serodiagnose von Clonorchiasis erwiesen, aber Kreuzreaktionen mit anderen Trematodeninfektionen sind ein bekanntes Problem. Eine Reihe von exkretorisch-sekretorischen Proteinen (ESP), einschließlich des 21,1-kDa-Tegumentproteins und der Cathepsin-L-Proteinase, wurden als Antigene in den antikörperbasierten Immunassays für die Serodiagnose von Clonorchiasis bewertet.

Tab. 2 Laboruntersuchung von Clonorchiasis

Diagnostischer Ansatz	Methoden	Target	Bemerkungen
Mikroskopie	Stuhluntersuchung	Eier	Goldstandard
	Histopathologie	Gallengewebe, Lebergewebe	Kann frühes Cholangiokarzinom diagnostizieren
Immundiagnostik	IgY (Eigelbimmunglobulin)-basiertes-immunomagnetic-Bead-enzymgekoppelter-Immunadsorbtionsassay-System (IgY-IMB-ELISA)	Nachweis zirkulierender Antigene	Optische Dichte von ELISA korreliert mit Eizählungen
	Immunassays	Antikörper gegen Rohextrakt oder exkretorisch-sekretorische Produkte	Kreuzreaktion mit anderen Trematoden
Molekulare Diagnostik	PCR, PCR-RFLP und FRET-PCR, Real-Time-PCR	Interne transkribierte Spacer (ITS1 oder ITS2) der nukleären ribosomalen DNA (rDNA), COX-1-, Rn1- und NAD2-Gene	Sensitiv, aber nicht weitverbreitet

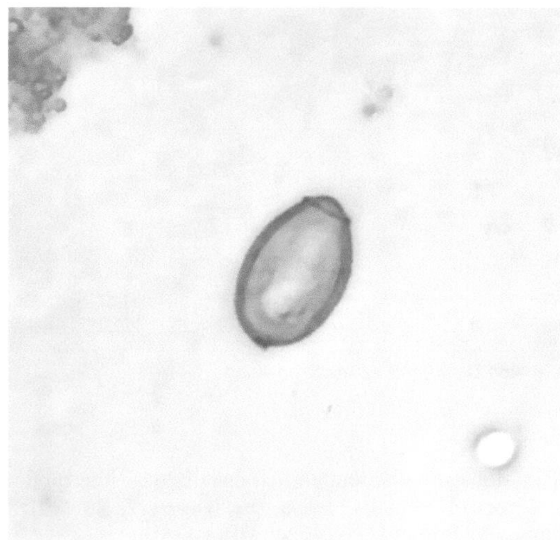

Abb. 4 *Clonorchis sinensis*-Ei; Das Bild ist mit einer 400fachen Vergrößerung aufgenommen. (Mit freundlicher Genehmigung: DPDx, CDC)

Ein IgY-IMB-ELISA hat sich als sensitives und spezifisches Assay für den Nachweis von zirkulierendem Antigen bei menschlicher Clonorchiasis erwiesen, und es wurde eine signifikante Korrelation zwischen der optischen Dichte des ELISA und der Anzahl der Eier festgestellt.

Molekulare Diagnostik

Verschiedene molekulare Assays wie Real-Time-PCR, Multiplex-PCR, PCR-RFLP und FRET-PCR wurden für die Nachweis der internen transkribierten Spacer (ITS1 oder ITS2) von (rDNA)-, COX-1-, Rn1- und NAD2-Genen in der Diagnose von Clonorchiasis verwendet. Diese Tests sind hochspezifisch. Multiplex-PCR ist eine sensitivere Methode zur Unterscheidung von C. *sinensis* von *O. viverrini*. Dennoch sind viele dieser Tests technisch anspruchsvoll und schwierig, da Zeit, Temperatur und Reagenzien für die Amplifikation mehrerer Gene oder genetischer Loki optimiert werden müssen. Viele dieser Tests sind in ressourcenarmen Regionen gar nicht verfügbar.

Behandlung

Praziquantel ist das Medikament der Wahl für die Chemotherapie der Clonorchiasis. Die Dosierung beträgt 25 mg/kg Körpergewicht, 3-mal täglich für 2 Tage und hat eine Heilungsrate von 93,9–100 %. Das Medikament wird in den Endemiegebieten der Krankheit häufig als Einzeldosisbehandlung eingesetzt. Das Medikament hat milde Nebenwirkungen wie Schwindel, Kopfschmerzen und Bauchbeschwerden. Tribendimidin ist ein weiteres neues Medikament, das evaluiert wurde und sich als wirksam bei Clonorchiasis erwiesen hat. Artemether, Artesunat und Mebendazol sind andere Medikamente, die ebenfalls zur Behandlung von *C. sinensis*--

Infektionen in Tiermodellen evaluiert wurden. Eine Gallenwegsobstruktion bei Clonorchiasis kann eine Operation erfordern.

Prävention und Bekämpfung

Präventive Methoden beruhen auf Strategien zur Verringerung der Infektionsübertragung, zu denen die Gesundheitserziehung über den sicheren Umgang mit Lebensmitteln, Umwelt- und individuelle Hygiene, die Behandlung von Dung mit Ammoniumsulfat zur Abtötung der Parasiteneier, die Ausrottung von Schnecken und öffentliche Gesundheitsmaßnahmen wie die staatlich geförderte Massenchemotherapie gehören. Eine nicht verseuchte Fischzucht mit der Verwendung von Fischimpfstoffen ist ein weiterer Ansatz zur Reduzierung der Übertragung der Infektion.

Fallstudie

Ein 35-jähriger Geschäftsmann mit häufigen Auslandsreisen stellte sich mit Beschwerden über Schmerzen im rechtsseitigen Oberbauch, Fieber seit 10 Tagen und einer gelblichen Verfärbung der Augen seit 2 Tagen vor. Er wurde mit einem Hepatitis-B-Impfstoff geimpft und es gab keine Begleiterkrankungen. Er war ein gelegentlicher Alkoholiker. Bei der klinischen Untersuchung war der Patient fieberhaft, mit einer Pulsrate von 110/min und einem Blutdruck von 124/80. Er hatte Gelbsucht und eine weiche Hepatomegalie mit einer Vergrößerung von 4 cm. die übrigen systemischen Untersuchungen waren normal. Mit der klinischen Diagnose einer akuten Hepatitis wurde der Patient einer Laboruntersuchung unterzogen. Eine Stuhlprobe wurde genommen und einer direkten Mikroskopie und Kultur unterzogen. Es wurden auch spontane Sedimentations- und Flotationstechniken angewendet. In der Kultur wurden fäkale Coliforme angezüchtet. Bei der Stuhlmikroskopie wurde das Ei von *C. sinensis* gesehen. Eine detaillierte Anamnese ergab, dass er einige Male eingelegten Fisch gegessen hat, als er auf Reisen in China und Korea war. Der Patient wurde mit Praziquantel behandelt und verbesserte sich klinisch.

1. Welche Faktoren sind für die Malignität im Falle einer chronischen *C. sinensis*-Infektion verantwortlich?
2. Warum wird die höchste Prävalenz von Clonorchiasis im fünften Lebensjahrzehnt beobachtet?
3. Welche Präventivmaßnahmen sollten der gefährdeten Bevölkerung empfohlen werden?

Forschungsfragen

1. Wie können genomische und proteomische Studien für ein besseres Verständnis der Pathogenese und Parasitenbiologie von *C. sinensis* genutzt werden?
2. Warum ist es notwendig, kostengünstige Point-of-Care-Tests für eine effektive Diagnose von Clonorchiasis in endemischen Regionen zu entwickeln?
3. Gibt es eine Medikamentenresistenz gegen Praziquantel und warum sollte ein alternatives Medikament entwickelt und angemessen evaluiert werden?

Weiterführende Literatur

Abdel-Rahim AY. Parasitic infections and hepatic neoplasia. Dig Dis. 2001;19:288–91.

Alden ME, Waterman FM, Topham AK, Barbot DJ, Shapiro MJ, Mohiuddin M. Cholangiocarcinoma: clinical significance of tumor location along the extrahepatic bile duct. Radiology. 1995;197:511–6.

Ambroise-Thomas P, Goullier AA. Parasitological examinations and immunodiagnostic advances in fluke infections. Arzneimittelforschung. 1984;34:1129–32.

Belamaric J. Intrahepatic bile duct carcinoma and *C. sinensis* infection in Hong Kong. Cancer. 1973;31:468–73.

Chen CY, Hsieh WC, Shih HH, Chen SN. Immunodiagnosis of clonorchiasis by enzyme-linked immunosorbent assay. Southeast Asian J Trop Med Public Health. 1988;19:117–21.

Tang ZL, Huang Y, Yu XB. Current status and perspectives of *Clonorchis sinensis* and clonorchiasis: epidemiology, pathogenesis, −omics, prevention and control. Infect Dis Poverty. 2016;5:71. https://doi.org/10.1186/s40249-016-0166-1 .

Amphistomiasis

Nonika Rajkumari

Lernziele

1. Den Leser über eine ungewöhnliche Gruppe von Parasiten zu informieren, die schwere gastrointestinale Manifestationen und sogar den Tod verursachen können
2. Die Namen der verschiedenen Parasitenarten zu kennen, die Amphistomiasis verursachen können, und deren Diagnostik

Einführung

Trematoden bilden eine wichtige Gruppe von Helminthenparasiten, die beim Menschen und bei Nutztieren, die für die Wirtschaft von Bedeutung sind, gravierende Infektionen verursachen. Amphistome, die digenetische Trematoden sind, verursachen Amphistomiasis bei einer Vielzahl von Wirten, einschließlich Menschen und sowohl domestizierten als auch wilden Tieren. In der Viehwirtschaft entstehen durch die schlechte Produktion von Milch, Fleisch, Wolle und anderen tierischen Erzeugnissen aufgrund von an Amphistomiasis erkrankten Tieren enorme wirtschaftliche Verluste. *Gastrodiscoides hominis* und *Watsonius watsoni* sind zwei wichtige menschliche Pathogene, die Infektionen beim Menschen verursachen.

N. Rajkumari (✉)
Department of Microbiology, Jawaharlal Institute of Post-Graduate Medical Education and Research, Pondicherry, Indien

Geschichte

Amphistomiasis bei domestizierten Tieren ist seit Langem in Indien und in einigen Teilen des Landes bekannt; der Zustand ist als „Pitto“ und „Gillar“ bekannt. Lewis und McConnell beschrieben erstmals 1876 einen Amphistomparasiten bei einem Patienten in Assam, Indien. Später wurde dieser Parasit von Buckley im Jahr 1939 als *G. hominis* identifiziert, der den Lebenszyklus des Parasiten aufklärte und die Krankheitsprävalenz in Assam kartierte.

Taxonomie

Die Gattung *Gastrodiscoides* gehört zur Familie Paramphistomatoidea/Gastrodiscoides, Überfamilie Paramphistomatoidea, Klasse Trematoda, Stamm Platyhelminthes. *Gastrodiscoides hominis* (Leiper 1913) und *Watsonius watsoni* (Conyngham, 1904; Stiles und Goldberger, 1910) sind zwei wichtige Arten, die Infektionen beim Menschen verursachen. Amphistomiasis bei Nutz- und Wildsäugetieren wird durch

S. C. Parija und A. Chaudhury (Hrsg.), *Lehrbuch der parasitären Zoonosen*,
https://doi.org/10.1007/978-981-97-4312-4_27

Arten von *Paramphistomum*, *Calicophoron*, *Cotylophoron*, *Pseudophisthodiscus* usw. verursacht. Unter den 40 Amphistomenarten sind 4 bekannte Arten, die Infektionen bei domestizierten Wiederkäuern verursachen, und zwar *Gastrothylax crumenifer*, *Fischoederius cobboldi*, *Fischoederius elongatus* und *Paramphistomum*.

Genomik und Proteomik

Die Genomik von *Gastrodiscoides*-Arten, die für die Menschen von Bedeutung sind, ist noch unbekannt. Über Proteomikstudien von *Gastrodiscoides*-Arten wurde bisher kaum berichtet.

Die Parasitenmorphologie

Adulter Wurm

Amphistome sind Endoparasiten. Die adulten Würmer parasitieren in den infizierten Wirten in Darm, Leber und Gallengang. Lebende adulte Würmer sind hellrötlich, bräunlich oder weißlich gefärbt und besitzen eine längliche, konische oder flache Form (Abb. 1). Der Körper hat eine dicke oder dünne Kutikula, die glatt oder papilliert sein kann. Einige sind mit ventralen Taschen versehen. Die Muskeln sind subkutikulär, und die stark muskulösen Organe umfassen den Mundsaugnapf, die Speiseröhre, den oesophagealen Bulbus, das Acetabulum und den genitalen Vorhof.

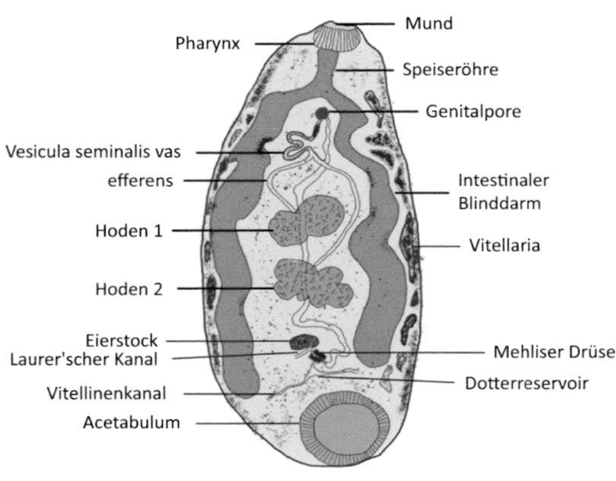

Abb. 1 Schematische Darstellung eines adulten Amphistoms

Der Körper besteht aus einem Mundsaugnapf am vorderen Ende und einem großen Acetabulum am hinteren Ende. Diese beiden Saugnäpfe können terminal oder subterminal gelegen sein. Diese 2 Saugäpfe dienen als adhäsive Anhaftungsorgane. Der Mund öffnet sich terminal oder subterminal, gefolgt von einer Speiseröhre. Die Speiseröhre kann kurz und dünn oder oder bei bestimmten Arten dick mit einem oesophagealen Bulbus am hinteren Ende sein. Die Speiseröhre kann gekrümmt sein und sich am hinteren Ende in 2 intestinale Blindsäcke aufteilen. Die Blindsäcke können gerade, wellig oder Schleifen bilden und blind enden.

Wie die meisten Trematoden sind Amphistome Zwitter und haben eine gemeinsame Geschlechtsöffnung. Zwei, und manchmal 1 Hoden bilden das männliche Fortpflanzungsorgan. Die Vas efferens, die vom Hoden ausgeht, vereinigt sich zur Vas deferens und öffnet sich an der gemeinsamen Geschlechtsöffnung. Das Vas deferens hat eine geschwollene Vesicular seminalis und Pars prostatica und einen Zirrus, der ein muskuläres Organ ist. Der Eierstock liegt entweder am vorderen oder hinteren Ende der Hoden oder zwischen den beiden Hoden. Der Eileiter, der vom Eierstock ausgeht, verbindet sich mit den Gängen der Dotterdrüsen. In der Nähe dieser Verbindung öffnet sich der kleine, dünne laurersche Kanal. Das Receptaculum seminis ist in der Nähe der Verbindung des laurerschen Kanals und des Eileiters zu sehen. Die Fortpflanzungsgänge des Hodens und des Eierstocks münden in den gemeinsamen genitalen Vorhof, der sich nach außen als Geschlechtsöffnung an der ventralen Seite des Parasiten öffnet. In diesen Parasiten ist eine Reihe von longitudinalen Lymphgefäßen vorhanden, die an der Verteilung von Nahrung und Ausscheidungsstoffen beteiligt sind. Die lymphatischen Gefäße können in 1–3 Paaren vorkommen.

Eier

Die Eier sind etwa 140 × 65 µm groß und besitzen eine rhomboidale Form. Sie sind transparent und von grüner Farbe. Jedes Ei enthält eine unembryonierte Eizelle (Abb. 2).

Metazerkaria

Metazerkarien sind das für den Menschen und andere Säugetiere infektiöse Stadium des Parasiten. Sie besitzen eine ovale oder runde Form und sind von einer einschichtigen Zyste umgeben. Sie enthalten orale und ventrale Saugnäpfe, die schlecht entwickelt sind, mit einem kleinen Pharynx und intestinalen Blindsäcken. Es gibt 2 Hoden, wobei der kleine vordere Hoden seitlich oder submedial platziert und der große hintere Hoden transversal vorhanden ist. Der Eierstock liegt submedial, seitlich oder diagonal zum vorderen Hoden.

Zucht von Parasiten

Amphistome wurden bisher noch nicht in zellfreien Kulturmedien gezüchtet.

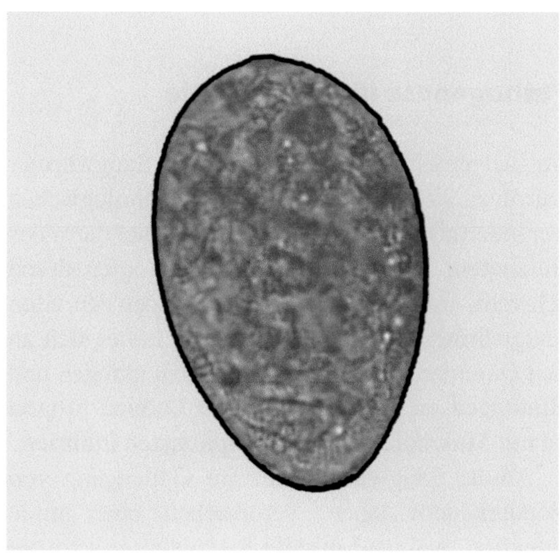

Abb. 2 Ei von *G. hominis*

Versuchstiere

Studien oder Daten für den Nachweis der Immunpathogenese von Amphistomen in Tiermodellen stehen noch aus.

Lebenszyklus der Amphistome

Wirte

Endwirte

Wiederkäuer, Schweine und Affen; Menschen sind zufällige Wirte.

Zwischenwirte

Schnecken der Gattung *Bulinus*, Planorbis, Physa stagnicola und *Pseudosuccinea* fungieren als Zwischenwirte, insbesondere sind 7 Arten von Bedeutung, einschließlich *Bio. pfeifferi, Bulinus forskalii, Bulinus globosus, Bulinus nasutus, Bulinus tropicus, Ceratophallus natalensis* und *Galba truncatula*. Fische können als 2. Zwischenwirte fungieren oder auch nicht.

Übertragung von Infektionen

Menschen erwerben die Infektion durch den Verzehr von Gemüse oder rohem Fisch, der mit den lebensfähigen infektiösen Metazerkarien kontaminiert ist (Abb. 3). Im Duodenum und Jejunum der Menschen exzystieren die Metazerkarien und setzen die unreifen Saugwürmer frei, die wandern und anschließend die Darmwand durchdringen, indem sie die Schleimhaut zerstören. 5–9 Monate nach der Infektion entwickeln sich die unreifen Saugwürmer zu sexuell reifen adulten Würmern. Der reife adulte Wurm wandert zum Zäkum und den aufsteigenden Dickdarm, wo er sich anheftet und beginnt, Eier zu legen, die dann mit dem Kot ausgeschieden werden. Der Kot kontaminiert Gewässer wie Flüsse und Seen, die reich an Süßwasserschneckenarten sind.

Die Mirazidien schlüpfen aus den Eiern und schwimmen aktiv im Wasser, bis sie von den

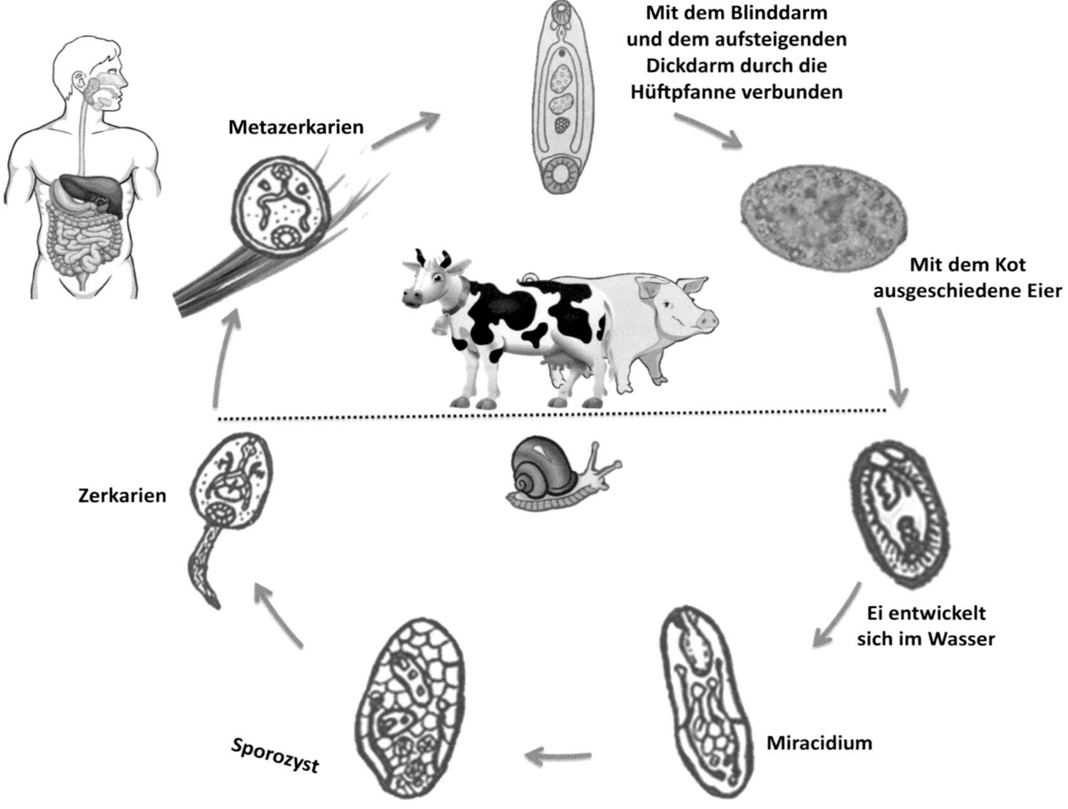

Abb. 3 Lebenszyklus eines Amphistoms

Zwischenwirten der Schneckenarten *Bio. pfeifferi, Bulinus forskalii, Bulinus globosus, Bulinus nasutus, Bulinus tropicus, Ceratophallus natalensis* und *Galba truncatula* aufgenommen werden. Im Inneren der Schnecke verwandelt sich das Mirazidium in das Sporozystenstadium, gefolgt von Redien. Die Redien durchlaufen dann eine weitere Metamorphose, um in einem Zeitraum von etwa 3 Wochen das Zerkarienstadium zu erreichen. Reife Zerkarien enthalten 2 Augenflecken und einen langen schlanken Schwanz. Sie heften sich an Wasserpflanzen, wo sie sich zu Metazerkarien enzystieren. In einigen Fällen können die von der Schnecke freigesetzten Zerkarien in einen 2. Zwischenwirt wie Fische oder Wasserpflanzen eindringen und sich zu Metazerkarien enzystieren. Menschen oder andere Wirte nehmen die Metazerkarien mit Fisch oder kontaminiertem Gemüse auf und der Zyklus wiederholt sich.

Pathogenese und Pathologie

Im Allgemeinen sind die adulten Saugwürmer harmlos; sie verursachen keine pathologischen Veränderungen im Zäkum oder im Dickdarm des Infizierten, während schwere Pathologien durch schwere Infektionen mit wandernden unreifen Saugwürmer entstehen. Der Wurm heftet sich an den Dünndarm und verursacht Entzündungen und Blutungen an dieser Stelle. Die Lamina propria ist mit Makrophagen und Lymphozyten infiltriert.

Adulte Saugwürmer, die im Gallengang von Wiederkäuern leben, verursachen eine milde Infektion, während unreife Saugwürmer schwere

Infektionen verursachen, die zu einer aktiven Abschilferung und Nekrose der Darmwand führen. Die Nekrose äußert sich als blutige Dysenterie mit Anzeichen und Symptomen einer schweren Enteritis. Anorexie und Lethargie zusammen mit Anzeichen von Dehydration aufgrund von reichlichem Durchfall und Gewichtsverlust sind Merkmale der Amphistomiasis bei Tieren. Schafe entwickeln 2–4 Wochen nach der Exposition starken Durchfall. Bei chronischer Infektion kommt es zu Gewichtsverlust, Auszehrung, Anämie, zusammen mit Verdickung des Duodenums.

Immunologie

Im Laufe der Entwicklung durchlaufen Amphibien im infizierten Wirt einen Antigenpolymorphismus, der erhebliche Veränderungen in der Immunantwort bewirkt. Darüber hinaus lösen Antigene, die während der Entwicklungsstadien freigesetzt werden, unterschiedliche Immunantworten im infizierten Wirt aus.

Infektion beim Menschen

Klinische Manifestationen bei Wiederkäuern und Menschen hängen von der Infektionsdosis und der Pathogenität der Metazerkarien im Dünndarm ab. Bei leichten Infektionen wird eine minimale Pathogenität festgestellt, obwohl eine Entzündung der Mukosa an der Anheftungsstelle oder durch den großen hinteren Saugnapf des Saugwurms auftritt. Ein starker Befall führt zu Darmödemen und Durchfall.

Die klinischen Manifestationen von Infektionen, die durch Amphistome beim Menschen verursacht werden, reichen von schwerem Durchfall bis zur Entzündung der Mukosa von Duodenum, Ileum, Zäkum und Dickdarm. Die Infektion kann in bestimmten Fällen sogar tödlich verlaufen. In Assam, Indien wurde über Todesfälle bei Kindern berichtet, die an Gastrodiscoidiasis durch *G. hominis.* leiden.

Infektion bei Tieren

Paramphistomum cervi ist der am häufigsten vorkommende Saugwurm im Pansen, der Infektionen bei Wiederkäuern verursacht. Die Infektion ist in den meisten Fällen asymptomatisch. Das Vorhandensein adulter Würmer in ihren natürlichen Wirten, wie Schweinen und Affen, äußert sich manchmal als leichter Durchfall. Die unreifen Saugwürmer verursachen in der Regel eine schwere Krankheit bei den infizierten Tieren. Bei Wiederkäuern äußert sich die Krankheit durch allgemeine Schwäche, Polydipsie, Ödeme in der submandibulären Region, Anämie, Hypoproteinämie, übelriechender Durchfall, Reduktion der Futterverwertung, des Gewichts und der Milchproduktion, was zu Mortalität bei jungen Tieren führt. Tiere, die vollständig erkrankt sind, sind bis zu ihrem Tod bewegungsunfähig und völlig abgemagert. Leberzirrhose und noduläre Hepatitis können bei Büffeln massive Blutungen auslösen. Unbehandelt ist sie oft innerhalb von 2–3 Wochen tödlich, und in Viehzuchtbetrieben wurde bei Rindern und Schafen eine hohe Sterblichkeit von bis zu 80 % beobachtet.

Epidemiologie und öffentliche Gesundheit

Amphistomiasis beim Menschen ist eine vernachlässigte tropische Krankheit, die weltweit verbreitet ist, aber die höchste Prävalenz der Krankheit wurde in den Ländern Afrikas, Asiens, Australiens, Osteuropas und Russland (Tab. 1 und Abb. 4) verzeichnet. Die Krankheit wurde auch in Indien, Bangladesch, Myanmar, China, Kasachstan, den Philippinen, Thailand und Vietnam dokumentiert. In Indien ist die Gastrodiscoidiasis bei Menschen in Assam endemisch und wird auf unzureichende sanitäre Einrichtungen und die Verwendung von Fäkalien als Dünger zurückgeführt. Die Abb. 4 zeigt die weltweite Verbreitung verschiedener Amphistome.

Tab. 1 Wirte und geografische Verbreitung von Amphistomen

SN	Amphistome	Wirte	Geografische Verbreitung
1	*Fischoederius elongatus*	Molluskenzwischenwirt wie Schnecken (Larvenformen) Pansenwirte wie Rinder, Schafe usw. (adulter Parasit)	Indien, Sri Lanka, China, Russland, Indonesien, Laos, Kambodscha, Japan, UK
2	*Gastrodiscoides hominis*	Molluskenzwischenwirt wie Schnecken (Larvenformen) Endwirt ist normalerweise das Schwein (adulter Parasit) Mensch – zufälliger Wirt Reservoir – Schweine und Affen	Pakistan, Thailand, Myanmar, Kambodscha, Malaysia, Laos, Philippinen, Vietnam, USA, Kasachstan, Nigeria, Sambia
3	*Watsonius watsoni*	Molluskenzwischenwirt wie Schnecken (Larvenformen) Endwirt sind normalerweise Affen (adulter Parasit) Mensch – zufälliger Wirt	Laos, Senegal, Nigeria, Sambia, China

Legende zur Karte

 - *Fischoederius elongatus & Gastrodiscoides hominis*

 - *F. elongatus, G. hominis & Watsonius watsoni*

 - *G. hominis & W. watsoni*

 - *F. elongatus*

 - *G. hominis*

 - *W. watsoni*

Abb. 4 Geografische Verbreitung von Amphistomen

Diagnose

Eine Liste wichtiger diagnostischer Methoden ist in Tab. 2 zusammengefasst.

Mikroskopie

Die Diagnose von Infektionen basiert auf der Stuhlmikroskopie zum Nachweis von Eiern und adulten Würmern. Die Amphistomeiser werden anhand ihrer charakteristischen rhombischen Form und ihrer deutlichen grünen Farbe identifiziert. Adulte Würmer werden anhand ihres charakteristischen Aussehens identifiziert.

Serodiagnostik

Die Serodiagnose ist für die frühzeitige Diagnose und Behandlung von Amphistomiasis, um irreparable Schäden am Dünndarm zu verhindern, wichtig. ELISA, Western Blot und andere serologische Tests, die entweder das somatische Antigen des adulten Wurms oder das exkretorisch-sekretorische Antigen verwenden, werden eingesetzt, um zirkulierende Antikörper im Serum von infizierten Wirten nachzuweisen. Ein indirektes ELISA wurde auch evaluiert, um Koproantigene in Stuhlproben zur Diagnose von intestinaler Amphistomiasis nachzuweisen. Der Nachweis von Koproantigen im Stuhl hat sich als hochspezifisch und äußerst nützlich für die Diagnose von unreifer Amphistomiasis erwiesen, bei der die Amphistomeier im Stuhl nicht mikroskopisch nachgewiesen werden können.

Molekulare Diagnostik

PCR-basierte Techniken mit rDNA-ITS2-Sequenzen haben sich als zuverlässiger molekularer Marker zur Identifizierung der verursachenden Spezies sowohl von adulten Amphistomen als auch von Zerkarien und für die Untersuchung ihrer phylogenetischen Beziehungen erwiesen.

Behandlung

Es gibt keine Standardbehandlung für Amphistomiasis, aber das Hausmittel, ein Seifeneinlauf, hat sich als sehr wirksam erwiesen, um den Parasiten aufgrund der spülenden Wirkung aus dem Darm zu vertreiben. Bestimmte Medikamente haben sich als wirksam erwiesen, dazu gehören Resorantel, Oxyclozanid, Clorsulon, Ivermectin, Niclosamid Bithional und Levamisol. Medikamente, die gegen unreife Saugwürmer wirksam sind und für die massive Entwurmung empfohlen werden, sind Oxyclozanid beim Menschen und Niclosamid bei Schafen.

Tab. 2 Labordiagnose von Amphistomiasis

Diagnostischer Ansatz	Methode	Ziele	Anmerkungen
Mikroskopie/morphologische Analyse	Stuhluntersuchung	Unreife Saugwürmer und Eier (selten)	• Diese können in schweren Fällen gesehen werden • Die Unterscheidung von anderen Arten von intestinalen Saugwürmern wie *Fasciola hepatica*, Schistosomen usw. ist sehr wichtig
Post-mortem-Analyse/histologische Analyse	Biopsie oder Gewebeschnitte	Adulte Würmer oder Eier	Artenidentifikation
Serodiagnose	Indirekter ELISA	Koproantigene in Stuhlproben	Hilfreich bei der Diagnose von unreifer Amphistomiasis, bei der Eier im Stuhl nicht nachgewiesen werden können
Molekulare Analyse	Gewebe von adulten Würmern von *Fischoederius elongatus*	ITS2 und COI	Im Rahmen der Forschung ausprobiert
Eiausbrütung	Leitungswasser	Eier	Hilfreich für die Artenidentifikation

Prävention und Bekämpfung

Prävention und Bekämpfung von Amphistomiasis hängt von der Reduzierung der Molluskenwirte wie Schnecken ab, indem Molluskizide wie Kupfersulfat zur Ausrottung der gesamten Population eingesetzt werden. Dies beinhaltet auch, dass von der Verwendung von Fäkalien als Dünger in der biologischen Landwirtschaft abgeraten wird, das Vermeiden des Verzehrs von rohem Fisch oder Gemüse und das gründliche Waschen von rohem Gemüse.

Fallstudie

Ein Bauer aus dem ländlichen Assam, Indien kommt zur Ambulanz und klagt über Bauchschmerzen, Unwohlsein und ab und zu blutigen Stuhlgang. Er berichtet, dass er neben dem Ackerbau auch Vieh wie Rinder und Schafe hält. Die Untersuchung des Stuhls ergab keinen Nachweis auf Eier oder Zysten, und die Bakterienkulturen waren negativ. Die Koloskopie zeigt einen schwarzen, kaulquappenartigen Wurm, der an den Darmwänden haftet. Bei weiterer Nachfrage gab er an, dass einige seiner Rinder auch unter Durchfall, Blähungen, Unruhe und Appetitlosigkeit litten.

1. Was ist die wahrscheinlichste Diagnose?
2. Welche parasitären Infektionen sollten zuerst ausgeschlossen werden?
3. Welche verschiedenen Arten können zoonotische Infektionen beim Menschen verursachen?
4. Nennen Sie 2 Präventivmaßnahmen gegen diese parasitäre Infektion.

Forschungsfragen

1. Gibt es weitere Arten von Amphistomen, die den Menschen infizieren können?
2. Können Menschen, obwohl sie Tierparasiten sind, direkt infiziert werden?
3. Haben die Amphistomenarten ein Ausbruchspotenzial bei Menschen?
4. Warum ist es wichtig, Parasitenproteomik und ihre Anpassung zu studieren?

Weiterführende Literatur

Chai JY, Shin EH, Lee SH, Rim HJ. Foodborne intestinal flukes in Southeast Asia. Korean J Parasitol. 2009;47(Suppl):69–102. https://doi.org/10.3347/kjp.2009.47.S.S69.

Georgiev B, Gruev A. Effectiveness of levamisole and oxyclozanide in paramphistomiasis in sheep and cattle. Vet Med Nauki. 1979;16(3):45–51.

Gupta A, Mahajan C, Sharma M, Tiwari S, Majeed U, Rajput DS. Studies on incidence and transmission of amphistomiasis in domestic and wild ruminants of Udaipur region. Adv Parasitol. 2011;12(1):88–9.

Hugh-Jones ME, Hubbert WT, Hagstad HV. Zoonoses: recognition, control, and prevention. 1st ed. Iowa City: Iowa State University Press; 2008. p. 243–4. ISBN 978-0470390313

Liu D. Molecular detection of human parasitic pathogens. Boca Raton, FL: CRC Press; 2012. p. 365–8. ISBN 978-1-4398-1242-6

Mas-Coma S, Bargues MD, Valero MA. Gastrodiscoidiasis, a plant-borne zoonotic disease caused by the intestinal amphistome fluke *Gastrodiscoides hominis* (Trematoda:Gastrodiscidae). Rev Ibér Parasitol. 2006;66(1–4):75–81. ISSN 0034-9623

Mukherjee RP. Fauna of India. Kolkata: Zoological Survey of India; 1986. http://faunaofindia.nic.in/PDFVolumes/fi/012/index.pdf

Saowakon N, Lorsuwannarat N, Changklungmoa N, Wanichanon C, Sobhon P. *Paramphistomum cervi:* the in vitro effect of plumbagin on motility, survival and tegument structure. Exp Parasitol. 2013;133(2):179–86. https://doi.org/10.1016/j.exppara.2012.11.018.

Heterophyiasis

Jagadish Mahanta

Lernziele

1. Die Bedeutung der ektopischen Eiablage in verschiedenen Organen mit Entwicklung einer schweren und lebensbedrohlichen Krankheit zu verstehen
2. Die gefährdete Bevölkerungsgruppe und die Praxis der Fischzubereitung und des Fischverzehrs in der Gesellschaft zu identifizieren

Einführung

Heterophyes sind eine der kleinsten Darmsaugwürmer, die Menschen infizieren. Die meisten der mit *Heterophyes* infizierten Menschen leben in Afrika und Asien, einschließlich Indien. Lebensmittelbedingte parasitäre Infektionen nehmen aufgrund einiger traditioneller Essgewohnheiten und sich ändernder Vorlieben für exotische Lebensmittel zu. Darüber hinaus haben die enge Verbindung zu Haustieren, das Eindringen in den Lebensraum von Wildtieren und experimentelle Kochmethoden die Anfälligkeit für zoonotische, durch Lebensmittel übertragene Krankheiten wie Heterophyiasis erhöht.

J. Mahanta (✉)
ICMR-Regional Medical Research Centre, Dibrugarh, Indien

Geschichte

Theodor Maximilian Bilharz beschrieb erstmals den *Heterophyes*-Saugwurm in einer ägyptischen Mumie, und von Siebold benannte ihn 1852 als *Distoma heterophyes*. Cobbold schlug 1866 die Gattung *Heterophyes* mit *Heterophyes aegyptica* als Typusart vor, aber später wurde die Art als *Heterophyes heterophyes* bezeichnet. Ohdner benannte die Familie 1914 als Heterophyidae, einschließlich einiger morphologisch ähnlicher Gattungen, und reorganisierte die Familie in 5 Unterfamilien. Rao und Ayyar berichteten 1931 von Heterophyes bei Hunden in Madras (Chennai), Indien. Sie stellten fest, dass der Parasit dem *Heterophyes persicus* (Braun 1901), gleichbedeutend mit *Heterophyes heterophyes*, morphologisch ähnlich war. Später wiesen auch Bhalerao 1934 und Sen 1965 *Heterophyes* bei Hunden in Madras (Chennai) und Bombay (Mumbai) nach.

Taxonomie

Dieser Parasit gehört zum Stamm Platyheminthes, Klasse Trematoda, Unterklasse Digenea, Ordnung Opisthorchiida, Familie

S. C. Parija und A. Chaudhury (Hrsg.), *Lehrbuch der parasitären Zoonosen*,
https://doi.org/10.1007/978-981-97-4312-4_28

Heterophyidae, Gattung *Heterophyes.* Sechs gültige Arten der Gattung *Heterophyes* wurden beschrieben, nämlich *Heterophyes heterophyes* (von Siebold, 1852), *Heterophyes nocens* (Onji und Nishio, 1916), *Heterophyes dispar* (Looss, 1902), *Heterophyes aequalis* (Looss, 1902), *Heterophyes indica* (Rao und Ayyar, 1931) und *Heterophyes pleomorphis* (Bwangamoi und Ojok, 1977). Von diesen sind nur 4 (*H. heterophyes*, *H. nocens*, *H. dispar* und *H. aequalis*) bekannt, die beim Menschen Infektionen verursachen. *Heterophyes heterophyes* ist die Typusart der Gattung und pathogen für Menschen und Tiere.

Genomik und Proteomik

Berichte über Genomikstudien von *Heterophyes* sind selten. Die mitochondriale Cytochrom-*c*-Oxidase 1 (CO1) und das nukleäre ribosomale Gen (28S rRNA) von *H. nocens* wurden früher untersucht, und kürzlich wurden die Sequenzen des intern transkribierten Spacer 2 (ITS2) und 28S-rRNA für *H. heterophyes*, *H. nocens* und *H. dispar* analysiert.

Die Parasitenmorphologie

Adulter Wurm

Die adulte *Heterophyes* sind winzig, eiförmig bis elliptisch, länglich oder birnenförmig (Abb. 1). Sie sind etwa 1,4 × 0,5 mm groß. Die Oberfläche des Körpers ist mit winzigen Stacheln und 50–80 schuppenartigen Spitzen bedeckt. Der adulte Wurm besitzt einen oralen und einen ventralen Saugnapf. Der Schlund ist gut entwickelt und mit den Blindsäcken verbunden.

Der orale Saugnapf ist klein und mit Stacheln bedeckt, der ventrale Saugnapf ist jedoch groß. Sie besitzen einen großen, submedial prominenten Genitalsaugnapf, der mit 22–85 chitinhaltigen Stäbchen ausgetattet ist. Die Anzahl der chitinhaltigen Stäbchen variiert je nach Art (*H. heterophyes*, 70–85; *H. nocens*, 50–62; *H. dispar*, 22–35) und dient als diagnostischer Marker für die morphologische Differenzierung der Arten. Geschlechtsorgane und Dotterdrüsen befinden sich im hinteren Teil des Körpers. Die Hoden liegen nebeneinander und der Samenleiter erweitert sich zu einer Samenblase und verengt sich dann zu einem Ejakulationskanal. Einer der Eierstöcke des Saugwurms befindet sich direkt über den Hoden. Der lange röhrenförmige Uterus verbindet sich mit dem Ejakulationskanal, um den Genitaltrakt zu bilden. Dies führt zur Bildung des Genitalsinus und des Genitalporus. Die Uterusschleifen liegen bei trächtigen Würmern zwischen den langen Blindsäcken.

Metazerkarie

Das für den Menschen und andere Endwirte infektiöse Stadium des Parasiten sind die Metazerkarien. Sie sind gelbbraun, kugelförmig und haben einen Durchmesser von 0,13–0,20 mm. Sie haben eine 2-schichtige Struktur und einen ventralen und einen oralen Saugnapf. Der Genitalsaugnapf ist hinter dem ventralen Saugnapf platziert.

Eier

Reife Eier sind operkuliert, 30 × 16 µm groß, gelbbraun und enthalten Mirazidien (Abb. 2). Die

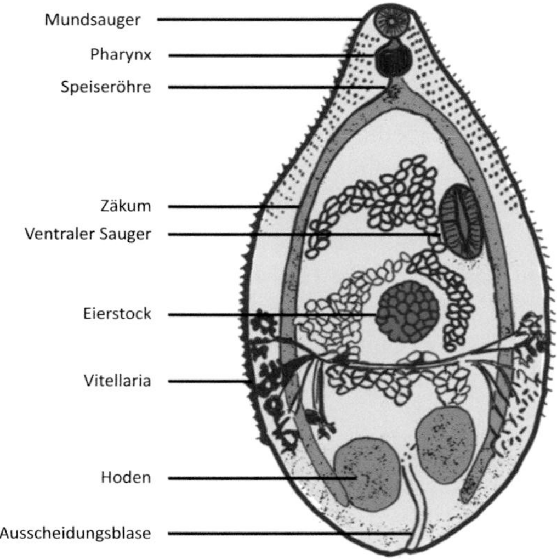

Abb. 1 Schematische Darstellung des adulten *H. heterophyes*

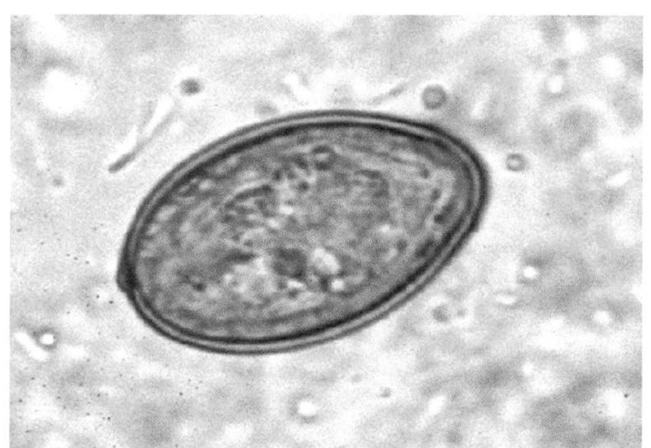

Abb. 2 Ei von *H. heterophyes* mit unauffälliger Operculumschulter. (Mit freundlicher Genehmigung: DpDX, CDC)

Operculumschulter ist unauffällig und es gibt keinen Knopf, der gegenüber des Operculums liegt.

Zucht von Parasiten

Der Parasit wurde bisher nicht in vitro gezüchtet.

Versuchstiere

Heterophyes entwickeln sich gut in Versuchstieren wie Mäusen, Ratten, Hunden (Welpen), Katzen usw. Füchse, Dachse, Schweine, Makaken und Möwen unterstützen ebenfalls ihr Wachstum und ihre Entwicklung. Bei experimentell infizierten Mäusen zeigen die Nieren eine leichte Glomeruluskongestion mit lymphoider Aggregation. Das Gehirn zeigt kapillare Blutungen mit fokaler Ansammlung von Endothelzellen und Histiozyten.

Bei experimentell mit *H. heterophyes* infizierten Hunden und Katzen ist häufig eine Beteiligung von Peyer-Plaques und mesenterialen Lymphknoten zu beobachten. Bei Ratten werden Eier und/oder unreife Würmer von *H. heterophyes* in der Darmwand, den Lymphknoten, der Leber und der Milz gefunden. Bei Möwen ist ein häufiges Eindringen in intraabdominale Organe wie Leber, Pankreas und Gallengang durch die Saugwürmer dokumentiert.

Lebenszyklus von *Heterophyes heterophyes*

Wirte

Endwirte

Verschiedene Arten von fischfressenden Säugetieren (z. B. Hunde, Katzen, Wölfe, Fledermäuse, Ratten, Füchse, einschließlich Menschen) und Vögel (z. B. Möwen und Pelikane).

Erste Zwischenwirt

Schnecken (hauptsächlich *Pirenella conica, Cerithidea cingulata , Cerithidea fluviatilis*).

Zweite Zwischenwirt

Fische, insbesondere Mullet, Tilapia und Grundeln (*Mugil cephalus, Mugil capito, Mugil auratus, Mugil saliens, Mugil chelo, Liza menada, Liza haematocheila, Acanthogobius flavimanus, Tilapia nilotica, Tilapia zilli, Aphanius fasciatus, Barbuscanis, Sciaena aquilla, Solea vulgaris,* und *Acanthogobius* spp., *Glossogobius giuris, Tridentiger obscurus, Glossogobius brunnaeus, Therapon oxyrhynchus* und *Scartelaos* sp).

Infektiöses Stadium

Eier, die Mirazidien enthalten, sind infektiös für Schnecken; Zerkarien sind für Fische infektiös; Metazerkarien, die in Fischen vorhanden sind, sind infektiös für fischfressende Säugetiere, Vögel und Menschen.

Übertragung der Infektion

Eine *Heterophyes*-Infektion wird durch den Verzehr von rohem, unzureichend gekochtem oder eingelegtem Fisch erworben. Die Infektion erfolgt auch durch den Kontakt mit einem mit Metazerkarien kontaminierten Messer oder Schneidebrett (Abb. 3). Beim Verzehr des Fisches entzystieren die Metazerkarien im Dünndarm zu juvenilen Würmern und beginnen im intervillösen Raum zu leben. Sie entwickeln sich anschließend

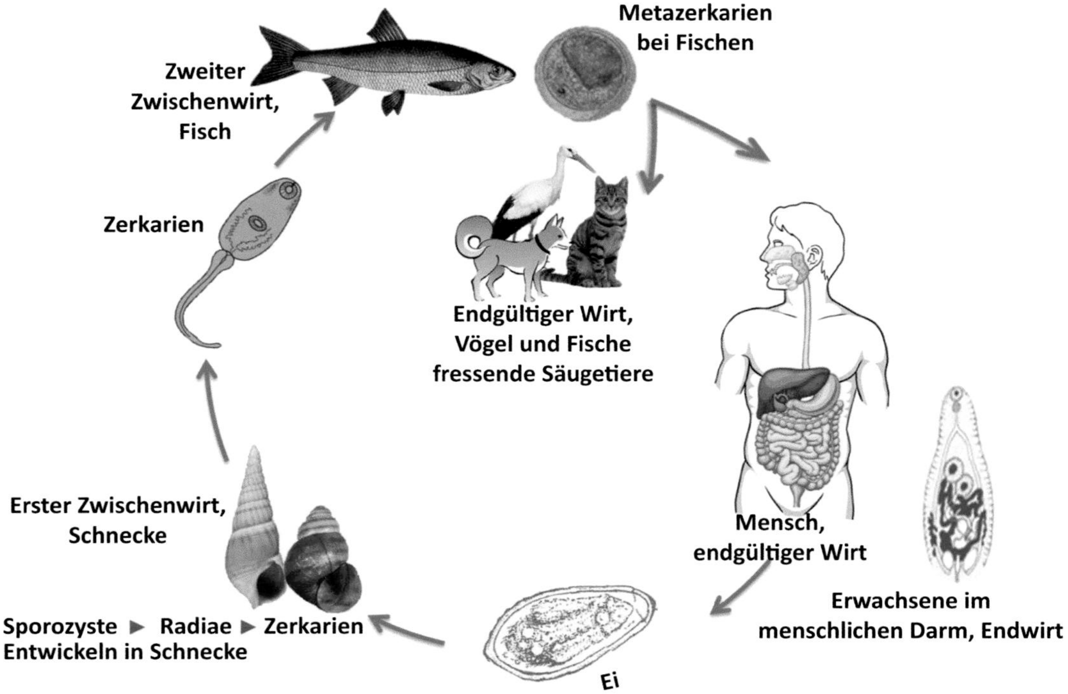

Abb. 3 Lebenszyklus von *Heterophyes heterophyes*

zu sexuell reifen adulten Würmern und bleiben an der Darmwand haften. Sie produzieren embryonierte Eier, die zusammen mit dem Kot ausgeschieden werden und wiederum Gewässer einschließlich Süß- oder Brackwasser kontaminieren.

Die Infektion wird auf die Schnecke, den Erste Zwischenwirt, übertragen, nachdem sie mirazidiumhaltige Eier aufgenommen hat. Das Mirazidium wird im Darm freigesetzt. Das Mirazidium bildet wiederum Sporozysten. Innerhalb der Sporozyste entwickeln sich in 2 Generationen Tochterredien und verwandeln sich in Zerkarien. Die Zerkarien besitzen einen primitiven Darm und 2 dunkle Augenflecken. Sie sind etwa 185 × 90 µm groß und besitzen einen oralen Saugnapf und 7 Paare Penetrationsdrüsen, die sie umgeben. Diese Zerkarien, die in die aquatische Umgebung freigesetzt werden, schwimmen im Wasser und infizieren den Süßwasserfisch, den Zweite Zwischenwirt des Parasiten. Sie durchdringen die Haut zwischen den Schuppen des Fischs, enzystieren im Gewebe und bilden Metazerkarien, das für den Menschen und andere Wirte infektiöse Stadium.

Pathogenese und Pathologie

Unreife, sich entwickelnde *Heterophyes* verursachen während der frühen Stadien der Infektion Apoptose der intestinalen Epithelzellen im infizierten Wirt. Die Zotten sind geschwollen, die säulenförmigen Epithelzellen zerfallen, die intestinalen Krypten vergrößern sich und die darunterliegende Submukosa wird ödematös mit hyperplastischen Peyer-Plaques an den Stellen, an denen die Larven in die intestinale Mukosa eindringen. Zellatrophie, Verschmelzung und Verkürzung der intestinalen Zotten werden ebenfalls beobachtet. Unreife Saugwürmer werden manchmal in den lymphoiden Follikeln und den Peyer-Plaques gefunden. Mesenteriale Lymphknoten vergrößern sich und werden hyperplastisch. Manchmal werden reife Saugwürmer in der Drüse gesehen. Möglicherweise wandern die jungen Saugwürmer aus dem Sinus in die Peyer-Plaques über die Lymphbahnen. Im späteren Verlauf der Infektion sind auch Ablagerungen von Immunkomplexen zu sehen. Verkapselte *H. heterophyes*-Eier im Gehirn oder *H. nocens*-Eier in einem intestinalen Tumor sind seltene Befunde.

Immunologie

Die Konzentrationen von Serum- und Darm-Immunglobulinen (IgM, IgG und IgA oder IgE) stehen in umgekehrter Beziehung zur Intensität der Infektion, die durch den sich entwickelnden Saugwurm im Darm bei Heterophyiasis verursacht wird. Serum-IgG, -IgM und -IgE sind bei Heterophyiasis erhöht. Obwohl das Serum ein erhöhtes IgE zeigt, bleibt der IgE-Spiegel in den Darmsekreten normal. Andererseits bleibt der Serum-IgA-Spiegel im Serum normal, ist aber in den Darmsekreten immer erhöht. Ähnlich zeigt die zellvermittelte Immunantwort des Wirts eine umgekehrte Beziehung zur Infektionsintensität. Bei experimentell mit *H. heterophyes* infizierten Welpen sind die T-Zell-Zahl und die Leukozytenmigration erhöht. Die Eosinophilenzahl des Wirts steigt als Teil der Immunantwort gegen den Wurm an. Die spontane Wiederherstellung der beschädigten intestinalen Mukosa bei Heterophyiasis wird möglicherweise durch die starke schützende Immunität des Wirts verursacht.

Infektion beim Menschen

Die Inkubationszeit bei Heterophyiasis variiert von 1 bis 3 Wochen. Die Infektion kann asymptomatisch bleiben. Bei symptomatischen Infektionen sind Bauchbeschwerden die Hauptmanifestation zusammen mit Anorexie und schleimigen Durchfall. Wenn sie nicht behandelt wird, kann die Krankheit fast 2–6 Monate andauern.

Bei immungeschwächten Personen, darunter auch HIV-positiven Patienten, wurde eine ektopische Ablagerung von Eiern nachgewiesen, die zu einer extraintestinalen Heterophyiasis führt und tödlich verlaufen kann, wenn Herzklappen, Myokard, Gehirn und Rückenmark betroffen sind. Eine Beteiligung des Gehirns kann zu Epilepsie, Hirnabszessen oder zystischen Granulomen führen.

Infektion bei Tieren

Das durch eine Infektion mit *Heterophyes* verursachte Krankheitsspektrum bei Tieren ist weitgehend unbekannt. Die Histopathologie des Darms infizierter Katzen zeigt eine enge Beziehung des Parasiten zu den Darmzotten. An den Infektionsstellen sind die Darmzotten geschwollen, wobei das Zylinderepithel zerstört wird und die darunter liegende Submukosa anschwillt und eine Hyperplasie der Peyer-Plaques auftritt. Unreife Saugwürmer werden in den lymphoiden Follikeln und Peyer-Plaques gefunden. Reife Saugwürmer werden auch innerhalb Mesenteriallymphknoten nachgewiesen.

Epidemiologie und öffentliche Gesundheit

Heterophyiasis bei Menschen und Tieren wird weitgehend aus den Ländern Asiens, Europas und Afrikas gemeldet. Die Zustand wurde auch aus Ägypten, Sudan, Griechenland, Türkei, Palästina, Italien, Tunesien und Indien gemeldet. Obwohl Tierinfektionen im Nahen Osten häufig gemeldet wurden, sind Infektionen von Menschen in Saudi-Arabien, Iran, Irak, Vereinigte Arabische Emirate und Kuwait selten. Vereinzelte Fälle von Heterophyiasis bei Menschen wurden aus mehreren Ländern wie Griechenland, Türkei, Italien, Spanien, Tunesien, Jemen und Sri Lanka gemeldet. Importierte Fälle bei Menschen wurden auch in Frankreich, Korea und Japan beobachtet. Heterophyiasis wurde in den USA nach dem Verzehr von „Sushi" gemeldet, das mit importiertem Fisch zubereitet wurde. Bestimmte *Heterophyes*-Arten kommen in bestimmten Ländern häufiger vor, wie z. B. *H. heterophyes* in Ägypten, Sudan, Palästina, Türkei, Indien, Naher Osten, Japan, Korea; *H. nocens* in Korea und Japan; *H. dispar* in Ägypten, Naher Osten und Korea; *H. aequalis* in Ägypten, Naher Osten und *H. indica* in Indien (Tab. 1).

Tab. 1 Verbreitung von *Heterophyes* spp., die für die Infektion von Menschen von Bedeutung sind

Arten	Verbreitung	Erste Zwischenwirt	Zweite Zwischenwirt	Endwirt
Heterophyes heterophyes	Ostafrika, Ägypten, Israel, Kuwait, Griechenland, Türkei, Spanien, Sudan, Palästina, Indien, Naher Osten, Japan, Korea	Schnecke: *Pirenella conica, Certhideopsilla cingulata*	Fisch: *Mugil cephalus, Mugil capito, Mugil auratus, Mugil saliens, Mugil chelo, Tilapia nilotica, Tilapia zilli, Liza haematocheila, Acanthogobius flavimanus, Glossogobius giuris, Tridentiger obscurus, Aphanius fasciatus, Barbus canis, Sciaena aquilla, Solea vulgaris*	Menschen, Hunde, Katzen, Wölfe, Fledermäuse, Ratten, Füchse, Dachse, Schweine, Makaken, Möwen, Pelikane
Heterophyes nocens	Korea, Japan, China, Taiwan	Schnecke: *Tricula, Akiyoshia, Cerithidea cingulate, Cerithidea fluviatilis*	Fisch: *Mugil cephalus, Liza menada, Tridentigerobscurus, Glossogobius brunnaeus, Therapon oxyrhynchus, Acanthogobius flavimanus, Boleophthalmus pectinirostris, Scartelaos* sp.	Menschen, Katzen, Hunde, Ratten, Mäuse
Heterophyes dispar	Ägypten, Naher Osten, Korea	Schnecke: *Pirenella conica*	Fisch: *Mugil* spp., *Epinephelus enaeus, Tilapia* spp., *Lichia* spp., *Barbus canis, Solea vulgaris, Sciaena aquilla*	Menschen, Hunde, Katzen, Wölfe, Schakale, Füchse, Drachen, Kaninchen, Ratten, Rotfüchse
Heterophyes aequalis	Ägypten, Naher Osten	Schnecke: *Pirenella conica*	Fisch: *Mugil cephalus, Mugil auratus, Mugil capito, Tilapia simonis, Lichia glauca, Lichia amia, Barbus canis*	Menschen, Katzen, Hunde, Persische Wölfe, Füchse, Rotfüchse, Ratten, Schweine, Kaninchen, Pelikane, Drachen, Reiher

In endemischen Gebieten zeigen Menschen, die in der Nähe von Brackwasser, Seen oder Flussufern leben, in der Regel eine höhere Prävalenz und Intensität der Infektion. Bei Fischern kann dies aufgrund ihrer Tätigkeiten bei der Handhabung und Verarbeitung von Fisch sowie aufgrund ihres Koch- und Essverhaltens ein Berufsrisiko darstellen. Die Praxis, ungekochten oder gesalzenen Fisch zu essen, ist ein Risikoverhalten. Menschen beginnen normalerweise ab dem 3. Tag mit dem Essen von gesalzenem Fisch und die Metazerkarien von *Heterophyes* überleben bis zu 7 Tage in gesalzenem Fisch. Daher besteht eine gute Chance auf Übertragung des Parasiten auf den Menschen durch gesalzenen Fisch. In endemischen Gebieten wird das Wasser häufig durch Defäkation auf offenem Feld oder durch Defäkation von Booten aus beim Fischen verunreinigt. Fischzuchten sind oft mit *Heterophyes*-Trematoden infiziert und verbreiten die Infektion mit dem Fischsamen an verschiedene Orte. Die Rolle von Zuchtfischen bei der Verbreitung von *Heterophyes*-Infektionen hat eine immense epidemiologische Bedeutung.

Diagnose

Mikroskopie

Mikroskopie zur Darstellung von *Heterophyes*-Eiern im Stuhl wird häufig zur Diagnose verwendet. Allerdings ähneln die Eier anderen Arten der *Heterophyes*-Familie. Es ist oft schwierig, Eier von *Heterophyes* von denen von *C. sinensis* (außer dem Knopf, der gegenüber des Operculums liegt) zu unterscheiden. Die spezifische Diagnose wird durch die Darstellung von adulten Saugwürmern während der Gastroduodenoskopie, chirurgischen Eingriffen im Darm oder nach der Autopsie gestellt. Die Untersuchung von adulten Saugwürmern im Stuhl nach einer antihelminthischen Behandlung und Abführmittel ist eine praktische, aber mühsame Methode im Feld oder Labor.

Serodiagnostik

Die Serodiagnose wurde mehfach versucht. Gegenstromelektrophorese („countercurrent immunoelectrophoresis“, CIEP), Intradermaltest (ID) und indirekter fluoreszierender Immunassay (IFI) usw. wurden für die Diagnose von *Heterophyes*-Infektionen beim Menschen sowie bei Tieren evaluiert. Der ID wird früh positiv (2 Wochen) im Vergleich zu anderen serologischen Tests und funktioniert gut (Sensitivität und Spezifität: 100 % bzw. 90 %). Serokonversion wurde mit CIEP und IFI nach 3 Wochen festgestellt. Die Sensitivität von IFI und CIEP betrug 40 % bzw. 20 %; jedoch wurde die Spezifität für beide Tests als 100 % angegeben. Der enzymgekoppelte Immunadsorbtionsassay (ELISA) zeigt oft Kreuzreaktivität mit anderen Trematoden.

Molekulare Diagnostik

Das molekulardiagnostische Verfahren zum Nachweis von Heterophyiasis bei Tieren und Menschen muss noch an Popularität gewinnen. Die PCR zum Nachweis von *Heterophyes* in Fischen wurde erfolgreich entwickelt. Die Sequenzierung von ITS2 der rDNA kann zum Nachweis und der Identifizierung von *Heterophyes*-Arten verwendet werden. Die Sequenzierung hilft auch bei der Rückverfolgung der Infektionsquelle bei importiertem Fisch. Die Multiplex-PCR zum Nachweis von Darmparasiten einschließlich *Heterophyes* wurde ebenfalls erfolgreich evaluiert (Tab. 2).

Behandlung

Praziquantel ist das Medikament der Wahl bei einer Infektion durch *H. heterophyes*. Es stört das Integument von *H. heterophyes* in vitro. Es wird

Tab. 2 Diagnosemethoden für Heterophyiasis bei Menschen

Diagnoseansätze	Methoden	Targets	Bemerkungen
Direkte Mikroskopie	Mikroskopische Untersuchung Direkte Visualisierung im Stuhl nach Abführmittel, Visualisierung während der Endoskopie, chirurgische Eingriffe im Darm oder bei der Autopsie	Eier und adulte Würmer im Stuhl und im Darm	Goldstandardtest Nachteil: Ähnlichkeit mit Eiern von *Clonorchis sinensis* und anderen Arten der Heterophyidae ist ein großes Hindernis für die Artidentifikation mittels Mikroskopie. Schwierige Differenzierung von Metazerkarien im Fisch
Immundiagnostik	Intradermaltest (ID)	Überempfindlichkeit	Der ID zeigt gute Sensitivität und Spezifität und wird früh positiv (2 Wochen)
	ELISA mit (exkretorisch-sekretorischen Proteinen und somatischem Protein des adulten Wurms)	IgGAb gegen ES-Protein und somatisches Antigen	Sensitivität und Spezifität gut *Einschränkung*: Kreuzreaktion mit anderen Trematoden
	Gegenstromelektrophorese bei Versuchstieren	Ausfällende Antikörper	Sensitivität beträgt 20 %, aber Spezifität beträgt 100 %
	Indirekter fluoreszierender Immunassay bei Versuchstieren	IgG-Antikörper	Sensitivität beträgt 40 %, aber Spezifität beträgt 100 %
Molekulare Assays	PCR-basierte RFLP bei Fischen und Sequenzierung des PCR-Produkts	ITS 2 von rDNA	Hilft bei der Identifizierung und Spezifikation von *Heterophyes*. Hilft bei der Rückverfolgung der Infektionsquelle von importiertem Fisch *Einschränkungen:* Benötigt hochentwickelte Ausrüstung und qualifiziertes Personal

in einer Dosis von 75 mg/kg oral in 3 Teildosen über 1 Tag verabreicht. Die Heilungsrate mit Praziquantel liegt bei über 95 % für *H. heterophyes*. Die Bioverfügbarkeit von Praziquantel ist jedoch aufgrund seiner schlechten Wasserlöslichkeit gering und unregelmäßig. Das Medikament wird normalerweise mit Flüssigkeit während einer Mahlzeit verabreicht. Studien haben gezeigt, dass Niclosamid in einer Dosierung von 14–17 mg/kg Körpergewicht, 2-mal täglich über einen Zeitraum von 3 Tagen verabreicht, 74 % der mit *H. heterophyes* infizierten Personen heilte.

Prävention und Bekämpfung

Heterophyiasis und andere durch Fische übertragene Trematodeninfektionen haben ihre Wurzeln in den kulturellen Gewohnheiten der Bevölkerung in Endemiegebieten. Die Praxis in diesen Ländern, rohen oder unzureichend gekochten Fisch zu essen und der jüngste Trend, exotische Gerichte mit rohem Fisch in nicht endemischen Gebieten zu essen, sind schwer zu kontrollieren, obwohl Gesundheitsbildung eine vorübergehende Reduzierung der Fälle bewirken kann. Ebenso ist die Wirksamkeit von Massenmedikamentenbehandlungen begrenzt, da die Fälle nach Absetzen der Medikamente wieder zunehmen.

Die Untersuchung von Risikopopulationen mit sofortiger Behandlung von Fällen kann bis zu einem gewissen Grad zur Eindämmung der Heterophyiasis beitragen. Die Bekämpfung von Schnecken mit Molluskiziden, die öffentliche Gesundheitsbildung zur Sensibilisierung für den richtigen Umgang und das Kochen von Fisch in Endemiegebieten sind mehrere vorgeschlagene öffentliche Gesundheitsmaßnahmen zur Bekämpfung der Heterophyiasis in der Gesellschaft. In Fischen überleben die Metazerkarien etwa 2,5 Jahre oder während der gesamten Lebensdauer des Fisches; daher erfordert der Umgang während des Salzens, Trocknens oder Einlegens größte Sorgfalt. Das Räuchern des Fisches bei 65 °C tötet die Metazerkarien. Ebenso zerstört das Lagern von eingelegtem Fisch über 3–4 Tage die *Heterophyes*-Metazerkarien. Auch eine Wasseraufbereitung reduziert fischgebundene Trematodeninfektionen in Endemiegebieten. Durch die Vermeidung von Defäkation im Freien kann die Übertragung von Infektionen auf Schneckenpopulationen in Gewässern unterbunden werden. Die biologische Bekämpfung von Schnecken in Zuchtteichen mit indischen Karpfen (*Labeo rohita*) wurde mit einer erfolgreichen Reduzierung der Schneckenpopulationen unter Feldbedingungen getestet.

Fallstudie

Ein 40-jähriger Fischer stellte sich mit starken Bauchschmerzen, Erbrechen und Durchfall vor. Vor diesem akuten Vorfall hatte er etwa 2 Monate lang unbestimmte Bauchbeschwerden. Bei einer routinemäßigen Stuhluntersuchung zur bakteriologischen Untersuchung wurden keine bakteriellen Krankheitserreger festgestellt, aber bei der Stuhlmikroskopie wurden vermutlich *Heterophyes*-Eier entdeckt. Der Patient räumte ein, gelegentlich rohen Süßwasserfisch zu essen.

1. Wie können Sie die Art dieses Parasiten bestimmen?
2. Welcher Rat sollte den Fischern gegeben werden, um die Infektion in der Gesellschaft zu bekämpfen?
3. Wie können Sie diesen Zustand behandeln?

Forschungsfragen

1. Welches sind die *Heterophyes*-Parasiten, die durch Fischfang erworben werden können?
2. Entwicklung eines eindeutigen diagnostischen Werkzeugs auf Artniveau.
3. Welche Behandlungsmöglichkeiten gibt es bei Heterophyiasis?
4. Wie hoch ist die Belastung durch Heterophyiasis in Indien, wo Fisch umfangreich konsumiert wird?
5. Wie hoch ist die Prävalenz der Infektion in Fischzuchtbetrieben und wie kann sie überwunden werden?
6. Wie können Module über zoonotische Krankheiten für öffentliche

Gesundheitsinterventionen entwickelt werden, die das Bewusstsein für die Bekämpfung von Infektionen durch *Heterophyes* spp. schaffen können?

Weiterführende Literatur

Chai J-Y, Jung B-K. Fishborne zoonotic heterophyid infections: an update, food and waterborne. Parasitology. 2017;8–9:33–63. https://doi.org/10.1016/j.fawpar.2017.09.001.

Chai J-Y, Jung B-K. Foodborne intestinal flukes: a brief review of epidemiology and geographical distribution. Acta Trop. 2020;201:105210. https://doi.org/10.1016/j.ActaTropica.2019.105210.

Chai JY, Murrell KD, Lymbery AJ. Fish-borne parasitic zoonoses: status and issues. Int J Parasitol. 2005;35:1233–54.

Chai J-Y, Shin E-H, Lee S-H, Rim H-J. Foodborne intestinal flukes in Southeast Asia. Korean J Parasitol. 2009;47 Supplement:S69–S102. https://doi.org/10.3347/kjp.2009.47.S.S69.

Fürst T, Keiser J, Utzinger J. Global burden of human food-borne trematodiasis: a systematic review and meta-analysis. Lancet Infect Dis. 2012;12:210–21.

Keiser J, Utzinger J. Food-Borne Trematodiases. Clin Microbiol Rev. 2009;22(3):466–83.

Lee J-J, Jung B-K, Lim H, Lee MY, Choi S-Y, Shin E-H, Chai J-Y. Comparative morphology of minute intestinal fluke eggs that can occur in human stools in the Republic of Korea. Korean J Parasitol. 2012;50(3):207–13.

Metagonimiasis

Jagadish Mahanta

Lernziele

1. Wissen über den Parasiten zu besitzen, da dieser unspezifische abdominale Manifestationen verursachen kann
2. Die Bedeutung molekularer Methoden in der Diagnose zu betonen

Einführung

Metagonimiasis ist eine der vernachlässigten lebensmittelbedingten Krankheiten unter fischfressenden Säugetieren, einschließlich Menschen und Vögeln. Von den 7 in Asien gemeldeten *Metagonimus*-Arten sind *Metagonimus yokogawai*, *Metagonimus takahashii* und *Metagonimus miyatai* die Arten, die beim Menschen Infektionen verursachen. Fälle von Metagonimiasis werden hauptsächlich aus Süd- und Nordkorea, Japan, China, Taiwan, Vietnam, Laos, Thailand, Malaysia, Indonesien, Philippinen und Indien gemeldet. Traditionelle Fischverarbeitung und Essgewohnheiten des Menschen, die Vorliebe für exotische Lebensmittel und Veränderungen in den Kochmethoden setzen den Menschen solchen lebensmittelbedingten Infektionen einschließlich Metagonimiasis aus.

J. Mahanta (✉)
ICMR-Regional Medical Research Centre, Dibrugarh, Indien

Geschichte

Beweise für eine *Metagonimus*-Infektion beim Menschen gab es bereits im 15. Jahrhundert, wie Pyo Yeon Cho berichtete. Sie wiesen Eier von *Metagonimus* im Boden zusammen mit anderen Parasiten bei Bauarbeiten in der Nähe von Sejong-ro, Jongro-ku, Seoul, Südkorea nach, wo unter anderem die Führer der Yi-Dynastie lebten. Fujiro Katsurada beschrieb jedoch 1912 erstmals authentisch Metagonimus-Eier in Taiwan und Japan und schlug eine neue Art vor, *Heterophyes yokogawai* (Synonyme: *Loxotrema ovatum* Kobayashi, 1912 und *Yokogawa yokogawai* Leiper, 1913), derzeit bekannt als *Metagonimus yokogawai*. Anschließend wurde *M. takahashii* 1930 von Suzuki beschrieben. Miyata (1941) beschrieb einen Saugwurm in Japan mit weit auseinander liegenden Hoden, aber der taxonomische Status als neue Art wurde erst 1997 als *M. miyatai Saito* (Chai et al. 1997) festgelegt. Anschließend wurde *M. minutus* von Katsuta (1932) in Taiwan, *M. katsuradai* von Izumi (1935) in Japan und Russland, *M. ovatus* von Yokogawa (1913) in Japan, *M. otsurui* von Saito und Shimizu (1968) und *M. hakubaensis* von Shimazu (1999) in Japan beschrieben.

S. C. Parija und A. Chaudhury (Hrsg.), *Lehrbuch der parasitären Zoonosen*,
https://doi.org/10.1007/978-981-97-4312-4_29

Metagonimus suifunensis wurde 2017 von Shumenko et al. in Russland gemeldet.

Taxonomie

Die Gattung *Metagonimus* gehört zur Familie Heterophyidae, Ordnung Opisthorchiida, Unterklasse Digenea, Klasse Trematoda, Unterstamm Neodermata, Stamm Platyhelminthes.

Metagonimus yokogawai ist die Typusart. Molekulare Studien haben die taxonomische Klassifikation unterstützt. Die numerische Taxonomie wurde auch angewendet, um andere *Metagonimus*-Arten zu studieren, und *M. miyatai* wurde als Unterart von *M. takahashii.* vorgeschlagen.

Genomik und Proteomik

Das Genom von *M. yokogawai* wurde noch nicht sequenziert. Genomikstudien mit PCR-RFLP von ITS1 und Cytochrom-Oxidase 1 (COX-1) haben bestätigt, dass *M. yokogawai, M. takahashii* und *M. miyatai* genetisch voneinander getrennt werden können. Untersuchungen der Chromosomen und Karyotypen sowie die Sequenz der 28S-ribosomalen DNA (rRNA) und CO1 unterstützen diese Ansicht. Phylogenetische Analysen basierend auf 28S-rRNA-, ITS2- und COX-1-Sequenz ordnen *M. yokogawai*, *M. takahashii*, *M. miyatai*, M. hakubaensis in eine Gruppe und *M. katsuradai, M. otsurui* in einer anderen ein. Die Sequenzierung der ITS1–5.8S–ITS2-Region und der 28S-nukleären rRNA von adulten Würmern hat eine weitere neue Art (*M. suifunensis*) von *Metagonimus* hinzugefügt. Eine detaillierte Studie über die Proteomik von *M. yokogawai* fehlt.

Die Parasitenmorphologie

Adulter Wurm

Die adulten *Metagonimus*-Arten variieren in ihrer Größe zwischen 0,8–2,320 × 0,4–0,75 mm: *M. yokogawai*: 0,800–1,320 mm; *M. takahashii*: 0,863–1,193 mm; *M. miyatai*: 0,998–1,300 mm; *M. minutus:* 0,457 mm. Der *Metagonimus* unterscheidet sich morphologisch vom *Heterophyes*, da er einen kleineren, submedialen ventralen Sauger und keinen Genitalsauger hat (Abb. 1). Der ventrale Sauger ist relativ größer als der orale Sauger. Er hat paarige Hoden und Eierstöcke. Beide Hoden von *M. yokogawai* liegen eng am hinteren Ende des adulten Wurms. Die Dotterfollikel liegen zwischen dem hinteren Hoden und dem Eierstock. Die Hoden von *M. takahashii* liegen weit auseinander, und der Dotterstock ist über den hinteren Hoden hinaus verteilt. Bei *M. miyatai* fehlt jedoch die Verteilung des Dotterstocks. Der Uterustubulus bei *M. takahashii* und *M. miyatai* kreuzt den vorderen Hoden, bei *M. yokogawai,* überlappt er jedoch nicht den Hoden.

Eier

Metagonimus-Eier sind gelbbraun, operkuliert mit unauffälliger Schulter (Abb. 2). Die Eier verschiedener Arten variieren zwischen 28,4–32,6

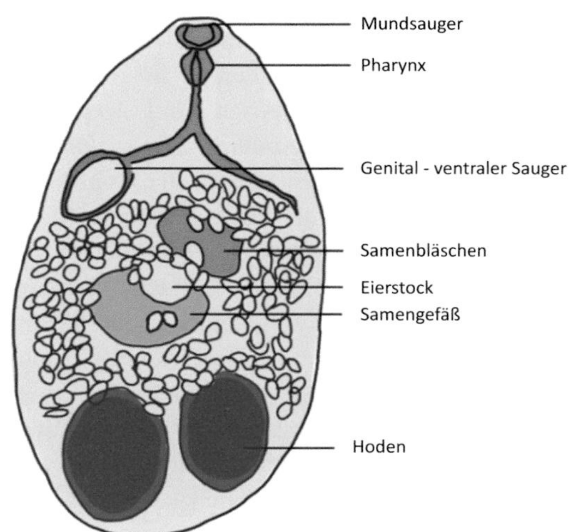

Abb. 1 Schematische Abbildung des adulten *Metagonimus* spp.

und 16,1–18,9 μm in ihrer Größe (*M. yokogawai,* 28,4 ± 1,3 × 16,1 ± 1,4 μm; *M. takahashii,*

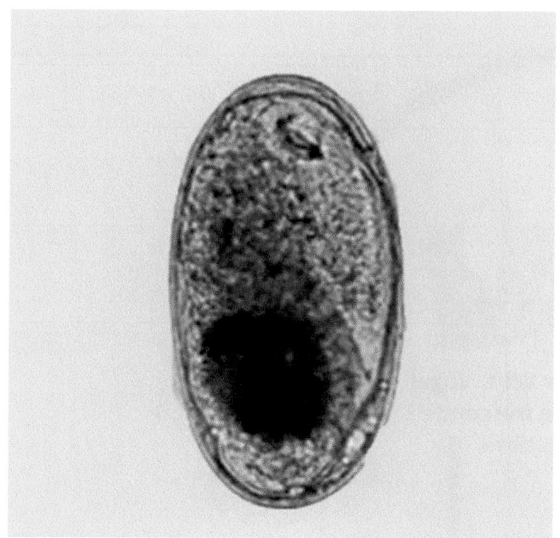

Abb. 2 Morphologie des Eis von *Metagonimus* spp. (Mit freundlicher Genehmigung: CDC DPDx)

32,6 ± 0,8 × 18,9 ± 1,3 µm; *M. miyatai,* 30,8 ± 0,9 × 17,8 ± 0,8 µm; *M. minutus* 23 µm). Die Oberfläche des Eis ist mit mehreren Rillen bedeckt.

Metazerkarien

Die Metazerkarien, das infektiöse Stadium des Parasiten, sind rund oder leicht elliptisch und haben einen Durchmesser von 0,14–0,16 mm. Die Larve innerhalb der Metazerkarien zeigt orale und ventrale Saugnäpfe und exkretorische granuläre Vesikel.

Zucht von Parasiten

Metagonimus-Arten wurden nicht in vitro gezüchtet.

Versuchstiere

Der Goldhamster ist ein gutes Versuchstiermodell für *Metagonimus* spp. Mäuse, Ratten, Wüstenrennmäuse usw. sind andere Tiere, die für die Entwicklung von *Metagonimus*-Arten verwendet wurden. Die Wurmrückgewinnung nach der Fütterung von *M. yokogawai*-Metazerkarien oral bei Hamstern wurde mit 75,3 %, bei Mäusen mit 70,0 %, bei Ratten mit 23,3 % und bei Wüstenrennmäusen mit 6,0 % angegeben.

Lebenszyklus von *Metagonimus* spp.

Wirte

Der Lebenszyklus von *Metagonimus* ist in 3 Wirten abgeschlossen (Abb. 3).

Endwirte

Endwirte sind Menschen, Hunde, Katzen, Ratten, Mäuse und fischfressende Vögel.

Erste Zwischenwirt

Schnecken: *Semisulcospira libertina*, *Semisulcospira coreana*, *Semisulcospira reiniana.*

Zweite Zwischenwirt

Fische: Goldkarpfen (*Carassius auratus*), Gemeiner Karpfen (*Cyprinus carpio*), *Plecoglossus altivelis,* Tribolodon hakonensis. *Tribolodon taczanowskii, Tribolodon ezoe*, *Lateolabrax japonicus, Zacco temminckii, Protimus steindachneri, Acheilognathus lanceolata* und *Pseudorashora parva.*

Übertragung von Infektionen

Menschen, andere Säugetiere und Vögel erwerben die Infektion durch Verzehr von rohem, eingelegtem oder nicht durchgegartem Fisch, der Metazerkarien von *Metagonimus* spp. enthält. Die im Fisch vorhandenen Metazerkarien exzystieren im Dünndarm und entwickeln sich innerhalb von etwa 7 Tagen zu adulten Würmern. Die adulten Würmer heften sich an das Lumen des Darms in den Lieberkühn-Krypten oder im intervillösen Raum an und verursachen Krankheiten. *Metagonimus* sind Zwitter und die Eier sind selbstbefruchtet. Diese Eier, die mit dem Kot ausgeschieden werden, kontaminieren Süßwasser oder Brackwasser.

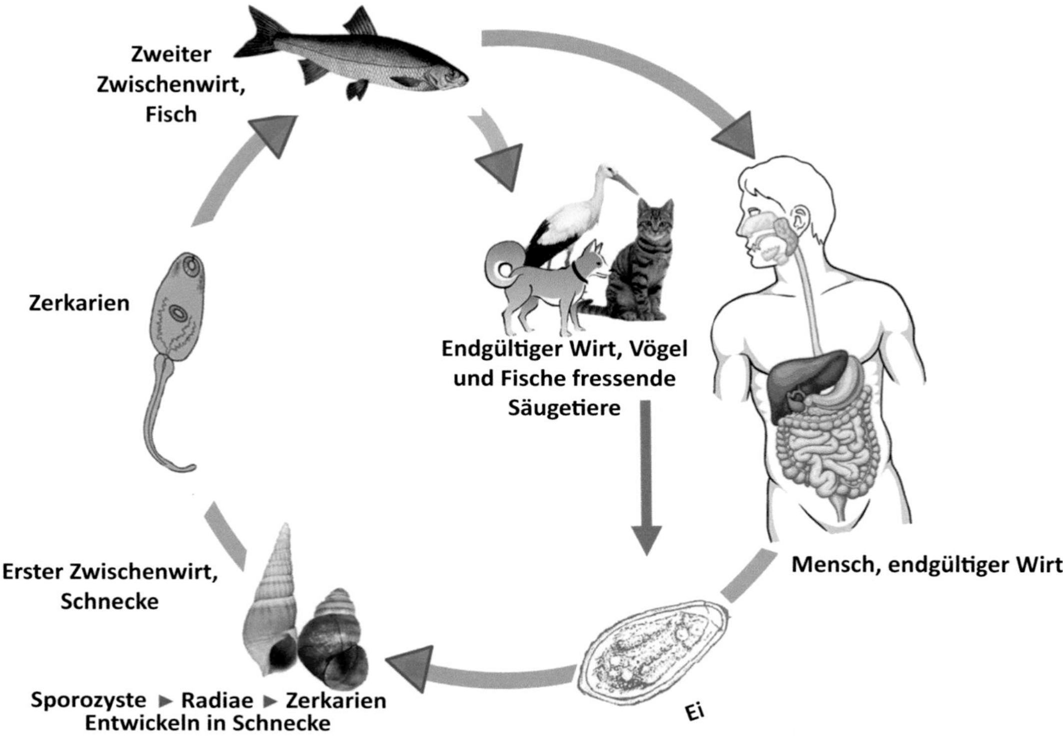

Abb. 3 Lebenszyklus von *Metagonimus* spp.

Die vom Endwirt ausgeschiedenen operkulierten und gelblich-braunen Eier (28,4–32,6 µm lang) werden von Schnecken aufgenommen. Die Eier werden im Darm der Schnecke ausgebrütet und entwickeln sich dort zu Sporozysten. Das Mirazidium, das sich in den Eiern zur Sporozyste entwickelt, wird anschließend in mehrere Redien und Zerkarien umgewandelt. Die Zerkarien besitzen einen auffälligen Augenfleck. Diese Zerkarien, die aus der Schnecke kommen, infizieren den Fisch, indem sie die Haut zwischen den Schuppen des Fisches (Zweite Zwischenwirt) durchdringen und Metazerkarien bilden. Diese Metazerkarien bleiben unter den Schuppen, den Flossen, dem Schwanz und den Kiemen oder im Gewebe eingeschlossen und verursachen Infektionen bei Menschen, Säugetieren und Vögeln.

Pathogenese und Pathologie

Die juvenilen Würmer befinden sich in den Lieberkühn-Krypten des Dünndarms der Endwirte und entwickeln sich innerhalb von etwa 5 Tagen zu adulten Würmern. Chai hat in seiner Reihe von experimentellen Beobachtungen festgestellt, dass der adulte Wurm die Schleimhaut mechanisch schädigt und exkretorisch-sekretorische Proteine (ESP) des adulten Wurms eine toxische Reaktion mit variablem Entzündungsgrad im Gewebe verursachen. Die Darmzotten zeigen Atrophie, Abstumpfung, Verschmelzung, Ödeme der Spitzen mit Hyperplasie der Krypten. Die Darmschleimhaut zeigt Stauungen, Becherzellenhyperplasie und Mastozytose mit entzündlicher Zellinfiltration im Stroma. Die Veränderung der Schleimhaut verhindert die Aufnahme von Nährstoffen, daher führt eine erhöhte Durchlässigkeit von Körperflüssigkeit zu wässrigem Durchfall. Malabsorption und verminderte Enzymaktivitäten sind bei akuter Infektion zu sehen. Bei Tieren normalisiert sich die Darmpathologie 3–4 Wochen nach der Infektion. Bei immungeschwächten Wirten kann der adulte Wurm sogar das tiefere Gewebe befallen.

Immunologie

Bei immunkompetenten Wirten wird eine tiefere Invasion des Wurms durch die starke angeborene Immunität des Wirts verhindert und die Pathologie kann sich innerhalb von 3-4 Wochen normalisieren. Die intestinalen intraepithelialen Lymphozyten (CD8 + zytotoxische T-Zellen), Lymphozyten der Lamina propria (IgA-sekretierende B-Zellen), mukosale Mastzellen, Becherzellen und zirkulierende Eosinophile sind die Hauptkomponenten der Wirtsimmunität. Experimentelle Infektionen von Tieren mit *M. yokogawai* haben gezeigt, dass verschiedene Teile des Parasiten wie das synzytiale Integument, das Integumentzellzytoplasma, die Dotterzellen und die epithelialen Lamellen des Zäkums antigen sind. Die SDS-PAGE-Analyse hat 14 immunogene Proteine nachgewiesen, von denen die 66-kDa- und 22-kDa-Proteine parasitenspezifisch sind. Ein weiteres Protein (100 kDa) aus dem Tegument von *M. yokogawai* erweist sich ebenfalls als vielversprechend für die Immundiagnose.

Infektion beim Menschen

Die *M. yokogawai*-Infektion beim Menschen ist eine selbstlimitierende Krankheit, dennoch können die Symptome 1 Jahr oder länger anhalten. Die Inkubationszeit beträgt 14 Tage.

Klinisch präsentiert sich die *M. yokogawai*-Infektion beim Menschen mit epigastrischen Schmerzen, Müdigkeit, Unwohlsein, wässrigem Durchfall, Übelkeit, Lethargie, Anorexie, Erschöpfung und Bauchschmerzen unterschiedlichen Grades. Selten gelangen die Eier über die intestinalen Lymphbahnen in den Kreislauf und erreichen das Gehirn, das Rückenmark oder das Herz und zeigen eiassoziierte Granulome. Solche Patienten präsentieren sich mit Anfällen, neurologischen Defiziten oder Herzinsuffizienz. Die Routineuntersuchung des Blutes zeigt eine Eosinophilie.

In Endemiegebieten können bestimmte infizierte Patienten zu Trägern der Krankheit werden.

Infektion bei Tieren

Das Krankheitsspektrum bei Tieren ist nicht wohlverstanden. Hunde, die experimentell mit *M. yokogawai,* infiziert wurden, und Mäuse, die mit *M. miyatai* infiziert wurden, entwickeln oft wässrigen Durchfall mit Anzeichen und Symptomen einer Malabsorption.

Epidemiologie und öffentliche Gesundheit

Aufgrund des Mangels an systematischen Studien sind genaue Daten zur globalen Belastung oder Prävalenz von Metagonimiasis nicht verfügbar. Verschiedene Berichte deuten jedoch darauf hin, dass Metagonimiasis in etwa 19 Ländern weit verbreitet ist. Eine hohe Prävalenz von Metagonimiasis wurde in Gebieten mit großer Armut in Ländern mit niedrigem und mittlerem Einkommen in tropischen und subtropischen Regionen, in Subsahara-Afrika, Asien, lateinamerikanischen Ländern und unter Einwanderern und Flüchtlingen in Nordamerika und Europa festgestellt (Tab. 1). Auch außerhalb von Endemiegebieten wurden nach dem Verzehr von importiertem Fisch oder Fischzubereitungen („Sushi") Infektionen von Menschen gemeldet. Intestinale Trematodiasis wie Heterophyidae scheint zunehmend mit der Fischzucht in bestimmten Gebieten und den Fischessgewohnheiten der Bevölkerung in Verbindung gebracht zu werden.

Da ein einzelner Fisch mehrere (>10.000) Metazerkarien beherbergen kann, kann eine

Tab. 1 Verbreitung von *Metagonimus* spp., die für die Infektion von Menschen von Bedeutung sind

Spezies	Verbreitung	Erste Zwischenwirt	Zweite Zwischenwirt	Endwirt
Metagonimus yokogawai	Ferner Osten, Sibirien, Balkan, Spanien Russland, Korea, Japan, China, Hongkong, Taiwan, Indien	Schnecke: *Semisulcospira libertina, Koreanomelania* spp. *Scoreana, Thiara granifera*	Fisch: *Plecoglossus altivelis, Odontobutis obscurus, Salmo perryi, Tribolodon hakonensis,* Goldkarpfen (*Carassius auratus*), Gemeiner Karpfen (*Cyprinus carpio*), *Opsariichthys pachycephalus, Zacco platypus, Zacco temminckii, Distoechodon turmirostris, Varicorhinus barbatulus, Hemibarbus labeo, Acrossocheilus formosanus, Sinibrama macrops, Lateolabrax japonicus, Protimus steindachneri, Acheilognathus lanceolata, Pseudorashora parva*	Menschen, Hunde, Katzen, Ratten, Mäuse, Wüstenrennmäuse, Goldhamster, fischfressende Vögel
Metagonimus takahashii	Japan, Republik Korea	Schnecke: *Semisulcospira coreana, Koreanomelania nodifila*	Fisch: *Carrassius carassius, Cyprinus carpio, Tribolodon taczanowskii, Lateolabrax japonicus*	Menschen, Mäuse, Hunde
Metagonimus miyatai	Republik Korea, Japan	Schnecke: *Semisulcospira globus, Semisulcospira libertina, Semisulcospira dolorosa*	Fisch: *Morocco steindachneri, Zacco platypus, Zacco temmincki*	Menschen, Mäuse, Ratten, Hamster, Hunde
Metagonimus minutus	Taiwan, China	Schnecke: *Semisulcospira libertina*	Fisch: Meeräsche, *Mugil cephalus*	Menschen, Mäuse, Katzen

Infektion auch nach dem Verzehr eines rohen, unzureichend gekochten, eingelegten, gesalzenen oder fermentierten Fisches auftreten. Die Krankheit kann auch durch ein mit den Metazerkarien kontaminiertes Schneidemesser und Schneidebrett übertragen werden.

Eine Infektion mit *M. yokagawai* ist hauptsächlich in der Umgebung von großen und kleinen Süßwasserbächen endemisch, während *M. miyatai* und *M. takahashii* häufiger entlang der großen Flüsse vorkommen. In Japan ist die Krankheit am häufigsten in ländlichen Gebieten, möglicherweise aufgrund der traditionellen Gewohnheit, konservierten und rohen Süßwasserfisch zu konsumieren. In letzter Zeit werden diese Infektionen jedoch auch bei Menschen aus höheren sozioökonomischen Klassen in Hongkong und Japan gemeldet, was auf exotische Essgewohnheiten zurückzuführen ist. 3 Fälle von Metagonimiasis wurden auch aus Indien gemeldet, 2 im Jahr 1994 (Art nicht genannt) und 1 Fall von *M. yokagawai* aus Neu-Delhi im Jahr 2005.

Diagnose

Verschiedene diagnostische Methoden stehen zur Diagnose von *Metagonimus*-Infektionen beim Menschen zur Verfügung (Tab. 2).

Mikroskopie

Stuhlmikroskopie zum Nachweis von Eiern oder adulten Würmern im Stuhl wird häufig zur Diagnose von Metagonimiasis verwendet. *Metagonimus*-Eier sind gelblich-braun, operkuliert mit unauffälliger Schulter. Heterophyidae-Eier ähneln sich in ihrer Morphologie; daher ist eine spezifische Identifizierung von *Metagonimus* durch Mikroskopie nicht möglich. Die Mikroskopie ist weniger empfindlich und nicht geeignet für die Diagnose von ektopischen *Metagonimus*-Infektionen.

Immundiagnostik

Die Immundiagnose durch antikörperbasierte Tests werden häufig zur Diagnose von Metagonimiasis verwendet. Exkretorisch-sekretorische

Tab. 2 Diagnose der Metagonimiasis bei Menschen

Diagnostische Ansätze	Methoden	Targets	Anmerkungen
Direkte Mikroskopie	1. Mikroskopische Untersuchung 2. Biopsie	Eier und adulte Würmer im Stuhl und Gewebe	Goldstandardtest *Einschränkung*: Die Ähnlichkeit der Eimorphologie mit den anderen Arten der Heterophyidae erschwert die Artidentifikation. Weniger empfindliche Technik und kann Metazerkarien im Fisch nicht unterscheiden
Immundiagnostik	ELISA unter Verwendung von ES-Proteinen und adultem somatischem Antigen	Zirkulierendes IgG gegen 100-kDa- und 67-kDa-Proteine von *Metagonimus yokogawai*	Bestätigt aktive Infektion *Einschränkung:* Kreuzreaktivität mit *anderen Arten der Gattung*
Molekulare Assays	PCR-basiertes RFLP	18S-rRNA-, 5.8S-rRNA-Gen und intern transkribierter Spacer 1 (ITS1)	Hohe Sensitivität und Spezifität für die Identifizierung und Speziation von *Metagonimus* im Fisch *Einschränkungen:* erfordert geschultes Personal
	Gensequenzierung	28S-rDNA-, ITS2- und mitochondriales *COX*-1-Gen	Kann in zwei bestimmte Gruppen trennen
	Multiplex-Real-Time-PCR	ITS1, ITS2	8 intestinale Parasiten einschließlich *Metagonimus yokogawai* können auf einer einzigen Plattform ohne viel Kreuzreaktivität nachgewiesen werden

Proteine (ESP) und somatisches Antigen von adulten Saugwürmern wurden für den Einsatz in vielen immundiagnostischen Tests, einschließlich des sELISA, evaluiert. Monoklonale Antikörper, die gegen das somatische Antigen von *M. yokogawai,* 100-kDa- und 67-kDa-Proteinen produziert wurden, wurden ebenfalls in der Diagnose von Metagonimiasis evaluiert. Die Kreuzreaktivität mit anderen Trematoden der Heterophyidae ist die Hauptbeschränkung der serodiagnostischen Methoden.

Molekulare Diagnostik

PCR-basierter Restriktionsfragmentlängenpolymorphismus des 18S-rRNA- und 5.8S-rRNA-Gens und des intern transkribierten Spacer 1 (ITS1) wurden für die molekulare Identifizierung und Spezifikation von *Metagonimus* in Fischen mit Erfolg verwendet. Die Sequenzierung der 28S-ribosomalen DNA (rDNA, ITS2) und des mitochondrialen *COX*-1-Gens konnte 6 Arten von *Metagonimus* in 2 Gruppen trennen: *M. yokogawai*, *M. takahashii*, *M. miyatai*, *M. hakubaensis* und *M. otsurui*, *M. katsuradai*.

Ein Multiplex-Real-Time-PCR-Assay wurde entwickelt und evaluiert, um 8 intestinale Parasiten, einschließlich *M. yokogawai*, auf einer einzigen Plattform nachzuweisen. Damit ist er besser als die Mikroskopie und bietet eine hohe Effizienz und Genauigkeit beim Nachweis und der Identifizierung von Darmparasiten, einschließlich *Metagonimus*-Arten.

Behandlung

Praziquantel wird zur Behandlung von Metagonimiasis bei Erwachsenen und Kindern in einer Einzeldosis von 75 mg/kg/Tag in 3 Teildosen empfohlen. Die WHO (2002) empfahl auch die Anwendung bei schwangeren und stillenden Frauen. Praziquantel wird zusammen mit Flüssigkeit während der Mahlzeiten verabreicht. Es wird gut vertragen und die Nebenwirkungen sind mild und vorübergehend. Praziquantel wirkt auf den Trematoden, indem es eine Muskelstarre verursacht und anschließend die Saugwürmer von der Wand des Darms löst.

Bithionol, Niclosamid und Nicoflan wurden ebenfalls zur Behandlung von Metagonimiasis mit guter Heilungsrate evaluiert.

Prävention und Bekämpfung

Die Prävention und die Bekämpfung von Metagonimiasis beim Menschen hängen von der Bekämpfung von *Metagonimus*-Infektionen in allen 3 Wirten (Schnecke, Fisch und Säugetiere, einschließlich Menschen) ab.

Die Bekämpfung der Schneckenpopulationen durch den Einsatz von Molluskiziden verhindert Metagonimiasis in hohem Maße. Die Reinigung von Fischzuchtanlagen wird durch das Entleeren des Gewässers zusammen mit dem Schlamm und das Reinigen und Filtern des Zulaufwassers mit einem Netz zur Verhinderung des Schneckeneintritts erreicht. Die biologische Bekämpfung von Schnecken in Aufzuchtteichen durch den Indischen Karpfen (*Labeo rohita*) wurde ebenfalls mit ermutigenden Ergebnissen bewertet.

Wie die meisten Heterophyidae können auch *Metagonimus*-Metazerkarien im Fisch etwa 2,5 Jahre oder während der gesamten Lebensspanne des Fischs überleben; daher ist es wichtig, die Öffentlichkeit zu sensibilisieren, den Verzehr von rohem oder nicht ausreichend gekochtem Fisch zu vermeiden. Auch ist die Handhabung beim Einsalzen, Trocknen, Einlegen und Verarbeiten der Lebensmittel wichtig. Die Wasserhygiene und das Eindämmen der Defäkation auf offenem Feld können die Freisetzung von Eiern und damit die Kontamination von Wasserquellen verhindern. Das Räuchern bei einer Temperatur von 65 °C oder mehr und das Lagern des eingelegten Fisches für etwa 4 Tage können die *Metagonimus*-Metazerkarien im Fisch abtöten. Die Bestrahlung von Fischen zur Zerstörung von *M. yokogawai*-Metazerkarien wurde ebenfalls empfohlen, aber die Akzeptanz von bestrahltem Fisch, um diesen als Lebensmittel zu verwenden, und die Kosten der Bestrahlung sind die größten Hindernisse. Es ist wichtig, den auf dem Markt befindlichen und importierten Fisch auf *Metagonimus* und andere durch den Fisch übertragene Parasiten zu untersuchen. Daher hilft die obligatorische Überwachung von Aufzuchtanlagen bei der Bekämpfung der Ausbreitung von fischgebundenen Trematoden.

Massenchemotherapie und Gesundheitsbildung zur Änderung der Essgewohnheiten sind wichtig zur Bekämpfung der Infektion beim Menschen. Die Bekämpfung von Metagonimiasis bei Haustieren, Vögeln, Fischen und Schnecken ist eine Herausforderung. Die Überwachung von Metagonimiasis in der Tierwelt und bei Vögeln ist schwierig; jedoch ist das Screening von Haustieren in Endemiegebieten und eine frühzeitige Behandlung wichtig zur Kontrolle des Infektionsreservoirs. Haushunde und -katzen müssen regelmäßig auf fischgebundene Infektionen untersucht werden. Alle eipositiven Personen, einschließlich Arbeiter und Bewohner, und die Haustiere, einschließlich Hunde, Katzen und Schweine in benachbarten Haushalten, benötigen eine spezifische Behandlung durch Chemotherapie.

Fallstudie

Während einer Routineerhebung zur Abschätzung der Belastung durch Darmparasiten in ländlichen Gebieten von Assam, Indien im Jahr 1994 wurden Stuhlproben untersucht. In einem der Dörfer mit einer Bevölkerung von 1082 Einwohnern wurden zufällig Proben von 443 Personen gesammelt. Zwei Proben von 443 (0,44 %) zeigten typische Eier von *Heterophyes* in ihrem Stuhl. Beide waren Ehemann (40 Jahre) und Ehefrau (35 Jahre), Landarbeiter, wohnhaft im Bezirk Dibrugarh in Assam. Auf Befragung gaben sie an, Bauchschmerzen und im letzten Jahr einige Episoden von Dysenterie gehabt zu haben. Bei der Untersuchung wurde keine signifikante klinische Anomalie festgestellt. Sie sind seit ihrer Geburt nie aus Assam herausgekommen. Routineuntersuchungen des Blutes und Leberfunktionstests waren innerhalb der normalen Grenzen. Stuhlproben, gesammelt in 10 % Formalin-Salz-Lösung, wurden nach Aufkonzentration untersucht. Die Mikroskopie zeigte eine

Polyparasiteninfektion einschließlich *Heterophyes*-Eier. Die vermuteten *Heterophyes*-Eier waren gelbbraun, operkuliert mit dicken Wänden und gut entwickeltem Mirazidium im Inneren. Die Operculumschulter war undeutlich, die durchschnittliche Länge von 20 Eiern betrug 31,5 µm ± 2 SD (29,3–36,0 µm) und die Breite betrug 22,4 µm ± 1,9SD (21,3–27 µm). Die Eimorphologie legt nahe, dass die Eier zur Familie Heterophyidiae gehören. *Clonorchis* wurde aufgrund der Abwesenheit eines Knopfes gegenüber des Operculums nicht in Betracht gezogen. Die Mehrheit der *Heterophyes*, die zur Familie gehören, werden in Brackwasser gefunden. Es gibt keine Brackwasserquelle und das Gebiet ist weit vom Meer entfernt. Darüber hinaus konsumieren die Menschen in der Gegend nur Süßwasserfische. Die Personen sind seit ihrer Geburt nicht aus dem Gebiet herausgekommen. Daher wurde logischerweise davon ausgegangen, dass die Eier von *Metagonimus-Arten* stammen. Eine Infektion mit *Heterophyes*-Arten ist ein interessanter und erster Befund und vielleicht deutet er auf das Vorhandensein einer einheimischen Übertragung in Fischen hin. Darüber hinaus ist zu beachten, dass die Menschen in Assam Fischesser sind und viele die Gewohnheit haben, geräucherten Fisch zu essen; daher haben sie ein potenzielles Risiko einer *Heterophyes*-Infektion. Dieser Befund könnte die Spitze eines Eisbergs sein und weitere Studien sind erforderlich.

1. Welche weiteren Studien können auf der Grundlage der oben genannten Ergebnisse durchgeführt werden, um die Prävalenz von *Metagonimus* in der Region zu bestimmen?
2. Wie kann die Art von *Metagonimus* bestimmt werden?
3. Welche Gesundheitserziehung sollte der Gesellschaft zuteil werden, um durch Fische übertragene, parasitäre Infektionen zu verhindern?

Forschungsfragen

1. Wie hoch ist die Belastung durch Metagonimiasis in Indien, wo der Verzehr von Fisch weit verbreitet ist?
2. Warum ist es wichtig, Forschungsarbeiten durchzuführen, die darauf abzielen, ein Testsystem zum Nachweis von Infektionen in Aufzuchtanlagen sowie in Fischen und in Schnecken zu entwickeln?
3. Wie geht man vor, um Lieferungen von importieren Fisch und Fischprodukten zu überprüfen, um eine großflächige Einführung von *Metagonimus* und anderen fischgeborenen Parasiten im Land zu verhindern?
4. Warum besteht ein dringender Bedarf an der Entwicklung von immundiagnostischen und molekulardiagnostischen Werkzeugen als Alternative zur Mikroskopie?

Weiterführende Literatur

Chai J-Y, Jung B-K. Fish borne zoonotic heterophyid infections: an update. Food Waterborne Parasitol. 2017;8–9:33–63.

Chai J-Y, Shin E-H, Lee S-H, Rim H-J. Foodborne intestinal flukes in Southeast Asia Korean. J Parasitol. 2009;47(Supplement):S69–S102.

Chai JY, Yun TY, Kim J, Huh S, Choi MH, Lee SH. Chronological observation on intestinal histopathology and intraepithelial lymphocytes in the intestine of rats infected with *Metagonimus yokogawai*. Korean J Parasitol. 1994;32:215–21. (in Korean)

Keiser J, Utzinger J. Food-borne trematodiases. Clin Microbiol Rev. 2009;22(3):466–83.

Lee S-U, Huh S, Sohn W-M, Chai J-Y. Sequence comparisons of 28S ribosomal DNA and mitochondrial cytochrome c oxidase subunit 1 of *Metagonimus yokogawai, M. takahashii* and *M. miyatai*. Korean J Parasitol. 2004;42(3):129–35.

Lee J-J, Jung B-K, Lim H, Lee MY, Choi S-Y, Shin E-H, Chai J-Y. Comparative morphology of minute intestinal fluke eggs that can occur in human stools in the Republic of Korea. Korean J Parasitol. 2012;50(3):207–13.

Shimazu T, Kino H. *Metagonimus yokogawai* (Trematoda: Heterophyidae): from discovery to designation of a neotype. Korean J Parasitol 2015;53(5):627–639.

Nanophyetus-Infektion

Parvangada Madappa Beena und
Anushka Vaijnath Devnikar

Lernziele

1. Über die begrenzte geografische Verbreitung des Parasiten zu lernen
2. Die Lachsvergiftung bei Hunden und ihre Pathogenese zu verstehen

Einführung

Nanophyetus spp. (Troglotrema), ein Parasit von fleischfressenden Tieren, insbesondere Hunden, ist ein unüblicher Trematode, der gelegentlich zoonotische Infektionen beim Menschen verursacht. Der Trematode ist bekannt dafür, 32 verschiedene Arten von piscivoren Säugetieren und Vögeln zu infizieren. Häufige Endwirte sind Hunde, Waschbären, Nerze, Schakale und Füchse. *Nanophyetus salmincola* ist endemisch in Teilen von Nordkalifornien, Oregon und Washington (USA). Bis heute wurden nur 20 menschliche Fälle gemeldet. Eine menschliche Infektion ist normalerweise asymptomatisch.

Geschichte

Im frühen 19. Jahrhundert wurde eine tödliche Krankheit bei Hunden nach dem Verzehr von Lachs in Oregon, USA verzeichnet. Dies führte zu dem Namen „Lachsvergiftung“ („Salmon Poisoning Disease, SPD“). Man glaubte früher, die Krankheit sei durch Staupe (1859), Amöben (1911) oder Bakterien (1925) verursacht worden, bis Donham 1925 kleine Trematoden im Darm infizierter Hunde nachwies. Chapin (1926) beschrieb den Trematoden und schlug den Namen *Nanophyes salmincola* aus der Familie Heterophyidae vor. 1928 änderte Chapin den Namen in *Nanophyetus salmincola* in der Gattung *Nanophyes*. Witenberg überarbeitete die Morphologie und überführte aufgrund seiner Erkenntnisse den Saugwurm in die Familie Troglotrematidae und kam zu dem Schluss, dass *Nanophyetus* ein Synonym für *Troglotrema* ist. Später stimmte Wallace (1935) zu, dass er zur Familie Troglotrematidae gehört, widersprach jedoch seiner Zuordnung zur Gattung *Troglotrema*. Er behielt die Gattung *Nanophyetus* bei und schuf für sie eine neue Unterfamilie *Nanophyetinae*. Ein ähnlicher Parasit wurde bei den Ureinwohnern Ostsibiriens von Skrjabin und Podjapolskaja (1931) beschrieben und *Nanophyetus schikhobalowi* benannt. In der Zwischenzeit vermutete Simms (1931), dass SPD wahrscheinlich auf eine Rickettsien- oder Hämosporidieninfektion zurückzuführen ist, Cordy und

P. M. Beena (✉)
Department of Microbiology, Sri Devaraj Urs Medical College, Kolar, Indien

A. V. Devnikar
Department of Microbiology, S. Nijalingappa Medical College, Bagalkot, Indien

S. C. Parija und A. Chaudhury (Hrsg.), *Lehrbuch der parasitären Zoonosen*,
https://doi.org/10.1007/978-981-97-4312-4_30

Gorham (1950) beschrieben intrazytoplasmatische Rickettsienkörper in lymphatischen Aspiraten von an SPD sterbenden Hunden. Philip (1953) benannte den Erreger *Neorickettsia helminthoeca.*

Es war nicht bekannt, ob *N. salmincola* in der Lage ist, eine menschliche Infektion zu verursachen, bis sich ein Forscher 1956 experimentell infizierte. Der erste Nachweis einer natürlichen menschlichen Infektion in den USA war 1987. Der erste Nachweis einer menschlichen Infektion durch *N. schikhobalowi*, die sibirische Art, wurde 1931 bei den Bewohnern Sibiriens beschrieben.

Taxonomie

Die Gattung *Nanophyetus* gehört zur Familie Troglotrematidae, Überfamilie Plagiorchioidea, Ordnung Plagiorchiida, Klasse Trematoda im Stamm Platyhelminthes. Die Gattung *Nanophyetus* umfasst 4 Arten, die Infektionen in einer Vielzahl von Wirten verursachen. *Nanophyetus salmincola* (Chapin, 1927) findet man im nordwestlichen Pazifik Amerikas, *N. schikhobalowi* (Skrjabin und Podiapolskaia, 1931) in Sibirien, *Nanophyetus asadai* (Yamaguti, 1971) und *Nanophyetus japonensis* (Saito, Yamashita, Watanabe und Sekikawa, 1982) in Japan.

Genomik und Proteomik

Die genetische Vielfalt von *Nanophyetus* spp. wurde mithilfe von mitochondrialen und nukleären DNA-Markern untersucht. Die genetische Vielfalt von *Nanophyetus* spp. aus Russland wurde mit denen aus Nordamerika verglichen. Das mtDNA-*NAD1*-Gen von *N. schikhobalowi* aus Russland wurde sequenziert und mit dem von *N. salmincola* aus den USA verglichen. Der genetische Unterschied zwischen den russischen und den amerikanischen Proben betrug 15,5 %. Studien, die Variationen in den Sequenzen der nukleären ribosomalen Gene (18S, ITS1-5·8S-ITS2 und 28S) einbezogen, zeigten eine hohe Divergenz in jedem rDNA-Bereich, und es wurde daraus geschlossen, dass *N. salmincola* und *N. schikhobalowi* unabhängige Arten sind, während *N. schikhobalowi* und *N. japonensis* Schwesterarten sind.

Die Parasitenmorphologie

Nanophyetus-Arten haben sowohl adulte als auch larvale Formen. Die larvalen Formen sind Mirazidien, Redien, Zerkarien und Metazerkarien. Sporozysten kommen bei dieser Art nicht vor.

Adulter Wurm

Nanophyetus salmincola ist ein kleiner Darmtrematode. Er ist etwa 0,8–2,5 mm lang und 0,3–0,5 mm breit. Er kann jede Form annehmen, von einer Kugel bis zu einem stumpfen Stab. Der Bauchsaugnapf ist etwas kleiner als der Mundsaugnapf. Er ist ein Zwitter mit gut entwickelten männlichen und weiblichen Fortpflanzungssystemen. Es gibt 2 Hoden, ein einzelnen runden Eierstock, einen prominenten Zirrussack, aber keinen Zirrus, eine Samenblase (Befruchtungskammer) und eine Gebärmutter, die 5–16 Eier aufnehmen kann.

Eier

Die Eier sind eiförmig, besitzen eine hellbraune Farbe und sind durch Galle gefärbt. Die Eier von *Nanophyetus salmincola* messen 87–97 μm × 38–55 μm, und die Eier von *Nanophyetus schikhobalowi* messen 52–82 μm × 32–56 μm. Die Eier von *N. salmincola* sind größer als die Eier von *N. schikhobalowi*. Sie sind an einem Ende operkuliert und haben an dem anderen Ende eine kleine stumpfe Spitze (Abb. 1). Sie sind schwer und sinken daher im Wasser auf den Boden. In in den Fäkalien des infizierten Endwirts sind die Eier 5–8 Tage nach dem Verzehr von infiziertem Fisch zu sehen. Frisch ausgeschiedener Kot enthält unembryonierte Eier.

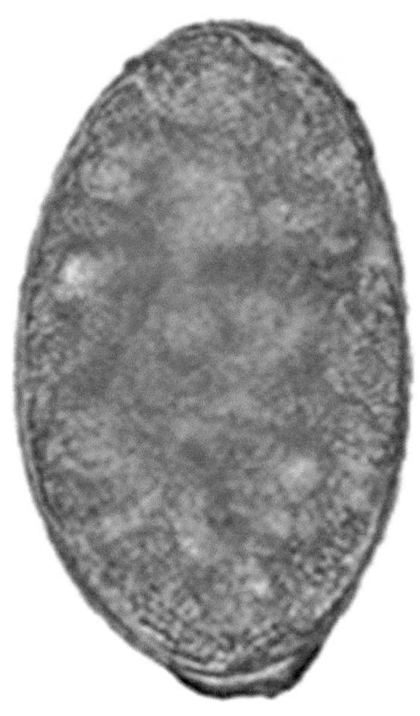

Abb. 1 Ei von *Nanophyetus salmincola*. (Quelle: DPDx/CDC)

Metazerkarien

Die Matazerkarien besitzen eine ovale Form und ihre Zystenwand ist dünn und transparent. Wenn die Metazerkarien älter werden, werden sie größer und die Zystenwand wird härter. Dies ist das infektiöse Stadium des Trematoden.

Zucht von Parasiten

Das Mirazidium aus den Eiern kann mit Leitungswasser ausgebrütet werden. Die Eier von *Nanophyetus salmincola* können in Wasser mit einem pH-Wert von 7.0 unter kontinuierlicher Beleuchtung bei einer Temperatur von 21–31 °C ausgebrütet werden. Die Ausschlüpfrate steigt mit abnehmenden Temperaturen, während das Absterben der Eier mit steigender Temperatur zunimmt. Die Eier von *Nanophyetus schikhobalowi* können in stehendem Wasser bei 16–22 °C ausgebrütet werden. Für beide Arten betrug die erforderliche Zeit etwa 3–5 Monate. Wenn eine Oberflächenschicht aus Eis vorhanden war, dann schlüpften die Eier von *N. schikhobalowi* in 35–45 Tagen.

Versuchstiere

Haushund, Hauskatze und weiße Ratte sind die üblichen Versuchstiere, die zur Untersuchung der Pathogenese in Endwirten verwendet werden. Junge Regenbogen- und Bachforellen und andere Salmoniden können experimentell infiziert werden, indem man sie den infizierten Schnecken aussetzt.

Lebenszyklus von *Nanophyetus* spp.

Wirte

Der Lebenszyklus von *Nanophyetus* spp. ähnelt denen anderer intestinaler Trematoden. Er beinhaltet 2 Zwischenwirte (eine Schnecke und einen Fisch) und 1 piscivoren Endwirt (Abb. 2).

Endwirte

Es ist bekannt, dass der Trematode 32 verschiedene Arten von piscivoren Säugetieren und Vögeln infiziert. Häufige Endwirte sind Hunde, Waschbären, Nerze, Schakale und Füchse.

Zwischenwirte

Der Erste Zwischenwirt ist eine Schnecke. *Oxytrema silicula* (auch bekannt als *Jugo plicifera* oder *Juga silicula* oder *Goniobasis plicifera)* ist die Schneckenart für *N. salmincola*, während *Oxytrema silicula* und die *Pleuroceras*-Bachschnecken *Semisulcospira laevigata* und *Semisulcospira cancellata* die Schneckenarten für *N. schikhobalowi* sind.

Fische sind der Zweite Zwischenwirt. *Nanophyetus* spp. ist bekannt dafür, 34 Arten von Fischen zu infizieren, einschließlich lachsartige Fische, insbesondere den Coho-Lachs (*Oncorhynchus kisutch*) und die Regenbogenforelle (*Oncorhynchus mykiss*).

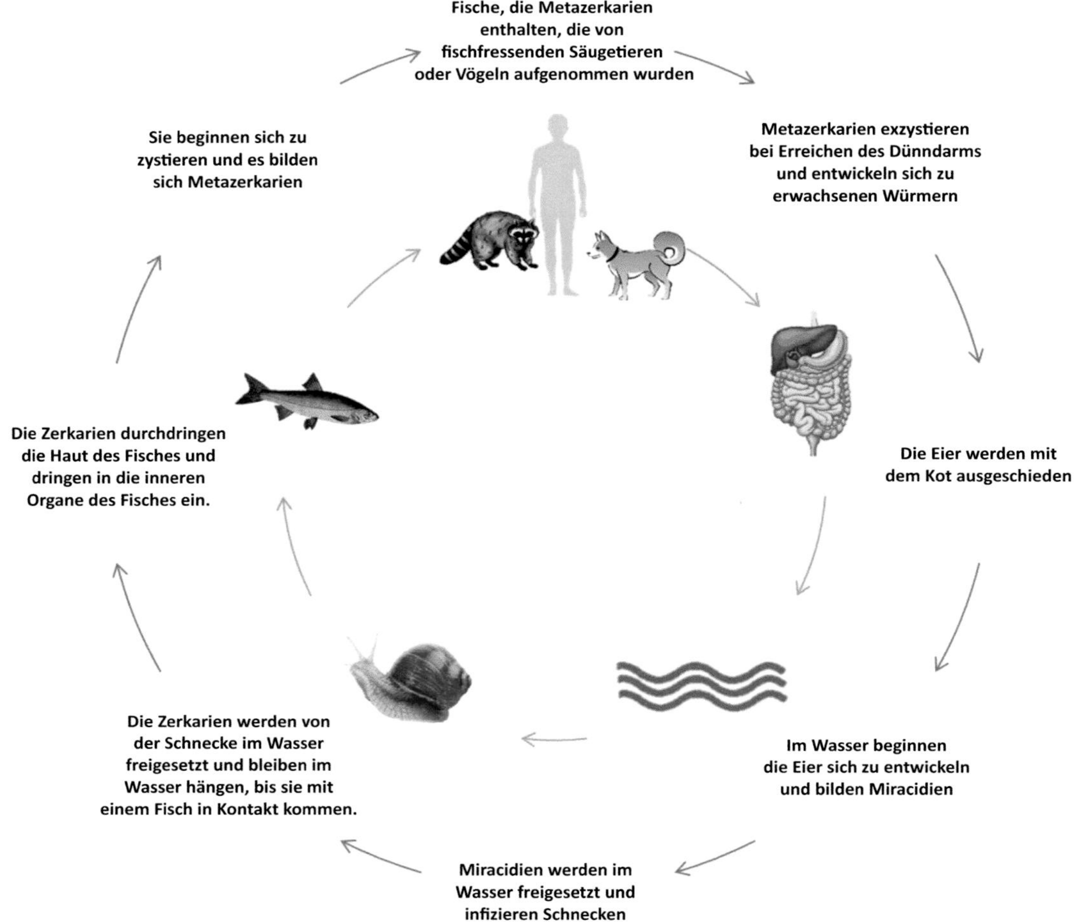

Abb. 2 Lebenszyklus von *Nanophyetus* spp.

Übertragung von Infektionen

Die Infektion wird durch den Verzehr von rohem oder unzureichend gekochtem infiziertem Fisch oder deren Eier auf den Endwirt übertragen.

Nach der Aufnahme entwickeln sich die Metazerkarien im Magen-Darm-Trakt innerhalb von 6–7 Tagen nach der Infektion zu adulten Würmern. Die sexuell ausgereiften adulten Würmer beginnen mit der Produktion von unembryonierten Eiern, die im Kot ausgeschieden werden und das Wasser von Teichen, Flüssen und anderen Gewässern kontaminieren, in denen sie sich weiterentwickeln.

Die Eier benötigen je nach verschiedenen Umweltfaktoren fast 31–200 Tage zum Schlüpfen. Stilles Wasser und niedrige Temperaturen begünstigen das Ausschlüpfen. Ein voll entwickeltes Ei enthält ein aktives Mirazidium. Das Mirazidium misst 87–105 μm × 37 μm. Das Mirazidium der sibirischen Arten ist relativ kleiner und misst 63–105 μm × 21–42 μm. Es hat 4 Reihen von Epithelzellen mit einer oder mehreren Poren und eine apikale Drüse, die von 2 mehrzelligen Drüsen, zentral gelegenen Drüsen, Keimzellen und einem Paar Flammenzellen umgeben ist. Beim Ausschlüpfen werden die aktiv beweglichen Mirazidien im Wasser freigesetzt.

Im Wasser schwimmt das Mirazidium in charakteristischen langen, anmutigen Kurven.

Diese freien Mirazidien infizieren Süßwasserschnecken (*Oxytrema silicula*), in denen sie sich zu Redien entwickeln. Redien verschiedener Größen von 45 bis 300 µm sind im Körper infizierter Schnecken zu finden. Sie sind in allen Geweben der Wirtsschnecke verteilt, kommen aber in größerer Anzahl in den Verdauungsdrüsen vor. Kleinere Redien sind länglich, hinten verjüngt und sehr aktiv. Größere sind eher zylindrisch und träge. Kleinere Redien enthalten wenige Zerkarien, während die reifen Redien bis zu 74–76 Zerkarien enthalten. Die Redien reifen und produzieren zahlreiche Zerkarien, die intermittierend vom Schnecken in das Wasser freigesetzt werden.

Die Xiphidiozerkarie ist mikrozerkös. Sie misst 310–470 µm × 30–150 µm, mit einer durchschnittlichen Länge von 390 µm, der Schwanz ist stumpf und konisch. Sie trägt feine haarähnliche Stacheln. Die Kutikula ist transparent und besitzt feine rückwärts gerichtete Stacheln. Sie bleiben im Wasser suspendiert, bis sie Kontakt mit Fischen, dem Zweite Zwischenwirt, aufnehmen. Die Zerkarien durchdringen die Haut des Fisches innerhalb von Minuten nach dem Kontakt. Sobald die Zerkarien den Fisch durchdringen, verlieren sie ihren Schwanz und wandern zu den inneren Organen, wo sich zu enzystieren beginnen. Diese Zysten sind als Metazerkarien bekannt. Metazerkarien sind in allen Geweben des Fisches zu finden, aber sie kommen in großer Anzahl in der Niere, den Muskeln und den Flossen vor. Wenn diese Fische, die mit reifen Metazerkarien beladen sind, von piscivoren Säugetieren oder Fischen verzehrt werden, infizieren sie sich und der Zyklus setzt sich fort. Waschbären, Stinktiere und Nerze fungieren als Reservoirwirte.

Pathogenese und Pathologie

Nanophyetus spp. sind Parasiten des Dünndarms und befinden sich hauptsächlich im Duodenum. Der adulte Wurm wandert aktiv auf der Schleimhaut des Wirtsdarms und gräbt sich teilweise oder fast vollständig in die Zotten des Dünndarms ein. Der Parasit verursacht durch seine Saugnäpfe Schäden im Darmgewebe.

Die Lachsvergiftung bei Hunden, verursacht durch *N. helminthoeca*, ist mit einer umfangreichen Beteiligung des lymphoretikulären Systems verbunden, was zu Lymphadenopathie und Hyperplasie, Blutungen und Nekrose anderer lymphoider Organe und Gewebe führt.

Immunologie

Die Hunde haben eine lebenslange Immunität gegen SPD gezeigt, aber nicht gegen den Trematoden. Die Immunität gegen die Krankheit beim Menschen muss noch untersucht werden.

Infektion beim Menschen

Die *Nanophyetus*-Infektion verläuft beim Menschen normalerweise asymptomatisch. Bei symptomatischen Fällen sind die klinischen Anzeichen und Symptome unspezifisch. Dazu gehören Durchfall, Bauchbeschwerden, Blähungen, Übelkeit, Erbrechen, Gewichtsverlust und Müdigkeit, die oft nicht von denen anderer gastrointestinaler Infektionen zu unterscheiden sind.

Die sibirische Variante von *Nanophyetus* ist ein natürlicher menschlicher Parasit mit einer hohen Inzidenz von Infektionen (95–98 %). Patienten, die mit der sibirischen Variante infiziert sind, leiden in symptomatischen Fällen an Durchfall oder Verstopfung, unangenehmen Empfindungen im epigastrischen Bereich bei leerem Magen, starkem Speichelfluss in der Nacht und Magenschmerzen. Unbehandelt kann die Infektion 2 oder mehr Monate andauern und sich spontan zurückbilden.

Infektion bei Tieren

Die klinische Manifestation einer Infektion mit *Nanophyetus* bei Tieren variiert je nach Tierart.

Nanophyetus verursacht die Lachsvergiftung, eine Krankheit mit einer Sterblichkeitsrate von über 90 % bei Hunden, Füchsen, Kojoten und anderen Caniden. Diese tödliche Krankheit ist auf einen Endosymbionten, *Neorickettsia helminthoeca*, zurückzuführen. Die Inkubationszeit variiert zwischen 5 und 12 Tagen. Ein infizierter Hund zeigt zunächst plötzliches Auftreten von hohem Fieber (40–42 °C), manchmal mit konjunktivalem Exsudat. Dies geht mit ausgeprägter Anorexie, Gewichtsverlust, Schwäche und Depression einher. Das Fieber dauert 4–7 Tage, danach kehrt die Körpertemperatur wieder zum Normalwert zurück oder kann unter den Normalwert fallen (Hypothermie). Später kommt es zu Erbrechen und Durchfall oder blutigem Durchfall. Unbehandelt erliegt das Tier der Krankheit innerhalb von 2 Wochen.

Waschbären entwickeln leichtes Fieber und erholen sich spontan.

Epidemiologie und öffentliche Gesundheit

Nanophyetus spp. sind fähig, eine breite Palette von Endwirten und Zwischenwirten zu infizieren. Sie sind jedoch wirtsspezifisch, wenn es um den Erste Zwischenwirt geht. Daher ist die geografische Verteilung des Erste Zwischenwirts der Hauptfaktor bei der Bestimmung des enzootischen Gebiets des Saugwurms (Tab. 1). Infektionen beim Menschen durch *N. salmincola* sind in der nördlichen Pazifikregion selten. Bis heute wurden etwa 20 Fälle gemeldet.

Bei Tieren ist die Infektion mit *N. salmincola* in Teilen von Nordkalifornien, Oregon und Washington (USA) endemisch. Sie ist auch endemisch in British Columbia (Kanada). *Nanophyetus schikhobalowi* ist endemisch in den östlichen Teilen Russlands innerhalb der Amur- und Ussuri-Täler des Gebiets Chabarowsk und der Insel Sachalin (Abb. 3). Waschbären sind in Regionen, in denen dieser Trematode endemisch ist, zahlreich. Sie essen Fische aus dem Wasser und defäkieren in der Nähe. Daher wird angenommen, dass sie für die Aufrechterhaltung des Lebenszyklus in der Natur verantwortlich sind. Die Ökologie von sowohl *N. salmincola* als auch *N. schikhobalowi* ist ähnlich. Im Gegensatz zu den Arten des pazifischen Nordwestens ist jedoch die Prävalenz der Infektion unter den Einheimischen, die in endemischen Zonen in Sibirien leben, hoch. Obwohl lokale sibirische Hunde rohen Fisch essen und vom Saugwurm infiziert werden, entwickeln sie keine SPD. Dies liegt entweder daran, dass *N. schikhobalowi* nicht mit *Neorickettsia helminthoeca* infiziert ist, oder daran, dass sie eine andere Art in sich tragen, die wahrscheinlich nicht pathogen ist.

Tab. 1 Epidemiologische Aspekte von *Nanophyetus* spp.

Arten	Endwirte	Erste Zwischenwirte	Zweite Zwischenwirte	Geografische Verteilung
Nanophyetus salmincola	Hunde, Waschbären, Nerze, Schakale, Füchse	Schnecken: *Oxytrema silicula*	Fische einschließlich lachsartige Fische	Teile der USA, Kanada
Nanophyetus schikhobalowi	Hunde, Waschbären, Nerze, Schakale, Füchse	Schnecken: *Oxytrema silicula, Semisulcospira laevigata, Semisulcospira cancellata*	Fische einschließlich lachsartige Fische	Ostrussland
Nanophyetus japonensis	Hunde, Japanischer Dachs, Japanische Wasserspitzmaus	Schnecken	Japanischer Gemeiner Saibling	Japan

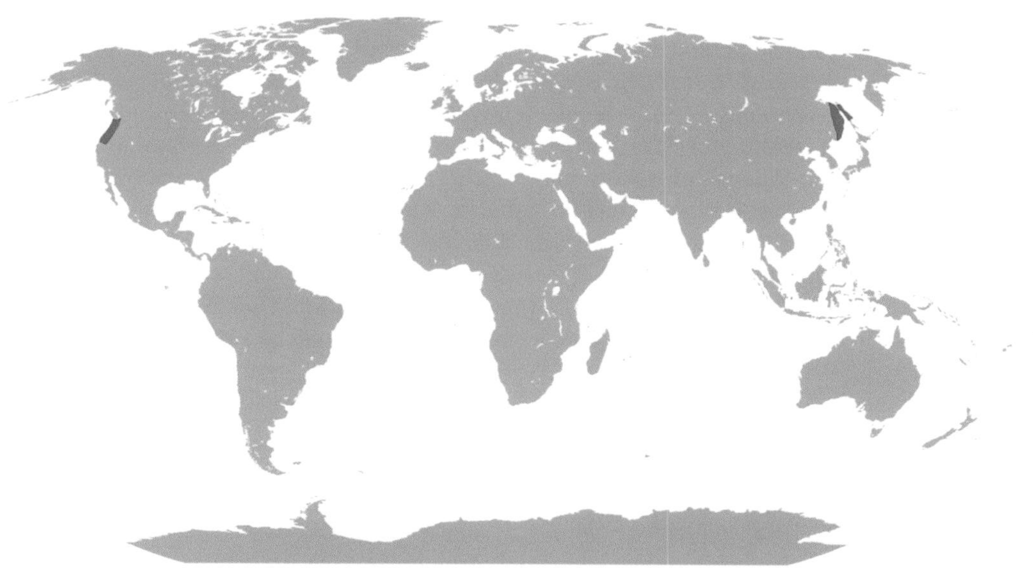

Abb. 3 Geografische Verteilung von Infektionen beim Menschen verursacht durch *Nanophyetus* spp. (Anpassung der Weltkarte leer von Wikimedia Commons von San Jose, verwendet unter CC BY-SA 3.0, https://commons.wikimedia.org/w/index.php?curid=1483026)

Diagnose

Diagnose bei Menschen

Eine Verdachtsdiagnose auf eine Infektion mit *Nanophyetus* spp. bei Menschen wird gestellt, wenn in der Vorgeschichte roher oder ungekochter Fisch oder Fischeier verzehrt wurden, die aus einem endemischen Gebiet stammen, und typische Anzeichen und Symptome auftreten. Die meisten mit dem Trematoden infizierten Patienten weisen eine Eosinophilie auf.

Mikroskopie

Die Darstellung eines charakteristischen hellbraunen und operkulierten Eis von *Nanophyetus* spp. im Stuhl bestätigt die Diagnose der Erkrankung. Eier werden normalerweise 5–8 Tage nach dem Verzehr von infiziertem Fisch im Stuhl der Patienten nachgewiesen (Tab. 2).

Serodiagnostik

Es stehen keine serologischen Tests für diagnostische Zwecke zur Verfügung.

Molekulare Diagnostik

Sie kann zur Artendifferenzierung mit rDNA als Target verwendet werden.

Diagnose bei Tieren

Eine *Nanophyetus*-Infektion bei Tieren wird durch den Nachweis von *Nanophyetus*-Eiern in ihrem Kot diagnostiziert.

Die Diagnose der Lachsvergiftung bei Hunden wird durch den Nachweis charakteristischer intrazytoplasmatischer Rickettsienkörper

Tab. 2 Diagnosemethoden für eine *Nanophyetus*-Infektion

Diagnoseansatz	Methoden	Target	Bemerkung
Mikroskopie	Untersuchung des Stuhls	Eier	Keine sensitive Methode, Artidentifikation nicht möglich
Molekulare Methoden	PCR	rDNA	Artidentifikation

in Lymphknotenaspiraten oder mit Giemsa- oder Macchiavello-Färbung gefärbten Nekropsieproben gestellt. Weitere diagnostische Tests umfassen die Kultur von *Nanophyetus helminthoeca* in DH82-Zellen, serologische Tests durch Immunfluoreszenz oder Immunblot-Assays mit *N. helminthoeca*-spezifischen Antigenen und Polymerasekettenreaktion (PCR) zum Nachweis der DNA von *N. helminthoeca*.

Behandlung

In endemischen Gebieten in Sibirien wurde früher Farnextrakt oder Chinacrin zur Behandlung der Infektion verwendet. Praziquantel ist das Medikament der Wahl. Die empfohlene Dosis beträgt 20 mg/kg Körpergewicht, verteilt auf 3 Dosen über 1 Tag. Alternativ haben sich auch oral verabreichtes Bithionol (50 mg/kg) und Niclosamid (2 g) bei einigen Patienten als wirksam erwiesen. Die kombinierte Anwendung von Praziquantel und Doxycyclin ist wirksam zur Behandlung von SPD bei Hunden und anderen Caniden, die durch *N. helminthoeca* verursacht wird.

Prävention und Bekämpfung

Die Prävention einer *Nanophyetus*-Infektion bei Menschen basiert auf der Vermeidung des Verzehrs von rohem, unsachgemäß gekochtem Fisch und Fischeiern. Durch gründliches Kochen des Fisches oder Einfrieren des Fisches bei −20 °C für mehr als 24 h können die Metazerkarien abgetötet werden. Da eine Infektion auch beim Umgang mit infiziertem Fisch auftreten kann, müssen alle, die mit Fisch umgehen, angemessene Vorsichtsmaßnahmen treffen. Es stehen keine Impfstoffe zur Verfügung.

Fallstudie

Ein Geschäftsmann mittleren Alters stellte sich mit Beschwerden über Bauchschmerzen und Durchfall vor. Er klagte auch über ein Gefühl der Aufgeblähtheit. Seine Reisegeschichte zeigte, dass er letzten Monat geschäftlich nach Oregon, USA gereist war. Bei weiterer Befragung gab er an, dass er während seines Besuchs „etwas“ Fisch, höchstwahrscheinlich Lachs, in einem örtlichen Restaurant gegessen hatte. Blutuntersuchungen ergaben eine Eosinophilie. Eine Stuhlprobe wurde vom Patienten entnommen und zur mikrobiologischen Untersuchung geschickt. Die direkte Mikroskopie zeigte ovale, bräunliche, operkulierte Eier.

1. Warum leiden Hunde unter schweren tödlichen Infektionen, während die Krankheit beim Menschen mild ist?
2. Welche vorbeugenden Maßnahmen sollte man ergreifen, um diese Infektion zu vermeiden?
3. Welche anderen Trematodeneier können mit Eiern von *Nanophyetus* verwechselt werden?

Forschungsfragen

1. Warum sollten epidemiologische Studien nicht nur in endemischen, sondern auch in nicht endemischen Gebieten durchgeführt werden, wenn man bedenkt, dass Eier von *Nanophyetus* spp. in Wildtieren einiger nicht endemischer Regionen gefunden wurden?
2. Ist es richtig anzunehmen, dass die Lachsvergiftung beim Menschen nicht auftritt, oder gibt es Fehldiagnosen aufgrund mangelnder Kenntnisse über diesen Organismus?

Weiterführende Literatur

Bennington E, Pratt I. The life history of the salmon-poisoning fluke, *Nanophyetus salmincola* (Chapin). J Parasitol. 1960;46(1):91–100.

Eastburn RL, Fritsche TR, Terhune CA Jr. Human intestinal infection with *Nanophyetus salmincola* from salmonid fishes. Am J Trop Med Hyg. 1987;36(3):586–91.

Fritsche TR, Eastburn RL, Wiggins LH, Terhune CA Jr. Praziquantel for treatment of human *Nanophyetussalmincola* (*Troglotrema salmincola*) infection. J Infect Dis. 1989;160(5):896–9.

Gebhardt GA, Millemann RE, Knapp SE, Nyberg PA. "Salmon poisoning" disease II. Second intermediate host susceptibility studies. J Parasitol. 1966;52(1):54–9.

Harrell LW, Deardorff TL. Human Nanphyetiasis: transmission by handling naturally infected coho Salmon (*Oncorhynchus kisutch*). J Infect Dis. 1990;161:146–8.

Latchumikanthan A, Vimalraj PG, Gomathinayagam S, Jayathangaraj MG. Concurrent infection of *Nanophyetus* (Troglotrema) *salmincola*, *Ancylostoma* sp. and *Isospora* sp. in a captive jackal (*Canisaureus*). J Vet Parasitol. 2012;26(1):87–8.

Millemann RE, Knapp SE. Biology of *Nanophyetus salmincola* and "Salmon poisoning" disease. Adv Parasitol. 1970;8:1–41.

Padayatchiar GV, Latchumikanthan A. *Nanophyetus salmincola* infection in a wild leopard – a report. J Vet Parasitol 2017;31(1):46–47.

Vaughan JA, Tkach VV, Greiman SE. Neorickettsial endosymbionts of the Digenea: diversity, transmission and distribution. Adv Parasitol. 2012;79:253–97.

Voronova A, Chelomina GN. Genetic diversity and phylogenetic relations of salmon trematode *Nanophyetus japonensis*. Parasitol Int. 2018;67(3):267–76.

Voronova AN, Chelomina GN, Bespozvannykh VV, Tkach VV. Genetic divergence of human pathogens *Nanophyetus* spp. (Trematoda: Troglotrematidae) on the opposite sides of the Pacific rim. Parasitology. 2017;144(5):601–12.

Teil IV
Zoonotische Helmintheninfektion: Zestoden

Diphyllobothriose

Aradhana Singh und Tuhina Banerjee

Lernziele

1. Die Bedeutung des Parasiten als einer der Verursacher der megaloblastären Anämie zu verstehen
2. Die weltweite Verbreitung des Parasiten und seinen Zusammenhang mit dem weitverbreiteten Verzehr von Süßwasserfischen untersuchen

Einführung

Diphyllobothriose wird durch eine Infektion mit dem Pseudophyllidea-Bandwurm der Gattung *Diphyllobothrium* verursacht. Über einen langen Zeitraum hinweg wurde *Diphyllobothrium latum* als der einzige Verursacher von Diphyllobothriose identifiziert. Allerdings waren auch Unterschiede in der Biologie und Morphologie des adulten Wurms erkennbar. Schließlich wurden Fälle von Diphyllobothriose auch anderen Arten zugeschrieben. Zu den am häufigsten berichteten anderen sekundären Arten gehören *Diphyllobothrium dendriticum, Diphyllobothrium ursi, Diphyllobothrium dalhae, Diphyllobothrium nihonkaiense, Diphyllobothrium pacificum* und *Diphyllobothrium klebanovski*. Molekulare Studien zeigen, dass bis heute 14 Arten der Gattung *Diphyllobothrium* identifiziert wurden. Süßwasserfische wie Barsch, Forelle, Lachs, Saibling und Hecht dienen als Reservoir für *D. latum*. Andere *Diphyllobothrium*-Arten wurden in Verbindung mit Meeresfischen gefunden.

Geschichte

Die Gewohnheit des Fischfangs aus der Antike hat es den breiten Bandwürmern ermöglicht, ihren Weg in den menschlichen Darm zu finden. Archäologische Untersuchungen haben Hinweise auf *Diphyllobothrium* spp. in ausgegrabenen Materialien, die aus sehr alten Zeiten stammen, gegeben. Die Berichte über Diphyllobothriose reichen bis in die prähistorische Ära zurück. Der erste Nachweis von *Diphyllobothrium* datiert auf das 5. Jahrhundert n. Chr. in Preußen. Der Parasit wurde erstmals von Dunus und Wolpius im Jahr 1592 beschrieben und von Plater im Jahr 1602 bestätigt. Die Übertragung des Parasiten durch Fische wurde von Braun im Jahr 1883 in experimentellen Studien beschrieben, in denen er die Larven an Medizinstudenten, Katzen und Hunde verfütterte und die Eier aus ihrem Kot sammelte. Janicki und Rosen erklärten die Rolle von Krebstieren als Zwischenwirt im Jahr 1917.

A. Singh · T. Banerjee (✉)
Department of Microbiology, Institute of Medical Sciences, Banaras Hindu University, Varanasi, Indien

S. C. Parija und A. Chaudhury (Hrsg.), *Lehrbuch der parasitären Zoonosen*,
https://doi.org/10.1007/978-981-97-4312-4_31

Taxonomie

Die Gattung *Diphyllobothrium* gehört zur Familie der Diphyllobothriidae, Ordnung Pseudophyllidea, Klasse Cestoda, Unterklasse Eucestoda. In molekularen Studien wurden 14 Arten der Gattung *Diphyllobothrium* identifiziert, die Infektionen beim Menschen und Meereslebewesen verursachen. *Diphyllobothrium latum* ist die wichtigste Art, die Infektionen beim Menschen verursacht. Arten von *Diphyllobothrium*, die für den Menschen von Bedeutung sind, sind in Tab. 1 aufgeführt.

Genomik und Proteomik

Trotz der medizinischen Relevanz der *Diphyllobothrium*-Arten wurde nur ihr mitochondriales Genom sequenziert. Über ihr Kerngenom ist sehr wenig bekannt. Bei den mitochondrialen DNA-Sequenzen von *D. latum* und *D. nihonkaiense* handelt es sich um kovalent geschlossene zirkuläre Moleküle, die Gene für 12 Proteine, 2 rRNA und 22 tRNA enthalten. Der Gesamtgehalt an A + T im Genom ist höher (68,3 und 67,8 % bei *D. latum* und *D. nihonkaiense*). Die vollständige mitochondriale Sequenz von *D. latum* ist 13.608 Basenpaare lang. Die Genordnung der mitochondrialen DNA von *Diphyllobothrium* ist identisch mit der mitochondrialen DNA von *Taenia* und *Echinococcus*. Insgesamt wurden 18 intergene, nicht codierende Regionen mit einer Länge von 484 bp im mitochondrialen Genom von *D. latum* nachgewiesen. Bei dem Versuch, die genomische DNA von *D. latum* zu untersuchen, wurden die *Pst*I-Restriktionsprodukte analysiert, durch die ein Cluster des repetitiven Elements DL1 entdeckt wurde.

Ein besseres Verständnis der Anpassungen eines Parasiten und der Wechselwirkung zwischen Wirt und Parasit wird durch Proteomikstudien erleichtert. Allerdings sind die Daten zur Proteomanalyse von *Diphyllobothrium* sehr spärlich. Die Analyse der sekretorisch-exkretorischen Proteine von *D. dendriticum* zeigte das Auftreten neuer hochmolekularer Fraktionen, die mit Plerozerkoiden während der Inkubation des Parasiten mit dem Medium, das Blutserum des Wirts enthält, assoziiert sind. Eine andere Studie zeigte, dass die Proteinprofilanalyse der 4 *Diphyllobothrium*-Arten mittels isoelektrischer Fokussierung ein nützliches Hilfsmittel für die taxonomische Untersuchung sein kann.

Die Parasitenmorphologie

Diphyllobothrium-Bandwürmer gehören zu den größten menschlichen Parasiten. Sie können mit einer Geschwindigkeit von 1 cm/h oder

Tab. 1 Verbreitung von *Diphyllobothrium* spp., die beim Menschen von Bedeutung

Arten	Verbreitung	Zweite Zwischenwirt	Endwirt
Diphyllobothrium latum	Europa, Nordamerika, Asien	Hauptsächlich Hecht, Quappe, Barsch, Saibling	Menschen, Hunde, Bären
Diphyllobothrium dendriticum	Zirkumpolar	Lachsfische, Coregoniden	Fischfressende Vögel, Säugetiere einschließlich Menschen
Diphyllobothrium dalliae	Nordamerika (Alaska)	Alaska-Schwarzfisch, Dolly-Varden-Forelle	Hund, Möwen, gelegentlich Menschen
Diphyllobothrium alascense	Nordamerika (Alaska)	Quappe	Hund, gelegentlich Menschen
Diphyllobothrium ursi	Nordamerika (Alaska)	Lachsfische	Bär, gelegentlich Menschen
Diphyllobothrium nihonkaiense	Nordpazifischer Ozean	Pazifische Lachse, Japanischer Huchen	Braunbär, Menschen
Diphyllobothrium pacificum	Südamerika, Japan	Meeresfische	Seelöwen, gelegentlich Menschen
Diphyllobothrium lanceolatum	Zirkumpolar	Sardinenmaräne	Pelzrobben, gelegentlich Hunde und Menschen

22 cm/Tag wachsen. Sie sind in der Lage, bis zu 20 Jahre oder länger im Wirt zu leben.

Adulter Wurm

Diphyllobothrium latum ist bekannt als der längste menschliche Bandwurm mit einer Länge von 4–15 m, und selbst im menschlichen Darm soll er bis zu 25 m lang werden. Bei den adulten Würmern ist die Proglottis im Vergleich zur Länge breiter, daher der Name „Breiter Bandwurm". Der adulte Wurm hat 3 separate morphologische Segmente: Kopf, Hals und den unteren Körper. Jede Seite des Kopfes, auch *Skolex* genannt, hat eine schlitzartige Furche namens *Bothrium*. Diese sind für die Anhaftung an den Wirtsdarm verantwortlich. Der Hals befindet sich normalerweise hinter dem *Skolex* und der verbleibende Körper (*Strobila*) hat viele Proglottissegmente, die die Fortpflanzungsorgane des Wurms beider Geschlechter enthalten. Die Genitalpori öffnen sich mittig ventral wie bei allen pseudophylliden Zestoden. Die Hoden sind oval bis kugelförmig und zahlreich. Das hintere Drittel jedes Segments enthält den 2-lappigen Eierstock. Reichlich Follikel verteilen sich über das gesamte Segment und bilden den Dotterstock. Die Gebärmutter liegt weit vor dem Eierstock und ist röhrenförmig.

Infektiöse Larven

Die Plerozerkoidlarven sind das infektiöse Stadium. Die infektiösen Plerozerkoidlarven können frei innerhalb des Skelettmuskels oder des Peritoneums vorkommen oder sie können durch eine Wirtsreaktion verkapselt sein. Die Plerozerkoiden sind 1 mm bis mehrere Zentimeter lang und haben einen Skolex mit 2 Bothrien.

Eier

Die Eier sind unembryoniert, wenn sie gelegt werden, und sind 35–80 cm lang und 26–65 cm breit. Die Größe des Eis variiert je nach Art. Die verschiedenen Entwicklungsstadien der *Diphyllobothrium*-Larve sind in Abb. 1 dargestellt.

Zucht von Parasiten

Die Zucht der *Diphyllobothrium* sp. wurde mit den Plerozerkoiden in geeignetem Medium wie Medium 199 versucht. Die optimale Inkubationstemperatur wurde mit 38,5 °C angegeben. Die Zugabe von Natriumbicarbonatsalz und Procain-Penicillin bereichert die In-vitro-Zucht der Würmer. Geronnenes Serum von neugeborenen Kälbern bietet eine geeignete halbfeste Basis für das Wachstum der Würmer. Die Zucht wurde in Carrel-Flaschen und Petrischalen durchgeführt, mit maximal 5 Plerozerkoiden in jeder Kulturflasche. Das Kulturmedium wird nach 16 und 28 h gewechselt. Die In-vivo-Erhaltung der Würmer wurde durch ihre Einführung in ein Tiermodell wie den Goldhamster durchgeführt.

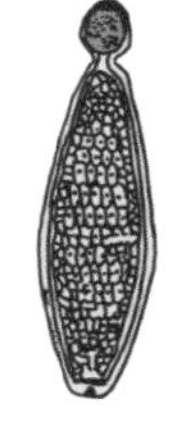

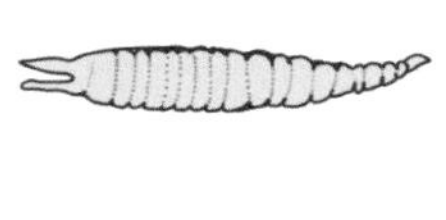

Abb. 1 Morphologische Formen von *Diphyllobothrium* spp. (**a**) Adulter Wurm, (**b**) Korazidium, (**c**) Prozerkoidlarve, (**d**) Plerozerkoidlarve

Versuchstiere

Anhand von Tiermodellen wurde die immunologische und pathologische Reaktion des Wirts auf eine *Diphyllobothrium-Infektion* untersucht. Künstlich infizierte Hamster wurden verwendet, um die Wirksamkeit des Praziquantels gegen *D. latum* zu studieren. Mit *D. dentriticum* infizierte Regenbogenforellen wurden verwendet, um die immunologischen Parameter während der Wurminfektion zu studieren.

Lebenszyklus der *Diphyllobothrium*-Arten

Wirte

Diphyllobothrium spp. haben 3 Eigenschaften, die sie für einen Parasiten geeignet machen. Dies sind ein hohes biotisches Potenzial, da Millionen von Eiern von einem einzigen adulten Wurm produziert werden, Langlebigkeit und die Fähigkeit des Plerozerkoids, lateral von einem Fischwirt zum anderen übertragen zu werden. *Diphyllobothrium* wurde sowohl in alten als auch in neuen Welten und in Süßwasser- und Meeresfischen nachgewiesen, was darauf hindeutet, dass sie über äußerst erfolgreiche Übertragungsmechanismen verfügen.

Endwirte

Menschen und andere piscivore Tiere (Hunde, Katzen, Bären, fischfressende Vögel, Möwen, Pelzrobben und Seelöwen).

Zwischenwirte

Wasserlebewesen:

1. *Zwischenwirt*: Süßwasserkrustentiere wie Cyclops, Mesocyclops oder Diaptomus (*Acanthodiaptomus, Diaptomus, Arctodiaptomus, Eudiaptomus, Boeckella, Eurytemora*).
2. *Zwischenwirt*: Süßwasserfische wie Hecht, Forelle, Lachs, Barsch usw., anadrome Fische oder Meeresfische.

Infektiöses Stadium für Menschen

Plerozerkoidlarve.

Übertragung von Infektionen

Die Übertragung auf Menschen oder andere Endwirte erfolgt, wenn sie rohen oder unzureichend gekochten Fisch verzehren und das Plerozerkoid in ihren Dünndarm gelangt und in 5–6 Wochen reift (Abb. 2). Menschen scheinen ein gute und optimale Wirte für die Mehrheit der *Diphyllobothrium*-Arten zu sein. Adulte Würmer von *Diphyllobothrium* befinden sich im Ileum und Jejunum des Menschen und bestehen aus 3000–4000 Proglottiden. Ihre Fortpflanzungskapazität ist recht hoch und produziert fast 1 Mio. Eier pro Tag. Unembryonierte Eier werden im menschlichen Kot ausgeschieden, der Gewässer wie Flüsse, Seen, Teiche usw. kontaminiert.

Im Wasser wird das Ei unter geeigneten Bedingungen innerhalb von 18–20 Tagen embryoniert. Während dieser Zeit entwickeln sich in den Eiern Onkosphären, die erste Larvenform. Darauf folgt die Entwicklung eines kugelförmigen, bewimperten Embryos namens Korazidium, das 3 Hakenpaare in der Eischale enthält. Das reife Korazidium, das 40–50 μm groß ist, entkommt ins Wasser. Es muss innerhalb von 12 h von einem geeigneten Zwischenwirt wie Süßwasserkrebsen wie Cyclops, Mesocyclops oder Diaptomus aufgenommen werden. Bei der Aufnahme durch diese Wirte verliert das Korazidium seine Zilien im Darm und durchdringt die Darmwand, um in der Körperhöhle (Hämocoel) von Cyclops zu liegen. Es differenziert sich dann in einen ~0,5 mm großen Prozerkoid, das Zweite Larvenstadium, innerhalb von 2–3 Wochen. Dme Prozerkoid fehlt das differenzierte vordere Ende für Anhaftungen, besitzt aber hintere Anhängsel, die embryonale Haken enthalten. In jedem Krebstier sind maximal 2 Prozerkoide vorhanden.

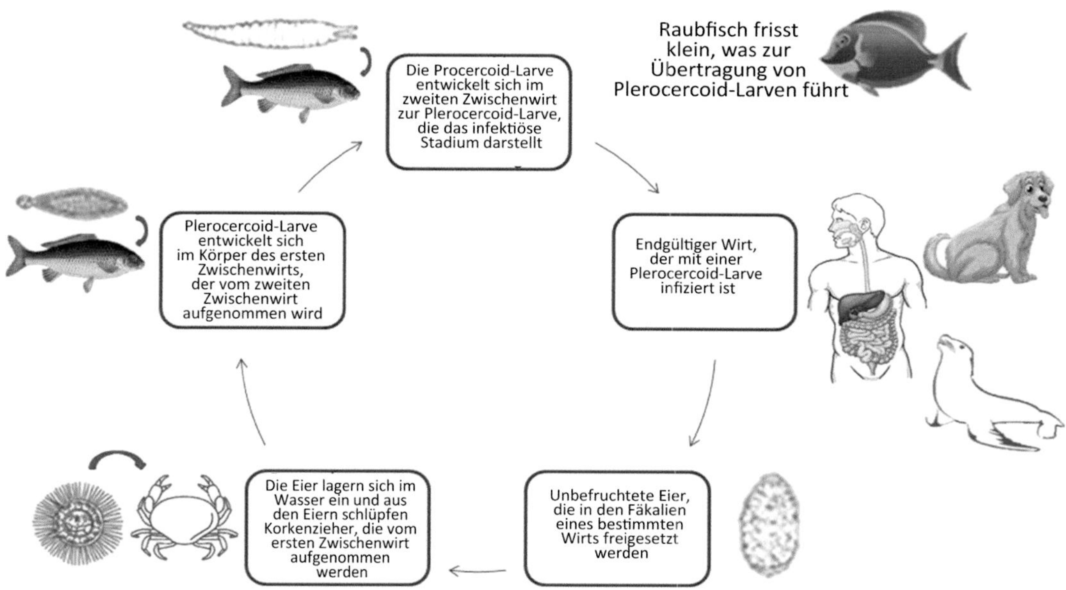

Abb. 2 Lebenszyklus von *Diphyllobothrium* spp.

Das Prozerkoid, das im infizierten Copepoden vorhanden ist, wird bei der Aufnahme durch einen Zweite Zwischenwirt, einen Fisch, in das Darmlumen ausgeschieden. Das Prozerkoid durchdringt anschließend die Darmwand und gelangt in die Körperhöhle, wo es enzystiert oder in das Fischmuskelgewebe eindringt und sich in das 3. Larvenstadium, das Plerozerkoid, innerhalb von 1–3 Wochen differenziert. Es ist weiß, etwas abgeflacht und durch unregelmäßige unsegmentierte Falten gekennzeichnet. An der Vorderseite befindet sich eine Vertiefung, die den eingestülpten zukünftigen Kopf des Wurms darstellt. Die Orte für die Entwicklung können je nach Art variieren. Das Plerozerkoid ist das infektiöse Stadium der Larve und wenn ein großer piscivorer Fisch einen Zweite Zwischenwirt frisst, reinvadiert das Plerozerkoid die Muskeln des Fisches.

Pathogenese und Pathologie

Die adulten Würmer bleiben in Schleifen an der Dünndarmwand hängen. Die Anheftung erfolgt meist auf Höhe des Ileums. Trotz der großen Größe dieses Parasiten bleiben die meisten Fälle asymptomatisch. Lang anhaltende oder unbehandelte Infektionen können eine megaloblastäre Anämie verursachen. Diese Parasiten können eine Dissoziation des Vitamin-B_{12}-Intrinsic-Faktor-Komplexes im Darm des Wirts verursachen, was zu einem Mangel führt. Die Schwere der Infektion hängt direkt mit der Wurmlast zusammen. Die infizierte Person beginnt etwa 15–45 Tage nach der Aufnahme der Plerozerkoidlarven, die Eier im Stuhl auszuscheiden.

Immunologie

Die parasitären Würmer überleben im Wirtskörper für lange Zeiträume aufgrund ihrer Fähigkeit, die Immunantwort des Wirts zu regulieren. Die grundlegenden Mechanismen zur Umgehung des Immunsystems des Wirts sind Antigen-Mimikry, Immunmodulation und Immunsuppression. Es wurde auch vorgeschlagen, dass die parasitären Würmer wahrscheinlich lösliche Modulatoren produzieren, die binden und die immunkompetenten Zellen zerstören, die sonst mit ihnen interagieren würden. Allerdings sind viele Daten über die Immunregulatoren im Fischparasiten nicht verfügbar, aber eine Studie schlug vor, dass *D. dentriticum* Prostagladine E2 als Regulator der Wirtsimmunität produziert. Die Plerozerkoide von *D. dentriticum* sind bekannt dafür, eine signifikante entzündliche und humorale Reaktion in Tiermodellen hervorzurufen. Granulozyten und Makrophagen sind bekanntlich die Hauptleukozyten, die an diesen Reaktionen beteiligt sind. Neutrophile wurden als Hauptgranulozyten nachgewiesen, die auf sich entwickelnde Plerozerkoiden reagieren. Spezifische Antikörper werden als Reaktion auf die Infektion mit *D. dentriticum* gebildet. Komponenten des Komplementsystems und die Rezeptoren der Komplementfragmente auf Makrophagen wurden bei Lachsarten charakterisiert.

Infektion beim Menschen

Diphyllobothriose verläuft in der Mehrheit der Fälle beim Menschen asymptomatisch. Wenn der adulte Wurm jedoch unbehandelt bleibt, kann er mehr als 20 Jahre im Wirt verbleiben.

Das wichtigste klinische Erscheinungsbild der Diphyllobotriose sind gastrointestinale Manifestationen. Zu den klassischen Symptomen der gastrointestinalen Diphyllobotriose gehören Erbrechen, Durchfall, Bauchschmerzen und Anämie. Außerdem kommt es in einer begrenzten Anzahl von Fällen zu einem Darmverschluss, und manchmal werden auch Teile der Würmer erbrochen. Zu den Symptomen gehören auch Schwindel, Myalgie, Müdigkeit, Dyspepsie, plötzliche Übelkeit, epigastrische Schmerzen und leichte Bauchkrämpfe. Selten, aber im Falle von massiven Infektionen kann es auch zu Darmverschlüssen kommen.

Die Infektion mit *D. latum* hat sich als mit einem Vitamin-B_{12}-Mangel assoziiert gezeigt. Dieser Mangel ist das Ergebnis einer höheren Absorptionsrate von Vitamin B_{12} durch die Parasiten im Vergleich zum menschlichen Darm. *Diphyllobothrium* kann verschiedene Organsysteme mit unterschiedlichen Manifestationen befallen, einschließlich des zentralen Nervensystems (Parästhesie, demyelinisierende Symptome, Kopfschmerzen und Enzephalopathie), okulare Manifestationen (Optikusneuritis), gastrointestinale Manifestationen (Verstopfung, Darmverschluss, subakute Appendizitis, Cholezystitis und Cholangitis), hämatologische Manifestationen (Panzytopenie, Eosinophilie sowie perniziöse Anämie), respiratorische Manifestationen (Dyspnoe) und dermatologische Manifestationen (Glossitis, allergische Symptome und Blässe).

Die Infektion mit *D. nihonkaiense* beim Menschen verläuft im Allgemeinen sehr mild, aber es wurde berichtet, dass sie zu emotionalen und wirtschaftlichen Auswirkungen auf die Patienten und ihre Familien führen kann, da es lange dauert, bis die Segmente abgetragen sind.

Infektion bei Tieren

Diphyllobothrium spp. benötigen 2 Zwischenwirte, um den Lebenszyklus abzuschließen, bevor sie den Endwirt erreichen. Zu den Endwirten für die verschiedenen Arten von *Diphyllobothrium* gehören Hunde, Katzen, Bären, fischfressende Vögel, Möwen, Pelzrobben und Seelöwen. Fischarten dienen als Transportmittel und spielen eine wichtige Rolle im Lebenszyklus der *Diphyllobothrium*-Arten. Die Endwirte infizieren sich durch den Verzehr des Plerozerkoids im infizierten Fisch. Die Infektion mit den *Diphyllobothrium*-Arten bei Hunden und Katzen wurde mit gastrointestinalen Symptomen in Verbindung gebracht. Klinische Anzeichen beinhalten Durchfall, Erbrechen und Gewichtsverlust. Aber diese Tiere stellen kein unmittelbares zoonotisches Risiko dar, da das Korazidiumstadium, das in ihrem Kot ausgeschieden wird, nur für den Erste Zwischenwirt infektiös ist.

Epidemiologie und öffentliche Gesundheit

Diphyllobothriose betrifft Menschen jeden Geschlechts und Alters, wobei die Mehrheit der identifizierten Fälle Menschen mittleren Alters betraf. Diphyllobothriose hat weltweit von 9 Mio. in den 1970er-Jahren auf derzeit 20 Mio. zugenommen.

Diphyllobothrium ist weltweit verbreitet und in Nordamerika, Eurasien und nun auch in Südamerika endemisch. Die Präsenz von *D. latum* in Südamerika ist recht umstritten, da einige Forscher glauben, dass *D. latum* von europäischen Einwanderern nach Südamerika gebracht wurde, während andere stark argumentieren, dass *D. latum* bereits vor der Einwanderung in Südamerika vorhanden war. In den letzten Jahren haben Studien einen Rückgang der Diphyllobothriose in den meisten Teilen Europas und insbesondere in Nordamerika gezeigt. Die am stärksten endemischen Länder wie Finnland und Alaska haben ebenfalls einen Rückgang der Prävalenz von Diphyllobothriose in den letzten Jahrzehnten gezeigt. Allerdings wurden vermehrt Berichte über die Krankheit aus Südamerika dokumentiert. Darüber hinaus wurden neue Fälle von Diphyllobothriose aus verschiedenen Teilen der Welt, einschließlich Japan, Sibirien, Europa und Korea, gemeldet. Im subtropischen und tropischen Asien wurde das Vorkommen von *Diphyllobothrium* aus China, Taiwan, Malaysia, Indien und Pakistan gemeldet. In jüngster Zeit wurde auch in einigen Teilen der Welt ein erneutes Auftreten von Diphyllobothriose beobachtet, was auf veränderte Ernährungsgewohnheiten und die Globalisierung zurückzuführen sein kann (Abb. 3).

Diagnose

Die Labordiagnostik von Diphyllobothriose umfasst Mikroskopie, In-vitro-Kultur, Serodiagnose und molekulare Diagnostik (Tab. 2).

Mikroskopie

Die morphologische Identifizierung des breiten Bandwurms beim Menschen basiert hauptsächlich auf dem Auffinden des Eier im Stuhl der Patienten von typischer ovaler Form mit Operculum am schmalen Ende (Abb. 4). Die Größe der

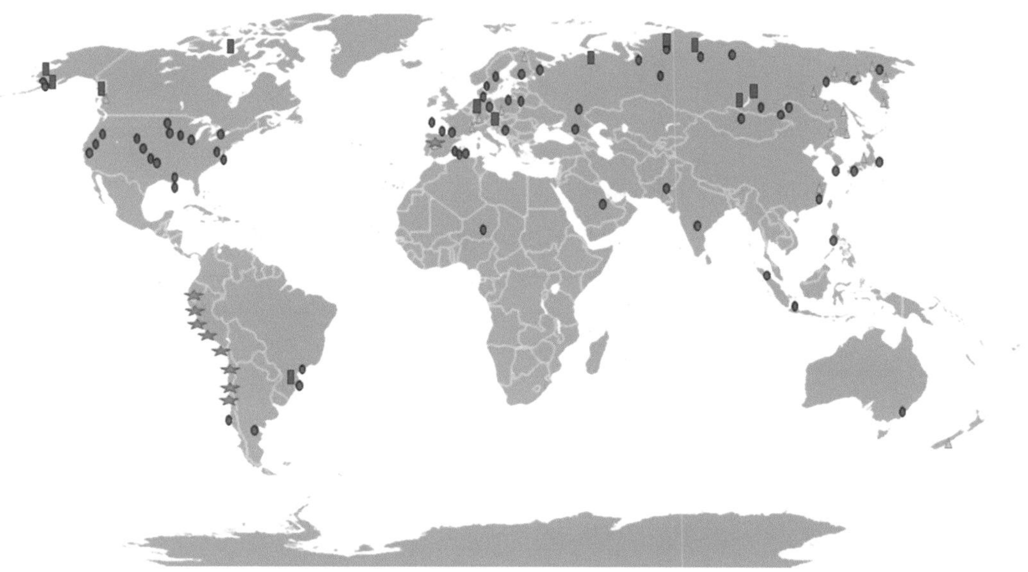

Abb. 3 Weltkarte mit der Verteilung von Fällen von *Diphyllobothrium latum* (gekennzeichnet durch einen roten Kreis), *Diphyllobothrium nihonkaiense* (gekennzeichnet durch ein gelbes Dreieck), *Diphyllobothrium dendriticum* (gekennzeichnet durch ein blaues Quadrat) und *Diphyllobothrium pacificum* (gekennzeichnet durch einen grünen Stern) beim Menschen

Tab. 2 Laboruntersuchung von Diphyllobothriose

Diagnostische Ansätze	Methoden	Targets	Bemerkungen
Mikroskopie	Stuhluntersuchung	Eier	Typische ovale Form mit Operculum am schmalen Ende. Größe variiert von 35–80 × 25–60 μm
	Morphologie	*Plerozerkoid*	Die Identifizierung von Plerozerkoid kann aufgrund ihrer Körperoberfläche, Rückzug des Skolex, Länge der Mikrotrichen und Anzahl der subfegumentalen Längsmuskeln erfolgen
Kultivierung	In-vitro-Kultur	Kultur von Plerozerkoid	Medium 199 wird am häufigsten für die Kultur von Plerozerkoiden verwendet. Optimale Inkubationstemperatur: 38,5 °C
Molekulare Diagnostik	PCR RFLP	Gene wie COX-*1*, tRNA, NADH-Dehydrogenase-Untereinheit 3 und Cytochrom b	Identifizierung auf Speziesebene möglich. *SmaI*, *HinfI* und *HhaI* wurden als spezifische Marker für die Spezies verwendet

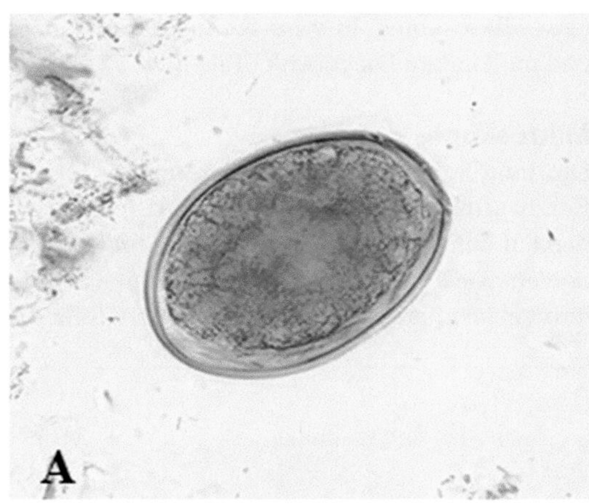

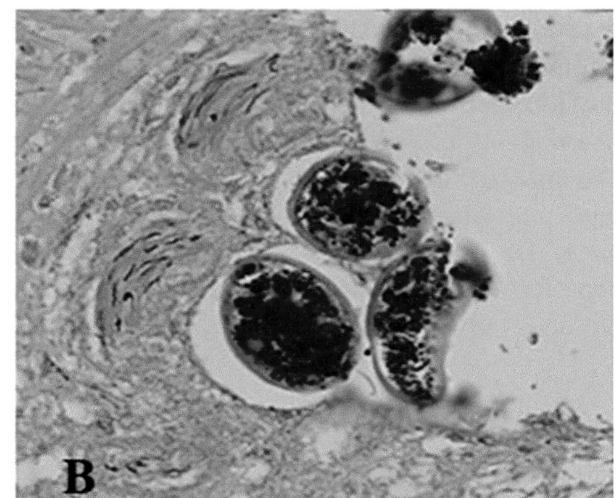

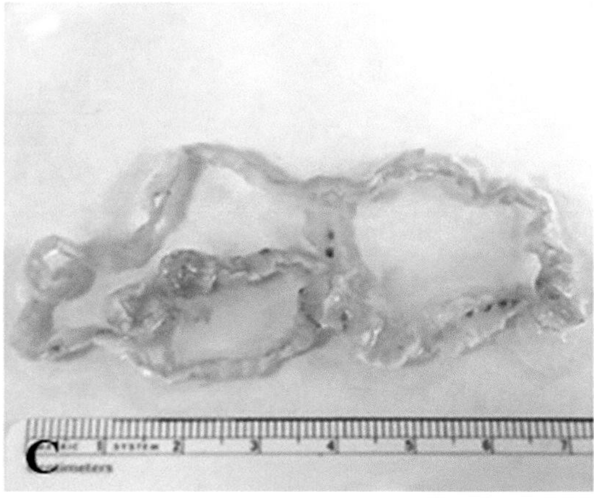

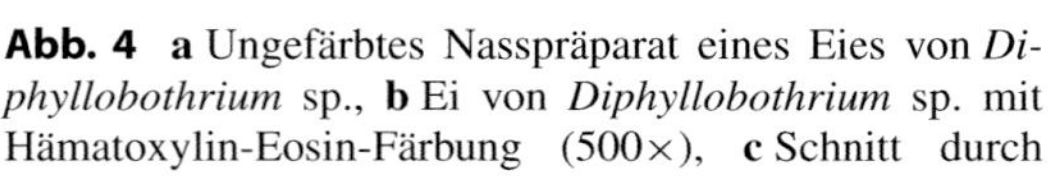

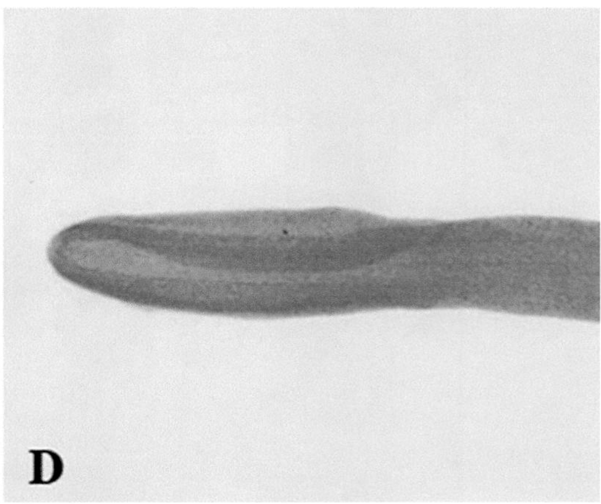

Abb. 4 **a** Ungefärbtes Nasspräparat eines Eies von *Diphyllobothrium* sp., **b** Ei von *Diphyllobothrium* sp. mit Hämatoxylin-Eosin-Färbung (500×), **c** Schnitt durch einen adulten Wurm mit vielen Proglottiden, **d** verlängerte Skolex- und Halsregion (Adaptiert von DpDx, CDC)

Eier variiert von 35–80 × 25–60 µm. Dies ist eine einfachere und kostengünstigere Diagnosemethode. Allerdings ist die Identifizierung der genauen Spezies auf der Grundlage der morphologischen Merkmale der Eier eine schwierige Aufgabe. Darüber hinaus ist auch die Fehldiagnose von Eiern von *Diphyllobothrium* als Eier von Saugwürmern möglich. Die morphologische Identifizierung von Plerozerkoiden ist schwierig. Die Identifizierung von Plerozerkoid für die 3 Hauptparasitenarten, d.h. *D. latum, D. dendriticum* und *D. nihonkaiense*, basiert in der Regel auf ihrer Körperoberfläche, dem Rückzug des Skolex, der Länge der Mikrotrichen und der Anzahl der subtegumentalen Längsmuskeln.

In-vitro-Kultur

Für die In-vitro-Kultur von *Diphyllobothrium*-Arten werden in der Regel mittelgroße bis große Plerozerkoide (1,5–2,5 cm) verwendet. Die Plerozerkoide werden in Petrischalen und Kulturflaschen mit Zellkulturmedium überführt und bei 38,5 °C inkubiert, damit sich die Trematoden vermehren und entwickeln können. Die Würmer werden mit Susa-Fixierung oder Bouin Fixierlösung fixiert, eingebettet und dann mit Fuchsin-Paraldehyd ("paraldehyde fuchsin", PAF) für Diagnosezwecke gefärbt.

Serodiagnostik

Die Serodiagnostik wird nicht häufig für die Diagnostik von Diphyllobothriose verwendet.

Molekulare Diagnostik

Bis heute bleibt die molekulare Identifizierung die zuverlässigste Methode zur spezifischen Identifizierung von *Diphyllobothrium*-Arten. Restriktionsfragmentlängenpolymorphismus (RFLP) mit SmaI, HinfI und HhaI wurde als artspezifischer Marker zur Unterscheidung zwischen *D. latum* und *D. nihonkaiense* verwendet. Die Analyse des phylogenetischen Baums unter Verwendung ribosomaler Gene und Intertranskriptionssequenzen (ITS) hat sich als sehr nützlich erwiesen, um die Beziehung zwischen den verschiedenen Taxa zu bestätigen. Das *COX-1*-Gen wurde häufig als Ziel für die Identifizierung des breiten Bandwurms beim Menschen verwendet. Die Aufkonzentration der Eier und die Verwendung von Ultraschall zur Zerstörung der Eihüllen, um den Inhalt freizusetzen, können vor der molekularen Analyse nützlich sein. Die geeignetsten Targets für die Identifizierung sind *COX-1*-, tRNA-, NADH-Dehydrogenase-Untereinheit-3- und Cytochrom-b-Gene. Der molekulare Nachweis von *D. nihonkaiense* durch RFLP des PCR-Produkts des *COX-1*-Gens ist in Abb. 5 dargestellt.

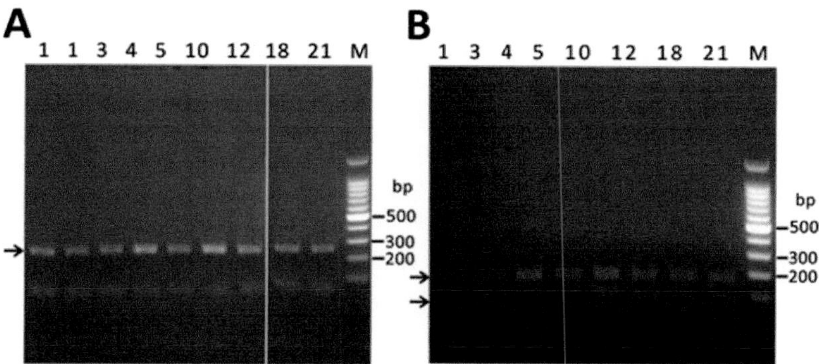

Abb. 5 Restriktionsfragmentlängenpolymorphismus (RFLP)-Analyse von PCR-amplifizierten *COX-1*-Genfragmenten von *Diphyllobothrium*. Die Zahl über jeder Spur zeigt die Anzahl der Proglottiden in der jeweiligen Probe. **a** Restriktionsverdau von *COX-1*-Genfragmenten mit *Age*I. **b** Restriktionsverdau von *COX-1*-Genfragmenten mit *BspH*I; M: Marker. (Adaptiert von Epidemiology of *Diphyllobothrium nihonkaiense* Diphyllobothriose, Japan, 2001–2016)

Behandlung

Praziquantel ist das Medikament der Wahl zur Behandlung von Diphyllobothriose, das auch in der Schwangerschaft sicher ist. Patienten, die mit *Diphyllobothrium* infiziert sind, wurden mit einer Erste oralen Dosis Praziquantel (10 mg/kg) und einer Zweite Dosis (8,5 mg/kg) eine Woche später behandelt. Eine Dosis von 25 mg/kg hat sich im Tiermodell als sehr wirksam gegen *D. latum* erwiesen, jedoch können bei anderen Arten niedrigere Dosen verabreicht werden. Weitere Behandlungsoptionen beinhalteten die Verabreichung von 200 ml Gastrografin in Kombination mit Vagostigmin. Auch die Verabreichung von 300 ml Amidotrizoesäure durch einen intraduodenalen Schlauch wurde zur Behandlung von Diphyllobothriose evaluiert. Ein alternatives Medikament für eine *D. latum*-Infektion ist Niclosamid, das in einer Einzeldosis von 2 g bei Erwachsenen und 1 g bei Kindern verabreicht wird.

Prävention und Bekämpfung

Der beste Weg zur Verhinderung von Diphyllobothriose besteht darin, den Verzehr von rohem Fisch zu vermeiden. Weitere vorbeugende Maßnahmen umfassen (1) Verhinderung der Fäkalienkontamination in Trinkwasserquellen, (2) Inspektion von Lebensmittelmärkten, die rohen Fisch anbieten, (3) Sensibilisierung für potenzielle Infektionen durch den Verzehr von rohem Fisch, (4) ordnungsgemäße Behandlung von Fischfilets zur Eliminierung jeglicher Infektionsmöglichkeiten, (5) Temperaturbehandlung durch gleichzeitiges Einfrieren und Erhitzen zur Abtötung der Plerozerkoiden und (6) medikamentöse Therapie.

Fallstudie

Ein 10-jähriger-Junge stellte sich der pädiatrischen Abteilung vor, mit der Vorgeschichte von hellfarbenen Segmenten im Stuhl. Ähnliche Episoden waren seit dem letzten Jahr aufgetreten und jede Episode war von Bauchschmerzen begleitet. Es wurde keine Beschwerde über Erbrechen oder Durchfall festgestellt. Er gibt an, rohen Fisch gehandhabt und konsumiert zu haben. Die Untersuchung des peripheren Blutausstrichs ergab eine Anämie mit mäßiger Eosinophilie. Die makroskopische Untersuchung des im Stuhl freigesetzten Segments ergab eine cremeweiße Farbe mit den Maßen 5 cm × 1,5 cm. Es war kein identifizierbarer Skolex vorhanden, aber die histopathologische Untersuchung des adulten Wurms zeigte gravide Segmente, die mit charakteristischen ovalen operkulierten Eiern gefüllt waren. Die Stuhluntersuchung ergab operkulierte ovale Eier mit einem Knopf auf beiden Seiten.

Fragen

1. Was ist die Diagnose und welcher Parasit wurde in der Stuhluntersuchung nachgewiesen?
2. Nennen Sie den Zwischenwirt und die zoonotische Assoziation des Parasiten.

Forschungsfragen

1. Identifikation von neu auftretenden zoonotischen *Diphyllobothrium*-Arten, die für die öffentliche Gesundheit von Bedeutung sind.
2. Molekulare Methoden zur frühzeitigen Erkennung und Identifizierung der Quelle einer *Diphyllobothrium*-Infektion beim Menschen.

Weiterführende Literatur

Biserova NM, Kutyrev IA, Malakhov VV. The tapeworm *Diphyllobothrium dendriticum* (Cestoda) produces prostaglandin E2, a regulator of host immunity. Dokl Biol Sci. 2012;441(1):367.

Bylund G, Bång B, Wikgren K. Tests with a new compound (Praziquantel) against *Diphyllobothrium latum*. J Helminthol. 1977;51(2):115–9.

Bylund G, Djupsund BM. Protein profiles as an aid to taxonomy in the genus *Diphyllobothrium*. Z Parasitenkd. 1977;51(3):241–7.

Companion Animal Parasite Council. *Diphyllobothrium* species. Available from: https://capcvet.org/guidelines/diphyllobothrium-spp [20.09.2020].

Dick TA. Diphyllobothriasis: the *Diphyllobothrium latum* human infection conundrum and reconciliation with a worldwide zoonosis. In: Food-borne parasitic zoonoses. Boston, MA: Springer; 2007. S. 151–84.

Kamo H. Guide to identification of diphyllobothriid cestodes. Tokyo: GendaiKikaku; 1999.

Matsuura T, Bylund G, Sugane K. Comparison of restriction fragment length polymorphisms of ribosomal DNA between *Diphyllobothrium nihonkaiense* and *D. latum*. J Helminthol. 1992;66(4):261–6.

Nakao M, Abmed D, Yamasaki H, Ito A. Mitochondrial genomes of the human broad tapeworms *Diphyllobothrium latum* and *Diphyllobothrium nihonkaiense* (Cestoda: Diphyllobothriidae). Parasitol Res. 2007;101(1):233.

Scholz T, Garcia HH, Kuchta R, Wicht B. Update on the human broad tapeworm (genus *Diphyllobothrium*), including clinical relevance. Clin Microbiol Rev. 2009;22(1):146–60.

Sharp GJ, Pike AW, Secombes CJ. Rainbow trout [*Oncorhynchus mykiss* (Walbaum, 1792)] leucocyte interactions with metacestode stages of *Diphyllobothrium dendriticum* (Nitzsch, 1824), (Cestoda, Pseudophyllidea). Fish Shellfish Immunol. 1991;1(3):195–211.

Usmanova NM, Kazakov VI. The DL1 repeats in the genome of *Diphyllobothrium latum*. Parasitol Res. 2010;107(2):449–52.

Taeniasis

Subhash Chandra Parija

Lernziele

1. Kenntnisse über die Bedeutung von *Taenia asiatica* als neue Art und ihre klinische Manifestation zu haben
2. Die Bedeutung der extraneuralen Manifestationen von Zystizerkose, insbesondere der kardialen und okularen Beteiligung, zu erklären
3. Die verschiedenen serologischen Tests, einschließlich EITB, in der Diagnose von Neurozystizerkose zu überprüfen

Einführung

Taeniasis und Zystizerkose sind als parasitäre Infektionen von Menschen und Tieren definiert, die durch adulte und larvale Stadien von Bandwürmern (*Taenia solium*, *Taenia saginata* und *Taenia asiatica*) verursacht werden. Die Krankheit hat eine weltweite Verbreitung, insbesondere in Gebieten, in denen Rinder und Schweine intensiv gehalten werden. Obwohl die Verbreitung der Krankheit auf den Kontinenten variiert, ist die Prävalenzrate in Entwicklungsländern hoch. Eine wirksame Bekämpfung und Prävention der Krankheit wird durch Maßnahmen erreicht, die Folgendes umfassen: Verhindern, dass Rinder oder Schweine auf mit Fäkalien oder Abwasser verunreinigtem Gras grasen, Verhindern, dass unbehandelte menschliche Fäkalien als Dünger auf dem Land verwendet werden, und Verhindern, dass rohes oder unzureichend gekochtes Fleisch und Fleischprodukte verzehrt werden.

S. C. Parija (✉)
Sri Balaji Vidyapeeth University, Pondicherry, India

Geschichte

Taenia saginata wurde als ein Darmparasit identifiziert, der den Menschen seit der Antike infiziert und sogar in der Charaka Samhita, einem alten indischen medizinischen Buch, beschrieben wurde. Im 3. Jahrhundert v. Chr. beschrieben Aristophanes und Aristoteles erstmals die Zysten bei Schweinen, und später im Jahr 1550 bemerkte Parunoli diese Infektion beim Menschen. Im Jahr 1782 unterschied Goez *T. solium* von anderen Arten. Die Rolle des Rindes als Zwischenwirt und der vollständige Lebenszyklus von *T. saginata* wurde von Leuckart im Jahr 1861 beschrieben. Ein Fall von Neurozystizerkose wurde von einem Kuli in Madras berichtet, der an einem Anfall starb (Armstrong 1888). Im Jahr 1912 war Krishnaswamy der Erste, der über Fälle von Muskelschmerzen und subkutanen Knötchen mit reichlich Zystizerken

S. C. Parija und A. Chaudhury (Hrsg.), *Lehrbuch der parasitären Zoonosen*,
https://doi.org/10.1007/978-981-97-4312-4_32

in Muskeln, Herz und Gehirn, die durch eine Autopsie festgestellt wurden, berichtete.

Taenia asiatica wurde zuerst in Taiwan und später in Korea und anderen asiatischen Ländern identifiziert; daher wurde sie als asiatische *T. saginata* bezeichnet. 1966 äußerte S. W. Huang den Verdacht, dass es sich um eine andere Ätiologie als die herkömmliche *T. saginata* handeln könnte, da die Ureinwohner Taiwans kaum Rindfleisch essen. Die Benennung des Parasiten als *T. saginata asiatica* erfolgte durch eine Gruppe von taiwanesischen Parasitologen, nämlich P.C. Fan, C.Y. Lin, C.C. Chen und W.C. Chung.

Taxonomie

Die Gattung *Taenia* gehört zum Stamm der Platyhelminthes, Klasse Cestoda, Ordnung Cyclophyllidea, Familie Taeniidae. *Taenia saginata, T. solium* und *T. asiatica* sind drei wichtige Arten, die Infektionen beim Menschen verursachen.

Genomik und Proteomik

Die Genomgröße von *T. solium* beträgt 122,393.951 bp mit 12.467 codierenden Genen. Die vollständige Nukleotidsequenz der mitochondrialen DNA (mtDNA) des Bandwurms *T. solium* wurde bestimmt. Die Sequenz ist 13.709 bp lang und enthält 36 Gene (12 für Proteine, die an der oxidativen Phosphorylierung beteiligt sind, 2 für ribosomale RNAs und 22 für Transfer-RNAs). Der Geninhalt und die Organisation der mtDNA von *T. solium* sind identisch mit den mtDNAs der beiden anderen Arten. Die Größe der Protein codierenden Gene der 3 menschlichen *Taenia*-Bandwürmer variierte nicht, mit Ausnahme von *T. solium*-NAD1 (891 Aminosäuren) und -NAD4 (1212 Aminosäuren) und *T. asiatica*-COX-2 (576 Aminosäuren).

Die Genomanalyse zeigt viel größere Assembly-Größen von *T. saginata* und *T. asiatica* als *T. solium* (169 und 168 versus 131 Mb), obwohl der GC-Gehalt ähnlich bleibt (43,2 versus 43,5 %). Die Anzahl der codierenden Gene wurde bei *T. solium* auf 11.902 mit einer Gendichte von 90,9/Mb und bei *T. saginata* auf 13.161 bzw. 77,9/Mb geschätzt. Während die durchschnittliche Exonlänge (237 bp) bei den 3 Arten ähnlich bleibt, sind die Introns bei *T. saginata* (864 bp) länger als bei *T. solium* (775 bp) und *T. asiatica* (831 bp). Das mitochondriale Genom zeigt vergleichbare Assembly-Größen (13.700, 13.670 und 13.703 kb) mit 70 % Genen, die wie andere Zestoden für Proteine codieren. Die Nukleotidzusammensetzung des mitochondrialen Genoms ist asymmetrisch mit einem positiven GC-Versatz. *Taenia solium* unterscheidet sich um 12,3 und 12 % von *T. saginata* und *T. asiatica*, jeweils in der COX-1-Nukleotidzusammensetzung. Die beiden Letzteren unterscheiden sich nur um 4,6 %; tatsächlich sind die 18S-rRNA-Gene zu 99,2 % identisch. Genomische Merkmale widerlegen stark die Schwesterbeziehung zwischen *T. saginata* und *T. asiatica* mit einem höheren Evolutionstrieb in Mutationsrate, Heterozygotie und Expansion von Genen, die mit Ionentransportern und Integumentkomponenten in Letzterem zusammenhängen. Allerdings deutet das Fehlen einer signifikanten innerartlichen genetischen Variation in *T. asiatica* darauf hin, dass es sich um einen gefährdeten Zustand handeln könnte. *Taenia saginata* zeigt im Vergleich eine hohe genetische Polymorphie (0,2–0,8 %). Eine auffällige Diskrepanz wurde zwischen mitochondrialer und nukleärer DNA bei einigen Isolaten von *T. saginata* und *T. asiatica* aus Taiwan und China entdeckt, was auf die Möglichkeit von Hybriden hinweist.

Die Proteomanalyse von Metatestoden, Onkosphären, vesikulären Flüssigkeiten und exkretorisch-sekretorischen Produkten definiert die Wirt-Parasiten-Beziehung, immunologische Reaktionen, Identifizierung der diagnostischen Antigene und Impfstoffkandidaten neu. Tandem-Massenspektrometrie und BLAST-Studien identifizierten wichtige Proteine, einschließlich mikrotubulibasierter Bewegungs-/Integumentproteine (Paramyosin, H17g), Chaperone (HSP90), metabolische Proteine (Elongationsfaktor-1-α, GAPDH, Malat-Dehydrogenase) und Entgiftungsmoleküle (Ferritin, Glutathion *S*-Transferase). GP50 und T24 sind diagnostisch wichtige Proteine.

Die Parasitenmorphologie

Die drei morphologischen Formen der Parasiten sind der adulte Wurm, das Ei und die Larve.

Adulter Wurm

Taenia saginata: Der Wurm ist lang, abgeflacht und bandförmig (Abb. 1). Der adulte Wurm besteht aus einem Kopf (*Scolex*), Hals und Strobila. Der *Scolex* hat 4 becherförmige Muskelsaugnäpfe (oder Acetabula), die bei der Anhaftung helfen. Neben dem Scolex befindet sich der Hals, der die schmale Wachstumsregion ist, aus der die Proglottiden hervorgehen. Der Hals ist bei *T. saginata* länger als bei *T. solium*. Der Rumpf oder Körper ist die *Strobila,* die aus vielen Segmenten oder *Proglottiden* besteht. Proglottiden sind weiter unterteilt in unreife, reife und gravide Segmente. Die reifen Proglottiden haben sowohl männliche als auch weibliche Fortpflanzungsorgane. Das weibliche Fortpflanzungssystem umfasst Eierstock, eine geschlossene Gebärmutter mit Verzweigungen, einen Ootyp, eine kompakte Dotterdrüse und eine seitlich gelegene Geschlechtsöffnung. Männliche Organe bestehen aus Hoden (Follikeln), Vas deferens und Zirrus. Die Gebärmutter im graviden Segment von *T. saginata* hat 15–30 seitliche Verzweigungen im Vergleich zu *T. solium* (7–13 Verzweigungen) (Abb. 2). Das Vorhandensein eines prominenten vaginalen Schließmuskels und das Fehlen eines zusätzlichen Eierstocklappens unterscheiden es weiter von *T. solium.* Die Seitenwand der Segmente hat einen gemeinsamen Genitalporus Da es keine separaten Gebärmutteröffnungen gibt, entkommen die graviden Segmente durch den Analsphinkter, woraufhin die Eier durch das Aufreißen der Gebärmutterwand freigesetzt werden.

Taenia solium: Der adulte Wurm ist etwa 2–3 m lang. Die Form des Scolex von *T. solium* erscheint kugelförmig. Er besitzt 4 große becherförmige Saugnäpfe und ein abgerundetes Rostellum, und er ist mit einer Doppelreihe von abwechselnd runden und kleinen dolchförmigen Haken bewaffnet (Abb. 3). Der Hals ist kurz und dick. Die Strobila besteht aus weniger als 1000 Proglottiden. Jedes gravide Segment misst 12 mm × 6 mm und ist doppelt so lang wie breit. Es gibt etwa 150–200 Follikel in den Hoden. Das weibliche Fortpflanzungssystem besteht aus einer Gebärmutter, die etwa

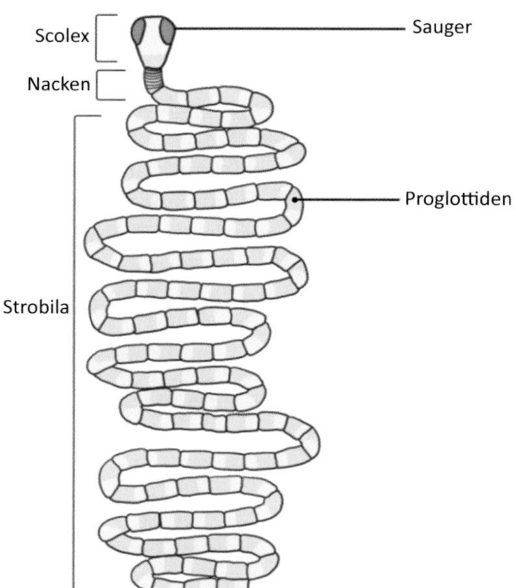

Abb. 1 Schematische Darstellung eines adulten *T. saginata*-Wurms (5–10 m Länge)

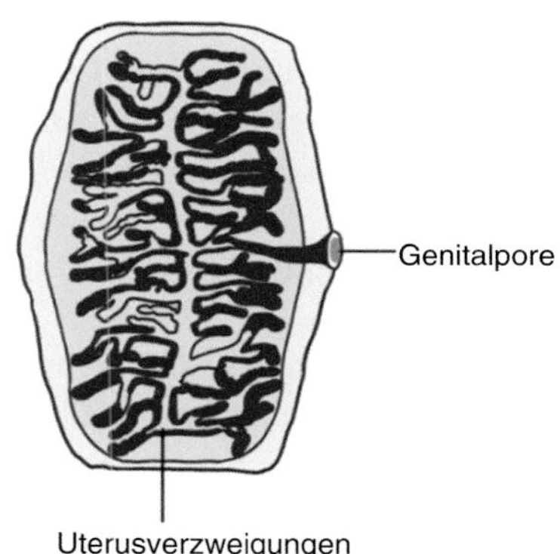

Abb. 2 Schematische Darstellung eines graviden *T. saginata*-Proglottiden

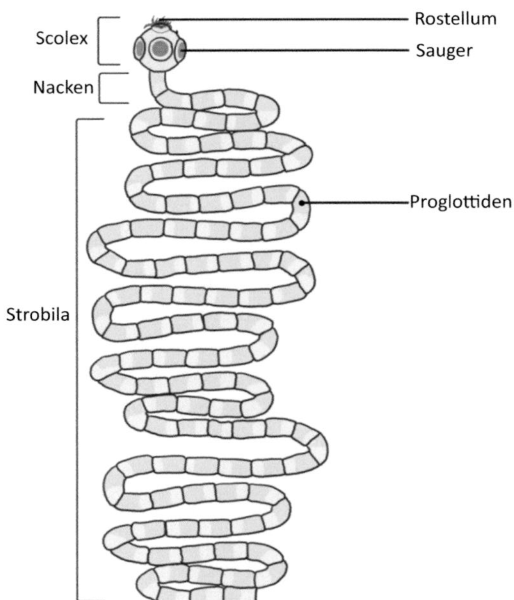

Abb. 3 Schematische Darstellung eines adulten *T. solium*-Wurms (2–3 m Länge)

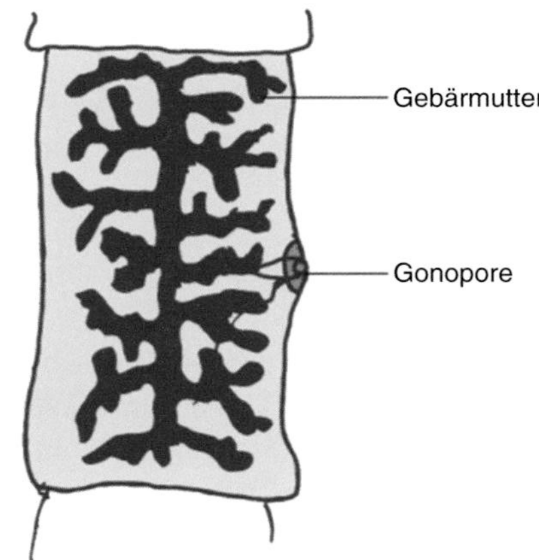

Abb. 4 Schematische Darstellung eines graviden *T. solium*-Proglottiden

5–10 (unter 13) dicke seitliche Verzweigungen und einen zusätzlichen Eierstocklappen besitzt. Es gibt keinen vaginalen Schließmuskel. Der Genitalporus liegt seitlich und wechselt in der Position, er erscheint auf der rechten und linken Seite der angrenzenden Segmente (Abb. 4). Im Gegensatz zu *T. saginata* werden die kurzen Ketten der graviden Proglottiden passiv ausgestoßen. Das Aufreißen der Gebärmutterwand setzt die Eier frei.

Taenia asiatica: Der Wurm ist etwa 350 cm lang und 1 cm breit und gliedert sich in den vorderen Scolex und einen kurzen Hals, gefolgt von der Strobila. Die Körperhöhle oder das Verdauungssystem fehlt. Der Scolex trägt 4 einfache Saugnäpfe und ein ausgeprägtes Rostellum, das 2 Reihen rudimentärer Haken trägt, was es von *T. saginata* unterscheidet. Die Strobila hat mehr als 700 Proglottiden, aber weniger als 1000, im Vergleich zu *T. saginata,* der mehr als 1000 Proglottiden im Strobila hat. Ähnlich wie bei *T. saginata* hat die Gebärmutter 13 seitliche Äste. Die den am wichtigsten definierenden und differenzierenden Merkmalen von *T. asiatica* gehören eine große Anzahl von Gebärmutterzweigen in den graviden Proglottiden und das Vorhandensein einer hinteren Protuberanz.

Eier

Die Eier der drei *Taenia*-Arten sind morphologisch ähnlich zueinander. Die Eier sind in den graviden Proglottiden eingeschlossen. Das kugelförmige Ei besitzt einen Durchmesser von 30 bis 40 µm mit einer dünnen hyalinen embryonalen Membran, die es umgibt. Der radial gestreifte innere Embryophor ist gelbbraun aufgrund von Gallenfärbung gefärbt. Der voll entwickelte Embryo (Onkosphäre) besteht aus 3 Paaren von Haken (Hexacanthembryo) in der Mitte (Abb. 5). *Taenia saginata*-Eier sind infektiös für Rinder, während *T. solium*-Eier sowohl für Schweine als auch für Menschen infektiös sind, aber *T. asiatica*-Eier sind nur infektiös für Schweine.

Larve

Taenia saginata: *Cysticercus bovis* ist das Larvenstadium von *T. saginata*, das infektiös für Menschen ist. Es ist ein kleiner, 6–9 mm

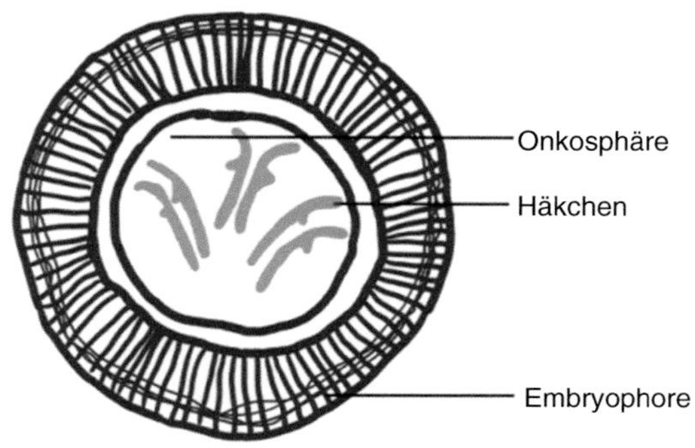

Abb. 5 Schematische Darstellung eines *Taenia*-Eis

großer, runder, grauweißer, blasenartiger Wurm, der einen undurchsichtigen invaginierten Skolex ohne Häkchen enthält (Blasenwurm). Die Larve befindet sich in der Regel in der Kaumuskulatur, der Herzmuskulatur, dem Zwerchfell und der Zunge infizierter Tiere.

Taenia solium: Cysticercus cellulosae, die Larvenform von T. solium, befindet sich in verschiedenen Organen von Schweinen und auch beim Menschen. Es handelt sich um eine ovale, milchig-weiße Struktur, die etwa 5 mm × 10 mm groß ist. Der invaginierte Skolex in der Blase erscheint als Larve mit ihren Saugnäpfen, die als dicker weißer Fleck sichtbar ist. Sie bleibt mehrere Monate lang lebensfähig.

Taenia asiatica: Die Zystizerken von *T. asiatica* sehen morphologisch ähnlich aus wie die von *T. saginata*, sind jedoch kleiner und befinden sich hauptsächlich in der Leber. Sie besitzen 2 Reihen von rudimentären Haken, die bei *T. saginata* fehlen.

Zucht von Parasiten

Die In-vitro-Kultur der Metazestoden von *T. saginata* erfolgt in einem 2-phasigen Medium, bestehend aus einer festen Phase, die aus koaguliertem Kälberserum besteht, und einer flüssigen Phase, die aus gepuffertem RPMI-1640-Medium, angereichert mit Natriumpyruvat und fötalem Kälberserum, besteht. Die wachsenden Bandwürmer weisen im frühen Entwicklungsstadium Geschlechtsorganellen auf. Die In-vitro-Kultur von *T. solium* wird in einem System von Zellmonoschichten (HCT-8) ohne Gasphase durchgeführt, das die meisten Onkosphären von *T. solium* zur postonkosphäralen (PO) Entwicklung anregt. Die Larven überleben normalerweise bis zu 16 Tage. Experimentelle Studien haben gezeigt, dass HCT-8-Zelllinien im Vergleich zu anderen Zelllinien die Bildung von PO bis zu 32 % fördern. Die Entwicklungsformen können mit einem gewöhnlichen Lichtmikroskop oder Elektronenmikroskop visualisiert werden.

Die Zucht des Parasiten ist nützlich, da die Veränderungen, die in den PO-Formen auftreten, den Schutz des Parasiten vor dem Immunsystem des Wirts erklären können und die beobachteten Veränderungen in der Proteinexpression werden bei der Entwicklung neuer Targets für die Impfstoffproduktion helfen.

Versuchstiere

Experimentell können immunsupprimierte Mäuse zur Züchtung des frühen Larvenstadiums und Hamster zur Züchtung des unreifen adulten Stadiums von *T. saginata* verwendet werden.

Zu den experimentellen Tiermodellen für *T. solium* gehören Hamster, Rennmäuse und Chinchillas. Von diesen sind Chinchillas das erfolgreichste experimentelle Modell für adulte *T. solium*. *Mesocestoides corti*, ein mit *T. solium* verwandter Zestodenorganismus, wurde für die intrakranielle Infektion von Mausmodellen verwendet, um die Pathogenese und die Immunantwort im Zusammenhang mit Neurozystizerkose zu untersuchen. Es gibt auch einen Bericht über eine natürliche Progression von angeborenen, früh induzierten und adaptiven Immunantworten bei infizierten Mäusen.

Mäuse mit schwerer kombinierter Immunschwäche (SCID), die subkutan in den Rücken mit in vitro geschlüpften Onkosphären von *T. asiatica* injiziert wurden, entwickelten sich zu voll ausgereiften Zystizerken. Die Morphologie der Zyste war fortgeschrittener und größer, was darauf hindeutet, dass SCID-Mäuse wertvolle experimentelle Tiermodelle für die Untersuchung von menschlichen *Taeni*-Zestodeninfektionen sind.

Lebenszyklus von *Taenia saginata, Taenia solium und Taenia asiatica*

Wirte

Endwirte

Mensch.

Zwischenwirte

Rinder (*T. saginata*), Schweine (*T. solium, T. asiatica*), Wildschweine und Rinder (*T. asiatica*).

Im Falle von *T. solium* können Menschen sowohl als End- als auch als Zwischenwirte fungieren.

Infektiöses Stadium

Cysticercus (*Cysticercus cellulosae* und *Cysticercus saginata*), die Larvenstadien von *T. solium* und *T. saginata*, sind für Menschen infektiös, während die Eier für Rinder oder Schweine und auch für Menschen infektiös sind.

Übertragung von Infektionen

Menschen erwerben die Infektion durch (a) Verzehr von unzureichend gekochtem/rohem Rindfleisch, das das enzystierte Larvenstadium enthält (*T. saginata*), (b) Verzehr von unzureichend gekochtem/rohem Schweinefleisch, das das enzystierte Larvenstadium enthält (*T. solium, T. asiatica*), und (c) Verzehr von Lebensmitteln (hauptsächlich Gemüse) oder Wasser, die mit *Taenia*-Eiern kontaminiert sind (Abb. 6).

Nach der Aufnahme wird die enzystierte Larve durch den Magensaft verdaut. Der Scolex stülpt sich im Dünndarm aus dem Zystizerkus heraus, heftet sich an die Schleimhaut

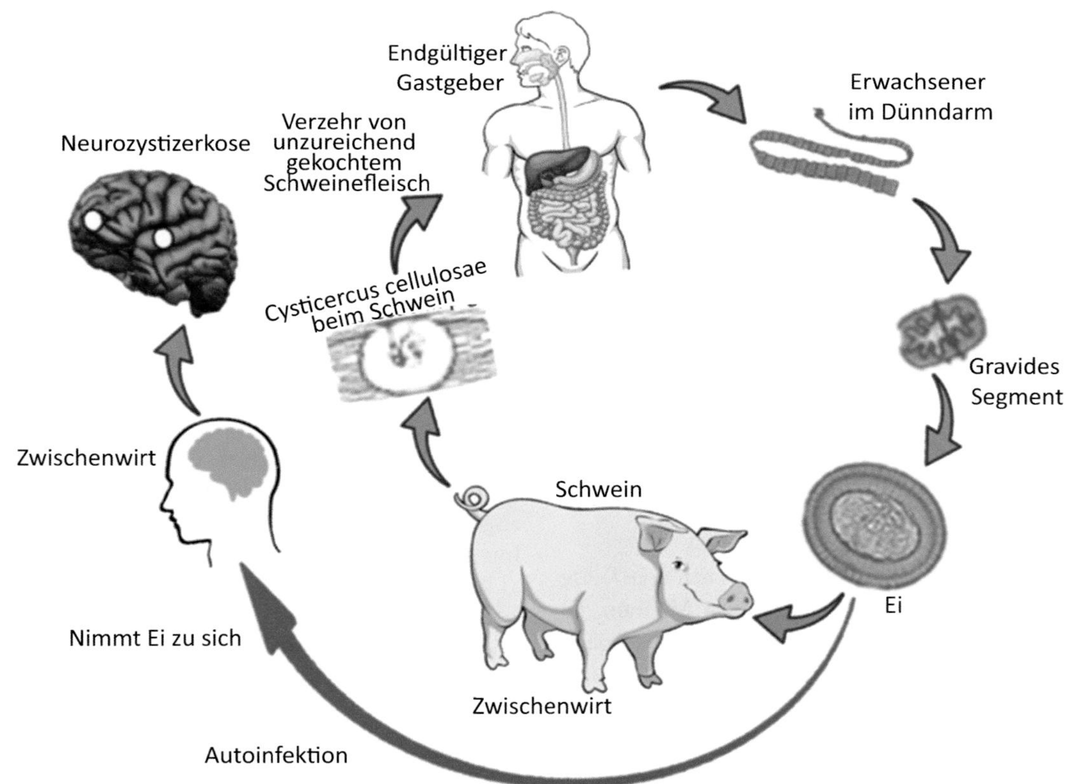

Abb. 6 Lebenszyklus von *T. solium*

des Darms und entwickelt sich in etwa 2–3 Monaten durch Strobilation zum adulten Wurm. Adulte Würmer werden in etwa 10–14 Wochen geschlechtsreif, es findet eine Befruchtung statt und Eier werden gebildet und später mit dem Kot ausgeschieden. Diese Eier sind infektiös für Rinder, Schweine und andere Tiere.

Die Tiere infizieren sich durch die Aufnahme von Eiern beim Weiden auf dem Feld. Im Dünndarm wird die Onkosphäre durch Ruptur der Embryophore, die das Ei umgibt, freigesetzt. Die Onkosphären durchdringen den Darm mithilfe von Haken und gelangen über die Blutbahn in die Skelettmuskulatur, wo sie sich in blasenartige Larven verwandeln. Die Larven enzystieren und werden als Zysten abgelagert. Dieser Prozess ist nach 10–15 Wochen abgeschlossen. Dieses Larvenstadium von *T. saginata* ist infektiös für den Menschen und verursacht intestinale Taeniasis.

Menschen fungieren auch häufig als Zwischenwirte, indem sie Eier mit kontaminierten Lebensmitteln und Wasser aufnehmen. Bei Menschen entwickeln sich die Eier auf die gleiche Weise wie bei Schweinen. Die Onkosphäre wird aus den Eiern im 1. oder 2. Teil des Dünndarms freigesetzt und durchdringt die Wand des Darms, um in den mesenterischen Venolen oder Lymphgefäßen zu liegen. Von hier aus werden sie durch die systemische Zirkulation zu verschiedenen Geweben des Körpers transportiert. Diese werden meist im Muskelgewebe gefiltert, wo die Larvenentwicklung stattfindet. Menschen sind Endwirte und die Larven sterben innerhalb unterschiedlicher Zeiträumen ab.

Pathogenese und Pathologie

Aufgrund der aberranten Migration der Segmente adulter *Taenia*-Würmer im Darm kann es zu einer obstruktiven Appendizitis oder Cholangitis kommen. Während der Erbrechensphasen können die Proglottiden die Atemwege verstopfen, über die Eustachische Röhre in das Mittelohr gelangen oder sich in adenoidem Gewebe ansiedeln. Die reizende Wirkung des Wurms führt zu entzündlichen Reaktionen. Auch eine moderate Eosinophilie wird häufig beobachtet. Im Zwischenwirt verursacht *T. asiatica* eine Degeneration der Hepatozyten und punktuelle Nekrosen des Schweinelebergewebes. Nach einer 2-monatigen Infektion werden in der Umgebung des Zystizerkus granulomatöse Reaktionen und fokale Lebernekrosen beobachtet.

Die Migration des *C. cellulosae* in extraintestinale Bereiche wie Knochenmuskel, Haut, Auge und Knochen präsentiert eine Vielzahl von Pathologien, abhängig von der Lage der Zysten. Die Migration der Larve und ihre Präsenz im Gehirn verursacht Neurozystizerkose („neurocysticercosis“, NCC). Die Pathologie bei NCC hängt von der Anzahl, Lage, Größe und Entwicklungsstufe der Parasiten ab sowie von der Präsenz und dem Grad der entzündlichen Reaktion des Wirts. Parasitenlarven im Parenchym des Gehirngewebes präsentieren sich häufig mit Krampfanfällen. Die Zyste, die lebensfähig ist, geht im Laufe der Zeit aufgrund der Immunantwort des Wirts in den Involutionsprozess über. Studien haben die Lebensfähigkeit der Zyste über Monate hinweg nachgewiesen, auch nach Behandlung mit antiparasitären Mitteln. Anfangs erscheinen die lebensfähigen Zysten als runde Vesikel einer Membran, gefüllt mit klarer Flüssigkeit, die einen Skolex enthält. Nach dem Angriff des Immunsystems des Wirts wird die Zystenflüssigkeit trüb, begleitet von der Degeneration der parasitären Membran und des Skolex. Die Zysten schrumpfen allmählich und werden durch hyalines und fibröses Gewebe ersetzt, das später verschwindet oder eine verbleibende verkalkte Narbe hinterlässt. Es wurde beobachtet, dass Zysten im Subarachnoidalraum dazu neigen zu wachsen und zu infiltrieren, was sich als raumfordernde Läsionen manifestiert und die Zirkulation der Liquorflüssigkeit blockieren, was zu einem Hydrozephalus führt. Im Gegensatz zur intraparenchymalen NCC ist die Subarachnoidalerkrankung progressiv und mit einer signifikanten Mortalität verbunden.

Immunologie

Adulte *Taenia* spp. sind schwach immunogen. Sie erzeugen eine moderate Eosinophilie mit erhöhten IgE-Spiegeln. Eine erworbene Immunität gegen *Taenia*-Infektionen beim Menschen nach Beseitigung der Infektion wurde nicht dokumentiert, während die gleichzeitige Immunität eine bedeutende Rolle spielt. Tiere, die einmal infiziert waren, entwickeln in der Regel eine Resistenz gegen die Infektion.

Im Gegensatz dazu löst die Larvenform des Parasiten (*Cysticercus cellulosae*) in Geweben eine aktive Immunantwort beim Menschen aus, wobei die Immunität umgangen und unterdrückt wird. Lebensfähige Zystizerken zeigen keine Symptome, aber im Gegensatz dazu kann die immunvermittelte entzündliche Reaktion um degenerierende Zysten symptomatische Krankheiten auslösen. Der Mechanismus, mit dem der Parasit die Immunantwort des Wirts umgeht, könnte auf die Maskierung von *Cysticercus*-Antigenen durch Immunglobuline des Wirts, auf eine begleitende Immunität, auf molekulare Mimikry und auf die Unterdrückung oder Abweichung der Wirtsantworten zurückzuführen sein. Vorherrschende zelluläre Komponenten, die in der entzündlichen Reaktion aktiviert werden, sind Plasmazellen, Lymphozyten, Eosinophile und Makrophagen.

Unter den verschiedenen Immunglobulinklassen, die gegen diesen Parasiten sezerniert werden, ist IgG am häufigsten und wird im Serum, in der Liquorflüssigkeit und im Speichel nachgewiesen. Antikörper sind am häufigsten bei Fällen mit lebenden oder absterbenden Parasiten und selten bei Fällen mit verkalkten Zysten zu finden. Sie hüllen Parasitenreste ein und hinterlassen eine gliotische Narbe mit Verkalkung. Es besteht immer eine Korrelation zwischen dem Vorhandensein von Antikörpern und der Intensität der Infektion sowie der Lebensfähigkeit des Parasiten.

Erhöhte Werte der Interleukine IL1, IL-6, IL-5 und des Tumornekrosefaktor-α wurden auch im Liquor von Patienten mit entzündlicher Neurozystizerkose festgestellt, was auf eine Akute-Phase-Reaktion hindeutet. All diese Faktoren deuten auf eine Mischung von Th1- und Th2-Reaktionen in menschlichen Gehirngranulomen hin, die durch *Cysticerci* verursacht werden.

Infektion beim Menschen

Bei den Infektionen beim Menschen gibt es im Wesentlichen 2 Arten: intestinale Taeniasis und Zystizerkose.

Intestinale Taeniasis

Bei den meisten Patienten mit einem adulten *Taenia* verursacht dieser eine intestinale Taeniasis, die meist asymptomatisch ist.

Zu den klinischen Symptomen gehören leichte Bauchschmerzen, Übelkeit, Appetitverlust, Gewichtsverlust, Kopfschmerzen und Veränderungen der Stuhlgewohnheiten. In einigen Fällen können Proglottiden im Stuhl erscheinen und sogar aus dem Anus hervortreten. Patienten können perianale Beschwerden oder Juckreiz verspüren, wenn Proglottiden, die oft beweglich sind, ausgeschieden werden. Dies kann bei Patienten psychische Störungen verursachen. Selten kann eine Obstruktion durch die wandernden Proglottiden zu Appendizitis oder Cholangitis führen.

Zystizerkose

Als Als Zystizerkose bezeichnet man die Infektion des Gewebes durch das Larvenstadium des Bandwurms*T. solium.* Diese Larvenzyste hat die Tendenz, sich in jedem Teil des Körpers wie z. B. im ZNS, im Skelett- und Herzmuskel, in der Haut, im Unterhautgewebe, in den Lungen, in der Leber und in anderen Geweben zu entwickeln. Sie lassen sich je nach Lokalisation in extraneurale Zystizerkose und Neurozystizerkose (NCC) einteilen.

Neurozystizerkose: T. solium-Zystizerken haben eine größere Vorliebe zur Entwicklung im Gehirn. Die Infektion des ZNS durch diesen Parasiten wird als Neurozystizerkose bezeichnet.

Die Art und Schwere der Infektion hängen von der Stelle, Größe und Anzahl der Larven im Gewebe sowie von der Immunantwort des Wirts ab. Die Symptome der NCC umfassen Kopfschmerzen, Schwindel und Krampfanfälle. Krampfanfälle sind dabei die häufigste klinische Manifestation und tragen in endemischen Regionen in etwa 30 % der Fälle zur Epilepsieprävalenz bei. Andere ZNS-Manifestationen umfassen sensorische Defizite, unwillkürliche Bewegungen und Dysfunktion des Hirnstamms.

Die Neurozystizerkose kann basierend auf ihrer Lage weiter in eine parenchymale und extraparenchymale Erkrankung eingeteilt werden. Eine parenchymale NCC ist durch die Entwicklung von Zystizerken innerhalb des Gehirngewebes gekennzeichnet, während die extraparenchymale NCC durch Zysten im Subarachnoidalraum, den Meningen, den Ventrikeln usw. gekennzeichnet ist. Die *racemose Zystizerkose* ist eine seltene und schwere Variante der Zystizerkose, die durch einen ungewöhnlich großen, mehrfach gelappten, gruppierten *Zystizerkus* verursacht wird, der keinen Scolex hat. Der *Zystizerkus* befindet sich normalerweise an extraparenchymalen Stellen, aber gemischte parenchymale und extraparenchymale Infektionen können ebenfalls auftreten. Die Erkrankung spricht schlecht auf die Behandlung an und ist mit erhöhter Morbidität und Mortalität verbunden.

Extraneurale Zystizerkose: Die subkutane Zystizerkose erscheint normalerweise an den Armen oder der Brust als schmerzlose, kleine, bewegliche Knötchen. Die muskuläre Zystizerkose ist ein zufälliger Befund in der Radiologie, der als punktförmige oder ellipsoide Verkalkungen in den Oberschenkel- oder Armmuskeln erscheinen kann. Etwa 5 % der Patienten können asymptomatische Manifestationen der kardialen Zystizerkose haben.

Okuläre Zystizerkose: Sie wird am häufigsten im Glaskörper oder im subretinalen Raum als freischwebende Zyste gefunden. Klinisch kann sie, abhängig vom Grad der Schädigung des Retinagewebes und der Entwicklung einer chronischen Uveitis, als Sehstörung auftreten. Andere Lokalisationen sind die vordere Augenkammer, die Bindehaut oder die extraokulären Muskeln.

Infektion bei Tieren

Tiere, die Zystizerken beherbergen, sind normalerweise asymptomatisch, aber bei massiven und schweren Infektionen wurde über Muskelsteifheit berichtet. Die Larvenform, *C. bovis*, ist für Rinder nicht pathogen, es sei denn, ein lebenswichtiges Organ wie das Herz ist massiv infiziert. Um zu verhindern, dass Menschen Infektionen von Tieren erwerben, müssen ganze Kadaver in Schlachthöfen verworfen werden, da immer die Gefahr besteht, dass nicht richtig gekochtes Fleisch verzehrt wird. *Cysticercus cellulosae*-Infektionen bei Schweinen sind normalerweise asymptomatisch, außer in Fällen, in denen lebenswichtige Organe wie das Herz massiv infiziert sind. Muskelsteifheit wurde auch bei massiven Infektionen dokumentiert.

Epidemiologie und öffentliche Gesundheit

Über das Auftreten von Taeniasis wird weltweit berichtet, insbesondere in Ländern, in denen rohes oder nicht ausreichend gegartes Rind- oder Schweinefleisch verzehrt wird. Sowohl in den Industrieländern als auch in den Entwicklungsländern ist das Wissen über Taeniose und Zystizerkose dürftig. Obwohl einige Prävalenzdaten verfügbar sind, bleibt ihre Genauigkeit teilweise aufgrund unvollkommener diagnostischer Tests fraglich. Dies hat zu einer groben Unterschätzung der wahren Prävalenz der Krankheit geführt. Die Prävalenz der Taeniasis liegt zwischen 0,1 und 15 %. Die Prävalenz der Zystizerkose bei Rindern, Schweinen und Menschen schwankt zwischen 0,03–80, 0,6–60 und 1,3–40 %.

Weltweit gelten schätzungsweise 60–70 Mio. Menschen als Träger von *T. saginata.* In Regionen wie Osteuropa, Ostafrika, Lateinamerika, Südostasien und Russland, wo rohes Rindfleisch verzehrt wird, wurde Taeniasis aufgrund von *T. saginata* gemeldet. *Taenia saginata*-Infektionen sind in Nordamerika selten, außer in Fällen, in denen Rinder und Menschen in unmittelbarer Nähe leben und schlechte sanitäre Bedingungen herrschen. Eine Studie über die Prävalenz von *T. saginata* in Asien zeigte die höchste Inzidenz auf den Philippinen (33,7 %), gefolgt von Pakistan (7 %), Vietnam (5,85 %), Indonesien (4,68%), Nepal (4,37 %) und Indien (3,84 %) (Abb. 7). Dies könnte zum Teil auf traditionelle Gerichte mit rohem Rindfleisch, unsachgemäßes Kochen von Rindfleisch vor dem Verzehr, Zusammenleben und schlechte sanitäre Bedingungen zurückzuführen sein.

Taenia solium-Infektionen sind häufiger in Gemeinschaften mit schlechter sanitärer Versorgung und wo Menschen rohes oder unzureichend gekochtes Schweinefleisch essen, wie in Lateinamerika, Osteuropa, Subsahara-Afrika, Indien und Asien, häufiger anzutreffen (Abb. 8). *Taenia solium*-Infektionen nehmen in den Vereinigten Staaten von Amerika hauptsächlich aufgrund von Einwanderern aus endemischen Gebieten wie Lateinamerika zu. Ein ähnlicher Anstieg wurde auch in Europa aufgrund von Einwanderung und vermehrten Reisen in endemische Gebiete beobachtet. Neurozystizerkose wurde als endemisch in Nordportugal und den westlichen Provinzen Spaniens beschrieben. Laut Weltgesundheitsorganisation (WHO) könnten 30 % aller Epilepsiefälle in endemischen Ländern und 3 % weltweit auf Neurozystizerkose zurückzuführen sein. In Indien ist die Krankheit im ganzen Land verbreitet, variiert jedoch zwischen den Bundesstaaten. In den nördlichen Bundesstaaten Indiens, wo die Schweinezucht verbreitet ist, wurde eine Prävalenz von Taeniasis von bis zu 18,6 % verzeichnet.

Taenia asiatica ist auf Asien beschränkt und Fälle wurden aus der Republik Korea, China, Japan, Taiwan, Indonesien, Thailand und Nepal gemeldet (Tab. 1). Es gibt einen Mangel an Studien zu *T. asiatica*, da es schwierig ist, Träger zu identifizieren und teure molekulardiagnostische

Endemizität von *Taenia solium*, 2015

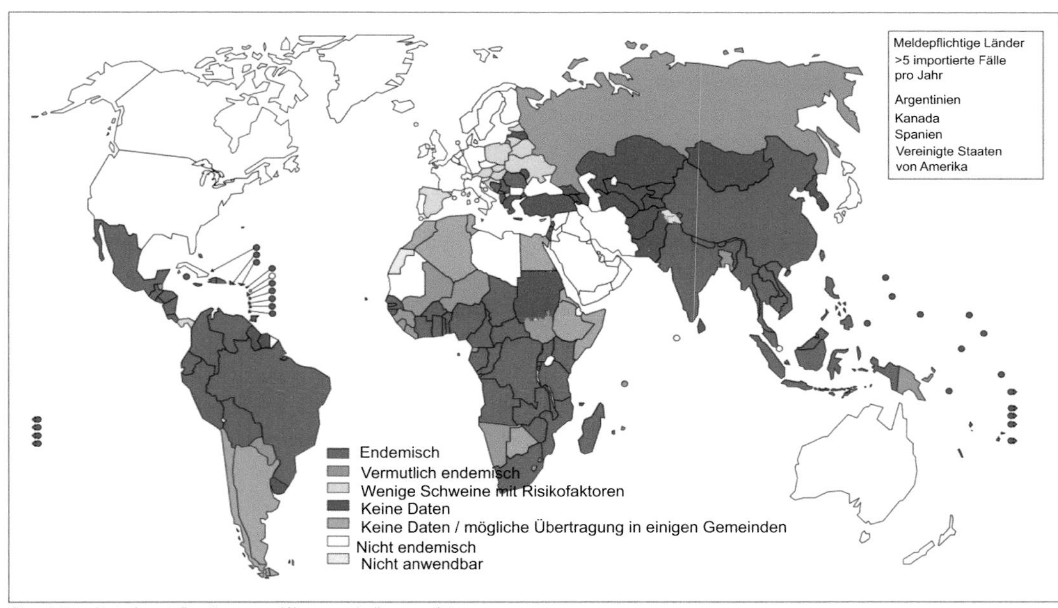

Die auf dieser Karte dargestellten Grenzen und Namen sowie die verwendeten Bezeichnungen bedeuten nicht, dass die Weltgesundheitsorganisation irgendeine Meinung über den Rechtsstatus eines Landes, eines Gebiets, einer Stadt oder eines Gebiets oder seiner Behörden oder über den Verlauf seiner Grenzen zum Ausdruck bringt. Gestrichelte Linien auf Karten stellen ungefähre Grenzverläufe dar, über die möglicherweise noch keine vollständige Einigung besteht.

Datenquelle: Weltgesundheitsorganisation
Kartenproduktion: Kontrolle vernachlässigter Tropenkrankheiten (NTD) Weltgesundheitsorganisation

Abb. 7 Epidemiologie von *T. solium* (mit freundlicher Genehmigung der WHO)

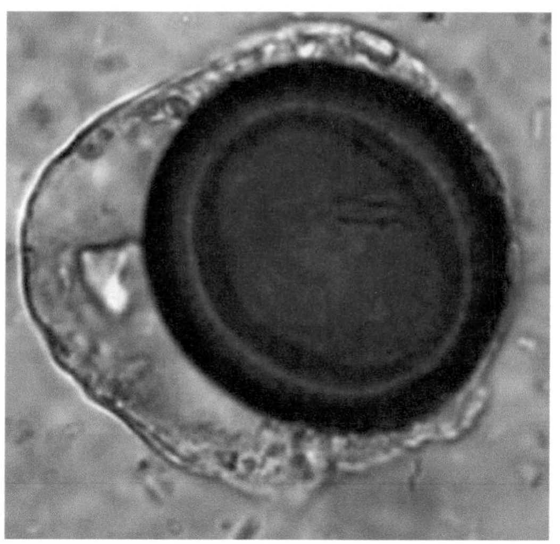

Abb. 8 Ei von Taenia spp. (Nasspräparat, mit Jod gefärbt). (Mit freundlicher Genehmigung: Oregon State Public Health Laboratory/CDC)

Methoden zur Artidentifikation benötigt werden. Aufgrund dessen bleibt die tatsächliche Prävalenz von Taeniasis aufgrund von *T. asiatica* unbekannt.

In vielen Ländern Ost-, Südost- und Südasiens, die reich an kultureller, ethnischer und religiöser Vielfalt sind, zirkulieren nachweislich alle drei verschiedenen *Taenia*-Arten bei Menschen in der Region. Eine hohe Prävalenz von Taeniasis und Zystizerkose spiegelt mangelhafte sanitäre Maßnahmen, unterdurchschnittliche Gesundheitsstandards und schlechte Lebensmittelsicherheitsmaßnahmen wider. Daher besteht ein Bedarf, die lokale Überwachung, die Sanitärversorgung, die Diagnose und allgemeine Regulierungssysteme zu verbessern.

Diagnose von Taeniasis

Es steht eine Vielzahl von Diagnosetests zur Verfügung, aber die Nachweisgrenzen und das Unterscheidungsvermögen zwischen den verschiedenen *Taenia*-Arten sind sehr unterschiedlich (Tab. 2).

Mikroskopie

Die direkte Stuhlmikroskopie wird zum Nachweis von *Taenia-Eiern* und Proglottiden bei der Diagnose der intestinalen Taeniasis durchgeführt. *Taenia*-Eier sind rund, 30–40 μm groß, gallegefärbt, mit dicker, brauner, radial gestreifter Schale und sind embryoniert, mit einer sechshakigen Onkosphäre (Abb. 8). Eier von *Taenia*-Arten sind morphologisch ähnlich zueinander. Wiederholte Stuhluntersuchungen und Aufkonzentrationsmethoden wie Formalin-Äther-Sedimentation werden häufig verwendet, um die Nachweisrate zu erhöhen.

Die Unterscheidung zwischen *T. saginata* und *T. solium* wird durch den Nachweis und die Identifizierung von graviden Proglottiden, die Uterusäste enthalten, durchgeführt. Um das Zählen der Uterusäste zu erleichtern, werden Farbstoffe wie Karmesin oder chinesische Tinte mit einer feinen Nadel injiziert. Mit Hämatoxylin-Eosin gefärbte histologische Längsschnitte ermöglichen ebenfalls eine genauere Zählung der Verzweigungen.

Taenia asiatica wird durch den Nachweis von Rostellum auf dem Scolex, das Vorhandensein von mehr als 57 Uterusästen in den graviden Proglottiden, auffällige Protuberanzen im hinteren Teil der

Tab. 1 Epidemiologische Merkmale von *Taenia* spp.

Spezies	Endwirt	Zwischenwirt	Geografische Verbreitung
Taenia saginata	Menschen	Rinder	Afrika, Lateinamerika und Asien sowie in einigen Mittelmeerländern
Taenia solium	Menschen	Schweine, Menschen	Asien, Afrika, Lateinamerika
Taenia asiatica	Menschen	Schweine, Rinder, Ziegen	Korea, China, Taiwan, Indonesien, Thailand, Japan, die Philippinen, Vietnam, Nepal

Tab. 2 Labordiagnostik von Taeniasis und Zystizerkose

Diagnostischer Ansatz	Methode	Target	Bemerkungen
Mikroskopie	Stuhluntersuchung	Eier	Kann nicht zwischen den Arten unterscheiden
		Proglottiden	Kann *Taenia solium* von *Taenia saginata* unterscheiden. *Taenia asiatica* hat die gleiche Morphologie wie *Taenia saginata*
Antigennachweis	CSF, Blut ELISA	HP10 (exkretorisch-sekretorisches Glykoprotein von *Taenia saginata*), 87-kDa- und 100-kDa-Antigen aus somatischen Extrakten von adulten *Taenia saginata*, 65-kDa-Antigen aus exkretorisch-sekretorischen Antigenen von *Taenia saginata*-Zystizerken	Funktioniert besser mit CSF-Proben im Vergleich zu Serum bei Neurozystizerkose. Je höher die Anzahl der lebensfähigen Zysten, desto höher der Antigenspiegel
	Stuhl (Koproantigen) ELISA	Somatische Antigene des adulten Wurms oder exkretorisch-sekretorische Produkte	Gattungsspezifisch. Einige Tests spezifisch für *Taenia solium*. Kann unreife Bandwurmstadien vor Eiablage nachweisen
Antikörpernachweis	ELISA	Antikörper gegen rekombinantes 50-kDa-Antigen, rekombinantes 24-kDa-Antigen, synthetisches 8-kDa-Antigen, kathepsin-L-ähnliche 53/25-kDa-Antigene	Kann nicht zwischen aktiver und inaktiver Infektion unterscheiden. Haben einen niedrigen positiven prädiktiven Wert bei Fällen mit lebensfähiger Zystizerkose
	EITB	GP50-, GP42–39-, GP24-, GP21-, GP18-, GP14- und GP13-Antigene	Das Vorhandensein eines der 7 Antikörperbänder wird als positiv gewertet. Test der Wahl
Molekulare Diagnose	PCR, RFLP, RT-PCR, LAMP	pTsol9-, HDP2-, 12S-rDNA	Hochspezifisch und sensibel. Artenspezifische Diagnose

graviden Proglottiden und warzenartige Gebilde auf der Oberfläche der Larven identifiziert.

Serodiagnostik

Nachweis von *Taenia*-Koproantigenen im Stuhl dient der Diagnose einer intestinalen Taeniasis und wird mit einem Sandwich-ELISA auf der Basis polyklonaler Antikörper oder einem Dipstick-ELISA durchgeführt. Die Tests haben den Vorteil einer erhöhten Sensitivität, keiner Kreuzreaktion mit anderen intestinalen Helmintheninfektionen wie *Ascaris, Trichuris* und *Hymenolepis* spp. und der Fähigkeit, *Taenia*-Träger zu erkennen. Allerdings ist dieser Test nur gattungsspezifisch und kann nicht zwischen intestinalen *T. solium*- und *T. saginata*-Infektionen unterscheiden.

Molekulare Diagnostik

Die Vorteile molekularer Methoden umfassen ein großangelegtes Screening zur Erkennung von Wurmbefall, zur Diagnose von humaner intestinaler Taeniasis bei Tieren und zur Unterscheidung zwischen den drei Arten.

Kopro-PCR ist hochspezifisch und empfindlich zum Nachweis sowohl reifer als auch unreifer *Taenia*-Würmer im Stuhl, obwohl das DNA-Extraktionsverfahren kostspielig ist.

Für den Nachweis und die Differenzierung von *Taenia* sp. in Wurmextrakten wurden verschiedene Formate und Targets verwendet. Die PCR in Verbindung mit der Nukleotidsequenzierung des amplifizierten Produkts ist der gängigste Ansatz. Die verwendeten Marker sind mitochondrial (COX-1, cob, NAD1, 12S-rRNA), nukleär (18S-rRNA, 5,8S-rRNA, 28S-rRNA und

ITS2), Elongationsfaktor-1-α (EF1) und Ezrin/Radixin/Moesin-ähnliches Protein (elp). Verschiedene Ansätze beinhalten (a) Restriktionsfragmentlängenpolymorphismus-Polymerasekettenreaktion (RFLP-PCR), (b) zufällig amplifizierte polymorphe DNA-PCR (RAPD-PCR), (c) Einzelstrangkonformationspolymorphismus (SSCP), (d) Multiplex-PCR und (e) schleifenvermittelte isotherme Verstärkung (LAMP).

Die RFLP-PCR, basierend auf der Untersuchung des Restriktionsfragmentlängenpolymorphismus (RFLP) der nukleären ribosomalen DNA (rDNA) oder anderer Genomregionen, einschließlich mitochondrialer DNA, wird zur Unterscheidung von *Taenia*-Arten durchgeführt. Die untersuchte Zielsequenz ist der interne transkribierte Spacer 1 (ITS1) mit dem 5,8S-Gen, die mitochondriale Cytochrom-c-Oxidase-Untereinheit 1 (COX-1), die mitochondriale 12S-rDNA usw.

RAPD-PCR ist eine relativ einfache, schnelle Technik, bei der Genom-DNA durch PCR unter Verwendung eines einzelnen Oligonukleotidprimers mit willkürlicher Nukleotidsequenz amplifiziert wird. Allerdings wird der Test zusammen mit anderen verfügbaren DNA-Techniken durchgeführt, um ein zuverlässiges Ergebnis zu erhalten.

SSCP ist eine Mutationsscanningmethode, mit der DNA-Sequenzen unterschieden werden können, die sich nur um ein einziges Nukleotid unterscheiden. Die zur Unterscheidung von *Taenia* spp. in SSCP verwendeten Gene umfassen mitochondriale COX-1- und NADH-Dehydrogenase-Untereinheit (NAD1)-Gene. DNA-Sequenzierung von mitochondrialen COX-1- und NAD1-, Cytochrom-b-, 12S-rDNA-, nukleären 28S-rDNA- und ITS1/ITS2-rDNA-Genen sind auch wertvoll zur Unterscheidung hauptsächlich von *T. saginata* von *T. solium*. Der Test hat den Vorteil, dass große Mengen von Proben in kurzer Zeit analysiert werden können.

Bei der Multiplex-PCR werden gattungsspezifische und artspezifische Primer zur Unterscheidung von *Taenia*-Arten verwendet. Auf der Grundlage des mitochondrialen COX-1 als Zielgen wurde eine spezifische Amplikongröße von 827 bp für *T. saginata* und 269 bp für *T. asiatica* beobachtet. Spezifische Amplikongrößen von 720 und 984 bp wurden für amerikanische/afrikanische und asiatische Genotypen von *T. solium* berichtet. Diese Technik ist relativ einfach und zeitsparend, da sie keine DNA-Sequenzierung erfordert, daher wird sie am häufigsten bei der Diagnose verschiedener Formen von Zystizerkose einschließlich Neurozystizerkose verwendet.

Die isothermen Verstärkungsmethoden wie LAMP werden zunehmend für die Diagnose und Unterscheidung von *Taenia*-Arten verwendet und sind empfindlicher und spezifischer als die Multiplex-PCR. Unter den beiden Zielgenen für LAMP unterscheiden die Primer, die auf das *COX-1* abzielen, die drei Arten von *Taenia*, während die Primer, die auf das *clp-Gen* abzielen, nicht zwischen *T. saginata* und *T. asiatica* unterscheiden können.

Diagnose von Zystizerkose

Mikroskopie

Die mikroskopische Untersuchung von chirurgisch resezierten Läsionen zeigt eine typische parasitäre Integumentzytologie in Verbindung mit Cholesterinkristallen und Kalkkörperchen. Die Darstellung des invaginierten Scolex mit den Haken ist diagnostisch für *Zystizerken*. Zysten können sich in verschiedenen Stadien der Degeneration befinden, wobei die Intensität der Entzündungsreaktionen in den späteren, nicht lebensfähigen Stadien höher ist. Die Feinnadelaspiration ist eine kostengünstige Alternative zur offenen Biopsie.

Serodiagnostik

Antikörperbasierte serologische Tests wie ELISA und der enzymgekoppelte Immunelektrotransferblot (EITB) (Abb. 9) werden am häufigsten bei der Diagnose der Zystizerkose verwendet, die durch *C. cellulosae* verursacht wird.

Die ELISA-Plattformen mit dem neueren FAST-ELISA-Format verwenden onkosphärische Peptide und unverarbeitete Antigenextrakte zum Nachweis von Antikörpern mit suboptimalen

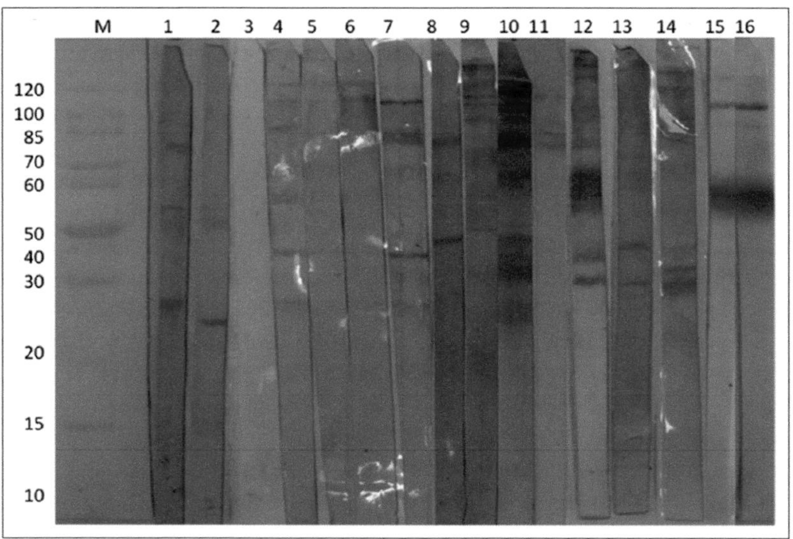

Abb. 9 Enzymgekoppelter Immunelektrotransferblot für antizystizerkale Antikörper. Spur M: Ponceau-gefärbte Proteintreppe; Spuren 1, 2, 4, 7–10, 12–16: positive Serologie für Neurozystizerkose; Spuren 3, 5, 6, 11: negative Serologie für Neurozystizerkose. (Sammlung des Autors)

Sensitivitäten und Kreuzreaktionen mit Hydatidenkrankheit und Hymenolepiasis. EITB-Tests unter Verwendung von aus Linsenlektin gereinigten Glykoproteinen (LLGP) wie GP50-, T24- und 8-kDa-Proteinen bieten eine robuste Sensitivität, können aber eine aktuelle nicht von einer früheren Infektion unterscheiden. Ein neueres EITB-Format, bei dem ein rekombinantes Antigen rT24H verwendet wird, ist mit einer Sensitivität von 94 % und einer Spezifizität von 98 % vielversprechend. Der Western Blot unter Verwendung der LLGPs liefert hochspezifische Ergebnisse mit 95 % Sensitivität.

Der EITB, der hochspezifische Proteinbänder verwendet, hilft bei der Differenzierung von *Taenia* spp. Ein Immunblotband von 21,5 kDa hat sich als hochspezifisch für *T. asiatica* erwiesen. Zusätzlich dazu gibt es 2 weitere immundominante Kandidatenantigene, die identifiziert und als rekombinante Moleküle exprimiert wurden: *T. asiatica*-Lactatdehydrogenase (rTaLDH) und die rekombinante *T. asiatica*-Enolase (rTaENO). Diese Proteine befinden sich im Integument von adulten *T. asiatica*-Würmern und der embryonalen Membran der Onkosphäre.

Der größte Nachteil der antikörperbasierten serologischen Tests, einschließlich EITB, besteht darin, dass sie nicht zwischen der aktuellen und einer früheren Infektion unterscheiden können und Antikörper auch danach bestehen bleiben.

Antigenbasierte Tests werden häufig zur Darstellung von zirkulierenden Zystizerkusantigenen im Serum, Speichel und Urin zur Diagnose von Zystizerkose verwendet. Der ELISA mit monoklonalen Antikörpern gegen das HP10-Antigen und das exkretorisch-sekretorische Antigen B158/B60 wird zunehmend zur Detektion des Zystizerkusantigens im Serum sowie im Liquor zur Diagnose von Neurozystizerkose verwendet. Der Nachweis von Antigenen im Serum und anderen Körperflüssigkeiten deutet auf aktuelle und aktive Fälle von Zystizerkose hin und hat einen prognostischen Wert, da das Antigen nach klinischer und parasitologischer Heilung der Zystizerkose aus dem Kreislauf verschwindet.

Andere Methoden

Bildgebende Verfahren wie Röntgen, CT und MRT werden zur Diagnose von Neurozystizerkose verwendet. Einfache Röntgenaufnahmen des Schädels und der Weichteile werden zum Nachweis einer verkalkten oder abgestorbenen Zyste verwendet. CT und MRT sind die derzeit gebräuchlichen Verfahren zum Nachweis der Anzahl, Größe, Lage und des Stadiums der Zystizerken. Die CT ist die Methode zum Nachweis von abgestorbenen, verkalkten und multiplen Zysten. Die MRT erscheint überlegen gegenüber der CT bei der Identifizierung von nicht verkalkten Zysten und Zysten, die sich in parenchymatösen und extraparenchymtösen Gewebe befinden. Die Gehirnläsionen werden auf CT/MRT-Scans mit Tuberkulomen und Tumoren verwechselt.

Jedes der absoluten Kriterien (histologische parasitäre Darstellung in der Gehirn- oder Rückenmarkbiopsie, CT/MRT zeigt Scolex [„Loch-mit-Punkt"] oder fundoskopische Darstellung des subretinalen Parasiten) liefert eine eindeutige Diagnose. Zu den Hauptkriterien gehören hochgradig suggestive Läsionen in der Neurobildgebung, ein positiver Serum-EITB-Assay, ein spontan auflösendes kleines einzelnes vergrößerndes Granulom oder die Auflösung einer intrakraniellen zystischen Läsion unter Albendazol- oder Praziquanteltherapie. Zu den Nebenkriterien gehören Läsionen, die mit NCC in der Neurobildgebung kompatibel sind, klinische Manifestationen, die auf NCC hindeuten, positive CSF-ELISA für Antigen oder Antikörper und eine Zystizerkose außerhalb des zentralen Nervensystems. Ein Hauptkriterium mit 2 Nebenkriterien stellt eine wahrscheinliche Diagnose von NCC dar. Bei Nichterfüllung der absoluten Kriterien kann die Erfüllung von 2 Hauptkriterien und 1 Nebenkriterium in Verbindung mit epidemiologischen Kriterien (endemischer Wohnsitz, Reisehistorie) eine endgültige Diagnose liefern. Epidemiologische Kriterien helfen bei der Feststellung einer wahrscheinlichen Diagnose, wenn sie mit 3 Nebenkriterien oder jeweils 1 aus den Haupt- und den Nebenkriterien kombiniert werden.

Diagnose von okulärer/orbitaler Zystizerkose (OCC)

Die okuläre/orbitale Zystizerkose (OCC) ist eine häufige Form der Zystizerkose, die für 75–80 % der weltweiten Zystizerkosefälle verantwortlich ist. Die Lokalisierung der Zysten kann extraokular (orbitale Gewebe, Muskeln, Tränendrüse oder subkonjunktival) oder intraokular sein. Die OCC kann sich je nach Lage der Zyste auf unterschiedliche Weise bei einem Patienten manifestieren.

Je nach Lage der Zyste kann das Ergebnis einer 8-Punkt-Augenuntersuchung variieren. Sehschärfe, Pupillen, äußere Bewertung (Proptosis, knotige Masse, Lidödem, Ophthalmoplegie), Spaltlampenuntersuchung und fundoskopische Untersuchungen sind bei der Diagnose üblich.

CBC und Vorderkammerparazentese können eine Eosinophilie aufzeigen. Mit der FNAC kann die Zyste aspiriert werden, um eine eindeutige Diagnose zu stellen. Die Histologie kann Skolex mit Haken innerhalb der Zyste identifizieren. Die absterbende Zyste präsentiert sich mit einer faserigen Zystenwand und einem Granulom mit Riesenzellbildung. Der ELISA kann bei der Diagnose helfen, aber negative Testergebnisse schließen eine OCC nicht aus (etwa 50 % der bestätigten OCC-Patienten sind negativ mit ELISA getestet).

MRT, CT und USG sind bei der Diagnose von OCC weit zuverlässiger als routinemäßige Labordiagnosemethoden. Eine okuläre B-Scan-Ultraschalluntersuchung kann eine gut ausgeprägte Zyste in der Orbita mit einem hyperechoischen Scolex zeigen, während ein A-Scan hohe Amplitudenspitzen aufweist, die einer Verkalkung der Zystenwände und des Scolex entsprechen. Die CT kann eine charakteristische hypodense Masse (nicht anreichernde Läsion) mit einem zentralen hyperdensen Skolex und angrenzender Weichteilentzündung zeigen. Der Skolex ist jedoch möglicherweise nicht identifizierbar, wenn die Zyste abgestorben ist und durch ein umgebendes Ödem verdeckt wird. Die MRT zeigt eine hypointense Zyste und einen hyperintensen Skolex. Entzündungen aufgrund der Zyste verstärken CT- und MRT-Signale.

PCR-basierte Methoden und DNA-Sonden werden ebenfalls verwendet, um parasitäre Genommaterialien in den Gewebeproben mit hoher Sensitivität und Spezifität zu erkennen.

Behandlung

Praziquantel in einer oralen Einzeldosis von 5 oder 10 mg/kg wird für die Behandlung der durch *T. saginata* verursachten intestinalen Taeniasis empfohlen. Niclosamid, verabreicht in einer oralen Einzeldosis von 2 g (50 mg/kg), ist ebenfalls wirksam. Wenn 1 und 3 Monate nach der Behandlung keine *Taenia-Eier* in den Stuhlproben nachweisbar sind, kann die Behandlung als erfolgreich angesehen werden.

Zur Behandlung der Neurozystizerkose werden Kortikosteroide, Antiepileptika und eine Therapie mit Albendazol oder Praziquantel empfohlen. Albendazol wird als überlegen gegenüber Praziquantel für NCC angesehen. Es wurde berichtet, dass die Kombination von Albendazol und Praziquantel in mehr Fällen zu einer Rückbildung der Befunde in der radiologischen Bildgebung führt. Eine Operation kann bei einem obstruktiven Hydrozephalus notwendig sein. Eine orbitale Zystizerkose wird mit Albendazol und Kortikosteroiden behandelt.

Die Prognose der Krankheit hängt weitgehend von der Stelle, dem Stadium der Infektion, dem Immunstatus des Patienten und den chirurgischen Fähigkeiten ab.

Prävention und Bekämpfung

Die intestinale Taeniasis wird durch angemessenes Kochen von Rinder- oder Schweineeingeweiden verhindert, indem diese entweder Temperaturen zwischen 63 und 71 °C ausgesetzt werden, oder indem sie für längere Zeit gekühlt oder gesalzen oder für 9 Tage bei −10 °C eingefroren werden. Um eine Ansteckung von Rindern und Schweinen zu verhindern, sollten die Fäkalien ordnungsgemäß entsorgt werden. Die verschiedenen Methoden die angewendet werden können, sind die folgenden.

Präventive Maßnahmen erfordern angemessene sanitäre Einrichtungen, Abwasserbehandlung und die Aufstallung von Schweinen, um zu verhindern, dass Zwischenwirte mit den Parasiteneiern in Kontakt kommen. Darüber hinaus sind Lebensmittelhygiene, wie die Vermeidung der Verwendung desselben Schneidebretts für rohes und gekochtes Fleisch, Handhygiene und persönliche Hygiene erforderlich.

Fleischhygiene ist äußerst wichtig, um Krankheiten beim Menschen vorzubeugen; Bestrahlung, Pökeln in Salz (12–24 h) und Einfrieren bei −24 °C für 24 h liefern hervorragende Ergebnisse. Fleisch, das auf eine Temperatur zwischen 60 und 65 °C gebracht wird, bis es seine rosa Farbe verliert, ist wirksam. Eine strenge Marktüberwachung von infizierten Schweinen und Rindern ist aufgrund von wirtschaftlichen Faktoren schwierig. Bei der Fleischbeschau werden schwere Infektionen festgestellt. Obwohl die Vorschriften weltweit variieren, werden Schweine auf Zystizerken in Oberschenkelmuskeln, Zwerchfell, Herz, Zwischenrippenmuskeln und Zunge untersucht. der Musculus masseter, die Ventrikel des Herzens, die Leber und das Zwerchfell des Rindes sind die Stellen, auf die man achten sollte. Eine gezielte präventive Therapie in bestimmten Risikogruppen beim Menschen führt zu einem nachhaltigen Rückgang der Fälle.

Impfung und anthelmintische Therapie von Rindern und Schweinen helfen, die Belastung zu reduzieren. Für Schweine zeigen die Impfstoffe SP3VAC und TSOL18 in Kombination mit Oxfendazol eine hohe Effizienz. Der Impfstoff TSA9/TSA18 gegen *T. saginata* ist bei Rindern vielversprechend. Diese Impfstoffe können jedoch die bestehenden Zysten nicht zerstören.

Fallstudie

Ein 56-jähriger Mann stellte sich in einem Krankenhaus vor, weil er seit einem Monat Segmente eines Wurms im Stuhl hatte. Andere abdominale Symptome waren nicht vorhanden. Die Stuhluntersuchung zeigte Proglottiden, aber keine Eier. Zur Bestimmung der Art wurde mit dem Segment eine PCR-Amplifikation des mitochondrialen Cytochrom-*c*-Oxidase-Untereinheit-I-Gens und des Elongationsfaktor-1α durchgeführt. Bei beiden Markern wurde eine 100 %ige Übereinstimmung mit *T. saginata* festgestellt. Eine erneute Stuhluntersuchung nach 3-tägiger Behandlung mit Praziquantel ergab, dass keine Segmente oder Eizellen vorhanden waren.

Fragen

1. Welche relevanten Ernährungsanamnese wäre in diesem Fall hilfreich gewesen?
2. Welche anderen Tests als die PCR können hier durchgeführt werden, um zu einer Diagnose zu gelangen?
3. Welche Vorsichtsmaßnahmen sollten getroffen werden, um die Infektion zu verhindern?

Forschungsfragen

1. Ein einfaches Diagnoseinstrument zur Artidentifizierung bei Taeniasis, das über molekulare Methoden hinausgeht, muss für ein effektives Management entwickelt werden.
2. Es besteht eine Lücke in der Definition der Rolle des Immunmechanismus während des Verlaufs dieser parasitären Infektion bei Menschen und Tieren.
3. Es fehlt ein geeignetes Tiermodell zur Untersuchung der Pathogenese und der Wirt-Parasiten-Beziehung dieser Parasiten.

Weiterführende Literatur

Galán-Puchades MT, Fuentes MV. *Taenia asiatica:* The most neglected human *Taenia* and the possibility of cysticercosis. Korean J Parasitol. 2013;51:51–4.

Garcia HH, Del Brutto OH. *Taenia solium* cysticercosis. Infect Dis Clin N Am. 2000;14(1):97–119.

Garcia LS. Diagnostic Medical Parasitology. 5th ed. Washington, DC: ASM Press; 2007.

Gonzále LM, Bailo B, Ferrer E, et al. Characterization of the *Taenia* spp. HDP2 sequence and development of a novel PCR-based assay for discrimination of *Taenia saginata* from *Taenia asiatica*. Parasites Vectors. 2010;3:51.

Murrell KD. WHO/FAO/OIE guidelines for the surveillance, prevention and control of taeniasis/cysticercosis 2005;139.

Parija SC, Ponnambath DK. Laboratory diagnosis of *Taenia asiatica* in humans and animals. Trop Parasitol. 2013;3(2):120–4.

Echinokokkose

Subhash Chandra Parija und S. Pramodhini

Lernziele

1. Die 2 wichtigen Manifestationen der Echinokokkose (zystisch und alveolär) zu identifizieren, die durch 2 verschiedene Arten verursacht werden, und der Unterscheidungsmerkmale
2. Kenntnisse über die verschiedenen Methoden zur Labordiagnostik und deren Einschränkungen zu haben
3. Kenntnisse über die wichtige Rolle der Chirurgie bei der Behandlung der Echinokokkose zu haben

Einführung

Als Echinokokkose wird eine Infektion bezeichnet, die sowohl durch die adulten als auch die larvalen Formen der Bandwürmer der Gattung *Echinococcus* verursacht wird. Die Zestode lebt im Dünndarm von Fleischfressern, die die Endwirte sind. *Echinococcus granulosus, Echinococcus multilocularis, Echinococcus oligarthrus* und *Echinococcus vogeli* sind die vier anerkannten Arten, die beim Menschen eine Infektion verursachen. Unilokuläre/zystische Echinokokkose und multilokuläre/alveoläre Echinokokkose werden durch E. granulosus und E. multilocularis verursacht. *Echinococcus vogeli* verursacht eine polyzystische Echinokokkose, während seltene Infektionen E. oligarthrus zugeschrieben werden.

Geschichte

Hippokrates, Aretaeus, Galen und Rhazes haben die Echinokokkose seit der Antike beschrieben. Im 17. Jahrhundert schlug Francesco Redi ihre tierische Herkunft vor. Pierre Simon Pallas schlug 1766 vor, dass die Hydatidenzysten infizierter Menschen die Larvenformen von Bandwürmern sind. Goeze und Batsch beschrieben die genaue Morphologie der Zyste und des Kopfes des Bandwurms. 1863 identifizierte Rudolf Leuckart *E. multilocularis.* Nachfolgende Forschungen und experimentelle Studien in der ersten Hälfte des 20. Jahrhunderts zeigten den Lebenszyklus, die Pathogenese und das klinische Spektrum der beim Menschen verursachten Krankheit durch *E. granulosus* und *E. multilocularis. Echinococcus oligarthrus* und *E. vogeli* wurden als die beiden anderen Arten identifiziert, die die Echinokokkose beim Menschen verursachen.

S. C. Parija (✉)
Sri Balaji Vidyapeeth University, Pondicherry, Indien

S. Pramodhini
Sri Balaji Vidyapeeth, Pondicherry, Indien

S. Pramodhini
Department of Microbiology, Mahatma Gandhi Medical College and Research Institute, Pondicherry, Indien

S. C. Parija und A. Chaudhury (Hrsg.), *Lehrbuch der parasitären Zoonosen*,
https://doi.org/10.1007/978-981-97-4312-4_33

Taxonomie

Die Gattung *Echinococcus* gehört zur Familie Taeniidae, Ordnung Cyclophyllidea, Klasse Cestoda, Stamm Platyheminthes. Die Gattung umfasst derzeit 9 anerkannte Arten. Die für den Menschen wichtigen Arten umfassen *Echinococcus* sensu lato, die unilokuläre Echinokokkose verursachen, nämlich *Echinococcus granulosus* sensu stricto (G1-, G2- und G3-Stämme), *Echinococcus equinus* (G4-Stamm), *Echinococcus ortleppi* (G5-Stamm), *Echinococcus canadensis* (G6-, G7-, G8-, G9- und G10-Stämme) und *Echinococcus felidis* (der Löwenstamm) zusammen mit *E. multilocularis*, der die multilokuläre Echinokokkose verursacht, *E. vogeli* und *E. oligarthrus*, die die neotropische Echinokokkose verursachen und *Echinococcus shiquicus*. Die Tab. 1 fasst die *Echinococcus*-Arten zusammen, die beim Menschen Infektionen verursachen.

Genomik und Proteomik

Zoonotische Genotypen innerhalb des *E. granulosus*-sensu-lato-Komplexes wurden in 10 Genotypen, G1–G10, basierend auf ihrer Wirtsspezifität klassifiziert. Der Schafstamm besteht aus G1–G3, der Kamelstamm aus G6, der Schweinestamm aus G7, der Hirschstamm aus G8 und G10 usw. Die Genomsequenz des *E. granulosus*-G1-Genotyps zeigt ein 151,6-Mb-Genom mit einem GC-Gehalt von 42,1 %. Ein ähnlicher GC-Gehalt wurde bei *E. canadensis* (G7) mit einer kleineren Genomgröße (115 Mb) festgestellt. Allerdings hat *E. canadensis* eine deutlich geringere Gendichte als der G1-Genotyp (13 versus 75 pro Mb). Andererseits hat *E. multilocularis* eine Genomgröße, die von 115 bis 141 Mb reicht. Die Anzahl der vorhergesagten Gene in den Genotypen G7 und G1 waren ähnlich (11.449 und 11.325, jeweils). Durchschnittliche Exon- und Intronlängen waren zwischen den Genotypen G7 und G1 vergleichbar (219 bp und 714 bp versus 214 bp und 726 bp). Maldonado et al. (2017) verglichen *Echinococcus*-Genome verschiedener Arten mit der Circos-Plot-Software, um hohe Grade an genetischer Konservierung zwischen *E. canadensis* und *E. multilocularis* (durchschnittlich 94,6 %) und zwischen *E. canadensis* und G1-Genotyp (durchschnittlich 98,3%) aufzuzeigen. Die SNP-Frequenz des G1-Stamms ist hoch, mindestens 10fach höher als bei *E. canadensis*. Eine detaillierte

Tab. 1 Verbreitung von *Echinococcus* spp.

Spezies	Hauptverbreitung	Zwischenwirt	Endwirt	Menschliche Infektion
Echinococcus granulosus sensu stricto	Kosmopolitisch	Schaf	Wilde und domestizierte Hunde	Häufigste Ursache von zystischer Echinokokkose
Echinococcus equinus	Europa, Asien, Afrika	Pferd, Hirsch	Haushund	Nicht berichtet
Echinococcus ortleppi	Europa, Asien, Afrika	Rind	Haushund	Zystische Echinokokkose
Echinococcus canadensis	Europa, Asien, Afrika, Amerika	Kamel, Schwein, Hirsch	Haushund, Wolf	Zweithäufigste Ursache von zystischer Echinokokkose
Echinococcus felidis	Afrika	Löwe	Hyäne, Zebra, Giraffe, Hirsch usw.	Nicht berichtet
Echinococcus multilocularis	Europa, Asien, Afrika, Nordamerika	Nagetiere und kleine pflanzenfressende Säugetiere	Fuchs, Wolf, Waschbär	Alveoläre Echinokokkose
Echinococcus vogeli	Zentral- und Südamerika	Paka	Buschhund	Neotropische Echinokokkose
Echinococcus oligarthrus	Zentral- und Südamerika	Opossum, Aguti	Wilde Katzenarten	Neotropische Echinokokkose
Echinococcus shiquicus	Tibetisches Hochland	Pika	Tibetischer Fuchs	Nicht berichtet

Analyse zeigt den Verlust von Genen für die Synthese der meisten Aminosäuren in *E. granulosus* und *E. multilocularis*. *Echinococcus granulosus* verlor auch Gene für Purin-, Pyrimidin- und Fettsäureoxidation. Stattdessen wurden mehrere Gene, die mehrere Proteasen und Proteine der Solut-Carrier-Familie codieren, hochreguliert. Die BLAST-Analyse zeigt 3903 einzigartig *Echinococcus*-spezifische Gene in *E. granulosus,* die die Schlüsselgene für seine biologischen Eigenschaften sind. Der Zugang zu Proteasen und Carrierproteinen weist auf das ideale parasitäre Leben hin, um sich vom Wirt zu ernähren und Immunangriffen zu widerstehen. Das Fehlen der Cholesterinsynthesemaschinerie erfordert die Aufnahme von essenziellen Fetten vom Wirt mit Fettsäuretransportern und Lipidverlängerungsenzymen. Dies ist für die metazestodale Expression von Antigen B (AgB) von entscheidender Bedeutung. Ein spezialisierter Entgiftungsmechanismus und der Verlust von Homöoboxgenen sind charakteristisch.

Die Analyse der Kyoto Encyclopedia for Genes and Genomes (KEGG) deutet darauf hin, dass *E. granulosus* über die vollständigen Stoffwechselwege für Glykolyse, Tricarbonsäurezyklus und Pentosephosphat verfügt. Kürzlich zeigte die Proteomanalyse von *E. canadensis* eine Länge von etwa 49.000 Aminosäuren. Ähnlich wie beim Bandwurm zeigen die Proteomiken von *Echinococcus* viele neue Domänen, die mit Zell-zu-Zell-Adhäsion und Integumentbildung wie Cadherinen und Tetraspaninen zusammenhängen. Das einzigartige Merkmal der kohlenhydratreichen laminierten Schicht wird durch das Vorhandensein der Apomuzin-Familie und die Umleitung der Galactosyltransferasen gekennzeichnet. Eine Expansion der Hitzeschockproteine (HSP), insbesondere der HSP110- und HSP70-Klade, ist auffällig. Stadienspezifische Proteomstudien dokumentieren die Vorherrschaft von Antigen 5 (Ag5) im frühen zystischen Stadium, aber Knappheit in den späteren Stadien. Proteomstudien haben die *Echinococcus*-Diagnostik revolutioniert. Studien zum Proteom der Hydatidenflüssigkeit von *E. granulosus* und *E. multilocularis* haben eine sehr enge Beziehung in Phylogenie und Evolution beider Arten aufgedeckt. Jede Art weist unterschiedliche Protein-Protein-Interaktionsnetzwerke (PPI) auf. Während in *E. granulosus* Proteine, die am Kohlenhydratstoffwechsel beteiligt sind, die Haupt-PPI sind, sind in *E. multilocularis* extrazelluläre Matrixproteine (ECM) die Haupt-PPI, um die hochkomplexe multilokuläre Struktur der Zysten aufrechtzuerhalten.

Die Parasitenmorphologie

Adulter Wurm

Der adulte *E. granulosus*-Wurm ist fast 3–6 mm lang. Er besteht aus einem Scolex, einem kurzen Hals und Strobila (Abb. 1). Der birnenförmige Scolex trägt 4 Saugnäpfe mit einem Rostellum, das 2 Reihen von Haken in kreisförmiger Anordnung aufweist. Die Länge des Halses beträgt etwa 3 mm × 6 mm. Die Strobila besteht aus 3 Proglottiden: unreif, reif und gravid, jeweils distal zum Hals. Die terminale gravide Proglottide, die den eihaltigen verzweigten Uterus trägt, ist

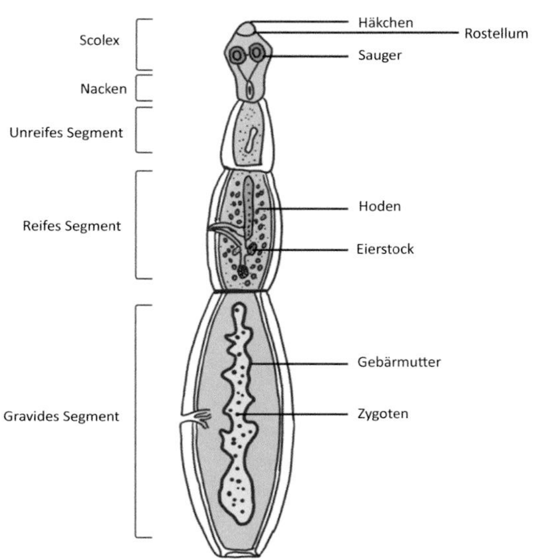

Abb. 1 Schematische Darstellung des adulten *E. granulosus*

die größte. Die Lebensdauer eines adulten Wurms beträgt etwa 6–30 Monate.

Adulte Würmer anderer Arten ähneln einander, weisen jedoch Variationen in ihrer Länge auf. Normalerweise beträgt die Länge des adulten *E. multilocularis*-Wurms 1,2–4,5 mm. Adulte *E. vogeli*- und *E. oligarthrus*-Würmer erreichen bis zu 5,5 mm bzw. 2,9 mm. Die Struktur des Scolex, des Halses und der Strobila ist bei allen Arten vergleichbar. Unter den Arten hat *E. vogeli* die größte Strobila, die oft eine Länge von 12 mm erreicht.

Eier

Die Eier von *Echinococcus* sind braun gefärbt und eiförmig, sie enthalten einen Embryo mit 3 Paaren von Haken (Abb. 2). Der durchschnittliche Durchmesser der Eier beträgt etwa 30 μm. Die zentralste Schicht der Eihülle wird als Embryophore bezeichnet, die wie ein typisches *Taeni*-Ei radial gestreift ist.

Eier anderer Arten ähneln denen, die oben beschrieben wurden, und sie können mikroskopisch nicht unterschieden werden.

Larvenform

Die Hydatidzyste ist die Larvenform von *E. granulosus*, die im Zwischenwirt gefunden wird. Die Larve hat einen vesikulären Körper, der die invaginierten Protoskolizes trägt, ähnlich dem Scolex bei den adulten Würmern. Kurz nach dem Eintritt in den Endwirt kommt es zur Ausstülpung des Scolex mit Saugnäpfen und Rostellarhaken, der sich später zu einem adulten Wurm entwickelt. Eine voll entwickelte Hydatidzyste ist einhöhlig und blasenähnlich im Aussehen. Sie ist kugelförmig und variiert in der Größe von 2–3 mm bis zu über 30 cm. Die Zystenwand besteht aus 3 unterschiedlichen Schichten, nämlich der Perizyste, die aus faserigem Gewebe besteht, das durch Wechselwirkungen mit dem Wirt erzeugt wird, einer Ektozyste aus zähem, elastischem Hyalin und einer Endozyste, die die Keimschicht ist und für die Sekretion von Hydatidflüssigkeit in der Zyste verantwortlich ist (Abb. 3).

Abb. 2 Schematische Darstellung des Eis von *E. granulosus*

Die Zystenstruktur anderer Arten ähnelt der Hydatidzyste. Allerdings bilden im Gegensatz zur Hydatidzyste *E. multilocularis* und *E. vogeli* mehrere kleine Zysten, sogenannte Lokuli, die weit in den Organen verteilt sind. Zysten von *E. oligarthrus* sind einhöhlig wie die der Hydatidzyste.

Zucht von Parasiten

Das grundlegende Kulturmedium für die In-vitro-Zucht der Onkosphären von *E. granulosus* besteht aus Medium 858, das Glukose und Kalium enthält und mit den entsprechenden Wirtsseren oder Sera von jungen Tieren ergänzt wird. Die Zucht erfolgt bei 37 °C in Rollröhrchen mit einer Gasphase von 10 % O_2 + 5 % CO_2 in Stickstoff. Diese Technik des Ausschlüpfens und anschließenden Züchtens der Larve wird durchgeführt, um die Zytologie und Histologie der sich entwickelnden Larven zu untersuchen.

Die Protoskolizes von *E. multilocularis* wurden erfolgreich in einem modifizierten RPMI1640-basierten Medium kultiviert, das 25 % (v/v) fötales Rinderserum (FBS) enthält. Die Mestazestoden von *E. vogeli* wurden ebenfalls in den oben genannten Medien zusammen mit Metazestoden von *E. multilocularis* kultiviert.

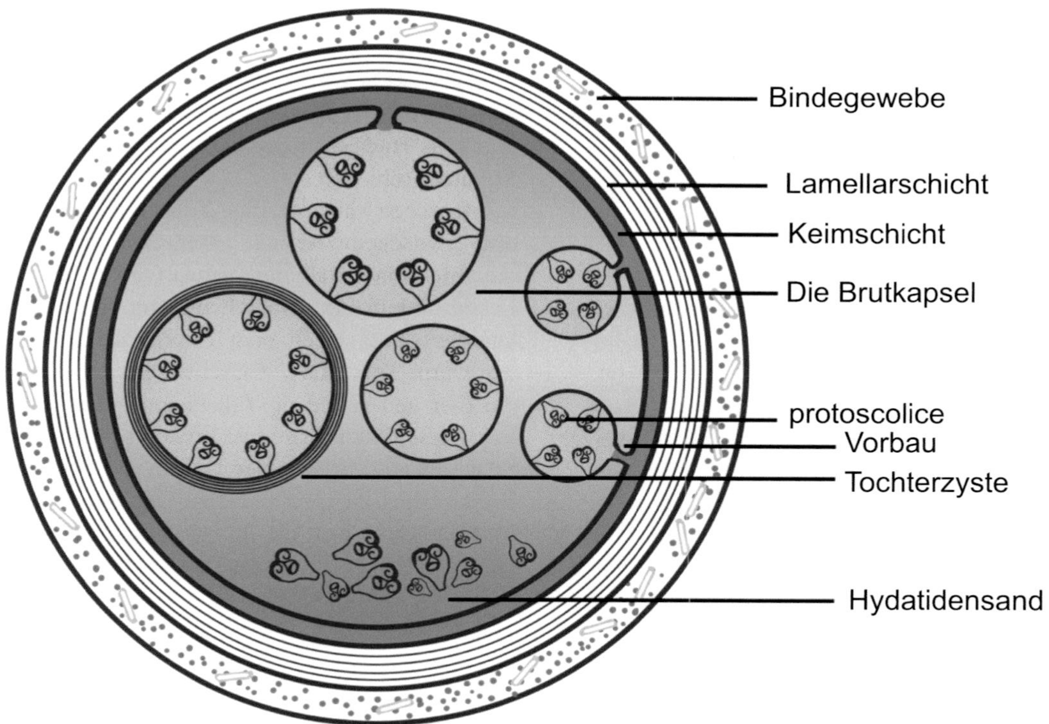

Abb. 3 Schematische Darstellung der Hydatidzyste

Versuchstiere

Die Schweizer Albinomaus wurde für *E. granulosus* entwickelt und anschließend verwendet, um die In-vivo-Wirksamkeit von Mebendazol zu ermitteln. Versuchstiere werden auf verschiedene Weise infiziert, wie z. B. durch intraperitoneale, subkutane, Thorax- und Hirninjektionen von Protoskolizes. Das Tiermodell spielt eine wichtige Rolle in der translationalen Studie für neuartige Medikamente, chirurgische Ansätze und Impfstoffentwicklung. Wüstenrennmäuse wurden intraperitoneal mit *E. multilocularis* infiziert, während Mäuse häufig als experimentelle Tiere für *E. vogeli* verwendet werden.

Der Lebenszyklus von *Echinococcus* spp.

Wirte

Endwirte

Wild- und Haushunde (*E. granulosus*); Fuchs, Hund, Waschbär *(E. multilocularis);* Buschhund (*E. vogeli);* wilde neotropische Katzen *(E. oligarthrus).*

Zwischenwirte

Schafe, Rinder, Kamele, Hirsche *(E. granulosus);* Nagetiere *(E. multilocularis);* Paka *(E. vogeli);* Nagetiere, Hasenartige *(E. oligarthrus).* Menschen sind zufällige Zwischenwirte.

Infektiöses Stadium

Echinococcus-Eier sind das infektiöse Stadium des Parasiten für Menschen und andere Zwischenwirte.

Übertragung von Infektionen

Die Aufnahme erfolgt durch fäkal-orale Kontamination.

Zystische Echinokokkose

Ein Hund, der Endwirt, wird durch den Verzehr von rohen Innereien wie Leber oder Lungen von geschlachteten Schafen, Ziegen usw., die die infektiösen Hydatidenzysten enthalten, infiziert. Bei der Aufnahme stülpen sich die Protoskolizes im Dünndarm aus und heften sich an die Mukosa und entwickeln sich zu einem geschlechtsreifen adulten Wurm, der gravide Proglottiden enthält (Abb. 4). Eier, die aus den graviden Proglottiden freigesetzt werden, werden mit dem Kot ausgeschieden.

Menschen sind zufällige Zwischenwirte. Andere Zwischenwirte und Menschen erwerben die Infektion durch den Verzehr von Gemüse, Lebensmitteln und Wasser, die mit Eiern kontaminiert sind. Nach dem Eintritt in den Magen-Darm-Trakt des Zwischenwirts schlüpfen die Eier und setzen die 6-hakigen Onkosphären frei. Diese Onkosphären verbreiten sich nach direkter Durchdringung der Darmwand über den Blutkreislauf zu verschiedenen Organen. Hauptorte sind die Leber, die Lungen und die Muskulatur. Nach dem Eindringen in diese Organe ver-

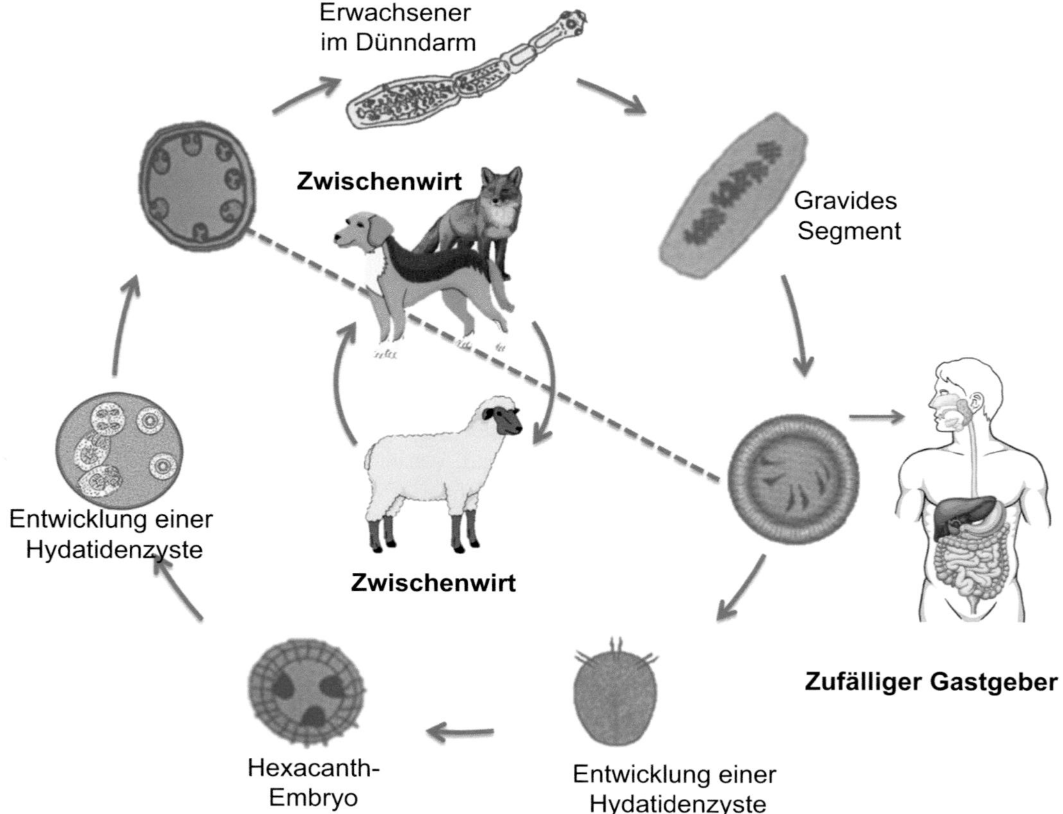

Abb. 4 Lebenszyklus von *E. granulosus*

wandelt sich die Onkosphäre langsam in eine dickwandige Hydatidenzyste. Die Zyste vergrößert sich allmählich, mit der Entwicklung von Protoskolizes und Tochterzysten, die das Innere der Zyste füllen. Eine spontane Auflösung der Zysten kann manchmal bei einigen Zysten auftreten, während andere an Größe zunehmen können, um schließlich zu rupturieren. Nach der Ruptur kann eine sekundäre Echinokokkose der Verlauf sein oder es kann eine schwerere anaphylaktische Reaktion auf die Komponenten der Hydatidenflüssigkeit geben. Der Lebenszyklus endet in den infizierten Menschen.

Alveoläre Echinokokkose

Der Fuchs, der Endwirt, erwirbt die Infektion durch die Aufnahme von zystenhaltigen Organen bei Nagetieren. Nach der Aufnahme stülpen sich die Protoskolizes im Darm aus und heften sich an die Darmschleimhaut. Die Larven entwickeln sich zu geschlechtsreifen adulten Würmern, und gravide Proglottiden setzen Eier frei, die mit dem Kot ausgeschieden werden.

Das frisch im Kot ausgeschiedene Ei ist sofort infektiös. Menschen und andere Zwischenwirte erwerben die Infektion durch die Aufnahme von Lebensmitteln und Gemüse, die mit dem Kot des Fuchses kontaminiert sind und roh oder unzureichend gekocht verzehrt werden. Die aufgenommenen Eier schlüpfen und setzen eine 6-hakige Onkosphäre frei, die die Schleimhautwand des Dünndarms durchdringt. Die Onkosphäre gelangt dann über den Blutkreislauf in verschiedene Organe, am häufigsten in die

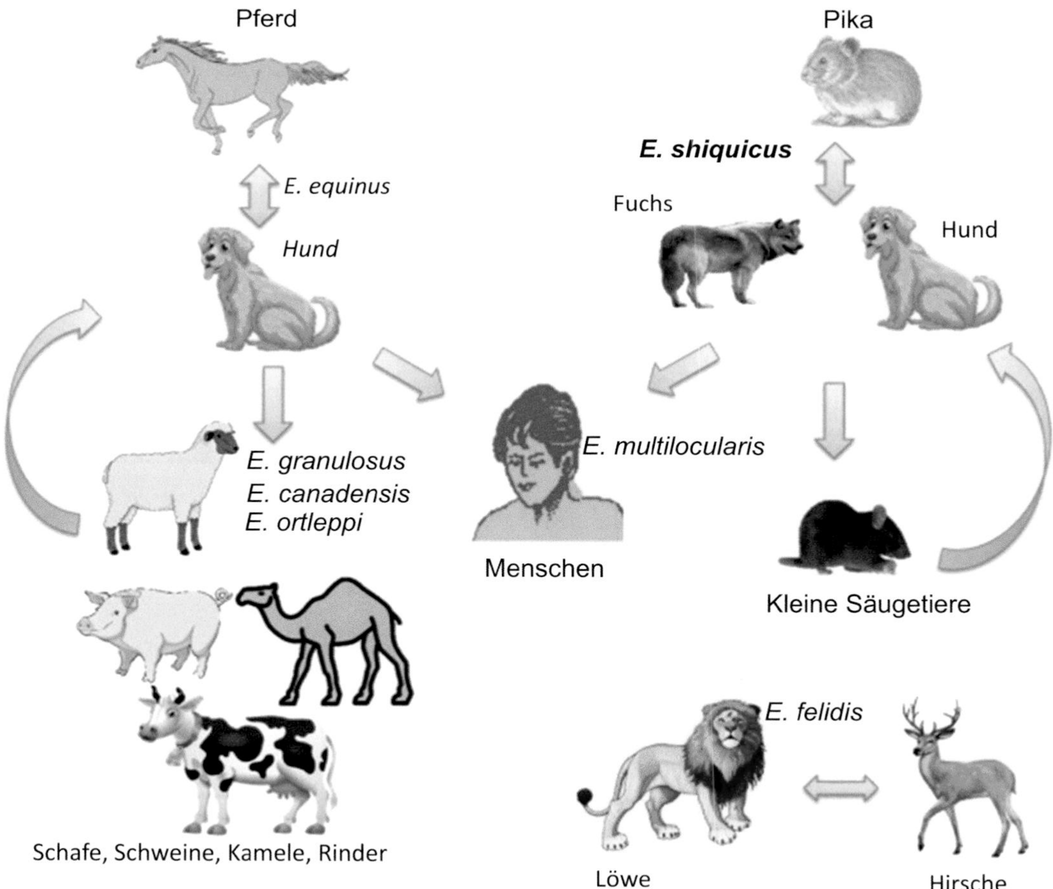

Abb. 5 Lebenszyklus verschiedener Arten von *Echinococcus*

Leber. An diesen Stellen entwickeln sie sich weiter zu einer dünnwandigen, mehrkammerigen („multilokulären") Hydatidenzyste. Die Zysten proliferieren weiter durch Knospen nach außen und innerhalb dieser Zysten entwickeln sich mehrere Protoskolizes.

Menschen gelten als aberrante Zwischenwirte (Abb. 5). Die primäre Zyste entwickelt sich in der Leber, aber im Laufe der Zeit kann eine Metastasierung oder Verbreitung durch die Freisetzung von Protoskolizes aus der Zyste zu anderen Organen des Körpers wie Lungen, Gehirn, Herz und Knochen auftreten.

Polyzystische Echinokokkose

Der Lebenszyklus von *E. oligarthrus* und *E. vogeli*, die die polyzystische Echinokokkose verursachen, ist gleich, mit Ausnahme ihrer Unterschiede in den Wirten, der Morphologie und der Zystenstruktur. Wildkatzen (Felidae) sind die Endwirte von *E. oligarthrus,* während Buschhunde die Endwirte von *E. vogeli* sind.

Pathogenese und Pathologie

Zystische Echinokokkose

Menschen, die Zwischenwirte, erwerben die Infektion durch den Verzehr von mit *E. granulosus*-Eiern kontaminierten Lebensmitteln oder durch das Trinken von kontaminiertem Wasser. Im Darm schlüpfen die Eier und setzen Onkosphären frei. Die Onkosphären durchdringen dann die Darmwand, wandern über den Blutkreislauf und setzen sich in der Leber oder den Lungen oder, seltener, im Gehirn, in den Knochen oder anderen Organen fest.

Im Gewebe wachsen die Onkosphären und entwickeln sich zu Zysten, die langsam zu großen unilokulären, mit Flüssigkeit gefüllten Läsionen heranwachsen, die im Volksmund als Echinokokkenzysten bekannt sind. Brutkapseln, die aus vielen infektiösen Protoskolizes bestehen, bilden sich innerhalb der Zysten. Die gut ausgebildete Hydatidzyste besteht aus einer hochantigenen Hydatidflüssigkeit und Tausenden von Protoskolizes. Tochterzysten neigen dazu, entweder innerhalb oder außerhalb der primären Zysten zu entstehen. Die primären Zysten befinden sich in der Leber, in den Lungen, in anderen Eingeweiden, in Muskeln und Geweben der infizierten Wirte. Die Pathologie der Krankheit wird durch den Druckeffekt der Zysten verursacht. Adulte Würmer kommen im Gastrointestinaltrakt des Menschen nicht vor.

Alveoläre Echinokokkose

Die chronische Hydatidläsion tritt typischerweise in der Leber auf. Typischerweise enthält eine winzige faserige Hülle weißliches amorphes Material in einer nekrotischen Höhle. Ein ausgedehntes infiltratives Wachstum durch Knospen nach außen schädigt das umliegende Gewebe. Larvenmassen, die in die Entzündungsreaktion verwickelt sind, können Metastasen in Lunge und Gehirn bilden. Eine disseminierte Echinokokkose äußert sich oft als metastasierender bösartiger Tumor. Es kommt zu einem krebsartigen infiltrierenden Wachstum in der Leber und anderen Organen.

Polyzystische Echinokokkose

Die laminierte hyaline Schicht der Zyste, die in verschiedenen Organen der Zwischenwirte bei polyzystischer Echinokokkose gefunden wird, bleibt gut erhalten. Beim Menschen erfolgt die Larvenentwicklung durch Invagination, wobei das gesamte Organ befallen wird, was einer Malignität ähnelt. Das invadierende und invaginierende Larvenwachstum führt zu mehrfachen Falten und Taschen innerhalb der primären Vesikel.

Immunologie

Verschiedene Faktoren tragen zur Umgehung des Immunsystems des Wirts durch *Echinococcus* spp. bei. Dazu gehören Antigenvariation, Ausscheidung von Oberflächenproteinen, Proteaseproduktion, aktive Modulation einschließlich Immunsuppression, Verzerrung des Th1/Th2-Zytokinprofils, molekulare Maskierung und Mimikry. Die Zestodenlarven und ihre Produkte, die während des Wachstums und der Entwicklung freigesetzt werden, sind hoch immunogen. Sie stimulieren proinflammatorische zelluläre Reaktionen, stimulieren die Antikörperproduktion und erhöhen die zellvermittelten Reaktionen in ihren menschlichen Wirten und Zwischenwirten.

Serum-IgG4 und -IgE sind bei Patienten mit progressiver zystischer Echinokokkose erhöht. IgG4 gilt als immunologischer Marker für zystische Echinokokkose (CE) und höhere IgG1- und IgG3-Werte bei Patienten mit stabiler Erkrankung. Diese Befunde legen nahe, dass die menschliche Immunantwort auf Echinokokkose hauptsächlich durch die Aktivierung von Th2-Zellen gesteuert wird. Eine starke Th2-Reaktion weist hauptsächlich auf das Vorhandensein einer aktiven Zyste hin, während Th1 mit dem Vorhandensein einer inaktiven Zyste korreliert.

Das Austreten von zystischem Flüssigkeitsantigen führt sowohl bei CE als auch bei AE beim Menschen zu einem erhöhten Spiegel an spezifischen IgE-Antikörpern im Serum. Ein damit verbundener hoher IL-5-Spiegel ist charakteristisch. Eosinophilie und allergische Reaktionen sind jedoch bei alveolärer Echinokokkose selten. Die genetische Konstitution des Wirts könnte für den Krankheitsverlauf wichtig sein; eine schwere Krankheit in Verbindung mit dem HLA-DR3DQ2-Haplotyp wurde dokumentiert.

Die Immunologie der polyzystischen Echinokokkose ist weitgehend unerforscht. Die Immunantwort des Wirts ist abgeschwächt, möglicherweise vom Th2-Typ, wie bei der zystischen Echinokokkose beobachtet, bei Vorhandensein von mehrkammerigen Zysten im Vergleich zu den einzelligen Läsionen bei der zystischen Echinokokkose. Ein chirurgischer Eingriff, der eine Verletzung der laminierten Schicht verursacht, führt zu einer schwachen Th1-Reaktion.

Infektion beim Menschen

Die Lage, Anzahl und Größe der Zysten oder der Metazestodenmasse bestimmen die Anzeichen und Symptome bei Menschen bei Echinokokkose.

Zystische Echinokokkose

Die *E. granulosus*-Infektion beim Menschen verursacht eine zystische Echinokokkose mit einer langen Inkubationszeit. Der Zustand bleibt jahrelang symptomlos, bis sich die Zysten vergrößern und eine Dysfunktion in den betroffenen Organen verursachen.

Die primäre Echinokokkose besteht aus einer einzelnen Zyste und tritt am häufigsten in der Leber auf, gefolgt von der Lunge und anderen Organen. Neben der Leber und den Lungen sind auch das Herz, die Milz, die Knochen, die Nieren, das Gehirn und die Augen betroffen. Eine tastbare Hepatomegalie mit dyspeptischen Symptomen ist häufig. In einigen Fällen führt eine spontane oder durch Trauma verursachte Ruptur der Zyste zur Freisetzung von lebensfähigen zystischen Flüssigkeitsproteinen, Skolizes, Allergenen usw. in den Blutkreislauf. Dies führt zu einer Ausbreitung der Infektion auf verschiedene andere Stellen im menschlichen Wirt, und der Zustand wird als sekundäre Echinokokkose bezeichnet. Zystenruptur mit Freisetzung von zystischer Flüssigkeit verursacht Symptome von Fieber, Urtikaria, Eosinophilie und potenziell anaphylaktischem Schock, der sogar tödlich verlaufen kann.

Alveoläre Echinokokkose

Die alveoläre Echinokokkose (AE) befällt in erster Linie die Leber als langsam wachsende und zerstörerische tumorartige Läsion. Beim Menschen reifen die Larvenformen nicht vollständig zu Zysten heran, aber diese Bläschen neigen dazu, umliegendes Gewebe zu invadieren und zu zerstören, was Bauchbeschwerden oder Schmerzen, Gewichtsverlust und Unwohlsein verursacht. Die AE kann letztendlich mit Leberversagen und Tod enden. Selten können Metastasen in den Lungen, der Milz und im Gehirn auftreten. Die unbehandelte Läsion kann sich als hochgradig tödlich erweisen. Bei infizierten Menschen in abgelegenen Gebieten wurde eine Sterblichkeitsrate zwischen 50 und 75% verzeichnet.

Polyzystische Echinokokkose

Echinococcus vogeli, der sich als langsam wachsender Tumor präsentiert, befällt vorwiegend die

Leber, wobei sich sekundär eine Zyste bildet. Bei einem Teil der Patienten drücken die Zysten anschließend auf die Pfortader und das Gallensystem und verursachen Gelbsucht und eine portale Hypertonie. Es wurde über eine Beteiligung der Pleurahöhle und des Mesenteriums berichtet. Selten wurde über klinische Fälle von *E. oligarthrus* mit Beteiligung der Orbita und des Myokards berichtet.

Infektion bei Tieren

Adulte Würmer bewohnen den Dünndarm der Endwirte und verursachen in der Regel milde Symptome. Vermindertes Wachstum, verminderte Produktion von Milch, Fleisch und Wolle, reduzierte Geburtenrate und Verluste durch Verurteilung von Organen wurden bei infiziertem Vieh beobachtet. Viele infizierte Tiere werden normalerweise geschlachtet, bevor sich die Symptome manifestieren. Im Gehirn, in den Nieren, in den Knochen oder in den Hoden wurden multiple Zysten von *E. granulosus* festgestellt, die auf eine schwere Erkrankung hindeuten.

Echinococcus multilocularis und andere Arten infizieren selten Rinder, Schafe und Schweine. Infektionen bei Füchsen, den Endwirten, sind weitgehend asymptomatisch. Interessanterweise können Haushunde sowohl die Zestoden- als auch die Metazestodenstadien beherbergen. Daher sind, ähnlich wie bei menschlichen Fällen von alveolärer Echinokokkose, Beteiligungen der inneren Organe bei Hunden gut beschrieben.

Infektionen bei Tieren durch die beiden anderen Arten sind weitgehend asymptomatisch und bleiben oft unbemerkt. Ein Ausbruch in einem Zoo in Los Angeles betraf mehrere Gorillas und andere juvenile Primaten mit Beteiligung der Leber und der Pleurahöhlen. Allerdings deuten begrenzte Beweise darauf hin, dass die Proliferation in der Leber bei natürlichen Tierwirten selten ist.

Verbreitung von *Echinococcus granulosus* und zystischer Echinokokkose, weltweit, 2011

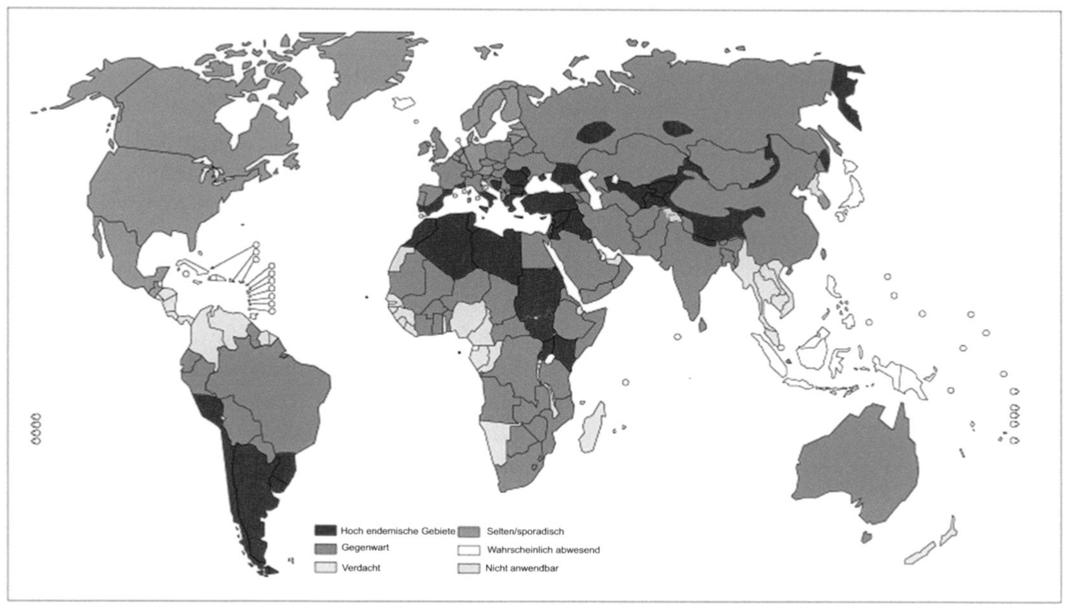

Abb. 6 Weltweite Prävalenz von *E. granulosus*

Epidemiologie und öffentliche Gesundheit

Echinokokkose ist weltweit verbreitet (Tab. 1). Die zystische Echinokokkose ist auf jedem Kontinent, außer der Antarktis, weit verbreitet, während die geografische Verteilung einzelner *E. granulosus*-Genotypen variabel zu sein scheint (Abb. 6). Derzeit sind die am häufigsten verbreiteten Genotypen von *E. granulosus* G1 und G3 (verbunden mit Schafen). Einige Genotypen wie G6 und G7 („*E. canadensis*") sind häufig im Nahen Osten, Afrika und Nord- und Südamerika zu finden, während die Genotypen G8 und G10 in der nördlichen Holarktis weit verbreitet sind. In endemischen Regionen können die Inzidenzraten der zystischen Echinokokkose beim Menschen mehr als 50 pro 100.000 Personenjahre und Prävalenzraten von bis zu 5–10 % erreichen, und in hyperendemischen Gebieten liegt die Prävalenzrate bei 20–95 % der geschlachteten Tiere.

Tab. 2 Diagnosemethoden für Echinokokkose beim Menschen

Diagnostischer Ansatz	Methoden	Targets bei zystischer Echinokokkose	Targets bei alveolärer Echinokokkose	Targets bei polyzystischer Echinokokkose
Mikroskopie	Untersuchung der Hydatidenflüssigkeit Histologische Untersuchung	Demonstration von Protoskolex, Brutkapsel und Zystenwand	Biopsie ermöglicht Ausschluss von Neoplasie und sorgfältige Detektion von Resten der laminierten Schicht	Demonstration von Protoskolex, Brutkapsel und Zystenwand. Größe der Rostellarhaken ermöglicht Differenzierung.
Antikörpernachweis (hauptsächlich Serum-IgG)	ELISA Dot-ELISA Immunblot	Unverarbeitetes Hydatidenfluid: Sensitivität 95%	Em2: 77–92 % sensitiv Em2+-rekombinanter II/3–10 Multiplex: 97% sensitiv und > 90% spezifisch	*Echinococcus granulosus*-Metazestoden werden als Antigen verwendet. Gereinigte Antigene von *Echinococcus vogeli* sind verfügbar. Ev2-Antigen kreuzreagiert mit *Echinococcus multilocularis,* unterscheidet sich aber von *Echinococcus granulosus.* Arc5-Immunelektrophorese erkennt *Echinococcus oligarthrus* (Kreuzreaktivität mit *Echinococcus granulosus*).
		Gereinigtes Antigen B: • ELISA: 60–85 % sensitiv • Immunblot: 60–92 % sensitiv		
		Gereinigtes Antigen 5: 50–87,5 % sensitiv		
		Gereinigte andere Proteine: 45–100 % sensitiv		
		Rekombinantes Antigen B • rAgB8/2 und 2B2t: 93,1 % sensitiv und 99,5 % spezifisch • rAgB8/1: 55–84 % sensitiv		
		Rekombinantes Antigen 5 (rAg-38 s): 21 % sensitiv		
		P176-Peptid: schlechte Sensitivität		
	Dipstick	Kamelhydatidenflüssigkeit: hochsensitiv und spezifisch	Nicht verfügbar	Nicht verfügbar
Antigennachweis (hauptsächlich Serum)	ELISA, CIEP, Co-Agglutination, RPHA, Latex-Agglutination	Niedrige Sensitivität (25 %), aber hohe Spezifität (bis zu 98 %)	Nicht verfügbar	Nicht verfügbar
Molekular (DNA-Nachweis)	PCR, LAMP	Sehr sensitiv und spezifisch; Genotypisierung und Artenbestimmung	Bestätigt Diagnose und bewertet posttherapeutische Lebensfähigkeit	Sehr spezifisch für beide Arten, aber nur in Forschungseinstellungen verfügbar.

Die alveoläre Echinokokkose kommt vor allem in den Regionen der nördlichen Hemisphäre vor. Japan und das tibetische Hochland melden zunehmend Fälle von alveolärer Echinokokkose. Die überwiegende Mehrheit der Fälle wird in China gefunden. Fälle beim Menschen werden angeblich aus neuen Gebieten wie Deutschland und der Schweiz gemeldet. Die Krankheit wird oft für eine bösartige Erkrankung gehalten und verhält sich auch wie ein bösartiger Tumor. Im Durchschnitt fordert sie mehr als 0,6 Mio. verlorene gesunde Lebensjahre („disease-adjusted life years", DALYs) pro Jahr.

Die polyzystische Echinokokkose beim Menschen wird sehr selten gemeldet und ist auf Zentral- und Südamerika beschränkt. *Echinococcus vogeli*-Fälle wurden aus Nicaragua, Costa Rica, Argentinien, Uruguay und Chile gemeldet. *Echinococcus oligarthrus*-Fälle wurden außerdem in Mexiko festgestellt. Die neotropische Echinokokkose ist auch in Peru aufgetreten. Brasilien entwickelt sich zu dem Land mit den meisten Fällen von polyzystischer Echinokokkose. Die neotropischen Fälle beim Menschen außerhalb des Verbreitungsgebiets des Buschhundes sind jedoch möglicherweise auf *E. oligarthrus* zurückzuführen, wo die Kojoten die Übertragung etablieren könnten.

Diagnose

Die Labordiagnostik spielt eine wichtige Rolle bei der Bestätigung der Echinokokkose bei Mensch und Tier (Tab. 2).

Casoni-Hauttest

Im Jahr 1912 führte Tomaso Casoni den Hauttest zur Diagnose der Echinokokkose beim Menschen durch. Das Verfahren beinhaltet die intradermale Injektion von 0,25 ml hydatidischer Flüssigkeit, die durch Seitz-Filtration sterilisiert wird, in einen Unterarm und eine gleich große Menge Kochsalzlösung in den anderen Unterarm. Eine positive Reaktion zeigt sich als Quaddel, die innerhalb von 15 min entsteht, umgeben von einer konzentrischen roten Zone, die später zusammen mit der Quaddel verschwindet (sofortige Überempfindlichkeit). Der Test wird jedoch in vielen Labors fast nicht mehr verwendet.

Mikroskopie

Die Mikroskopie des durch eine explorative Zystenpunktion gewonnenen Hydatidenflüssigkeit ist die einfachste Methode zur Diagnose von Parasiten. Die Mikroskopie von Nasspräparaten der Hydatidenflüssigkeit oder die Färbung des zentrifugierten Sediments der Hydatidenflüssigkeit mit einer säurefesten Farbe wird durchgeführt, um die Brutkapseln und Protoskolizes (Abb. 5) darzustellen. Die diagnostische Aspiration wird jedoch in der Regel wegen des Risikos einer Anaphylaxie aufgrund des Austretens von Zystenflüssigkeit und des Risikos einer sekundären Echinokokkose aufgrund des Austretens von Protoskolizes aus der Zyste durchgeführt.

Serodiagnostik

Die Serologie wird häufig zur Diagnose der zystischen Echinokokkose eingesetzt. Diese Tests erkennen spezifische Antikörper im Serum sowie das Hydatidenantigen im Serum, im Urin und in anderen Körperflüssigkeiten. Der Serumantikörpernachweis ist empfindlicher als der Nachweis des zirkulierenden Antigens, leidet jedoch unter geringerer Spezifität aufgrund von Kreuzreaktionen und schwieriger Standardisierung.

Antikörpernachweis

Die aktuelle Praxis stützt sich hauptsächlich auf den Nachweis von IgG-Antikörpern gegen native oder rekombinante Echinokokkenantigene bei der Diagnose der zystischen Echinokokkose. IHA, CIEP, ELISA, Immunblot usw. werden häufig mit unterschiedlicher Empfindlichkeit und Spezifizität eingesetzt.

Unverarbeitete Hydatidenflüssigkeit, Extrakte von der Zystenwand von Protoskolizes, der adulte Wurm und gereinigte native Antigene aus Hydatidenflüssigkeit sind verschiedene Quellen von Antigenen, die in diesen Tests verwendet werden. Die unverarbeitete Hydatidenflüssigkeit enthält eine Proteinmischung, die von der Keimschicht abgeleitet ist, und bietet eine gute Sensitivität, etwa 95 %, aber mit geringer Spezifität. Rohextrakte von Protoskolizes, Zystenwänden und adulten Würmern als Antigene weisen eine geringe Empfindlichkeit (69,4–96,9 %) und eine mangelnde Reproduzierbarkeit aufgrund der Heterogenität der Extrakte auf. Gereinigte native Antigene wie Antigen B, ein 120-kDa-polymeres Lipoprotein aus Hydatidenflüssigkeit, Antigen 5 und ein thermolabiles 400-kDa-Antigen zeigen auch Kreuzreaktivität mit *E. multilocularis* aufgrund von >90 % Homologie. Rekombinante Antigene (rekombinantes Antigen B, rekombinantes Antigen 5, ap176-Peptid synthetisiert aus Antigen B1 etc.) verwendet in Immunblot oder ELISA machen den Test spezifischer, aber mit geringer Sensitivität. Das Immunblotting-Format erhöht die Spezifität auf Kosten der Sensitivität. Ein schneller Dipstick-Assay mit Kamelhydatidenflüssigkeit zeigte eine Sensitivität von 100% und eine Spezifität von 91,4%.

Die antikörperbasierte Diagnose hat viele Einschränkungen. Erstens zeigt eine Untergruppe von Patienten mit zystischer Echinokokkose schwache variable Antikörperreaktionen in extrahepatischen Läsionen, in einzelnen und kleinen Zysten. Zweitens kann es zu erheblichen falsch negativen Ergebnissen kommen, die bei Erhebungen in der Bevölkerung bis zu 50 % betragen können, und zwar aufgrund niedriger Konzentrationen von spezifischem IgG, variabler Ig-Expression und der Bildung von Antigen-Antikörper-Komplexen. Drittens können falsch positive Ergebnisse aufgrund von Kreuzreaktivität mit *E. multilocularis*, *Taenia*, *Onchocerca*, *Schistosoma* und *Toxocara* sp. auftreten. Viertens können diese Tests nicht zwischen alten und neuen Infektionen unterscheiden, da die Hydatidenantikörper auch nach parasitologischer Ausheilung länger im Blutkreislauf verbleiben. Neuere Studien haben jedoch gezeigt, dass IgG-Subklassentests hilfreich sein könnten, da frühe Zysten eine IgG4-Antwort hervorrufen, während die inaktiven Stadien mit IgG1-, IgG2- und IgG3-Antikörpern assoziiert sind. Spezifische Antikörper gegen HSP20- und p29-Antigene liefern nützliche Informationen. IgE- oder IgM-Antikörperklassen können nach der Intervention von Nutzen sein.

Im Vergleich zur zystischen Echinokokkose ist die Serologie bei der Diagnose der alveolären Echinokokkose nützlicher. ELISA oder seine Modifikationen sind die am häufigsten verwendeten Tests. Zu den verwendeten spezifischen Antigenen gehören die exkretorisch-sekretorischen Bestandteile (Em2 und Em492), die alkalische Phosphatase (EmAP) und EmP2- und Em10-Derivate (II/3-10, Em18) für ELISA. Der Em2-ELISA bietet eine Sensitivität von 77–92 %. Ein kommerzieller $Em2^{plus}$-ELISA, der Em2 und rekombinantes II/3–10 kombiniert, zeigte eine vielversprechende Sensitivität (97 %) und hohe Spezifität (>90 %), obwohl er mit zystischer Echinokokkose (25,8%) kreuzreagierte. Interessanterweise unterscheidet Em10 die alveoläre Echinokokkose von der zystischen Echinokokkose beim Menschen, trotz der nahezu vollständigen Identität mit Eg10- und Eg11.3-Proteinen von *E. granulosus*.

Da die Infektion mit *E. vogeli* als sehr selten angesehen wird, wurden nicht viele Studien zu ihrer Diagnose der polyzystischen Echinokokkose durchgeführt. Das Antigen Ev2 wurde beschrieben, um *E. vogeli* von *E. granulosus* zu unterscheiden, kann aber nicht von *E. multilocularis* differenziert werden.

Antigennachweis

Der Nachweis des Hydatidenantigens im Serum oder Urin weist auf eine aktuelle Infektion hin und ist von prognostischem Wert, da das Antigen nach der Ausheilung der Krankheit aus dem Kreislauf verschwindet. Es werden verschiedene Formate verwendet, darunter das häufigere ELISA, Gegenstrom-Immunelektrophorese (CIEP), umgekehrte passive Hämagglutination (RPHA), Latex-Agglutination und Co-Agglutinationstests. Das Serum bleibt die primäre Probe; andere Körperflüssigkeiten wie Urin und Hydatidenflüssigkeit werden ebenfalls in verschiedenen Testformaten verwendet. Die Sensitivitäten und Spezifitäten variieren jedoch stark.

Ein Antigennachweis bei anderen Formen der Echinokokkose ist derzeit nicht verfügbar.

Molekulare Diagnostik

Zu den molekularen Diagnosemethoden bei Echinokokkose gehören die konventionelle PCR zur Identifizierung von Gattung und Art, die nested PCR zur Identifizierung des Genoms des Parasiten aus Fäkalproben und die Multiplex-PCR zur Differenzierung von *Echinococcus* sp.

Die konventionelle PCR, basierend auf der Sequenzierung des mitochondrialen Gens *COX-1* (460 bp), wird zur Identifizierung von Arten oder Genotypen von Stämmen, die zu *Echinococcus* gehören, verwendet. Weitere Studien zur genetischen Vielfalt von Stämmen, die zu *E. granulosus* sensu stricto gehören, wurden durch Sequenzierung des mitochondrialen Gens COX-1 (880 bp) versucht. Die Multiplex-PCR wird zur schnellen Identifizierung der meisten Arten/Genotypen, die zu *Echinococcus* gehören, und auch zur Differenzierung von Eiern, die zu *E. granulosus, E. multilocularis* und *Taenia* spp. gehören, durchgeführt.

Die Real-Time-PCR (qPCR) ist eine quantitative PCR und hat gegenüber der konventionellen PCR Vorteile beim Nachweis von parasitären Infektionen mit erhöhter Sensitivität und Spezifität und schnelleren Ergebnissen und quantifiziert die DNA-Menge in der gegebenen Probe. Einige neuere Ansätze wie DNA-Fishing/magnetischer Nachweis, die von qPCR gefolgt werden, führen zu hoher Sensitivität und hoher Spezifität bei Wurmbelastungen von mehr als 100 Würmern. Bei der alveolären Echinokokkose ist der Nachweis von Nukleinsäuren durch Real-Time-PCR aus Biopsieproben die lohnendste Methode für die Diagnose und die Beurteilung der Lebensfähigkeit nach der Behandlung.

Die Methode der schleifenvermittelten isothermen Verstärkung (LAMP) wird in ressourcenarmen Gebieten eingesetzt, in denen die alveoläre und zystische Echinokokkose endemisch ist, hat aber aufgrund ihrer hohen Empfindlichkeit den Nachteil falsch positiver Ergebnisse.

Andere Methoden

CT-Scan, MRT und sogar ein Röntgenbild des Thorax können das Vorhandensein von pulmonalen Hydatidzysten nachweisen. Die radiologische Sensitivität erhöht sich bei verkalkten Läsionen in den anderen Organen. Die Ultraschalluntersuchung wird auch als Screening-Methode eingesetzt, bei der häufig das typische *Seerosenzeichen* zu sehen ist. Ultraschall hilft auch bei der Überwachung der Behandlung.

Eine informelle Arbeitsgruppe zur Echinokokkose der Weltgesundheitsorganisation (WHO-IWGE) hat die hepatischen *Echinococcus*-Zysten in 5 Typen eingeteilt: CE1–CE5 basierend auf Ultraschalluntersuchungen. CE1 und CE2 zeigen biologisch aktive Stadien; CE4 und CE5 repräsentieren biologisch inaktive Stadien, während sich CE3 im Übergangsstadium befindet. Ähnlich wurden alveoläre Echinokokkoseläsionen einem PNM-Staging zugewiesen, das die Parasitenläsion, benachbarte Organe und Metastasen berücksichtigt. Fluorodeoxyglukose-Positronenemissionstomografie (FDG-PET) hat bei AE an Popularität gewonnen. Die MRT bietet eine bessere Bildgebung für die CE als der CT-Scan; die T2-gewichtete MRT kann die pathognomonischen Mikrozysten von AE offenbaren.

Die ultraschallgesteuerte Feinnadelbiopsie wird zur Bestätigung der Diagnose verwendet. Die Perjodsäure-Schiff (PAS)-Färbung der bei der Operation oder durch Feinnadelbiopsie entfernten Zystenwand zeigt die charakteristische laminierte Membran der Zystenwand und Brutkapseln (Abb. 3). Das Verfahren birgt das Risiko allergischer Reaktionen oder des Austretens von Hydatidenflüssigkeit und Protoskolizces, was ein sekundäres Wiederauftreten begünstigt.

Behandlung

Die Indikationen für die Behandlung von Echinokokkose hängen von der Lage der Zyste, der Größe, dem Typ und den damit verbundenen Komplikationen ab.

Chirurgie ist die Behandlung der Wahl bei zystischer Echinokokkose. Sie wird besonders bei sekundär infizierten Leberzysten, bei einer Zystengröße von mehr als 7,5 cm mit Gallengangskontakt oder bei Zysten an anderen Stellen wie Gehirn, Lunge oder Niere empfohlen. Andere Formen der Operation umfassen die Punktion der Zyste und die Aspiration des Inhalts. Die perkutane Aspiration des Inhalts mit anschließender protoskolizider chemischer Injektion und erneuter Aspiration (PAIR) führt insbesondere bei Leberzysten häufig zu besseren Ergebnissen. Die Chemotherapie allein oder in Kombination mit chirurgischen Eingriffen liefert gute Ergebnisse bei Hydatidenzysten. IIn einigen Fällen hat sich gezeigt, dass der präoperative Einsatz einer Chemotherapie zusätzliche Vorteile bietet, da die Zysten während der Operation sicher gehandhabt werden können, Protoskolices inaktiviert werden und die Integrität der Zystenmembranen verändert wird. PAIR erweist sich als vielversprechend für Patienten, die für eine Operation nicht infrage kommen, sowie für Rezidivfälle. Auch Fälle, bei denen die Chemotherapie versagt hat, kommen für diese Technik infrage.

Albendazol ist das bevorzugte chemotherapeutische Mittel mit Krankheitsrückgangsraten von 30 bis 50 %. Dies ist besonders vorteilhaft für kleine Zysten und Zysten, ddie an verschiedenen Stellen verstreut sind. Es wird in einer Dosierung von 10–15 mg/kg Körpergewicht pro Tag über einen Zeitraum von 1–6 Monaten verabreicht. Mebendazol ist eine weitere Option mit einer höheren Dosierung (täglich 40–50 mg/kg Körpergewicht), die über mehrere Monate verabreicht wird.

Die radikale Operation ist die bevorzugte Behandlung bei alveolärer Echinokokkose, ergänzt durch eine Chemotherapie oder ohne diese. Da es ein erhöhtes Risiko für ein Wiederauftreten gibt, beinhaltet die Behandlung mit Chemotherapie die Verabreichung von Benzimidazolen über einen Zeitraum von mindestens 2 Jahren und die Überwachung über 10 Jahre. Diese Ansätze hemmen das Fortschreiten der Krankheit und auch die Größe der Masse erscheint drastisch reduziert.

Prävention und Bekämpfung

Die meisten Infektionen beim Menschen werden durch die strikte Einhaltung der persönlichen Hygiene durch Händewaschen mit Seife und Wasser nach dem Umgang mit Hunden verhindert. Auch die Handhygiene vor der Nahrungsaufnahme ist wichtig.

Die öffentliche Gesundheit ist nach wie vor ein entscheidender Maßstab für die Bekämpfung der Echinokokkose. Der Bedarf an Gesundheitserziehung in Verbindung mit einem verbesserten Zugang zur Gesundheitsversorgung ist ungedeckt. Die Verbesserung der Schlachthofhygiene und der Fleischbeschau, die Registrierung von Hunden und Hygienemaßnahmen sind verschiedene Strategien zur Bekämpfung der zystischen Echinokokkose.

Tierhalter, Tierärzte und Hundebesitzer sind alle einem höheren Infektionsrisiko ausgesetzt, da die Eier mit dem Kot in die Umwelt gelangen. Der Verzehr von kontaminierten Früchten, Gemüse oder Wasser und der direkte Kontakt mit dem Fell eines Tieres, das Eier enthält, erhöht das Infektionsrisiko durch eine Übertragung der Parasiteneier. Die zystische Echinokokkose verursacht erhebliche wirtschaftliche Verluste durch die Beeinträchtigung der menschlichen und tierischen Gesundheit. Daher ist die Aufklärung der Öffentlichkeit über die Übertragung und Bekämpfung der Krankheit von größter Bedeutung. Empfohlen werden sichere Schlachtpraktiken, einschließlich der Vernichtung von Schlachtabfällen, und die Vermeidung der Verfütterung von infizierten Organen. Die Verabreichung von Praziquantel an

Hunde trägt zum Erfolg bei. Die Impfung von Schafen mit einem Impfstoff auf Eg95-Basis hat in China und Südamerika ermutigende Ergebnisse gezeigt. Die Verabreichung von Canine Praziquantel trägt zum Erfolg bei. Impfungen von Schafen mit Eg95-basierten Impfstoffversuchen haben in China und Südamerika ermutigende Ergebnisse gezeigt.

Die Bekämpfung der alveolären Echinokokkose ist aufgrund der Beteiligung von Wildtieren am Zyklus schwierig. Vielversprechende Ergebnisse mit praziquantelgeimpften Ködern haben dazu geführt, dass ein mit Ködern verabreichter Impfstoff für Wildfüchse eingesetzt wird. Ein koordiniertes Überwachungsprogramm basierend auf Koproantigentests, Nekropsie und Quantifizierung von Proglottiden in Stuhlproben von Füchsen kann eine vernünftige Bekämpfungsstrategie darstellen.

Über die Kontrolle der polyzystischen Echinokokkose ist sehr wenig bekannt. Das fokale Auftreten scheint hinsichtlich der Bekämpfung günstig zu sein. Die asymptomatische Natur verhindert jedoch weitgehend die Erkennung von Fällen. *Echinococcus vogeli*-Fälle können möglicherweise eingedämmt werden, indem der Zugang des Menschen zu seinen Eiern durch Maßnahmen der Lebensmittel- und persönlichen Hygiene eingeschränkt wird. Derzeit hat *E. oligarthrus* nur geringe Auswirkungen auf die öffentliche Gesundheit. Wichtige Bekämpfungsmaßnahmen sind die Beschränkung des Zugangs von Buschhunden zu Gebieten und die Einfuhr von Katzen aus endemischen Gebieten.

Fallstudie

Eine 43-jährige Frau stellte sich mit akut einsetzenden starken Bauchschmerzen im rechten oberen Quadranten vor, die seit 7 Tagen bestanden. Die Patientin klagte über starken Husten in Verbindung mit Hämoptyse, Keuchen, Fieber und Unwohlsein. Es wurde auch über Durchfall und Gewichtsverlust berichtet. Sie gab an, engen Kontakt zu Hunden gehabt zu haben. Ihr serologischer Test zeigte eine Positivität für das Hydatidenzystenantikörper (IgG). Auf dem Röntgenbild des Brustkorbs wurde eine Läsion im rechten Unterlappen der Lunge mit einer verkalkten Hülle festgestellt, und das CT des Abdomens zeigte mehrere Zysten in der Leber, was auf eine multiorganische Echinokokkose hindeutet.

Fragen

1. Welche Hinweise gibt die klinische Vorgeschichte?
2. Welche serologischen Tests stehen zur Verfügung?
3. Welche Arten könnten beteiligt sein?
4. Wie würden Sie bei der endgültigen Diagnose vorgehen?

Forschungsfragen

- Präventive Maßnahmen zur Kontrolle der Infektionsübertragung sind die größte Hürde aufgrund der Rolle von Wildtieren im Lebenszyklus dieses Parasiten, der häufiger durch klimatische Veränderungen und Landschaft beeinflusst wird.
- Eine weitere große Herausforderung in naher Zukunft ist die Entwicklung eines sicheren und wirksamen Impfstoffs durch die Definition eines optimalen Targets im Endwirt, um den Übertragungszyklus von *Echinococcus* zu unterbrechen.
- Die Entdeckung neuer Arzneimittel zur Überwindung der begrenzten Wirksamkeit der derzeitigen Medikamente.
- Transkriptomische und genetische Entschlüsselung der Ereignisse des Lebenszyklus.

Weiterführende Literatur

Almulhim AM, John S. *Echinococcus granulosus* (Hydatid Cysts, Echinococcosis). In: StatPearls [Internet]. Treasure Island (FL): StatPearls Publishing; 2020. S. 2020.

Chandrasekhar S, Parija SC. Serum antibody & Th2 cytokine profiles in patients with cystic echinococcosis. Indian J Med Res. 2009;130:731–5.

Chaya DR, Parija SC. Performance of polymerase chain reaction for the diagnosis of cystic echinococcosis using serum, urine, and cyst fluid samples. Trop Parasitol. 2014;4(1):43–6.

Chaya DR, Parija SC. Evaluation of a newly designed sandwich enzyme linked immunosorbent assay for the detection of hydatid antigen in serum, urine and cyst fluid for diagnosis of cystic echinococcosis. Trop Parasitol. 2013;3:125–31.

Heath DD, Smyth JD. In vitro cultivation of *Echinococcus granulosus, Taenia hydatigena, T. ovis, T. pisiformis* and *T. serialis* from oncosphere to cystic larva. Parasitology. Cambridge University Press. 1970;61(3):329–43.

Maldonado L, Assis J, Araújo F, Salim A, Macchiaroli N, Cucher M, et al. The *Echinococcus canadensis* (G7) genome: a key knowledge of parasitic platyhelminth human diseases. BMC Genomics. 2017;18(1).

Manzano-Román R, Sánchez-Ovejero C, Hernández-González A, Casulli A, Siles-Lucas M. Serological diagnosis and follow-up of human cystic echinococcosis: a new hope for the future? Biomed Res Int. 2015;2015:1–9.

Parija SC. A review of some simple immunoassays in the serodiagnosis of cystic hydatiddisease. Acta Tropica. 1998;70:17–24.

Parija SC. Hydatid fluid as a clinical specimen for etiological diagnosis of a suspected hydatidcyst. J Parasit Dis. 2004;28:123–6.

Parija S, Giri S. A review on diagnostic and preventive aspects of cystic echinococcosis and human cysticercosis. Trop Parasitol. 2012;2(2):99.

Parija SC, Ravinder PT, Shariff M. Detection of hydatid antigen in fluid samples from hydatid cysts by co-agglutination. Trans R Soc Trop Med Hyg. 1996;90:255–6.

Parija SC, Ravinder PT, SubbaRao KSVK. Detection of hydatid antigen in urine by counter-current immunoelectrophoresis. J Clin Microbiol. 1997;35:1571–4.

Ravinder PT, Parija SC, SubbaRao KSVK. Evaluation of human hydatid disease before and after surgery and chemotherapy by demonstration of hydatid antigens and antibodies in the serum. J Med Microbiol. 1997;47:859–64.

Ravinder PT, Parija SC, SubbaRao KSVK. Urinary hydatid antigen detection by coagglutination, a cost-effective and rapid test for diagnosis of cystic echinococcosis in a rural or field setting. J Clin Microbiol. 2000;38:2972–4.

Shariff M, Parija SC. Co-agglutination (Co-A) test for circulating antigen in hydatid disease. J Med Microbiol. 1993;38:391–4.

Sheela Devi C, Parija SC. A new serum hydatid antigen detection test for diagnosis of cystic echinococcosis. Am J Trop Med Hyg. 2003;65:241–5.

Siles-Lucas M, Casulli A, Conraths FJ, Müller N. Laboratory diagnosis of *Echinococcus* spp. in human patients and infected animals. Adv Parasitol. 2017;96:159–257.

Swarna SR, Parija SC. Evaluation of Dot-ELISA and enzyme-linked immuno-electrotransfer blot assays for detection of a urinary hydatid antigen in the diagnosis of cystic echinococcosis. Trop Parasitol. 2012;2:38–44.

Tsai I, Zarowiecki M, Holroyd N, Garciarrubio A, Sanchez-Flores A, Brooks K, et al. The genomes of four tapeworm species reveal adaptations to parasitism. Nature. 2013;496(7443):57–63.

Wen H, Vuitton L, Tuxun T, Li J, Vuitton D, Zhang W, et al. Echinococcosis: advances in the twenty-first century. Clin Microbiol Rev. 2019;32(2)

Zheng H, Zhang W, Zhang L, Zhang Z, Li J, Lu G, et al. The genome of the hydatid tapeworm *Echinococcus granulosus*. Nat Genet. 2013;45(10):1168–75.

Sparganose

K. Vanathy

> **Lernziele**
>
> 1. Die verschiedenen Übertragungswege von Infektionen auf den Menschen zu betonen
> 2. Die Gefahr einer Beteiligung des Auges und des zentralen Nervensystems verstehen
> 3. Die Herausforderungen bei der klinischen und laboratorischen Diagnose dieser Erkrankung zu kennen

Einführung

Sparganose ist eine zoonotische Infektion beim Menschen, die durch Plerozerkoidlarven der Pseudophyllidea-Bandwürmer der Gattung *Spirometra*. Die Plerozerkoidlarvenlarvenform (L3) *Spargana* verursacht die Infektion. Menschen sind zufällige Wirte. Bei infizierten Menschen kann *Spargana* die Augen, das Gehirn, das Unterhautgewebe, die Brust oder das Rückenmark befallen und eine Bedrohung für die menschliche Gesundheit darstellen. Viele Arten der Gattung *Spirometra* einschließlich *Spirometra mansoni*, *Spirometra ranarum*, *Spirometra erinaceieuropaei* und *Spirometra proliferum* und die kürzlich beschriebene *Spirometra decipiens* verursachen Sparganose.

Geschichte

Der Parasit wurde erstmals von Patrick Manson im Jahr 1882 in China beschrieben. Er identifizierte die häufigste Art Asiens, *S. mansoni*, während der Autopsie. Der erste Fall von Sparganose beim Menschen wurde 1908 von Stiles aus Florida, USA gemeldet. Im Jahr 1959 wurde *S. erinaceieuropaei* identifiziert und als eine einzige Art betrachtet, die zuvor als separate Art wie *S. mansoni* und *S. erinacei* angesehen wurde. DEs handelt sich um eine der weltweit am häufigsten vorkommenden Arten. Morphologisch wurden *S. erinaceieuropaei* und *S. decipiens* durch die Anzahl der Windungen in der Gebärmutter unterschieden, die jeweils 5–7 und 4,5 betrugen. *Spirometra mansonoides* wurde 1935 von Mueller gemeldet. Es wurde festgestellt, dass *S. erinaceieuropaei* in der asiatischen Region und *S. mansonoides* in Nordamerika verbreitet ist. Einige Fälle von *S. theileri* wurden 1974 beim Stamm der Masai in Ostafrika gemeldet. Der Erreger wurde anhand von ausgeschnittenen Knötchen, die Sparganum enthalten, identifiziert.

K. Vanathy (✉)
Department of Microbiology, Mahatma Gandhi Medical College and Research Institute, Pondicherry, Indien

S. C. Parija und A. Chaudhury (Hrsg.), *Lehrbuch der parasitären Zoonosen*,
https://doi.org/10.1007/978-981-97-4312-4_34

Der erste Fall von *S. proliferum* wurde 1905 von Ijima gemeldet. Es wurde festgestellt, dass sich der Parasit im Inneren des Wirts vermehrt, weshalb er auch als proliferierendes Sparganum bezeichnet wurde. Er neigt dazu, sich mit einem Plerozerkoid in einer Läsion zu vermehren und sich so im ganzen Körper zu verbreiten, wobei alle viszeralen Organe und das subkutane Gewebe betroffen sind. Die Parasiteninfektion bei immungeschwächten Wirten, wie z. B. AIDS-Patienten, ist tödlich und kann bei der Autopsie identifiziert werden. Der erste Fall von *S. proliferum* wurde 1908 von Stiles in den USA gemeldet, aber die häufigste Art, die später 1935 identifiziert wurde, war *S. mansonoides*. *Spirometra decipiens* war eine weitere Art, die 2015 beim Menschen nachgewiesen wurde.

Taxonomie

Die Gattung *Spirometra* gehört zur Familie Diphyllobothriidae, Ordnung Pseudophyllidea, Unterklasse Eucestoda, Klasse Cestoidea, Stamm Platyhelminthen. Die Arten von zwei Gattungen, *Diphyllobothrium* und *Spirometra*, sind eng verwandt. Phylogenetische Studien auf der Grundlage von ribosomalen internen transkribierten Spacer-2-Sequenzen werden durchgeführt, um die Verwandtschaft zwischen verschiedenen Arten der Gattung *Spirometra* und der Gattung *Diphyllobothrium* zu ermitteln.

Genomik und Proteomik

Spirometra erinaceieuropaei besitzt mit 1,26 Gb das größte Genom unter den Bandwürmern. Die Analyse des β-Tubulin-Gens zeigte, dass diese spezielle Art möglicherweise nicht auf eine Behandlung mit Albendazol anspricht. Die Nukleotidvariationen waren unter den in Australien, Asien und Neuseeland gefundenen Stämmen sehr gering. DNA-Sequenzanalysen von mitochondrialer Dehydrogenase, Cytochromoxidase und Eisenschwefelprotein haben gezeigt, dass obwohl *S. proliferum* eng mit *S. erinaceieuropaei* verwandt ist, beide Arten doch recht unterschiedlich sind.

Die Parasitenmorphologie

Adulter Wurm

Spirometra sind lang, segmentiert und dorsoventral abgeflacht. Der Wurm ist 60–110 cm lang und 0,5–0,8 cm breit. Der adulte Wurm besteht aus Kopf oder Skolex, Hals und Körper oder Strobila (Abb. 1). Der Skolex ist länglich und löffelförmig, hat keine Saugnäpfe und besitzt ein Paar Längsrillen, die Bothrien genannt werden. Diese Rillen sind hilfreich für ihre Anhaftung am Darmgewebe. Dem Hals folgt der Körper (*Strobila*), der viele, fast 1000, Proglottiden enthält, die unreif, reif und gravid sein können. Der Wurm ist ein Zwitter, d. h., es sind sowohl gut entwickelte männliche als auch weibliche Fortpflanzungsorgane im Wurm vorhanden.

Eier

Die Eier sind eiförmig und messen etwa 65 × 35 µm (Abb. 2). Jedes Ei enthält einen Embryo, der 3 Paar Haken hat. Das Ei ist von einer dünnen Membran oder Kapsel umgeben und hat an einem Ende ein Operculum. Das Ei ist beim Schlüpfen nicht embryoniert. Die Embryonierung erfolgt im Wasser.

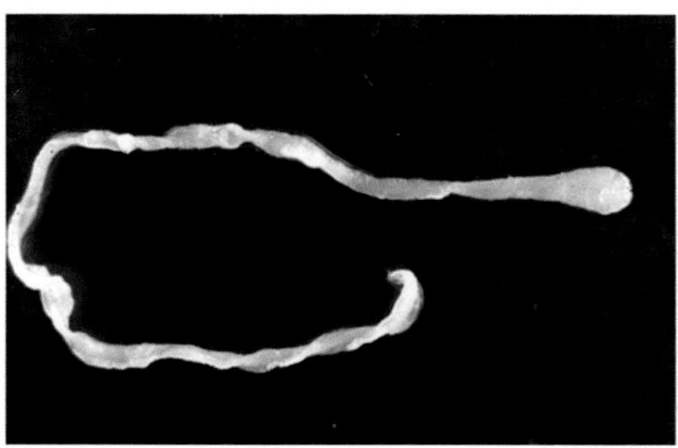

Abb. 1 Adulter Wurm von *Spirometra* (mit freundlicher Genehmigung: CDC)

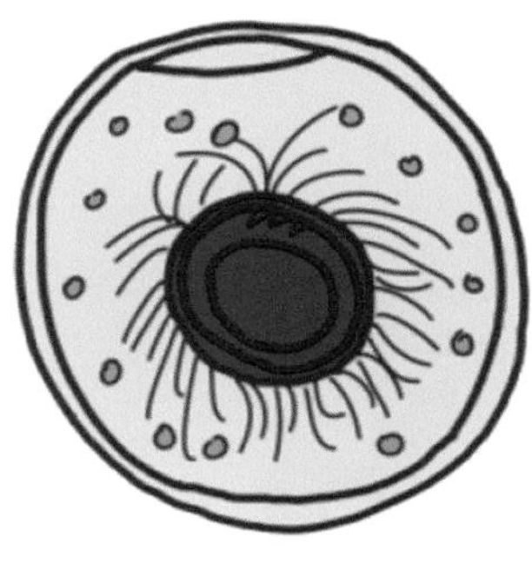

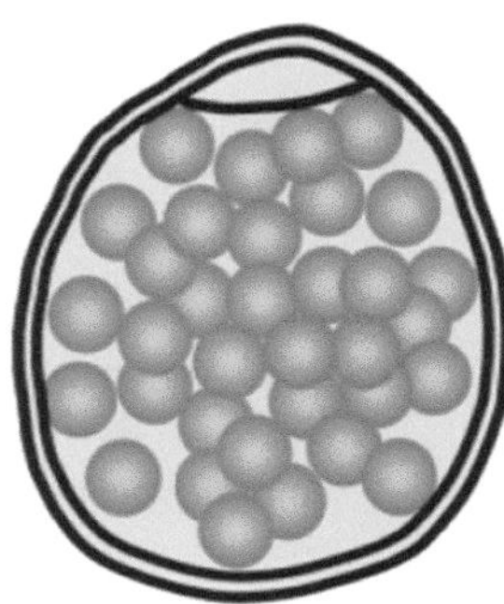

Abb. 2 **a** Embryoniertes und **b** unembryoniertes Ei von *Spirometra*

Larve

Sparganum ist das Larvenstadium des Parasiten. Die Larve ist runzlig, weiß, bandförmig und misst 3 mm in der Breite und 30 cm in der Länge. Die Larve hat keine Saugnäpfe, sondern 2 Längsrillen am vorderen Ende, die Bothriden genannt werden. Sie hat einen festen Körper ohne Blase. Die Larve hat eine unsegmentierte Strobila von 20–30 cm Länge. Die Strobilae bestehen aus verstreuten Längsmuskelfasern im Mesenchym und einem dicken Integument.

Zucht von Parasiten

Spirometra mansonoides wurde in vitro in primären Zellkulturen oder als Zelllinien kultiviert. Zu diesen Monolayerzellkulturen gehören menschliches Amnion, Nieren von Rhesusaffen, Ratten- oder Hamsterembryos. WI-38 und L-Zellen sind die in vitro verwendeten Zelllinien. Sie werden in eagleschem Medium oder Medium 199 mit 10 % Kälberserum gehalten.

Versuchstiere

Die Plerozerkoiden können durch serielle Passage in BALB/c-Mäusen alle 10–12 Monate erhalten werden. Die Mäuse können oral mit Sparganum infiziert werden. Dieses Modell wurde für immunologische und andere Studien verwendet.

Lebenszyklus der *Spirometra* spp.-Wirte

Wirte

Spirometra spp. vollendet seinen Lebenszyklus in einem Endwirt und in 1. und 2. Zwischenwirten (Abb. 3).

Endwirte

Hunde, Katzen, Vögel und wilde Fleischfresser. Menschen sind zufällige Wirte.

1. Zwischenwirt

Cyclops und Süßwasserkrebstiere.

2. Zwischenwirt

Frösche, Schlangen, Vögel, Säugetiere und andere Amphibien.

Infektiöses Stadium

Plerozerkoidlarve, L3-Larve (Sparganum) ist das infektiöse Stadium.

Übertragung von Infektionen

Menschen, die zufälligen Wirte, erwerben die Infektion durch (a) Aufnahme von kontaminiertem Wasser mit Cyclops, die die Prozerkoidlarven (L2) beherbergen, die sich im menschlichen Darm zu Sparganum entwickeln, und (b) Aufnahme von rohen oder unzureichend gekochten Reptilien und Vögeln, die mit der Plerozerkoidlarve (L3), dem

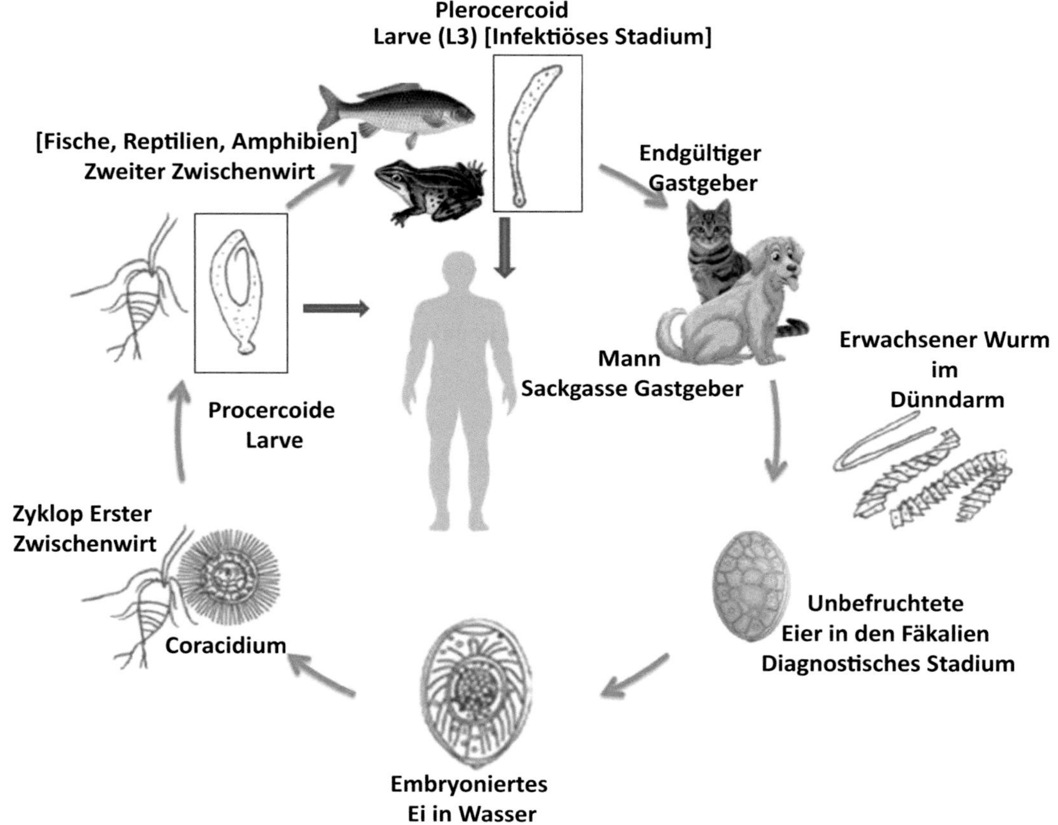

Abb. 3 Lebenszyklus von *Sparganum*

Sparganum, infiziert sind. (c) Die Infektion wird ebenfalls über die menschliche Haut, die Bindehaut oder die Vagina erworben, wenn eine Wunde mit dem infizierten Fleisch des 2. Zwischenwirts mittels Umschlag in Kontakt kommt. In jedem der oben genannten Übertragungswege fungiert der Mensch als Enwirt oder 2. Zwischenwirt. Der Mensch fungiert als Fehlwirt.

Hunde und Katzen erwerben die Infektion durch das Fressen von Fröschen, Schlangen, Amphibien oder Säugetieren, die Sparganum-Larven enthalten. Adulte *Spirometra* leben im Dünndarm von Säugetieren und anderen Endwirten. Die durch ihr Integument aufgenommenen Nährstoffe werden auf innere Gewebe übertragen und dort metabolisiert. Sie sind Zwitter. Die adulten Würmer leben viele Jahre im Wirt und setzen die Eier mit dem Kot frei.

Die Eier schlüpfen in Süßwasser als Korazidien. Die Korazidien haben einen Durchmesser von etwa 80–90 μm und sind von der Ziliarmembran bedeckt. Sie werden von Cyclops, den Copepoden im Wasser, aufgenommen, in denen sie sich in 3–11 Tagen zu Prozerkoidlarven (L2) entwickeln. Prozerkoidlarven sind oval und variieren in der Größe von 260 × 44–100.

Frösche, Schlangen, Säugetiere und Amphibien erwerben unter anderem die Infektion durch das Verschlucken der infizierten Cyclops. Bei der Aufnahme dringen die Larven, die im Darm freigesetzt werden, in die Darmwand ein, wandern in das Gewebe und entwickeln sich zu Sparganum-Larven. Der Lebenszyklus wiederholt sich durch die Aufnahme dieser infizierten Wirte.

Pathogenese und Pathologie

Die Pathogenese der Sparganose hängt von der Migration der Larve (Sparganum) und ihrer subkutanen Lage ab. Die wandernden Larven befinden sich im Verlauf der Infektion im Muskel- oder Gewebe der Extremitäten, der Brust- und Bauchwand. Augen, Pleura, Perikard, Gehirn, Rückenmark, Lymphknoten, Darmwand, Harntrakt und Hodensack sind die anderen Stellen. Sparganum verursacht an diesen Stellen typischerweise eine entzündliche Reaktion im umgebenden Gewebe, die anschließend zu Knötchen führt. Diese diskreten subkutanen Knötchen sind die typische Pathologie der Sparganose, die im Verlauf der Infektion auftreten und verschwinden können. Diese Knötchen verursachen je nach ihrer Lage an verschiedenen Stellen unterschiedliche klinische Manifestationen.

Immunologie

Begrenzte immunologische Studien an Versuchsmäusen haben die wichtige Rolle von T-regulatorischen Zellen aufgezeigt, die zunächst hochreguliert werden, gefolgt von einer Herunterregulierung und abschließenden Hochregulierung. Bezüglich der Zytokine erhöht sich Interleukin-6 zunächst und kehrt dann auf normale Werte zurück. Es gibt eine Abnahme der Interleukin-2-, Interferon-γ- und IL-17α-Produktion, aber eine Zunahme der IL-4- und IL-10-Werte.

Infektion beim Menschen

Es gibt 2 Formen der Sparganose beim Menschen: die proliferative und die nicht proliferative.

Beim Menschen wandern die Plerozerkoidlarven in verschiedene Organe und das Unterhautgewebe und bilden eine Anhäufung weicher Knötchen. Sie wachsen langsam. Die Pleurahöhle, das Gehirn, die Lunge, das ZNS, die Augen, das subkutane Gewebe, die Brust, die Bauch- und die urogenitale Eingeweide sind häufige Infektionsorte der Larven. Je nach Lage der Larven variieren die Symptome von unspezifischem Unbehagen, Juckreiz, Elephantiasis und Hirnabszess bis hin zur Peritonitis usw. Die okuläre Sparganose kann Bindehaut und Augenhöhle betreffen und ein periorbitales Ödem, Tränenfluss, eine orbitale Zellulitis, Ptosis und Bewegungsstörungen verursachen. Eine Beteiligung der Vorderkammer kann Hypopyon, Synechie und ein sekundäres Glaukom verursachen. Bei genitaler Sparganose,die Labien, Hoden, Skrotum, Vagina, Harnleiter und Harnblase betrifft, ähneln die Knötchen einer Tumormasse. Eine Beteiligung des Zerebrospinalraums verursacht Symptome wie Gliederschwäche, Hemiparese, Parästhesien, Kopfschmerzen und Verwirrtheit. Es betrifft hauptsächlich die zerebrale Hemisphäre, hauptsächlich den frontoparietalen Lappen, der sich bis zum Kleinhirn erstreckt. Die Läsion auf der Haut ist eine klare, gummiartige, zystische Schwellung, die viele Jahre schmerzfrei bleibt und plötzliche Schmerzen verursachen kann.

Die durch *S. proliferum* verursachte aberrante Sparganose wird proliferative Sparganose genannt, bei der der Parasit durch Verzweigung und Knospung weiterwächst. Die proliferierende Sparganose betrifft subkutanes Gewebe, Knochen und Rückenmark. Die Larve kann eine kontinuierliche Verzweigung und Knospung durchführen, um viele Plerozerkoiden an einer einzigen Stelle zu bilden. Sie beginnen als kleine tumorähnliche Masse im subkutanen Gewebe von Oberschenkel und Hals und breiten sich dann auf innere Organe wie Gehirn, Lungen, Bauch, Haut und Muskeln aus. Sie bilden Hautknötchen und ihre adulte Form ist unbekannt.

Epidemiologie und öffentliche Gesundheit

Nach dem ersten berichteten Fall von Sparganose in China im Jahr 1882 wurden weltweit viele Fälle von Sparganose gemeldet, wobei eine große Anzahl von Fällen in China, Thailand, Korea und den USA auftrat. In Thailand waren bei den gemeldeten Fälle die Augen, der zerebrospinale Bereich und die Eingeweide involviert. Die kutane und okuläre Sparganose war auf die Anwendung von Froschfleisch als Umschlag zur Behandlung von entzündeten Augen und auch auf das Trinken von kontaminiertem Wasser zurückzuführen. Berichte über Sparganose beim Menschen wurden auch in Japan, Indien und Sri Lanka dokumentiert (Tab. 1). Die Lebersparganose wurde erstmals in Indien berichtet und wurde durch Absaugen des Wurms aus dem Abszess mit anschließender Behandlung mit Metronidazol geheilt.

Diagnose

Die Sparganose beim Menschen wird oft falsch diagnostiziert, da die klinischen Merkmale nicht spezifisch sind. Eine ordnungsgemäße Anamnese und Untersuchung dient in gewissem Maße als Orientierungshilfe. Bei Patienten aus endemischen Regionen, die unzureichend gekochte Frösche und Schlangen essen und kontaminiertes Wasser trinken, ist der Verdacht auf Sparganose besonders groß. Sie können sich auch mit wandernden, schmerzhaften, subkutanen Knötchen vorstellen. Die Diagnose kann durch chirurgische Exzision des Knotens und Entfernung der Würmer gestellt werden. Das Fehlen von Saugnäpfen und Haken unterscheidet Sparganum von Zystizerkus und Coenurus. Eine eindeutige Diagnose kann durch Inokulation des adulten Wurms im Endwirt und die Entnahme einer Wurm- oder einer Stuhlprobe aus dem Darm (Tab. 2) gestellt werden. Dies ist jedoch

Tab. 1 Verteilung der *Spirometra*-Arten

Spirometra Arten	Verteilung	Zwischenwirte	Endwirte
Spirometra erinaceieuropaei	Ferner Osten, Europa, Asien	*1. Zwischenwirte:* Cyclops und andere Krebstiere *2. Zwischenwirte:* Frösche, Schlangen, Vögel, Säugetiere und andere Amphibien	Hunde, Katzen, Füchse, Vögel und wilde Fleischfresser. Menschen sind zufällige Wirte
Spirometra decipiens	Korea, China		
Spirometra mansonoides	Nordamerika		
Spirometra theileri	Ostafrika – unter dem Masai-Stamm in Kenia und Nordtansania		
Sparganum proliferum	Ferner Osten und Amerika		

Tab. 2 Diagnostische Methoden der Sparganose beim Menschen

Diagnostische Ansätze	Methoden	Targets	Bemerkungen
Mikroskopie	Biopsie	Gewebeschnitt-H&E-Färbung	Primäre Methode der Diagnose Einschränkung: invasiv
Serologie	IgG-Antikörper durch ELISA	Antigenisches Polypeptid 28,7 kDa (SmAP)	*Einschränkung*: Kreuzreaktivität mit *Clonorchis* und *Paragonimus*
Molekulare Technik	PCR	Kleine Untereinheit (18S) und große Untereinheit (28S) ribosomaler RNA, ribosomaler interner transkribierter Spacer 1 und ribosomaler interner transkribierter Spacer 2, *COX-1-*, *NAD3-* und nukleäre *sdhB*-Gene	Hohe Sensitivität und Spezifität *Einschränkung:* erfordert qualifiziertes Personal

ein zeitaufwendiges und umständliches Verfahren.

Mikroskopie

Der Gewebeschnitt des betroffenen Organs zeigt proliferierendes Sparganum in der H&E-Färbung. Die Morphologie der bei der chirurgischen Resektion entfernten Larve zeigt weiße, bandförmige Strukturen mit einer faltigen Oberfläche, die von einigen Millimetern bis zu einigen Zentimetern reichen.

Serodiagnostik

Die Diagnose kann durch antigenspezifische IgG-Antikörper mittels ELISA aus peripherem Blut oder unverarbeitetem somatischem Antigen gestellt werden. Das von der Sparganum-Stufe exprimierte antigenische 28,7-kDa-Polypeptid (SmAP) erhöht die Sensitivität und Spezifität des Tests. Die serologische Diagnostik kann zur Bestätigung eines vermuteten radiologischen Befundes verwendet werden.

Molekulare Diagnostik

Molekulare Techniken werden als überlegen gegenüber anderen Verfahren angesehen. Die PCR wird zur Identifizierung der *Spirometra*-Arten verwendet und die Gentargets sind die kleine Untereinheit (18S) und die große Untereinheit (28S) der ribosomalen RNA, der ribosomale interne transkribierte Spacer 1 und der ribosomale interne transkribierte Spacer 2, *COX-1*-, *NAD3*- und nukleäre *sdhB*-Gene.

Andere Diagnosemodalitäten

Dazu gehören CT, MRT und USG. Sie sind nützlich für die Diagnose der zerebralen und der okularen Sparganose, bei der das CT eine Hypodensität, eine Ventrikelerweiterung und Verkalkungen zeigt. Diese müssen von Hirnmasse, Zystizerkose und Paragonimiasis unterschieden werden.

Behandlung

Die Hauptmodalität zur Behandlung der Sparganose ist die chirurgische Entfernung. Es ist notwendig, den gesamten Körper des Sparganums zu entfernen, ohne einen Skolex zu hinterlassen, der zu einem Wiederauftreten führen kann. Die vollständige Entfernung kann durch wiederholte serologische Tests bestätigt werden. Ein abnehmender Titer des Anti-Sparganum-IgG-Antikörpers bestätigt die vollständige Entfernung des Wurms. Eine lokale Chemotherapie wird bevorzugt, wenn eine chirurgische Entfernung nicht möglich ist. Das Medikament, das verwendet werden kann, ist Praziquantel 120 mg/kg in geteilten Dosen. Auch Mebendazol kann verwendet werden. Bei proliferierender Sparganose ist die chirurgische Entfernung die einzige Behandlungsoption.

Prävention und Bekämpfung

Präventive Maßnahmen beinhalten das Vermeiden unerwünschter kultureller Praktiken wie der Verzehr von rohem oder ungenügend gekochtem Frosch- oder Schlangenfleisch oder das Auftragen von frischem Froschfleisch als Umschlag auf die Haut oder das wunde Auge oder das Trinken von kontaminiertem Wasser mit infizierten Copepoden. Die Krankheit wird auch durch die Behandlung von Cestodiasis bekämpft. Die Verhinderung der Jagd und des Verkaufs von Wildtieren, insbesondere Fröschen und Schlangen, und die erhöhte öffentliche Aufmerksamkeit für die Art der Übertragung, klinische Präsentation, Behandlung und Prävention, hauptsächlich für Menschen, die in endemische Regionen reisen, trägt ebenfalls zur Bekämpfung der Infektion bei.

Fallstudie

Eine 33-jährige Frau stellte sich mit einer schmerzhaften, wandernden Schwellung am linken Oberschenkel vor, die seit 6 Monaten bestand. Um die Schwellung herum war ein Erythem zu sehen. Ursprünglich wurde ein Weichteiltumor diagnostiziert. Später zeigte die MRT mehrere längliche röhrenförmige Bahnen im medialen Bereich des linken Oberschenkels, aus denen ein langer, faltiger, weißlicher Wurm entfernt wurde. Die histopathologische Untersuchung ergab, dass es sich um *Spirometra* spp. handelt.

1. Wie wird die Infektion auf den Menschen übertragen?
2. Welche Maßnahmen sind zur Vorbeugung einer Infektion erforderlich?
3. Wie kann man eine präoperative Diagnose der Sparganose stellen?

Forschungsfragen

1. Wie lassen sich die Pathogenese und die Virulenzfaktoren von *Spirometra* spp. aufklären, die noch weitgehend unbekannt sind?
2. Welche medizinische Behandlung kann sinnvoll sein, die eine Operation überflüssig machen kann?

Weiterführende Literatur

Galán-Puchades MT. Diagnosis and treatment of human sparganosis. Lancet Infect Dis. 2019;19(5):465.

Li M-W, Song H-Q, Li C, Lin H-Y, Xie W-T, Lin R-Q, et al. Sparganosis in mainland China. Int J Infect Dis. 2011;15(3):e154–6.

Liu Q, Li M-W, Wang Z-D, Zhao G-H, Zhu X-Q. Human sparganosis, a neglected food borne zoonosis. Lancet Infect Dis. 2015;15(10):1226–35.

Lotfy W. Neglected rare human parasitic infections: part I: Sparganosis Wael M Lotfy. Parasitologists United J. 2020;13(1):29–34.

Garcia LS. Diagnostic medical parasitology. 6th Aufl. Washington, DC: ASM Press; 2016. S. 467–70.

Parija SC. Textbook of medical parasitology. Protozoology and helminthology. 4th Aufl. New Delhi: All India Publishers and Distributors; 2013. S. 187–8.

Wiwanitkit V. A review of human sparganosis in Thailand. Int J Infect Dis. 2005;9(6):312–6.

Wongkulab P, Sukontason K, Chaiwarith R. Sparganosis: a brief review. J Infect Dis Antimicrob Agents. 2011;28(1):4.

De-Sheng T, Ru H, Ying Z. Establishment of an animal model of *Sparganum mansoni* infection in mice and changes of serum specific antibody levels post-infection. Zhongguo Xue Xi Chong Bing Fang Zhi Za Zhi. 2018;30(5):537–9.

Dipylidiasis

Ramendra Pati Pandey, V. Samuel Raj,
Rahul Kunwar Singh und
Tribhuvan Mohan Mohaptara

Lernziele

1. Erwerb von Kenntnissen über die Ansteckung von Kindern, die Hunde oder Katzen als Haustiere halten
2. Die harmlose Natur der Infektion zu verstehen, die normalerweise keine ernsthafte Krankheit verursacht

Einführung

Dipylidium caninum, der Erreger der Dipylidiasis, ist ein häufiger Bandwurm bei Hunden und Katzen, der gelegentlich auch beim Menschen vorkommt. Er hat einige gebräuchliche Namen wie „Insektenbandwurm", „Gurkenbandwurm" und „zweifach poröser Bandwurm". Der Parasit wird durch die Aufnahme von Flöhen übertragen, die mit der Zystizerkuslarve infiziert sind. Der adulte Helminth entwickelt sich 3–4 Wochen nach der Infektion und die Parasitenlast steht in direktem Zusammenhang mit der Anzahl der Zystizerkenlarven in den Flöhen und der Anzahl der aufgenommenen Insekten. Dipylidiasis ist eine weltweit verbreitete Zoonose, und die Erkrankung wurde auf allen Kontinenten gemeldet. Beim Menschen wurde eine Infektion mit *D. caninum* hauptsächlich bei Kindern aus Europa, Asien, Südamerika und den Vereinigten Staaten gemeldet.

R. P. Pandey
SRM University, Sonepat, Indien

V. S. Raj
Centre for Drug Design, Discovery and Development (C4D), SRM University, Sonepat, Indien

R. K. Singh
Department of Microbiology, HNB Garhwal University, Srinagar (Garhwal), Indien

T. M. Mohaptara (✉)
Institute of Medical Sciences, Banaras Hindu University, Varanasi, Indien

Geschichte

Dipylidium caninum ist seit Langem bekannt. Im Jahr 1758 erkannte Linnaeus den Parasiten und nannte ihn *Taenia canina*. 1863 schuf Leuckart die Gattung *Dipylidium*, die 1893 von Diamare beschrieben wurde. Neveu-Lemaire veröffentlichte 1936 erste Arbeiten zum Lebenszyklus.

Taxonomie

Die Gattung *Dipylidium* gehört zur Familie Dipylidiidae, Ordnung Cyclophyllidea, Klasse Cestoda, Stamm Platyhelminthes. *Dipylidium caninum* ist die häufigste Art, die beim Menschen eine Infektion verursacht. *Dipylidium caninum*,

S. C. Parija und A. Chaudhury (Hrsg.), *Lehrbuch der parasitären Zoonosen*,
https://doi.org/10.1007/978-981-97-4312-4_35

das von Hunden stammt, unterscheidet sich phylogenetisch von *D. caninum*, das von Katzen stammt. *Dipylidium buencaminoi* und *Dipylidium otocyonis* sind die anderen beiden Arten, die seltene Infektionen beim Menschen verursachen.

Genomik und Proteomik

Das vollständige mitochondriale Genom von *D. caninum* wurde sequenziert. Es hat eine Größe von 14.226 bp und codiert 36 Gene. 12 Gene codieren für Proteine, 22 sind Transfer-RNA-Gene und 2 sind ribosomale RNA-Gene. Das exkretorisch-sekretorische Produkt von *D. caninum* wurde analysiert und es wurden 49 kleine Moleküle aus 12 verschiedenen chemischen Gruppen, darunter Aminosäuren, Aminozucker und Aminosäurelactame, identifiziert.

Die Parasitenmorphologie

Adulter Wurm

Der adulte *D. caninum*-Wurm ist 15–70 cm lang, 2–3 mm breit und besitzt eine hellrötlich-gelbe Farbe. Der Kopf oder Skolex des adulten Wurms ist klein und misst weniger als 0,5 mm im Durchmesser. Er hat 4 muskulöse Saugnäpfe, die bei der Anhaftung und Fortbewegung helfen. An der Spitze des Skolex befindet sich ein kuppelförmiges Rostellum (Abb. 1). Das Rostellum hat 4–7 Reihen winziger „rosenstachelähnlicher" Haken, die die Anhaftung des Wurms erleichtern.

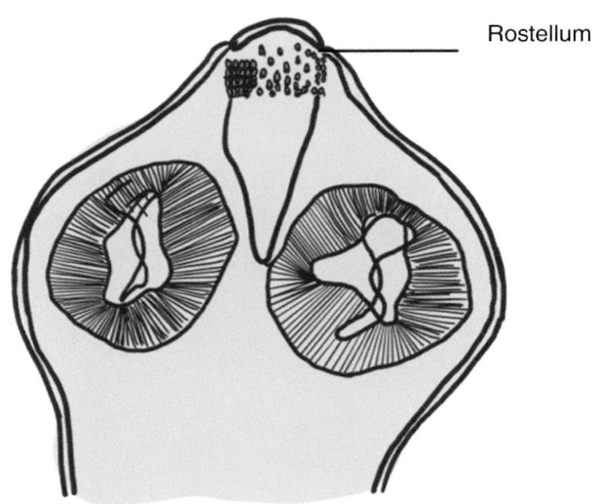

Abb. 1 Schematische Darstellung des Skolex von *D. caninum*

Der Körper oder die Strobila besteht aus 60–175 elliptischen Segmenten oder Proglottiden, die unreif oder reif (gravid) sein können. Unreife Proglottiden sind trapezförmig. Jede reife Proglottide enthält 2 Sätze männlicher Fortpflanzungsorgane und 2 Sätze weiblicher Fortpflanzungsorgane, wobei sich jede Reihe von Geschlechtspori medial an den Seitenrändern der Proglottide öffnet. Daher haben die Proglottiden von *D. caninum* 2 Geschlechtspori zur Befruchtung, was im Gegensatz zu anderen, häufiger beim Menschen auftretenden Cyclophyllidea steht. Aufgrund dieser bilateralen Geschlechtspori wird der Parasit oft als „doppelporiger Bandwurm" bezeichnet. Die Eierstöcke sind 2-lappig und die Gebärmutter liegt hinter der Geschlechtsöffnung. Die Hoden sind zahlreich und nehmen den größten Teil des Proglottidenraums ein. Die Eier sammeln sich in jeder Proglottide an, bis die Proglottide mit Eikapseln oder Eipaketen gefüllt ist, die 5–30 Eier enthalten (Abb. 2).

Die graviden Proglottiden sind konvex geformt und besitzen eine cremeweiße Farbe, sind 10–12 mm lang und ähneln Gurkensamen (daher der Name Gurkenbandwurm).

Eier

Die Eier von *D. caninum* sind kugelförmig, farblos und sind 40–50 μm groß. Jedes Ei enthält einen Hexacanthembryo, der von einer dünnen Schale umgeben ist. Die Eier sind in Form von Eipaketen gruppiert.

Zucht von Parasiten

Für die In-vitro-Kultivierung von *D. caninum* stehen keine Labormethoden zur Verfügung.

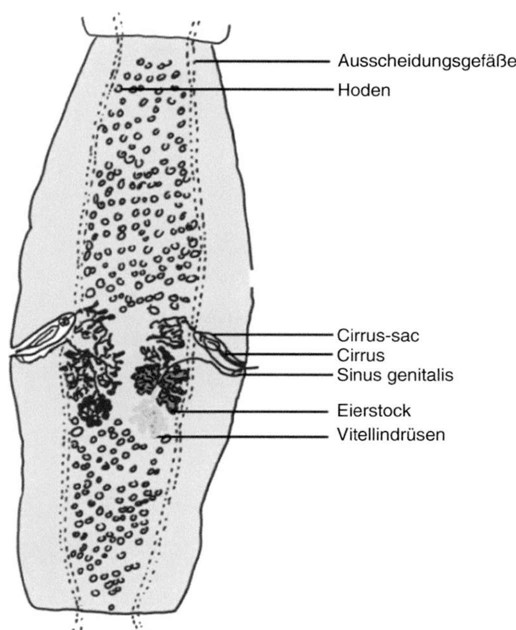

Abb. 2 Schematische Darstellung eines Proglottids von *D. caninum*

Versuchstiere

Hunde wurden gelegentlich in einigen Studien als Versuchstiere eingesetzt.

Lebenszyklus von *Dipylidium caninum*

Wirte

Endwirte

Hunde, Katzen, gelegentlich Menschen.

Zwischenwirte

Hundefloh, Katzenfloh (*Ctenocephalides canis* und *Ctenocephalides felis*).

Infektiöses Stadium

Zystizerkus in Flöhen.

Übertragung der Infektion

Menschen sind zufällige Wirte, die die Infektion durch versehentliches Verschlucken von Flöhen erwerben, die auf der Haut von mit Zystizerken infizierten Haustieren vorhanden sind (Abb. 3).

Die Zystizerken in den Flöhen wandern bei der Aufnahme durch den Menschen und andere Wirbeltierwirte im Darm nach unten und heften sich mit ihrem Skolex an die Darmwand. Im Darm entwickelt sich der Zystizerkus und verwandelt sich in den ausgewachsenen adulten Wurm, der aus Proglottiden besteht. Die reifen, graviden Proglottiden lösen sich von der Strobila des adulten Wurmkörpers und werden mit dem Kot ausgeschieden. Die in den Kot abgegebenen graviden Proglottiden besitzen sowohl eine zirkuläre als auch eine longitudinale glatte Muskulatur. Daher zeigen sie eine kriechende Beweglichkeit im perianalen Bereich des Tieres, im Kot, auf der Bettwäsche oder auf jeder Oberfläche, auf der sie abgelegt werden. Außerhalb des Körpers werden bei der Zersetzung der Proglottiden zuerst die Eikapseln und dann die Eier freigesetzt.

Die Larvenstadien des Katzen- oder Hundeflohs fressen aktiv den frisch ausgeschiedenen Kot der Tiere, der die Eier des Parasiten enthält. Die Flohlarven haben mandibuläre Mundwerkzeuge, die es ihnen ermöglichen, die Eier von *D. caninum* aufzunehmen. Der adulte Floh hingegen kann diese Proglottiden nicht aufnehmen, da er aufgrund seiner saugrüsselähnlichen Mundwerkzeuge nur Flüssigkeiten aufnehmen kann. In der Flohlarve treten die Onkosphären, die aus dem embryonierten Ei exzystieren, nach Durchdringung des Verdauungskanals in das Hämocoel ein. Die Onkosphäre entwickelt sich weiter und verwandelt sich nach etwa 30 Tagen in den infektiöse Zystizerkus im adulten Floh. Der Floh kann durchschnittlich 10 Zystizerken enthalten.

Pathogenese und Pathologie

Dipylidiasis bei Menschen tritt aufgrund der versehentlichen Aufnahme des mit Zystizerken infizierten Hunde- oder Katzenflohs auf, der als

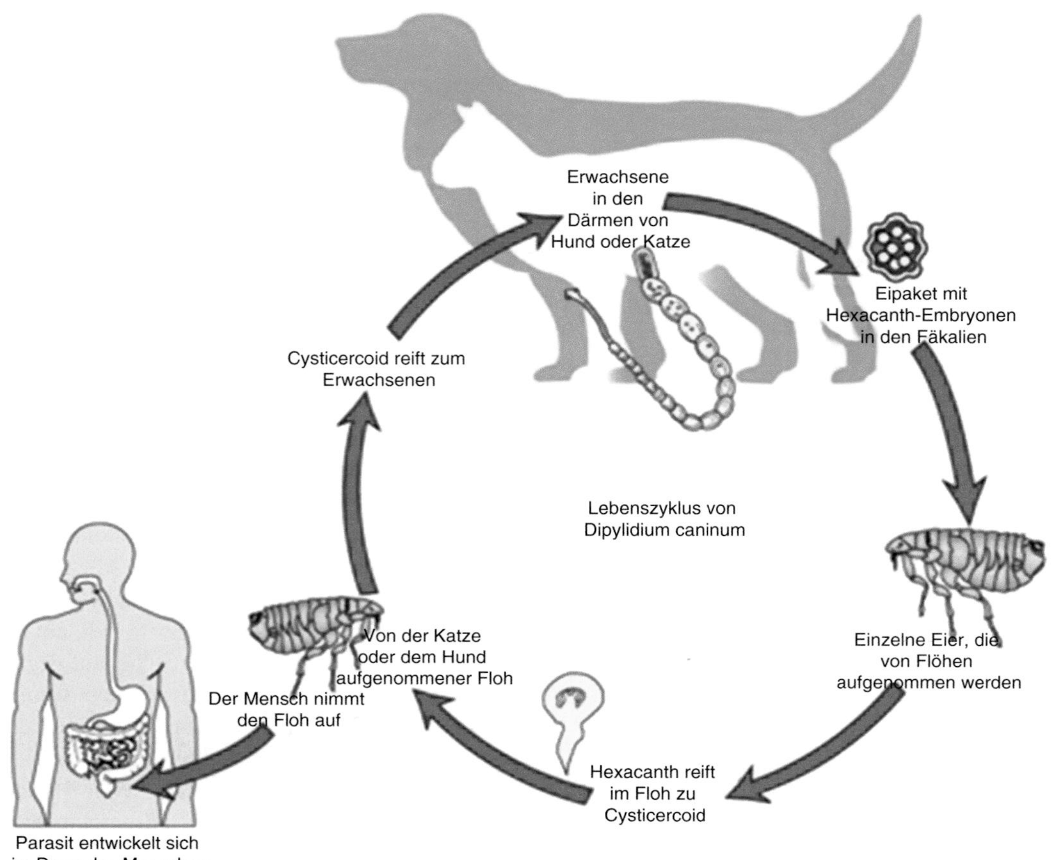

Abb. 3 Lebenszyklus von *Dipylidium caninum*

Zwischenwirt für *D. caninum* dient. Im Dünndarm des Wirts entwickeln sich Zystizerken innerhalb von 20 Tagen zu adulten Würmern. Die Länge und der Durchmesser der adulten Würmer betragen etwa 10–70 cm und 2–3 mm, die eine Lebensdauer von weniger als 1 Jahr besitzen. Es gibt nur wenige Studien über pathologische Veränderungen durch Dipylidiasis beim Menschen.

Immunologie

Studien zur Immunreaktion auf gastrointestinale Nematoden haben gezeigt, dass eine Th2-dominante Immunreaktion zusammen mit einer erhöhten Anzahl von Mastzellen in der Schleimhaut und intestinalen Eosinophilen ausgelöst wird. Zwei Arten der Manifestation des Immunitätseffekts nach gastrointestinaler Nematodeninfektion wurden beobachtet. Der erste Mechanismus durch angeborene Immunität, bekannt als Selbstheilungsphänomen, ist eine Ausstoßung der Nematoden aus dem Darm zu einem bestimmten Zeitpunkt. Der zweite Mechanismus ist die adaptive Immunantwort, die als sterile Immunität nach Beendigung der Infektion bekannt ist, die durch ständiges Priming durch regelmäßige geringe Exposition gegenüber Nematoden auf der Weide auftritt.

Infektion beim Menschen

Die Dipylidiasis beim Menschen ist eine sehr seltene klinische Entität, die aufgrund der wenigen Aufzeichnungen nicht gut beschrieben ist. Eine Infektion mit *D. caninum* ist beim Menschen meist asymptomatisch. Bei symptomatischer Infektion sind Bauchschmerzen, Durchfall, Unruhe, schlechter Appetit und Analjucken aufgrund der Migration von Proglottiden durch den Analkanal häufig zu beobachten. Das auffälligste Merkmal, das von der Mutter eines Kindes bemerkt wird, ist der Durchgang von Proglottiden im Kot auf Windeln, Bodenbelägen und Möbeln. Diese beweglichen Proglottiden werden oft für Maden oder Fliegenlarven gehalten. Die Eltern und das Kind haben aufgrund des Durchgangs von beweglichen Segmenten des Wurms Angst. Die Wurmlast ist gering, aber manchmal wurden mehr als 10 Würmer beschrieben.

Infektion bei Tieren

Dipylidium caninum verursacht typischerweise bei Hunden und Katzen keine signifikante Erkrankung; in seltenen Fällen kommt es beim Endwirt zu Geschwüren, Entzündungen der Schleimhäute und möglicherweise zum Durchbruch der Darmwand. Es gibt einige wenige Berichte über junge Welpen, die durch massive Infektionen durch *D. caninum* eine intestinale Auswirkung haben.

Wie beim Menschen sind Infektionen bei Tieren asymptomatisch und selbstlimitierend, abgesehen von Anzeichen für gesteigerten Appetit und Verhaltensänderungen wie das Kratzen der Analregion über Gras oder Teppich, um den analen Juckreiz aufgrund der wandernden Larven zu lindern. Abgesehen von analem Juckreiz durch Proglottidenwanderung zeigen die natürlichen Wirte typischerweise keine Komplikationen aufgrund der Infektion, außer bei besonders schweren Infektionen, bei denen eine gastrointestinale Reizung durch die Verankerung des Rostellums auftreten kann. Am Anhaftungspunkt kann es zu einer Blutung kommen, die zu Enteritis und Durchfall führt. Klinisch manifestiert sich der Befall durch eine verlangsamte Wachstumsrate, eine verminderte Arbeitsfähigkeit und ein allgemeines Unwohlsein.

Epidemiologie und öffentliche Gesundheit

Die Dipylidiasis, die in der Regel durch den Hunde- und Katzenbandwurm verursacht wird, ist eine zoonotische parasitäre Erkrankung. Fälle beim Menschen wurden aus Europa, den Philippinen, China, Japan, Argentinien, Chile und den Vereinigten Staaten gemeldet (Tab. 1). Sehr wenige Fälle von Dipylidiasis beim Menschen wurden aus Indien gemeldet. Bisher wurden insgesamt fast 350 Fälle weltweit gemeldet, aber die genaue Krankheitslast wurde aufgrund der wenigen klinischen Aufzeichnungen nicht geschätzt. Es wird geschätzt, dass fast ein Drittel der Fälle bei Kindern unter 6 Monaten auftritt. Infektionen bei Kleinkindern und Säuglingen sind hauptsächlich auf den versehentlichen Verzehr von Flöhen oder den Kontakt mit dem Speichel von Haustieren, der Zystizerken von *D. caninum* enthalten kann, zurückzuführen.

Tab. 1 Epidemiologie von *Dipylidium caninum*

Parasit	Endwirt	Zwischenwirte	Geografische Verbreitung
Dipylidium caninum	Hunde, Katzen, Menschen	Hundefloh: *Ctenocephalides canis* Katzenfloh: *Ctenocephalides felis* Hundelaus: *Thichodectes canis* Menschenfloh: *Pulex irritans*	Kosmopolitisch

Tab. 2 Diagnostische Methoden für Dipylidiasis

Diagnoseansätze	Methoden	Targets	Bemerkungen
Mikroskopie	Stuhluntersuchung	Eier	Typische Eipakete
		Proglottiden	Zwei Genitalpori und die Eipakete
Molekulare Diagnose	PCR von Kotprobe	314 bp des mitochondrialen 12S-rRNA-Gens	Verwendet bei Tieren

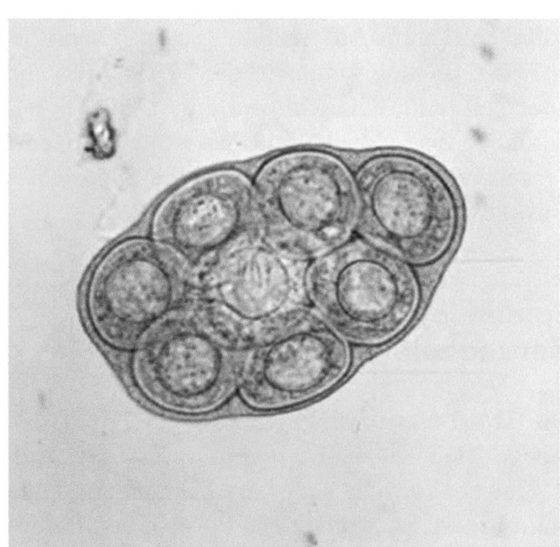

Abb. 4 Eipaket von *D. caninum* in einem Nasspräparat. (Mit freundlicher Genehmigung: CDC)

Diagnose

Die Diagnose der Dipylidiasis beim Menschen oder bei Tieren basiert hauptsächlich auf der mikroskopischen Untersuchung des Kots, aber es wurde auch über eine molekulare Diagnose berichtet (Tab. 2).

Mikroskopie

Der Nachweis von *D. caninum*-Eiern (Abb. 4), die rund bis oval sind und eine Onkosphäre mit 6 Häkchen enthalten, durch mikroskopische Untersuchungen des Stuhls bestätigt die Diagnose der Erkrankung. Ausgeschiedene Proglottiden, die sich in der Stuhlprobe befinden, können mit Fliegenlarven oder anderen Parasiten verwechselt werden. Die Proglottiden können einzeln oder in Ketten auftreten und der Nachweis von charakteristischen Eipaketen der Proglottiden, die 5–15 oder mehr Eier enthalten können, ist diagnostisch.

Serodiagnostik

Eine in Taiwan an streunenden Hunden durchgeführte Studie zur Immundiagnostik von Dipylidiasis bei Hunden mittels ELISA unter Verwendung von reifen und graviden Proglottidenantigenen von *D. caninum* ergab eine Spezifität von 100 % und eine Sensitivität von 50 % für den Extrakt aus reifen Proglottiden und 75 und 100 % für den Extrakt aus graviden Proglottiden.

Molekulare Diagnostik

Ein konserviertes kurzes Fragment von 314 bp des mitochondrialen 12S-rRNA-Gens wurde zur Identifizierung von *D. caninum*-Infektionen in Kotproben von Tieren verwendet. Es wurde ein 28S-rDNA-PCR-Nachweisverfahren zur Identifizierung von *D. caninum*-DNA aus einzelnen Kotproben von Katzen und Hunden entwickelt, das bei der Sequenzanalyse der 28S-rDNA-Fragmente 2 genetisch unterschiedliche Varianten der Zielregion zeigte. Diese beiden unterschiedlichen Genotypen wurden nach ihrer Herkunft als „*D. caninum* canine genotype“ und „*D. caninum* feline genotype“ bezeichnet.

Behandlung

Die Infektion mit *D. caninum* ist bei Menschen selbstlimitierend und heilt in der Regel spontan innerhalb von 6 Wochen ab. Die Erkrankung wird wirksam mit Praziquantel in einer oralen Einzeldosis von 5–10 mg/kg für Erwachsene behandelt. Praziquantel wird für Kinder unter 4 Jahren nicht empfohlen. Niclosamid ist ebenfalls ein wirksames Medikament.

Prävention und Bekämpfung

Die Prävention und Bekämpfung der Infektion mit *D. caninum* bei Hunden und Katzen umfasst die Bekämpfung von Floh- und Lauspopulationen bei diesen Haustieren. Die Entwurmung der Haustiere mit Praziquantel ist wirksam zur Kontrolle der Parasitenlast bei infizierten Hunden.

Fallstudie

Ein 4 Jahre altes männliches Kind wurde von seiner Mutter in die Notaufnahme gebracht, weil es seit etwa 6 Monaten reiskornartige Strukturen im Stuhlgang hatte. Dem Kind wurde eine Dosis des Entwurmungsmittels Albendazol zusammen mit einem Antihistaminikum verschrieben. Trotz der Behandlung sprach das Kind nicht vollständig darauf an und wurde erneut in die Notaufnahme überwiesen. Eine Stuhlprobe wurde für die Mikroskopie genommen. Die makroskopische Untersuchung der Stuhlprobe zeigte kleine elfenbeinfarbene Strukturen wie Gurkenkerne oder Reiskörner. Jede Struktur war 0,5–1,0 cm lang und 0,1–0,2 cm dick. Die Proglottidabschnitte wurden mittels Paraffinimplantation präpariert und mit Hämatoxylin-Eosin gefärbt. Sie zeigten eine nach innen gerichtete Kompartimentierung der Eier in Bündeln.

1. Was wäre die endgültige Diagnose für diesen Patienten?
2. Welche weiteren relevanten Anamnesen müssen von der Mutter des Patienten erhoben werden?
3. Welcher Rat sollte den Eltern gegeben werden, um die Infektion bei Kindern zu verhindern?

Forschungsfragen

1. Welche Antigene können zur Entwicklung eines immundiagnostischen Tests verwendet werden?
2. Wie kann die Flohpopulation bei Haustieren am besten bekämpft werden, um eine Infektion des Menschen zu verhindern?
3. Wie hoch ist die tatsächliche Infektionslast in der Tierpopulation einer Gesellschaft?

Weiterführende Literatur

Bowmaan DD. Georgis' parasitology for veterinarians. 6th ed. Philadelphia, PA: Saunders Company; 1995. S. 145–6.

Cabello RR, Ruiz AC, Feregrino RR, Romero LC, Feregrino RR, Zavala JT. *Dipylidium caninum* infection. BMJ Case Rep. 2011;2011:bcr0720114510.

Casasbuenas P. Infecciónpor *Dipydilium caninum*. Rev Col Gastroenterol. 2005;20(2):86–8.

Chappell CL, Enos JP, Penn HM. *Dipylidium caninum*, an under recognized infection in infants and children. Pediatr Infect Dis J. 1990;9:745–7.

Chatterjee KD. Parasitology protozoology and helminthology. 13th ed. New Delhi: CBS Publishers and Distributors Pvt. Ltd; 2009. S. 168–70.

Narasimham MV, Panda P, Mohanty I, Sahu S, Padhi S, Dash M. *Dipylidium caninum* infection in a child: a rare case report. Indian J Med Microbiol. 2013;31:82–4.

Neafie RC, Marty AM. Unusual infections in humans. Clin Microbiol Rev. 1993;6:34–56.

Neira OP, Jofré ML, Muñoz SN. Infección por *Dipylidium caninum* en unpreescolar. Presentación del caso y revision de la literatura. Rev Chil Infect. 2008;25:465–71.

Ramana KV, Rao SD, Rao R, Mohanty SK, Wilson CG. Human Dipylidiasis: a case report of *Dipylidium caninum* infection in teaching Hospital at Karimnagar. Online J Health Allied Sci. 2011;10:28.

Ransom BH. The taenioid cestodes of North American birds. Bull US Natl Museum. 1909;69:1–141.

Reid CJ, Perry FM, Evans N. *Dipylidium caninum* in an infant. Eur J Pediatr. 1992;151:502–3.

Sloan L, Schneider S, Rosenblatt J. Evaluation of enzyme-linked immunoassay for serological diagnosis of cysticercosis. J Clin Microbiol. 1995;33:3124–8.

George W. On the ccstode subfamily Dipylidiinne Stiles. Zeitschr Pnrs. 1932;4:542–84.

Wong MH. Multiple infestation with *Dipylidium caninum* in an infant. Can Med Assoc J. 1955;72:453–5.

Hymenolepiasis

Namrata K. Bhosale

> **Lernziele**
>
> 1. Die Bedeutung von Nagetieren bei der Übertragung von Infektionen zu verstehen
> 2. Kenntnis über den relativ milden Verlauf der Infektion ohne ernsthafte Komplikationen zu haben

Einführung

Hymenolepis nana, wegen seiner geringen Größe auch Zwergbandwurm genannt, ist der häufigste Zestode, der den Menschen infiziert. Nagetiere und Insekten sind die Reservoirwirte. Er benötigt keinen Zwischenwirt, was seine Übertragung erleichtert, und ist daher weltweit verbreitet. *Hymenolepis diminuta* ist eine zoonotische Art, die häufig bei Nagetieren vorkommt und selten Menschen infiziert. Obwohl die meisten durch diesen Parasiten verursachten Infektionen asymptomatisch sind, können sie bei Kindern, Menschen mit chronischen Infektionen und immungeschwächten Wirten eine schwere Infektion des zentralen Nervensystems verursachen.

N. K. Bhosale (✉)
Department of Microbiology, Mahatma Gandhi Medical College and Research Institute, Puducherry, Indien

Geschichte

Theodor Maximilian Bilharz, ein deutscher Physiker und einer der Begründer der Tropenmedizin, entdeckte *H. nana* im Jahr 1851. Von Seibold erklärte ihm im selben Jahr zum menschlichen Parasiten. Er fand zahlreiche adulte Würmer von *H. nana* im Dünndarm eines ägyptischen Jungen, der an Meningitis gestorben war. *Hymenolepis microstoma* wurde erstmals 1845 von Dujardin in den Gallengängen von Mäusen beschrieben, aber in die Gattung *Taenia* aufgenommen. Grassi und Rovelli schlossen im Jahr 1800 die Existenz eines Zwischenwirts im Lebenszyklus von *H. nana* aus. Das adulte Stadium von *H. diminuta* wurde erstmals 1852 bei einem 19 Monate alten gesunden Kind nachgewiesen. Es war Weinland, der 1858 erstmals einen Fall einer Infektion beim Menschen mit *H. diminuta* meldete und auch den Gattungsnamen *Hymenolepis* prägte, der sich aus den beiden griechischen Wörtern *Hymen* (Membran) und *Lepis* (Schale) zusammensetzt.

Taxonomie

Die Gattung *Hymenolepis* gehört zur Unterfamilie Hymenolepidinae, Familie Hymenolepididae, Klasse Cestoda, Ordnung Cyclophyllidea, Unterklasse Eucestoda, Stamm Platyhelminthes im Reich Animalia.

S. C. Parija und A. Chaudhury (Hrsg.), *Lehrbuch der parasitären Zoonosen*,
https://doi.org/10.1007/978-981-97-4312-4_36

Hymenolepis nana und *H. diminuta* sind die beiden Arten, die für den Menschen infektiös sind. Diese Parasiten sind kosmopolitisch. Eine neue Gattung, *Rodentolepis*, wurde kürzlich vorgeschlagen, um *Hymenolepis* zu ersetzen.

Genomik und Proteomik

Hymenolepis diminuta hat eine Genomgröße von 177 Mb mit 15,169 annotierten Protein codierenden Genen. Von den 13,764 bp großen mitochondrialen Genomen von *H. nana*, die 36 Gene codieren, sind 12 sind Protein codierende Gene, 2 sind ribosomale RNA-Gene und 22 sind Transfer-RNA-Gene. Das Genom der verwandten *Hymenolepis microstoma* ist etwa 140 Mb groß und hat 12 diploide Chromosomen. MicroRNAs (miRNAs), eine Klasse kleiner, nicht codierender RNAs, sind primäre posttranskriptionale Regulatoren der Genexpression und sind in vielen verschiedenen biologischen Prozessen aktiv. Die neue Verfügbarkeit von Genomen parasitischer Helminthen von medizinischem und veterinärmedizinischem Interesse, einschließlich Cestoden, hat eine Plattform für den Einsatz von rechnerischen und experimentellen Methoden zur Klassifizierung von miRNAs geschaffen. Genomische Werkzeuge ermöglichen die Entdeckung neuer Biomarker zur Diagnose und/oder für therapeutische Ziele zur Überwachung der von ihnen verursachten Infektionen.

Die Proteomanalyse von adultem *H. nana* hat 13.738 Proteine ergeben. Eine differentielle Proteinexpression von Zystizerken und adulten Würmern von *H. diminuta* fand 233 Proteine von Zystizerken und 182 Proteine von adulten Würmern, von denen 102 von beiden Stadien geteilt wurden. Insgesamt waren 131 Proteine nur im Larvenstadium vorhanden, 80 dagegen nur in den adulten Würmern.

Die Parasitenmorphologie

Adulter Wurm

Der Körper eines adulten Wurms ist in Kopf (Skolex), Hals und Segmente (Strobilae) unterteilt.

Der adulte *H. nana* ist 15–40 mm lang und 0,5–1,0 mm breit. Der Kopf oder Skolex ist kugelförmig und refraktär und besteht aus 4 Saugnäpfen. Die Saugnäpfe sind mit einem Rostellum bewaffnet, mit dessen Hilfe sich der adulte Wurm an die Ileumschleimhaut anheftet. Fast 20–30 Haken sind in einer linearen Reihe auf dem Rostellum angeordnet (Abb. 1). Der Hals ist dünn, unsegmentiert und mäßig lang und führt zu 200 Proglottiden, die unreif, reif und gravid sind. Jede reife Proglottide umfasst sowohl männliche als auch weibliche Fortpflanzungsorgane. Sie enthält 3 dorsal gelegene Hoden und einen zentral gelegenen gelappten Eierstock. Die gravide Proglottide ist vollständig mit bis zu 200 befruchteten Eiern gefüllt, die beim Zerfall der Proglottide freigesetzt werden (Abb. 2).

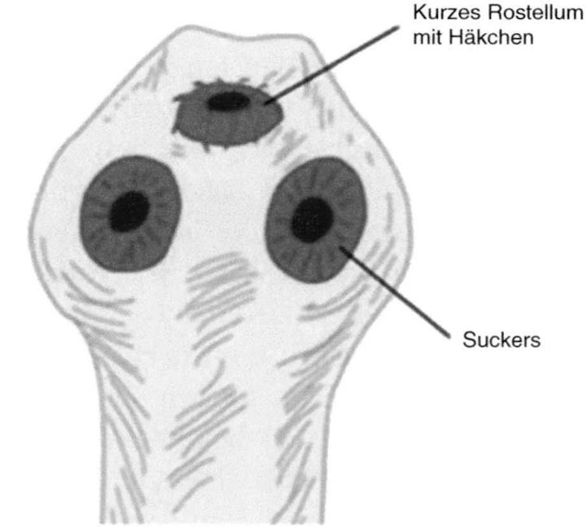

Abb. 1 Schematische Darstellung des adulten Skolex von *Hymenolepis*

Der adulte *H. diminuta*-Wurm ist etwa 200–600 mm lang und kann bis zu 1000 Proglottiden haben. Ähnlich wie bei *H. nana* hat der Skolex von *H. diminuta* 4 Saugnäpfe und ein Rostellum, jedoch ohne Haken.

Eier

Die Eier sind sowohl diagnostische als auch infektiöse Formen dieses Parasiten. Sie sind rund bis oval und sind etwa 30–47 µm groß. Sie sind nicht mit Galle gefärbt, obwohl sie den Gallengang passieren und in gesättigter Salzlösung schwimmen. Das Embryo hat 2 Membranen (eine äußere gestreifte transparente Schale und eine innere Embryophore) mit einem Raum dazwischen, der mit Granulaten gefüllt ist. Die Embryophore bildet an den Polen 2 Knospen, von denen jeder 4–8 polare Filamente hervorbringt, die sich in den Raum zwischen den Membranen erstrecken. Es können 4–6 radial angeordnete Haken im Embryo visualisiert werden. Die Eier von *H. diminuta* unterscheiden sich von denen von *H. nana* dadurch, dass sie keine Embryophorenknospen, keine polaren Filamente und keine Haken haben und doppelt so groß sind (60–80 mm).

Larve

Das Larvenstadium von *Hymenolepis* wird Zystizerkus genannt (Abb. 3). Es handelt sich um eine gut organisierte Zyste, die aus 3fachen Kollagenfasern und einer membranösen Zystenauskleidung besteht. Der vesikuläre proximale Teil enthält den Skolex. Im indirekten Lebenszyklus von *H. nana* fungiert das Larvenstadium als infektiöse Form.

Zucht von Parasiten

Die Entwicklung von Onkosphären zu Zystizerken sowie vom Stadium der Zystizerken zur adulten Wurmstufe in *H. nana* kann erfolgreich durch eine Reihe von Techniken und unter Verwendung verschiedener Medienpräparate durchgeführt werden. *Hymenolepis diminuta* wurde ebenfalls in vitro durch verschiedene Techniken kultiviert.

Green und Wardile waren die Ersten, die die Lebensfähigkeit von adulten *H. nana* var. *fraternal* im Jahr 1941 mithilfe von einem Gewebekulturmedium aufrechterhielten. Später zeigte Schiller 1959 erfolgreich das Wachstum von *H. diminuta* aus den Segmenten des adulten Wurms. Berntzen verwendete 1961 kontinuierliche Flusskulturmethoden zur Kultivierung der Zystizerken von *H. diminuta* und *H. nana*. 1975 zeigten Seidel und Voge das Wachstum von *H. nana* aus dem Zystizerkus mithilfe einer axenischer Kultur.

Versuchstiere

Ratten und selten Mäuse sind die beiden häufigsten Versuchstiere, die zum Verständnis der Pathogenese und zur Untersuchung der Wirkung verschiedener anthelminthischer Medikamente, die zur Behandlung der Hymenolepiasis verwendet werden, eingesetzt werden. Diese Nagetiere werden oral mit den graviden Segmenten

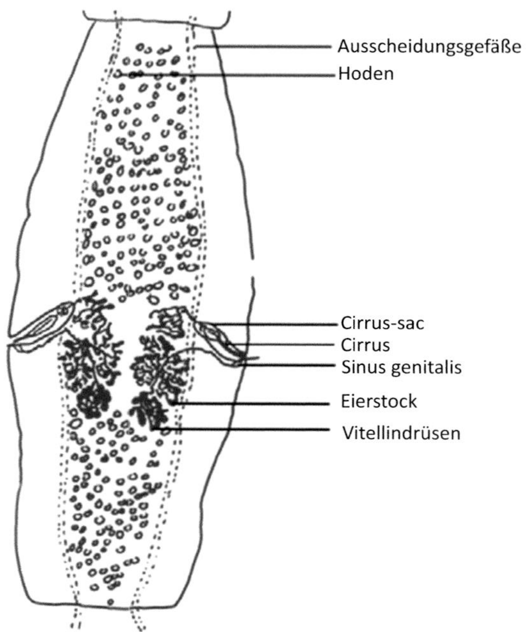

Abb. 2 Schematische Darstellung eines adulten Proglottids von *Hymenolepis*

von *Hymenolepis* infiziert, und der Kot wird auf das Vorhandensein von Eiern untersucht. Die bei den infizierten Nagetieren durchgeführte Nekropsie zeigt das Vorhandensein von adulten Würmern im Darm. Histopathologische Merkmale des Darms sind Schleimhautgeschwüre, Nekrose, Atrophie und Abschilferung der Darmzotten im Falle einer starken Infektion mit diesen Zestoden. Die Infiltration der Darmzotten mit entzündlichen Zellen ist ebenfalls ein wichtiger Befund in den Gewebeschnitten.

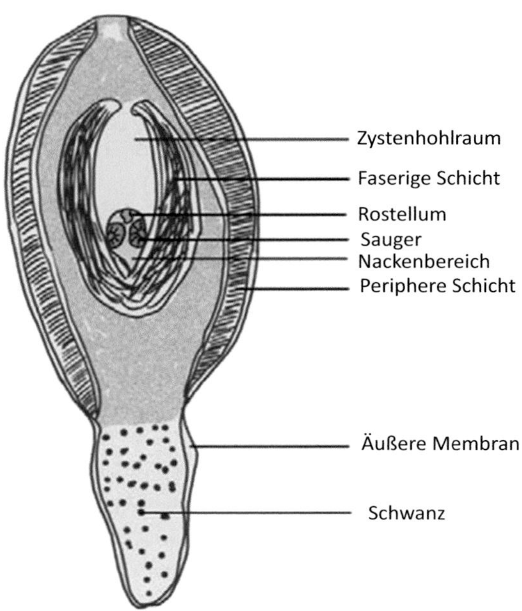

Abb. 3 Zystizerkus von *Hymenolepis* spp.

Lebenszyklus der *Hymenolepis*-Arten

Studien haben 2 Arten von Lebenszyklen bei *H. nana* aufgedeckt: direkte und indirekte (Abb. 4).

Wirte

Endwirte

Mensch, Ratten und Mäuse sind die einzigen Endwirte von *H. nana*.

Zwischenwirte

Im direkten Lebenszyklus ist kein Zwischenwirt erforderlich. Aber Arthropoden wie Rattenflöhe (*(Pulex irritans* und *Xenopsylla cheopis*), Kornkäfer *(Tribolium, Tenebrio)* und Motten fungieren als Zwischenwirt im indirekten Lebenszyklus. Im Lebenszyklus von *H. nana* var. *fraterna* (eine morphologisch identische Variante, die Nagetiere infiziert) fungieren Arthropoden als Zwischenwirt.

Infektiöses Stadium

Die Eier sind die infektiöse Form im direkten Lebenszyklus und wie zuvor erwähnt, sind Zystizerkenlarven die infektiösen Formen im indirekten Lebenszyklus.

Übertragung der Infektion

Die Infektion erfolgt durch die fäkal-orale Aufnahme von Eiern. Manchmal kann die Infektion auch durch die versehentliche Aufnahme von Insekten, die Zystizerken enthalten, erfolgen.

Die Infektion wird durch die Aufnahme der infektiösen Eier durch kontaminierte Nahrung, Wasser oder Hände erworben. Beim Ausschlüpfen werden die beweglichen Hexacanthonkosphären aus den Eiern freigesetzt, die durch Penetration in die Darmzotten eindringen und sich innerhalb von 4 Tagen zu Zystizerkenlarven entwickeln. Wenn die Zotten zerreißen, werden die Larven im Darm freigesetzt. Sie heften sich dann mithilfe der Skolizes an die Ileumschleimhaut an und verwandeln sich später in adulte Würmer. Die Eier werden aus den graviden Proglottiden durch die Vorhöfe oder durch Zerfall im Stuhl freigesetzt. Manchmal schlüpfen die Eier im Wirt und führen zu einer Autoinfektion. Die Lebensdauer des adulten Wurms beträgt etwa 4–10 Wochen.

Der indirekte Lebenszyklus beginnt nach der Aufnahme der Eier durch die koprophagen Arthropoden. Aus den aufgenommenen Eiern entwickeln sich nach dem Schlüpfen im Körperhohlraum der Insekten die Zystizerkenlarven. Die versehentliche Aufnahme solcher Zystizerken enthaltenden Insekten initiiert die Infektion bei Menschen und Nagetieren.

Der Lebenszyklus von *H. diminuta* ähnelt dem des indirekten Zyklus von *H. nana.* Die Endwirte von H. diminuta sind Ratten *(Rattus norvegicus, Rattus rattus),* selten Mäuse und gelegentlich Menschen. Mehrere Arthropoden wie Käfer, Flöhe, Ohrwürmer und Tausendfüßler fungieren als obligatorische Zwischenwirte.

Pathogenese und Pathologie

Eine *Hymenolepis*-Infektion ist bei Erwachsenen normalerweise harmlos und eher lästig als gesundheitsgefährdend. Bei kleinen Kindern kann jedoch eine schwere Infektion mit *H. nana* mit pathologischen Veränderungen und klinischen Symptomen verbunden sein. Innerhalb des Wirts befinden sich die Zystizerken hauptsächlich in der Lamina propria des Dünndarms, können aber auch in den Mesenteriallymphknoten gefunden werden. Die Symptomatik der Hymenolepiasis ist auf die Reaktionen des Wirts auf Wurmallergene und -metaboliten zurückzuführen. An Stellen, die weit vom Darm entfernt sind, wie z. B. im Gehirn und in den Augen, sind diese Produkte für klinische Manifestationen ver-

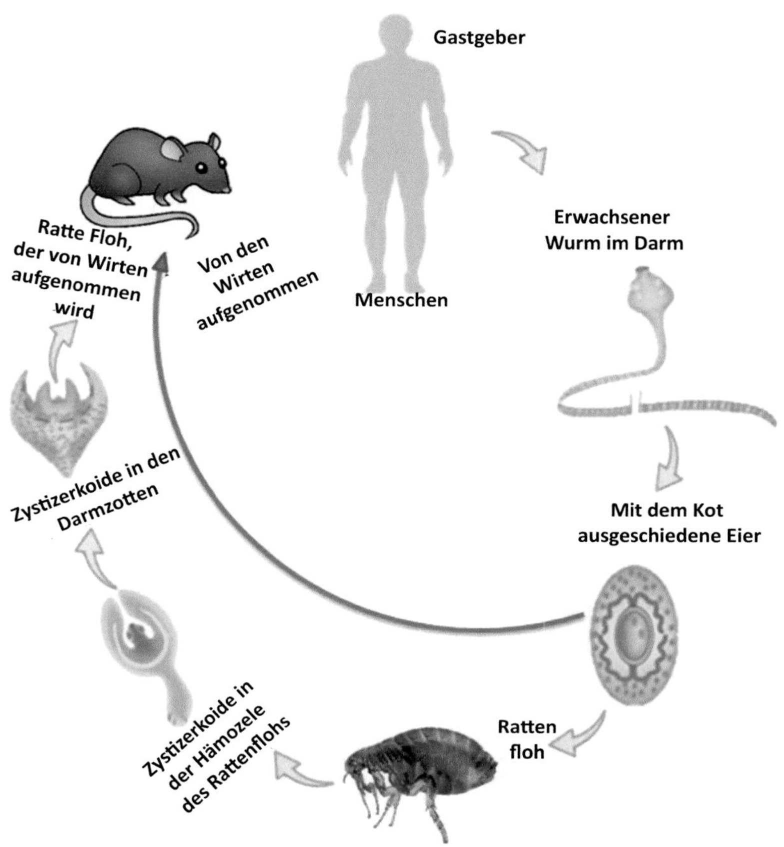

Abb. 4 Lebenszyklus von *Hymenolepis* spp.

antwortlich. 1979 berichteten Al-Hussaini et al. aus Ägypten über eine enge Korrelation zwischen *H. nana* und Keratoconjunctivitis phlyktaenulosa. Bei 73,4 % der Kinder mit *H. nana*-Infektionen führen Wurmantigene zu nekrotischen Geschwüren der Bindehaut und der Hornhaut.

Immunologie

Die Wirtsimmunität gegen *Hymenolepis* is thymusabhängig. Studien haben gezeigt, dass dieser Parasit bei Reizdarmpatienten eine immunmodulatorische Wirkung hat, die auf eine Kreuzreaktion des Immunsystems zurückzuführen ist, da die Wirtsproteine eine ähnliche Struktur wie *H. nana* aufweisen. *Hymenolepis* wurde daher, wie viele andere Helminthen auch, als Kandidat für die Behandlung von Reizdarmsyndrom ("irritable bowel disease", IBD) vorgeschlagen.

Infektion beim Menschen

Hymenolepis nana verursacht hauptsächlich eine asymptomatische Infektion beim Menschen. Eine hohe Wurmlast (15.000 Eier im Stuhl), chronische Infektion und Infektion bei Kindern gehen mit symptomatischen Infektionen einher. Diffuse Bauchschmerzen, Durchfall, Anorexie, Appetitverlust, Übelkeit, Kopfschmerzen, Schwindel und Ermüdung sind die häufigen Symptome, die durch *H. nana* verursacht werden. Pruritus nasi, Pruritus ani und Keratokonjunktivitis, obwohl nicht häufig, sind auch Teil des klinischen Spektrums der *H. nana*-Infektion. Infektionen sind auch mit einer milden bis mäßigen Eosinophilie (5–15 %) verbunden. Eine der schwerwiegenden Manifestationen von Infektionen mit *H. nana* ist eine Epilepsie aufgrund einer Beteiligung des zentralen Nervensystems. Disseminierte Infektionen sind äußerst selten. Ein Fall von Multiorganbeteiligung und Parasitämie wurde bei einem Patienten mit Hodgkin-Lymphom, der sich in immunsuppressiver Therapie befand, gemeldet, was die invasive Eigenschaft dieses Parasiten beweist. Klinische Auswirkungen von polyparasitären Infektionen werden durch *H. nana* verstärkt.

Hymenolepis diminuta beim Menschen ist meist harmlos, kann aber bei schweren Infektionen Bauchschmerzen, Anorexie, Hautjucken, milden Durchfall, leichtes Fieber, Eosinophilie und Anämie verursachen.

Infektion bei Tieren

Hymenolepiasis ist eine häufige Infektion bei Nagetieren wie Ratten und Mäusen. Ähnlich wie beim Menschen verursacht *Hymenolepis* auch bei Nagetieren meist eine asymptomatische Infektion. Schwere Infektionen können zu Gewichtsverlust, fokaler Enteritis, Lymphadenitis mesenterialis, chronischen Abszessen und Darmverschluss führen.

Epidemiologie und öffentliche Gesundheit

Hymenolepis nana gilt als die häufigste Zestode, die Menschen weltweit infiziert, wobei ihre Prävalenz zwischen 0 und 4 % liegt. Am häufigsten infiziert sie Kinder, bei denen die Prävalenz bis zu 16 % beträgt. Eine höhere Prävalenz wurde bei Männern als bei Frauen berichtet. Überbevölkerung, schlechte sanitäre Bedingungen, unhygienische Praktiken, Unterernährung und ein immungeschwächter Zustand sind wichtige Faktoren, die zur hohen Prävalenz von Infektionen mit *H. nana* beitragen. Diese Infektionen sind häufiger in Entwicklungsländern und in Ländern mit warmem Klima. Afrika, Asien, südliche und östliche Teile Europas und Zentral- und Südamerika sind Endemiegebiete für Infektionen mit *H. nana*. Aus früheren Studien geht hervor, dass die Übertragung von Mensch zu Mensch der häufigste Übertragungsweg ist. Das Fehlen eines Zwischenwirts und die Freisetzung von reifen, infektiösen Embryonen in die Umwelt tragen zur hohen Übertragungsrate von *H. nana* bei.

Hymenolepis diminuta ist ein zoonotischer Parasit, der hauptsächlich Nagetiere infiziert und bei Menschen selten vorkommt (0,002–8,222 %). Bis heute wurden weniger als 500 menschliche Fälle von Infektionen mit *H. diminuta* gemeldet. Die meisten dieser Fälle wurden bei Kindern unter 3 Jahren gemeldet. Eine höhere Prävalenz wurde in Pakistan, Äthiopien und Bangladesch untersucht. *Hymenolepis nana* ist in kälteren Klimazonen weit verbreitet, während *H. diminuta* Menschen nur selten infiziert (Tab. 1).

Diagnose

Mikroskopie

Die Labordiagnostik basiert auf der mikroskopischen Darstellung von Eiern von *H. nana* in der direkten Nasspräparation von Stuhlproben. Dauerpräparate und mit Polyvinylalkohol konservierte Proben sind aufgrund der Verzerrung der Morphologie nicht bevorzugt. In der Nasspräparation sind dünnwandige, runde bis ovale, nicht mit Galle gefärbte Eier mit Polfilamenten zu sehen (Abb. 5). Stuhlaufkonzentrationstechniken und wiederholte Untersuchungen erhöhen die Sensitivität der Mikroskopie bei leichten Infektionen. Adulte Würmer sind selten zu sehen.

In-vitro-Kultur

Die In-vitro-Kultur wird nicht für die Routinediagnose verwendet.

Serodiagnostik

Nur wenige Studien haben die Verwendung serologischer Tests wie ELISA zur Diagnose von Hymenolepiasis unter Verwendung von Homogenat des adulten Wurms als unverarbeiteten antigenen Extrakt untersucht. Aufgrund der Kreuzreaktivität mit Taeniasis und Zystizerkose und der geringen Sensitivität wird die Serologie nur für epidemiologische und nicht für diagnostische Zwecke eingesetzt.

Molekulare Diagnostik

Mikroskopische Methoden basieren auf der morphologischen Identifikation, aber aufgrund von Ähnlichkeiten unter den *Hymenolepis*-Arten sind molekulare Methoden für eine präzise Identifikation und zur Unterscheidung zwischen den menschlichen und Nagetier-*Hymenolepis*-Arten besser geeignet. ITS1 und ITS2 der ribosomalen DNA und Cytochrom-c-Oxidase-Untereinheit 1 (COX-1) wurden in mehreren Studien verwendet, um die genetische Vielfalt zwischen den *Hymenolepis*-Arten zu verstehen. Der Einsatz von molekularen Methoden in der Routinediagnose ist aufgrund ihrer Kosten, des Bedarfs an Fachpersonal und der Ausrüstung (Tab. 2) begrenzt.

Behandlung

Das antiparasitäre Medikament Praziquantel ist das Medikament der Wahl zur Behandlung von Hymenolepiasis. Diese Isochinolinpyrazinverbindung erhöht die Zellmembranpermeabilität

Tab. 1 Verbreitung der *Hymenolepis*-Arten, die für den Menschen von Bedeutung sind

Arten	Verbreitung	Zwischenwirt	Endwirt
Hymenolepis nana	Afrika, Asien, südliche und östliche Teile Europas, Zentral- und Südamerika	Direkter Zyklus: keiner Indirekter Zyklus: Rattenflöhe (*Pulex irritans* und *Xenopsylla cheopis*), Kornkäfer (*Tribolium, Tenebrio*) und Motten	Mensch, Ratten und Mäuse
Hymenolepis diminuta	Pakistan, Äthiopien und Bangladesch	Käfer, Flöhe, Ohrwürmer, Tausendfüßler	*Ratten (Rattus norvegicus, Rattus rattus),* Mäuse und Menschen

für Kalziumionen und verursacht dadurch eine Lähmung des Parasiten. Es ist wirksam gegen alle Stadien des Parasiten und hat ein breites Wirkungsspektrum auf alle Zestoden. Eine orale Einzelgabe mit einer Dosis von 25 mg/kg ist sowohl bei Erwachsenen als auch bei Kindern wirksam und eine 2. Dosis, die nach 10–15 Tagen verabreicht wird, verringert die Möglichkeit von Rückfällen.

Alternativ werden auch Antihelminthika wie Niclosamid, Albendazol und das Antiprotozoenmedikament Nitazoxanid zur Behandlung von Hymenolepiasis eingesetzt. Im Vergleich zu Praziquantel ist ihre Anwendung mit Nebenwirkungen verbunden und erfordert häufigere Dosierungen. Für eine wirksame Behandlung wird eine 1-mal tägliche Dosis von 2 g Niclosamid bei Erwachsenen und 1–1,5 g bei Kindern über einen Zeitraum von 7 Tagen empfohlen. Nitazoxanid wird in einer 2-maltäglichen Dosis (Erwachsene: 500 mg; Kinder: 100–200 mg) über einen Zeitraum von 3 Tagen verabreicht.

Prävention und Bekämpfung

Die Übertragung von Mensch zu Mensch ist der Hauptübertragungsweg von Hymenolepiasis. Daher können gute persönliche Hygienepraktiken wie das Waschen der Hände mit Seife und Wasser nach dem Toilettengang, vor der Zubereitung von Speisen, vor und nach dem Essen und die ordnungsgemäße Entsorgung von Fäkalien die Inzidenz von Hymenolepiasis senken. Die Bekämpfung der Nagetierpopulation hilft, die Interaktion zwischen Nagetieren und Menschen und damit die Übertragung von Hymenolepiasis zu verringern. Lebensmittel müssen ordnungsgemäß gelagert werden, um einen Insektenbefall zu vermeiden.

Fallstudie

Ein 7-jähriger Junge wurde mit Krampfanfällen in die Notaufnahme eines Krankenhauses der Maximalversorgung in Delhi, Indien gebracht.

Der Junge hatte die letzten 2 Tage Fieber. Er hatte über einen Monat lang einen verminderten Appetit und Übelkeit, was zu Müdigkeit und verminderter Konzentration in der Schule führte. Seine Mutter bemerkte Ödeme an seinen Füßen, als er sich darüber beschwerte, dass er Schwierigkeiten hatte, seine Schulschuhe zu tragen. Am Tag zuvor hatte er sich 2-mal übergeben und Bauchkrämpfe gehabt. Vor 2 Wochen hatte er gelegentlich leichte Durchfälle.

Der Junge war blass, hatte beidseitige Fußödeme und eine Stomatitis. Nach dem epileptischen Anfall war er bei Bewusstsein und orientiert. Seine Temperatur betrug 37,2 °C, sein Puls 102 Schläge pro Minute und sein Blutdruck 122/80 mmHg. Die Auskultation des Herzens ergab normale Herztöne. Bei der Palpation wurde keine Organomegalie festgestellt.

Sein Hämoglobinwert betrug 8 mg/dl und die Untersuchung des peripheren Blutausstrichs ergab eine Eosinophilie. Die Urinproben hatten eine spezifische Dichte von 1030, waren sauer und enthielten Spuren von Albumin und keine Glukose. Die mikroskopische Untersuchung des Urins ergab keine Parasiten. Die mikroskopische Untersuchung des Nasspräparats ergab zahl-

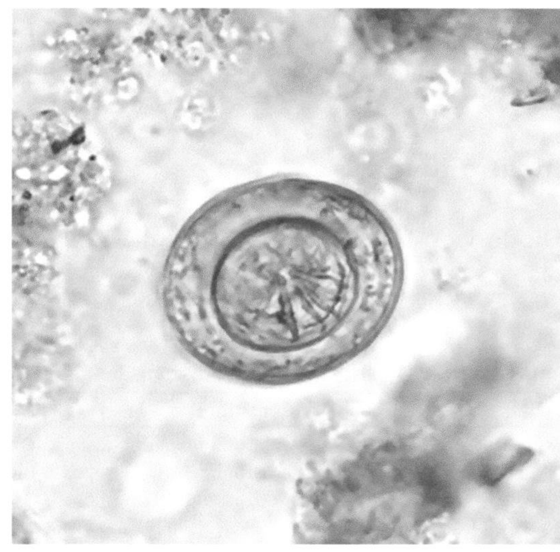

Abb. 5 Ei von *Hymenolepis nana*. (Mit freundlicher Genehmigung: CDC)

Tab. 2 Diagnosemethoden für Hymenolepiasis

Diagnoseansätze	Methoden	Targets	Anmerkungen
Direkte Mikroskopie	Nasspräparation von Stuhl	Nicht mit Galle gefärbte Eier	**Goldstandardtest** *Einschränkung*: weniger empfindlich bei leichten Infektionen
Immundiagnostik	Antikörper (ELISA)	Homogenat des adulten Wurms	*Einschränkungen*: (a) Erhebliche Kreuzreaktivität mit Taeniasis und Zystizerkose (b) Geringe Sensitivität Serologie wird nur für epidemiologische und nicht diagnostische Zwecke in Einzelfällen verwendet
Molekulare Assays	PCR, qPCR, LAMP	ITS1, ITS2 und Cytochrom-c-Oxidase-Untereinheit 1 (COX-1)	Hohe Sensitivität und Spezifität *Einschränkungen:* erfordert qualifiziertes Personal

reiche Eier von *H. nana*. Der Junge wurde mit Eisenpräparaten gegen Anämie und 25 mg/kg Praziquantel gegen die parasitäre Infektion behandelt. Nach 2 Wochen war die Stuhluntersuchung negativ auf Parasiten und der Appetit des Jungen war wieder normal.

1. Was sind die Unterscheidungsmerkmale von *H. nana* und *H. diminuta*?
2. Welche vorbeugenden Maßnahmen gibt es gegen durch Nagetiere übertragene Infektionen?

Forschungsfragen

1. Was sind die Gründe dafür, dass es trotz mehrfacher Überarbeitungen der Nomenklatur dieser Gattung immer noch Lücken in Bezug auf die Wirtsspezifität und die Artbildung gibt?
2. Warum gab es keine eingehenden taxonomischen, epidemiologischen und molekularen Studien zu *Hymenolepis* spp. in verschiedenen Wirten?

Weiterführende Literatur

Binkienė R, Miliūtė A, Stunžėnas V. Molecular data confirm the taxonomic position of *Hymenolepis erinacei* (Cyclophyllidea: Hymenolepididae) and host switching, with notes on cestodes of Palaearctic hedgehogs (Erinaceidae). J Helminthol. 2019;93(2):195–202.

Cheng T, Liu GH, Song HQ, Lin RQ, Zhu XQ. The complete mitochondrial genome of the dwarf tapeworm *Hymenolepis nana*--a neglected zoonotic helminth. Parasitol Res. 2016;115(3):1253–62.

Jarošová J, Antolová D, Šnábel V, Miklisová D, Cavallero S. The dwarf tapeworm *Hymenolepis nana* in pet rodents in Slovakia-epidemiological survey and genetic analysis. Parasitol Res. 2020;119(2):519–27.

Jarošová J, Šnábel V, Cavallero S, Chovancová G, Hurníková Z, Antolová D. The mouse bile duct tapeworm, *Hymenolepis microstoma* in free-living small mammals in Slovakia: occurrence and genetic analysis. Helminthologia. 2020;57(2):120–8.

Panti-May JA, Rodríguez-Vivas RI, García-Prieto L, Servián A, Costa F. Worldwide overview of human infections with *Hymenolepis diminuta*. Parasitol Res. 2020;119(7):1997–2004.

Shahnazi M, Mehrizi MZ, Alizadeh SA, Heydarian P, Saraei M, Alipour M, Hajialilo E. Molecular characterization of *Hymenolepis nana* (Cestoda: Cyclophyllidea: Hymenolepididae) based on nuclear rDNAITS2 gene marker. Afr Health Sci. 2019;19(1):1346–52.

Sharma S, Lyngdoh D, Roy B, Tandon V. Differential diagnosis and molecular characterization of *Hymenolepis nana* and *Hymenolepis diminuta* (Cestoda: Cyclophyllidea: Hymenolepididae) based on nuclear rDNAITS2 gene marker. Parasitol Res. 2016;115(11):4293–8.

Yang D, Zhao W, Zhang Y, Liu A. Prevalence of *Hymenolepis nana* and *H. diminuta* from Brown rats (*Rattus norvegicus*) in Heilongjiang Province, China. Korean J Parasitol. 2017;55(3):351–5.

Bertielliasis

Kashi Nath Prasad und Chinmoy Sahu

Lernziele

1. Grundkenntnisse über diesen exotischen Parasiten zu haben
2. Die Bedeutung von nicht menschlichen Primaten und Milben zu kennen und die versehentliche Aufnahme von Milben durch Früchte, Pflanzen oder Erde, die für die Krankheitsübertragung verantwortlich sind, zu verstehen

Einführung

Bertielliasis ist eine zoonotische helminthische parasitäre Krankheit, die durch Mitglieder der Gattung *Bertiella* verursacht wird Die *Bertiella*-Arten sind Zestoden (Bandwürmer), die weder der Gattung der *Taeni* noch der *Hymenolepis* zugeordnet sind, die Darminfektionen bei nicht menschlichen Primaten (Endwirte) verursachen. Im Allgemeinen wird die Identifizierung von Zestoden selbst auf Gattungsebene in den meisten klinischen Kontexten nicht routinemäßig durchgeführt; daher werden die meisten von ihnen willkürlich und falsch den bekannten *Taenia* spp. zugeordnet. Aufgrund der morphologischen Unterschiede zwischen den menschlichen Stämmen wird *Bertiella studeri* als Artenkomplex angesehen. *Bertiella satyri*, das früher als Teil des *B. studeri*-Artenkomplexes galt, wurde kürzlich als separate Art beschrieben. Da Bertielliasis nur in Einzelfällen gemeldet wird, sind ihre Epidemiologie und klinischen Merkmale nicht gut beschrieben.

Geschichte

Blanchard beschrieb die Infektion erstmals bei Menschenaffen und nannte sie Gattung "*Bertia*". Ancey (1888) beschrieb *Bertia cambojiensis* als Typstamm. Später änderten Stiles und Hassall (1992) den Gattungsnamen zu *Bertiella,* da eine Gruppe von Landschnecken bereits als *"Bertia"* benannt war. Der erste Fall einer menschlichen Infektion wurde von Blanchard (1913) berichtet. Er beschrieb die Infektion bei einem 8-jährigen Mädchen aus Mauritius und nannte sie *B. satyri,* die später in *B. studeri* (jetzt eine Altweltart) umbenannt wurde. Meyner (1895) identifizierte Bandwürmer bei zwei schwarzen Brüllaffen (*Alouatta caraya*) in Paraguay; jetzt werden sie als *Bertiella mucronata* (eine Neuweltart)

K. N. Prasad (✉)
Department of Microbiology, Apollomedics Super Speciality Hospital, Lucknow, Indien

C. Sahu
Department of Microbiology, Sanjay Gandhi Postgraduate Institute of Medical Sciences, Lucknow, Indien

S. C. Parija und A. Chaudhury (Hrsg.), *Lehrbuch der parasitären Zoonosen,*
https://doi.org/10.1007/978-981-97-4312-4_37

bezeichnet. Insgesamt wurden 95 Fälle (83 Fälle durch *B. studeri* und 12 Fälle durch *B. mucronata*) von Bertielliasis beim Menschen in der Literatur bis heute berichtet.

Taxonomie

Die Gattung *Bertiella* gehört zur Familie Anoplocephalidae, Ordnung Cyclophyllidea, Klasse Cestoda, Stamm Platyhelminthes im Reich Animalia.

Bertiella ist die einzige Gattung in der Familie Anoplocephalidae, die bekanntermaßen Infektionen beim Menschen verursacht. Bisher wurden 29 Arten von *Bertiella* beschrieben; nur 2 von ihnen, *B. studeri* (Altweltart) und *B. mucronata* (Neuweltart) sind als Verursacher von Infektionen beim Menschen identifiziert worden.

Genomik und Proteomik

Die Genomanalyse bei *Bertiella*-Arten ist noch primitiv und es fehlt an Proteomanalysen. Es sind relativ wenige Studien verfügbar, und diese Studien konzentrieren sich auf *Bertiella*-Arten, die aus menschlichen und Primatenquellen in Afrika, Asien und Südamerika stammen. Phylogenetische Analysen basierend auf NAD1 (Nicotinamidadenindinukleotid-Hydrogenase-Untereinheit 1), COX-1 (Cytochrom-c-Oxidase-Untereinheit 1), 28S-rRNA und ITS2 (interne transkribierte Spacerregion-2) zeigten eine monophyletische Gruppe von *Bertiella*-Arten innerhalb der Familie Anoplocephalidae. Die Analyse von NAD1 zeigte mehrere Klade und COX-1 zeigte 2 Klade innerhalb der *Bertiella*-Gruppe. Die COX-1-Analyse zeigte, dass Stämme aus Äquatorialguinea und Argentinien zu einer separaten Klade gehören als die Stämme aus Sri Lanka. Die ITS2-Sequenzen zeigten auch 2 Kladen. Alle asiatischen Stämme gehörten zur Klade 1. Stämme aus Kenia, Äquatorialguinea und Brasilien gehörten zur Klade 2. Mitglieder von *Bertiella* bei Menschen und nicht menschlichen Primaten wurden auf der Grundlage der 28S-rRNA-Genanalyse in 2 Kladen eingeteilt.

Die Parasitenmorphologie

Adulter Wurm

Adulte Würmer besitzen einen Kopf oder Skolex, Hals und Segmente (Proglottiden) wie andere Zestoden. Adulte Würmer von *B. studeri* sind normalerweise 10–30 cm lang, 1,0–1,5 cm breit und 2,5 mm dick. *Bertiella mucronata* sind normalerweise länger als *B. studeri* und können bis zu 40 cm messen. Der Skolex von *Bertiella* ist halbkugelförmig mit einem rudimentären, unbewaffneten Rostellum. Die Basis des Skolex ist gut vom Hals abgegrenzt. Der Hals ist etwa 2,65–5,0 mm lang. Der Skolex misst 475 und 800 µm im Durchmesser und hat 4 ovale Saugnäpfe, jeweils 2 auf der ventralen und dorsalen Seite. Die Saugnäpfe messen zwischen 220 und 345 µm im Durchmesser.

Normalerweise beträgt die Anzahl der Proglottiden bis zu 600 bei *B. studeri* und 700 bei *B. mucronata.* Die Proglottiden sind normalerweise viel breiter als lang. Proglottiden enthalten sowohl männliche als auch weibliche Fortpflanzungsorgane. Sie sind craspedot, was bedeutet, dass sie sich quer erstrecken; sie sind viel breiter als lang. Die Breite und Länge der graviden Proglottiden variieren (7,8–11,3 mm breit [Durchschnitt 9,52 mm] und 1,43–2,55 mm lang). Reife Proglottiden liegen am terminalen Ende des Körpers. Sie haben einen einzelnen Geschlechtsporus, der unregelmäßig öffnet und abwechselnd von links nach rechts über die Länge wechselt. Der Eierstock und eine einzelne breite transversale Gebärmutter sind zentral platziert; der Eierstock ist fächerförmig und befindet sich auf der poralen Seite der Mittellinie. Die Hoden bilden eine transversale Bande auf der anterodorsalen Seite der Proglottide. Die gravide (reife) Gebärmutter ist voller Eier.

Es wurden morphometrische Variationen derselben Art aus verschiedenen geografischen Gebieten und in verschiedenen Wirten gemeldet. Adulte Würmer werden normalerweise anhand der Länge und Breite der graviden Segmente, der Größe und Anzahl der Hoden, der Größe der Vagina und der Öffnung des Genitalporus in Arten unterschieden.

Eier

Die Eier von *Bertiella* spp. haben 6 gehakte (Hexacanth-)Embryonen, die typisch für Zestodenwürmer sind (Abb. 1). Sie sind eiförmig und sind 33–46 μm breit und 36–65 μm lang. Sie haben eine äußere Eischale und eine innere chitinhaltige Membran (innere Hülle) mit einer albuminösen Schicht dazwischen. Die innere Hülle enthält einen ausgeprägten birnenförmigen Apparat; der Hexacanthembryo befindet sich innerhalb des birnenförmigen Apparats. Die Hülle erstreckt sich in fadenförmigen Fortsätzen um den Embryo herum. Die Eier von *B. mucronata* sind kleiner (36–47 μm groß) und ähneln in ihrer Größe stark denen von *B. studeri*, und die Fortsätze sind weniger ausgeprägt.

Zystizerkus

Die Larven von *Bertiella* spp. werden Zystizerken genannt. Sie befinden sich im Körper der Arthropodenzwischenwirte (Oribatidenmilben). Nach der Aufnahme von Eiern durch Oribatidenmilben werden die Onkosphären (Hexacanthembryonen) freigesetzt und entwickeln sich innerhalb von 9 Tagen nach der Aufnahme im Körper der Milben zu Zystizerken. Zystizerken sind birnenförmig mit einem ausgestülpten, unbewaffneten Skolex, mit dem sie sich an die Darmwand des Endwirtes anheften und zu adulten Würmern entwickeln. Zystizerken sind 130–160 × 100–120 μm groß.

Abb. 1 Schematische Darstellung eines *Bertiella*-Eis mit Hexacanthonkosphäre (Embryo) im birnenförmigen Apparat (Sack)

Zucht von Parasiten

Bis zum heutigen Tag gibt es keinen Bericht über die Zucht von *Bertiella*-Arten. Experimentell wurde jedoch beobachtet, dass die Zystizerken bis zu 76 Tage nach der Exposition in den Milben nachgewiesen werden konnten. Daher können Milben ein experimentelles Modell für die Untersuchung der Biologie des Larvenstadiums des Parasiten sein.

Versuchstiere

Nicht menschliche Primaten sind der natürliche Endwirt von *Bertiella* spp. *Bertiella studeri* infiziert normalerweise Affen der Gattungen *Anthropopithecus, Cercopithecus, Cynomolgus, Macaca* und verschiedene andere Arten, gelegentlich Schimpansen *(Pan troglodytes)* und Gibbons *(Hyalobates hoolock)*. *Bertiella mucronata* kann die Affen der Gattungen *Callicebus* und *Alouatta* infizieren. Schimpansen im Zoo oder in Tierhäusern können ebenfalls infiziert werden. Andere Tiere wie Nagetiere, Dermoptera und australische Beuteltiere können ebenfalls von *Bertiella* spp. infiziert werden.

Lebenszyklus der *Bertiella*-Arten

Der Lebenszyklus von *Bertiella* spp., der für Menschen von Bedeutung ist, wird in 2 Wirten (Abb. 2) abgeschlossen.

Wirte

Endwirte

Affen der Gattungen *Anthropopithecus, Cercopithecus, Cynomolgus* und *Macaca* und der Graue Langur *(Presbytis entellus)* sind die Endwirte von *B. Studeri*. Affen der Gattungen

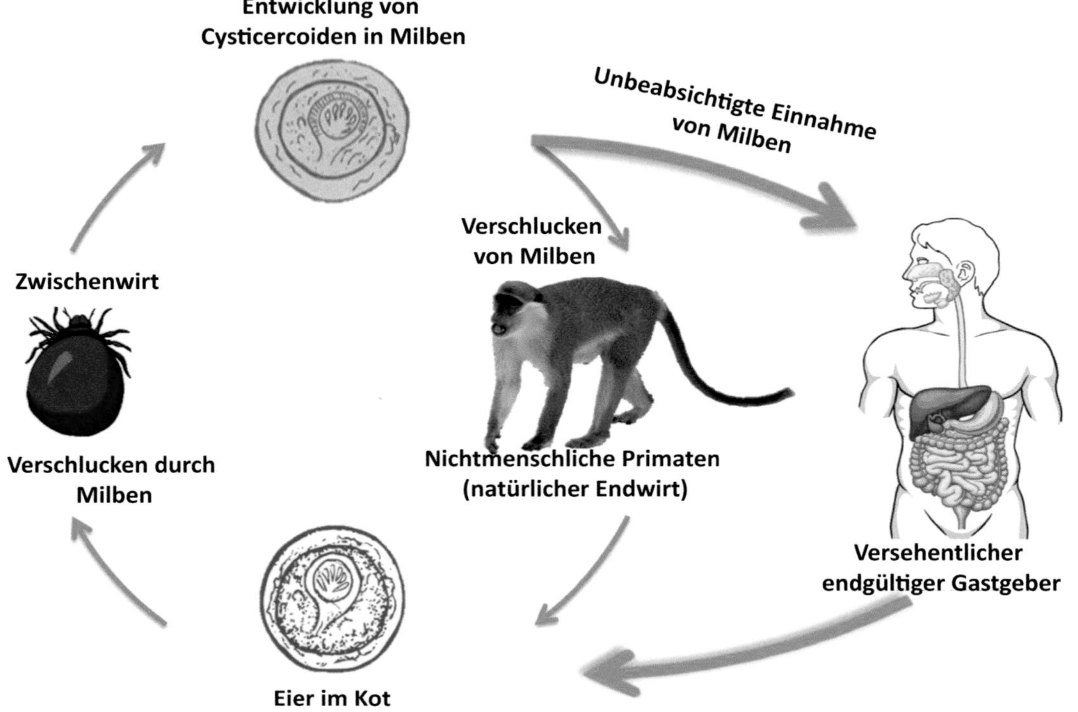

Abb. 2 Lebenszyklus der *Bertiella* spp.

Callicebus und *Alouatta* sind die Endwirte von *B. mucronata*. Schimpansen (*Pan* spp.) sind bekannt als Endwirte für beide Arten. Andere Tiere wie Nagetiere, Dermoptera und australische Beuteltiere werden ebenfalls als Endwirte für andere *Bertiella* spp. gemeldet.

Zwischenwirte

Mehrere Arten von Oribatidenmilben (Arthropoden) sind die Zwischenwirte für *Bertiella* spp.

Infektiöses Stadium

Der *Zystizerkus*, das Larvenstadium des Parasiten, ist das infektiöse Stadium.

Übertragung der Infektion

Die Infektion wird auf folgenden Wegen übertragen: (a) Aufnahme von Milben durch die natürlichen nicht menschlichen Primaten und versehentliche Aufnahme von Milben durch Menschen, (b) Verzehr von mit Milben kontaminierten Früchten und Pflanzen und (c) Aufnahme von mit Milben kontaminierter Erde, insbesondere durch Kinder.

Menschen infizieren sich versehentlich durch das Verschlucken der Milben und das Aufnehmen von kontaminierten Früchten und Pflanzen. Kinder erwerben die Infektion durch das Verschlucken von kontaminierter Erde. Die Zystizerken, die aus den Milben freigesetzt werden, heften sich mithilfe von unbewaffneten Skolizes an den Dünndarm und entwickeln sich anschließend zu ausgewachsenen adulten Würmern. Die adulten Parasiten befinden sich normalerweise in den unteren zwei Dritteln des Dünndarms. Sie legen Eier im Darm ab, die mit dem Stuhl ausgeschieden werden. Etwa zwei Dutzend Eier werden auf einmal ausgeschieden. Weiße, flache und aktiv bewegliche Segmente/Proglottiden können auch einzeln oder in einer

Kette von 8–16 mit dem Stuhl ausgeschieden werden. Charakteristische Proglottiden im Stuhl können mit bloßem Auge erkannt werden.

Die Zwischenwirte für den Parasiten (Milben) erwerben die Infektion durch die Aufnahme von Eiern. Onkosphären, die aus den Eiern freigesetzt werden, entwickeln sich innerhalb von 9 Tagen nach der Aufnahme in Milben zu infektiösen Zystizerken. Affen infizieren sich durch das Verschlucken von infizierten Milben.

Pathogenese und Pathologie

Pathogenese und Pathologie von *Bertiella*-Infektionen sind nicht gut beschrieben, aber es wird vermutet, dass sie denen anderer intestinaler Zestoden ähneln. Der adulte Parasit heftet sich mit seinen Saugnäpfen an den unteren Teil des Dünndarms und streckt dann sein Rostellum in die Darmschleimhaut aus, wodurch Schäden am Epithel verursacht werden. Dies löst im Anfangsstadium eine Entzündungsreaktion aus, an der Mast- und Becherzellen beteiligt sind, gefolgt von einer Infiltration von Neutrophilen, Eosinophilen und Lymphozyten. Bei kleinen Kindern kann eine übermäßige Wurmlast zu einer Obstruktion des Dünndarms führen.

Immunologie

Die Immunantwort des Wirts bei einer *Bertiella*-Infektion ist am wenigsten erforscht und es gibt kaum verfügbare Literatur zu diesem Thema. Aber es wird angenommen, dass sie ähnlich wie bei Infektionen mit anderen Bandwürmern verläuft. Im Allgemeinen wird angenommen, dass die Th2-Immunantwort bei Bandwurminfektionen schützend wirkt.

Infektion beim Menschen

Die klinischen Spektren der Bertielliasis sind aufgrund der begrenzten Anzahl klinischer Fälle nicht gut definiert.

Bei Erwachsenen verlaufen die meisten Fälle asymptomatisch. Bei Kindern treten symptomatische Fälle häufiger auf. Die Hauptsymptome sind Magenschmerzen, die in der Regel nach dem Essen auftreten, Übelkeit, Appetitlosigkeit, Durchfall und Bauchblähungen. In einigen Fällen wurde auch über perianalen Juckreiz berichtet. Das Ausscheiden von Segmenten/Proglottiden im Stuhl kann manchmal zu Stress und psychischen Problemen führen. Eine starke Parasitenbelastung bei kleinen Kindern kann zu einer physischen Obstruktion des Dünndarms führen.

Infektion bei Tieren

Tiere wie Nagetiere, Fledermäuse und australische Beuteltiere sollen mit *Bertiella* spp. infiziert sein. Das klinische Spektrum der Bertiellose bei Tieren ist jedoch noch nicht definiert. Auch über eine versehentliche Infektion bei Hunden wurde berichtet.

Epidemiologie und öffentliche Gesundheit

Bisher wurden 29 *Bertiella*-Arten beschrieben, die Infektionen bei Primaten, Nagetieren, Dermopteren und australischen Beuteltieren verursachen. Bis jetzt sind *B. studeri* und *B. mucronata* die beiden Arten, die derzeit als zoonotisch bekannt und als Pathogene beim Menschen identifiziert sind (Tab. 1). Die erste menschliche Infektion durch *B. studeri* (erster Bericht als *B. satyri*) wurde 1913 von Blanchard bei einem Kind auf Mauritius gemeldet. Bis heute wurden 83 Fälle von menschlichen Infektionen durch *B. studeri* gemeldet. Es wird vermutet, dass *B. studeri* ein Artkomplex sein könnte. *Bertiella satyri,* das in diesen Artkomplex einbezogen wurde, wird jetzt als separate Art angesehen; jedoch erfordert seine Unterscheidung weitere Untersuchungen.

In der Literatur wurden 12 Fälle von Infektionen beim Menschen durch *B. mucronata* be-

Tab. 1 Epidemiologie wichtiger *Bertiella* spp.

Arten	Verbreitung	Zwischenwirt	Endwirt
Bertiella studeri (Altweltart)	Südamerika (Brasilien, Argentinien und Paraguay) und Kuba	Oribatidenmilbenarten: *Scheloribates laevigatus, Galumna* Arten, *Scutoverixminutus* und *Achipeteria coleoptrata*	*Primaten:* Affen (*Anthropopithecus, Cercopithecus, Macaca cynomolgus* und andere *Macaca* spp.); Paviane (*Papio ursinus* und *Papiodoguera*). Gelegentlich Schimpansen *(Pan troglodytes),* Gibbons *(Hyalobates hoolock)* und Menschen
Bertiella mucronata (Neuweltart)	Südostasien (Indien, China, Bangladesch, Indonesien, Sri Lanka, Vietnam, Japan und Äquatorialguinea), der Nahe Osten (Saudi-Arabien und Jemen), Afrika (Südafrika und Kenia) und Mauritius	Oribatidenmilbenarten: *Dometorina* und *Scheloribates atahualpensis*	Affen in den Gattungen *Callicebus, Alouatta* und *Mycetes* spp. Gelegentlich Schimpansen *(Pan troglodytes)* und Menschen

schrieben. Infektionen mit *B. mucronata* haben spezifische geografische Standorte wie Südamerika (Brasilien, Argentinien und Paraguay) und Kuba. Infektionen mit *B. studeri* wurden aus Südostasien (Indien, China, Bangladesch, Indonesien, Sri Lanka, Vietnam, Japan und Äquatorialguinea), dem Nahen Osten (Saudi-Arabien und Jemen), Afrika (Südafrika und Kenia) und Mauritius gemeldet. Die Mehrheit dieser Infektionen wird bei Kindern gemeldet, wahrscheinlich aufgrund ihrer Gewohnheit, auf dem Boden zu spielen und mit Milben kontaminierte Erde zu essen. Auf Mauritius wurden Infektionen bei Kindern gemeldet, die durch kontaminierte Guaven übertragen wurden. Bei Erwachsenen tritt die Infektion in der Regel bei Personen auf, die engen Kontakt zu Affen haben, wie z. B. Tierpfleger. Aufgrund der Abholzung der Wälder in vielen Ländern sind die Affen in die menschlichen Siedlungen in Vorstadt- und Stadtgebieten gezogen, was das Risiko einer Infektion beim Menschen erhöht. Milben, die Zwischenwirte, leben bevorzugt in kühler Umgebung, insbesondere auf dem Boden, auf Pflanzen und auf Früchten.

Der Verzehr von ungewaschenen Pflanzen und Früchten und die Gewohnheit von Kindern, Erde zu essen, erhöht das Infektionsrisiko beim Menschen. Infektionen mit *B. mucronata* werden durch *Dometorina*-Arten und *Scheloribates atahualpensis* übertragen, während Infektionen mit *B. studeri* durch *Scheloribates laevigatus, Galumna*-Arten, *Scutoverix minutus* und *Achipeteria coleoptrata* übertragen werden. Bertielliasis wird als eine der am meisten vernachlässigten tropischen Krankheiten angesehen, da es an Bewusstsein bei Klinikern und anderen Beschäftigten im Gesundheitswesen mangelt. Sie bleibt oft unerkannt aufgrund milder Symptome. Diese Krankheit ist jedoch behandelbar und vermeidbar, wenn eine rechtzeitige Diagnose gestellt wird.

Diagnose

Die Labordiagnose einer Infektion beim Menschen ist schwierig (Tab. 2), da es an Wissen und Bewusstsein über die Krankheit mangelt. Auch die Reisehistorie in endemische Gebiete und der Kontakt mit nicht menschlichen Primaten sollten ein Indikator sein. *Bertiella mucronata* und *B. studeri* haben unterschiedliche geografische Verteilungen. Bertielliasis sollte eine Differentialdiagnose bei Menschen mit gastrointestinalen Symptomen in endemischen Gebieten und bei Personen mit Expositionsrisiko sein.

Mikroskopie

Eine gute Mikroskopie mit Kenntnissen über den Parasiten ist der Schlüssel zur Diagnose. Stuhl-

Tab. 2 Diagnosemethoden für Bertielliasis beim Menschen

Diagnoseansätze[a]	Probe	Targets	Anmerkungen
Untersuchung mit bloßem Auge	Stuhl	Kette von weißen, flachen, beweglichen Proglottiden	Proglottiden viel breiter als lang seitlicher Geschlechtsporus *Einschränkungen:* geringe Sensitivität und geschultes Personal erforderlich
Direkte Mikroskopie	Stuhl	Eier, Proglottiden, Skolex	Eier: 33–65 μm groß; Onkosphäre: befindet sich in einem gut entwickelten birnenförmigen Apparat; Skolex: becherförmige Saugnäpfe (je 2 auf der ventralen und dorsalen Seite). Goldstandard für die Diagnose auf Gattungsebene *Einschränkungen:* geringe Sensitivität und geschultes Personal erforderlich
Molekulare Assays	Stuhl/Proglottiden	18S-rRNA, NAD1, COX-1, ITS1 und ITS2	Hohe Sensitivität und Spezifität; Goldstandard für die Diagnose auf Speziesebene *Einschränkungen:* qualifiziertes Personal erforderlich

rRNA: ribosomale Ribonukleinsäure; *NAD*: Nicotinamidadenindinukleotid-Hydrogenase; *COX*: Cytochrom-c-Oxidase-Untereinheit; *ITS*: interne transkribierte Spacer-Region
[a] Bis heute sind keine serologischen Tests verfügbar

proben von verdächtigen Patienten müssen sorgfältig auf das Vorhandensein von Proglottiden und Eiern untersucht werden. Wiederholte Stuhluntersuchungen über mehrere Tage sind erforderlich, da der Durchgang von Proglottiden in der Regel intermittierend ist. Die endgültige Diagnose wird durch den Nachweis von charakteristischen Eiern mit birnenförmigen Säcken und Proglottiden mit der entsprechenden Größe und typischen Morphologie gestellt. Nach der Behandlung und der Einnahme von Abführmitteln wird manchmal der gesamte Parasit mit dem Stuhl ausgeschieden. Der Parasit im Stuhl kann auf einem Objektträger mit AFA-Lösung (2 % Essigsäure, 2 % Formaldehyd und 70 % Ethylalkohol) fixiert und mit Karmin gefärbt werden. Die Konservierung des Parasiten bzw. der Proglottiden bei 4 °C für 18–24 h ermöglicht eine Entspannung der Proglottiden und eine bessere Abgrenzung der inneren Strukturen und der Vagina mit ihrer Öffnung. *Bertiella mucronata* kann von *B. studeri* durch eine geringere Anzahl von Hoden, eine kleine Größe des Zirrussacks und eine verlängerte Vagina unterschieden werden. Bemerkenswerte Unterschiede sind wie folgt: *B. studeri* versus *B. mucronata,* Anzahl der Hoden 280–900 versus 265–270; Durchmesser des Cirrussacks 280–900 μm versus 310–322 μm; Länge der Vagina 330–540 μm versus 1600 μm.

Serodiagnostik

Da Bertielliasis eine seltene vernachlässigte parasitäre Krankheit ist, steht bis heute kein serodiagnostischer Test zur Verfügung. Die Diagnose basiert heute hauptsächlich auf der Morphologie des Parasiten und der Bestätigung durch molekulare Tests.

Molekulare Diagnostik

Die Identifizierung von *Bertiella* bis zur Spezies erfolgt mithilfe molekularer Methoden. Für Stämme aus endemischen Gebieten sind nur begrenzte sequenzbasierte NCBI-GenBank-Daten verfügbar. Sequenzbasierte NCBI-GenBank-Daten können bei phylogenetischen Analysen und Diagnosen auf Spezies- und Unterartenebene hilfreich sein. Die Polymerasekettenreaktion (PCR) zielt auf verschiedene Gene wie 18SrRNA, NAD1, COX-1, ITS1 und ITS2 ab und wurde für molekulare Diagnosezwecke eingesetzt. Sie sind jedoch nur in wenigen Laboren verfügbar und es besteht kein Konsens über einen einzigen molekularen Test.

Behandlung

Eine frühzeitige Diagnose und Behandlung kann die Chronifizierung der Krankheit verhindern und das Fortschreiten zu schweren Infektionen, insbesondere bei Kindern, verhindern. Eine Einzeldosis Praziquantel 40 mg/kg Körpergewicht, gefolgt von einer 2. Dosis nach 3 Wochen, ist die Behandlung der Wahl. Einige Fälle wurden erfolgreich mit einer Einzeldosis Niclosamid (500 mg bis 2 g) behandelt. Allerdings kann es bei Niclosamid zu Behandlungsversagen kommen. Das am häufigsten verwendete Anthelminthikum Albendazol ist bei einer klinischen und mikrobiologischen Kur nicht wirksam. Leichte Abführmittel werden auch nach der Therapie mit einem Anthelminthikum gegeben, um den Wurm auszuscheiden, was bei der Diagnose hilft. Kleine Kinder benötigen bei chronischen Infektionen möglicherweise eine unterstützende Ernährungstherapie.

Prävention und Bekämpfung

Die Sensibilisierung der Öffentlichkeit und die Kenntnisse des Gesundheitspersonals über den Parasiten können zur Vorbeugung von *Bertiella*-Infektionen beitragen. Tierpfleger und Laborpersonal, die mit nicht menschlichen Primaten arbeiten, müssen über diese Infektionen aufgeklärt werden. Sie sollten eine strenge persönliche Hygiene einhalten. Besonders bei kleinen Kindern ist eine ordnungsgemäße Handhygiene und Sauberkeit wichtig, um die Aufnahme von Erde zu verhindern. Das ordnungsgemäße Reinigen und Waschen von Früchten vor dem Verzehr sollte routinemäßig praktiziert werden.

Fallstudie

Ein 3-jähriger Junge (Körpergewicht 12 kg) stellte sich mit periodischen Episoden von epigastrischen Schmerzen vor, die durch Nahrungsaufnahme zunahmen, und intermittierendem Durchfall mit Erbrechen in den letzten 15 Tagen. Bei der Untersuchung lagen seine Vitalwerte und die Routineparameter innerhalb der normalen Grenzen. Die Eltern berichteten über den Ausstoß von weißen und flachen Segmenten in einer Kette, die beweglich waren. Das Kind spielte auf dem Boden und hatte auch die Angewohnheit, sich seine mit Erde verschmutzten Finger in den Mund zu stecken. DAußerdem war es ein häufiges Phänomen, dass Affen in der Gegend auf Nahrungssuche waren. Die Stuhluntersuchung des Kindes zeigte das Vorhandensein von ovalen Eiern (Größe 36–42 μm) mit Hexacanthembryos in birnenförmigen Säcken. Die zur Mikroskopie eingereichte Stuhlprobe zeigte keine Segmente (Proglottiden). Aufgrund der Morphologie der Eier wurde die Diagnose Bertielliasis gestellt; eine Artidentifikation war in Abwesenheit von Proglottiden nicht möglich. Allerdings war es nach epidemiologischen Beweisen wahrscheinlich *B. studeri,* da aus Asien bis heute nur *B. studeri* gemeldet worden war. Das Kind wurde mit einer Einzeldosis von 40 mg/kg Praziquantel behandelt und die Behandlung wurde nach 3 Wochen wiederholt. Bei der Nachuntersuchung 6 Wochen nach Abschluss der Behandlung war das Kind symptomfrei und die Stuhluntersuchung ergab weder Eier noch Proglottiden von *Bertiella* oder irgendeinem anderen Parasiten.

1. Nennen Sie die Parasiten, die auf den Menschen übertragen werden können, indem sie infizierte Milben, Käfer und Ameisen verschlucken.
2. Wie können Sie zwischen *B. studeri* und *B. mucronata* unterscheiden?
3. Nennen Sie die Bedeutung von Affen bei zoonotischen parasitären Infektionen.

Forschungsfragen

1. Wie kann man die begrenzten genomischen Daten, die in der Datenbank verfügbar sind, verbessern?
2. Wie hoch ist die genaue Krankheitslast und welche Arten sind an Bertielliasis beteiligt, da möglicherweise viele weitere Arten beteiligt sein könnten?
3. Welche Antigene von *Bertiella* spp. können zur Entwicklung von serologischen Tests sowohl für diagnostische als auch für epidemiologische Zwecke verwendet werden?
4. Auf welche Gene sollte bei der PCR abgezielt werden, um einen geeigneten, kostengünstigen, sensitiven und spezifischen molekularen Test für die Diagnose zu entwickeln?

Weiterführende Literatur

Amarasinghe A, Le TH, Wickramasinghe S. *Bertiella studeri* infection in children, Sri Lanka. Emerg Infect Dis 2020;26:1889–1892.

Denegri GM, Perrez-Serrano J. Bertiellosis in man: a review of cases. Rev Inst Med Trop. 1997;39:123–8.

Doležalová J, Vallo P, Petrželková KJ, Foitová I, Nurcahyo W, Mudakikwa A, et al. Molecular phylogeny of anoplocephalid tapeworms (Cestoda: Anoplocephalidae) infecting humans and non-human primates. Parasitology. 2015;142:1278–89.

Sapp SGH, Bradbury RS. The forgotten exotic tapeworms: a review of uncommon zoonotic Cyclophyllidea. Parasitology. 2020;147:533–58.

Servián A, Zonta ML, Cociancic P, Falcone A, Ruybal P, Capasso S, et al. Morphological and molecular characterization of *Bertiella* spp. (Cestoda, Anoplocephalidae) infection in a human and howler monkeys in Argentina. Parasitol Res. 2020;119:1291–300.

Sun X, Fang Q, Chen XZ, Hu SF, Xia H, Wang XM. *Bertiella studeri* infection, China. Emerg Infect Dis 2006;12:176–177.

Raillietina-Infektion

Abhijit Chaudhury

Lernziele

1. Eine grundlegende Vorstellung von einem ungewöhnlichen Parasiten zu haben
2. Kenntnisse über die eigenartige Übertragungsart durch versehentliches Verschlucken von Gliederfüßern zu haben

Einführung

Die Gattung *Raillietina* gehört zur Ordnung Cyclophyllidea der Bandwurmparasiten. Die Gattung *Raillietina* besteht aus etwa 300 Arten, die auf Vogel- und Säugetierwirte beschränkt sind, und sie ist ein wichtiger Krankheitserreger für die Geflügelpopulation. Die zoonotischen Arten sind bei Nagetieren zu finden und sind seltene Infektionsursachen beim Menschen. Der Parasit lebt im Dünndarm und verursacht häufig asymptomatische Infektionen oder unspezifische Bauchsymptome. Berichte über *Raillietina*-Infektionen gibt es aus verschiedenen Teilen der Welt. Dieses Kapitel skizziert die wichtigen Merkmale bezüglich der Biologie des Parasiten, der Epidemiologie und anderer relevanter Informationen.

Geschichte

Die Gattung *Raillietina* wurde 1920 nach dem französischen Helminthologen Ralliet benannt und die Beschreibung von *Raillietina celebensis* wurde 1902 von Janicki geliefert. Der Parasit wurde erstmals 1891 von Leuckart in Siam beim Menschen nachgewiesen. Daniels beschrieb 1895 erstmals einen Fall von *Raillietina demerariensis*-Infektion bei einem Indianer aus Britisch-Guayana und nannte ihn *Taenia demerariensis*. Es gab viel Verwirrung über die ätiologischen Vertreter und die meisten historischen Berichte nannten ihn *Raillietina madagascariensis*. 1929 kamen Joyeux und Baer zu dem Schluss, dass viele dieser Parasiten fälschlicherweise als *R. madagascariensis* identifiziert worden waren und zu anderen Gattungen gehören.

Taxonomie

Die Gattung *Raillietina* (Fuhrmann, 1920) gehört zur Unterfamilie Davaineinae, Familie Davaineidae, Ordnung Cyclophyllidea, Klasse Cestoidea, Stamm Platyhelminthes.

Diese Gattung ist in 4 Unterarten unterteilt: *Raillietina*, *Paroniella*, *Skrjabinea* und

A. Chaudhury (✉)
Department of Microbiology, Sri Venkateswara Institute of Medical Sciences, Tirupati, Andhra Pradesh, Indien

S. C. Parija und A. Chaudhury (Hrsg.), *Lehrbuch der parasitären Zoonosen*,
https://doi.org/10.1007/978-981-97-4312-4_38

Fuhrmann. R. celebensis, R. demerariensis und *Raillietina siriraji* sind zoonotische Arten, die für den Menschen von Bedeutung sind. In einer Reihe von Berichten und taxonomischen Klassifizierungen wird erwähnt, dass *R. madagascariensis* keine gültige Art ist und es sich wahrscheinlich um einige falsch identifizierte *Raillietina*-Arten handelt, einschließlich *R. celebensis*.

Genomik und Proteomik

Es wurde die vollständige mitochondriale DNA-Sequenz des Vogelparasiten *Raillietina tetragona* sequenziert. Die vollständige Genomsequenz ist 14.444 bp lang und enthält Folgendes: 12 Protein codierende Gene, 2 ribosomale RNA-Gene, 22 tRNA-Gene und 2 nicht codierende Regionen. Der A+T-Gehalt beträgt 71,4 %.

Bezüglich der Proteumanalyse von *Raillietina* wurde nicht viel Arbeit geleistet. Die Integumentproteine gelten als wichtig für das Überleben der Parasiten und haben Auswirkungen auf die Entwicklung von Impfstoffen und die Immundiagnose. Das RT10-Integumentprotein, das ein wichtiges Protoskolexhomolog ist, wurde untersucht. Es handelt sich um ein Protein aus 560 Aminosäuren mit einem isoelektrischen Punkt von 6,33. Die Sekundärstruktur des Proteins hat seine antigenen Eigenschaften offenbart.

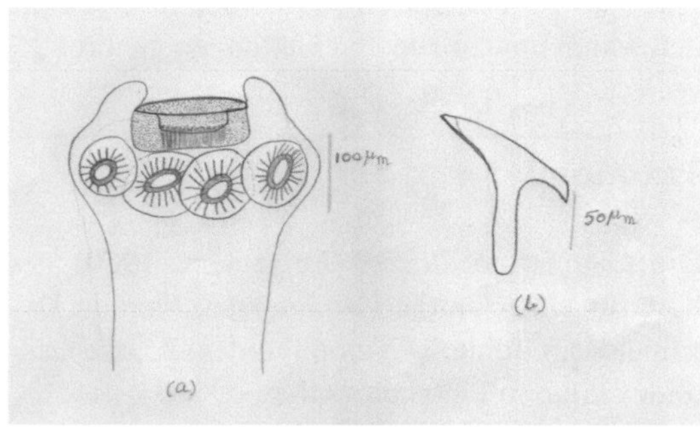

Abb. 1 *Raillietina celebensis*. **a** Der Scolex zeigt Rostellum und Saugnäpfe. **b** Hammerförmiger rostellarer Haken

Die Parasitenmorphologie

Adulter Wurm

Der adulte Wurm infiziert Menschen und ist 10–60 cm lang und 2–3 mm breit. Der rostellare Scolex hat eine hammerförmige Doppelreihe von Haken (Abb. 1). Die Proglottiden sind rechteckig bis quadratisch geformt. Sie nehmen am hinteren Ende eine abgerundete Form an, was ein kopfartiges Aussehen verleiht. Die reifen Proglottiden enthalten Eikapseln, die polygonal geformt sind und 1–4 Eier enthalten. Das Genitalatrium ist einseitig und öffnet sich im vorderen Teil des seitlichen Randes der Proglottiden. Die zoonotischen Arten *R. celebensis, R. demerariensis* und *R. siriraji* können anhand der Anzahl und Länge der rostellaren Haken, der Anzahl der Hoden, der Länge des Zirrussacks und der Anzahl der Eier in den Eikapseln unterschieden werden.

Eier

Die Eier enthalten 6-hakige Onkosphären.

Zucht von Parasiten

Der Parasit wurde nach den verfügbaren Informationen weder in vivo noch in vitro gezüchtet.

Versuchstiere

Eine experimentelle Infektion mit *Raillietina* bei Versuchstieren ist noch nicht etabliert.

Lebenszyklus von *Raillietina* spp.

Wirte

Endwirte

Nagetiere, hauptsächlich Ratten *(Rattus norvegicus, Rattus rattus, Rattus exulans, Rattus demerariensis),* Bandikuts (*Bandicota*-Arten)

und Asiatische Hausspitzmaus *(Suncus murinus)* sind die Endwirte. Affen können ebenfalls als Endwirte fungieren.

Zwischenwirte

Ameisen, Käfer (Laufkäfer, Scarabäenkäfer, Dunkelkäfer) und möglicherweise Kakerlaken.

Infektiöses Stadium

Zystizerken.

Übertragung von Infektionen

Menschen und andere Endwirte erwerben die Infektion durch versehentliches Verschlucken der mit Zystizerken infizierten Arthropodenwirte (Abb. 2).

Der Verlauf der Infektion ist nicht vollständig verstanden, aber möglicherweise kehrt der Skolex des verschluckten Zystizerkus im Darm des Wirts um und heftet sich an die Wand des Dünndarms. Die Zystizerkene entwickeln sich und reifen zu adulten Würmern mit Proglottiden, die Eikapseln enthalten und die anschließend mit dem Kot ausgeschieden werden.

Die mit dem Kot ausgeschiedenen Proglottiden sind beweglich. Sie wandern aus dem Kot heraus und werden anschließend von Ameisen, Käfern und möglicherweise Kakerlaken aufgenommen. Onkosphären schlüpfen aus den Eiern und durchdringen ihre Darmwand und liegen frei in der Körperhöhle. Sie entwickeln sich weiter zu Zystizerken und werden in etwa 2–3 Wochen infektiös. Diese werden von den Endwirten aufgenommen, wenn sie die Arthropoden verschlucken.

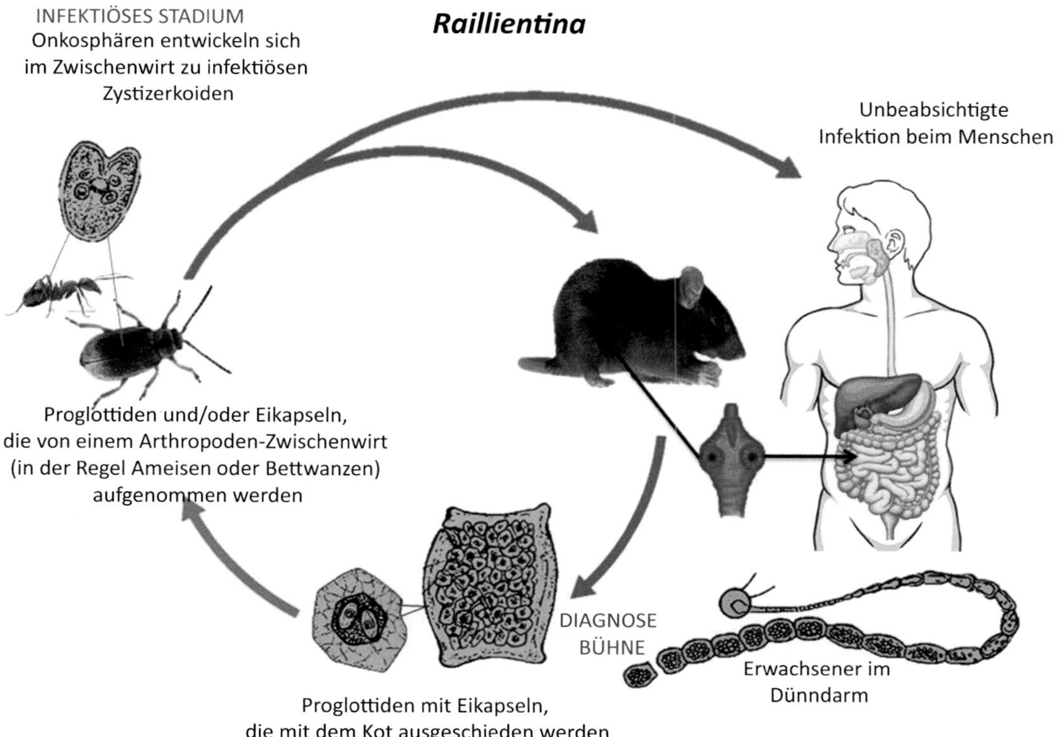

Abb. 2 Lebenszyklus von *R. celebensis*

Pathogenese und Pathologie

Obwohl Mitglieder der Gattung *Raillietina* wichtige Pathogene von Geflügel sind und bei den Vögeln eine Darmpathologie mit der Bildung von Knötchen verursachen, sind Informationen über seine Pathogenität bei den Endwirten, insbesondere beim Menschen, weitgehend unbekannt. Es ist bekannt, dass sich der Parasit im Dünndarm ansiedelt und meist eine asymptomatische Infektion verursacht.

Immunologie

Literatur zu den immunologischen Aspekten der *Raillietina*-Infektion bei Nagetieren oder Menschen ist weitgehend nicht vorhanden.

Infektionen beim Menschen

Raillietina-Infektionen bei Menschen sind meist asymptomatisch. In einigen Fällen wurden vage Bauchschmerzen, Unwohlsein, Übelkeit und Erbrechen und Durchfall festgestellt. Eine gastrointestinale Dehnung kann vorhanden sein. Der Patient kann auch kleine, sich bewegende weiße Würmer im Stuhl bemerken.

Infektion bei Tieren

Wie beim Menschen produziert die *Raillietina*-Infektion bei Vögeln keine offensichtlichen klinischen Manifestationen. Gewichtszunahmen und die Eierlegekapazität bei Geflügelvögeln können beeinträchtigt sein. Langfristige schwere Infektionen können zu Durchfall, Anämie und Blutungen führen.

Epidemiologie und öffentliche Gesundheit

Von den drei Arten von zoonotischer Bedeutung (Tab. 1) ist *R. celebensis* am häufigsten gemeldet und gilt als die Altweltart. Fälle wurden aus den ost- und südostasiatischen Ländern und den Pazifikinseln gemeldet. *Raillietina celebensis*-Infektionen sind bei Nagetieren häufig. Verschiedene Studien haben festgestellt, dass 54 % der *Rattus norvegicus* und 9 % der *Rattus rattus* in Taiwan infiziert sind, während 5 % der *R. rattus* und 7 % der *Bandicota bengalensis* in Bombay (Mumbai), Indien infiziert sind.

Raillietina demerariensis ist die Neuweltart, die aus Südamerika (hauptsächlich Ecuador), Zentralamerika (Honduras) und der Karibik beschrieben wurde. Der größte endemische Fokus des Parasiten wurde in bestimmten Gebieten Ecuadors gefunden, wo die Infektionsrate bei Schulkindern von 4 bis 12,5 % während des Zeitraums von 1933 bis 1961 variierte.

Raillietina siriraji ist die dritte Art, die aus Thailand beschrieben wurde. Diese Krankheit scheint hauptsächlich auf die pädiatrische Bevölkerung bei Kindern unter 3 Jahren beschränkt zu sein. Die versehentliche Aufnahme der Zwischenwirte wie Ameisen oder Käfer, die den Zystizerkus enthalten, ist der primäre Infektionsweg und könnte mit der Praxis der Defäkation im Freien und dem Spielen mit Erde bei Kindern zusammenhängen.

Tab. 1 Epidemiologische Merkmale von *Raillietina* spp.

Arten	Endwirt	Zwischenwirt	Geografische Verbreitung
Raillietina celebensis	Nagetiere wie Ratten, Bandikuts, Spitzmäuse; Menschen	Ameisen, Käfer, Kakerlaken	Afrika, Australien, Iran, Japan, Mauritius, die Philippinen, Taiwan, Thailand
Raillietina demerariensis	Nagetiere wie Ratten, Bandikuts, Spitzmäuse; Menschen	Ameisen, Käfer, Kakerlaken	Kuba, Ecuador, Guyana und Honduras
Raillietina siriraji	Nagetiere wie Ratten, Bandikuts, Spitzmäuse; Menschen	Ameisen, Käfer, Kakerlaken	Thailand

Tab. 2 Laboruntersuchung einer *Raillietina*-Infektion

Diagnostische Ansätze	Methoden	Targets	Bemerkungen
Mikroskopie	Karminfärbung	Proglottiden	Position der Geschlechtspori (vorne)
	Nasspräparat	Eikapseln	1–4 Eier
Molekulare Diagnostik	PCR und Sequenzierung	400 bp der 18S-rRNA	Artenidentifikation

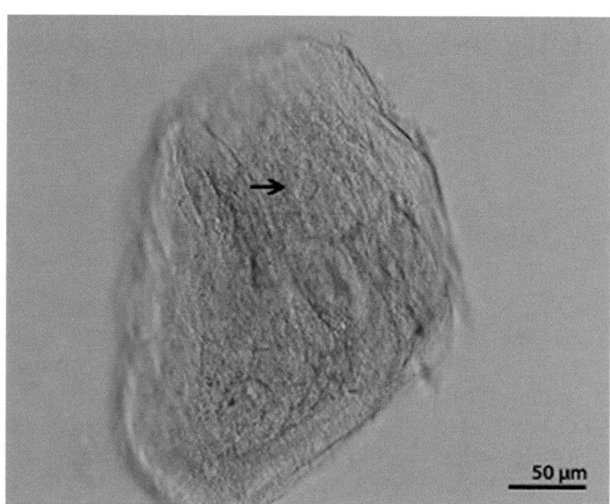

Abb. 3 Eikapsel von *Raillietina sp.* Es ist ein Ei mit 6-hakiger Onkosphäre zu sehen (*Pfeil*). [Fotos mit freundlicher Genehmigung von DPDx, Centers for Disease Control and Prevention]

Diagnose

Die Labordiagnostik einer *Raillietina-Infektion* basiert in erster Linie auf der mikroskopischen Untersuchung des Stuhls auf *Raillietina-Proglottiden* oder die Eikapsel, ähnlich wie bei *Inermicapsifer* (Tab. 2).

Mikroskopie

Mikroskopie basiert auf der Erkennung und Identifizierung von Proglottiden, Eikapseln oder Skolizes von *Raillietina* in der Stuhlprobe (Abb. 3). Das diagnostische Dilemma entsteht durch die enge Ähnlichkeit dieser Strukturen mit denen von *Inermicapsifer madagascariensis*. Dennoch helfen die Position des Geschlechtsporus und die Anzahl der Eier in den Eikapseln häufig bei der spezifischen Identifizierung. Der Skolex von *Raillietina* hat einen bewaffnetesn Rostellum mit hammerförmigen Haken (Abb. 1), die bei *Inermicapsifer* fehlen. Der Geschlechtsporus befindet sich im vorderen Teil des seitlichen Randes bei *Raillietina,* während er bei *Inermicapsifer* auf dem mittleren seitlichen Rand liegt. In jeder reifen Proglottide gibt es zahlreiche Eikapseln mit 1–4 Eiern in jeder Kapsel, im Vergleich zu 4–15 bei *Inermicapsifer*.

Serodiagnostik

Derzeit sind keine serologischen Tests verfügbar.

Molekulare Diagnostik

Da die Identifizierung des Parasiten und der Art morphologisch schwierig ist, wurde die PCR zur Gattungs- und Artidentifikation eingesetzt. Es wurde eine DNA-Amplifikation zur Vervielfältigung der teilweise nukleär codierten, kleinen 400-bp-Untereinheit (SSU) der ribosomalen RNA (18S-rRNA) durchgeführt, gefolgt von einer Sequenzierung der Amplikons.

Behandlung

Da die Fälle selten sind, wurden keine Studien durchgeführt, um die optimale Behandlung zu finden. Praziquantel und Niclosamid haben sich als wirksam erwiesen.

Prävention und Bekämpfung

Aufgrund der Seltenheit der Krankheit stellen *Raillietina* spp. eine parasitologische Kuriosität und kein öffentliches Gesundheitsproblem dar. In Gebieten, in denen kürzlich Fälle gemeldet wurden, sollte vom Defäkieren im Freien und vom Spielen der Kleinkinder mit Erde abgeraten werden.

Fallstudie

Ein 3-jähriges Kind mit Durchfall seit 3–4 Tagen wurde zum örtlichen Gesundheitszentrum im Dorf gebracht. Es hatte Bauchschmerzen und leichtes Fieber. Die Eltern hatten einige sich bewegende weiße Flecken auf dem abgesetzten Stuhl bemerkt. Der Stuhl wurde ins Labor geschickt und die Mikroskopie des Stuhls zeigte viele Proglottiden eines Bandwurms, der später im Überweisungszentrum als *R. celebensis* identifiziert wurde. Eine einmalige Gabe von Praziquantel führte zu einer schnellen Linderung der Symptome.

1. Wie können Sie das Vorhandensein des Parasiten im Insektenwirt feststellen?
2. Bei welchen anderen Parasiten können Sie den Wurm oder seine Segmente makroskopisch im Stuhl nachweisen?
3. Was ist der Wirkmechanismus von Niclosamid und Praziquantel?

Forschungsfragen

(a) Welche Antigene können zur Entwicklung von Immundiagnostik-Kits für *Raillietina*-Infektionen verwendet werden?
(b) Welche Primer können für die gängigen zoonotischen Arten zur molekularen Diagnose verwendet werden?

Weiterführende Literatur

Baer JG, Sandars DF. The first record of *Raillietina celebensis* (Janicki, 1902) (Cestoda) from man from Australia with a critical survey of previous cases. J Helminthol. 1956;30:173–82.

Li C, Li H. Biochemical and molecular characterization of tegument protein RT10 from *Raillietina tetragona*. Parasitol Res. 2014;113:1239–45.

Liang J-Y, Lin R-Q. The full mitochondrial genome sequence of *Raillietina tetragona* from chicken (Cestoda: Davaineidae). Mitochondrial DNA A DNA Mapp Seq Anal. 2016;27:4160–1.

Oliviera Simoes R, Susana BES, Luque JL, Iniguez AM, Junior AM. First record of *Raillietina celebensis* (Cestoda: Cyclophyllidea) in South America: Re-description and phylogeny. J Parasitol. 2017;103:359–65.

Sapp SGH, Bradbury RS. The forgotten exotic tapeworms: a review of uncommon zoonotic cyclophyllidea. Parasitology. 2020;147:533–58.

Inermicapsifer-Infektionen

Abhijit Chaudhury

Lernziele

1. Einen Überblick über einen seltenen Parasiten zu haben, der eng mit *Raillietina* verwandt ist
2. Die Unterscheidungsmerkmale zwischen *Inermicapsifer* und *Raillietina* zu kennen

Einführung

Inermicapsifer madagascariensis ist die einzige Art in der Gattung, die zur Gruppe der Bandwürmer gehört und eine seltene und schlecht beschriebene Ursache für zoonotische Infektionen ist. Morphologisch ähnelt es *Raillietina*-Arten, mit denen sie verwechselt werden kann. *Inermicapsifer madagascariensis* ist ein Parasit des Dünndarms und verursacht häufig asymptomatische Infektionen. Berichte sind hauptsächlich auf Kuba beschränkt, aber er wurde auch in Subsahara-Afrika und einigen anderen afrikanischen Ländern gefunden. In diesem Kapitel wird versucht, die verfügbaren Informationen über den Parasiten zu erfassen, obwohl die Infektion in jüngster Zeit nur selten aufgetreten ist.

Geschichte

Inermicapsifer madagascariensis wurde erstmals 1910 von Janicki beschrieben, und der erste menschliche Fall wurde 1938 von Kouri aus Kuba gemeldet. Der ursprünglich zugewiesene Name war *Raillietina cubensis*. Später, 1949, meldete Bayliss den ersten menschlichen Fall aus Kenia, Afrika. Aufgrund der Anwesenheit von unbewaffneten Skolizes wurde es von der Gattung *Raillietina* zu *Inermicapsifer* übertragen und Baer schlug 1956 den neuen Namen *Inermicapsifer madagascariensis* vor.

Taxonomie

Die Gattung *Inermicapsifer* gehört zur Familie der Anoplocephalidae, Ordnung Cyclophyllidea, Klasse Cestoidea, Stamm Platyhelminthes.

Inermicapsifer madagascariensis ist die Art, die mit menschlichen Infektionen in Verbindung gebracht wird. Diese Art hat eine wechselvolle taxonomische Geschichte in Bezug auf *Raillietina*. Die Bezeichnungen *Taenia madagascariensis* und *R. madagascariensis* wurden früher für diese Art verwendet.

A. Chaudhury (✉)
Department of Microbiology, Sri Venkateswara Institute of Medical Sciences, Tirupati, Andhra Pradesh, Indien

S. C. Parija und A. Chaudhury (Hrsg.), *Lehrbuch der parasitären Zoonosen*,
https://doi.org/10.1007/978-981-97-4312-4_39

Genomik und Proteomik

Es gibt keine Studien über das Genom oder Proteom dieses Parasiten.

Die Parasitenmorphologie

Adulte *I. madagascariensis* sind 7–42 cm lang und enthalten 300–360 Segmente. Die Proglottiden erscheinen trapezförmig. Der Geschlechtsporus ist einseitig und öffnet sich in die Mitte des seitlichen Randes des Segments. Der Skolex oder Kopf ist unbewaffnet und misst 0,4–0,5 mm mit 4 becherförmigen einfachen Saugnäpfen. Die im Stuhl ausgeschiedenen graviden Proglottiden sind weiß, und die Segmente sind fassförmig oder rund und beweglich. Diese Segmente sind mit Eikapseln gefüllt, die unter dem Mikroskop ein netzartiges oder mosaikartiges Aussehen geben. Die Eikapseln sind polygonal und enthalten 4–15 Eier.

Zucht von Parasiten

Der Parasit wurde nach den verfügbaren Informationen weder in vivo noch in vitro gezüchtet.

Versuchstiere

Der Parasit wurde bei keiner experimentellen Infektion von Tieren nachgewiesen.

Lebenszyklus von *Inermicapsifer madagascariensis*

Wirte

Endwirte

Natal-Vielzitzenmaus *(Mastomys natalensis)*, Gambia-Riesenhamsterratte *(Cricetomys gambianus)* und Klippschliefer *(Procavia capensis)*.

Zwischenwirte

Nicht vollständig bekannt. Ameisen, Käfer und Milben wurden vorgeschlagen, aber nicht als Zwischenwirte nachgewiesen.

Übertragung von Infektionen

Das infektiöse Stadium des Parasiten ist nicht vollständig bekannt, da die Identität des Zwischenwirtes unbekannt bleibt. Es wird vermutet, dass die Infektion durch die Aufnahme von Arthropoden erworben wird, aber dies wurde noch nicht bewiesen. Der Lebenszyklus ist nicht vollständig bekannt und es ist möglich, dass er ähnlich wie bei *Raillietina*-Arten ist, bei denen Arthropoden als Zwischenwirte beteiligt sind (Abb. 1).

Die Zystirzerken in Arthropoden können als infektiöses Stadium für die Endwirte wie Ratten und Klippschliefer dienen. Menschen können eine zufällige Infektion durch die Aufnahme von Ameisen oder Käfern, die die infektiösen Zystizerken enthalten, bekommen. In Afrika ist der Übertragungszyklus Nagetier–Arthropode–Nagetier und selten Nagetier–Arthropode–Mensch naheliegend. Außerhalb des afrikanischen Kontinents liegt nahe, dass die Übertragung von Menschen zu Arthropoden und wieder zu Menschen erfolgt.

Pathogenese und Pathologie

Daten zur Pathogenese und den durch *I. madagascariensis* im menschlichen Wirt verursachten pathologischen Veränderungen sind spärlich.

Infektion beim Menschen

Fast alle berichteten Fälle von *I. madagascariensis* treten bei Kindern auf, insbesondere bei denen unter 3 Jahren und manchmal bei Kindern von 4 bis 5 Jahren. Die meisten Fälle verlaufen

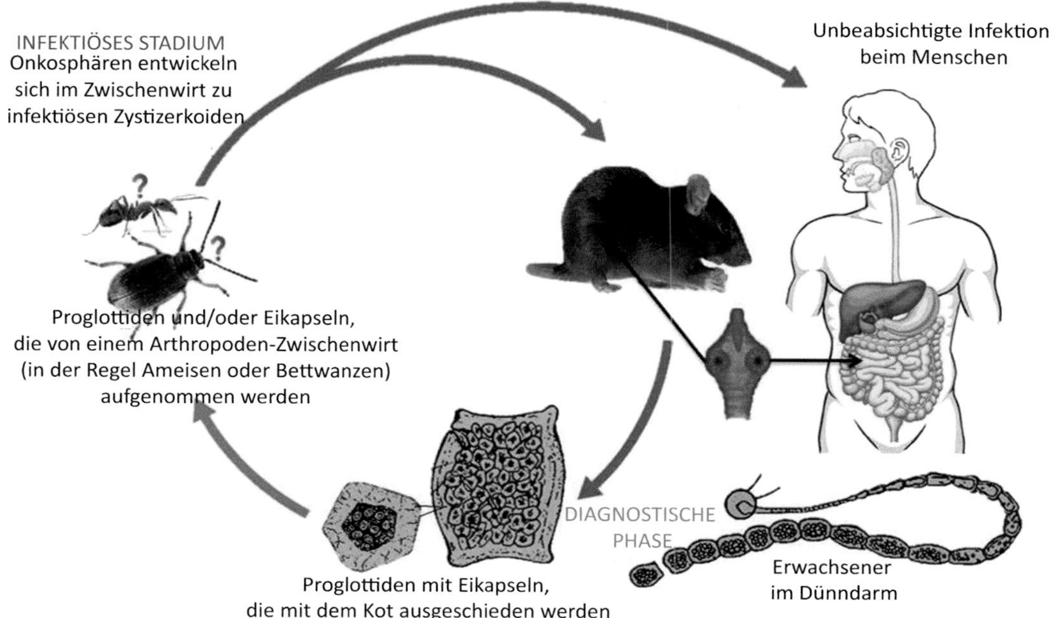

Abb. 1 Lebenszyklus von *Inermicapsifer* spp.

asymptomatisch, obwohl die Beobachtung von beweglichen Proglottiden im Stuhl zur Diagnose der Erkrankung beigetragen hat. Bauchschmerzen, Appetitlosigkeit, Unwohlsein, Reizbarkeit und Durchfall sind die häufigsten Anzeichen und Symptome in symptomatischen Fällen.

Epidemiologie und öffentliche Gesundheit

Alle Berichte über *I. madagascariensis*-Infektionen stammen entweder aus Kuba oder aus Ländern in Subsahara-Afrika wie Kenia, Südafrika, Simbabwe und Sambia und auch von den Inselnationen Mauritius und Madagaskar. Der Parasit ist bei afrikanischen Nagetieren und Schliefern endemisch, wurde aber noch nie in einem Tierwirt in Kuba oder den Inselnationen Mauritius oder Madagaskar gefunden. Dies führt zu der interessanten Hypothese über die Anpassung des Parasiten an den Menschen als Reservoir in Abwesenheit geeigneter Nagetierwirte in den Inselnationen einschließlich Kuba. Es wird vermutet, dass der Parasit ursprünglich aus Afrika stammt und durch Arbeiter aus afrikanischen Ländern nach Kuba und Westindien und durch kreolische Arbeiter auf die afrikanischen Inseln gebracht wurde. Daher ist die *Inermicapsifer*-Infektion in diesen Gebieten eine Anthroponose, im Gegensatz zu Festlandafrika, wo es eine Zoonose ist (Tab. 1). Da keine geneti-

Tab. 1 Epidemiologische Merkmale von *I. madagascariensis*

Spezies	Endwirte	Zwischenwirte	Geografische Verbreitungen
Inermicapsifer madagascariensis	Afrikanische Nagetiere, Schliefer, Menschen	Nicht definitiv bekannt, möglicherweise Ameisen, Käfer und Milben	Demokratische Republik Kongo, Kenia, Südafrika, Simbabwe, Sambia
Inermicapsifer madagascariensis (cubensis)	Menschen	Nicht definitiv bekannt, möglicherweise Ameisen, Käfer und Milben	Kuba, Venezuela, Madagaskar, Mauritius

schen Studien durchgeführt wurden, kann keine Schlussfolgerung über die genetischen Ähnlichkeiten zwischen den menschenangepassten und nagetierangepassten Parasitenstämmen gezogen werden.

Fast 100 Fälle von *I. madagascariensis* wurden 1944 von Kouri aus Kuba gemeldet und danach gab es bis 1996 keine Berichte aus dieser Region. Seit 1996 bis heute wurden etwa 45 weitere Fälle aus Kuba, Havanna und Santa Clara gemeldet. Bis in die 1970er-Jahre gab es Berichte aus verschiedenen afrikanischen Ländern, aber in den letzten Jahrzehnten wurden keine Fälle aus Subsahara-Afrika gemeldet, was möglicherweise auf ein mangelndes Bewusstsein und Forschungsinteresse an diesem seltenen Parasiten zurückzuführen ist.

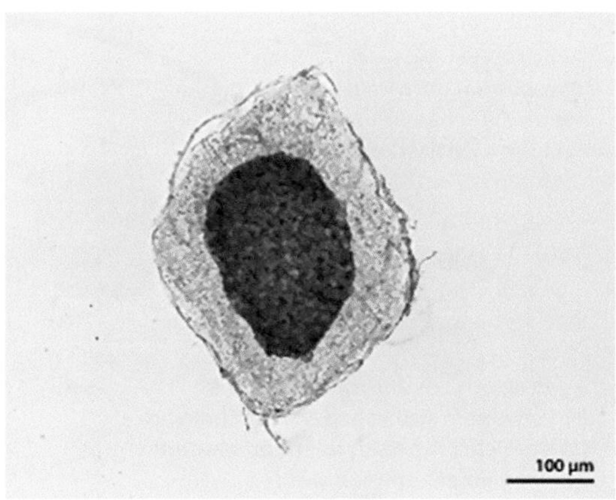

Abb. 2 Einzelne Eikapsel, die viele Eier enthält. (Mit freundlicher Genehmigung von DPDx, Zentren für Krankheitskontrolle und Prävention)

Laboruntersuchung

Mikroskopie

Die Mikroskopie bleibt die einzige Diagnosemethode (Tab. 2). Die Diagnose wird durch Beobachtung der intakten Proglottiden, der Eikapseln und, falls vorhanden, des Skolex gestellt. Die reiskornähnlichen Proglottiden können mit Karmin gefärbt werden, um die Position des Geschlechtsporus zu visualisieren. Bei mikroskopischer Untersuchung ist es möglich zu unterscheiden, ob es sich um echte Reiskörner oder gravide Proglottiden handelt, da sie bei Kompression zwischen Deckglas und Objektträger platzen und eine große Anzahl charakteristischer Eikapseln freisetzen. Andererseits, wenn es sich um ein Artefakt wie Stärkefragmente handelt, würden Stärkekörner abfallen, die mit lugolscher Lösung violett gefärbt sind. Die polygonale Form der Eikapsel (Abb. 2) und die Anzahl der Eier in der Kapsel (4–15) sind nützlich für die Identifizierung des Parasiten. Der Skolex, falls vorhanden, ermöglicht eine eindeutige Identifizierung des Parasiten, da er unbewaffnet und arostellar ist.

Bis heute stehen keine serologischen oder molekularen diagnostischen Werkzeuge für die Diagnose der Erkrankung zur Verfügung.

Behandlung

Zestozide Medikamente wie Praziquantel oder Niclosamid sind die Medikamente der Wahl für die Behandlung einer *Inermicapsifer*-Infektion. Benzimidazole sind als therapeutische Mittel unwirksam.

Tab. 2 Laboruntersuchung von *Inermicapsifer*-Infektionen

Diagnostische Ansätze	Methoden	Targets	Bemerkungen
Mikroskopie	Karminfärbung	Proglottiden	Position der Geschlechtspori
	Nasspräparat	Eikapseln	Hexagonale Form mit 4–15 Eiern

Prävention und Bekämpfung

Die Infektion mit *I. madagascariensis* wird nicht als Problem für die öffentliche Gesundheit angesehen, da nur wenige Daten über die Krankheit vorliegen. Da der Infektionsweg und die infektiöse Form einschließlich des Zwischenwirts noch unbekannt sind, sind die einzigen empfohlenen Präventivmaßnahmen die Bekämpfung von Nagetieren und die persönliche und umweltbezogene Hygiene.

Fallbericht

Ein 1-jähriges Kind wurde mit Bauchschmerzen, Reizbarkeit und leichtem Fieber seit etwa 3 Wochen an ein Lehrkrankenhaus überwiesen. Die Laborparameter waren normal. Die Stuhlprobe wurde zur mikrobiologischen und parasitologischen Untersuchung eingereicht. Während in der Routinekultur kein bakterieller Erreger gefunden wurde, konnten einige weißliche "reiskornähnliche" Strukturen mit bloßem Auge gesehen werden. Diese wurden aufgenommen und mikroskopisch vor und nach dem Zerdrücken zwischen den Objektträgern untersucht. Die zerdrückte Probe zeigte eine Anzahl von Eikapseln mit Eiern. Die Injektion von Karmin in eines der Proglottiden zeigte die charakteristischen Genitalstrukturen, und es wurde eine *Inermicapsifer-Infektion* diagnostiziert. Es wurde eine Behandlung mit Praziquantel in einer Einzeldosis von 10 mg/kg verabreicht. Das Kind stieß nach der Medikation weitere solche Proglottiden aus. Danach wurde der Stuhl normal und die Anzeichen und Symptome klangen ab.

1. Wie würden Sie eine Forschungsstudie durchführen, um den Zwischenwirt für diesen Parasiten zu finden?
2. Wie würden Sie die Prävalenz des Parasiten in der Tierpopulation ermitteln?

Forschungsfragen

1. Es gibt keine genetische Studie, die für den Parasiten durchgeführt wurde und es sind keine Sequenzen in der GenBank verfügbar. Daher kann in Zukunft jeder Fall untersucht werden, um eine molekulare Sichtweise des Parasiten zu erhalten.
2. Was ist der genaue Zwischenwirt und wie wird die Infektion übertragen?
3. Sind die Fälle in Kuba und einigen anderen Gebieten wirklich an den Menschen angepasst?
4. Gibt es einen ähnlichen Endwirt in anderen Teilen der Welt, insbesondere in Asien oder Südamerika? Eine Untersuchung der Nagetierpopulation in diesen Gebieten kann diese Frage klären.

Weiterführende Literatur

Baer JG. The taxonomic position of *Taenia madagascariensis* Davaine, 1870; a tapeworm parasite of man and rodents. Ann Trop Med Parasitol. 1956;50:152–6.

Gonzalez Nunez I, Diaz Jid M, Nunez FF. Infeccionpor *Inermicapsifer madagascariensis* (Davaine, 1870); Baer 1956. Presentacion de 2 casos. Rev Cubana Med Trop. 1996;48:224–6.

Kouri P. Third communication on *Inermicapsifer cubensis*. Rev Med Trop Y Parasitol. 1944;10:107–12.

Sapp SGH, Bradbury RS. The forgotten exotic tapeworms: a review of uncommon zoonotic cyclophyllidea. Parasitology. 2020;147:533–58.

Teil V Zoonotische Helmintheninfektion: Nematode

Trichinellose

Abhijit Chaudhury

Lernziele

1. Den Leser auf die verschiedenen anderen *Trichinella*-Arten aufmerksam zu machen, die abgesehen von der gut charakterisierten *T. spiralis* zoonotisches Potenzial haben.
2. Die epidemiologische Bedeutung der parallel in der Natur ablaufenden Zyklen in Haus- und Wildtieren zu verstehen.
3. Die Bedeutung der serologischen Diagnose aufgrund unspezifischer und proteischer klinischer Manifestationen hervorzuheben.

Einführung

Trichinellose ist eine zoonotische Krankheit, die häufig von Schweinen und anderen Tieren stammt und durch den Nematoden *Trichinella spiralis* verursacht wird. Das Essen von rohem Schweinefleisch, Schweineprodukten oder Fleisch von Wild- oder Jagdtieren begünstigt die Trichinellose. Obwohl die Serologie bei der Diagnose der Erkrankung nützlich ist, wird die endgültige Diagnose der Erkrankung durch den Nachweis der Parasitenlarve in der Muskulatur durch eine Biopsie gestellt.

Geschichte

Die enzystierten Larvenstadien von *Trichinella,* die Trichinellose oder Trichinose verursachen, wurden erstmals 1821 von Tidemann in Deutschland und 1835 von James Paget und Richard Owen in London in den Muskeln infizierter Menschen entdeckt. Joseph Leidy beobachtete 1846 in Philadelphia ähnliche enzystierte Larven im Schweinefleisch. Leuckart zeigte 1855 und Virchow 1859 die Entwicklung der infektiösen Larve zum adulten Wurm im Darm eines Versuchstiers. Sie beobachteten, dass die jungen Larven, die vom weiblichen adulten Wurm produziert wurden, durch Blutgefäße wanderten, um die Muskulatur zu erreichen, in der sie enzystierten. Zenker machte 1860 den Parasiten als Verursacher der Trichinellose beim Menschen aus. Das Larvenstadium des Parasiten wurde erstmals 1909 von Herrick und Janeway im menschlichen Blut nachgewiesen.

Taxonomie

Trichinella spiralis (Owen, 1835 und Railliet, 1895) gehört zur Gattung *Trichinella;* Familie: Trichinellidae; Überfamilie: Trichuroidea

A. Chaudhury (✉)
Department of Microbiology, Sri Venkateswara Institute of Medical Sciences, Tirupati, Andhra Pradesh, Indien

S. C. Parija und A. Chaudhury (Hrsg.), *Lehrbuch der parasitären Zoonosen,*
https://doi.org/10.1007/978-981-97-4312-4_40

(Railliet, 1916); Ordnung: Enoplida (Chitwood, 1933); Unterklasse: Adenophorea; Klasse: Nematoda unter dem Stamm Nemathelminthen.

Bis vor kurzem wurde *T. spiralis* als einzige Art der Gattung *Trichinella* betrachtet. Verschiedene Forscher haben jedoch Unterschiede zwischen den Stämmen innerhalb der Art festgestellt. So bleiben die Larven arktischer Stämme selbst durch Einfrieren des Fleisches infektiös, während die Larven von Stämmen aus gemäßigten Zonen durch Einfrieren abgetötet werden. Von ostafrikanischen Stämmen wurde berichtet, dass sie im Vergleich zu Stämmen aus anderen Gebieten weniger infektiös für Ratten sind. Aufgrund dieser Unterschiede wurde vorgeschlagen, *T. spiralis* in 3 Arten zu unterteilen: *T. spiralis* (Mensch, Haustiere und Schweine), *Trichinella nativa* und *Trichinella nelsoni*. Eine neue Art, *Trichinella pseudospiralis*, die eine sehr schwache Zyste und die einzigartige Eigenschaft hat, sich bei Vögeln zu entwickeln, wurde als vierte in die Liste der *Trichinella*-Arten aufgenommen. In den letzten Jahren wurden molekulare Methoden eingesetzt, um die Mitglieder der Gattung besser auf Arten- und Genotypebene abzugrenzen.

Derzeit besteht die Gattung *Trichinella* aus 9 Arten und 3 Genotypen. Es wurden 2 Kladen definiert, die auf dem Vorhandensein oder Fehlen einer Kollagenkapsel um die Muskellarve herum basieren:

(a) **Eingekapselt:** Diese kommen nur bei Säugetieren vor. Dazu gehören *T. spiralis, T. nativa, Trichinella britovi, T. nelsoni, Trichinella murrelli, Trichinella patagoniensis* und die Genotypen *Trichinella* T6, T8, T9.
(b) **Nicht eingekapselt:** Sie sind bei Säugetieren, Vögeln und Reptilien weitverbreitet. Dazu gehören *T. pseudospiralis, Trichinella papuae* und *Trichinella zimbabwensis*.

Das International Trichinella Reference Centre enthält detaillierte Informationen über die verschiedenen Arten und Genotypen (www.iss.it/site/Trichinella/index.asp).

Genomik und Proteomik

In früheren Studien wurde ein genomischer Ansatz verwendet, der Expressed Sequence Tags (EST) aus 3 Lebensstadien von *T. spiralis,* nämlich adultem Wurm, unreifer Larve und reifer Larve in Muskeln, generierte. Bei der Analyse von mehr als 10.000 ESTs wurden insgesamt 3262 einzigartige Gene von 19.552 Genen gefunden. Der GC-Gehalt der Protein codierenden Exons betrug 39 %. Das *Trichinella*-Genom wurde mit dem von *Caenorhabditis elegans* verglichen und es wurde gezeigt, dass zwischen ihnen hinsichtlich der EST-Cluster eine Homologie von 56 % besteht. Eine auf Arten und Stämmen basierende Analyse hat eine große phylogenetische Distanz von *T. spiralis* zu anderen Nematoden offenbart. Das 64 Mb große Kerngenom wurde bisher mithilfe des Whole-Genome-Shotgun-Ansatzes und der hierarchischen kartenunterstützten Sequenzierung sequenziert und enthält schätzungsweise 15.808 Protein codierende Gene. Der GC-Gehalt des gesamten Genoms beträgt 34 %. Die 15.808 Protein codierenden Sequenzen nehmen 26,6 % des Genoms ein. Einen ausführlichen Bericht über den Genomentwurf können sich die Leser auf den Artikel von Mitreva et al. (2011) beziehen.

Die Charakterisierung von exkretorisch-sekretorischen Produkten (ESP) in Parasiten ist ein wichtiger Schritt zum Verständnis ihrer Rolle bei der Interaktion zwischen Wirt und Parasit und für künftige Entwicklungen bei Diagnosemethoden und der Entwicklung von Impfstoffen. Mithilfe einer Kombination aus Proteinsequenzähnlichkeit und Signalpeptidvorhersage wurden 345 *T. spiralis*-Cluster identifiziert, die eine Homologie mit vorhergesagten sekretierten oder Membranproteinen aufweisen. Es wurden 43 ESP-Peptidspots identifiziert, die 13 verschiedene Proteine repräsentieren, was auf das Vorhandensein bedeutender Proteinisoformen im ESP hinweist. Einige der bisher identifizierten wichtigen Proteine sind Serinprotease, Cysteinprotease, zinkabhängige Metalloprotease,

45-kDa-Antigen, gp43 und 2 unidentifizierte offene Leserahmen.

Die Parasitenmorphologie

Adulter Wurm

Der adulte *T. spiralis* ist der kleinste Nematode, der den Menschen infiziert. Der Wurm ist winzig, weißlich, fadenförmig und gerade noch mit bloßem Auge sichtbar. Die Speiseröhre füllt ein Drittel bis die Hälfte des Körpers und ist von einer einzigen Schicht großer Zellen bedeckt. Die Speiseröhre mündet in den Darm, der sich nach hinten erstreckt und im terminalen Anus endet (Abb. 1).

Der männliche Wurm ist 1,4–1,6 mm lang und besitzt einen Durchmesser von 0,04 mm. Das vordere Ende ist zart, fadenförmig und besitzt Kopfpapillen. Das hintere Ende ist mit den Hoden gefüllt und trägt auf beiden Seiten der Kloakenöffnung zwei auffällige konische Papillen. Der männliche Wurm stirbt in der Regel nach der Befruchtung des Weibchens oder wird zusammen mit dem Kot ausgeschieden.

Das Weibchen ist ungefähr doppelt so lang wie das Männchen und ist 3–4 mm lang und besitzt einen Durchmesser von 0,06 mm. Die weiblichen Genitalien bestehen aus einem einzigen Eierstock, einer gewundenen Gebärmutter und einer Vulva, die ventral im vorderen Fünftel des Körpers nahe der Mitte des Speiseröhrenbereichs liegt. Nach der Befruchtung durch das Männchen beginnt das Weibchen mit der Produktion der Eier, die sich sofort in der Gebärmutter zu Larven entwickeln. Die Weibchen sind lebendgebärend und beginnen am 6. Tag nach der Infektion, bewegliche Larven statt Eier zu legen. Jedes Weibchen ist in der Lage, während seiner Lebensdauer von 16 Wochen fast 1000–10.000 Larven zu produzieren. Die Larven, aber nicht die Eier, werden mit dem Kot ausgeschieden.

Larve

Die Larven sind 100 µm lang und 6 µm breit. Sie werden von der lebendgebärenden Mutter im Darm abgesetzt, von wo aus sie durch den systemischen Kreislauf transportiert und in verschiedenen Organen und Geweben des Körpers abgelagert werden. Die Larve wird nur in der gestreiften willkürlichen Muskulatur enzystiert, wo sie weiter wächst, sich sexuell differenziert und innerhalb der Zyste eine Länge von 1 mm erreicht, das 10-Fache ihrer ursprünglichen Größe. Das vordere Ende der voll ausgewachsenen reifen Larve ist dünn, während das

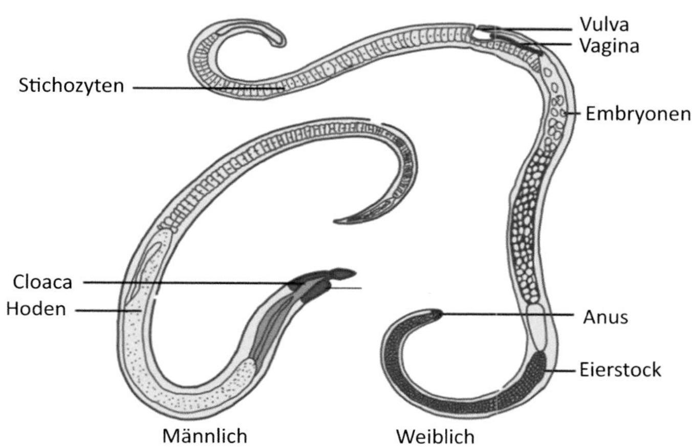

Abb. 1 Schematische Darstellungen von adulten männlichen und weiblichen *Trichinella spiralis*

hintere Ende dick und abgerundet ist. Die Larve ist in der enzystierten Zyste infektiös für andere Wirte und bleibt viele Jahre lebensfähig, bevor sie verkalkt. Die eingeschlossene Zyste ist zitronenförmig und liegt parallel zu den Muskelfasern.

Zucht des Parasiten

Trichinella spiralis wird vom Larven- bis zum adulten Stadium in künstlichen Kulturmedien gezüchtet, die 50 % Hühnerembryoextrakt im Serum von Kaninchen, Rind oder Huhn enthalten. Für die Zucht ist ein kontinuierliches Durchflusssystem mit einer Gasphase von 85%N–5%CO_2–10%O_2 notwendig. In einer aktuellen Studie wurden die neugeborenen Larven erfolgreich in 5 % CO_2 bei 37 °C für 18 h in dem RPMI-1640-Medium, das 10 % fötales Rinderserum enthält, kultiviert.

Versuchstiere

Versuchstiere werden häufig verwendet, um die pathologischen und immunologischen Reaktionen des Wirts gegen eine *T. spiralis*-Infektion zu untersuchen. Ratte und Maus werden häufig in verschiedenen Studien eingesetzt. *Trichinella* lässt sich leicht in diesen Tieren halten und jedes Entwicklungsstadium ihres Lebenszyklus wird für In-vitro-Studien von diesen Tieren gewonnen. Die pathologischen und immunologischen Veränderungen, die bei experimentellen Infektionen dieser Tiere mit *Trichinella* beobachtet werden, ähneln stark denen, die beim Menschen zu sehen sind.

Lebenszyklus von *Trichinella spiralis*

Wirt

Endwirt

Schweine, Ratten, Pferde, Menschen.

Zwischenwirte

Keine Zwischenwirte.

Infektiöses Stadium

Larvenform von *Trichinella.*

Übertragung der Infektion

Der Lebenszyklus aller Arten von *Trichinella* umfasst zwei Generationen, Larven und adulte Würmer, im selben Wirt (Abb. 2). Obwohl *Trichinella* ein breites Wirtsspektrum von Säugetieren, Vögeln und Reptilien hat, sind Menschen, Schweine und Pferde aus gesundheitlicher Sicht am wichtigsten. Der adulte *T. spiralis*-Wurm bewohnt den Dünndarm von Schwein, Ratte und Mensch. Die adulten Würmer und Larven sind die verschiedenen Stadien des Parasiten, die im Lebenszyklus des Parasiten beobachtet werden.

Der Mensch erwirbt die Infektion durch den Verzehr von rohem oder unzureichend gekochtem Schweinefleisch, das mit den Larven von *Trichinella* infiziert ist. Bei der Aufnahme werden die Larven im Magen durch die Säure-Pepsin-Verdauung aus der Zyste befreit. Die Larven wandern in den Zwölffingerdarm und den Leerdarm, heften sich an die Schleimhaut und wachsen bis zum 3. Tag nach der Infektion zu adulten Würmern heran. Die adulten männlichen und weiblichen Würmer reifen innerhalb von 5–7 Tagen geschlechtlich aus, und das Weibchen wird dann vom Männchen befruchtet, nachdem das Männchen stirbt. Das befruchtete Weibchen liegt tief in der Schleimhaut eingegraben und entlässt 1500–2000 Larven über einen Zeitraum von 5–7 Wochen oder solange es lebt. Der adulte Wurm bleibt einige Wochen im Darm lebensfähig, kann aber bei immungeschwächten Wirten viel länger überleben. Die Larven werden durch die Pfortaderblutzirkulation oder Lymphbahnen in den systemischen Kreislauf transportiert. Diese werden dann

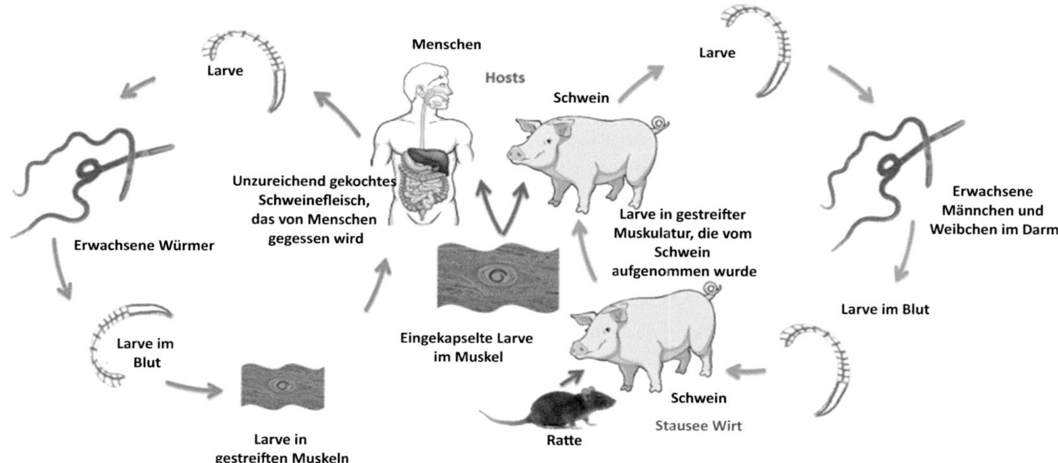

Abb. 2 Lebenszyklus von *Trichinella spiralis*

im systemischen Kreislauf zur Ablagerung in die quergestreifte Muskulatur, insbesondere im Zwerchfell, transportiert. Neben dem Zwerchfell sind die Zwischenrippenmuskeln, die Muskeln des Halses und andere große willkürliche Muskeln häufig betroffen. Die Larven graben sich in den Muskeln in einzelne Muskelfasern ein und verursachen eine Myositis. Die Larve liegt entlang der Längsachse des Muskels und wächst innerhalb von 3 Wochen schnell auf die Größe von 1 mm, etwa das 10-Fache ihrer ursprünglichen Länge. Schließlich entwickelt sich eine Zystenwand und die Larve bleibt in der Zyste eingeschlossen. Die reife Zyste ist 0,5 mm lang und 0,25 mm breit. In menschlichen Muskelzellen kann die Lebensdauer der Larve Jahrzehnte (bis zu 40 Jahre) betragen. In anderen Bereichen wie dem Myokard enzystieren die Larven nicht und sterben nach kurzer Zeit. Nach einer variablen Zeitspanne (6–18 Monate) unter der Immunantwort kommt es zur Verkalkung. Die reife Zyste kann in verkalkter Form als feines Granulat im Muskel gefunden werden.

Eine *Trichinella*-Infektion beim Menschen ist eine Sackgasse. Die Artenvermehrung wird jedoch durch Infektionen bei Tieren aufrechterhalten. Das Schwein erwirbt die Infektion durch das Fressen von Kadavern anderer Schweine (Schwein zu Schwein) oder Ratten (Ratte zu Schwein), die mit *Trichinella*-Larven infiziert sind. Die Ratte bekommt eine Infektion von einer infizierten Ratte (Ratte zu Ratte) und weniger häufig von einem Schwein (Schwein zu Ratte). Der Verzehr von rohem Fleisch, das mit lebensfähigen enzystierten Larven infiziert ist, ist für die Übertragung der Krankheit auf einen neuen Wirt verantwortlich.

Pathogenese und Pathologie

Die Pathogenese der *Trichinella*-Infektion hängt weitgehend von der Anzahl der eindringenden Organismen und der Häufigkeit der vorherigen Exposition ab. Die Larven dringen in das Schleimhautepithel des Zwölffingerdarms und des Leerdarms ein und reifen zu adulten Würmern in der Schleimhaut des Darmtrakts. Die adulten Würmer sind für die Entwicklung von gastrointestinalen Manifestationen wie Übelkeit, Durchfall oder Bauchkrämpfen beim Menschen verantwortlich.

Die Migration der Larven und die Reaktionen des Wirts auf die in die quergestreifte Muskulatur enzystierten Larven sind für die charakteristischen extraintestinalen Manifestationen der Krankheit wie Myalgie, Myositis, periorbitales

Ödem, Fieber und Erschöpfung verantwortlich. Die wandernden Larven zeigen eine Vorliebe für ihre Enzystierung in der quergestreiften Muskulatur, insbesondere an den Stellen, an denen die Muskeln an den Sehnen und Knochen ansetzen. Das Zwerchfell, die Zunge, der Kehlkopf, die Zwischenrippen-, Deltoid-, Gesäß- und Brustmuskeln sind am häufigsten betroffen. Die wandernden Larven rufen in ihrem Verlauf entzündliche Reaktionen hervor, die erst nach ihrer Verkapselung in die quergestreifte Muskulatur abklingen. Eine Verkapselung findet nicht im Myokard statt.

Verschiedene Proteasen, die in Parasiten gefunden werden, beteiligen sich an der Invasion von Wirtsgewebe und -zellen im Darmtrakt und können auch beim Häutungsprozess helfen. Die Umwandlung der Wirtsmuskelzelle in die Ammenzelle steht ebenfalls unter dem Einfluss des bisher nicht identifizierten sekretierten Proteins des Parasiten. Nach dem Eindringen in die Enterozyten lassen sich die Larven in den quergestreiften Muskelzellen nieder. Hier bewirkt sie die Umwandlung der Muskelzelle in eine „Ammenzelle", wobei die Sarkomerenmyofibrillen verschwinden. Anschließend entwickelt sich nach der Verkapselung ein Kapillarnetzwerk um die gesamte Struktur herum. Das Sarkoplasma wird basophil, der Zellkern nimmt eine zentrale Position ein und die Nukleolen nehmen an Zahl und Größe zu. Eine erhöhte Zellpermeabilität führt zur Freisetzung von Muskelenzymen.

Der Darm und die Muskeln sind die häufigsten von *T. spiralis* befallenen Stellen. In der Darmschleimhaut entwickelt sich um den adulten Wurm herum eine akute Entzündungsreaktion, die vorwiegend neutrophil ist und in der Regel mit einer leichten und partiellen Zottenatrophie einhergeht.

Die Migration der Larven in verschiedene Muskeln ruft eine ausgeprägte entzündliche Reaktion im Gewebe hervor. Die Muskelfasern werden zerstört und es kommt zu einer akuten Entzündungsreaktion, die hauptsächlich aus Lymphozyten und Eosinophilen besteht. Die angrenzenden Muskelzellen zeigen eine hyaline Degeneration (Abb. 3). Die Verkapselung der Larven, die zur Bildung von Zysten mit einem Durchmesser von 1 mm oder weniger führt, findet in der quergestreiften Muskulatur statt. Diese Zysten verkalken schließlich innerhalb eines Zeitraums von 6 Monaten bis 2 Jahren zusammen mit den Larven. Das Wachstum oder die Einschließung der Larve findet nicht in den

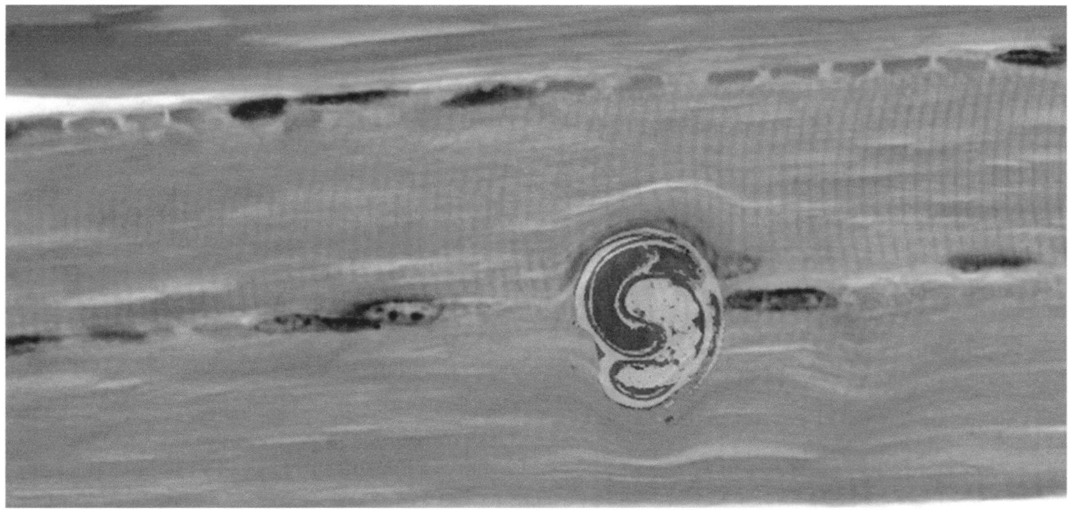

Abb. 3 *Trichinella spiralis* im Skelettmuskel. (Aus: Rawla P, Sharma S. *Trichinella spiralis*. [Aktualisiert 2020 Mai 30]. In: StatPearls [Internet]. Treasure Island (FL): StatPearls Publishing; 2020. Verfügbar unter: https://www.ncbi.nlm.nih.gov/books/NBK538511/. Bild mit freundlicher Genehmigung von S Bhimji MD)

Herzmuskeln statt. Im Myokard verursacht die Larve nur Entzündungen, Nekrosen und Fibrosen der Myokardfasern. Eosinophilie ist das Kennzeichen der Trichinose und tritt 2–4 Wochen nach der Infektion durch die infektiösen Larven auf.

Diffuse leptomeningeale Rundzellinfiltration und, weniger häufig, winzige Glioseherde um die Kapillaren sind die wichtigsten pathologischen Veränderungen, die durch die infektiösen Larven im zentralen Nervensystem verursacht werden.

Immunologie

Eine Infektion mit *T. spiralis* ist immer mit der Beteiligung sowohl der humoralen als auch der zellvermittelten Immunität verbunden. Die Rolle der humoralen und zellulären Reaktionen bei der Entwicklung von Resistenz gegen *Trichinella*-Infektionen wurde teilweise aufgeklärt. Erstere ist durch erhöhte Serumspiegel von IgG-, IgM- und IgA-Antikörpern bei experimentell infizierten Mäusen 4 Wochen nach Infektion gekennzeichnet. Die parasitenspezifischen IgG1-, IgG2- und IgE-Antikörper werden gegen die Kutikula gebildet, während die IgA- und IgM-Antikörper gegen die Membran der Helminthen gebildet werden. Beim Menschen ist eine Infektion mit *T. spiralis* durch einen erhöhten Spiegel an zirkulierenden IgM-, IgG- und IgA-Antikörpern 10–25 Tage nach der Infektion gekennzeichnet. Der Großteil der parasitenspezifischen IgG1 (80 %) erkennt einen hochimmunogenen Zucker, Tyvelose, parasitären Ursprungs. Diese Antikörperreaktion ist mit einer starken TH2-Reaktion in den regionalen Lymphknoten verbunden. Es ist zu beachten, dass ein Anstieg des IgE-Spiegels kein konstantes Merkmal bei Trichinellose ist und mit dem Grad der Eosinophilie bei den Patienten korreliert.

Die zellvermittelte Immunität ("cell-mediated immunity", CMI), die eine verzögerte Überempfindlichkeitsreaktion zeigt, wurde auch bei experimentellen Infektionen der Tiere nachgewiesen. Die T-Lymphozyten wirken als Regulator der Entzündungsreaktion während der Muskelinfektion. Bei Versuchstieren steigt die Konzentration von IL-4 und die Anzahl der IL-4-produzierenden Zellen, und es wurde festgestellt, dass Lymphknoten bei infizierten Tieren IL-5, 10, 13 und IFN-γ produzieren. Ähnliche Befunde wurden bei infizierten Menschen beobachtet, die hohe Werte von IL-5, 10 und IFN-γ aufwiesen. Die CMI spielt eine wichtige Rolle bei der Entwicklung der erworbenen Resistenz gegen den Parasiten. Die Übertragung von Peritonealexudatzellen oder Lymphknotenzellen von immunisierten Spendermäusen auf normale Mäuse führte zur Übertragung des Schutzes gegen den Parasiten auf das Empfängertier. T-Zellen sind die Effektorzellen bei der Entwicklung einer Resistenz gegen den Parasiten. Man geht auch davon aus, dass die Immunität des Darms gegen Trichinen T-zellabhängig ist. Die humoralen Antikörper spielen wahrscheinlich eine weniger wichtige Rolle bei der Entwicklung der erworbenen Resistenz gegen Trichinellose. Es wurde keine konsistente Korrelation zwischen den Spiegeln zirkulierender Antikörper und der Anzahl der Larven im Muskel oder der Ausscheidung von adulten Würmern aus dem Darm nachgewiesen. Es wird vermutet, dass reaktive IgE-Antikörper eine wichtige Rolle bei den komplexen Interaktionen zwischen Mastzellen, Eosinophilen und Helminthen bei der Entwicklung einer erworbenen Resistenz gegen die Krankheit spielen.

Eine Diskussion über die Immunantwort bei Trichinellose wäre unvollständig ohne die Erwähnung der Rolle der Eosinophilen. Eosinophilie ist ein auffälliges Merkmal der *Trichinella*-Infektion und die Anzahl kann auf >10.000/μL ansteigen, wobei der höhere Wert mit dem Grad der Myalgieund Komplikationen des zentralen Nervensystems (ZNS) korreliert. In den ersten Phasen der Infektion ist ein Absinken der Eosinophilenzahl mit einer schlechten Prognose verbunden, und es wurde sogar über den Tod von Patienten bei einer Zahl von <1 % berichtet. Eosinophile können als zweischneidige Schwerter wirken, indem sie sowohl eine schützende als auch eine gewebeschädigende Rolle spielen. Einerseits können sie das Individuum vor einer schweren Infektion schützen, indem sie die neugeborenen Larven durch das Phänomen der antikörperabhängigen zellulären Zytotoxizität abtöten, und zwar durch die Freisetzung von großen basischen Proteinen, Peroxidase und eosinophilen kationischen Proteinen. Gleichzeitig führt die Freisetzung von Histamin, Serotonin, Bradykinin, Prostaglandin E2, D2, J2 und anderen Stoffen zu einer erhöhten Gefäßpermeabilität in den Kapillaren, wodurch Flüssigkeit, Elektrolyte und Proteine in das umliegende Gewebe austreten und Gefäßschäden verursachen. Chronische Eosinophilie wurde mit schweren Gewebeschäden in Muskeln, Herzmuskel und ZNS in Verbindung gebracht.

Infektion beim Menschen

Eine *Trichinella*-Infektion verläuft beim Menschen in den meisten Fällen asymptomatisch. Die klinischen Manifestationen hängen hauptsächlich von der Anzahl der Larven, die den Darm befallen, und der Häufigkeit der vorherigen Expositionen gegenüber *Trichinella* ab und können grob in (a) Darminvasion, (b) Muskelinvasion und (c) Rekonvaleszenzstadien unterteilt werden.

Die klinischen Anzeichen und Symptome der Darmphase sind auf eine Reizung der Magen-Darm-Schleimhaut durch den adulten Wurm zurückzuführen und werden in der 1. Woche der Infektion beobachtet. Übelkeit, Erbrechen, Durchfall oder Verstopfung und Bauchkrämpfe sind die herauszustellenden Merkmale. Bei einer schweren Infektion können die Patienten gelegentlich eine fulminante Enteritis entwickeln.

Die Symptome der Trichinellose, die auf das Eindringen der Larven in die Muskeln zurückzuführen sind, treten weitaus häufiger auf und werden in der 2. Woche der Infektion beobachtet. Die Erkrankung ist häufig durch ein periorbitales Ödem mit oder ohne subkonjunktivale Blutungen und Chemosis sowie durch eine Myositis der Augenmuskeln, der Kaumuskeln, der Nackenmuskeln, der Gliedmaßen und der Lendenmuskeln gekennzeichnet. Gelegentlich wird ein makulärer und petechialer Ausschlag beobachtet. Eine ausgeprägte periphere Eosinophilie, die bis zu 70 % betragen kann, ist häufig zu beobachten. Der Patient kann aufgrund von Myokarditis, Enzephalitis und anderen neurologischen Komplikationen sterben. Eine Myokarditis tritt in 5–20 % der Fälle auf und äußert sich als perikardialer Schmerz, Tachykardie und Unregelmäßigkeiten im Elektrokardiogramm. Neurologische Komplikationen sind bei Trichinellose selten und können in der Magnetresonanztomografie multiple kleine kortikale Infarkte zeigen.

Das Rekonvaleszenzstadium ist durch den Beginn der Verkapselung der Larven in der 3. Woche der Infektion gekennzeichnet. In diesem Stadium treten in der Regel keine systematischen Manifestationen auf; Unwohlsein und Schwäche können jedoch einige Monate lang vorhanden sein. Myokarditis und seltener Bronchopneumonie, Gefäßthrombose und Enzephalitis können als Folge der Infektion in diesem Stadium auftreten.

Die Sterblichkeit aufgrund der Erkrankung ist relativ gering. Myokarditis ist die häufigste Todesursache. Bronchopneumonie, vaskuläre Thrombose und Enzephalitis sind die weniger häufigen Todesursachen bei dieser Erkrankung.

Verschiedene Arten von *Trichinella* können einige Variationen in ihren klinischen Manifestationen verursachen. Es wurde beobachtet, dass *T. spiralis* im Vergleich zu *T. britovi* möglicherweise eine schwerere Infektion verursacht, da die Weibchen der letzteren Art weniger produktiv sind. *Trichinella murrelli* verursacht möglicherweise kein periorbitales oder Gesichtsödem, kann aber Hautreaktionen hervorrufen. Der nicht verkapselte *T. pseudospiralis* verursacht eine länger anhaltende symptomatische Erkrankung.

Infektion bei Tieren

Über 120 Säugetierarten, darunter wilde Fleischfresser, Katzen, Pelztiere, Nagetiere und Insektenfresser, sind unter natürlichen Bedingungen mit *Trichinella* infiziert. Die Infektion bei Haustieren ist selten mit offensichtlichen klinischen Manifestationen verbunden.

Raubtiere können unter natürlichen Bedingungen an Trichinose sterben.

Bei Ratten zeigt die infektiöse Larve eine stärkere Vorliebe für das Zwerchfell, während bei Schweinen am häufigsten die Kaumuskulatur betroffen ist. Die Skelettmuskelzysten sind bei Fleischfressern immer rund, bei Ratten rund und länglich und bei Schweinen oval. Die Zyste verkalk, wobei der Zeitpunkt der Verkalkung von Wirt zu Wirt und von Tier zu Tier variiert. Bei Kaninchen und Schweinen ist der Beginn der Verkalkung innerhalb von 3–5 Monaten sichtbar und 7–9 Monate nach der Infektion abgeschlossen. Bei Mäusen ist der Verkalkungsprozess viel langsamer und dauert länger als 1 Jahr.

Die meisten fleischfressenden Haus- und Wildtiere sind anfällig für Infektionen, zeigen jedoch keine oder nur minimale Anzeichen einer Infektion, obwohl die Parasitenbelastung recht hoch sein kann. Interessanterweise sind Hausschweine und -ratten gegen die sylvatischen Arten von *Trichinella* resistent.

Epidemiologie und öffentliche Gesundheit

Die Trichinellose beim Menschen ist weltweit verbreitet. Am häufigsten tritt sie in der nördlichen Hemisphäre auf, einschließlich der Arktis und Teilen Afrikas und Asiens. In Süd- und Mittelamerika wurden autochthone Infektionen aus Brasilien, Uruguay und Chile gemeldet. Jüngste Ausbrüche von Trichinose wurden aus Italien, Laos, Tansania und Frankreich gemeldet. Laut dem kumulativen Bericht aus 55 Ländern wird die Gesamtzahl der Fälle auf 10.000 pro Jahr mit einer Sterblichkeitsrate von 0,2% geschätzt.

Die *Trichinella*-Infektion beim Menschen ist eng mit dem Verzehr von rohem oder unzureichend gekochtem Fleisch verbunden; daher spielen kulturelle und soziale Faktoren eine Rolle in der Epidemiologie der Trichinellose. Trichinellose ist selten in Gesellschaften, die vollständig gekochtes Fleisch konsumieren. Schweinefleisch oder Schweinefleischprodukte sind die Hauptquelle der Infektion, insbesondere wenn Schweine im Hinterhof oder in der Dorfgemeinschaft gehalten werden. Der lokale Fleischkonsum, insbesondere Pferdefleisch, wurde mit *Trichinella*-Infektionen in Frankreich und Italien in Verbindung gebracht. In China und der Slowakischen Republik wurde Hundefleisch als Infektionsquelle verdächtigt. In der Arktis wurden Infektionen beim Menschen durch *T. nativa* dokumentiert, die mit dem Verzehr von Walross- oder Bärenfleisch in Verbindung gebracht wurden. Kürzlich wurde *T. papuae* in Thailand mit Ausbrüchen von Trichinellose beim Menschen in Verbindung gebracht, nachdem Wildschweinfleisch verzehrt wurde. Der erste authentische Fall einer *Trichinella*-Infektion bei einem Tier wurde 1942 von Maplestone und Bhaduri im Zwerchfell einer Katze gemeldet. Anschließend wurde *Trichinella* bei verschiedenen Tieren wie Hausschweinen, Nagetieren und Wildtieren wie Zibetkatzen nachgewiesen. Die erste Infektion beim Menschen in Indien wurde 1996 dokumentiert und bis heute wurden mindestens 9 Fallberichte und ein Ausbruch von Trichinellose gemeldet. Der Ausbruch wurde 2014 im Bezirk Tehri Garhwal im Bundesstaat Uttarakhand in Nordindien mit 54 Fällen und einem Todesfall gemeldet und stand in Verbindung mit dem Verzehr von rohem oder unzureichend gekochtem Schweinefleisch.

Fast 120 Säugetierarten sowie Reptilien und Vögel sind mit *Trichinella* infiziert (Tab. 1). Der natürliche Zyklus der *Trichinella*-Infektion betrifft hauptsächlich die Fleischfresser und wird in der Regel von diesen fleischfressenden Tieren aufrechterhalten. Die Prävalenz und Verbreitung der *Trichinella*-Infektion hängt von den Essgewohnheiten der potenziellen Wirtsspezies und den Umwelt- und Klimafaktoren ab. In der Natur zeigen *Trichinella* spp. zwei Zyklen: den häuslichen Zyklus und den sylvatischen Zyklus.

Häuslicher Zyklus: Dies ist die klassische, gut bekannte Schwein-zu-Schwein-Übertragung, bei der Menschen die Infektion durch den Verzehr von Schweinefleisch bekommen. In vielen Teilen der Welt können auch Katzen, Mäuse, Hunde und verschiedene Wildtiere in den Zyklus eintreten. Der häusliche Zyklus wird durch

Tab. 1 Arten und Genotypen von *Trichinella* spp. und ihre Verbreitung

Spezies (Genotyp)	Normaler Wirt	Infektionsquellen	Geografische Verbreitung	Gemeldete Fälle beim Menschen	Länder, aus denen berichtet wurde
Trichinella spiralis (T1)	Schweine, Ratten, Fleischfresser	Schweinefleisch	Weltweit	Ja	Viele Länder
Trichinella nativa (T2)	Marine und terrestrische Fleischfresser	Bärenfleisch, Walross, Hund	Arktische oder subarktische Regionen	Ja	Alaska in den USA, Russland, China
Trichinella britovi (T3)	Fleischfresser, Schweine	Wildschweinfleisch, Hunde, Schakal	Gemäßigte Regionen, Nord- und Westafrika	Ja	Algerien, Türkei, Polen, Frankreich
Trichinella pseudospiralis (T4)	Säugetiere, Vögel	Wildschwein	Weltweit	Ja	Frankreich, Thailand
Trichinella murrelli (T5)	Fleischfresser	Pferd, Bär	Gemäßigte Regionen	Ja	USA, Frankreich
Trichinella papuae (T10)	Säugetiere, Reptilien	Wildschwein, Weichschalenschildkröte	Südostasien	Ja	Thailand, Korea, Taiwan
Trichinella zimbabwensis (T11)	Säugetiere, Reptilien	Nicht bekannt	Ostafrika	Nein	–
Trichinella patagoniensis (T12)	Fleischfresser	Nicht bekannt	Argentinien	Nein	–
Andere: *Trichinella nelsoni* (T7), T6, T8, T9	Fleischfresser	Nicht bekannt	USA, Kanada, Äthiopien, Japan, Südafrika	Nein	–

den Verzehr von Fleischabfällen, Ratten oder Mäusen, toten Schweinen und anderen Säugetieren oder durch die Aufnahme von Schweinekot durch die Schweine aufrechterhalten. Diese Art von Zyklus kann in kleinen, lokalen fleischproduzierenden Gemeinschaften oder Betrieben beobachtet werden.

Sylvatischer Zyklus*:* In diesem Zyklus sind hauptsächlich fleischfressende Wildtiere beteiligt. Der Zyklus wird durch Kannibalismus, Raub- oder Aasfressgewohnheiten dieser Wildtiere aufrechterhalten. Die Übertragung der Infektion erfolgt durch den Verzehr von frischen oder verrottenden Kadavern. Die mit dem sylvatischen Zyklus assoziierten *Trichinella*-Arten umfassen hauptsächlich andere Arten als *T. spiralis*. Menschen und Schweine treten normalerweise nicht in diesen Zyklus ein, können aber infiziert werden, indem sie infiziertes Fleisch von Wildtieren essen.

Diagnose

Die klinische Diagnose der Trichinellose ist aufgrund der vielfältigen Manifestationen der Krankheit schwierig. Der Zustand muss von anderen ähnlichen Zuständen unterschieden werden. Die gastrointestinalen Symptome können mit verschiedenen anderen Erkrankungen mit Gastroenteritis verwechselt werden, während systemische Manifestationen die Symptome von Influenza, Typhus, Sinusitis, Glomerulonephritis oder angioneurotischem Ödem imitieren können. Das Vorhandensein von Hauptmerkmalen wie periorbitales Ödem, Myositis, Fieber und hochgradige Eosinophilie weist stark auf Trichinose hin. Die Aufnahme von unzureichend oder schlecht gekochtem Schweinefleisch in der Anamnese unterstützt weiter die klinische Diagnose der Krankheit. Die Diagnose der Trichinellose hängt ab von (a) klinischen Befunden,

Tab. 2 Laboruntersuchung der Trichinellose

Diagnostische Ansätze	Methoden	Targets	Bemerkungen
Mikroskopie	Histopathologie der Muskelbiopsieprobe	Larvenformen; basophile Transformation von Muskelzellen	Nicht sehr empfindlich
In-vitro-Kultivierung	Kontinuierliches Durchflusssystem	Transformation der Larvenform zu adulten Würmern	Kompliziertes Verfahren; lebende Larve benötigt
Serologie	ELISA, indirekter fluoreszierender Antikörpertest (IFAT), Bentonit-Flockungstest	TSL-1-Antigen für ELISA; Larve oder infiziertes Muskelgewebe in IFA	IFAT zeigt Kreuzreaktionen mit *Onchocerca* und *Schistosoma*
	Immunblotting	Exkretorisch-sekretorische Antigene	Bestätigungstest
Molekulare Diagnose	PCR-RFLP	ITS1 und ITS2 von rRNA	Identifizierung von Arten und Genotypen
Andere Labortests	Biochemie des Blutes und hämatologische Untersuchungen	Erhöhte Serumspiegel von CPK, LDH und Aldolase. Leukozytose und Eosinophilie	Nachweisbar von der 2. bis zur 5. Woche der Infektion

(b) Laborbefunden (Tab. 2) und (c) epidemiologischer Untersuchung.

Mikroskopie

Die endgültige Diagnose wird durch den Nachweis von freien oder verkapselten *Trichinella*-Larven in den Skelettmuskeln (Deltamuskel, Bizeps, Wadenmuskel oder Brustmuskel) entweder bei der Autopsie oder Biopsie gestellt. Bei leichter oder früher Infektion sind die Larven schwer nachzuweisen. Darüber hinaus handelt es sich um ein chirurgisches invasives Verfahren, und die Menge des für die Biopsie entnommenen Muskels kann die Sensitivität beeinflussen. Die Probe sollte aus dem Muskel, frei von Fett oder Haut, mit einer Masse von etwa 0,2–0,5 g entnommen werden. Die Untersuchung einer Muskelbiopsie kann durch künstliche Verdauung mit 1 % Pepsin und 1 % Salzsäure oder durch eine histologische Analyse mithilfe einer Hämatoxylin-Eosin-Färbung durchgeführt werden. Selbst wenn die Larve nicht sichtbar ist, ist die basophile Umwandlung des Muskels ein hervorragender Indikator für Trichinellose. Die Larven können im Kot während des Darmstadiums oder im Blut, in der Rückenmarksflüssigkeit oder in der Milch während der Wanderphase der Krankheit gesucht werden, sind aber schwer zu finden.

Serodiagnose

Derzeit stehen verschiedene immunologische Tests zur Diagnose der Erkrankung in Einzelfällen und für epidemiologische Studien zur Trichinellose zur Verfügung.

Der früher verwendete intradermale Hauttest mit *Trichinella*-Antigen zeigt 11–16 Tage nach der Infektion eine positive sofortige Überempfindlichkeitsreaktion und bleibt über viele Jahre positiv.

Während des akuten Infektionsstadiums steigen die IgE-Werte in den meisten Fällen früh an, aber das Fehlen eines erhöhten IgE-Spiegels kann eine Trichinellose nicht ausschließen. Daher ist der IgE-Nachweis diagnostisch nicht von Bedeutung. Zirkulierende IgG-Antikörper treten 12–60 Tage nach der Infektion auf, und das diagnostische Fenster hängt von der Anzahl der aufgenommenen Larven, der beteiligten Art und der individuellen Immunantwort ab. ELISA und der indirekte fluoreszierende Antikörpertest („indirect fluorescent antibody test", IFAT) sind derzeit die am häufigsten verwendeten Verfahren und ersetzen den Bentonit-Flockungstest, die Latex-Agglutination (LA) und die indirekte Hämagglutination (IHA), die früher in der Serodiagnose der Trichinellose eingesetzt wurden. Die für IFAT verwendeten Antigene umfassen infiziertes Nagetiermuskelgewebe oder freie Muskellarven. Bei IFAT wurden Kreuzreaktionen mit *Onchocerca* spp. und *Schistosoma mansoni* beobachtet. Immunblotting mit exkretorisch-sekretorischen Antigenen von Muskellarven von *T. spiralis* wird nach einem ersten Screening durch ELISA oder IFAT als Bestätigungstest verwendet.

Molekulare Diagnose

Molekulare Methoden wurden eingesetzt, um die *Trichinella*-Art oder den Genotyp der isolierten Larve zu identifizieren. PCR-RFLP kann zur Differenzierung der Arten und zur Bestimmung des Genotyps verwendet werden. Datenbanken, die aus ITS 1 und ITS 2 sowie aus der Expansionssegment-V-Region der rRNA-Wiederholungssequenz verschiedener *Trichinella*-Arten und Genotypen abgeleitet sind, stehen für diesen Zweck zur Verfügung.

Andere Laborbefunde

Leukozytose zusammen mit hochgradiger Eosinophilie (sogar bis zu 70 %), erhöhter Serum-Kreatinin-Phosphokinase (CPK) und Laktatdehydrogenase (LDH) ist der unspezifische Befund einer *Trichinella*-Infektion beim Menschen, insbesondere im Stadium der Muskelinvasion. Eosinophilie tritt früh während der 2.–5. Woche der Infektion auf, bevor klinische Anzeichen und Symptome auftreten. Im gleichen Zeitraum steigen die Serum-CPK-, LDH- und Aldolasesewerte bei 75–90 % der infizierten Personen an und können bis zu 4 Monate anhalten.

Epidemiologische Diagnose

Zu epidemiologischen Zwecken sollte der Patient gefragt werden, wo das Fleisch bzw. die Fleischprodukte gekauft und wann und wie diese verzehrt wurden (roh oder nicht gar). Das gehäufte Auftreten von hohem Fieber, periorbitalen Ödemen und Myalgie in einer Gemeinschaft oder einem Haushalt deutet auf einen Ausbruch von Trichinellose hin und muss entsprechend untersucht werden.

Diagnose bei Tieren

Die Diagnose von Trichinellose bei Schweinen wird routinemäßig mithilfe eines „Trichinoskops" durchgeführt, um *Trichinella*-Larven in den Muskeln nachzuweisen. Die Trichinoskopie ist ein zuverlässiges Verfahren zur Diagnose von mäßigen bis schweren Infektionen, versagt aber gelegentlich beim Nachweis von leichten Infektionen. Die Sammelprobenverdauungsmethode und Immunassays wie IFAT und ELISA zum Nachweis von *Trichinella*-Antikörpern im Serum sind die derzeit angewandten alternativen Methoden zur Diagnose der Trichinellose bei Schweinen. Molekulare Methoden werden ebenfalls eingesetzt.

Behandlung

Die Benzimidazolgruppe der Anthelminthika wie Albendazol ist nach wie vor die Hauptstütze der Behandlung. Obwohl sie gegen adulte Würmer und frühe Larvenstadien wirksam sind, sind sie gegen die verkapselte Larve in den Muskelzellen unwirksam. Daher sollte die Behandlung gegen die adulten Würmer oder die wandernden Larvenstadien gerichtet sein und innerhalb der ersten 3 Tage nach der Infektion eingeleitet werden.

Albendazol wird in einer Dosis von 400 mg 2-mal täglich für 8–14 Tage verabreicht; bei Mebendazol sind es 200–400 mg 3-mal täglich über einen Zeitraum von 3 Tagen, gefolgt von 400–500 mg 3-mal täglich über einen Zeitraum von 10 Tagen. Pyrantelpamoat ist in der Schwangerschaft und bei Kindern sicher und wird als Einzeldosis von 10–20 mg/kg Körpergewicht verabreicht und über 2–3 Tage wiederholt. Es wirkt jedoch nur gegen die adulten Würmer und nicht gegen die Larvenstadien.

Kortikosteroide sind hilfreich bei der Linderung von Symptomen, die durch entzündliche und allergische Reaktionen auf die Larven entstehen. Bei der Verlängerung der Steroidbehandlung sollte Vorsicht geboten sein, da die Gefahr einer erhöhten Anzahl von Larven in den Muskeln und einer ausgedehnteren Muskelinvasion besteht. Die Standardbehandlung für schwere Symptome erfolgt mit Prednison in einer Dosis von 30–60 mg/Tag für 10–15 Tage.

Es muss betont werden, dass eine Verzögerung des Behandlungsbeginns die Wahrscheinlichkeit erhöht, dass sich lebensfähige Larven im Muskel festsetzen, die nicht mehr medizinisch behandelt werden können. In einem solchen Szenario wird die Larve in der Muskulatur verbleiben und eine anhaltende Myalgie verursachen. Obwohl eine langfristige Therapie in den späten Stadien der Infektion begonnen werden kann, wurde beobachtet, dass sie gegen langfristige Folgen und chronische Trichinellose nutzlos ist.

Prävention und Bekämpfung

Gründliches Kochen, Tiefkühlen bei −20 °C oder Kühlen bei 4 °C für mehr als 20 Tage sind die effektiven Methoden, um *Trichinella*-Larven im Schweinefleisch abzutöten. Räuchern, Pökeln und Trocknen von Fleisch sind unzuverlässig und nicht wirksame Verfahren, um die Larven abzutöten.

Die Bekämpfung der Infektion bei Schweinen und die Zerstörung von *Trichinella*-Larven im Schweinefleisch verhindert die Übertragung der Infektion auf den Menschen. Die Vermeidung der Gewohnheit, Schweine mit rohem, infiziertem Abfall zu füttern, und das Abkochen des Abfalls vor der Fütterung der Schweine tragen dazu bei, die Trichinellose bei Schweinen erheblich zu reduzieren.

Fallstudie

Ein 30-jähriger Mann suchte die Ambulanz mit Symptomen wie Fieber, Kopfschmerzen und Schmerzen im linken Wadenmuskel mit eingeschränkter Kniebewegung auf. Bei der Untersuchung wurde eine Empfindlichkeit im linken Musculus gastrocnemius mit leichter Erhöhung der lokalen Temperatur festgestellt. Er gab an, regelmäßig Schweinefleisch und Schweinefleischprodukte zu verzehren. Der Patient wurde zur weiteren Untersuchung aufgenommen. Die Laborbefunde ergaben: TLC: 26.000/dl; Eosinophile: 10%; CPK: erhöht. Mit dem klinischen Verdacht auf Trichinellose wurde eine Biopsie aus dem Musculus gastrocnemius durchgeführt. Die histopathologische Untersuchung zeigte eine typische gewundene Larve, die von Entzündungszellen und einem Ammenzellen-Larven-Komplex umgeben war. Es wurde die endgültige Diagnose einer Trichinellose gestellt. Dem Patienten wurde Albendazol 400 mg 2-mal täglich für 14 Tage verschrieben, und er wurde entlassen. Bei der Nachuntersuchung nach 3 Wochen gab es eine vollständige Rückbildung der Anzeichen und Symptome.

1. Welche anderen Parasiten können eine muskuloskelettale Beteiligung verursachen?
2. Wie können Sie diesen Fall serologisch diagnostizieren?
3. Abgesehen von Schweinefleisch, durch welches andere Tierfleisch kann diese Infektion übertragen werden?

Forschungsfragen

1. Welche Medikamente können die Muskellarven abtöten? Wie kann ein Bioinformatikstudium bei der Arzneimittelentwicklung helfen?
2. Welches gattungs- und artenspezifische Antigen kann für Immunassays genutzt werden?
3. Welche sind die schützenden Antigene, die bei der Impfstoffentwicklung helfen können?

Weiterführende Literatur

Despommier DD. Immunity to *Trichinella spiralis*. Am J Trop Med Hyg. 1970;26:68.

Foreyt WJ. Trichinosis: Reston, Va., U.S. Geological Survey. Circular 1388. 2013:60 S., 2 appendixes. https://doi.org/10.3133/cir1388.

Gottstein B, Pozio E, Nöckler K. Epidemiology, diagnosis, treatment, and control of trichinellosis. Clin Microbiol Rev. 2009;22:127–45.

Gould SE. The story of trichinosis. Am J Clin Pathol. 1970;55:2.

Larsh JE Jr. Experimental trichiniosis. Adv Parasitol. 1963;1:213.

Maplestone PA, Bhaduri NV. A record of *Trichinella spiralis* (Owen, 1835) in India. Indian Med Gaz. 1942;77:193.

Mitreva M, Jasmer DP, Zarlenga DS, et al. The draft genome of the parasitic nematode *Trichinella spiralis*. Nat Genet. 2011;43:228–35.

Robinson MW, Connolly B. Proteomic analysis of the excretory-secretory proteins of the *Trichinella spiralis* L1 larva, a nematode parasite of skeletal muscle. Proteomics. 2005;5:4525–32.

Wand M, Lyman D. Trichinosis from bear meat: clinical and laboratory features. JAMA. 1972;220:245.

Drakunkulose

Abhijit Chaudhury

Lernziele

1. Zu verstehen, dass Hunde und andere Haustiere als Reservoire dienen können und möglicherweise das Wiederauftreten von Infektionen in Gebieten verursachen können, in denen die Krankheit möglicherweise bekämpft oder ausgerottet wurde
2. Die wichtigsten Maßnahmen zu untersuchen, die zur Ausrottung der Krankheit in einer Region eingesetzt werden können

Einführung

Drakunkulose oder Guineawurm-Krankheit ist eine Krankheit, die auf wenige Länder der Welt beschränkt ist und durch den Nematoden Helminth *Dracunculus medinensis* verursacht wird. Die Krankheit ist hauptsächlich durch die Bildung einer Blase im betroffenen Teil gekennzeichnet, die sich später zu einem Hautgeschwür entwickelt. Ihre Inzidenz ist in den letzten Jahrzehnten aufgrund konzertierter Maßnahmen im Bereich der öffentlichen Gesundheit und globaler Ausrottungsmaßnahmen zurückgegangen. Derzeit ist die Infektion nur auf wenige Länder der Welt beschränkt. Die Behandlung der Erkrankung beruht hauptsächlich auf manueller oder manchmal chirurgischer Entfernung des Wurms. Von etwa 3,5 Mio. Fällen im Jahr 1986 ist die Anzahl der Fälle drastisch auf 148 Fälle im Jahr 2013 gesunken. Dennoch ist die Krankheit 2016 nach 10-jähriger Abwesenheit im afrikanischen Tschad wieder aufgetreten.

Geschichte

Drakunkulose war seit jeher in Afrika und dem Nahen Osten bekannt. Die Griechen beschrieben im 2. Jahrhundert v. Chr. die Krankheit bei den Menschen, die in der Nähe des Roten Meeres lebten. Sie wurde auch von Avicenna, dem arabischen Arzt, erwähnt. Im Jahr 1674 wurde erstmals von Velschius eine Heilung der Krankheit durch Aufwickeln des Wurms auf einen Stock erwähnt. Die Ärzte der britischen Armee, die seit dem frühen 19. Jahrhundert in Indien arbeiteten, waren mit der Krankheit vertraut. 1870 lieferte der russische Wissenschaftler Alexei Fedchenko erstmals eine vollständige Beschreibung des Wurms und seines Lebenszyklus. Schließlich beschrieb der britische Arzt Robert Leiper in einer Reihe von Arbeiten, die er

A. Chaudhury (✉)
Department of Microbiology, Sri Venkateswara Institute of Medical Sciences, Tirupati, Andhra Pradesh, Indien

S. C. Parija und A. Chaudhury (Hrsg.), *Lehrbuch der parasitären Zoonosen*,
https://doi.org/10.1007/978-981-97-4312-4_41

zwischen 1905 und 1910 in Afrika durchführte, den vollständigen Lebenszyklus und empfahl Maßnahmen zur Vorbeugung der Krankheit.

Taxonomie

Die Gattung *Dracunculus* gehört zum Stamm Nematoda, Klasse Secementea, Ordnung Camallandia, Überfamilie Dracunculoidea, Familie Dracunculoidae. Die Mitglieder der Familie Dracunculidae sind weitverbreitet bei Säugetieren, Vögeln und Reptilien. Insgesamt wurden 12 Arten beschrieben, hauptsächlich bei Reptilien.

Dracunculus medinensis ist die wichtigste Art, die Infektionen bei Tieren verursacht. *Dracunculus insignis* ist eine weitere Art, die bei Fleischfressern häufig vorkommt und möglicherweise gelegentlich Menschen infiziert.

Genomik und Proteomik

Der Entwurf der Genomassemblierung von *Dracunculus* wurde vom Wellcome Trust Sanger Institute erstellt. Der Parasit hat eine Genomgröße von 103,8 Mb, mit fast 11.000 codierenden Genen. Die jüngste Entdeckung der Prävalenz in nicht menschlichen Wirten, insbesondere Hunden, in einigen afrikanischen Ländern, zusammen mit dem Wiederauftreten von Fällen beim Menschen, hat zu Studien zur genetischen Variation zwischen menschlichen und nicht menschlichen Isolaten von *Dracunculus*-Arten in diesen Endemiegebieten geführt. Zur Untersuchung der phylogenetischen Beziehung zwischen den Arten wurde in den meisten Studien die 18srRNA-Sequenzanalyse angewendet, wobei in den letzten Jahren das CO1-Gen (Cytochrom-Oxidase-Untereinheit 1) hinzugefügt wurde.

Insgesamt wurden 10.920 Proteine in *D. medinensis* untersucht und viele von ihnen bleiben uncharakterisiert. Weitere Informationen finden interessierte Leser unter https://www.uniprot.org/uniprot/?query=proteome:UP000038040.

Die Parasitenmorphologie

Adulter Wurm

Die männlichen und weiblichen adulten Parasiten, die von Menschen stammen, wurden beschrieben, obwohl die Seltenheit des männlichen Parasiten eine detaillierte Beschreibung erschwert hat.

Die weiblichen adulten Würmer sind 60–100 cm lang und haben einen Durchmesser von etwa 1,5 mm. Sie sind milchig weiß und haben einen schlanken, langen und glatten Körper (Abb. 1). Das hintere Ende ist spitz zulaufend, in Form eines Hakens gebogen. Die Mundöffnung, die am vorderen Ende vorhanden ist, ist klein und dreieckig und wird von einer Platte umgeben. Die Speiseröhre hat einen großen vorstehenden Drüsenanteil. Bei jungen adulten Würmern befindet sich die Vulva in der Mitte des Körpers, ist aber bei adulten Würmern verkümmert. Die gravide Gebärmutter ist mit einer großen Anzahl von Embryonen gefüllt, was dazu führt, dass der Darm komprimiert und funktionsunfähig wird. Das Weibchen ist ovovivipar und setzt die Embryonen in aufeinanderfolgenden Schüben frei. Es hat eine Lebensdauer von etwa 1 Jahr.

Abb. 1 Adulter *D. medinensis*-Wurm und Larve

Der männliche adulte Wurm ist viel kleiner als das Weibchen und ist 12–30 mm × 0,4 mm groß. Die Nadeln sind ungleich groß und es gibt erhebliche Variationen in den Genitalpapillen. Eine genaue Beschreibung des männlichen Wurms ist nicht verfügbar. Die Lebensdauer beträgt etwa 6 Monate.

Infektiöse Larven

Larven haben einen rundlichen Kopf und lange, schlanke, spitz zulaufende Schwänze und gewundene Körper. Sie sind etwa 700 × 20 μm groß. Diese Embryonen werden zum Zeitpunkt der Geburt in Kontakt mit Wasser freigesetzt. Eine weitere Entwicklung findet nur statt, wenn sie von Cyclops, die im Süßwasser leben, aufgenommen werden. Wenn sie nicht von dem Krebstier aufgenommen werden, sterben sie innerhalb von 4 bis 7 Tagen.

Zucht von Parasiten

Es gibt keinen Bericht über die In-vitro-Kultivierung des Parasiten.

Versuchstiere

Die Laborstudien zur Dracontiasis haben unter dem Fehlen eines geeigneten, leicht verfügbaren Tiermodells gelitten.

Als am besten geeigneter Endwirt für die Übertragung von *D. medinensis* im Labor wurde der Rhesusaffe (*Macaca mulatta*) ermittelt, und der Parasit konnte in 4 Laborzyklen in Affen gehalten werden. Eine erfolgreiche Infektion mit *D. insignis* wurde bei Frettchen (*Mustela putorius furo*) festgestellt, die nach wie vor die bevorzugten Versuchstiere sind. Mehrere andere Arten, darunter Waschbären, Rhesusaffen (*Macaca mulatta*) und Nerze, wurden erfolgreich mit *D. insignis* inokuliert.

Lebenszyklus von *Dracunculus medinensis*

Wirte

Endwirte

Menschen, Hunde.

Zwischenwirte

Cyclops (*Mesocyclops*-Arten, *Thermocyclops*, *Eucyclops*, *Tropocyclops*).

Infektiöses Stadium

Larve im Inneren des Cyclops.

Übertragung von Infektionen

Die Menschen erwerben die Infektion durch das Trinken von Wasser, das mit den Cyclops, die die infektiöse Larve von *D. medinensis* (Abb. 2) beherbergen, kontaminiert ist. Im Magen werden die Cyclops verdaut, und die Larven werden freigesetzt. Die Larven durchdringen die Duodenalwand, durchqueren die Bauchmesenterien, durchstechen die Bauchmuskeln und dringen in das subkutane Bindegewebe ein, von wo aus sie in die Leistengegend und gelegentlich in die Achselgegend wandern. Eine 3. Häutung erfolgt 20 Tage nach der Infektion und die endgültige Häutung fast nach 40 Tagen. Die Männchen befruchten die Weibchen 3 Monate nach der Exposition, und die Männchen sterben nach 3–6 Monaten ab und degenerieren. Die trächtigen Weibchen wandern dann in etwa 6–12 Monaten zur Haut und wählen diejenigen Bereiche aus, die wahrscheinlich mit Wasser in Kontakt kommen. Diese Bereiche umfassen häufig den Rücken von Wasserträgern, Arme und Beine von Wäschern und Beine von denen, die Wasser in Stufenbrunnen und kleinen Gewässern abfüllen. In der Haut bildet sich eine Blase, die dann platzt und eine Öffnung für den Austritt

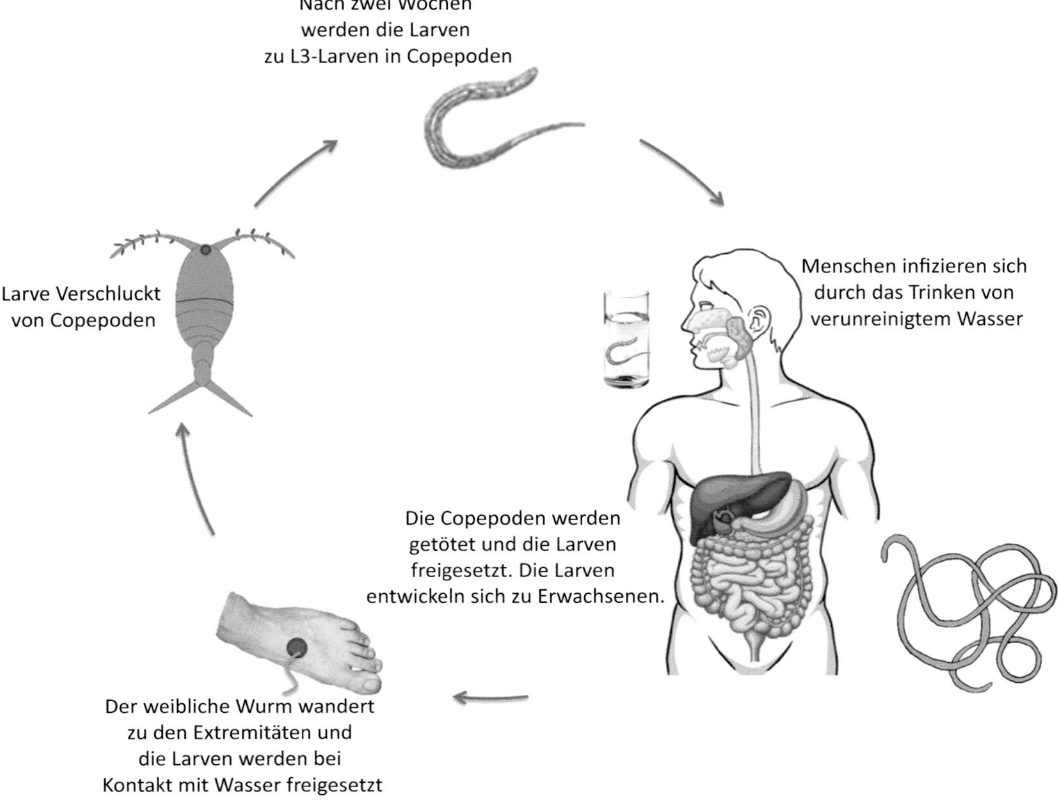

Abb. 2 Lebenszyklus von *D. medinensis*

des jungen Wurms bildet. Muskelkontraktionen, die durch kaltes Wasser ausgelöst werden, führen dazu, dass der Wurm durch die Hautwunde hervortreten und eine große Anzahl spiralig gewundener Embryonen ins Wasser abgeben kann. Schließlich ist die Gebärmutter leer, der Wurm ist erschöpft, und die Wunde heilt von selbst. Die Larven haben einen runden Kopf, lange, schlanke, sich verjüngende Schwänze und spiralig gewundene Körper. Sie sind etwa 700 × 20 μm groß.

Die weitere Entwicklung der Larven findet nur statt, wenn sie von Cyclops, die im Süßwasser leben, aufgenommen werden. Wenn sie nicht vom Krebstier aufgenommen werden, sterben sie innerhalb von 4 bis 7 Tagen. Ein Cyclops kann 15–20 Embryonen aus dem Wasser aufnehmen, und die Embryonen gelangen in den Darm des Krebstierzwischenwirts. Sie durchdringen die Darmwand innerhalb von 1–6 h nach der Aufnahme und gelangen in die Körperhöhle (Hämocoel) des Cyclops, wo sie sich häuten und auf etwa 1 mm Größe anwachsen. Diese Entwicklung ist nach 12–14 Tagen abgeschlossen.

Pathogenese und Pathologie

Die schwerwiegendste Pathologie zeigt sich, wenn der adulte *Dracunculus*-Wurm nicht in der Lage ist, den Körper zu verlassen. Die Ausscheidungen des Parasiten rufen eine starke Entzündungsreaktion in der Unterhaut hervor. Die Austrittsstelle kann als Eintrittspunkt für Bakterien dienen, was zu sekundären bakteriellen Infektionen einschließlich der Bildung von Abszessen führt.

Immunologie

Die wenigen Studien, die durchgeführt wurden, um die Immunantwort des Wirts auf eine Infektion mit dem Guineawurm zu verstehen, haben einige Unterschiede bei bereits aktiven und noch nicht aktiven Infektionsstadien aufgezeigt. Bei einer aktiven Infektion wurde eine Hemmung der IFN-γ-Produktion beobachtet, aber die TH2-spezifischen IL10-Werte waren bei beiden Zuständen ähnlich. Die mittleren Antikörpertiter waren bei beiden Infektionsstadien ähnlich. Bei den Antikörpersubklassen korrespondierte die parasitenspezifische IgG4- sowie IgG1-Reaktivität mit dem Infektionsstatus *D. medinensis* und es konnte eine klare Unterscheidung zwischen Patienten mit aktiver und Patienten mit abgeklungener Infektion festgestellt werden. Im Allgemeinen führt eine aktive Infektion zu einer Hemmung der Zytokinfreisetzung bei den Patienten. Die IgG1- und IgG4-Produktion während der aktiven Infektion könnte eine Rolle beim Schutz der aufgenommenen Larve vor der Zerstörung durch das Immunsystem spielen. Eine Infektion mit dem Parasiten verleiht dem Wirt keine Immunität und wiederholte Infektionen beim selben Wirt sind häufig.

Infektion beim Menschen

Die Larve des 3. Stadiums (L3) ist nicht pathogen. Nur das adulte Weibchen ist pathogen und verantwortlich für verschiedene klinische Manifestationen. Nach der Erstinfektion bleibt der Wirt etwa 1 Jahr symptomfrei, bis das adulte, trächtige Weibchen die Haut erreicht. Die klinischen Merkmale können auf das austretende adulte Weibchen, eine sekundäre bakterielle Infektion und Würmer, die nicht in der Lage sind auszutreten, zurückzuführen sein.

(a) Austretender adulter Wurm: Dies ist das häufigste Szenario und tritt immer dann auf, wenn der Wurm versucht, aus dem Körper auszutreten, um die Embryonen abzugeben. Die unteren Extremitäten sind die häufigsten Stellen, aber es wurden auch Fälle an Arm, Rumpf, Gesäß, Kopf und Hals berichtet. Zunächst bildet sich an der Austrittsstelle auf der Haut eine Blase. Durch die Freisetzung von Stoffwechselabfällen des Wurms, die offenbar als parasitäre Toxine wirken, wird eine allergische Reaktion ausgelöst. Der Patient kann unter Übelkeit, Durchfall und lokalisierten Ödemen leiden. Es kommt zu starkem lokalem Juckreiz, der oft mit starkem brennendem Schmerz verbunden ist (daher der Name „Feurige Schlange" in der Bibel). Die Blase ist mit einer gelblich-weißen Flüssigkeit gefüllt, die zahlreiche Larven und weiße Blutkörperchen enthält und bakteriologisch steril ist. Die Blase platzt schließlich und die Symptome klingen ab. An der Stelle kann sich ein Geschwür bilden, das schnell abheilt. Es bleibt ein winziges Loch zurück, durch das der Kopf des Wurms zu sehen ist, der herausragt, sobald der Bereich mit Wasser in Kontakt kommt. Die Larven kommen bei Kontakt mit Wasser heraus und die Schmerzen lassen nach, sobald alle Embryonen freigesetzt sind. Der Wurm stirbt langsam ab und wird vom Gewebe absorbiert, woraufhin das Geschwür heilt.

(b) Sekundäre bakterielle Infektion: In fast der Hälfte der Fälle wird das lokale Geschwür sekundär mit Bakterien infiziert, was zur Bildung eines Abszesses führen kann Dies verursacht starke Schmerzen. Die bakterielle Infektion wird ernster, wenn der sich zurückziehende Wurm die Bakterien ins Innere zieht, was zu Zellulitis führt. Dies kann auch den Eintritt von Tetanussporen erleichtern. Zu den weiteren Komplikationen gehören Arthritis, chronische Geschwüre, Synovitis und Bubo-Bildung.

(c) Nicht austretender Wurm: In Fällen, in denen der adulte Wurm nicht aus der Haut austreten kann, beginnt er zu degenerieren und setzt dabei seine degenerierten Produkte frei. Dies kann zu aseptischen Abszessen und Arthritis führen. Schließlich stirbt der Wurm ab und verkalkt.

Infektion bei Tieren

Die Manifestationen der Guineawurm-Krankheit bei Hunden ähneln denen beim Menschen. Es wurde über eitrige, fistelbildende Hautknoten bei Hunden berichtet, die durch *D. insignis* verursacht wurden.

Epidemiologie und öffentliche Gesundheit

Drakunkulose ist hauptsächlich eine Krankheit, die in Asien und Afrika verbreitet ist. Derzeit ist die Krankheit nur auf wenige Länder beschränkt (Tab. 1; Abb. 3). Von geschätzten 3,5 Mio. Fällen im Jahr 1986 wurden im Jahr 2018 nur noch 28 Fälle gemeldet. Die Länder, die eine oder mehrere Infektionen melden, sind der Tschad, Mali, Burkina Faso, Angola, der Südsudan und Äthiopien in Afrika und der Jemen in Asien. Laut dem jüngsten Bericht von 2019 gab es einen Wiederaufschwung der Fälle im Tschad. 54 Fälle wurden aus dem Tschad gemeldet und der Rest aus dem Südsudan, Angola und Kamerun. Im April 2020 wurde aus Äthiopien ein Ausbruch von 7 Verdachtsfällen mit dem neu auftretenden Wurm gemeldet. In Indien war die Krankheit auf Rajasthan, Punjab, Gujarat und einige andere Bundesstaaten beschränkt, bevor

Tab. 1 Epidemiologische Merkmale von *D. medinensis*

Spezies	Endwirt	Zwischenwirt	Geografische Verbreitung
Dracunculus medinensis	Menschen, Hunde. Möglicherweise Paviane und Katzen.	Cyclops	Tschad, Äthiopien, Südsudan, Angola und Kamerun

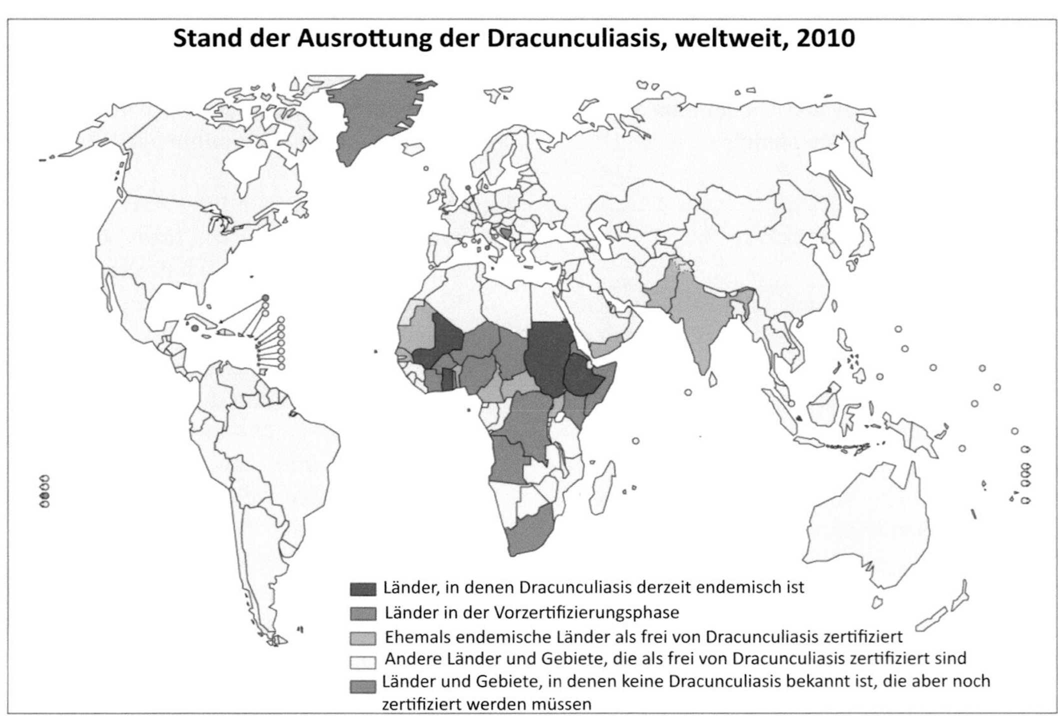

Abb. 3 Verbreitung von *Drakunkulose* weltweit. (Mit Genehmigung der WHO reproduziert)

diese Bundesstaaten im Jahr 2000 von der WHO als krankheitsfrei erklärt wurden.

Wasser, das mit infizierten Cyclops kontaminiert ist, bleibt die Hauptquelle der Infektion. Die Menschen erwerben die Infektion durch das Trinken von Wasser aus flachen Teichen, Brunnen oder Zisternen, die mit Cyclops, die die infektiösen Larven beherbergen, kontaminiert sind. Schlechte sanitäre Bedingungen und persönliche Hygiene erleichtern die Übertragung der Infektion in der Gesellschaft.

Dracunculus ist ein Parasit mit einem aquatischen Lebenszyklus, aber er gedeiht auch in einer Wüstenumgebung oder unter Dürrebedingungen. In solchen Gebieten sind alle Tiere und Menschen für ihre Existenz auf isolierte Gewässer angewiesen. Ausgetrocknete Flüsse, die zu tiefen isolierten Becken, stufigen Wänden und künstlich angelegten Teichen werden, sind Gebiete, in denen Planktonorganismen gedeihen. Das warme, stehende Wasser führt zu einer enormen Vermehrung der Cyclops-Population. Menschen kommen bei alltäglichen Aktivitäten wie Waschen, Baden und sogar beim Trinken mit diesem Wasser in Kontakt. Eine infizierte Person scheidet bei Kontakt mit Wasser die Embryonen aus, die dann von Copepoden aufgenommen werden. Das Trinken von solchem Wasser begünstigt Infektionen beim Menschen.

Ist Drakunkulose eine Zoonose?

Bisher galten Menschen als einziges Reservoir für Drakunkulose, doch neuere Studien haben einige neue Aspekte aufgezeigt. Obwohl Drakunkulose traditionell als wasserbedingte Anthroponose gilt, haben neuere Studien aus dem Tschad, wo die Krankheit wieder aufgetreten ist, einige ungewöhnliche Ergebnisse erbracht. In bestimmten afrikanischen Ländern haben sich zwei wichtige Fakten herauskristallisiert. Erstens gibt es einige tierische Reservoire wie Hunde, Katzen und Paviane. Zweitens gibt es eine alternative Übertragungsart durch die Aufnahme eines paratenischen Wirts wie einem Frosch oder eines Transportwirts wie einem Fisch. Kleine Fische oder „Jungfische" können als wichtige Überträger für die Übertragung auf die Cyclops fungieren. Diese Jungfische nehmen Copepoden als eine wichtige Nahrungsquelle auf. Im Tschad, in Äthiopien und eventuell in anderen Ländern essen Kinder oder Erwachsene möglicherweise schlecht gekochte oder rohe Jungfische oder sie werden an Hunde oder Katzen verfüttert. Im Tschad wurde eine große Anzahl infizierter Hunde gefunden, die sich die Infektion in der Trockenzeit durch den Verzehr von mit Cyclops verseuchtem Wasser zugezogen haben. Programme zur Ausrottung des Guineawurms zielen traditionell auf den durch Wasser übertragenen Weg ab, und daher könnten diese neuen Wege, insbesondere die Übertragung durch Lebensmittel und in geringerem Maße die Übertragung durch Hundepopulationen, die potenzielle Ursache für das Wiederauftreten dieser Krankheit sein. Im Jahr 2015 wurden 459 infizierte Hunde in 150 Dörfern im Tschad gefunden und man ging davon aus, dass sich die Arten von *Dracunculus* bei Tieren von denen beim Menschen unterscheiden. Die anschließende Genomsequenzierung widerlegte jedoch diese Hypothese und zeigte, dass diese Hunde mit der menschlichen Art von *D. medinensis* infiziert waren.

Diagnose

Bei der Labordiagnostik von Drakunkulose werden verschiedene Ansätze verfolgt (Tab. 2).

Mikroskopie

Nachweis von adulten Würmern oder Embryonen: Adulte Würmer werden erkannt, wenn die Würmer aus der Haut herausragen und auf der Hautoberfläche erscheinen. Um die Embryonen nachzuweisen, kann der betroffene Bereich mit Wasser abgespült werden, um den Ausstoß der Embryonen zu fördern. Die milchige Flüssigkeit wird mit einer Pipette entnommen und unter dem Mikroskop, das zahlreiche Embryonen zeigt, untersucht.

Tab. 2 Labordiagnostik der Drakunkulose

Diagnostischer Ansatz	Methode	Target	Bemerkungen
Untersuchung mit bloßem Auge	Visualisierung des Wurms	Ganzer Wurm	Spezifische Methode
Mikroskopie	Betroffener Teil mit Wasser abgespült	Embryonen	700 × 20 μm groß, gewundene Strukturen
Serodiagnostik	ELISA, IFAT für IgG, IgG4	Ganzes Wurmantigen Larvenantigen	Kann aktive und noch nicht aktive Infektionen diagnostizieren

Serodiagnostik

Zirkulierende Antikörper im Serum werden durch ELISA oder den indirekten Immunfluoreszenztest, insbesondere bei aktiven Infektionen, nachgewiesen. Der Nachweis von spezifischen IgG4-Antikörpern gegen das parasitäre Antigen des gesamten Wurms erkennt sogar noch nicht aktive Infektionen bis zu 6 Monate vor dem Hervortreten des Wurms. Der Einsatz von Antigenen des 1. Larvenstadiums in ELISA zum Nachweis von IgG4-Antikörpern erwies sich als zu 83 % sensitiv und zu 97 % spezifisch.

Andere Tests

Tote Würmer in tieferen Gewebeschichten können verkalken und sogar in einer einfachen Röntgenaufnahme sichtbar sein. Eine Blutuntersuchung zeigt eine ausgeprägte Eosinophilie.

Behandlung

Die Behandlung der Drakunkulose umfasst entweder die Extraktion des Wurms, die chirurgische Entfernung des Wurms oder eine medikamentöse Behandlung.

1. Extraktion des Wurms: Dies ist nach wie vor die Standardbehandlung bei Patienten, bei denen der Wurm aus der Hautläsion herausragt. Der Wurm wird auf einen Stock gewickelt oder gerollt nd jeden Tag um einige Zentimeter herausgezogen (Abb. 4 und 5). Der betroffene Teil wird in kaltes Wasser getaucht, damit mehr vom verbleibenden Teil herauskommt und auf den Stock gewickelt wird. Der gesamte Prozess kann aufgrund der Länge des Wurms einige Wochen dauern. Es muss darauf geachtet werden, dass die Würmer nicht durch zu starken Zug reißen. Um sekundäre bakterielle Infektionen zu verhindern, werden tropische Antibiotika eingesetzt. Der betroffene Bereich wird nach jedem Eingriff mit frischer Gaze verbunden, um die Stelle zu schützen.
2. Chirurgische Entfernung des Wurms: Nicht ausgetretene Würmer können chirurgisch unter lokaler Betäubung entfernt werden. Ein chirurgischer Eingriff ist auch dann erforderlich, wenn der Wurm während der Extraktion reißt. In solchen Fällen kann es aufgrund des Zurückziehens des Wurms und der Freisetzung von Larven im Gewebe zu einer schweren Entzündungsreaktion mit Abszessbildung kommen. Dies erfordert einen Einschnitt und eine Drainage sowie die Entfernung des restlichen adulten Wurms.
3. Medikamentöse Behandlung: Die Rolle von Antihelminthika bleibt umstritten. Ver-

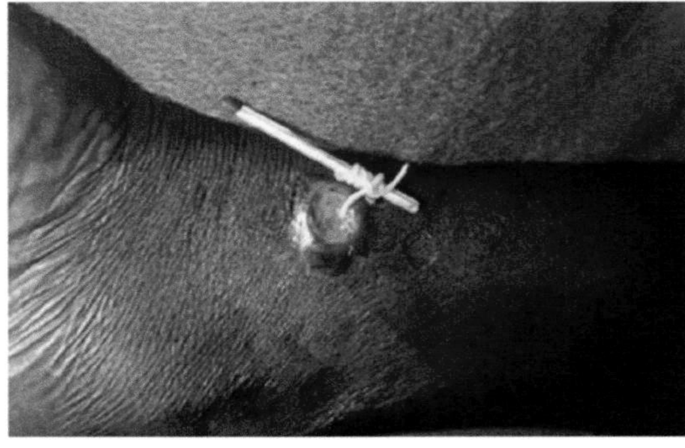

Abb. 4 Entfernung des ausgewachsenen Guineawurms durch Aufwickeln auf ein Streichholz. (Quelle: https://wtcs.pressbooks.pub/pharmacology/chapter/3-18-anithelmintic/#return-footnote-288-1)

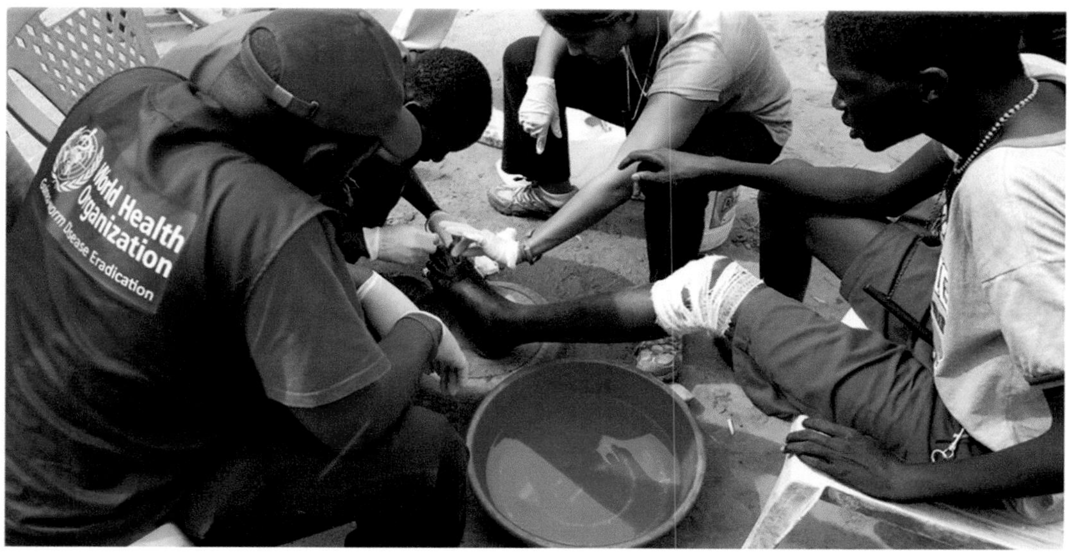

Abb. 5 Die Entfernung des *Dracunculus*-Wurms erfolgt auf dem Feld. (Foto Credit: WHO)

schiedene Breitbandmittel wie Albendazol können bei der Beseitigung helfen, aber es wurde berichtet, dass sie mit einer anomalen Wanderung des Wurms in Verbindung gebracht werden können. Ivermectin hat sich als nicht wirksam erwiesen.

Prävention und Bekämpfung

Die Prävention von Drakunkulose ist möglich und verschiedene in diese Richtung unternommene Maßnahmen haben zur großflächigen Ausrottung der Krankheit in den meisten Ländern Asiens und Afrikas beigetragen. Die Strategien beinhalten Folgendes:

(a) **Aktive Überwachung:** Das Überwachungsnetzwerk erkennt und meldet Infektionen beim Menschen oder bei Tieren innerhalb von 24 h nach dem Heraustreten des Wurms. Eine Geldprämie hat auch zu einer verbesserten Berichterstattung beigetragen. Freiwillige aus den Dörfern haben sich aktiv daran beteiligt.

(b) **Bildung:** Die Dorfgemeinschaften werden darüber aufgeklärt, dass sie keine Trinkwasserquelle betreten dürfen, wenn ein Wurm austritt, und dass sie auch keine Personen oder Tiere in Gewässer lassen dürfen, bei denen Würmer austreten.

(c) **Eindämmung von Krankheitsfällen:** Diese Zentren bieten Behandlung und Unterstützung für Menschen mit Guineawurm-Krankheit und helfen dabei, eine Kontamination des Wassers zu verhindern.

(d) **Wasserfiltration**: Potenziell kontaminiertes Wasser, das zum Trinken verwendet wird, muss gefiltert werden, um die Cyclops zu entfernen. Die Verwendung von feinmaschigen Stofffiltern in Haushalten ist eine sehr effektive Methode. Für Reisen oder Arbeiten außerhalb des Haushalts können Personen mit Rohrfiltern ausgestattet werden, die wie Strohhalme funktionieren, um Wasser aus unsicheren Quellen zu trinken. Baumwolltuchfilter oder ein synthetisches Gewebe mit einer Maschengröße von weniger als 0,15 mm sind effektiv, um die Copepoden zurückzuhalten.

(e) **Chemische Behandlung von Wasser**: Die kontaminierten Wasserquellen können mit Temephos behandelt werden, einem Insektizid, das die Cyclops abtötet. Dies ist eine teure Methode und erfordert eine sorgfältige Berechnung des Wasservolumens für die Zugabe der erforderlichen sicheren Dosis des Insektizids. Ein zu 50 % emulgierbares Konzentrat mit einer Zugabemenge von 2 ml/m^3 Wasser kann in Abständen von 4–6 Wochen verwendet werden.

(f) **Abkochen von Wasser:** Es tötet alle Copepoden, die im kontaminierten Wasser vorhanden sind, ab.

(g) **Bereitstellung von sicherem Wasser:** Um die Abhängigkeit von potenziell kontaminiertem Wasser für Trinkzwecke zu verhindern, müssen auf Dorfebene sichere Trinkwassereinrichtungen bereitgestellt werden. Dazu gehören ummauerte Bohrlöcher und handgegrabene Brunnen.

Im Jahr 1981 schlug das Interagency Steering Committee for Co-operative Action for the International Drinking Water Supply and Sanitation Decade (1981–1990) die Ausrottung von Drakunkulose als Maßstab für den Erfolg des Jahrzehnts vor. Dies führte zu einer Zusammenarbeit zwischen WHO und CDC (den Vereinigten Staaten), um die Strategien und technischen Richtlinien für eine Ausrottungskampagne zu formulieren, der sich auch das Carter-Zentrum und UNICEF als strategische Partner anschlossen. Dieses Konsortium hat in Zusammenarbeit mit dem nationalen Programm zur Ausrottung des Guineawurms der Gesundheitsministerien der betroffenen Länder Pionierarbeit bei der Ausrottung der Krankheit geleistet. Im Vergleich zu 1986 wurde die Krankheitslast um 99,99 % von geschätzten 93,3 Mio. Fällen auf 28 Fälle beim Mensch im Jahr 2018 reduziert. Bis heute hat die WHO 187 Mitgliedstaaten als frei von Krankheitsübertragung zertifiziert. In den letzten Jahren haben jedoch das Auftreten und die Persistenz von Wurminfektionen bei Tieren im Tschad, in Äthiopien und in Mali die Ausrottungsbemühungen herausgefordert. Inzwischen weiß man, dass Hunde als Reservoirtiere fungieren können und sie und andere Haustiere wie Katzen eine *D. medinensis*-Infektion durch den Verzehr von rohen Fischinnereien und anderen unzureichend gekochten oder rohen Wassertieren wie Fröschen erwerben können. Es wurde festgestellt, dass die Würmer, die Menschen und andere Tiere befallen, genetisch ähnlich sind. Daher werden derzeit Schutzmaßnahmen ergriffen, um die Ansteckung von Tieren über Lebensmittel zu verringern. Das Ziel ist es, alle Länder als frei von der Guineawurm-Krankheit zu zertifizieren. Die noch zu erledigende Arbeit wurde in 3 Phasen unterteilt: Unterbrechung der Übertragung in den verbleibenden Ländern, Vorzertifizierung und die letzte Phase der Zertifizierung durch die International Commission (ICCDE, WHO) for Dracunculiasis Eradication in den verbleibenden 7 Ländern Tschad, Äthiopien, Mali, Südsudan, Sudan, Angola und der Demokratischen Republik Kongo.

Fallstudie

Ein 50-jähriger Mann aus einem afrikanischen Stammesdorf stellte sich mit Schmerzen in seinem linken Fuß als Hauptbeschwerde vor. Es wurde ein Geschwür mit einem Teil eines austretenden Wurms gefunden. Nach Angaben des Patienten ging dem Geschwür eine Blase voraus, die dann aufbrach und das Geschwür bildete. Er lebte in einem abgelegenen Dorf, und die Dorfbewohner nutzten das Wasser aus einem Brunnen zum Trinken und für andere Zwecke. Der Wurm wurde operativ entfernt und anschließend heilte das Geschwür. Die Untersuchung des Wurms bestätigte, dass es sich um einen Guineawurm handelte.

1. Was ist die einfachste Methode, die in vielen Ländern angewendet wurde, um diese Infektion auszurotten?
2. Wie würden Sie vorgehen, um das Vorhandensein eines Reservoirwirts in der Gemeinschaft festzustellen?
3. Welche Gefahren birgt die manuelle Entfernung des Wurms?

Forschungsfragen

1. Sind die sporadischen Fälle der Guineawurm-Krankheit aus Teilen Indiens und anderen Ländern auf die unmittelbare Nähe von Tierreservoiren wie Hunden, Katzen und Affen zurückzuführen?
2. Ist der Verzehr von rohem oder unzureichend gekochtem Fisch eine Art der Übertragung der Infektion?

Weiterführende Literatur

Birare SD, Kamble MH, Lanjewar DN, Parija SC, Girji DD, Kulkarni PV, Gupta RS, Abdul Jabbar AM. Guinea worm infestation of urinary bladder manifesting as obstructive uropathy in rural Maharastra. Trop Dr. 2005;35:242.

Cairncross S, Muller R, Zagaria N. Dracunculosis and the eradication initiative. Clin Mcrobiol Rev. 2002;15:223–46.

Eberherd ML, Ruiz-Tiben E, Hopkins DR, Farrell C, Toe F, Weiss A, et al. The peculiar epidemiology of dracunculosis in Chad. Am J Trop Med Hyg. 2014;90:61–70.

Greenaway C. Dracunculosis (Guinea worm disease). Can Med Assoc J. 2004;170:495–500.

Tayeh A, Cairncross S, CoxFEG. Guinea worm from Robert Leiper to eradication. Parasitology. 2017;144:1643–8.

WHO. Eradication of Dracunculosis: A Handbook of International Certification Teams. Geneva: WHO; 2015.

Kapillariasis

Vibhor Tak

Lernziele

1. Die Unterscheidungsmerkmale von *Capillaria phillipensis* und *Capillaria hepatica* zu studieren
2. Das Wissen zu haben, dass *C. phillipensis* eine Hyperinfektion verursachen und tödlich sein kann
3. Sich der unechten Infektion durch *C. hepatica* bewusst zu sein und sie von einer echten Infektion zu unterscheiden

Einführung

Die Kapillariasis ist eine zoonotische Infektion, die durch Nematoden der Gattung *Capillaria* verursacht wird. Fast 300 Arten von *Capillaria* sind bekannt, die Infektionen bei verschiedenen Fischen, Amphibien, Reptilien und Säugetieren verursachen. Die Mehrheit der Infektionen beim Menschen wird durch 3 *Capillaria*-Arten verursacht, darunter *Capillaria philipinensis, Capillaria hepatica* und *Capillaria aerophila,* die jeweils die intestinale, die hepatische und die pulmonale Kapillariasis verursachen. Es gibt jedoch eine 4. Art, nämlich *Capillaria plica,* die auch bei einigen Infektionen beim Menschen beteiligt war.

Geschichte

Es gibt Belege für den Fund von *Capillaria*-Eiern in Koprolithen, d. h., in versteinerten Fäkalien von Hunden aus Patagonien, die bis 6500 v. Chr. zurückreichen. Es gibt auch historische Belege für Infektionen beim Menschen in Frankreich während der paläolithischen und neolithischen Ära und aus Belgien während des 16. Jahrhunderts.

Der erste Fall von Kapillariasis beim Menschen, verursacht durch *C. phillipinensis,* wurde 1964 von Chitwood bei einem 29-jährigen männlichen Lehrer aus Nord-Luzon auf den Philippinen gemeldet. Der Patient litt 3 Wochen lang an hartnäckigem Durchfall, rezidivierendem Aszites und Abmagerung, bevor er ins Krankenhaus eingeliefert wurde, und starb innerhalb einer Woche. Bei der Obduktion wurden eine große Anzahl von Würmern aus dem Darm des Patienten entnommen. Eine Artbestimmung dieser Würmer konnte jedoch zu diesem Zeitpunkt nicht durchgeführt werden. 1923 wurde erstmals ein Fall von hepatischer Kapillariasis bei einem britischen Soldaten gemeldet,

V. Tak (✉)
Department of Microbiology, All India Institute of Medical Sciences, Jodhpur, Indien

S. C. Parija und A. Chaudhury (Hrsg.), *Lehrbuch der parasitären Zoonosen,*
https://doi.org/10.1007/978-981-97-4312-4_42

der in Indien starb. Bei der Obduktion wurde bei der histopathologischen Untersuchung von Leberproben eine große Anzahl von Eiern von *C. hepatica* festgestellt.

Taxonomie

Alle Capillariae sind Mitglieder der Überfamilie Trichelloidea und stehen in enger Beziehung zu den Gattungen *Trichuris* und *Trichinella*.

Sie gehören zum Stamm Nemathelminthes, Klasse Aphasmida, Ordnung Trichocephalida, Überfamilie Trichinelloidea, Familie Capillariidae, Gattung *Capillaria*. Die Gattung *Capillaria* umfasst fast 300 verschiedene Arten, die Infektionen in einem breiten Spektrum von Wirten verursachen. 1982 hat Moravec die Capillariae in 16 verschiedene Gattungen reklassifiziert, woraufhin viele neue Gattungen, Synonyme und Reklassifizierungen vorgeschlagen wurden.

Derzeit wurde *C. phillipinensis* als *Paracapillaria phillipinensis* reklassifiziert und *C. hepatica* wird als *Calodium hepaticum* klassifiziert. Diese neue taxonomische Klassifikation wird jedoch nur in begrenztem Umfang verwendet, und der Gebrauch des Gattungsnamens *Capillaria* ist immer noch populärer. Daher werden wir in diesem Kapitel diese beiden wichtigen Pathogene *C. philippinensis* und *C. hepatica* (alte Nomenklatur) diskutieren, da die Infektionen beim Menschen, die durch die anderen beiden Arten verursacht werden, sehr selten sind.

Genomik und Proteomik

Molekulare und phylogenetische Studien, die an Capillariidae durchgeführt wurden, sind selten und konzentrieren sich hauptsächlich auf die 18S-rDNA- und COX-1-Targets. Borba et al. haben 2019 die weltweite Paläoverteilung von Capillariidae erläutert. Es sind jedoch weitere genetische Studien erforderlich, um die Konflikte in der Taxonomie zu lösen und das systematische Wissen über die Familie Capillariidae zu unterstützen. El-Dib et al. haben 2015 die Capillaria-DNA-Sequenz mit der Zugangsnummer KF604920 bei GenBank eingereicht.

Die Parasitenmorphologie

Capillaria philippinensis

Adulter Wurm

Adulte Würmer von *Capillaria philippinensis* haben ein charakteristisch dünnes und fadenförmiges vorderes Ende und ein dickeres, kürzeres hinteres Ende (Abb. 1). Es gibt einen Geschlechtsdimorphismus, und die Weibchen sind länger als die Männchen. Weibchen können sowohl ovipar als auch vivipar sein, und ihre Uteri können dicke oder dünne Eier und Larven enthalten. *Capillaria philippinensis* kann als Brücke zwischen den Gattungen *Trichuris* (ovipar) und *Trichinella* (vivipar) betrachtet werden.

Adulte Männchen sind 1,5–3,9 mm lang und 3–5 μm breit am Kopf, 23–28 μm am Stichosom und 18 μm an der Kloake. Das Männchen besitzt eine Spicula, die 230–300 μm lang und von der stachellosen Spiculahülle bedeckt ist, die bis zu 440 μm lang sein kann. Der Schwanz hat ventrolaterale Ausdehnungen, die zwei Paare von Papillen enthalten. Der Anus ist subterminal.

Weibchen sind viel länger als die Männchen, 2,3–5,3 mm lang, am Kopf 5–8 μm breit, 25 μm an der breitesten Stelle des Stichosoms, 28–36 μm an der Vulva und 29–47 μm nach der Vulva. Die Vulva befindet sich hinter dem Oesophagus.Der Uterus des weiblichen Wurms kann zahlreiche dickschalige und dünnschalige Eier,

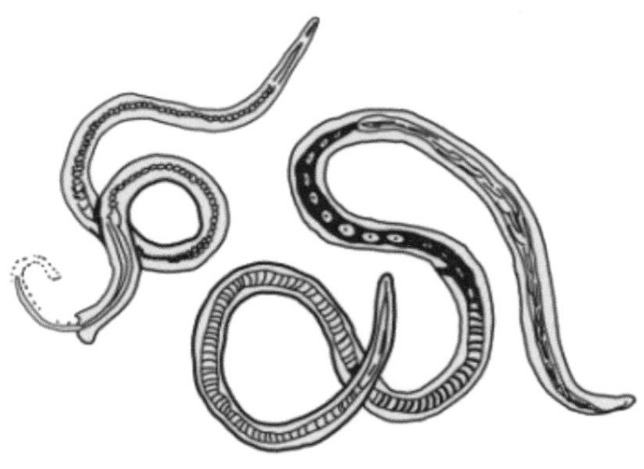

Abb. 1 Adulte Würmer von *C. philippinensis*

mit oder ohne Embryonen oder Larven enthalten.

Eier

Die Eier von *C. philippinensis* sind erdnussoder tonnenförmig, haben eine gestreifte Hülle und abgeflachte bipolare Schleimpfropfen. Sie sind 36–45 µm lang und 20 µm breit.

Larven

Die Larven haben abgerundete vordere Enden, und der Oesophagus nimmt mehr als drei Viertel der gesamten Körperlänge ein. Die Larven, die im Fisch vorkommen, sind für den Menschen infektiös.

Capillaria hepatica

Adulter Wurm

Der adulte *Capillaria hepatica* ist ein schlanker Nematode, mit einem schmalen vorderen Ende und einem geschwollenen hinteren Teil. Die Weibchen sind etwa 53–78 mm lang und 0,11–0,20 mm breit. Männchen sind kleiner als die Weibchen und etwa 24–37 mm lang und 0,07–0,10 mm breit. Der Oesophagus nimmt fast die Hälfte des weiblichen Körpers und nur ein Drittel des männlichen Körpers ein. Am Schwanzende von *C. hepatica* befinden sich ein Begattungsdorn und eine Scheide.

Eier

Die Eier von *C. hepatica* ähneln denen von *Trichuris trichiura,* unterscheiden sich aber in ihrer Größe. Die Eier von *C. hepatica* sind etwa 48–66 µm × 28–36 µm groß. Sie sind elliptisch, doppelt operkuliert und von einer doppelten Hülle umgeben. Die äußere Hülle ist dünner als die innere Hülle und die beiden sind durch sagittale Streifen, die zwischen ihnen liegen, getrennt. Auf der äußeren Schale sind zahlreiche Miniporen vorhanden. Eier mit gelblichweißen Knötchen sind charakteristisch für *C. hepatica.* Die Eier sind das infektiöse Stadium des Parasiten.

Zucht von Parasiten

Die Zucht des Parasiten ist keine sehr gängige Technik zur Diagnose von Capillariidae, und daher gibt es nicht viele veröffentlichte Daten zur Kultur von *Capillaria* spp. im Labor. Aber aufgrund der Ähnlichkeit zwischen den Lebenszyklen von *Strongyloides stercolaris* und *C. phillipinensis* ist auch die Zucht dieses Parasiten im Labor möglich. *Capillaria phillipinensis* kann mithilfe der Harada-Mori-Technik und Agarplattentechniken kultiviert werden.

Versuchstiere

Verschiedene Tiere wie Ratten, Mongolische Wüstenrennmäuse, Affen usw. wurden als Tiermodelle zur Erforschung der Pathogenese und des Lebenszyklus von *C. phillipinensis* eingesetzt. Ratten mit hepatischer Kapillariose wurden als experimentelle Tiermodelle für *C. hepatica* verwendet, um Medikamente mit antifibrotischen Eigenschaften wie Pentoxyphyllin, Gadoliniumchlorid und Vitamin A zu testen.

Lebenszyklus von *Capillaria phillipinensis*

Wirte

Endwirte

Fischfressende Wasservögel sind die Endwirte. Menschen sind zufällige Wirte.

Zwischenwirte

Kleine Fische. Neben Fischen können Garnelen, Krabben und Schnecken als Zwischenwirte fungieren.

Infektiöses Stadium

Die in Fischen vorhandenen Larven sind das infektiöse Stadium für den Menschen.

Übertragung von Infektionen

Der natürliche Zyklus von *C. phillipinensis* besteht aus einem Vogel-Fisch-Vogel-Zyklus (Abb. 2). Fischfressende Wasservögel und gelegentlich auch Menschen erwerben die Infektion durch den Verzehr von nicht richtig gekochtem Fisch, der die Larvenstadien des Parasiten beherbergt. Die im Darm freigesetzten Larven entwickeln sich zu geschlechtsreifen adulten Männchen und Weibchen, gefolgt von der Kopulation. Adulte weibliche Würmer sind eierlegend (ovipar); bestimmte Weibchen können jedoch lebendgebärend (vivipar) sein und die Larven direkt produzieren. Diese Larven sind für die Autoinfektion und Hyperinfektion in den Endwirten verantwortlich. Etwa 4–6 Wochen nach der In-

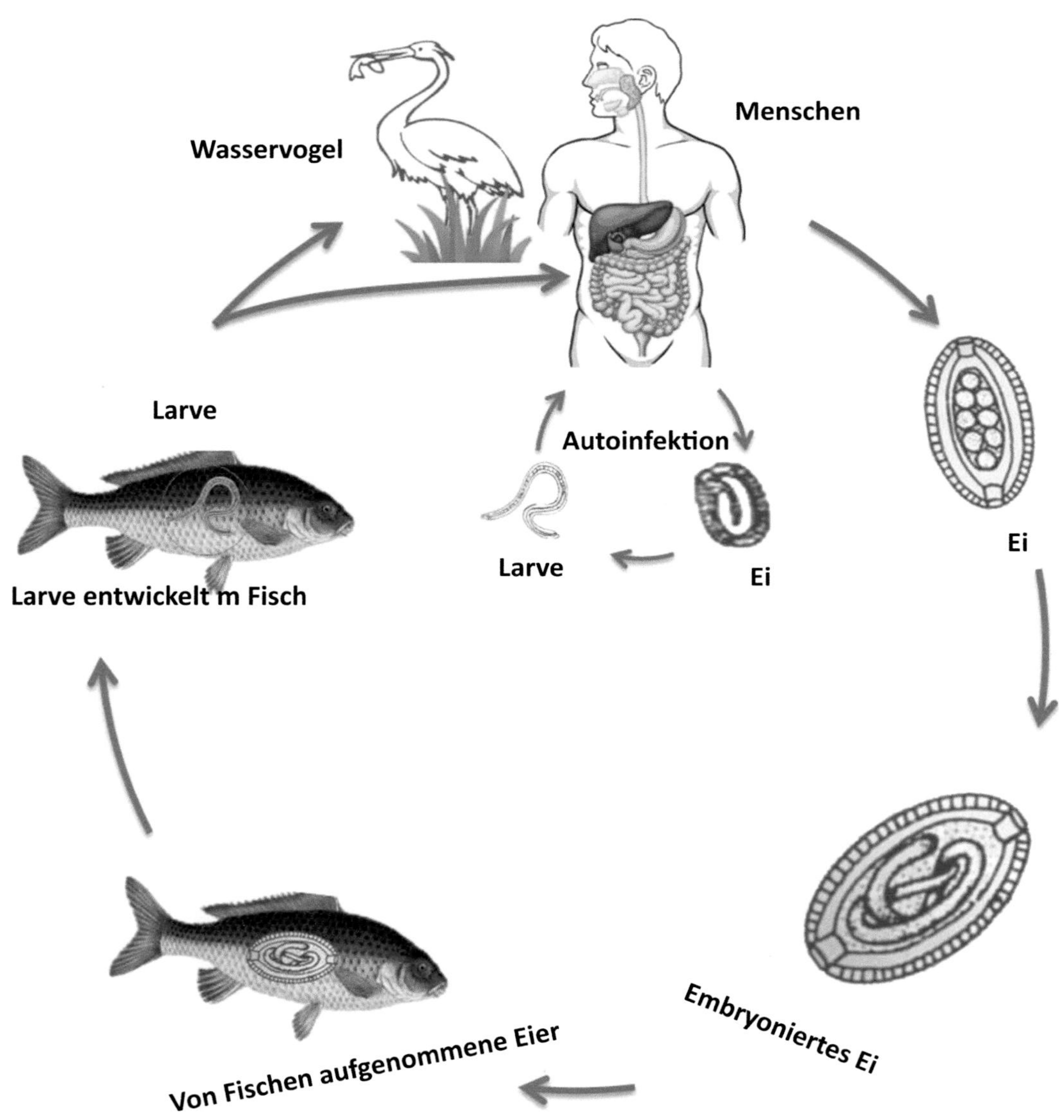

Abb. 2 Lebenszyklus von *C. phillipinensis*

fektion beginnen die Weibchen, die charakteristischen elliptischen Eier in den Kot abzugeben. Diese Eier gelangen in Gewässer und werden weiter von Fischen konsumiert, wo sie sich erneut in etwa 3–4 Wochen zu Larven entwickeln.

Lebenszyklus von *Capillaria hepatica*

Wirte

Nagetiere und andere kleine Säugetiere sind natürliche Wirte für diese Infektion. Menschen sind die zufälligen Wirte.

Infektiöses Stadium

Die embryonierten Eier von *C. hepatica* sind das infektiöse Stadium des Parasiten.

Übertragung von Infektionen

Die Infektion mit *C. hepatica* wird auf empfängliche Wirte entweder durch den Verzehr von mit embryonierten oder unembryonierten Eiern kontaminierten Lebensmitteln oder durch kontaminierter Erde, was zu einer echten hepatischen bzw. einer unechten Infektion führt, übertragen.

Capillaria hepatica hat einen monoxenen Lebenszyklus (Abb. 3). Wirte, einschließlich Menschen, erwerben die Infektion durch die Aufnahme von embryonierten Eiern aus kontaminierten Lebensmitteln oder Wasser. Die Eier schlüpfen im Blinddarm und geben die Larven frei. Diese Larven durchdringen die Darmschleimhaut und gelangen in das Pfortadersystem und danach in das Leberparenchym. Etwa 3–4 Wochen nach der Infektion reifen die Larven zu adulten Würmern heran. Weibliche adulte Würmer legen Hunderte von befruchteten, unembryonierten Eiern in das umgebende Leberparenchym ab. Diese Eier ver-

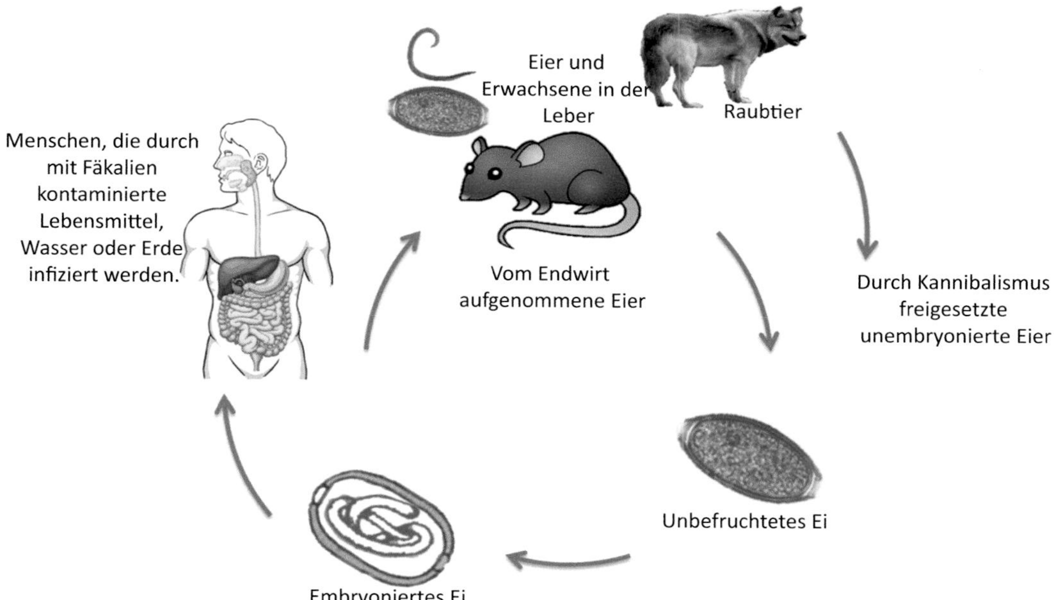

Abb. 3 Lebenszyklus von *C. hepatica*

bleiben in der Leber, und die unembryonierten Formen werden entweder durch den Tod/Verwesung des Tieres oder durch den Kot seines Raubtiers oder Aasfressers oder kannibalischen Tiers in die Umwelt abgegeben. Diese nicht infektiösen Formen embryonieren in der Umwelt und werden nach etwa 5–7 Wochen infektiös.

Pathogenese und Pathologie

Adulte *C. phillipinensis* leben in großer Zahl im Dünndarm, hauptsächlich im Jejunum. Die endoskopische Untersuchung zeigt eine unspezifische Entzündung kleiner Darmsegmente, die mit Erythemen, oberflächlichen Erosionen und Exsudaten verbunden ist. Die radiologische Untersuchung des oberen Magen-Darm-Trakts mittels Bariumbreischluck kann eine Verdickung der Schleimhaut und Segmentierung im Dünndarm zeigen, die auf ein Malabsorptionssyndrom hindeutet. Die Würmer verursachen eine mechanische Kompression der Darmepithelzellen, was zu einer kompressionsbedingten Degeneration und der Produktion von Mikroulzera im Darmepithel führt. Die degenerativen und ulzerativen Läsionen, die durch die hohe Wurmlast verursacht werden, führen zu einer Malabsorption, mit Verlust von Flüssigkeiten, Proteinen und Elektrolyten.

Larven von *C. hepatica* wandern entlang der Wand des Dickdarms. Die Larve hat eine hohe Affinität zur Leber und erreicht diese innerhalb von etwa 2 Tagen über die Pfortader, wo sie in den Sinus hepaticus eindringt und dort verbleibt. In etwa 18–20 Tagen entwickeln sich die Larven zu adulten Würmern, die Tausende von Eiern im Leberparenchym produzieren. Die adulten Würmer und die zahlreichen Eier verursachen Herde chronischer fokaler Entzündungen mit Nekrose und Granulombildung, die Infiltrate von Eosinophilen, Makrophagen und vielkernigen Riesenzellen enthalten. Dieser Prozess der anhaltenden Entzündung kann zu einer Verkalkung oder Verkapselung und schließlich zu einer Septumfibrose führen. Es wird angenommen, dass die langsame und kontinuierliche Freisetzung von Zerfallsprodukten aus verkapselten parasitären Läsionen die Kupffer-Zellen aktiviert. Dies führt anschließend zu einer unverhältnismäßigen Synthese von faserigem Bindegewebe, was eine Leberfibrose verursacht, die sich in relativ kurzer Zeit zu einer Zirrhose entwickeln kann.

Immunologie

Es gibt nur wenig veröffentlichte Literatur über Immunreaktionen auf die Kapillariasis beim Menschen. Rosenberg et al. berichteten 1970 über den Erwerb von humoralen Antikörpern, einschließlich zirkulierendem IgE, bei Patienten, die mit *C. phillipinensis* infiziert waren.

Infektion beim Menschen

Capillaria phillipinensis verursacht beim Menschen die intestinale Kapillariasis. Patienten, die an intestinaler Kapillariasis leiden, zeigen Bauchschmerzen, Borborygmus und den Durchgang von 8–10 voluminösen Stühlen pro Tag. Dies kann zu Dehydrierung, Gewichtsverlust, Unwohlsein und Symptomen einer Malabsorption führen. Schwere Schwere Muskelatrophie, abdominale Distension und Ödeme treten aufgrund von Malabsorption sowie Flüssigkeits- und Elektrolytungleichgewichten auf. Wenn die Infektion nicht diagnostiziert wird und unbehandelt bleibt, kann sie aufgrund einer schweren Hyperinfektion zum Tod führen. Der Tod kann aufgrund von Komplikationen wie Lungenentzündung, Hypokaliämie, Herzversagen und Hirnödem innerhalb weniger Wochen bis Monate nach der Infektion eintreten.

Eine Infektion mit *C. hepatica* kann als echte hepatische Infektion oder als unechte Infektion klassifiziert werden, je nachdem, ob embryonierte oder unembryonierte Eier aufgenommen wurden.

Eine echte Infektion mit hepatischer Kapillariasis zeigt sich als akute oder subakute Hepatitis zusammen mit Aszites und Eosinophilie. Die Infektion ist durch eine Trias aus anhaltendem Fieber, Hepatomegalie und Eosinophilie gekennzeichnet.

Die Erkrankung geht auch mit Bauchschmerzen, Splenomegalie, Nierenvergrößerung, Anämie und Gewichtsverlust einher. Schwere Leberschäden und Leberversagen können tödlich enden.

Unechte Infektionen mit *C. hepatica* treten auf, wenn unembryonierte Eier direkt aus der unzureichend gekochten Leber von Nagetieren aufgenommen werden. Diese Menschen zeigen kaum klinische Symptome, abgesehen von der Ausscheidung unembryonierter Eier von *C. hepatica* im Stuhl.

Infektion bei Tieren

Eine Infektion mit *C. philippines* bei fischfressenden Vögeln, den natürlichen Wirten, zeigt in der Regel keine besonderen Anzeichen. Die hepatische Kapillariose zeigt bei infizierten Nagetieren, Hasenartigen und einigen Säugetieren selten Krankheitserscheinungen.

Epidemiologie und öffentliche Gesundheit

Die intestinale Kapillariose verursacht durch *C. phillipinensis* wurde erstmals 1964 auf den Philippinen gemeldet und seitdem hat sich ihre geografische Verbreitung ausgeweitet. Sie hat sich auf viele andere Länder ausgebreitet, einschließlich Thailand, Japan, Indonesien, Taiwan, Südkorea, Indien, die VAE, Iran, Ägypten usw. Die Infektion ist in Gebieten verbreitet, in denen roher oder unzureichend gekochter Fisch gegessen wird und wo die Defäkation in und um Gewässer üblich ist. Dies trägt zur Aufrechterhaltung des Lebenszyklus von *C. phillipinensis* bei. Garnelen, Krabben und Schnecken dienen als Zwischenwirte, die die Übertragung der Infektion erleichtern.

Bis heute wurden weltweit insgesamt 72 Fälle von hepatischer Kapillariose beim Menschen gemeldet, vorwiegend in Japan, China, Indien, Indonesien, Iran, Ägypten und auch in den europäischen Ländern.

Nagetiere aus der Familie Muroidea sind die natürlichen Wirte von *C. hepatica*. 90 Muroidea-Nagetierarten und andere kleine Säugetiere in über 60 Ländern der Welt sind als natürliche Wirte des Parasiten bekannt. Weltweit ist *Rattus norvegicus* (Wanderratte) der Hauptwirt für die hepatische Kapillariose. Die Infektion wird in der Natur durch Kannibalismus, Raub und Aasfressen, die bei den natürlichen Wirten verbreitet sind, aufrechterhalten. Menschen sind zufällige Wirte (Tab. 1).

Tab. 1 Epidemiologie von Infektionen mit *Capillaria* spp. beim Menschen

Spezies	Verbreitung	Zwischenwirte	Endwirte
Capillaria phillipinensis	Philippinen, Thailand, Indonesien, Taiwan, Südkorea, Japan, Indien, Iran, VAE, Ägypten, Spanien, Vereinigtes Königreich	Verschiedene kleine Fische, Krabben, Schnecken, Garnelen	Fischfressende Vögel, Menschen
Capillaria hepatica	Japan, China, Indien, Indonesien, Iran, Ägypten, Südafrika, ehemalige Tschechoslowakei, Brasilien, Mexiko, USA	Der Lebenszyklus kann in einem einzigen Wirt vollendet werden. Es sind keine Zwischenwirte erforderlich	Ratten, Nagetiere, kleine Säugetiere; Menschen sind zufällige Wirte
Capillaria aerophila	Weltweit	Der Lebenszyklus kann in einem einzigen Wirt vollendet werden. Manchmal können Regenwürmer als Zwischenwirte dienen	Hunde, Katzen, Füchse, Wölfe und andere Säugetiere; gelegentlich Menschen
Capillaria plica	Nordamerika, Europa, Asien und Afrika	Regenwürmer	Hunde, Katzen, Füchse, Wölfe und andere Säugetiere; gelegentlich Menschen

Tab. 2 Labordiagnostik der intestinalen Kapillariose beim Menschen

Diagnostische Ansätze	Methoden	Targets	Anmerkungen
Mikroskopie	Stuhl; Duodenalaspirat	Charakteristische Eier, Larven und adulte Würmer	Am häufigsten verwendeter Test *Einschränkung*: Eier können mit *Trichuris trichiura*-Eiern verwechselt werden
Serologie	Sandwich-ELISA	Nachweis von Koproantigen im Stuhl	Gute Sensitivität, aber nicht sehr spezifisch, da Kreuzreaktionen mit anderen Parasiten wie *Fasciola gigantica, Clonorchis sinnensis, Schistosoma mansoni, Toxocara canis* und Hydatidantigen gesehen werden. Begrenzte geografische Verfügbarkeit
	ICT	Nachweis von Antikörpern mit *Trichinella spiralis*-Antigen	Schnelle Ergebnisse mit 100 % Sensitivität *Einschränkungen*: Kreuzreaktivität mit Trichuriose, Gnathostomiasis, Angiostrongyloidiasis; nicht leicht verfügbar
Molekulare Methoden	Nested PCR	SSU-rDNA	Hochsensitiver und spezifischer Test. *Einschränkungen*: technisch anspruchsvoll; begrenzte Verfügbarkeit

Diagnose

Intestinale Kapillariose

Basierend auf der Anamnese und dem geografischen Standort des Patienten wird eine intestinale Kapillariose vermutet. Die Diagnose wird durch eine Reihe von Labortests (Tab. 2) gestellt.

Mikroskopie

Die Diagnose erfolgt durch den Nachweis charakteristischer Eier von *C. phillipinensis* (Abb. 4) in einer Stuhlprobe, entweder durch direkte Nasspräparatuntersuchung oder durch Stuhlaufkonzentrationstechniken. Gelegentlich können bei der Stuhluntersuchung auch Larven und adulte Würmer nachgewiesen werden. Manchmal kann der Parasit auch aus Zwölffingerdarmaspiraten entnommen werden.

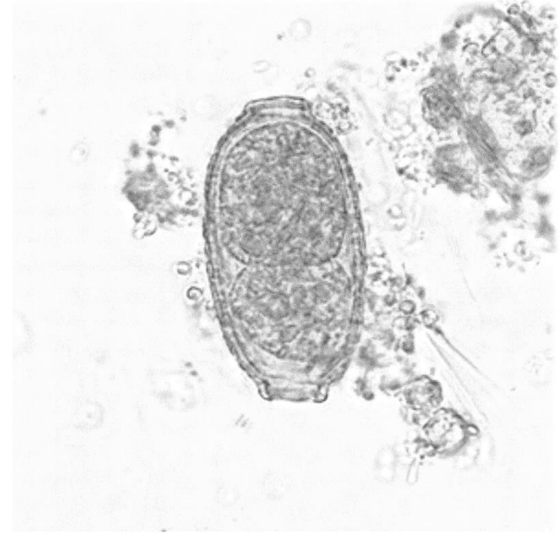

Abb. 4 Ei von *C. phillipinensis* (mit freundlicher Genehmigung von: CDC)

Serodiagnostik

Ein ELISA zum Nachweis von *C. phillipinensis*-Koproantigen im Stuhl ist derzeit verfügbar. In Thailand wurde ein immunchromatografischer Test auf der Grundlage des Larvenantigens von *Trichinella spiralis* entwickelt, um Antikörper im Serum gegen *C. phillipinensis* mit einer Sensitivität von 100 % und einer Spezifität von 96,6 % nachzuweisen.

Tab. 3 Labordiagnostische Ansätze zur Diagnose der hepatischen Kapillariasis beim Menschen

Diagnostische Ansätze	Methoden	Targets	Anmerkungen
Mikroskopie	Hepatische Biopsie; Stuhl	Charakteristische Eier. Manchmal kann man auch Larven und adulte Würmer sehen	Am häufigsten verwendeter Test *Einschränkung*: Eier können mit *Trichuris trichiura*-Eiern verwechselt werden
Serologie	Indirekter Immunfluoreszenztest (IIFT); ELISA	Antikörpernachweis im Serum	Gute Sensitivität und Spezifität *Einschränkungen*: nicht leicht verfügbar
Molekulare Methoden	PCR und Sequenzierung	SSU-rDNA	Hochsensitiver und spezifischer Test *Einschränkungen*: technisch anspruchsvoll; begrenzte Verfügbarkeit

Molekulare Diagnostik

Molekulare Methoden wie die nested PCR wurden für die Diagnose von *C. phillipinensis* entwickelt, die auf SSU-rDNA abzielen. Eine spezifische nested PCR wurde erfolgreich zum Nachweis von *C. phillipinensis* in Stuhlproben eingesetzt.

Andere Tests

Andere Laboruntersuchungen können eine Hypokaliämie, eine Hypalbuminämie und eine mikrozytäre hypochrome Anämie zeigen. Es kann eine leichte Eosinophilie vorliegen.

Hepatische Kapillariasis

Mikroskopie

Bei Verdachtsfällen wird eine Leberbiopsie durchgeführt, um die charakteristischen Eier von *C. hepatica* (Tab. 3) nachzuweisen.

Bei der histopathologischen Untersuchung von Lebergewebe können auch Larven oder adulte Stadien nachgewiesen werden (Abb. 5). Bei Fehlinfektionen können unembryonierte Eier von *C. hepatica* mit dem Stuhl ausgeschieden und bei der Stuhluntersuchung nachgewiesen werden.

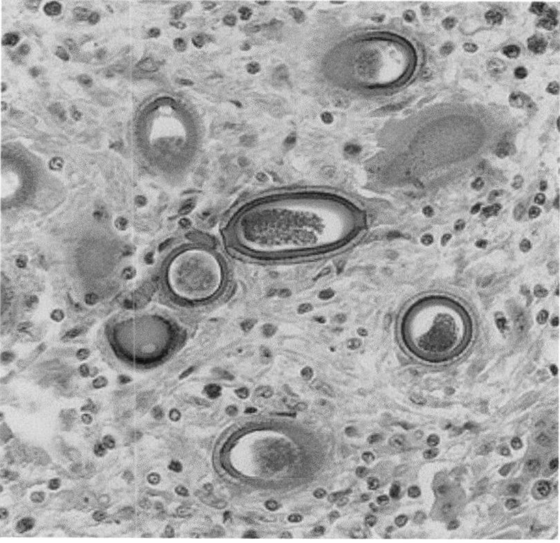

Abb. 5 Histologischer Schnitt von Lebergewebe mit charakteristischen Eiern von *C. hepatica* (mit freundlicher Genehmigung von: CDC)

Serodiagnostik

Indirekte Immunfluoreszenzassays und ELISA wurden entwickelt, um Antikörper im Serum nachzuweisen, sind jedoch auf wenige Labore beschränkt.

Andere Laboruntersuchungen können Hypergammaglobulinämie und erhöhte Werte von ALT (Alanin-Aminotransferase), AST (Aspartat-Aminotransferase) und LDH (Laktatdehydrogenase) ergeben.

Molekulare Diagnostik

Aufgrund der Fortschritte bei den molekularen Techniken kann die Diagnose von *C. hepatica* mithilfe von PCR-Techniken erfolgen. Das SSU-rRNA-Gen von *C. hepatica* wurde verwendet, um die Nukleinsäure für den Nachweis einer *C. hepatica*-Infektion in Lebergewebe von Wildratten zu amplifizieren.

Behandlung

Mebendazol, oral in einer Dosis von 200 mg 2-mal täglich für 20–30 Tage, ergänzt durch Flüssigkeiten und Elektrolyte, ist wirksam für die Behandlung der intestinalen Kapillariasis sowohl bei Kindern als auch bei Erwachsenen. Alternativ ist auch Albendazol in einer Einzeldosis von 400 mg oder in 2 geteilten Dosen für 10 Tage hilfreich. Mebendazol 200 mg 2-mal täglich für einen zusätzlichen Zeitraum von 30 Tagen oder Albendazol 400 mg pro Tag für zusätzliche 20 Tage ist hilfreich für die Behandlung von Rückfällen oder Rezidiven. Nach der Behandlung kann eine erneute Stuhluntersuchung durchgeführt werden, um die Wirksamkeit der antihelminthischen Behandlung zu überprüfen.

Es gibt keine spezifische Chemotherapie zur Behandlung der hepatischen Kapillariasis. Verschiedene Antihelminthika wie Albendazol, Thiabendazol, Mebendazol und Pyranteltartrat wurden in Kombination mit Kortikosteroiden zur Behandlung der Erkrankung mit unterschiedlicher Wirksamkeit eingesetzt.

Prävention und Bekämpfung

Gesundheitserziehung, wie z. B. das Vermeiden des Verzehrs von ungekochtem oder nicht richtig gekochtem Fisch, die sichere Entsorgung menschlicher Fäkalien und eine verbesserte persönliche Hygiene, beugt einer Infektion mit *C. philippinensis* vor.

In endemischen Regionen tragen gründliches Waschen oder Kochen von Gemüse und das Abkochen von Wasser zur Vorbeugung von hepatischer Kapillariasis bei. Die ordnungsgemäße Entsorgung von Tierkadavern ist ebenfalls eine wichtige Maßnahme, um die Kontamination von Lebensmitteln und Wasser sowie die Übertragung auf andere Tierwirte zu verhindern.

Fallstudie

Ein 27-jähriger Mann aus Thailand wurde mit diffusen Bauchschmerzen, Borborgymi und 8–10 losen Stühlen in den letzten 3 Wochen ins Krankenhaus eingeliefert. Er gab auch an, unter Gewichtsverlust zu leiden. Bei der Untersuchung wirkte der Patient dehydriert und stark kachektisch. Die Blutuntersuchungen ergaben eine 6%ige Eosinophilie, Anämie und Hypoalbuminämie. Die mikroskopische Untersuchung des Stuhls ergab das Vorhandensein zahlreicher erdnuss- oder tonnenförmiger Eier mit gestreiften Hüllen und abgeflachten bipolaren Schleimpfropfen, die 36–45 µm lang und 20 µm breit waren.

1. Was sind die Gründe für das Auftreten von intestinaler Kapillariasis in den letzten Jahren?
2. Warum ist die hepatische Kapillariasis schwer zu diagnostizieren?
3. Was sind die wichtigen Unterschiede in der Morphologie der adulten Würmer von *C. philippinensis* und *C. hepatica?*

Forschungsfragen

1. Welche aktuellen Informationen gibt es zur Taxonomie der Capillariidae?
2. Welche neuen Erkenntnisse gibt es zum Lebenszyklus von *C. philippinensis*?
3. Welche neuen Entwicklungen gibt es bei der Diagnose der hepatischen Kapillariose?

Weiterführende Literatur

Belizario VY, Totanes FIG. Helminth- Nematode: *Capillaria hepatica* and *Capillaria phillipinensis*. Encyclopedia of food safety 2014;90–93.

Borba VH, Machado-Silva JR, Bailly M, Iniguez AM. Worldwide paleodistribution of capillariid parasites: Paleoparasitology, current status of phylogeny and taxonomic perspectives. PLoS One. 2019;14(4):e0216150.

Cross JH. Intestinal capillariasis. Clin Microbiol Rev. 1992;5(2):120–9.

Dubey A, Bagchi A, Sharma D, Dey A, Nandy K, Sharma R. Hepatic capillariasis- drug targets. Infect Disord Drug Targets. 2018;18(1):3–10.

El Dib NA, El Badry AA, Ta Tang TH, Rubio JM. Molecular detection of *Capillaria philippinensis*: an emerging zoonosis in Egypt. Exp Parasitol. 2015;154:127–33.

Fischer K, Gankpala A, Gankpala L, Bolay FK, Curtis KC, Weil GJ, Fischer PU. *Capillaria* Ova and Diagnosis of *Trichuris trichiura* Infection in Humans by Kato-Katz Smear, Liberia. Emerg Infect Dis. 2018;24(8):1551–4.

Fuehrer HP, Igel P, Auer H. *Capillaria hepatica* in man—an overview of hepatic capillariosis and spurious infections. Parasitol Res. 2011;109:969–79.

Intapan PM, Rodpai R, Sanpool O, Thanchomnang T, Sadaow L, Phosuk I, Maleewong W. Development and evaluation of a rapid diagnostic immunochromatographic device to detect antibodies in sera from intestinal capillariasis cases. Parasitol Res. 2017;116(9):2443–7.

Juckner Voss M, Prosl H, Lussy H, Enzenberg U, Auer H, Nowotny N. Serological detection of *Capillaria hepatica* by Indirect Immunofluorescence assay. J Clin Microbiol. 2000;38(1):431–3.

Khalifa MM, Abdel-Rahman SM, Bakir HY, Othman RA, El-Mokhtar MA. Comparison of the diagnostic performance of microscopic examination, Copro-ELISA, and Copro-PCR in the diagnosis of *Capillaria philippinensis* infections. PLoS One. 2020;15(6):e0234746.

Moravec F. Proposal of a new systematic arrangement of nematodes of the family Capillariidae. Folia Parasitol (Praha). 1982;29:119–32.

Strongyloidiasis

Kashi Nath Prasad und Chinmoy Sahu

Lernziele

1. Die Bedeutung von Strongyloidiasis als aufkommende Krankheit aufgrund von Immunsuppression infolge von Transplantationen und Therapie zu verstehen
2. Die Bedeutung einer Autoinfektion verstehen, die zu einer Hyperinfektion führt, die schwerwiegende Folgen haben kann
3. Kenntnisse über Lungenkrankheiten und Sepsis aufgrund von gramnegativen Bakterien erwerben

Einführung

Die Strongyloidiasis wird durch den Darmrundwurm der Gattung *Strongyloides* verursacht. Es gibt mehr als 50 Arten in der Gattung *Strongyloides;* die häufigste und pathogene Art ist jedoch *Strongyloides stercoralis*. Der Parasit hat einen Boden-zu-Mensch-Übertragungszyklus. Die Infektion erfolgt in der Regel nach dem Eindringen von filarienartigen Larven durch die Haut. *Strongyloides stercoralis* kann im selben Wirt eine erneute Infektion verursachen (auch Autoinfektion genannt) und somit zu einer chronischen Krankheit werden. Dies geschieht, weil sich einige rhabditiforme Larven, während sie durch den Darm in den Stuhl gelangen, in infektiöse filariforme Larven verwandeln, die die Darmschleimhaut und die perianale Haut durchdringen. Bei gesunden immunkompetenten Individuen ist eine chronische Infektion normalerweise nicht erkennbar, während sie bei immungeschwächten Individuen ein Hyperinfektionssyndrom verursachen kann, das normalerweise schwerwiegend und oft tödlich ist. Die Unterscheidung zwischen Strongyloidiasis und Hakenwurm ist wichtig, da die Larven beider Parasiten durch Hautpenetration in den Körper gelangen, was Hautreizungen und Juckreiz am Eintrittsort verursacht. Die Diagnose einer Strongyloidiasis erfolgt durch den Nachweis von rhabditiformen Larven im Stuhl und nicht durch den Nachweis von Eiern, wie dies bei einer Hakenwurminfektion der Fall ist. Maßnahmen wie persönliche und Umwelthygiene sind sehr wichtig zur Bekämpfung der Infektion.

Geschichte

Im Jahr 1876 brach bei französischen Truppen, die von der Grenze zu Indochina zurückkehrten, Durchfall aus. *Strongyloides stercoralis*-Larven

K. N. Prasad (✉)
Department of Microbiology, Apollomedics Super Speciality Hospital, Lucknow, Indien

C. Sahu
Department of Microbiology, Sanjay Gandhi Postgraduate Institute of Medical Sciences, Lucknow, Indien

S. C. Parija und A. Chaudhury (Hrsg.), *Lehrbuch der parasitären Zoonosen,*
https://doi.org/10.1007/978-981-97-4312-4_43

wurden erstmals in ihrem Stuhl nachgewiesen, die vom französischen Arzt Louis Alexis Normand als intestinale Nematoden identifiziert wurden. Der Lebenszyklus des Parasiten wurde erstmals vom Deutschen Parasitologen Rudolf Leuckart beschrieben. Die Art der Infektion durch die Larven und der Autoinfektionsmechanismus wurden vom belgischen Arzt Paul Van Durme und dem deutschen Parasitologen Friedrich Fülleborn beschrieben. In den 1940er-Jahren wurde beobachtet, dass Personen, die mit Strongyloidiasis infiziert waren und anschließend mit immunsuppressiven Mitteln behandelt wurden, ein Hyperinfektionssyndrom entwickelten.

Taxonomie

Die Gattung *Strongyloides* gehört zum Stamm Nemathelminthen, Klasse Secernentasida, Unterklasse Rhabditia, Ordnung Rhabditorida Unterordnung Rhabditina, Familie Strongyloididae.

Auf der Grundlage der molekularen phylogenetischen Analyse des Parasiten wurden 2 Kladen innerhalb der Gattung *Strongyloides* vorgeschlagen.

Genomik und Proteomik

Analysen von Expressed Sequence Tags (EST) haben verschiedene Cluster in freilebenden L1- und infektiösen L3-Larven von *S. stercoralis* aufgedeckt. Insgesamt wurden 11.000 EST für *S. stercoralis* gemeldet, und sie wurden in 3311 Cluster gruppiert.

Das Wellcome Trust Sanger Institute ist mit der Sequenzierung des gesamten Genoms von *Strongyloides ratti* als Referenzstamm beschäftigt. Die Ganzgenomsequenzierung von *S. stercoralis* mit der Shotgun-Methode ist ebenfalls in der Pipeline. Die Ganzgenomsequenzierung würde zur Entdeckung von Gentargets führen und unser Wissen über die Biologie dieser Parasiten erweitern. Dies wird bei der Entwicklung von Immunassays und Impfstoffen weiterhelfen.

Es wurden transgene Methoden für *S. stercoralis* und *Parastrongyloides trichosuri* (ein weiterer verwandter Nematode) entwickelt. Dies wäre für die translationale Forschung zu diesem Parasiten hilfreich. Für die Diagnose von *S. stercoralis*-Infektionen werden derzeit auf rekombinanten Antigenen basierende Immunassays entwickelt.

Die Parasitenmorphologie

Strongyloides stercoralis existiert sowohl in parasitärer als auch in freilebender Form. In der parasitären Form leben die weiblichen Würmer im Dünndarm des Menschen.

Adulter Wurm

Weiblicher Parasit

Das Weibchen von *S. stercoralis* ist 2500 µm lang und 40–50 µm breit und durchsichtig. Die Mundhöhle hat 4 kleine Lippen. Die Speiseröhre ist zylindrisch und muskulös und umfasst das vordere Drittel des Körpers, während der Darm die hinteren zwei Drittel umfasst. Der Anus befindet sich mittig auf der Bauchseite. Das hintere Ende des weiblichen Parasiten ist extrem spitz, wodurch er sich vom männlichen Parasiten unterscheiden lässt. Die weiblichen Geschlechtsorgane bestehen aus einem paarigen Uterus, einem Eileiter und Eierstöcken. Die Öffnung der Vulva befindet sich an der Verbindungsstelle des mittleren und hinteren Teils des Körpers. Die Weibchen sind eierlegend und lebendgebärend. Jeder weibliche Wurm gibt täglich 30–40 Eier in die Schleimhautschicht des menschlichen Dünndarms ab.

Männlicher Parasit

Der männliche *S. stercoralis* ist kürzer und breiter als der weibliche Parasit. Daher haben diese Männchen keine Penetrationskraft und bleiben im Dickdarm parasitär. Männchen besitzen Spicula und ein Gubernaculum und können daher weiter von Weibchen unterschieden werden.

Eier

Bei trächtigen Weibchen liegen die Eier anteroposterior in ihrem Körper in einer einzigen Kette von 5–10 Eiern. Die Eier sind 55 μm lang und 30 μm breit. Die Eier sind oval, transparent und dünnwandig, mit Larven im Inneren, die zum Schlüpfen bereit sind. Rhabditiforme Larven beginnen zu schlüpfen, sobald die Eier gelegt sind. Geschlüpfte Larven gelangen in das Lumen des Darms und werden mit dem Stuhl ausgeschieden.

Larven

Es gibt 2 Arten von *S. stercoralis*-Larven:

1. **Rhabditiforme Larven**
   Rhabditiforme Larven (Abb. 1) sind die Larven der ersten Entwicklungsstufe, die schlüpfen, sobald die Eier vom trächtigen Weibchen abgelegt werden, und in das Darmlumen eindringen. Sie sind aktiv beweglich und sind 180–380 μm lang und 14–20 μm breit. Sie besitzen eine kurze Mundhöhle (Mund) und eine doppelte Speiseröhrenblase. Sie besitzen eine ausgeprägtes Genitalprimordium.
2. **Filariforme Larven**
   Filariforme Larven (Abb. 1) sind länger und schlanker als rhabditiforme Larven. Sie sind 500–600 μm lang und 16 μm breit. Sie besitzen eine kurze Mundhöhle und eine lange zylindrische Speiseröhre mit gekerbten Schwanzenden. Filariforme Larven sind das infektiöse Stadium des Parasiten.

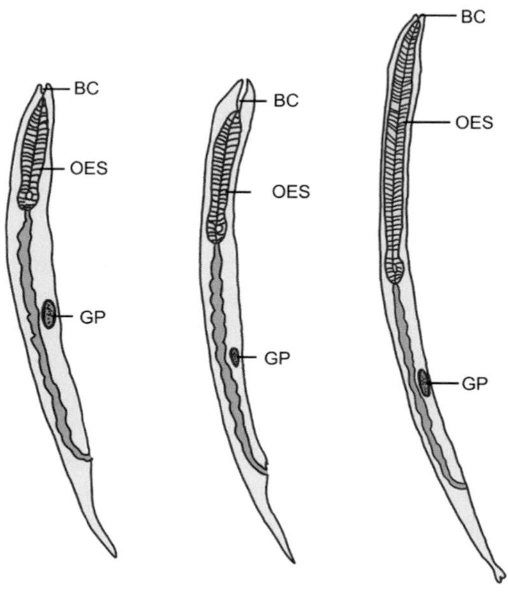

Abb. 1 **a** Rhabditiforme Larve von *S. stercoralis*, **b** rhabditiforme Larve vom Hakenwurm, **c** filariforme Larve von *S. stercoralis*. *BC*, Mundhöhle; *OES*, Speiseröhre; *GP*, Keimprimordium

Zucht von Parasiten

Adulte *Strongyloides*-Würmer können nicht in vitro gezüchtet werden, aber sie werden in Tieren wie Marmosetten und Hunden für Forschungszwecke gehalten. Larven werden normalerweise aus Stuhl für diagnostische Zwecke kultiviert. Die Kultivierung von Larven ist empfindlicher als die direkte Mikroskopie.

Die verschiedenen Kultivierungstechniken sind wie folgt:

Agarplattenkultur: Bei dieser Methode wird normalerweise 1–2 g Stuhl in den zentralen Teil einer Kulturplatte gegeben; die Platte wird bei Raumtemperatur für 2 Tage inkubiert und täglich untersucht. Die im Stuhl vorhandenen Larven bewegen sich vom Zentrum weg und tragen dabei kommensale Stuhlbakterien mit sich. Bei der mikroskopischen Untersuchung zeigen Spuren mit Bakterienkolonien in sinusförmigem Muster auf der Kulturplatte das Vorhandensein von Larven an. Diese Kulturtechnik gilt in der Regel als die empfindlichste Methode zur Gewinnung von Larven aus dem Stuhl.

Harada-Mori-Technik: Bei dieser Technik wird die zu untersuchende Stuhlprobe auf ein Filterpapier geschmiert, das dann in 3 ml Wasser in einem versiegelten 15-ml-Zentrifugenröhrchen getaucht wird. Das Röhrchen wird im Dunkeln bei Raumtemperatur 7–10 Tage inkubiert. Das Röhrchen wird zentrifugiert. Das Sediment wird gesammelt und mikroskopisch auf das Vorhandensein von Larven untersucht.

Modifizierte Petrischalentechnik: Bei diesem Verfahren wird das zu untersuchende Stuhlpräparat auf ein Filterpapier oder ein Uhrglas geschmiert und in eine Petrischale mit Wasser gelegt. Wenn Larven vorhanden sind, bewegen sie sich aus der Probe in das frische Wasser in der Petrischale. Larven werden im Sediment des zentrifugierten Wassers nachgewiesen.

Baermann-Technik: Hierbei handelt es sich um eine trichterbasierte Methode, bei der der Trichter an einem Ständer befestigt wird. Ein Gummischlauch ist am unteren Teil des Trichters befestigt, und der Schlauch ist mit einer Klemme versehen. Ein Drahtgitter mit Mulleinlage wird auf den Trichter gelegt, und eine angemessene Menge Stuhl wird auf die Mulleinlage geschmiert und mit Wasser bedeckt. Nach 2–4 h werden etwa 10 ml Wasser durch die Klemme abgelassen und zentrifugiert. Das Sediment wird unter dem Mikroskop auf das Vorhandensein von Larven untersucht.

Bei dieser Kultur sind strenge Vorsichtsmaßnahmen erforderlich, da die transformierten filariformen Larven intakte Haut durchdringen und eine Infektion verursachen können. Manchmal, wenn Stuhlproben von hakenwurminfizierten Personen mehrere Tage bei Raumtemperatur gelassen werden, können Hakenwurmlarven in solchen Proben gesehen werden. Sie haben jedoch eine lange Mundhöhle, ein unauffälliges Genitalprimordium und spitze Schwänze im Vergleich zu filariformen Larven von *S. stercoralis,* bei denen die Schwänze gekerbt sind (Abb. 1).

Versuchstiere

Es gibt kein geeignetes Tiermodell für *S. stercoralis*. Allerdings kann eine subklinische Infektion bei Mischlingshunden ausgelöst werden. Adulte Würmer werden in einigen veterinärmedizinischen Laboren im Darm solcher Hunde gehalten. Die Infektion von Hunden erfolgt in der Regel durch subkutane Inokulation von 3000 infektiösen, filariformen Larven. Versuche, Ratten und Mäuse mit *S. stercoralis* zu infizieren, sind gescheitert; jedoch wurden Infektionen und Autoinfektionen in Wüstenrennmäusen etabliert, und dieses kleine Tier könnte ein wertvolles Modell für die *S. stercoralis*-Forschung sein. Sowohl Autoinfektionen als auch Hyperinfektionen bzw. disseminierte Infektionen, die denen des Menschen nach einer Steroidtherapie ähneln, treten typischerweise bei Marmosetten *(Callithrix penicillata)* auf, wenn 100–500 infektiöse filariforme Larven subkutan inokuliert werden. Die Wanderratte *(Rattus norvegicus)* wird als Modell für *S. ratti* zur Untersuchung der Pathophysiologie des Parasiten verwendet.

Lebenszyklus der *Strongyloides*-Arten

Wirte

Der Lebenszyklus wird in einem einzigen Wirt, hauptsächlich dem Menschen, innerhalb von 4 Wochen nach dem Larveneintritt in den Körper abgeschlossen.

Infektiöses Stadium

Die filariforme Larve ist das infektiöse Stadium, und die rhabditiforme Larve ist das diagnostische Stadium des Parasiten.

Übertragung von Infektionen

Mit menschlichen Fäkalien kontaminierter Boden ist die Hauptquelle der Infektion. Menschen erwerben die Infektion hauptsächlich durch Penetration der Haut durch die filariforme Larve (infektiöses L3) und den Verzehr von mit Larven kontaminierten Lebensmitteln und Getränken. Menschen können die Infektion seltener durch Transplantation des infizierten Organs erwerben. Die Infektion kann auch von der Mutter auf das Kind über die Muttermilch übertragen werden (Abb. 2).

Strongyloides hat 2 verschiedene Lebenszyklen, einen im menschlichen Körper, der als

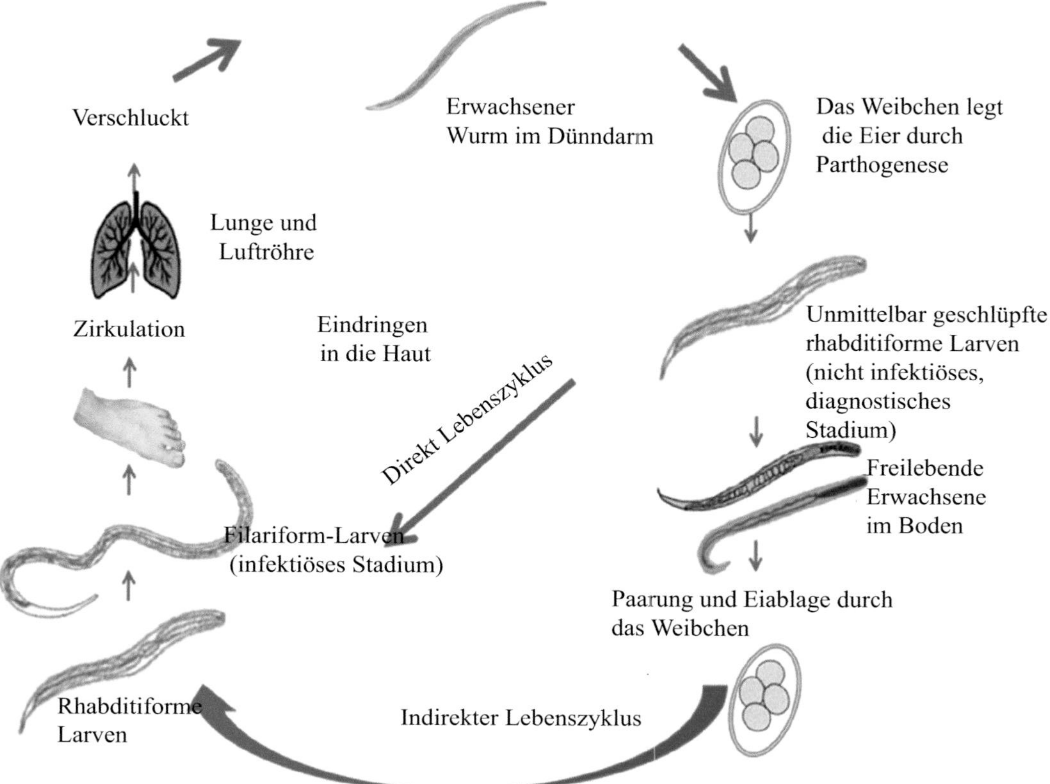

Abb. 2 Lebenszyklus der *Strongyloides* spp.

parasitärer Zyklus bezeichnet wird, und einen im Boden, der als freilebender oder Umweltzyklus bezeichnet wird. Die Larven gelangen nach dem Eindringen in die Haut in den venösen Kreislauf. Sie werden von der rechten Seite des Herzens über den Blutkreislauf zu den Lungenkapillaren transportiert. Von den Lungenkapillaren gelangen die Larven in die Lungen, kriechen bis zu den Bronchien, der Luftröhre, dem Kehlkopf und der Epiglottis und werden schließlich wieder in den Darmtrakt verschluckt. Hier werden die Larven durch 2-maliges Häuten zu adulten Würmern.

Die Weibchen graben sich tief in die Schleimhautschicht des Dünndarms ein und legen Eier durch Parthenogenese (ungeschlechtliche Fortpflanzung ohne Befruchtung). Die Eier schlüpfen schnell und produzieren die nicht infektiöse diagnostische Stufe, die rhabditiformen Larven. Diese Larven werden zum Darm transportiert und mit dem Kot ausgeschieden. Die rhabditiformen Larven können dann zum parasitären (direkten) Zyklus oder zum freilebenden (indirekten) Zyklus übergehen.

Im parasitären Autoinfektionszyklus können die rhabditiformen Larven während ihrer Passage durch den Darm im Stuhl in filariforme Larven umgewandelt werden. Diese filariformen Larven durchdringen dann die Darmschleimhaut und gelangen in den venösen Kreislauf, was zu einer internen Autoinfektion führt. Die filariformen Larven können beim Ausscheiden mit dem Kot auch die Haut um die Analregion durchdringen, was zu einer externen Autoinfektion führt. Somit wird die Infektion durch separate Migrationszyklen während des gesamten Lebens des infizierten Wirts fortgesetzt, wenn sie nicht ausreichend behandelt wird.

Umweltzyklus

Im Boden können sich die rhabditiformen Larven im Kot entweder zu infektiösen filariformen Larven (direkter Zyklus) oder zu freilebenden adulten Würmern (indirekter Zyklus) entwickeln. Im direkten Zyklus entwickelt sich die rhabditiforme Larve im Boden zum 2. Stadium der rhabditiformen Larve und schließlich zur infektiösen filariformen Larve durch ein 2. Häuten (infektiöse L3) innerhalb von 3–4 Tagen. Die infektiöse filariforme Larve dringt dann durch Penetration der Haut in den menschlichen Körper ein, und der Zyklus wiederholt sich. Im indirekten Zyklus entwickeln sich die rhabditiformen Larven im Boden in der Regel innerhalb von 24 bis 30 h zu freilebenden adulten männlichen und weiblichen Würmern. Im Boden findet eine sexuelle Paarung zwischen freilebenden männlichen und weiblichen adulten Parasiten statt, was zur Produktion von Eiern führt. Aus diesen Eiern schlüpfen sofort Larven der 2. Generation. Nach 3–4 Tagen verwandeln sich diese Larven in infektiöse filariforme Larven, die durch die Haut in den Wirt (den Menschen) eindringen.

Autoinfektion

Einige rhabditiforme Larven werden während ihrer Passage durch den Darm in infektiöse filariforme Larven umgewandelt. Diese transformierten Larven gelangen mittels Durchdringung der Darmwand erneut in den venösen Kreislauf, was zu einer internen Autoinfektion führt. Gelegentlich gelangen filariforme Larven in den Stuhl, haften an der perianalen Haut, am Gesäß oder am Oberschenkel und durchdringen die Haut an der Anhaftungsstelle, was zu einer externen Autoinfektion führt.

Bei immungeschwächten Patienten führt die wiederholte Autoinfektion zu einer hohen Parasitenlast und die Infektion kann über viele Jahrzehnte anhalten, wenn sie nicht ausreichend behandelt wird.

Hyperinfektionssyndrom

Das Hyperinfektionssyndrom tritt aufgrund der Verbreitung von Larven in verschiedenen Organen wie dem zentralen Nervensystem, der Haut, den Lungen, der Leber, dem Herzen usw. auf. Diese Organe sind nicht Teil des normalen parasitären Lebenszyklus. Eine Hyperinfektion tritt aufgrund der Reaktivierung einer vorherigen asymptomatischen oder mild symptomatischen Infektion oder aufgrund des Erwerbs einer neuen Infektion auf. Anfällig für das Hyperinfektionssyndrom sind Personen, die eine Kortikosteroidtherapie erhalten oder eine beeinträchtigte Th2-Immunantwort aufweisen. Eine disseminierte Strongyloidiasis kommt jedoch bei HIV/AIDS-Patienten seltener vor, selbst in Gebieten, in denen *S. stercoralis* stark endemisch ist.

Pathogenese und Pathologie

Die adulte weibliche *S. stercoralis* lebt in den Mukosa- und Submukosaschichten des proximalen Dünndarms. Akute Symptome der Strongyloidiasis wie Juckreiz und Pruritus treten am Eintrittsort und während der Migration der filariformen Larven durch die Haut zum Venensystem auf. Lokale Symptome können auch auftreten, während die Larven durch die Lungen und die Luftröhre zum Darm wandern. Verschiedene Symptome während der Migrationsphase der Larven treten als Folge der Immunantwort des Wirts auf den Parasiten auf. Die meisten gastrointestinalen Symptome sind in der Regel auf die adulten Würmer zurückzuführen. Das Weibchen gräbt sich tief in die Darmschleimhaut ein und legt Eier durch einen Prozess, der als *Parthenogenese* bezeichnet wird. Autoinfektion und Hyperinfektion können zu einer schweren Form der Krankheit führen.

Immunologie

Die Immunantwort auf *S. stercoralis* beim Menschen ist noch nicht gut erforscht. Die meisten Fakten über die Immunantwort und die schützende Immunität stammen aus Tierstudien. Sowohl angeborene als auch adaptive Immunantworten sind wichtig, um Schutz vor dem

Parasiten zu bieten. Bei der zellulären Immunität spielt die Th2-Antwort eine wichtige Rolle bei der Vermittlung des Schutzes vor einer disseminierten Infektion. Die Strongyloidiasis löst die Produktion von *S. stercoralis*-spezifischen Antikörpern aller Isotypen aus. Die Immunantwort unterscheidet sich zwischen HIV- und HTLV-1-Infektionen (Humanes T-Zell-lymphotropes Virus Typ 1). Bei einer HIV-Infektion ist die Th1-Antwort reduziert, während die Th2-Antwort in der Regel erhöht oder unbeeinflusst ist. Bei einer HTLV-1-Infektion ist die Th1-Antwort verstärkt und die Th2-Antwort reduziert. Darüber hinaus kommt es aufgrund der verstärkten Produktion von Interferon-γ bei HTLV-1 zu einer Verschiebung der Immunantwort von Th2 zu Th1. Da die Th2-Antwort vor einer Wurminfektion schützt, erklärt die reduzierte Th2-Antwort bei HTLV-1 die erhöhte Anzahl von Fällen des disseminierten Strongyloidiasis-Hyperinfektionssyndroms bei HTLV-1.

Die Entwicklung der Immunantwort beim Menschen aufgrund von Strongyloidiasis ist nicht gut untersucht. Einige Studien deuten auf eine schnelle Produktion parasitenspezifischer Antikörper wie IgE, IgG1, IgG2 und IgG3 hin, gefolgt von einem Anstieg des parasitenspezifischen IgG4. Es wird angenommen, dass IgG4-Antikörper IgE-vermittelte Effektorreaktionen blockieren, was zu einer Verschiebung hin zu einer Th2-vermittelten Entzündungsreaktion führt. Es überwiegt eine Th2-assoziierte Immunantwort mit erhöhten Spiegeln an entzündungshemmenden Zytokinen aufgrund der Ausbreitung von Th2/T9-Zellen und der IL-10-vermittelten Unterdrückung von Th1/Th17-Zellen.

Dies tritt normalerweise 6–8 Wochen nach der Infektion auf. Bei angemessener Behandlung normalisieren sich fast alle Zytokinspiegel und die zelluläre Unordnung innerhalb von 12 Monaten.

Infektion beim Menschen

Akute Strongyloidiasis

Die klinischen Merkmale der akuten Strongyloidiasis stehen im Zusammenhang mit der Wanderung der Larven vom Ort der Hautpenetration zum Dünndarm. Die Larven verursachen an der Stelle der Hautpenetration eine Reizung oder eine lokalisierte Urtikaria. Manchmal kann es zu trockenem Husten oder einer Reizung des Rachens kommen. Aufgrund einer Infektion des Dünndarms können auch Anorexie, Bauchschmerzen und Durchfall auftreten.

Chronische Strongyloidiasis

Eine chronische Infektion mit diesem Parasiten verläuft in der Regel klinisch stumm und die Mehrheit der Patienten weist möglicherweise nur eine Eosinophilie auf. Bei symptomatischen Fällen klagen Patienten normalerweise über verschiedene gastrointestinale Symptome wie Durchfall, Bauchbeschwerden und intermittierendes Erbrechen. Sie können auch Symptome an der Haut wie wiederkehrende Urtikaria entlang des unteren Rumpfes, der Oberschenkel und des Gesäßes aufweisen. Diese Hautsymptome sind auf die entzündliche Reaktion auf die wandernde Larve zurückzuführen, die als *Larva currens* bezeichnet wird. Manchmal können ungewöhnliche klinische Manifestationen auftreten, die verschiedene extraintestinale innere Organe betreffen.

Hyperinfektionssyndrom und disseminierte Infektion

Eine Hyperinfektion wird als verstärkte Autoinfektion aufgrund des Immunsuppressionsstatus des Wirts definiert. Die diagnostischen Parameter, die Autoinfektion und Hyperinfektion unterscheiden, sind nicht gut charakterisiert. Eine Hyperinfektion bezeichnet normalerweise die Anzeichen und Symptome, die mit der verstärkten Wanderung der Larven zusammenhängen. Die Exazerbation von pulmonalen und gastrointestinalen Symptomen ist häufig. Bei disseminierter Strongyloidiasis und einer Hyperinfektion sind auch Organe außerhalb der normalen parasitären Wege betroffen, und manchmal kann die Beteiligung solcher Organe tödlich sein. Bei Nichthyperinfektion kann es zwar zu einer verstärkten Larvenmigration kommen, aber die Organe der normalen Larvenwege wie Magen-Darm und Lunge sind betroffen. Die wandernden Larven können Darmbakterien mit sich führen und sowohl bei Autoinfektion als auch bei Hyperinfektion Bakteriämie oder Sepsis verursachen.

Es gibt eine Vielzahl klinischer Merkmale einer *S. stercoralis*-Hyperinfektion, die von den betroffenen Organen und dem Immunstatus des Patienten abhängen. Die häufigsten Symptome sind Schüttelfrost und Fieber. Auch über andere Symptome wie Müdigkeit, Schwäche und Gliederschmerzen wird ebenfalls berichtet. In der Regel ist die Anzahl der Eosinophilen bei einer Hyperinfektion erhöht und die Prognose ist besser als bei Fällen mit normaler Eosinophilenzahl.

Gastrointestinale Manifestationen

Bauchschmerzen, abdominales Völlegefühl, Verstopfung, Durchfall, Übelkeit usw. sind unspezifische gastrointestinale Symptome. In schweren Fällen können Mukositis, Ulzerationen und Ödeme im gesamten Darm auftreten, was zu gastrointestinalen Blutungen führen kann. In solchen Fällen zeigt die direkte Stuhluntersuchung meist zahlreiche rhabditiforme Larven und gelegentlich auch filariforme Larven. Larven können auch in Biopsien von Darmgeschwüren gefunden werden.

Kardiopulmonale Manifestationen

Zu den kardiopulmonalen Symptomen gehören Husten, Herzklopfen, Vorhofflimmern, Brustschmerzen, Atemnot, Hämoptysen, Heiserkeit und selten Atemstillstand. Manchmal können Larven im Sputum nachgewiesen werden.

Sepsis

Die filariforme Larve verursacht Geschwüre im Dünndarm. Die Darmflora kann durch diese Geschwüre eindringen oder zusammen mit den Larven in den Blutkreislauf gelangen und eine Bakteriämie und Sepsis verursachen. Die Sepsis kann bei immungeschwächten Patienten schwer und manchmal tödlich verlaufen. *Enterococcus* und *Streptococcus* spp., Mitglieder der Familie *Enterobacteriaceae* und *Pseudomonadacae,* koagulasenegative Staphylokokken, *Streptococcus pneumoniae* und *Candida* spp. sind die am häufigsten beteiligten Organismen.

Manifestationen des zentralen Nervensystems

Die häufigsten ZNS-Manifestationen beim Hyperinfektionssyndrom sind auf eine meningeale Infektion durch die wandernden Larven zurückzuführen und ähneln meist einer aseptischen Meningitis. Merkmale einer aseptischen Meningitis wie normaler Glukosegehalt, erhöhte Proteine und Pleozytose im Liquor („cerebrospinal fluid“, CSF) werden beobachtet. Gelegentlich können auch Merkmale einer gramnegativen Meningitis mit negativem bakteriellem Kulturbefund auftreten. Larven können in Liquor, Meningealgefäßen und -räumen nachgewiesen werden.

Strongyloides stercoralis-Infektion bei humanem Immundefizienz-Virus (HIV)

Früher galt die Strongyloidiasis als eine Krankheit, die das erworbene Immunschwächesyndrom (AIDS) definiert. In nachfolgenden Studien konnte keine direkte Rolle der CD4-Zelldepletion und der disseminierten Strongyloidiasis aufgrund der nicht betroffenen Th2-Antwort festgestellt werden. Eine wirksame Behandlung durch eine hochaktive antiretrovirale Therapie (HAART) hat die klinischen Manifestationen von AIDS und der damit verbundenen Strongyloidiasis verringert.

Strongyloides stercoralis-Infektion beim Transplantationspatienten

Alle Arten von Transplantationen, einschließlich solider Organtransplantationen und hämatopoetischer Stammzelltransplantationen

(HSCT), stellen zusammen mit der Vorbehandlung und der anschließenden immunsuppressiven Therapie ein erhebliches Risiko für die Entwicklung einer disseminierten Strongyloidiasis dar. HSCT weist im Vergleich zu anderen Transplantationen die höchste Inzidenz von Dissemination, Graft-versus-Host-Erkrankung und Mortalität auf.

Infektion bei Tieren

Es gibt mehr als 50 Arten in der Gattung *Strongyloides,* die ein breites Spektrum von Säugetieren, Vögeln, Reptilien und Amphibien infizieren. Bisher sind nur 2 Arten, *S. stercoralis* und selten *S. fuelleborni,* bekannt, die Menschen infizieren. Wichtige *Strongyloides*-Arten und ihre Endwirte sind in Tab. 1 dargestellt.

Strongyloides stercoralis wird als zoonotisch betrachtet. Hunde sind die potenzielle Quelle der Zoonose, und selten können auch Katzen als Quelle der Zoonose dienen. *Strongyloides stercoralis* wird weltweit bei Hunden gemeldet. Infektionen bei Hunden und Katzen sind entweder asymptomatisch oder mild symptomatisch. Es wurde über eine hohe Parasitenbelastung mit schwerem Durchfall und ausgedehnten Hautläsionen sowie über Bronchopneumonie mit tödlichem Ausgang bei Hunden berichtet. Aus Japan wurde über eine Hyperinfektion bei Kälbern durch S. papillosus berichtet. Kälber können eine schwere Bronchopneumonie entwickeln, die in der Regel tödlich verläuft.

Epidemiologie und öffentliche Gesundheit

Die Strongyloidiasis wird als neu auftretende Infektionskrankheit eingestuft und ist weltweit verbreitet. Die Krankheit wird zunehmend in Europa, Südostasien, afrikanischen und karibischen Ländern gemeldet (Tab. 1). Es wird geschätzt, dass weltweit fast 30–100 Mio. Menschen mit *S. stercoralis* infiziert sind. In bestimmten Gebieten einiger endemischer Länder liegt die Infektionsrate bei bis zu 10 %. Die Prävalenz der Strongyloidiasis lag in einer gemeindebasierten Umfrage in Nordindien bei 3,2 %.

Mangelndes Bewusstsein, schlechte Hygiene und sanitäre Versorgung sowie Migration aus stark endemischen Gebieten sind Faktoren, die zur erhöhten Prävalenz der Krankheit beitragen. Darüber hinaus begünstigen die Einführung neuer Behandlungsmethoden wie solide Organ- und hämatopoetische Transplantationen, der vermehrte Einsatz von Chemotherapie, Krebs- und Immunsuppressiva usw. das Auftreten von Strongyloidiasis.

Strongyloides fuelleborni, ein Nicht-menschlicher-Primaten-Nematode, der bei afrikanischen Affen vorkommt, infiziert Menschen nur in bestimmten geografischen Gebieten in West- und Ostafrika. Eine andere Art, die *S. fuelleborni* äh-

Tab. 1 Epidemiologische Aspekte von *Strongyloides*-Arten

Parasitenart	Wirte	Geografische Verbreitung
Strongyloides stercoralis	Menschen, Hunde, nicht menschliche Primaten, wilde Kaniden (Katzen)	Endemisch in südostasiatischen, afrikanischen und südamerikanischen Ländern. Häufig gemeldet aus Europa, Australien und den USA
Strongyloides fuelleborni	Affen, Menschen	Afrika, Asien
Strongyloides felis	Katzen	Weltweit
Strongyloides tumefaciens	Katzen	Weltweit
Strongyloides papillosus	Rinder, Schafe/Lämmer, Ziegen, Kaninchen	Weltweit
Strongyloides westeri	Pferde und andere Equiden	Weltweit
Strongyloides ransomi	Schweine, Wildschweine	Weltweit
Strongyloides planiceps	Katzen, wilde Kaniden, Wiesel	Weltweit
Strongyloides ratti	Wanderratten *(Rattus norvegicus)*	Weltweit
Strongyloides venezuelensis	Wanderratten *(Rattus norvegicus)*	Weltweit

nelt, wurde aus Papua-Neuguinea gemeldet. Die Infektion mit *Strongyloides fuelleborni* ist eine wichtige Ursache für die proteinverlustbedingte Enteropathie beim Menschen und das *Swollen-Belly-Syndrom* aufgrund von abdominaler Distension bei Säuglingen. Bauchschmerzen und Durchfall bleiben jedoch die wichtigsten klinischen Manifestationen. Die Eier von *S. fuelleborni* ähneln morphologisch den Eiern von Hakenwürmern. Im Gegensatz zu *S. stercoralis* werden die Eier von *S. fuelleborni* in großer Zahl mit dem Stuhl infizierter Menschen ausgeschieden. Der Nachweis von Eiern im Stuhl ist ein wichtiges diagnostisches Kriterium für eine *S. fuelleborni*-Infektion. Die Behandlung von *S. stercoralis* und *S. fuelleborni* bleibt jedoch gleich.

Diagnose

Die Diagnose von Strongyloidiasis bleibt eine Herausforderung bei asymptomatischen, chronisch infizierten Personen. Manchmal ist Eosinophilie das einzige diagnostische Merkmal, aber es ist ein unspezifisches Zeichen und kann intermittierend auftreten. Darüber hinaus zeigen Patienten, die Immunsuppressiva einnehmen, möglicherweise keine Eosinophilie. Bei Hyperinfektion und disseminierter Strongyloidiasis werden jedoch große Mengen an Larven im Stuhl oder in Körperflüssigkeiten wie Liquor, Pleura- und bronchoalveolären Flüssigkeiten gefunden, was die Diagnose erleichtert.

Die in Tab. 2 dargestellten Methoden werden zur Diagnostik von Strongyloidiasis verwendet,

Mikroskopie

Die definitive Diagnose der Strongyloidiasis erfolgt durch den mikroskopischen Nachweis von Larven im Stuhl (Abb. 3). Die Sensitivität der Mikroskopie ist bei chronisch infizierten asymptomatischen und leicht symptomatischen Personen aufgrund der intermittierenden Ausscheidung von Larven in geringer Anzahl im Stuhl in der Regel gering. Daher müssen bei solchen Patienten über einen Zeitraum von mehreren Tagen mehrere Stuhlproben untersucht werden. Die Anzahl der im Stuhl ausgeschiedenen Larven korreliert mit der Schwere der Erkrankung. Bei Patienten mit Hyperinfektionssyndrom/verbreiteter Strongyloidiasis werden große Mengen von Lar-

Tab. 2 Diagnosemethoden für Strongyloidiasis

Diagnostischer Ansatz	Methode	Target	Bemerkungen
Mikroskopie	Nasspräparat von Stuhl, Duodenalaspirat	Larve, selten Eier/adulte Würmer	Mehrere Stuhluntersuchungen können erforderlich sein. Duodenalaspirat ist empfindlicher
In-vitro-Kultivierung	Koprokultur durch Agarplatte/Harada-Mori-/Baermann-Techniken	Gewinnung von Larven	Empfindlicher als Mikroskopie
Immundiagnostik	Antigennachweis im Stuhl	Polyklonaler Kaninchenantikörper gegen exkretorisch-sekretorische Antigene	Hauptsächlich in der Forschung eingesetzt
	Antikörpernachweis (IgG) durch ELISA, Luciferase-Immunpräzipitationssysteme	Somatische Antigene; rekombinante Antigene 32-kDa-NIE und SsIR	Kreuzreaktivität, geringere Empfindlichkeit bei immungeschwächten Patienten, kann aktive von vergangenen Infektionen nicht unterscheiden
Molekulare Diagnostik	PCR, LAMP	18S-rRNA, IST1, Cytochrom-*c*-Oxidase-Untereinheit 1	Kann aktive Infektion identifizieren

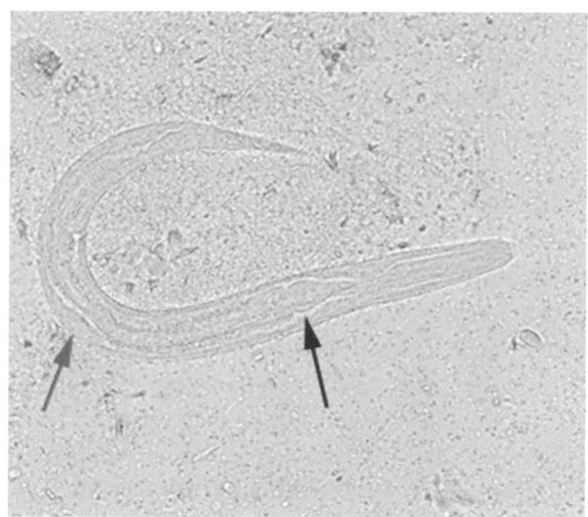

Abb. 3 Direktmikroskopie des Stuhls mit rhabditiformer Larve von *Strongyloides stercoralis* unter 400facher Vergrößerung. Zu sehen sind der Bulbus oesophageus (*blauer Pfeil*) und das markante Genitalprimordium (*roter Pfeil*) (mit freundlicher Genehmigung: CDC)

ven mit dem Stuhl ausgeschieden. Larven können im duodenalen Aspirat nachgewiesen werden, das während der Endoskopie entnommen wird. Es wird angenommen, dass dieses empfindlicher ist als die Stuhluntersuchung. Da es sich bei der Endoskopie jedoch um ein invasives Verfahren handelt, ist sie keine bevorzugte Methode. Durch die Histopathologie werden auch adulte weibliche Würmer zusammen mit einer eosinophilen Infiltration in der Lamina propria und den Duodenalkrypten nachgewiesen.

In-vitro-Kultur

Die Darstellung von Larven in der Koprokultur ist eine empfindlichere Methode zur Diagnose von Strongyloidiasis. Die Koprokultur wird bei allen Verdachtsfällen von Strongyloidiasis empfohlen, insbesondere bei Patienten aus Endemiegebieten und Patienten mit Organtransplantationen und unter immunsuppressiver Therapie. Stuhlproben werden ohne Konservierungsmittel bei normaler Umgebungstemperatur transportiert. Zur Larvengewinnung werden häufig verschiedene Koprokulturtechniken wie Agarplattenkultur, Harada-Mori-Filterpapier, modifizierte Petrischalenkultur und Baermann-Technik eingesetzt, wie bereits in diesem Kapitel beschrieben.

Serodiagnostik

Antikörpernachweis: Eine Reihe von Immunassays/enzymgekoppelten Immunadsorptionsassays (ELISA) wurden für den Nachweis von Antikörpern als Ergänzung zu anderen diagnostischen Modalitäten wie Mikroskopie und Eosinophilenzählung entwickelt. Neben der Verbesserung der Sensitivität schließt das Fehlen von Antikörpern eine Strongyloidiasis aus. Die Ergebnisse von antikörperbasierten ELISA müssen mit Vorsicht interpretiert werden, da sie mehrere Schwachstellen haben wie Kreuzreaktivität mit filariformen Infektionen, geringere Sensitivität bei Patienten mit hämatologischen Malignomen oder HTLV-1-Infektion aufgrund eines niedrigen Antikörpertiters und ihre Unfähigkeit, zwischen aktuellen und vergangenen Infektionen zu unterscheiden. Auch die derzeitigen Immunassays verwenden unverarbeitete Larvenantigene von *S. stercoralis* oder *S. ratti,* was die Sensitivität und Spezifität der Tests ebenfalls einschränkt. Um diese Einschränkungen zu überwinden, werden *S. stercoralis*-spezifische rekombinante antigenbasierte Immunassays entwickelt. Die Verwendung einer Reihe von Immunassay-Formaten wie Luciferase-Immunpräzipitationssystemen und diffraktionsbasierten Biosensoren wird voraussichtlich die diagnostische Genauigkeit verbessern.

Antigennachweis: ELISA wird häufig zum Nachweis von Koproantigen in Stuhlproben eingesetzt. Obwohl mehrere Capture-ELISA für den Nachweis von *S. stercoralis*-Koproantigen entwickelt wurden, werden sie noch nicht routinemäßig eingesetzt, sondern hauptsächlich für Forschungszwecke verwendet.

Molekulare Diagnostik

Die Polymerasekettenreaktion (PCR) und schleifenvermittelte isotherme Verstärkungsassays werden zunehmend in Stuhlproben zur

Diagnose von Strongyloidiasis eingesetzt. Sie zeigen einen hohen Grad an Spezifität und Sensitivität. Um die Spezifität zu erhöhen, werden DNA-Targets wie 18S rRNA, IST1 und Cytochrom-*c*-Oxidase-Untereinheit 1 verwendet. Bessere Methoden zur DNA-Extraktion aus Stuhl haben auch die Sensitivität dieser molekularen Tests verbessert. Diese Methoden werden auch als prognostische Marker zur Überwachung der Behandlung eingesetzt, da sie nach erfolgreicher Therapie negativ werden.

Behandlung

Obwohl die Infektion mit *S. stercoralis* bei der Mehrheit der Patienten asymptomatisch verläuft, ist eine Behandlung bei nachgewiesenen Fällen erforderlich. Sie beseitigt nicht nur den Parasiten, sondern verhindert auch Komplikationen wie Autoinfektion, Hyperinfektion und disseminierte Infektion.

Oral verabreichtes Ivermectin (200 µg/kg für 2 Tage) ist das Medikament der Wahl bei unkomplizierten *S. stercoralis*-Infektionen. Es wirkt sowohl gegen adulte Würmer als auch gegen Larven. Das gängige Anthelminthikum Albendazol ist nicht so wirksam wie Ivermectin, da es nur den adulten Wurm angreift. Es kann jedoch als zweite Wahl oder alternative Therapie verwendet werden. Es wird mit 400 mg 2-mal täglich für 3–7 Tage verschrieben. Es wird nicht im 1. Trimester der Schwangerschaft und bei Kindern unter 12 Monaten empfohlen.

Das Hyperinfektionssyndrom sollte als potenzieller medizinischer Notfall betrachtet werden. Es erfordert eine sofortige Therapie, da eine Verzögerung der Behandlung tödlich enden kann. Ivermectin ist die Behandlung der Wahl für mindestens 2 Wochen. Patienten unter immunsuppressiver Therapie benötigen möglicherweise eine ausgewogene Reduzierung der Immunsuppressiva, abhängig von der Indikation. In einigen Fällen hat eine Kombinationstherapie mit Ivermectin und Albendazol bessere Ergebnisse erzielt, aber kontrollierte Studien fehlen.

Prävention und Bekämpfung

Die Schätzung der Krankheitslast in Endemiegebieten durch regelmäßige Überwachung ist der Schlüssel zur Entwicklung von Präventivmaßnahmen. Grundsätzlich sollten alle Reisenden, die aus Endemiegebieten zurückkehren, routinemäßig auf eine *S. stercoralis*-Infektion untersucht werden. Organspender und Patienten, die sich einer Organtransplantation unterziehen, Patienten, die eine Chemotherapie, chemotherapeutische und Immunsuppressiva, einschließlich Steroide, erhalten, müssen regelmäßig auf eine *S. stercoralis*-Infektion überwacht werden. Das allgemeine Wirtschaftswachstum und die Verbesserung der Umweltgesundheit tragen zur Vorbeugung der Krankheit bei.

Die folgenden Maßnahmen können dazu beitragen, die Krankheitslast in Endemiegebieten zu reduzieren: (a) ordnungsgemäße Entsorgung von menschlichen Fäkalien, (b) zuverlässige Wasserversorgung, (c) Nutzung von Toiletten anstelle von Defäkation im Freien, (d) Einhaltung hygienischer Gewohnheiten wie das Tragen von Schuhen in Endemiegebieten, (e) Überwachung auf Strongyloidiasis vor und nach Organtransplantationen, Chemotherapie und immunsuppressiver Therapie und (f) regelmäßige Untersuchung von Haustieren, insbesondere Hunden, und angemessene Behandlung infizierter Haustiere.

Fallstudie

Eine 30-jährige Patientin (Körpergewicht 45 kg), bei der ein systemischer Lupus erythematodes bekannt war, wurde über einen Zeitraum von 6 Monaten mit Prednisolon (0,5 mg/kg/Tag) behandelt. Sie klagte über Bauchschmerzen und Durchfall (weicher Stuhl, 5–6 Episoden/Tag), Anorexie, Erbrechen und leichtes Fieber über einen Zeitraum von 5 Tagen. Sie litt nicht an Diabetes oder Bluthochdruck. Sie lebte in einem Dorf und arbeitete oft barfuß auf dem Feld.

Bei der Untersuchung waren ihre Vitalparameter normal. Sie war leicht dehydriert, blass und hatte beidseitige Fußödeme. Die Untersuchungen ergaben einen Hämoglobinwert von 7,0 g/dl, eine Gesamtleukozytenzahl von 4200/µl (Neutrophile: 67 %, Lymphozyten: 27 %, Eosinophile: 05 %, Monozyten: 01 %), ESR: 70 mm/1. Stunde, Serumkreatinin: 2 mg/dL, Serumprotein: 5,2 g/dL und Serumalbumin: 2,9 g/dL. Urin- und Blutkulturen ergaben kein Wachstum. Die Stuhlmikroskopie zeigte das Vorhandensein vieler aktiv beweglicher rhabditiformer Larven von *S. stercoralis,* die 200 µm lang und 20 µm breit waren und eine kurze Mundöffnung und einen doppelte Speiseröhrenblase hatten. Basierend auf der Morphologie wurden sie als rhabditiforme Larven von *S. stercoralis* identifiziert. Es wurde keine andere Anomalie festgestellt. Die Stuhlkultur ergab keine enteropathogenen Bakterien.

Die Patientin wurde mit oral verabreichtem Ivermectin 9 mg/Tag für 2 Tage behandelt, gefolgt von Albendazol 400 mg 2-mal täglich für 7 Tage. Das Prednisolon wurde auf 0,3 mg/kg/Tag reduziert. Nachfolgende Stuhluntersuchungen waren nach 1 und 2 Wochen negativ auf Larven. Die Patientin ist derzeit symptomfrei und wird nachbeobachtet. Es ist möglich, dass sie vor der Prednisolontherapie eine asymptomatische Trägerin war oder sie sich während der Therapie infiziert hat. Die Prednisolontherapie führte zu einer erhöhten Larvenlast und löste Symptome aus.

1. Warum tritt das Hyperinfektionssyndrom häufig bei bestimmten immungeschwächten Erkrankungen auf?
2. Warum ist die Serologie bei der Diagnose von Strongyloidiasis bei HIV-infizierten Patienten nicht sehr nützlich?
3. Welche zusätzlichen Maßnahmen könnten neben der Verbesserung der sanitären Bedingungen erforderlich sein, um die Strongyloidiasis in der Gesellschaft zu bekämpfen?

Forschungsfragen

1. Was ist die genaue Pathogenität und Immunantwort bei menschlichen Wirten mit Strongyloidiasis?
2. Welche Schutzantigen(e) von *Strongyloides* spp. können zur Entwicklung wirksamer Impfstoffe verwendet werden?
3. Welches Kleintiermodell eignet sich gut für die translationale Forschung im Bereich Strongyloidiasis?
4. Welcher Point-of-Care-Test wäre ideal für eine schnelle Diagnose?

Weiterführende Literatur

Bonne-Année S, Hess JA, Abraham D. Innate and adaptive immunity to the nematode *Strongyloides stercoralis* in a mouse model. Immunol Res. 2011;51:205–14.

Dorris M, Viney ME, Blaxter ML. Molecular phylogenetic analysis of the genus *Strongyloides* and related nematodes. Int J Parasitol. 2002;32:1507–17.

Garcia LS. Strongyloides spp. In: Garcia LS, editor. Diagnostic medical parasitology. 6th Aufl. Washington, DC: ASM Press; 2016.

Keiser PB, Nutman TB. *Strongyloides stercoralis* in the immunocompromised population. Clin Microbiol Rev. 2004; 17:208–217.

Mahmoud AAF. Strogyloidiasis. Clin Infect Dis. 1996;23:949–53.

Mati VLT, Raso P, de Melo AL. *Strongyloides stercoralis* infection in marmosets: replication of complicated and uncomplicated human disease and parasite biology. Parasit Vectors 2014; 7:579–585.

Nutman TB. Human infection with *Strongyloides stercoralis* and other related *Strongyloides* species. Parasitology. 2017;144:263–73.

Praharaj I, Sujatha S, Ashwini MA, Parija SC. Co-infection with *Nocardia asteroids* complex and *Strongyloides stercoralis* in a patient with autoimmune haemolytic anemia. Infection. 2014;42(1):211–4.

Procop GW, Church DL, Hall GS, Janda WM, Koneman EW, Schreckenberger PC, Woods GL. Nematodes. In: Joyce J, Hrsg. Koneman's color atlas and textbook of diagnostic microbiology. 7th Aufl.; 2017. S. 1450–4.

Sangeetha V, Veeraraghavan K, Parija SC. *Strongyloides* hyper infection in an immunocompetent adult: a case report and short review. Int J Curr Microbiol App Sci. 2017;6(1):416–22.

Segarrha-Newnham M. Manifestations, diagnosis and treatment of *Strongyloides stercoralis* infection. Ann Pharmacother. 2007;41:1992–2001.

Sheorey H, Biggs B, Ryan N. Nematodes. In: Jorgensen JM, Pfaller MA, Carroll KC, Funke G, Landry ML, Richter SS, Wranock DW, Hrsg. Manual of clinical microbiology. 11th Aufl.; 2015. S. 2456–8.

Ankylostomiasis

Utpala Devi

Lernziele

1. Die Bedeutung von zoonotischen Hakenwurminfektionen, die durch verschiedene Arten von *Ancylostoma* verursacht werden, und ihre klinische Bedeutung lernen
2. Die Einschränkungen der diagnostischen Modalitäten studieren, die für die Diagnose einer zoonotischen Ankylostomiasis verfügbar sind

Einführung

Hakenwürmer, die Tiere infizieren, können auf Menschen übertragen werden, wenn ihre Eier in die Umwelt gelangen und ihre Larven ungeschützte Haut bei Menschen durchdringen. Die Hakenwurmarten, die bekanntermaßen ein zoonotisches Potenzial haben, sind *Ancylostoma brazilense, Ancylostoma caninum, Ancylostoma ceylanicum* und *Uncinaria stenocephala. Ancylostoma brazilense, A. caninum* und *Uncinaria stenocephala* verursachen bei Menschen die kutane Larva migrans („cutaneous larva migrans", CLM). *Bunostomum phlebotomum* und *Ancylostoma tubaeforme,*, die Parasiten von Kälbern und Katzen sind, sind ebenfalls bekannt dafür, Menschen zu infizieren. Die Larven von *A. caninum* verursachen bei Menschen eine eosinophile Enteritis. Menschen können sich infizieren, indem sie barfuß gehen oder auf kontaminiertem Boden sitzen. Eine Infektion des Menschen kann auch durch die Aufnahme der infektiösen Form erfolgen. *Ancylostoma ceylanicum*- und *A. caninum*-Infektionen können auch durch eine orale Aufnahme erworben werden. Die kutane Larva migrans wird klinisch auf der Grundlage der Anzeichen und Symptome und der Anamnese einer Exposition gegenüber zoonotischen Hakenwürmern diagnostiziert. Selten können zoonotische Hakenwürmer Menschen infizieren und Durchfall, Unbehagen und Bauchschmerzen verursachen. Maßnahmen, die sich auf Gesundheitserziehung, die Verwendung von Abdeckungen zur Verhinderung des direkten Kontakts mit kontaminiertem Boden, die regelmäßige Entwurmung von Haustieren/Tieren und die ordnungsgemäße und sofortige Entsorgung von Tierkot konzentrieren, sind wichtig, um Infektionen zu verhindern.

Utpala Devi (verstorben) – Professor Devi schrieb dieses Buch während ihrer Zeit bei ICMR-RMRC, Dibrugarh, Indien

S. C. Parija und A. Chaudhury (Hrsg.), *Lehrbuch der parasitären Zoonosen*,
https://doi.org/10.1007/978-981-97-4312-4_44

Geschichte

Ancylostoma braziliense wurde erstmals 1910 von Gomes de Faria beschrieben. *Ancylostoma ceylanicum* wurde 1941 von Arthur Loossin beschrieben. Anfangs wurde angenommen, dass *A. ceylanicum* synonym mit *A. braziliense* ist, aber spätere Studien kamen zu dem Schluss, dass es sich um unterschiedliche Arten handelt. Lee beschrieb erstmals 1874 eine schleichende Eruption auf der Haut eines Patienten, und etwa 50 Jahre später entdeckten Kirby-Smith und Kollegen eine Nematodenlarve in einer Hautbiopsieprobe einer solchen Eruption.

Taxonomie

Die Gattungen *Ancylostoma* und *Uncinaria* gehören zur Familie Ancylostomatidae, Ordnung Strongylida, Klasse Secernentea, Stamm Nematoda.

Ancylostoma caninum, A. braziliense, A. ceylanicum und *U. stenocephala* sind die Arten, die eine zoonotische Infektion beim Menschen verursachen.

Genomik und Proteomik

Das Wissen über die Gene, die während einer Hakenwurminfektion exprimiert werden, trägt zur Entwicklung neuer Medikamente oder Impfstoffe gegen dieselbe bei. Die Untersuchung der mitochondrialen Genome wird als eine wichtige Quelle von populationsgenetischen Markern für epidemiologische Studien über Hakenwürmer vorgeschlagen. Das mitochondriale Genom von *A. caninum* ist 13.717 bp groß und enthält 12 Proteine, die 22 Transfer-RNA und 2 ribosomale RNA-Gene codieren, und stellt eine wichtige Quelle von populationsgenetischen Markern dar.

Die Genomsequenz von *A. ceylanicum* ist 313 Mb groß, wobei transkriptomische Daten während der Infektion die Expression von 30.738 Genen zeigen. Ungefähr 900 Gene werden während der frühen Infektion in vivo hochreguliert und zu den herunterregulierten gehören Ionenkanäle und G-Protein-gekoppelte Rezeptoren.

Die Parasitenmorphologie

Adulter Wurm

Adulte *Ancylostoma*-Würmer haben ein dorsal gekrümmtes vorderes Ende und besitzen eine Bukkalkapsel, die mit Zähnen ausgekleidet ist. Der Körper ist mit einer Kutikula bedeckt. Der Verdauungstrakt besteht aus der Speiseröhre, dem Darm und dem Rektum. Die Speiseröhre ist muskulös und kräftig. Männchen haben eine Kopulationsbursa mit Strahlen, die dabei hilft, zwischen den verschiedenen *Ancylostoma*-Arten zu unterscheiden. *Ancylostoma*-Weibchen sind aufgrund ihres morphologischen Aussehens schwer zu unterscheiden. Bei allen Arten sind die weiblichen adulten Würmer größer als die männlichen adulten Würmer (Abb. 1).

Ancylostoma caninum: Der weibliche adulte Wurm ist etwa 14–16 mm lang und 0,5 mm breit, während das Männchen etwa 10–12 mm lang und 0,36 mm breit ist. Die Zähne von *A. caninum* befinden sich im Inneren der Bukkalkapsel und sind in 3 Gruppen angeordnet, 2 prominente ventrale Gruppen, die den Unterkiefer bilden, und 1 weniger prominente dorsale Gruppe, die den Oberkiefer bildet. Die Vulva der adulten Weibchen befindet sich an der Verbindung zwischen den letzten zwei Dritteln und dem letzten Drittel des Körpers. Die Kopulationsbursa bei Männchen hat stachelartige Spiculae, die auf 3 muskulösen Strahlen liegen.

Ancylostoma brasiliense: Die Männchen haben einen tuberkulären Fortsatz in der Bukkalkapsel der Mundöffnung. Die Kopulationsbursa bei Männchen besitzt ein Paar laterale Lappen und einen einzelnen dorsalen Lappen, die mit Strahlen versehen sind.

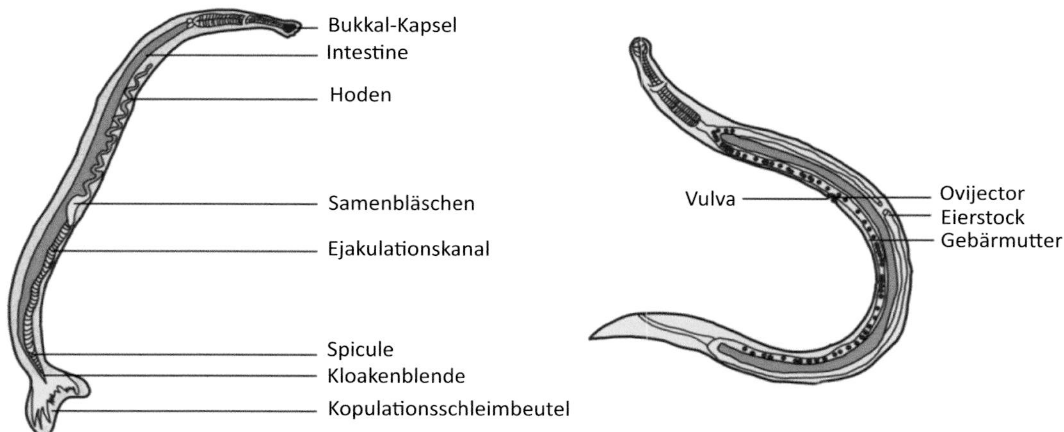

Abb. 1 Adulter männlicher und weiblicher Wurm von *Ancylostoma* spp.

Ancylostoma ceylanicum: Die adulten Würmer sind etwa 6–10 mm lang. Der Mund des adulten Wurms hat eine Schneideplatte mit einem scharfen dorsalen Ende und einem weniger ausgeprägten scharfen ventralen Ende, das bei den anderen Hakenwurmarten nicht zu sehen ist.

Uncinaria stenocephala: Die adulten Würmer sind 10–20 mm lang und 0,4–0,5 mm breit. Sie sind mit einer großen, dorsal gekrümmten, ventralen Bukkalkapsel, die Schneideplatten enthält, ausgestattet. Ein einzelnes Paar kleiner Zähne befindet sich innerhalb der ventralen Kapsel. Die Kopulationsbursa der Männchen hat einen einzelnen dorsalen Lappen und ein Paar laterale Lappen. Lange und dünne Spiculae sind an der Bursa befestigt.

Eier

Die Eier von *A. caninum* sind 38–43 µm breit und haben eine dünne Wand (Abb. 2). Die Eier von *U. stenocephala* sind etwa 71–93 µm × 35–58 µm groß. Alle Arten haben Eier von ähnlichem Aussehen.

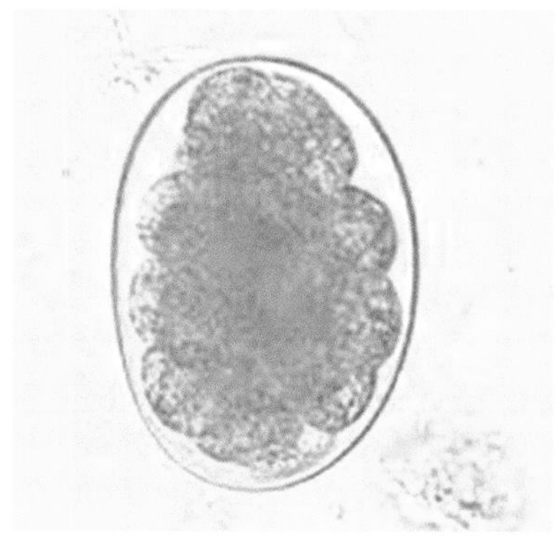

Abb. 2 Ei von *A. caninum*

Larven

Ancylostoma hat 4 Larvenstadien. Die Erste und Zweite Larvenstadien sind freilebende thabditiforme Larven, mit einer spitz zulaufenden Bukkalhöhle und einer flaschenförmigen Speiseröhre. Das Dritte Larvenstadium ist die infektiöse filariforme Larve und ist 0,4–0,6 mm lang. Es handelt sich um die nicht fressende Form des Parasiten, mit einer geschlossenen Mund-

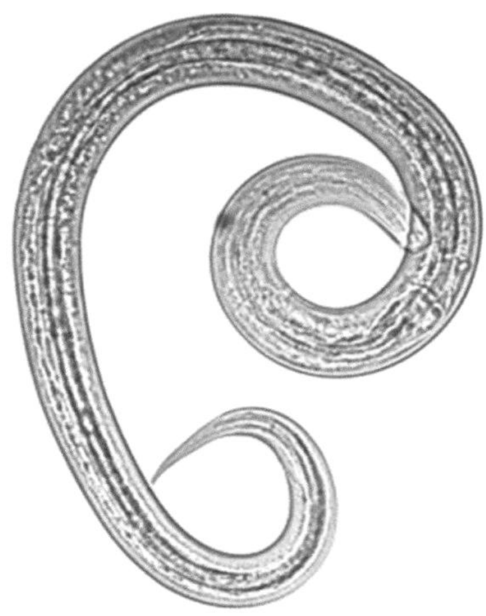

Abb. 3 Infektiöse Larvenform von *Ancylostoma*

öffnung, einer verlängerten Speiseröhre mit einer dorsalen Blase und einem spitzen, nicht gegabelten Schwanz(Abb. 3). Das 4. Larvenstadium befindet sich im Gewebe des Wirts.

Zucht von Parasiten

Das Larvenstadium des Parasiten kann aus dem Ei in Stuhlproben durch eine Reihe von Techniken ausgebrütet werden, die im Folgenden beschrieben werden:

Baermann-Technik: Bei dieser Methode wird etwa 5–10 g Stuhl in die Mitte eines doppellagigen Mulltuchs gelegt, das dann auf einem Drahtgitter aufgehängt wird. Zwei Schichten Baumwollgaze werden in einem Plastiktrichter ausgebreitet, der mit einem Gummischlauch verbunden ist. Dieser ist am unteren Ende mit einer Klemme versehen. Der Trichter wird mit warmem Wasser gefüllt und für 2 h stehen gelassen. Nach 2 h Inkubation wird die Klemme geöffnet, um 10 ml der Flüssigkeit zu aufzusammeln und zu zentrifugieren. Ein Tropfen des zentrifugierten Sediments wird auf einen Glasobjektträger geschmiert und unter dem Mikroskop auf Larven untersucht.

Harada-Mori-Technik: Bei dieser Technik wird ein Streifen aus schmalem Filterpapier mit leicht spitz zulaufenden Enden verwendet, auf den der frische Kot in der Mitte aufgetragen wird. Anschließend wird der Streifen in ein Zentrifugenröhrchen mit etwa 4 ml destilliertem Wasser gegeben. Das Röhrchen wird dann mit einem Schraubverschluss verschlossen und aufrecht stehend bis zu 10 Tage lang bei 25–28 °C inkubiert und täglich auf den Wasserstand überprüft. Nach 10 Tagen Inkubation wird 1 Tropfen Flüssigkeit auf einen Objektträger gegeben und ein Abstrich vorbereitet, der dann unter dem Mikroskop auf infektiöse, bewegliche Larven im 3. Entwicklungsstadium untersucht wird.

Agarplatten-Methode: Diese Methode wurde zur Kultivierung infektiöser Larven von *A. ceylanicum* verwendet, die eine bessere Ausbeute als die Harada-Mori- oder Baermann-Technik zeigte.

Die *A. caninum*-Larve wurde auch auf einem festen Medium kultiviert, das aus Rindfleischextrakt (3 g), Pepton (10 g), Natriumchlorid (5 g), Agar (20 g) und destilliertem Wasser mit Filterpapier bestand.

Versuchstiere

Syrische Goldhamster *(Mesocricetus auratus)* wurden als Labortiere für *A. ceylanicum* für Impfstoff- und Arzneimittelstudien verwendet. Der Beagle (*Canis lupus familiaris*) wurde zur Untersuchung der Pathophysiologie, der Impfstoffwirksamkeit und der immunologischen Parameter für *A. caninum* verwendet.

Lebenszyklus von *Ancylostoma* spp. (Abb. 4)

Wirte

Katzen, Hunde und Füchse sind die Endwirte. Menschen sind die zufälligen Wirte. Nagetiere können als paratenische oder Transportwirte fungieren.

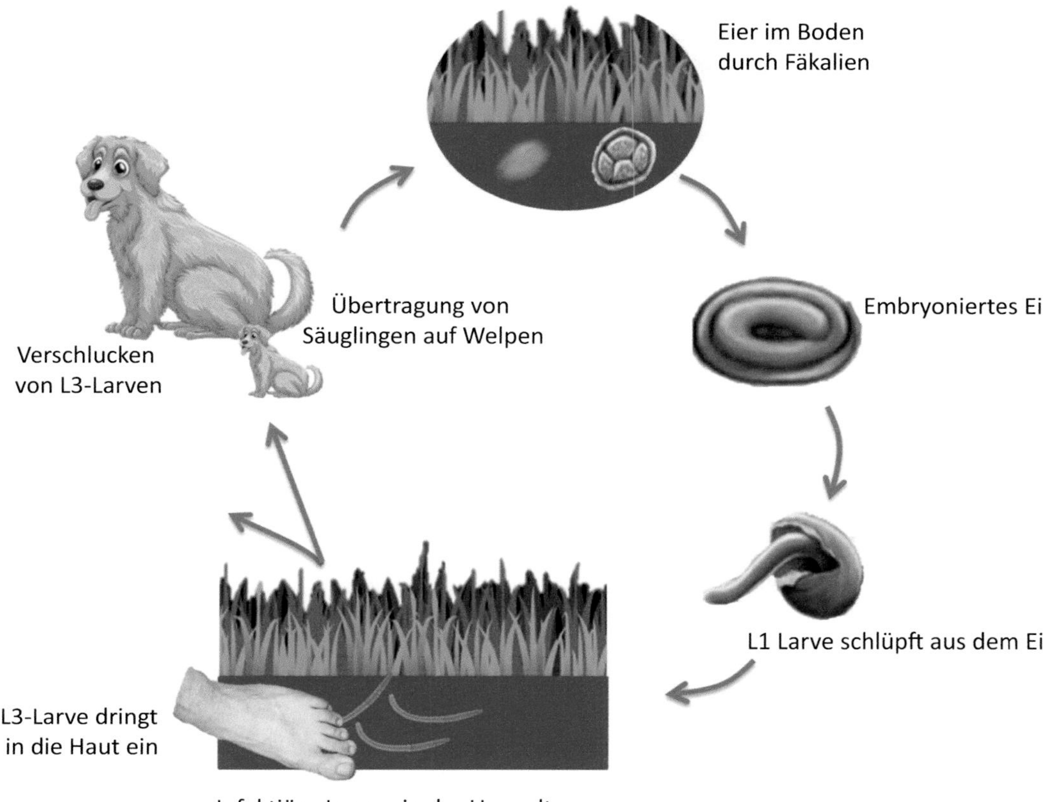

Abb. 4 Lebenszyklus von *A. caninum*

Infektiöses Stadium

Die Larven des 3. Stadiums, bekannt als filariforme Larven, sind das infektiöse Stadium des Parasiten für den Menschen.

Übertragung von Infektionen

Eine *Ancylostoma*-Infektion wird durch die infektiösen Larven übertragen, die durch die Haut eindringen. Zusätzlich dazu können *A. ceylanicum*- und *A. caninum*-Infektionen auch durch orale Aufnahme erworben werden.

Die Eier werden von den im Darm von Katzen oder Hunden lebenden adulten Weibchen mit dem Kot ausgeschieden. Diese Eier kontaminieren den Boden und die Umwelt. Unter günstigen Bedingungen schlüpfen die Larven aus diesen Eiern in 1–2 Tagen und entwickeln sich zu freilebenden Larven im Boden. Die Larvenform des Erste Stadiums ist als rhabditiforme Larve bekannt, die nicht infektiös ist. Die rhabditiforme Larve reift im Boden oder in Fäkalien, indem sie sich von Fäkalbakterien oder anderen organischen Stoffen ernährt, und verwandelt sich nach 2 Häutungen in die filariforme Larve des Parasiten im 3. Stadium. Diese Larve ist die infektiöse Form und kann unter günstigen Bedingungen etwa 3–4 Wochen in der Umwelt überleben. Die filariformen Larven infizieren den Endwirt durch Penetration der Haut. Wenn sie in Kontakt mit der Haut des Wirtes kommen, dringen sie ein, gelangen in die Blutgefäße und bewegen sich in Richtung Herz. Anschließend gelangen sie in die Lunge, durchbohren die Alveolen, steigen die Bronchiolen hinauf und gelangen in den Rachen, bevor sie in den Dünndarm eindringen. Im Duodenum und Jejunum reifen sie zum 4. Larvenstadium, das aus der Bukkalkapsel besteht, heran. Mithilfe der Bukkalkapsel können sie sich von der Darmschleimhaut und dem Blut ernähren. Die Bukkalkapsel ist vorübergehend; sie wird abgestoßen, wenn sich dieses Larvenstadium häutet und zum adulten Wurm wird. Nach 6–8 Wochen nach der Penetration der Haut erreicht der Wurm seine Reife, und Eier beginnen im Stuhl aufzutreten.

Im Falle von beim Menschen durch *A. caninum, A. braziliense, A. ceylanicum, A. tubaeforme, B. phlebotomum* und *U. stenocephala* verursachten Infektionen dringen filariforme Larven in die Haut ein, meist bis zur Dermis, gelangen jedoch nicht in den Blutkreislauf, wie es bei ihrem kaninen Wirt beobachtet wird. Daher ist bei infizierten Menschen die Pathologie auf die Haut beschränkt.

Ancylostoma ceylanicum und *A. caninum* verursachen Infektionen beim Menschen durch die orale Aufnahme von Eiern. Ihre infektiösen Formen wandern nicht durch die Lungen, sondern setzen sich im Darm fest.

Pathogenese und Pathologie

Infektionen durch zoonotische *Ancylostoma*-Arten beim Menschen führen zu einer Hauterkrankung namens kutane Larva migrans oder CLM.

Die Hakenwurmlarve kriecht in die Haut des Wirts, und ihre Bewegung unter der Haut führt zu Psoriasis. Die Larve dringt in die Hornschicht (Stratum corneum) der Epidermis ein. Die Penetration der Haut wird durch die Ausscheidung von Protease und Hyaluronidase unterstützt.

In seltenen Fällen können Tierhakenwürmer wie *A. ceylanicum* und *A. caninum* den Darm erreichen, meist als einzelner Wurm, und eine schmerzhafte Darmerkrankung namens eosinophile Enteritis verursachen. *Ancylostoma ceylanicum* verursacht eine patente Darminfektion beim Menschen, während *A. caninum* nicht dafür bekannt ist, eine solche patente Infektion zu verursachen.

Immunologie

Antikörperreaktionen sind sowohl gegen die Larven als auch gegen die adulten Hakenwürmer zu beobachten, wenn sie in den menschlichen Wirt eindringen. Der Eintritt und die Migration des Wurms werden durch die Sekretion verschiedener Enzyme und Antigene unterstützt. Die Larven dringen durch die Sekretion von Enzymen in das Wirtsgewebe ein und sterben manchmal in diesem Stadium ab und setzen eine Reihe von immunreaktiven Molekülen frei. Sobald die Larve in den Kreislauf gelangt, interagiert sie mit dem Immunsystem in den Lungenkapillaren und im Darm.

Bei menschlichen Infektionen ist die zelluläre Immunantwort gegen zoonotische Hakenwürmer durch eine eosinophile Infiltration an der Eintrittsstelle der Larve gekennzeichnet. Sie hängt in der Regel vom Stadium und der Intensität der Infektion sowie von verschiedenen Wirtsfaktoren ab. Die meisten der kaninen L3-Hakenwurmlarven, die die menschliche Haut durchdringen, setzen sich an dieser Stelle im Gewebe fest, von wo aus einzelne L3-Larven in sporadischen Fällen in den Darm wandern. Die T-Helfer-Typ-2-Reaktion ist sowohl für die Larven- als auch für die adulten Stadien des Parasiten beim Menschen sowie in experimentellen Tiermodellen vorherrschend. Es kommt zu einer erhöhten Produktion von IgE, einer Aktivierung der Mastzellen und einem Anstieg der Eosinophilen im Gewebe und Blut. Diese Merkmale ähneln denen einer Typ-1-Überempfindlichkeitsreaktion.

Die eosinophile Enteritis bei *A. caninum*-Infektionen ist durch eine eosinophile Entzündung aller Schichten des Darms gekennzeichnet. Es wurde beobachtet, dass sogar ein einziger Wurm von *A. caninum* eine schwere eosinophile Enteritis verursachen kann. Es wurde beobachtet, dass eine Lungenbeteiligung nur bei einer hohen Anzahl von invasiven L3-Larven von *A. cani-*

num auftritt, während sie im Falle von *A. brasiliense* auch bei wenigen eingedrungenen Larven zu sehen ist.

Infektion beim Menschen

Kutane Larva migrans, ein Hautausschlag, tritt am häufigsten bei Infektionen beim Menschen auf. Die Läsion zeigt sich meist als Papeln, Vesikel oder schlangenartige, erhöhte erythematöse Läsionen an Beinen, Gesäß oder Händen. Diese Läsionen jucken sehr, können aber manchmal auch mit Schmerzen verbunden sein. Diese Läsionen schreiten täglich von mehreren Millimetern bis zu einigen Zentimetern voran. Diese Läsionen klingen normalerweise von selbst innerhalb weniger Tage bis Wochen ab, können aber manchmal bis zu 1 Jahr andauern. Die Hakenwürmer von Hunden sind mit kutaner Larva migrans (CLM) assoziiert. *Bunostomum phlebotomum* ist bekannt dafür, beim Menschen eine kurzlebige CLM zu verursachen. Manchmal kann die Larve in die Muskeln wandern und eine Myositis verursachen.

Bei chronischen *Ancylostoma*-Infektionen sind die Anzeichen und Symptome beim Menschen hauptsächlich auf eine Anämie und Hypoalbuminämie zurückzuführen. *Ancylostoma*, das Darminfektionen verursacht, verursacht auch eine eosinophile Enteritis. Der Zustand äußert sich als zunehmend schwere Episoden von Bauchschmerzen in Verbindung mit peripherer Eosinophilie, aber ohne Blutverlust.

Infektion bei Tieren

Je nach Wurmbelastung können *Ancylostoma*-Infektionen bei Tieren asymptomatisch bleiben oder symptomatisch werden. In den frühen Stadien der Larvenmigration tritt normalerweise eine Dermatitis an den Füßen auf, die nach einigen Tagen verschwindet. Während ihrer Migration durch die Lungen kann eine Lungenentzündung auftreten.

Eine *Ancylostoma*-Infektion bei Katzen und Hunden führt zu einer Anämie, zu blutigem Durchfall, zu Dehydration, Anorexie und Schwäche. In schweren Fällen von Anämie und bei Infektionen von Neugeborenen kann sie tödlich verlaufen. Malabsorption und Proteinverlust können zu Schwäche und schlechtem Wachstum führen. Bei *U. stenocephala* und *A. braziliense* tritt keine Anämie auf. Sie verursachen in der Regel Darmsymptome.

Epidemiologie und öffentliche Gesundheit

Zoonotische *Ancylostoma* spp. kommen in der Regel weltweit in tropischen und subtropischen Ländern vor, und ihre Übertragung auf den Menschen stellt ein erhebliches Problem für die öffentliche Gesundheit dar.

Bei Tieren ist der kanine Hakenwurm in wärmeren Regionen sowie in kälteren Regionen häufig zu beobachten. *Ancylostoma caninum* und *A. tubaeforme* sind weltweit verbreitet. *An-*

Tab. 1 Epidemiologische Aspekte einiger *Ancylostoma* spp., die für Menschen von Bedeutung sind

Spezies	Verbreitung	Paratenischer Wirt	Endwirte
Ancylostoma brazilense	Zentral- und Südamerika, die Karibik und Teile der USA, Indien, Brasilien, Afrika, Indonesien, Philippinen	Nagetiere	Hunde, Katzen
Ancylostoma caninum	Sri Lanka, Südostasien, Malaysia, Australien	–	Hunde, Wölfe, Füchse, Katzen
Ancylostoma ceylanicum	Asien, Afrika, Australien, der Nahe Osten, Brasilien	Nagetiere	Hunde, Katzen, Menschen
Uncinaria stenocephala	Kanada, nördliche Regionen der USA	Hunde, Katzen, Nagetiere	Hunde, Katzen, Füchse
Ancylostoma tubaeforme	Weltweit	Nagetiere	Katzen

cylostoma braziliense-Infektionen werden in tropischen und subtropischen Ländern, einschließlich Zentral- und Südamerika, der Karibik und Teilen der USA gemeldet. *Ancylostoma ceylanicum* wurde in Teilen Asiens, Afrikas, Australiens, des Nahen Ostens und Brasiliens gemeldet. *Bunostomum phlebotomum* und *U. stenocephala* sind in gemäßigten und kälteren Regionen verbreitet (Tab. 1).

Infektionen mit *A. ceylanicum* beim Menschen wurden in Südindien, Sri Lanka, Indonesien, Malaysia und benachbarten Ländern in Südostasien und Westneuguinea gefunden. *Ancylostoma caninum* ist eine der Hauptursachen für die eosinophile Enteritis in Nordostaustralien. Die hakenwurmbedingte kutane Larva migrans (CLM) ist in Indien, Brasilien und den Westindischen Inseln verbreitet. Die geografische Verteilung der Infektionsintensität variiert je nach klimatischen Faktoren. Zu diesen Faktoren gehören ausreichende Niederschläge mit idealer Luftfeuchtigkeit und Temperatur. Eine Untersuchung in Brasilien unter der ländlichen Bevölkerung während der Regenzeit zeigte, dass die Prävalenzrate von CLM bei Kindern unter 5 Jahren 14,9 % und bei Erwachsenen ab 20 Jahren 0,7 % betrug. Häufige Fälle dieser Art wurden in Gebieten gemeldet, in denen streunende Hunde oder Katzen weit verbreitet sind.

Die genaue globale Belastung durch zoonotische Hakenwurminfektionen bei Tieren und Menschen ist nicht bekannt. Die Prävalenz von *Ancylostoma* spp. bei Hunden in ressourcenarmen Umgebungen wurde auf 66–96 % geschätzt. Viele Menschen infizieren sich, indem sie barfuß gehen oder nackt auf mit Tierkot kontaminiertem Boden sitzen. In Brasilien sind bis zu 4 % der allgemeinen Bevölkerung und 15% der Kinder mit Hakenwürmern infiziert. Es wurde berichtet, dass CLM die Lebensqualität von Kindern und Erwachsenen, die in städtischen Slums in Nordbrasilien leben, erheblich beeinträchtigt hat, was sich nach der Behandlung mit Ivermectin schnell normalisierte. Hakenwurmbedingte CLM in Ländern mit hohem Einkommen wurde während der Winterzeit gemeldet, wenn Menschen in engem Kontakt mit ihren Haustieren leben. In heißen Klimazonen tritt die Infektion nur sporadisch auf.

Tab. 2 Diagnostische Methoden für zoonotische Hakenwurminfektion

Diagnostische Ansätze	Methoden	Targets	Bemerkungen
Klinische Untersuchung Kutane Larva migrans	Hautuntersuchung	Lineare, serpentinenartige Spuren auf der Haut, die sehr jucken	Kriechender Ausschlag als klinisches Zeichen ist diagnostisch
Direkte Mikroskopie Kutane Larva migrans	Hautbiopsie	Vorhandensein von Larven	*Einschränkung*: nicht nützlich, da sie selten den Parasiten identifiziert
Darmerkrankung	Stuhlmikroskopie	Eier	*Einschränkung*: schwierig zwischen Arten zu unterscheiden
Immundiagnostik	Antikörpernachweis (ELISA mit exkretorisch-sekretorischen Antigenen von adulten *Ancylostoma caninum)*	IgG- und IgE- Antikörper	*Einschränkung*: keine Daten zur Sensitivität und Spezifität
	Western Blot (Ac68) Protein	IgG4-Antikörper	Sensitiver als IgG- und IgE-ELISA mit exkretorisch-sekretorischen Antigenen
Molekularer Nachweis	PCR, PCR-RFLP, qPCR	ITS1, 5.8S, ITS2 von rDNA	*Einschränkung*: erfordert qualifiziertes Personal

Diagnose bei Menschen

Die Diagnose von CLM bei Menschen erfolgt in der Regel anhand klinischer Anzeichen von Symptomen und einer Vorgeschichte mit Exposition gegenüber zoonotischen Hakenwürmern. Bei der Untersuchung der Haut werden lineare, juckende, serpentinenartige Spuren an den Füßen oder am unteren Teil der Beine beobachtet. Die Stuhlmikroskopie ergänzt die Diagnose einer Enteritis (Tab. 2).

Mikroskopie

Die Hautbiopsie ist häufig nützlich, um die Larve bei CLM nachzuweisen. Bei einer Enteritis kann die Stuhlmikroskopie die typischen Hakenwurmeier aufzeigen. Die Eier werden nicht ständig im Stuhl ausgeschieden; daher kann eine wiederholte Probennahme notwendig sein, um eine Infektion zu erkennen.

In-vitro-Kultivierung

Die Eier verschiedener *Ancylostoma*-Arten sind morphologisch ähnlich und können daher nicht voneinander unterschieden werden. Daher wird häufig eine Koprokultur von Stuhlproben zur artspezifischen Identifizierung von *Ancylostoma* durchgeführt, die auf der Identifizierung der Larven basiert, die während der Stuhlkultur aus den *Ancylostoma*-Eiern schlüpfen. Das zentrifugierte Sediment der Kulturflüssigkeit nach der Inkubation wird unter dem Mikroskop auf Larven untersucht, um ihre weitere Identifizierung zu ermöglichen. Verschiedene Techniken wie Agarplattenkultur, Harada-Mori-Technik usw. werden häufig für diesen Zweck eingesetzt.

Serodiagnostik

Western Blot und ELISA sind die Tests der Wahl bei der Serodiagnostik dieser Erkrankung. Ein ELISA unter Verwendung von exkretorisch-sekretorischen Antigenen von adulten *A. caninum* steht für den Nachweis von IgG und IgE im Serum zur Verfügung. Ein Western Blot zur Identifizierung von IgG4-Antikörpern gegen ein 68-kDa-Protein (Ac68) ist spezifischer und sensitiver.

Molekulare Diagnostik

Die Real-Time-PCR, die auf die ITS2-Sequenz abzielt, gefolgt von einer hochauflösenden Schmelzanalyse, wurde in Forschungsumgebungen zum Nachweis und zur Differenzierung von *N. americanus*, *A. duodenale*, *A. ceylanicum* und *A. caninum* eingesetzt. PCR-RFLP wurde auch zum Nachweis von *Ancylostoma*-Arten eingesetzt.

Diagnose bei Tieren

Eine *Ancylostoma*-Infektion bei Tieren kann sich durch Lethargie, Gewichtsverlust, Schwäche, raues Fell und blasse Schleimhäute äußern. Zur Diagnose der Infektion werden häufig die Aufkonzentration des Stuhls durch das Flotationsverfahren und die mikroskopische Untersuchung auf Eier durchgeführt, gefolgt von einer In-vitro-Kultivierung zur Identifizierung der Spezies.

Behandlung

Die Anzeichen und Symptome der CLM klingen in der Regel ohne medizinische Behandlung ab. Ivermectin ist das Mittel der Wahl zur Behandlung der kutanen Larva migrans beim Menschen. Es ist bei Kindern unter 5 Jahren und bei schwangeren Frauen kontraindiziert. Orales Albendazol ist ebenfalls wirksam. Topisches Thiabendazol wird zur Behandlung der Läsion eingesetzt und ist genauso wirksam wie orales Ivermectin.

Prävention und Bekämpfung

Zu den vorbeugenden Maßnahmen gehören (a) das Vermeiden des Barfußgehens und das Tragen von Schuhen, (b) die Verringerung der

Umweltverschmutzung des Bodens oder Sandes durch Tierkot durch regelmäßiges Entwurmen und sofortige und ordnungsgemäße Entsorgung des Kots, Abdecken der Sandkästen, wenn sie nicht benutzt werden, und Verwendung von Natriumborat zur Desinfektion von Rasenflächen, Zwingern oder anderen Bereichen, und (c) die Unterbringung von Tieren, um die Entwicklung infektiöser Larven zu verhindern. Um Infektionen mit A. *caninum* bei Welpen zu verhindern, sollten Hündinnen frei von Hakenwürmern sein und während der Trächtigkeit nicht in kontaminierten Gebieten gehalten werden.

Fallstudie

Umbrello und seine Mitarbeiter berichteten von einem Fall eines 2 Monate alten italienischen weiblichen Säuglings, der gestillt und mit Beschwerden über Erbrechen und Gewichtsverlust ins Krankenhaus eingeliefert wurde. Einen Monat zuvor wurde der Säugling wegen derselben gesundheitlichen Probleme in einem anderen Krankenhaus aufgenommen Nach der Untersuchung von Urin und Blut wurde eine Eosinophilenzahl von 2900/µl festgestellt, während die Ammoniumkonzentration, die Ultraschalluntersuchung des Abdomens und der Test auf Rotavirus-/Adenovirusfäkalantigene negativ ausfielen. In dieser Zeit litt der Säugling an leichtem Durchfall, der nach Behandlung mit Probiotika abgeklungen wurde. Danach wurde der Säugling in einem gesunden Zustand entlassen. Bei der Untersuchung stellte sich heraus, dass die Mutter während ihrer 1. Schwangerschaftsphase 70 Tage lang durch Vietnam und Thailand (Südostasien) gereist war, wo sie mehrere Episoden von Übelkeit mit Erbrechen erlebte. Der Blutuntersuchungsbericht des Säuglings zeigte eine Leukozytenzahl von 19.060/µl, eine Eosinophilenzahl von 5170/µl, eine Thrombozytenzahl von 756.000/µl und einen Hämoglobinwert von 9,1 g/dl. Der Blutausstrich zeigte das Vorhandensein von mikrozytären hypochromen roten Blutkörperchen. In Anbetracht des Hämoglobinspiegels wurden Eisen und Folsäure oral ergänzt. Die anderen Parameter wie Serumproteinspiegel, Bilirubinspiegel und Albuminspiegel lagen im Normbereich. Der Leberfunktionstest und der Abdomentest waren normal. Andererseits war auch das C-reaktive Protein (CRP) negativ. Elektrolyte, Nierenfunktionstest und Koagulasetest wurden als normal gemeldet. Der Stuhl sah normal aus, während Virusantigene und Bakterienkultur als negativ gemeldet wurden. Die mikroskopische Untersuchung des Stuhls ergab das Vorhandensein von Hakenwurmeiern, die durch eine Real-Time-PCR im Parasitologielabor des "Ospedale Sacro Cuore Don Calabria" in Negrar als *A. duodenale* bestätigt wurden. Das Fehlen des Parasiten im Stuhl der Eltern bewies die vertikale Übertragung des Parasiten während der Schwangerschaft. Dem Säugling wurden an 3 aufeinanderfolgenden Tagen 2-mal täglich 2 Dosen Mebendazol (100 mg) oral verabreicht. Das Kind wurde in gutem Gesundheitszustand entlassen. Bei der nach einem Monat angesetzten Nachuntersuchung schienen der klinische Zustand und die medizinischen Berichte des Kindes normal zu sein (Umbrello G et al. 2021).

1. Welche verschiedenen Methoden gibt es zur Artunterscheidung von *Ancylostoma* spp.?
2. Welche *Ancylostoma*-Arten können eine patente Infektion beim Menschen verursachen? Was sind die klinischen Manifestationen?
3. Welche anderen Parasiten können CLM verursachen?

Forschungsfragen

1. Was ist die weltweite Belastung durch zoonotische Krankheiten bei Katzen und Hunden?
2. Wie hoch ist die Infektionsprävalenz und -intensität der zoonotischen Ankylostomiasis in menschlichen Populationen?
3. Wie kann man *A. ceylanicum* in Gebieten außerhalb Südostasiens und der Pazifikregion kartieren?

Weiterführende Literatur

Abubucker S, Martin J, Yin Y, Fulton L, Yang SP, Hallsworth-Pepin K, Johnston JS, Hawdon J, McCarter JP, Wilson RK, Mitreva M. The canine hookworm genome: analysis and classification of *A. caninum* survey sequences. Mol Biochem Parasitol. 2008;157(2):187–92.

Chidambaram M, Parija SC, Toi PC, Mandal J, Sankaramoorthy D, George S, Natarajan M, Padukone S. Evaluation of the utility of conventional polymerase chain reaction for detection and species differentiation in human hookworm infections. Trop Parasitol. 2017;7(2):111.

Heukelbach J, Feldmeier H. Epidemiological and clinical characteristics of hookworm-related cutaneous larva migrans. Lancet Infect Dis. 2008;8:302–9.

Jex AR, Waeschenbach A, Hu M, et al. The mitochondrial genomes of *Ancylostoma caninum* and *Bunostomum phlebotomum* – two hookworms of animal health and zoonotic importance. BMC Genomics. 2009;10:79. https://doi.org/10.1186/1471-2164-10-79.

Murphy MD, Spickler AR. Zoonotic Hookworms [http://www.cfsph.iastate.edu/Factsheets/pdfs/hookworms.pdf].

Loukas A, Prociv P. Immune responses in hookworm infections. Clin Microbiol Rev. 2001;14(4):689–703.

Ngwese MM, Manouana GP, Moure PAN, et al. Diagnostic techniques of soil-transmitted helminths: impact on control measures. Trop Med Infect Dis. 2020;5(2):93.

Pawlowski ZS, Schad GA, Stott GJ. Hookworm infection and anaemia: approaches to control and prevention. Geneva: WHO; 1991.

Schwarz E, Hu Y, Antoshechkin I, et al. The genome and transcriptome of the zoonotic hookworm *Ancylostoma ceylanicum* identify infection-specific gene families. Nat Genet. 2015;47:416–22.

Schuster A, Lesshafft H, Talhari S, Guedes de Oliveira S, Ignatius R, Feldmeier H. Life quality impairment caused by hookworm-related cutaneous larva migrans in resource-poor communities in Manaus, Brazil. PLoS Negl Trop Dis. 2011;5(11):e1355. https://doi.org/10.1371/journal.pntd.0001355.

Shepherd C, Wangchuk P, Loukas A. Of dogs and hookworms: man's best friend and his parasites as a model for translational biomedical research. Parasites Vect. 2018;11:59. https://doi.org/10.1186/s13071-018-2621-2.

Singh K, Singh R, Parija SC, Faridi MMA. Infantile hookworm disease. Indian J Pediatr. 1999;67:241.

Umbrello G, Pinzani R, Bandera A, et al. Hookworm infection in infants: a case report and review of literature. Ital J Pediatr. 2021;47:26. https://doi.org/10.1186/s13052-021-00981-1.

Yushida Y. Comparative studies on *Ancylostoma braziliense* and *Ancylostoma ceylanicum*. I. The adult stage. J Parasitol. 1971;57(5):983–9.

Askariasis

Utpala Devi

Lernziele

1. Den Leser darauf aufmerksam zu machen, dass das Löffler-Syndrom auch auf zoonotische Askariasis zurückzuführen sein kann, die von Schweinen übertragen wird
2. Die Begrenzung der Mikroskopie bei der Diagnose zu untersuchen, da die häufiger vorkommenden Eier von *Ascaris lumbricoides* eine ähnliche Morphologie wie die von *Ascaris suum* aufweisen

Einführung

Die durch *Ascaris lumbricoides* und *Ascaris suum* verursachte Askariasis ist eine häufige parasitäre Erkrankung bei Menschen und Schweinen. *Ascaris lumbricoides* dafür ist bekannt, Menschen zu infizieren, während *A. suum* Schweine infiziert. In seltenen Fällen kann *A. suum* jedoch auch Menschen infizieren. Eine Askariasis beim Menschen entsteht durch die Aufnahme infektiöser Eier, die in der kontaminierten Umgebung vorhanden sind. *A. suum* infiziert weltweit in der Regel Schweine und verursacht enorme wirtschaftliche Verluste. Es handelt sich um einen wichtigen zoonotischen Erreger. Bei den meisten Infektionen kann eine Person asymptomatisch bleiben, in einigen Fällen kann es jedoch zu tödlichen Situationen wie der viszeralen Larva migrans (VLM) kommen. Da sie sich sehr ähneln, ist es oft schwierig zu diagnostizieren, ob eine Askariasis durch *A. lumbricoides* oder *A. suum* verursacht wurde. Molekulare Marker, die auf die nukleäre ITS1-Region abzielen, werden zur Unterscheidung von *A. suum* und *A. lumbricoides verwendet,* wobei der G1-Genotyp normalerweise bei Menschen und der G3-Genotyp bei Schweinen vorkommt. Maßnahmen, die sich auf Gesundheitserziehung und bessere landwirtschaftliche Praktiken konzentrieren, sind zusammen mit persönlicher und Lebensmittelhygiene wichtig, um diese Infektion zu verhindern.

Geschichte

Die Krankheit Askariasis wurde in den schriftlichen Aufzeichnungen der ägyptischen Hieroglyphen dokumentiert. Die Krankheit wurde erstmals von Edward Tyson im späteren Teil des 17. Jahrhunderts untersucht. *Ascaris*-Eier wurden bei Menschen aus archäologischem Material gefunden, das 30.000 Jahre alt ist. *Ascaris*

Utpala Devi (verstorben) – Professor Devi schrieb dieses Buch während ihrer Zeit bei ICMR-RMRC, Dibrugarh, Indien

S. C. Parija und A. Chaudhury (Hrsg.), *Lehrbuch der parasitären Zoonosen,*
https://doi.org/10.1007/978-981-97-4312-4_45

suum wurde erstmals von Goeze im Jahr 1782 beschrieben und benannt.

Taxonomie

Ascaris suu gehört zur Gattung *Ascaris* der Familie Ascarididae, der Ordnung Ascaridida, der Klasse Secernentea, dem Stamm Nematoda und dem Reich Animalia. *Ascaris suum* ist eine eng verwandte Art von *A. lumbricoides* und hat eine hohe Wirtsspezifität für Schweine, obwohl auch von Infektionen mit *A. suum* beim Menschen berichtet wurde. Es gab erhebliche Diskussionen darüber, ob *A. lumbricoides* und *A. suum* eine einzige und dieselbe Art oder zwei verschiedene Arten sind. Es wurden zahlreiche Studien durchgeführt, um *A. lumbricoides* und *A. suum* anhand ihrer Morphologie, Immunologie und Biochemie zu unterscheiden, jedoch ohne eindeutige Ergebnisse. Jüngste Studien haben genetische Marker identifiziert, die möglicherweise eine Unterscheidung zwischen den beiden ermöglichen.

Genomik und Proteomik

Der von Jex et al. 2011 veröffentlichte Genomentwurf von *A. suum* mit 273 Mb weist im Vergleich zu anderen sequenzierten Genomen von Metazoen einen mittleren GC-Gehalt von 37,9 % und wenige repetitive Sequenzen (4,4 %) auf. Es wurde festgestellt, dass es für etwa 18.500 Protein codierende Gene codiert. Das Sekretom von *A. suum* ist reich an Peptidasen und soll für den Abbau und das Eindringen in das Wirtsgewebe verantwortlich sein. Außerdem soll es eine Ansammlung von Molekülen enthalten, die dazu beitragen, der Immunantwort des Wirts zu entgehen.

Die exkretorisch-sekretorischen (ES) Produkte der Larvenstadien von A. *suum* zeigten, dass die Mehrheit der ES-Proteine vom L3-Ei-Stadium zwischen 10 und 120 kDa verteilt waren, während die von L3-Lungen-Stadium zwischen 30 und 100 kDa variierten und für das L4-ES-Stadium die Hauptbanden zwischen 37 und 150 kDa lagen. Die Proteine, die an Stoffwechselwegen beteiligt waren, variierten in der Anzahl vom L3-Ei-Stadium bis zu den Larven im L3-Lungen- und L4-Stadium. Die Proteine für die Motorik wie Myosin-4, Paramyosin und Tropomyosin waren einzigartig für das L3-Ei-Stadium. Fast 9 % der Proteine, die in L3-Lungen-ES-Produkten beobachtet wurden, sind strukturelle Proteine, die Cuticlin-1, Kutikulakollagen 12 und 13 enthalten, waren aber in geringerer Menge im L3-Ei- und L4-Stadium vorhanden. Von den 17 identifizierten Bindungsproteinen waren 82 % ATP-, Ion-, Kohlenhydrat- und DNA-bindende Proteine. Die Glykosylhydrolasen der Familie 31 (GH31) waren die am häufigsten identifizierten Proteine in ES-Produkten.

Die Parasitenmorphologie

Adulter Wurm

Ascaris suum hat einen zylindrischen Körper, der bilateral symmetrisch, unsegmentiert und außen von einer Kutikula bedeckt ist (Abb. 1). Die Kutikula des Körpers ist quer gestreift und dick. Es gibt 2 verschiedene Arten von Streifen, die am vorderen Ende schmal und am hinteren Ende breiter sind. Beim Männchen weist die breite Riefe am hinteren Teil des Körpers eine schmale Faltenbildung auf, die das Biegen erleichtert.

Die Körpergröße der *A. suum* Männchen variiert, sie sind zwischen 15 und 31 cm lang und 2–4 mm breit. Die Männchen haben einen spitzen Schwanz, dessen hinteres Ende zur Bauchseite hin gekrümmt ist. Sie besitzen auch Spiculae, die ihnen bei der Paarung helfen.

Die Weibchen sind größer als die Männchen und sie sind etwa 20–49 cm lang und 3–6 mm breit. Die Vulva nimmt etwa ein Drittel der vorderen Körperlänge ein.

Die Mundhöhle hat 3 Lippen, 1 dorsale und 2 lateroventrale. Die dorsale Lippe ist mit 2 labialen Papillen versehen und die lateroventralen Lippen haben jeweils nur eine labiale

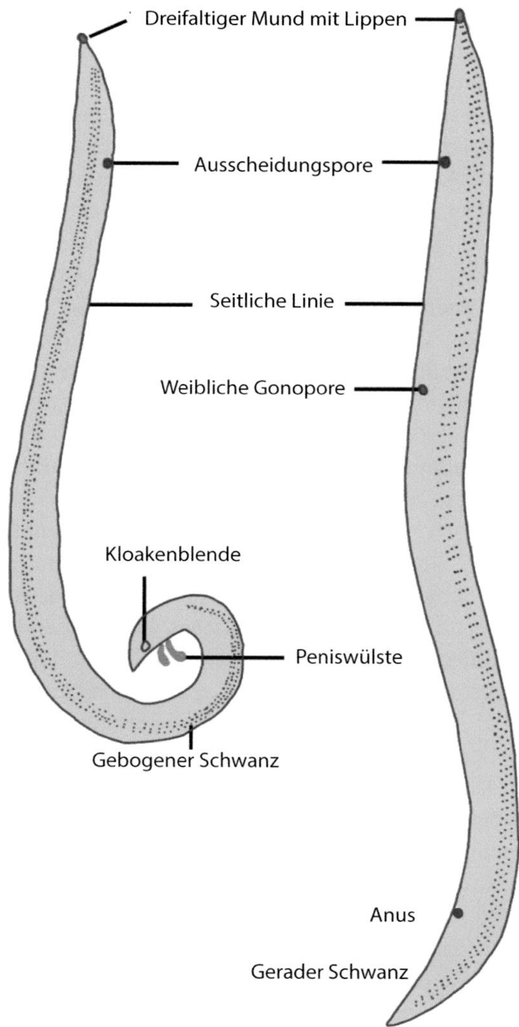

Abb. 1 Schematische Darstellung eines adulten männlichen und weiblichen *A. suum*. Männchen haben ein gekrümmtes hinteres Ende und Weibchen einen geraden Schwanz

Papille. Die Variabilität der Zähne wurde von verschiedenen Autoren untersucht. Die Zähne sind bei den jungen Würmern spitz und konisch und werden bei alten Parasiten allmählich rund und zylindrisch. Es wurde beobachtet, dass der Verschleiß der Dentikel mit dem Alter zunimmt, wobei diese aus jedem Winkel stumpf erscheinen. Die durchschnittliche Dentikelgröße steht in Beziehung zur Größe und zum Alter des Wurms, wobei es keinen erkennbaren Unterschied zwischen Männchen und Weibchen gibt.

Das kaudale Ende der Männchen enthält auf der Bauchseite eine große Anzahl von Papillen, die als konstant oder unbeständig in der Anzahl und mit unregelmäßiger Anordnung beschrieben wurden. Die Spitze der Papillen endet in einem kleinen Krater, aus dem ein röhrenförmiger, trichterförmiger oder knopfähnlicher Vorsprung hervorragt. Das Ende der Spiculae ist stumpf und bei stärkerer Vergrößerung sind zwei sich kreuzende Furchen zu erkennen. Sowohl bei Männchen als auch bei Weibchen endet das kaudale Ende normalerweise in einer knopfartigen Struktur, bei Weibchen befindet sich jedoch in der Mitte eine Vertiefung. Die kaudalen Papillen bei Männchen sind von zahlreichen Bakterien umgeben.

Eier

Die Eier von *A. suum* variieren in der Größe, sie sind 45–75 μm lang und haben einen Durchmesser von 35 bis 50 μm (Abb. 2). Das Ei ist

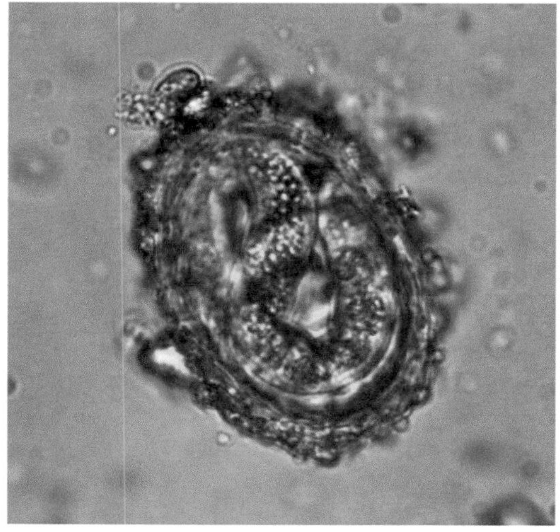

Abb. 2 Embryoniertes *A. suum*-Ei mit einer sichtbaren infektiösen Larve im L3-Stadium im Inneren. (Von Vlaminck J Eigenarbeit, CC BY-SA 4.0, https://commons.wikimedia.org/w/index.php?curid=45655455)

dickwandig, rund oder elliptisch und haben eine braune, geformte Oberfläche. Die unbefruchteten Eier sind schmaler und länger als die befruchteten Eier, ohne die äußere geformte braune Schicht. Ein weiblicher *A. suum*-Wurm kann 200.000 bis zu 1 Mio. Eier pro Tag legen.

Zucht von Parasiten

Die Kultivierung von *A. suum*-Larven wurde in synthetischen Medien durchgeführt. Das Wachstum und die Überlebensrate der Larven waren in RPMI-1640-Medien optimal.

Versuchstiere

Mäuse wurden für experimentelle Infektionen von Tieren verwendet, um die Reaktion des Wirts auf *A. suum* zu verstehen.

Lebenszyklus von *Ascaris suum*

Wirte

Der Lebenszyklus wird in einem einzigen Wirt abgeschlossen (Abb. 3). Das Schwein ist der Hauptwirt. Infektionen treten auch bei Rindern auf.

Infektiöses Stadium

Embryonierte Eier von *A. suum*, die infektiöse L3-Larven enthalten, sind infektiös.

Übertragung von Infektionen

Die Übertragung auf den Menschen erfolgt durch die Aufnahme von *A. suum* Eiern, die sich im kontaminierten Boden befinden. Dies geschieht, wenn Menschen ihre Hände nach dem Umgang mit Schweinen oder Schweinegülle nicht richtig waschen oder wenn sie Produkte konsumieren, die mit Schweinegülle gedüngt wurden. Da die Eier von *A. suum* nicht in einem infizierten Schwein vorhanden sind, kann die Infektion nicht durch den Verzehr von Schweinefleisch oder schweinefleischbezogenen Produkten auf den Menschen übertragen werden.

Der Lebenszyklus von *A. suum* ist direkt; daher gibt es keine Beteiligung von Zwischenwirten. Schweine infizieren sich oral mit embryonierten Eiern, die infektiöse L3-Larven enthalten, von *A. suum*, die in der kontaminierten Umgebung vorhanden sind. Innerhalb des Eis durchläuft die Larve 2-mal eine Häutung, sodass die Larve, die daraus hervorgeht, eine Larve im 3. Stadium (L3) ist, die locker von L2-Kutikula bedeckt ist.

Nach der Aufnahme wird die infektiöse Larve im Dünndarm freigesetzt, dringt dann in die Schleimhaut des Dickdarms und Blinddarms ein und wandert dann zur Leber. Die L3-Larven werden durch die Mesenterialgefäße zur Leber transportiert, wo sie die Kapillaren verstopfen und anschließend Lebergewebe zerstören, um letztendlich die efferenten Blutgefäße zu erreichen. Die L3-Larven wandern anschließend über den Blutkreislauf in die Lunge und dringen in die Kapillaren ein, um in die Alveolen zu gelangen. Danach passieren sie die Atemwege und erreichen den Rachen. Die Larven werden dann zurück in den Dünndarm geschluckt. Die meisten Larven werden 14–21 Tage nach der Infektion mit dem Kot aus dem Darm ausgeschieden (*Selbstheilungsreaktion*). Die verbleibenden Larven verwandeln sich nach 2-maliger Häutung über die L4- und L5-Stadien in adulte Würmer und werden schließlich 42 bis 49 Tage nach der Infektion zu adulten Würmern. Somit dauert es fast 6–8 Wochen nach der Aufnahme infektiöser Eier durch die Schweine, bis weibliche Würmer Eier produzieren.

Pathogenese und Pathologie

Sowohl die Schädigung des Organs durch die wandernden Larven als auch die Immunreaktion des Wirts auf die Larvenwanderung tragen zur Pathogenese der Askariasis bei. Die Pathologie

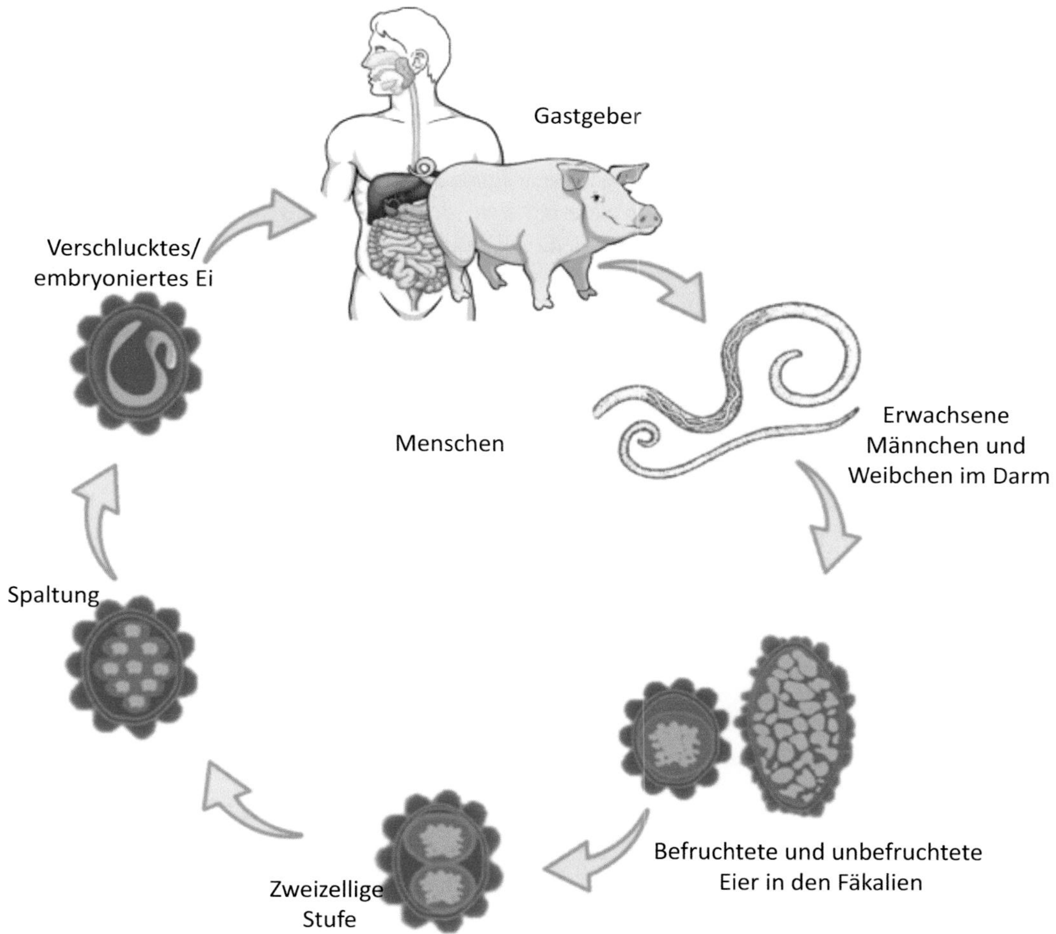

Abb. 3 Lebenszyklus von *Ascaris suum*

der Organe im infizierten Wirt hängt von der Anzahl der adulten Würmer und der Stelle ab, an der sie sich im infizierten Wirt befinden.

In Menschen

Die Wanderung der Larven in der Lunge äußert sich in einem klinischen Syndrom mit massiven Lungeninfiltraten, Asthma und Eosinophilie. Die Lungenläsionen werden nicht nur durch die Larvenwanderung, sondern auch durch 2 Arten von Antikörperreaktionen verursacht: IgE ist für Urtikaria und Asthma verantwortlich und IgM für das Lungeninfiltrat. Die pulmonale Eosinophilie, die durch die Wanderung der Larven durch die Lunge im Fall von Askariasis verursacht wird, wird als Löffler-Syndrom bezeichnet. Es wurde nachgewiesen, dass der Schweine-*Ascaris* beim Menschen nicht das adulte Stadium erreichen kann, obwohl bereits 1977 über Darmverschluss durch *A. suum* berichtet wurde.

In Schweinen

Wenn die Larven in den Blinddarm und den Dickdarm des infizierten Schweins eindringen, werden in der Schleimhaut marginale petechiale Blutungen beobachtet. Die intestinale Phase ist mit einer Hypertrophie der Tunica muscularis und einer verringerten Zottenhöhe verbunden. Die Migration der L3-Larve führt zu einer Entzündung in der Leber und die Läsion ist makroskopisch als weiße Flecken (auch Milchflecken genannt) sichtbar. Diese Läsionen heilen und verschwinden nach etwa 5 bis 6 Wochen, aber aufgrund der Verhärtung der Leber ist das Organ für den menschlichen Verzehr weniger geeignet. Die Migration des Larvenstadiums in die Lungen der Schweine führt auch zu einer hämorrhagischen und entzündlichen Zellreaktion, und die Schweine leiden an Pneumonitis.

Immunologie

Die Rolle der humoralen Immunantwort gegen *A. suum* wurde experimentell an Versuchstieren nachgewiesen. Die Immunisierung mit As14, einem 14-kDa-Oberflächenprotein von *A. suum,* in Kombination mit Choleratoxin B, führte zu einem signifikanten Anstieg der IgE- und IgG-Spiegel im Serum und in der Schleimhaut. Dies war auch mit einer Reduktion der Larvenlast in den Lungen bei Mäusen verbunden.

Mehrfachinfektionen von Mäusen mit *A. suum* zeigten eine gemischte Th2/Th17-Immunantwort mit der Produktion höherer systemischer Zytokinspiegel im Vergleich zu denen, die mit einem einzigen Parasiten infiziert waren.

Schweine zeigten nach einer langen Exposition gegenüber *Ascaris* eine schützende Immunität im Darm. Dadurch wurde verhindert, dass die eindringenden Larven das Darmgewebe durchdringen und somit wandern konnten. Es wurde beobachtet, dass Schweine durch eine erhöhte Anzahl von Eosinophilen im Darm geschützt waren, was das Abtöten der Larven erleichterte.

Infektion beim Menschen

A. suum-Infektionen beim Menschen verlaufen oft asymptomatisch. Bei symptomatischen Fällen können die klinischen Symptome von *A. suum*-Infektionen mit der Migration der Larven, der Gesamtzahl der vorhandenen adulten Würmer und ihrer Lage im infizierten Wirt zusammenhängen. Adulte *A. suum*-Würmer verursachen beim infizierten Menschen selten klinische Symptome.

Die durch *A. lumbricoides*, eine menschliche Spezies, verursachte Askariasis ist weltweit eine häufige Ursache für das Löffler-Syndrom. Das Löffler-Syndrom ist eine immunvermittelte Typ-I-Überempfindlichkeitsreaktion, die durch die Wanderung der *A. lumbricoides*-Larven in das Lungengewebe verursacht wird. In einem Bericht aus den USA wurde ein Fall von Löffler-Syndrom aufgrund von *A. suum* bei einem 8-jährigen Kind dokumentiert, und es wurde vermutet, dass Schweine die Infektionsquelle waren. Die viszerale Larva migrans (VLM), eine Erkrankung der Eingeweide, die durch die wandernden Larven von A. *suum* verursacht wird, wurde kürzlich ebenfalls dokumentiert. In den meisten dieser Fälle waren die Lungen betroffen. Es wurde auch über eine mit VLM in Verbindung stehende Enzephalopathie aufgrund von *A. suum* und eine Darmobstruktion aufgrund von *A. suum* berichtet.

Infektion bei Tieren

Obwohl *A. suum* eine häufige parasitäre Infektion bei Schweinen ist, leiden die Schweine weniger unter der klinischen Erkrankung. Die klinischen Manifestationen hängen vom Entwicklungsstadium des Parasiten und auch von der Belastung durch den Parasiten ab. Schweine können während der Migrationsphase der Larven in der Lunge häufig Husten haben. Die Wanderung der Larven in die Leber verursacht schwere Schäden, die sich durch das Auftreten von *Milchflecken* und eine Verhärtung der allgemeinen

Textur auszeichnen, wodurch sie für den Verzehr weniger geeignet ist. Das Vorhandensein von Würmern im Darm führt auch zu Durchfall und einer Verringerung der Gewichtszunahme der Schweine. Ein Darmverschluss ist selten.

Epidemiologie und öffentliche Gesundheit

A. suum-Infektionen bei Schweinen wurde in vielen Teilen der Welt, einschließlich Maine, China, Japan und Dänemark (Tab. 1), als wichtige Quelle für Infektionen beim Menschen gemeldet. Es wurden mehrere Fälle von Askariasis bei Kindern gemeldet, die auf den engen Kontakt mit Schweinen oder Schweinekot zurückzuführen sind. Die Prävalenz von *A. suum*-Infektionen bei Schweinen hängt von einer Vielzahl von Faktoren ab, darunter die Art des Schweinezuchtbetriebs, die Haltungs- und Bewirtschaftungspraktiken, das Alter der Schweine und auch die Jahreszeit.

Es wurden Studien mit molekularen Markern durchgeführt, um die molekulare Epidemiologie von *Ascaris* zu verstehen. Die Übertragungsdynamik von *Ascaris* bei Menschen und Schweinen wurde mit mitochondrialen und Mikrosatellitenmarkern untersucht. *Ascaris*-Wurmproben wurden von Menschen und Schweinen aus verschiedenen geografischen Regionen, einschließlich Großbritannien, Dänemark, Uganda, Kenia, Sambia, Bangladesch, Nepal, Sansibar, den Philippinen, Tansania, Guatemala, und verschiedenen Ländern, entnommen. Bei der Analyse der *COX-1*-Sequenzen wurden 75 verschiedene Haplotypen von *Ascaris* gefunden. Die Haplotypen H1 und H3 wurden in *Ascaris* beim Menschen gefunden, während die Haplotypen H7, H28, H52 und H65 reichlich in *Ascaris* bei Schweinen vorkamen, wobei Haplotyp H65 für beide einzigartig war. Es wurde beobachtet, dass in Europa *Ascaris* beim Menschen mit *Ascaris* bei Schweinen anstatt mit *Ascaris* beim Menschen einher ging, was darauf hinweist, dass *Ascaris*-Infektionen in entwickelten Ländern zoonotisch sind.

Um die Quelle der *Ascaris*-Infektionen beim Menschen aufzudecken, wurden *Ascaris*-Würmer von Menschen und Schweinen aus Dänemark und einigen Entwicklungsländern verglichen, indem eine bestimmte Region der nukleären rDNA, die interne transkribierte Spacer-Region, analysiert wurde. Die Ergebnisse der Studie zeigten, dass Hausschweine die Quelle der *Ascaris*-Infektionen bei allen dänischen Patienten waren.

Diagnose

Eine Vielzahl von diagnostischen Methoden steht für die Labordiagnose von Infektionen durch *A. suum* zur Verfügung (Tab. 2).

Beim Menschen

Mikroskopie

Obwohl man mit der Stuhlmikroskopie *Ascaris*-Eier nachweisen kann, kann nicht zwischen Eiern von *A. lumbricodes* und *A. suum* unterschieden werden. Daher ist eine spezifische Diagnose der *A. suum*-Infektion durch Stuhlmikroskopie schwierig. Darüber hinaus können adulte Würmer nicht im Stuhl nachgewiesen werden, da sich die Larven von *A. suum* nicht aus Eiern im menschlichen Darm entwickeln.

Tab. 1 Verbreitung von *A. suum* beim Menschen

Spezies	Verbreitung	Zwischenwirt	Endwirte
Ascaris suum	Maine, China, Japan, Dänemark	Keiner	Schweine, Rinder

Tab. 2 Diagnostische Techniken zur Erkennung von Askariasis beim Menschen

Ansätze	Techniken	Targets zum Nachweis	Anmerkungen zur Anwendung
Direkte Mikroskopie	Stuhluntersuchung	Nachweis von Eiern	*Einschränkung*: kann nicht zwischen Eiern von *A. lumbricoides* und *A. suum* unterscheiden
Immundiagnostik	Antigennachweis durch enzymgekoppelten Immunadsorptionsassay (ELISA)	*Ascaris suum*-Hämoglobin, -Antigen	Es hat eine höhere Sensitivität als die Mikroskopie und eine geringe Kreuzreaktivität mit *Trichuris suis*.
Molekulare Assays	Real-Time-PCR (qPCR)	Nukleäre erste interne transkribierte Spacer-Region (ITS1)	*Einschränkung*: Die Mitochondrien von *A. lumbricodes* und *A. suum* variieren nur um 1,9 %, und eine Unterscheidung zwischen den beiden ist möglicherweise nicht möglich

Serodiagnostik

Ein auf dem *A. suum*-Antigen basierender Immunblotassay hat sich für die Diagnose von viszeraler Larva migrans beim Menschen als nützlich erwiesen. Ein ELISA-Test, der ein Hämoglobinantigen von *A. suum* verwendet, steht für die Diagnose einer Infektion mit *A. suum* sowohl beim Menschen als auch bei Schweinen zur Verfügung.

Molekulare Diagnostik

Die PCR ist nützlich, um *Ascaris*-Eier nachzuweisen, kann jedoch nicht zwischen *A. lumbricodes* und *A. suum* unterscheiden. Tests, die auf anderen genetischen Markern (mitochondriales Genom) basieren, werden in epidemiologischen Studien ausgewertet, obwohl die Unterscheidung zwischen den beiden Arten, *A. lumbricodes* und *A. suum*, sehr gering ist.

Bei Schweinen

Milchflecken in der Leber oder das Vorhandensein von adulten Würmern im Darm deutet auf VLM durch *A. suum* hin. Die Stuhlmikroskopie ist nützlich, um das Vorhandensein von *Ascaris*-Eiern im Stuhl nachzuweisen. Zur Diagnose einer Infektion mit *A. suum* bei Schweinen steht ein ELISA-Test zur Verfügung, der ein Hämoglobinantigen von *A. suum* verwendet.

Behandlung

Die Weltgesundheitsorganisation (WHO) empfiehlt die Verwendung von Albendazol, Mebendazol, Levamisol und Pyrantel-Pamoat zur Behandlung von Askariasis. Kortikosteroide können bei der Behandlung schwerer Fälle des Löffler-Syndroms verabreicht werden. Die Behandlung mit Albendazol oder Mebendazol zur Ausrottung adulter Würmer wird verzögert, bis die pulmonalen Symptome abgeklungen sind.

Prävention und Bekämpfung

Die zoonotische Übertragung von *Ascaris* von Schweinen hat die Notwendigkeit einer effizienten Bekämpfung solcher Infektionen in Schweinepopulationen hervorgehoben. Zu den Präventivmaßnahmen gehören die Vermeidung des Kontakts mit Erde, die mit Schweinemist verunreinigt ist, das Händewaschen mit Wasser und Seife nach dem Umgang mit Schweinen oder Schweinemist sowie das gründliche Waschen/Schälen/Kochen von Gemüse und Obst vor dem Verzehr.

Eine Studie zur Wirksamkeit von Impfstoffen unter Verwendung von Rohextrakten adulter Würmer, der Kutikula adulter Würmer und eines Extrakts infektiöser *A. suum*-L3-Larven zeigte vielversprechende Ergebnisse, die zu einer schützenden Immunität in einem experimentellen Mäusemodell beitrugen. *A. suum*-Enolase und hefeexprimiertes rAs16, formuliert mit ISA720 oder Alaun, haben sich ebenfalls als potenzielle Impfstoffkandidaten gegen Askariasis erwiesen.

Fallstudie

Im Stuhl eines Erwachsenen wurde ein Wurm gefunden. Es wurde eine Behandlung mit Niclosamid und einem Abführmittel vorgenommen, und über einen Zeitraum von 3 Tagen wurden parasitologische Stuhluntersuchungen durchgeführt. Der Parasit wurde als weiblicher *Ascaris* spp. identifiziert, und der Patient wurde 3 Tage lang mit Mebendazol behandelt. Acht Tage nach der ersten anthelminthischen Behandlung wurde ein weiterer *Ascaris* spp. mit dem Stuhl ausgeschieden, der als männlicher Wurm identifiziert wurde. Der Patient wurde weiterhin mit Mebendazol in Kombination mit einem osmotischen Abführmittel behandelt. Die Blutuntersuchungen, die Röntgenaufnahme des Brustkorbs und die Sonografie des Abdomens waren unauffällig. Durch Anwendung von PCR-RFLP wurde der Wurm des Patienten als Zwischenstufe beider Arten, *A. suum* und *A. lumbricoides*, gefunden. *Ascaris suum* wurde in den Schweinen der Betriebe des Patienten gefunden. Daraus wurde geschlossen, dass eine Kreuzinfektion von den Schweinen die Übertragungsquelle ist.

1. Wie können wir zwischen *A. lumbricoides* und *A. suum* unterscheiden?
2. Wie führt man eine Untersuchung durch, um die tatsächliche Prävalenz von *A. suum* in einem gegebenen geografischen Gebiet festzustellen?
3. In welcher Situation kann eine *A. suum*-Infektion beim Menschen lebensbedrohlich werden?

Forschungsfragen

1. Verursacht *A. suum* tatsächlich Krankheiten beim Menschen? Wie hoch ist das tatsächliche pathogene Potenzial von *A. suum?*
2. Wie hoch ist die genaue Belastung durch *A. suum* bei Menschen weltweit?
3. Sind *A. lumbriciodes* und *A. suum* gleich oder unterschiedlich?

Weiterführende Literatur

Alba JE, Comia MN, Oyong G, Claveria F. *Ascaris lumbricoides* and *Ascaris suum*: a comparison of electrophoretic banding patterns of protein extracts from the reproductive organs and body wall. Vet Archiv 2009; 79: 281–291.

Betson M, Stothard JR. *Ascaris lumbricoides* or *Ascaris suum*: What's in a Name? J Infect Dis 2016;213(8):1355–1356. https://doi.org/10.1093/infdis/jiw037.

Chen N, Yuan Z-G, Xu M-J, Zhou D-H, Zhang X-X, Zhang Y-Z, et al. *Ascaris suum* enolase is a potential vaccine candidate against ascariasis. Vaccine 2012; 30:3478–3482. https://doi.org/10.1016/j.vaccine.2012.02.075.

Davies NJ, Goldsmid JM. Intestinal obstruction due to *Ascaris suum* infection. Trans R Soc Trop Med Hyg. 1978;72(1):107.

Dana D, Vlaminck J, Ayana M, Tadege B, Mekonnen Z, Geldhof P, et al. Evaluation of copromicroscopy and serology to measure the exposure to *Ascaris* infections across age groups and to assess the impact of 3 years of biannual mass drug administration in Jimma Town. Ethiopia PLoS Negl Trop Dis. 2020;14(4):e0008037. https://doi.org/10.1371/journal.pntd.0008037.

Deslyper G, Holland CV, Colgan TJ, et al. The liver proteome in a mouse model for *Ascaris suum* resistance and susceptibility: evidence for an altered innate immune. Parasit Vector. 2019;12:402.

Gazzinelli-Guimarães AC, Gazzinelli-Guimarães PH, Nogueira DS, Oliveira FMS, Barbosa FS, Amorim CCO, et al. IgG induced by vaccination With *Ascaris suum* extracts is protective against infection. Front Immunol. 2018;9:2535. https://doi.org/10.3389/fimmu.2018.02535.

Inatomi Y, Murakami T, Tokunaga M, Ishiwata K, Nawa Y, Uchino M. Encephalopathy caused by visceral larva migrans due to *Ascaris suum*. J Neurol Sci. 1999;164:195–9.

Jex AR, Liu S, Li B, Young ND, Hall RS, Li Y, et al. *Ascaris suum* draft genome. Nature 2011;479(7374):529–533. doi: https://doi.org/10.1038/nature10553.

Khari A, Parija SC, Karki P, Kumar N. Sonographic diagnosis of intestinal ascariasis. Trop Dr. 1998;18:117–8.

Leles D, Gardner SL, Reinhard K, Iñiguez A, Araujo A. Are *Ascaris lumbricoides* and *Ascaris suum* a single species? Parasit Vectors. 2012;5:42. https://doi.org/10.1186/1756-3305-5-42.

Levine HS, Silverman PH. Cultivation of *Ascaris suum* larvae in supplemented and unsupplemented chemically defined media. J Parasitol. 1969;55(1):17–21.

Masure D, Wang T, Vlaminck J, Claerhoudt S, Chiers K, Van den Broeck W, et al. The intestinal expulsion of the roundworm *Ascaris suum* is associated with eosinophils, intra-epithelial T cells and decreased intestinal transit time. PLoS Negl Trop Dis. 2013;7(12):e2588. https://doi.org/10.1371/journal.pntd.0002588.

Roepstorff A, Nansen P. Epidemiology, diagnosis and control of helminth parasites of swine FAO Animal Health Manual No-3 1998; ISSN 1020-5187.

Schneider R, Auer H. Incidence of Ascaris suum-specific antibodies in Austrian patients with suspected larva migrans visceral is (VLM) syndrome. Parasitol Res. 2016;115(3):1213–9.

Wei J, Versteeg L, Liu Z, Keegan B, Gazzinelli-Guimarães AC, Fujiwara RT, et al. Yeast-expressed recombinant As16 protects mice against *Ascaris suum* infection through induction of a Th2-skewed immune response. PLoS Negl Trop Dis. 2017;11:e0005769.

Dioctophymiasis

Swati Khullar, Nishant Verma und Bijay Ranjan Mirdha

Lernziele

1. Zu wissen, dass *Dioctophyma* einer der wenigen Parasiten ist, der hauptsächlich die Nieren befallen kann
2. Die Bedeutung chirurgischer Eingriffe in Abwesenheit einer wirksamen Chemotherapie zu verstehen

Einführung

Dioctophyma renale, der Riesennierenwurm, ist einer der größten parasitären Nematoden von Nerzen, Wölfen, Hunden, Katzen und anderen fleischfressenden Säugetieren. Die durch *D. renale* verursachte Krankheit wird als Dioctophymiasis bezeichnet. Infektionen des Menschen durch *D. renale* sind selten und werden oft durch den Verzehr von rohem oder unzureichend gekochtem Fisch oder Fröschen erworben, die mit der Larve von *D. renale* infiziert sind. Die Diagnose der Dioctophymiasis kann durch den Nachweis der charakteristischen Eier oder Würmer im Urin oder auf gefärbten Gewebeschnitten der betroffenen Organe gestellt werden. Zu den wirksamsten Präventivmaßnahmen gehören der Verzicht auf den Verzehr von rohem oder unzureichend gekochtem Fisch oder anderen möglichen paratenischen Wirten und die Verwendung von sauberem Wasser zum Verzehr.

S. Khullar · N. Verma (✉) · B. R. Mirdha
Department of Microbiology, All India Institute of Medical Sciences, New Delhi, Indien

Geschichte

Dioctophyma-Eier wurden in menschlichen Koprolithen aus der neolithischen Fundstätte Arbon-Bleiche 3 (Schweiz) entdeckt. Dies ist der älteste Nachweis von Dioctophymiasis in archäologischem Material aus der Zeit von 3384–3370 v. Chr. *Dioctophyma renale* ist seit 1583 bekannt. Im 16. Jahrhundert war es als die Rote Geißel bekannt. Goeze beschrieb diesen Wurm erstmals 1782 in einer Hundeniere. Der vollständige Lebenszyklus des Parasiten wurde 1945 von Woodhead beschrieben. Die International Commission on Zoological Nomenclature (1989) entschied sich für die Nomenklatur als *Dioctophyme renale*, wie von Tollitt im Jahr 1987 beschrieben.

Taxonomie

Dioctophyme renale (Goeze 1782) gehört zur Familie der Dioctophymatidae, zu der 3 Gattungen, *Dioctophyme, Eustrongylides* und *Hystrichis* gehören. Taxonomisch ist es klassifiziert

S. C. Parija und A. Chaudhury (Hrsg.), *Lehrbuch der parasitären Zoonosen*,
https://doi.org/10.1007/978-981-97-4312-4_46

unter dem Reich Animalia, Stamm Nematoda, Klasse Enoplea, Ordnung Dioctophymatida, Familie Dioctophymidae, Gattung *Dioctophyme*.

Genomik und Proteomik

Verschiedene lipidbindende Proteine, die von *D. renale* produziert werden, wurden als Hauptantigene identifiziert. Diese unterscheiden sich strukturell von den Proteinen des Wirts und sollen eine plausible Rolle bei bestimmten Funktionen spielen, wie z. B. der Verteilung von Energiespeichern, der Signalübertragung von Zelle zu Zelle und der Beeinflussung des Immunsystems des Wirts. Ein mögliches hämhaltiges Hämoglobin, das P17-Protein mit 16,6 kDa, wurde identifiziert und dieses Protein transportiert möglicherweise Sauerstoff, wodurch der adulte Wurm leuchtend rot erscheint. Ein weiteres 44,46-kDa-Protein (P44) aus der Pseudocoelomflüssigkeit des adulten Wurms spielt möglicherweise eine Rolle bei der Lipidverteilung innerhalb des Nematoden.

Die Parasitenmorphologie

Adulter Wurm

Der adulte Wurm von *D. renale* ist einer der größten Nematoden. Er ist leuchtend rot gefärbt, mit einer Kutikula bedeckt und von 3 oder mehr äußeren nicht zellulären Schichten umgeben, die von der Epidermis abgesondert werden. Der Wurm verjüngt sich charakteristisch an beiden Enden. Wie bei jedem anderen Nematoden sind die weiblichen Würmer größer als die männlichen und sind bis zu 103 cm lang, mit einem Durchmesser von 0,5–1,2 cm. Die Männchen sind zwischen 20 und 40 cm lang und besitzen einen Durchmesser von 5–6 mm. Die Männchen haben eine auffällige glockenförmige Kopulationsbursa ohne Papillen oder Stützstrahlen (Abb. 1).

Abb. 1 Adulter männlicher Wurm von *D. renale,* mit auffälliger glockenförmiger Kopulationsbursa. Bild mit freundlicher Genehmigung von DPDx, Centers for Disease Control and Prevention (https://www.cdc.gov/dpdx/dioctophymiasis/index.html)

Eier

Die Eier von *D. renale* sind oval bis elliptisch geformt und durchsichtig bis gelb, mit bipolaren Kappen. Sie sind in einer dicken, aufgerauten Schale eingeschlossen. Ihre Größe kann zwischen 60–80 µm Länge und 39–46 µm Breite variieren (Abb. 2).

Larven

Die Larven von *D. renale* sind 6–10 mm lang und besitzen einen Durchmesser von 0,1 bis 0,2 mm. Das Vulvarprimordium der weiblichen Larve im 3. Stadium befindet sich in der Nähe des Übergangs zwischen Darm und Speiseröhre und unterscheidet sich morphologisch von dem von *Eustrongylides,* wo es in der Nähe der Analöffnung liegt.

Zucht von Parasiten

Es wurden mehrere Techniken für die Kultivierung verschiedener Helminthen mit unterschiedlichem Erfolg eingesetzt und bewertet. Die ak-

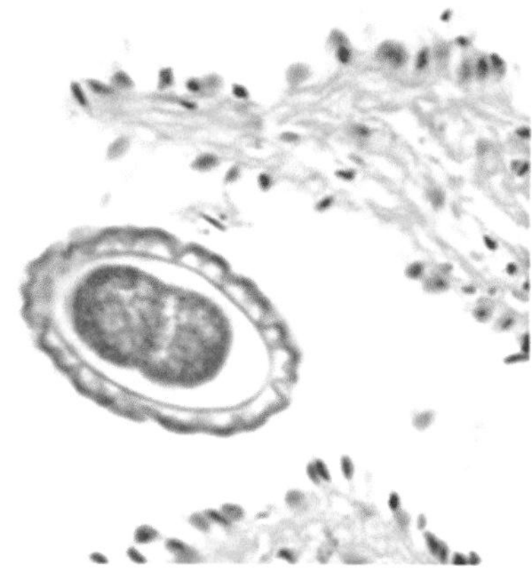

Abb. 2 Ei von *D. renale*, gefärbt mit Hämatoxylin und Eosin. Bild mit freundlicher Genehmigung von DPDx, Centers for Disease Control and Prevention (https://www.cdc.gov/dpdx/dioctophymiasis/index.html)

tuelle Literatur zur Kultivierung von *D. renale* ist jedoch begrenzt. Mace et al. untersuchten den Einfluss der Temperatur auf die Embryogenese, indem sie die Eier in einer 0,1%igen Formalinlösung inkubierten. Sie untersuchten auch die Entwicklung verschiedener Larvenstadien in Oligochaeten, Fröschen und Nerzen. Pedrassani und Kollegen untersuchten die Entwicklung von *D. renale*-Eiern und den Einfluss der Temperatur auf ihre weitere Entwicklung zu Larven im 1. Stadium, indem sie die *D. renale*-Eier in Mineralwasser (pH-Wert zwischen 7,2 und 7,7) für 90 Tage bei 15, 20 und 26 °C inkubierten. Sie kamen zu dem Schluss, dass die Embryogenese von *D. renale*-Eiern in Mineralwasser (pH 7,2) und auch in gereinigtem MilliQ-Wasser zusammen mit einer 0,1 %igen Formalinlösung (pH 7,0) bei einer Temperatur von 26 °C untersucht werden kann.

Versuchstiere

Tiermodelle haben sich bei der humanen Dioctophymiasis nicht bewährt. In einer Studie von Mace und Anderson im Jahr 1975 wurden Nerze mit L3-Larven von *D. renale* infiziert und die Übertragung und Auswirkungen untersucht. In einer anderen Studie von Abdel-Hakeem et al. berichteten die Autoren über eine *D. renale*-Infektion bei BALB-Mäusen, die auf Darmparasiten untersucht wurden. Die Anwendung und Bewertung geeigneter Tiermodelle für die humane Dioctophymiasis muss noch erforscht werden, was zum Verständnis sowohl der Pathogenese als auch der therapeutischen Modalitäten beitragen könnte.

Lebenszyklus von *Dioctophyma renale*

Wirte

Dioctophyma renale benötigt hauptsächlich 2 Zwischenwirte, um seinen komplexen Lebenszyklus abzuschließen (Abb. 3). Der 1. Zwischenwirt ist ein wirbelloser aquatischer Oligochaetenwurm (z. B. *Lumbriculus variegatus*). Frösche oder Fische können den 1. Zwischenwirt verzehren und als paratenische Wirte fungieren. Menschen sind jedoch zufällige Wirte.

Infektiöses Stadium

Die L3-Larve ist das infektiöse Stadium.

Übertragung von Infektionen

Der adulte *Dioctophyma*-Wurm ist ovipar und produziert Eier im Endwirt. Diese Eier sind unembryoniert und werden mit dem Urin des Endwirtes ausgeschieden, um die Außenumgebung zu erreichen. Die Entwicklung der Larve im 1. Stadium (L1) beginnt im Ei und dauert etwa 4 Wochen. Die Eier verlieren ihre Lebensfähigkeit, wenn sie durch direkte Sonneneinstrahlung austrocknen. Bei Aufnahme durch Oligochaetenwürmer, Frösche oder Fische, die 1. Zwischenwirte, schlüpfen die Larven aus diesen Eiern im Verdauungstrakt des Wirtes. Die Larve durchläuft 2 Häutungen und reift innerhalb von 2 bis 3 Monaten zu einer infektiösen L3-Larve heran. Die infizierten 1. Zwischenwirte kön-

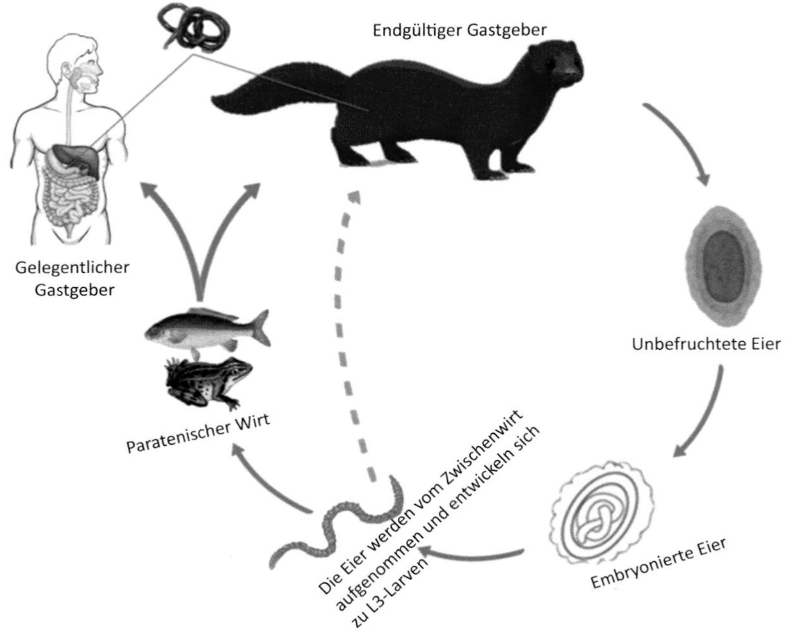

Abb. 3 Lebenszyklus von *Dioctophyma* spp.

nen von Fröschen oder Fischen verzehrt werden, die als paratenische Wirte fungieren. Die L3-Larven dringen ein und enzystieren in verschiedenen Geweben des paratenischen Wirtes. Die Endwirte wie Hunde und Katzen können die Infektion erwerben, indem sie infizierte paratenische Wirte mit den enzystierten L3-Larven fressen. Gelegentlich können Wirte infiziert werden, indem sie die infizierten Zwischenwirte verzehren. Die Larven durchdringen dann die Magenwand des Endwirtes. Sie erreichen schließlich die Niere, nachdem sie durch das Gewebe gewandert sind. Es kann bis zu 2 Jahre dauern, bis *D. renale* seinen Lebenszyklus abgeschlossen hat, und eine präpatente Periode von etwa 5 Monaten wurde beschrieben.

Menschen, zufällige Wirte, erwerben die Infektion, indem sie rohe oder unzureichend gekochte paratenische Wirte verzehren, die infektiöse Larven enthalten. Die Larven wandern aberrant und enden als subkutane Knötchen, ohne sich weiter zu entwickeln.

Pathogenese und Pathologie

Die Kutikula schützt den Nematoden im Verdauungstrakt von Tieren und ermöglicht es ihm, die Wand des Verdauungstrakts zu durchdringen und in verschiedene Regionen zu wandern. Der adulte Wurm lebt in den Nieren des Endwirtes, aber seine mögliche Lage im Endwirt hängt von der Stelle ab, an der die Larve in den Verdauungstrakt eindringt. Verschiedene Hypothesen wurden für die Migration der Larve innerhalb des Endwirtes vorgeschlagen. Diese sind: (a) Wenn die Larve die Duodenalwand durchdringt, kann sie in der rechten Niere reifen; (b) wenn sie die größere Krümmung des Magens durchdringt, ist eine Reifung in der linken Niere wahrscheinlicher; (c) wenn sie die kleinere Krümmung durchdringt, können die Leberlappen betroffen sein.

Sobald der adulte Wurm das Zielorgan erreicht, löst er starke Entzündungsreaktionen aus, hauptsächlich im Nierenparenchym. Dies führt zur Zerstörung des Nierenparenchyms und zur Dehnung der Nierenkapsel. Dies kann zu einem allmählichen Funktionsverlust der betroffenen Niere führen. Auf der anderen Seite kann die nicht betroffene Niere eine kompensatorische Hypertrophie (Hydronephrose) zeigen. Die Wanderung und die Bewegungen des Wurms verursachen starke Lendenschmerzen, die einer Nierenkolik ähneln. Befinden sich Würmer in der Körperhöhle, kann dies zu einer Bauchfellentzündung und zur Bildung von Verwachsungen führen.

Die Eier von *D. renale* werden mit dem Urin der Endwirte ausgeschieden. Sie entwickeln sich im Wasser, wo ihre Dicke und Rauheit ihr Überleben erleichtern. Der wellige Charakter der Eioberfläche erhöht die Oberfläche, was eine mögliche Anpassung an Gebiete mit niedrigem Sauerstoffgehalt widerspiegelt. Die Vertiefungen und Vorsprünge auf der Eioberfläche helfen ihnen, sich an Pflanzenoberflächen anzuheften, wodurch sich die Wahrscheinlichkeit erhöht, dass sie von dem aquatischen Zwischenwirt, dem Oligochaeten, aufgenommen werden.

Immunologie

Es gibt nur wenige Informationen über die immunologische Reaktion auf eine Infektion mit *D. renale*. Das P44-Protein in der Pseudocoelomflüssigkeit steht im Verdacht, den Wirt sowohl für entzündliche als auch für lokale Gewebereaktionen zu stimulieren. Antigene, die aus der Speiseröhre des adulten *D. renale*-Wurms stammen, wurden ebenfalls zum Nachweis von Anti-*D. renale*-Antikörpern bei Hunden evaluiert. Die Identifizierung anderer spezifischer Antigene für *D. renale* würde zur Entwicklung besserer serologischer Diagnosemethoden beitragen und kann auch bei der Identifizierung potenzieller therapeutischer Modalitäten helfen.

Infektion beim Menschen

Die klinische Präsentation von *D. renale*-Infektionen beim Menschen ist von unterschiedlicher Natur. Obwohl die Mehrheit der bisher gemeldeten Fälle eine Nierenbeteiligung aufweist, wurden auch Fälle von ektopischem Parasitismus mit Beteiligung des subkutanen Gewebes und der Retroperitonealhöhle gemeldet.

In mehr als 80 % der Fälle von Dioctophymiasis beim Menschen sind die Nieren betroffen. Die infizierte Person kann unspezifische Anzeichen und Symptome aufweisen, darunter Lendenschmerzen, Bauchschmerzen, Fieber, Gewichtsverlust, Harnverhalt, Hämaturie und Pyurie. Lendenschmerzen und Hämaturie sind die häufigsten Symptome, die in etwa 59,5 % der Fälle beobachtet werden. Starke Schmerzen werden auf die Reizung durch die adulten Würmer zurückgeführt, die durch die Harnleiter wandern. In extremen Fällen wurde auch ein tödlicher Ausgang aufgrund von Nierenversagen, Sepsis oder gleichzeitig bestehenden Begleiterkrankungen festgestellt.

Infektion bei Tieren

Eine Infektion mit *D. renale* wurde bei Hunden und anderen Kaniden, Schweinen, Rindern und Pferden gemeldet. Der adulte Wurm wird am häufigsten im Nierenbecken des infizierten Wirts gefunden. Die rechte Niere ist häufiger betroffen als die linke Niere, da sie anatomisch näher am Duodenum liegt. Eine einseitige Nierenbeteiligung wird häufiger gemeldet. Sie schädigt progressiv das Nierenparenchym und kann Anzeichen von Atrophie und Harnleiterobstruktion zeigen, was zu Nierenversagen führt. Bei Nerzen wurden periglomeruläre Fibrosen, renale tubuläre Fibrosen, Infiltrationen des interstitiellen Gewebes durch Bindegewebe, Nierensteine und nekrotische Gewebekalzifikationen beobachtet. Eine Hydronephrose durch adulte Würmer kann zur Blockierung der

Harnleiter oder des Nierenbeckens führen. Der enzystierte Wurm kann auch in der Bauchhöhle, im subkutanen Gewebe, in den Mesenteriallymphknoten und in anderen Organen wie der Gebärmutter und dem Eierstock vorkommen. Wenn der Wurm in die Bauchhöhle gelangt, können Anzeichen und Symptome einer Peritonitis auftreten. In vielen Fällen können betroffene Tiere asymptomatisch bleiben.

Epidemiologie und öffentliche Gesundheit

Dioctophyma renale ist weltweit bei Säugetierarten verbreitet, insbesondere in den gemäßigten Regionen der Welt. Der Parasit ist dafür bekannt, eine Vielzahl von Säugetierwirten zu infizieren, darunter Hunde, Wölfe, Nerze, Pferde, Schweine, Lang- und Kurzschwanzwiesel, Frettchen, Flussotter, Waschbären und andere wilde Fleischfresser. Brasilien hat die höchste Anzahl an Dioctophymatose-Fällen bei Haushunden gemeldet. In der brasilianischen Tierwelt wurden auch adulte Würmer bei Nasenbären, kleinen Grisons, Mähnenwölfen, Zweifingerfaultieren und neotropischen Flussottern beobachtet. Süßwasserfische und Frösche sind die üblichen paratenischen Wirte. Die Larven von *D. renale* wurden auch bei Schlangen, Süßwasserschildkröten und Fischen gemeldet, was die Übertragung des Nematoden auf verschiedene Wirtsarten, die am Nahrungsnetz beteiligt sind, insbesondere in der Tierwelt, unterstreicht. Die Möglichkeit einer solchen Aufrechterhaltung des Lebenszyklus in städtischen Gebieten kann nicht ausgeschlossen werden.

Eine Übertragung auf den Menschen ist möglich, aber selten. Vereinzelte menschliche Fälle wurden in über 10 Ländern gemeldet, darunter China, Australien, Griechenland, Indien, Indonesien, Iran, Japan, Thailand, die USA und Jugoslawien (Tab. 1). Die meisten Fälle wurden aus China gemeldet, was auf den Verzehr von rohem und schlecht gekochtem Fisch oder Fröschen zurückzuführen sein könnte. Bis heute wurden 3 Fälle aus Indien gemeldet. In Indien wurde der 1. menschliche Fall im Jahr 2014 aus Telangana gemeldet. Der Patient litt unter hohem Fieber, dem Austritt von Würmern im Urin und Hämaturie. Der 2. Fall wurde aus Bareilly als Zufallsbefund gemeldet. Im Jahr 2016 wurde ein Fall aus Muzaffarnagar gemeldet. Der Patient klagte über Harnverhalt, Hydronephrose, Hämaturie und Wurmbefall im Urin.

Diagnose

Die Diagnose der humanen Dioctophymiasis ist aufgrund der Seltenheit der Krankheit eine Herausforderung. Eine vermutete Vorgeschichte des Verzehrs von rohem oder nicht durchgegartem Fisch und bildgebende Befunde von vergrößerten oder verkalkten Nieren erhöhen den Verdacht bei der infizierten Person. Eine Urinanalyse kann Pyurie oder Proteinurie aufdecken (Tab. 2).

Mikroskopie

Derzeit wird die Diagnose von Dioctophymiasis hauptsächlich durch den direkten Nachweis von *D. renale*-Eiern im Urin mittels Mikroskopie gestellt (Abb. 2). Manchmal kann der adulte Wurm spontan ausgeschieden und im Urin nachgewiesen werden. Der adulte Wurm kann auch während chirurgischer Eingriffe wie einer Laparotomie in der Bauchhöhle gefunden werden. Eine grobe

Tab. 1 Verbreitung von *D. renale*

Spezies	Verbreitung	1. Zwischenwirte	2. Zwischenwirte	Endwirte
Dioctophyma renale	Gemäßigte Regionen (Fälle beim Menschen gemeldet aus China, Australien, Griechenland, Indien, Indonesien, Iran, Japan, Thailand, den USA, Jugoslawien)	Wirbellose aquatische Oligochaetenwürmer (z. B. *Lumbriculus variegatus*)	Frösche, Fische	Fleischfresser und Marder (Nerze, Wölfe, Hunde, Katzen); Menschen (zufällige Wirte)

Tab. 2 Diagnostische Methoden bei Dioctophymiasis

Diagnoseansätze	Methoden und Proben	Targets	Bemerkungen
Direkte Mikroskopie	Urinmikroskopie Histopathologie	Eier im Urin Eier/Wurmschnitte in Geweben	Geringe Sensitivität Invasiv
Grobe Untersuchung	Adulte Würmer im Urin ausgeschieden/ bei Operationen in Körperhöhlen gefunden	Adulte Würmer	Erwachsene Würmer nicht immer im Urin ausgeschieden
Immundiagnostik	Antikörpernachweis (indirektes ELISA)	Lösliches Antigen, abgeleitet von der Speiseröhre des adulten *D. renale*-Wurms	Nur bei Tieren bewertet. Nur in experimentellen Studien beschrieben
Molekulare Tests	PCR-Test und Sequenzierung	Kleine ribosomale DNA-Untereinheit Mitochondriales Cytochrom-c-Oxidase-Untereinheit-1-Gen	Nicht kosteneffektiv

Untersuchung der morphologischen Merkmale hilft bei der Diagnosestellung.

Die Diagnose kann auch durch eine histopathologische Untersuchung von gefärbten Gewebeschnitten erfolgen, bei der Querschnitte der Larve oder des adulten Wurms oder des Eies von *D. renale*, umgeben von einer granulomatösen Reaktion, nachgewiesen werden können.

Serodiagnostik

Ein indirekter enzymgekoppelter Immunadsorbtionsassay (ELISA) wurde zum Nachweis von Anti-*D. renale*-Antikörpern in Tierseren auf Basis von löslichem Antigen, das aus der Speiseröhre von adulten *D. renale*-Würmern abgeleitet wurde, evaluiert. Die berichtete Spezifität und Sensitivität des Tests betrugen jeweils 93,8 und 92,3 %. Da nicht alle infizierten Wirte Eier von *D. renale* mit dem Urin ausscheiden, kann der Nachweis von Antikörpern zusammen mit anderen radiologischen und klinischen Merkmalen bei der Diagnose von Dioctophymiasis hilfreich sein.

Molekulare Diagnostik

Die molekulare Identifizierung von *D. renale* durch die PCR, gefolgt von der Sequenzierung von Gentargets, einschließlich der kleinen ribosomalen DNA-Untereinheit und der mitochondrialen Cytochrom-c-Oxidase-Untereinheit 1, wurde beschrieben.

Behandlung

Derzeit gibt es kein wirksames Managementprotokoll und keinen therapeutischen Ansatz für die Behandlung von Dioctophymiasis beim Menschen. Die Würmer können chirurgisch entfernt und in schweren Fällen kann eine Nephrektomie durchgeführt werden. In einem Fall aus Jugoslawien wurde Ivermectin zur Behandlung eines Patienten mit einer *D. renale*-Infektion eingesetzt, der während der 6-jährigen Nachbeobachtungszeit asymptomatisch blieb. Auch die Behandlung mit Albendazol wurde versucht. Die Verwendung anderer Antihelminthika zur Behandlung von Dioctophymiasis wurde nicht umfassend untersucht.

Prävention und Bekämpfung

Die Dioctophymiasis ist aufgrund ihrer zoonotischen Bedeutung für die öffentliche Gesundheit von großer Wichtigkeit. Infektionen beim Menschen entstehen durch den Verzehr von unzureichend gekochten paratenischen Wirten. Die wirksamste Präventionsmethode besteht daher darin, den Verzehr von rohem oder unzureichend gekochtem Fisch oder anderen möglichen paratenischen Wirten zu vermeiden. Auch Maßnahmen im Bereich der öffentlichen Gesundheit zur Förderung der Verwendung sauberer und gesunder Lebensmittel und Wasser sind wichtig. Darüber hinaus können Infektionen bei Katzen und Hunden vermieden werden, indem man sie davon abhält, Abfälle und Nebenprodukte der Fischereiindustrie zu fressen.

Fallstudie

Ein 32-jähriger Patient wurde aufgrund von 1-tägigem Harnverhalt eingewiesen. Er gab außerdem an, seit 5 Tagen Blut im Urin und seit über 1 Jahr Schmerzen im rechten Lendenbereich zu haben. Bei der allgemeinen körperlichen Untersuchung wurden Blässe und Tachykardie festgestellt. Seine Laboruntersuchungen ergaben eine Leukozytose und einen Hämoglobinwert von 8,0 gm/dL. Der Patient wurde katheterisiert, und die Urinanalyse ergab Spuren von Albumin, 12–15 Erythrozyten/hpf und zahlreiche Eiterzellen. Der Patient schied einen rot gefärbten Wurm mit seinem Urin aus, der morphologisch als *D. renale.* identifiziert wurde. Eine weitere Untersuchung der Urinprobe ergab keine Anwesenheit von anderen parasitären Elementen einschließlich Eiern/Eizellen oder Zysten.

Fragen

1. Welche anderen Parasiten können Harnwegsprobleme verursachen?
2. Wie können Sie den Wurm identifizieren?
3. Was sind die Behandlungsmöglichkeiten für diese Erkrankung?

Forschungsfragen

1. Welche Technik sollte für die Diagnose und das Screening von Dioctophyma-Infektionen angewendet oder entwickelt werden?
2. Was sollte das Medikament der Wahl in der Behandlung von Dioctophymiasis sein?
3. Wie kann unser Verständnis bezüglich der Epidemiologie der menschlichen Dioctophymiasis verbessert werden?

Weiterführende Literatur

Abdel-Hakeem SS, Abdel-Samiee MA. Case Study: *Dioctophyma renale* infection in mice, incidental finding during experimental studies. Egyptian Acad J Biol B Zool. 2018;10(1):83–91.

Angelou A, Tsakou K, Mpranditsas K, Sioutas G, Moores DA, Papadopoulos E. Giant kidney worm: novel report of *Dioctophyma renale* in the kidney of a dog in Greece. Helminthologia. 2020;57(1):43–8.

Bailly ML, Leuzinger U, Bouchet F. Dioctophymidae eggs in coprolites from neolithic site of Arbon–Bleiche 3 (Switzerland). J Parasitol. 2003;89(5):1073–6.

Giorello AN, Kennedy MW, Butti MJ, Radman NE, Córsico B, Franchini GR. Identification and characterization of the major pseudocoelomic proteins of the giant kidney worm, *Dioctophyme renale*. Parasit Vectors. 2017;10(1):446.

Mascarenhas CS, Pereira JV, Müller G. Occurrence of *Dioctophyme renale* larvae (Goeze, 1782) (Nematoda: Enoplida) in a new host from southern Brazil. Rev Bras Parasitol Vet. 2018;27(4):609–13.

Measures L. Dioctophymatosis. In: Samuel WM, Pybus MJ, Kocan AA, Hrsg. Parasitic diseases of wild animals. IA, USA: The Iowa State University Press; 2001. S. 357–63.

Taxonomy browser *(Dioctophyme renale)*. https://www.ncbi.nlm.nih.gov/Taxonomy/Browser/wwwtax.cgi?mode=Info&id=513045.

Pedrassani D, Hoppe EGL, Avancini N, Nascimento AA. Morphology of eggs of *Dioctophyme renale* Goeze, 1782 (Nematoda: Dioctophymatidae) and influences of temperature on development of first-stage larvae in the eggs. Rev Bras Parasitol Vet. 2009;18(1):15–9.

Pedrassani D, Nascimento AA, André MR, Machado RZ. Improvement of an enzyme immunosorbent assay for detecting antibodies against *Dioctophyma renale*. Vet Parasitol. 2015;212(3–4):435–8.

Tokiwa T, Ueda W, Takatsuka S, Okawa K, Onodera M, Ohta N, et al. The first genetically confirmed case of *Dioctophyme renale* (Nematoda: Dioctophymatida) in a patient with a subcutaneous nodule. Parasitol Int. 2014;63(1):143–7.

Yang F, Zhang W, Gong B, Yao L, Liu A, Ling H. A human case of *Dioctophyma renale* (giant kidney worm) accompanied by renal cancer and a retrospective study of dioctophymiasis. Parasite. 2019;26:22.

Angiostrongylose

Vinay Khanna

Lernziele

1. Die wichtige Botschaft zu verstehen, dass *Angiostrongylus* das Gehirn direkt beeinflussen kann
2. Informationen darüber zu erhalten, dass Antihelminthika nicht allein verwendet werden sollten

Einführung

Angiostrongylus spp., die zur Gattung *Parastrongylus* gehören und auch als *Rattenlungenwürmer* bezeichnet werden, sind Gewebenematoden, die hauptsächlich Nagetiere befallen. *Angiostrongylus cantonensis* und *Angiostrongylus costaricensis* sind die beiden Arten, die beim Menschen Infektionen verursachen. *Angiostrongylus cantonensis* verursacht eine eosinophile Meningitis. *Angiostrongylus costaricensis* verursacht eine eosinophile Entzündung des Darmtrakts, die eine Appendizitis imitiert. *Angiostrongylus vasorum,* auch als *Französischer Herzwurm* oder Hundelungenwurm bekannt, lebt in der Lungenarterie und der rechten Seite des Herzens von Hunden. *Angiostrongylus*-Infektionen treten hauptsächlich in asiatisch-pazifischen Ländern auf und werden auch in den karibischen Regionen dokumentiert.

Geschichte

Angiostrongylus cantonensis, ein zoonotischer Parasit, wurde erstmals 1935 von Xintao Chen aus China in Ratten entdeckt. Die medizinische Bedeutung von *A. cantonensis* wurde erstmals von Beaver und Rosen (1964) bei Patienten mit eosinophiler Meningitis beschrieben. Mackerass und Sanders (1955) waren die Ersten, die den Lebenszyklus und die Übertragung des Wurms in Ratten beschrieben und Schnecken und Schnecken als Zwischenwirte festlegten. 1965 führten Wallace und Rosen erstmals eine epidemiologische Überwachung von *A. cantonensis* bei Ratten auf Hawaii und den Gesellschaftsinseln durch. Sie beschrieben auch den ersten Fall von eosinophiler Meningitis, die durch diesen Parasiten verursacht wurde.

Genomik und Proteomik

Die Proteinvielfalt von *A. cantonensis* wurde durch SDS-PAGE nachgewiesen. Peptidspots werden durch Tandem-Massenspektrometrie

V. Khanna (✉)
Department of Microbiology, Kasturba Medical College, Manipal, Indien

Manipal Academy of Higher Education, Manipal, Indien

S. C. Parija und A. Chaudhury (Hrsg.), *Lehrbuch der parasitären Zoonosen*,
https://doi.org/10.1007/978-981-97-4312-4_47

nachgewiesen. Die 2-dimensionale differentielle Gelelektrophorese (2-D DIGE) ist eine nützliche Methode zur Untersuchung von proteomischen Veränderungen. Die MALDI-PSD-MS-Techniken wurden zur Charakterisierung der unterschiedlich exprimierten Proteinspots verschiedener Stadien von *Angiostrongylus*-Arten eingesetzt. Andere Proteomstudien an Nematoden konzentrierten sich auf die Analyse geschlechts- und/oder artspezifischer Antigene. Zu den am häufigsten vorkommenden Proteinen, die mit diesen Techniken in Extrakten von *Angiostrongylus*-Arten nachgewiesen wurden, gehören zytoskelettassoziierte Proteine wie Aktin, Myosin-Leichtkette, α-Tubulin, Tropomyosin und Kollagen. Diese Proteine spielen eine wichtige Rolle bei der Aufrechterhaltung der Form und Integrität von Nematoden. Weitere Proteine sind Cytochrom-*c*-Oxidase, ATP-Synthese, Enolase, Glutamin-Synthetase, Ammoniak-Glutamat-Ligase, Methionin-Adenosyltransferase und ABC-Transporter. Enolase ist ein glykolytisches Protein, das traditionell auf das Zytosol beschränkt war. Die Proteomstudie fand auch Proteine, die direkt in den Wirtseffektormechanismus eingreifen. Einige sind antioxidative Proteine, darunter Peroxiredoxin, Thioredoxin, Tumorprotein und Dehydrogenase-Aldehyd. Sie entgiften reaktive Sauerstoffspezies, die sonst dem Wirt schaden könnten. Weitere bemerkenswerte Proteine sind As37 und Cyclophilin, Mitglieder der Immunglobulinfamilie. Letztere sind Faltungshelferenzyme, die zur Klasse der Peptidyl-Prolyl-*cis-trans*-Isomerasen gehören. Die systematische Erstellung von Proteinprofilen trägt zu unserem Verständnis der Physiologie des Parasiten bei. Die meisten Proteomexperimente wurden an *Caenorhabditis elegans* durchgeführt, einem freilebenden Bodennematoden, der ein bequemes Modell für In-vivo-Studien ist. Eine der Hauptbeschränkungen für solche Studien bei *Angiostrongylus*-Würmern ist der Mangel an verfügbaren genomischen Informationen, der einen schnelleren Fortschritt in diesem Bereich behindern könnte. *Angiostrongylus*-Arten wurden durch molekulare Differenzierung und phylogenetische Bäume auf der Basis von kleinen Untereinheiten interner ribosomaler DNA-Sequenzen transkribierter Spacer 2 (ITS2), mitochondrialer Cytochrom-c-Oxidase-Untereinheit (COI) und 66-kDa-Proteingen von *A. cantonensis* identifiziert.

Die Parasitenmorphologie

Adulter Wurm

Adulte *A. cantonensis*-Würmer sind filariform, wobei sich der Körper zu beiden Enden hin verjüngt (Abb. 1). Sie haben 3 äußere schützende Kollagenschichten. Die Männchen sind 15–25 mm lang und 0,25–0,35 mm breit, während die Weibchen 18–35 mm × 0,28–0,5 mm messen. Männchen haben eine Kopulationsbursa am hinteren Ende, und weibliche Würmer haben das Aussehen eines *Barberstabs*, da sich weiße Uterusröhren spiralförmig um den blutgefüllten Darm winden und eine rot-weiße Spirale bilden. (Abb. 1). Am Boden der Mundhöhle befinden sich winzige dreieckige Zähne. Die Eierstöcke

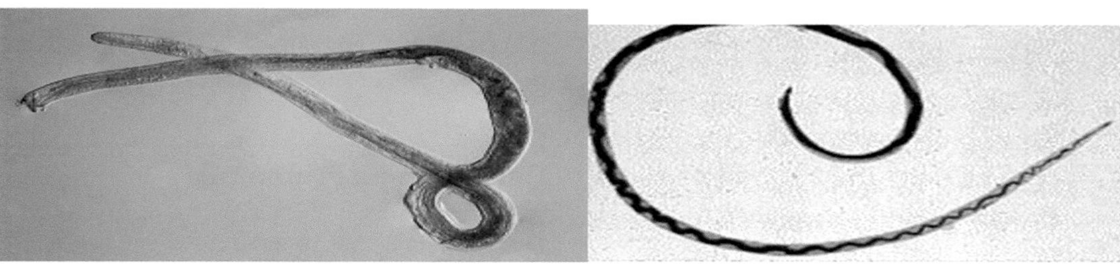

Abb. 1 *Angiostrongylus cantonensis*. **a** Adulter männlicher Wurm und **b** adulter weiblicher Wurm (die kopulatorische Bursa befindet sich am hinteren Ende des männlichen Wurms und ein „Barberstab"-Aussehen beim weiblichen Wurm) (mit freundlicher Genehmigung: CDC)

befinden sich im hinteren Bereich. Die Vulva erscheint als ein transversaler Schlitz am hinteren Ende. Mikroskopisch sind Spiculae vorhanden, die schlank, gestreift und gleich lang sind. Es ist ein Gubernaculum vorhanden. Männliche *A. costaricensis* sind etwa 20 mm und weibliche 30–40 mm lang. Die Kopfenden der Spiculae sind stumpf, die Schwanzspitzen sind spitz und ovale Eier werden in Mesenterialarteriolen gelegt. Die kaudale Bursa des adulten männlichen Wurms ist ein Apparat, der zur Paarung mit weiblichen Würmern verwendet wird und hilft, zwischen Gattungen und Unterarten von Angiostrongylidae zu unterscheiden.

Eier

Unembryonierte *Angiostrongylus*-Eier werden in den Lungenarterien von infizierten Wirten gelegt und sind oval, dünnwandig und transparent. Die Eier werden normalerweise nicht mit dem Kot ausgeschieden, sondern bleiben in den Geweben eingeschlossen. Ein Weibchen kann bis zu 15.000 Eier pro Tag legen. Diese Eier können in biopsierten Proben des Darmgewebes nachgewiesen werden, wo sie von Riesenzellen aufgenommen werden und/oder Granulome bilden.

Larven

Die 1. Stufe der *Angiostrongylus*-Larve (L1) ist 0,27–0,30 mm lang und hat einen gekerbten Schwanz. Die Larve des 2. Stadiums (L2) ist 0,42–0,47 mm groß und ist von der ersten Hülle umgeben. Sie häutet sich erneut, um von 2 Hautscheiden umschlossen zu werden. Die Larve des 3. Stadiums (L3) ist 0,42–0,49 mm groß und verbleibt in den beiden Hüllen, bevor die Hautscheide von der Ratte verdaut wird, um die Larve freizusetzen. Die Larven des 4. Stadiums haben einen spitzen Schwanz und sind nur im Endwirt vorhanden. Die Verbindung von Speiseröhre und Darm trennt charakteristischerweise den Larvenkörper in einen vorderen Abschnitt mit einigen lichtbrechenden Körnchen und einen hinteren Abschnitt mit dichten Körnchen. Die Larven des 3. Stadiums (L3) sind die infektiöse Stufe für Säugetierwirte.

Zucht von Parasiten

Uga et.al (1982) züchteten Eier von *A. cantonensis* in NCTC-109-Medium, das mit einem gleichen Volumen an Ratten-, Pferde-, fötalem Kälber-, Kälber- oder Rinderserum bei 37 °C ergänzt wurde. Sie beobachteten, dass sich die Eier am 1. Tag im 8- bis 16-Zell-Stadium befanden, am 3. Tag entwickelte sich das 32-Zell-Stadium und am 5. Tag waren die Eier vollständig embryoniert, wobei die Larven am 8. Tag schlüpften. Im inaktivierten Rattenserum wurden 64 % der Eier embryoniert, aber nur 10 % der Larven schlüpften. Männliche und weibliche adulte Würmer, die aus den Lungen von Ratten gewonnen wurden, wurden auf NCTC 109 mit einem gleichen Volumen von Pferdeserum gezüchtet. Die gewonnenen Eier wurden innerhalb von 30 min embryoniert.

Hata und Kojirna (1990) isolierten das 1. Stadium der Larven von Wistar Ratten, die experimentell infiziert wurden. Das von der Ratte erhaltene Kotmaterial wurde mit cherninscher ausgewogener Salzlösung („Chernin's balanced salt solution", CBSS), die eine Antibiotikalösung enthielt, gewaschen, gefolgt von einer Zentrifugation bei 1000 U/min für 1 min. Kulturröhrchen, die 5 ml Medium und Larven enthielten, wurden weiterhin bei 27 °C in einem CO_2-Luft- (5:95) oder CO_2-N_2-Gemisch (5:95) kultiviert. In ihrem Experiment erwies sich eine CBSS-basierte Lösung mit 10 % L-15 (GIBCO), 10 % Tryptoseboden (TPB), 20 % fötalem Serum und 26 mM Natriumbikarbonat als bestes Kulturmedium für die Entwicklung bis zu Larven im 3. Stadium. Auf die anfängliche Entwicklung der Larve des 1. Stadiums, wie sie in der Ausdehnung des Dickdarms zu sehen war, folgte die Entstehung vieler Nährstoffkörnchen und die Bildung eines gekrümmten Wurms. Die Larve des 2. Stadiums (L2) zeichnete sich durch eine Einhüllung aus. Am 50. Tag entwickelte sich die Larve des 3. Stadiums (L3) und verlor ihre Hülle und bildete schließlich den adulten Wurm. Die Larven wurden auch in RPMI-1640-Medium kultiviert, das mit Kalbserum ergänzt wurde. Etwa 30 % der Würmer entwickelten sich aus dem 3. Stadium, starben jedoch langsam. Die Larven der 4. Stufe, die aus dem Gehirn infizierter Ratten gewonnen wurden, wurden in Waymouth-defined-Medium (MB 752/1) kultiviert, von denen etwa 74% zu adulten Würmern heranwuchsen, obwohl sie nicht lange überlebten.

Adulte Würmer von *A. costaricensis* wurden dazu gebracht, Eier in die hanksche Salzlösung bei 37 ° C zu legen, die 3 h inkubiert wurde. Die Eier, die in Ham's F-12 Nutrient Mixture unter einem CO_2-Luft-Gemisch (8:92) kultiviert wurden, wurden 5 Tage nach Kultivierung embryoniert. Die Larven des 1. Stadiums schlüpften am 10. Tag. Diese Larven des 1. Stadiums wurden im Schneckenzwischenwirt gefüttert, wo sie sich zu Larven des 3. Stadiums entwickelten.

Zucht von Larven: Die Larven des 3. Stadiums (L3) wurden im Waymouth-defined-Medium gezüchtet. Nach 28 Tagen Inkubation wuchsen die Larven zu adulten Würmern heran. Die Zugabe von roten Blutkörperchen von Mäusen verbesserte die Entwicklung der Larven. Hata et al. stellten fest, dass die Zugabe von Cholin und Tryptophan für das optimale Wachstum dieser Nematoden erforderlich war.

Versuchstiere

Ausgewachsene Wistar-Ratten *(Rattus norvegicus)* werden für experimentelle Infektionen mit *Angiostrongylus* spp. verwendet. Der Nematode verursacht pulmonale, vaskuläre und kardiale Veränderungen bei den infizierten Ratten. Er verursacht auch zusammenlaufende Granulome (oft um Eiernester zentriert) und fibrotische Knötchen in den Lungen. Auch wilde Ratten werden für experimentelle Infektionen mit *Angiostrongylus* spp. verwendet.

Lebenszyklus von *Angiostrongylus* spp.

Wirte

Gewöhnliche Ratten der Gattung *Rattus* sind die Endwirte von *A. cantonensis*. Die Zwischenwirte sind terrestrische Mollusken wie Nacktschnecken und Schnecken Die Landschnecken *Achatina fulica* und *Pomacea canaliculata* sind die üblichen Zwischenwirte. Krebse, Garnelen, Krevetten und schneckenfressende Eidechsen sind die paratenischen Wirte.

Infektiöses Stadium

Die L3-Larve ist das infektiöse Stadium.

Übertragung der Infektion

Die Eier werden von den adulten *Angiostrongylus*-Würmer, die in den Lungenarterien von infizierten Ratten leben, abgelegt. Diese Eier schlüpfen in den Lungenkapillaren zu Larven des 1. Stadiums, die anschließend mit dem Kot der infizierten Nagetiere ausgeschieden werden. Die Larven des 1. Stadiums werden von Mollusken, einem Zwischenwirt, aufgenommen, in denen sie sich nach 2 Häutungen innerhalb von etwa 15–20 Tagen zu infektiösen Larven des 3. Stadiums entwickeln.

Die durch *A. cantonensis* verursachte zerebrale Angiostrongylose wird durch die Aufnahme einer Molluske erworben, die die L3-Larven trägt, die das infektiöse Larvenstadium sind (Abb. 2). Die Larven werden im Verdauungstrakt freigesetzt und bewegen sich durch das Pfortader- und Lungensystem zum Nervensystem, wo sie 2 Häutungen durchlaufen. Junge Würmer bewegen sich allmählich durch die Hirnvene zu den Lungenarterien. Andererseits werden bei der abdominalen Angiostrongylose die Larven im Kot des Nagetiers abgelagert und von einer Molluske aufgenommen, in der die

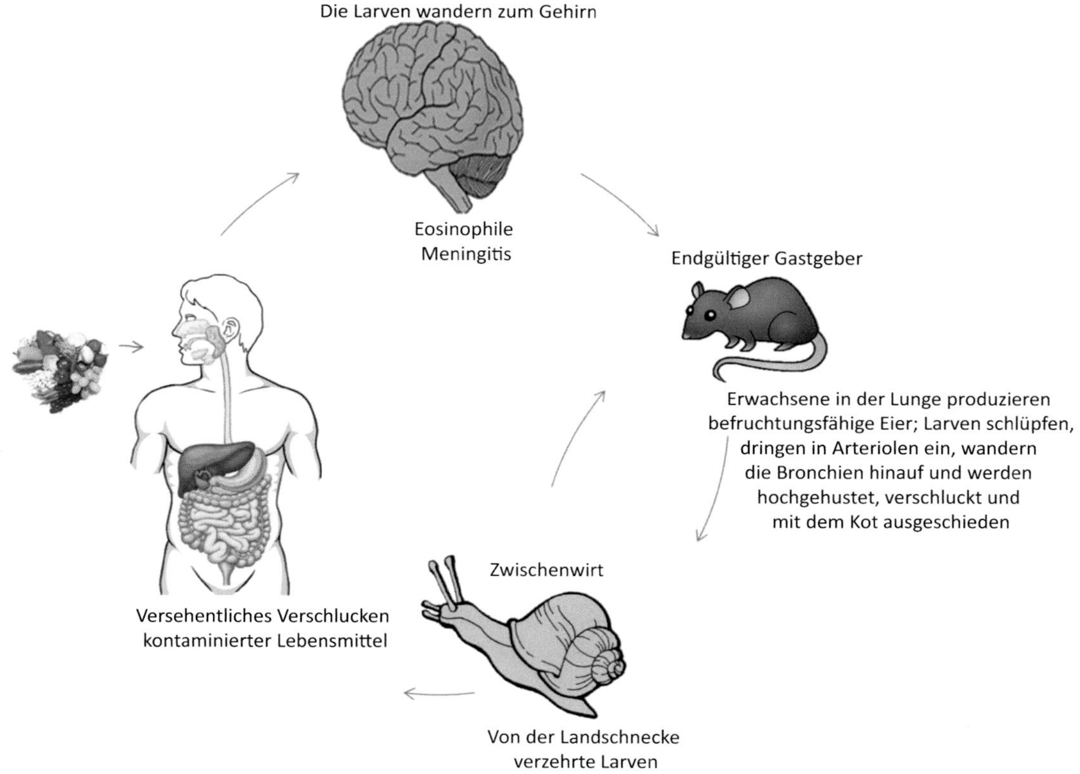

Abb. 2 Lebenszyklus von *Angiostrongylus* spp.

Entwicklung zur L3-Stufe stattfindet. Nach der Aufnahme von Mollusken durch Ratten oder dem Verzehr von kontaminiertem Gemüse wandern die L3-Larven über die Lymphbahnen. Nach 2 Häutungen wandern die Larven zur Arteria ileocolica, wo sie zu adulten Würmern heranreifen und Eier in der Darmwand ablegen.

Menschen sind zufällige Wirte. Sie erwerben die Infektion durch die Aufnahme von Mollusken, Garnelen und Krebsen, die mit den L3-Larven infiziert sind. Die Larven wandern dann ins Gehirnparenchym, selten in die Lungen oder Augen. Im Gehirnparenchym verursachen die Larven einen Anstieg der Eosinophilen, was nach etwa 2 Wochen zu einer eosinophilen Meningitis und einer Enzephalomyelitis führt.

Der Lebenszyklus von *A. costaricensis* ähnelt dem von *A. cantonensis,* außer dass sich die adulten Würmer in den Mesenterialarterien des Blinddarms des Endwirtes festsetzen. Nacktschnecken *(Vaginulus plebeius)* und Landschnecken *(Bradybaena similaris)* sind die Zwischenwirte. Die L3-Larven werden im Schleim des Zwischenwirtes freigesetzt. Die L3-Larven, die in die Stachelige Baumwollratte *(Sigmodon hispidus)* eindringen, werden in Granulomen eingeschlossen, die sich in der Darmwand bilden und mit dem Kot ausgeschieden werden. Menschen infizieren sich, wenn sie versehentlich infizierte Schnecken oder Gemüse und Salate verzehren, die durch die Schleimabsonderung dieser Schnecken oder Nacktschnecken kontaminiert sind. Die L3-Larven bilden schließlich adulte Würmer in den Mesenterialgefäßen infizierter Menschen. Diese adulten Würmer verursachen Arthritis, Thrombose, Infarkte und Blutungen. In den Kapillaren vorhandene Eier verursachen schwere Entzündungsreaktionen. Die zersetzten Eier im Blinddarm und im letzten Abschnitt des Dünndarms verursachen eosinophile granulomatöse Reaktionen.

Pathogenese und Pathologie

Eine eosinophile CSF-Pleozytose ist das charakteristische Merkmal der *A. cantonensis*-Infektion beim Menschen. Sie tritt infolge der Migration der Larven und des Absterbens der Larven im Gehirngewebe auf. Sehr selten sind auch die Lungen betroffen. Die im Gehirn und Rückenmark beobachteten Spuren und Mikrohohlräume sind die durch die Bewegung der Larven im Gewebe verursachten strukturellen Schäden. Fokale Läsionen im Gehirn sind in der Regel nicht vorhanden, was dazu beitragen kann, die neurale Angiostrongylose von der Neurozystizerkose und Gnathostomiasis zu unterscheiden. Bei infizierten Nagetieren ist die *A. cantonensis*-Infektion auf das zentrale Nervensystem und die Lungen beschränkt. Die wandernden Larven verursachen entzündliche Reaktionen in diesen Organen. In der Regel sind die Leptomeningen an der Bildung von Granulomen und Blutungen um die toten Larven herum beteiligt.

Die menschliche *A. costaricensis*-Infektion ist auf den Darm und das Mesenterium beschränkt. Arteriitis, Thrombose, Infarkt und gastrointestinale Blutungen können aufgrund der Anwesenheit von adulten Parasiten in diesen Arterien auftreten. Die Degeneration der Eier verursacht eine starke entzündliche Reaktion in der Darmwand, die zu einem eosinophilen Granulom führt. Das terminale Ileum und der Blinddarm sind die am häufigsten betroffenen Stellen bei infizierten Nagetieren wie *Sigmodon hispidus, S. angouya, Oligoryzomys fulvescens* und *Rattus rattus*. Der adulte Wurm von *A. costaricensis* wird in der ileozökalen Verzweigung der Arteria mesenterica cranialis und den subserosalen Arterien des Blinddarms gefunden. Makroskopisch gibt es ein perivaskuläres Ödem und eine Ausdünnung der Blinddarmwand. Histologische Veränderungen umfassen ein subseröses Ödem, eine Atrophie des mesenterischen Fettes und eine Vergrößerung der ileozökalen Lymphknoten. Es wird eine minimale Entzündungsreaktion gegen Eier oder Larven beobachtet.

Immunologie

Die eosinophile Meningitis ist die häufigste Manifestation der *A. Cantonensis*-Infektion beim Menschen. Die anfängliche Reaktion auf die eindringenden Larven erfolgt in den Leptomeningen und den lokalen Lymphknoten. Die Immunzellen an diesen Stellen erkennen den Parasiten mithilfe von Mustererkennungsrezeptoren („pattern recognition receptors“, PRRs). Diese Rezeptoren umfassen pathogenassoziierte molekulare Muster („pathogen-associated molecular pattern“, PAMP) und endogene Stresssignale, die als gefahrassoziierte molekulare Muster („danger-associated molecular patterns“, DAMP) bezeichnet werden. Antihelminthische Mechanismen werden in verschiedenen Immunzellen wie Eosinophilen, aktivierten Makrophagen, Basophilen und IgE- und IgM-Antikörperreaktionen beobachtet. Eosinophile verursachen die Freisetzung von Proteasen, die Parasiten mit Mediatoren wie NO und H_2O_2 angreifen, was zur Pathogenese der eosinophilen Meningitis beiträgt.

Infektion beim Menschen

Meningitis ist die häufigste klinische Manifestation der durch *A. cantonensis* verursachten Angiostrongylose. Typische Symptome sind plötzliches Erbrechen, Kopfschmerzen, Lichtscheuheit, Nackensteifheit und Fieber. An den Extremitäten treten typischerweise über viele Monate anhaltende Parästhesien auf. Lähmungen der Hirnnerven sind selten, mit Ausnahme der Beteiligung des Abduzensnervs und des Gesichtsnervs. Die meisten Fälle heilen ohne ernsthafte Komplikationen aus. Der Tod tritt ein, wenn kritische Bereiche des Gehirns betroffen sind.

Die *A. costaricensis*-Infektion betrifft typischerweise den Dünndarm und seine Blutgefäße. Die

Symptome ähneln denen einer akuten Blinddarmentzündung. Die Larven dringen in die Mesenterialarterien ein und verursachen Arteriitis, Thrombose, Infarkt und Blutungen. Degenerative Eier in den Kapillaren führen zu einer verstärkten Reaktion der Eosinophilen, was wiederum eine eosinophile Vaskulitis verursachen kann. Die meisten Fälle heilen von selbst aus, aber in einigen Fällen wurde auch über Todesfälle aufgrund von Komplikationen wie Darmverschluss und -perforation berichtet.

Infektion bei Tieren

Angiostrongylus vasorum verursacht bei Hunden eine Angiostrongylose, deren Symptome von der Parasitenlast abhängen. Die Wanderung der Larven im Gehirn und in anderen Geweben verursacht zervikale und lumbale Schmerzen, Lähmungen der Hinterbeine und intrakranielle und subdurale Blutungen. Uveitis ist ebenfalls ein bekanntes Symptom. Infizierte Nagetiere leiden nicht an der Krankheit.

Epidemiologie und öffentliche Gesundheit

A. cantonensis-Infektionen wurden außerhalb der Indopazifikzone in Madagaskar, Kuba, Ägypten, Puerto Rico, New Orleans, Louisiana, Port Harcourt, Nigeria und Indien dokumentiert (Abb. 3). Die meisten Infektionen beim Menschen wurde in Taiwan, Thailand und China gemeldet. Die in den 1980er-Jahren in Taiwan und China eingeführte Gefurchte Apfelschnecke *(Pomacea canaliculata)* trug erheblich zur Verbreitung der Krankheit bei (Tab. 1). Der Ver-

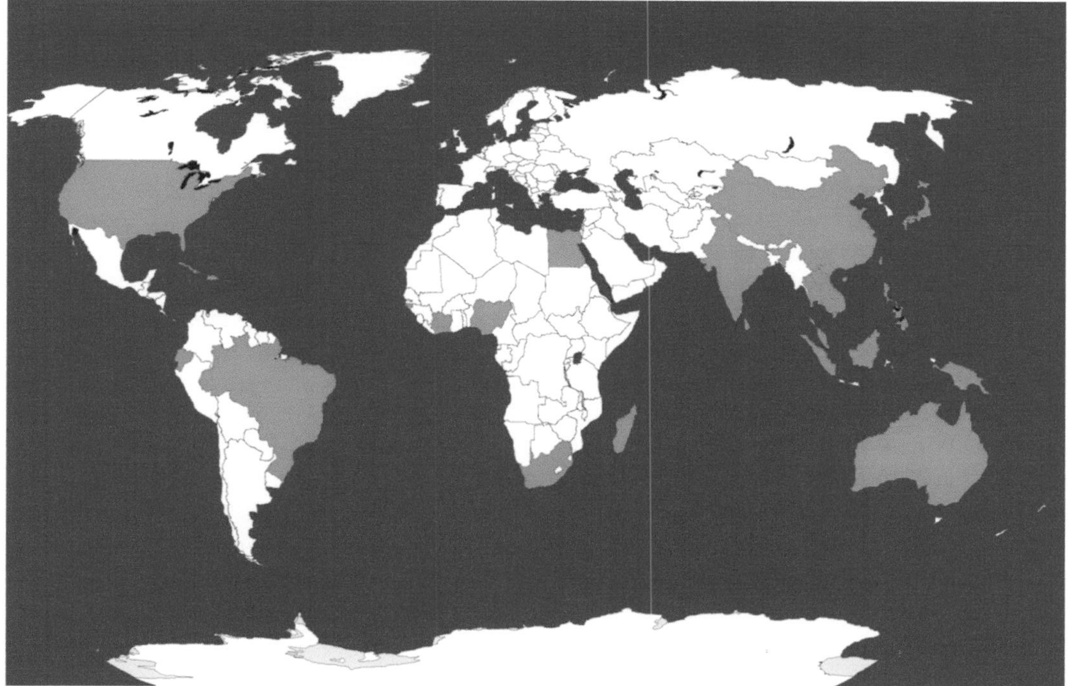

Abb. 3 Länder, in denen *A. cantonensis* in natürlich infizierten Wirten nachgewiesen wurde. Die schattierten Länder sind solche, in denen *A. cantonensis* durch Screening natürlich infizierter Tiere identifiziert wurde oder in denen Menschen Infektionen erworben haben. Nicht schattierte Länder umfassen solche, in denen noch keine Beweise für *A. cantonensis* gefunden wurden, oder Länder, in denen keine Studien durchgeführt wurden, in denen potenzielle Wirte auf eine Infektion mit *A. cantonensis* untersucht wurden

Tabelle 1 Epidemiologische Daten zu *A. costaricensis* bei Menschen

Länder	Anzahl der Fälle (%)
Costa Rica	198 (89,6)
Brasilien	6 (2,7)
USA	4 (1,8)
Spanien	2 (0,9)
Guadeloupe	2 (0,9)
Venezuela	1 (0,5)
Frankreich	1 (0,5)
Dominikanische Republik	1 (0,5)
Honduras	1 (0,5)
Panama	1 (0,5)
Zaire	1 (0,5)
Martinique	1 (0,5)
Keine Daten	2 (0,9)

zehr von *eingelegten Pila-Schnecken* wurde mit Fällen von eosinophiler Meningitis in Thailand in Verbindung gebracht. Andere Fälle standen im Zusammenhang mit dem Verzehr von rohen Großen Achatschnecken (*Achatina fulica).*

Es wird vermutet, dass eine Infektion mit *A. cantonensis* nicht immer mit dem Verzehr von Weichtieren, Schnecken oder Schnecken assoziiert ist, sondern auch bei Vegetariern auftreten kann (Tab. 2). Dies ist auf die Larven zurückzuführen, die im Schleim von Schnecken oder Nacktschnecken lebensfähig bleiben und eine Infektion verursachen, wenn kontaminiertes ungewaschenes Pflanzenmaterial verzehrt wird. In Thailand, Indien und Sri Lanka wurden ungekochte Warane und Frösche als wichtige Infektionsquellen erkannt. Eine infizierte Molluske kann versehentlich von kaltblütigen paratenischen Wirten wie Süßwassergarnelen oder Krabben aufgenommen werden. Die Larven bleiben in diesen paratenischen Wirten lebensfähig und können bei Verzehr eine Infektion beim Menschen verursachen.

Eine Infektion *A. costaricensis* ist ein großes Problem für die öffentliche Gesundheit in Süd- und Nordamerika. In Südamerika, insbesondere in Costa Rica, sind 12 von 100.000 Personen von *A. costaricensis* betroffen, wobei jedes Jahr etwa 500–600 neue Fälle auftreten. Die meisten Fälle wurden bei Kindern gemeldet, wobei Jungen häufiger betroffen sind als Mädchen. Aufgrund der niedrigen Hygienestandards sind Tausende von Menschen infiziert, insbesondere in den Slums von Venezuela, Kolumbien und Brasilien. *Angiostrongylus costaricensis* wurde bei Primaten wie Opossums und Waschbären in verschiedenen Zoos in Nordamerika nachgewiesen.

Diagnose

Die Diagnose der Angiostrongylose basiert auf klinischen und Laborbefunden (Tab. 3). In Gebieten, in denen die Krankheit endemisch ist, muss eine Differentialdiagnose bezüglich einer Angiostrongylose in Betracht gezogen werden.

Mikroskopie

Für eine abschließende Diagnose von A. cantonensis müssten die Larven im Liquor oder in der vorderen Augenkammer gefunden werden, was jedoch selten vorkommt. Bei einem Anteil von mehr als 10 % Eosinophilen im Liquor wird eine eosinophile Meningitis vermutet. Bei einer Vielzahl von Erkrankungen können niedrige Eosinophilenzahlen im Liquor festgestellt werden, aber wenn $\geq$10 % Eosinophile in der Gesamtleuko-

Tab. 2 Epidemiologie von *Angiostrongylus*-Arten

Arten	Wirte	Ort	Zwischenwirte
Angiostrongylus vasorum	Hund, Fuchs	Herz, Lungenarterien	Schnecken und Schnecken
Angiostrongylus cantonensis	Ratte, Mensch	Lungenarterie (Ratte), Hirnhäute (Menschen)	Schnecken und Schnecken
Angiostrongylus cantonensis	Ratte, Mensch	Ileozökale Arterien (Ratte), Darm (Menschen)	Schnecken und Schnecken

Tab. 3 Diagnosemethoden bei Angiostrongylose

Diagnostische Ansätze	Methoden	Targets	Bemerkungen
Mikroskopie	CSF-Nasspräparat/vordere Augenkammer, Histopathologie von Darmgeweben	Eier/Larvenformen in Darmgeweben; 3. Larvenstadien in CSF; Eosinophilie	Nicht sehr empfindlich. Spezifität ist sehr hoch
In-vitro-Kultivierung	Durchflusskultursystem	Transformation der Larvenform zu adulten Würmern	Kompliziertes Verfahren; lebende Larve benötigt
Serologie	ELISA, indirect fluorescent Antibody; immunological rapid Dot-Immunogold-Filtration-Assay	Die gereinigten Proteine mit einer Molekülmasse von 29, 31 und 32 kDa sind spezifisch	Die Sensitivität und Spezifität zur Detektion von humanem Serum-IgG4 unter Verwendung dieser Antigene betrugen 75 bzw. 95%
Molekulare Diagnostik	Real-Time-PCR Assay/konventionelle PCR/LAMP	ITS1 und ITS2 rRNA/*A. cantonensis*-Gensequenz codiert ein 66-kDa-Protein/18S-rRNA-Gen	Spezies- und Genotypidentifikation; keine Kreuzreaktivität mit DNA von *Clonorchis sinensis* und *Gnathostoma spinigerum*
Andere Labortests	Hämatologische Untersuchungen/bildgebende Verfahren	Leukozytose und Eosinophilie; bei zerebraler Ankylostomiasis, hyperintensive Läsionen in den punktuellen Bereichen des Gehirns, abdominale Angiostrongylose, Verdickung des Dünndarms	Nachweisbar bei chronischer Infektion

zytenzahl des Liquors gefunden werden, deutet dies auf eine zerebrale Angiostrongylose hin. Typischerweise sind 100–5000 Leukozyten/ml im Liquor vorhanden, von denen 10–90 % Eosinophile sind. Das CSF-Protein bleibt erhöht, aber der Glukosewert ist normal oder leicht reduziert. Das Auffinden von Würmern im CSF ist ungewöhnlich.

Die endgültige Diagnose einer abdominalen Angiostrongylose wird durch den Nachweis von parasitären Larven oder ihrer Eier im Gewebe gestellt (Abb. 4). Klinisch weisen die Patienten Symptome einer akuten Appendizitis auf. Die Erkrankung geht bei etwa 30–80 % der Patienten mit einer erhöhten Eosinophilenzahl im peripheren Blut einher. Der Wurm befindet sich in der Regel in den Mesenterialarterien und der Darmwand, wo er Entzündungsreaktionen, Thrombosen, Infarkte und Arterienverschlüsse verursacht. Es kann zu verstärkter Spastik und Darmödemen

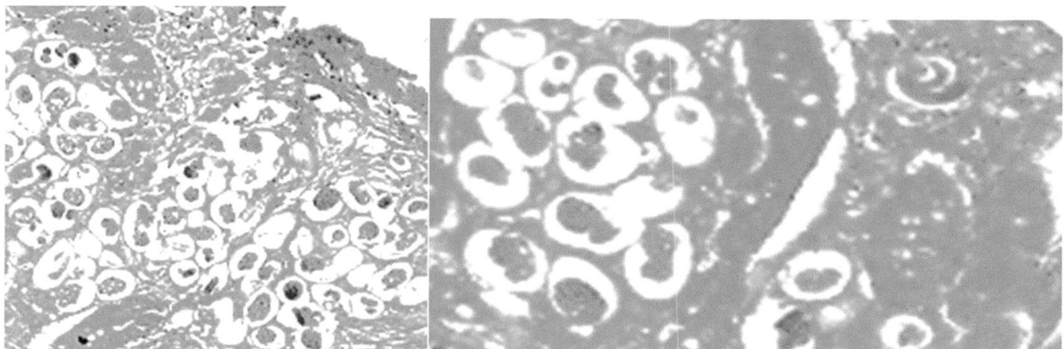

Abb. 4 Dünnschalige *Angiostrongylus*-Eier im Darmgewebe. **a** Gefärbt mit H&E; **b** vergrößerte Ansicht von dünnschaligen *Angiostrongylus*-Eiern mit verschiedenen Larvenstadien (mit freundlicher Genehmigung: CDC)

kommen. Andere parasitäre Krankheiten, die ähnliche Symptome verursachen können, sind Anisakiasis und eine *Enterobius vermicularis*-Infektion. Eine Stuhluntersuchung ist erforderlich, um diese Parasiten auszuschließen.

Serodiagnostik

Der ELISA-Test, bei dem gereinigte Antigene von adulten und jungen *A. cantonensis*-Würmern verwendet werden, wurde zum Nachweis von Antikörpern im Serum und Liquor eingesetzt. Infizierte Personen weisen im Serum erhöhte IgG-, IgA-, IgM- und IgE-Werte auf, wobei die IgM- und IgE-Werte im Serum höher sind als im Liquor. Ein Dot-Blot-ELISA mit auf Filterpapier getrocknetem Blut hat sich für die Handhabung von Feldproben für epidemiologische Untersuchungen als geeignet erwiesen. Die gereinigten *A. cantonensis*-Proteine mit Molekülmassen von 29, 31 und 32 kDa wurden ebenfalls erfolgreich eingesetzt. Die Sensitivität und Spezifität zum Nachweis von humanem Serum-IgG4 unter Verwendung dieser Antigene wurde mit 75 bzw. 95 % ermittelt.

Molekulare Diagnostik

Zum Nachweis von *A. cantonensis* in wirbellosen Wirtstieren wurden molekulare Methoden evaluiert. Es wurde ein herkömmlicher Nukleinsäureamplifikationstest (NAAT) entwickelt, der ein 1134-bp-Fragment aus dem 18S-rRNA-Gen des Parasiten amplifiziert, zusätzlich zu einem Real-Time-PCR-Assay (TaqMan), der auf den internen transkribierten Spacer 1 (ITS1) abzielt. Dieser molekulare Assay muss jedoch noch für den klinischen Einsatz validiert werden.

Andere Tests

Bildgebende Verfahren werden häufig bei der Diagnose von Angiostrongylose eingesetzt. Bildgebende Untersuchungen können bei der Differentialdiagnose der Krankheit von anderen parasitären Krankheiten wie Zystizerkose, Paragonimiasis, Gnathostomiasis und Schistosomiasis nützlich sein.

Die Computertomografie (CT) des Kopfes ist in der Regel in Fällen von zerebraler Angiostrongylose nicht spezifisch. Eine Magnetresonanztomografie (MRT) mit Kontrastmittel kann jedoch ungewöhnlich anreichernde Läsionen im Gehirn aufzeigen, insbesondere hyperintensive T2-Signal-Läsionen in den fleckigen Bereichen des Gehirns. Die CT-Bilder können im Fall einer abdominalen Angiostrongylose mehrere schlecht definierte, unspezifische hypoattenuierende Läsionen im Leberparenchym mit einer Verdickung der Dünndarmwand darstellen.

Behandlung

Die Behandlung der eosinophilen Meningitis basiert hauptsächlich auf einer unterstützenden Therapie. Sowohl Albendazol als auch Mebendazol wurden für die Behandlung der Erkrankung evaluiert. Albendazol wird in einer Dosierung von 15 mg/kg/Tag in 2 geteilten Dosen über einen Zeitraum von 14 Tagen verabreicht. Es ist außerdem gut verträglich und erreicht im Vergleich zu Mebendazol eine höhere Konzentration im ZNS. Randomisierte Studien haben gezeigt, dass die Kombination von Anthelminthika mit Kortikosteroiden die Symptome der eosinophilen Meningitis signifikant reduziert. Anthelminthika sind bei der Behandlung der abdominalen Angiostrongylose nicht wirksam. Akute Symptome, die unkompliziert sind, klingen spontan ab.

Fallstudie

Ein 45-jähriger Mann litt seit 5 Tagen an Kopfschmerzen, Übelkeit, Erbrechen, Durchfall, Schlaflosigkeit und Lichtempfindlichkeit. Er war Reinigungskraft in einer Schiffswerft. Der Patient aß normalerweise Garnelen und Süßwassergarnelen. Auf Nachfrage gab er an, dass das Essen auf dem Schiff von Ratten verunreinigt wurde. Aufgrund des klinischen Verdachts auf

Meningitis wurde eine Lumbalpunktion durchgeführt. Die Zytologie des Liquors ergab: 1067 Zellen/ml, 25 % Eosinophile, Glukose 2,6 mmol/l und Protein 0,54 g/l. Ein CT des Kopfes zeigte einen vermuteten Gefäßverschluss in der Versorgungsregion der rechten mittleren Hirnarterie („middle cerebral artery", MCA).

(a) Wie lautet die wahrscheinliche Diagnose?
(b) Was könnte in diesem Fall der Erreger sein?
(c) Wie würden Sie die Erkrankung im Labor diagnostizieren?
(d) Welche Behandlung ist in diesem Fall die beste Wahl?

Forschungsfragen

1. Welche alternativen und weniger bekannten Übertragungswege von *Angiostrongylus* beim Menschen gibt es?
2. Welche Antigene können verwendet werden, um einen empfindlichen und spezifischen immunologischen Test zur Diagnose von *Angiostrongylus* in Liquorproben zu entwickeln?
3. Welches Medikament kann für eine radikale Behandlung von Angiostrongylose eingesetzt werden?

Weiterführende Literatur

Beaver PC, Rosen L. Memorandum on the first report of *Angiostrongylus* in man by Nomura and Lin 1945. Am J Trop Med Hyg. 1964;13(4):589–90. https://doi.org/10.4269/ajtmh.1964.13.589.

CDC-Centers for Disease Control, Prevention. CDC - *Angiostrongylus* - Biology. 2010 https://www.cdc.gov/parasites/angiostrongylus/biology_cos.html

Cowie RH. Biology, systematics, life cycle, and distribution of *Angiostrongylus cantonensis*, the cause of rat lungworm disease. Hawaii J Med Public Health. 2013;72(6 Suppl 2):6–9.

Dard C, Nguyen D, Miossec C, de Meuron K, Harrois D, Epelboin L, et al. *Angiostrongylus costaricensis* infection in Martinique, Lesser Antilles, from 2000 to 2017. Parasite. 2018;25:22.

Graeff-Teixeira C, Camillo-Coura L, Lenzi HL. Histopathological criteria for the diagnosis of abdominal angiostrongyliasis. Parasitol Res. 1991;77(7):606–11.

Hata H, Kojirna S. *Angiostrongylus cantonensis*: In vitro cultivation from the first-stage to infective third-stage larvae. Exp Parasitol. 1990;70:476–82.

Lv S, Zhang Y, Liu H-X, Zhang C-W, Steinmann P, Zhou X-N, et al. *Angiostrongylus cantonensis*: morphological and behavioral investigation within the freshwater snail *Pomacea canaliculata*. Parasitol Res. 2009;104(6):1351–9.

Mackerras MJ, Sandars DF. The life history of the rat lung-worm, *Angiostrongylus cantonensis* (Chen) (Nematoda: Metastrongylidae). Australian Journal of Zoology. 1955;3(1):1–21.

Qvarnstrom Y, Sullivan JJ, Bishop HS, Hollingsworth R, da Silva AJ. PCR-based detection of *Angiostrongylus cantonensis* in tissue and mucus secretions from molluscan hosts. Appl Environ Microbiol. 2007;73(5):1415–9.

Tangchai P, Nye SW, Beaver PC. Eosinophilic meningoencephalitis caused by angiostrongyliasis in Thailand. Autopsy report. Am J Trop Med Hygiene. 1967;16(4):454–61.

Uga S, Matsumura T. In vitro cultivation of *Angiostrongylus cantonensis* eggs. Jpn J Parasitol. 1982;31:59–66.

Wallace GD, Rosen L. Studies on eosinophilic meningitis. V. Molluscan hosts of *Angiostrongylus cantonensis* on Pacific Islands. Am J Trop Med Hyg. 1969;18(2):206–16. PMID: 5777734.

Wang QP, Lai DH, Zhu XQ, Chen XG, Lun ZR. Human angiostrongyliasis. Lancet Infect Dis. 2008;8:621–30.

Trichostrongyliasis

Vinay Khanna

Lernziele

1. Die Bedeutung der Resistenz der Larve gegenüber Umweltbedingungen und das Überleben über lange Zeiträume zu verstehen
2. Lernen, dass die Parasiten bei dem infizierten Individuum Mangelernährung und Anämie verursachen können

Einführung

Der Nematode *Trichostrongylus* spp. ist hauptsächlich ein Parasit pflanzenfressender Tiere, der weltweit verbreitet ist. Mehr als 30 Arten von *Trichostrongylus* sind bekannt, die Infektionen sowohl bei Menschen als auch bei Tieren verursachen, am häufigsten sind *Trichostrongylus orientalis, Trichostrongylus colubriformis, Trichostrongylus axei, Trichostrongylus affinis, Trichostrongylus sigmodontis,* und *Trichostrongylus tenuis.* Die Bedeutung von Trichostrongylus-Nematoden liegt in ihrer Rolle bei der Verursachung erheblicher Produktionsverluste bei Nutztieren durch Verringerung des Gewichts, der Fleisch- und/oder Milchproduktion. *Trichostrongylus* spp. sind allgegenwärtige Parasiten und kommen häufig bei Nutztieren wie Ziegen, Rindern, Schweinen, Pferden und Geflügel vor. Es wurde auch über Infektionen bei wilden pflanzenfressenden Tieren wie Hirschen, Antilopen, Kamelen, Affen und Wildschweinen berichtet. Die durch *T. orientalis*, *T. colubriformis* und *T. axei* verursachte Trichostrongyliasis beim Menschen tritt am häufigsten im Nahen Osten, in Asien und Afrika auf.

Geschichte

Giles beschrieb 1892 *Strongylus colubriformis* aus dem Darm von Schafen in den Regionen Shillong (Assam) und Sanawar (Punjab) von Indien. Railliet beschrieb 1893 *Strongylus instabilis* aus dem Darm europäischer Schafe, und Looss beschrieb 1895 *Strongylus subtilis* aus dem Darm des Menschen und später aus dem Darm von Schafen in Ägypten. Ijima identifizierte ihn sogar bis nach Japan im Fernen Osten. Looss führte den Begriff Gattung *Trichostrongylus* für diese Nematoden und verwandte Formen ein. In den 1930er-Jahren dokumentierte Walter E. Collengae den Lebenszyklus von *T. tenuis*, während er die Ursache der „*Auerhuhnkrankheit*" bei Rebhühnern unter-

V. Khanna (✉)
Department of Microbiology, Kasturba Medical College, Manipal, Indien

Manipal Academy of Higher Education, Manipal, Indien
E-Mail: drvinaykmc@gmail.com

S. C. Parija und A. Chaudhury (Hrsg.), *Lehrbuch der parasitären Zoonosen*,
https://doi.org/10.1007/978-981-97-4312-4_48

suchte. Der Kot von infizierten Rebhühnern enthielt Larven von *Trichostrongylus*.

Taxonomie

Trichostrongylus spp. gehört zur Ordnung Strongylida, die 4 Unterordnungen enthält, nämlich Ancylostomatina, Strongylina, Trichostrongylina und Metastrongylina. Die Strongylina und die Ancylostomatina haben eine gut entwickelte Bukkalkapsel und unterscheiden sich von den Trichostrongylina und den Metastrongylina, die eine reduzierte oder fehlende Bukkalkapsel haben. Basierend auf morphologischen Merkmalen und ihrer vermuteten Evolution werden Trichostrongyloide in 14 Familien und 24 Unterfamilien unterteilt. Die Gattung *Trichostrongylus* wurde in die Familie Trichostrongyloidea eingeordnet; die Gattung *Trichostrongylus* besteht aus mehr als 30 Arten, von denen mehr als 10 Arten bekannt sind, die Infektionen beim Menschen verursachen. Die wichtigen *Trichostrongylus*-Arten, die Infektionen beim Menschen verursachen, sind *Trichostrongylus axei, Trichostrongylus tenuis, Trichostrongylus colubriformis, Trichostrongylus longispicularis, Trichostrongylus retortaeformis, Trichostrongylus capricola,* und *Trichostrongylus vitrinus*.

Genomik und Proteomik

Die Genomgröße von *Trichostrongylus* spp. wird auf 53–59 Mb geschätzt, wie durch Durchflusszytometrie ermittelt. Als Instrument zur Herunterregulierung der Expression einzelner Gene auf posttranskriptioneller Ebene wurde die RNA-Interferenz (RNAi)-Knock-out-Technik in großem Umfang zur Untersuchung der zellulären Funktion von Genen in *Trichostrongylus* spp. eingesetzt. Die RNA-Interferenz (RNAi) ist ein Prozess, bei dem doppelsträngige RNA (dsRNA) eine sequenzspezifische Genabschaltung bewirkt, indem sie die Ziel-mRNA zur Degradation (Abbau) bringt. RNAi-Knockdown-Techniken wurden erfolgreich für *T. colubriformis* und *T. vitrines* verwendet. Expressed Sequence Tags (ESTs) sind kurze DNA-Sequenzen (200–500 Nukleotide), die zur Identifizierung eines Gens verwendet werden können, das zu einem bestimmten Zeitpunkt in einer Zelle exprimiert wird. Die ESTs sind für *Trichostrongylus* spp. bei dbEST GenBank verfügbar. Es wurden Transkriptomstudien (vollständiger Satz von RNA-Transkripten) an adulten *T. colubriformis* beschrieben, bei denen Moleküle identifiziert wurden, die bei wesentlichen biologischen Prozessen in diesem Parasiten eine entscheidende Rolle spielten.

Die Parasitenmorphologie

Adulter Wurm

Die Geschlechter sind getrennt, und die Männchen sind im Allgemeinen kleiner als die Weibchen. Adulte *Trichostrongylus* sind klein, weißlich und haarähnlich und sind weniger als 1 cm lang. Der Mundbereich enthält keine Bukkalkapsel. Sie weisen Merkmale wie eine Ausscheidungskerbe im Bereich der Speiseröhre und die Kopulationsbursa und Spicula am Schwanzende auf. Das Gubernaculum ist rechtwinklig nach vorne gebogen. Adulte Männchen haben eine 2-lappige Kopulationsbursa und 2 Spiculae und messen zwischen 3,8 und 8,2 mm. Braun gefärbte gepaarte Spiculae sind charakteristische Merkmale der männlichen Würmer (Abb. 1). Weibchen sind größer und sind im Allgemeinen zwischen 4,9 und 9,8 mm lang. Sie sind schlank und rosa gefärbt und haben eine hintere Vulva. Der Mund ist unbewaffnet.

Die DNA-basierte Technologie wird zur Identifizierung von Arten verwendet, insbesondere bei weiblichen Würmern von morphologisch nicht unterscheidbaren *Trichostrongylus*-Arten. Die endgültige Identifizierung der Art erfolgt anhand der ribosomalen Gensequenz der ITS-Region („internal transcribed spacer", ITS) von *Trichostrongylus* spp. Diese molekularen Techniken sind sehr nützlich, um die Verbreitung, Artenbildung und Prävalenz von *Trichostrongylus* spp. im endemischen Gebiet zu verstehen.

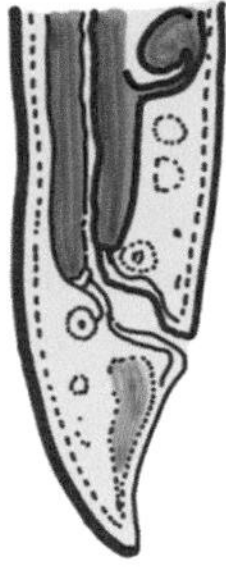

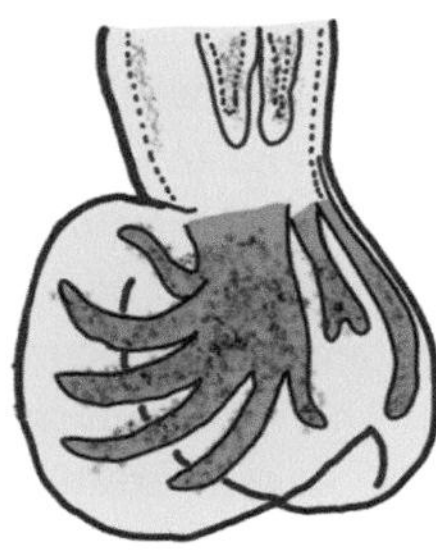

Abb. 1 Hinteres Ende des weiblichen und männlichen adulten Wurms von *Trichostrongylus* spp. Beachten Sie den spitzen Schwanz beim weiblichen Wurm und das Vorhandensein einer Bursa und Spicula beim männlichen Wurm

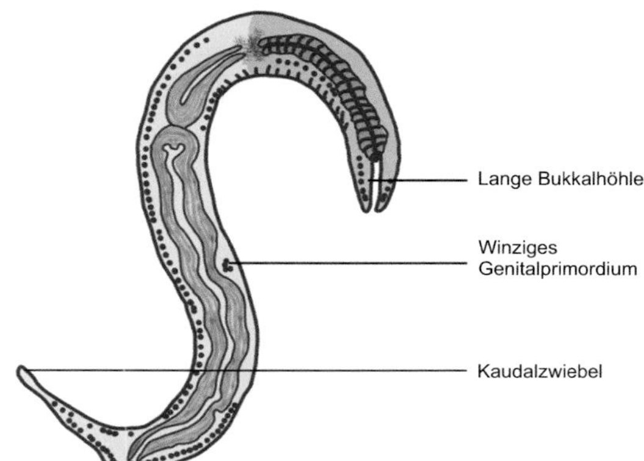

Abb. 2 Dritte Stufe Rhabditiformlarven von *Trichostrongylus* spp.

Larve

Die Larven der 3. Entwicklungsstufe (L3) sind das infektiöse Stadium des Parasiten, das zwischen 622 und 796 µm lang ist. Der Kopf ist spitz zulaufend und die Schwanzscheide ist kurz. Der Schwanz kann in 1 oder 2 Höckern enden. Geschlüpfte, umhüllte Larven von *Trichostrongylus* spp. müssen von rhabditiformen Larven von Hakenwürmern und *Strongyloides stercoralis* unterschieden werden. Die Larve von *S. stercoralis* hat eine kurze Mundhöhle, während sowohl Hakenwürmer als auch *Trichostrongylus* eine lange Mundhöhle haben. *Trichostrongylus*-Larven haben jedoch eine charakteristische perlenartige Verdickung am Ende ihres Schwanzes (Abb. 2).

Eier

Die Eier von *Trichostrongylus* spp. sind groß, länglich und dünnwandig (73–95 × 40–50 µm) und an einem Ende zugespitzt. Die Eier sind mit einer transparenten hyalinen Schale bedeckt, deren innere Membran häufig faltig ist. Sie werden im fortgeschrittenen Teilungsstadium (16- bis 32-Morula-Stadium) im Stuhl ausgeschieden. Es ist wichtig, *Trichostrongylus*-Eier von Hakenwurmeiern zu unterscheiden. Ihr Überleben hängt optimal von feuchtem, schattigem, warmem, feuchtem Boden ab, auf dem die Larven innerhalb von 1 bis 2 Tagen aus den Eiern schlüpfen und sind bemerkenswert widerstandsfähig gegen Austrocknung und Kälte (Abb. 3).

Zucht von Parasiten

Für die Fäkalkultur von *Trichostrongylus*-Larven aus Eiern werden 2 Techniken eingesetzt.

Bei der 1. Technik werden Fäkalien in ein Glas mit Deckel gegeben und an einem dunklen Ort bei einer Temperatur von 21–24 °C aufbewahrt. Der locker aufgesetzte Deckel ist mit feuchtem Filterpapier ausgekleidet.

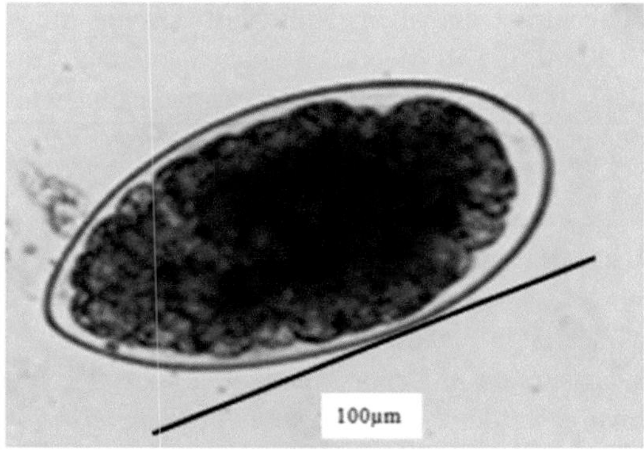

Abb. 3 Ei von *Trichostrongylus* spp. an einem Ende spitz zulaufend

Nach 7–10 Tagen Inkubation wird das Glas mit Wasser gefüllt und 2–3 h stehen gelassen. Das Wasser mit den Larven wird mithilfe der Sedimentationstechnik konzentriert. Die Larvensuspension wird dann gereinigt und mit einem Baermann-Apparat weiter konzentriert und mit lugolscher Lösung abgetötet und mikroskopisch untersucht. Bei der 2. Methode wird der Kot auf die Mitte eines Filterpapiers in einer angefeuchteten Petrischale verteilt. Nach einer Inkubation bei 21–24 °C für 7–10 Tage wird die Schale mit Wasser geflutet und die Larven werden geerntet.

Trichostrongylus kann in bakterienfreien Medien aus geschlüpften Larven ohne tierischen Gewebeextrakt oder Serum gezüchtet werden. Etwa 50 % der Larven im 4. Stadium von *T. colubriformis* häuten sich in 7–10 Tagen in das junge Erwachsenenstadium, wenn sie in einem komplexen Medium kultiviert werden. Die für die Kultur verwendeten Medien enthalten enzymatisch hydrolysiertes Kasein, Hefe, Phosphatidylcholin und Mineralien einschließlich Salzlösung, Sterin und Eisenporphyrin. Es hat sich gezeigt, dass die Produktion infektiöser Larven in Pepton anstelle von Kaseinhydrolysat möglich ist, jedoch in sehr begrenztem Umfang, da dies eine der Voraussetzungen für die Identifizierung des freilebenden Stadiums des Parasiten ist. Die erfolgreiche Kultivierung von *T. colubriformis*-Larven aus geschlüpften Larven der 1.–3. Stufe wurde in Medien erreicht, die NCTC 135, Hühnerembryoextrakt, fötales Kälberserum und entweder Lactalbuminhydrolysat oder frisch zubereiteten Hefeextrakt enthalten. Kultivierte Larven im 3. Stadium, die in Meerschweinchen injiziert wurden, führten zu schweren Infektionen und wurden auch zur Identifizierung der Art verwendet.

Versuchstiere

Viele Tiere werden für verschiedene Tierversuchsstudien in Labors verwendet. Wüstenrennmäuse werden am häufigsten für *T. colubriformis* und für viele andere Nematoden wie *S. stercoralis, Ostertagia Circumcincta, Haemonchus contortus, Nematospiroides dubius* und *Wuchereria bancrofti* verwendet. Wüstenrennmäuse sind rattenähnliche Tiere, die bis zum Schwanzende mit buschigem Fell bedeckt sind. Diese Tiere sind in China und der Mongolei weit verbreitet. Sie werden auch zur Erforschung der Pathogenese und Arzneimittelresistenzen bei diesen Nematoden verwendet.

Das Waldmurmeltier, ein großer Nager mit einem kräftigen Körper, kurzen Beinen, langen Krallen, einem großen, flachen Kopf, fast keinem Hals und einem kurzen, behaarten Schwanz, ist ebenfalls als Wirt für diese Nematoden bekannt. Die Waldmurmeltiere kommen im Osten und Mittleren Westen der USA vor. Sie beherbergen *Trichostrongylus* spp., *Baylisascaris laevis, Baylisascaris columnaris, Capillaria hepatica, Citrullinema bifurcatum,* und *Strongyloides* spp. Diese Diese Nagetiere werden zur Untersuchung des Lebenszyklus dieser Parasiten verwendet.

Lebenszyklus von *Trichostrongylus* spp.

Wirte

Zu den Endwirten gehören pflanzenfressende Säugetiere wie Kaninchen, Schafe, Rinder und Nagetiere; Menschen sind zufällige Wirte.

Verschiedene Arten von *Trichostrongylus* sind mit ihren Wirten verwandt, da sie zum Überleben und zur Infektion des Parasiten beitragen. Zum Beispiel infiziert *T. tenuis* Wildvögel (Moorhuhn, Rebhuhn, Fasan). *Trichostrongylus affinis* und *T. sigmodontis* infizieren jeweils Baumwollschwanzratten und stachelige Baumwollratten, während *T. retortaeformis* hauptsächlich *Oryctolagus cuniculus,* Wildkaninchen, betrifft. Menschen sind zufälligen Wirte.

Infektiöses Stadium

Das infektiöse Stadium, die L3-Larven, ist von der Kutikulascheide der L2-Larven umhüllt, die dazu dient, die die Austrockung der Larven verhindern. Die Schutzhülle schützt nicht nur die Larve vor der rauen Umgebung, sondern trägt auch zu ihrem Überleben bei. Die Entwicklung und das Überleben der Larven hängen von der Umgebungstemperatur ab, wobei eine schnellere Entwicklung der Larven bei höheren Temperaturen auftritt, während eine längere Überlebensdauer bei niedrigeren Temperaturen zu beobachten ist. Eine ausreichende Feuchtigkeit in der Umgebung ermöglicht es den Larven, sich vom Tierkot auf die Vegetation zu verbreiten, von wo aus sie von weidenden Pflanzenfressern aufgenommen werden, was ihre Verbreitung erleichtert.

Übertragung der Infektion

Menschen sind zufällige Wirte und erwerben die Infektion entweder durch den Verzehr von kontaminierten Gemüse, das infektiöse Larven enthält, oder durch das Eindringen von Larven (L3) in die Haut (Abb. 4). Larven reifen im Dünndarm zu adulten Würmern heran, wo sie sich in der Schleimhaut einnisten und eine schwere Entzündung verursachen. Tiere infizieren sich beim Weiden der mit Larven kontaminierten Vegetation. Vollständig embryonierte Eier und infektiöse Larven sind sehr widerstandsfähig gegen sowohl kaltes als auch trockenes Klima. Wäh-

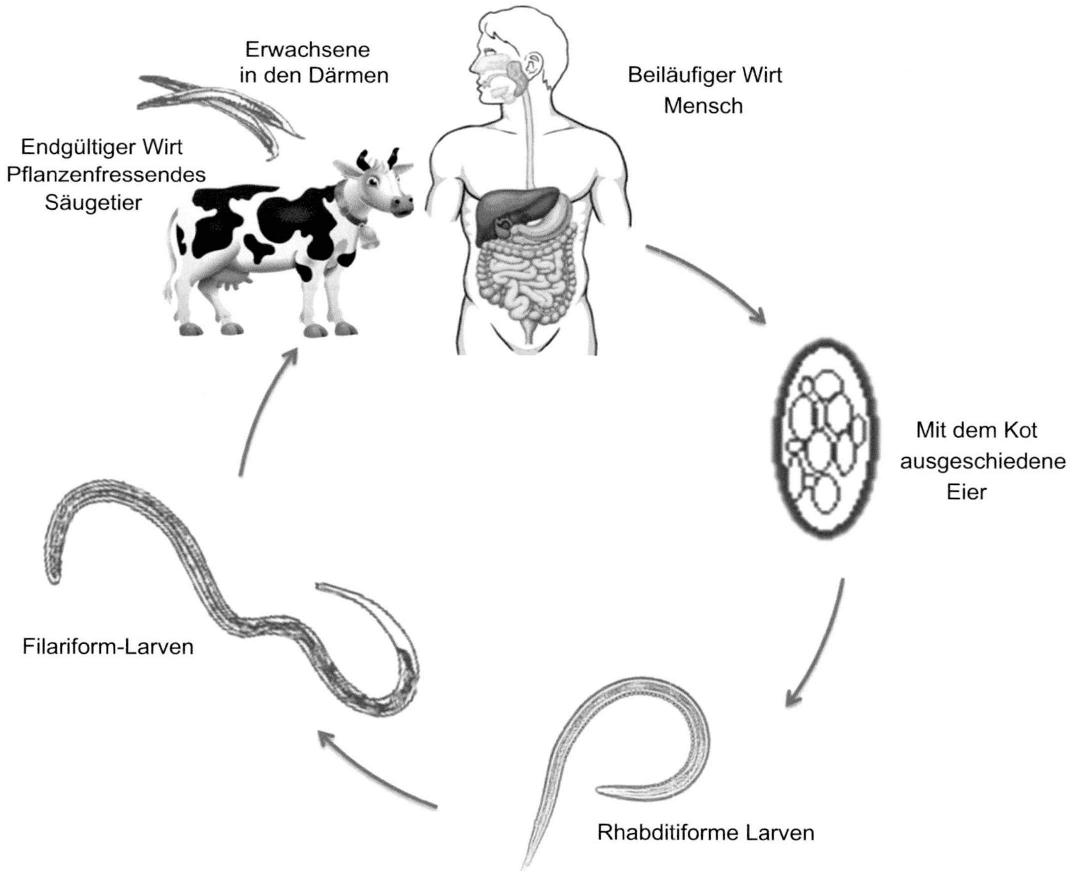

Abb. 4 Lebenszyklus von *Trichostrongylus* spp.

rend einer Trockenperiode sammeln sich Eier auf Tieren an, und während der Regenzeit ist ein massenhaftes Schlüpfen und die Entwicklung von Larven zu beobachten, was schließlich zur Verbreitung der Krankheit auf Menschen und Tiere führt.

Der Lebenszyklus hat 2 unterschiedliche Phasen: (1) innerhalb des Wirts und (2) das freilebende Stadium, in dem sich die Parasiten in der Umgebung entwickeln.

Direkter Lebenszyklus: Endwirte scheiden unembryonierte Eier mit dem Kot aus. Unter optimalen Bedingungen schlüpfen rhabditiforme Larven in etwa 7–10 Tagen und werden nach 5–10 Tagen zu infektiösen filariformen Larven (3. Stadium) Larven. Die L3-Larve wird vom Endwirt oder vom Menschen aufgenommen. Menschen erwerben die Infektion durch den Verzehr von rohem oder unzureichend gekochtem kontaminiertem Blattgemüse. In seltenen Fällen kann die Infektion durch das Eindringen der Larven in die Haut auftreten. Wenn sie aufgenommen werden, entpuppen sich diese Larven unter niedrigem Sauerstoffdruck, hohen CO_2-Werten und steigender Körpertemperatur. Die Larven dringen in die Schleimhaut des Dünndarms ein. Innerhalb kurzer Zeit häutet sich die Larve zu L4. Unterhalb der Darmepithelzellen entwickeln sich die Larven innerhalb von 2 Wochen zum 5. Stadium (L5). Später setzt die L5-Larve eine Flüssigkeit zur Auflösung der Larvenhülle frei, die das Enzym Leucin-Aminopeptidase enthält, das zur Auflösung ihrer Scheide führt. Sie windet sich dann aus der Scheide heraus und entwickelt sich zu geschlechtsreifen männlichen und weiblichen Würmern. Die Weibchen werden von den Männchen befruchtet, und anschließend legt das trächtige Weibchen Eier, die mit dem Kot ausgeschieden werden. Unter normalen Entwicklungsbedingungen reifen die Würmer und beginnen nach etwa 3 Wochen mit der Eiproduktion. Wenn nicht, tritt der Wurm in die *Hypobiose* ein, ein Begriff, der für die Unterbrechung der Entwicklung verwendet wird, die aufgrund der Einstellung der Stoffwechselaktivitäten auftritt. Immunzellen erkennen die hypobiotischen Würmer nicht, was dem Parasiten einen Überlebensvorteil bietet. Die für die Entwicklung bis zur Reife benötigte Zeit wird als präpatente Periode bezeichnet. Es dauert normalerweise 2–3 Wochen, bis die adulten Würmer Eier oder Larven produzieren.

Freilebendes Stadium: Eier, die den Wirt verlassen, enthalten 16–32 Blastomere. Diese Eier schlüpfen in feuchtem Boden innerhalb von 3 bis 4 Tagen und geben L1-Larven frei. Die L1-Larven durchlaufen 2 Häutungen und wandeln sich im Boden zu L3-Larven, dem infektiösen Stadium, um.

Pathogenese und Pathologie

Trichostrongylus-Larven reifen und entwickeln sich in der Schleimhaut des Dünndarms zu adulten Würmern. Die adulten Würmer sind unter der Schleimhaut von Duodenum und Jejunum begraben und reißen auf, um die jungen Würmer zu freizusetzen. Eine große Anzahl dieser jungen Würmer verursacht erhebliche Traumata, Schleimhautabschilferung, Ödeme und Blutungen im betroffenen Gewebe. Sie verursachen eine Atrophie der Zotten, eine Verzerrung, Abflachung oder Reduzierung der für die Absorption verfügbaren Fläche. Plasmaproteine gehen in das Lumen über, was zu zu Hypoalbuminämie und Hypoproteinämie führt. Bei schweren Infektionen wurde auch über Durchfall berichtet. Wie bei Hakenwurminfektionen scheiden einige Patienten kleine Mengen Blut im Stuhl aus, insbesondere wenn die Eizahl zwischen 100 und 400 Eier/g im Stuhl liegt. Eosinophilie tritt bei dieser Krankheit sehr häufig auf.

Der Befallsgrad bei Wiederkäuern wie Rindern wird als leicht eingestuft, wenn die Larvenzahlen (L3) weniger als 1000 L3/kg Kot betragen, als mäßig, wenn die Larvenzahlen 1000 L3/kg überschreiten, und als schwer, wenn die Larvenzahlen über 5000 L3/kg Kot liegen. Trichostrongylose bei Wiederkäuern ist auch bekannt dafür, die Absorption von Proteinen und Eisen sowie von Mineralien wie Kalzium und Phosphor zu beeinträchtigen; der Mangel an Kalzium und Phosphor führt bei Tieren oft zu Osteoporose. Die durch *T. axei* bei Pferden verursachte hypertrophe Gastritits ist durch verdickte Rugae gekennzeichnet, die auf eine Hyperplasie der Magendrüsen zurückzuführen sind. Dies tritt aufgrund einer chronischen Retention von Magenflüssigkeit und Reflux von Gallenflüssigkeit auf.

Immunologie

Die meisten immunologischen Studien zu *Trichostrongylus* spp. werden unter Verwendung von Nagetiermodellen bei standardisierten Laborbedingungen durchgeführt. Beobachtungen aus natürlichen und experimentellen Infektionen haben gezeigt, dass ein niedrigeres Niveau von *Trichostrongylus*-Infektionen mit längeren Überlebensraten einhergeht. Intestinale T-Zellen sezernieren IL-5, ein potenter eosinophilen Chemoattraktant und Aktivator, als Reaktion auf *T. colubriformis.* Korrelationen zwischen erhöhtem IgE, verminderter Eizahl im Kot und Überleben von adulten Würmern wurden bei *T. colubriformis*-Infektionen bei Schafen berichtet. Die Mastzellen der Schleimhaut und Eosinophile spielen eine wichtige Rolle bei der Aufrechterhaltung der Immunität gegen *Trichostrongylus* bei diesen Pflanzenfressern.

Experimentelle Infektionen von Ratten mit *Nippostrongylus brasiliensis* haben gezeigt, dass die adulten Würmer in ihrer Größe verkümmert sein können und in einigen Fällen werden diese adulten Würmer abgetötet und automatisch aus dem Tier ausgestoßen. Die Infektion stimuliert bei Pflanzenfressern eine langsamere Immunantwort, was zur Entwicklung einer Immunität bei diesen Tieren führt. Studien an Schafen haben gezeigt, dass Th2-Antworten notwendig sind, um diese Nematoden zu reduzieren.

Infektion beim Menschen

Die klinischen Manifestationen einer *Trichostrongylus*-Infektion beim Menschen hängen von der Wurmlast ab. Leichte Infektionen mit *Trichostrongylus* sind möglicherweise nur schwer von Mangelernährung zu unterscheiden.

Die meisten Patienten sind asymptomatisch. Bei Patienten, die mit einer großen Anzahl von Würmern infiziert sind, können Bauchschmerzen, Durchfall und Anämie auftreten. Bei schweren Schleimhautschäden können Malabsorption und Auszehrung auftreten. Es kann zu Blutungen, Ödemen und Abschilferung der Darmzotten kommen. Eine schwere Infektion kann auch eine Gallenwegsobstruktion verursachen. Durch den Blutverlust kann es zu einer schweren Anämie kommen, die auch bei anderen Nematoden wie dem Hakenwurm zu beobachten ist.

Infektion bei Tieren

Trichostrongylus spp. betrifft den Pansen und den Dünndarm von Tieren und verursacht eine parasitäre Gastroenteritis (PGE). Verschiedene Parasitenarten verursachen bei verschiedenen Tieren unterschiedliche Manifestationen, z. B. verursacht *T. axei* bei Pferden eine chronische Gastritis, Typhlitis oder hypertrophe Gastritis, die durch eine Verdickung der Magenfalten gekennzeichnet ist. *Trichostrongylus colubriformis* und *T. vitrinus* verursachen bei Schafen und Rindern Durchfall (Black Scour) und Gewichtsverlust. Eine schwere Enteritis führt bei Tieren mit einer hohen Wurmlast zu blutigem Durchfall, Gewichtsverlust und Tod. Einige Wiederkäuer wie Rinder und Schafe zeigen ebenfalls Gewichtsverlust, Kachexie und Stoffwechselstörungen.

Epidemiologie und öffentliche Gesundheit

Trichostrongyliasis ist weltweit verbreitet, mit gemeldeten Fällen aus dem Iran, dem Irak, Indien, Ägypten, Indonesien, Australien, den USA, Japan, Korea, China, Taiwan, Russland, Chile, Peru und Brasilien (Tab. 1). Sie tritt vor allem in Gebieten mit schlechter Hygiene auf, insbesondere dort, wo tierische/menschliche Fäkalien als Dünger verwendet werden, was zu einer Kontamination von Gemüse und Was-

Tab. 1 Verbreitung von *Trichostrongylus*-Arten, die bei Menschen von Bedeutung sind

Arten	Verbreitung	Endwirt
Trichostrongylus orientalis	Festland China, Korea, Japan, Indonesien, Loa und Russland	Rinder, Schafe, Esel, Ziegen, Hirsche, Kaninchen und Menschen
Trichostrongylus axei	Weltweit	Rinder, Schafe, Ziegen, Hirsche, Pferde, Esel, Schweine und gelegentlich Menschen
Trichostrongylus colubriformis	Tropische und subtropische Regionen, hauptsächlich im Nahen Osten	Schafe, Ziegen, Rinder, Kamele und gelegentlich Schweine und Menschen
Trichostrongylus vitrinus	Gemäßigte Regionen, hauptsächlich Australien	Schafe, Ziegen, Hirsche, Kamele und gelegentlich Schweine und Menschen
Trichostrongylus longispicularis	Australien, Amerika und Teile Europas	Rinder, Ziegen und Schafe
Trichostrongylus tenuis	Nordamerika, Asien und Europa	Wildvögel (Moorhuhn, Rebhuhn und Fasan), Hühner, Enten, Gänse, Truthähne, Emus und Menschen
Trichostrongylus retortaeformis	Britische Inseln, Europa und Australien	Kaninchen und gelegentlich Menschen

ser führt. Die wichtigen menschlichen Arten, die bekanntermaßen Trichostrongyliasis beim Menschen verursachen, sind *T. orientalis, T. axei, T. colubriformis, T. capricola, T. probolurus* und *T. vitrines*. In Asien wurde *T. orientalis* aus Endemiegebieten wie dem chinesischen Festland, Japan und Korea gemeldet. Im Nahen Osten wurde häufig über *T. colubriformis* berichtet. Die höchste Infektionsrate ist im Iran (bis zu 70 %) aufgrund mehrerer *Trichostrongylus*-Arten zu verzeichnen. Der Einsatz von Tierdung als Dünger in landwirtschaftlichen Gemeinden ist der Faktor, der hauptsächlich zur Ausbreitung der Krankheit auf den Menschen beiträgt. Die Kontamination von landwirtschaftlich angebautem Gemüse und Wasser ist in ländlichen Gebieten aufgrund schlechter sanitärer Bedingungen häufig. Auch die enge Interaktion zwischen Mensch und Tier ist ein weiterer wichtiger Grund für die Ausbreitung der Krankheit.

Trichostrongylus ist für erhebliche Morbidität und Mortalität bei Wiederkäuern verantwortlich. Diese Nematoden sind dafür bekannt, ihre Umgebung durch ihr biotisches Potenzial zu kontaminieren, bei dem sich die Parasiten sowohl in Zwischen- als auch in Endwirten vermehren und entwickeln können. In gemäßigten Regionen führt die Fähigkeit der Larven, in der kalten und trockenen Umgebung zu überleben, zu einem Anstieg der Zahl der Fälle bei Tieren, z. B. im Frühjahr, das mit dem Weidegang der Tiere zusammenfällt und eine hohe Infektionsrate aufweist. Mit dem Einsetzen der Regenzeit werden eine große Anzahl scheinbar ausgetrockneter Larven hydratisiert und aktiv. Diese Larven vermehren sich schnell auf der Vegetation. Viele Tiere wie Rinder, Schafe und Ziegen infizieren sich beim Weiden durch kontaminierte Vegetation. Die saisonale Hypobiose, die als Folge der Hemmung der Larvenentwicklung im Wirt auftritt, trägt ebenfalls zur Krankheit bei, da sie zu einer erhöhten parasitären Belastung führt, wenn die Bedingungen optimal werden.

Diagnose

Für die optimale Diagnose der Trichostrongyliasis werden sowohl bei Menschen als auch bei Tieren verschiedene Modalitäten eingesetzt (Tab. 2).

Trichostrongyliasis beim Menschen

Mikroskopie

Die mikroskopische Untersuchung von Stuhlproben auf Parasiteneier ist derzeit eine routinemäßige Laborpraxis zum Nachweis von *Trichostrongylus*-Eiern. Insbesondere bei einer leichten Infektion können Stuhlaufkonzentrationstechniken erforderlich sein. In erster Linie erfolgt die Identifizierung von Eiern, Larven

Tab. 2 Verschiedene diagnostische Ansätze bei Trichostrongyliasis

Diagnostische Ansätze	Methoden	Targets	Bemerkungen
Mikroskopie	Routine-Stuhl-Nasspräparat/-Duodenalaspirat	Eier, Larven und adulte Würmer	Es ist wichtig, Hakenwurmeier von *Trichostrongylus* spp. zu unterscheiden. Larven können mit *Strongyloides* verwechselt werden
In-vitro-Kultivierung	Kontinuierliches Durchflusskultursystem	Transformation der Larvenform zu adulten Würmern	Kompliziertes Verfahren; lebende Larve benötigt
Serologie	Antikörperbasiertes ELISA	Verwendung von Koproantigen	Der Test zeigt eine hohe Kreuzreaktivität
Molekulare Diagnostik	RFLP-PCR	ITS1 und ITS2 Regionen von rRNA	Spezies- und Genotypidentifikation
Zusätzliche Labortests	Blutbiochemie und hämatologische Untersuchungen	Erhöhte Serumspiegel von Pepsinogen und Trypsin. Erhöhte Leukozytose und Eosinophilie	Nützlich für die Diagnose bei Tieren

und adulten Würmern mittels Mikroskopie. Die Eier sind groß, länglich, dünnwandig (75–95 × 40–50 µm) und an einem Ende zugespitzt. Sie sind mit einer transparenten hyalinen Schale mit innerer Membran bedeckt, die häufig faltig ist. Es ist wichtig, *Trichostrongylus* Eier von Hakenwurmeiern zu unterscheiden. Wenn sie zusammen mit dem Stuhl ausgeschieden werden, sind *Trichostrongylus*-Eier relativ größer und befinden sich im fortgeschrittenen Teilungsstadium (16- bis 32-Morula-Stadium), während Hakenwurmeier kleiner (56–75 × 36–40 µm) und sich im 4- bis 16-Morula-Stadium befinden, wenn sie ausgeschieden werden.

Die Mikroskopie ist hilfreich bei der Identifizierung charakteristischer *Trichostrongylus*-Larven. Geschlüpfte, umhüllte Larven von *Trichostrongylus* spp. müssen von rhabditiformen Larven sowohl von Hakenwürmern als auch von *S. stercoralis* unterschieden werden. *Trichostrongylus*-Larven haben eine charakteristische perlenartige Schwellung am Schwanzende. Weitere Unterscheidungsmerkmale sind eine lange Bukkalhöhle bei Hakenwürmern und *Trichostrongylus*-Larven, während *S. stercoralis*-Larven eine kurze Bukkalhöhle haben.

Die mikroskopische Identifizierung von adulten männlichen Würmern ist eine zuverlässige Methode zur Unterscheidung verschiedener Arten von *Trichostrongylus*. Adulte *Trichostrongylus* sind klein, weißlich, haarähnlich und weniger als 1 cm lang. Sie haben eine charakteristische Bursa, Spiculae und ein bootförmiges Gubernaculum. Männliche adulte Würmer sind kleiner als die Weibchen. Adulte *Trichostrongylus* spp. sind viel kleiner als die von Hakenwürmern, aber ihre Eier sind normalerweise groß.

Diagnose von Trichostrongyliasis bei Tieren

Die Diagnose einer *Trichostrongylus* spp.-Infektion bei Tieren basiert auf dem Nachweis von adulten Würmern im Pansen oder Dünndarm. Die Eier sind schmaler und etwas länger als die von Hakenwürmern oder *S. stercoralis*. Eine Eizahl im Kot von ≥200 Eiern/g gilt als signifikante Wurmbelastung, und in diesen Fällen wird eine spezifische anthelminthische Behandlung empfohlen. Die Unterscheidung von *Trichostrongylus* von anderen Gattungen der Familie Trichostrongylidae wie *Ostertagia, Haemonchus, Cooperia* und *Oesophagostomum* basiert auf der Morphologie ihrer L3-Larven. *Trichostrongylus*-Larven sind klein (700–750 µm), besitzen einen abgerundeten Kopf und eine kurze Schwanzscheide, die 1 oder 2 Höcker aufweist (Tab. 3).

Tab. 3 Identifizierung von *Trichostrongylus*-Arten basierend auf Größe, Spiculae und Gubernaculum

Arten	Identifizierungsmerkmale
Trichostrongylus orientalis	Männchen sind etwa 3,5–4,5 mm und Weibchen 5–7 mm lang. Die Spiculae sind hellbraun, mit charakteristischer Form; eines etwas größer als das andere
Trichostrongylus axei	Gemessene Längen: bei Männchen 3,2–6,2 mm und bei Weibchen 4–8 mm. Die männlichen Spiculae sind ungleich und ungleich lang
Trichostrongylus colubriformis	Männchen sind etwa 4,5–5,5 mm und Weibchen 5,5–7,5 mm lang. Spiculae sind leicht unregelmäßig lang und haben eine ähnliche Struktur wie ein kleines Boot mit einem dicken Vorsprung, der die Wurzel proximal verschließt. Das Gubernaculum ist seitlich zu sehen und hat die Form einer schrägen Kurve mit 2 Biegungen
Trichostrongylus vitrinus	Männchen sind 4,2–6,2 mm und Weibchen 5–8 mm lang. Die Spiculae sind klein und gerade mit scharf zulaufenden Enden
Trichostrongylus longispicularis	Männchen sind etwa 5,6 mm lang. Die Spiculae sind braun, unverzweigt und am proximalen Ende etwas dicker. Die Gubernaculi sind hellbraun, mit einfacher Form
Trichostrongylus tenuis	Männchen sind etwa 5,2–6,5 mm und Weibchen 7–9 mm lang. Die Spiculae sind distal gekrümmt
Trichostrongylus retortaeformis	Männchen sind 6,8–8,4 mm und Weibchen 9,6–10,4 mm lang und sie besitzen jeweils charakteristische dünne Quer- und Längsrillen. Die Spiculae sind kurz
Trichostrongylus probolorus	Männchen sind 4,3–5,55 mm lang. Die Spiculae sind größer als die von anderen *Trichostrongylus*-Arten. Sie sind dunkelbraun, mit 2 dreieckigen Auswüchsen auf der Bauchseite. Die beiden Spiculae sind etwa gleich lang. Das Gubernaculum ist glänzend dunkelbraun
Trichostrongylus capricola	Männchen sind 4,3–4,9 mm lang. Die Spiculae sind am proximalen Ende dicker, und die distalen Enden der Spiculae sind weniger spitz. Das Gubernaculum ist hellbraun

Serodiagnostik

Es wurden verschiedene Immunassays, darunter ELISA, unter Verwendung von rohen und gereinigten Antigenen von *T. colubriformis* entwickelt, um *Trichostrongylus*-spezifische Antikörper für die Diagnose der Trichostrongyliasis beim Menschen nachzuweisen. Bis heute sind jedoch keine serodiagnostischen Tests kommerziell erhältlich. Ein antikörperbasierter ELISA ist verfügbar, um Serum-IgG-Antikörper für die Diagnose einer Trichostrongyliasis bei Tieren nachzuweisen. Derzeit werden diagnostische Assays für den quantitativen Nachweis von *Trichostrongylus*-Koproantigenen im Kot infizierter Tiere evaluiert. Der Koproantigentest weist jedoch aufgrund von Kreuzreaktivität und Kotbestandteilen, die die Testreaktivität beeinträchtigen, Einschränkungen auf.

Molekulare Diagnostik

Molekulare Methoden wie die PCR sind nützlich, um verschiedene *Trichostrongylus*-Arten zu unterscheiden. Diese Tests helfen auch bei der Analyse genetischer Variationen und phylogenetischer Beziehungen zwischen verschiedenen Arten. Die molekularen Tests basieren auf der Bestimmung der ribosomalen DNA-Sequenzen der internen transkribierten Spacer-Regionen (ITS1 und ITS2). Es wurde auch die Multiplex-RT-PCR entwickelt, die im Vergleich zur konventionellen PCR eine bessere Sensitivität und Spezifität aufweist.

Andere Tests

Plasma-Pepsinogen-Assay: Die Bestimmung des zirkulierenden Pepsinogens im Serum ist bei der Diagnose von Magen-Darm-Infektionen bei Tieren von Nutzen. „Ein hoher Pepsinogenspiegel im Serum deutet auf eine erhöhte Trichostrongylus spp.-Infektion bei Tieren hin"?

Bei diesem Test wird eine Serum- oder Plasmaprobe bei einem pH-Wert von 2,0 angesäuert, wodurch das inaktive Zymogen Pepsinogen zum aktiven proteolytischen Enzym Pepsin aktiviert wird. Das aktivierte Pepsin reagiert dann mit einem Proteinsubstrat (in der Regel Rinderserumalbumin), woraufhin die Enzymkonzentration gemessen wird. Das aus dem Proteinsubstrat freigesetzte Tyrosin wird durch das Auftreten einer blauen Farbe bestimmt, die nach Zugabe von Phenolverbindungen, die mit dem Pepsin reagieren, entsteht. Bei einem normalen oder nicht infizierten Tier liegt der Tyrosinspiegel unter 1,0 IE, während er bei einer mittelschweren Infektion zwischen 1,0 und 2,0 IE liegt und bei stark infizierten Tieren in der Regel bis zu 3,0 IE, manchmal sogar bis zu 10,0 IE oder mehr, erreicht. Dieser Test ist nicht für die Diagnose von Infektionen beim Menschen standardisiert.

Die postmortale Diagnose von Trichostrongylose bei Tieren wird eingesetzt, um die Infektionsintensität zu bestimmen und die Wirksamkeit von Anthelminthika bei infizierten Tieren zu beurteilen.

Behandlung

Die Behandlung der Trichostrongylose beim Menschen erfolgt durch die Gabe von Mebendazol, 100 mg 2-mal täglich an 3 aufeinanderfolgenden Tagen, oder Albendazol in einer Einzeldosis von 400 mg auf nüchternen Magen. Pyrantel-Pamoat wird auch in einer Einzeldosis von 11 mg/kg oral verabreicht; die empfohlene Höchstdosis beträgt 1 g. Ivermectin ist ein wirksames Breitspektrumantiparasitikum, das in niedrigen Dosen beim Menschen eingesetzt wird. Es wirkt gegen viele unreife Nematoden, einschließlich hypobiotischer Larven, in einer Dosierung von 200 μg/kg täglich über 1–2 Tage.

Zahlreiche Breitspektrumanthelminthika wie Albendazol, Fenbendazol, Mebendazol, Levamisol und mehrere makrozyklische Lactone (z. B. Ivermectin) werden zur Behandlung von Trichostrongylose bei Tieren eingesetzt. Diese sind sowohl gegen adulte Würmer als auch gegen Larven wirksam. Fenbendazol wird in einer Dosis von 10–20 mg/kg oral verabreicht und nach 10–14 Tagen wiederholt. Albendazol wird in einer Dosierung von 10 mg/kg oral verabreicht. Ivermectin wird in einer Dosis von 0,2–0,4 mg/kg oral verabreicht und nach 10–14 Tagen wiederholt. Der übermäßige und wahllose Einsatz von Anthelminthika ist der größte Nachteil, da er zu Resistenzen bei Schafen, Ziegen und Rindern geführt hat. Versuche, wirksame Impfstoffe zu entwickeln, um Resistenzprobleme zu umgehen, waren bisher weitgehend erfolglos.

Prävention und Bekämpfung

Verbesserte sanitäre Bedingungen, persönliche Hygiene und eine ausreichende Ernährung sowie der Verzicht auf rohes Gemüse in Endemiegebieten verhindern oft eine *Trichostrongylus*-Infektion beim Menschen.

Infektiöse *Trichostrongylus*-Larven sind resistent gegen Kälte und Trockenheit. Sie überleben auf der Weide bis zu 6 Monate. Nutztiere, die diesen Würmern ausgesetzt sind, entwickeln oft eine natürliche Resistenz. Solche resistenten Tiere können weiterhin Eier ausscheiden, die ihre Umgebung kontaminieren und andere Nutztiere infizieren.

Die Bekämpfung von Trichostrongylose bei Tieren hängt von der regelmäßigen Entwurmung der Tiere und einem ordnungsgemäßen Weidemanagement ab. Zahlreiche Breitspektrumanthelminthika (Albendazol, Ivermectin, Pyrantel-Pamoat etc.), die gegen adulte Würmer und Larven wirksam sind, wurden weitgehend zur Bekämpfung von Trichostrongylose bei Pflanzenfressern eingesetzt. Weitere präventive Maßnahmen umfassen den Weideflächenwechsel und die Verringerung der Kontamination von Weiden, indem die Exposition von Nutztieren gegenüber anderen infizierten Weiden reduziert wird. Eine ausreichende Ernährung reduziert auch die Infektion bei Tieren. Es wurde festgestellt, dass gut ernährte Tiere resistent gegen diese Parasiten sind.

Fallstudie

Ein 52-jähriger Mann, der in einer ländlichen Gegend lebt, klagte über chronische Magenschmerzen. Bei ihm wurde eine chronische Gastritis diagnostiziert und er wurde langfristig mit

Protonenpumpenhemmern behandelt. Der Zustand des Patienten verbesserte sich durch diese Therapie nicht. Vor kurzem bemerkte der Patient beim Stuhlgang Schleim und Blut. Eine Blutuntersuchung wurde durchgeführt, und es wurde eine hohe Eosinophilenzahl festgestellt. Eine Stuhluntersuchung wurde durchgeführt und zeigte Wurmeier. Der Patient wurde mit Albendazol behandelt und sein Zustand besserte sich innerhalb von 2 Wochen.

1. Was sind die wahrscheinlichen Erreger in diesem Fall?
2. Welche verschiedenen *Trichostrongylus*-Arten verursachen Infektionen beim Menschen?
3. Welche zusätzlichen Labortests sind erforderlich, um die *Trichostrongylus*-Arten zu unterscheiden?
4. Wie kann diese Infektion beim Menschen verhindert werden?

Forschungsfragen

1. Welches Tiermodell eignet sich ideal zur Untersuchung immunologischer Reaktionen bei einer Infektion mit *Trichostrongylus*?
2. Wie können die mikroskopischen Verfahren zur besseren Identifizierung von Eiern und Larven von *Trichostrongylus* spp. verbessert werden?

Weiterführende Literatur

Ghanbarzadeh L, Saraei M, Kia EB, Amini F, Sharifdini M. Clinical and haematological characteristics of human Trichostrongyliasis. J Helminthol. 2019;93(2):149–53.

Boreham RE, McCowan MJ, Ryan AE, Allworth AM, Robson JM. Human Trichostrongyliasis in Queensland. Pathology. 1995;27(2):182–5.

Ashrafi K, Sharifdini M, Heidari Z, Rahmati B, Kia EB. Zoonotic transmission of *Teladorsagia circumcincta* and *Trichostrongylus* species in Guilan province, northern Iran: molecular and morphological characterizations. BMC Infect Dis. 2020;20(1):28.

Durette-Desset MC, Hugot J-P, Darlu P, Chabaud AG. A cladistic analysis of the Trichostrongyloidea (Nematoda). Int J Parasitol. 1999;29:1065–86.

Garcia LS, Bruckner DA. Diagnostic medical parasitology. 5th Aufl. New York: Elsevier; 2007. S. 831–41.

Nagaty HF. The genus *Trichostrongylus Looss*, 1905. Ann Trop Med Parasitol. 1932;26(4):457–516.

Hensen J, Perry B. Chapter 3: The epidemiology, diagnosis and control of helminth parasites of ruminants. In: International Laboratory for Research on Animal Diseases. 2nd Aufl. Nairobi/Kenya: FAO; 1994.

Kemper KE, Palmer DG, Liu SM, Greeff JC, Bishop SC, Karlsson LJE. Reduction of faecal worm egg count, worm numbers and worm fecundity in sheep selected for worm resistance following artificial infection with *Teladorsagia circumcincta* and *Trichostrongylus colubriformis*. Vet Parasitol. 2010;171(3–4):238–46.

Pernthaner A, Cole SA, Morrison L, Green R, Shaw RJ, Hein WR. Cytokine and antibody subclass responses in the intestinal lymph of sheep during repeated experimental infections with the nematode parasite *Trichostrongylus colubriformis*. Vet Immunol Immunopathol. 2006;114(1–2):135–48.

Preston SJM, Sandeman M, Gonzalez J, Piedrafita D. Current status for gastrointestinal nematode diagnosis in small ruminants: where are we and where are we going? J Immunol Res. 2014;2014:210350.

Shahbazi A, Fallah E, Hassan M, Kohansal MH, Ahmad N, Ghazanchaei A, Asfaram S. Morphological characterization of the *Trichostrongylus* species isolated from sheep in Tabriz, Iran. Res Opin Anim Veterin Sci. 2012;2:309–12.

Trichostrongylosis [Internet]. Cdc.gov. 2019. https://www.cdc.gov/dpdx/trichostrongylosis/index.html.

Toxocariose

V. C. Rayulu und Manigandan Lejeune

Lernziele

1. Zu verstehen, dass die Bedeutung dieses Parasiten nicht nur darin besteht, viszerale Larva migrans zu verursachen, sondern auch als ein Mittel für okuläre und zerebrale Toxocariose
2. Die kritische Rolle der Serologie bei der Diagnose der Erkrankung hervorzuheben

Einführung

Die humane Toxocariose ist eine bodenübertragene Zoonose, die hauptsächlich durch *Toxocara canis* und wahrscheinlich in geringerem Maße durch *Toxocara cati* verursacht wird. Die Vorliebe des Menschen, sich mit Katzen und Hunden als Begleittiere zu umgeben, zusammen mit dem Anstieg der Populationen von Straßenhunden, hat eine weltweite Verbreitung der Toxocariose sichergestellt. Zwei Parasiten von Hunden, die in diese Diskussion fallen, sind Mitglieder derselben Nematodenfamilie, Toxocaridae, nämlich *T. canis* und *T. cati* (syn. *Toxocara mystax*). Die meisten Menschen, die mit *T. canis* infiziert sind, entwickeln keine offensichtliche klinische Krankheit, da die Larven keine offene Infektion beim Menschen etablieren können. Die Infektion mit *T. canis* beim Menschen äußert sich als Syndrome, nämlich verdeckte Toxocariose („covert toxocariosis", CT), zerebrale Toxocariose („neurological toxocariosis", NT), viszerale Larva migrans (VLM) und okuläre Larva migrans/okuläre Toxocariose (OLM/OT).

V. C. Rayulu (✉)
Department of Veterinary Parasitology, Sri Venkateswara Veterinary University, Tirupati, Andhra Pradesh, Indien
E-Mail: rayuluvc@yahoo.co.in

M. Lejeune
Department of Clinical Parasitology, Animal Health Diagnostic Center, College of Veterinary Medicine, Cornell University, Ithaca, NY, USA
E-Mail: ml872@cornell.edu

Geschichte

Obwohl die erste Beschreibung von *T. canis* bereits 1782 von Werner datiert wurde, wurde der Parasit mit verschiedenen Namen wie *Belascaris marginata/Ascaris marginata/Ascaris lumbricus* gemeldet, bis der Gattungsname von Stiles (1905) festgelegt wurde. Der früheste dokumentierte menschliche Fall von Toxocariose wurde von Wilder (1950) festgestellt, der die erste Beschreibung von *okulärer Larva migrans* (OLM) lieferte. Weiterhin wurden der Begriff *viszerale Larva migrans* (VLM) und sein klinisches Syndrom von Beaver und Kollegen (1952)

S. C. Parija und A. Chaudhury (Hrsg.), *Lehrbuch der parasitären Zoonosen*,
https://doi.org/10.1007/978-981-97-4312-4_49

beschrieben, die erstmals *T. canis*-Larven in der Leberbiopsie eines menschlichen Patienten mit chronischer Eosinophilie aufzeichneten. Die zerebrale Form der Toxocariose kam nach dem veröffentlichten Bericht von Beautyman und Woolf (1951) ins Rampenlicht, die die verkapselten Larven im Gehirn eines Kindes beschrieben. 1970 stellte Woodruff fest, dass diese Krankheit in den Tropen häufiger ist als in gemäßigten Zonen, und aus epidemiologischer Sicht stammte der erste Bericht über *T. canis* auf dem indischen Subkontinent aus der Parasitensammlung der Zoological Survey of India (Baylis und Daubney 1922). Trotz der hohen Inzidenz von Toxocariose bei Hunden in Indien wurde der erste menschliche Fall von VLM erst viele Jahrzehnte später, im späten 20. Jahrhundert von Singh und seinen Mitarbeitern im Jahr 1992 aufgezeichnet.

Taxonomie

Die Gattung *Toxocara* (Stiles 1905) gehört zur Familie der Toxocaridae, Ordnung Ascaridida, Klasse Chromadorea und Stamm Nematoda.

Die Typspezies sind *T. canis* (Werner 1782) und *T. cati* (Schrank 1788, Brumpt 1927, Syn.: *T. mystax*).

Genomik und Proteomik

Die Genomgröße von *T. canis* beträgt ungefähr 300 MB. In dieser Art wurden etwa 20.000 codierende Gene annotiert. Im Vergleich mit eng verwandten Arten *wie Caenorhabditis elegans, Trichinella spiralis, Brugia malayi* und *Ascaris suum* wurde beobachtet, dass die *T. canis*-Gene mehr Ähnlichkeiten mit *A. suum* aufweisen. Etwa 6000 Gene wurden als einzigartig für diese Art identifiziert, verglichen mit den 4 anderen Arten.

Das mitochondriale Genom von *T. canis* ist 14.309 bp groß. Das mitochondriale Genom codiert 12 Protein codierende Gene, 2 rRNA-Gene und 22 tRNA-Gene. Alle mitochondrialen Gene befinden sich auf demselben Strang und werden in die gleiche Richtung transkribiert. Phylogenetische Analysen basierend auf den Protein codierenden Genen legen nahe, dass *T. canis* paraphyletisch mit kongenerischen Arten *T. cati* und *Toxocara malayensis* ist. Transkriptomische Untersuchungen haben sich bisher hauptsächlich auf das sekretorisch-exkretorische Protein wandernder Larven konzentriert, mit dem Ziel, neue diagnostische und Interventionsstrategien zu entwickeln. Insgesamt sind 19 Proteine in der sekretorischen und exkretorischen Proteingruppe in dieser Art vorhanden. Die meisten der mit den sekretorischen und exkretorischen Proteinen assoziierten Genontologiebegriffe beziehen sich auf Bindungsfunktionen wie Proteinbindung, anorganische Bindung und Bindung organischer zyklischer Verbindungen.

Die Parasitenmorphologie

Adulte Würmer

Adulte Würmer von *T. canis* kommen im Dünndarm von Hunden und wilden Karnivoren vor. Die Männchen sind 10–12 cm lang und die Weibchen messen 12–18 cm. Drei prominente Lippen am Kopfende, jede Lippe mit zahntragenden Rändern, sind ein typisches Merkmal sowohl von Männchen als auch von Weibchen. Offensichtliche seitliche hypodermale Stränge und prominente zervikale Alae bei beiden Geschlechtern sind ebenfalls charakteristisch. Ein fingerähnlicher Vorsprung am Schwanzende des Männchens ist ein diagnostisches Merkmal. Das Männchen hat einen einzigen röhrenförmigen Hoden und einfache Spicula ohne Gubernaculum. Bei den Weibchen sind die Eierstöcke groß und winden sich ausgiebig zu den Uteri, die Millionen von Eiern enthalten können. Die Vulvaöffnung liegt etwa ein Drittel vom Kopfende entfernt, typisch für eine opisthodelphische Darstellung. Adulte Parasiten von *T. cati* sind kleiner als *T. canis*, mit Männchen 3–6 cm und Weibchen 4–10 cm lang. Das unterscheidende Merkmal von *T. cati,* die zervikale Alae, ist übermäßig breit und gestreift. Die wichtigsten Unterscheidungsmerkmale von *T. canis*- und *T. cati*-Würmern sind in Tab. 1 dargestellt.

Tab. 1 Unterscheidungsmerkmale von *T. canis* und *T. cati*

Toxocara canis	*Toxocara cati (Toxocara mystax)*
Gewöhnlicher Name: Hundespulwurm	Gewöhnlicher Name: Katzenspulwurm
Die Würmer sind milchweiß und messen etwa 10–18 cm  *Mit freundlicher Genehmigung:* Charitha 2019	Weiße Würmer mit einer Länge von 3–10 cm 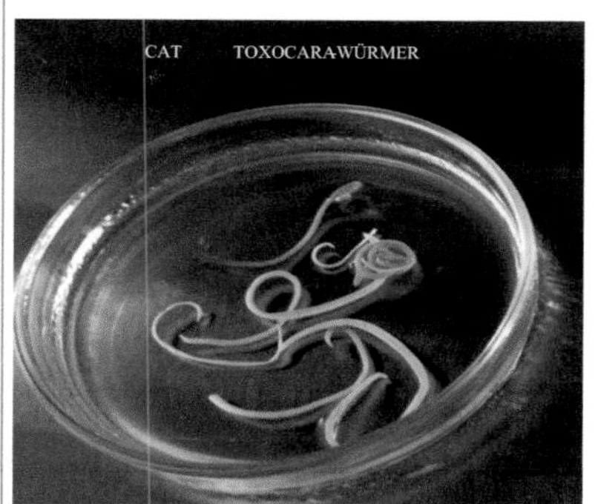 *Mit freundlicher Genehmigung:* Charitha 2019

Eier

Toxocara-Eier sind bräunlich und fast kugelförmig. Die Eier messen 75–90 μm. Die Eier sind bei der Ablage embryoniert und haben oberflächliche Gruben. Eier von *T. cati* ähneln denen von *T. canis,* sind aber kleiner (65–75 μm). Diese Eier sind sehr widerstandsfähig gegen verschiedene Wetter- und chemische Bedingungen.

Larven

Die Larven von *T. canis* messen zwischen 290 und 350 μm in der Länge und 18–21 μm in der Breite. Die Larven von *T. cati* sind etwas schmaler als *T. canis.*

Zucht von Parasiten

Mitte der 1970er-Jahre führte die Einführung der In-vitro-Kultivierungstechnik von *T. canis*-Larven im 2. Stadium über längere Zeiträume und die Sammlung von Exkretions-Sekretions (ES)-Antigenen zu einem Durchbruch in der Diagnose von *Toxocara*-Larva-migrans (TLM), was die Spezifität, Sensitivität und Reproduzierbarkeit verschiedener serodiagnostischer Methoden erheblich verbesserte.

Toxocara canis-Eier, die durch die Zerlegung von weiblichen Würmern gesammelt wurden, werden bei 26 °C für 35 Tage in 4 % formalinierter Kochsalzlösung inkubiert, um die Embryonalentwicklung zu induzieren. Die Dekortikation von embryonierten Eiern wird durch 4 % Natriumhypochloritlösung erleichtert, und die Schlüpfung wird durch Inkubation mit RPMI-1640-Medium eingeleitet. Lebende Larven für die Kultur werden von Geweberesten, toten Larven und unembryonierten Eiern getrennt, indem man Histopaque-Lösung/Baermann-Apparat verwendet. HEPES-gepuffertes RPMI-1640-Medium, das L-Glutamin enthält, hat sich als gut für die Larvenkultur erwiesen, da es ein besseres Überleben der Larven und eine höhere Ausbeute an ES-Produkten ermöglicht. Die Larven werden normalerweise in einer Konzentration von 10^3 Larven/ml inkubiert und bei 37 °C in einem CO_2-Inkubator mit 5 % CO_2 gehalten. Das gesammelte Medium mit rohem ES-Antigen wird mit PEG 20.000 konzentriert.

Versuchstiere

Da *T. canis* eine zoonotische Bedeutung hat, versuchten Forscher, eine *T. canis*-Infektion bei Versuchstieren zu induzieren, um ihren Wanderweg und die Histopathologie der Gewebe zu studieren und die Immunantworten und systemischen Zytokinprofile während der Infektion zu verstehen. Die Maus ist der häufig verwendete Modellorganismus für solche Studien. Es wurden Versuche unternommen, *T. canis* bei wilden und Farm-Nerzen zu infizieren, um zu verstehen, ob Nerze ein Endwirt für den Parasiten sein könnten, und es wurde beobachtet, dass *T. canis*-Nerze infiziert und infizierte Nerze eine IgG-Reaktion auf den Parasiten entwickeln. Auch Kakerlaken und Regenwürmer wurden experimentell infiziert, was darauf hindeutet, dass sie möglicherweise als Transportwirt oder paratenischer Wirt dienen könnten.

Lebenszyklus von *Toxocara* spp.

Wirte

Hunde und Katzen sind Endwirte von *T. canis* bzw. *T. cati*. Menschen und andere Säugetiere, wie Füchse und Wölfe, sind Zufallswirte.

Infektiöses Stadium

Eier mit juveniler Larve (L2).

Übertragung von Infektionen

Der vorherrschende Übertragungsweg von *Toxocara* beim Menschen erfolgt durch die Aufnahme von embryonierten Eiern aus dem Boden oder durch den Verzehr von kontaminiertem rohem Gemüse. Ein weiterer neuer Übertragungsweg, der in jüngsten Studien identifiziert wurde, ist das mit infektiösen Eiern kontaminierte Haarkleid des Hundes.

Entwicklung im kaniden Wirt

Die Lebensgeschichte von *T. canis* wurde von Sprent (1958) untersucht. *Toxocara canis* nimmt ein komplexes Lebenszyklusmuster an. Die Infektion von Hunden kann auf 4 Arten erfolgen (Abb. 1): (a) oral durch die Aufnahme von larvierten Eiern; (b) pränatale/intrauterine Infektion, der relevanteste Modus bei Hunden; (c) transmammäre/laktogene Infektion und (d) Verzehr von paratenischen Wirten. Nach peroraler Aufnahme durchdringen die geschlüpften Larven die Schleimhaut des Dünndarms, um den extraintestinalen Weg der Larva migrans zu beginnen, der vom Alter des Endwirts (Kaniden) abhängt. Bei jüngeren Hunden (<3 Monate) folgen die Larven dem ascaroide Migrationstyp mit somatischen und trachealen Migrationswegen (Leber–Lunge–Trachea–Darm). Bei älteren Hunden (>3 Monate) wird der toxocaroide Migrationstyp mit somatischer Migration, gefolgt von Hypobiose und Bildung von eosinophilen Granulomen um ruhende Larven in Skelettmuskulatur und verschiedenen Organen auffällig. Bei Hündinnen nehmen die Larven aufgrund von (Prolaktin) hormonellen Veränderungen ihre Migrationsaktivität wieder auf und verursachen intrauterine und laktogene Infektionen bei Welpen. Daher sind Welpen eine

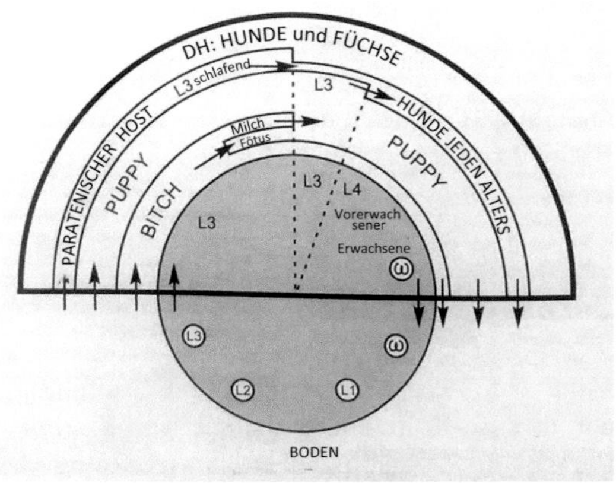

Abb. 1 Übertragungswege von *T. canis* in Endwirten (*adaptiert von* Tibor Kassai 1999)

viel häufigere Infektionsquelle als erwachsene Hunde in altersabhängigen Variationen des Zyklus. Die Würmer reifen im Lumen des Dünndarms innerhalb von 60–90 Tagen nach dem ersten Larvenschlupf zu Adulten heran. Die Paarung führt zur Produktion von befruchteten, aber nicht embryonierten Eiern, die im Kot ausgeschieden werden. Die Embryonalentwicklung ist bei Raumtemperatur innerhalb 1 Woche abgeschlossen oder verlängert sich bei niedrigeren Temperaturen (Abb. 2 und 3). Der Lebenszyklus von *T. cati* (*T. mystax*) ähnelt dem von *T. canis*, außer dass keine pränatale Infektion auftritt und der laktogene Weg die relevanteste Übertragung bei Katzen ist.

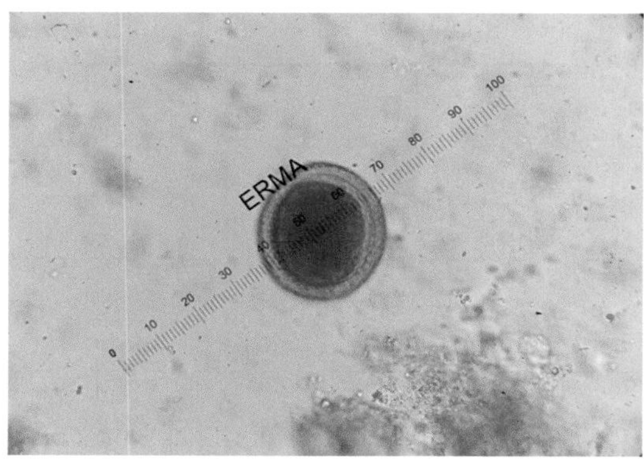

Abb. 2 Unembryonierte Eier von *Toxocara* spp. (100×) sind *dunkelbraun* in der Farbe, subglobulär mit dicker, gepunkteter Schale (*mit freundlicher Genehmigung:* Charitha 2019)

Jedoch findet in nicht essenziellen paratenischen Wirten (Regenwürmern, Ameisen und Vögeln) keine Entwicklung statt, und die Larven führen eine somatische Migration durch und bleiben in ihren Organen und Muskeln ruhend, erhalten aber den Parasiten über Raum und Zeit, bis der Endwirt sie aufnimmt. Bei der laktogenen Art und dem paratenischen Wirts-

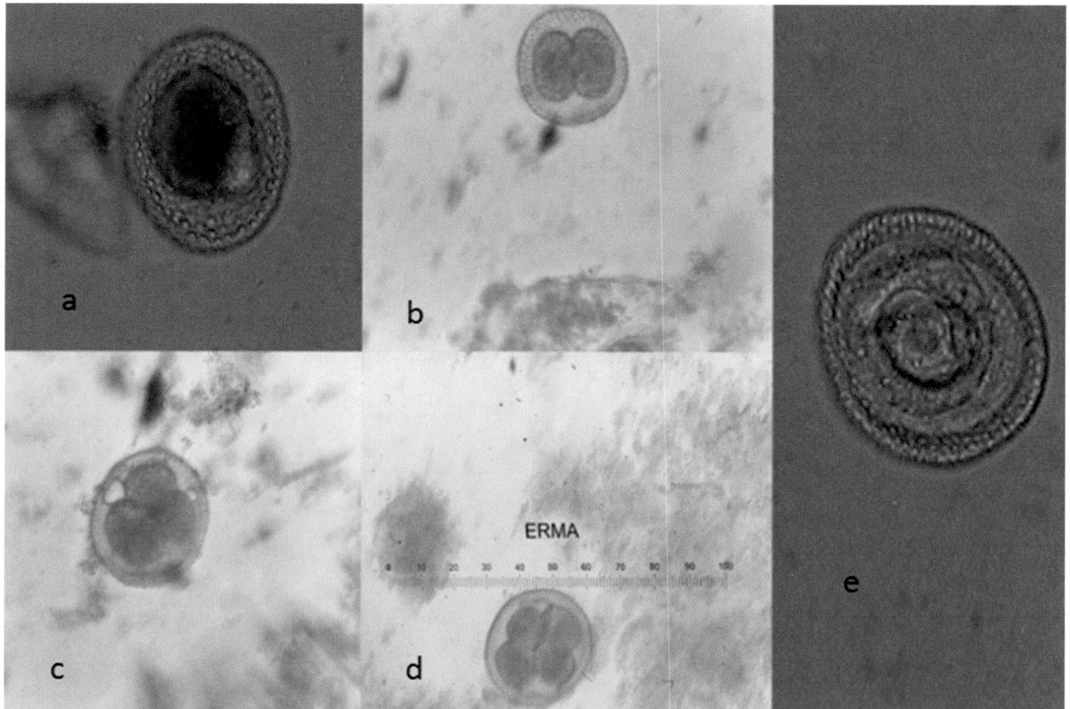

Abb. 3 Entwicklungsstadien von *Toxocara* spp.-Eiern in Umweltproben: **a** unembryoniertes Stadium, **b** 2-zelliges Stadium, **c** 3-zelliges Stadium, **d** 4-zelliges Stadium und **e** infektiöses Ei mit Larven (*mit freundlicher Genehmigung:* Charitha 2019)

weg der Aufnahme in Endwirte (Kaniden) unterziehen sich die Larven keiner somatischen Migration, sondern etablieren eine patente Infektion im Darm.

Entwicklung im menschlichen Wirt

Der Mensch fungiert als Fehlwirt, und die Parasiten haben eine orale-fäkale Übertragung, die normalerweise das Ergebnis einer versehentlichen Aufnahme der embryonierten Eier aus kontaminiertem Boden, rohem Gemüse und schlechter persönlicher Hygiene ist. Nach der Aufnahme folgen die Larven dem gleichen somatischen Migrationsweg (Abb. 4) wie für paratenische Wirte und werden vom Blutstrom in eine Vielzahl von Organen getragen und lagern sich dort für mehrere Jahre ab, was verschiedene klinische Syndrome verursacht. Die am häufigsten beteiligten Organe sind Lungen, Leber, Herz und Zentralnervensystem einschließlich der Augen als die empfindlichsten Stellen. Obwohl eine ZNS-Infektion beim Menschen als selten gilt, sind *T. canis*-Larven bei experimentellen Infektionen von Primaten neurotrop, aber

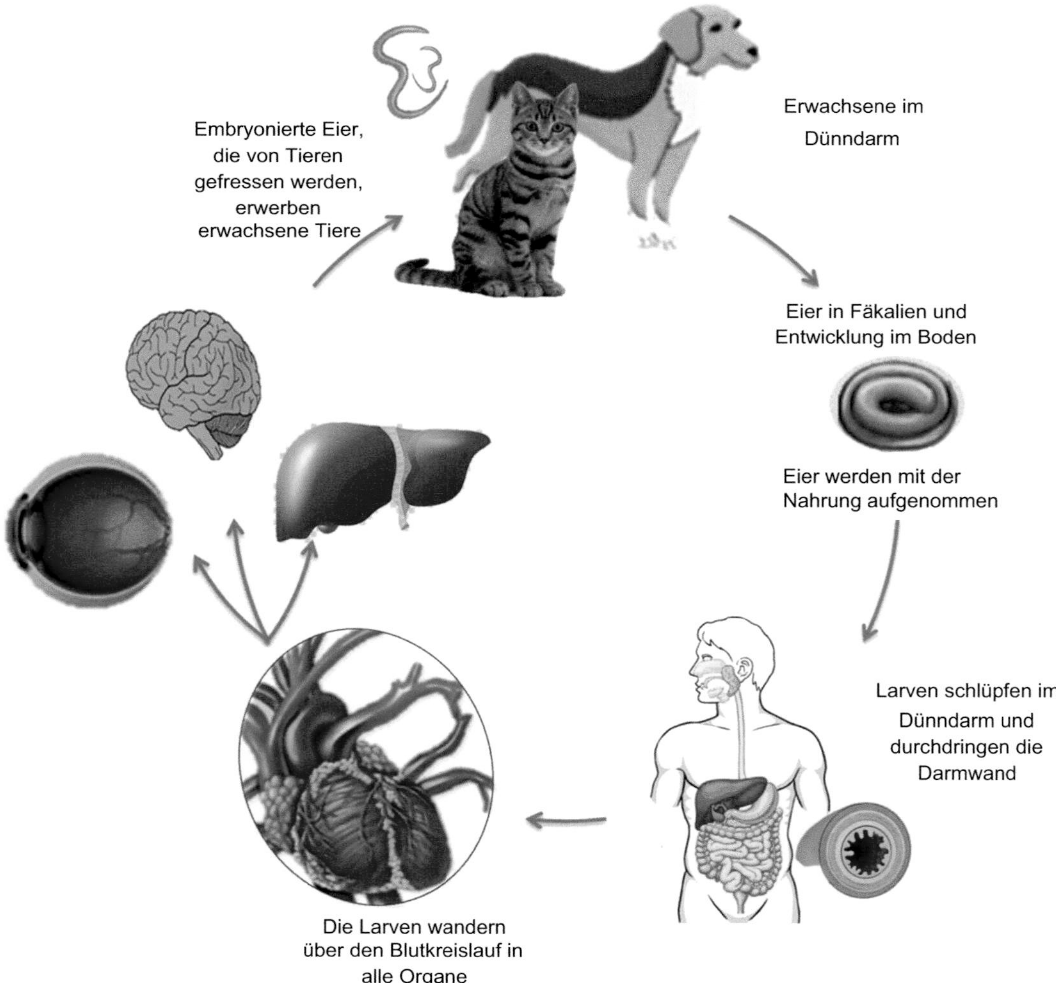

Abb. 4 Lebenszyklus von *T. canis* in menschlichen Wirten

Experimente mit *T. cati* zeigen, dass die Anhäufung auf die Muskulatur beschränkt ist (Graeff-Teixeira et al. 2009).

Pathogenese und Pathologie

Die Pathogenese und das klinische Spektrum der Toxocariose beim Menschen reichen von asymptomatischer Infektion bis hin zu lähmenden Verletzungen. Die Krankheitsmanifestation wird hauptsächlich durch die Parasitenlast während des ersten Angriffs, die anatomischen Stellen der Larvenmigration, das Alter des Wirts und die Robustheit der entzündlichen Reaktion, die der Wirt auf die parasitäre Infektion aufbaut, bestimmt. Hauptpathologische Folgen beim Menschen sind mit wirtsvermittelten Überempfindlichkeitsreaktionen gegenüber juvenilen migrierenden Larven verbunden (Abb. 5). Ihr Tod löst den Beginn von akuten sofortigen Reaktionen aus, gefolgt von verzögerten Überempfindlichkeitsreaktionen.

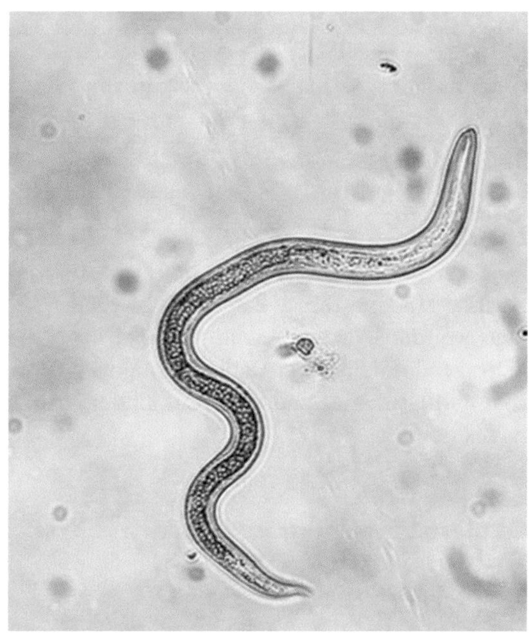

Abb. 5 *Toxocara canis*-Larve im 2. Stadium (@ olgaru79)

Eosinophile Granulome als Folge von Entzündungen kündigen die symptomatischen VLM-Reaktionen bei Patienten an. Ebenso können Granulome zu peripherer Retinochoroiditis, Skleritis, chronischer Endophthalmitis und Panuveitis führen, wie bei OT beobachtet. Die Lage der Larven, das Ausmaß der Eosinophilie und die Schwere der fibrotischen granulomatösen Reaktion bestimmen das Ausmaß der Sehbehinderung des Wirts. Epidemiologische Beweise deuten darauf hin, dass *T. canis* eine Vorliebe für Augenerkrankungen hat (OT/OLM), die ausschließlich bei fehlender systemischer Beteiligung (VLM) auftreten. Umgekehrt gilt dies auch; somit sind zwei verschiedene Manifestationen als OLM und VLM charakteristisch für *T. canis*-Infektionen. Die Chancen für OLM sind höher bei Individuen, die zuvor nicht sensibilisiert wurden, während VLM mit wiederholten Wellen von migrierenden Larven verbunden ist. Verdeckte Toxocariose wird hauptsächlich bei Kindern und gewöhnliche Toxocariose überwiegend bei Erwachsenen beobachtet. Zusätzlich verursachen migrierende Larven im Gehirn, hauptsächlich in der weißen Substanz von Großhirn und Kleinhirn, und im Rückenmark neurale Manifestationen, die unter zerebraler Toxocariose ("neurological toxocariosis", NT) kategorisiert werden.

Infektion beim Menschen

Im Allgemeinen ruft eine menschliche *Toxocara*-Infektion 4 klinische Entitäten hervor: viszerale Larva migrans (VLM), okuläre Toxocariose/okuläre Larva migrans (OT/OLM), verdeckte Toxocariose ("covert toxocariosis", CT) und zerebrale Toxocariose (NT), abhängig davon, welche Organe betroffen sind.

Viszerale Larva migrans (VLM)

Der Zustand wird häufiger bei Kindern zwischen 2 und 7 Jahren gemeldet und ist eine Folge

Tab. 2 Manifestation verschiedener klinischer Formen der Toxocariose beim Menschen

Klinische Form	Altersempfindlichkeit	Betroffene Organe	Assoziierte Anzeichen	Behandlungsregime
Viszerale Larva migrans	2–7 Jahre	Leber, Lungen, Herz und Nieren	Fieber, Bauchschmerzen, verminderter Appetit, Durchfall, Anorexie, Gewichtsverlust, Müdigkeit und Hepatomegalie Respiratorische Symptome: Husten, Keuchen, Dyspnoe, Bronchospasmus und Asthma. Oft Myalgie mit eosinophiler Polymyositis, Myokarditis und Nephritis	Albendazol (ABZ): 400 mg per os, 2-mal täglich für 5 Tage Mebendazol (MBZ): 100–200 mg per os, 2-mal täglich für 5 Tage
Okuläre Toxocariose/okuläre Larva migrans	5–10 Jahre	Auge	Einseitige Sehstörung kompliziert durch Strabismus und Leukokorie. OLM kann auch diffuse Endophthalmitis oder Papillitis, Uveitis, Katarakt und sekundäre Glaukome verursachen	Kortikosteroide in Kombination mit ABZ: 200 mg 2-mal täglich für 1 Monat MBZ: 20–25 mg/kg/Tag 3 Wochen
Verdeckte Toxocariose	*Kinder*: verdeckte Form *Erwachsene*: häufige Form	Kein spezifischer Ort	*Bei Kindern*: Fieber, Kopfschmerzen, Anorexie, Übelkeit, Verhaltensstörungen, Schlaflosigkeit, Bauchschmerzen, Pneumonie, Husten, Keuchen, Juckreiz, Hautausschlag und Hepatomegalie *Bei Erwachsenen*: Atembeschwerden, Hautausschlag, Juckreiz, Schwäche und Bauchschmerzen	Behandlung nicht notwendig
Zerebrale Toxocariose	Erwachsene	Gehirn und Rückenmark	Lichtempfindlichkeit, Epilepsie, Anfälle, Demenz, Depression, Ataxie, Steifheit, Kopfschmerzen, Körperschmerzen, Para-/Tetraparese, Dysästhesie, Harnverhalt und Stuhlinkontinenz	ABZ: 400 mg per os, 2-mal täglich für 5 Tage MBZ: 100–200 mg per os, 2-mal täglich für 5 Tage

wiederholter und hochintensiver Infektionen durch *T. canis*-Larven. Die Inkubationszeit variiert zwischen Wochen und Monaten, was direkt von der Intensität des anfänglichen Angriffs und der Anfälligkeit des Patienten abhängt.

Die Krankheitsmanifestation ist mit der systemischen Migration der Larven in den Geweben der menschlichen Eingeweide verbunden. Die akuten Anzeichen von VLM gehen einher mit hepatischer und pulmonaler Larvenmigration, und es gibt eine ausgeprägte Eosinophilie (>2000 Zellen/mm^3), Leukozytose und erhöhte IgM-, IgG- und IgE-Klassen von Immunglobulinen. Sichtbare klinische Anzeichen sind in Tab. 2 dargestellt. Darüber hinaus wurden Auswirkungen von *Toxocara* als beitragender Faktor bei Hauterkrankungen (Prurigo und Urtikaria) und bei eosinophiler Arthritis festgestellt.

Okuläre Larva migrans/okuläre Toxocariose (OLM/OT)

Der Zustand tritt typischerweise bei Kindern (>5 Jahre) und jungen Erwachsenen auf. Es gibt eine übliche Verzögerungszeit von 4–10 Jahren nach der ersten Infektion, bis OT sich manifestiert. Das häufigste Anzeichen ist eine einseitige Sehstörung. Heterotopie mit oder ohne Makulaablösung kann eine fibrotische granulomatöse Läsion begleiten. Die schwerwiegendste Folge ist die Invasion der Retina, die zur Granulombildung führt, die typischerweise im hinteren Pol auftritt. Als Reaktion auf die chronische Präsenz von *Toxocara*-Larven kann der Wirt an diffuser unilateral subakuter Neuroretinitis (DUSN), bilateraler distaler symmetrischer sensibler Neuropathie (DSN) und choroidale Neovaskularisation im Auge leiden. In einigen Fällen kann die okuläre Infektion auch subklinisch sein und kann nur durch Fundoskopie erkannt werden.

Verdeckte Toxocariose (CT)

Die Erkrankung zeigt sich oft manifestiert in einer asymptomatischen Form oder hat nur unspezifische/milde Symptome. Dies wird durch die Tatsache bestätigt, dass viele serologische Untersuchungen eine hohe Anzahl von Teilnehmern mit seropositiven Ergebnissen identifiziert haben, während nur ein kleiner Anteil von ihnen an VLM und OLM litt. Die Fall-Kontroll-Studien, die bei Erwachsenen in Frankreich und bei Kindern in Irland durchgeführt wurden, führten zu einer neuen Kategorisierung des klinischen Syndroms in "gewöhnliche" bzw. "verdeckte" Toxocariose. Signifikante Laborbefunde bei gewöhnlicher Toxocariose (Erwachsene) sind Eosinophilie, erhöhte IgE-Spiegel und hohe Titer von *Toxocara*-spezifischen Antikörpern, während bei der verdeckten Form (Kinder) moderate Toxocara-spezifische Antikörper vorhanden sind, mit oder ohne Eosinophilie. Patienten mit diesen relativ milden Formen der Toxocariose benötigen in der Regel keine Behandlung mit Anthelminthika.

Zerebrale Toxocariose (NT)

Die Erkrankung zeichnet sichdurch klinische Beteiligung des Nervensystems aus und wird bei Menschen als selten angesehen, obwohl bei Versuchstieren die Larven häufig ins Gehirn migrieren. Toxocariose des zentralen Nervensystems (ZNS) wurde bei Erwachsenen häufiger beobachtet als bei Kindern. Das klinische Spektrum der ZNS-Toxocariose ist breit und verursacht verschiedene Syndrome, wie eosinophile Meningoenzephalitis und Meningitis, Meningomyelitis oder Meningoenzephalomyelitis, extramedulläre raumfordernde Läsionen, Gehirnvaskulitis, Anfälle und wahrscheinlich Verhaltensstörungen. Ungewöhnliche Manifestationen der ZNS-Toxocariose umfassten eine Rückenmarkskompression durch einen epiduralen Abszess und eine zerebrale Vaskulitis, die in begrenzten Fällen dokumentiert wurden.

Toxocariose bei Tieren

Eine starke pränatale Infektion mit *T. canis* kann zum Tod von Welpen führen. Migrierende Larven können bei neugeborenen Welpen eine Lungenentzündung verursachen. Eine moderate Infektion mit *T. canis* und *T. cati* führt zu einem aufgeblähten Zustand, eingezogenem Bauch bei betroffenen Haustieren zusammen mit intermittierendem Durchfall, Anämie, Unwohlsein und rauem Haarkleid. Eine schwere Darmobstruktion durch Verklumpung der Würmer führt zum Tod.

Diagnose

Diagnose von Toxocariose beim Menschen

Die Vielfalt der klinischen Zustände, verbunden mit verschiedenen Orten, an denen sich *Toxocara*-Larven einnisten können, erschwert die Diagnose von Toxocariose. Klinische Manifestationen in Verbindung mit peripherer erhöhter Bluteosinophilie >10,000 Zellen/mm^3 (biochemische Analyse) können die Diagnose der VLM-Infektion auf begrenztem Niveau erleichtern, da eine ausgeprägte Eosinophilie bei CT/OLM fehlt.

Mikroskopie

Daher sind der Goldstandardtest die Biopsie und visuelle Erkennung des Parasiten in Geweben, Liquor cerebrospinalis (CSF) und Augenflüssigkeit (OF). Dennoch ist dieses Verfahren äußerst invasiv, unempfindlich und zeitaufwendig.

Serodiagnostik

Ein positiver serologischer Test, der zusätzlich zur Erkennung von peripherer Eosinophilie führt, deutet auf eine laufende *Toxocara*-Infektion hin. Der am häufigsten genutzte diagnostische serologische Test ist der ELISA mit TES-Ag (*Toxocara*-exkretorisch-sekretorische-Antigene) von Larven der 2. Stufe von *T. canis*. Ein positiver Antigen-ELISA für *Toxocara* kann durch einen spezifischeren Western-Blot-Assay ergänzt werden, der auf TES-Ag mit niedrigerem Molekulargewicht (24–35 kDa) abzielt. Der ELISA-Test für das eosinophile kationische Protein (ECP), das von aktivierten Eosinophilen freigesetzt wird, könnte hilfreich sein. Trotz des Erfolgs der serologischen Tests zum Nachweis von TES-Antikörpern im Serum sind diese Tests von begrenztem Wert zur Beurteilung des Krankheitsverlaufs im ZNS, da Antikörper im Liquor von NT-Patienten nicht nachgewiesen werden. Rekombinante *Toxocara*-Antigene wurden entwickelt, um die Fähigkeiten zur Diagnose von NT speziell zu verbessern (Tab. 3). Serologische Tests stellen daher den am wenigsten invasiven und empfindlichsten Ansatz zur Diagnose dar, benötigen jedoch noch Optimierung und internationale Standardisierung. Positive Ergebnisse müssen in Regionen mit endemischem Polyparasitismus bei unklaren Symptomen mit Vorsicht interpretiert werden.

Molekulare Diagnostik

Um die serologischen Nachteile zu überwinden, sieht die wissenschaftliche Gemeinschaft molekularen Techniken entgegen, die eine hohe diagnostische Sensitivität und analytische Spezifität aufweisen. Wichtiger ist, dass die Bearbeitungs-

Tab. 3 Gängige diagnostische Methoden zur Erkennung von humaner Toxocariose

Ansätze	Methodik	Targets	Kommentare
Direkte Mikroskopie	Biopsie	Larvenabschnitte in Geweben/Flüssigkeiten (CSF/OF)	**Goldstandardtest** *Nachteil*: invasiv und unempfindlich
Laboruntersuchungen	Blutbiochemische Analyse	Bluteosinophilie	Begrenzt auf VLM, da ausgeprägte Eosinophilie bei CT/OLM fehlt
Immundiagnostik	Antigennachweis (Sandwich-ELISA)	Zirkulierendes TES-Antigen	Bestätigt aktive Infektion *Einschränkungen:* erhebliche Kreuzreaktivität mit *Ascaris lumbricoides*
	Antikörper (TES-Ag-ELISA)	IgE-, IgG-Antikörper	Gute Sensitivität und Spezifität *Einschränkungen:* ELISA kann im Liquor von NT-Patienten negativ sein
	Rekombinante Antigene	rTES-30, rTES-26, TES-120	Empfohlen für die Diagnose der humanen Toxocariose Weniger Kreuzreaktivität mit anderen Helmintheninfektionen in endemischen Regionen
Molekulare Assays	RFLP, RAPD, PCR, qPCR, LAMP	ITS1, ITS2	Hohe Sensitivität und Spezifität *Einschränkungen:* erfordert qualifiziertes Personal

zeit mit molekularen Assays minimiert werden kann. Bis heute wurden molekulare Marker, die eine Detektionsspezifität verleihen, identifiziert und getestet, und die nützlichsten davon sind die genetischen Marker ITS1 und ITS2 von rDNA. Fortschritte in der PCR-Methodik haben eine genaue und schnellere Identifizierung ermöglicht und gleichzeitig eine phylogenetische Analyse der erkannten Arten mit anderen Ascariden ermöglicht. Diese Technologie verspricht, *Toxocara* aus dem Liquor bei NT zu erkennen und Larven nachzuweisen, die bei okulärer Larva migrans (OLM) durch Biopsien gewonnen wurden.

Andere Methoden

Medizinische Bildgebungstechniken wie Magnetresonanztomografie (MRT) und Computertomografie (CT) können zur Erkennung von granulomatösen Läsionen verwendet werden, die durch *Toxocara*-Larven in Nervengewebe verursacht werden, insbesondere bei NT-Patienten. Kortikale oder subkortikale, multifokale, umschriebene, homogen verstärkende T2-hyperintense Läsionen oder eine Kombination von umschriebenen und diffusen Veränderungen wurden in MRTs von NT-Patienten beschrieben. Diese Läsionen sind hypodens in der zerebralen CT und hypointens in T1-gewichteten MRT-Bildern.

Ultraschalluntersuchungen werden in der Regel durchgeführt, um VLM-Läsionen zu erkennen, die als mehrere hyperechoische Flecken erscheinen, die nicht kugelförmig und schlecht definiert sind, während VLM in der Leber als flüssigkeitsdämpfende Konglomeratläsionen unter "kontrastverstärkter" CT erscheint. Andererseits können hepatische VLM-Läsionen je nach Auswahlpräferenz von T1-gewichteten (T1W) Bildern oder T2-gewichteten (T2W) Bildern entweder hypointens oder hyperintens erscheinen.

Bildgebungstechniken zur Erkennung von OT umfassen Fundusfotografie, Fluoreszenzangiografie, ophthalmischen Ultraschall und optische Kohärenztomografie (OCT). Diese Techniken unterstützen die Erkennung und Differenzierung von Augengranulomen, die durch die Migration von *Toxocara* verursacht werden, von ähnlichen Augenerkrankungen, wie Retinoblastom, Toxoplasmose, Retinopathie und Optikusneuritis. Allerdings sind diese Bildmerkmale nur suggestiv und möglicherweise nicht spezifisch für NT/OT. Daher sind eine Serum-/CSF-Serologie für *Toxocara*-Antikörper und die Bestimmung der Eosinophilenwerte im Serum/CSF, zusammen mit klinischen oder radiologischen Beurteilungen der postanthelminthischen Behandlung, notwendig, um die Diagnose zu stellen.

Die durch *Baylisascaris procyonis* verursachte neurale Larva migrans ist eine wichtige parasitäre Krankheit, die von der Toxocariose unterschieden werden muss, um eine effektive Behandlung Letzterer zu ermöglichen. Die OT/NT muss von verschiedenen Zuständen unterschieden werden, darunter Krebs wie Retinoblastom, parasitäre Infektionen wie Angiostrongylose, Thelaziose, Trichinose und Zystizerkose sowie bakterielle und virale Infektionen wie Borreliose und Zytomegalie.

Diagnose von Toxocariose bei Tieren

Ein charakteristisches klinisches Zeichen gefolgt von einer Laborbestätigung wird allgemein für die Diagnose von kanider Toxocariose (Abb. 6) praktiziert. Verschiedene Kotuntersuchungsmethoden, wie Direktausstrich, Sedimentation,

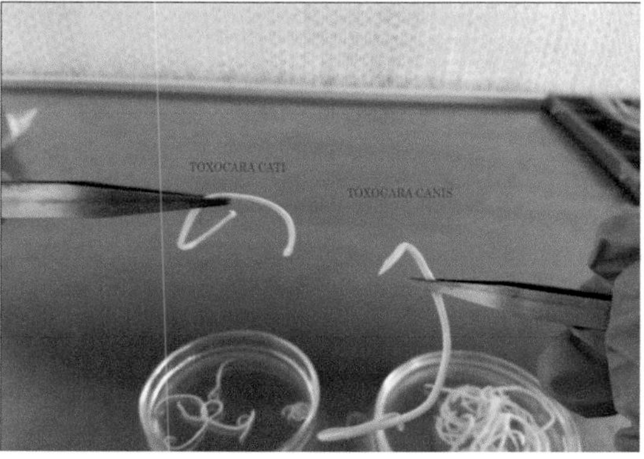

Abb. 6 Adulte Würmer, die während der Nekropsie aus dem Darminhalt von Hunden und Katzen separiert wurden (*mit freundlicher Genehmigung:* Charitha 2019)

Flotation, McMaster und Formol-Ether-Konzentration, werden zur Erkennung von Eiern von *Toxocara* spp. eingesetzt. In jüngster Zeit werden PCR-Methoden zunehmend verwendet, um molekulare Marker, die spezifisch für verschiedene Mitglieder der Gattung *Toxocara* und für andere verwandte Nematoden sind, präzise zu amplifizieren. Die intern transkribierten Spacer (ITS1 und ITS2)-Regionen sind ein vielversprechendes molekulares Target für die sensitive und spezifische Identifizierung von *T. canis, T. cati* und anderen Ascariden.

Epidemiologie und öffentliche Gesundheit

Toxocariose ist eine wichtige vernachlässigte tropische Helminthenerkrankung von zoonotischer Bedeutung. *Toxocara canis* und *T. cati* sind die häufigsten Parasiten von Hauskatzen und -hunden, insbesondere jungen. Kontaminierter Boden spielt eine große Rolle bei der Übertragung von Toxocariose auf den Menschen. Eine unbestreitbare Infektionsquelle ist die unmittelbare Umgebung eines Hauses, in dem es eine Koexistenz von menschlichen Babys mit den Welpen oder der säugenden Hündin gibt. Kleine Kinder sind aufgrund ihrer Lebensweise und ihrer Spielumgebung, insbesondere solche mit einer Vorgeschichte von Pica, einem größeren Infektionsrisiko ausgesetzt. Darüber hinaus ist das Vorhandensein der parasitären Form (Ei mit Larve) im Boden der direkteste Indikator, der das Risiko der lokalen Bevölkerung anzeigt. Um die Sache noch schlimmer zu machen, bestätigen Studien, dass Außenparks in vielen städtischen und vorstädtischen Gebieten, die von Menschen und ihren Haustieren frequentiert werden, stark mit infektiösen Eiern von *T. canis* und *T. cati* kontaminiert sind. Faktoren wie Armut, mangelnde persönliche Hygiene, Knappheit an Trinkwasser, Überfluss an streunenden Tieren und Überbevölkerung sind verantwortlich für die steigende Prävalenz von Toxocariose. Es besteht Konsens, dass Kinder, die in einer armen Gemeinschaft aufwachsen, anfälliger sind und eine höhere Seropositivitätsrate für Toxocariose aufweisen als ihre Altersgenossen, die in wohlhabenden Nachbarschaften aufwachsen. Kein Wunder, dass Toxocariose die häufigste parasitäre Krankheit weltweit ist, wobei die öffentliche Wahrnehmung der gesundheitlichen Auswirkungen dieser Krankheit gering ist und die wahre globale Belastung noch vollständig verstanden werden muss.

Behandlung

Es gibt 2 Hauptziele bei der Behandlung von Toxocariose bei Kindern: (a) eine klinische Auflösung zu erreichen und (b) das Ausmaß der Larvenmigration zu anderen Organen, insbesondere zum Gehirn und zu den Augen, zu reduzieren. Die Hauptstütze der Toxocariosetherapie umfasst die Benzimidazolgruppe von Anthelminthika, zu denen Albendazol (ABZ), Mebendazol (MBZ) und Thiabendazol gehören. ABZ ist das erste Medikament der Wahl, das 2-mal täglich 400 mg für 5 Tage verabreicht wird, während MBZ die bevorzugte zweite Wahl zur Behandlung von VLM ist. Beachten Sie, dass sowohl ABZ als auch MBZ oral mit fetthaltigen Lebensmitteln verabreicht werden, um ihre Einschränkung der schlechten gastrointestinalen Absorption zu überwinden. Derzeit sind keine neuen Medikamente in der Pipeline, aber es werden ständig Anstrengungen unternommen, um eine Formulierung für eine verbesserte Lieferung von Anthelminthika zu entwerfen. In dieser Hinsicht werden derzeit verschiedene Lieferstrategien für ABZ wie Chitosan-Verkapselung, Polyethylenglykol (PEG)-Konjugation und Stealth-Liposom getestet. Entzündungshemmende Medikamente sind die häufig verwendete zusätzliche Behandlung, und Kortikosteroide wurden bei Fällen von pulmonaler Toxocariose und Toxocariose-assoziierten Herzerkrankungen eingesetzt.

Prävention und Bekämpfung

Prävention und Bekämpfung von Toxocariose erfordert einen gesundheitlichen Ansatz mit Zusammenarbeit aller in den Schutz der Gesundheit von Menschen, Tieren und der Umwelt beteiligten Gruppen. Bemühungen, die willkürliche Ablagerung von Hund- und Katzenkot in Parks und Spielbereichen in städtischen Zentren zu minimieren, bleiben die beste Bekämpfungsstrategie. Kinder und Haustierbesitzer werden ermutigt, sich die Hände zu waschen, nachdem sie Haustiere berührt haben und wenn sie Spielplätze und Parks betreten, die immer als Orte mit hohem Risiko für Bodenkontamination betrachtet werden sollten. Verbesserte Hygiene bei der Zubereitung von Lebensmitteln kann auch dazu beitragen, Toxocariose zu vermeiden. Diese sanitäre Bildung ist ein langsamer, aber wesentlicher Prozess für das öffentliche Bewusstsein und muss sowohl die menschliche Gesundheitsversorgung als auch die Kontrolle von streunenden Hunden und Katzen einbeziehen.

Gesundheitsdienstleister müssen sich der klinischen Manifestationen von Toxocariose bewusst sein und ihre gefährdeten Patienten, insbesondere Kinder, über die Vermeidung von Exposition gegenüber potenziell kontaminiertem Boden und die Verhinderung von Infektionen bei ihren Haustieren aufklären. Die Rolle der Tierärzte ist von größter Bedeutung bei der Bekämpfung der Ausbreitung der *Toxocara*-Infektion, da sie Haustierbesitzer und die Öffentlichkeit über die Bedeutung dieser vernachlässigten Krankheit aufklären können. Regelmäßige Kotuntersuchungen bei Haustierhunden und -katzen sind empfohlen, und eine angemessene medikamentöse Behandlung wird zur Kontrolle der Tierinfektion empfohlen. Ein Impfstoff gegen Toxocariose steckt noch in den Kinderschuhen und bleibt eine große Herausforderung aufgrund des Fehlens von definierten Antigenen, die immunprotektiv sind.

Fallstudie

Ein 10-jähriger Junge leidet seit 3 Monaten an verschwommener Sicht im rechten Auge und Fieber unbekannter Ursache und wurde in die Augenabteilung eines Überweisungskrankenhauses eingeliefert. Eine ophthalmoskopische Untersuchung ergab weiße Massen in der oberen peripheren Netzhaut des rechten Auges mit Zellen im Glaskörper. Die Fundusuntersuchung zeigte Spuren, die von einer Larve hinterlassen wurden. Der Patient hatte eine normale Gesamtleukozytenzahl, aber eine erhöhte Eosinophilenzahl von 15 %. Die Stuhluntersuchung war negativ für Eier, Zysten oder Larven eines Parasiten. Spezifische Antikörper gegen *Toxocara*-ES-Antigene wurden im Serum und in der aus dem Patienten entnommenen Glaskörperflüssigkeit mittels ELISA nachgewiesen. (Adaptiert von Zibaei et al. 2014.)

1. Welche anderen Parasiten können bei einer ophthalmoskopischen Untersuchung beobachtet werden?
2. Welche anderen Organe können von diesem Parasiten betroffen sein?
3. Welches Behandlungsregime sollte für diesen Patienten verschrieben werden?

Forschungsfragen

1. Welche definierten Antigene können für *Toxocara*-Immunassays verwendet werden?
2. Welcher Impfstoff kann gegen Toxocariose entwickelt werden?
3. Wie kann man die Öffentlichkeit über die klinischen Manifestationen von Toxocariose aufklären?

Weiterführende Literatur

Alcantara-Neves NM, dos Santos AB, Mendoca LR, Figuereido CA, Pontes de Carvalho L. An improved method to obtain antigen excreting *Toxocara canis* larvae. Exp Parasitol. 2008;119:349–51.

Baylis HA, Daubney R. Report on the parasitic nematodes in the collection of the zoological survey of India. Mem Indian Mus. 1922.

Beautyman W, Woolf AL. An *ascaris* larva in the brain in association with acute anterior poliomyelitis. J Pathol Bacteriol. 1951;63(4):635–47.

Charitha Gnani V, 2019. *Detection and molecular characterization of soil transmitted helminths of zoonotic significance in Andhra Pradesh*, Ph.D. thesis submitted to Sri Venkateswara Veterinary University, Tirupati, Andhra Pradesh, India.

Chen J, Liu Q, Liu G, et al. Toxocariasis: a silent threat with a progressive public health impact. Infect Dis Poverty. 2018;7:59. https://doi.org/10.1186/s40249-018-0437-0.

de Savigny DH. In vitro maintenance of *Toxocara canis* larvae and a simple method for the production of Toxocara ES antigen for use in serodiagnostic tests for visceral larva migrans. J Parasitol. 1975;61:781–2.

de Savigny DH, Voller A, Woodruff AW. Toxocariasis: serological diagnosis by enzyme immunoassay. J Clin Pathol. 1979;32:284–8.

Despommier D. Toxocariasis: clinical aspects, epidemiology, medical ecology, and molecular aspects. Clin Microbiol Rev. 2003:265–72.

Glickman LT, Magnaval JF, Domanski LM. Visceral larva migrans in French adults. A new disease syndrome? Am J Epidemiol. 1987;125:1019–33.

Graeff-Teixeira C, Ana Cristina S, Yoshimura K. Update on eosinophilic meningoencephalitis and its clinical relevance. Clin Microbiol Rev. 2009;22(2):322–48.

Holland CV, Hamilton CM. The significance of cerebral toxocariasis: a model system for exploring the link between brain involvement, behaviour and the immune response. J Exp Biol. 2013;216:78–83.

Maizels RM, Tetteh K, Loukas A. *Toxocara canis*: genes expressed by the arrested infective larval stage of a parasitic nematode. Int J Parasitol. 2000;30:495–508.

Lejeune M, Gnani Charitha V, Mathivathani C, Rayulu VC, Bowman DD. Canine Toxocariosis: its prevalence, incidence, and occurrence in the Indian subcontinent. Adv Parasitol. 2020;109:819–42. https://doi.org/10.1016/bs.apar.2020.01.018.

Rayes AA, Lambertucci JR. Human toxocariasis as a possible cause of eosinophilic arthritis. Rheumatology. 2001;40:109–10.

Singh S, Malik AK, Sharma BK. Visceral larva migrans (VLM) in an adult. J Assoc Physicians India. 1992;40(3):198–9.

Smith H, Holland C, Taylor M. How common is human toxocariasis? Towards standardizing our knowledge. Trends Parasitol. 2009;25:182–8.

Soulsby EJL. Helminths, arthropods, and protozoa of domesticated animals. In: The English Language Book Society and Bailliere. 7th ed. London: Tindall; 1982.

Sprent JFA. Observations on the development of *Toxocara canis* (Werener, 1782) in the dog. Parasitology. 1958;48:184–209.

Kassai T. Veterinary helminthology. Oxford Publisher, Boston: Butterworth-Heinemann; 1999.

World Health Organization Geneva. Neglected zoonotic diseases. 2011. http://www.who.int/neglecteddiseases/zoonoses/en.

Wilder HC. Nematode endophthalmitis. Trans Am Acad Ophthalmol Otolaryngol. 1950;55:99–109.

Meng X, Xie Y, Xiaobin G, Zheng Y, Liu Y, Li Y, Lu W, Zhou X, Zuo Z, Yang G. Sequencing and analysis of the complete mitochondrial genome of dog roundworm *Toxocara canis* (Nematoda: *Toxocaridae*) from USA. Mitochondrial DNA Part B. 2019;4(2):2999–3001. https://doi.org/10.1080/23802359.2019.1666042.

Zhu X, Korhonen P, Cai H. Genetic blueprint of the zoonotic pathogen *Toxocara canis*. Nat Commun. 2015;6:6145.

Zibaei M, Sadjjadi SM, Jahadi-Hosseini SH. *Toxocara cati* larvae in the eye of a child: a case report. Asian Pac J Trop Biomed. 2014;4(Suppl 1):S53–5. https://doi.org/10.12980/APJTB.4.2014C1281.

Anisakiasis

Vibhor Tak

Lernziele

1. Eine Vorstellung von den verschiedenen Manifestationen der Krankheit zu haben
2. Die Bedeutung der Endoskopie und ihre Rolle bei der Entfernung des Wurms zu verstehen

Einführung

Anisakiasis ist eine aufkommende, durch Meeresfrüchte übertragene zoonotische Infektion beim Menschen, die durch die L3-Larven der Familie Anisakidae verursacht wird. Fast 97 % der Infektionen werden durch *Anisakis* spp., insbesondere *Anisakis simplex* sensu stricto, verursacht, und nur 3 % der Infektionen werden durch andere Gattungen (*Pseudoterranova, Contracaecum, Hysterothylacium* und *Porrocaecum*) hervorgerufen. Die menschliche Infektion erfolgt durch den Verzehr von rohem, eingelegtem, gesalzenem oder geräuchertem Meeresfisch oder Tintenfisch, der L3-Larven von *Anisakis* spp. enthält. Die gastrische Anisakiasis ist die häufigste Form der Anisakiasis. Die Diagnose der Anisakiasis ist aufgrund der unspezifischen Symptome schwierig. Die Endoskopie ist die bevorzugte Technik zur Diagnose von akuter gastrischer oder intestinaler Anisakiasis.

Geschichte

Anisakis wurde im 13. Jahrhundert in Fischen nachgewiesen. Im Jahr 1767 wurde es von Linnaeus als *Gordius marinus* bezeichnet. Im Jahr 1809 beschrieb Rudolphi Larven in Fischen und adulte Würmer in Schweinswalen, konnte jedoch keine Beziehung zwischen den beiden herstellen. Im Jahr 1845 klassifizierte Dujardin diesen Parasiten schließlich in der Gattung *Anisakis,* in der die häufigste Art *A. simplex* ist. Im Jahr 1950 beobachtete Hitchcock bei der Untersuchung einer Stuhlprobe eines Inuit in Alaska eine Larve, möglicherweise von *Anisakis.* Die ersten symptomatischen Fälle, die mit dem Vorhandensein von *Anisakis*-Larven in Verbindung gebracht wurden, wurden in den Niederlanden in den Jahren 1955–1959 diagnostiziert. Anschließend wurde der Parasit als Nematode identifiziert, der zur Gattung *Anisakis* gehört und Infektionen beim Menschen verursacht, und die Krankheit wurde als Anisakiasis bezeichnet. Nach der ersten Entdeckung des Parasiten wurden eine große Anzahl von Fällen von menschlicher Anisakiasis aus Japan und anderen Ländern gemeldet.

V. Tak (✉)
Department of Microbiology, All India Institute of Medical Sciences, Jodhpur, Indien
E-Mail: vibhor_tak@gmail.com

S. C. Parija und A. Chaudhury (Hrsg.), *Lehrbuch der parasitären Zoonosen,*
https://doi.org/10.1007/978-981-97-4312-4_50

Taxonomie

Die Gattung *Anisakis* gehört zum Stamm Nemathelminthes, Klasse Chromadorea, Ordnung Rhabditida, Überfamilie Ascaridoidea, Familie Anisakidae. Eine Expertengruppe zur standardisierten Nomenklatur von Tierparasitenkrankheiten empfahl 1988 die Verwendung der folgenden Terminologie zur Beschreibung von 3 verschiedenen klinischen Zuständen, die durch Nematoden der Familie Anisakidae verursacht werden: (a) Anisakidose, (b) Anisakiasis und (c) Pseudoterranovose. Anisakidose ist der Begriff für die Krankheit, die durch ein beliebiges Mitglied der Familie Anisakidae verursacht wird, während die Infektion, die durch Mitglieder der Gattung *Anisakis* verursacht wird, als Anisakiasis bekannt ist. Infektionen, die durch Mitglieder der Gattung *Pseudoterranova* verursacht werden, werden als Pseudoterranovose bezeichnet.

Die Gattung *Anisakis,* basierend auf der Verwendung von molekularen Markern (nukleäre und mitochondriale Regionen), wurde in 9 Arten klassifiziert. Diese Arten umfassen *A. simplex* sensu stricto, *Anisakis pegreffi, Anisakis berlandi, Anisakis ziphidarum, Anisakis nascettii, Anisakis paggiae, Anisakis brevispiculata, Anisakis physeteris* und *Anisakis typica.* Von diesen Arten verursachen nur *A. simplex* sensu stricto und *A. pegreffi* die meisten Infektionen beim Menschen.

Genomik und Proteomik

Das vorläufige Genom von *A. simplex* war das Erste, das von der Parasitengenomgruppe am Wellcome Trust Sanger Institute im Rahmen des 50-Helminth-Genomes-Projekts (PRJEB496-Projekt) ausgearbeitet wurde. Das Genom ist 126.869.778 bp lang, und es wurde vorhergesagt, dass es 20.971 Gene enthält.

Die erste Proteomstudie wurde durchgeführt, indem die Proteinprofile des pathogenen *A.simplex*-Komplexes (*A. simplex* s.s, *A. pegrefii* und ihre Hybride) verglichen wurden. Diese Studie wurde mit 2D-Gelelektrophorese durchgeführt, die mit Serenpools von Patienten, die gegen *Anisakis* allergisch waren, hybridisiert wurde, und es wurde ein paralleler Western Blot durchgeführt. Eine Studie zur differentiellen Expression von Proteinen von *A. simplex* s.s. und *A. pegreffi,* die mit der MALDI-TOF/TOF-Technik durchgeführt wurde, hat 28 verschiedene *Anisakis*-Proteine identifiziert. Die meisten von ihnen waren neue Proteine, die als potenzielle neue Allergene identifiziert wurden, die von *Anisakis* spp. produziert werden.

Die Parasitenmorphologie

Adulter Wurm

Die adulten Würmer von *Anisakis* befinden sich in den Magenkammern von Cetacea-Säugetieren. Wie andere Nematoden sind sie getrenntgeschlechtlich. Weibliche Würmer sind länger als die Männchen und sind 4,5–15 cm lang. Männliche Würmer sind 3,5–7,2 cm lang.

L3-Larven

Ursprünglich wurden die L3-Larven von *A. simplex* als *Anisakis*-Typ-I-Larven und L3-Larven von *A. physeteris* als *Anisakis*-Typ-II-Larven bezeichnet. *Anisakis simplex*-Larven sind etwas länger als *A. physeteris*-Larven. L3-Larven sind 1–3 cm lang und 1 mm breit. Die Larven haben 1 dorsale und 2 subventrale Lippen im Bereich der Mundöffnung. Die Ausscheidungsöffnung befindet sich an der Basis der subventralen Lippen. Die Speiseröhre besteht aus 2 Teilen – dem Proventriculus und Ventriculus. Der Schwanz kann einen Mucron besitzen oder auch nicht. Sie haben eine dicke Kutikula und besitzen y-förmige große laterale Stränge, die sich in die Körperhöhle erstrecken.

Eier

Die Eier sind farblos, oval und sind 40 × 50 μm groß. Die Eier sind unembryoniert, wenn sie mit dem Kot der Cetacea-Säugetiere ausgeschieden werden.

Zucht von Parasiten

Es gibt nicht viel Literatur zur Zucht von Anisakiden im Labor. Die Zucht von Parasiten ist eine mühsame, technisch anspruchsvolle und arbeitsintensive Aufgabe; daher ist sie keine diagnostische Methode in parasitologischen Laboren. *Anisakis* spp. werden nicht routinemäßig im Labor gezüchtet.

Versuchstiere

Wistar-Ratten, Mäuse, Meerschweinchen und Kaninchen sind verschiedene Versuchstiere, die zur Untersuchung der Pathogenese von Anisakiasis verwendet wurden. In Laboren wurden Fische experimentell mit Parasiten infiziert, um die Pathogenese der Anisakiasis zu verstehen.

Lebenszyklus von *Anisakis* spp.

Wirte

Delfin, Schweinswal und Wal sind die Endwirte für *Anisakis* spp. Andere Meeressäuger wie Seehund, Pelzrobbe, Seelöwen und Walrosse sind Endwirte für *Pseudoterranova* spp.

Die planktonischen oder halbplanktonischen Krebstiere dienen als 1. Zwischenwirte, während Fische und Tintenfische die Zwischen- oder paratenischen Wirte sind. Bis heute wurden mehr als 200 Fischarten und 40 Kopffüßerarten als paratenische oder Zwischenwirte von *Anisakis* gemeldet. Dazu gehören Fische von großer wirtschaftlicher und kommerzieller Bedeutung wie Kabeljau, Lachs, Makrele, Hering, Sardelle, Sardine, Seehecht, Seelachs, Rotbarsch und Blauer Wittling. Hering, Makrele, Kabeljau, Lachs und Tintenfisch übertragen *Anisakis*-Infektionen, während Kabeljau, Plattfische, Grünling, Heilbutt und Rotbarsch *Pseudoterranova*-Infektionen übertragen.

Infektiöses Stadium

Das 3. Larvenstadium (L3) von *Anisakis* spp. ist das infektiöse Stadium.

Übertragung von Infektionen

Die Meeressäuger wie Delfin, Schweinswal und Wal, Robben, Walross und Seelöwen erwerben die Infektion durch das Fressen von Fischen und Tintenfischen, die die infektiösen Larven im 3. Entwicklungsstadium (L3) von *Anisakis* spp. oder *Pseudoterranova* spp. beherbergen (Abb. 1). Nach der Aufnahme dringen die Larven, nachdem sie im Magen freigesetzt wurden, in die Magenschleimhaut ein und entwickeln sich nach 2 Häutungen zu männlichen und weiblichen Würmern. Die adulten Würmer leben in Gruppen, wobei ihre vorderen Enden in die Magenwand eingebettet sind.

Die Männchen paaren sich anschließend und befruchten die Weibchen während sie sich in den Magenkammern der Cetacea fortbewegen. Nach der Befruchtung der geschlechtsreifen Weibchen durch die männlichen Würmer legt das trächtige Weibchen die unembryonierten Eier, die mit dem Kot der Wirte ausgeschieden werden und die Meeresumwelt kontaminieren. Aus den Eiern schlüpfen freischwimmenden Larven ohne Hülle. Diese Larven durchlaufen 1 oder 2 Häutungen, bevor sie von Zwischenwirten aufgenommen werden. Die Zwischenwirte des Parasiten sind meist kleine Krebstiere wie Krill und Copepoden. Die infizierten Krebstiere werden dann von einer Vielzahl von Fischen und Kopffüßern wie Tintenfischen gefressen, die als Transport- oder paratenische Wirte dienen.

Je nach Art von *Anisakis* können in diesem Stadium viele verschiedene Lebenszyklusmuster

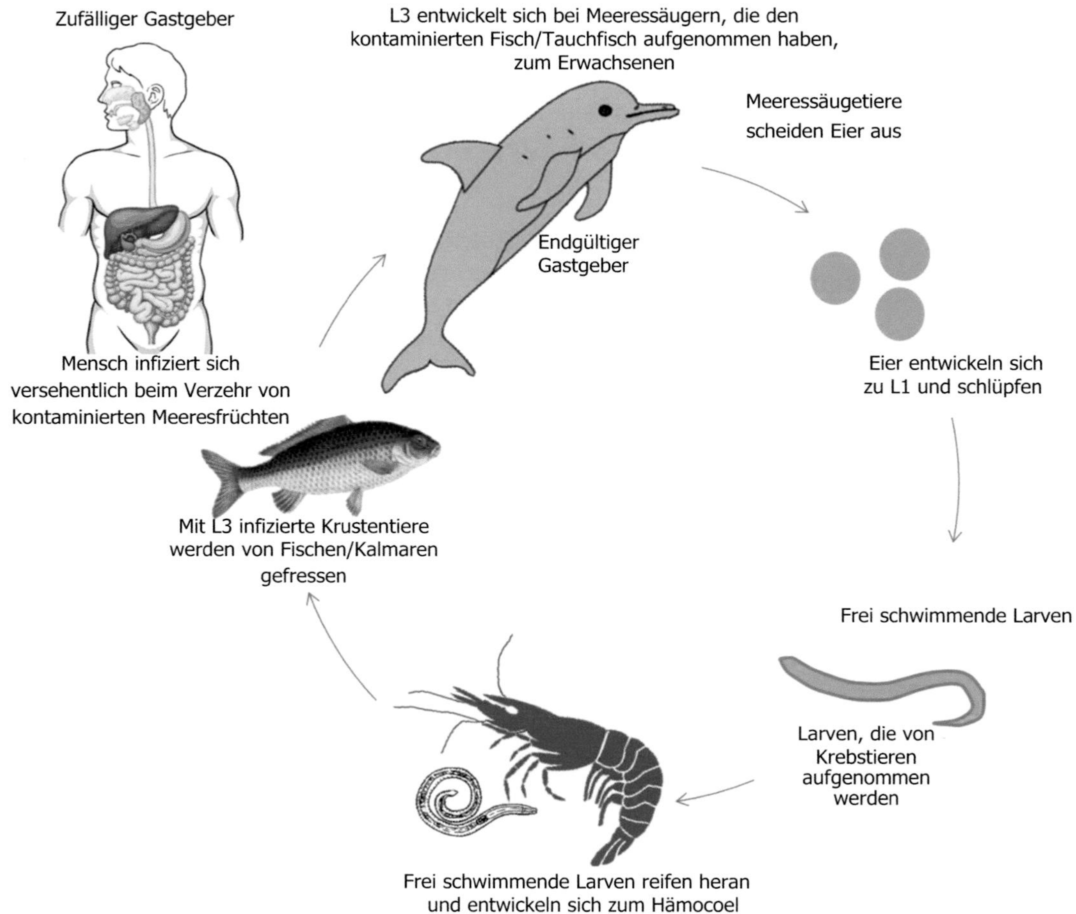

Abb. 1 Lebenszyklus von *Anisakis* spp.

beobachtet werden. Der infizierte Fisch kann direkt von Delfinen, Schweinswalen und Walen, den Endwirten, gefressen werden. Bei diesen Wirten häutet sich die Larve im 3. Stadium (L3) zur Larve im 4. Stadium (L4) und entwickelt sich dann zu den adulten Würmern. Alternativ kann der infizierte Fisch von einem anderen Fisch gefressen werden, was dazu führt, dass sich während seines Durchgangs durch das natürliche Nahrungsnetz eine große Anzahl von *Anisakis*-Larven ansammelt. Diese werden von neuen anfälligen Meeressäugern aufgenommen, wodurch der Lebenszyklus von *Anisakis* in der Meeresumwelt aufrechterhalten wird.

Eine Infektion des Menschen tritt auf, wenn roher, eingelegter, gesalzener oder geräucherter Meeresfisch oder Tintenfisch verzehrt wird, der L3-Larven von *Anisakis* spp. enthält. Da Menschen zufällige Wirte sind, findet keine weitere Entwicklung der L3-Larven statt. Die Larvenentwicklung kann jedoch bei Infektionen mit einigen *Pseudoterranova* spp. bis zum Stadium L4, jedoch nicht zum adulten Wurm fortschreiten.

Pathogenese und Pathologie

Entzündungen, Geschwüre und in der Folge eosinophile Granulome sind die charakteristischen Merkmale der Anisakiasis beim Menschen. Diese Läsionen werden durch die L3-

Larven an ihrer Anheftungsstelle in der Magen-/Darmschleimhaut verursacht. Die L3-Larven von *Anisakis* spp. dringen beim Eintritt in den Wirt über kontaminierten Fisch oder Tintenfisch in die Magen- oder Darmschleimhaut ein und heften sich daran an, was zu einer gastrischen bzw. intestinalen Anisakiasis führt. Die pathologischen Veränderungen bei der Anisakiasis treten als Folge einer direkten Gewebeverletzung auf, die durch das Eindringen der Larven und die komplexe Interaktion zwischen den vom Parasiten produzierten exkretorisch-sekretorischen Substanzen und dem Immunsystem des Wirts verursacht wird.

Der Prozess der parasitären Invasion und Anhaftung bis zur Granulombildung erfolgt in 4 Stadien. Das 1. Stadium ist die Bildung eines eosinophilen Phlegmons, gefolgt von der Abszessbildung im 2. Stadium. Die Abszessbildung ist gekennzeichnet durch das Vorhandensein von nekrotischem Gewebe um die Larven herum, umgeben von einer großen Anzahl von Eosinophilen. Die Bildung von Abszessen ist bei der gastrischen Anisakiasis häufiger zu sehen. Im 3. Stadium tritt Monate nach der Aufnahme der Larve die Abszess-Granulom-Bildung auf. In diesem Stadium gibt es einige wenige Larvenreste, die mit zahlreichen entzündlichen Infiltraten, vorwiegend Eosinophilen, umgeben von Riesenzellen, in Verbindung stehen. Die Bildung von Granulomen erfolgt im 4. oder letzten Stadium. Die Granulombildung ist durch einen allmählichen Ersatz der eosinophilen Infiltrate durch zahlreiche Lymphozyten, Riesenzellen und eine signifikante Kollagenablagerung gekennzeichnet.

Die Bildung von Geschwüren im Magen des Fisches oder Tintenfisches und in den Magenkammern von Cetaceen und anderen Meeressäugern ist die typische Pathologie.

Immunologie

Bei der Anisakiasis werden sowohl humorale als auch zelluläre Reaktionen ausgelöst. Die Th2-vermittelte Immunantwort gegen die eindringenden *Anisakis*-Larven führt zur Produktion von IgE-Antikörpern, Eosinophilen, Mastozytose, Becherzellenhyperplasie und Kontraktion der glatten Muskulatur, was die Ausscheidung des Nematoden unterstützt.

Sowohl bei akuter als auch bei chronischer Anisakiasis sind die Parasiten von einer starken eosinophilen Infiltration umgeben. Eosinophile helfen nicht nur bei der effektiven Zerstörung der Larven, sondern tragen auch zu Überempfindlichkeitsreaktionen als Reaktion auf die *Anisakis*-Infektion bei. Die infizierten Wirte entwickeln spezifische IgE-Antikörper gegen eine Reihe von allergenen Proteinen, die von *Anisakis* freigesetzt werden. Diese Antikörper binden sich dann an Rezeptoren auf Mastzellen im Magen-Darm-Trakt und in der Haut sowie an zirkulierende Basophile im Blut. Bei einem späteren Kontakt mit diesen Allergenen vermitteln diese spezifischen IgE-Antikörper die Freisetzung einer Vielzahl von Entzündungsmediatoren, darunter Histamin und verschiedene Zytokine, was zu klinischen Manifestationen einer Allergie führt.

Infektion beim Menschen

Menschen sind zufällige Wirte für Anisakiasis. Die Mehrheit der Infektionen beim Menschen tritt durch *A. simplex* auf und äußert sich als gastrische Anisakiasis (Tab. 1).

Die gastrische Anisakiasis ist die häufigste Form der Anisakiasis und tritt in fast drei Viertel der Fälle auf. Die Anhaftung der L3-Larve an der Magenschleimhaut führt zu starken Oberbauchschmerzen, Übelkeit, Erbrechen, Urtikaria und Durchfall. Diese Symptome entwickeln sich 2–6 h nach dem Verzehr des mit Larven infizierten Lebensmittels. Die Symptome halten an, solange die Larven am Leben sind.

Eine intestinale Anisakiasis tritt 2–3 Tage nach dem Verzehr des infizierten Lebensmittels auf. Der Patient präsentiert sich mit starken Bauchschmerzen, die von Übelkeit, Erbrechen und/oder Durchfall begleitet sein können. Gelegentlich entwickelt sich eine chronische Form der intestinalen Anisakiasis, die zur Bildung von Granulomen oder Abszessen führt.

Tab. 1 Verteilung der Anisakidae-Gattungen, die menschliche Infektionen verursachen

Gattung	Verbreitung	1. Zwischenwirte	2. Zwischen-/paratenische Wirte	Endwirte
Anisakis simplex sensu stricto	Japan, Europa und Länder im Atlantikbecken, Pazifischer Ozean und Alaskaküste	Kleine Krebstiere	Hering, Lachs, Makrele, Kabeljau, Tintenfisch	Cetacean-Meeressäuger wie Delfine, Schweinswale und Wale
Pseudoterranova spp.	Hauptsächlich in kälteren Küstenregionen wie Kanada, den USA und anderen Ländern im Nordatlantik, der Arktis und Antarktis, Chile, Japan	Kleine Krebstiere	Kabeljau, Heilbutt, Plattfische, Grünling, Rotbarsch	Flossenfüßer wie Robben, Seelöwen und Walrosse
Contracaecum spp.	Arktis, Antarktis, nördlicher Atlantik, Japan, Chile	Kleine Krebstiere	Lachs, Stichling, Aalmutter, Plattfisch, Gobi-Fisch	Bartrobbe (*Erignathus barbatus*) und Kegelrobbe (*Halichoerus grypus*)

Eine ektopische oder extraintestinale Anisakiasis kommt selten vor. Der Zustand tritt auf, wenn die Larve die Darmwand durchdringt und zu anderen extraintestinalen Stellen wandert.

Eine *allergische Anisakiasis* oder "Allergie gegen *Anisakis*" ist eine Erkrankung, die aufgrund der allergischen Reaktion des Immunsystems des Wirtes auf *Anisakis*-Larvenallergene entsteht. Die Sensibilisierung erfolgt bei Exposition des Wirtes gegenüber Allergenen sowohl von lebenden als auch von toten Parasitenlarven. Die Symptome reichen von Urtikaria, Angioödem bis hin zu ausgeprägter Anaphylaxie. Sie treten in der Regel innerhalb der ersten Stunde nach dem Verzehr des parasitierten Fisches auf. Es wird geschätzt, dass in endemischen Ländern bis zu 7 % der Allgemeinbevölkerung gegen *Anisakis*-Allergene sensibilisiert sein können. Allergische Manifestationen sind in der Regel mit einer *A. simplex*-Infektion verbunden und treten aufgrund des Verzehrs von eingelegten Sardellen in Spanien auf.

Eine gastroallergische Anisakiasis ist eine schwere Manifestation der IgE-vermittelten Allergie, begleitet von Magen-Darm-Symptomen und sogar chronischer Urtikaria. Eine berufsbedingte Anisakiasis, verursacht durch *A. simplex,* wurde bei Fischern, Fischhändlern oder anderen Arbeitern in der Fischindustrie beobachtet. Diese treten als Folge der Sensibilisierung gegen *Anisakis*-Larvenallergene auf, die in Fischen mit den Larven vorhanden sind. Verschiedene Formen der allergischen Dermatitis, Asthma und Konjunktivitis sind typischen Manifestationen dieser Erkrankung.

Pseudoterranova spp. ist eine weniger invasive und virulente Art. Der Parasit, der in der oberen Mundhöhle oder in der Speiseröhre gefunden wird, verursacht bei Patienten das *Kribbeln-im-Hals*-Syndrom.

Infektion bei Tieren

Eine *Anisakis*-Infektion bei Fischen verursacht oft Geschwüre in ihrem Verdauungstrakt; ansonsten beeinflusst es die Gesundheit des Wirtes nicht signifikant. Eine *Anisakis*-Infektion bei Meeressäugern kann eine Immunsuppression verursachen, die zu systemischen mikrobiellen Infektionen und Hautmanifestationen führt.

Epidemiologie und öffentliche Gesundheit

Anisakiasis ist eine aufkommende, durch Meeresfrüchte übertragene zoonotische Krankheit, die weitgehend unterdiagnostiziert bleibt. Die weltweite Inzidenz von Anisakiasis wird auf 0,32 Fälle pro 100.000 Einwohner geschätzt, wobei Fälle in mehr als 20 Ländern auf den 5 Kontinenten auftreten. Die Mehrheit der gemeldeten Infektionen, etwa 90 %, treten in Japan auf. Fälle werden auch aus Spanien, Frankreich, Italien, den Niederlanden, Deutschland, Kroatien, Südkorea, China, Brasilien, Chile, Peru usw. gemeldet. Die Infektion ist weit verbreitet in Ländern, in denen der mit Larven infizierte Fisch roh oder unzureichend gekocht verzehrt wird. Eine Vielzahl von Fischgerichten und deren Verzehr sind mit einem hohen Risiko verbunden, an Anisakiasis zu erkranken. Zu diesen Fischgerichten gehören *Sushi* und *Sashimi* (Japan), *Bagoong* (Philippinen), *eingelegte Sardellen* und *Sardinen* (Spanien), *geräucherter und gesalzener Hering* (die Niederlande), *Ceviche* (Südamerika), *Graved Lachs* (skandinavische Länder) und *Lomilomi* und *Palu* (Hawaii).

Die *Anisakis*-Infektion ist in marinen Umgebungen weit verbreitet und betrifft zahlreiche Zwischen-, paratenische und Endwirte. Der natürliche Zyklus einer bestimmten Anisakidae-Art ist abhängig von verschiedenen Faktoren, einschließlich der Vielfalt der verfügbaren Zwischen-, paratenischen und Endwirte in verschiedenen marinen Breitengraden.

Diagnose

Die Diagnose einer Anisakiasis ist aufgrund der mangelnden Spezifität der Symptome schwierig. Der Verzehr von rohem oder unzureichend gekochtem Fisch oder Tintenfisch in den letzten 72 h vor dem Auftreten von Symptomen wie akuten Oberbauch- oder Bauchschmerzen deutet auf eine *Anisakiase*-Infektion hin. Die Endoskopie ist die bevorzugte Technik zur Diagnose einer akuten gastrischen oder intestinalen Anisakiasis (Tab. 2).

Mikroskopie

Der Nachweis der Larven oder ihrer Überreste in chirurgisch entfernten histologischen Schnitten von eosinophilen Granulomen hilft bei der Diagnose von Infektionen, die durch *Anisakis* spp. verursacht werden (Abb. 2).

Tab. 2 Methoden zur Diagnose einer Anisakiasis beim Menschen

Diagnoseansätze	Methoden	Targets	Anmerkungen
Mikroskopie	Endoskopische/chirurgische Entfernung	Larven oder ihre Abschnitte in Magen- oder Darmgewebe	Am häufigsten verwendete Technik; sowohl diagnostisch als auch kurativ
Immundiagnostik	Haut-Prick-Tests	Rohextrakte von *Anisakis*-Larven	Erkennt schnell allergische Reaktionen; Einschränkungen sind geringe Sensitivität und Spezifität; kann zu Sensibilisierung oder sogar zu ausgeprägter Anaphylaxie führen
	ELISA	Verschiedene rohe/exkretorisch-sekretorische oder rekombinante Antigene wie Anis1, Anis5 und Anis7	Es werden verschiedene Klassen von Antikörpern, einschließlich spezifischer IgE-Antikörper, nachgewiesen
	Immunblot	Rohextrakte von *Anisakis* oder rekombinante Antigene wie Anis1, Anis3, Anis5, Anis9 und Anis10	Es wird ein Anisakis-spezifischer IgE-Nachweis durchgeführt
	Mikroarrays	Immuno-CAP-ISAC	
Molekulare Assays	Real-Time-PCR, RFLP	ITS1, ITS2, mitochondriales COX-2	Hochsensitiver und spezifischer Test; *Einschränkungen*: technisch anspruchsvoll

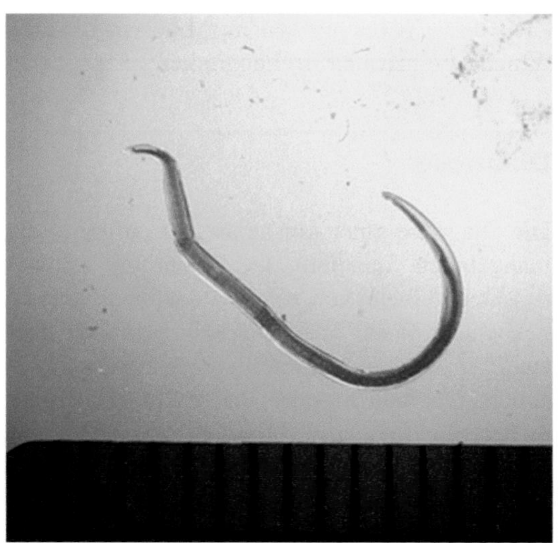

Abb. 2 L3-Larve eines Anisakidae-Wurms (Mit freundlicher Genehmigung des CDC)

Serodiagnostik

Radio-Allergo-Sorbent-Test (RAST) und ELISA werden häufig zur Diagnose von allergischer Anisakiasis eingesetzt. Diese Tests weisen spezifische IgE-Antikörper im Serum gegen Antigene des Parasiten nach, z. B. *Anis1* und *Anis3*. Rekombinante Antigene wie Anis1, Anis3, Anis5, Anis9 und Anis10 wurden in Immunblot- und Mikroarray-Techniken wie Immuno-CAP-ISAC zum Nachweis spezifischer IgE-Antikörper bei Patienten mit Anisakiasis eingesetzt.

Molekulare Diagnostik

Die Real-Time-PCR wurde unter Verwendung verschiedener Targets wie ITS1, ITS2 und mitochondriale COX-2-Gene für den erfolgreichen Nachweis von *Anisakis* spp. eingesetzt.

Andere Tests

Die endoskopische Untersuchung hilft nicht nur bei der Visualisierung der parasitären Larven, sondern auch bei deren Entfernung, wodurch unnötige chirurgische Eingriffe vermieden werden.

Der Haut-Prick-Test mit L3-Larvenantigen wird zur Diagnose einer allergischen Anisakiasis eingesetzt. Die Weltgesundheitsorganisation (WHO) und das Unterkomitee International Union of Immunological Societies Allergen Nomenclature haben 14 verschiedene Allergene, die aus *A. simplex* gewonnen wurden, genehmigt. Rekombinante Allergene, die Anis1, Anis3 und Anis7 enthalten, sind kommerziell für diagnostische Tests erhältlich. Anis1 ist das am häufigsten verwendete Allergen.

Die Computertomographie (CT) des Abdomens zeigt ein segmentiertes schweres submuköses Ödem zusammen mit Aszites und einem ausgedehnten proximalen Darm, ein typischer Befund bei einer gastrointestinalen Anisakiasis.

Behandlung

Die Behandlung der Anisakiasis besteht in der endoskopischen Entfernung der im Magen-Darm-Trakt gefundenen Larven. Bei Schwierigkeiten, die Larven zu visualisieren und zu entfernen, wurden jedoch verschiedene Anthelminthika ausprobiert. Am häufigsten wird Albendazol eingesetzt. Thiabendazol, Flubendazol und Ivermectin sind weitere Anthelminthika, die zur Behandlung der Krankheit eingesetzt werden. Allergische Reaktionen auf Anisakiasis müssen sofort behandelt werden.

Prävention und Bekämpfung

Sushi und *Sashimi* (Japan), *Lomilomi* (Hawaii), *Graved Lachs* (skandinavische Länder), *Ceviche* (Südamerika), *eingelegte Sardellen* und *rohe Sardinen* (Spanien) und *gesalzener Hering* (die Niederlande) sind die Gerichte, die mit der Übertragung von Anisakiasis in Verbindung gebracht werden. Die Vorbeugung von Anisakiasis wird daher am besten durch die Vermeidung der Aufnahme lebender *Anisakis*-Larven durch den Verzehr von rohem oder unzureichend gekochtem Fisch oder Tintenfisch erreicht.

Die U.S. Food and Drug Administration empfiehlt, den Fisch vor dem Verzehr ausreichend bei einer Temperatur von mindestens 63–74 °C zu kochen. Alternativ kann der Fisch bei −20 °C für mindestens 168 h eingefroren oder bei −35 °C für etwa 15 h schockgefroren werden, um alle infektiösen Larven im rohen oder ungekochten Fisch abzutöten. Behandlungen mit Essig oder Zitronensaft, Räuchern, Beizen, Einlegen, Marinieren usw. inaktivieren die Larven in rohem oder ungekochtem Fisch nicht. Gesundheitserziehung und Sensibilisierung gegen Anisakiasis sind ebenfalls wichtig zur Prävention und Bekämpfung der Infektion.

Fallstudie

Ein 27-jähriger Japaner wird um Mitternacht mit akut einsetzenden starken Schmerzen im Oberbauch, Übelkeit und Erbrechen in die Notaufnahme eingeliefert. Er hat auch starken Juckreiz am ganzen Körper und klagt über Atemnot. Er gibt an, vor etwa 5 h auf einer Party eines Freundes Sushi gegessen zu haben. Die Ärzte vermuten eine Anisakiasis und führen eine Endoskopie durch, die eine hyperämische ulzerative Läsion im Magenfundus mit kleinen Larven zeigt, die an der Läsion haften. Die Larven werden entfernt und anschließend verbessert sich der Zustand des Patienten. Die entfernten Larven sind etwa 3 cm lang und werden aufgrund ihrer morphologischen Untersuchung als L3-Larven von *A. simplex* sensu stricto identifiziert.

1. Welche Bedeutung hat die Endoskopie bei einer *Anisakis*-Infektion?
2. Welche Vorsichtsmaßnahmen sind notwendig, um eine Anisakis-Infektion zu verhindern?
3. Welche wichtigen Parasiten sind mit dem Verzehr von Meeresfrüchten verbunden?

Forschungsfragen

1. Gibt es einen Zusammenhang zwischen genetischer Veranlagung und allergischen Reaktionen bei Anisakiasis?
2. Welche Rolle spielt *Anisakis* bei Magen- und Darmkrebs?
3. Kann die Entwicklung einer allergenspezifischen Therapie bei Anisakiasis hilfreich sein?

Weiterführende Literatur

Adroher-Auroux FJ, Benitez-Rodriguez R. Anisakiasis and *Anisakis*: an underdiagnosed emerging disease and its main etiological agents. Res Vet Sci. 2020;132:535–45.

Aibinu IE, Smooker PM, Lopata AL. *Anisakis* Nematodes in fish and shellfish- from infection to allergies. Int J Parasitol Parasites Wildl. 2019;9:384–93.

Amelio SD, Lombardo F, Pizzarelli A, Bellini I, Cavallero S. Advances in Omic studies drive discoveries in the biology of Anisakid nematodes. Genes. 2020;11:801.

Audicana MT, Kennedy MW. *Anisakis simplex*: from obscure infectious worm to inducer of immune hypersensitivity. Clin Microbiolo Rev. 2008;21(2):360–79.

Mattiucci S, Nascetti G. Molecular systematics, phylogeny and ecology of anisakid nematodes of the genus Anisakis Dujardin, 1845: an update. Parasite. 2006;13:99–113.

Mattiucci S, Paoletti M, Colantoni A, Carbone A, Gaeta R, Proietti A, Frattaroli S, Fazii P, Bruschi F, Nascetti G. Invasive anisakiasis by the parasite *Anisakis pegreffii* (Nematoda: Anisakidae): diagnosis by real-time PCR hydrolysis probe system and immunoblotting assay. BMC Infect Dis. 2017;17:530.

Mattiucci S, Cipriani P, Levsen A, Paoletti M, Nascetti G. Molecular epidemiology of *Anisakis* and Anisakiasis: an ecological and evolutionary road map. Adv Parasitol. 2018;99:93–263.

Mehrdana F, Buchmann K. Excretory/secretory products of anisakid nematodes: biological and pathological roles. Acta Vet Scand. 2017;59:42.

Moneo I, Carballeda-Sangiao N, Gonzalez-Munoz M. New perspectives on the diagnosis of allergy to *Anisakis* spp. Curr Allergy Asthma Rep. 2017;17(5):27.

Nieuwenhuizen NE. *Anisakis* – immunology of a foodborne parasitosis. Parasite Immunol. 2016; 38:548–57.

Gnath ostomiasis

Rahul Garg, Aradhana Singh und Tuhina Banerjee

Lernziele

1. Das Wissen zu vermitteln, dass die wandernde Larve gefährlich sein kann, wenn sie das Gehirn oder das Auge erreicht
2. Die Unzulänglichkeit von ELISA bei der Bestätigung der Diagnose und die Nützlichkeit von Western Blot zu bewerten

Einführung

Gnathostomiasis ist eine durch Nahrung übertragene parasitäre zoonotische Infektion, die durch die Aufnahme der 3. Larvenstufe des *Gnathostoma*-Nematoden verursacht wird. Die Krankheit ist am häufigsten in Südostasien, Zentral- und Südamerika und Teilen Afrikas zu finden. Allerdings scheinen ihre geografischen Grenzen aufgrund des uneingeschränkten internationalen Reiseverkehrs zu wachsen. Der Mensch als Zufallswirt erwirbt die Infektion durch den Verzehr von rohem oder unzureichend gekochtem Süßwasserfisch, Aalen, Cyclops und Fröschen, die die 3. Larvenstufe enthalten. Katzen und Hunde sind die Endwirte. Die Krankheit äußert sich meist als wandernde Schwellungen unter der Haut, als kriechende Eruptionen oder invasive viszerale Läsionen. Eine Trias aus wandernden Schwellungen, ausgeprägter Eosinophilie und Reiseanamnese in endemische Regionen deutet oft auf eine mögliche Infektion durch den Nematoden *Gnathostoma* hin.

Geschichte

Der erste menschliche Fall von Gnathostomiasis wurde 1889 von G.M.R. Levinson bei einer infizierten Frau aus Thailand gemeldet. Vor diesem Zeitpunkt war der Nematode im Magen eines jungen Tigers im Londoner Zoo (Richard Owen 1836) und im Magen eines Schweins (Fedchenko 1872) beschrieben worden. Der vollständige Lebenszyklus des Parasiten wurde 1937 von Prommas und Dangsavand aufgeklärt.

Taxonomie

Gnathostoma spp. gehören zum Stamm der Nemathelminthes (Rudolphi 1808), Klasse Chromadorea (Linstow 1905), Ordnung Spirurida

R. Garg
Department of General Medicine, All India Institute of Medical Sciences, Bhopal, Indien

A. Singh · T. Banerjee (✉)
Department of Microbiology, Institute of Medical Sciences, Banaras Hindu University, Varanasi, Indien
E-Mail: drtuhina@yahoo.com

S. C. Parija und A. Chaudhury (Hrsg.), *Lehrbuch der parasitären Zoonosen*,
https://doi.org/10.1007/978-981-97-4312-4_51

(Chitwood 1933), Familie Gnathostomatidae, Unterfamilie Gnathostomatinae und zur Gattung *Gnathostoma* (Owen 1836).

Die Gattung *Gnathostoma* ist ein Mitglied der Ordnung Spirurida, die eine der größten Gruppen von Nematoden ist. Diese Gruppen von Nematoden sind bekannt dafür, dass sie in ihrem Lebenszyklus einen oder mehrere Zwischenwirte benötigen. Die Gattung hat 12 Arten, von denen 4 bekanntermaßen Infektionen beim Menschen verursachen: *Gnathostoma spinigerum* ist die häufigste Art, die menschliche Krankheiten verursacht.

Genomik und Proteomik

Die vollständige mitochondriale Genomsequenz von *G. spinigerum* ergab eine Genomgröße von 14.079 bp, die 12 Protein codierende Gene (*COX-1–3, NAD1–6, NAD4L, atp6* und *cytb*), 22 tRNA-Gene, 2 rRNA-Gene (*rrnL* und *rrnS*) und 2 nicht codierende (AT-reiche) Regionen enthält. Alle diese Gene wurden in die gleiche Richtung transkribiert. Ein hoher A + T-Gehalt wurde im Genom gesehen. Allerdings wurde ein anderes Genanordnungsmuster in *G. spinigerum* im Vergleich zu anderen Nematoden gesehen, bei denen ein Block von 12 Genen an 4 verschiedene Orte verlegt wurde. Phylogenetische Analysen deuten auf eine enge Verwandtschaft mit *Cucullanus robustus.* hin.

Die Charakterisierung der exkretorisch-sekretorischen Proteine (ESP) des infektiösen 3. Larvenstadiums hat die Anwesenheit von 171 klassischen und 292 nichtklassischen sekretorischen Proteinen offenbart. Unter diesen Proteinen war in beiden Gruppen die Kategorie "molekulare Funktion", die mehrere Proteinkinasen umfasst, am häufigsten, gefolgt von der Kategorie "zelluläre Funktion", die integrale Membranproteine umfasst. Eine signifikante Anzahl von Metalloproteasen war ebenfalls vorhanden, von denen eine 24-kDa-Metalloprotease zuvor für die Diagnose von menschlicher Gnathostomiasis verwendet wurde. Proteine mit proteolytischer Metalloproteaseaktivität, zellregulierenden Kinasen und Phosphataseaktivität und metabolischen Regulierungsfunktionen, die Glukose und Lipidmetabolismus betreffen, waren im untersuchten Sekretom signifikant hochreguliert. Weiterhin hat die Analyse der ESP der infektiösen Larvenstufe mit *G. spinigerum*-infizierten Humanseren und verwandten Helminthiasen nahegelegt, dass der Serinproteaseinhibitor namens Serpin als vielversprechendes antigenes Ziel für die Entwicklung von Immundiagnoseverfahren für Gnathostomiasis verwendet werden könnte.

Die Parasitenmorphologie

Adulter Wurm

Der adulte Wurm lebt im Magen oder der Speiseröhre des Wirts. Er hat einen zylindrischen Körper, dessen Länge bei Weibchen zwischen 25 und 54 mm variiert. Die Männchen sind kürzer, und ihre Länge liegt zwischen 11 und 25 mm.

Das vordere Ende des Körpers besitzt eine runde Kopfkapsel. Der Kopf enthält konzentrische Reihen von Haken, 8 bis 10 an der Zahl. Der verlängerte Mund in der Mitte ist von einem Paar Lippen umgeben. Der Körper ist mit kutikulären Stacheln unterschiedlicher Größe und Verteilung bedeckt. Je nach Art befinden sich die Geschlechtsorgane am kaudalen Ende des Wurms. Die männlichen Genitalien bestehen aus den Papillen und einer Wölbung zur Ventralseite hin mit 2 Spicula unterschiedlicher Länge. Bei den Weibchen ist eine echte Vagina mit doppeltem Uterus zu sehen, der Eier in verschiedenen Entwicklungsstadien enthält. Die Eier werden durch eine Vulva, die sich in der Mitte des Körpers befindet, nach außen abgegeben.

Infektiöse Larve

Das 3. Larvenstadium (L3) ist die infektiöse Form für Endwirte wie den Menschen (Zufallswirt). Die Larven von *G. spinigerum* messen in der Regel bis zu 3–4 mm in der Länge und 630 μm im Durchmesser und sind in der Regel rötlich-weiß. Die Kopfkapsel enthält 4 Reihen von cephalischen Haken, mit etwa 45 Haken pro Reihe. Der Körper der Larve ist mit Querreihen von spitzen Stacheln bedeckt, die zum hinteren Ende des Wurms hin abnehmen. Diese Reihen von Haken ermöglichen es der Larve, sich in den Geweben des Wirts zu positionieren. Dies wiederum ist zu einem gewissen Grad für die mechanischen Schäden am Wirt verantwortlich.

Eier

Befruchtete Eier von *Gnathostoma* werden zusammen mit dem Stuhl des Endwirts ausgeschieden. Die Eier sind oval, etwa 70 × 40 μm groß und gelb oder braun aufgrund ihres direkten Kontakts mit Gallensaft. Die Eierschale hat entweder einige kleine Gruben oder eine glatte Oberfläche, mit 1 oder 2 polaren Ausbuchtungen.

Die Morphologie der verschiedenen Stadien von *Gnathostoma* ist in Abb. 1 dargestellt.

Zucht von Parasiten

Die Zucht von fortgeschrittenen Larven des 3. Stadiums von *G. spinigerum* wurde in RPMI-1640-Medien mit verschiedenen Kombinationen von Nährstoffen versucht. Die Überlebensraten der Parasiten in künstlichen Medien und die Entwicklung der Larven variierten stark je nach Wahl der Zusätze. Während das am besten geeignete Medium für das Wachstum und die Entwicklung der Larven in Medien zu sehen war, die mit 10 % fötalem Kälberserum, 1 % Hundeserum und 0,25 % Hämolyse von Hunden ergänzt wurden, wurde das Überleben der meisten Larven in Medien beobachtet, die mit Natriumbicarbonatsalz ergänzt wurden.

Versuchstiere

Nagetiermodelle wurden ausgiebig für Studien zu Larvenmigration, Immunantworten und Medikamentensensibilität gegen diesen Parasiten verwendet. Da Nagetiere wie Menschen Zufallswirte sind, waren Nagetiermodelle für Studien zu diesem Parasiten sehr erfolgreich. Das Modell der Schweizer Albinomäuse wurde ebenfalls für Studien verwendet, da bei Mäusen eine Enzystierung der Larven auftritt und Mäuse ebenfalls als Zufallswirte fungieren.

Lebenszyklus von *Gnathostoma* spp.

Wirte

Der Lebenszyklus von *Gnathostoma* spp. umfasst 2 Stadien, nämlich das Larven- und das adulte Wurmstadium. Die Endwirte sind Hunde, Katzen, Tiger, Leoparden und andere fischfressende Säugetiere. Bei diesen Wirten liegt der adulte Wurm in der Magenwand aufgerollt, was eine tumorähnliche Masse, sogenannte Knötchen, verursacht. Adulte Würmer einiger Arten befinden sich in der Speiseröhre oder Niere. Die Cyclops oder Wasserflöhe sind die ersten Zwischenwirte, während Fische und Amphibien geeignete zweite Zwischenwirte sind. Der Mensch ist der zufällige Endwirt.

Infektiöses Stadium

Die fortgeschrittenen Larven des 3. Stadiums (AL3) sind das infektiöse Stadium.

Übertragung der Infektion

Nach der Aufnahme des Wasserflohs oder Ruderfußkrebses durch einen geeigneten zweiten Zwischenwirt (Fische, Amphibien) wandern die EL3 durch das Gewebe dieser Wirte und enzystieren sich in ihren Muskeln. Bei diesen Wirten entwickeln sie sich weiter zu AL3 und bleiben als infektiöse Larven.

Die Infektion wird von den Endwirten wie Katzen, Schweinen, Hunden und anderen wilden Wirten durch die Aufnahme von Fischen oder anderen Amphibien, die die fortgeschrittenen Larven des 3. Stadiums (AL3) des

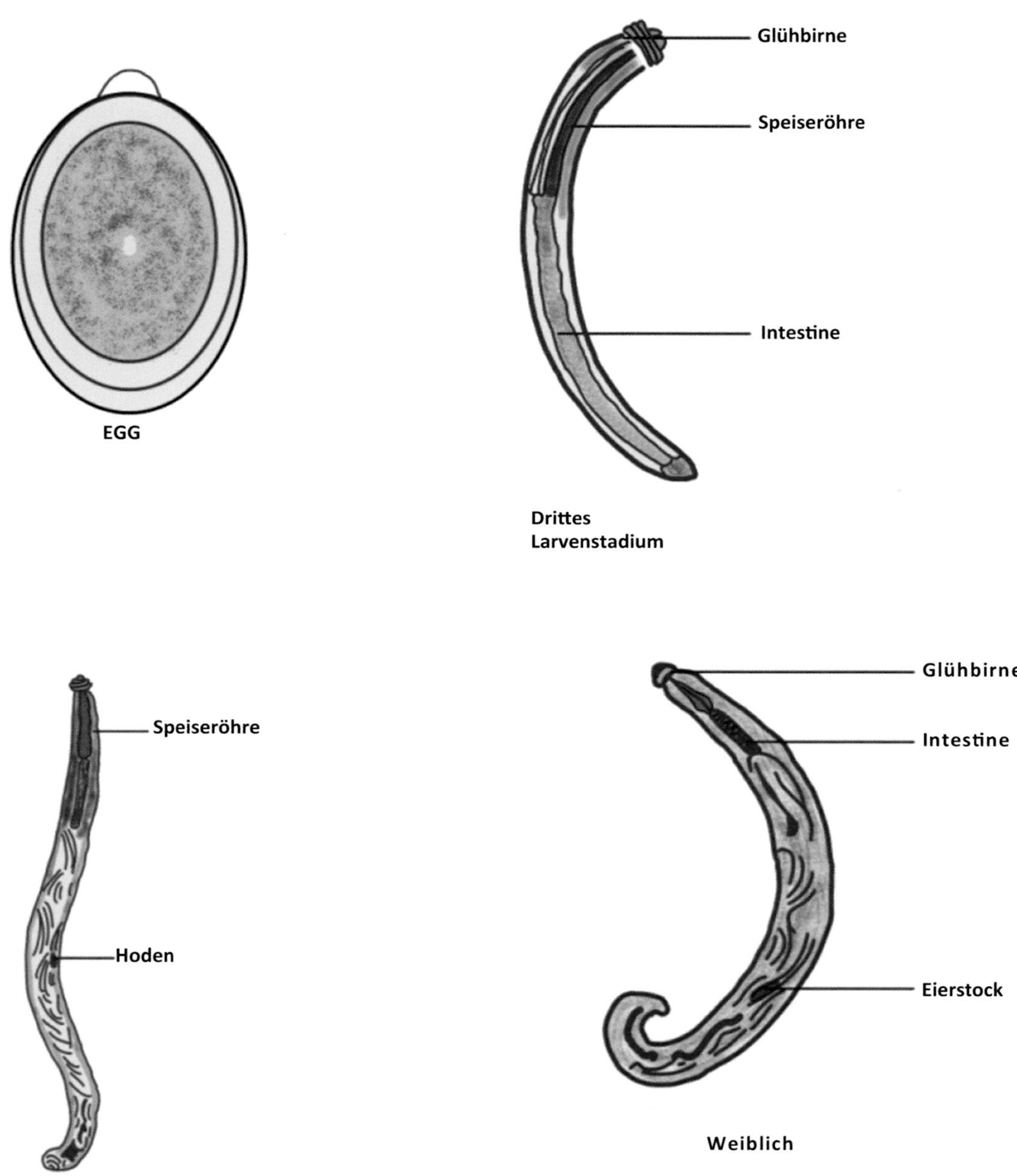

Abb. 1 Morphologie der verschiedenen Stadien von *Gnathostoma* spp.

Nematoden, das infektiöse Stadium des Parasiten, beherbergen, erworben. Die Larven werden in ihrem Magen-Darm-Trakt freigesetzt, woraufhin sie zur Leber und in die Bauchhöhle wandern. Nach etwa 4 Wochen dringen sie in die Magenwand ein, in der sie tumorähnliche Massen bilden. Die adulten Würmer paaren sich und produzieren unausgebildete Eier. In der tumorähnlichen Masse passieren die Eier eine kleine Öffnung und werden schließlich im

Stuhl ausgeschieden. Die Freisetzung von Eiern in die Umwelt erfolgt etwa 8–12 Monate nach der ersten Aufnahme der infektiösen Larven des 3. Stadiums durch den Endwirt. Die Eier kontaminieren Süßwasserkörper wie Flüsse, Teiche und Seen, in denen sie embryonieren und fast 7 Tage nach dem Schlüpfen die Larven des 1. Stadiums (L1) in das Wasser freisetzen. Die exzystierte Larve wird dann vom ersten Zwischenwirt aufgenommen, der in den meisten Fällen ein Wasserfloh oder Ruderfußkrebs (Cyclops) ist, in dem die Larve 2-mal häutet, um zu Larven des frühen 3. Stadiums (EL3) zu werden. Der zweite Zwischenwirt kann alternativ von einem paratenischen Wirt wie Schlangen und Vögeln aufgenommen werden. Bei diesen paratenischen Wirten entwickelt sich AL3 jedoch nicht weiter, sondern bleibt infektiös.

Menschen erwerben die Infektion durch den Verzehr von rohem oder unsachgemäß gekochtem Fleisch der zweiten Zwischenwirte oder paratenischen Wirte, die AL3 enthalten. Nach dem Eintritt wandert AL3 in verschiedene Gewebe und kann sich zu unreifen Adulten ohne Fortpflanzungsreife entwickeln. Ihre Größe variiert von 2 mm bis 2 cm, abhängig von der Art und dem Ausmaß der Entwicklung. Es wurden jedoch zwei alternative Infektionswege vorgeschlagen. Einer ist die Aufnahme von Wasser, das infizierte Ruderfußkrebse enthält, anstelle eines zweiten Zwischenwirts. Der andere ist die Penetration der Haut durch Larven des 3. Stadiums aus infiziertem Fleisch bei den Lebensmittelverarbeitern (Abb. 2).

Pathogenese und Pathologie

Die genaue Pathogenese der Gnathostomiasis ist ungewiss. Es wird jedoch angenommen, dass die Symptome durch die kombinierten Effekte mehrerer Faktoren verursacht werden, wie mechanische Schäden an Geweben und Organen infolge der Larvenmigration, verschiedene exkretorisch-sekretorische Produkte des Parasiten und die immunologische Reaktion des Wirts. Die freigesetzten Substanzen enthalten verschiedene

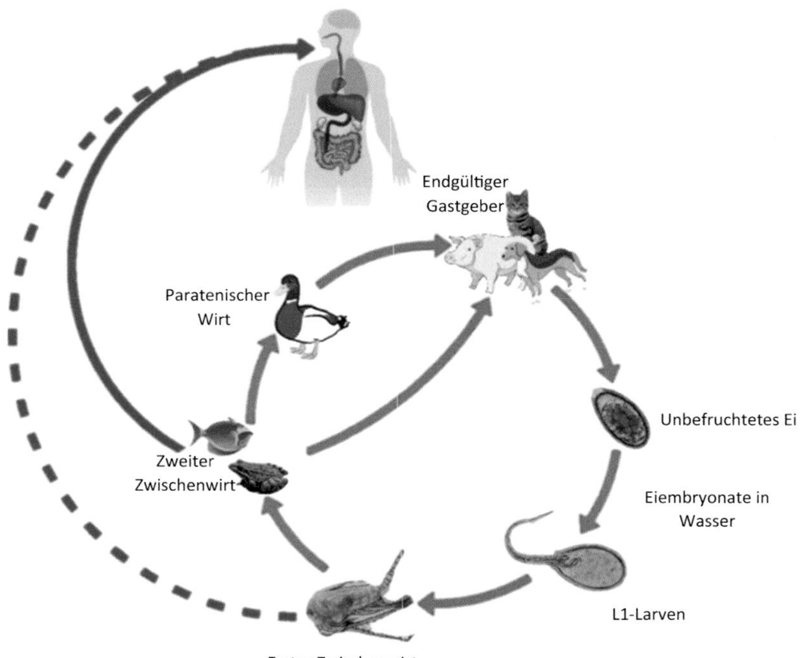

Abb. 2 Lebenszyklus von *Gnathostoma* spp.

Verbindungen, z. B. eine Verbindung, die ähnlich wie Acetylcholin ist, einen "Ausbreitungsfaktor" mit Hyaluronidase, eine hämolytische Substanz und ein proteolytisches Enzym, die in mehreren Studien nachgewiesen wurden. Diese Substanzen führen zu den charakteristischen hämorrhagischen Spuren, wie sie in den subkutanen Geweben bei Patienten zu sehen sind, zusammen mit mechanischen Schäden. Diese Spuren können auch in den Eingeweiden oder im ZNS post mortem gesehen werden. Diese Spuren sind pathognomonisch für diese parasitäre Infektion.

Der menschliche Zyklus beginnt mit einer enterischen Phase, gefolgt von einer Perforation der Schleimhaut, um andere Organe zu befallen. Die Hauterscheinungen nehmen zu und ab, da die Migration in Schüben erfolgt. Darüber hinaus verursachen direkte Traumata und intensive Eosinophilie in den Geweben eine starke Gewebeentzündung. Eosinophilie im subkutanen Gewebe führt zu Pannikulitis, die charakteristisch für die Infektion ist. Diese eosinophile Zellulitis wird in der Histopathologie als "Flammenfiguren" dargestellt. Epidermale Veränderungen sind selten.

Immunologie

Monozyten sind wichtig bei Helmintheninfektionen, die durch ein komplexes Zusammenspiel zwischen den T-Zellen, Eosinophilen, Basophilen und Mastzellen wirken. Sie erreichen die Infektionsstellen und führen ihre Rollen als Immunzellen aus, indem sie als Vorläufer von Makrophagen und dendritischen Zellen an den Gewebestellen wirken und bei Helmintheninfektionen bei der Antigenpräsentation helfen. Fc-Rezeptoren sind Membranglykoproteine mit Affinität zur Bindung an den entsprechenden Teil der sezernierten Antikörper. Der FcγRI-Rezeptor, der auf antigenpräsentierenden Zellen (APC) exprimiert wird, ist der menschliche Hochaffinitätsrezeptor für IgG, und dessen Hochregulation durch Stimulation von Zytokinen wie IFN-γ und IL-2 führt zu einer Kaskade von Reaktionen wie Phagozytose, Zytokinproduktion und antikörperabhängiger zellvermittelter Zytotoxizität ("antibody-dependent cell-mediated cytotoxicity", ADCC). Die Rolle der Monozyten bei der menschlichen Gnathostomiasis ist wichtig. Die exkretorisch-sekretorischen Antigene von *Gnathostoma* beeinflussen die Monozytenfunktion, indem sie die Expression des FcγRI-Rezeptors verringern, wodurch alle biologischen Aktivitäten, die zur Phagozytose führen, verringert werden.

Da die Gnathostomiasis durch die Migration des Parasiten innerhalb verschiedener Gewebe und Organe im menschlichen Wirt gekennzeichnet ist, variieren die Immunantworten je nach Ausmaß der Invasion. Infolgedessen wurde in einigen Fällen ein vorherrschender Anstieg von IgG4 berichtet, während in anderen Fällen der Infektion auch ein Anstieg der kombinierten IgG1- und IgG2-Antworten beobachtet wurde.

Infektion beim Menschen

Die klinischen Manifestationen von Gnathostomiasis zeigen ein breites Spektrum von Infektionen beim Menschen. Diese reichen von unspezifischen akuten Symptomen bis hin zu einer häufigeren kutanen Form und einer schweren viszeralen Form.

Die Patienten können innerhalb von 24–48 h nach dem Verzehr von mit *Gnathostoma* spp. infizierten Lebensmitteln unspezifische Symptome wie Unwohlsein, Fieber, generalisierte Urtikaria, Anorexie, Übelkeit, Erbrechen, Durchfall und epigastrische Schmerzen aufweisen. Diese Manifestationen entsprechen der Phase der Exzystierung der Larve und der Migration durch die Magen- oder Darmwand und die Leber. Diese Symptome können 2–3 Wochen anhalten. In diesem Stadium entwickelt sich in der Regel eine ausgeprägte generalisierte Eosinophilie, die bis zu 50 % der gesamten weißen Blutkörperchen ausmachen kann.

Kutane Gnathostomiasis

Es handelt sich um die häufigste Manifestation, die unter verschiedenen lokalen Namen bekannt ist, wie *Jangtsekiang-Ödem* und

Shanghai-Rheumatismus in China, "tuao chid" in Japan und "panniculitis nodular migratoria eosinofilica" in Südamerika. Die Erkrankung äußert sich als Schwellungen am Rumpf oder an den oberen Gliedmaßen, die erythematös, juckend sein können, mit oder ohne Schmerzen. Die Schwellungen treten in der Regel innerhalb von 3–4 Wochen nach der Aufnahme der Larven auf und dauern etwa 1–2 Wochen an. Bei Nichtbehandlung der Infektion kann es zu einem Wiederauftreten der Schwellungen kommen. Der Zustand kann sich auch als kriechende Eruption äußern, die eine kutane Larva migrans simuliert, und selten als Hautabszess oder Knoten.

Viszerale Gnathostomiasis

Viszerale Gnathostomiasis oder Larva migrans wird durch die Migration der Larve in tiefere Gewebe verursacht, die die pulmonalen, gastrointestinalen, urogenitalen, okularen oder die zentralen Nervensysteme des Wirts betreffen.

Die schwerste Manifestation der Gnathostomiasis ist mit der Beteiligung des ZNS verbunden. Der akute Beginn von quälenden radikulären Schmerzen mit oder ohne Kopfschmerzen aufgrund von Subarachnoidalblutung oder eosinophiler Meningitis ist das Kennzeichen der ZNS-Manifestationen. Der Beginn der Manifestationen hängt vom Migrationsweg des Parasiten im ZNS ab. Der Parasit gelangt über die Nervenwurzeln in kranialen, zervikalen, thorakalen oder lumbalen Regionen in das Rückenmark. Dies ist gekennzeichnet durch intensiven radikulären Schmerz oder Kopfschmerzen, die in der Regel 5 Tage anhalten. Den anfänglichen Schmerzen folgen Manifestationen, die von Schwäche bis zur vollständigen Lähmung von 1 bis 4 Gliedmaßen reichen, abhängig von der Bewegung des Parasiten, während er durch das Rückenmark zum Gehirn aufsteigt.

Die ZNS-Manifestationen, die durch *Gnathostoma* verursacht werden, ähneln denen von *Angiostrongylus cantonensis*-Infektionen des ZNS, welches ebenfalls ein häufig vorkommender Parasit in Südostasien ist. Im Vergleich dazu sind jedoch der akute Nervenwurzelschmerz, Anzeichen einer Rückenmarkskompression und hämorrhagische oder xanthochrome Rückenmarksflüssigkeit, die bei Gnathostomiasis beobachtet werden, bei einer *Angiostrongylus*-Infektion nicht vorhanden. Da sie invasiver ist, erzeugt die *Gnathostoma*-Larve häufiger fokale neurologische Zeichen. Im Gegensatz dazu verursacht die *Angiostrongylus*-Larve, die erheblich kleiner ist und in der Regel mehrfach vorkommt, häufiger eine Meningoenzephalitis, die in der Regel einen nicht tödlichen Verlauf nimmt.

Infektion bei Tieren

Katzen und Hunde sind die Endwirte, die sich durch den Verzehr von Fischen infizieren, die die 3. Larvenstufe enthalten. *Gnathostoma*-Infektionen bei Katzen und Hunden äußern sich als Gastritis und Appetitlosigkeit. Die abdominalen Knoten können in die Bauchhöhle aufplatzen und eine schwere Peritonitis und sogar Infektionen verursachen. Bei Schweinen können massive Infektionen schwere Gastritis und Entwicklungsverzögerungen verursachen. Die meisten Fälle sind jedoch gutartig, und Knoten werden oft zufällig bei den Fleischfressern während der Autopsie bemerkt.

Epidemiologie und öffentliche Gesundheit

Gnathostomiasis bei Menschen ist eine aufkommende Infektionskrankheit, die sich allmählich auf nicht endemische Gebiete ausbreitet. Veränderungen der Essgewohnheiten wurden als einer der Hauptgründe für die globale Ausbreitung der Infektion genannt. Obwohl sie ursprünglich in südasiatischen Regionen gefunden wurde, verzeichnet Japan derzeit die höchste Inzidenz von Gnathostomiasis. Auch in Thailand, Kambodscha, Laos, Malaysia, Myanmar, Indonesien, den Philippinen und Vietnam wurden Infektionen gemeldet. Obwohl nicht so häufig wie in diesen Ländern, wurden dennoch Fälle auch in China, Sri Lanka und Indien beobachtet (Abb. 3).

In Südamerika sind die Fälle seit dem ersten Fall im Jahr 1970 im Steigen begriffen, wobei die meisten Berichte aus Mexiko, Ecuador und Peru stammen. Überraschenderweise wurden, entgegen den üblichen Bedingungen eines niedrigen sozioökonomischen Status als einer der Faktoren für diese Infektion, Fälle in Peru auch in gehobenen Gemeinschaften gesehen. Die meisten Fälle in entwickelten Ländern wurden mit umfangreichen interkontinentalen und intrakontinentalen Reisen in Verbindung gebracht. In jüngster Zeit wurden auch importierte und autochthone Fälle aus Korea, Brasilien und Kolumbien gemeldet. Die umfangreiche Entwicklung der Fischzucht und das Geschäft mit aquatischer Flora wurden als verantwortlich für den Anstieg dieser Fälle genannt, indem die Flora mit importierter Flora infiziert wurde, die mit dem Parasiten oder seinen Larvenformen infiziert war.

Gnathostomiasis bei Tieren findet hauptsächlich bei wilden und domestizierten Katzen und Hunden statt. Die Art ist in Indien, China, Japan und Südostasien verbreitet. *Gnathostoma hispidum* ist eine andere Art, die bei wilden und domestizierten Schweinen vorkommt. Die Art ist in Europa, Asien und Australien verbreitet. *Gnathostoma doloresi,* das in Wildschweinen in Teilen von Zentral- und Osteuropa vorkommt, ist die dritte Art, die Menschen infizieren kann. *Gnathostoma nipponicum,* das in Japan und China vorkommt, verursacht auch Infektionen beim Menschen. Zwei menschliche Fälle von *Gnathostoma malaysiae*-Infektionen wurden aus Myanmar gemeldet, müssen aber noch bestätigt werden.

Die Daten über die Wildtierreservoire des Parasiten sind unzureichend. Auch die Charakterisierung aller möglichen ersten und zweiten Zwischenwirte war eine der Herausforderungen bei der Identifizierung der möglichen Reservoire dieses Parasiten. Die wichtigsten *Gnathostoma*-Arten, die Infektionen verursachen, sind in Tab. 1 aufgeführt.

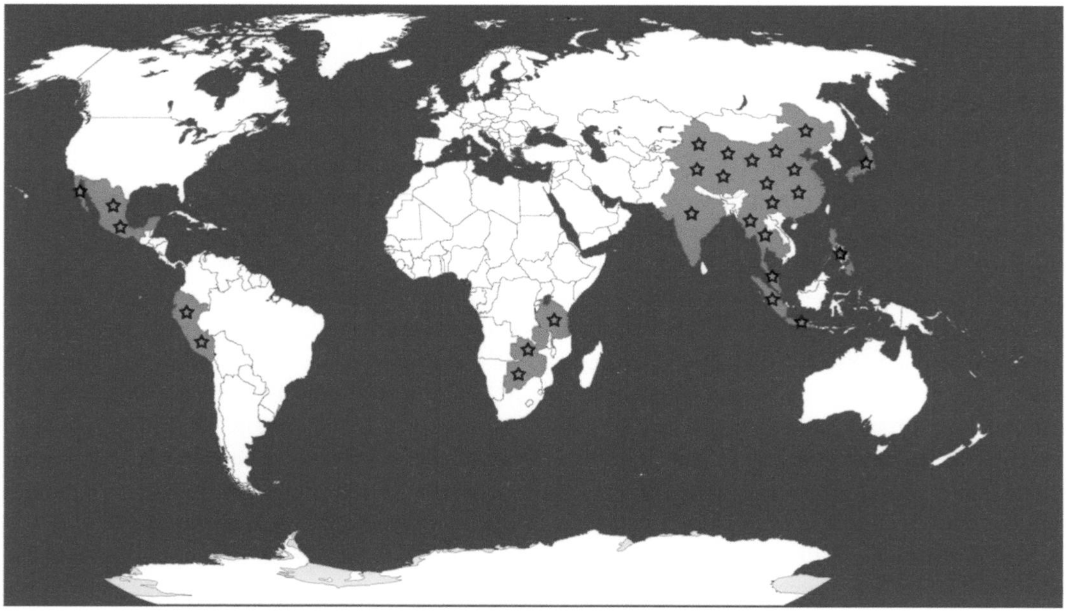

Abb. 3 Weltkarte mit den Ländern, in denen Gnathostomiasis aufgetreten ist (angezeigt durch *roten Stern*)

Tab. 1 Wichtige *Gnathostoma*-Arten von Bedeutung für Menschen und Tiere

Gnathostoma-Art	Geografisches Vorkommen	Infektionen beim Menschen	Infektionen bei Tieren
Gnathostoma spinigerum	Südostasien, Japan, Australien, USA, Mexiko	Kutane und viszerale Gnathostomiasis	Gastritis und Appetitlosigkeit bei Katzen und Hunden
Gnathostoma hispidum	Thailand, Japan, China, Korea, Mexiko	Kutane Gnathostomiasis, eosinophile Meningitis	Abdominale Knötchen führen zu Gastritis bei Schweinen und Wildschweinen
Gnathostoma doloresi	Südostasien, Australien	Kutane und viszerale Gnathostomiasis	Gastritis bei Wildschweinen
Gnathostoma malaysiae	Myanmar, Malaysia, Thailand	Kutane Gnathostomiasis (unbestätigte Fälle)	Unbekannt
Gnathostoma nipponicum	Japan, China	Kutane und viszerale Gnathostomiasis	Unbekannt
Gnathostoma binucleatum	Mexiko, Nordamerika	Kutane und viszerale Gnathostomiasis	Unbekannt

Diagnose

Mikroskopie

Die eindeutige Diagnose einer *Gnathostoma*-Infektion erfordert Isolation und Nachweis des Nematoden. Bei oberflächlichen pseudofurunkulären Hautläsionen ermöglicht die Dermatoskopie oft die direkte Visualisierung von Würmern in den wandernden Schwellungen. Würmer wurden auch aus der Inzisionsdrainage anderer Hautläsionen wie Blasen an Handflächen und Händen isoliert. Eine Biopsie der Hautläsionen nach Induktionstherapie mit Ivermectin oder Albendazol erhöht die Möglichkeit der direkten Isolation und Visualisierung der Würmer. Unter dem Lichtmikroskop bestätigt das deutliche Kopfende mit Haken und oraler Öffnung die Identifizierung von *Gnathostoma* (Abb. 4).

Die Isolation von Larven – dem infektiösen Stadium beim Menschen – aus den von ihnen verursachten Läsionen ist oft schwierig, insbesondere bei wandernden Hautläsionen. Aus diesem Grund beruht die Diagnose von Gnathostomiasis meist hauptsächlich auf den vier Kriterien klinisches Erscheinungsbild, epidemiologischer Hintergrund, Eosinophilie und unterstützende serologische Tests. Die mikroskopischen Bilder von *Gnathostoma* sind in Abb. 4 dargestellt.

Serodiagnostik

Ein positiver serologischer Test auf IgG-Antikörper, durch indirekten ELISA, unter Verwendung von entweder rohem oder gereinigtem Gnathostoma-L3-Larvenantigen hat suboptimale Sensitivität (zwischen 59 und 87 %) und Spezifität (zwischen 79 und 96 %) gezeigt, mit Kreuzreaktivität mit *Paragonimus westermani, Toxocara canis, Anisakis* sp. und *Fasciola hepatica*. Derzeit wird der Immunblottest, unter Verwendung von L3-Antigen von 24 kDa, als der Test der Wahl für die Diagnose von Gnathostomiasis betrachtet (Abb. 5). Der Test hat einen hohen Grad an Spezifität gezeigt, ohne falsch positive Reaktionen mit Seren von anderen parasitären Infektionen zu zeigen.

Molekulare Diagnostik

Molekulare Methoden sind sehr nützlich für die Erkennung und Identifizierung von *Gnathostoma* spp. Primer gegen das partielle *COX-1*-Gen und die gesamte Inter-Transkriber-Sequenz (ITS-2) Region wurden hauptsächlich verwendet. Im Vergleich zur ITS1-Region wurde die Verwendung von Sequenzen in der ITS2-Region für die Identifizierung zwischen

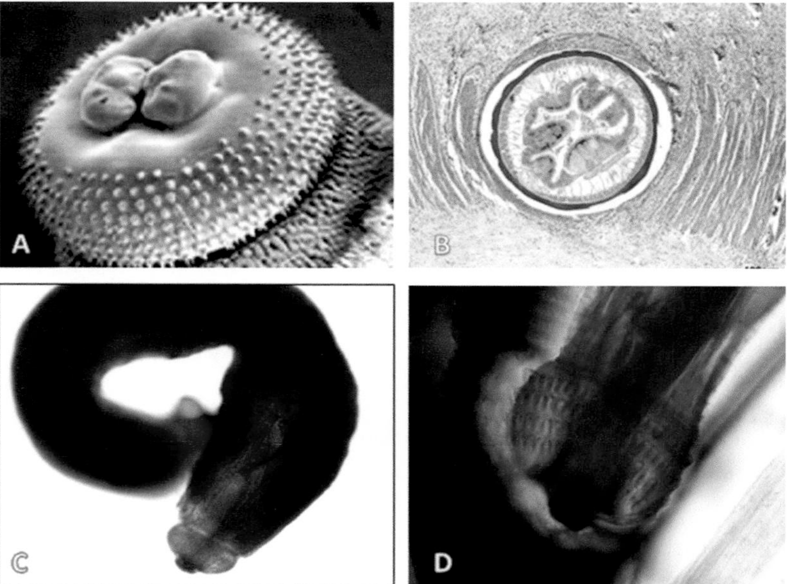

Abb. 4 Mikroskopisches Bild zeigt **a** Kopfknolle eines *G. spinigerum*-Weibchens durch Rasterelektronenmikroskop, **b** Querschnitt eines unreifen *G. spinigerum* durch H&E-Färbung, **c** unreifer männlicher *G. spinigerum*-Wurm, **d** Kopfknolle einer *G. spinigerum*-Larve durch Hämatoxylinfärbung (adaptiert von CDC, https://www.cdc.gov/dpdx/gnathostomiasis/index.html)

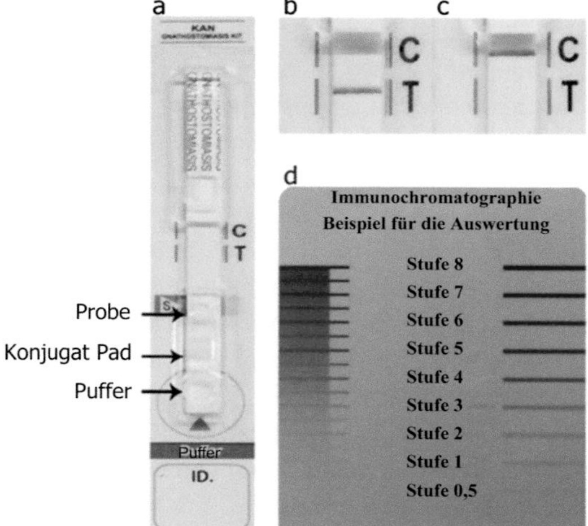

Abb. 5 Das KAN-Gnathostomiasis-Kit zeigt **a** immunchromatografischen (ICT) Assay-basierten Diagnoseteststreifen für humane Gnathostomiasis, **b** repräsentative Bilder von ICT-Streifen mit positivem Ergebnis, **c** negativem Ergebnis, **d** Leitfaden zur Interpretation

den Arten bevorzugt. Das partielle *COX-1*-Gen zeigt die intraspezifischen Variationen. Die Verwendung von molekulargenetischen Informationen führt zur genauen Identifizierung der Parasitenart. Die wichtigen diagnostischen Methoden sind in Tab. 2 zusammengefasst.

Andere Methoden

Periphere Eosinophilie und/oder erhöhte Eosinophilie im CSF, obwohl nicht spezifisch, können die vorläufige Diagnose der Erkrankung nahelegen. Während der anfänglichen Migration des Wurms ist häufig eine periphere Eosinophilie vorhanden, wobei >50 % der zirkulierenden Leukozyten als Eosinophile identifiziert werden. Eine Eosinophilie im CSF unterstützt auch stark eine ZNS-Erkrankung, verursacht durch *G. spinigerum, A. cantonensis* oder *Cysticercus cellulosae* in den Ländern Südostasiens.

Behandlung

Die Behandlung von Gnathostomiasis sieht mehrere Dosierungen von Anthelminthika vor, insbesondere die Benzimidazolderivate wie Albendazol und Ivermectin. Albendazol in Dosen von 400 mg/Tag 2-mal täglich für 21 Tage ist wirksam. Die Verbindung scheint die Auswanderung der Larve

Tab. 2 Diagnostische Methoden bei Gnathostomiasis

S. Nr.	Diagnostische Methode	Details
1.	Mikroskopie	• Ein deutliches Kopfende mit Haken und Mundöffnung kann erkannt werden
2.	Morphologische Diagnose	• Identifizierung des unreifen Adulten oder der Larve nach Extraktion oder in der Biopsieprobe
3.	In-vitro-Kultur	• RPMI-1640-Medium wird am häufigsten verwendet • Zur Förderung des Wachstums verwendete Zusätze umfassen 10 % fötales Kälberserum, 1 % Hundeserum, 0,25 % Hämolysat von Hunden, Natriumbicarbonatsalz
4.	Serologie	• Ein spezifisches 24-kDa-L3-Antigen wird derzeit als Test der Wahl akzeptiert
5.	Molekulare Diagnostik	• Identifizierung auf Artniveau • Das *COX-1*-Gen und die ITS2-Region wurden am häufigsten anvisiert

zu stimulieren und erleichtert so die chirurgische Exzision zur Entfernung der Larve. Ähnlich zeigt Ivermectin bei 0,2 mg/kg Einzeldosis oder an 2 aufeinanderfolgenden Tagen oder nach 7 Tagen ebenfalls eine ähnliche Wirksamkeit. Die Wirksamkeit von Ivermectin bei der Behandlung der sekundären Exazerbationen der kutanen Manifestationen ist jedoch noch zweifelhaft. Eine Kombination von Albendazol 400 mg, 3-mal täglich für 3 Wochen und einer Einzeldosis von Ivermectin 0,2 mg/kg wurde ebenfalls als sehr zufriedenstellend mit wenigen Episoden von Rückfällen berichtet. In jüngster Zeit haben Studien mit Mebendazol ebenfalls hohe Wurmreduktionsraten von 82,8 bis 96,4 % gezeigt. Die Beteiligung des ZNS bei Gnathostomiasis ähnelt der bei Neurozystizerkose; daher umfasst die Behandlung der Erkrankung die Verwendung von Steroiden vor der Verabreichung von Anthelminthika zur Behandlung von Ödemen und lokalen Entzündungen.

Prävention und Bekämpfung

Da eine 100 %ige Heilungsrate mit den verfügbaren anthelmintischen Behandlungsoptionen nicht erreichbar ist, hat die Prävention von Gnathostomiasis höchste Priorität. Das schnelle Einfrieren von Fisch bei −20 °C und das Marinieren von Fisch sind keine wirksamen Methoden zur Zerstörung der Larven im infizierten Fisch. Daher scheint der Verzehr von vollständig gekochten Lebensmitteln die einzige wirksame vorbeugende Maßnahme gegen die Infektion zu sein. Eine erhöhte öffentliche Aufmerksamkeit für die Vermeidung des Verzehrs von rohem ungekochtem Fisch und die Bevorzugung von gekochten Lebensmitteln ist daher unerlässlich.

Fallstudie

Ein 29-jähriger Mann stellte sich mit Schmerzen, Rötungen und Sehverminderung des rechten Auges über den letzten Monat vor. Der Patient berichtete von einer gemischten Ernährung aus Fisch und Geflügel. Die allgemeine Untersuchung ergab kein Ödem, keine Blässe oder Organvergrößerung sowie keine Vorgeschichte von wandernden Hautausschlägen. Die Spaltlampenuntersuchung zeigte eine vordere Uveitis und mehrere atrophische Irisflecken mit einem lebenden und beweglichen Wurm in der vorderen Kammer der Iris.

Die Routineuntersuchung von Urin und Stuhl ergab keine Eier/Larven/Würmer. Alle anderen Untersuchungen einschließlich Röntgenaufnahme der Brust, Gehirn-MRT und Ultraschall-B-Scan beider Augen waren normal. Die Larve wurde chirurgisch entfernt und als *G. spinigerum* identifiziert.

Fragen

1. Was ist der Infektionsweg?
2. Welche anderen zoonotischen Augenparasiten gibt es?

Forschungsfragen

1. Was könnten die anderen wilden Reservoire für Gnathostomiasis sein, abgesehen von dem bekannten?
2. Welche Proteine sind die hochspezifischen Antigene für die Immundiagnostik?
3. Was ist die wirksame Behandlungskur für Gnathostomiasis?

Weiterführende Literatur

Ananda Rao V, Pravin T, Parija SC. Intracameral gnathostomiasis: a first case report from Pondicherry. J Commun Dis. 1999;31:197–8.

Benjathummarak S, Kumsiri R, Nuamtanong S, Kalambaheti T, Waikagul J, Viseshakul N, Maneerat Y. Third-stage *Gnathostoma spinigerum* larva excretory secretory antigens modulate function of Fc gamma receptor I-mediated monocytes in peripheral blood mononuclear cell culture. Trop Med Health. 2016;44(1):5.

Bravo F, Gontijo B. Gnathostomiasis: an emerging infectious disease relevant to all dermatologists. An Bras Dermatol. 2018;93(2):172–80.

Herman JS, Chiodini PL. Gnathostomiasis, another emerging imported disease. Clin Microbiol Rev. 2009;22(3):484–92.

Janwan P, Intapan PM, Yamasaki H, Rodpai R, Laummaunwai P, Thanchomnang T, Sanpool O, Kobayashi K, Takayama K, Kobayashi Y, Maleewong W. Development and usefulness of an immunochromatographic device to detect antibodies for rapid diagnosis of human gnathostomiasis. Parasit Vectors. 2016;9(1):1–4.

Liu GH, Shao R, Cai XQ, Li WW, Zhu XQ. *Gnathostoma spinigerum* mitochondrial genome sequence: a novel gene arrangement and its phylogenetic position within the class Chromadorea. Sci Rep. 2015;5(1):1.

Nuamtanong S, Reamtong O, Phuphisut O, Chotsiri P, Malaithong P, Dekumyoy P, Adisakwattana P. Transcriptome and excretory–secretory proteome of infective-stage larvae of the nematode *Gnathostoma spinigerum* reveal potential immunodiagnostic targets for development. Parasite. 2019;26:34.

Saksirisampant W, Choomchuay N, Kraivichian K, Thanomsub BW. Larva migration and eosinophilia in mice experimentally infected with *Gnathostoma spinigerum*. Iran J Parasitol. 2012;7(3):73.

Dirofilariose

Sourav Maiti

> **Lernziele**
>
> 1. Zu bestätigen, dass bei einer zoonotischen Filarieninfektion die Würmer beim Menschen keine larvalen Mikrofilarienformen produzieren.
> 2. Die Pathologie der Dirofilariose in den infizierten Lungen beim Menschen zu verstehen.

Einführung

Dirofilariose ist eine arbohelminthische Krankheit von zoonotischer Bedeutung, verursacht durch *Dirofilaria* spp. *Dirofilaria immitis* und *Dirofilaria repens* sind die bekanntesten Arten, mit einer vielfältigen Auswirkung auf die menschliche Gesundheit und die Tiergesundheit. Während *D. immitis* für die Herzwurmerkrankung bei Hunden und die pulmonale Dirofilariose beim Menschen in weiten geografischen Regionen verantwortlich ist, verursacht *D. repens* typischerweise subkutane Dirofilariose bei beiden. *Dirofilaria* sp. ist auch ein potenzielles Gesundheitsrisiko für Reisende.

S. Maiti (✉)
Department of Clinical Microbiology and Infection Control, Institute of Neurosciences, Kolkata, Indien

Geschichte

Amato Lusitano war wahrscheinlich der Erste, der 1566 ein Mädchen mit Würmern in den Augen beschrieb, möglicherweise *D. repens*. Der erste Fall von menschlicher Dirofilariose wurde jedoch 1887 von De Magelhaes bei der Obduktion der linken Herzkammer eines brasilianischen Jungen dokumentiert. Anschließend kamen mehrere Berichte aus Europa über menschliche Augen- und subkutane Infektionen. Herzwürmer bei Hunden wurden erstmals 1856 an der Südostküste der USA entdeckt. Ercolani wies darauf hin, dass bei mikrofilaremischen Hunden Würmer neben dem Herzen auch in subkutanem Gewebe gefunden werden können. Grassi zeigte 1900 die experimentelle Übertragung von Parasiten auf Mücken. In den nächsten 10 Jahren beschrieb Demiaszkiewicz (2014) erstmals den Nematoden und nannte ihn *Dirofilaria repens*. Jahre später wurde die Larvenentwicklung in Vektormücken veröffentlicht. 1921 wurde die Infektion bei Katzen erkannt. Erst 1952 wurde die menschliche Infektion durch *D. immitis* in den USA dokumentiert. *Wolbachia* sp., eine endosymbiontische Bakterie, die in Filarienwürmern lebt, wurde erstmals in den 1970er-Jahren als bakterienähnliche Körper in *D. immitis* durch Elektronenmikroskopie entdeckt. Später wurde 1995 die auf 16S-rDNA basierende Phylogenie von *Wolbachia* sp. während laufender Studien zu *D. immitis* in Italien veröffentlicht.

S. C. Parija und A. Chaudhury (Hrsg.), *Lehrbuch der parasitären Zoonosen*,
https://doi.org/10.1007/978-981-97-4312-4_52

Taxonomie

Die Gattung *Dirofilaria* gehört zur Unterfamilie Dirofilariinae, Familie Onchocercidae, Überfamilie Filarioidea, Unterordnung Spirurina, Ordnung Rhabditida, Klasse Chromadorea und Stamm Nematoda.

Die Gattung *Dirofilaria* ist in 2 Untergattungen unterteilt: *Dirofilaria* (einschließlich *D. immitis*) und *Nochtiella* (mehr als 20 Arten einschließlich *D. repens, Dirofilaria striata, Dirofilaria subdermata, Dirofilaria sudanensis, Dirofilaria tawila, Dirofilaria tenuis* und *Dirofilaria ursi*).

Die phylogenetische Analyse des Cytochrom-c-Oxidase-1-Gens wird zur Identifizierung von *Dirofilaria* sp. verwendet. Studien zeigten eine geringe genetische Variabilität unter *D. immitis*-Isolaten aus mehreren Ländern im Vergleich zu *D. repens,* das eine hohe Intraspeziesvariabilität aufweist. Vor Kurzem wurde ein *D. repens*-ähnlicher Fadenwurm als *Candidatus Dirofilaria hongkongensis* aufgrund von ITS1-Sequenzunterschieden beschrieben. Yilmaz E. et al. untersuchten vollständige mitochondriale Genome von *D. repens* und diesem vorgeschlagenen neuen Mitglied und fanden, dass ihre Sequenzen als gemeinsame Schwestergruppe zu *D. immitis* gruppiert waren. Ihre Studie stärkt die Hypothese, dass *C. D. hongkongensis* eine eigenständige Art sein könnte. In dieser Studie wurden auch Mikrofilarien aus Thailand beschrieben, die eine weitere kryptische Art *Candidatus Dirofilaria* sp. „Thailand II" oder eine divergente Population von *C. D. hongkongensis* sein könnten.

Genomik und Proteomik

Die Illumina-Hochdurchsatztechnologie hat das *D. immitis*-Genom mit einer Größe von 78,16 Mb und einem GC-Gehalt von 28,3 % abgegrenzt. Interessanterweise zeigte die Sequenzanalyse von *D. immitis,* das aus verschiedenen Ländern isoliert wurde, sehr geringe (0,04 %) genetische Variation. Es beherbergt weder DNA-Transposons noch aktive Retrotransposons. Die differentielle Präsenz von Homöo- und Nukleotidsynthesewegen weist möglicherweise auf den metabolischen Mutualismus zwischen *D. immitis* und dem Endosymbionten *Wolbachia* sp. hin. Sehr kürzlich wurde das Genom von *D. repens* analysiert, das eine um 17 % größere Größe (99,59 MB) mit weniger überlappenden Konsensusregionen von DNA oder Contigs (916 gegenüber 11.654) und 0,7 % niedrigerem GC-Gehalt aufweist. Weniger Proteine konnten im Vergleich zu *D. immitis* (11.262 gegenüber 12.344) vorhergesagt werden, da die Protein codierende Sequenz kürzer war (15,5 gegenüber 18 %). Das *D. repens*-Genom enthält eine größere Anzahl von Exons pro Gen (7 gegenüber 5) als *D. immitis,* wobei die Exons etwas kürzer sind (136 gegenüber 142 bp). Dieser Unterschied könnte bedeutsam sein, um ihre biologische Differenz zu erklären. Von den identifizierten Proteinen waren 1,8 % unähnlich zu *D. immitis,* aber einige von ihnen waren biologisch ähnlich zu *Loa loa*.

Die genomische Ähnlichkeit von *D. repens* zu *Loa loa* spiegelte sich auch in proteomischen Studien wider. Die signifikante Anreicherung von *D. repens*-Proteinen steht im starken Kontrast zu denen von *D. immitis*. *Dirofilaria immitis*-Proteine werden gruppiert mit dem vollständigen Nematodenproteom und enthalten 3199 Proteine (31 % des gesamten Proteoms), die einzigartig für *D. immitis* sind, ein Anteil ähnlich zu *B. malayi* (27 %). Interessanterweise werden 850 Proteine einzigartig von beiden geteilt. Das Myosin-ähnliche Antigen OVT1 in *O. volvulus* hat 2 Homologe in *D. immitis,* insbesondere in Larven der 3. und 4. Stufe. Massenspektrometriedaten gruppieren die Proteinbestandteile in 4 Hauptkategorien. Von diesen enthalten 2 Gruppen Enzyme für die anaerobe Glykolyse und für die Redoxreaktionen und Entgiftung. Eine weitere Gruppe besteht aus Aktin-1, Aktin-2 und anderen Molekülen, die an der Beweglichkeit beteiligt sind. Hitzeschockproteine (HSP70, p27 usw.) gehören zur 4. Kategorie. Insgesamt sind ein signifikanter Anteil der *D. immitis*-Proteine kollagenaseempfindliche saure Polypeptide, die von 82 bis >200 kDa reichen. Ein 35-kDa-Polypeptid wurde als immundominantes Oberflächenantigen in Larven der 3. Stufe (L3) identifiziert. Obwohl im Extrakt reichlich glykosylierte Moleküle gefunden werden, sind diese nicht auf der Oberfläche des intakten Wurms freigelegt.

Die Parasitenmorphologie

Adulter Wurm

Der adulte Wurm ist lang, dünn, zylindrisch und weißlich in der Farbe.

Dirofilaria immitis: Adulte weibliche Würmer messen 230–310 mm in der Länge und 1,0–1,3 mm in der Dicke. Die terminale orale Öffnung hat keine Lippen, ist aber von 6 kleinen medianen Papillen und 2 lateralen Papillen umgeben. Eine anale Öffnung befindet sich subterminal am stumpfen Schwanzende. Die Vulva öffnet sich hinter der Ösophago-Intestinalverbindung. Diese sind ovovivipar. Adulte Männchen sind kleiner und dünner, messen 120–200 mm in der Länge und 0,7–0,9 mm in der Dicke. Ein spiralförmig gewundenes Schwanzende, das 2 laterale Alae beherbergt, kennzeichnet das adulte männliche *D. immitis*. Die Kloakenöffnung befindet sich nahe dem Schwanzende (0,13 mm proximal). Drei Gruppen von Papillen befinden sich auf der ventralen Seite um sie herum. Die Kutikula ist glatt mit einer gestreiften ventralen Oberfläche der letzten Windung des Schwanzendes (Abb. 1).

Dirofilaria repens: Adulte *D. repens* sind kleiner und stämmiger als *D. immitis*. Die Ku-

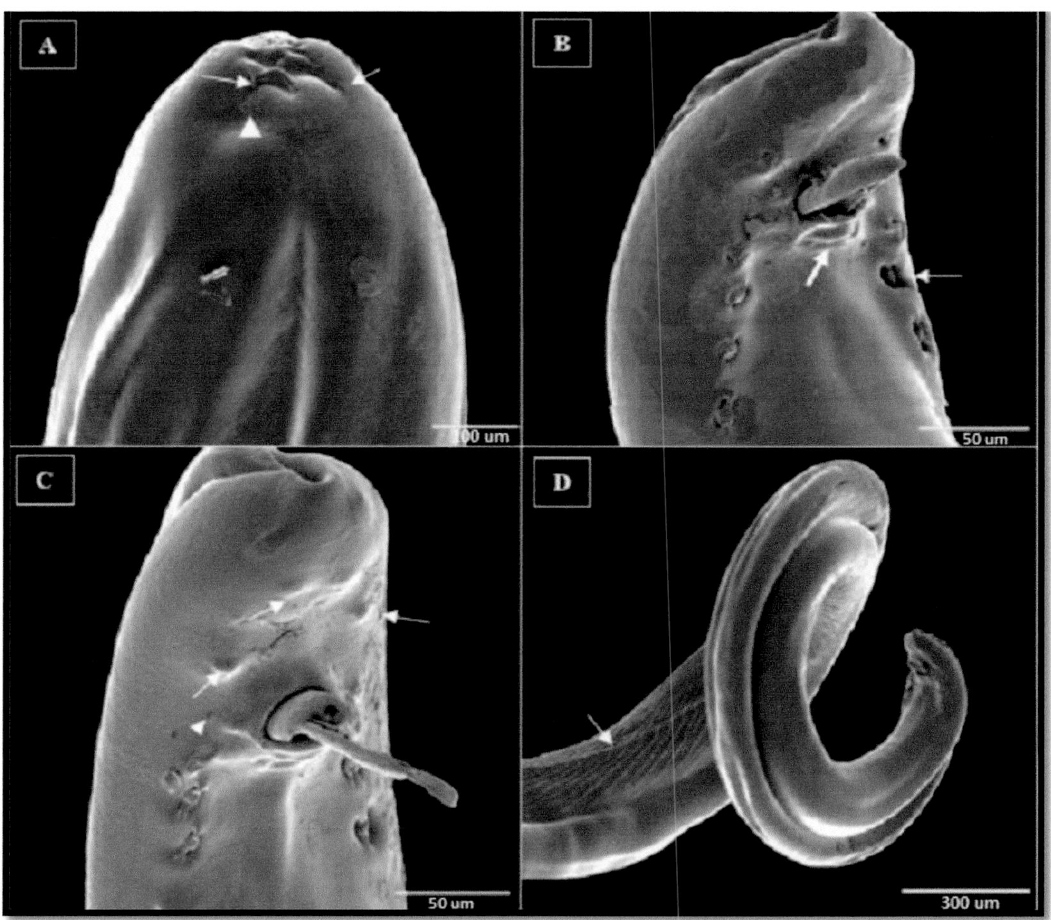

Abb. 1 Rasterelektronenmikrografien des männlichen *D. immitis* zeigen **a** das Kopfende mit Details der oralen Öffnung, **b**, **c** und **d** den hinteren Teil in ventraler Ansicht mit Papillen, Anus, Kloakenhügeln, Spicula und Längsstreifen. Bild mit Genehmigung von AR Meamar reproduziert. Zitat: Iranian Journal of Parasitology. 2020;15(1):57–66

tikula enthält die charakteristischen Streifen. Adulte Weibchen messen 100–170 mm in der Länge und 4,6–6,3 mm in der Dicke. Weibchen sind ovo-vivipar. Die Vulvaöffnung ist von leicht hervorstehenden Labien umgeben und befindet sich 1,84–1,92 mm vom Kopfende entfernt. Die Schwanzspitze ist stumpf und krümmt sich leicht zur ventralen Seite. Adulte Männchen sind 50–70 mm lang und 3,7–4,5 mm dick. Das ventral gekrümmte Schwanzende trägt 2 laterale Alae und längliche gestielte Papillen.

Mikrofilarien

Dirofilaria-Mikrofilarien sind anders als andere Mikrofilarien – einschließlich *Acanthocheilonema dracunculoides* und *Cercopithifilaria grassii*, die bei infizierten Hunden und Katzen gefunden werden (Abb. 2) – ohne Hülle. Die Mikrofilarien von *D. immitis* sind etwas kürzer und dünner als die von *D. repens*. Die Mikrofilarien von *D. immitis* messen 290–330 µm in der Länge und 5–7 µm in der Breite, während die zu *D. repens* gehörenden 300–360 µm lang und 6–8 µm dick sind. Diese können durch Betrachtung des Kopfendes unterschieden werden, das im Ersteren spitz und im Letzteren stumpf ist. Außerdem hat das Erstere einen spitzen geraden Schwanz im Vergleich zu einem fadenförmigen/Regenschirmgriff-ähnlichen Schwanz bei *D. repens*. Manchmal können nicht umhüllte Mikrofilarien von *Acanthocheilonema reconditum* mit diesen verwechselt werden, aber die hakenförmige Kopfstruktur unterscheidet sie. Histochemische Färbung zeigt 2

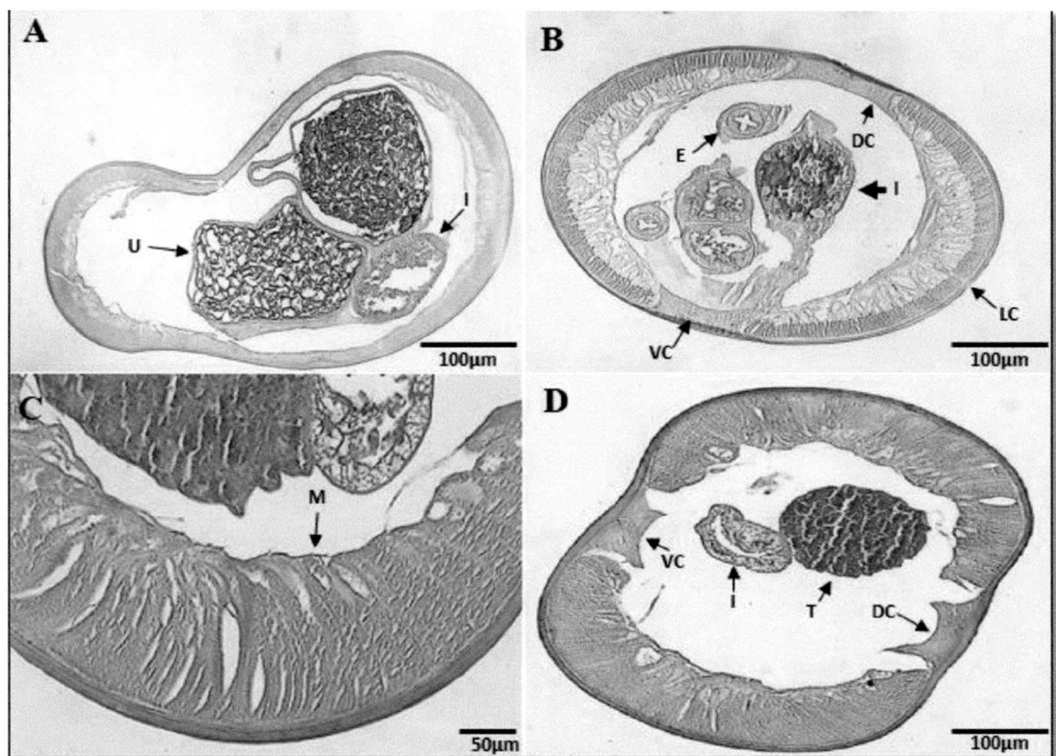

Abb. 2 Adulte *D. immitis*-Querschnittsanatomie (**a**–**d**, **H** & **E**): **a** Weibchen, **b** Männchen. *DC* dorsaler Strang, *E* Ösophagus, *I* Darm, *LC* lateraler Strang, *M* Muskelschicht am Schwanzende, *T* Hoden, *VC* ventraler Strang, *U* Uterus. Bild mit Genehmigung von AR Meamar reproduziert. Zitat: Iranian Journal of Parasitology. 2020;15(1):57–66

Säurephosphataseaktivitätsflecken in *D. immitis*-Mikrofilarien, die den analen und exkretorischen Poren entsprechen. Nur ein solcher Fleck ist in *D. repens*-Mikrofilarien (anale Pore) sichtbar, während *Acanthocheilonema* sp. Flecken über den gesamten Mikrofilarienkörper zeigt. Mikrofilarien von *D. striata* messen 299 µm × 5–6,5 µm und zeichnen sich durch 2 prominente Kerne aus, die vom Hauptkörper der Kernsäule innerhalb des Kopfraums getrennt sind. Mikrofilarien von *D. tenuis* sind am längsten; sie messen 361–379 µm in der Länge mit einer Dicke von 7 µm.

Zucht von Parasiten

Die In-vitro-Zucht von Fadenwürmern ist aufgrund schlechter Überlebensrate und Entwicklungsstillstand schwierig. Es wurden Versuche unternommen, adulte Würmer von *D. immitis* in verschiedenen Medien zu halten, um Mikrofilarien auszustoßen. Sawyer und Weinstein (1963) beschrieben erstmals die erfolgreiche Entwicklung von Mikrofilarien von *D. immitis* zur wurstförmigen späten Larve der 1. Stufe nach Inokulation von Wirtserythrozyten in einem serumergänzten chemisch definierten Medium NCTC 109. Insektenmedien MM/MK und MM/VP_{12} verbesserten das Überleben auf bis zu 7 Tage ohne Entwicklung.

Versuchstiere

Frettchen (*Mustela putorius*) wurden als Wirtstiere für die Herzwurmforschung verwendet. Bei einer erfolgreichen Infektion befinden sich die adulten Würmer hauptsächlich in den Herzkammern und den zugehörigen Venen und Lungenarterien. Das Vena-cava-Syndrom tritt häufig auf. Die Krankheitsmanifestation ähnelt der bei Hunden, aber mit schnellerem Fortschreiten. Die geringe parasitäre Belastung kann zum Tod durch Lungenembolie führen. BALB/c-Mäuse wurden als Tiermodelle für immunologische Studien mit *D. immitis* verwendet.

Lebenszyklus von *Dirofilaria* spp.

Wirte

Endwirte

Eine Vielzahl von Säugetieren, einschließlich Fleischfresser, Primaten und Hunde, sind Endwirte. Menschen sind die Zufallswirte (Abb. 3).

Zwischenwirte/Vektoren

Aedes, *Anopheles, Culex, Culiseta* und *Mansonia* sp. sind die Arthropoden-Mückenvektoren. Die wichtigsten Zwischenwirte sind jene Arten, die nicht über die bukkopharyngeale Bewaffnung verfügen, die die Mikrofilarialhülle beschädigt.

Infektiöses Stadium

Larven im 3. Stadium (L3) sind das infektiöse Stadium.

Übertragung von Infektionen

Ein typischer sylvatischer Lebenszyklus, der fleischfressende Säugetiere einbezieht, ist üblich. Alle Arten sind auf einen Arthropodenvektor (Mücke) angewiesen, um während einer Blutmahlzeit von Säugetieren durch infektiöse Larven im 3. Stadium (L3) infiziert zu werden. Diese L3-Larven dringen eigenständig in das Weichgewebe der Haut ein. Einige erreichen auch die Muskelhüllen. Dies sind die Orte für Häutung und Reifung, was etwa 4 Monate dauert. Danach beginnt die Wanderung zum Herzen. Studien legen nahe, dass sie in 6 Monaten zu sexuell kompetenten Adulten heranreifen und sich in den Lungenarterien paaren. Nach der Paarung wird das Weibchen trächtig und beginnt, Mikrofilarien in den Blutkreislauf freizusetzen. Die Mücke nimmt die Blutmahlzeit auf und wird infiziert. Bis zu mehrere Tausend Mikrofilarien (Larven im 1. Stadium oder L1) werden täglich ausgeschieden. Ein infizierter Hund kann mehrere Hundert Mikrofilarien pro Milliliter Blut zirkulieren lassen. Verschluckte L1-Larven erreichen die malpighischen Gefäße und durchlaufen 2 nachfolgende

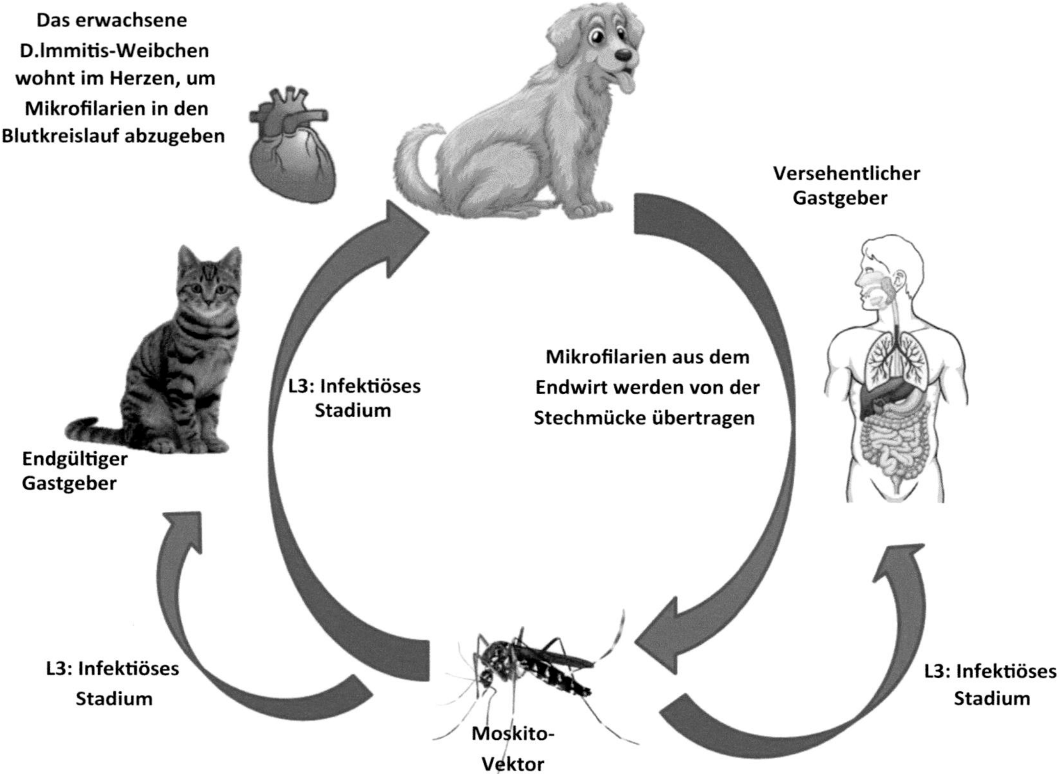

Abb. 3 Der Lebenszyklus von *D. immitis*

temperaturabhängige Häutungen, um sich zu Larven im 3. Stadium (L3) zu entwickeln. L3-Larven wandern in das Labialscheidenlumen im Vektormundteil, um den Zyklus erneut zu starten.

Menschen fungieren als Zufallswirt. Die Larven treten ihre Reise an, scheitern jedoch daran, zu reifen. Ihr vorzeitiger Tod führt zur Bildung von Granulomen in verschiedenen inneren Organen und im Unterhautgewebe.

Pathogenese und Pathologie

Läsionen bei Tieren treten überwiegend in den Lungengefäßen und der Lunge durch *D. immitis* auf. Sie verursachen eine parasitenlastabhängige pulmonale Hypertonie, die letztendlich zu einer kongestiven Herzinsuffizienz führt. Im Allgemeinen sammelt die größere rechte kaudale Lungenarterie mehr Würmer als die linke. Die frühesten Läsionen sind durch eine Störung/Verlagerung der Endothelzellverbindungen und eine Entblößung der Intimaoberfläche gekennzeichnet. Eine Verdickung der Intima verengt das Gefäßlumen und verursacht eine pulmonale Hypertonie. Der Zustand ist mit physischem Trauma sowie metabolischer und immunvermittelter Zytotoxizität durch den Parasiten verbunden. Im Querschnitt haben diese Ränder ein villöses Aussehen, das als pathognomonisch gilt. Der Blutfluss in der Lunge wird hauptsächlich durch eine Reduzierung des Querschnitts des arteriellen Gefäßbetts aufgrund einer obliterativen Endarteritis kleiner peripherer Äste behindert. Schließlich wird mit einer Zunahme der Infektion der pulmonale Gefäßwiderstand fixiert, und eine kongestive Herzinsuffizienz manifestiert sich. Mikrofilarien spielen eine geringe pathogene Rolle bei der Ausbildung von Pneumonie und Glomerulonephritis.

Pathologisch ist das Vorhandensein eines Knotens charakteristisch. Der Knoten repräsentiert einen in den defensiven Immunreaktionen gefangenen präadulten Wurm, der letztendlich zum Tod und zur Zersetzung des Parasiten führt. Histopathologisch sind 4 Arten von Mustern zu sehen: (a) Abszesstyp, der die Mehrheit ausmacht, gekennzeichnet durch nekrotisches Material, das Neutrophile und Eosinophile enthält und den Nematoden umgibt; (b) zentrale Zone, die Nematoden enthält, umgeben von Epitheloidzellen, Histiozyten und Fremdkörperriesenzellen; (c) zersetzter Nematode, umgeben von gelegentlichen Entzündungszellen im Inneren von fibrösem Gewebe, meist in der Lunge gesehen; (d) gemischtes Muster, bei dem der Nematode von nekrotischer Leukozyteninfiltration mit abgrenzenden fibroblastischen Elementen umgeben ist, gesehen in Brust, Nebenhoden, Samenstrang und Mesenterium.

Wolbachia spp. spielt eine Schlüsselrolle in der Pathogenese der Dirofilariose. *Wolbachia* ist das endosymbiontische Alpha-2-Proteobakterium, das zur Ordnung der *Rickettsiales* gehört und in Fadenwürmern, Hexapoden, Krebstieren usw. vorkommt. Studien legen nahe, dass sie eine Rolle bei der Häutung und Embryogenese von Filarien spielen. Sie sind auch in den hypodermalen Strängen von Adulten beider Geschlechter und den weiblichen Geschlechtsorganen zu finden, was auf ihre Rolle beim langfristigen Überleben von adulten Würmern hindeutet. Experimentelle Daten legen nahe, dass *Wolbachia* die Hämgruppe für Filarien bereitstellt, die für Cytochrom P450 essenziell ist. Tetracyclin-Antibiotika können die intrauterine Entwicklung von *D. immitis*-Mikrofilarien durch Erschöpfung von *Wolbachia* blockieren. *Wolbachia*-Oberflächenproteine nehmen an der Immunpathogenese der Dirofilariose teil.

Immunologie

Die Wirt-Parasit-Beziehung bei der Dirofilariose ist immunologisch komplex aufgrund (a) der breiten Palette an beteiligten Wirten, (b) der Präsenz von endosymbiontischen *Wolbachia* sp., die zusätzliche Antigensätze beitragen, und (c) Immunfluchtmechanismen.

Die zellvermittelte Immunität spielt eine geringe Rolle, da sie durch *D. immitis*-Proteine mit Entgiftungs- und antioxidativen Eigenschaften abgeschwächt wird.

Verschiedene Antikörper der Klasse IgM, IgG und IgE wurden gegen jede Entwicklungsstufe beobachtet, wobei die höchsten Werte der Mikrofilaremie entsprechen. Während die durch Antikörper vermittelte Komplementaktivierung und die von Antikörpern abhängige zelluläre Zytotoxizität eine Abwehr gegen Mikrofilarien bieten, sind sie gegen adulte Würmer unwirksam. Tote Mikrofilarien und adulte Würmer setzen bei der Zersetzung *Wolbachia* spp. in den Blutkreislauf frei. Das Oberflächenprotein von *Wolbachia* (WSP) ist ein starkes Immunogen und wurde mit der Granulombildung in Verbindung gebracht. Polyklonale Antikörper gegen WSP wurden in mehreren Geweben und Immunzellen von herzwurminfizierten Hunden nachgewiesen. Im Vergleich zu Hunden wird bei Katzen und möglicherweise beim Menschen eine stärkere Immunantwort beobachtet, was sie zu relativ ungünstigen Wirten macht.

Verschiedene Untergruppen von Antikörpern wurden bei Fällen von menschlicher pulmonaler Dirofilariose festgestellt, wobei IgE-, IgM- und IgG-Antikörper gegen die exkretorisch-sekretorischen (ES-) Antigene gebildet wurden. Antikörper vom Typ IgG gegen WSP sind signifikant mit pulmonaler Dirofilariose assoziiert, jedoch nicht mit *D. repens*-assoziierter subkutaner Dirofilariose.

Der pulmonale Knoten bei Fällen von menschlicher Dirofilariose ist durch eine IgG1-basierte proinflammatorische Reaktion auf WSP im Vergleich zur IgE-basierten Th2-Reaktion gegen die parasitären Proteine (Aldolase und Galectin) bei Personen ohne pulmonale Beteiligung gekennzeichnet. Experimentelle Daten legen nahe, dass WSP zur Ausdehnung der Entzündung beiträgt, indem es die Chemotaxis von Neutrophilen fördert und die Apoptose hemmt. Außerdem interagieren *Wolbachia* spp. möglicherweise mit Makrophagen über Lipopolysaccharidrezeptoren.

Wichtige Immunfluchtmechanismen, die von *Dirofilaria* spp. eingesetzt werden, umfassen (a) einen kurzfristigen Mechanismus bei L3-Larven durch die Freisetzung großer Mengen von 6-kDa- und 35-kDa-Oberflächenantigenen und (b) einen langfristigen Mechanismus durch präadulte und adulte Würmer durch das Maskieren ihrer Körperoberfläche mit Glykolipiden und Hitzeschockproteinen. ES-Antigene stimulieren auch Prostaglandin E2 und Plasminaktivierung und verzögern die Transmigration von Monozyten.

Infektion beim Menschen

Menschen werden als Zufalls- und Fehlwirte bei der Dirofilariose betrachtet, obwohl reife weibliche *D. repens* mit Mikrofilarien in der Literatur beschrieben wurden. Pulmonale Knoten sind häufig bei *D. immitis*-Infektionen zu sehen. Diese werden häufig aufgrund ihrer typisch asymptomatischen Natur und zufälligen radiologischen Entdeckung als Malignität fehldiagnostiziert. Ein einzelner peripher gelegener pulmonaler Knoten mit einem Durchmesser von 1–3 cm ist häufig zu sehen; sogar 5 Knoten wurden bei einer einzigen Person beschrieben, die Metastasen, Histoplasmose und wegenersche Granulomatose nachahmen. Die rechte Lunge und subpleurale Regionen sind häufige Standorte. Unspezifische Symptome wie Brustschmerzen, Husten und Hämoptysen sind üblicherweise zu sehen. Selten kann ein Pleuraerguss auftreten.

Fälle von subkutaner Dirofilariose, einschließlich okularer/periorbitaler Fälle, wurden ausführlich berichtet. Diese präsentieren sich als insidiös wachsende subkutane feste Knoten. Meist sind weibliche Individuen über 40 Jahre betroffen, mit Ausnahme von Sri Lanka, wo auch Kinder die Krankheit erwerben. Meistens befindet sich der Knoten im subkutanen Gewebe, der tiefen Dermis oder der Submukosa und selten in Muskel, Lymphknoten oder tiefen Viszera. Die obere Körperhälfte (einschließlich periorbital) und die oberen Gliedmaßen sind häufiger betroffen.

Dirofilaria repens war der häufigste Erreger in diesem Szenario, zusammen mit *D. tenuis, D. ursi, D. subdermata, D. striata* und *D. immitis*, die eine Minderheit der Fälle verursachen. Ein Parasitenknoten ist immer vorhanden, außer bei Lokalisierung in der Subkonjunktiva, wo er migratorisch sein könnte und nicht durch die Reaktion des Wirts eingefangen wird. Daten legen nahe, dass die Geschwindigkeit der Migration im subkutanen Gewebe 30 cm in 2 Tagen betragen könnte, was durch heiße Kompressen und Ultraschalltherapie weiter erleichtert wird. Dies könnte sich sehr gut als Fälle von Wahnparasitose darstellen. Orbita, Augenlid, Subkonjunktiva und intravitreales Gewebe sind häufig betroffen und verursachen leichte Sehtrübung und Flusen bis hin zu schweren Komplikationen wie Katarakt und Netzhautablösung. Von subkutanem *D. immitis* wurde berichtet, dass es Leber, Mesenterium, Konjunktiva, Augenkammern und sogar testikuläre Arterien betrifft. Die männlichen äußeren Genitalien zusammen mit dem Samenstrang und die weibliche Brust wurden von *D. repens* betroffen. Selten wurde *D. repens* aus der Lunge isoliert.

Infektion bei Tieren

Kanide kardiopulmonale Dirofilariose ist eine potenziell tödliche Krankheit bei Hunden, die durch adulte *D. immitis* verursacht wird. Die Krankheit hat einen chronischen Verlauf, der von den Lungenarterien zum Lungenparenchym und zur rechten Seite des Herzens führt. Würmer verursachen eine proliferative Endarteritis der Lungenarterien. Tunica intimal Hypertrophie in Verbindung mit mechanischem Trauma führt zu einer perivaskulären Ausschwemmung von Plasmaproteinen und Blutzellen in das Lungenparenchym. Die Schwere ist proportional zur Dauer der Infektion, zur Parasitenlast und zur Immunantwort des Wirts. Betroffene Arterienwände werden rau und samtig und reißen, was zu Hämoptysen und schweren Lungenblutungen führt. Thromboembolien entwickeln sich nach dem Tod und der Zersetzung des Wurms, was zu schweren Entzündungen führt. Entzündungen zusammen mit einer Verengung der Arterien führen zu pulmonaler Hypertonie, die eine zirkulatorische Überlastung und eine Dysfunktion der Trikuspidalklappe verursacht. All dies führt zu kongestiver Herzinsuffizienz.

Es wird eine immunvermittelte Glomerulonephritis beobachtet. Das Vorhandensein von IgG-Antikörpern gegen *Wolbachia* im Urin entspricht Mikrofilarien in den Nierenkapillaren. Herzwurmassoziierte Atemwegserkrankung mit primärer Beteiligung der Lunge ist das charakteristische klinische Erscheinungsbild bei infizierten Tieren. Subkutane/okulare Dirofilariose wird am häufigsten bei Hunden gesehen und wird durch *D. repens* und sehr selten durch *D. immitis* verursacht.

Epidemiologie und öffentliche Gesundheit

Menschliche Dirofilariose wurde sporadisch aus verschiedenen Ländern gemeldet. Im Vergleich zu *D. repens*, das ausschließlich in der Alten Welt vorkommt, hat *D. immitis* eine breitere globale Verbreitung (Tab. 1, Abb. 4). Fälle wurden sporadisch aus Costa Rica, Argentinien, Venezuela und Kolumbien gemeldet. Subkutane/okulare Dirofilariose aufgrund seltener Arten wie *D. tenuis* und *D. ursi*-ähnlichen Arten wurde aus Nordamerika gemeldet. Im letzten Jahrzehnt wurde ein stärkerer Anstieg der Fälle von subkutaner/okularer Dirofilariose auf die Ausbreitung von Südeuropa in die zentralen und nördlichen Teile zurückgeführt. Fälle von menschlicher Dirofilariose in Indien wurden aus den Küstenregionen Karnataka, Kerala und Maharashtra gemeldet. Einige Fälle von *D. tenuis* wurden auch aus Indien gemeldet.

Sowohl *D. immitis* als auch *D. repens* sind endemisch weitverbreitet in europäischen Ländern. Nördliche und zentraleuropäische Länder einschließlich Frankreich berichteten über eine höhere Prävalenz von *D. repens*. Die relative Vorherrschaft von *D. repens* über *D. immitis* wurde auch aus dem Iran und Sri Lanka berichtet. Südeuropäische Länder und Italien sind hochendemisch für *D. immitis*. Zentralasien hat eine hohe Prävalenz von *D. immitis*. Erhöhte Prävalenzraten wurden aus Malaysia, Südkorea, Taiwan und Australien berichtet. *Dirofilaria immitis*-Infektionen bei Hunden sind gut dokumentiert in den nordöstlichen Bundesstaaten von Indien. Sowohl *D. immitis*- als auch *D. repens*-Infektionen wurden aus Indien berichtet. Fälle von feliner Dirofilariose entsprechen dem höchsten Endemieniveau bei Hunden und wurden aus Kanada, Brasilien, Venezuela, Norditalien, Japan und Australien berichtet. Basierend auf epidemiologischen Studien wurden Fokusregionen für Kojoten, Rotwölfe und Füchse in Texas, Kalifornien, Sierra Nevada und San Francisco identifiziert, wobei *D. immitis* die am häufigsten vorkommende Art ist.

Culicidae-Mücken sind effiziente Vektoren aufgrund ihrer Anpassungsfähigkeit, die sich von den Küstengebieten bis zu den Gebirgszügen erstreckt. Mehrere Arten von *Aedes,*

Tab. 1 Verbreitung einiger *Dirofilaria*-Arten von Bedeutung für den Menschen

Art	Hauptverbreitungsgebiet	Anerkannte Vektoren	Üblicher Endwirt
Dirofilaria immitis	Gemäßigte und tropische Gebiete	Mücke *(Aedes, Anopheles, Culex, Culiseta)*	Hunde, Fleischfresser, Katzen
Dirofilaria repens	Alte Welt	Mücke *(Aedes, Anopheles, Culex, Mansonia)*	Hunde, Fleischfresser, Katzen
Dirofilaria tenuis	Nordamerika	Mücke (*Aedes taeniorhynchus, Anopheles quadrimaculatus, Psorophora* sp.)	Waschbären
Dirofilaria striata	USA (Florida)	Mücke *(Aedes taeniorhynchus, Anopheles quadrimaculatus, Culex quinquefasciatus)*	Panther, Luchse
Dirofilaria ursi	Nordamerika	Kriebelmücke (*Simulium* sp.)	Bären
Dirofilaria subdermata	Nordamerika	Kriebelmücke (*Simulium* sp.)	Stachelschweine

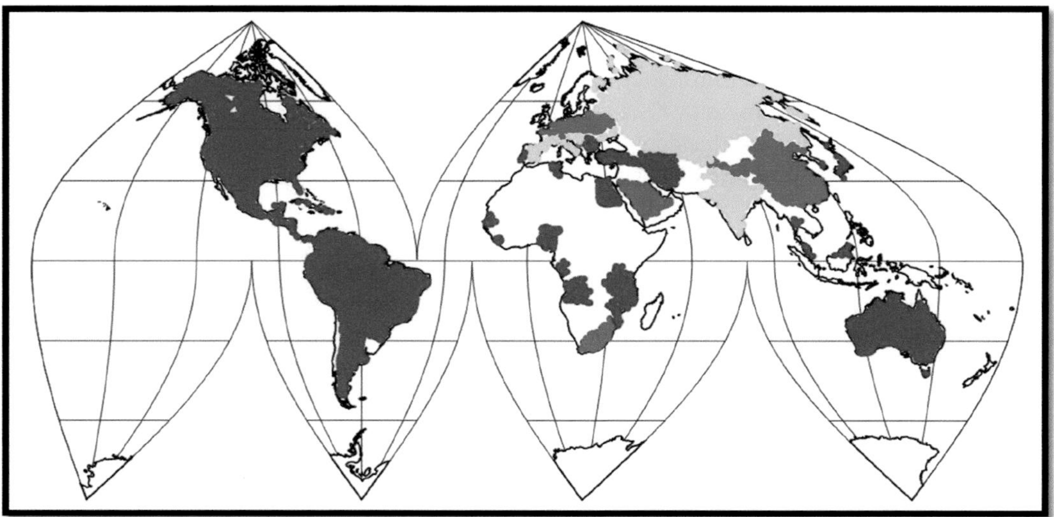

Abb. 4 Globale Endemizität der Dirofilariose. Grün: *D. immitis; rot: D. repens; gelb:* sowohl *D. immitis* als auch *D. repens*

Culex und *Anopheles* sind beteiligt. *Culex pipiens* gilt als potenzieller primärer Vektor.

Abgesehen von den üblichen Arten wurde das subkutane noduläre Granulom des Menschen mit *D. tenuis*, *D. ursi*-ähnlichen Arten, *D. subdermata* und *D. striata* aus den USA berichtet. Kriebelmücken (*Simulium* spp.) wurden als Vektor für einige davon in Betracht gezogen. Infektionen des Menschen durch *D. ursi* wurden entlang der US-kanadischen Grenze berichtet. *Simulium* sp. fungiert als Vektor.

Die tatsächliche öffentliche Gesundheitsbedeutung der nicht offensichtlichen menschlichen pulmonalen Dirofilariose liegt in der Schwere der Differentialdiagnosen, einschließlich Malignität, Tuberkulose und Pilzinfektionen.

Diagnose

Diagnose bei Menschen

Labordiagnostik von pulmonaler Dirofilariose bei Menschen (Tab. 2) basiert auf den folgenden Tests.

Mikroskopie

Feinnadelaspiration wird ohne Risiko einer parasitären Embolisierung durchgeführt, da der Parasit bereits gestorben ist.

In der Mehrheit der Fälle von subkutaner/okularer Dirofilariose basiert die Diagnose auf der histologischen Untersuchung des Knotens (Abb. 5 und 6). Das Vorhandensein von äußeren längsgerichteten kutikulären Rillen ist charakteristisch für *Nochtiella* sp./*D. repens*, was es von *D. immitis* unterscheidet. Spezifische Unterscheidungsmerkmale sind 95 bis 105 längsgerichtete Rillen, die in Abständen angeordnet sind, die etwas mehr als die Breite einer einzelnen Rille messen. Perjodsäure-Schiff, Masson-Trichrom und Hämatoxylin/Eosin sind die häufig verwendeten Färbungen. Knoten mit totem und zerfallenem Parasiten stellen eine Herausforderung für die Identifizierung dar. Eine sorgfältige histologische Untersuchung kann einen zerfallenen Parasiten umgeben von gelegentlichen Entzündungszellen aufzeigen. Besondere Aufmerksamkeit muss der Suche nach trilaminarer Kutikula, dickem somatischem

Tab. 2 Diagnostische Methoden für Dirofilariose

Diagnostische Ansätze	Methoden	Ziele	Menschen	Tier
Direkte Mikroskopie	Biopsie, Larvenextraktion, Autopsie	Larven-/parasitäre anatomische Details (trilamellare Kutikula, reproduktiver Tubulus, kutikuläre Rillen)	Bestätigend Oft schwierig, die zersetzte Wurmanatomie insbesondere bei den pulmonalen Fällen zu identifizieren	Der adulte Wurm kann visualisiert werden; morphologische Identifikation und Speziation können durchgeführt werden
	Konzentration von venösem Blut (modifizierter Knott-Test, Filtertest)	Mikrofilarien	Nicht anwendbar	Gute Sensitivität und Spezifität; morphologische Identifikation und Speziation können durchgeführt werden Schlechte Leistung bei Katzen
Immundiagnostik	Antigennachweis (ELISA)	Antigen des adulten Weibchens *D. immitis* (*D. immitis* somatisches Antigen/DiSA, exkretorisches Antigen/DiE/S)	Variable Sensitivität und schlechte Spezifität	Hochsensitiv und nahezu 100 % spezifisch Okkulte Infektion kann erkannt werden Schlechte Leistung bei Katzen
	Antigennachweis (Immunchromatografie)	Antigen des adulten Weibchens *D. immitis* (*D. immitis* somatisches Antigen/DiSA, exkretorisches Antigen/DiE/S)	Nicht verfügbar	Hochsensitiv und spezifisch Okkulte Infektion kann erkannt werden. Schlechte Leistung bei Katzen
	Antikörper (indirekter Hämagglutinationstest)	Anti-*D. immitis*-Antikörper	Variable Sensitivität und schlechte Spezifität	Nur bei Katzen nützlich
Molekulare Assays	PCR, Sequenzierung, hochauflösende Schmelzanalyse (HRMA)	Cytochromoxidaseuntereinheit 1 (COX-1), 18S-ITS1-5.8S, ITS1-5.8S-ITS2	Hohe Sensitivität und Spezifität; schlechte Leistung bei in Formalin konservierten Gewebeproben	Hohe Sensitivität und Spezifität; HRMA kann bei der schnellen Diagnose helfen
		Wolbachia-16S-rRNA	Unterstützende diagnostische Rolle	Unterstützende diagnostische Rolle

Muskelbündel und reproduktiven Tubuli gewidmet werden. Eine Eosinophilie im peripheren Blut kann nur bei 20 % der Patienten beobachtet werden.

Serodiagnostik

ELISA und indirekter Hämagglutinationstest zur Demonstration spezifischer Antikörper im Serum haben bei der Diagnose von *Dirofilaria*-Infektionen beim Menschen aufgrund ihrer geringen Sensitivität und Spezifität nur einen begrenzten Wert.

Molekulare Diagnostik

Polymerasekettenreaktion (PCR)-basierte Techniken sind hilfreich bei der Diagnose. Allerdings verringert die gängige Praxis, Gewebeproben in 10 % Formalin statt in Methylalkohol zu versenden, die PCR-Positivität.

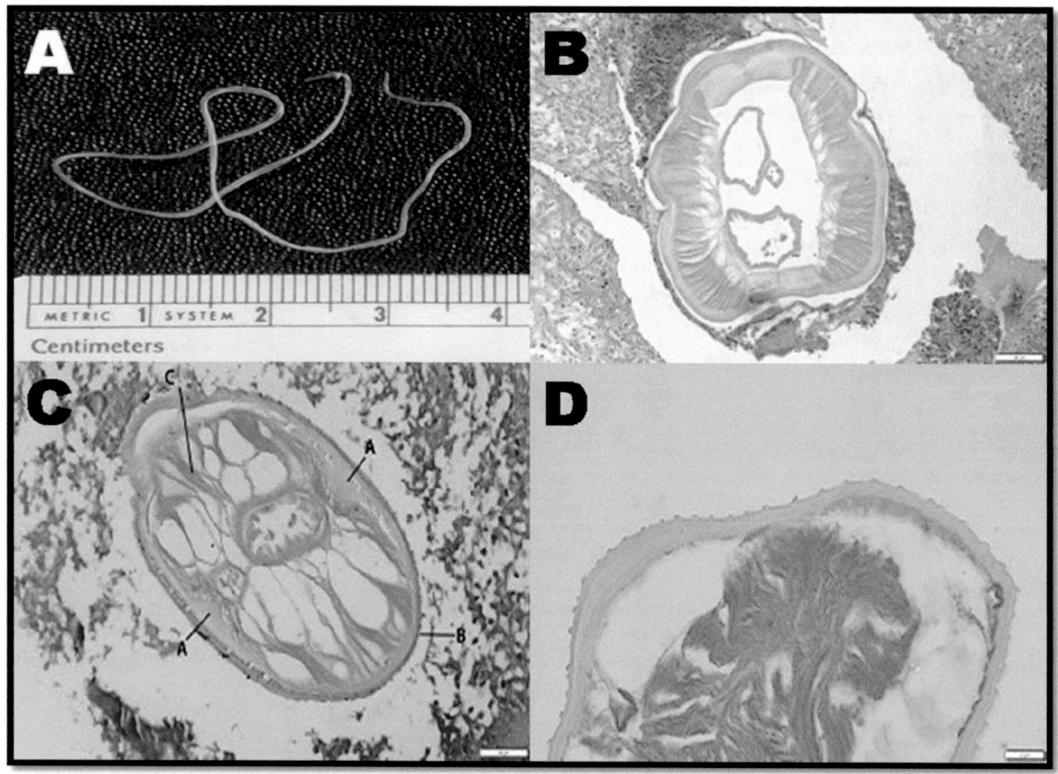

Abb. 5 Fälle von humaner Dirofilariose (**a**–**d**). **a** *Dirofilaria* sp. aus dem Auge entfernt; **b** Schnitt durch einen *D. immitis*-Wurm, der die typische glatte Kutikula (ohne Rillen), Muskulatur, gepaarte Uteri und Dünndarm zeigt; **c** Schnitt durch *D. tenuis*: „**A**" bezeichnet die innere Rille, „**B**" bezeichnet die Kutikula (Rillen) und „**C**" bezieht sich auf die hohe Muskulatur; **d** Biopsieprobe aus Brustknoten zeigt hochgekrönte kutikuläre Rillen. Beachten Sie die distal beabstandete Anordnung. Diese Merkmale unterscheiden *D. subdermata* und *D. ursi* deutlich unter der Unterart *Nochtiella* (Bildnachweis: DPDx, CDC; https://www.cdc.gov/dpdx)

Andere Tests

Die Bruströntgenaufnahme zeigt eine homogene kugelige/ovale Opazität mit gut definierten Rändern. Verkalkte Knoten könnten als angiozentrische Läsionen auftreten und verschwinden.

Diagnose bei Tieren

Die Labordiagnostik der pulmonalen Dirofilariose bei Tieren (Tab. 2) basiert auf den folgenden Tests.

Mikroskopie

Adulte Würmer extrahiert aus Tierproben werden mikroskopisch zur Diagnose untersucht. Die geringe Sensitivität von frischen venösen Blutausstrichen bei der Darstellung von Mikrofilarien erfordert Konzentrationsmethoden wie den modifizierten Knott-Test oder den Filtertest.

Der modifizierte Knott-Test gilt als ein sensibler und spezifischer Test für die Diagnose von Dirofilariose in der Hundepopulation. Bei dieser Methode wird venöses Blut mit 2 % ge-

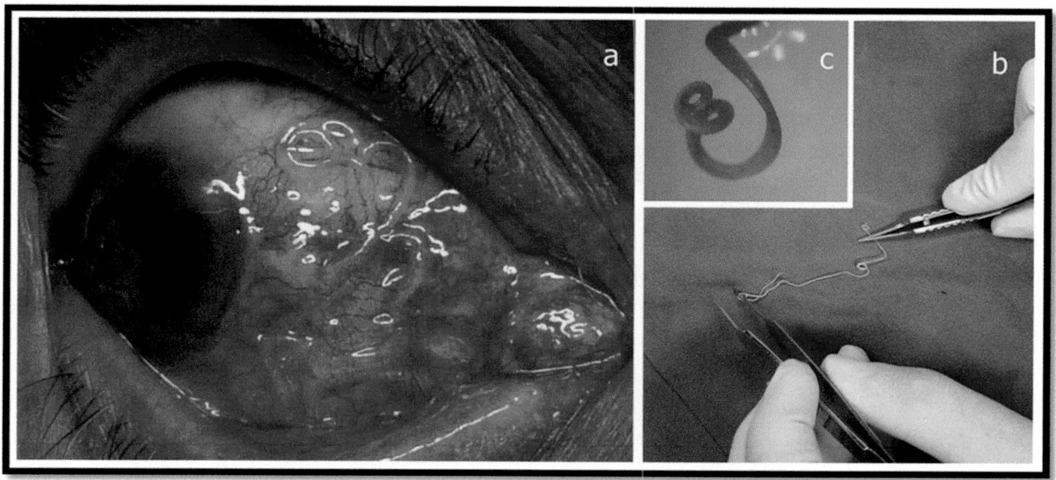

Abb. 6 Fall von humaner Dirofilariose: **a** *Dirofilaria* im subkonjunktivalen Raum sichtbar; **b** der extrahierte Wurm; Einfügung **c** der aufgerollte Schwanz. Bild reproduziert aus *BMC Infect Dis* **20,** 520 (2020) (http://creativecommons.org/licenses/by/4.0/)

puffertem Formalin (1:10) gemischt, gefolgt von einer Zentrifugation (1500 U/min für 3–5 min). Danach wird das Sediment mit Methylenblau (1:1000) gefärbt und mikroskopisch untersucht. Der Filtertest mit Millipore-Filter ist ein weiterer Test, der bei der Diagnose verwendet wird. Der Test schließt die Notwendigkeit einer Zentrifuge aus, ist jedoch teuer und lässt Mikrofilarien schrumpfen, wodurch die Messungen verändert werden.

Zur Unterscheidung der *Dirofilaria*-Arten werden morphologische Merkmale verglichen.

Serodiagnostik

Antigenbasierter ELISA und immunchromatografische Tests werden zur Diagnostik verwendet. Diese Tests erkennen Antigene von adulten weiblichen *D. immitis* mit guter Sensitivität und nahezu 100 % Spezifität, wenn 2 oder mehr Würmer bei den infizierten Tieren vorhanden sind. Diese Tests sind nicht hilfreich, wenn nur männliche Würmer oder unreife weibliche Würmer vorhanden sind. Wenn ein negatives Antigentestergebnis nicht mit dem Vorhandensein von Mikrofilarien oder vermuteter aktiver Krankheit korreliert, wird eine Wärmebehandlung des Serums (104 °C für 10 min in einem Wasserbad) empfohlen, um blockierte Antigene freizusetzen. Hunde entwickeln nachweisbare Antigenämie 5–6,5 Monate nach der Infektion. Antigentests sind auch nützlich, um den Erfolg der adultiziden Behandlung zu bestätigen, wenn sie 5 und 9 Monate später getestet werden. Sowohl Mikrofilarien- als auch Antigentests sind bei Katzen weniger nützlich. Antikörperbasierte Tests versprechen eine Diagnose der Infektion bei Katzen.

Molekulare Diagnostik

PCR-basierte Methoden können *Dirofilaria* sp. zuverlässig von anderen Filarienwürmern aus Tierproben unterscheiden. Molekulare Methoden eignen sich am besten zur Diagnose bei morphologischen Anomalien von Mikrofilarien, insbesondere bei Hunden, die mit Medikamenten behandelt wurden oder bei denen Koinfektionen vorliegen. Eine neuere Methode, die PCR und hochauflösende Schmelzanalyse („high-resolution melting analysis", HRMA) kombiniert, ermöglicht eine schnelle Unterscheidung zwischen *D. immitis* und *D. repens* aus Hundeproben.

Behandlung

Bei Menschen ist die Hauptmodalität die chirurgische Entfernung des Knotens oder des Wurms zur Behandlung der subkutanen Dirofilariose. Pulmonale Dirofilariose benötigt keine Behandlung, da der Parasit bereits tot ist. Antinematodale Medikamente wie Levamisol und Thiabendazol wurden in der Vergangenheit ausprobiert, werden aber derzeit nicht verwendet. Die American Heartworm Society (AHS) empfahl in ihren neuesten Leitlinien (2020) eine 3-Dosen-Kur von Melarsomin (2,5 mg/kg; 1 Injektion, gefolgt von mindestens 1 Monat später 2 Injektionen im Abstand von 24 h) zur Behandlung sowohl bei symptomatischer als auch asymptomatischer Dirofilariose bei Hunden.

Bei Katzen empfiehlt die AHS, auf eine spontane Heilung zu warten, wenn keine offensichtlichen klinischen Anzeichen vorliegen, auch wenn radiologische Hinweise auf Dirofilariose hindeuten. Die chirurgische Entfernung des Wurms wird immer bevorzugt.

Prävention und Bekämpfung

Die Verhinderung von Mückenstichen und die Kontrolle der Mückenbrut sind wichtige Schritte zur Prävention der menschlichen Dirofilariose. Der Gebrauch von Moskitonetzen und Mückenabwehrmitteln ist wirksam. Reisen in endemische Gebiete müssen sorgfältig geplant und Vorsichtsmaßnahmen getroffen werden.

Für die Hundepopulation wird ein regelmäßiger *Dirofilaria*-Antigentest zusammen mit Mikrofilarientests bei Hunden über 7 Monate empfohlen. Die ganzjährige Verabreichung von von der FDA zugelassenen präventiven Medikamenten und von der EPA registrierten Mückenabwehrmitteln und Ektoparasitiziden wird von der AHS befürwortet. Die AHS empfiehlt präventive Medikamente für alle Katzen in endemischen Gebieten während der Übertragungssaison (wärmere Monate), einschließlich Kätzchen über 8 Wochen. Monatliche Ivermectin (24 μg/kg) und Milbemycinoxim (2 mg/kg) sind orale Formulierungen. Auch die topische Anwendung von Moxidectin (1 mg/kg) oder Selamectin (6 mg/kg) wird empfohlen.

Fallstudie

Ein 42-jähriger männlicher Patient stellte sich mit trockenem Husten und Brustschmerzen vor. Der Patient ist Raucher (4 Packungen pro Tag über die letzten 20 Jahre) und hat keinen Kontakt zu Haustieren. Im letzten Jahr hatte er ein Geschäftstreffen in Griechenland. Ein Thoraxröntgenbild zeigte eine münzförmige, einsame Lungenläsion im rechten Oberlappen. Klinische Untersuchung und Laborparameter (Leukozytenzahl, C-reaktives Protein, Erythrozytensedimentationsrate, Leberfunktionstest und Serumelektrolyte) waren unauffällig. Tuberkulintest und Sputumuntersuchung trugen nicht bei. Die Nachuntersuchung nach 2 Monaten zeigte das Fehlen von Symptomen, aber keine radiologische Veränderung. Eine CT-Untersuchung des Thorax zeigte einen 1,6 cm großen nicht verkalkten Knoten im rechten Oberlappen, der an die parietale Pleura angrenzte, ohne Lymphadenopathie. Bronchoskopie und immunologisches/Vaskulitis-Profil wurden als negativ befunden. Chirurgisch wurde ein 1,6 cm großer grau-gelber Knoten reseziert. Die histopathologische Untersuchung zeigte keine Malignität, aber das Vorhandensein von nekrotischen Elementen mit Fragmenten eines Parasiten, der durch eine glatte Oberfläche und innere Längsrippen gekennzeichnet ist. Der Patient erholte sich ohne weitere medizinische Behandlung problemlos.

Fragen

1. Wie hat der Patient in der Fallstudie die Infektion erworben?
2. Welche Art könnte beteiligt sein? Wie würden Sie vorgehen, um zu differenzieren?
3. Was sind die Unterschiede zwischen *D. immitis* und *D. repens*?
4. Welche Erreger verursachen subkutane Dirofilariose?

Forschungsfragen

1. Was ist der Mechanismus der hohen Anpassungsfähigkeit von *Dirofilaria* spp. in einer großen Tierpopulation?
2. Was könnte die tatsächliche Pathogenese und Pathologie bei Dirofilariose sein?
3. Was ist die Wirkung von Antibiotika auf den Endosymbiont *Wolbachia* spp. bei der Tötung von *Dirofilaria?*
4. Welches Antiparasitikum könnte nützlich sein, um die Infektion bei Tieren zu beseitigen?

Weiterführende Literatur

Capelli G, Genchi C, Baneth G, Bourdeau P, Brianti E, Cardoso L, et al. Recent advances on *Dirofilaria repens* in dogs and humans in Europe. Parasit Vectors. 2018;11(1):663.

Demiaszkiewicz AW. *Dirofilaria repens* Railliet et Henry, 1911—a new parasite acclimatized in Poland. Ann Parasitol. 2014;60(1):31–5.

Devaney E, Howells R. Culture systems for the maintenance and development of microfilariae. Ann Trop Med Parasitol. 1979;73(2):139–44.

Genchi C, Kramer L, Rivasi F. Dirofilarial infections in Europe. Vector-Borne Zoonot Dis. 2011;11(10):1307–17.

Genchi C, Venco L, Genchi M. Guideline for the laboratory diagnosis of canine and feline *Dirofilaria* infections. In: Genchi C, Rinaldi L, Cringoli G, Hrsg. Dirofilaria immitis and D repens in dog and cat and human infections. Naples: Rolando Editore; 2007. S. 137–44.

Khanmohammadi M, Akhlaghi L, Razmjou E, Falak R, Zolfaghari Emameh R, Mokhtarian K, et al. Morphological description, phylogenetic and molecular analysis of *Dirofilaria immitis* isolated from dogs in the Northwest of Iran. Iran J Parasitol. 2020;15(1):57–66.

Parsa R, Sedighi A, Sharifi I, Bamorovat M, Nasibi S. Molecular characterization of ocular dirofilariasis: a case report of *Dirofilaria immitis* in south-eastern Iran. BMC Infect Dis. 2020;20(1):520.

Nayar J. Dirofilariasis. In: Capinera J, Hrsg. Encyclopedia of entomology [Internet]. Dordrecht: Springer; 2008 [cited 12 October 2020]. https://doi.org/10.1007/978-1-4020-6359-6_940.

Reddy MV. Human dirofilariasis: an emerging zoonosis. Trop Parasitol. 2013;3:2–3.

Sawyer TK, Weinstein PP. The in vitro development of microfilariae of the dog heartworm *Dirofilaria immitis* to the ‚sausage form'. J Parasitol. 1963;49:218–24.

Simon F, Siles-Lucas M, Morchon R, Gonzalez-Miguel J, Mellado I, Carreton E, et al. Human and animal Dirofilariasis: the emergence of a zoonotic mosaic. Clin Microbiol Rev. 2012;25(3):507–44.

Sironi M, Bandi C, Sacchi L, Sacco B, Damiani G, Genchi C. Molecular evidence for a close relative of the arthropod endosymbiont *Wolbachia* in a filarial worm. Mol Biochem Parasitol. 1995;74(2):223–7.

Yilmaz E, Fritzenwanker M, Pantchev N, Lendner M, Wongkamchai S, Otranto D, et al. The mitochondrial genomes of the zoonotic canine filarial parasites *Dirofilaria (Nochtiella) repens* and *Candidatus Dirofilaria (Nochtiella) hongkongensis* Provide Evidence for Presence of Cryptic Species. PLoS Negl Trop Dis. 2016;10(10):e0005028.

Thelaziose

D. Ramya Priyadarshini

Lernziele

1. Die besondere Natur der Übertragung des Parasiten durch Fliegen zu verstehen
2. Die Beteiligung des Auges an Thelaziose und die Labordiagnose des Zustands zu studieren

Einführung

Die Gattung *Thelazia* besteht aus vielen Arten, die sowohl Menschen als auch Tiere infizieren. Die Endwirte sind Katzen, Füchse und Hunde, und Menschen sind die Zufallswirte. Die meisten Infektionen, obwohl selten, werden durch *Thelazia callipaeda* und *Thelazia californiensis* verursacht. *Thelazia callipaeda* wird durch die Gesichtsfliege namens *Musca autumnalis*, Vektor des Parasiten, übertragen. Die befruchteten Eier oder Larven im Primärstadium werden von den Fliegen aufgenommen, während sie sich von Tränensekreten aus dem Bindehautsack, Tränengang und Drüse in Tieren, die *Thelazia* spp. beherbergen, ernähren. Bei Menschen parasitieren diese Augenwürmer die Tränengänge und Bindehautsäcke, wenn sie vom Parasiten infiziert sind.

Geschichte

Das Wort *Thelazia* bedeutet *orientalischer Augenwurm. Thelazia callipaeda und T. californiensis* waren die ersten beiden Arten, die von Tieren isoliert wurden. Sie wurden erstmals von A. Railliet und E.W. Price, unter Hunden und Katzen im Jahr 1910 und 1930, beschrieben. Die menschliche Thelaziose wurde erstmals von O.L. Williams und C.A. Kofoid in den USA im Jahr 1935 berichtet. In Indien wurde der erste Fall aus Yercaud, einer Hill Station im Distrikt Salem (Tamil Nadu), im Jahr 1948 gemeldet.

Taxonomie

Die Gattung *Thelazia* gehört zum Stamm Nematoda, Ordnung Spirurida, Unterordnung Spirurata und Überfamilie Spiruroidea.

Die Gattung *Thelazia* hat viele Arten, die Infektionen bei Tieren und Menschen verursachen. *Thelazia lacrymalis* und seltener *Thelazia rhodesii* verursachen Infektionen bei Pferden, *Thelazia gulosa, Thelazia skrjabini* und *T. rhodesii*

D. R. Priyadarshini (✉)
Department of Microbiology, Mahatma Gandhi Medical College and Research Institute, Sri Balaji Vidyapeeth (Deemed To Be University), Puducherry, Indien
E-Mail: dr.ramyapriyadarshini@gmail.com

S. C. Parija und A. Chaudhury (Hrsg.), *Lehrbuch der parasitären Zoonosen*,
https://doi.org/10.1007/978-981-97-4312-4_53

bei Rindern und *Thelazia leesei* bei Kamelen. *Thelazia callipaeda* und *T. californiensis* sind die beiden Arten, die die meisten zufälligen Infektionen im menschlichen Auge verursachen.

Genomik und Proteomik

Der A + T-Gehalt beträgt mehr als 70 % in der Genomsequenz von *T. callipaeda*. Es ist konsistent mit den Genomen von Nematoden aus der Ordnung Spirurida. Es gibt 12 Protein codierende Gene, darunter NAD4L und NAD6. *Thelazia callipaeda* hat eine nicht codierende Region. Es enthält auch 2 Transfer-RNA-Gene und 2 ribosomale RNA-Gene. Es ähnelt den meisten anderen Spirurid-Nematoden.

Die ribosomalen ITS1-Anordnungen von *T. callipaeda, T. gulosa, T. skrjabini, T. rhodesii* und *T. lacrymalis* wurden untersucht, um die Arten zu differenzieren. Die ITS1-Sequenz hat sich als nützlich und vielversprechend für die Artenidentifikation von *Thelazia*-Arten erwiesen.

Die Parasitenmorphologie

Adulter Wurm

Adulte *Thelazia*-Würmer sind cremig kreideweiß. Männchen messen 0,85 × 17,00 mm und sind länger als die Weibchen (0,75 × 13,00 mm). Am hinteren Ende haben das Weibchen eine mittelventrale Vulvaöffnung und das Männchen eine ventrale Krümmung.

Morphologisch unterscheiden die Anzahl der prä- und postkloakalen Papillen beim Männchen und die Vulvalokation beim Weibchen *T. callipaeda* von *T. californiensis* (Tab. 1, Abb. 1).

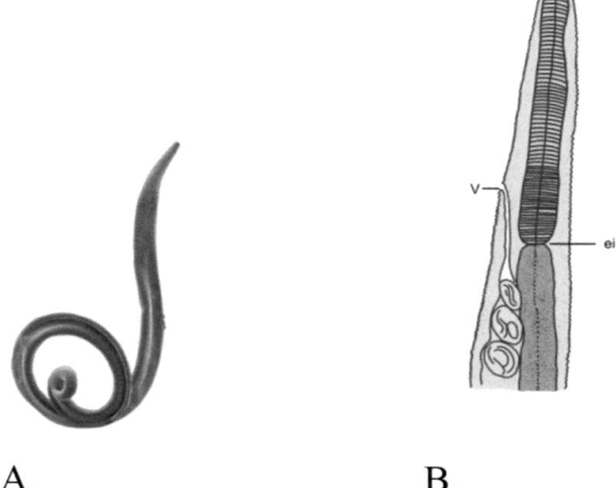

Abb. 1 **a** Adulter Wurm; **b** weiblicher Wurm zeigt eine becherförmige Mundhöhle am vorderen Ende von *Thelazia* spp.

Der weibliche Wurm *T. lacrymalis* hat ein Fortpflanzungssystem mit Paaren von Eierstöcken, Eileitern und Uteri. Es hat eine einzelne Vagina und Vulva. Die Eierstöcke haben rund geformte Oozyten, und die Eileiter haben spindelförmige Oozyten.

Rasterelektronenmikroskopie: Rasterelektronenmikroskopie hilft, die Oberflächenultrastruktur dieser Würmer einzuschätzen. Die Dichte der kutikulären Streifen unterscheidet sich bei Männchen und Weibchen. Bei Männchen sind die transversalen kutikulären Streifen charakteristisch auf der vorderen Oberfläche angeordnet. Ihre Dichte in den vorderen, mittleren und hinteren Regionen beträgt etwa 375, 220 und 240 Reihen pro 1 mm Länge. Bei Weibchen beträgt die transversale kutikuläre Dichte in den vorderen, mittleren und hinteren Regionen etwa 250, 170 und 375 Reihen pro 1 mm Länge. Das hintere Ende hat bei Männchen und Weibchen umlaufende Streifen.

Tab. 1 Unterschiede in der Morphologie von *T. callipaeda* und *T. californiensis*

Morphologie	*Thelazia callipaeda*	*Thelazia californiensis*
Männchen: präkloakale Papillen	8–10 Paare	6–7 Paare
Weibchen: Vulvaöffnung	Vorhanden vor der Ösophago-Intestinalverbindung	Vorhanden hinter dem ösophagointestinalen Übergang

Eier

Thelazia spp.-Eier sind oval und messen 34–60 μm. Die Eier sind vollständig embryoniert, wenn sie gelegt werden, und sie erscheinen transparent.

Zucht von Parasiten

Es gibt keine verfügbaren Daten über die Zucht dieses Parasiten.

Versuchstiere

Thelazia-Würmer, isoliert aus den Augen des infizierten Tieres, werden in normaler Kochsalzlösung in einem Behälter aufbewahrt. Das adulte Weibchen wird dann seziert, um die Larve der 1. Stufe freizusetzen. Die Gesichtsfliegen werden im Labor gehalten *(M. autumnalis)*, und die Vektoren des Parasiten dürfen sich dann von der Larve der 1. Stufe ernähren, die in der normalen Kochsalzlösung vorhanden ist. Etwa 9–14 Tage nach der Fütterung der Larven der 1. Stufe werden die Gesichtsfliegen seziert, um die Larve der 3. Stufe (L3) zu studieren, die sich im Darm der Fliege entwickelt hat.

Lebenszyklus von *Thelazia* spp.

Wirte

Die Endwirte sind Rinder, Pferde, Kamele und Hunde. Menschen sind die Zufallswirte.

Zwischenwirte

Thelazia-Arten werden durch die Taufliege übertragen. Die Gesichtsfliege sind die Zwischenwirte des Parasiten.

Infektiöses Stadium

Die Larve im 3. Stadium (L3) ist für Menschen infektiös.

Übertragung von Infektionen

Larven im 3. Stadium (L3) werden versehentlich durch die Gesichtsfliege auf anfällige Wirte und versehentlich auf Menschen übertragen, wenn sie sich von ihren Tränensekreten ernähren (Abb. 2). Die Vektoren, die sich vom Wirt ernähren, legen die Larven auf die Bindehaut von Pferden, Rindern, Kamelen, Hunden und anderen Wirten ab. Während einer Periode von 3–6 Wochen entwickelt sich die Larve und reift zum adulten Wurm. *Thelazia lacrymalis*-, *T. rhodesii*-, *T. gulosa*- und *T. skrjabini*-Larven und adulte Würmer bewohnen die Tränendrüse und ihre Gänge. *Thelazia skrjabini* findet sich in der Nickhaut der Tränengänge. *Thelazia lacrymalis, T. gulosa* und *T. rhodesii* befinden sich auf der Hornhaut, im Bindehautsack und unter den Augenlidern zusätzlich zur Nickhaut. Danach legt der adulte weibliche Wurm Eier in den Tränen der Endwirte (Rinder, Kamele, Pferde usw.). Die Gesichtsfliegen, die sich von den Augensekreten ernähren, nehmen die befruchteten Eier unbeabsichtigt auf. Das befruchtete Ei entwickelt sich im Körper der Fliege innerhalb von 15–30 Tagen zur Larve im 1. Stadium (L1). Die L1-Larven im Körper der Fliegen benötigen etwa 3 Wochen, um sich zu infektiösen Larven im 3. Stadium (L3) zu entwickeln.

Pathogenese und Pathologie

Mäßige bis schwere Konjunktivitis und Blepharitis sind häufig bei *T. rhodesii*-Infektionen bei Rindern. Der Wurmbefall verursacht Entzündungen und nekrotische Exsudation der Tränendrüse und der Ausführungsgänge. In schweren Fällen verursacht der Parasit Keratitis, Trübung, Ulzeration, Perforation und sogar dauerhafte Fibrose. Die *T. rhodesii*-Infektion verursacht Entzündungen der Tränengänge und -säcke bei Pferden.

Thelazia-Infektionen beim Menschen führen zu unterschiedlichen Entzündungsgraden des Auges einschließlich der Bindehaut. Sie können mit Photophobie, Ödem, Hornhautulzeration,

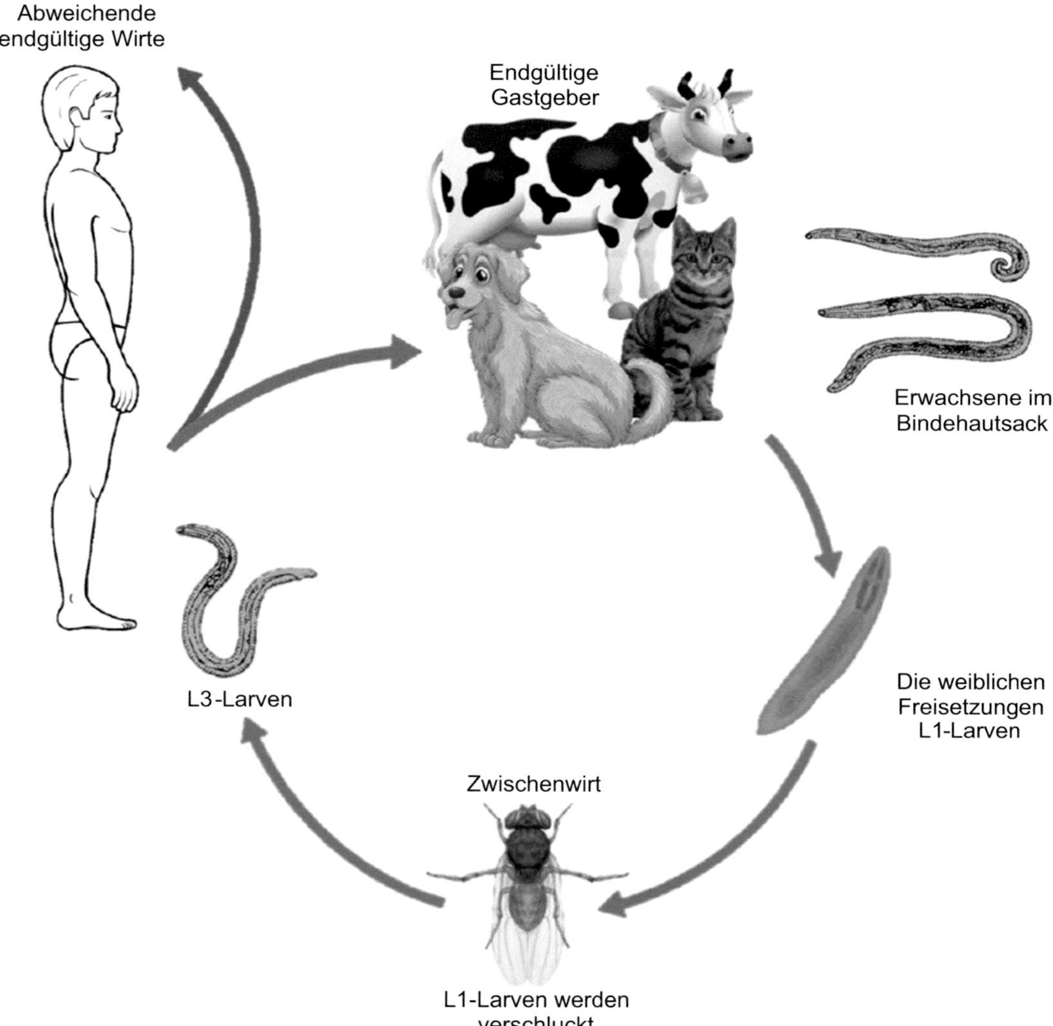

Abb. 2 Lebenszyklus von *T. callipaeda*

Epiphora, follikulärer Hypertrophie der Bindehaut und sogar Konjunktivitis auftreten.

Immunologie

Thelazia entkommt dem Immunsystem des Wirts und vermehrt sich innerhalb der Wirtszellen. Nach dem Eintritt verliert der Nematode seine Proteinhülle, sodass die Immunantwort auf dieses andere Oberflächenantigen moduliert wird. Diese Nematoden scheiden mikrobizide Mittel aus, die helfen, der Phagozytose zu entkommen. Aufgrund ihrer großen Größe entkommen diese Parasiten der Phagozytose durch Makrophagen, die stattdessen mikrobizide Produkte extrazellulär ausscheiden, um ihre Tötung zu erleichtern.

Infektion beim Menschen

Thelazia callipaeda und *T. californiensis* sind die beiden Arten, die versehentliche Infektionen in den Augen verursachen. Die meisten

Fälle von humaner okulärer Thelaziose (HOT) in Asien werden durch *T. callipaeda* verursacht.

Diese Augenwürmer parasitieren die Tränengänge und Bindehautsäcke. Wenn sie den hinteren Abschnitt des Auges befallen, können sie dem infizierten Auge ernsthaften Schaden zufügen. Die Symptome werden nach einer sekundären bakteriellen Infektion schwerwiegender. Vorhandene Hornhaut- und Bindehautverletzungen und Konjunktivitis erleichtern den Eintritt der Larven in den subkonjunktivalen Raum und die Glaskörperhöhle, was zu schweren Komplikationen im infizierten Auge führt.

Ein Fall von intraokulärer Entzündung mit Glaskörpersehstörungen und intraokulärer Thelaziose mit Netzhautablösung wurde dokumentiert, wobei der adulte *Thelazia*-Wurm aus der Glaskörperflüssigkeit gewonnen wurde.

Infektion bei Tieren

Thelazia lacrymalis verursacht Infektionen bei Pferden weltweit, während *T. rhodesii* Infektionen bei Pferden in Afrika, Asien und Europa verursacht. *Thelazia gulosa* ist die Hauptart, die Infektionen bei Rinderarten in Asien, Europa und Nordamerika verursacht, während *T. skrjabini* Rinderinfektionen in Europa und Nordamerika verursacht. *Thelazia leesei* verursacht Infektionen bei Kamelen in Russland und Indien.

Klinische Manifestationen von *Thelazia*-Infektionen bei Haus- und Wildtieren umfassen Konjunktivitis, Trübung und Hornhauttrübung. Normalerweise leben diese Würmer im Bindehautsack, und da die Würmer eine raue Kutikula/Haut haben, reizen sie die Hornhaut, was zu Entzündungen führt. Die Hornhaut kann ulzeriert und perforiert werden. Wenn sie nicht behandelt wird, kann dies sogar zur Fibrose des Auges führen.

Epidemiologie und öffentliche Gesundheit

Die beiden häufigsten Arten, die bekanntermaßen humane Thelaziose verursachen, sind *T. callipaeda* und *T. californiensis*. Weltweit wurden etwa 250 Fälle von *T. callipaeda*-Infektionen beim Menschen gemeldet, einschließlich in Indien, China, Japan, Korea, Thailand, Russland und Indonesien (Tab. 2, Abb. 3). In den westlichen USA wurden einige Fälle von *T. californiensis*-Infektionen beim Menschen verzeichnet.

Die Prävalenz von Thelaziose ist höher in Gebieten, in denen Menschen in engem Kontakt mit Tieren leben, und sie wird auch in Gebieten mit Überbevölkerung und schlechter Hygiene oder Sanitärversorgung beobachtet. Menschen mit schlechten sozioökonomischen Standards, ältere Landwirte, die in der Viehzucht aktiv sind, Menschen, die mehr Interaktion mit streunenden Hunden haben, und Kinder, die auf den Feldern spielen, sind anfälliger für okuläre Thelaziose.

Thelaziose bei Tieren zeigt eine saisonale Verteilung und hängt vom normalen Zyklus und der Vektoraktivität der Gesichtsfliege ab. Die meisten Fälle werden während der Regenzeit in den Monaten Juli und August verzeichnet. Die höchste Rate an *Thelazia*-Infektionen wurde bei Rindern mit schlechten Lebensbedingungen und schlechter Ernährung und damit geringer Immunität dokumentiert. Eine Schlachthausuntersuchung über einen Zeitraum von 8 Monaten in Kanada zeigte, dass fast ein Drittel (32 %) der Rinder mit Augen-

Tab. 2 Verbreitung der *Thelazia*-Arten von menschlicher Bedeutung

Art	Verbreitung	Zwischenwirt	Endwirt
Thelazia callipaeda	Europa, Asien	Obstfliege	Hund, Katze, Wolf, Marderhund, Rotfuchs, Europäisches Kaninchen, Mensch
Thelazia californiensis	Westliches Nordamerika	Kleine Stubenfliege	Hund, Katze, Mensch, Hausschaf, Maultierhirsch, Amerikanischer Schwarzbär

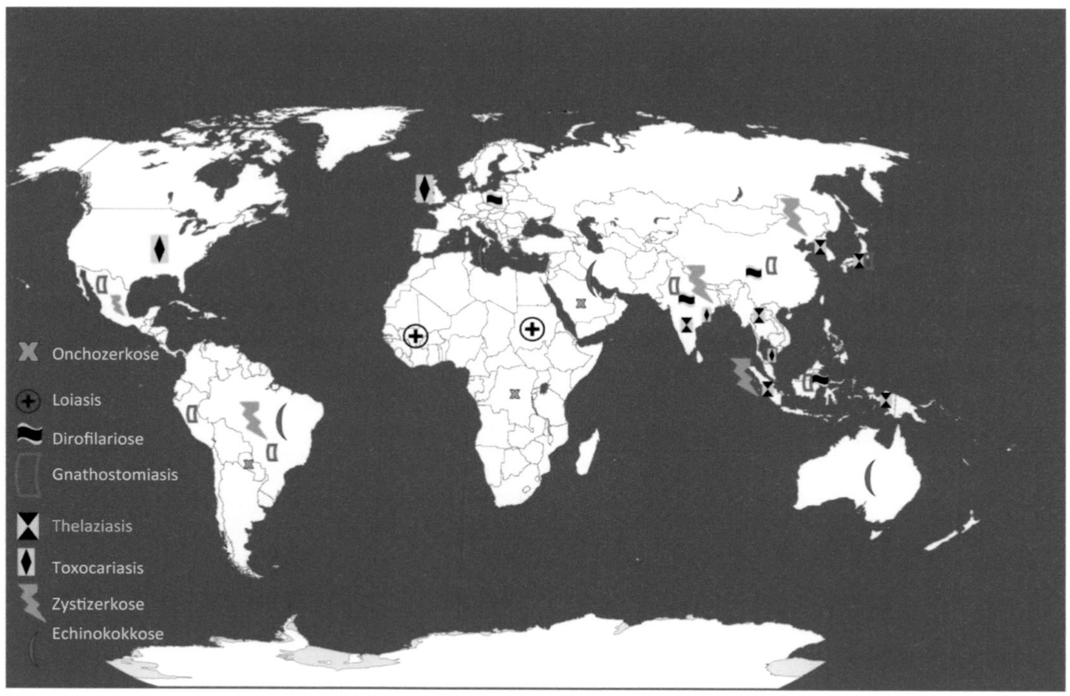

Abb. 3 Weltkarte zeigt die Endemizität der okulären parasitären Infektion

würmern infiziert waren. Eine Untersuchung an verschiedenen Standorten in Italien zeigte, dass fast 23–60 % der Hunde, 5 % der Füchse und 100 % der Katzen mit *T. callipaeda* infiziert waren. In einer Untersuchung, die in Kentucky durchgeführt wurde, wurde bei Pferden ein Befall von 42 % mit *T. lacrymalis* festgestellt.

Diagnose

Eine *Thelazia*-Infektion des Auges muss klinisch von anderen Entitäten wie Fremdkörpergefühl, vermehrter Tränenbildung oder konjunktivaler follikulärer Hypertrophie unterschieden werden.

Mikroskopie

Die Diagnose erfolgt durch direkte Visualisierung der Würmer oder durch Ophthalmoskopie in der Bindehaut. Nach Fixierung mit 10 % Formalin können sie in Glyceringelatine montiert und unter einem Lichtmikroskop untersucht werden. Makroskopisch erscheint der Wurm als dünner, cremeweißer Faden. Die Eier und die Larve, die in den Tränen und anderen Augensekreten vorhanden sind, sind die charakteristischen Merkmale der Thelaziasis. Das Rasterelektronenmikroskop hilft, die Ultrastruktur des Wurms zu erkennen.

Serodiagnostik

Serologische Tests müssen noch für diagnostische Zwecke entwickelt werden.

Molekulare Diagnostik

Eine molekulare Diagnostik der Thelaziose hilft bei der Unterscheidung von Arten, was bei der Behandlung hilft, da verschiedene Arten von Augenwürmern unterschiedliche Anfälligkeiten gegenüber Antihelminthika haben. Die molekulare Identifizierung hilft auch bei der Untersuchung ihrer Epidemiologie und Biologie. Die molekulare Diagnose sowohl der Larven als auch der adulten Würmer kann mit dem ersten transkribierten Spacer der ribosomalen DNA (ITS1) als Zielsequenz durchgeführt werden.

PCR, die auf die Amplifikation des mitochondrialen Cytochrom-c-Oxidase-Untereinheit-1-Gens (COX-1) abzielt, ist nützlich für den Nachweis und Identifizierung von zoonotischen *T. callipaeda* (Tab. 3).

Behandlung

Behandlung von Tierinfektionen

Medikamente wie Organophosphate, 1 % Moxidectin und eine Kombination aus 10 % Imidacloprid und 2,5 % Moxidectin sind wirksam bei der Behandlung dieser Infektion bei Hunden. Die Verwendung dieser Medikamente macht eine chirurgische Entfernung der Würmer überflüssig. Die Entfernung kann mit feinen Pinzetten unter lokaler Betäubung durchgeführt werden, gefolgt von einer Spülung mit lugolscher Lösung oder 2–3 % Borsäure. Die Symptome verschwinden sofort, sobald die Würmer entfernt sind.

Behandlung von menschlichen Infektionen

Eine rechtzeitige Behandlung von Menschen, insbesondere Kindern und älteren Menschen, ist unerlässlich, um eine Verzögerung der Genesung zu verhindern. Die Hauptbehandlung besteht in der mechanischen Entfernung des Parasiten. Die Entfernung der adulten und larvalen Formen kann durch Spülen des Bindehautsacks mit Kochsalzlösung erreicht werden. Der Parasit kann auch durch lokale Betäubung immobilisiert und dann mit Pinzetten und Wattestäbchen entfernt werden. Levamisol kann entweder oral oder parenteral in einer Dosis von 5 mg/kg verabreicht werden. Für die Parasiten, die nicht manuell entfernt werden können, können 2 ml Levamisol in den Bindehautsack injiziert werden. Das in den Sekreten der Tränendrüsen abgesonderte Medikament lähmt und tötet den Wurm. Ivermectin in einer Dosis von 2 mg/kg, subkutan injiziert, und Echothiophat (0,03 %) haben sich ebenfalls als wirksam erwiesen.

Prävention und Bekämpfung

Die Verwendung von Bettnetzen während des Schlafens oder das Abschirmen der Augen, des Gesichts und der Nase während des Schlafens, um den Kontakt mit Vektoren zu verhindern, die Aufrechterhaltung der persönlichen Hygiene, das Sauberhalten der Umgebung und die Sensibilisierung der Öffentlichkeit für die Krankheit sind einige der vorgeschlagenen präventiven Maßnahmen zur Bekämpfung der Thelaziose.

Die Sensibilisierung der Öffentlichkeit, insbesondere von Landwirten und anderen Bevölkerungsgruppen, die engen Kontakt mit Tieren wie Rindern, Pferden, Kamelen und Hunden haben, und die Anpassung von koordinierten Krankheitspräventions- und Bekämpfungs-

Tab. 3 Diagnosemethoden bei Thelaziose

Diagnoseansätze	Methoden	Ziele	Anmerkungen
Direkte Mikroskopie	Direkte Beobachtung	Adulte *Thelazia*-Würmer in der Bindehaut	Goldstandardtest
	Untersuchung der Tränen	*Thelazia*-Eier	
Serologie	Noch zu entwickeln		
Molekularer Assay	PCR	ITS1	Hohe Sensitivität und Spezifität *Einschränkungen:* Qualifiziertes Personal ist erforderlich, um die Tests durchzuführen

strategien in einer Gemeinschaft spielen eine wichtige Rolle bei der Bekämpfung von Infektionen in einer Gemeinschaft.

Fallstudie

Ein 50-jähriger männlicher Bauer stellte sich in der Augenheilkunde OPD mit einer Vorgeschichte von Fremdkörpergefühl und Reizung in seinem rechten Auge seit 2 Monaten vor. Der Patient konnte sich nicht an eine Verletzung in der Vergangenheit erinnern. Bei der Untersuchung hatte er einen dichten Katarakt ohne Bindehautstauung. Die Hornhaut und die Pupillen waren normal. Dem Patienten wurde geraten, eine Kataraktoperation durchführen zu lassen. Seine Routineblutuntersuchung und der Blutzucker wurden als normal befunden. Eine Woche später wurde eine Kataraktoperation am rechten Auge durchgeführt. Während der Operation wurden cremeweiße, bewegliche, fadenartige Würmer beobachtet. Diese Würmer wurden mit sterilen Pinzetten entfernt, in 10 % Formalin konserviert und zur weiteren Identifizierung an die Mikrobiologieabteilung geschickt. Nach der Entfernung der Würmer wurde die Operation mit Kataraktentfernung durchgeführt. Antiseptika wurden aufgetragen, und der Patient wurde mit einer Sehkraft von 6/6 entlassen. Die morphologische Identifizierung wurde durchgeführt, und *T. callipaeda* wurde gemeldet.

1. Was ist die Differentialdiagnose in diesem Fall?
2. Gibt es serologische Tests zum Nachweis dieses Nematoden?
3. Wie unterscheidet man ähnliche Arten von Nematoden?
4. Wie erfolgt die Übertragung von Tieren auf Menschen?

Forschungsfragen

1. Was sind die Übertragungsdynamiken und saisonalen Dynamiken von *Thelazia* beim Menschen?
2. Sind die Studien zu Arten des Parasiten ausreichend, oder benötigen sie noch zusätzliche Aufmerksamkeit?

Weiterführende Literatur

Ashfaq F, Sharif S, Asif Z. Detection and prevalence of zoonotic parasites in soil samples. Saarbrucken: LAP Lambert Academic Publishing; 2012.

Bhaibulaya M, Prasertsilpa S, Vajrasthira S. *Thelazia callipaeda* Railliet and Henry, 1910, in man and dog in Thailand. Am J Trop Med Hyg. 1970:476–9.

Bradbury RS, Breen KV, Bonura EM, Hoyt JW, Bishop HS. Case report: conjunctival infestation with *Thelazia gulosa*: a novel agent of human Thelaziasis in the United States. Am J Trop Med Hyg. 2018;98:1171.

Chakraborty P. Textbook of medical parasitology. 3rd Aufl. Kolkata: New Central Book Agency Pvt., Ltd.; 2016.

Jones H. An outline of zoonotic diseases. Ames, IA: Iowa State University Press; 2012.

Krishnachary PS, Shankarappa VG, Rajarathnam R, Shanthappa M. Human ocular thelaziasis in Karnataka. Indian J Ophthal. 2014;62:822–4.

Rashid M, Katoch R. Zoonotic parasites of livestock: diagnosis and control. New India Publishing Agency-Nipa; 2018.

Shapiro D. Zoonotic infections: animal exposure and human disease. Washington, DC: American Society for Microbiology; 2000.

Sharma M, Das D, Bhattacharjee H, Islam S, Deori N, Bharali G, et al. Human ocular thelaziasis caused by gravid *Thelazia callipaeda* – a unique and rare case report. Indian J Ophthalmol. 2019;67(2):282–5.

Zakir R, Zhong-Xia Z, Chiodini P, et al. Intraocular infestation with the worm, *Thelazia callipaeda*. Brit J Ophthalmol. 1999:1194–5.

Gongylonemiasis

D. Ramya Priyadarshini

Lernziele

1. Verständnis der Parasitologie von Gongylonemiasis in den infizierten Läsionen des Menschen
2. Studium der verschiedenen diagnostischen Modalitäten zur Identifizierung des Parasiten

Einführung

Die *Gongylonema*-Infektion ist eine zoonotische Krankheit, die weltweit verbreitet ist und hauptsächlich durch den Verzehr von verschmutztem Wasser und rohen Lebensmitteln verursacht wird. *Gongylonema*-Infektionen wurden bei Schafen, Ziegen, Pferden, Katzen, Rindern, Schweinen, Geflügel und vielen anderen wilden und domestizierten Säugetieren festgestellt. Adulte *Gongylonema* leben bis zu 10 Jahre als Parasiten im Menschen und beeinflussen die Mundhöhle, den Ösophagus und den Pharynx. *Gongylonema pulchrum*-Infektionen beim Menschen können oft als wahnhafte Parasitose fehldiagnostiziert werden.

Geschichte

Dr. Joseph Leidy fand 1850 einen Wurm im Mund eines Kindes in der Philadelphia Academy. 1857 war Molin der erste, der den Parasiten identifizierte und ihn *G. pulchrum* nannte. Der Nematode wurde ursprünglich als *Filaria hominisoris* beschrieben und zunächst als Guinea-Wurm, *Dracunculus medinensis,* angesehen. Aber die ungewöhnliche Position des Wurms in der Mundhöhle und die relativ kleine Größe ließen ihn nicht als Guinea-Wurm identifizieren. Die adulten Würmer variieren in der Größe und sind daher schwierig morphologisch zu identifizieren. Die Länge des Wurms unterscheidet sich je nachdem, von welchem Wirt der Wurm entnommen wird.

Taxonomie

Die Gattung *Gongylonema* ist klassifiziert unter dem Reich Animalia, Stamm Nematoda, Klasse Secernentea, Ordnung Spirurida und Familie Gongylonematidae.

Die Gattung *Gongylonema* besteht aus 40 Arten, die weltweit vorkommen. *Gongylonema pulchrum* und *Gongylonema verrucosum* sind die beiden häufigsten Arten, die Säugetiere

D. R. Priyadarshini (✉)
Department of Microbiology, Mahatma Gandhi Medical College and Research Institute, Sri Balaji Vidyapeeth (Deemed To Be University), Puducherry, Indien
E-Mail: dr.ramyapriyadarshini@gmail.com

S. C. Parija und A. Chaudhury (Hrsg.), *Lehrbuch der parasitären Zoonosen,*
https://doi.org/10.1007/978-981-97-4312-4_54

infizieren. *Gongylonema ingluvicola* ist eine in Vögeln vorkommende Art, die Geflügel infiziert.

Genomik und Proteomik

Gongylonema enthält 12 Protein codierende Gene, 2 ribosomale RNA-Gene, 22 Transfer-RNA-Gene und eine nicht codierende Region. Die Genanordnung ist die gleiche wie bei *Thelazia callipaeda*. Das vollständige mitochondriale Genom von *G. pulchrum* wurde mittels einer Long-Range-PCR abgeleitet.

Die Parasitenmorphologie

Adulter Wurm

Gongylonema sind lange fadenförmige Nematoden. Die Männchen messen etwa 29 mm in der Länge und sind kürzer als die Weibchen. Die weiblichen Würmer sind relativ lang und messen fast 59 mm in der Länge. Die Länge von sowohl Männchen als auch Weibchen variiert je nach dem Wirt, in dem sie vorhanden sind. Der Wurm ist hoch beweglich.

Kopf: Zahlreiche kutikuläre Plättchen sind am vorderen Ende von sowohl männlichen als auch weiblichen Würmern angeordnet. Das vordere Ende des Wurms besitzt die erhabenen Kutikularbuckel oder Plaques, die das auffälligste Merkmal des Nematoden sind. Diese Plaques sind in Längsreihen angeordnet. Die gesamte Länge des Körpers hat eine gestreifte Kutikula. Ein Paar seitliche zervikale Papillen ist vorhanden. Die Mundöffnung ist klein und erstreckt sich in dorsoventraler Richtung. Eine kutikuläre Erhebung, die die Lippen umschließt, ist um den Mund herum vorhanden. Acht Papillen befinden sich sowohl laterodorsal als auch lateroventral, und 2 große seitliche Amphiden sind ebenfalls im Wurm vorhanden.

Schwanzende: Phasmidale Öffnungen befinden sich auf der lateralen Seite des weiblichen Schwanzes. Der männliche Schwanz besitzt 10 Paare von Papillen und 2 phasmidale Öffnungen. Das Schwanzende hat asymmetrische flügelartige Fortsätze. Das Fortpflanzungssystem der Männchen besitzt asymmetrische kaudale Alae und ungleiche Spicula. Eier sind in den Uteri der Weibchen vorhanden.

Der Wurm hat ein Verdauungssystem mit zwei Öffnungen, dem Mund und dem Anus. Es gibt keine Ausscheidungsorgane und kein Kreislaufsystem.

Eier

Gongylonema-Eier sind ellipsoid in der Form und messen etwa 60 × 30 µm in der Größe. Sie haben dicke, transparente Schalen, die eine Larve des 1. Stadiums (Abb. 1) enthalten. Die Eier sind unembryoniert, während sie vom adulten Wurm gelegt werden. Diese Eier sind nicht infektiös für Menschen.

Infektiöse Larven

L1-Larven nehmen 2 Häutungen vor, um L3 Larven zu werden, die infektiös sind, und L3-Larven vollenden jedoch ihren Zyklus nicht, es sei denn, sie erreichen ihren Endwirt. Das vor-

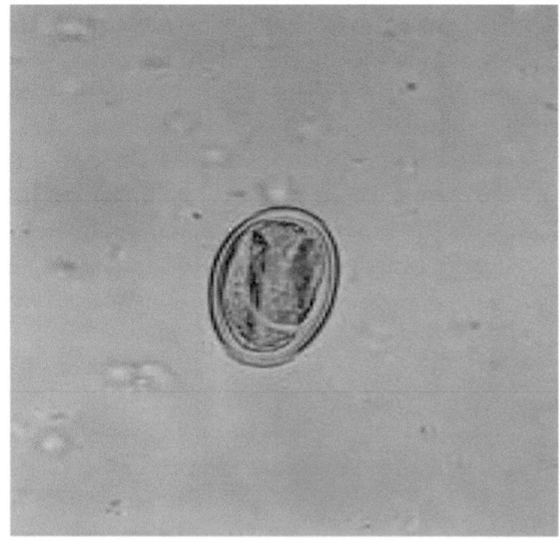

Abb. 1 Embryoniertes *Gongylonema* spp.-Ei

dere Ende der L3-Larven ist stumpf, und es besitzt einen zephalen Haken und Reihen von winzigen Stacheln.

Zucht von Parasiten

Die Zucht von *Gongylonema* ist ein kompliziertes Verfahren, da es eine spezifische Umgebung, Ernährung und verschiedene Wirte für sein Wachstum benötigen kann. Es kann bei der Untersuchung der Morphologie und der Produktion der Antigene helfen, aber die Kultur wird nicht als diagnostischer Test verwendet.

Versuchstiere

Kaninchen, Rinder usw. wurden verwendet, um die Pathogenese und Immunologie von *Gongylonema*-Infektionen zu studieren. Die experimentelle Infektion wird durch Inokulation des 3. Larvenstadiums durchgeführt, die von infizierten Käfern erhalten wurde. Die meisten der Würmer wurden bei der Nekropsie aus der Speiseröhre und dem kardialen Ende des Magens gewonnen. Es wurde beobachtet, dass der Wurm mindestens 50 Tage für seine vollständige Entwicklung benötigt.

Lebenszyklus von *Gongylonema pulchrum*

Wirte

Wiederkäuer und Schweine sind die Endwirte. Am häufigsten sind Menschen bei einer zoonotischen Infektion dieZufallswirte.

Insekten wie Mistkäfer und Kakerlaken sind die Zwischenwirte.

Infektiöses Stadium

Die Larve im 3. Stadium (L3) ist das infektiöse Stadium des Parasiten.

Übertragung von Infektionen

Der Verzehr von kontaminierten Lebensmitteln und Wasser bleibt die Hauptquelle der Infektion. Die Aufnahme von koprophagen Insekten, hauptsächlich Kakerlaken und Mistkäfern, die mit *Gongylonema* infiziert sind, führt zu Gongylonemiasis (Abb. 2). Die Mundschleimhaut beherbergt die Larve im 3. Stadium. Die Larve befindet sich in der Mundhöhle, insbesondere in der Wange, unter der Zunge oder im Mundboden.

Menschen infizieren sich durch die Aufnahme von kontaminierten Lebensmitteln, Wasser oder einem infizierten Mistkäfer. Nach der Aufnahme legt der Mistkäfer seine Eier in der Nähe der oberen Speiseröhre in der Mundhöhle ab. Die Eier schlüpfen zu Larven im 1. Stadium (L1), die 2 Häutungen durchlaufen, um infektiöse Larven im 3. Stadium zu werden, die anschließend zu adulten Würmern heranreifen. Der adulte Wurm wandert zurück in die Mundhöhle. Daher scheiden Menschen keine Eier im Stuhl aus. Dies deutet darauf hin, dass Menschen Fehl- oder Zufallswirte für *Gongylonema* sind.

Tiere infizieren sich durch die Larve im 3. Stadium, über einen Zwischenwirt wie Mistkäfer. Die Larve wandert in den oberen Verdauungstrakt der Tiere und durchläuft innerhalb von 2 Wochen 3 Häutungen. Die letzte Häutung erfolgt nach 5 Wochen. Die sexuelle Reifung des Wurms findet etwa 8 Wochen nach der primären Infektion statt, und er wandert zurück in die Speiseröhre. Nach 10 Wochen scheidet das infizierte Tier das befruchtete Ei im Stuhl aus.

Pathogenese und Pathologie

Bei den meisten der Tiere gab es keine Anzeichen einer entzündlichen Reaktion. *Gongylonema*-Arten wandern in die Schleimhautschicht ein, indem sie die Zellen physisch bewegen, ohne lytische Enzyme zu produzieren. Aufgrund dieser Eigenschaft wird die Basalmembran nicht gestört. Und daher gibt es eine minimale entzündliche Reaktion. Dies reduziert oder umgeht möglicherweise die spezifische Wirtsimmunität.

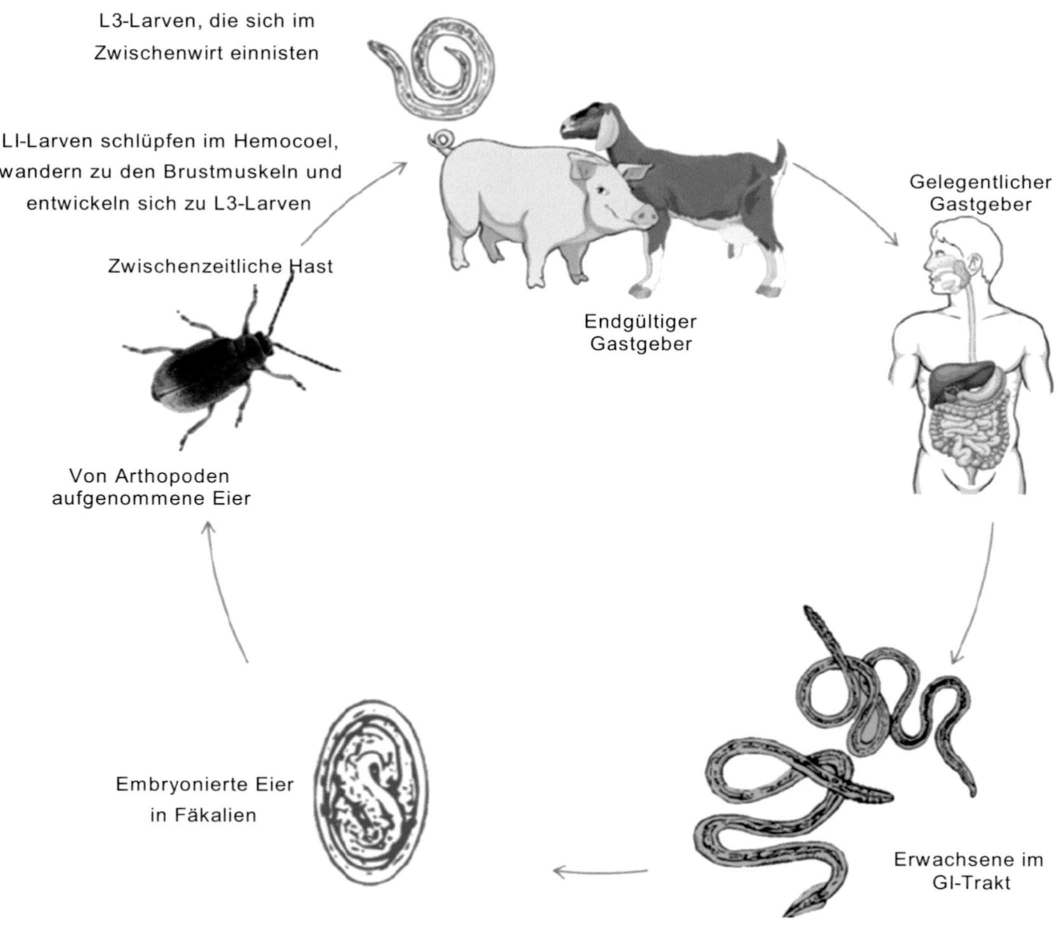

Abb. 2 Lebenszyklus von *Gongylonema* spp.

Schwere *Gongylonema*-Infektionen bei Tieren verursachen gastrointestinale Manifestationen, die zur Abmagerung der Tiere führen. Die Nematoden sind häufig im Magendrüsenlumen vorhanden. Sie verursachen eine leichte chronische Ösophagitis, insbesondere bei Rindern. Bestimmte Tiere wie Rinder zeigen Zerstörung, Regeneration, Hypertrophie und Hyperplasie des Ösophagusepithels. Bei der Autopsie werden serpentine Spuren in der Schleimhautschicht und den Gefäßen festgestellt, die von Eosinophilen und Lymphozyten umgeben sind.

Gongylonema pulchrum in infizierten Menschen nistet sich in den Tunneln des Stratum spinosum ein, ohne entzündliche Reaktionen um den Wurm herum zu erzeugen.

Immunologie

Eosinophilie wird bei bestimmten Patienten festgestellt, aber die Immunantwort auf eine *Gongylonema*-Infektion muss noch geklärt werden.

Infektion bei Menschen

Ein bewegendes Gefühl des Wurms um den Mund, in der Nähe der Lippen und im weichen Gaumen, verbunden mit dem Gefühl eines Fremdkörpers, ist das wichtigste Symptom einer *G. pulchrum*-Infektion beim Menschen. Typischerweise wird diese Bewegung durch unreife adulte Würmer verursacht. Übermäßige

Schmerzen, Auswurf von Blut, Taubheitsgefühl der Zunge, Erbrechen, Pharyngitis und Stomatitis sind ebenfalls bei einigen Patienten vorhanden.

Selten schlucken Menschen die Larve. Sie bleibt in der Mundhöhle. Nach Tagen und sogar Wochen des Unbehagens wird sie von der infizierten Person extrahiert, wenn das kriechende Gefühl im Mundraum gespürt wird. Würmer werden von den Patienten selbst aus ihrer Zunge, Lippen, inneren Wangen und Zahnfleisch entfernt. Wenn der Wurm nicht chirurgisch entfernt wird, können Symptome, sobald sie bemerkt werden, von 1 Monat bis zu 1 Jahr anhalten. Patienten mit einer ersten Exposition gegenüber dem Wurm erleben mäßiges Fieber und grippeähnliche Symptome.

Infektion bei Tieren

Die meisten *Gongylonema*-Infektionen bei Tieren sind gutartig und in der Regel asymptomatisch. Eine leichte Entzündung der Speiseröhre oder Magenwand wurde beobachtet. Die infizierten Organe werden zufällig während der Schlachtung identifiziert. Aber Eier werden im Stuhl der infizierten Tiere nachgewiesen.

Epidemiologie und öffentliche Gesundheit

Menschliche *G. pulchrum*-Infektionen gelten nicht als ein großes Problem der öffentlichen Gesundheit. Seit dem ersten dokumentierten Fall im Jahr 1850 gab es weltweit nur 50 bestätigte Infektionen (Tab. 1). *Gongylonema pulchrum*-Infektionen wurden aus den USA, Laos, Marokko, China, Sri Lanka, Italien, Neuseeland, Deutschland, Iran, Japan und Ägypten gemeldet. Die Aufnahme von arthropoden Zwischenwirten oder Trinkwasser, das mit infektiösen Larven des 3. Stadiums (L3) infiziert ist, verursacht eine menschliche Infektion. Der Verzehr von infiziertem Rindergewebe verursacht jedoch keine menschliche Infektion.

Die Prävalenz von *Gongylonema*-Infektionen bei Ziegen und Schafen liegt in afrikanischen Ländern bei 39,6–55 %; bei Rindern liegt die Infektionsrate zwischen 1 und 10 % (Abb. 3).

Diagnose

Gongylonema pulchrum-Infektionen bei Menschen werden oft fälschlicherweise als Dermatozoenwahn diagnostiziert. Die Diagnose der Infektion basiert auf einem hohen Grad an klinischem Verdacht, ergänzt durch die visuelle Demonstration der beweglichen Larven, die über das Gewebe der Mundhöhle kriechen (Tab. 2).

Mikroskopie

Würmer, die entweder vom Patienten oder durch eine Operation extrahiert wurden (Abb. 4), werden mikroskopisch zur Identifizierung des Wurms untersucht. Die Identifizierung auf Artniveau ist häufig schwierig, daher werden die meisten Fälle als *Gongylonema*-Art aufgezeichnet. Da bei den meisten menschlichen Infektionen nur ein einzelner Wurm beteiligt ist, werden normalerweise keine Eier im Stuhl gefunden. Gelegentlich wird die Passage von Eiern beobachtet, die durch den Verzehr von adulten Würmern in infiziertem Fleisch entstehen. Das Vorhandensein von *Gongylonema*-Eiern im Stuhl erfordert eine zusätzliche Bestätigung.

Immundiagnostik

Derzeit sind keine serologischen oder molekularen Methoden verfügbar, aufgrund der geringen Anzahl von Infektionen. Das Polysaccharid-

Tab. 1 Verbreitung einiger *Gongylonema* spp. von Bedeutung beim Menschen

Spezies	Verbreitung	Zwischenwirt	Endwirt
Gongylonema pulchrum	Weltweit	Käfer, Kakerlaken	Hausschweine, Schafe, Ziegen, Rinder und Menschen

Abb. 3 Weltkarte zeigt die Endemizität der *Gongylonema*-Infektion bei Rindern in Teilen der mittleren Regionen von Afrika, Südamerika und Mexiko

Tab. 2 Diagnostische Methoden bei Gongylonemiasis

Diagnostische Ansätze	Methoden	Ziele	Bemerkungen
Direkte Mikroskopie	Direkte Beobachtung	Adulte Würmer in der Mundhöhle	Goldstandardtest
	Stuhluntersuchung	Vorhandensein von *Gongylonema*-Eiern	
Serologie	Noch zu entwickeln		
Molekularer Assay	PCR	*COX*-1	Hohe Sensitivität und Spezifität *Einschränkungen*: erfordert qualifiziertes Personal

Antigen der *Gongylonema*-Art wurde in intradermalen Hauttests bei Kaninchen bewertet, erwies sich jedoch als erfolglos.

Behandlung

Chirurgische Extraktion und Entfernung des Wurms, gefolgt von einer Chemotherapie mit Albendazol, 400 mg 2-mal täglich für 21 Tage, sind wirksam für die Behandlung von *G. pulchrum*-Infektionen beim Menschen. Nachsorgemaßnahmen beinhalten regelmäßige Kontrollen, um eine vollständige Beseitigung sicherzustellen, und die Entfernung der Würmer aus der Mundhöhle und der Speiseröhre ist wichtig.

Ivermectin 1-mal pro Woche für 4 Wochen oder Mebendazol für 3 aufeinanderfolgende Tage, gefolgt von monatlicher Entwurmung, wird für die Behandlung von *Gongylonema*-Infektionen bei Tieren empfohlen. Das infizierte Tier und andere Tiere müssen gleichzeitig behandelt werden, um die Ausscheidung von Eiern zu verhindern.

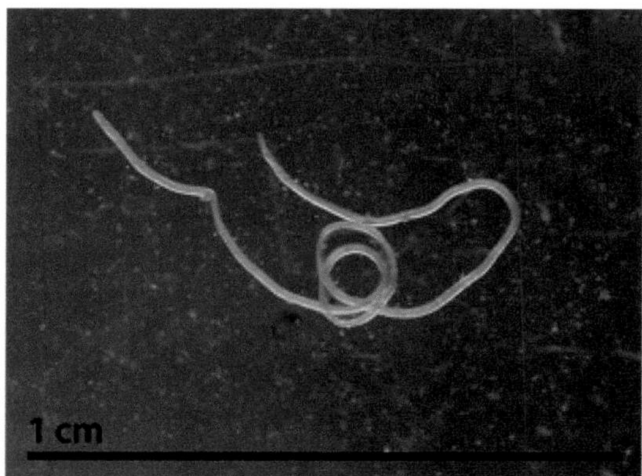

Abb. 4 *Gongylonema* spp.-Wurm, der von einem Patienten gesammelt wurde (mit freundlicher Genehmigung: CDC)

Prävention und Bekämpfung

Die Vermeidung des Verzehrs von rohem Gemüse oder anderen Lebensmitteln, die möglicherweise mit Larven kontaminiert sind, verhindert die Übertragung von *Gongylonema*-Infektionen auf den Menschen. Das Vermeiden von Leitungswasser und das Essen von halbgegartem Fleisch verhindert eine weitere Übertragung. Das Fernhalten von Nutztieren von mit infizierten Kakerlaken und Käfern kontaminiertem Futter ist der beste Weg, um *Gongylonema*-Infektionen bei Tieren zu verhindern. Eine Entwurmung von Nutztieren mit Antihelminthika ist nicht indiziert, da sie nicht kosteneffektiv ist.

Fallstudie

Eine 40-jährige weibliche Schriftstellerin stellte sich zur Untersuchung eines unregelmäßigen Bereichs in ihrer Wange vor, den sie seit 6 Monaten mit ihrer Zunge fühlen konnte. In letzter Zeit hatte sie jedoch das Gefühl, dass die Stelle geschwollen und wandernd war. Sie konnte eine gewundene fadenähnliche Struktur in ihrer Mundhöhle sehen. Sie schätzte auch, dass sich die fadenähnliche Struktur etwa 2–3 cm pro Tag bewegte. Sie hatte keine anderen Symptome wie Fieber, Schüttelfrost, Übelkeit, Erbrechen, Halsschmerzen oder andere Hautläsionen. Die Patientin hatte in der Vergangenheit eine Appendektomie und Tonsillektomie durchgeführt. Ihre vollständigen Blutparameter waren normal, ohne Eosinophilie. Die Untersuchung des Mundes der Patientin zeigte eine oberflächliche, filamentöse und submuköse Masse von 0,2 mm. Die Masse war sinusförmig. Die Gesamtgröße der Masse betrug 1 cm. Im Laufe einiger Tage wanderte sie von einer Seite der Wangenschleimhaut zur Unterlippe. Mit der Anwendung von topischer Anästhesie wurde die Wangenschleimhaut betäubt und der Wurm wurde vorsichtig aus der Schleimhaut herausgezogen. Der gesamte Wurm wurde intakt entfernt. Er wurde in eine 95 %ige Alkohollösung gelegt. Es gab keine lokale Blutung oder Unbehagen an der Stelle. Der Patientin wurde Albendazol, 200 mg 2-mal täglich, verschrieben. Der Wurm wurde als *Gongylonema*-Art identifiziert.

Fragen

1. Was sind die Differentialdiagnosen für dieses Fallbeispiel?
2. Wie erfolgt die Übertragung auf den Menschen?
3. Welche diagnostischen Methoden stehen zur Verfügung?
4. Wie können wir diese Infektion verhindern?

Forschungsfragen

1. Kann die molekulare Methodik die morphologiebasierte Diagnose von Gongylonemiasis überwinden?
2. Welche Forschungsstudien sollten zur Anfälligkeit der *Gongylonema* spp. gegenüber Antihelminthika durchgeführt werden?
3. Welche fortgeschrittenen Studien sind notwendig, um einen spezifischeren und empfindlicheren Diagnosetest für Gongylonemiasis bei Tieren und Menschen zu entwickeln?

Weiterführende Literatur

Allen JD Esquela-Kerscher A. *Gongylonema pulchrum* infection in a resident of Williamsburg, Virginia, verified by genetic analysis. Am J Trop Med Hyg 2013;89:755–775.

Baylis HA. On the species of *Gongylonema* (nematoda) parasitic in ruminants. J Comp Pathol Ther. 1925;38:46–55.

Haruki K, Furuya H, Saito S, Kamiya S and Kagei N *Gongylonema* infection in man: a first case of *gongylonemosis* in Japan. Helminthologia 2005; 42: 63.

Kudo O. Epizootiology of the gullet worm, *Gongylonema pulchrum* Molin, 1857, from cattle in Aomori prefecture. Japan Kiseichugaku Zasshi. 1992;41:266–73.

Liu GH, Zhao L, Song HQ, Zhao GH, Cai JZ, Zhao Q, et al. *Chabertia erschowi* (Nematoda) is a distinct species based on nuclear ribosomal DNA sequences and mitochondrial DNA sequences. Parasit Vectors. 2014;7:44.

Molavi GH, Massoud J, Gutierrez Y. Human *Gongylonema* infection in Iran. J Helminthol. 2006;80:425–8.

Park JK, Sultana T, Lee SH, Kang S, Kim HK, Min GS, et al. Monophyly of clade III nematodes is not supported by phylogenetic analysis of complete mitochondrial genome sequences. BMC Genomics. 2011;12:392.

Pasuralertsakul S, Yaicharoen R, Sripochang S. Spurious human infection with *Gongylonema:* nine cases reported from Thailand. Ann Trop Med Parasitol. 2008;102:455–7.

Ternidens-Infektion

S. Pramodhini und Subhash Chandra Parija

Lernziele

1. Die Bedeutung der *Ternidens*-Infektion zu verstehen und die Notwendigkeit, sie von der Oesophagostomiasis zu unterscheiden, die sich auf ähnliche Weise präsentieren kann
2. Die Bedeutung von Ei-Ausbrütungstechniken wie der Harada-Mori-Methode für die endgültige Diagnose zu verstehen

Einführung

Ternidens deminutus, ein Nematode von zoonotischer Bedeutung, betrifft sowohl Menschen als auch nicht-menschliche Primaten. Da das Ei des Parasiten dem eines Hakenwurmeis ähnelt, wurde *T. deminutus* oft als falscher Hakenwurm bezeichnet. Der Nematode ist am häufigsten in Südafrika zu finden, wo er den Dickdarm von Primaten wie Pavianen und Grünen Meerkatzen infiziert, während er in Teilen Asiens nur bei Affen dokumentiert wurde. Eine Prävalenzrate von bis zu 87 % bei Menschen wurde in einigen untersuchten Populationen in Simbabwe berichtet. Die Ähnlichkeit der *T. deminutus*-Eier des Parasiten mit denen des Hakenwurms stellt eine große Herausforderung sowohl für die Diagnose als auch für genaue Prävalenzuntersuchungen von bodenübertragenen Helminthen ("soil-transmitted helminths", STH) dar.

Geschichte

Im Jahr 1865 wurden diese Parasiten in einer während der Autopsie eines Einheimischen von Mayotte, in den Komoreninseln von Mosambik, gesammelten Phiole gefunden. Die Autopsie wurde von Monestier durchgeführt, der Arzt in der französischen Marine war. Diese Parasiten wurden zunächst als *Ancylostoma duodenale* identifiziert und als ätiologische Erreger der Anämie vorgeschlagen. Im Jahr 1905 beschrieben Railliet und Henry, während sie die Sammlung von parasitären Nematoden im Nationalmuseum für Naturgeschichte in Paris studierten, diesen Helminthen als *Tropidophorus deminutus*. Anschließend etablierten diese Autoren es 1909 als eine neue Gattung, *Ternidens*. Smith, Fox und White isolierten 1908 einen neuen Wurm namens *Globocephalus macaci,* von

S. Pramodhini (✉)
Department of Microbiology, Mahatma Gandhi Medical College and Research Institute, Sri Balaji Vidyapeeth (Deemed To Be University), Pondicherry, Indien
E-Mail: pramodhinis@gmail.com

S. C. Parija
Sri Balaji Vidyapeeth University, Pondicherry, Indien

S. C. Parija und A. Chaudhury (Hrsg.), *Lehrbuch der parasitären Zoonosen,*
https://doi.org/10.1007/978-981-97-4312-4_55

einem Schweinsaffen, der im Zoo von Philadelphia starb; später wurde dieser Wurm von Sandground als *T. deminutus* identifiziert.

Taxonomie

Die Gattung *Ternidens* gehört zum Stamm Nemathelminthes, Ordnung Strongylida, Überfamilie Strongyloidea und Familie Strongylidae. *Ternidens deminutus* und *Ternidens simiae* sind zwei pathogene Arten, die Infektionen bei Menschen und Tieren verursachen.

Genomik und Proteomik

Die Länge und der GC-Gehalt der Sequenzen des zweiten internen transkribierten Spacers (ITS2) der rDNA von *T. deminutus* betragen 216 bp und ~43 %. Studien haben eine minimale (2,8 %) Differenz in der Nukleotidsequenzierung von Parasiten, die von Pavian und Monameerkatze isoliert wurden, angegeben, aber es gab keine Sequenzvariation unter *T. deminutus*-Parasiten, die vom Pavian gewonnen wurden. Diese Befunde deuten auf eine signifikante Populationsvariation oder das Vorhandensein von kryptischen Arten innerhalb der *T. deminutus*-Art hin. Berichte über ITS2 Sequenzunterschiede (27–48,3 %) zwischen den beiden taxonomischen Einheiten von *T. deminutus* und Hakenwürmern (Überfamilie Ancylostomatoidea) bildeten die Grundlage für die Identifizierung und Abgrenzung durch PCR-basiertes Mutationsscreening.

Die Parasitenmorphologie

Adulter Wurm

Adulte *T. deminutus*-Männchen und -Weibchen von Menschen messen jeweils 6–13 und 9–17 mm in der Länge und erscheinen dunkler in der Farbe als die adulten Würmer, die von Pavianen isoliert wurden. Adulte Würmer von *T. deminutus* sind im Vergleich zum gekrümmten Aussehen von adulten Hakenwürmern gerade. Direkt unterhalb der Buccalkapsel liegt die transversale kutikuläre Falte. Die Kutikula erscheint opak und hat transversale Streifungen. Die subglobose Buccalkapsel ist groß und geschwollen. Sie hat drei tiefe Zahnsets, einen vorderseitig gerichteten Mund, umgeben von einem Mundkragen und 22–24 Borsten der Corona radii. Das vordere Ende hat vier sub-mediane Papillen und zwei laterale Amphiden. Die Speiseröhre misst 525–840 mm in der Länge. Die Männchen haben eine becherförmige Kopulationsbursa, 2 Spicula und 1 Gubernaculum. Die Spicula messen 1116–1441 mm. Weibchen haben eine vorstehende Vulva, die etwas vor dem Anus liegt (Abb. 1).

Ei

Ternidens deminutus-Eier sind relativ groß. Sie messen 70–94 μm in der Breite und 40–60 μm in der Länge. Das größere Verhältnis von Breite zu Länge unterscheidet *T. deminutus*-Eier von Hakenwurmeiern. Eier haben 4–32 Morulae, die eine weitere Entwicklung innerhalb des Eis durchlaufen und später zu Larven schlüpfen (Abb. 2).

Larve

Rhabditiforme Larve

Die 1. (L1) rhabditiformen Larven von *T. deminutus* messen etwa 3,60 μm in der Länge und 20 μm in der Breite. Die Mundhöhle misst 10,5 × 1,5 μm. Die Speiseröhre ist 95 μm lang. Ein lichtbrechendes und spindelförmiges Geschlechtsprimordium misst 11,2 μm in der Länge. Ein langer, fadenförmiger Schwanz am distalen Ende misst 70 μm in der Länge. Die Larven der 2. Stufe (L2) messen 620 μm in der Länge und 32 μm in der Breite, mit einer Speiseröhre von 140 μm Länge.

Die rhabditiformen Larven von *T. deminutus, Strongyloides* und Hakenwürmer scheinen morphologisch ähnlich zu sein. Dennoch können

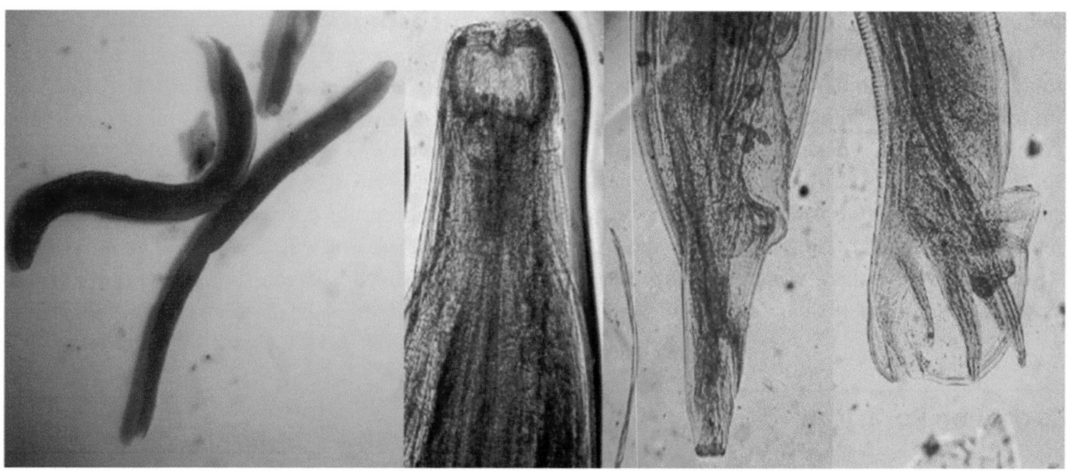

Abb. 1 Adulter Wurm von *T. deminutus* (mit freundlicher Genehmigung: Bradbury R. S. 2019. *Ternidens deminutus* Revisited: Eine Überprüfung der menschlichen Infektionen mit dem falschen Hakenwurm. *Tropical medicine and infectious disease, 4*(3), 106. Unter Creative Commons Attribution (CC BY) Lizenz (http://creativecommons.org/licenses/by/4.0/))

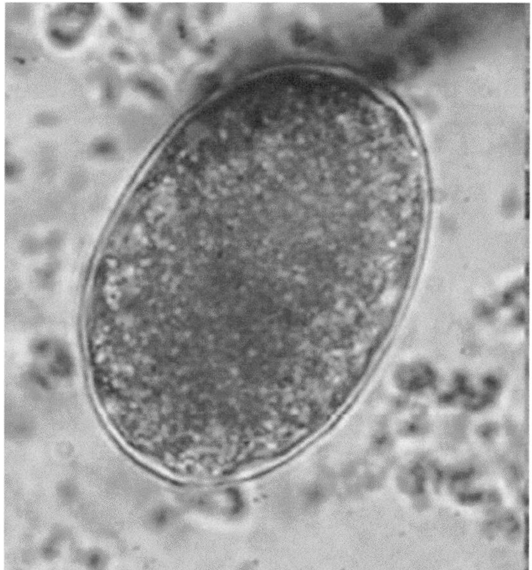

Abb. 2 Ei von *T. deminutus* (mit freundlicher Genehmigung: Bradbury R. S. 2019. *Ternidens deminutus* Revisited: Eine Überprüfung der menschlichen Infektionen mit dem falschen Hakenwurm. *Tropical medicine and infectious disease, 4*(3), 106. Unter Creative Commons Attribution (CC BY) Lizenz (http://creativecommons.org/licenses/by/4.0/))

die rhabditiformen Larven von *T. deminutus* aufgrund ihrer langen Mundhöhle, des längeren Schwanzes und des prominenten Geschlechtsprimordiums von anderen unterschieden werden.

Filariforme Larve

Die filariformen (L3) Larven messen 630–730 µm in der Länge und 29–35 µm in der Breite. Die Larve trägt an ihrem vorderen Ende den Kopf, gefolgt von einer Einbuchtung und einer speerförmigen Mundhöhle. Die Larve hat einen Darm mit charakteristischem „Zickzack-Aussehen". Die Speiseröhre misst 150–165 µm in der Länge, fast ein Drittel der Länge des Darms, und zeigt distal eine leichte Ausbuchtung. Die Speiseröhre ist durch 2 längliche Schließmuskelzellen vom Darm getrennt. Der Darm ist palisadenförmig aufgrund des Vorhandenseins von 10 Paaren großer dreieckiger Zellen. Ein Geschlechtsprimordium von 15 µm Länge befindet sich nahe der Mitte der Larve. Die Anusöffnung ist vorhanden, 120–145 µm vom Schwanzende entfernt. Sie hat einen spitzen Schwanz. Das fadenförmige Ende der Scheide erstreckt sich ein wenig, sodass es am hinteren Ende des Wurms fadenförmig erscheint.

Filariforme *T. deminutus*-Larven lassen sich leicht von denen anderer „Hakenwurm-ähnlichen" wie *Necator* spp. und *Oesophagos-*

tomum spp., durch ihre größere Länge (702–950 μm), die „Y-Form" der verbliebenen Mundhöhle, die rhabditoiden Speiseröhrenblase, die breiter und prominenter erscheint, und das Fehlen von Schließmuskelzellen zwischen der Speiseröhre und dem Darm unterscheiden. Filariforme *Oesophagostomum* spp.-Larven haben einen runden Schwanz, und die Anusöffnung ist viel kürzer vom Schwanzende entfernt (45–88 μm) (Abb. 3).

Zucht von Parasiten

Die Harada-Mori-Technik ist eine Methode zur Stuhlkultur mit Filterpapier im Reagenzglas. Bei dieser Methode wird Stuhl auf einem feuchten Filterpapier in einem Reagenzglas mit sterilem Wasser aufbewahrt und bei Raumtemperatur für 8–10 Tage inkubiert. Die Eier von *T. deminutus*, wenn sie im Stuhl des Wirtes vorhanden sind, schlüpfen und entwickeln sich zu filariformen Larven (L3). Die Methode wird verwendet, um die L3-Larven von *Ternidens* spp. von denen von *Oesophagostomum* spp. und *Necator* spp. zu unterscheiden, da die Eier all dieser Arten morphologisch ähnlich sind.

Versuchstiere

Ternidens deminutus wurden aus der Autopsie von Pavianen identifiziert, die durch Vergiftung getötet wurden, um die Felder um afrikanische Siedlungen zu schützen. In den 1920er- und 1930er-Jahren wurden experimentelle Studien an menschlichen Freiwilligen und Pavianen durchgeführt, entweder durch die Aufnahme von filariformen Larven oder durch kutane Inokulation; dies stellte sich jedoch als erfolglos heraus.

Lebenszyklus von *Ternidens deminutus*

Wirte

Endwirte

Menschen und andere Primaten wie Schimpansen, Gorillas, Makaken und *Cercopithecus*-Affen.

Infektiöses Stadium

Filariforme Larven (L3) sind infektiös für Menschen und andere Primaten.

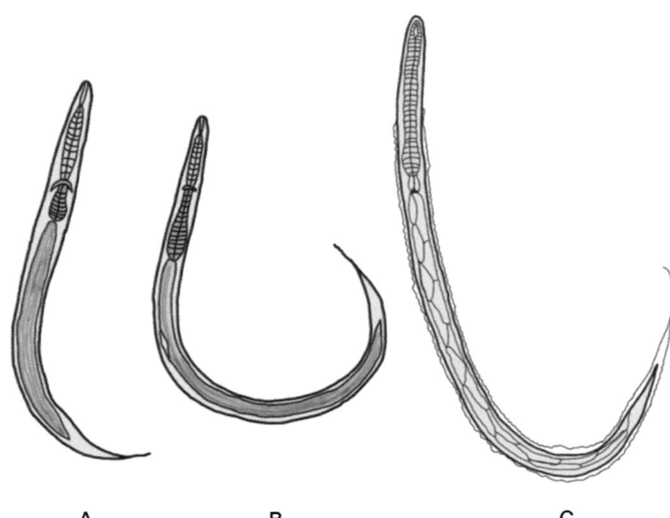

Abb. 3 Larvenformen von *T. deminutus:* **a** rhabditiforme (L1) Larve, **b** rhabditiforme (L2) Larve, **c** filariforme (L3) Larve

Übertragung der Infektion

Menschen und andere Primaten erwerben eine *T. deminutus*-Infektion durch die Aufnahme von mit filariformen Larven des 3. Stadiums (L3) kontaminierten Lebensmitteln. Die Larven bewohnen den Dickdarm, insbesondere das Kolon und das Caecum bei einigen Individuen, im Gegensatz zu Hakenwürmern, die hauptsächlich Parasiten des Dünndarms sind. An diesen Stellen heften sich die L3-Larven an und dringen in die Darmschleimhaut ein und bilden Knötchen an den Anheftungsstellen. Die L3-Larven entwickeln sich anschließend zu L4-Larven. Die L4-Larven lösen sich von der Wand des Dickdarms und gelangen wieder in das Lumen, wo sie sich zu adulten Würmern häuten. Schließlich heften sich die adulten Würmer mit ihrer Mundhöhle an die Darmschleimhaut und beginnen Eier zu produzieren, die in das Lumen des Dickdarms freigesetzt werden. Die Eier beginnen 30–40 Tage nach der Aufnahme der L3-Larven im Stuhl der infizierten Wirte aufzutreten.

Im Boden werden die Eier innerhalb von 24–30 h nach dem Ausscheiden im Stuhl vollständig reif. Die rhabditiformen Larven (L1) schlüpfen nach 48–72 h Präsenz im Boden aus den Eiern. Weiter entwickeln sich die L1-Larven nach 2–3 Tagen zu L2-Larven und schließlich zu filariformen Larven (L3), dem infektiösen Stadium des Parasiten, nach 8–10 Tagen im Boden (Abb. 4).

Pathogenese und Pathologie

L3-Larven initiieren die *T. deminutus*-Infektion, indem sie in die Schleimhaut des Dickdarms eindringen, wo sie sich zu L4-Larven häuten und Knötchen oder Geschwüre in der Wand des Dickdarms bilden. L4-Larven, die sich von der Wand des Dickdarms gelöst haben, häuten sich im Lumen zu adulten Würmern. Die adulten Würmer erzeugen ebenfalls Geschwüre oder zystische Knötchen an den Stellen ihrer Anheftung in der Darmwand. Schwere Infektionen durch adulte Würmer können Anämie verursachen.

Immunologie

Die Immunantworten bei chronischer *T. deminutus*-Infektion sind gekennzeichnet durch erhöhte Serum-IgG- und -IgA-Antikörper, die spezifisch gegen Filariforme-Larven-Antigene sind. Die schützende Rolle dieser Serumantikörper gegen den Nematoden bei infizierten Menschen ist jedoch noch unklar.

Infektionen beim Menschen

Die Mehrheit der menschlichen *T. deminutus*-Infektionen ist asymptomatisch.

Das charakteristische Erscheinungsbild von symptomatischen chronischen Fällen von menschlichen *T. deminutus*-Infektionen umfasst multiple intestinale Abszesse, Knötchen oder Helminthome des Dickdarms. Adulte Würmer können frei im Darmlumen liegen oder an die Darmschleimhaut angeheftet sein. Schwere Infektionen, die durch eine große Anzahl von adulten Würmern verursacht werden, sind häufig mit Unwohlsein, Obstipation und mikrozytärer hypochromer Anämie verbunden. Koinfektionen von *Ternidens* mit anderen intestinalen Helmintheninfektionen wurden bei Patienten mit schlechtem Ernährungszustand dokumentiert.

Infektionen bei Tieren

Der erste Fall einer *T. deminutus*-Infektion bei Primaten wurde von Leiper bei einem westlichen Flachlandgorilla berichtet, der im Londoner Zoologischen Garten starb. Nach diesem Bericht wurden zwischen 1906 und 1937 mehrere Berichte über die Infektion bei Affen, Pavianen und Schimpansen aus Ländern in Afrika und Asien dokumentiert. Afrikanische nicht menschliche Primaten wie Paviane und Grünmeerkatzen

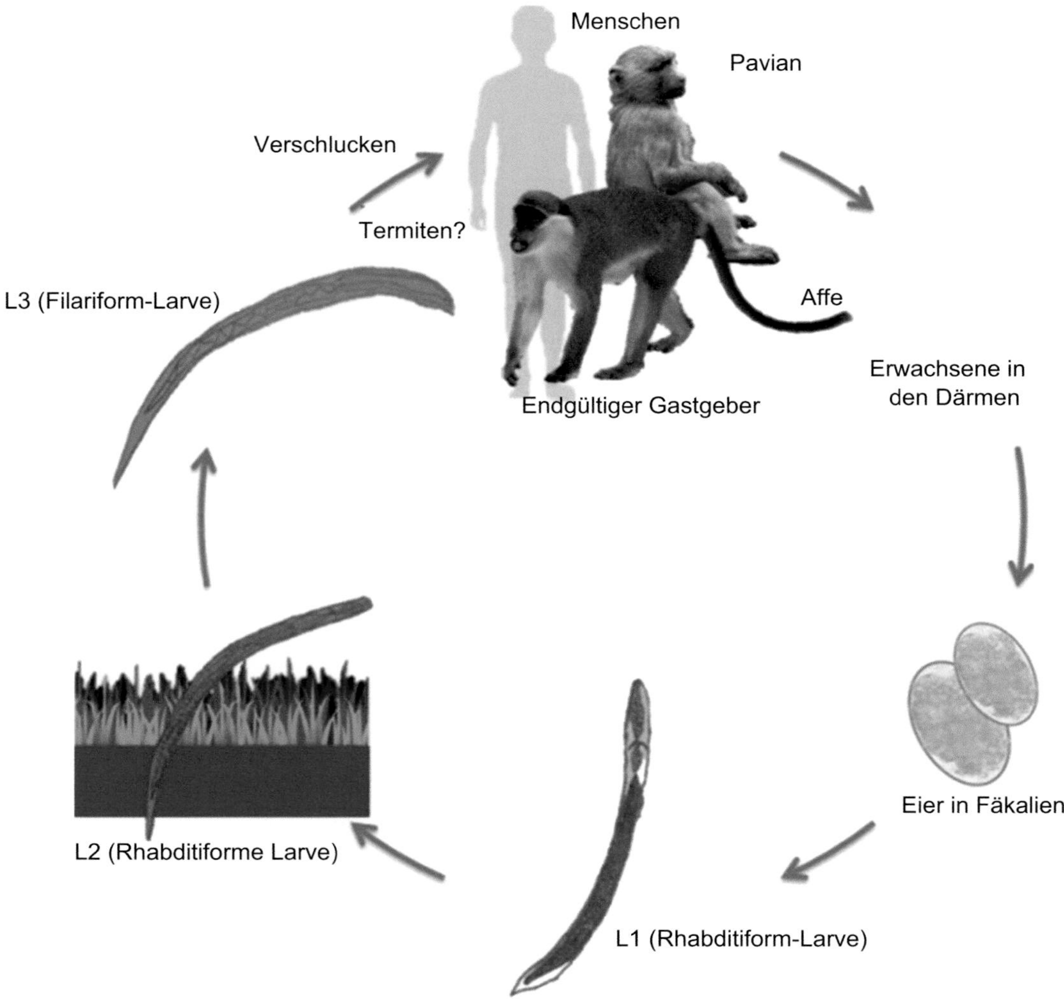

Abb. 4 Lebenszyklus von *T. deminutus*

sind anfälliger für *Ternidens*-Infektionen. Die Parasiten sind häufig im Dickdarm von Primaten zu finden und verursachen Anämie und Knötchen in der Darmwand.

Epidemiologie und öffentliche Gesundheit

Ternidens deminutus bewohnt normalerweise den Dickdarm von Primaten wie Schimpansen, Gorillas, Makaken und *Cercopithecus*-Affen in Afrika, Indien und Indonesien. Die Infektion wurde auch bei fast 21 % von 100 Rhesusaffen aus China gemeldet.

Die menschliche *T. deminutus*-Infektion wurde aus dem subsaharischen Afrika (Rhodesien, Tansania) gemeldet, mit nur 1 Fall aus Thailand und 2 aus Surinam (Tab. 1). Es wurde keine menschliche Infektion aus Asien dokumentiert, obwohl die Infektion bei Affen festgestellt wurde.

Diagnose

Die Diagnostik der *Ternidens*-Infektion basiert auf verschiedenen Labormethoden (Tab. 2).

Tab. 1 Verbreitung von *Ternidens* spp. von Bedeutung für den Menschen

Art	Verbreitung	Endgültiger Wirt
Ternidens deminutus	*Menschen* – subsaharisches Afrika, z. B. Rhodesien und Tansania *Primaten* – Afrika, Indien und Indonesien	Menschen, Primaten wie Schimpansen, Gorillas, Makaken und *Cercopithecus*-Affen

Mikroskopie

Stuhlmikroskopie ist häufig hilfreich beim Nachweis von *Ternidens*-Eiern im Stuhl. Diese Eier müssen jedoch aufgrund ihrer Größe und anderer Merkmale von anderen Hakenwürmern unterschieden werden. Die Wiederfindungsrate von Eiern im Stuhl erhöht sich nach Konzentration des Stuhls entweder durch die gesättigte Salzflotationsmethode oder durch die Formalin-Ethylacetat-Sedimentationsmethode.

Adulte Würmer können in (a) Stuhlproben nach Abführmittelgabe oder (b) histopathologischen Proben des Dickdarms, die während der Autopsie gewonnen wurden, wiedergefunden und identifiziert werden. Es gilt als Goldstandard bei der Diagnose von *Ternidens*-Infektionen.

In-vitro-Kultur

In-vitro-Kultur von Larven bis zum L3-Stadium ist hilfreich zur Erkennung und Identifizierung von *Ternidens*-Infektionen. Die Harada-Mori-Stuhlkultur wird verwendet, um das L3-Stadium von *Ternidens* zu erkennen und zu identifizieren.

Serodiagnostik

Indirekter Immunfluoreszenztest (IFAT), Oberflächenpräzipitationstest usw. werden zum Nachweis spezifischer Antikörper gegen *T. deminutus* im Serum zur Diagnose von *T. deminutus*-Infektionen beim Menschen angewendet. Der IFAT, der ein Antigen von adulten Würmern im Test verwendet, zeigte jedoch Kreuzreaktionen mit Seren von Patienten, die mit verwandten Helminthen wie *Necator americanus* infiziert waren. Der Oberflächenpräzipitationstest verwendete ausgeschlüpfte Larven, die bei 4 °C mit Immunserum inkubiert, anschließend geschnitten und mit dem Elektronenmikroskop untersucht wurden. Serologische Tests spielen auch eine wichtige Rolle in epidemiologischen Studien.

Molekulare Diagnostik

Die genetische Charakterisierung von *T. deminutus* wurde durch Sequenzierung des zweiten internen transkribierten Spacers (ITS2) der nukleären ribosomalen DNA (rDNA) durchgeführt. Diese molekulare Charakterisierung von *T. deminutus* wurde an dem aus Grünem Pavian und Monameerkatze isolierten adulten Wurm durchgeführt. Die molekularen Methoden sind nicht nur zur Identifizierung äußerst nützlich, sondern auch zum Verständnis der Prävalenz der *Ternidens* spp. in der Gesellschaft (Tab. 2).

Behandlung

Thiabendazol und Pyrantelpamoat sind hochwirksam zur Behandlung von *Ternidens*-Infektionen beim Menschen, mit hohen Heilungsraten. Pyrantelpamoat hat sich als wirksam bei *T. deminutus*-Infektionen herausgestellt, mit hohen Heilungsraten, aber mit einigen Nebenwirkungen. Albendazol, Mebendazol und Ivermectin wurden ebenfalls zur Behandlung der Erkrankung mit guter Wirksamkeit bewertet.

Die Behandlung von helminthischen Pseudotumoren und helminthischen Abszessen erfolgt hauptsächlich durch chirurgische Exzision des betroffenen Darms oder Entfernung der Würmer aus den Knötchen.

Tab. 2 Diagnosemethoden für *Ternidens*-Infektionen

Diagnoseansätze	Methoden	Ziele	Bemerkungen
Direkte Mikroskopie	Stuhlmikroskopie	Direkte Darstellung von Eiern und Parasiten	Stuhlkonzentrationstechniken sind erforderlich, um die Sensitivität zu erhöhen
	Abführmittel oder Autopsie	Direkte Darstellung des adulten Wurms	Goldstandardmethode für die Diagnose
Immundiagnostik	Antikörper (IFAT)	IgG- und IgE-Antikörper	Wichtige Rolle in epidemiologischen Studien *Einschränkung:* Kreuzreaktion mit Patienten, die mit verwandten Helminthen infiziert sind
Molekulare Assays	PCR	ITS2	Wird verwendet, um die Prävalenz und Verbreitung der Arten zu studieren *Einschränkungen:* erfordert qualifiziertes Personal

Prävention und Bekämpfung

Die sofortige Entsorgung von menschlichen und tierischen Fäkalien verhindert das Schlüpfen und Kontaminieren des Bodens mit den *Ternidens*-Eiern, was für die Bekämpfung der parasitären Infektion wichtig ist. Regelmäßige tierärztliche Versorgung von Haustieren und Tieren in Zoos mit regelmäßiger Entwurmung reduziert die Umweltkontamination mit den zoonotischen Hakenwurmeiern und -larven. Persönliche Hygiene und Sicherheitsmaßnahmen zur Vermeidung von Hautkontakt mit Sand oder Boden verhindern eine Infektion mit diesen Nematoden.

Fallstudie

Ein 35-jähriger Mann stellte sich mit Fieber, Bauchschmerzen, Empfindlichkeit und einer Masse im rechten unteren Quadranten vor. Bei der explorativen Laparotomie wurde ein lebender Wurm gefunden, der aus der Masse im Ileum extrahiert wurde. Der Wurm wurde als *T. deminutus* identifiziert.

1. Benennen Sie den klinischen Zustand dieses Patienten.
2. Was ist die Goldstandardmethode zur Diagnose dieser Erkrankung?
3. Wie tritt eine menschliche *Ternidens*-Infektion auf?
4. Nennen Sie die Unterscheidungsmerkmale zu anderen Hakenwürmern.
5. Was sind die verschiedenen Behandlungsmöglichkeiten bei *Ternidens*-Infektionen?

Forschungsfragen

1. Wie können wir die vorhandenen Forschungsergebnisse über die Biologie, die Übertragung oder das Ausmaß der Auswirkungen auf Primatenwirte in Bezug auf *Ternidens* spp. vorantreiben?
2. Welche Rolle spielt *Ternidens* bei einer Koinfektion mit anderen Helminthen und welchen Anteil hat *Ternidens* an der Verursachung von Anämie?

Weiterführende Literatur

Amberson JM, Schwarz E. *Ternidens deminutus* Railliet and Henry, a nematode parasite of man and primates. Ann Trop Med Parasitol. 1952;46(3):227–37.

Bradbury RS. *Ternidens deminutus* revisited: a review of human infections with the false hookworm. Trop Med Infect Dis. 2019;4(3):106.

Goldsmid JM. Studies on the life cycle and biology of *Ternidens deminutus* (Railliet & Henry, 1905), (Nematoda: Strongylidae). J Helminthol. 1971;45:341–52.

Goldsmid JM. *Ternidens* infection. In: Parasitic Zoonoses, Bd. II. Boca Raton, FL: CRC Press; 1982. S. 269–88.

Goldsmid JM. The differentiation of *Ternidens deminutus* and hookworm ova in human infections. Trans R Soc Trop Med Hyg. 1968;62:109–16.

Kouassi RY, McGraw SW, Yao PK, et al. Diversity and prevalence of gastrointestinal parasites in seven non-human primates of the Taï National Park. Côte d'Ivoire Parasite. 2015;22:1.

Mehlhorn H. *Ternidens deminutus*. In: Mehlhorn H, Hrsg. Encyclopedia of parasitology. Berlin, Heidelberg: Springer; 2016.

Neafie RC, Marty AM. Oesophagostomiasis and ternidenamiasis. In: Pathology of disease infectious diseases, Helminthiasis, Bd. 1. Philadelphia: Lippincott Williams & Wilkins, Inc.; 2000. S. 499–506.

Schindler AR, De Gruijter JM, Polderman AM, Gasser RB. Definition of genetic markers in nuclear ribosomal DNA for a neglected parasite of primates, *Ternidens deminutus* (Nematoda: Strongylida) –diagnostic and epidemiological implications. In Cambridge core: Parasitology. 2005;131(4):539–46.

Oesophagostomum-Infektion

Rahul Negi, Rahul Kunwar Singh, V. Samuel Raj und Tribhuvan Mohan Mohaptara

Lernziele

1. Zu lernen, dass die Darstellung der Fälle denen einer akuten Appendizitis oder Hernie ähneln kann
2. Sich bewusst zu sein, dass eine *Oesophagostomum*-Infektion in der Differentialdiagnose von akuten Bauchschmerzen berücksichtigt werden muss

Einführung

Oesophagostomiasis ist eine zoonotische parasitäre Krankheit des Verdauungssystems, die durch die Nematodenparasiten *Oesophagostomum* spp. aus der Familie Strongylidae verursacht wird. Sie sind auch bekannt als Knötchenwürmer und infizieren sowohl Tiere als auch Menschen. Acht Arten von *Oesophagostomum* sind bekannt, die Primaten infizieren, einschließlich der häufig gemeldeten *Oesophagostomum bifurcum*, *Oesophagostomum aculeatum* und *Oesophagostomum stephanostomum*. Die Oesophagostomiasis beim Menschen wird durch *O. bifurcum* verursacht und zeichnet sich durch die Bildung von Knötchen im Darm aus. Die Krankheit betrifft weltweit etwa 0,25 Mio. Menschen, und weitere 1 Mio. sind gefährdet, sich zu infizieren.

R. Negi · R. K. Singh
Department of Microbiology, School of Life Sciences, Hemvati Nandan Bahuguna Garhwal University, Srinagar, Indien

V. S. Raj
Centre for Drug designing, discovery and development, SRM University, Sonepat, Indien

T. M. Mohaptara (✉)
Department of Microbiology, Institute of Medical sciences, Banaras Hindu University, Varanasi, Indien

Geschichte

Oesophagostomum wurde erstmals im 19. Jahrhundert bei Rindern und Schweinen gemeldet. Der 1. Fall von Oesophagostomiasis beim Menschen wurde jedoch von Railliet und Henry zu Beginn des 20. Jahrhunderts beobachtet, während sie die Autopsie eines alten afrikanischen Mannes durchführten, der in der Nähe des Omro-Flusses in Südäthiopien lebte. Die Parasiten wurden in den Tumoren des Blinddarms und des Dickdarms beobachtet. Der 2. Fall der Krankheit wurde 1910 von H.W. Thomas gemeldet, während er die Eingeweide eines einheimischen brasilianischen Patienten untersuchte, der an schwerer Dysenterie starb. Seitdem wurden mehrere Fälle von menschlicher Oesophagostomiasis in Endemiegebieten beobachtet. 1911 beschrieb Leiper den ersten ausgewachsenen Wurm, der Oesophagostomiasis verursacht.

S. C. Parija und A. Chaudhury (Hrsg.), *Lehrbuch der parasitären Zoonosen*,
https://doi.org/10.1007/978-981-97-4312-4_56

Taxonomie

Die Gattung *Oesophagostomum* gehört zur Unterfamilie Oesophagostominae, Familie Strongylidae, Überfamilie Strongyloidea, Ordnung Strongylida, Klasse Secernentea und Stamm Nematoda.

Genomik und Proteomik

Die Sequenzierung der vollständigen mitochondrialen Genome von *Oesophagostomum asperum* und *Oesophagostomum columbianum* aus kleinen Wiederkäuern hat 36 Gene identifiziert, darunter 12 Protein codierende Gene, 2 rRNA-Gene und 22 tRNA-Gene. Die Proteomanalyse von *Oesophagostomum dentatum* während des Larvenübergangs ergab 3 Proteine, nämlich das Intermediärfilamentprotein B, Tropomyosin und Peptidyl-Prolyl-*cis-trans*-Isomerase, die an dem Häutungsprozess des Wurms beteiligt zu sein scheinen.

Die Parasitenmorphologie

Adulter Wurm

Das adulte *O. bifurcum*-Weibchen misst 6,5–24 mm in der Länge (Abb. 1) und ist länger als das Männchen, das 6–16,6 mm in der Länge misst. Wie andere Nematoden hat es einen mehrkernigen Verdauungstrakt und Fortpflanzungssystem entwickelt. Es hat auch die charakteristische Buccalkapsel und den keulenförmigen Ösophagus, die es von Hakenwürmern unterscheiden. Der Nematode zeigt eine zephale Furche und eine beobachtbare sekretorische Pore (*stomum*) auf der Höhe des Ösophagus. Die Würmer haben eine äußere Hülle mit einer flexiblen und robusten Kutikula ohne jegliche Segmentierung wie andere Rundwürmer. Sowohl männliche als auch weibliche adulte Würmer haben eine Kopfblase und eine Mundöffnung, die aus internen und externen Blätterkränzen besteht (Abb. 2). Männchen unterscheiden sich von Weibchen durch die Anwesenheit einer glockenförmigen kopulatorischen Bursa und gepaarten stabförmigen Spicula in ihrem Schwanzende.

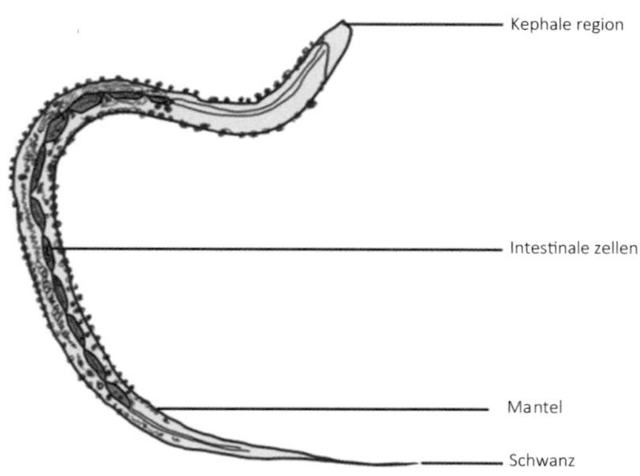

Abb. 1 Ein adulter Wurm der *Oesophagostomum* spp.

Eier

Eier von *O. bifurcum* sind morphologisch ähnlich den Eiern von *Necator* oder *Ancylostoma*. Sie messen etwa 60–75 μm in der Länge und 35–40 μm in der Breite. Die Eier, die im Kot ausgeschieden werden, befinden sich im späteren Stadium der Zellteilung und enthalten mehrere Zellen (Abb. 2).

Larve

Die filariforme L3-Larve ist das infektiöse Stadium und misst etwa 800 μm in der Länge und 30 μm in der Breite. Sie hat eine Hülle, die Querstreifen aufweist. Das hintere Ende der Larve verjüngt sich zu einer schlanken fadenförmigen Spitze. Das charakteristische Merkmal ist das Vorhandensein von 16–30 dreieckigen Darmzellen im Körper. Die L3-Larve ist außergewöhnlich widerstandsfähig gegen ungünstige Umweltbedingungen und kann fast 6 Monate lang völlige Austrocknung oder einige Tage lang Temperaturen unter dem Gefrierpunkt überleben.

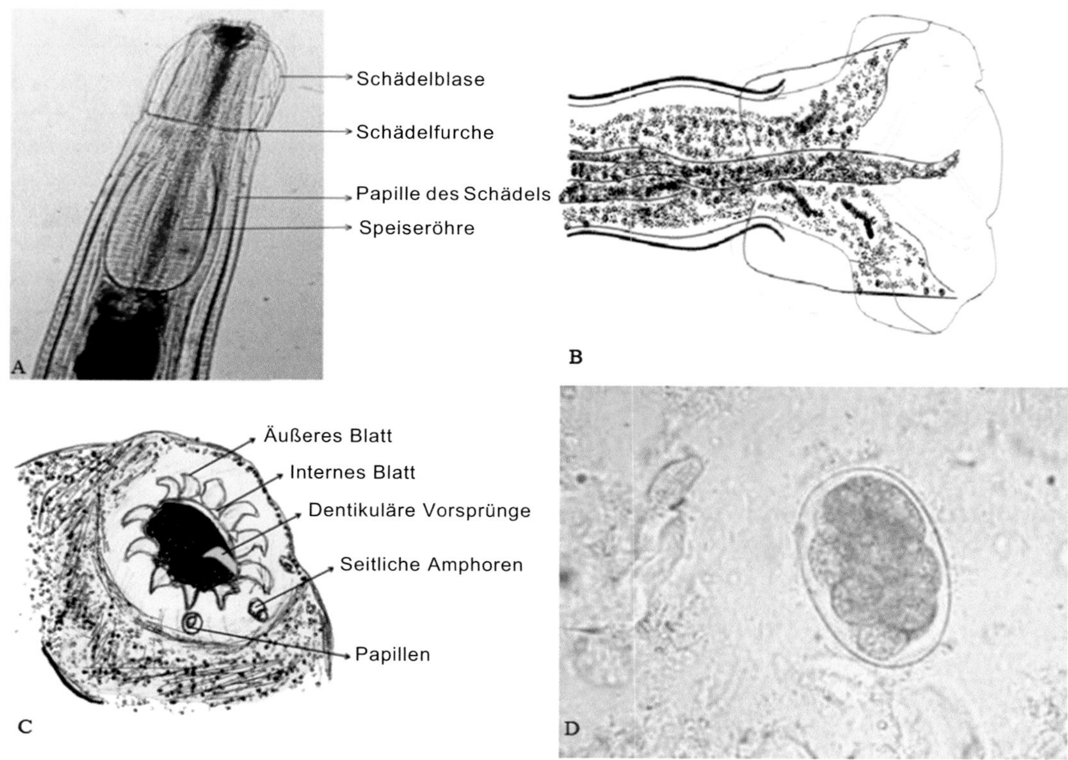

Abb. 2 Beschreibung eines adulten Wurms der *Oesophagostomum* spp. (**a**), Bursa copulatrix eines Männchens (**b**), vorderes Ende mit externem Blätterkranz (**c**), Ei mit mehreren Segmenten (**d**). (Teilbeschriftung **a** und **d** sind adaptiert von Juventus, 2006)

Zucht von Parasiten

Die behüllten L3-Larven von *Oesophagostomum* spp. können aus dem Stuhl des infizierten Wirts durch eine Methode der kleinen Agar-Gel-Migration in vitro isoliert werden. Alternativ kann phosphatgepufferte Salzlösung mit 15 % Serum und 10 % Leberextrakt zur Ausbrütung der Eier in L3-Larven verwendet werden. Für beste Ergebnisse wird die Kultur 5–7 Tage bei 26 °C, pH 6,5 und einer relativen Luftfeuchtigkeit von ≥80–90 % inkubiert. Die L3-Larve in der Kultur wird zur L4-Stufe mit zellfreiem API-1-Medium mit oder ohne Glutathion (reduziert) oder einem Rinderhäm gezüchtet. Das Rinderhäm wird mit „ungebundenem" Hämin oder der gebundenen Häminkomponente der Fildes-Reagenz bereitgestellt. L4-Larven werden von L3 durch Sedimentation getrennt und können in 0,9 % Natriumchlorid bei 37 °C bis zur weiteren Verwendung aufbewahrt werden. Es wurde beobachtet, dass in einem Medium mit Rinderhäm die Entwicklung in jungen adulten Männchen und Weibchen innerhalb von 25–35 Tagen fortgesetzt wurde.

Versuchstiere

Kreuzgezüchtete Ferkel, Bengalenziegen *(Capra hircus)* und Holstein-Kälber werden für experimentelle Infektionen verwendet, um den Infektionsmechanismus, die Wirt-Parasiten-Interaktion und die vergleichende Analyse der

Entwicklung von *Oesophagostomum* spp. zu studieren. Diese Tiere werden vor der experimentellen Infektion unter intensiven Aufzuchtbedingungen helminthenfrei gehalten.

Lebenszyklus von *Oesophagostomum* spp.

Wirte

Schafe, Ziegen, Schweine, nicht menschliche Primaten und Menschen sind die Endwirte für den Parasiten.

Infektiöses Stadium

Das infektiöse Stadium von *Oesophagostomum* ist die filariforme (L3) Larve.

Übertragung von Infektionen

Menschen und andere Säugetiere wie Schafe, Ziegen, Primaten und Schweine erwerben die Infektion durch die Aufnahme von Nahrung und Wasser, die mit infektiösen filariformen (L3) Larven kontaminiert sind (Abb. 3). Im Magen und Dünndarm verliert die Larve ihre kutikuläre Hülle und verwandelt sich nach dem Durchdringen der Darmschleimhaut an der submukosalen Stelle in das L4-Stadium. Dies führt zur Bildung von 1–3 mm großen Knötchen im Darm, insbesondere im Dickdarm, und daher der Name *Knötchenwürmer*. Die L4-Larve reift zu den adulten Formen heran, und nach der Befruchtung beginnt das Weibchen etwa 30–40 Tage nach der Infektion mit der Eiablage. Bei Menschen kann die vollständige Entwicklung ausbleiben, und die Würmer bleiben unreif oder ohne Eiproduktion.

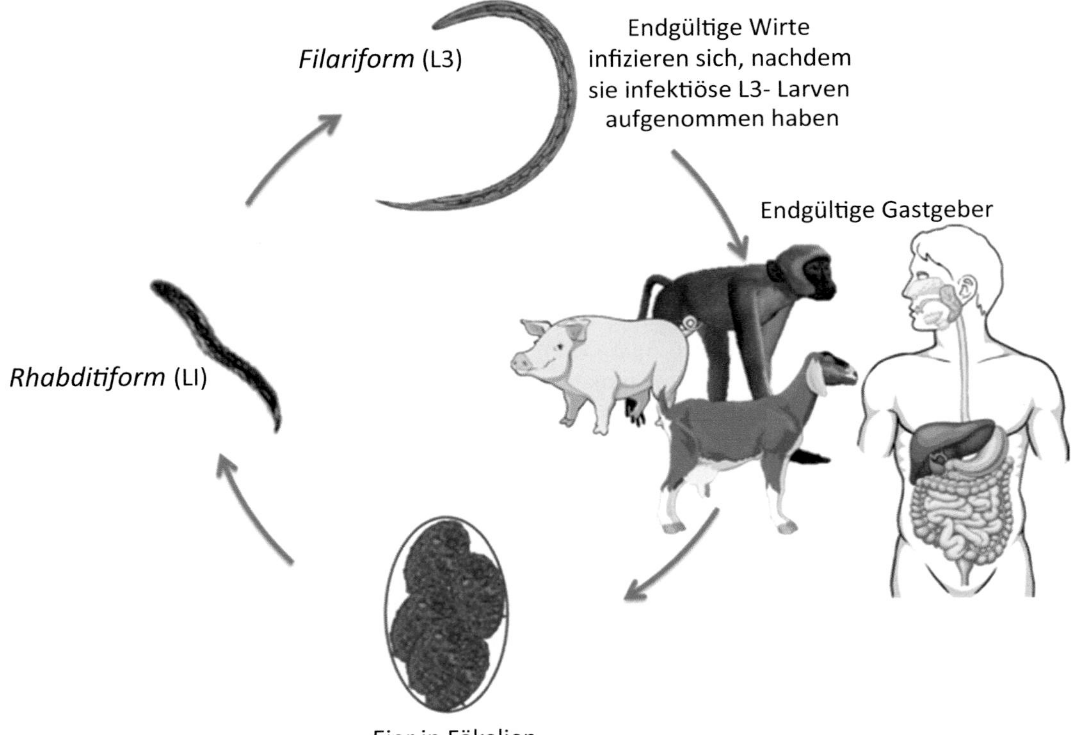

Abb. 3 Lebenszyklus von *Oesophagostomum* spp.

Die Eier werden mit dem Kot ausgeschieden und entwickeln sich zu den L1-Larven, die freigesetzt werden. Innerhalb von etwa 1 Woche und unter günstigen Temperatur- und Feuchtigkeitsbedingungen häutet sich die L1-Larve zur L3-Larve, die in der L2-Larve eingeschlossen bleibt. Dies ist das infektiöse Stadium des Parasiten.

Pathogenese und Pathologie

Die Entwicklung des Krankheitsprozesses beginnt mit der Aufnahme von *Oesophagostomum*-Larven der 3. Stufe (L3). Einige der Larven beginnen, die Schleimhautschicht von Dickdarm und Blinddarm zu infiltrieren, was zu intradermalen Blutungen führt. Die Mehrheit der Larven verkapselt sich in der Schleimhaut und initiiert die Zerstörung der angrenzenden Muscularis mucosae. Die Larven verbleiben entweder dort oder dringen weiter vor, sogar bis in die Serosa an der Anhaftungsstelle.

Eine ausgeprägte entzündliche Reaktion wird durch Larven in der Darmwand ausgelöst. Die wiederholte Invasion der Schleimhaut durch *Oesophagostomum*-Larven führt zu Überempfindlichkeitsreaktionen. Es kommt auch zu entzündlichem Ödem mit Schleimhautverdickung und lymphatischer Thrombose. Einige Larven werden getötet, aber viele der Parasiten häuten sich und heften sich wieder an die Oberfläche der Darmschleimhaut an. Die fibrösen Knötchen können sich um die Larven herum entwickeln, bestehen bleiben und sind mit sekundären bakteriellen Infektionen assoziiert.

Immunologie

Die Immunantwort des Wirts auf *O. dentatum* wurde bei Schweinen untersucht. Es wurden unterdrückte Th1- und Treg-Typ-Immunreaktionen beobachtet, die einer vorherrschenden Th2-Typ-Immunantwort entsprechen. Im BALB/c-Mäusemodell induzierte der Extrakt aus adulten *O. dentatum* Th2- und regulatorische Antworten. Die Stimulation von dendritischen Zellen aus dem Knochenmark führte zur Produktion der regulatorischen Zytokine IL-10 und TGF-β.

Infektion beim Menschen

Der akute abdominale Schmerz, der eine Appendizitis nachahmt, ist die häufigste Erscheinungsform einer *O. bifurcum*-Infektion beim Menschen. Die Erkrankung ist mit mäßigem Fieber und Unbehagen im unteren rechten Bereich des Abdomens verbunden. Erbrechen, Durchfall und Anorexie sind ungewöhnliche Manifestationen.

Andere Erscheinungsformen umfassen eine Darmobstruktion, die eine Hernie nachahmt, und die Entwicklung von großen, schmerzlosen kutanen Massen im unteren Bauchbereich. *Dapaong-Tumor* ist eine häufige Manifestation und tritt als abdominale entzündliche Masse mit Fieber auf. Der klar abgegrenzte Tumor entwickelt sich in der Nähe der Bauchwand. Diese Tumoren sind 3–6 cm groß, weich, bauchnabelnah und schmerzhaft. In seltenen Fällen dringt der Wurm in die Darmwand ein und perforiert sie, was zu eitriger Peritonitis führt, oder er kann zur Haut wandern und kutane Knötchen verursachen.

Infektion bei Tieren

Oesophagostomiasis bei Tieren äußert sich entweder als akute oder chronische Infektion.

Die akute Infektion ist gekennzeichnet durch Gewichtsverlust und Appetitlosigkeit sowie wässrigen oder schleimigen Durchfall. Die chronischen Infektionen äußern sich als Anämie, Ödem und anhaltender Durchfall, der zu einer starken Schwäche der infizierten Tiere führt.

Epidemiologie und öffentliche Gesundheit

Oesophagostomiasis ist endemisch in bis zu 35 Ländern der Welt (Abb. 4). Die meisten Fälle wurden aus Afrika, insbesondere aus Ghana,

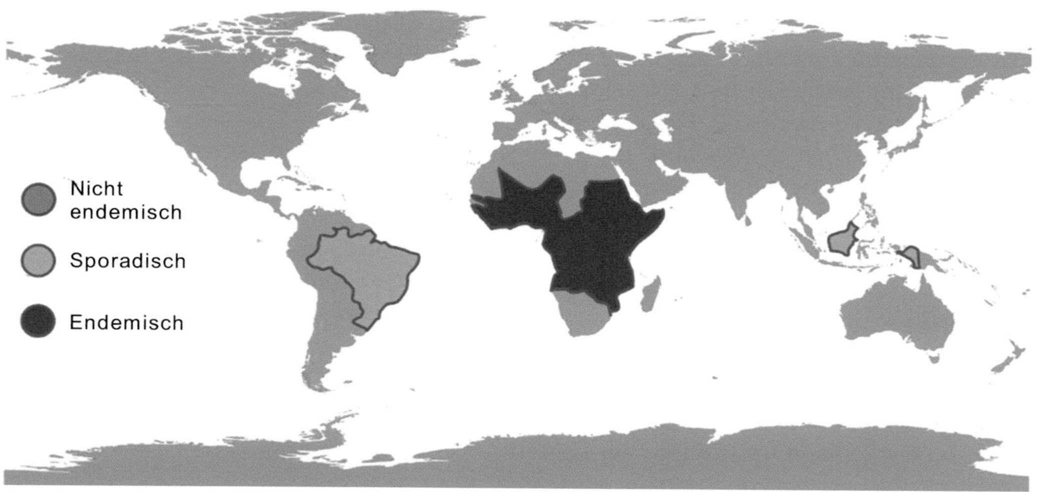

Abb. 4 Globale Verbreitung von *Oesophagostomum* spp.-Infektionen

Tab. 1 Verbreitung von *Oesophagostomum* spp. von Bedeutung für den Menschen

Spezies	Verbreitung	Zwischenwirt	Endwirt
Oesophagostomum bifurcum	Ghana, Togo, Uganda, Brasilien, Südostasien, einschließlich Indonesien und Malaysia	Kein Zwischenwirt	Menschen, Affen

Togo und Uganda berichtet (Tab. 1). Insgesamt wurden 156 Fälle von Oesophagostomiasis, verursacht durch *O. bifurcum,* aus Dörfern im Norden von Togo und Ghana, in Westafrika, berichtet. Fälle wurden auch aus Ländern Asiens wie Malaysia, Brasilien und Indonesien sowie Teilen Amerikas dokumentiert. Die Krankheit betrifft schätzungsweise etwa 0,25 Mio. Menschen weltweit, und weitere 1 Mio. Menschen sind gefährdet, sich zu infizieren.

Menschliche Infektion findet am häufigsten bei Kindern zwischen 5 und 9 Jahren statt. Frauen über 5 Jahre haben ein höheres Infektionsrisiko als Männer. Obwohl die Faktoren, die zu Unterschieden in Alter, Demografie und Geschlecht beitragen, nicht genau bekannt sind, wird dennoch angenommen, dass die Exposition gegenüber kontaminiertem Wasser und die Stärke der Immunantworten wichtig sein könnten. Eine starke Korrelation zwischen Infektionen, die durch *O. bifurcum* und *Necator americanus* bei den in endemischen Dörfern lebenden Personen verursacht werden, wurde beschrieben. Unzureichende Sanitäreinrichtungen, einige landwirtschaftliche Praktiken und das Fehlen von gutem Trinkwasser könnten einige der beitragenden Faktoren sein.

Diagnose

Die eindeutige Diagnose von Oesophagostomiasis wird durch den Nachweis der *Oesophagostomum*-Larve oder jungen adulten Formen in den Knötchen des Darms oder im exzidierten Gewebe nach der Operation gestellt. Die mikroskopische Analyse des Darmgewebes auf mehrkernige Zellen weist auf das Vorhandensein von Larven und jungen Adulten hin (Tab. 2).

Mikroskopie

Der Nachweis von *O. bifurcum*-Eiern im Stuhl durch Mikroskopie deutet auf die vorläufige Diagnose von Oesophagostomiasis hin. Die

Tab. 2 Methoden zur Diagnose von *Oesophagostomum*-Infektionen beim Menschen

Diagnostische Ansätze	Methoden	Ziele	Anmerkungen
Direkte Mikroskopie	Biopsie/Stuhlprobe/ Koprokultur	Larvenabschnitte in Geweben/Flüssigkeiten und Eier im Stuhl	*Nachteil*: invasiv und unempfindlich, nicht leicht zu unterscheiden und zeitaufwendig
Immundiagnostik	Antikörper (ELISA)	IgA-, IgE-, IgG4-Antikörper	Gute Sensitivität und Spezifität
Molekulare Assays	PCR, Multiplex-PCR	16S-rDNA, ITS2-21	Hohe Sensitivität und Spezifität *Einschränkungen:* erfordert qualifiziertes Personal
Bildgebende Verfahren	Ultraschall/ Sonografie	Darm- und Bauchwand	Reduziert Invasivität, erhöht Zuverlässigkeit der Chemotherapie

Eier, die rund sind und 60–75 mal 35–40 μm in der Größe messen, finden sich in größeren Mengen im Stuhl während der akuten Manifestation von Oesophagostomiasis. Allerdings sind *Oesophagostomum*-Eier und andere Hakenwurmeier morphologisch ähnlich; daher wird eine Koprokultur für die spezifische Diagnose auf der Grundlage der Morphologie der aus den Eiern geschlüpften Larven durchgeführt.

In-vitro-Kultur

Koprokultur kann durchgeführt werden, die es den Eiern ermöglicht, zu L1-Larven zu schlüpfen, die sich anschließend zu L3-Larven entwickeln. Die spezifische Diagnose wird durch die Identifizierung der L3-Larve gestellt. Phosphatgepufferte Salzlösung mit 15 % Serum und 10 % Leberextrakt kann zum Schlüpfen der L3-Larven aus den Eiern verwendet werden. Für beste Ergebnisse sollte die Kultur bei 26 °C, pH 6,5 und einer relativen Luftfeuchtigkeit von ≥80–90 % für 5–7 Tage inkubiert werden. Diese Technik ist jedoch zeitaufwendig.

Serodiagnostik

Ein empfindlicher und spezifischer ELISA-Test zur Diagnose von humaner Oesophagostomiasis wurde in der Literatur beschrieben, der *O. bifurcum*-roh-lösliche-Antigene verwendet. Der IgG-ELISA zeigte Kreuzreaktivität mit anderen Helmintheninfektionen. Allerdings wurde die Detektion der IgG4-Fraktion durch ELISA als hochspezifisch beschrieben, obwohl die Sensitivität aufgrund des Fehlens einer definitiven parasitologischen Diagnose nicht bestimmt werden konnte. Abgesehen davon hat eine Reihe von Forschern Immunassays zum Nachweis von Antikörpern bei Schafen und Ziegen beschrieben, unter Verwendung verschiedener von *O. columbianum* abgeleiteter Antigene.

Molekulare Diagnostik

PCR-basierte Assays werden zunehmend für die Diagnose von Oesophagostomiasis eingesetzt. Die PCR mit spezifischen genetischen Markern von *O. bifurcum* ist hochsensitiv und spezifisch für den Nachweis des Parasitengenoms im Serum. Die Multiplex-PCR mit Stuhlproben ist ebenfalls eine vielversprechende Methode für die gleichzeitige Detektion und Identifizierung von *O. bifurcum* zusammen mit *Ancylostoma duodenale* und *Necator americanus* mit 100 % Spezifität und Sensitivität.

Andere Tests

Die sonografische Bildgebung wird zunehmend für die Diagnose von Oesophagostomiasis verwendet. Die Ultraschallmethode und sonografische Bilder haben den Vorteil, dass sie Knoten in der Bauchwand vor der chronischen Phase der Infektion erkennen können. Diese nichtinvasiven Verfahren minimieren die invasiven chirurgischen Eingriffe auf ein Minimum und ermöglichen auch ausreichend Zeit für die Chemotherapie der Infektion.

Behandlung

Sowohl schmal- als auch breitbandige Anthelminthika werden zur Behandlung von *Oesophagostomum*-Infektionen beim Menschen eingesetzt. Schmalbandige Anthelminthika wie Pyrantel und Morantel sind wirksam gegen adulte Würmer, aber nicht gegen die Larven.

Die breitbandigen Anthelminthika wie Albendazol sind hochwirksam gegen Oesophagostomiasis. Das Medikament wirkt, indem es die Tubulinpolymerisation hemmt, was wiederum die Glukoseaufnahme durch den Parasiten hemmt. Eine einzige Dosis Albendazol (400 mg) oral verabreicht ist wirksam, um den Parasiten aus dem infizierten Fall zu beseitigen. Die wiederholte Verabreichung von Albendazol an Menschen in einem Endemiegebiet in Nordghana hat eine dramatische Abnahme (~90 %) der Prävalenz von *O. bifurcum*-Infektionen innerhalb eines Jahres und bis zu ~98 % innerhalb von 2 Jahren gezeigt. Albendazol (200–400 mg) in Kombination mit Amoxicillin (250 mg) wird für bis zu 5 Tage je nach Schwere der Krankheit empfohlen. Im Falle von Fisteln oder Abszessen werden eine Inzision und Drainage der Läsion empfohlen, gefolgt von einer Chemotherapie.

Kürzlich wurde *trans*-Zimtaldehyd (CA) evaluiert, und es wurde festgestellt, dass es in vitro wirksam gegen *O. dentatum*-Larven ist. Wenn die Verbindung in vivo verabreicht wurde, wurde die Infektion nicht signifikant reduziert, möglicherweise aufgrund der schnellen Absorption oder des Metabolismus von *trans*-Zimtaldehyd.

Prävention und Bekämpfung

Oesophagostomum-Infektionen werden hauptsächlich durch den oral-fäkalen Weg durch das L3-Stadium, das infektiöse Stadium des Parasiten, übertragen. Daher sind eine ausreichende Reinigung und Kochen von Fleisch und Fleischprodukten und Gemüse, das Abkochen von Trinkwasser und die Aufrechterhaltung ordnungsgemäßer sanitärer und hygienischer Verhältnisse die empfohlenen Maßnahmen zur Reduzierung der Infektion in dem für die Krankheit endemischen Gebiet. Da die Entwicklung von Eiern zu infektiösen L3-Larven etwa 1 Woche dauert, kann das Entfernen des gesamten Dungs in kürzeren Intervallen den Lebenszyklus unterbrechen und die Infektiosität der Umwelt reduzieren. Da die Infektion hauptsächlich auf eine bestimmte Region Afrikas beschränkt ist, kann die Mobilisierung von Ressourcen innerhalb und um das endemische Gebiet herum, das auf diesen Parasiten abzielt, unternommen werden, um die Krankheitslast zu verhindern oder zu reduzieren.

Fallstudie

Ein 8-jähriger malaysischer Junge, der Symptome wie Bauchschmerzen und Gewichtsverlust zeigte, wurde in ein Krankenhaus eingeliefert. Eine Blutuntersuchung wurde durchgeführt, aber als normal befunden. Die Ultraschalluntersuchung des Dickdarms zeigte das Vorhandensein von „Zielscheiben-“ oder „Bullaugen-“ und „Pseudonieren-Erscheinungen“. Die Laparotomieanalyse zeigte auch, dass die Bauchhöhle mit einer Flüssigkeit gefüllt war. Die Darmwand war mit hunderten von blassen, erbsengroßen Knötchen bedeckt. Als der Darm disseziert wurde, platzten die Knötchen und der dicke gelbe Eiter trat aus, der einen 11 mm langen Wurm enthielt, der sich aggressiv bewegte. Weitere Untersuchungen bestätigten, dass die Infektion durch *Oesophagostomum*-Würmer verursacht wurde.

1. Nennen Sie die eindeutigen Diagnosemethoden der *Oesophagostomum*-Infektion?
2. Welches Problem tritt bei der Stuhlmikroskopie unter diesen Bedingungen auf?
3. Wie behandeln Sie diese Infektion?

Forschungsfragen

1. Was ist der Mechanismus zur Aufrechterhaltung der Infektiosität und Überlebensfähigkeit der *Oesophagostomum*-Larve bei extremer Trockenheit und niedrigen Temperaturen?
2. Obwohl Menschen als ungeeigneter Wirt für *Oesophagostomum* angesehen werden, warum vollenden einige Larven ihre Entwicklung im Menschen?
3. Gibt es eine Möglichkeit der Übertragung von Oesophagostomiasis von Mensch zu Mensch?

Weiterführende Literatur

Gasser RB, De Gruijter JM, Polderman AM. Insights into the epidemiology and genetic make-up of *Oesophagostomum bifurcum* from human and non-human primates using molecular tools. Parasitology. 2006;132(4):453.

Jas R, Ghosh J, Das K. Diagnosis of *Oesophagostomum columbianum* infection in goat by indirect enzyme linked immunosorbent assay. Helminthologia. 2010;47(2):83–7.

Joachim A, Ruttkowski B, Daugschies A. Comparative studies on the development of *Oesophagostomum dentatum* in vitro and in vivo. Parasitol Res. 2001;87(1):37–42.

Juventus BZ. Controlling human oesophagostomiasis in northern Ghana. Doctoral Thesis, Leiden University, 2006.

Kandil OM, Hendawy SH, El Namaky AH, Gabrashanska MP, Nanev VN. Evaluation of different *Haemonchus contortus* antigens for diagnosis of sheep haemonchosis by ELISA and their cross reactivity with other helminthes. J Parasit Dis. 2017;41(3):678–83.

Krepel HP, Polderman AM. Egg production of *Oesophagostomum bifurcum*, a locally common parasite of humans in Togo. Am J Trop Med Hyg. 199(4):469–72.

McRae KM, Stear MJ, Good B, Keane OM. The host immune response to gastrointestinal nematode infection in sheep. Parasite Immunol. 2015;37(12):605–13.

Rodrigues GC, Vale VL, Silva MC, Sales TS, Raynal JT, Pimentel AC, Trindade SC, Meyer RJ. Immune response against *Haemonchus contortus* and the Th1–Th2 paradigm in helminth infection. EC Microbiology. 2017;9:152–9.

Storey PA, Anemana S, Van Oostayen JA, Polderman AM, Magnussen P. Ultrasound diagnosis of oesophagostomiasis. Br J Radiol. 2000;73(867):328–32.

Storey PA, Faile G, Hewitt E, Yelifari L, Polderman AM, Magnussen P. Clinical epidemiology and classification of human oesophagostomiasis. Trans R Soc Trop Med Hyg. 2000;94(2):177–82.

Thomas HW. The pathological report of a case of oesophagostomiasis in man: expedition to the Amazon, 1905–1909. Ann Trop Med Parasitol. 1910;4(1):57–88.

Verweij JJ, Brienen EA, Ziem J, Yelifari L, Polderman AM, Van Lieshout L. Simultaneous detection and quantification of *Ancylostoma duodenale, Necator americanus,* and *Oesophagostomum bifurcum* in fecal samples using multiplex real-time PCR. Am J Trop Med Hyg. 2007;77(4):685–90.

Verweij JJ, Polderman AM, Wimmenhove MC, Gasser RB. PCR assay for the specific amplification of *Oesophagostomum bifurcum* DNA from human faeces. Int J Parasitol. 2000;30(2):137–42.

Williams AR, Ramsay A, Hansen TV, Ropiak HM, Mejer H, Nejsum P, Mueller-Harvey I, Thamsborg SM. Anthelmintic activity of trans-cinnamaldehyde and A-and B-type proanthocyanidins derived from cinnamon (*Cinnamomum verum*). Sci Rep. 2015;5:14791.

Yelifari L, Bloch P, Magnussen P, Van Lieshout L, Dery G, Anemana S, Agongo E, Polderman AM. Distribution of human *Oesophagostomum bifurcum,* hookworm and *Strongyloides stercoralis* infections in northern Ghana. Trans R Soc Trop Med Hyg. 2005;99(1):32–8.

Mammomonogamiasis

Munni Bhandari, Rahul Kunwar Singh, V. Samuel Raj
und Tribhuvan Mohan Mohaptara

Lernziele

1. Die Bedeutung dieses Parasiten bei der Verursachung von akuten Infektionen der oberen Atemwege zu verstehen
2. Den Wert der Bronchoskopie zur Entfernung des Wurms zu verstehen

Einführung

Mammomonogamiasis ist eine Infektion des Atmungssystems, die durch den Nematoden der Gattung *Mammomonogamus* verursacht wird. Die Erkrankung ist gut dokumentiert bei Katzen, Rindern, Hirschen, Elefanten, Ziegen, Orang-Utans, Schafen, Wildyaks, aber selten bei Menschen in subtropischen und tropischen Regionen der Welt. Die Gattung *Mammomonogamus* umfasst nur 4 bekannte Arten: *Mammomonogamus laryngeus*, Mammomonogamus nasicola, Mammomonogamus gangguiensis und *Mammomonogamus auris.* Von diesen 4 Arten ist nur eine, nämlich *M. laryngeus,* als Verursacher einer zufälligen Infestation beim Menschen bekannt und siedelt sich in der Trachea, dem Bronchus oder dem Kehlkopf an.

M. Bhandari · R. K. Singh
Department of Microbiology, School of Life Sciences, Hemvati Nandan Bahuguna Garhwal University, Srinagar (Garhwal), Indien

V. S. Raj
Centre for Drug Designing, Discovery and Development, SRM University, Sonepat, Indien

T. M. Mohaptara (✉)
Department of Microbiology, Institute of Medical Sciences, Banaras Hindu University, Varanasi, Indien

Geschichte

Früher wurde *Mammomonogamus* als eine Art von Luftröhrenwürmern der Gattung *Syngamus* gesehen, da sie eine große Ähnlichkeit mit Letzteren aufweist und Infektionen bei Vögeln verursacht. Der Wurm wurde erstmals von Rindern in Vietnam isoliert und 1899 von Railliet als *Syngamus laryngeus* bezeichnet. Später wurde er aufgrund der phylogenetischen Beziehung als Mitglied einer anderen Gattung, *Mammomonogamous,* beschrieben. Das Wort *Mammomonogamus* setzt sich zusammen aus dem lateinischen Wort *mamma* (Brust) und den griechischen Wörtern *mono* (einzeln) und *gamos* (Ehe). Die ersten Fälle von Mammomonogamiasis beim Menschen wurden von Dr. A. King auf der Insel St. Lucia und von Leiper in der Karibik im Jahr 1913 berichtet. *Mammomonogamus*-Arten zeigen eine merkwürdig geringe Wirtsspezifität im Vergleich zu anderen Mitgliedern der Ordnung Strongylida.

S. C. Parija und A. Chaudhury (Hrsg.), *Lehrbuch der parasitären Zoonosen,*
https://doi.org/10.1007/978-981-97-4312-4_57

Taxonomie

Auf der Grundlage von morphologischen Merkmalen, wie dem Zustand der permanenten Kopulation und dem Ort der Infektion, wird die Gattung *Mammomonogamus* in die Familie Syngamidae des Stamms Nematoda (Ryzhikov 1948) eingeteilt. Weiterhin wurde die Familie Syngamidae in zwei Unterfamilien eingeteilt: Syngaminae und Stephanurinae. Die Unterfamilie Stephanurinae wird durch die Art *Stephanurus dentatus* repräsentiert, die Infektionen bei Schweinen verursacht. Die Unterfamilie Syngaminae hat 5 Gattungen: *Syngamus, Cyathostoma* und *Boydinema,* die Infektionen bei Vögeln verursachen, sowie *Rodentogamus* und *Mammomonogamus,* die Infektionen bei Säugetieren verursachen.

Das Taxon *Mammomonogamus* gehört zur Ordnung Strongylida aufgrund seiner engen Beziehung zu Hakenwürmern. Im Gegensatz zu Hakenwürmern ist die Mundhöhle von *Mammomonogamus* jedoch frei von Schneideplatten und Zähnen.

Genomik und Proteomik

Sehr begrenzte Studien wurden auf molekularer Ebene für *Mammomonogamus* durchgeführt. Das Profiling von *M. laryngeus*-ES (Exkretion–Sekretion)-Proteinen wurde mittels SDS-PAGE-Elektrophorese evaluiert und dessen Enzymaktivität in einer kolumbianischen Studie bestimmt. Die 4 aus diesen Proteinen separierten Banden sind die dominanteste Bande von 94,4 kDa und diffuse Banden von 72, 108 und 122 kDa, von denen 108 kDa Proteaseaktivität zeigte. Es wird angenommen, dass die Proteine in diesen Banden eine bedeutende Rolle bei der Penetration der Haut durch den Parasiten und seiner Bewegung durch das Bindegewebe des Wirts spielen.

Die Parasitenmorphologie

Adulter Wurm

Mammomonogamus laryngeus ist ein hämatophager Rundwurm mit einigen ungewöhnlichen Eigenschaften. Der Parasit erscheint Y-förmig, und die Würmer werden *in copula* gefunden. Der weibliche Wurm hat einen verlängerten rotbraunen Arm, während der männliche Wurm einen kürzeren gelblichen Arm (hintere Bursa) hat, der an die Vulva des Weibchens in der Nähe des Zentrums angehängt ist. So wird eine „Y-förmige“ Struktur durch die Verbindung von männlichen und weiblichen Würmern gebildet, die in der adulten Phase ständig vereint bleibt. Adulte Würmer von *M. laryngeus* erscheinen blutrot bis rotbraun aufgrund der Absorption des Blutes des Wirts (Abb. 1).

Der adulte weibliche Wurm ist 8,7–23,5 mm lang und 0,55–0,57 mm breit. Er besitzt einen langen oder kurzen Schwanz mit spitzem hinteren Ende und besitzt eine Geschlechtsöffnung in der Mitte des Körpers zur Kopulation. Die Gebärmutter enthält viele Eier. Der männliche Wurm ist 3–6,3 mm lang, 0,36–0,38 mm breit und besitzt Spicula zur Kopulation mit dem weiblichen Wurm. Die Spicula sind 23–30 μm lang.

Die Würmer haben eine orale Öffnung oder einen Mund an ihrem vorderen Ende und eine hintere Öffnung. Der Mund ist dickwandig und hat eine becherförmige Buccalkapsel und kurze oder lange Rippen. Er besteht aus 8–10 kleinen Zähnen, die tief in der Buccalhöhle an ihrer Basis ohne Blattkränze liegen. Diese Zähne werden nicht zur Befestigung verwendet. Die orale Öffnung grenzt an den kreisförmigen Rand und wird von Lippen begrenzt.

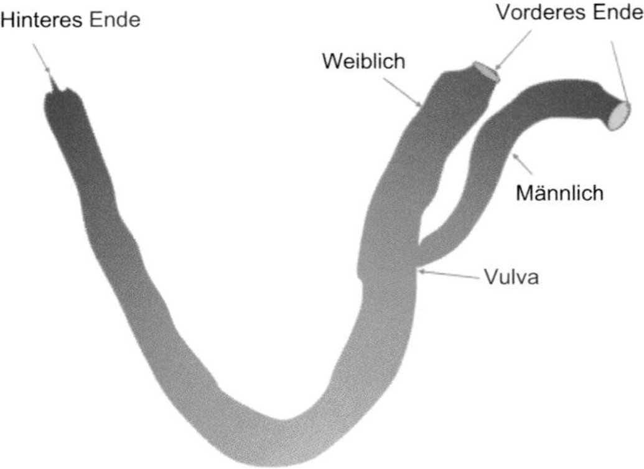

Abb. 1 Adulte Würmer von *Mammomonogamus laryngeus*

Eier

Der weibliche *M. laryngeus* legt viele Eier ab, die oval bis ellipsoid, nicht operkuliert und 40 × 80 µm groß sind. Die Eier haben Spicula, die 23–30 µm lang sind und eine äußere Wand haben, die dicker ist als die der Hakenwurmeier. Eier werden im Sputum ausgehustet oder im Stuhl von infizierten Menschen ausgeschieden.

Zucht von Parasiten

Die Zucht eines Pathogens ist wichtig für das Verständnis des Lebenszyklus, die Erkennung von Arzneimittelresistenz, die Produktion von Impfstoffen und das Screening von therapeutischen Mitteln. Es gibt nur wenige In-vitro-Techniken wie die Harada-Mori-Kulturtechnik für die Zucht von *Mammomonogamus* spp.

Versuchstiere

Versuche, Mammomonogamiasis bei ausgewachsenen Kätzchen und Katzen mit geschlüpften Larven zu etablieren, waren nicht erfolgreich. Dies hat zur Hypothese geführt, dass ein Zwischen- oder paratenischer Wirt benötigt wird, um den Lebenszyklus des Parasiten zu vervollständigen.

Lebenszyklus von *Mammomonogamus* spp.

Der Lebenszyklus von *Mammomonogamus* spp. ist noch nicht vollständig aufgeklärt.

Wirte

Endwirte

Wiederkäuer wie Rinder gelten als Endwirte für *Mammomonogamus* spp. Die häufigste Art *M. laryngeus* verursacht seltene Infektionen beim Menschen.

Zwischenwirte

Nicht bestätigt. Es könnten Gliederfüßer, Schnecken oder Regenwürmer sein. Es sind keine biologischen oder mechanischen Vektoren bekannt. Es ist auch nicht klar, ob sie Zwischenwirte benötigen oder nicht, um den Lebenszyklus zu vervollständigen.

Infektiöses Stadium

Es könnten Eier oder Larven oder vielleicht der adulte Wurm selbst sein.

Übertragung von Infektionen

Es wird vermutet, dass die Übertragung des Parasiten durch den oral-fäkalen Weg erfolgt, bei dem der Parasit durch die Aufnahme von Nahrung oder Wasser, die Larven oder befruchtete Eier enthalten, in den Körper des Wirts gelangt (Abb. 2). Derzeit gibt es zwei Hypothesen, die den möglichen Lebenszyklus

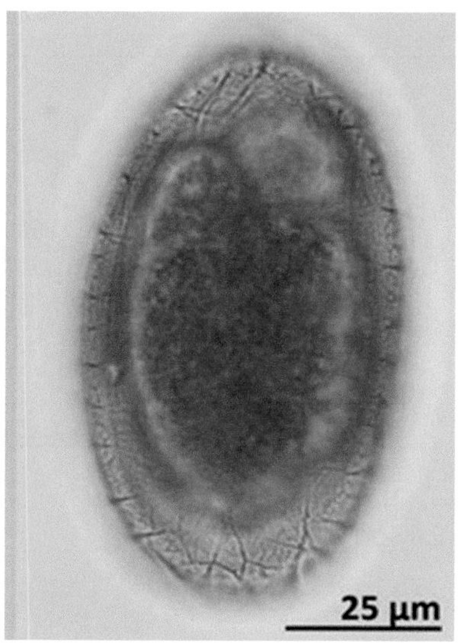

Abb. 2 Ei von *Mammomonogamus* sp. isoliert aus dem Kot eines afrikanischen Waldelefanten. Die Oberfläche der Eierschale zeigt eine typische Unterteilung in unregelmäßige rechteckige Felder durch Streifung (adaptiert von Červená, 2017)

von *Mammomonogamus* spp., insbesondere in Endemiegebieten, erklären.

Hypothese 1: Die *Mammomonogamus*-Infektion kann durch die Aufnahme des ausgewachsenen Wurms durch kontaminierte Nahrung oder Wasser verursacht werden. Die infektiösen Error gelangen über den Kehlkopf in die Luftröhre und haften an den Schleimhautwänden der Atemwege. Danach führen die Würmer die sexuelle Fortpflanzung durch, und der weibliche Wurm beginnt, Eier in den Atemwegen des Wirts zu legen. Die Eier werden im Sputum ausgeschieden oder wieder verschluckt und verlassen den Körper des infizierten Wirts mit dem Stuhl. Die Entwicklung von Ei zu Larve findet also nicht im menschlichen Körper statt.

Hypothese 2: Die infektiösen Erreger (befruchtete Eier oder infektiöse Larven) gelangen nach der Aufnahme in den Darmbereich, wandern entlang der Darmwände und erreichen über die Mesenterialvenen in den Alveolarbereich, wo die Eier/Larven innerhalb von 7 Tagen zu einem adulten Wurm heranwachsen. Weiterhin bewegen sich die adulten Würmer aufwärts zum Kehlkopf und reproduzieren sich. Der weibliche Wurm legt Eier, die den Wirtskörper durch Stuhl oder Sputum verlassen. Die Eier schlüpfen nach 3 Wochen zu Larven.

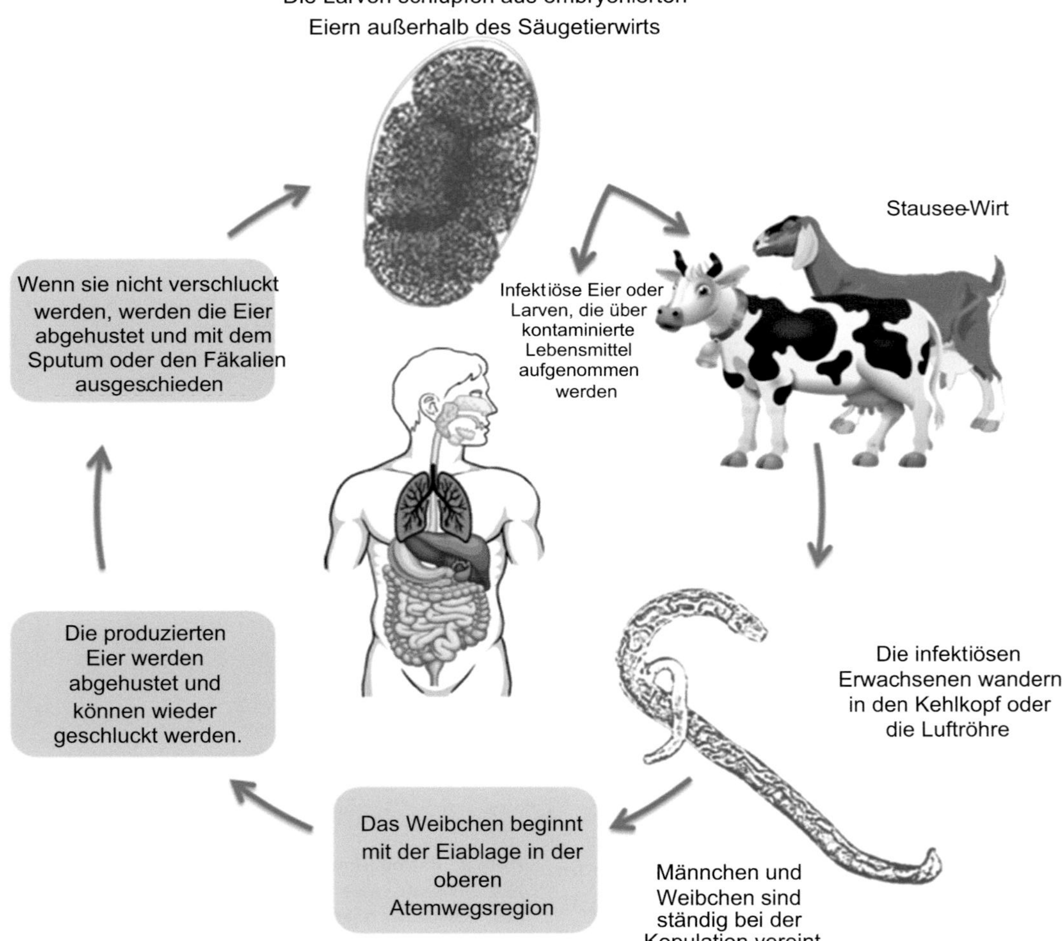

Abb. 3 Lebenszyklus von *Mammomonogamus* spp.

Abb. 3 zeigt einen vorläufigen Lebenszyklus von *Mammomonogamus*. Weitere Forschungen sind erforderlich, um den vollständigen Lebenszyklus zu klären; dennoch scheinen sowohl Eier als auch Larven infektiös zu sein.

Pathogenese und Pathologie

Bisher ist wenig über die Pathogenese von *Mammomonogamus*-Infektionen bekannt. Nach der Infektion zeigen die Würmer eine Inkubationszeit von 6–11 Tagen. Die Entwicklung von Symptomen tritt nicht auf, bis die Würmer zur ausgereiften Form heranwachsen und Husten und asthmaähnliche Symptome verursachen, weil sie den bronchialen Luftweg behindern. Diese Symptome können bei Wiederkäuern, Haushufern und menschlichen Wirten auftreten. Andere Symptome, wie Entzündungen in den Bronchien oder Hämoptysen, könnten aufgrund der Anhaftung der Würmer an die Zellen der Schleimhautregion und der Phagozytose von Wirts-RBC auftreten. Pathologische Veränderungen im Gewebe scheinen minimal zu sein.

Immunologie

Die Immunantworten im Wirtskörper entwickeln sich durch angeborene und erworbene Immunität. Wirt und Parasit versuchen beide, sich mit Immunantworten zu schützen. *Mammomonogamus* sondert immunmodulatorische Moleküle ab, die die Immunantwort des Wirts möglicherweise stoppen oder verändern, um ihr Überleben im Wirtskörper zu unterstützen.

Infektion beim Menschen

Die Inkubationszeit variiert von 6 bis 11 Tagen.

Mammomonogamus laryngeus-Infektion beim Menschen ist verbunden mit schwerem chronischem nicht produktivem trockenem Husten und Hämoptysen. In einigen Fällen zeigt die Infektion asthmaähnliche Symptome und vorübergehende Pneumonitis. Generell sind Dorfbewohner wie Viehzüchter und Landwirte einem Infektionsrisiko ausgesetzt (Sossai et al. 2007). Die meisten Patienten beherbergen nur ein einzelnes Wurmpaar; einige können jedoch mehrere Paare des Parasiten beherbergen. Bisher wurde keine erneute Infektion mit *M. laryngeus* gemeldet.

Infektion bei Tieren

Klinische Manifestationen bei infizierten Tieren beginnen als fieberhafte Krankheit mit Zuständen wie Husten und asthmaähnlichen Symptomen. Die meisten Fälle entwickeln sich zu einem anhaltenden Husten und manchmal Hämoptysen. Diese Zustände halten mehrere Monate an, zusammen mit leichtem Fieber, wenn sie unbehandelt bleiben. Gewichtsverlust und Pneumonitis, aber keine Anämie, wurden ebenfalls berichtet.

Epidemiologie und öffentliche Gesundheit

Mammomonogamus spp. verursachen Infektionen in verschiedenen Tierwirten, insbesondere in der Population der Wiederkäuer. Die Infektion beim Menschen ist ziemlich selten, mit bisher nur etwa 100 dokumentierten Fällen. Die meisten Fälle wurden aus den endemischen Gebieten der Karibischen Inseln, Brasilien, Afrika, Indien, Korea, China, Malaysia, Philippinen, Thailand und Vietnam dokumentiert (Tab. 1). Länder wie das Vereinigte Königreich, die USA, Kanada, Australien und Frankreich, obwohl nicht endemisch, haben auch dokumentierte Fälle aufgrund der hohen Anzahl von Reisenden, die diesen Krankheitserreger aufnehmen.

Diagnose

Die eindeutige Diagnose der Mammomonogamiasis basiert auf dem Nachweis von adulten *Mammomonogamus* durch Bronchoskopie oder Endoskopie oder durch das Auffinden des adulten Wurms in Hustenproben (Tab. 2).

Tab. 1 Verbreitung von *M. laryngeus*

Spezies	Verbreitung		Zwischenwirt (möglicherweise)	Endwirt
	(Endemische Länder)	(Nicht endemische Länder)		
Mammomonogamus laryngeus	Karibische Inseln, Brasilien, Afrika, Indien, Malaysia, Philippinen, Vietnam, China, Korea und Thailand	Australien, Kanada, USA, UK und Frankreich	Regenwürmer, Schnecken und Gliederfüßer	Menschen, Rinder

Tab. 2 Diagnosemethoden für Mammomonogamiasis beim Menschen

Diagnosemethode	Probe	Ziel	Anmerkungen
Hellfeld- und Fluoreszenzmikroskopie	Biopsie oder Sputum oder Stuhl	Y-förmige Adulte in Kopula/Eier	Einfach, schnell, zuverlässig
Rasterelektronenmikroskopie (REM)	Biopsie oder Sputum oder Stuhl	Y-förmiger adulter Wurm in Kopula/Eier	Sehr zuverlässig Ultrastrukturelle Details des Parasiten können untersucht werden *Nachteil*: erfordert geschultes Personal
Bronchoskopie oder Endoskopie	–	Adulter Wurm	Weniger zeitaufwendig, sicheres Verfahren *Einschränkungen:* invasive Prozedur
DNA-Amplifikation und Sequenzierung	Biopsie oder Sputum oder Stuhl	Mitochondriales Cytochrom-c-Oxidase-Untereinheit-I (COX-1)-Gen	Hohe Sensitivität und Spezifität *Einschränkungen:* erfordert geschultes Personal

Mikroskopie

Die *M. laryngeus*-Infektion wird diagnostiziert, indem die Eier von *M. laryngeus* im Stuhl oder Sputum beobachtet werden. Die Eier ähneln jedoch stark den Eiern des Hakenwurms, unterscheiden sich aber von diesen durch eine viel dickere Schale, die durch Streifung in unregelmäßige rechteckige Felder unterteilt ist (Abb. 4).

In-vitro-Kultur

Harada-Mori-Kultur wurde zur Demonstration von Nematoden im Larvenstadium verwendet. Die Technik verwendet ein Filterpapier, auf das Fäkalienmaterial aufgetragen wird und das dann in ein Reagenzglas eingeführt und bei 30 °C inkubiert wird. Weiterhin wird Feuchtigkeit durch Zugabe von Wasser in das Reagenzglas bereitgestellt, um geeignete Bedingungen für das Schlüpfen der Eier und die Entwicklung der Larven zu schaffen. Das Wassersediment wird täglich gesiebt, um nach lebenden Larven zu suchen. Nach der Wiederherstellung der Würmer können kleinste Details der Genitalstrukturen und des vorderen Endes mithilfe von Hellfeldmikroskopie, Fluoreszenzmikroskopie oder Rasterelektronenmikroskopie untersucht werden.

Serodiagnostik

Es stehen keine Antigen- oder Antikörpernachweismethoden zur Diagnose einer *Mammomonogamus*-Infektion bei Tieren oder Menschen zur Verfügung.

Molekulare Diagnostik

Es gibt derzeit keine standardisierte molekulare Diagnosemethode. Kürzlich wurde die Homologieanalyse der COX-1-Gen-Sequenz zur

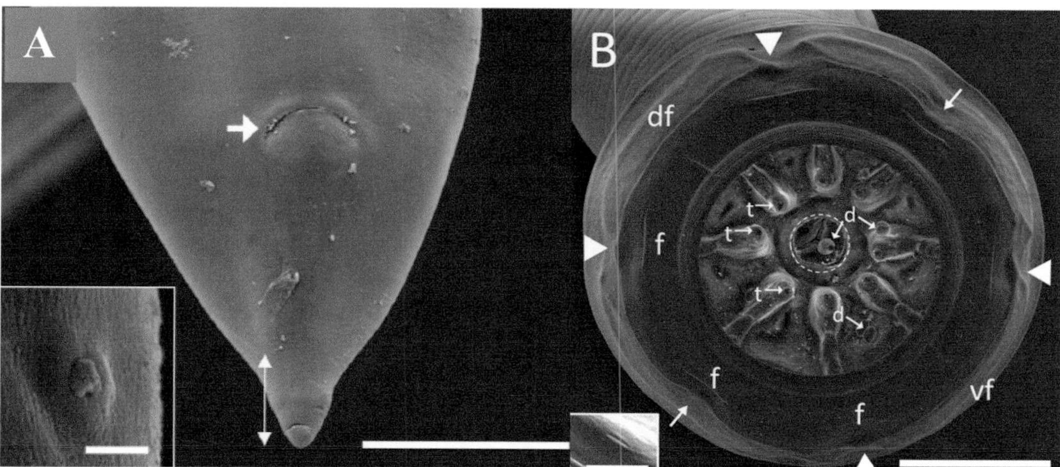

Abb. 4 Rasterelektronenmikroskopie eines adulten weiblichen *M. laryngeus*-Wurms. **a** Ventrale Ansicht des hinteren Endes zeigt Anus *(Pfeil)* und kegelförmigen Schwanz mit spitzem Ende *(Doppelpfeil)*. Einfügung: Detail der Phasmide (**b**), interne Ansicht des vorderen Endes zeigt die Ösophagusklappe *(gepunkteter Kreis)*, Fremdkörper, die wahrscheinlich das Gewebe des Wirts sind (d), 8 Rippen und die gleiche Anzahl von Zähnen mit abgerundeten Spitzen (t). Äußerlich sind 4 externe Papillen *(Pfeilspitze)*, 2 Amphiden (*Pfeil*) und 8 Festons zu identifizieren, die wie folgt organisiert sind: 2 Paare von 6 kleinen Festons (f) und die zwei größten befinden sich an den ventralen (vf) und dorsalen (df) Flächen des Mundes. Einfügung: Detail einer Amphide. Maßstab 100 μm (adaptiert von Lopes-Torres et al. 2020)

Identifizierung von *Mammomonogamus* spp. verwendet.

Behandlung

Die Entfernung von Würmern durch Bronchoskopie oder manuell von Patienten führt zur Auflösung der Symptome. Manchmal kann es zu einer spontanen Ausstoßung von Würmern während heftigen Hustens und zur Auflösung der Infektion kommen. Obwohl es keine abschließenden Studien zur Wirksamkeit von Anthelminthika zur Behandlung von *Mammomonogamus*-Infektionen gibt, ist eine Kombinationstherapie mit Anthelminthika wie Albendazol 200 mg und Mebendazol 100 mg, für 3 Tage 3-mal täglich, wirksam. Alternativ kann auch eine Einzeldosis Ivermectin (200 μg/kg) mit einer 2-tägigen Kur von Thiabendazol (1250 mg bid), gefolgt von einer abschließenden 2-tägigen Kur mit Albendazol (400 mg bid) verschrieben werden.

Prävention und Bekämpfung

Lebensmittelhygiene, sicheres Wasser und eine angemessene Sanitärversorgung sind wirksame präventive und Bekämpfungsmaßnahmen. Um jedoch die Ausbreitung von zoonotischen parasitären Krankheiten wie Mammomonogamiasis zu verhindern, müssen die Schlachthäuser von Tieren regelmäßig auf das Vorhandensein von Parasiten überwacht werden, damit die Qualitätskontrolle und Sicherheit des Fleischprodukts für die Verbraucher gewährleistet sind. Prophylaktische Maßnahmen müssen ergriffen werden, um das potenzielle Infektionsrisiko für die Arbeiter in den Schlachthäusern zu verhindern.

Fallstudie

Eine 28-jährige weibliche Studentin der Tierwissenschaften, die in Brasilien lebt, stellte sich mit trockenem Husten und Halsschmerzen vor. Nach einer Untersuchung verschrieb der Arzt

Hustenmedikamente. Das biochemische Profil, die differenzierte WBC-Zählung, Urin- und Stuhluntersuchungen waren normal. Nachfolgend, nach 60 Tagen, litt die Patientin an produktivem Husten mit Fieber. Aufgrund der Ergebnisse pneumologischer Untersuchungen wurden ihr das Antibiotikum Amoxicillin und Paracetamol verabreicht. In den kommenden Tagen litt die Patientin kontinuierlich an Husten mit oder ohne Schleim und hat sich selbst mit Husten- und Erkältungsmedikamenten behandelt. Die Patientin konnte jedoch den häufigen und heftigen Husten nicht loswerden und wurde für 10 Tage auf die Intensivstation eingeliefert. Dort wurde sie mit dem Antibiotikum Levofloxacin, dem schleimlösenden Sirup Acetylcystein und dem sympathomimetischen Medikament Fenoterolhydrobromid und dem Bronchodilatator Ipratropiumbromid behandelt. Nach einigen Monaten erschien die Patientin erneut mit schwerer Krankheit im Krankenhaus aufgrund von häufigem und heftigem produktivem Husten zusammen mit dem Gefühl von Formikation im Pharynx. Anschließend wurde nach einigen Tagen ein Y-förmiger, roter Wurm in ihrem Sputum beobachtet (Abb. 1). Nach der Expektoration von Parasiten wurde die Patientin den Husten los. Weitere Untersuchungen durch das parasitologische Labor bestätigten, dass der Wurm ein *M. laryngeus*-Paar war. Die von dieser Patientin gewonnenen Würmer waren 20 mm (weiblich) und 5 mm (männlich), aber im Stuhltest wurden keine Parasiteneier nachgewiesen.

1. Welche Parasiten verursachen eine Beteiligung der Lunge?
2. Welche Behandlungsmöglichkeiten gibt es für diesen Zustand?
3. Wie wird die Infektion erworben?

Forschungsfragen

(a) Was sind der Reservoirwirt und der Zwischenwirt?
(b) Was sind der Infektionsweg und das infektiöse Stadium?
(c) Wie häufig kommt es bei den mutmaßlichen Tierwirten wie Rindern vor?
(d) Wie entwickelt man einen serologischen Test für Menschen oder Tiere?

Weiterführende Literatur

Angheben A, Gobbo M, Gobbi F, Bravin A, Toneatti F, Crismancich F, et al. Human syngamosis: an unusual cause of chronic cough in travellers. Case Rep. 2009:bcr1220081305.

Červená B, Vallo P, Pafčo B, Jirků K, Jirků M, Petrželková KJ, et al. Host specificity and basic ecology of *Mammomonogamus* (Nematoda, Syngamidae) from lowland gorillas and forest elephants in Central African Republic. Parasitology. 2017;144:1016–25.

Leiper BT. Gapes in man, an occasional helminthic infection: a notice of its discovery by Dr. A. King. St. Lucia: Lancet; 1913.

Lopes-Torres EJ, da Silva Pinheiro RH, Rodrigues RAR, da Costa Francez L, Gonçalves EC, Giese EG. Additional characterization of the adult worm *Mammomonogamus laryngeus* (Railliet, 1899) and the tissue lesions caused by the infection in buffaloes. Vet Parasitol. 2020:109164.

Railliet MA. Syngamelaryngien du boeuf. Comptes Rendus des Séances de la Société de Biologie et de ses Filiales. 1899;6:174–6.

Ryzhikov KM. Phylogenetic relationship of nematodes of the family Syngamidae and an attempt to reconstruct their systematics. Dokl Acad NaukSSSR. 1948;62:733–6.

Sossai BB, Bussular RLS, Peçanha PM, Ferreira Júnior CUG, Sessa PA. Primeira descrição de singamose brônquica ocorrida no Estado do Espírito Santo. Rev Soc Bras Med Trop. 2007;40:343–5.

Wang, A. 153 *ParaSite* Project February 27, 2009.

Teil VI
Infektionen verursacht durch Pentastomiden, Arthropoden und Ektoparasiten

Pentastomiasis

Sourav Maiti

Lernziele

1. Das klinische Erscheinungsbild von Pentastomiasis und Fehldiagnose mit Tuberkulose oder Malignität zu überprüfen
2. Die kritische Rolle der Mikroskopie bei ihrer Diagnose zu verstehen

Einführung

Pentastomiasis ist eine oft vergessene zoonotische Infektion, die durch die Pentastomida, eine eigenartige Gruppe von wurmförmigen Endoparasiten, verursacht wird. Diese einzigartigen *Zungenwürmer* zeichnen sich durch einen geringelten länglichen Körper oder eine zungenähnliche Form aus. Ein einzelner Mund, flankiert von 2 Paaren von Haken, erweckte zunächst den falschen Eindruck von 5 Mündern, die als *Pentastoma* bezeichnet wurden. *Armillifer armillatus* und *Linguatula serrata* sind die Erreger in mehr als 90 % der Infektionen beim Menschen. Da sie größtenteils asymptomatisch und selbstlimitierend sind, sind die Möglichkeiten zur Diagnose und Behandlung der Erkrankung eingeschränkt.

Geschichte

Pentastomida parasitierten möglicherweise die fleischfressenden Dinosaurier in der mesozoischen Zeit. Chabert, ein französischer Tierarzt, beobachtete den Parasiten erstmals 1787 in der Nasenhöhle von Hunden, möglicherweise *Linguatula* sp., hielt ihn aber für einen Bandwurm. 1845 berichtete Wyman erstmals über *A. armillatus* aus Westafrika und identifizierte den adulten Pentastom in der Nasopharynx eines Felsenpythons innerhalb der nächsten 3 Jahre. Pruner (1847) berichtete jedoch in der Zwischenzeit über den ersten Fall von menschlicher Pentastomiasis aus Kairo, Ägypten. Stiles (1891) priorisierte den Namen "*Porocephalus*".

Taxonomie

Die Zurückhaltung, die Pentastomida unter Annelida oder Arthropoda einzuordnen, hält an. Die Einführung molekularer Techniken weist auf ihre relative Nähe zu den Krebstier-Arthropoden hin, aber die meisten Behörden ziehen es vor, sie unter einem einzigartigen kleineren Stamm Pentastomida zu belassen. Die Einbeziehung in einen umfassenderen Stamm Lobopodia wird in Betracht gezogen.

S. Maiti (✉)
Department of Clinical Microbiology and Infection Control, Institute of Neurosciences, Kolkata, Indien

S. C. Parija und A. Chaudhury (Hrsg.), *Lehrbuch der parasitären Zoonosen*,
https://doi.org/10.1007/978-981-97-4312-4_58

Der gegenwärtige taxonomische Status für die häufigen Pentastomida, die den Menschen infizieren, gehört zu den Familien Porocephalidae und Linguatulidae in der Ordnung Porocephalida, Klasse Pentastomata und Stamm Pentastomida.

Die Familie Linguatulidae umfasst die Gattung *Linguatula,* die die medizinisch wichtige Art *L. serrata* enthält. Die Familie Porocephalidae besteht aus zahlreichen Mitgliedern, wobei die Gattung *Armillifer* die häufigste ist. Die Ordnung Cephalobaenida enthält primitive Pentastomida, die Echsen und Schlangen befallen. Die Arten unter den Pentastomida, die den Menschen infizieren, sind *L. serrata, A. armillatus, A. moniliformis, A. grandis, A. agkistrodontis, Porocephalus crotali, P. taiwana* und *Sebekia* sp. Es gibt auch Berichte über menschliche Infektionen durch *Leiperia cincinnalis, Raillietiella hemidactyli* und *R. gehyrae*.

Genomik und Proteomik

Die mitochondriale Genomsequenzierung von *A. armillatus* zeigt Ähnlichkeiten zu metazoischen Merkmalen, einschließlich 37 Genen. Gen-Umordnungen legen seine Einordnung in den Stamm Arthropoda nahe. Studien deuten jedoch darauf hin, dass die Pentastomida den Nematoden näher sein könnten als den Arthropoden. *Armillifer agkistrodontis* hat ein vollständiges mitochondriales Transkript von 16.521 bp Länge, das 13 Protein codierende Gene (PCG), 22 tRNA-Gene und 2 rRNA-Gene enthält. Die gleiche Anzahl von PCG, tRNA und rRNA findet sich in der mitochondrialen DNA von *A. grandis* und *L. serrata* mit kleineren Genomlängen (16.073 bp bzw. 15.328 bp). Alle Pentastomida zeigen einen inhärenten A + T-Bias in ihren mitochondrialen Genomen. Genomische Studien haben den viel diskutierten taxonomischen Status der Pentastomida verfeinert. Sie liefern auch wichtige genetische Marker für epidemiologische Studien.

Proteomische Studien sind wichtig, um nützliche Einblicke in die Pathogenese der Pentastomiasis zu geben. Allerdings fehlen in diesem Aspekt Studien. Zwei Proteine von *A. armillatus*, nämlich eine Serin-Endopeptidase und eine G-Protein-gekoppelte Rezeptorkinase, werden untersucht. Eine 48-kDa-Metalloproteinase aus den vorderen Drüsen wird für diagnostische Zwecke verwendet.

Die Parasitenmorphologie

Adulter Wurm

Pentastomida haben verlängerte zylindrische oder flache zungenähnliche Körper, die in einen kurzen Cephalothorax und einen langen Abdomen unterteilt sind (Abb. 1). Männchen sind kürzer als die Weibchen. Die Länge variiert von wenigen Millimeter bis 15 cm. Der Cephalothorax enthält einen Mund mit 2 Paaren von Chitinhaken. Der nicht segmentierte Abdomen hat umlaufende Pseudoanellierung

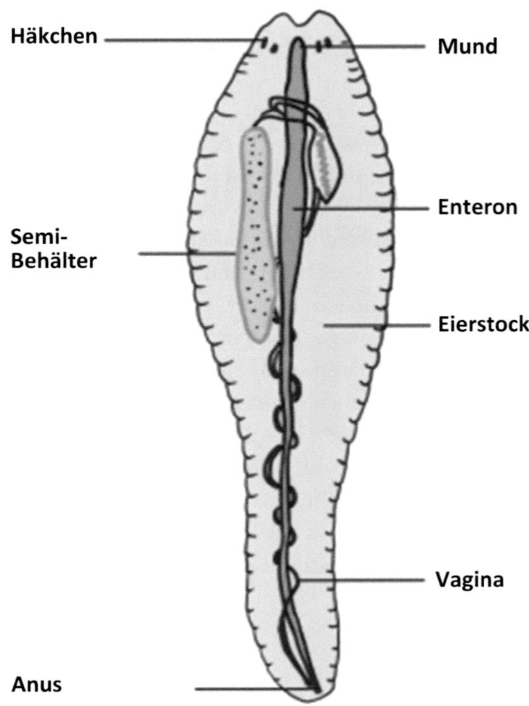

Abb. 1 Schematische Darstellung eines adulten *A. armillatus*

bei *A. armillatus* (18–22), *A. moniliformis* (ungefähr 30), *A. agkistrodontis* (7–9) und *A. grandis* (mehr als 25). Ein gerader Schlauch des primitiven Verdauungssystems wird von paarigen Frontaldrüsen flankiert. Ein umfangreiches Fortpflanzungssystem und das Fehlen von Atmungs- und Kreislaufsystemen sind die charakteristischen Merkmale des Wurms. Die Geschlechtsöffnung bei den Weibchen befindet sich bei der Ordnung Cephalobaenida vorn und bei der Ordnung Porocephalida am hinteren Ende.

Eier

Eier sind eiförmig (105 μm × 125 μm), doppelschalig und enthalten bei der Ablage einen milbenähnlichen Embryo.

Larven

Die 1. Larve (L1) hat rudimentäre Anhänge, die nach dem Häuten verloren gehen (Abb. 2). Die 3. Larve (L3) oder die Nymphe hat Haken und eine Morphologie, die der des Adulten in einer Miniaturform ähnelt. Abgesehen von *L. serrata,* die Stacheln hat, haben alle Pentastomidalarven eine glatte Kutikula. Die 5 bis 10 μm dicke Kutikula enthält zahlreiche sklerotisierte Öffnungen. Talgdrüsen und Muskelzellen, sowohl zirkuläre als auch longitudinale, liegen unter der Kutikula. *Armillifer* sp. (L3)-Larven sind 9–23 mm lang, zylindrisch mit Spiralringen. *Linguatula serrata* (L3)-Larven sind 4–6 mm lang, flach, ringförmig mit einer Reihe von Stacheln auf jedem Ring.

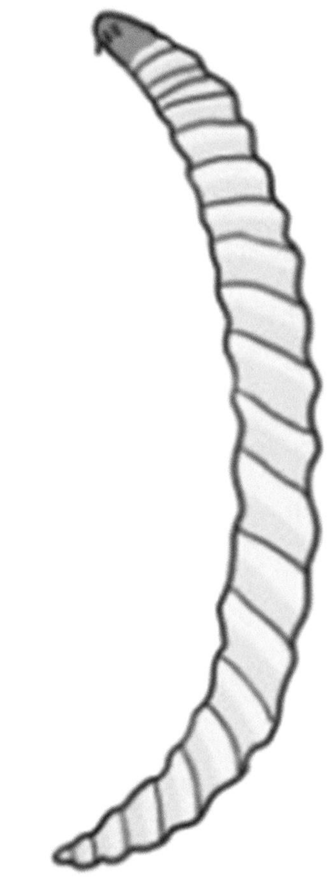

Abb. 2 Schematische Darstellung einer Pentastomidalarve

Zucht von Parasiten

Die In-vitro-Kultur war nicht erfolgreich für Pentastomida. Experimentell haben *P. crotali*-Eier eine Austrocknung von 2 Wochen überstanden und 6 Monate in Wasser überlebt. Die Entwicklung erfordert einen geeigneten lebenden Wirt.

Versuchstiere

Hamster dienen als experimentelle paratenische Wirte. Kürzlich wurde ein Multiwirtmodell für *A. agkistrodontis* entwickelt. Dieses Modell hilft beim Verständnis der Pathogenese und der Übertragung. Das Modell verwendet Schlangen als Endwirte und Nagetiere als Zwischenwirte.

Lebenszyklus der Pentastomida

Wirte

Endwirte

Schlangen sind die Endwirte für *Armillifer* sp. und *Porocephalus* sp., während Hunde und Wölfe die Wirte für *Linguatula* sp. sind.

Zwischenwirte

Verschiedene Nagetiere und Affen fungieren als Zwischenwirte für *Armillifer* sp. und *Porocephalus* sp. Wiederkäuer wie Schafe und Ziegen dienen als Zwischenwirte für *Linguatula* spp.

Menschen fungieren als abweichender Zwischenwirt, selten abweichender/zufälliger Endwirt für *L. serrata*.

Infektiöses Stadium

Larven im 3. Stadium sind das infektiöse Stadium für die Endwirte, während befruchtete Eier für die Zwischenwirte infektiös sind.

Übertragung von Infektionen

Der Endwirt erwirbt die Infektion durch die Aufnahme der Larven im 3. Stadium in infiziertem Nagetiergewebe (oder Pflanzenfressergewebe, für *Linguatula* sp.). Zwischenwirte, einschließlich Menschen, erwerben die Infektion durch die Aufnahme von Eiern aus Lebensmitteln und Wasser, die mit Schlangenkot kontaminiert sind (Abb. 3).

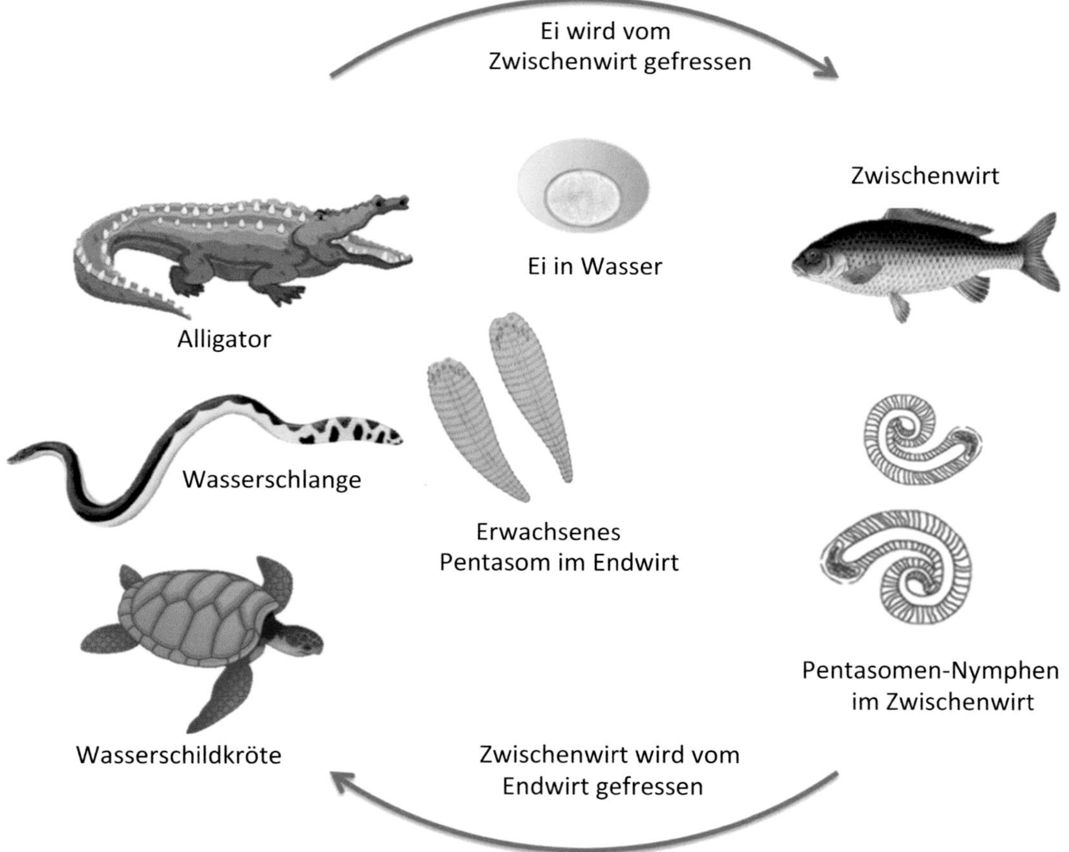

Abb. 3 Lebenszyklus eines Pentastoms

Die Reptilien tragen die adulten Tiere in ihren Atemwegen. Die Paarung findet 3–4 Monate nach der Infektion statt. Das befruchtete Weibchen legt befruchtete Eier in der Mundhöhle der Schlange ab, die nach 4–8 Monaten nach außen abgegeben oder im Kot ausgeschieden werden. Ein Zwischenwirt wie ein Nagetier nimmt das Ei durch Wasser oder Vegetation auf. Im Inneren der Nagetiere schlüpft die Larve im 1. Stadium (L1) im Darm und durchdringt die Darmwand, um in das Peritoneum einzudringen oder hämatogen zu streuen. Sie verliert Anhänge und verkapselt sich in den inneren Organen, um sich nach Häutungen in die infektiöse Larve im 3. Stadium (L3) zu verwandeln. Ein Endwirt frisst das Nagetiergewebe, um die Larven im Magen freizusetzen. Die L3-Larven wandern dann aktiv in die Lungen, reifen und initiieren den Lebenszyklus erneut. Bei abweichenden Zwischenwirten wie Menschen verteilen sich die Larven in verschiedenen Organen und im Peritoneum, sterben aber innerhalb von 2 Jahren und unterbrechen den Zyklus.

Bei *L. serrata* tragen fleischfressende Säugetiere die adulten Pentastomida in ihren Nasengängen. Nachdem die befruchteten Eier auf Gras und Vegetation abgelegt wurden, nehmen die Pflanzenfresser (Schafe, Ziegen) sie auf, wobei ähnliche Ereignisse folgen. Nimmt ein Mensch anstelle eines Fleischfressers das infizierte Gewebe eines Pflanzenfressers auf, wandern die infektiösen Larven in den Hals und lösen das *Halzoun-* oder *Marrara-Syndrom* aus. Selten entwickeln sich *L. serrata*-Larven bei Menschen zu Adulten.

Pathogenese und Pathologie

Bei den Endwirten rufen adulte Pentastomida keine signifikanten Gewebereaktionen hervor. Bei den Zwischenwirten treten unterschiedliche Gewebereaktionen auf, jedoch von geringem Ausmaß, wahrscheinlich aufgrund der immunmodulatorischen Wirkung der exkretorischen/sekretorischen Proteine, die die Kutikula überziehen. Menschen nehmen die Pentastomidaeier durch mit Schlangenkot kontaminierte Nahrung und Wasser und durch den Umgang und den Verzehr von kontaminierten Schlangenprodukten wie Fleisch und Galle auf. Die Eier schlüpfen und setzen die Larven des 1. Stadiums frei, die mit einem Stilett die Darmwand durchdringen, unterstützt durch die Enzyme der Frontdrüse, und in den Bauchraum eindringen, um sich im Peritoneum und anderen Eingeweiden einzukapseln. Typischerweise umschließt eine dünnwandige Zyste eine einzelne Larve. Mit der Häutung wächst die Larve in ihrer Größe, fast 1000fach, und die Kutikula verschmilzt mit der Zystenwand, wobei die sklerotisierten Öffnungen und Stacheln von *L. serrata* erhalten bleiben. Dieses erhöhte Volumen erzeugt Druckeffekte auf die benachbarten Eingeweide. Nach ein paar Jahren sterben die Larven mit Granulombildung in einigen Fällen, insbesondere bei Menschen, die als abweichende Endwirte fungieren. Ein hyalinisierter verkalkter Knoten ist das Endstadium eines eingekapselten Pentastomids.

Die genaue Todesursache des Parasiten im infizierten Wirt ist unbekannt. Je nach Stadium treten 3 Muster während der Biopsie/Autopsie auf: (a) Ein nekrotisches Pentastomidagranulom tritt häufig auf. Dies zeigt einen in amorphe und verkalkte Trümmer zerfallenen Parasiten, wobei die C-Form und die perioralen Haken erhalten bleiben. (b) Das Vorhandensein einer lebensfähigen Larve tritt bei einer kürzlichen Infektion auf. (c) Am seltensten ist das Auftreten eines Kutikulagranuloms. Es besteht aus den kutikulären Resten, die während einer wandernden Larve abgestoßen werden und als brechende Strukturen erscheinen, die mit Perjodsäure-Schiff gefärbt sind.

Bei viszeraler Linguatuliasis sind perlmuttartige vorstehende Knötchen von einer Größe kleiner als 1 cm über dem Peritoneum, der Pleura und unter den Kapseln von Leber und Milz zu sehen. Diese "*Linguatula-Körper*" sind wahrscheinlich ein Larva-migrans-Effekt aufgrund der Migration der Larven. Verschiedene Mechanismen wirken im Halzoun-/Marrara-Syndrom, bei dem Menschen als abweichende Endwirte für *L. serrata* fungieren. Die wandernden Larven erzeugen mechanische und hypersensitive Ereignisse, die zu heftigem Husten, Asphyxie und kongestivem Ödem des Zahnfleisches, der Mandeln und der Eustachischen Röhren führen.

Immunologie

Die Pentastomida verhalten sich wie ein echter Parasit, indem sie den Immunantworten des Wirts entkommen oder diese herunterregulieren. Die Einkapselung der Larve und die Sekretionen der Frontdrüse, die die Kutikula überziehen, hindern möglicherweise die Exposition der antigenen Epitope gegenüber dem Immunsystem des Wirts. Die Literatur zu immunologischen Experimenten bei menschlichen Infektionen ist spärlich. Autopsiestudien deuten jedoch darauf hin, dass eine granulomatöse Gewebereaktion mit Fremdkörper-Riesenzellen auftreten kann, nachdem der Parasit zerfällt. Eine Möglichkeit der verzögerten Hypersensitivität besteht. Der Tod der Larven beim Menschen könnte auf eine Immunreaktion zurückzuführen sein; dennoch fehlt eine wissenschaftliche Erklärung.

Infektion beim Menschen

Viszerale Pentastomiasis und nasopharyngeale Pentastomiasis sind zwei Formen der Pentastomiasis beim Menschen.

Viszerale Pentastomiasis, die durch die Aufnahme von Pentastomidaeiern erworben wird, ist in der Regel asymptomatisch. Bei symptomatischen Infektionen hat die Erkrankung vielfältige Erscheinungsformen. Peritonitis, Pneumonitis, Lungenkollaps, Meningitis, Nephritis und Perikarditis wurden dokumentiert. Die Beteiligung des Auges verursacht Iritis, Subluxation der Linse, sekundäres Glaukom, Konjunktivitis und Kanalikulitis. Selten kann die Erkrankung mit akuten oder chronischen unspezifischen Bauchsymptomen auftreten.

Die nasopharyngeale Pentastomiasis wird durch die Aufnahme der Nymphe von *L. serrata* verursacht. Die Larven wandern in den Nasopharynx und verursachen paroxysmalen Husten, Unbehagen in Nase und Rachen, Niesen, Dysphagie und Erbrechen. Asphyxie, Verstopfung der Eustachischen Röhre und auraler Juckreiz können ebenfalls auftreten.

Fälle von kriechender subkutaner menschlicher Infektion mit *R. hemidactyli* wurden bei den südostasiatischen Stämmen berichtet, die lebende Eidechsen als Volksheilmittel gegen Atemwegserkrankungen essen. Ein juckender serpiginöser Gang über dem Bauch eines Patienten, verursacht durch *Sebekia* sp., wurde berichtet.

Infektion bei Tieren

Viszerale Linguatulose, verursacht durch *Linguatula* sp., tritt bei Schafen, Rindern und Nagetieren auf. In der Regel ist die Tierinfektion asymptomatisch. Durchfall, Unlust zu essen oder zu stehen und allmähliche Abmagerung treten bei symptomatischen Infektionen auf. Adulte *Linguatula*-Würmer erscheinen in der Zunge, der Nasenpassage, der Stirnhöhle und den Paukenhöhlen von Hunden. Eine echte Autoinfektion tritt auch bei Schlangen auf.

Tab. 1 Verbreitung der wichtigsten Pentastomida, die menschliche Infektionen verursachen

Spezies	Hauptverbreitung	Endwirt	Zwischenwirt
Armillifer armillatus	West- und Zentralafrika, die Arabische Halbinsel, Malaysia	Python	Nagetier, Affe
Linguatula serrata	Kosmopolitisch; vorwiegend der Nahe Osten	Hund, Wolf	Wiederkäuer
Armillifer moniliformis	Südostasien	Kobra	Nagetier, Affe
Armillifer grandis	Zentralafrika	Python	Nagetier, Affe
Porocephalus crotali	Nord-, Zentral- und Südamerika	Klapperschlange	Nagetier, Affe

Epidemiologie und öffentliche Gesundheit

Die Mehrheit der menschlichen Infektionen wird hauptsächlich durch *A. armillatus* verursacht und hauptsächlich in West- und Zentralafrika verbreitet (Tab. 1). Infektionen mit *A. armillatus* wurden bei afrikanischen Einwanderern in Amerika und Europa dokumentiert. *Armillifer moniliformis* ist der häufigste Isolat aus menschlichen Fällen in Malaysia. *Armillifer grandis* verursachte eine große Serie von menschlichen Augeninfektionen im Sankuru-Distrikt der Demokratischen Republik Kongo. Fälle von *P. crotali* wurden hauptsächlich aus Amerika gemeldet, obwohl sie weltweit auftreten. Pentastomiasis durch *Sebekia* sp. wurde aus Costa Rica gemeldet.

Eine genaue Schätzung der Prävalenz ist jedoch aufgrund des asymptomatischen und selbstlimitierenden Charakters der Krankheit nicht möglich. Es wurden große Diskrepanzen zwischen den Prävalenzraten, die durch serologische, radiologische und postmortale Untersuchungen ermittelt wurden, festgestellt. Die radiologischen Prävalenzraten in Nigeria und Kongo sind viel niedriger als die Seroprävalenzstatistiken an der Elfenbeinküste (weniger als 1,5 % gegenüber 4,2 %). Andererseits tauchen Autopsieserien mit viel höheren Prävalenzen auf, die zwischen 22,5 (in Kongo) und 33 % (in Nigeria) liegen. Eine hohe Prävalenzrate von 45,5 % wurde in Westmalaysia bei aufeinanderfolgenden 30 Autopsien an Ureinwohnern beobachtet. Autopsieprävalenzstatistiken aus Kamerun liegen ebenfalls zwischen 7,8 und 12,6 %. Diese Unterschiede spiegeln möglicherweise das Versagen der Bildgebungsmethoden wider, nicht verkalkte Nymphen zu erkennen, und die geringe Sensitivität der serologischen Werkzeuge im Vergleich zum großen Erfassungsbereich durch die Autopsie.

Die Infektion von Hunden mit *Linguatula* sp. hat zahlreiche Auswirkungen auf die öffentliche Gesundheit. Die Prävalenz unter der Hundepopulation in Nigeria liegt bei über 35 %. Eine Studie an den geschlachteten Hunden aus den Hundemärkten in Nigeria zeigte eine hohe Prävalenz von 48,26 %, wobei die Welpen am stärksten betroffen waren (55,45 %). Die Menschen in verarmten ländlichen und halbstädtischen Gebieten konsumieren häufig Hundeinnereien, was die Krankheit verbreitet.

Schlangen, insbesondere ihr Fleisch und die Galle, werden für tierische Rituale und medizinische Zwecke verwendet. Tropische Schlangenfarmen, Pythontotemismus und eine Verschiebung vom Buschfleisch zum Reptilien-

Tab. 2 Diagnosemethoden für Pentastomiasis

Diagnoseansätze	Probe	Methoden	Ziele	Kommentar
Mikroskopie	Biopsie/Autopsie/Parasit	Histologie H&E-Färbung Movat-Pentachromfärbung	Sklerotisierte kutikuläre Öffnungen, kutikuläre Stacheln, gestreifte Muskelschicht, Ringelungen, verkalkte zirkumorale Haken	Diagnostisch; morphologische Speziesbestimmung
Antikörpernachweis	Serum	Immunfluoreszenz Gel-Diffusion ELISA Western Blot	Antikörper gegen rohes Antigen, frontale Drüse 48-kDa-Metalloprotease	Schlechte Sensitivität
		Sandwich-ELISA	Antikörper gegen *Linguatula serrata* exkretorisch/sekretorisches Antigen	Gute Sensitivität bei Ziegen und Hunden
Molekular	Biopsie/Autopsie/Wurmextrakt	PCR DNA-Sequenzierung	mtDNA	Hauptsächlich Forschungszweck; hohe Kosten und begrenzter Zugang; deckt nicht alle Arten ab

fleisch schaffen eine wirtschaftlich getriebene Übertragungsmöglichkeit. China meldet sehr wenige Fälle von Pentastomiasis, die hauptsächlich durch *P. taiwana* und *A. agkistrodontis* verursacht werden. *Armillifer moniliformis* wurde auch bei Cynomolgus-Affen, Kakerlaken und wilden Ratten nachgewiesen. Es wurde gezeigt, dass Hausgeckos und Eidechsen *Raillietiella* sp. beherbergen. Die geschätzte Prävalenzrate variiert von 1,8 bis 20,7 % bei malaysischen Wildtieren.

Diagnose

Verschiedene diagnostische Methoden stehen zur Diagnose von Pentastomiasis zur Verfügung (Tab. 2).

Mikroskopie

Histopathologie ist häufig hilfreich. Charakteristische sklerotisierte kutikuläre Öffnungen werden oft in den mit Hämatoxylin und Eosin gefärbten Gewebeschnitten nachgewiesen. Movat-Pentachromfärbung des Gewebeschnitts scheint besser zu sein. Das Vorhandensein der kutikulären Stacheln unterscheidet *L. serrata*-Larven von *Armillifer* sp. Das Vorhandensein der gestreiften Muskelstränge unterscheidet diese von denen von Zystizerkus, Spargana und Nematoden, aber nicht von der Fliegenlarve. Letztere ist durch das Vorhandensein der Trachealtrakte und keiner kutikulären sklerotisierten Öffnung zu unterscheiden.

Mikroskopie einer intakten Larve, falls vorhanden, ist sehr nützlich für die Artbestimmung der Pentastomida. Eine geringere Anzahl (7–9) von Ringelungen deutet auf *A. agkistrodontis*, hin, während relativ große Zahlen (18–22) von Ringelungen auf *A. armillatus* hinweisen. Die Positionen der Geschlechtspore und der Ringelungen sind hilfreiche Merkmale bei der Diagnose von adulten Würmern.

Serodiagnostik

Verschiedene auf Antikörpern basierende Tests wie Gel-Diffusion, Immunelektrophorese, Immunfluoreszenz, ELISA und Western Blot werden zur Serodiagnostik von Pentastomiasis sowohl beim Menschen als auch bei Tieren verwendet. Die meisten dieser Tests verwenden ein grobes Antigen aus dem Omentum des Hundes, das Pentastomidalarven enthält. Eine ELISA-Methode, die eine 48-kDa-Frontaldrüsen-Metallproteinase verwendet, hat eine erhöhte Wirksamkeit gezeigt. Die 97-kDa- und 37-kDa-Banden auf dem Western Blot mit *L. serrata* helfen bei der Diagnose.

Bei Tieren zeigte ein Sandwich-ELISA zum Nachweis von Antikörpern gegen exkretorisch-sekretorische Antigene von *L. serrata* eine hervorragende Sensitivität im Vergleich zur Mikroskopie bei Tieren.

Antigenbasierte Methoden müssen noch bewertet werden.

Molekulare Diagnostik

Polymerasekettenreaktion (PCR) und DNA-Sequenzierung haben sich für die molekulare Diagnostik als sehr nützlich erwiesen. Die Tests unterscheiden *A. agkistrodontis, A. armillatus* und einige andere Arten zuverlässig. Die BLAST-Analyse nach der Sequenzierung eines 424-bp-Amplicons ist das übliche Verfahren. Hohe Kosten und begrenzter Zugang verhindern jedoch ihren routinemäßigen Einsatz. Nekrose und Formalinfixierung von Gewebe erschweren den Nachweis von Nukleinsäuren durch PCR.

Andere Methoden

Sichel- oder gewundene Trübungen in der Lungenradiologie (Abb. 4), Leberbildgebung (Abb. 5) oder Entdeckung während der Laparo-

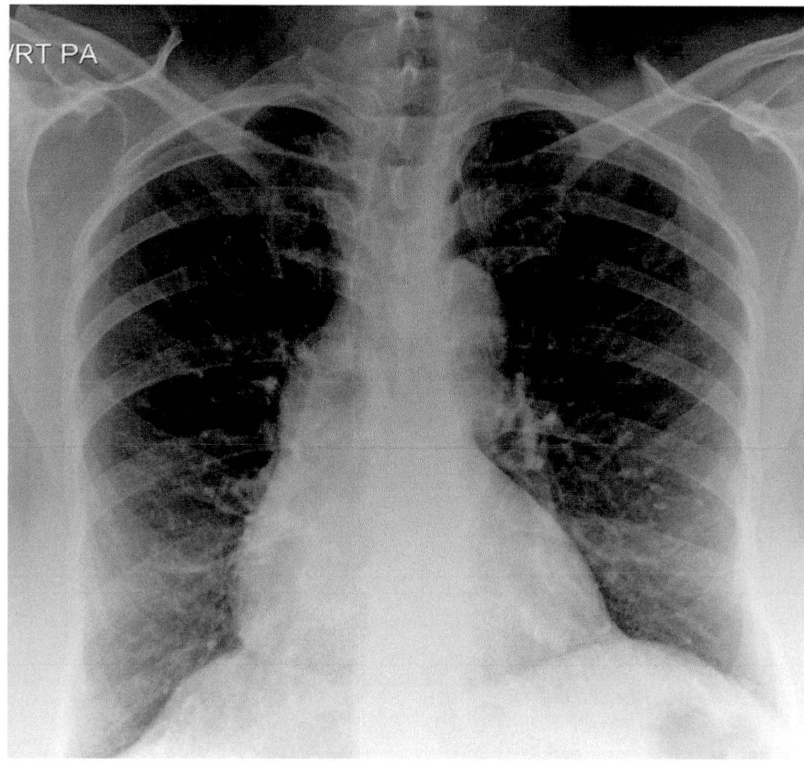

Abb. 4 Röntgenaufnahme des Brustkorbs, die mehrere winzige C-förmige Trübungen in den Lungen bei einem Fall von viszeraler Pentastomiasis zeigt (Bild reproduziert aus BJR Case Rep 2019; 5: 20180058; CC by 4.0)

tomie oder Autopsie sind häufig verwendete Methoden bei der Diagnose der Erkrankung.

Behandlung

Die asymptomatische Natur und der letztendliche Tod des Parasiten begrenzen die Möglichkeit und Notwendigkeit einer Behandlung bei viszeraler Pentastomiasis beim Menschen.

Akute abdominale Fälle bei viszeraler Pentastomiasis beim Menschen werden durch explorative Laparotomie und Peritoneallavage zur Diagnose und Entfernung der Larven behandelt. In einigen Fällen wurden bis zu 100 *A. armillatus*-Nymphen durch Laparotomie entfernt. Das *Halzoun-/Marrara-Syndrom* erfordert die chirurgische Entfernung von freien oder eingeschlossenen Parasiten im Auge, Hals oder Nasengang.

Es gibt keine validierte medizinische Behandlung für viszerale Pentastomiasis. Die medizinische Therapie zielt darauf ab, den Wurm zu töten und zu entfernen, indem er im Stuhl ausgeschieden wird. Monotherapie und Kombinationstherapie mit Praziquantel, Albendazol und Mebendazol sind in Verbindung mit traditionellen chinesischen Medikamenten in Gebrauch. Diethylcarbamazin wurde für die Behandlung von Infektionen durch *Linguatula* sp. vorgeschlagen. Die damit verbundenen allergischen Erscheinungen sprechen auf eine Therapie mit Antihistaminika und/oder Kortikosteroiden an. Ivermectin hat bei Pentastomidainfektionen bei Tieren wie Schlangen und gefangenen Eidechsen einige heilende Wirkungen gezeigt.

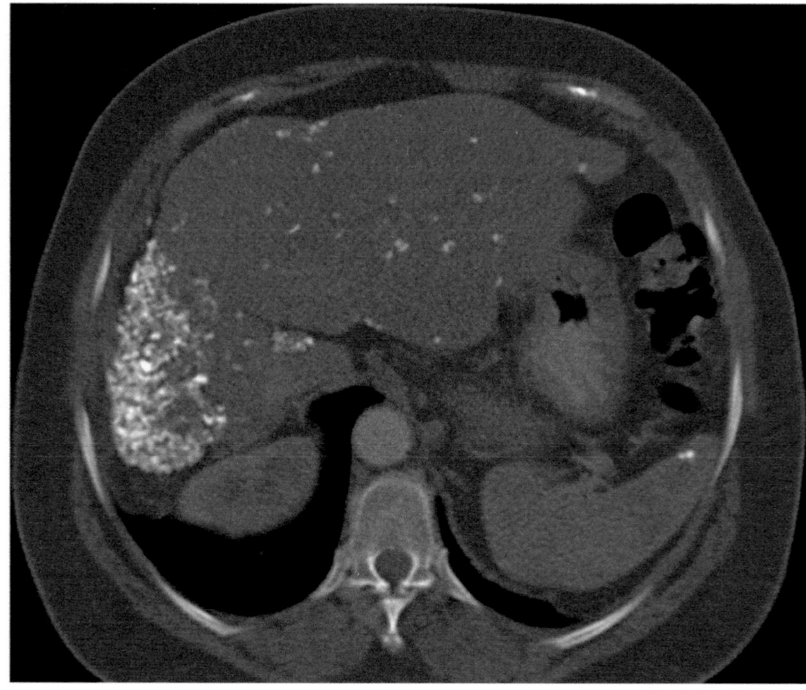

Abb. 5 Multifokale Verkalkungen in Leber und Milz bei einem Fall von viszeraler Pentastomiasis (Bild reproduziert aus BJR Case Rep 2019; 5: 20180058; CC by 4.0)

Prävention und Bekämpfung

Da Schlangenkot und kontaminierte Nahrung und Wasser wichtige Infektionsquellen sind, ist die Hygiene von Nahrung und Wasser notwendig, um die Infektion zu verhindern. Vorsichtiger und hygienischer Umgang mit kontaminierten Schlangenprodukten wie ihrem Muskel und ihrer Galle und Vermeidung ihres Verzehrs sind wesentliche vorbeugende Maßnahmen. Das Vermeiden des Verzehrs von rohem Fleisch (Hund, Nagetier und Schaf) und der Kontakt mit infizierten Reptilien sind wichtige persönliche vorbeugende Maßnahmen. Die Untersuchung der Hundepopulation hilft bei der Bekämpfung von *Linguatula* sp.-Infektionen bei diesen Tieren.

Fallstudie

Ein 50-jähriger Mann kommt zu Ihnen mit akuten Bauchschmerzen und Erbrechen. Er hatte die letzten 7 Tage Verstopfung. Er ist ein professioneller Schlangenjäger und nimmt begeistert Volksmedizin ein. Die klinische Untersuchung zeigt eine ausgeprägte epigastrische Empfindlichkeit. Sie haben ein gerades Röntgenbild des Bauches angeordnet, das überraschenderweise zahlreiche winzige C-förmige Opazitäten im Bauch mit einer Ansammlung von Gas unter dem Zwerchfell zeigte. Sie haben sich für eine Notfalllaparotomie entschieden.

1. Was könnten diese Opazitäten sein?
2. Verursachen die Opazitäten das Problem bei diesem Patienten?
3. Was könnten die möglichen Befunde während dieser Laparotomie sein?
4. Wie würden Sie weiter vorgehen?

Forschungsfragen

1. Was ist der Mechanismus des Pentastomidalarventodes beim Menschen?
2. Was sind die immunologischen Aspekte der Pentastomiasis, insbesondere die Strategien

zur Immunflucht und die unauffällige Wirtsreaktion?
3. Welcher therapeutische Ansatz muss im Zusammenhang mit dem One-Health-Konzept erläutert werden?

Weiterführende Literatur

Flood R, Karteszi H. Incidental thoracic, hepatic and peritoneal calcifications: a case of pentastomiasis. BJR Case Rep. 2019;5:20180058.

Meyers, W. et al. Topics on the pathology of protozoan and invasive arthropod diseases. (2011).

Muller R. Worms and human diseases. In: Commonwealth Agricultural Bureaux. 2nd Aufl. Walling Ford: CABI; 2002. S. 240–2.

Ogbu K, Tion M, Ochai S, Olaolu O, Ajegena I. Prevalence of tongue worm *(Linguatula serrata)* in dogs slaughtered in Jos-south local government area of plateau state. Nigeria South Asian J Parasitol. 2018;1(3):1–7.

Tappe D, Büttner D. Diagnosis of human visceral pentastomiasis. PLoS Negl Trop Dis. 2009;3(2):e320.

Tappe D, Meyer M, Oesterlein A, Jaye A, Frosch M, Schoen C. Transmission of *Armillifer armillatus* ova at Snake farm, the Gambia. West Afr Emerg Infect Dis. 2011;17(2):251–4.

Tappe D, Sulyok M, Rózsa L, Muntau B, Haeupler A, Bodó I, Hardi R. Molecular diagnosis of abdominal *Armillifer grandis* pentastomiasis in the Democratic Republic of Congo. J Clin Microbiol. 2015;53:2362–4.

Vanhecke C, Le-Gall P, Le Breton M, Malvy D. Human pentastomiasis in sub-Saharan Africa. Med Mal Infect. 2016;46:269–75.

Krätze

Sumeeta Khurana und Bhavana Yadav

Lernziele

1. Das Spektrum der verschiedenen klinischen Formen von Krätze zu überprüfen
2. Die diagnostischen Modalitäten zur Diagnose zu bewerten

Einführung

Krätze ist eine Hauterkrankung von Menschen und Tieren, die durch die Milbe, *Sarcoptes scabiei*, verursacht wird, die weltweit unabhängig vom sozioökonomischen Status ein bedeutendes öffentliches Gesundheitsproblem darstellt. Die WHO erklärte die Krätze 2009 zu einer vernachlässigten Tropenkrankheit und ist mit erheblicher Morbidität bei Menschen und Säugetieren verbunden. Typische Krätze zeichnet sich durch einen unerträglichen juckenden Ausschlag aus. Die schwerste Form (verkrustete/norwegische) der Krätze hat sich insbesondere bei Obdachlosen, älteren Menschen in Heimen, Menschen mit geistiger Behinderung und immungeschwächten Personen in den entwickelten Ländern zu einer kritischen wieder auftretenden Ektoparasitose entwickelt. Infizierte Personen benötigen eine sofortige Behandlung, da eine Fehldiagnose zu Ausbrüchen, Morbidität und erhöhten wirtschaftlichen Belastungen führen kann.

Geschichte

Die früheste aufgezeichnete Referenz auf Krätze, sei es bei Menschen oder Tieren, geht zurück auf biblische Zeiten (1200 v. Chr.). Später berichtete Aristoteles, dass „Läuse aus kleinen Pickeln entkommen würden, wenn sie gepickt werden“; Forscher glaubten, es handele sich um die Krätzmilbe statt um Läuse. Basierend auf archäologischen Beweisen und ägyptischen Hieroglyphen war die Krätze in den letzten 2500 Jahren präsent. Seit der Zeit der Römer und Griechen war sie als Gale oder Juckreiz bekannt und gut beschrieben in Gebieten von Schmutz und Armut. Celsus, ein römischer Arzt, prägte den Begriff „Krätze“ zur Beschreibung dieser Krankheit. Obwohl verschiedene Zivilisationen über mehrere Epochen hinweg die Krätze erkannt haben, blieb die Ursache der Infektion ein Rätsel.

Die Milbe *S. scabiei* leitet ihren Namen vom griechischen Wort „*sarx*“ (Fleisch) und „*koptein*“ (schneiden oder schlagen) und dem lateinischen Wort „*scabere*“ (kratzen) ab. Giovanni Cosimo Bo-

S. Khurana (✉) · B. Yadav
Department of Medical Parasitology, Post Graduate Institute of Medical Education and Research, Chandigarh, Indien

S. C. Parija und A. Chaudhury (Hrsg.), *Lehrbuch der parasitären Zoonosen*,
https://doi.org/10.1007/978-981-97-4312-4_59

nomo entdeckte 1687 die Krätzmilbe als Ursache für den „Juckreiz", und die Krätze wurde zur ersten Krankheit der Menschheit mit einer erkannten Ursache. Bonomo dokumentierte die Ätiologie der Krätze in seinem berühmten Brief mit dem Titel *„Beobachtungen über die Fleischwürmer des menschlichen Körpers",* geschrieben an seinen Mentor Francesco Redi, den Naturforscher. Bonomo beschrieb mithilfe von Giacinto Cestoni das Verhalten der Milbe und ihre Behandlungsprinzipien. Trotz solch überzeugender Beweise und einer Übersetzung des Textes ins Englische 16 Jahre später, blieb die Entdeckung für die nächsten rund 200 Jahre vergessen. Mit der Veröffentlichung der Abhandlung von Hebra im Jahr 1868 wurde sie im 19. Jahrhundert allgemein akzeptiert. In den 1940er-Jahren, während des 2. Weltkriegs, studierte Kenneth Mellanby, ein Entomologe, die Übertragung und Behandlung der Krätze.

Taxonomie

Die Gattung *Sarcoptes* gehört zur Familie Sarcoptidae, der Ordnung Astigmata, der Unterklasse Acari, der Klasse Arachnida, dem Stamm Arthropoda und dem Reich Animalia.

Sarcoptes scabiei ist die Art, die Infektionen sowohl beim Menschen als auch bei Tieren verursacht. Unterschiedliche biologische Formen von *S. scabiei,* die morphologisch nicht zu unterscheiden sind, aber wirtsspezifisch sind und Unterschiede auf physiologischer Ebene aufweisen, sind in Tab. 1 aufgeführt.

Tab. 1 *Sarcoptes*-Arten von Menschen und Tieren

Arten	Wirt
Sarcoptes scabiei var. *hominis*	Menschen
Sarcoptes scabiei var. *canis*	Hunde, Katzen, Schweine, Füchse, Kaninchen
Sarcoptes scabiei var. *suis*	Schweine, Hunde, Kaninchen
Sarcoptes scabiei var. *bovis*	Rinder
Sarcoptes scabiei var. *equi*	Pferde
Sarcoptes scabiei var. *ovis*	Schafe, Ziegen, Kamele
Sarcoptes scabiei var. *caprae*	Ziegen, Rinder, Schafe, Hunde

Genomik und Proteomik

Genomische Daten haben Einblicke in die Wirtspräferenz und phylogenetischen Beziehungen von Krätzmilben gegeben. Ein annotierter Entwurf des Genoms von *S. scabiei* var. *canis* ist in der VectorBase-Datenbank und NCBI verfügbar, während die genomischen Daten von var. *hominis* und var. *suis* in den GigaScience-Repositories und NCBI verfügbar sind. Die var. *canis*- und var. *hominis*-Genome enthalten jeweils 10.644 bzw. 13.226 mutmaßliche codierende Sequenzen.

Die Proteine, die mit essenziellen biologischen Prozessen der Milbe verbunden sind, werden aus den aus genomischen Daten gewonnenen Informationen untersucht. Mehr als 150 Proteine, die in Extrakten der Milbe vorhanden sind, wurden mithilfe der MALDI-TOF/TOF-Massenspektrometrie und den vorhergesagten Proteom-Softwarepaketen klassifiziert. Im Blut von Patienten mit Krätze werden all diese Proteine durch Antikörper, entweder IgM oder IgG, nachgewiesen. Andere Proteine binden nicht an die zirkulierenden Antikörper und sind vermutlich an der Regulation des Immunsystems des Wirts beteiligt, um die Milbe zu schützen.

Morphologie

Die Milbe hat 4 Stadien in ihrem Lebenszyklus: Adult, Ei, Larve und Nymphe.

Adulte

Sarcoptes scabiei ist eine winzige Milbe, kaum sichtbar für das bloße Auge. Die Weibchen sind 0,3–0,5 mm lang und 0,25–0,4 mm breit. Das Männchen ist kleiner, etwa zwei Drittel der Größe des Weibchens. Die Farbe der Milbe variiert von cremeweiß bis gelblich mit braun sklerotisierten Beinen und Mundteilen. Die Milbe besitzt eine dünne Kutikula ohne stark sklerotisierte Schilde, hat keine Stigmata und Tracheen und atmet direkt durch das Tegument. Der Kör-

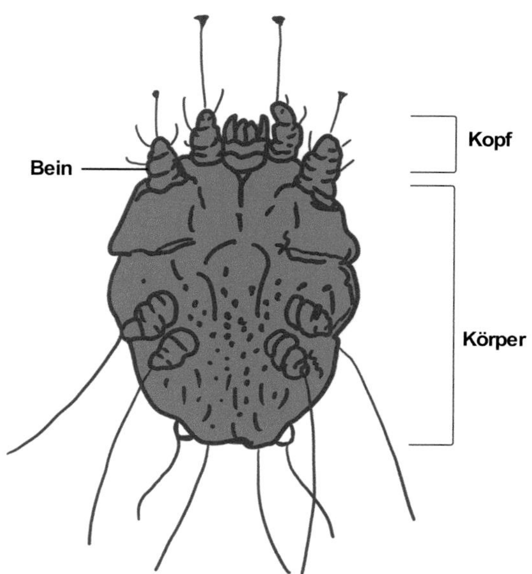

Abb. 1 Schematische Darstellung der ventralen Ansicht der adulten *S. scabiei*-Milbe

per ist breit, oval geformt mit feinen Streifen auf der abgeflachten ventralen Oberfläche und dorsal konvexen schildkrötenähnlichen Oberfläche. Die Abgrenzung zwischen Cephalothorax und Abdomen ist undeutlich (Abb. 1).

Diese Milben haben keine Augen und besitzen 4 Paar kurze Beine, 2 Paar vorne und 2 hinten. Die vorderen 2 Paar Beine enden in glockenförmigen Saugstrukturen, die als Pulvilli bezeichnet werden und zur Befestigung an der Haut dienen. Die hinteren 2 Paar Beine sind in der dorsalen Ansicht nicht sichtbar. Das 3. Paar bei Männchen und das 3. und 4. Paar bei Weibchen enden in langen borstenartigen sensorischen Strukturen, genannt Setae.

Die durchschnittliche Lebensdauer der Milben beträgt etwa 30–60 Tage.

Ei

Die Eier, die von der adulten Milbe gelegt werden, sind oval und etwa 0,10–0,15 mm lang. Diese schlüpfen zu 6-beinigen Larven und häuten sich dann progressiv zu 8-beinigen Nymphen und dann zu adulten Milben. Es dauert etwa 14 Tage, bis sich ein Ei zu einer adulten Milbe entwickelt.

Larve

Die Larve ist eine 6-beinige Struktur, die aus Eiern hervorgeht, die an Größe zunimmt und sich in eine 8-beinige Nymphe verwandelt.

Nymphe

Die Nymphe ist im Wesentlichen die kleinere Version der adulten Milbe.

Zucht von Parasiten

Die In-vitro-Kultur von *S. scabiei* ist noch nicht möglich. Milben, die für immunologische und morphologische Studien benötigt werden, werden aus den kutanen Krätzeläsionen von Menschen und Tieren gewonnen.

Versuchstiere

Sarcoptes scabiei ist ein hochspezifischer Parasit und erzeugt nur eine vorübergehende, selbstlimitierende Läsion in seinem nicht bevorzugten Wirt. Bisher wurde keine Methode entwickelt, um die Lebensfähigkeit der Milbe im Labor für mehr als 24–48 h aufrechtzuerhalten. Darüber hinaus ist es schwierig, Milben in großen Mengen von Menschen zu sammeln, da eine typische Form der menschlichen Krätze 10–15 Milben pro Person beinhaltet. Ausreichende Mengen an Milben für Forschungszwecke werden von einem Patienten mit verkrusteter Krätze gewonnen, aber der Zugang zu solchen hyperinfizierten Personen bleibt sporadisch. Daher hängen verschiedene immunologische, Wirt-Parasiten-Interaktions-, biologische, proteomische und genomische Forschungen vom Tiermodell der Krätzmilben ab.

Labortiere wie Kaninchen oder Schweine werden verwendet, um verschiedene Eigenschaften von Milbenpopulationen zu untersuchen, einschließlich Wirt-Parasiten-Interaktionen und immunmodulierende Fähigkeiten. In Kreuzinfektionsstudien (Hundemilben auf Kaninchen) wurden *S. scabiei* var. *canis*-Vollmilbenantigenextrakte verwendet, um die Immunpathogenese der Krätze bei Mäusen, Kaninchen und Menschen zu untersuchen. Ein Kaninchen-/Hund-Modell ist äußerst wertvoll, um die immunologische Perspektive der Krätze zu untersuchen.

Die Mehrheit der artenübergreifenden Studien blieb jedoch aufgrund von vorübergehenden und selbstlimitierenden Infestationen sowie logistischen Problemen beim Zugang für internationale Forschung und regulatorischen Einschränkungen erfolglos.

In verschiedenen Studien wurden experimentelle Infektionen durch verkrustete Läsionen induziert, die von den Ohren chronisch infizierter Schweine stammen. Schweine wurden als Tiermodell zur Untersuchung der Krätze verwendet. Sie sind der natürliche Wirt von *S. scabiei* var. *suis* und entwickeln epidermale, morphologische, biochemische und immunologische Veränderungen ähnlich wie Menschen. Die klinischen Manifestationen der Krätze bei Schweinen ähneln stark der menschlichen verkrusteten (norwegischen) Krätze. Darüber hinaus ist das Komplementsystem eines Schweins vergleichbar mit dem des Menschen. Das Schweinemodell liefert konsequent eine hohe Milbenlast (>6000 Milben/g Haut) und eine verlängerte Infestationsperiode (6–12 Monate) bei Behandlung mit immunsuppressiven Medikamenten.

Lebenszyklus von *Sarcoptes scabiei*

Sarcoptes scabiei ist ein obligater Parasit für Menschen.

Sein Lebenszyklus besteht aus 4 Entwicklungsstadien: Ei, Larve, Nymphe (Protonymphe und Tritonymphe) und Adult – die adulte Milbe wird durch Hautkontakt oder über Fomiten auf die Haut einer Person übertragen.

Übertragung der Infektion

Die häufigste Form der Übertragung von Krätze ist der direkte Hautkontakt von einer Person zur anderen. Sie ist häufig unter Familienmitgliedern und in institutionellen Umgebungen zu sehen. Sie kann auch durch sexuellen Kontakt verbreitet werden. Im Falle der typischen Krätze spielen die Fomiten eine untergeordnete Rolle bei der Krankheitsübertragung. Bei der verkrusteten Krätze hingegen hat sich gezeigt, dass die unbelebte Umgebung von Patienten/Bewohnern stark mit Milben kontaminiert ist und zur Krankheitsübertragung beiträgt. Bei Patienten mit verkrusteter Krätze können Milben auf Bettlaken, Vorhängen, Betten und Kleidung gefunden werden. Das Infektionsrisiko hängt mit der Belastung der Milbe auf der infizierten Person und der Dauer des Kontakts zusammen.

Die befruchtete weibliche Milbe gräbt sich bevorzugt in die oberflächlichen Hautschichten ein und legt während ihrer Lebenszeit von 4–6 Wochen täglich 2–3 Eier ab. Die Gänge erscheinen als winzige graue oder hautfarbene erhabene gewundene Linien. Es dauert 3–4 Tage, bis die Eier zur Larve schlüpfen. Die Larven wandern zur Hautoberfläche und schaffen neue Gänge. Etwa 3 Tage später verlassen sie die Gänge und häuten sich zum nächsten Entwicklungsstadium, d. h. zu Nymphen. Die Nymphen wandern entweder zur Hautoberfläche oder bleiben unter der Hautoberfläche, wo sie sich in den nächsten 3–4 Tagen zu Adulten häuten. Das Ei entwickelt sich durch Larve und Nymphe und wird in 10–15 Tagen zur voll ausgewachsenen Milbe. Die Adulten sind klein, mit einer Länge von 0,3–0,4 mm bei Weibchen und 0,25–0,35 mm bei Männchen. Die Lebensdauer des Mannes beträgt in der Regel 1–2 Tage, und er verbringt diese Zeit auf der Suche nach unbegatteten Weibchen. Die Paarung erfolgt nur einmal, und die weibliche Milbe legt für den Rest ihres Lebens Eier. Der gesamte Zyklus dauert etwa 2 Wochen (Abb. 2).

Die Eier werden von der weiblichen Milbe mit einer Rate von etwa 2–3 Eiern pro Tag für etwa 2 Monate gelegt. Während ein Weibchen im Laufe ihres Lebens rund 180 Eier legt, überleben in der Regel nur 10 % der Eier und führen zu ausgewachsenen Milben. Baden, Kratzen oder Reiben der Haut entfernt einen Großteil der Eier von der Haut. Es wird geschätzt, dass 3–50 Milben in einem einzigen menschlichen Wirt leben können.

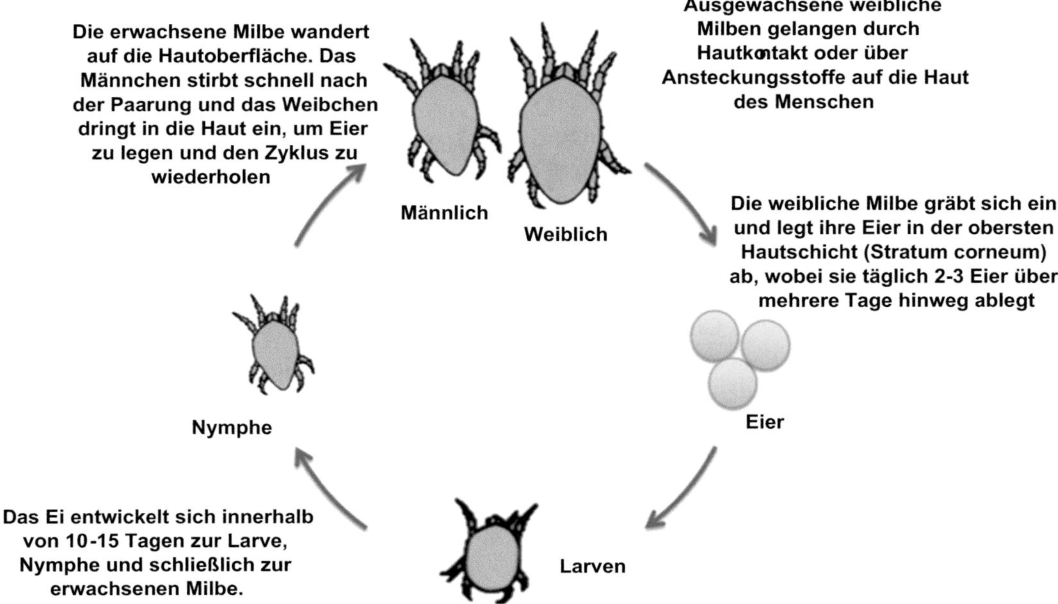

Abb. 2 Lebenszyklus der *S. scabiei*-Milbe

Milben überleben viele Tage abseits des Wirts. Wenn die Milbe von ihrem Wirt fällt, lebt sie bei Raumtemperatur für 24–36 h bei durchschnittlicher Luftfeuchtigkeit (21 °C und 40–80 % relative Luftfeuchtigkeit) und viel länger bei hoher Luftfeuchtigkeit bei niedrigeren Temperaturen. Die Fähigkeit der Milben, den Wirt zu befallen, nimmt mit der zunehmenden Zeit, die sie vom Wirt entfernt sind, ab.

Pathogenese und Pathologie

In der Epidermis gräbt die weibliche Milbe Gänge und legt über viele Tage Eier ab und verursacht verschiedene pathologische Veränderungen in der Haut von Menschen und Säugetieren. Weibliche Milben, die durch den Geruch des Wirts und thermische Reize geleitet werden, bewegen sich mit 2,5 cm/min. Der Gang, der Teile des Milbenkörpers enthält, erscheint als Spalte in der oberen Epidermis. In der Epidermis finden sich Akanthose, Parakeratose, Spongiose und dicke eosinophile dermale Infiltrate. In der Dermis gibt es eine diffuse Infiltration von Lymphozyten und Histiozyten, manchmal begleitet von Neutrophilen und Eosinophilen. Das dermale Infiltrat kann in nodulären Hautläsionen ausgesprochen dicht sein.

Immunologie

Die Immunreaktionenen auf Krätze sind komplex. Krätze wurde zuvor als der „*schlimmste Juckreiz*" im Leben des Patienten beschrieben, was das signifikante Kratzen dieser Störung hervorhebt. Der Juckreiz bei Krätze kann entweder durch die offene Wirkung der Krätzmilbe oder durch die Immunreaktion des Wirts gegen sie auftreten.

Sowohl die Th1- als auch die Th2-Immunreaktionen werden bei klassischer Krätze beobachtet. Bei verkrusteter Krätze ist jedoch eine vorwiegend Th2 (nicht schützende)-Reaktion vorhanden. Die Immunreaktionen von Th1 werden durch CD4+ T- und CD8+ T-Zellen reguliert, die die Zytokine TNF-α, IFN-γ und IL-2 ausscheiden. Um extrazelluläre Parasiten zu bekämpfen, scheiden Th2-Zellen verschiedene Interleukine, einschließlich IL-4, IL-5 und IL-13 aus und regulieren die humorale Immunität durch die Verbesserung der Antikörperproduktion. Die Th2-Reaktion stimuliert die Entwicklung und Aktivierung von Eosinophilen zusammen mit einer Herunterregulation der zellvermittelten Immunität. Die Zytokinsignalisierung, insbesondere IL-23, IL-6, IL-1 β, IL-18 und TGF-β, stimuliert die Th17-Zellantwort und die Sekretion von IL-17. Aufgrund einer Reduktion von CD4+ T-Zellen sind immungeschwächte Patienten (HIV) mit schweren Krankheiten assoziiert. Alterung und immunsuppressive Zustände wie AIDS sind mit einer Reduktion der Aktivität von Th1-Zellen und einer erhöhten Häufigkeit und Schwere der Krankheit assoziiert.

Ein Befall mit Krätzmilben löst potenzielle humorale Immunreaktionen aus, insbesondere bei verkrusteter Krätze, indem die spezifischen Antigene IgG, IgE und IgA hochreguliert werden. Es wurde berichtet, dass die Spiegel von IgG, IgE, IgA und IgM bei typischer Krätze erhöht sind. Die Komplementfragmente C3a und C4a wirken auf bestimmte Rezeptoren und verursachen die Freisetzung von Mediatoren (Histamin und TNF-α) durch Mastzellen, die zur entzündlichen Reaktion beitragen. Bei verkrusteter Krätze wurden niedrige zirkulierende Serumspiegel von Komplement C3 und C4 festgestellt, was auf mögliche Defekte in der Komplementfunktion hinweist. Es wurde auch dokumentiert, dass von Krätzmilben induzierte Protease-Paraloge („scabies mite-induced protease paralogues“, SMIPPs) und -Serpine („scabies mite serpins“, SMSs) die Komplementaktivierung hemmen und das In-vitro-Bakterienwachstum fördern, was die Milben möglicherweise vor einer komplementvermittelten Zerstörung schützt. Bei Tieren führt die Sarcoptes-Räude zu vergleichsweise späten entzündlichen und adaptiven Immunreaktionen während der Infektion, typischerweise 4–6 Wochen nach dem ersten Kontakt mit der Milbe.

Infektion beim Menschen

Klassische Krätze

Sie tritt in Form von Juckreiz auf, der oft als nachts extremer beschrieben wird. Es ist dokumentiert, dass das klinische Erscheinungsbild einer primären Krätzeinfektion 4–6 Wochen nach der Diagnose auftritt (Abb. 3). Üblicherweise werden 2 Arten von Hautausschlag beobachtet: (1) papulöse oder vesikuläre Läsionen, die mit der Position oder Nähe von Gängen übereinstimmen und (2) ein allgemeinerer juckender papulöser Ausbruch, der nicht mit dem offensichtlichen Verhalten der Milben zusammenhängt und als immunologische Reaktion angesehen wird. Ein Gang ist das klassische Merkmal der Krätze. Innerhalb des Ganges sind Eikapseln und Milbenkotbälle – oder Skybala – vorhanden. Leider sind diese Gänge für ein ungeschultes Auge kaum erkennbar, und oft fehlen sie. Interdigitalräume, Handgelenke und Gliedmaßen, vordere Achselfalten, periumbilikale Muskulatur, Beckengürtel, einschließlich Gesäß, Knie, männlicher Penis und weibliche Brustwarzen, sind die bevorzugten Orte der menschlichen Milbe.

Pyodermie ist häufig mit unbehandelter Krätze verbunden, hauptsächlich aufgrund sekundärer Gruppe-A-*Streptococcus* (GAS)- und *Staphylococcus aureus*-Infektionen. Zellulitis, invasive bakterielle Infektionen und akute poststreptokokkale Glomerulonephritis (APSGN) sind schwerwiegendere Folgen.

Bei Säuglingen und sehr kleinen Kindern sind die klassischerweise betroffenen Körperbereiche der Kopf, der Hals, die Handflächen, die Füße und die Körperfalten – bei älteren Erwachsenen äußert sich die Krätze als starker Juckreiz mit einer kaum wahrnehmbaren entzündlichen Reaktion. Bei bettlägerigen Patienten ist der Rücken üblicherweise betroffen.

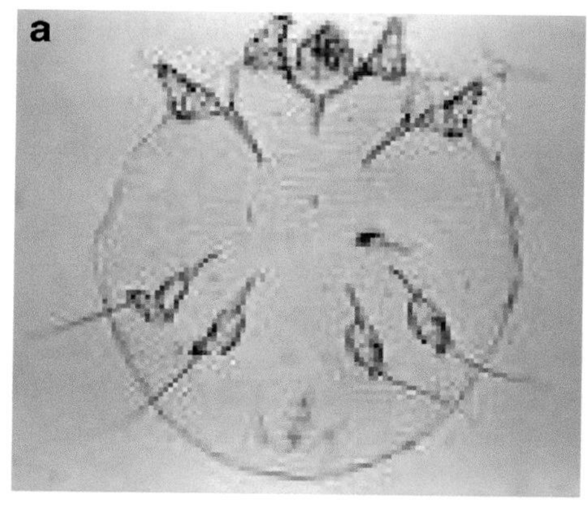

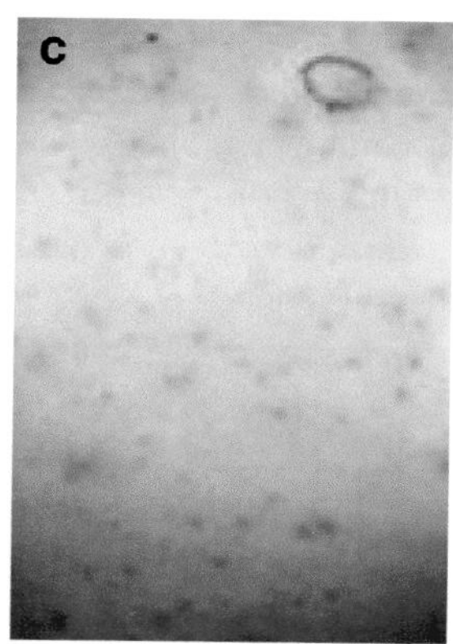

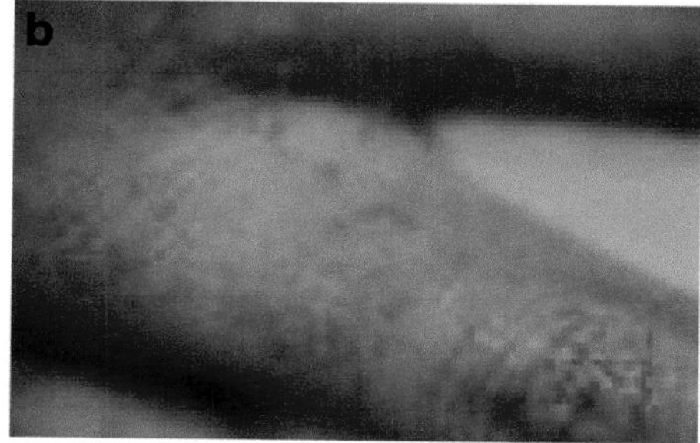

Abb. 3 Klinische Manifestationen der *S. scabiei*-Milbe. **a** Bauchansicht von *S. scabiei* var. *hominis* (Quelle: https://phil.cdc.gov/Details.aspx?pid=6301), **b** pickelartiger Ausschlag im Interdigitalraum zwischen den Fingern der Hand, verursacht durch die menschliche Krätzmilbe *S. scabiei* var. *hominis* (Quelle: https://phil.cdc.gov/Details.aspx?pid=4801), **c** Hautausschlag bei einem Menschen, verursacht durch die Milben, die mit einem Fall von Hunde-Krätze, *Sarcoptes scabiei* var. *canis,* auch bekannt als Sarcoptes-Räude, in Verbindung stehen (Quelle: https://phil.cdc.gov/Details.aspx?pid=3972)

Bullöse Krätze

Es handelt sich um eine seltene Unterart der klassischen Krätze, von der bisher nur wenige Fälle gemeldet wurden. Die stark juckenden bullösen Läsionen treten am häufigsten am Rumpf und an den Extremitäten auf, können aber auch den Hals, die Genitalien, die Füße, die Oberschenkel und die Leistenfalten betreffen. Risikofaktoren sind das männliche Geschlecht und Erwachsene über 65 Jahre. Sie kann klinisch und immunpathologisch bullösem Pemphigoid ähneln.

Noduläre Krätze

Die stark juckenden, dunkelrosa bis braunen, festen Knötchen sind bei nodulärer Krätze zu sehen. Sie treten am häufigsten in der Leistengegend, am Penis oder Hodensack, am Gesäß, an der vorderen Achselfalte und um den Nabel herum auf. Trotz wirksamer Behandlung der Krankheit überleben die Knötchen monatelang nach der Behandlung.

Verkrustete (norwegische) Krätze

Nach der Beschreibung der Krankheit durch Boeck und Danielssen bei Leprapatienten in Norwegen im Jahr 1848 wurde verkrustete Krätze als norwegische Krätze bezeichnet. Die Krankheit ist gekennzeichnet durch die Bildung von hyperkeratotischen Krusten im Gesicht, am Kopf, an den Ohren, am Hals, an den Füßen, an den Nagelbetten oder Nagelplatten mit erheblichem Befall. Diese Art von Krätze ist extrem ansteckend, da große Mengen von Milben in den dicken Krusten (bis zu 2 Mio.) gefangen sind und schnell von der infizierten Haut in Schuppen und Flocken abgestoßen werden. Menschen mit verkrusteter Krätze wurden als *„Kernüberträger"* bezeichnet. Die Ätiologie der verkrusteten Krätze ist häufig auf iatrogene oder schwerwiegende Krankheiten wie fortgeschrittenes HIV und die Infektion mit dem humanen T-Zell-Leukämie-Virus Typ 1, Lymphom und Immunsuppression zurückzuführen. Die Bildung von Fissuren und sekundären bakteriellen Infektionen durch *S. aureus* und *Streptococcus pyogenes* ist weitverbreitet und ist mit erhöhten Sterblichkeitsraten für diese Art von Krankheit verbunden. Eine generalisierte Lymphadenopathie kann vorhanden sein, und ein auffälliger Befund ist periphere Bluteosinophilie.

Infektion bei Tieren

Die *S. scabiei*-Milbe verursacht *Sarcoptes-Räude* bei Haus- und Wildtieren.

Bei Säugetieren zeigen sich die klinischen Symptome der Räude als leicht erhabene rote Papeln, die auf den spärlich behaarten Bereichen des Körpers zu sehen sind. Die *Sarcoptes*-Milbe gräbt sich tief in die Epidermis ein, verursacht Hautentzündungen und intensiven Juckreiz, der zu Kratzwunden führt. In fortgeschrittenen Fällen tritt der Tod der Tiere sekundär durch Infektion, Dehydration und gestörte Thermoregulation auf. Alopezie, Schuppung und Krustenbildung der Haut mit trockenem Serumexsudat treten auf, wenn die Räude unbehandelt bleibt.

Die Verteilung der Läsionen variiert je nach Wirtsspezies, aber häufige Stellen sind Beine (Hunde), Innenschenkel (Rinder), Hals (Pferde, Rinder), Schnauze, Ohren und Gesicht (Katzen, Hunde, Schafe, Ziegen, Schweine), Rumpf (Schweine) und Schwanz (Hunde, Rinder). Die Übertragung von Milben innerhalb einer Tiergruppe erfolgt höchstwahrscheinlich durch direkten Kontakt oder durch infizierte Einstreu.

Epidemiologie und öffentliche Gesundheit

Krätze ist eine der häufigsten dermatologischen Erkrankungen, die Personen jeden Alters und sozioökonomischen Status betreffen kann. Die Erkrankung ist in der Liste der NTDs der Weltgesundheitsorganisation aufgeführt. Die globale Prävalenz wird laut WHO auf 200 Mio. Menschen geschätzt, während mehr Anstrengungen zur Bestimmung der Krankheitslast erforderlich sind. Die Schätzungen der Prävalenz variieren in der Krätze-bezogenen Literatur zwischen 0,2 und 71 %. Die höchste Prävalenz ist in Ost- und Südostasien, Ozeanien und Lateinamerika zu beobachten. Dies wird durch eine hohe Prävalenz von Krätze in feuchten, tropischen Regionen bestätigt, in denen Überbevölkerung die schnelle Ausbreitung der Krätzmilbe begünstigt. Im Jahr 2015 wurde geschätzt, dass die Krätze etwa 0,21 % der verlorenen gesunden Lebensjahre („disability-adjusted life years", DALY) (Tab. 2) ausmacht.

Es wurde festgestellt, dass die Prävalenz von Krätze mit Armut, Überbevölkerung und Hygiene zusammenhängt. Armut und Überbevölkerung sind wichtige Einflussfaktoren, und es wird vermutet, dass Überbevölkerung einen erheblichen Einfluss auf die Verbreitung von

Tab. 2 Epidemiologie von *S. scabiei* von Bedeutung beim Menschen

Spezies	Verbreitung	Wirt
Sarcoptes scabiei var. *hominis*	Geschätzte globale Prävalenz beträgt ca. 200 Mio. Die höchste Prävalenz ist in Ostasien, Südostasien, Ozeanien und tropischem Lateinamerika zu beobachten Höhere Prävalenz ist mit Armut, Überbevölkerung und schlechter Hygiene verbunden	Menschen

Krätze hat. Mangelernährung kann Menschen für Krätze prädisponieren. Es ist ein bedeutendes Gesundheitsproblem in vielen Entwicklungsländern. Die am stärksten gefährdeten Gruppen in ressourcenarmen Gemeinschaften sind junge Kinder und ältere Menschen. In industrialisierten Ländern können Ausbrüche von Krätze als sporadische Fälle oder als institutionelle Ausbrüche in Schulen, Pflegeheimen, Krankenhäusern, Gefängnissen, Altersheimen und Gebieten mit Überbevölkerung auftreten.

Erhöhte persönliche Hygiene verzögert nur den Beginn der Symptome und reduziert ihre Schwere. Schwimmen kann sich negativ auf die Wirksamkeit der Behandlung auswirken, wenn Medikamente abgewaschen werden, anstatt die Krätze selbst zu beeinflussen.

Krätze ist eine wichtige Infektion in Populationen von Wildhunden, Huftieren, Wildschweinen, Wombats, Koalas, Katzen, Menschenaffen und Rindern. Es handelt sich um eine epizootische Krankheit. Es wird vermutet, dass sie eine bedeutende Todesursache bei Rotfüchsen *(Vulpes vulpes)*, Kojoten und Nacktnasenwombats *(Vombatus ursinus)* ist. Weltweit sind 50 bis 95 % der Schweinepopulationen mit der *S. scabiei*-Milbe infiziert. Die Krätzmilbe gilt als allgegenwärtiger Parasit bei einigen wirtschaftlich wichtigen Nutztieren, mit Berichten aus zahlreichen Ländern, einschließlich Europa, Australien, Afrika und Asien.

Extremer Räude-bedingter Juckreiz bei Tieren stört die Milchproduktion, die Lederqualität und die Gewichtszunahme und kann zu erheblichen wirtschaftlichen Verlusten in den Primärindustrien führen. Darüber hinaus hat die Milbe das Potenzial, sich schnell in hochanfälligen Arten auszubreiten, die Fortpflanzung einzuschränken und Massensterben zu verursachen.

Diagnose

Der klinische Verdacht auf Krätze beruht auf einer Standardanamnese von Juckreiz, der nachts schlimmer wird, und der Ausbreitung von entzündlichem Ausschlag in charakteristischen Bereichen. Manchmal kann mehr als ein Familienmitglied betroffen sein (Tab. 3).

Es gibt mehrere invasive und nichtinvasive Ansätze für die parasitologische Diagnose. KOH-Gangkratzen, Hautbiopsie, Burrow-Ink-Test, Klebebandtest, Serologie und molekulare Techniken sind invasive Tests für die Diagnose von Krätze. Dermoskopie, Videodermoskopie, Reflektanz-konfokale Mikroskopie und optische Kohärenztomografie sind nichtinvasive Diagnosemethoden.

Tab. 3 Diagnosemethoden für *S. scabiei*-Infektionen beim Menschen

Diagnoseansätze	Methoden	Ziele	Anmerkungen
Direkte Mikroskopie	Hautgeschabsel/Hautbiopsie, Burrow-Ink-Test, Klebebandtest	Visualisierung von Milben, Larven, Eierschalenresten oder Kotkügelchen	*Nachteil*: Die Anzahl der Geschabsel und die Expertise des Mikroskopikers können die Sensitivität beeinflussen
Dermoskopie/Videodermoskopie/Reflektanz-konfokale Mikroskopie (RCM)	Untersuchung der Haut, die Milben in Gängen enthält	Milbenkopf und nachfolgender Gang können im „*Winddrachenzeichen*" visualisiert werden	Es handelt sich um eine schnelle, nichtinvasive Technik, die zur Untersuchung von asymptomatischen Kontaktpersonen und Familienmitgliedern und zur Überwachung der Therapieantwort eingesetzt werden kann
Immundiagnostik	ELISA oder intradermaler Hauttest	Milbenantigene	Kreuzreaktionen auf Hausstaubmilben
Molekulare Assays	PCR	(COX-1) mitochondriales Cytochrom-c-Oxidase-Enzym	Nach wie vor nur in der Forschung

Mikroskopie

Hautgeschabsel

Die Diagnose wird durch das Vorhandensein von Milben, Larven, Eierschalenresten oder Kotpellets am Ende des Gangs bestätigt. Ein oder zwei Tropfen Mineralöl, Kochsalzlösung oder Kaliumhydroxid können zur Läsion hinzugefügt werden, und eine sterile Bürste oder sterile Nadel wird verwendet, um die Läsion vorsichtig zu entfernen. Die Proben werden unter einem Lichtmikroskop mit geringer Vergrößerung untersucht. Die Mikroskopie ist hochspezifisch, aber unempfindlich für gewöhnliche Krätze, aufgrund der geringen Milbenlast. Die Anzahl der beprobten Stellen und/oder häufigen Geschabsel sowie die Expertise des Mikroskopikers sind weitere Faktoren, die die Empfindlichkeit des Geschabsels beeinflussen können.

Hautbiopsie

Der von der Milbe gemachte Gang ist während der histopathologischen Untersuchung in der Hornschicht zu sehen. Das Ende des Gangs tritt in die Malpighi-Hautschicht ein, wo ein gerundeter Körper als weibliche Milbe zu sehen ist. Larven, Eier und Kotablagerungen, die Eier innerhalb der Stratum corneum enthalten, deuten auf Krätze hin. Histopathologische Befunde von Krätze sind Spongiose, Hypergranulose, epidermale Tunnel (Gänge) und perivaskuläres dermales Infiltrat. Die Knotenbiopsie zeigt ein dickes chronisches entzündliches Infiltrat, das pseudolymphomatisch sein kann. Verdickte Hornschichten sind bei verkrusteter Krätze mit hoher Milbenlast zu sehen.

Ink-Test (BIT)

Der verdächtige Bereich wird mit Tinte geschrubbt und mit einem Alkoholtupfer abgewischt. Ein charakteristisches „*Zickzack-*“ oder „*S-Muster*“ des Gangs kann bei Krätze mit bloßem Auge gesehen werden.

Klebebandtest

Transparentes Klebeband wird in kleinere Streifen geschnitten und dann fest auf die Läsion aufgetragen und direkt auf einen Objektträger für die mikroskopische Untersuchung gebracht. Obwohl die Technik schnell ist, ist ihre Empfindlichkeit gering.

Dermoskopie

Es wird als eine empfindliche und nützliche Methode zur Diagnose von Krätze mit angemessener Sensitivität und Spezifität gesehen. Bei 10facher Vergrößerung können der Kopf der Milbe und der nachfolgende Gang im „*Winddrachenzeichen*“ visualisiert werden. Ein weiteres Zeichen, bekannt als *“Kielwasserzeichen”*, ist spezifisch für Krätze und weist auf den Standort der Milbe und ihres Produkts hin. Bei verkrusteter Krätze zeigt die Dermoskopie ein hyperkeratotisches Aussehen mit vielen Gängen. Allerdings hat sie eine geringe Sensitivität und Spezifität bei mildem Befall. Daher kann die Dermoskopie verwendet werden, wenn eine Videodermoskopie nicht möglich ist oder zur Untersuchung von verdächtigen Läsionen vor dem Geschabsel.

Videodermoskopie (VD)

Es handelt sich um eine schnelle, nichtinvasive Technik, die die gleichzeitige Untersuchung der dermoskopischen Merkmale von Krätze bei höherer Vergrößerung ermöglicht. Bei 400facher Vergrößerung zeigt sie eindeutige Beweise für Gänge, die die Milbe enthalten. Darüber hinaus sind auch die Eier und der Kot der Milbe zu sehen. Am Ende eines linearen Fragments (Gang mit Eiern oder Kot) zeigt die VD eine dunkelbraune dreieckige Struktur (pigmentierter vorderer Teil der Krätzmilbe), die als *“Jet mit einem Kondensstreifen”* bezeichnet wird. Die Genauigkeit der VD entspricht der des Geschabsels, und sie ist für Kinder nicht schmerzhaft. Sie kann zur Untersuchung von asymptomatischen

Kontaktpersonen und Familienmitgliedern und zur Überwachung der Therapieantwort verwendet werden.

Reflektanz-konfokale Mikroskopie (RCM)

Die RCM ist eine nichtinvasive Technik, die die Epidermis und die papilläre Dermis in vivo mit Auflösungen, die der Histologie entsprechen, durch Lichtreflexion der Zellstruktur sichtbar macht. Sie ermöglicht die Visualisierung von Gängen, Milben, Larven, Eiern und Kotmaterial. Sie wird auch als Werkzeug zur Erkennung der Lebensfähigkeit der Milbe nach der Behandlung verwendet. Der Nachteil dieser Technik sind die Nichtverfügbarkeit, die Kosten und der Zeitaufwand (etwa 10 min pro Läsion).

Optische Kohärenztomografie

Sie ist ähnlich der Ultraschalluntersuchung, aber mit höherer Präzision. Mit dieser Methode ist es möglich, Milben, Larven, Urin und Ganginhalte zu klassifizieren.

Immundiagnostik

Ein enzymgekoppelter Immunadsorptionsassay (ELISA) zum Nachweis von Antikörpern und ein intradermaler Hauttest sind einige andere Studien, die in Arbeit sind. Die Kreuzreaktivität zwischen Krätzeantigenen und Hausstaubmilben hat die Produktion von ELISA-basierten Tests auf Krätzeantigene eingeschränkt.

Molekulare Diagnostik

Direkte hautbasierte Bewertung auf Infektionen mit herkömmlicher PCR, die auf das S-Untereinheit 1 (COX-1) mitochondriales Cytochrom-c-Oxidase-Enzym-Codierungsgen abzielt, wird verwendet, hat aber noch nicht ihre Nützlichkeit für die Diagnose bewiesen.

Behandlung

Patienten und ihre Haushaltskontakte sollten behandelt werden, auch wenn sie asymptomatisch sind. Darüber hinaus sollten die Bettwäsche, Kleidung und Oberflächen gründlich dekontaminiert werden. Ein heißer Waschgang und ein heißer Trocknungszyklus können zum Reinigen von Bettlaken und Kleidung angewendet werden.

Am häufigsten werden 5 % Permethrin, 2–10 % ausgefällter Schwefel, 10–25 % Benzylbenzoat, 10 % Crotamiton, 0,5 % Malathion und 1 % Lindan als topische Skabizide verwendet. Nur Permethrin oder Schwefel dürfen bei Säuglingen verwendet werden. Die Patienten sollten angewiesen werden, topische Mittel vom Hals abwärts auf den ganzen Körper aufzutragen und nach 8–14 h abzuwischen, und dies in 1 Woche zu wiederholen, um alle Milben zu töten, die die erste Anwendung überlebt haben oder aus Eiern geschlüpft sind. Gesicht und Kopfhaut sollten auch bei Säuglingen und älteren Menschen behandelt werden. Unterstützende Medikamente zur Linderung des Juckreizes umfassen topische Steroide, Emollientien und Antihistaminika. Wenn eine sekundäre Infektion vorliegt, sollten Antibiotika empfohlen werden.

Parenterales Ivermectin kann Patienten in einer Einzeldosis von 200 μg/kg verabreicht und dann nach 7–14 Tagen wiederholt werden, um frisch geschlüpfte Milben zu töten. Es ist wirksam bei der Behandlung von institutionellen oder Gruppenausbrüchen, wobei die Anzeichen von Krätze schnell abnehmen. Bei der Behandlung von verkrusteter Krätze ist Ivermectin besonders erfolgreich, in Verbindung mit Keratolytika und topischem 5 % Permethrin. Es ist kontraindiziert für die Anwendung bei schwangeren Frauen oder kleinen Kindern.

Prävention und Bekämpfung

Die Vermeidung von engem Haut-zu-Haut-Kontakt mit kontaminierter Krätze ist der einzige Weg, um Krätze zu verhindern. Um eine mögliche erneute Exposition und Reinfestation zu verhindern, sollten alle engen Kontakte, einschließlich sexueller Kontakte, behandelt werden, auch wenn sie asymptomatisch sind. Es ist auch notwendig, Menschen mit verkrusteter Krätze und ihre nahen Kontakte zu behandeln, da diese Art von Krätze aufgrund hoher Milbenlasten leicht verbreitet wird.

Die jüngste Aufnahme von Krätze als vernachlässigte Tropenkrankheit ist ein vielversprechender Schritt und Krätze sollte in der relevanten Gesundheitspolitik sowohl in entwickelten als auch in Entwicklungsländern Beachtung finden. Um eine Zunahme der Krätzeforschung zu fördern, wäre eine Finanzierung erforderlich. Die Schwerpunkte der Krätzeforschung umfassen die Entwicklung umfassender Krätzediagnosetests und bessere Behandlungs- und Bekämpfungsmethoden, insbesondere angesichts der aufkommenden Bedrohung durch Arzneimittelresistenz.

Fallstudie

Ein 12-jähriger Junge aus einer mittleren Einkommensfamilie wurde mit der Vorgeschichte von intensivem Kratzen an seinem Körper und Hodensack in den letzten 20–21 Tagen in eine Klinik gebracht. Auch die anderen Mitglieder der Familie haben in den letzten 4–5 Tagen Kratzen ertragen. Die Eltern des Jungen hatten Betnovate-Salbe (0,1 % Betamethasonvalerat) auf den Körper des Patienten aufgetragen. Es verringerte das Jucken kurzzeitig für 2–3 Tage, aber es trat mit starkem Jucken wieder auf. Die papulösen Läsionen, die in der Leistengegend des Kindes vorhanden waren, wurden knotig. Mit leichter Empfindlichkeit entwickelte sein Vater verkrustete Läsionen.

1. Was ist die Differentialdiagnose dieses Falles?
2. Welche Untersuchungen sollten durchgeführt werden?
3. Welche Behandlung sollte befürwortet werden?
4. Welche Ratschläge zur Vorbeugung sollten gegeben werden?

Forschungsfragen

1. Was sind die immunologischen Ereignisse in der Haut und im peripheren Blut während der Krätze, die Einblicke in immunologische Therapien geben könnten?
2. Welcher systematische, genaue und wirtschaftliche diagnostische Ansatz sollte für Krätze entwickelt werden, der in unterentwickelten Ländern zugänglich sein kann?
3. Was ist die optimale Behandlungsmethode?

Weiterführende Literatur

Banerji A. Scabies. Paediatr Child Health. 2015 Oct 1;20(7):395–8.

Engelman D, Cantey PT, Marks M, Solomon AW, Chang AY, Chosidow O, Enbiale W, Engels D, Hay RJ, Hendrickx D, Hotez PJ. The public health control of scabies: priorities for research and action. Lancet. 2019;394(10,192):81–92.

Garcia LS. Diagnostic medical parasitology. Washington, DC: American Society for Microbiology Press; 2006.

McCarthy JS, Kemp DJ, Walton SF, Currie BJ. Scabies: more than just an irritation. Postgrad Med J. 2004;80(945):382–7.

Myiasis

Aradhana Singh und Tuhina Banerjee

Lernziele

1. Kenntnisse über das Auftreten von Myiasis in verschiedenen Organsystemen zu haben
2. Die Schwierigkeit zu verstehen, die verschiedenen Gattungen und Arten durch Mikroskopie zu identifizieren, da ein gründliches Wissen darüber notwendig ist

Einführung

Myiasis ist eine Hautinfektion, die durch sich entwickelnde Larven verschiedener Fliegenarten der Ordnung Diptera verursacht wird. Die häufigsten Fliegen, die menschliche Infestationen verursachen, sind *Cordylobia anthropophaga* und *Dermatobia hominis*. Bei Säugetieren überleben die Larven auf dem Gewebe des Wirts, Körpermaterial oder aufgenommenem Nahrungsmaterial. Die Reihe von Infestationen durch die Larven variiert hauptsächlich je nach Körperort und Beziehung zum Wirt. Typischerweise ist Myiasis ein großes Problem bei Tieren, das zu erheblichen wirtschaftlichen Verlusten für die Viehwirtschaft weltweit führt. Häufige menschliche Fälle wurden aus den ländlichen tropischen und subtropischen Regionen gemeldet. Myiasis gehört zu den fünf häufigsten Erkrankungen, die 7,3–11 % der Fälle bei touristenassoziierten Hautkrankheiten ausmachen.

Geschichte

Myiasis (Substantiv für das griechische Wort *mya* oder Fliege) wurde erstmals von Frederick William Hope im Jahr 1840 beschrieben. Der Begriff wurde zur Definition der durch dipteröse Larven verursachten Krankheiten im Gegensatz zu den durch Insektenlarven verursachten Krankheiten verwendet. Obwohl der Begriff Myiasis erstmals 1840 verwendet wurde, ist die Erkrankung seit der Antike bekannt.

Zumpt definierte 1965 Myiasis als "Befall von lebenden Wirbeltieren, der sich von Gewebe des Wirts, flüssigen Körperstoffen oder aufgenommener Nahrung des Wirts ernährt". Bishopp schlug zuerst die anatomische Klassifikation vor, die später 1947 von James modifiziert wurde. Patton fand sie jedoch unbefriedigend und entwickelte ein Ordnungssystem, das sich nach dem Grad des Parasitismus der krankheitsverursachenden Fliege richtet.

A. Singh · T. Banerjee (✉)
Department of Microbiology, Institute of Medical Sciences, Banaras Hindu University, Varanasi, Indien

S. C. Parija und A. Chaudhury (Hrsg.), *Lehrbuch der parasitären Zoonosen*,
https://doi.org/10.1007/978-981-97-4312-4_60

Taxonomie

Die Fliegen, die Myiasis verursachen, gehören zu den Familien Calliphoridae und Sarcophagidae, Überfamilien Muscoidea und Oestroidea, Untersektionen Calyptratae und Acalyptratae (*Drosophila melanogaster, Piophila casei*, die menschliche Myiasis verursachen), Sektionen Schizophora und Aschiza (*Eristalis tenax, Megaselia scalaris*, die menschliche Myiasis verursachen), Unterordnung Muscomorpha (*Hermetia* sp., *Scenopinus* sp. verursachen menschliche Myiasis), Unterordnungen Brachycera und Nematocera (*Psychoda albipennis, Telmatoscopus albipunctatus* Arten, die menschliche Myiasis verursachen) und Ordnung Diptera.

Genomik und Proteomik

Trotz Variationen in der Morphologie der Myiasis verursachenden Fliegen ist die Chromosomenzahl bei ihnen recht stabil bei 12, mit 5 Paaren großer metazentrischer Chromosomen und einem einzigen Paar kleiner, heteromorpher Geschlechtschromosomen. Variationen in Mitochondrien-DNA (mtDNA) und Kern-DNA durch Restriktionsfragmentlängenpolymorphismus (RFLP) und zufällige Amplifikation polymorpher DNA (RAPD) wurden zur Differenzierung der genetischen Struktur dieser Fliegen verwendet. Zwei unterschiedliche Domänen in Bezug auf konservierte und variable Sequenzen in der Kontrollregion ("control region", CR) von mtDNA wurden identifiziert. Die CR enthalten mehrere konservierte Sequenzblöcke ("conserved sequence block", CSB). Sie sind die potenziellen regulatorischen Elemente in diesen Fliegen. Diese CSB weisen auf Ähnlichkeiten in den regulatorischen Mechanismen für Replikations- und Transkriptionsprozesse in den Fliegen hin. Duplikationen in Genen wurden kürzlich in ihren mitochondrialen Genomen gefunden. Ein Großteil der Genomanalyse zur Artendifferenzierung und zum besseren Verständnis evolutionärer Aspekte bleibt noch zu untersuchen.

Die Zusammensetzung der Proteine für Stoffwechsel und antigenische Eigenschaften in der Larve der Myiasis verursachenden Fliegen hängt von den verschiedenen Stadien der Larve ab. Mehrere Larvenproteine wie Arylphorin, Larvenserumprotein (LSP-2), Paramyosin, Tubulin und Tropomyosin werden meist im 2. Larvenstadium identifiziert. Proteine wie Filamin, Fumarase, Enolase und Hitzeschockprotein (HSP-70) werden in fortgeschrittenen Larvenstadien exprimiert. Ribosomale Proteine sind in allen biologischen Prozessen wichtig. Die Hochregulation mehrerer Gene, die Proteine wie Nukleotid (ATP/ADP-Carrier), respiratorische Oxidasen und Ferritin codieren, wurde oft mit verschiedenen klinischen Erscheinungsbildern von Myiasis in Verbindung gebracht.

Morphologie

Verschiedene Stadien der Entwicklung von Myiasis verursachenden Fliegen sind in Abb. 1 dargestellt.

Adulte

Adulte Fliegen treten viel seltener auf als die Larven. *Cochliomyia* sp. unterscheidet sich von anderen Myiasis verursachenden Fliegen durch ihre einzigartige blau bis blau-grüne Farbe mit dunklen Längslinien auf dem Thorax. Eine adulte Schraubenwurmfliege ist doppelt so groß wie die gewöhnliche Stubenfliege.

Eier

Das Schlüpfen der Eier bei *D. hominis* innerhalb des Wirts wird durch Veränderungen der Umgebungstemperatur ausgelöst.

Infektiöse Larven

Bei den meisten Myiasis verursachenden Fliegen durchlaufen die Larven (Abb. 2) 3 Entwicklungsstadien, die mit *L1*, *L2* etc. bezeichnet werden. Die Form der reifen Made von Myiasis

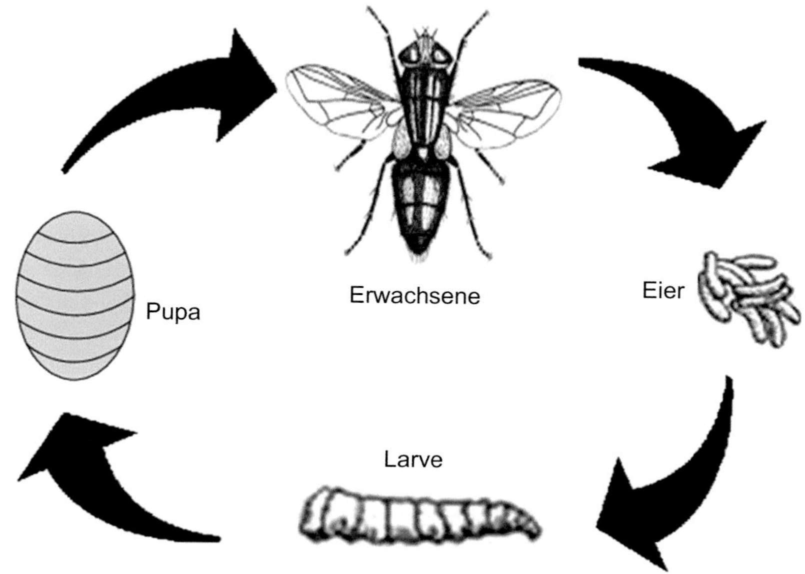

Abb. 1 Verschiedene Stadien der Entwicklung von Myiasis verursachenden Fliegen

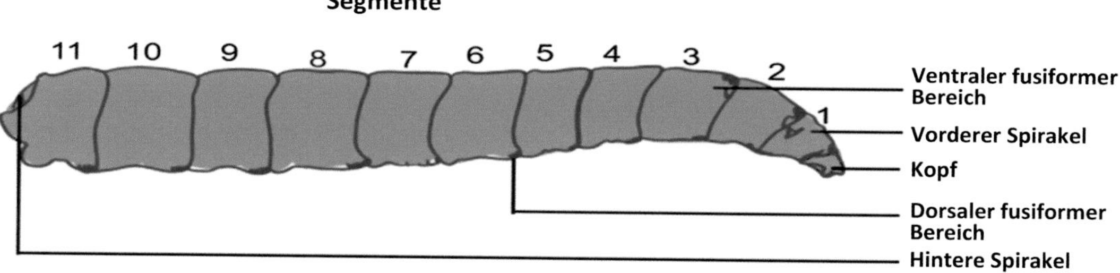

Abb. 2 Schematische Darstellung der Larve

verursachenden Fliegen reicht von typisch bis oval, und die Größe variiert zwischen 11–25 mm, abhängig von der Art.

Die *Cochliomyia hominivorax*-Made hat Bänder von Stacheln, die den vorderen Rand jedes Körpersegments umschließen. Die *C. anthropophaga*-Made hat 3 gekrümmte Schlitze in den Stigmen und zahlreiche schwarze Stacheln. Die *Cordylobia rodhaini*-Made hat verstreute Stacheln und 3 gewundene Schlitze in jedem hinteren Stigma. *Dermatobia hominis* hat Stacheln in Reihen und ein Paar blumenähnliche vordere Stigmen. Das L2 von *C. hominivorax* zeigt eine dunkle Färbung des dorsalen Trachealstamms über die Hälfte seiner Länge im terminalen Abschnitt. Andere Arten haben eine weniger ausgeprägte Pigmentierung des dorsalen Trachealbaums.

Zucht von Parasiten

In-vitro-Zucht von verschiedenen Stadien von Myiasis verursachenden Fliegen wird in "Fliegenboxen" durchgeführt, die mit fest sitzenden Deckeln und einzelnen Ausgangspunkten zur Sammlung verschiedener Stadien von Larven und Puppen der Fliegen ausgestattet sind. Lebensmittelabfälle und tierische Exkremente werden in der Regel in den Boxen als Medium für das Wachstum und die Entwicklung der Eier bei optimaler Temperatur und Luftfeuchtigkeit aufbewahrt. Larven in großer Anzahl in verschiedenen Stadien werden am Ausgangspunkt geerntet. Die großtechnische Produktion der Larven wird für pharmazeutische und industrielle Zwecke durchgeführt.

Versuchstiere

Die meisten der warmblütigen Wirbeltiere sind von Myiasis verursachenden Fliegen befallen oder infiziert. Daher ist eine Vielzahl von Labortieren anfällig für Myiasis. Für experimentelle Studien wurden jedoch vor allem im Labor gezüchtete Mäusemodelle, einschließlich der BALB/c-Mäuse, umfangreich verwendet.

Lebenszyklus von Myiasis verursachenden Fliegen

Wirte

Schafe, Ziegen, Menschen, Pferde, Esel, Rinder, Rentiere, Hirsche, Wildtiere und Vögel sind die Wirte für die Familie Oestridae (Dasselfliegen). Die Wirte reichen von Schafen, Rindern, Menschen, Hunden bis hin zu Wildtieren für die Familie Calliphoridae (Schmeißfliegen). Kamele, Rinder, Vögel, Menschen und Wildtiere sind die Wirte der Familie Sarcophagidae (Fleischfliegen).

Infektiöses Stadium

Die Larve ist das infektiöse Stadium. Die Larven ernähren sich 5 bis 10 Wochen lang in der subdermalen Höhle und erhalten Sauerstoff durch das Loch in der Haut des Wirts.

Übertragung der Infektion

Weibliche *D. hominis* legen ihre reifen Eier auf einen Vektor, d. h. blutsaugenden Arthropoden (normalerweise Moskito oder Zecke) (Abb. 3). Wenn der Vektor die Blutmahlzeit nimmt, reagieren die Eier auf Temperaturänderungen und schlüpfen, um die Larve zu befreien. Die Larven dringen dann durch Haarfollikel oder Wunden in die Haut des Wirts ein und graben sich in die Haut. Nach einer Woche des Befalls häuten sich die Larven zum L2 und dann zum L3 in 2–3 Wochen. Die Larven ernähren sich von Gewebeexsudaten des Wirts, und nach 1 Monat kriecht die gewachsene L3-Larve aus dem Wirt, um im Boden zu verpuppen. Die adulten Fliegen schlüpfen aus den Puppenhüllen in 2–3 Wochen. Die extrem empfindlichen Antennen der adulten Fliegen ermöglichen es den reifen Männchen und Weibchen, sich gegenseitig zu identifizieren. Andere Gattungen von Fliegen haben einen einfacheren Lebenszyklus, da sie ihre Eier direkt in oder in unmittelbarer Nähe der Wunden des Wirts ablegen.

Pathogenese und Pathologie

Die Myiasis, die durch Fliegen verursacht wird, beginnt in der Regel mit der Ablage der Eier auf der Haut des Wirts. Die Eier embryonieren, dringen tief in die Haut des infizierten Wirts ein, erleichtert durch den Biss von Mücken oder durch bereits vorhandene Traumata oder Wunden. Die aus den embryonierten Eiern freigesetzten Larven entwickeln sich weiter unter der Haut. Die Larven durchlaufen eine vollständige Entwicklung an einem festen Ort oder können zu anderen Orten wandern. Während sie wandern, hinterlassen sie extrem juckende, erythematöse lineare Markierungen auf der Haut. Die Larve kann sich vollständig zu einer adulten Fliege entwickeln oder als solche aus den Wunden hervorkommen. Die Infektion endet mit dem Tod der Larve ohne Folgen.

Der Eintritt der Larven in die Haut ist durch eine ulzerierte Epidermis gekennzeichnet. Entzündungszellen, die Lymphozyten, Neutrophile, Eosinophile, Fibroblasten, Histiozyten, Mastzellen und Langerhans-Zellen enthalten, finden sich in der Dermis zusammen mit der Larve. In der Dermis ist die Larve durch ihre Kutikula und gestreifte Muskulatur geschützt.

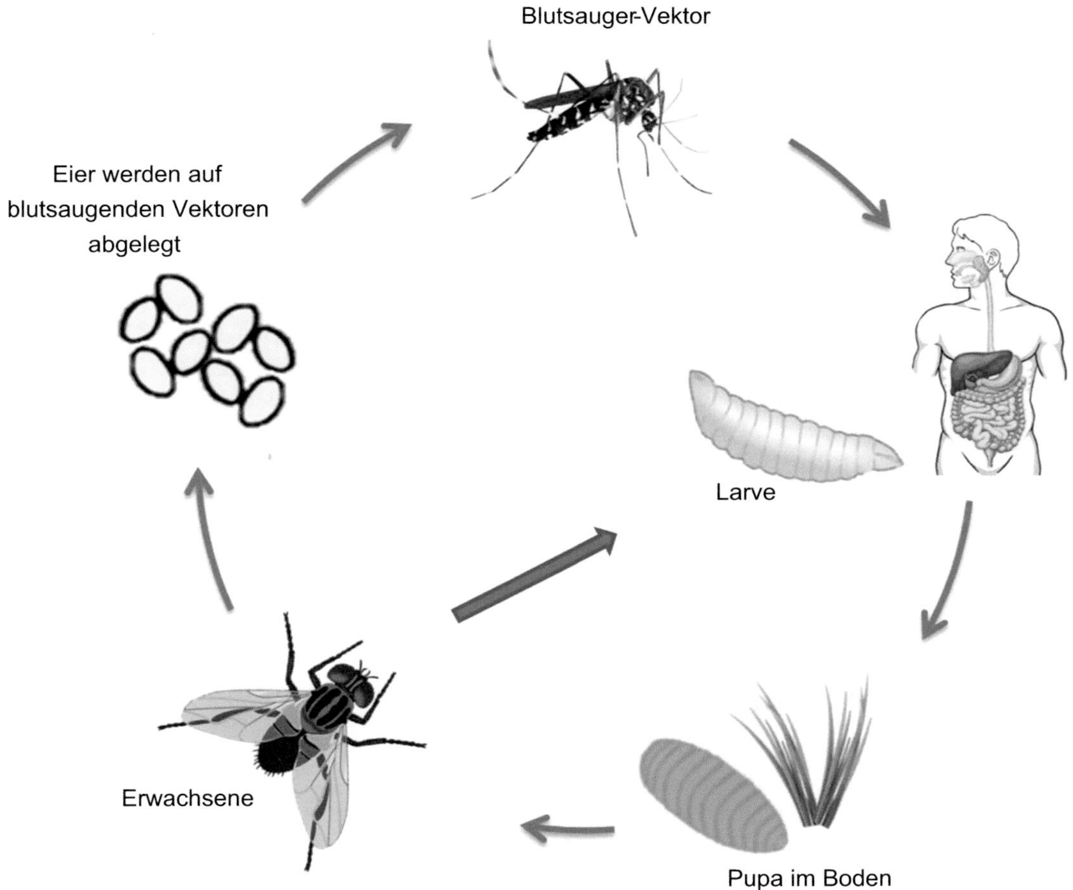

Abb. 3 Lebenszyklus von Myiasis verursachenden Fliegen

Immunologie

Immunreaktionen auf Larven von "Myiasis verursachenden Fliegen" hängen von verschiedenen Faktoren ab, einschließlich Larvenstadien, Infektionsort und anderen. Es werden sowohl lokale Entzündungsreaktionen als auch spezifische Immunreaktionen beobachtet. Bei Eintritt durch die Haut induzieren die larvalen Antigene sowohl angeborene als auch adaptive Immunreaktionen im Wirt. Die larvalen Antigene stimulieren die natürlichen Killerzellen, Eosinophile, Mastzellen, Neutrophile und führen zu einer polyklonalen T-Zell-Aktivierung und Aktivierung des alternativen Komplementwegs. Sekundäre Immunreaktionen werden durch Interaktionen zwischen diesen Antigenen und Molekülen des Haupthistokompatibilitätskomplexes ("major histocompatibility complex", MHC) Klasse II induziert. Die Freisetzung von Interleukinen (IL–12) aus den antigenpräsentierenden Zellen (APC) stimuliert sowohl Th1- als auch Th2-Reaktionen und setzt auch mehrere proinflammatorische und immunregulatorische Zytokine frei.

Infektion beim Menschen

Verschiedene klinische Erscheinungsformen von Myiasis werden beim Menschen beobachtet.

Kutane Myiasis ist die häufigste Manifestation. Die Erkrankung zeigt sich als Furunkel, Wunden oder wandernde Myiasis. Furunkelartige Formen zeigen sich typischerweise als Knoten oder Papeln auf der Haut mit Beschwerden wie Schmerzen, Juckreiz und dem Gefühl von "etwas kriecht darunter". Läsionen können sekundär mit bakteriellen Infektionen infiziert sein. Wandernde Formen können sich als kriechende Läsionen durch Gänge oder Tunnel in der Haut zeigen.

Infektionen verschiedener Körperhöhlen manifestieren sich als Ophthalmomyiasis, orale Myiasis, nasopharyngeale Myiasis und Otomyiasis je nach Ort der Lokalisation. Ophthalmomyiasis manifestiert sich als einseitiges Fremdkörpergefühl mit Anwesenheit der Larve in verschiedenen Schichten des Auges. In schweren Fällen können vordere Uveitis gefolgt von einer Infektion des hinteren Segments und Netzhautablösung auftreten. Orale Myiasis manifestiert sich als Gingivitis, Halitosis, Schmerzen und Schwellungen des Mundes und der inneren Bereiche im Mund. Fremdkörpergefühl, Schmerzen und Juckreiz zusammen mit Otorrhoe oder Anosmie finden sich bei Otomyiasis und nasopharyngealer Myiasis. Enteromyiasis tritt auf bei versehentlichem Verschlucken von Eiern von Myiasis verursachenden Fliegen, was Bauchschmerzen, anorektale Blutungen und analen Juckreiz verursacht. Die Urogenitalmyiasis kann sich als Harnleiterobstruktion oder Lumbalschmerzen in chronischen Fällen präsentieren. Zerebrale Myiasis ist äußerst selten, kann aber tödlichen Ausgang haben.

Infektion bei Tieren

Da Myiasis bei jedem Wirbeltier auftreten kann, sind Infektionen und Befall, die den Menschen nachahmen, häufig. Obwohl Hautmanifestationen am häufigsten sind, können je nach Art der Myiasis verursachenden Fliege, die das Tier infiziert, Ophthalmo-, nasopharyngeale und Enteromyiasis bei Tieren auftreten. Myiasis bei Katzen und Hunden und anderen Haustieren wurde mit Symptomen wie beim Menschen berichtet.

Epidemiologie und öffentliche Gesundheit

Die Mehrheit der Myiasis verursachenden Fliegen ist in tropischen und feuchten Regionen zu finden, obwohl einige wichtige Arten welt-

Abb. 4 Weltkarte mit Fällen von menschlicher Myiasis

Tab. 1 Epidemiologie der Myiasis verursachenden Fliegen

Art	Wirt	Verbreitung
Dermatobia hominis	Schafe, Ziegen, Menschen, Pferde, Esel, Rinder, Rentiere, Hirsche, Wildtiere und Vögel	Mexiko bis Nordargentinien
Cordylobia anthropophaga	Schafe, Rinder, Menschen, Hunde und Wildtiere	Tropisches Subsahara-Afrika
Oestrus ovis	Schafe, Ziegen, Lamas	Weltweit
Hypoderma spp.	Rinder, Pferde	Weltweit
Cochliomyia hominivorax	Warmblütige Tiere einschließlich Menschen	Zentralamerika und Südamerika
Chrysomya bezziana	Große domestizierte Tiere, einheimische Wildtiere, gelegentlich Menschen	Afrika, indischer Subkontinent, Südostasien
Wohlfahrtia magnifica	Ziegen, Schafe, Geflügel, Wildtiere, gelegentlich Menschen	Südosteuropa, Russland, Naher Osten, Nordafrika
Wohlfahrtia vigil	Katzen, Hunde, Kaninchen, Nerze, Füchse, Menschen	Nordamerika

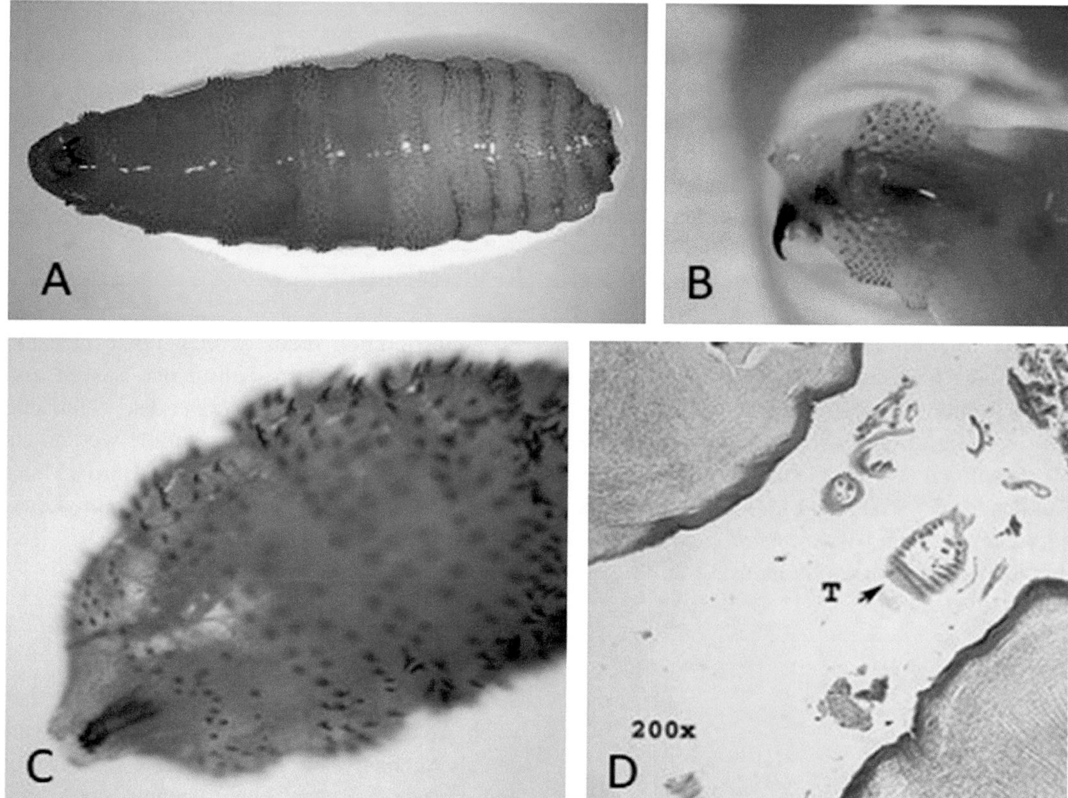

Abb. 5 **a** *Cochliomyia hominivorax*-Larven isoliert von der Stirn eines Patienten, **b** nähere Ansicht zeigt die Mandibeln am vorderen Ende einer Larve, **c** Larve von *D. hominis* mit deutlicher Ansicht des vorderen Endes, **d** Querschnitte einer Dasselfliegenlarve zeigen Fragmente der Trachea (mit freundlicher Genehmigung: DPDx, CDC)

Tab. 2 Diagnosemethoden bei Myiasis

S. Nr.	Diagnosemethoden	Merkmale
1.	Mikroskopie	Muster der Stigmaplatten, die die Atemöffnungen enthalten, sind für die Identifizierung ausschlaggebend Fachkenntnisse erforderlich
2.	Morphologische Diagnostik	Spezifisches Wissen für die Identifizierung der Madenart erforderlich Aspekte der Papillen; Position, Form, Öffnungen und Strukturen der hinteren Stigmen; Form und Färbung der dorsalen Trachealbäume; die Körperoberfläche (Stacheln), die vorderen Stigmen werden für die Identifizierung berücksichtigt
3.	In-vitro-Kultur	Großproduktion auf Farmen "Fliegenbox" mit dicht schließenden Deckeln werden verwendet Lebensmittelabfälle und tierische Exkremente werden als Medium für das Wachstum verwendet Optimale Temperatur und Luftfeuchtigkeit erforderlich
4.	Molekulare Diagnostik	Identifizierung auf Artenebene ist möglich Gene wie COI, COII, tRNA-Leu, tRNA-Ile und 12S mtDNA, 16S rRNA und 18S rRNA (rDNA) RFLP und RAPD

weit verbreitet sind. *Dermatobia hominis* ist endemisch in Gebieten, die sich von Mexiko bis Nordargentinien erstrecken, aber nicht endemisch in Chile. Sie ist hauptsächlich in warmen, feuchten Tieflandregionen zu finden. *Cordylobia anthropophaga* ist in tropischen Gebieten südlich der Sahara zu finden. Die Verbreitung von *Oestrus ovis* und *Hypoderma* spp. ist weltweit (Abb. 4). *Cochliomyia hominivorax* ist endemisch in Zentralamerika und Südamerika, und *Chrysomya bezziana* ist hauptsächlich in tropischen Regionen in Afrika, dem indischen Subkontinent und Südostasien zu finden. *Wohlfahrtia magnifica* ist in Gebieten Südosteuropas, Russlands, des Nahen Ostens und Nordafrikas verbreitet, während *Wohlfahrtia vigil* hauptsächlich in Nordamerika zu finden ist (Tab. 1).

Diagnose

Mikroskopie

Die spezifische Identifizierung der Larven erfolgt durch mikroskopische Untersuchung des Paares dunkel gefärbter chitinöser Platten am hinteren Ende der Larve (Abb. 5). Fachkenntnisse sind erforderlich, um den Objektträger unter dem Mikroskop für eine eindeutige Diagnose zu beobachten, da zahlreiche Arten mit dem Befall in Verbindung stehen. Das Muster der Stigmaplatten, die die Atemöffnungen enthalten, und andere morphologische Merkmale helfen bei der Identifizierung von Arten menschlicher Myiasis, die Fliegen verursachen (Tab. 2).

In-vitro-Kultur

Fliegenboxen mit dicht schließenden Deckeln werden für die In-vitro-Kultur der Larven und anderer Fliegenstadien verwendet. Tierische Exkremente und Lebensmittelabfälle werden als Medium für das Wachstum und die Entwicklung unter günstigen Temperatur- und Feuchtigkeitsbedingungen verwendet.

Serodiagnostik

Serologische Methoden zum Nachweis von larvalen Antigenen, die Myiasis verursachen, wurden als Alternative zur postmortalen Untersuchung und parasitologischen Untersuchung entwickelt. Die Serodiagnostik ermöglicht eine kosteneffektive Diagnostik von Myiasis bei lebenden Tieren. Ein ELISA-Test, der aus dem Hypodermin C (HC)-Antigen von *H. lineatum* hergestellt wird, wird in vielen Ländern zum serologischen Nachweis von Hypodermose verwendet. Der ELISA-Test, der mit dem L1-rohen somatischen Antigen in Korrelation mit der klinischen postmortalen Untersuchung durchgeführt wurde, wurde ebenfalls für die serologische Diagnostik von Myiasis verwendet. Bei Menschen kann die Serodiagnostik bei der Bestätigung der vermuteten Fälle hilfreich sein, aber aufgrund der Kreuzreaktivität zwischen Mitgliedern der Unterfamilie ist die Identifizierung der Arten durch Serodiagnostik nicht möglich.

Molekulare Diagnostik

Molekulare Methoden werden verwendet für den spezifischen Nachweis und Identifizierung der Larve. PCR-RFLP, die auf Cytochromoxidase I abzielt, wurde für die molekulare Identifizierung und Differenzierung der häufigsten Arten verwendet. Insgesamt wurden 62 weitere Gene von Oestridae, Calliphoridae und Sarcophagidae für die molekulare Diagnostik von Myiasis untersucht, darunter COI, COII, tRNA-Leu, tRNA-Ile und 12S mtDNA, 16S rRNA und 18S rRNA (rDNA). Die molekulare Diagnostik ist die Methode der Wahl für die Identifizierung der kutanen Myiasis.

Behandlung

Die Behandlung von Myiasis besteht im Prinzip aus (a) Anwendung einer toxischen Substanz auf das Ei oder die Larve, (b) lokaler Hypoxie für das Auftauchen der Larve und (c) Entfernung der Maden durch chirurgische oder mechanische Methoden. Das Ivermectin, oral verabreicht in einer Dosierung von 150–200 μg/kg Körpergewicht, wird zur Behandlung von Myiasis beim Menschen verwendet.

Die Behandlung von kutaner Myiasis beinhaltet das Abdecken der Atemlöcher auf der Hautoberfläche mit dickem Petroleumgel. Andere okkludierende Substanzen sind Speck, Petrolatum, Klebeband und Fingernägel. Aufgrund des Sauerstoffmangels bewegen sich die Larven an die Oberfläche, von wo aus sie leicht entfernt werden können. Die Injektion von 1 % Lidocain kann verwendet werden, um die Larve zur leichteren Extraktion zu lähmen.

Die *C. anthropophaga*-Larve wandert nicht tiefer ins Gewebe ein und kann daher leicht manuell entfernt werden. Eine chirurgische Exzision wird immer bei migratorischer Myiasis empfohlen. Es wurde berichtet, dass die Anwendung von oralem Albendazol und Ivermectin den Parasiten zur Oberfläche bewegt.

Die Behandlung von Myiasis in malignen Wunden beinhaltet die Entfernung von Maden und das chirurgische Débridement der malignen Wunde. Dies wird gefolgt von gründlichem Waschen mit Antibiotika und regelmäßigen Verbandswechseln. Weitere Optionen beinhalten eine topische Behandlung, wie das Auftragen einer Ivermectin-haltigen Propylenglykollösung direkt auf die betroffene Stelle für 2 h.

Eine orale Behandlung wird nicht empfohlen, und der Einsatz von Antibiotika wird nur geraten, wenn eine bakterielle Infektion vorliegt, zur Behandlung von furunkulärer Myiasis. Topisch hat sich die Anwendung von Nitrofurazon über Wunden 3-mal täglich für 3 Tage als nützlich für die Behandlung von oraler Myiasis erwiesen. Die Spülung des Ohrs mit 70 % Ethanol, Kochsalzlösung, 10 % Chloroform, Öltropfen, Ivermectin-Tropfen, Harnstoff und Dextrose hilft bei der Entfernung der Larven bei Otomyiasis. Für die Behandlung von Enteromyiasis gibt es keine spezifische Behandlung, obwohl Mebendazol, Albendazol und Levamisol in einigen Fällen erfolgreich waren.

Bei Tieren ist die Behandlung der Wahl die direkte Zerstörung der Larve. Die infizierten Tiere benötigen eine Antibiotikatherapie zusammen mit unterstützenden Behandlungen wie Flüssigkeitstherapie. Die Larven sollten chirurgisch entfernt werden. Eine weitere Behandlungsmethode beinhaltet die Behandlung von Nutztieren mit persistenten Insektiziden, um die Larven zu vergiften.

Prävention und Bekämpfung

Präventive Maßnahmen gegen Myiasis beim Menschen beinhalten die Verbesserung der Sanitär- und Hygienebedingungen und die Ausrottung von Fliegen durch Insektizide. Das Waschen der Kleidung in heißem Wasser, das

Trocknen der Kleidung unter der Sonne usw. sind nützlich, da die Hitze die Eier der Myiasis verursachenden Fliegen tötet.

Für Myiasis bei Tieren beinhalten die präventiven Maßnahmen (1) die Bekämpfung der Vektoren (Ausrottung der adulten Fliegen, bevor ein Schaden entsteht) und (2) das Sprühen von Organophosphor- und Organochlor-Insektiziden an dem Ort, an dem das Vieh untergebracht ist. Die sterile Insektenbehandlung (SIT) ist eine weitere Bekämpfungsmethode, bei der Unmengen sterilisierter männlicher Fliegen in die freie Natur gebracht werden. Die Weibchen paaren sich mit den sterilen Männchen und produzieren keine Nachkommen, was zu einer Reduzierung der Population in der nächsten Generation führt. Das Verändern der günstigen Umgebung für die Fliegen, z. B. durch das Scheren und Mulesing von Schafen, ist eine weitere Methode zur Prävention von Myiasis.

Fallstudie

Ein 28-jähriger männlicher Alkoholiker, der in Slums lebt, stellte sich mit akuter Schwellung der Oberlippe mit einem ausgedehnten nekrotischen Bereich und üblem Geruch vor. Die Untersuchung ergab eine diffuse indurierte Schwellung, die bei Palpation nicht fluktuierte. Der Patient war betrunken, mit schlechter Mund- und allgemeiner Hygiene. Die Schwellung zeigte mehrere Öffnungen auf ihrer Oberfläche mit lebenden Maden, die intraoral die bukkolabiale Falte betrafen.

1. Was ist die Diagnose?
2. Welche Behandlung kann durchgeführt werden?

Forschungsfragen

1. Gibt es eine Entwicklung von Resistenzen von Fliegen gegenüber chemischen Insektiziden?
2. Ist es machbar, einen Impfstoff gegen Myiasis zu entwickeln?

Weiterführende Literatur

de Further Readings AM, Kessinger AC. Genetic approaches for studying myiasis-causing flies: molecular markers and mitochondrial genomics. Genetica. 2006;126(1–2):111–31.

Francesconi F, Lupi O. Myiasis. Clin Microbiol Rev. 2012;25(1):79–105.

Lachish T, Marhoom E, Mumcuoglu KY, Tandlich M, Schwartz E. Myiasis in travelers. J Travel Med. 2015;22(4):232–6.

Otranto D. The immunology of myiasis: parasite survival and host defense strategies. Trends Parasitol. 2001;17(4):176–82.

Robbins K, Khachemoune A. Cutaneous myiasis: a review of the common types of myiasis. Int J Dermatol. 2010;49(10):1092–8.

Scholl PJ, Colwell DD, Cepeda-Palacios R. Myiasis (Muscoidea, Oestroidea). In: Medical and veterinary entomology. New York: Academic Press; 2019. S. 383–419.

Tungiasis

Sourav Maiti

Lernziele

1. Die Epidemiologie von Tungiasis zu überprüfen
2. Die Ernsthaftigkeit der Infektion, die zu Gangrän oder bakterieller Sepsis führen kann, zu betonen

Einführung

Tungiasis ist ein zoonotischer Ektoparasit beim Menschen verursacht durch den Sandfloh, *Tunga penetrans*. Tungiasis, als vernachlässigte tropische Krankheit, betrifft Bevölkerungsgruppen mit niedrigem sozioökonomischen Status. *Tunga penetrans* haftet häufig an den weicheren Geweben der Füße wie den Zehenzwischenräumen und periungualen Regionen der infizierten menschlichen Wirte. Die Erkrankung ist gekennzeichnet durch einzelne oder mehrere weiße oder gelbliche papulöse noduläre Läsionen mit einer bräunlichen zentralen Öffnung. Die Hypertrophie des weiblichen Jiggerflohs, der die Haut durchdringt, ist charakteristisch. Bekannt unter mehreren Namen wie "chigoe", "chica", "pulga de bicho", "nigua", "bicho de pe" und mehreren anderen in verschiedenen lokalen Sprachen, bleibt Tungiasis eine Bedrohung für Reisende aufgrund der Ausweitung des Ökotourismus.

Geschichte

Die früheste Beschreibung von Tungiasis fällt mit der Entdeckung Amerikas zusammen. Gonzalo de Oviedo y Valdés erwähnte den Sandfloh erstmals 1525 in Haiti. Die erste wissenschaftliche Beschreibung stammt jedoch von Alexo de Abreu im frühen 17. Jahrhundert aus Brasilien. Der Sklavenhandel führte den Sandfloh im 17. bis 19. Jahrhundert mehrmals nach Westafrika ein. *Tunga penetrans* reiste 1872 auf einem Schiff aus Brasilien durch die Ballastsande nach Angola. Handel und militärische Truppen verbreiteten *T. penetrans* bald von Angola aus in ganz Subsahara-Afrika. Historische Berichte tauchten auf, die Dörfer in Südamerika mit intensiven Jiggerinfestationen beschrieben, die die Betroffenen sogar dazu veranlassten, ihre Zehen in purer Verzweiflung abzuschneiden. Mehrere militärische Operationen wurden aufgrund der quälenden Gehschwierigkeiten unter den Soldaten gestoppt. Bis 1899 erreichte *T. penetrans* den indischen Subkontinent durch die zurückkehrenden britischen Truppen, konnte sich aber möglicherweise nie etablieren.

S. Maiti (✉)
Clinical Microbiology and Infection Control, Institute of Neurosciences, Kolkata, Indien

S. C. Parija und A. Chaudhury (Hrsg.), *Lehrbuch der parasitären Zoonosen*,
https://doi.org/10.1007/978-981-97-4312-4_61

Taxonomie

Die Gattung *Tunga* gehört zur Familie Tungidae, Überfamilie Pulicoidea, Ordnung Siphonaptera, Klasse Insecta und Stamm Arthropoda.

Die Gattung *Tunga* ist in 2 Unterarten unterteilt: *Tunga* und *Brevidigita*. Die Unterart *Tunga* enthält 6 Arten – *T. penetrans, Tunga travassosi, Tunga bondari, Tunga terasma, Tunga trimamillata* und *Tunga hexalobulata*. Die Unterart *Brevidigita* enthält 7 Arten, einschließlich *Tunga caecata, Tunga caecigena, Tunga callida, Tunga libis, Tunga monositus, Tunga bossii* und *Tunga bonneti*.

Tunga penetrans und *T. trimamillata* sind die zwei anerkannten menschlichen Ektoparasiten.

Genomik und Proteomik

Begrenzte Studien zur genomischen Analyse von extrahierten graviden Weibchen und freilebenden Flöhen beider Geschlechter zeigen eine geringe genetische Variabilität bei *T. penetrans*, insbesondere bei der mitochondrialen Cytochromoxidase II. Die nukleäre ITS2-Analyse identifizierte 2 Genotypen – Atlantik (brasilianische und afrikanische Proben) und Pazifik (ecuadorianische Proben). *Tunga trimamillata* zeigte eine höhere Haplotypdiversität. Ein relativ hoher Genfluss über die Andenbarriere deutet auf eine hohe Ausbreitungskapazität von *T. penetrans* hin. Genomische Bilder entsprechen der zufälligen Einführung von *T. penetrans* in Afrika in einem einzigen Ereignis im 19. Jahrhundert und einem komplexen evolutionären Szenario.

SDS-PAGE und Western-Blot-Analyse haben 3 immundominante Antigene mit Molekulargewichten von 51.795, 23.795 und 15.38 kDa aus *T. penetrans*-Isolaten in Kenia identifiziert. Diese Proteine sind möglicherweise an akuten pathologischen Ereignissen beteiligt; ihre Rolle bei der Immunisierung muss noch untersucht werden.

Die Parasitenmorphologie

Adulter Floh

Der adulte Sandfloh besteht aus 3 Teilen – Kopf, Thorax und Abdomen. Der adulte weibliche Floh ist kleiner (etwa 1 mm groß) als das Männchen. Der Floh enthält verzweigte Trachealringe, die bei der Identifizierung helfen. Die Körperkutikula ist relativ dick und beherbergt die hypodermischen Zellen. Gravide Weibchen zeichnen sich durch vergrößerte Eierstöcke aus, die Tausende von Eiern aufnehmen können. Das ausfahrbare Kopulationsorgan am hinteren Ende im Vergleich zu einer Rinne unterscheidet das männliche Geschlecht. Der Abdomen enthält zahlreiche Segmente. Eine Vergrößerung tritt zwischen den Segmenten II und III auf, was zu einem Neosom führt. Gravide *T. trimamillata* unterscheidet sich von *T. penetrans* durch das Vorhandensein von 3 Höckern, die ihren Kopf und Thorax umgeben. Das Neosom von *T. trimamillata* ist länger, 12 mm lang, mit ähnlicher Breite und Höhe, jeweils etwa 5 mm. Die kaudale Scheibe in den Abdominalsegmenten IV–X ist breiter als lang und abgeflacht bei *T. penetrans* (Abb. 1), während sie bei *T. trimamillata* konisch ist.

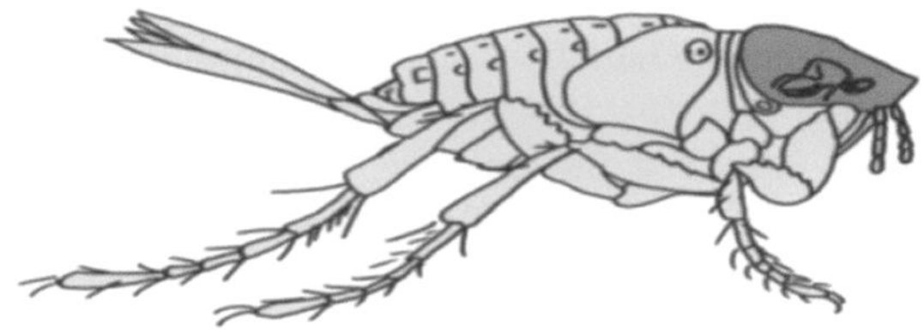
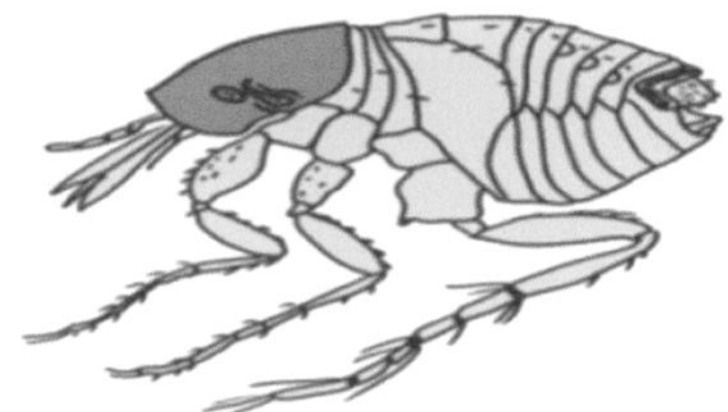

Abb. 1 Schematische Diagramme von adulten Männchen und Weibchen, *T. penetrans*

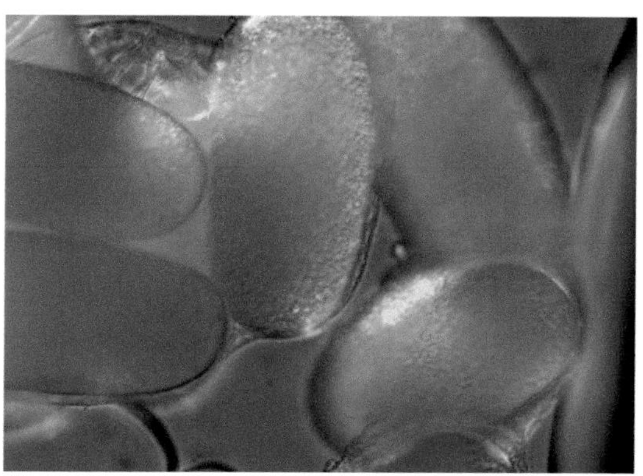

Abb. 2 Eine Nahaufnahme der *Tunga* spp.-Eier (Bild mit freundlicher Genehmigung von DPDx, Centers for Disease Control and Prevention; https://www.cdc.gov/dpdx)

Eier

Eier sind gelb-weiß, eiförmig und messen 604 μm × 327 μm (Abb. 2).

Larve

Die Larve enthält ungleichmäßig verteilte Borsten entlang des Kopfes und des Körpers. Ein Eierschalenbrecher erscheint im Kopf, der nach der Häutung verschwindet.

Puppe

Die Puppe erscheint U-förmig in einem dünnwandigen Kokon.

Zucht von Parasiten

Experimente mit Petrischalen, die mit feuchter Pappe oder Sand gefüllt sind, ermöglichen die Eientwicklung in vitro. Eier schlüpfen in 1–6 Tagen. Die Fütterung mit nährstoffreicher Flohzuchtlösung führt zur Entwicklung von Kokons und anschließenden adulten Formen.

Versuchstiere

Albino-Wistar-Ratten werden häufig in tierexperimentellen Studien verwendet. Eine Anästhesie erleichtert die Flohpenetration und Paarung. So sind vollständige Lebenszyklus- und Biologiestudien möglich. Sie unterstützen auch Forschungsstudien zur Immunisierung, einschließlich Zytokinkinetik.

Lebenszyklus der *Tunga*-Arten

Wirte

Menschen, Hunde, Katzen, Schweine, Esel, Affen und Nagetiere.

Infektiöses Stadium

Adulter weiblicher Sandfloh.

Übertragung von Infektionen

Sowohl männliche als auch weibliche Sandflöhe ernähren sich von einem warmblütigen Wirt und bevorzugen die Teile mit der weichen und feuchten Haut. Die häufigsten Anhaftungsstellen sind die Regionen, die regelmäßig mit dem Boden in Kontakt kommen, wie die Füße und der ventrale Teil des Abdomens, und auch die Teile, die für den Wirt schwer zu erreichen sind, um sie zu entfernen, wie Ohren, Schwänze und Hodensack. Nach der Blutmahlzeit paaren sie sich, und der weibliche Floh behält die durchdringende Haltung bei, indem er die Mundteile dauerhaft mit dem Stratum corneum der Epidermis verbindet. Der gravide weibliche Floh gräbt sich danach in das Stratum granulosum ein, wobei sein hinterer Teil zur Ausscheidung von Eiern der Außenwelt ausgesetzt bleibt. Die fortgesetzte Eiproduktion führt zu einer beeindruckenden 10fachen Hypertrophie des Ab-

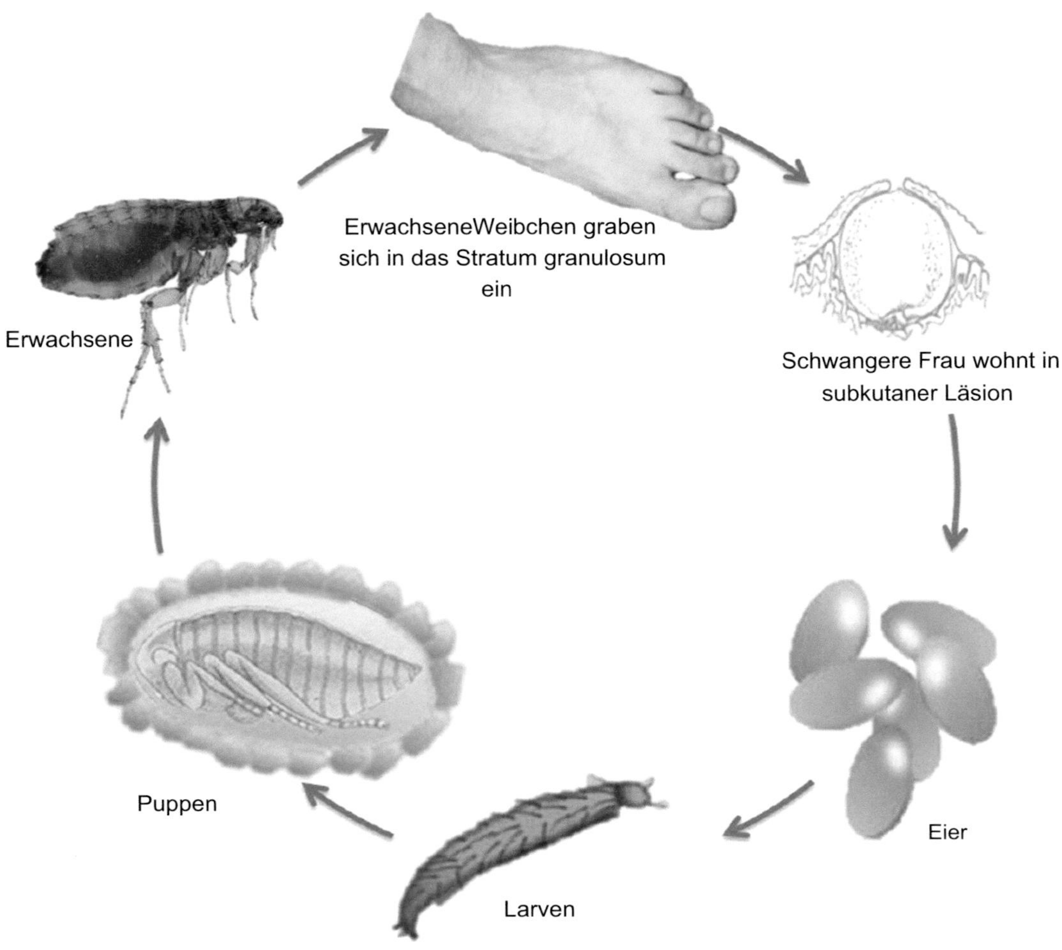

Abb. 3 Lebenszyklus von *T. penetrans*

domens (Neosomie), die von weniger als 1 mm auf etwa 1 cm ansteigt. Dieses hypertrophierte abdominale Segment wird Neosom genannt, das charakteristisch für *Tunga* sp. ist, und seine Form und Größe variieren je nach Art. Die Eier werden ab dem 8.–10. Tag nach der Penetration bis zu 4–6 Wochen täglich in Hunderten freigesetzt. Das gravide Weibchen kann länger als 5 Wochen angehaftet bleiben. Danach stirbt der Floh und die Läsion beginnt zu heilen und sich abzulösen. Die Eier schlüpfen im Boden in 3–4 Tagen und setzen Larven frei. Die Larven ernähren sich von organischem Abfall und durchlaufen 2 Stadien, um zu Puppen in Kokons zu werden. Die Eier, Larven und Kokons halten lange in der Umgebung aus. In der Regel schlüpfen die Adulten 3–4 Wochen nach dem Schlüpfen aus den Kokons und setzen den Zyklus fort (Abb. 3).

Pathogenese und Pathologie

Die Flöhe gelangen in eine Pseudozystenhöhle innerhalb der Epidermis des infizierten Wirts, wobei ihr Kopf in die Dermis stößt, um Blutgefäße zur Ernährung zu durchstechen. Das kaudale Ende bewegt sich zur Oberfläche und steht über eine Öffnung in der Keratinschicht mit der Außenwelt in Verbindung, was die Atmung und Eiausscheidung erleichtert. Es kann eine neutrophile und lymphozytische Infiltration um die Läsion herum auftreten.

Die akute Entzündung beim Wirt ist durch Rötung, Ödem und Schmerzen gekennzeichnet, die durch Flohantigene und sekundäre bakterielle Infektionen verursacht werden. Die Wunde wird sekundär durch aerobe und anaerobe Bakterien infiziert, die durch den Floh übertragen werden, gefolgt von Kratzen. Eiterbildung, Geschwürbildung, Lymphangitis und Gangränbildung treten häufig auf. Nach der Ausscheidung der Eier stirbt der Floh und wird durch die Hautreparaturmechanismen abgestoßen.

Eisele et al. (2003) beschrieben eine 5-stufige Pathogenese der durch die Flöhe verursachten Infektion. Stadium I beginnt mit der Penetration, die sich in einem erythematösen Fleck äußert. Die Hypertrophie beginnt in Stadium II mit einer stärkeren Sichtbarkeit der Läsion in Form eines perlweißen Knotens mit einem schwarzen Punkt, der den hinteren Kegel des Parasiten kennzeichnet. Die abdominale Vergrößerung (Neosomie) erreicht in der 3. Phase etwa 2–3 Wochen nach der Penetration ihr Maximum. Dieses Stadium zeigt typischerweise die Eiausscheidung mit starken Schmerzen und Juckreiz. Es folgen eine schwarze Krustenbildung und Rückbildung der Läsion (Stadium IV). Eine verbleibende Narbe kennzeichnet das letzte Stadium (Stadium V). In der Praxis hindern jedoch häufige zusätzliche Infektionen die Visualisierung dieser Stadien. Hyperkeratose, Parakeratose, Akanthose und deformierte Nägel sind in den chronischen Stadien durch einen unbekannten Mechanismus häufig. Es kann zu Verstümmelungen und Verformungen des Zehs kommen.

Immunologie

Obwohl ein Ektoparasit, ergeben sich komplexe unspezifische und vielschichtige immunologische Reaktionen aufgrund von (a) Antigenen, die vom stationären Floh freigesetzt werden, (b) Lipopolysaccharid des Endosymbionten *Wolbachia pipientis* und (c) begleitenden und superinfizierenden bakteriellen Pathogenen.

Tungiasis induziert Interferon-γ, Interleukin-4 und Tumornekrose-α im Kreislauf. Die Zerstörung des Flohkörpers, insbesondere während der unkompetenten Manipulation zur Entfernung des Flohs, führt zu schweren Entzündungsreaktionen auf die Antigene des Endosymbionten *W. pipientis*, einschließlich der Oberflächenproteine. Superinfektionen mit anderen bodenübertragenen bakteriellen Pathogenen induzieren auch mehr Immunreaktionen.

Infektion beim Menschen

Tunga penetrans haftet sich häufig an den weicheren Geweben der Interdigitalräume und periungualen Regionen an den Füßen an. Beteiligungen von Händen, Sohlen, Ellenbogen, Gesäß, Analregion, Genitalien, Leiste, Hals und Gesicht wurden berichtet. Einzelne oder mehrere weiße oder gelbliche papulöse noduläre Läsionen mit einer bräunlichen zentralen Öffnung sind charakteristisch.

Die Symptome beginnen mit starken Schmerzen und Juckreiz und schreiten fort zu Geschwüren, Verlust des Zehennagels, tiefen Rissen in der Haut und Gehschwierigkeiten. Superinfektionen mit *Streptococcus* spp., Enterobacteriaceae und *Clostridium* spp. führen zu Eiterbildung, Pustelbildung und Sepsis. Tetanus wurde neben anderen Komplikationen wie Lymphadenitis und Gangränbildung berichtet. *Tunga trimamillata*-Läsionen sind angeblich schmerzhafter. Differentialdiagnosen umfassen Verruca, Myiasis, Melanom, Mykose, Insektenstich, Paronychie und Fremdkörperimpaktion.

Infektion bei Tieren

Bei Tieren treten Neosome häufig um die Krallen und Polster auf und verursachen Gehschwierigkeiten. Eine *T. penetrans*-Infektion bei Schweinen betrifft Füße, Schnauze, Milchdrüsen und Hodensack. Von Flöhen befallene Hunde wechseln ihre Position, lecken die Polster und vermeiden es, aufzustehen. *Tunga trimamillata* befällt das Koronarband, die Koronar- und Digitalpolster bei Rindern und die Fersenregion, den Hodensack und das Euter bei Schweinen. Lahmheit, Unfähigkeit das eigene Gewicht zu tragen und Rückbildung der Milchdrüsen sind bemerkenswerte Merkmale der Infektion bei diesen Tieren.

Epidemiologie und öffentliche Gesundheit

Tungiasis betrifft die wirtschaftlich benachteiligten und hygienisch schwachen Gebiete, einschließlich Slums, Fischerdörfern und strohgedeckten Häusern. Von mindestens 13 verschiedenen Arten befallen *T. penetrans* und *T. trimamillata* den Menschen. *Tunga penetrans* ist endemisch im neotropischen Bereich, einschließlich Südamerika, Zentralamerika und der Karibik. Arme Gemeinschaften zeigen eine Prävalenz von 16–54 % in Brasilien, Nigeria und Trinidad. *Tunga trimamillata* findet man hauptsächlich in Südecuador und Peru. São Paulo und Minas Gerais in Brasilien haben das Vorhandensein von *T. trimamillata* dokumentiert. Die Westküste Indiens hat einige Fälle von Tungiasis gemeldet (Abb. 4, Tab. 1).

Die höchste Krankheitslast tragen ältere und behinderte Personen, wobei auch Kinder in Endemiegebieten stark betroffen sind. Eine hohe Flohlast bei einer einzelnen Person verursacht Immobilität, Ernährungsmängel und Kachexie. Bei Kindern führt der Verlust der Konzentration zu schlechten schulischen Leistungen. Der Verlust der allgemeinen Produktivität fügt den verarmten Gemeinschaften eine wirtschaftliche Belastung hinzu.

Beide Arten sind polyxen und beinhalten Wirte aus mehreren Familien. Die Promiskuität von *T. penetrans* beinhaltet mindestens 8 verschiedene Ordnungen von Säugetieren, einschließlich Gürteltiere, Fleisch-

Abb. 4 Größere endemische und sporadische Verteilungen von Tungiasis-Fällen

Tab. 1 Verbreitung von *Tunga* spp. von Bedeutung für den Menschen

Art	Hauptverteilung	Wirt
Tunga penetrans	Neo- und paläotropische Gebiete, sub-saharisches Afrika	Weites Spektrum einschließlich Menschen, Hunde, Katzen, Schweine, Esel, Affen und Nagetiere
Tunga trimamillata	Südecuador, Peru	Menschen, Kühe, Ziegen, Schafe, Schweine und Nagetiere

fresser, Nagetiere und Primaten. Das Schwein scheint das prominente Reservoir für *T. penetrans* zu sein. Menschen und Hunde könnten sekundäre oder wesentliche Wirte sein. Haustiere wie Kuh, Ziege, Schaf und Schwein können *T. trimamillata*-Ektoparasiten zusammen mit den Nagetieren tragen. Da der reduzierte Pleurabogen hohe Sprünge einschränkt, heftet sich *Tunga* sp. bevorzugt an die Bereiche, die regelmäßig den Boden berühren (Füße) und schwer von Ohren und Schwänzen zu entfernen sind.

Die unreifen Stadien der Flöhe entwickeln sich im Boden, in der Nähe der Wohnstätte des Wirts. Die natürlichen Lebensräume für *T. penetrans* sind sandige und warme Böden von Strand und Wüste. Larven von *T. penetrans* können in 2–5 cm Tiefe des Sandes gefunden werden. Pferdemist, der als Bodendünger verwendet wird, enthält sowohl *T. penetrans* als auch *T. trimamillata,* die in Ställen leben.

Labordiagnostik

Eine Vielzahl von diagnostischen Methoden steht bei Tungiasis zur Verfügung (Tab. 2).

Mikroskopie

Die klinische Inspektion einer uhrglasartigen Stelle mit Entzündung oder Kruste ist oft ausreichend, um Tungiasis zu diagnostizieren. Dermatoskopie zeigt einen pigmentierten Parasiten mit hellbraunen bis schwarzen Ringen und einer zentralen Öffnung. Eier (Abb. 2), die an der Haut befestigt sind, zusammen mit der Ausscheidung der Kotspule, sind charakteristisch. Ektopische Stellen und atypische Merkmale erfordern eine Biopsie, um die Fragmente des weiblichen Flohs mit Eiern in seinem Bauch nachzuweisen. Das Fehlen charakteristischer Stacheln unterscheidet Flöhe von Fliegenlarven und Krätzmilben. Der kugelförmige Kopf des Flohs unterscheidet ihn vom Menschenfloh (*Pulex irritans*) mit einem eckigen Kopf. Das Vorhandensein von 3 Lappen vor dem kugelförmigen Kopf und der konischen Schwanzscheibe ist diagnostisch für *T. trimamillata.*

Serodiagnostik

Serodiagnostiktests sind für Tungiasis nicht verfügbar.

Tab. 2 Diagnosemethoden für Tungiasis

Diagnoseansatz	Probe	Methoden	Ziele	Kommentar
Dermoskopie	Hautläsion	Beobachtung	Eier, Kotspule, hinterer Teil des Ektoparasiten durch die Öffnung	Klinisch diagnostisch
Mikroskopie	Biopsie	Histologie	Chitinhaltige Fragmente, Eier, kugelförmiger Kopf, Schwanzscheibe	Unterscheidung zwischen *T. penetrans* und *T. trimamillata*
Molekular	Konservierte Proben, Feldproben	RFLP-PCR MDA-PCR	ITS2	Hochspezifisch und charakteristisch; hauptsächlich für die Forschung verwendet

Molekulare Diagnostik

Molekulare Diagnostik hilft bei der Unterscheidung von nicht neosomischen Formen und der Identifizierung aus konservierten Proben, bei denen die morphologische Untersuchung schwierig und zeitaufwändig ist. Ein Vor-PCR-Schritt ist notwendig, um die geringe Menge an DNA zu amplifizieren; Restriktionsfragmentlängenpolymorphismus (RFLP) und multiple Displacement Amplification (MDA) sind vielversprechend. Für *T. penetrans*-ITS2-Sequenz werden 2 verschiedene Enzyme verwendet – MspI und RsaI. Ersteres gibt 3 Banden (346, 115 und 51 bp) und Letzteres spaltet in 2 (266 und 246 bp). Ähnliche Schritte bei *T. trimamillata* resultieren in 2 Banden (396 und 115 bp) und 3 Banden (266, 161 und 84 bp). MDA verwendet einen Bakteriophagen, φ29-DNA-Polymerase, der DNA bei 30 °C repliziert, und exonukleaseresistente, thiophosphatmodifizierte degenerierte Hexamere, um die Ausbeute für die anschließende PCR zu erhöhen.

Behandlung

Die chirurgische Entfernung des gesamten Flohs gefolgt von einer topischen Antibiotikaanwendung und Tetanusprophylaxe stellt die beste Behandlung dar. Eine sorgfältige Entfernung ist notwendig; jede Beschädigung des Flohs führt zu einer starken Entzündung. Die Verwendung von sterilen Instrumenten ist notwendig, um blutübertragene Infektionen wie HBV, HCV und HIV zu vermeiden, da die Entfernung des eingebetteten Flohs ein invasives Verfahren ist. Die Anwendung von oralem Thiabendazol und oralem und topischem Ivermectin hat keine Wirksamkeitsdaten. Aerobe und anaerobe bakterielle Superinfektionen erfordern eine zusätzliche antimikrobielle Therapie.

Prävention und Bekämpfung

Das Vermeiden von Reisen in endemische Regionen, insbesondere Strände und Gebiete mit sandigen Böden, Bananenplantagen und tropischen Wäldern, ist hilfreich. Dicke Socken und geschlossene Schuhe bieten einen gewissen Schutz. Eine regelmäßige Inspektion der Füße kann frühe Läsionen identifizieren. Das Vermeiden von Schlafen auf dem Boden, insbesondere in der Nähe des Tierlebensraums, verringert die Chance einer Infestation.

Die Bekämpfung von Tungiasis ist aufgrund der Präsenz von häuslichen und sylvatischen Tierreservoiren schwierig. Zementierte Böden, gepflasterte Straßen, verbesserte Sanitäreinrichtungen, regelmäßige Abfallsammlung und Gesundheitsbildung sind die vorgeschlagenen effektiven Methoden zur Bekämpfung von Tungiasis. Das Besprühen mit Insektiziden wie DDT-Sprays hilft bei der Reduzierung der Flohpopulation.

Fallstudie

Ein 34-jähriger Mann kommt zu Ihnen mit einigen warzigen Läsionen neben dem rechten Zehennagel. Er bemerkte diese Läsionen aufgrund von starkem Juckreiz. Sie beobachteten die Läsionen mit einer Lupe und entdeckten papulöse Läsionen mit einem zentralen schwarzen Punkt. Der Patient hatte letzten Monat einen Freizeitausflug zu Stränden in Brasilien.

1. Welche Anhaltspunkte sprechen für Tungiasis?
2. Wie würden Sie dies bestätigen?
3. Welche mikroskopischen Befunde würden bei der Unterscheidung von Myiasis helfen?
4. Was wäre Ihr Rat für die nächste Reise an denselben Ort?

Forschungsfragen

1. Was ist der Mechanismus der Hyperkeratose und Nageldeformität in den chronischen Stadien der Tungiasis?
2. Welche kostengünstigen effektiven Präventivmaßnahmen können für Tungiasis vorgeschlagen werden?
3. Wie groß ist das Problem der Tungiasis bei Tieren?

Weiterlesen

Feldmeier H, Eisele M, Sabóia-Moura RC, Heukelbach J. Severe tungiasis in underprivileged communities: case series from Brazil. Emerg Infect Dis. 2003;9(8):949–55. https://doi.org/10.3201/eid0908.030041.

Feldmeier H, Heukelbach J, Ugbomoiko U, Sentongo E, Mbabazi P, von Samson-Himmelstjerna G, et al. Tungiasis—a neglected disease with many challenges for global public health. PLoS Negl Trop Dis. 2014;8(10):e3133.

Heukelbach J. Tungiasis. Rev Inst Med Trop Sao Paulo. 2005;47(6):307–13.

Linardi P, Beaucournu J, de Avelar D, Belaz S. Notes on the genus *Tunga* (Siphonaptera: Tungidae) II – neosomes, morphology, classification, and other taxonomic notes. Parasite. 2014;21:68.

Linardi P, de Avelar D. Neosomes of tungid fleas on wild and domestic animals. Parasitol Res. 2014;113(10):3517–33.

Luchetti A, Mantovani B, Pampiglione S, Trentini M. Molecular characterization of *Tunga trimamillata* and *T. penetrans* (Insecta, Siphonaptera, Tungidae): taxonomy and genetic variability. Parasite. 2005;12(2):123–9.

Mwangi J, Ozwara H, Motiso J, Gicheru M. Characterization of *Tunga penetrans* antigens in selected epidemic areas in Muranga County in Kenya. PLoS Negl Trop Dis. 2015;9(3):e0003517.

Nagy N, Abari E, D'Haese J, Calheiros C, Heukelbach J, Mencke N, et al. Investigations on the life cycle and morphology of *Tunga penetrans* in Brazil. Parasitol Res. 2007;101(S2):233–42.

Vobis M, D'Haese J, Mehlhorn H, Heukelbach J, Mencke N, Feldmeier H. Molecular biological investigations of Brazilian *Tunga* spp. isolates from man, dogs, cats, pigs and rats. Parasitol Res. 2005;96(2):107–12.

Rückmeldung

Wir freuen uns auf das Hören von unseren Lesern

1. Bitte teilen Sie Ihre Vorschläge mit, unter Angabe Ihrer Bezeichnung und Ihres Spezialgebietes.
2. Wie bewerten Sie dieses Buch auf einer Skala von 1–10?
3. Wie hilfreich finden Sie dieses Buch in Ihrem Bereich?
4. Was sind die guten Punkte dieses Buches?
5. Was sind die Nachteile des Buches?
6. Bitte nennen Sie einige der Verbesserungen, die für zukünftige Ausgaben vorgenommen werden können.

Senden Sie Ihre Antwort an die Herausgeber.

Prof. SC Parija: subhashparija@gmail.com

Prof. Abhijit Chaudhury: ach1964@rediffmail.com

IHRE ANTWORT WIRD SEHR GESCHÄTZT.

S. C. Parija und A. Chaudhury (Hrsg.), *Lehrbuch der parasitären Zoonosen*,
https://doi.org/10.1007/978-981-97-4312-4

Printed in the United States
by Baker & Taylor Publisher Services